안전관리 전문가를 위한

건설 안전 관리

이론과 실무

박대성 저

도서출판 구미서관

머리말 Preface

건설산업은 대한민국의 경제 성장과 함께 대규모 인프라 프로젝트가 활발하게 진행되었고 BIM(Building Information Modeling)이나 사물 인터넷(IoT, the Internet of Things) 등과 같은 첨단 기술과 새로운 설계법을 장착한 소프트웨어의 보급은 설계부터 유지관리까지 전 과정에서 업무의 효율성을 극대화할 수 있도록 발전하고 있습니다. 안전기술(safety engineering management)은 드론 등을 이용하여 실시간으로 위험을 감지할 수 있는 모니터링 방법, VR기법을 도입한 안전 교육 프로그램 등이 실시되고 있으며 발주 및 설계 단계부터 위험성평가를 강화하고 중대산업재해 현장의 발주자와 경영책임자를 처벌하는 목적으로 중대재해처벌법이 시행되는 등 강력한 안전 정책이 시행되고 있습니다.

지속적인 작업환경의 기술적인 발전과 안전강화 정책에도 불구하고 산업재해 통계자료로는 획기적인 재해율 감소 효과를 보이지 않고 있으며 해마다 500명을 상회하는 사망자가 수년간 발생하고 있습니다. 건설업 재해률을 줄이기 위한 그동안의 노력이 한계에 부딪힌 상황이라고 할 수 있습니다. 안전관리는 모든 공사관계자의 기본적인 소양임에도 불구하고 안전은 안전 전담자(부서)가 관리해야 한다는 오래된 관행이 자리를 잡고 그 생각이 쉽게 바뀌지 않기 때문이라는 생각입니다. 안전은 형식이고 본질은 공사관리라는 인식을 바꿔야 합니다. 공사관리는 안전관리가 기본이고 출발점입니다.

건설 구조물이 준공되어 그 성능을 효과적으로 발휘하기 위해서는 구조물의 안전성 확보가 필수적이듯이 건설과정의 작업자 안전성 확보 또한 인간존중과 생산성 향상에 매우 중대한 역할을 합니다. 구조물과 작업자 안전을 굳이 분리해서 관리해 온 그동안의 관행이 작업자 안전은 안전관리자가 구조물 안전은 공사관계자(설계자 등)가 담당하는 이원화된 체계를 만들어 왔습니다. 이는 작업자와 구조물 안전관리를 동시에 요구하는 지금의 시대에는 각자의 업역이 아니라는 전혀 다른 갈등의 요인이 되고 있습니다. 실질적으로 이원화된 관리체계에서 안전관리자는 구조물의 기본적인 안전기술(하중-저항) 개념을, 공사관계자는 최소한의 작업자 안전관리 이론에 대한 기본 개념을 이해해야 서로의 업역에서 협조적이며 원활한 프로젝트 관리가 될 수 있을 것입니다. 공사관계자(안전관리자 포함) 대부분은 정규 교육 과정에서 안전에 대한 가장 기본적인 개념조차 교육받지 못하고 경험(안전교육, 자격증 준비 등)을 통해 스스로 체득해서 얻어진 단편적인 지식이 전부일 수 있습니다. 시대 흐름에 맞는 재교육의 필요성이 대두되는 이유입니다.

이 책은 건설공사 안전관리에 관심이 많은 공사관계자를 위하여 안전관리의 기본 개념과 가설 구조물의 기본적인 거동(behavior) 개념을 소개하고 거푸집과 동바리, 건설기계장비 등의 안전기술(구조검토 절차 및 방법 등)을 제시하였습니다. 안전관리의 기본 개념과 법령 내용을 제1장 건설안전관리 기본 개념 제2장 건설안전관리제도 및 법규 제9장 건설재해유형별 안전관리에 설명하였고 안전기술의 내용은 제3장 가설구조물과 건축공사 제4장 건설기계장비공사 제5장 굴착 및 기초공사 제6장 콘크리트공사 제7장 토목구조물공사 제8장 건설공사와 공해에 위험성평가표 및 재해사례를 포함하여 실제 현장에서 발생하는 재해를 이해하고 실무에 적용이 가능하도록 기술하였습니다.

기존의 출판된 건설공사 안전관리(구미서관)를 수정하고 보완하며 작업자 안전과 구조물 안전에 대한 가장 기본적이고 핵심적인 내용을 실무적으로 간결하고 쉽게 설명하고자 하였습니다. 건설공사의 안전관리를 체계적으로 공부하고자 하는 많은 사람들에게 미력하나마 도움이 될 수 있기를 기대합니다.

이 책을 편집하고 출간하는데 많은 수고를 해주신 구미서관 편집진 관계자 여러분께 감사드리고 인생의 희노애락을 함께 하며 응원과 지원을 아끼지 않은 아내 그리고 부족한 아버지의 지원에도 불구하고 훌륭한 선생님과 대학생으로 성장해준 딸들과 아들에게 고마움을 전하며 출판의 기쁨을 함께 나누고자 합니다.

행복한 공간에서

박 대 성

목차 Contents

제1장 건설안전관리 기본 개념

제4장 건설기계장비공사

제5장 굴착 및 기초공사

제6장 콘크리트공사

제7장 토목구조물공사

제1장

건설안전관리 기본 개념

1. 건설안전관리와 재해
2. 재해발생이론과 재해손실비용
3. 산업재해조사방법과 재해원인분석방법
4. 인간의 안전심리와 불안전행동
5. 인간공학과 시스템 안전
6. 보호구

construction safety management

1. 건설안전관리와 재해

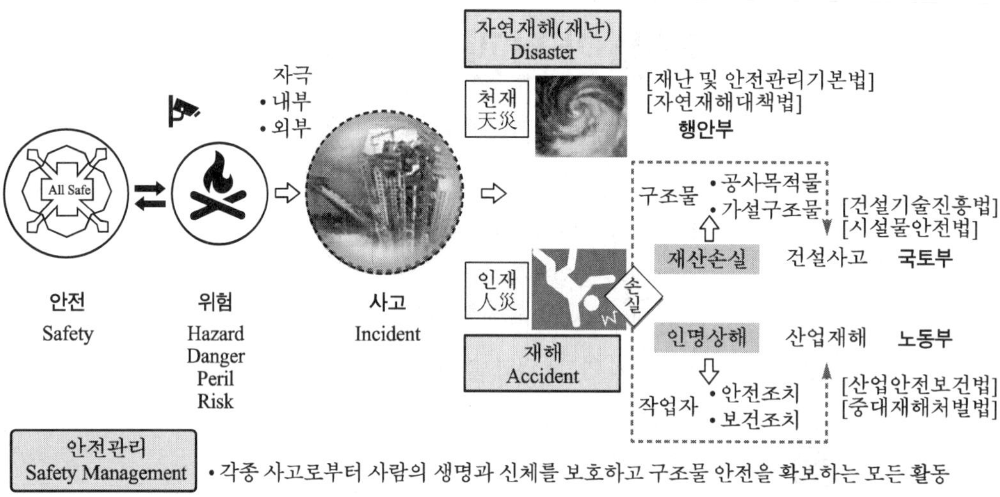

그림 1.1.1. 안전과 사고(재해)

지난 10년 동안의 고용노동부 산업재해통계자료에 따르면 2015년 사고사망만인율이 가장 낮은 1.47‱에서 2021년 2.32‱로 해마다 증가하여 지표상의 실질적인 개선은 보이지 않고 있다. 지금까지 시공 단계 사업주 중심(현장 단위)의 안전관리 정책에서 최근에는 발주 및 설계단계부터 위험성평가를 실시하고, 그 결과를 (기본, 설계, 공사)안전보건대장과 설계안전성검토보고서Design for Safety등으로 관리하도록 산업안전보건법과 건설기술진흥법이 개정되고 건설현장 중대산업재해는 발주자와 경영책임자의 책임(기업 단위)을 강화하는 중대재해처벌법이 시행되고 있다.

안전과 산업재해 01-01

1. 안전Safety

1) 안전의 정의

안전은 위험요인[1]Hazard이 없는 상태라고 할 수 있지만 현실적으로 건설현장 관리체계에서는 달성 불가능하므로 위험요인의 위험성[2)]Risk을 허용가능ALARP:As Low As Reasonably한 위험 수준으로 관리하는 것으로 정의할 수 있다. 안전에 대한 다양한 용어 정의는 다음과 같이 정리할 수 있다.

(1) **신체적인 상해나 재산상의 손실을 가져오는 위험요인이 억제되어 있는 상태**

(2) 위험[3)]Danger한 상황이나 사고Incident 또는 재해Accident가 발생할 가능성이 없는 상태

(3) 허용 불가능한 위험성이 없는 상태Freedom from Risk which is not Tolerable, ISO/IEC Guide 51:2014.3.14

2) 안전의 특성

(1) 비非 가시성 : 눈에 잘 보이지 않는다.

(2) 비非 동시성 : 위험한 상황이라고 해도 즉시 사고가 발생하지 않는다.

(3) 우연성(발생확률이 낮다) : 수없이 많은 위험한 상황이 모두 재해의 결과로 이어질 확률이 낮다. 따라서 안전은 위험한 상황에 대한 인식과 체계적인 관리가 필요하다.

2. 사고Incident

1) 사고의 정의

사고란 사람에게는 상해를 사업주[4)]에게는 손실을 가져올 수 있는 일련의 사건이다. 이것은 실제로 발생하는 것뿐만 아니라 일어날 수 있는 확률의 개념을 포함하고 있기 때문에 상해사고 뿐만 아니라 무상해사고의 개념도 포함하고 있다.

(1) **인적손상[5)], 물적손해[6)]를 가져올 수 있는 사상Event**

(2) 실제로 발생하는 것뿐만 아니라 일어날 수 있는 확률 개념을 포함한다.

---

1) 위험요인(Hazard)은 인적피해, 물적손실 및 환경피해를 일으키는 **근원적인 잠재요인(요소)** 또는 이들 요인(요소)이 혼재된 상태를 말하며, 실제 사고(손실)로 전환되기 위해서는 자극이 필요하며 이런 자극으로는 기계적 고장, 시스템의 상태, 작업자 실수 등 물리·화학적, 생물학적, 심리적, 행동적 원인을 들 수 있다.[KOSHA 18001]
[유해·위험요인(Hazard)_Guidance on risk assessment at work 1996 EU] 부상 또는 질병을 일으킬 잠재적 가능성이 있는 물질, 설비, 자재 등 **어떤 것의 고유한 특징이나 속성**(the intrinsic property or ability of something(e.g. work materials, equipment, work methods and practices) with the potential to cause harm.)

2) 위험성(Risk)은 특정한 위험요인이 위험한 상태로 노출되어 특정한 사건으로 이어질 수 있는 **가능성(발생빈도)과 결과의 중대성(손실크기)의 조합**으로서 위험의 크기 또는 위험의 정도를 말한다.[Risk:Combination of the Probability of Occurrence of Harm and the Severity of that Harm. ISO/IEC Guide 51 : 2014.3.9.]

3) 위험(Danger)은 인적·물적 손상이나 손실을 가져올 수 있는 불안정상태나 상황을 말하며, 위험요인(Hazard)에 상대적으로 노출된 상태 또는 사고(Incident)를 일으킬 수 있는 기회를 뜻한다.

4) 사업주란 근로자를 사용하여 사업을 하는 자를 말한다.[산업안전보건법제2조]

5) 손상(損傷, injury)은 장기간의 장애나 사망을 일으킬 가능성이 있는 상해를 말한다.

6) 손해(損害, damage)는 물질 등을 잃거나 빼앗겨 좋지 않게 된 상태를 말한다.

2) 사고의 종류

(1) 인적사고(사망, 부상 등) : 인적손실로 이어지는 사고

떨어짐(추락사고), (부딪힘)충돌사고, (끼임)협착사고, (맞음)낙하·비래사고 등

(2) 물적사고(경제적 손실, 작업능률, 품질의 저하 등) : 물적손실을 가져오는 사고

화재 사고, 폭발 사고

(3) 아차사고Near Accident : 인적손실과 물적손실이 없는 사고

3) 사고의 구분

(1) 건설사고[건진법시행령제4조의2]

건설공사를 시행하면서 다음 규모 이상의 인명피해나 재산피해가 발생한 사고

가. 사망 또는 3일 이상의 휴업[7]이 필요한 부상의 인명피해

나. 1천만원 이상의 재산피해

(2) 중대건설사고[건진법시행령제105조제3항]

가. 사망자가 3명 이상 발생한 경우

나. 부상자가 10명 이상 발생한 경우

다. 건설 중이거나 완공된 시설물이 붕괴 또는 전도되어 재시공이 필요한 경우

(3) 건설기계 사고조사 대상의 중대한 사고[건설기계관리법제35조제2항시행규칙제91조의2]

가. 건설기계로 인해 사망자가 발생하는 사고

나. 건설기계의 마스트Mast 및 붐Boom(짐을 들어 올려 회전시킬 수 있게 하는 장치)이 파손되는 사고

다. 건설기계가 전도되는 사고

라. 그 밖에 사고의 원인이 건설기계의 제작결함, 운행·사용 중 장치·부품의 파손이나 고장 등으로 인한 것으로 의심되는 경우로서 국토교통부장관이 조사가 필요하다고 인정하는 사고.[본조신설 2020.3.3.]

(4) 중대산업사고[산안법제44조]

유해하거나 위험한 설비가 있는 경우 그 설비로부터 위험 물질 누출, 화재 및 폭발 등으로 인하여 사업내근로자에게 즉시 피해를 주거나 사업장 인근 지역에 피해를 줄 수 있는 사고

가. 중대산업사고[산안법시행령제43조]

(가) 근로자가 사망하거나 부상을 입을 수 있는 유해위험설비에서의 누출·화재·폭

---

7) 휴업이란 근로를 제공할 의무가 있는 시간에 근로를 할 수 없게 되는 것을 말하며 요양은 단순히 휴식을 취하는 것뿐만이 아닌 적극적인 치료를 동반하는 행위를 말한다. 3일 이상의 휴업을 요하는 경우는 일반적으로 입원, 통원을 불문하고 처치, 수술 기타의 치료 등 부상이나 질병을 치유하는데 걸리는 기간이 3일 이상인 경우를 말한다.

발·사고

(나) 인근 지역의 주민(공중 안전)이 인적 피해를 입을 수 있는 유해위험설비에서 의 누출·화재·폭발사고

나. 유해하거나 위험한 설비[산안법시행령제43조]

(가) 원유 정제처리업

(나) 기타 석유정제물 재처리업

(다) 석유화학계 기초화학물질 제조업 또는 합성수지 및 기타 플라스틱물질 제조업

(라) 질소 화합물, 질소·인산 및 칼리질 화학비료 제조업 중 질소질 비료 제조

(마) 복합비료 및 기타 화학비료 제조업 중 복합비료 제조

(바) 화학 살균·살충제 및 농업용 약제 제조업[농약 원제 제조만 해당]

(사) 화약 및 불꽃제품 제조업

3. 재해Accident

1) 재해의 정의

재해란 사고의 결과로써 일어나는 인명이나 재산의 손실을 말한다. 산업안전보건법은 인명의 손실정도에 따라 산업재해라고 정의하며, 중대재해처벌법은 산업안전보건법의 산업재해를 중대산업재해와 중대시민재해로 규정하고 있다.

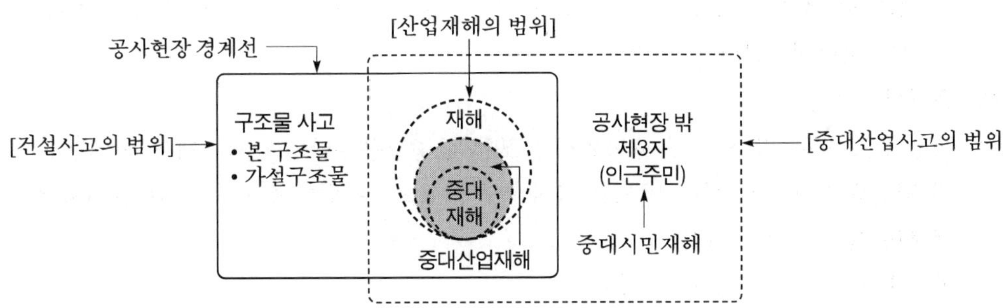

그림 1.1.2. 산업재해와 건설사고의 범위

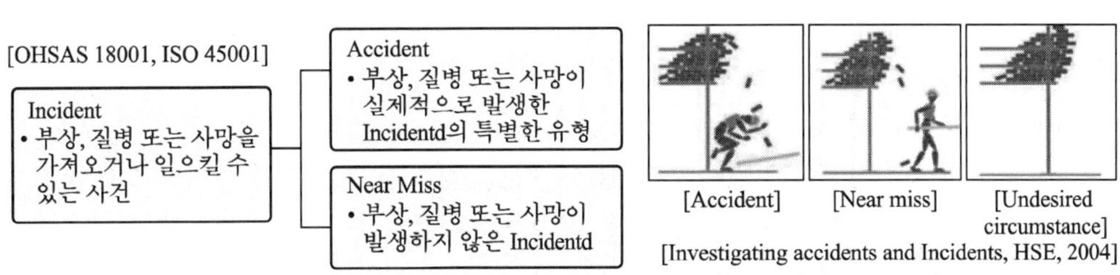

그림 1.1.3. 사고와 재해 정의(OHSAS 1800과 ISO 45001)

2) 산업안전보건법

(1) 산업재해의 정의[산안법제2조]

노무를 제공하는 자가 업무에 관계되는 건설물, 설비, 원재료, 가스, 증기, 분진 등에 의하거나 작업 또는 그 밖의 업무로 인하여 **사망** 또는 **부상**하거나 **질병**에 걸리는 것

(2) 중대재해의 정의

중대재해란 산업재해 중 사망 등 재해 정도가 심하거나 다수의 재해자가 발생한 경우로서 다음과 같은 재해[산안법제2조]

가. 사망자가 1명 이상 발생한 재해

나. 3개월 이상의 요양이 필요한 부상자가 동시에 2명 이상 발생한 재해

다. 부상자 또는 직업성 질병자가 동시에 10명 이상 발생한 재해

3) 중대재해처벌법

(1) 중대재해의 정의[중처법제2조]

중대산업재해와 중대시민재해를 말한다.

(2) 중대산업재해

산안법에 따른 산업재해 중 다음의 재해를 말한다.

가. 사망자가 1명 이상 발생

나. 동일한 사고로 6개월 이상 치료가 필요한 부상자가 2명 이상 발생

다. 동일한 유해요인으로 급성중독 등 대통령령으로 정하는 직업성 질병자[총24종]가 1년 이내에 3명 이상 발생

(3) 중대시민재해

특정 원료 또는 제조물, 공중이용시설 또는 공중교통수단의 설계, 제조, 설치, 관리상의 결함을 원인으로 하여 발생한 재해로서 다음의 재해를 말한다. 다만 중대산업재해에 해당되는 재해는 제외한다.

가. 사망자가 1명 이상 발생

나. 동일한 사고로 2개월 이상 치료가 필요한 부상자가 10명 이상 발생

다. 동일한 원인으로 3개월 이상 치료가 필요한 질병자가 10명 이상 발생

4) 재해의 분류(재해의 원인에 따른 분류)

(1) 자연재해(천재天災)

천재의 발생을 방지하는 것은 거의 불가능하다. 징후 또는 전조를 예지하고 피난 등 대응책을 통해 피해의 정도를 가능한 한 적게하는 것은 어느 정도 가능하다.

가. 자연현상으로 인하여 발생하는 재해[자연재해대책법]

나. 자연재해의 종류 : 지진, 화산, 홍수, 태풍, 해일 등

(2) 인적(위)재해(인재人災)

인적재해는 원칙적으로 사전에 방지가 가능하고, 그 방지 조치 활동을 하는 것이 안전관리의 목적이다.

가. 인위적인 사고로 인한 재해[실수나 태만 등의 의미를 뜻한다.

나. 인적재해의 종류 : 근로자가 상해를 입는 경우

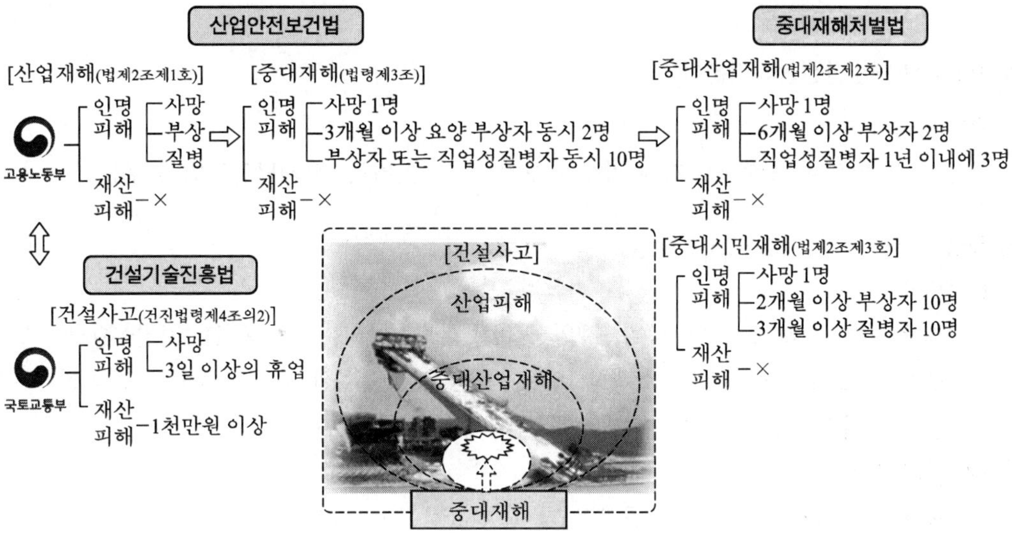

그림 1.1.4. 산업재해와 중대재해

5) 건설재해유형[8] 분류

(1) 떨어짐 : 높이가 있는 곳에서 사람이 떨어짐(구 명칭 : 추락)

(2) 무너짐 : 건축물이나 쌓여진 물체가 무너짐(구 명칭: 붕괴·도괴)

(3) 넘어짐 : 사람이 미끄러지거나 넘어짐(구 명칭: 전도)

(4) 끼임 : 기계설비에 끼이거나 감김(구 명칭: 협착)

(5) 깔림·뒤집힘 : 물체의 쓰러짐이나 뒤집힘(구 명칭: 전도)

(6) 부딪힘 : 물체에 부딪힘(구 명칭: 충돌)

(7) 물체에 맞음 : 날아오거나 떨어진 물체에 맞음(구 명칭: 낙하·비래)

(8) 절단·베임·찔림

(9) 감전

---

8) 산업재해 발생형태 명칭 변경
(1) 산업재해 현황통계에서 발생 형태 분류기준을 명확히 하기 위함
(2) 기존의 산업재해용어(발생형태)의 한자 중심에서 우리말로 순화된 명칭으로 개정함(2009년)
(3) (예) 추락⇒떨어짐

(10) 폭발파열

(11) 화재

명칭	떨어짐	넘어짐	물체에 맞음	절단 찔림	부딪힘	끼임	질병	깔림 뒤집힘	무너짐	화재 폭발
비율(%)	54.46	0.85	6.38	−	6.38	6.38	10.21	5.10	2.97	0.85

*고용노동부 건설업 산업재해분석 2022. 떨어짐 위치 : 비계, 개구부. 지붕대들보, 사다리, 건축구조물

4. 재난[재난 및 안전관리기본법]

1) 재난의 정의

국민의 생명·신체·재산과 국가에 피해를 주거나 줄 수 있는 것[재난안전법제3조]

2) 재난의 구분

(1) 자연재난

태풍, 홍수, 호우, 강풍, 풍랑, 해일, 대설, 한파, 낙뢰, 가뭄, 폭염, 지진, 황사, 조류대발생, 조수, 화산활동, 소행성·유성체 등 자연우주물체의 추락·충돌, 그 밖에 이에 준하는 **자연현상으로 인하여 발생하는 재해**

(2) 사회재난

화재·붕괴·폭발·교통사고(항공사고 및 해상사고 포함)·화생방사고·환경오염사고 등으로 인하여 발생하는 일정 규모 이상의 피해와 **국가핵심기반의 마비**, 감염병의 예방 및 관리에 관한 법률에 따른 **감염병** 또는 가축전염병예방법에 따른 가축전염병의 확산, 미세먼지 저감 및 관리에 관한 특별법에 따른 **미세먼지** 등으로 인한 **피해**

5. 안전사고와 안전문화활동

1) 안전사고

(1) 고의성이 전제되지 않고, 사람의 불안전한 행동과 작업방법 등의 불안전한 상태가 원인이 되는 사고

(2) 고의성이 전제되는 사고는 범죄로 정의함

(3) 안전공학적 정의로는 위험요인과 피해 대상(인적, 물적 대상)이 접촉하는 현상

2) 안전문화활동

안전교육, 안전훈련, 홍보 등을 통하여 안전에 관한 가치와 인식을 높이고 안전을 생활화하도록 하는 등 재난이나 그 밖의 각종 사고로부터 안전한 사회를 만들어가기 위한 활동

3) 재난관리

재난의 예방·대비·대응 및 복구를 위하여 하는 모든 활동. 재난은 위험과 불확실성을 내재적 속성으로 지니고 있고 재난관리는 이러한 위험과 불확실성을 관리하는 것

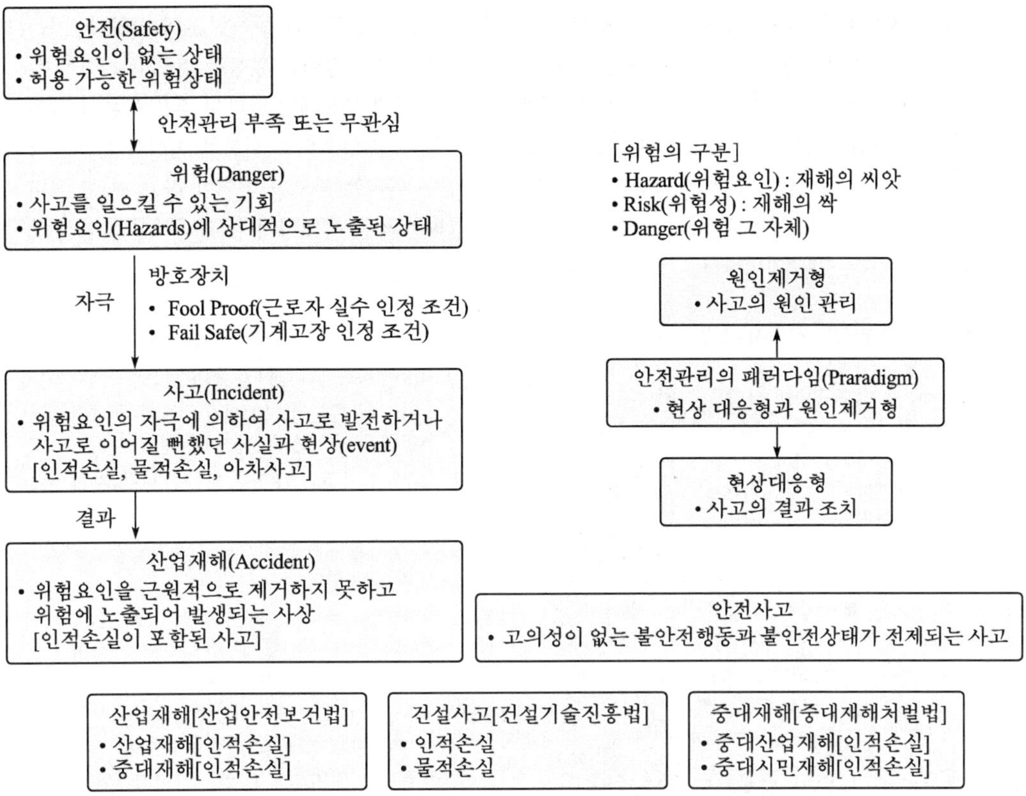

그림 1.1.5. 안전관리개념과 안전관리 패러다임 Paradigm

학습 Note 안전의 정의

1) 산업안전보건 용어 사전

안전에서 '安'의 어원은 가정家에 여자女가 있다는 뜻이다. 여자가 집안에 머물러야 집이 평안하다는 뜻으로 안녕정밀安寧靜謐함을 말한다. 이 말은 안녕함으로 조용하다는 의미를 갖는다. '全'은 들 입入과 임금 왕王의 합한 글자로 왕은 구슬옥玉의 기본 글자로 손 안에 간직한 주옥珠玉을 의미한다. 이는 완전무결을 의미한다. 즉, '安全'이라 함은 안정하여 위험이 없는 상태를 말하는 것으로 완전한 상태까지 되어 부족함이 없는 것을 의미한다. 재해나 위험이 현재 상황에서 없다는 것은 물론 인간이 위험이나 재해를 입거나 또는 입지나 않을까 염려하는 일이 없어야 하고 사물에 손상을 입히거나 그럴 우려가 없는 것을 말한다. 기업의 경우로서는 사람이 다치는 사고가 없어야 하고 재료, 설비 또는 제품의 손상도 없을 뿐 아니라 향후에라도 그럴 염려가 없는 상태까지 잘 관리하여 이상적 상태를 유지하는 것을 의미한다.

2) 함무라비 법전의 건축가 책임

229조 건축업자가 타인의 집을 지을 때 견고하게 짓지 아니하였기 때문에 그 집이 무너져 집주인이 죽었으면 그 건축업자를 죽인다.

230조 그 집의 아들이 죽었으면 그 건축업자의 아들을 죽인다.

231조 그 집의 노예가 죽었으면 건축업자가 노예로 써 갚아야 한다.

232조 만약 집이 무너져 재산피해가 있을 경우, 건축업자는 그 재산을 보상해 주어야 하며 집도 자비로 지어주어야 한다.

233조 건축업자가 타인을 위해 집을 짓는데, 집이 채 완성되기도 전에 균열이 발생할 경우 건축업자는 자비로 그 벽을 수리하거나 새로 지어야 한다.

3) 안전제일Safety First 구호Slogan의 유래

안전제일 운동Safety First Movement은 20세기 초반 미국 U.S. Steel사의 E.H.Gary 회장(1906)이 기존의 생산 제1, 품질 제2, 안전 제3의 경영방침을 안전 제1, 품질 제2, 생산 제3으로 변경한 것에서 시작되었다. 이 운동은 안전에 투자하는 것이 재해 발생 건수는 줄이고 생산성은 증가시켜 경영성과를 높인다고 인식하게 되는 결과에서 유래된 일종의 슬로건Slogan이다.

학습 Note 허용 가능한 위험과 위험성평가

1) 허용 가능한 위험ALARP : As Low As Reasonably Practicable[IEC 61508]

위험성 평가에서 위험요인의 위험성이 법적 및 시스템의 안전요구사항에 따라 사전에 결정된 **허용위험수준 이하이거나 개선에 의하여 허용위험수준 이하로 감소된 것**을 말한다.

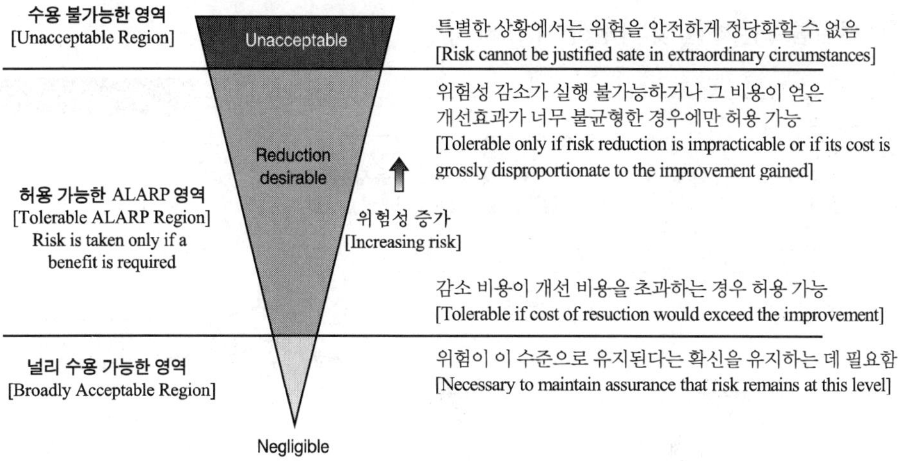

2) 위험성평가Risk Assessment

위험요인이 사고로 발전할 위험성 즉 빈도와 강도를 평가하고 **위험성이 허용할 수 있는 범위를 벗어난 경우 위험감소 대책을 수립**하고 **위험수준을 허용할 수 있는 범위 내로 끌어내리는 과학적, 체계적 위험평가 방법**을 말한다.[Risk Assessment : Overall Process Comprising a Risk Analysis and a risk Evaluation. ISO/IEC Guide 51 : 2014.3.9.]

건설안전관리 개념과 대상 01-02

1. 안전관리의 목적

1) 안전관리의 목적 : 인간존중 이념의 실현(재해의 근절)

2) 안전관리의 목표 3단계

(1) 1단계 : 인간존중-인도적(근로자) 측면

(2) 2단계 : 경제적 경영(생산성 관리측면)

(3) 3단계 : 사회적 신뢰(국가 이미지) : 국가신인도 제고)-국가적 측면

2. 건설안전관리의 개념

1) 건설현장 근로자의 인명과 재산을 보호하기 위한 조직의 체계적인 모든 활동
2) 건축물의 안전을 유지하기 위한 조직의 체계적인 모든 활동
3) 안전관리 내용
   (1) 재해통계자료 정리, 재해보상업무 사무처리 등
   (2) 유해위험요인 발굴 및 예방·방지 조치 등

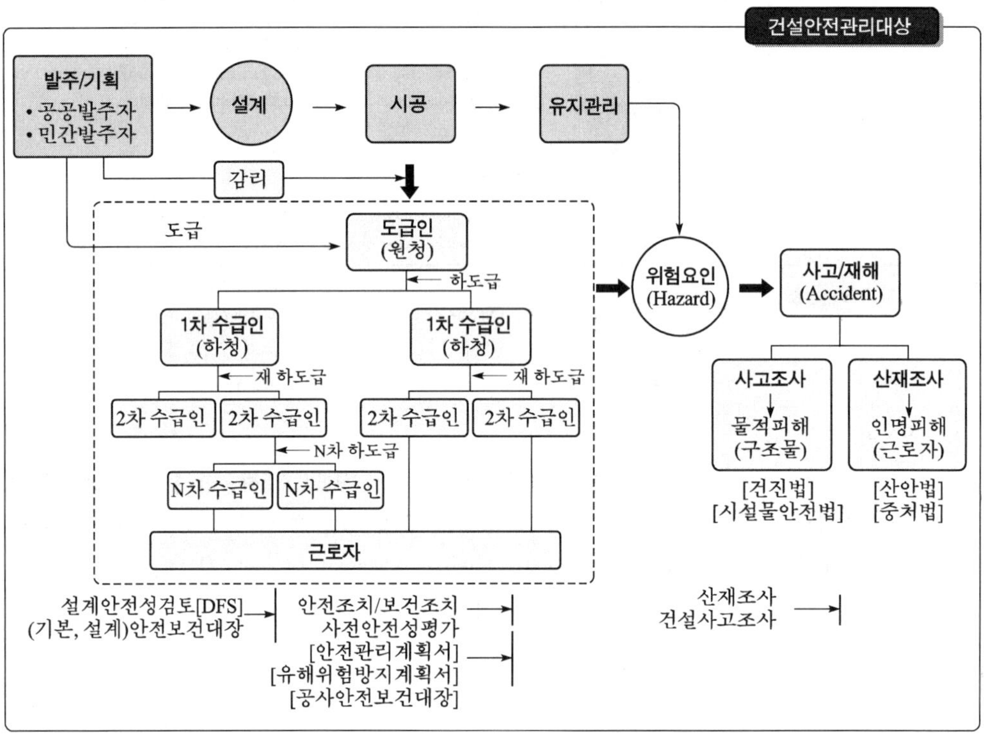

그림 1.1.6. 건설공사 도급과 안전법령 개념도

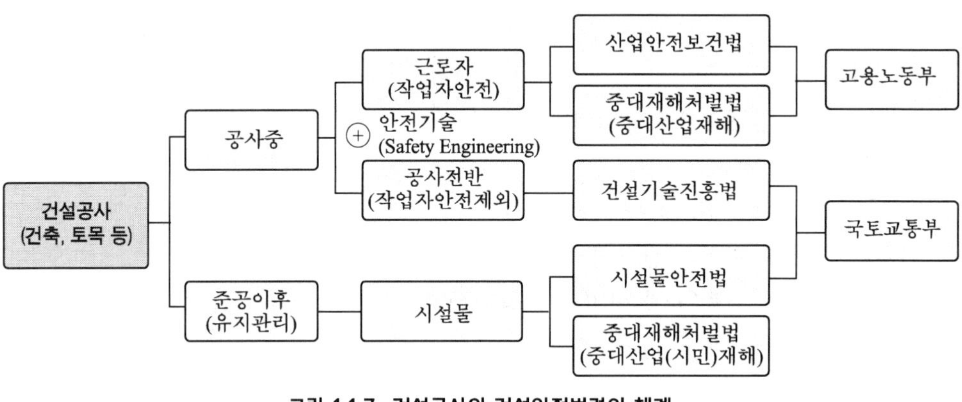

그림 1.1.7. 건설공사와 건설안전법령의 체계

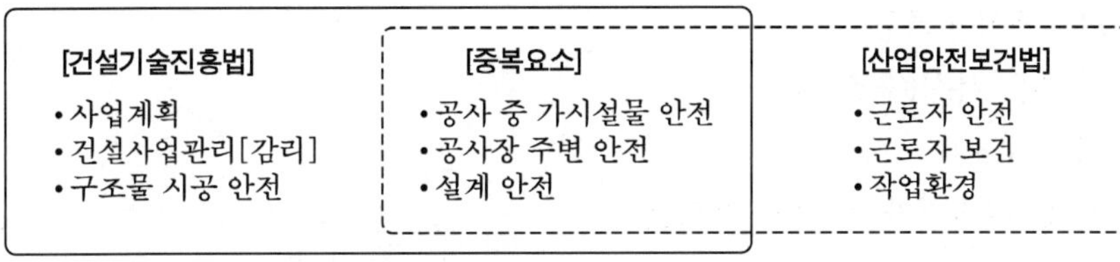

그림 1.1.8. 공사 중 산업안전보건법과 건설기술진흥법의 안전관리 대상

건설공사 재해특징과 재해의 영향 01-03

1. 건설재해의 특징

1) 건설재해[9]의 특징

(1) [추락사고(전체사고의 약 60퍼센트)] 추락사고 중 120억 미만 현장이 약80퍼센트 차지

(2) [규모별] 대부분 중소규모 : 규모가 작을수록 사망만인률 높다.[2022년 기준]

건설업 (2022년)	3억 미만	3~20억 미만	20~50억미만	50~120억미만	120억 이상
539명 (100%)	190명 (35.2%)	112명 (20.8%)	41명 (7.6%)	42명 (7.8%)	154명 (28.5%)

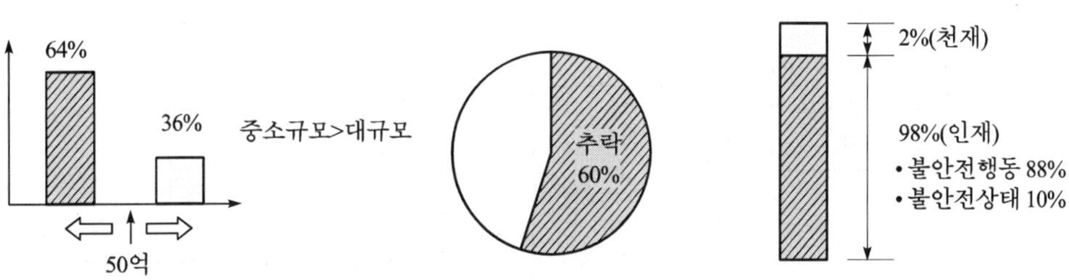

안전관리자 선임공사 기준(2023.7.1부터) [추락사고 비율] [하인리히 재해원인 분류]

그림 1.1.9. 건설공사 사망사고 비율과 재해 원인

(3) [공종별] 건축현장 : 추락사고의 약 70퍼센트 차지

(4) [발주자별] 민간공사 : 추락사고의 약 84퍼센트 차지

(5) [원인별] 가설구조물(비계, 사다리, 거푸집 등) : 추락사고의 약 45퍼센트

(6) [근속기간] 6개월 미만이 90퍼센트 이상(경험부족)

(7) [사고연령] 60세 이상이 전체 23퍼센트

9) 건설현장의 (산업)재해란 인적재해를 말한다.

2) 건설현장의 구조적인 특징

(1) 한시적, 비반복성(구조물)

(2) 유동적(근로자)

(3) 구조적 문제(최저가, 다단계 하도급)

(4) 작업환경의 가변성

(5) 안전관련법령이 규제와 처벌위주의 정책

2. 건설재해가 미치는 영향

1) 건설재해 영향

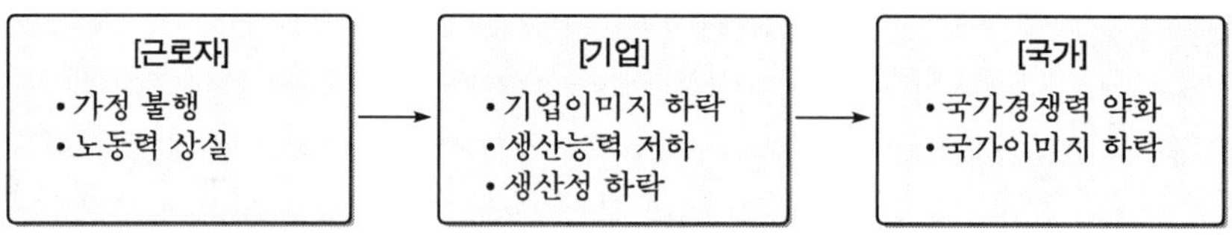

그림 1.1.10. 건설재해의 영향

2) 건설재해예방 대응방안

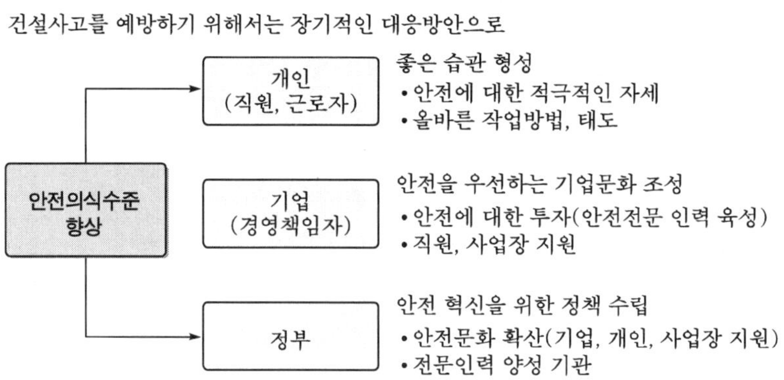

그림 1.1.11. 장기적인 안전문화 향상 방안

건설안전관리의 문제점과 개선대책 01-04

1. 공사진행단계에 따른 안전관리 문제점[장애요인]

1) 기획·설계 단계

(1) 재해예방 안전조치 설계 미반영 또는 미흡

(2) 사전안전성평가제도(유해위험방지계획서, 안전관리계획서)의 실효성 의문

(3) 설계안전성검토제도D.F.S, 기본·설계·공사안전보건대장의 실효성 의문

2) 공사진행 단계

(1) 안전관리체계의 이원화에 따른 혼선

가. 산업안전보건법, 중대재해처벌법 : 노동부(근로자 중심)

나. 건설기술진흥법 : 국토부(구조물 중심)

(2) 안전관리 주체의 모호함 : 발주자, 원도급자, 하도급자의 책임 문제

(3) 안전사고 조사체계 미흡 : 사고 은폐 경향, 자료정리 미흡

(4) 안전시설물 설치 위주의 안전관리 : 현장 특성을 반영한 위험성 평가 반영이 부족하다.

3) 유지관리 단계

(1) 유지관리의 중요성 인식 부족

(2) 사후 처리 안전관리에 집중 : 비용 증가

2. 건설현장 안전관리의 개선대책

1) 발주기관 의식변화

발주자, 건설 경영진 등 권한 있는 주체가 안전에는 여전히 무관심한 상태

(1) 안전관리체계의 일원화 및 감리자 역할 강화

(2) 공사 착공 전 단계(기획·설계 단계)에서 안전관리 조치 강화

(3) 건설사고 조사체계 구축

(4) 사전예방활동 강화 및 안전의식 구조 개선

2) 기업주[최고경영자][사업주] 의식변화

강화된 형사처벌은 기술자 개인 위주로 적용되고 경영진은 사고책임에서 탈피하는 현실

(1) 재해율 감소가 곧 생산성과 품질수준의 향상이라는 의식변화 요구

(2) 안전관리에 대한 과감한 투자

3) 근로자 의식변화[근로자의 바람직한 자세]

(1) 타율적이고 의타적인 의식변화

(2) 자율적이며 적극적인 안전태도와 실천의지 요구

(3) 충실한 법적 준수사항 이행(안전·보건 조치, 보호구, 출입금지 구역)

(4) 개인 안전관리 철저(보호구 착용 등)

(5) 건강진단

4) 복잡한 법령·제도[안전관리의 걸림돌]

(1) 안전법령이 산재하여 현장에서 인지하지 못하는 제도가 다수 존재한다.

(2) 안전관리계획서와 유해위험방지계획서, 설계안전성검토보고서, 안전보건대장, 작업계획서 등이 전시용 계획서로 전락되어 그 실효성이 의심된다.

3. 안전관리 업무수준을 향상시키기 위한 관리체계

1) 안전관리업무의 PDCA 4단계 적용

(1) Plan : 작업계획서, 유해위험방지계획서, 안전관리계획서 작성

(2) Do : 계획서 실행, 안전교육, 안전관리비집행, 안전조치, 보건조치

(3) Check : 평가–안전점검(불안전행동, 불안전상태), 안전수준평가

(4) Action : 조치 평가를 통해 드러난 재해예방 부정 요소 수정 및 보완 활동

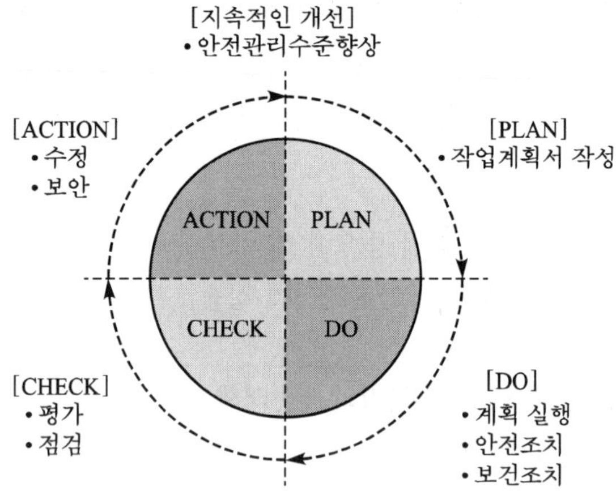

그림 1.1.12. 안전관리 업무수준 4단계

2) 안전관리업무를 효율적으로 수행하기 위한 5단계 체계

(1) 제1단계 : 예방대책

가. 안전사고 발생요인에 대한 사전대책 수립

나. 사전대책은 인적사고와 물적사고 대책으로 구분됨

(2) 제2단계 : 재해를 국한하는 대책

가. 재해발생 시 최소화 대책

나. 재해발생의 가능성을 염두해 두는 대책

(3) 제3단계 : 재해 처리 대책

가. 재해발생 시 신속한 처리 대책 수립

나. 재해처리 절차 및 순서

(4) 제4단계 : 비상조치 대책

가. 2차 재해 예방대책

나. 재해의 추가 확산 방지 대책

(5) 제5단계 : 상황 개선을 위한 피드백Feed Back 대책

가. 재해발생원인 분석

나. 유사재해, 동종재해 방지 대책 수립

4. 건설안전관리의 문제점

1) 기업(본사) 단위 문제점

(1) 안전법령의 핵심 관리 주체가 모호하다는 심각성

(2) 최고 경영자Top Manager의 의도된 무관심과 비관심 : 수익성 확보가 우선일 수밖에 없는 구조

(3) 협력업체의 무관심 : 관리능력 부족과 안전사고에 대한 운명론적 접근 방식

(4) 국내 안전 기반Infra 구축 미흡 : 안전에 대한 가치 재정립이 필요함

2) 사업장(현장) 단위 문제점

(1) 안전보건조직과 시공(생산성) 부서의 안전활동에 대한 인식 차이

(2) 안전활동에 대한 동기부여를 기대하기 어려운 성과 반영
(생산성 우선, 생산성>수익성>안전)

(3) 안전담당 전문인력 부족

(4) 안전조치 및 보건조치 기준에 대한 무지 또는 미숙함, 작업자 이해 부족

(5) 근로자의 안전실천의지 부족 : 안전의식의 부족(작업의 편의성을 우선함)

(6) 안전관리자의 전문성 불인정 : 안전기술관리Safety Engineering Management의 능력 의심

도급 체계	문제점		위험 요인[Hazard]
발주자 • 공공발주 • 민간발주	건설업체의 저가 입찰을 유도함 • 발주자의 예산 절감	⇨	공사비 부족
⇩			
원수급자 • 원청업체	협력업체에 저가로 하청이 가능하여 저가 입찰 가능	⇨	노무비 부족
⇩			
하수급자 • 하청업체	저임금(불법체류자 등) 근로자가 있어서 저가 입찰 가능 • 위험공종 도급 받음 • 안전관리체계를 갖출 여력이 없음	⇨	작업팀 축소 무리한 공기단축 불법 재하도급
⇩			
근로자 • 일용직 • 용역회사 소속	생계수단으로 저임금을 감내할 수 밖에 없음 • 위험을 감수하고 작업함 • 위험을 소득으로 대체함	⇨	고 위험에 노출

그림 1.1.13. 건설공사 도급체계와 산업재해 위험의 구조적인 문제점

위와 같은 위험 전가 체계는 공사비 부족⇨노무비 부족⇨작업팀 축소, 무리한 공기 단축, 불법 재하도급⇨노동강도 강화, 안전관리 능력 부족⇨산재위험 증가(산재 증가)의 악순환이 반복되고 있다.

위험의 종류와 취급 시 안전대책 01-05

1. 위험의 분류

1) 위험Danger이란 사고를 발생시킬 수 있는 **기회**를 말한다.

(1) 인적사고 위험(근로자의 작업행동이 주체적인 역할을 하게 될 때) : 불안전행동

(2) 물적사고 위험(기계·기구 및 설비 등이 주체적인 역할을 하게 될 때) : 불안전상태

2. 위험의 종류

1) 위험의 종류[사고 재해예방][산안법제38조(안전조치가 필요한 위험)]

(1) 위험요인에 의한 위험

가. 기계·기구, 그 밖의 설비에 의한 위험

나. 폭발성, 발화성 및 인화성 물질 등에 의한 위험

다. 전기, 열, 그 밖의 에너지에 의한 위험

(2) 불량한 작업방법에 의한 위험

굴착, 채석, 하역, 벌목, 운송, 조작, 운반, 해체, 중량물 취급, 그 밖의 작업

(3) 작업장소에 따른 위험

가. 근로자가 추락할 위험이 있는 장소

나. 토사·구축물 등이 붕괴할 우려가 있는 장소

다. 물체가 떨어지거나 날아올 위험이 있는 장소

라. 천재지변으로 인한 위험이 발생할 우려가 있는 장소

(4) (1)~(3)의 구체적인 안전조치는 산업안전보건기준에 관한 규칙에서 정하고 있음

2) 위험의 종류[질병(건강장해) 재해예방][산안법제39조(보건조치가 필요한 위험)]

(1) 보건조치가 필요한 위험

가. 원재료·가스·증기·분진·흄Fume(열이나 화학반응에 의하여 형성된 고체증기가 응축되어 생긴 미세입자)·미스트Mist(공기 중에 떠다니는 작은 액체방울)·산소결핍·병원체 등에 의한 건강장해

나. 방사선·유해광선·고온·저온·초음파·소음·진동·이상기압 등에 의한 건강장해

다. 사업장에서 배출되는 기체·액체 또는 찌꺼기 등에 의한 건강장해

라. 계측감시, 컴퓨터 단말기 조작, 정밀공작 등의 작업에 의한 건강장해

마. 단순반복작업 또는 인체에 과도한 부담을 주는 작업에 의한 건강장해

바. 환기·채광·조명·보온·방습·청결 등의 적정기준을 유지하지 아니하여 발생하는 건강장해

(2) (1)의 구체적인 보건조치는 산업안전보건기준에 관한 규칙에서 정하고 있음

3. 위험요인 또는 유해인자에 대한 대책

1) 위험요인

위험요인이란 인적피해, 물적손실 및 환경피해를 일으키는 근원적인 잠재요인 또는 이들 요인이 혼재된 상태, 대상시설 고유의 위험요인을 회피할 수는 없지만 저감이 가능한 요소를 말한다.

2) 유해인자

안전보건에 위해를 야기하는 것을 말하며, 통상 화학적 인자(화학물질), 물리적 인자(소음 등), 생물학적 인자(감염병 등), 인간공학적 인자(근골격질환 등)로 분류된다.

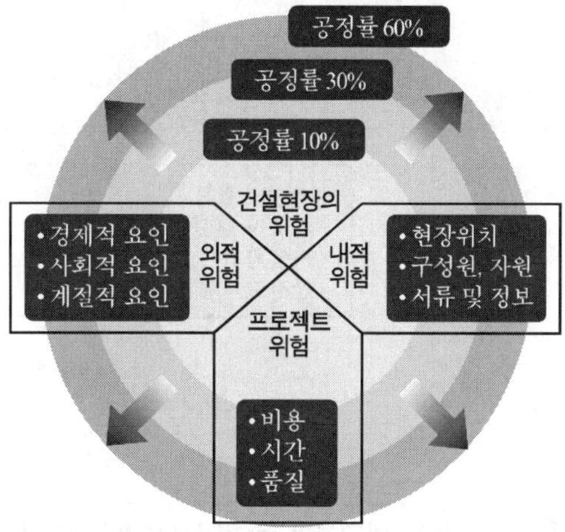

그림 1.1.14. 건설현장 위험요인

3) 위험요인(인자)별 안전대책 검토순서

제거 → 대체 → 통제 → 개인보호구P.P.E.; Personal Protective Equipment 순서로 검토한다.

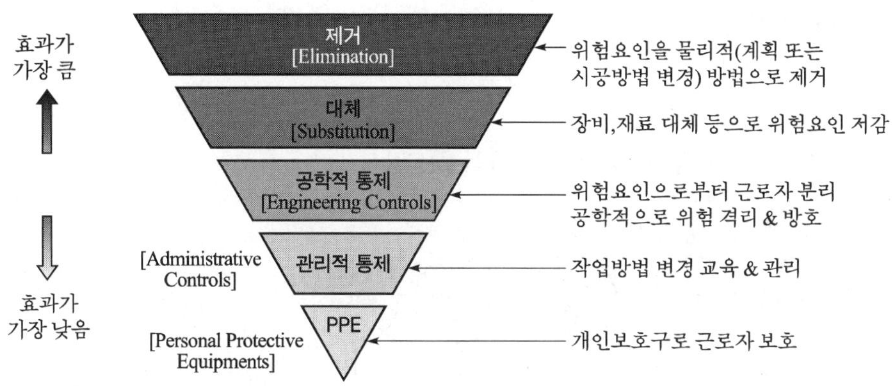

그림 1.1.15. 위험요인별 개선방안 검토 순서(NIOSH : 미국국립직업안전건강연구소)

4) 건설현장 위험요인별 제거, 대책 및 통제방안(예시)

위험요인	제거 · 대체	공학적 통제	관리적 통제	P.P.E.
건설현장 개구부 등	설계·시공 시 개구부 최소화	안전난간 또는 덮개 설치	"추락 위험" 표지판 설치	안전모·안전대 착용
밀폐공간	밀폐공간 내부 기계·기구 제거	환기·배기장치 설치 유해가스 경보기 설치	출입금지 표지설치, 작업허가제 도입, 감시인 배치	송기마스크

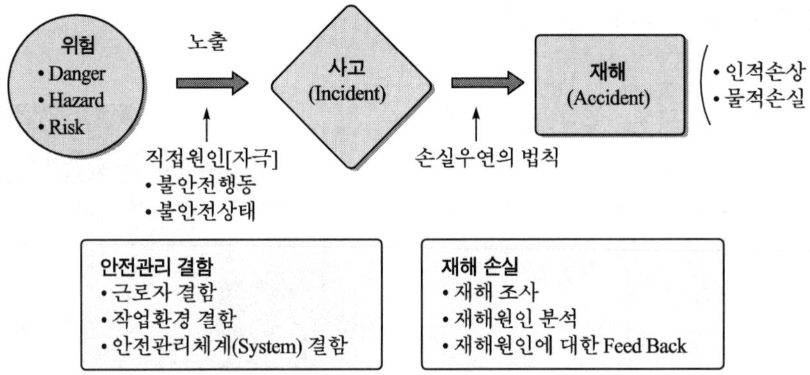

그림 1.1.16. 위험과 재해

재해발생구조4형태와 재해예방대책 01-06

1. 재해발생형태

1) 산업재해발생구조 4형태[에너지원이나 에너지 이동 경로 노출 이론][사람과 에너지의 관계]

(1) 제Ⅰ형태 : 물체에 맞음[낙하물(b, c), 폭발(a), 비래, 파열, 붕괴]

(2) 제Ⅱ형태 : 끼임(건설기계), 감전

(3) 제Ⅲ형태 : 떨어짐(추락, 충돌)

(4) 제Ⅳ형태 : 작업환경(유해 화합물, 유독물), 질식

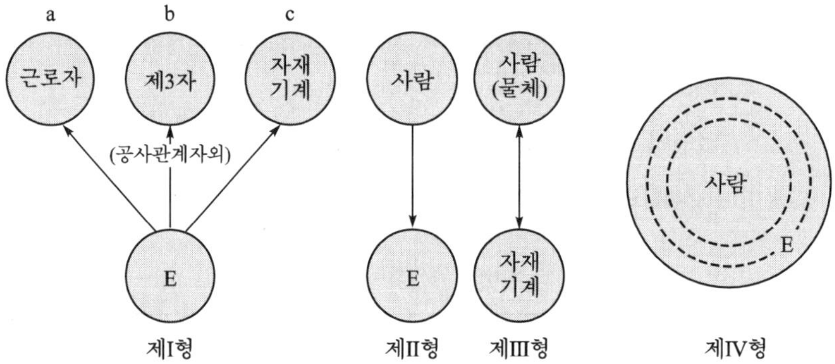

그림 1.1.17. 산업재해발생구조 4형태(에너지와 작업자의 관계)

2) 재해발생 3형태 이론[재해발생결합구조]

(1) 집중형(단순자극형) : 상호 자극에 의하여 순간적으로 재해가 발생함

(2) 연쇄형(복합연쇄형, 단순연쇄형)[10)]

(3) 복합형(혼합형)

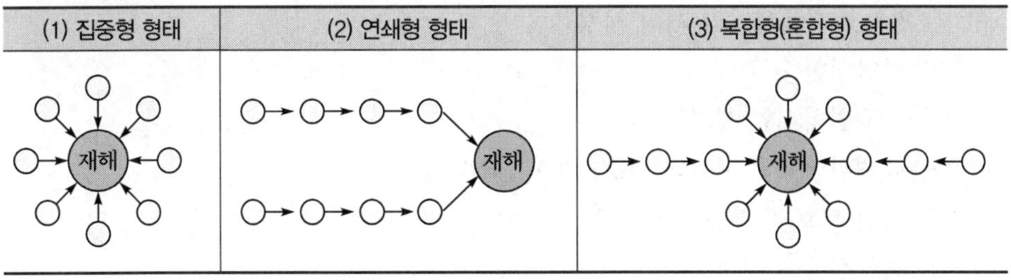

그림 1.1.18. 산업재해발생형태

3) 도미노Domino 이론

(1) 제1단계 : 재해발생 위험요인 관리부족

(2) 제2단계 : 직접원인(불안전행동, 불안전상태)

(3) 제3단계 : 사고(인적사고, 물적사고, 아차사고)

(4) 제4단계 : 재해(무상해, 경상해, 중상해) 발생

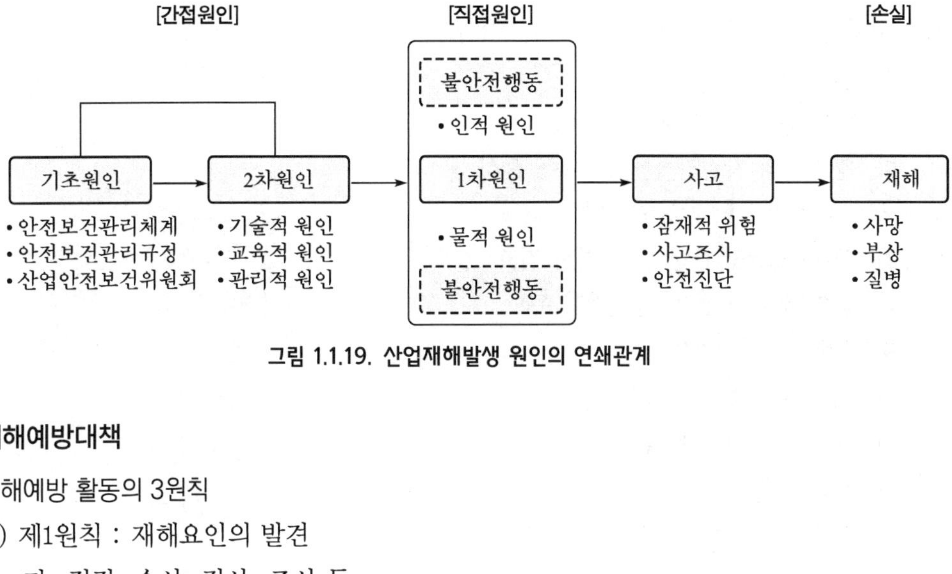

그림 1.1.19. 산업재해발생 원인의 연쇄관계

3. 재해예방대책

1) 재해예방 활동의 3원칙

(1) 제1원칙 : 재해요인의 발견

가. 점검, 순시, 검사, 조사 등

나. 재해분석

10) [재해발생의 등치성] 연쇄형은 재해요인 중 하나가 빠지면 재해가 발생하지 않는다.(하인리히H.W.Heinrich 도미노 예와 같다). 집중형이나 혼합형의 경우에도 재해요인을 바르게 파악해 그 중 하나를 없애면 재해가 발생하지 않는다. 재해요인 중 하나를 제거해도 재해가 발생하면 그 요인은 재해요인이 아니다. 이 요인은 단지 재해와 관련된 부속적인 사실에 불과하다. 결론적으로 재해요인 중 하나의 요소라도 빠지게 되면 재해가 발생하지 않는 현상을 재해요인의 등치성이라 한다.

다. 작업방법의 분석

라. 적성검사, 건강진단 등

(2) 제2원칙 : 재해요인의 제거 시정

가. 취업제한

나. 유해위험요인 제거

다. 유해위험요인 시설의 방호, 개선, 격리 등

라. 개인 보호구 착용

마. 불안전행동 시정

(3) 제3원칙 : 재해요인 발생의 예방

가. 안전성 평가의 활용

나. 제도, 기준의 이행과 검토

다. 과거에 일어난 재해 예방 대책의 이행

라. 신규채용자 안전교육

마. 안전보건의식의 지속

2) 재해(사고)예방의 5단계(하인리히H.W.Heinrich 5단계)

(1) 제1단계 : 조직Organization

가. 안전관리조직 구성

나. 안전 활동 방침 및 계획 수립

다. 경영자의 지원과 안전에 대한 관심

(2) 제2단계 : 사실의 발견Fact Finding

가. 안전사고 및 안전 활동 기록 검토

나. 불안전 요소 발견(안전점검 등)

(3) 제3단계 : 평가분석Analysis

가. 직접원인 및 간접원인 분석

나. 현장조사 결과 분석

다. 사고형태, 장애물 등

(4) 제4단계 : 시정책의 선정Selection of Remedy

가. 개선방안 선정

나. 기술적 개선, 인사조정, 교육 및 훈련의 개선, 안전행정의 개선

다. 징계 조치 등

(5) 제5단계 : 시정책의 적용Adaption of Remedy

가. 실시결과 재평가 후 재조정 실시

나. 안전대책 재수립

3) 재해예방의 3E 대책 Harvey의 3E : Three E's of Safety

(1) 기술적 Engineering 대책 : 공학적 대책(구체적인 기준 제시)

가. 기술적 원인에 대한 설비·환경대책

나. 작업방법 개선과 작업 환경 개선

(2) 교육적 Education 대책 : 근로자 안전교육

가. 안전교육

나. 안전훈련 실시

(3) 관리적 Enforcement 대책 : 단속, 감독

가. 제도적 대책

나. 안전관리조직

4. 산업재해 정도와 노동력 저하 정도의 구분(ILO 등급기준)

1) 사망(7,500일 : 사망자 평균연령 30세, 근로가능연수 55세, 근로가능일수 300일
⇒ 25년×300일=7,500일)

2) 영구 전노동불능재해(신체장해등급제1급~제3급)(7,500일)

3) 영구 일부노동불능재해(신체장해등급제4급~제14급)(5,500일~50일)

4) 일시 전노동불능재해(휴업일수×300/365)

5) 일시 일부노동불능재해

6) 구급처지해

2. 재해발생이론과 재해손실비용

하인리히H.W.Heinrich재해발생이론 01-07

1. 하인리히[11]H.W.Heinrich의 도미노Domino 이론

1) 산업재해 발생 메커니즘을 과학적인 접근 방법으로 최초로 제시하였다.
2) 재해는 인간의 결함을 기초로 사고의 직접원인인 불안전한 행동이나 상태를 제거하면 재해를 예방할 수 있다는 모델
3) 사고발생 5가지 구성 요소
   (1) 사회적 환경 및 유전적 요소(인간결함의 원인)Ancientry and Social Environment
   (2) 개인적 결함Fault by Person
   (3) 불안전행동 및 물리적·기계적 위험(불안전상태)Unsafe Act and Mechanical or Physical Hazards
   (4) 사고Accident, Undesirable Events
   (5) 상해(산업재해)Injury of Damage

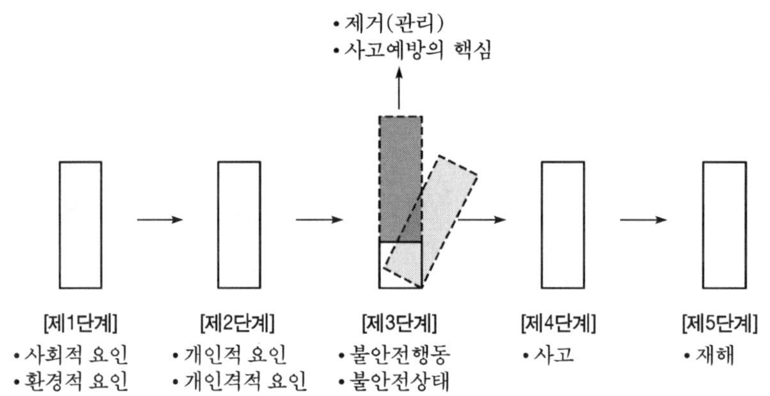

그림 1.2.1. 재해발생5단계-도미노 이론(하인리히)

11) 허버트 하인리히(Herbert William Heinrich)가 1931년에 출간한 산업재해예방(Industrial Accident Prevention)에서 제시한 안전관리 원리는 안전관리가 새로운 사회적인 문제로 대두되고 있는 현재까지 안전관리의 기초 이론으로 자리잡고 있다.
   (1) 안전(Safety) = 사고방지(Accident Prevention)
   (2) 안전을 협의적으로 해석하여 사고방지라고 하였으며, 사고방지는 물리적 환경과 인간 및 기계의 일(Performance)을 통제하는 과학인 동시에 기술(Art)이라고 정의하였다..

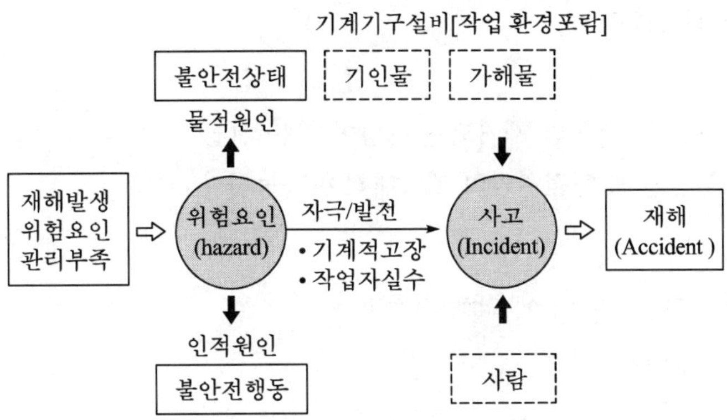

그림 1.2.2. 재해발생원인

2. 하인리히의 재해발생원인

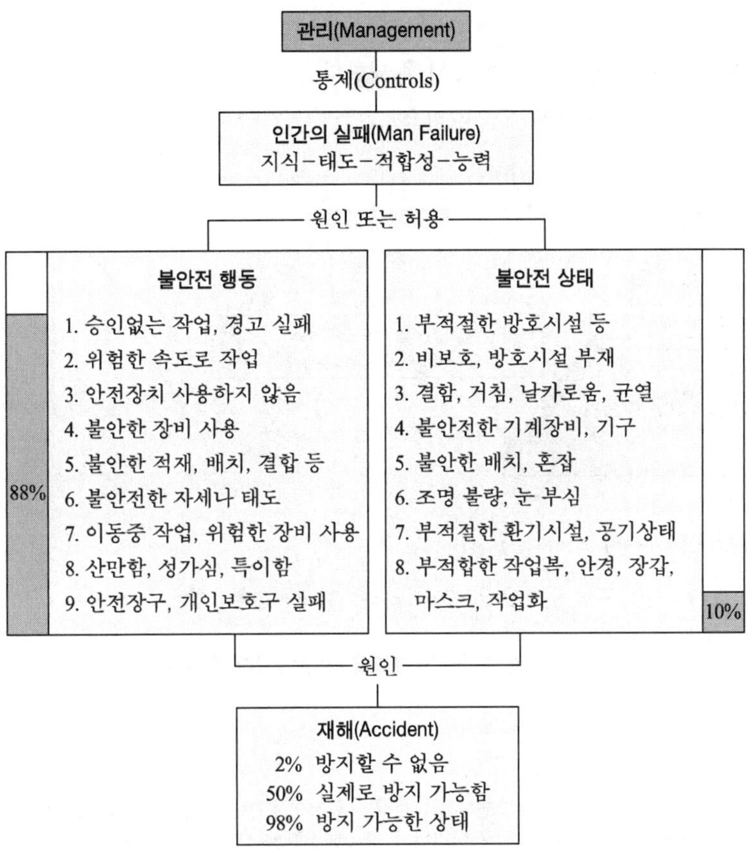

그림 1.2.3. 재해의 원인과 이유(하인리히,산업재해방지론)

3. 하인리히 재해예방 4원칙

1) 예방가능의 원칙

(1) 재해는 원칙적으로 원인만 제거되면 예방이 가능하다.

(2) 재해 발생 원인 중에 인적원인의 예방대책이 가능하다.

2) 손실우연의 원칙

(1) 재해손실의 크기는 우연성에 의해 결정된다.

(2) 하인리히 1:29:300 법칙[12)]

3) 원인연계(계기)의 원칙

(1) 사고 발생과 원인관계는 필연적이다.

(2) 직접원인과 간접원인으로 구분된다.

4) 대책선정의 원칙

(1) 재해예방을 위한 안전대책은 반드시 존재한다.

(2) 재해예방을 위한 안전대책은 합리적으로 관리가 가능하다.

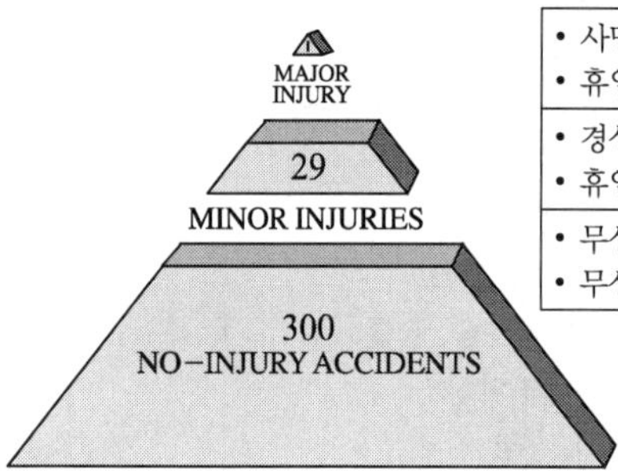

• 사망 또는 중상 : 0.3퍼센트 • 휴업 8일 이상부터 사망사고
• 경상(물적, 인적 손실) : 8.8퍼센트 • 휴업 1일 이상 휴업 7일 미만 사고
• 무상해, 무사고 : 90.9퍼센트 • 무상해사고, 아차사고 휴업 1일 미만

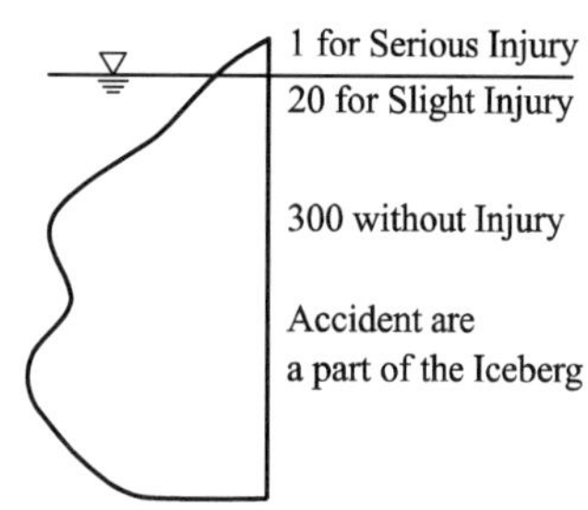

• 잠재된 위험상태가 차지하는 비율(α) $\alpha = \dfrac{300}{1+29+300}$

• α =90.9퍼센트, 숨은 위험한 상태(Potential), 잠재된 위험상태(Near Accident)

그림 1.2.4. 하인리히 재해발생비율(손실우연 원칙)

12) [1:29:300 법칙(인적사고에 대한 재해발생비율)] 재해는 물적인 불안전한 상태와 인적인 불안전한 행동 그리고 기타 요인들의 결합으로 발생하게 된다. 하인리히가 제시한 1 : 29 : 300의 법칙은 총 330회의 사고 가운데 중상이 1회 발생한 경우에, 경상을 입은 재해가 29회 발생하고 그 이전에 상해가 없는 무상해 사고가 300회 정도 발생한다는 확률적 분포를 의미하는 법칙이다. 사고와 상해 정도 사이의 우연성으로 볼 때 동일한 사고에 동일한 손실이 발생하지 않는 특징으로 손실을 일률적으로 예측하는 것은 불가능하다. 안전관리에서는 사고가 일어나더라도 손실을 전혀 수반하지 않는 사고, 즉 No Injury Accident의 관리가 중요한 관리 대상이 된다는 주장이다.

학습 Note **하인리히**Herbert William Heinrich**산업안전원칙**[13)]

1) 상해의 발생은 당연히 완전한 일련의 요소로부터 나타난다 – 이러한 것의 마지막 결과가 사고 그 자체이다. 반대로 사고는 사람과 기계의 불안전한 행동이나 물리적 위험이 원인이 되고 직접적으로 영향을 미친다.
2) 사람의 불안전한 행동은 사고의 대부분에 대해 책임이 있다.
3) 불안전한 행위에 의해 야기된 치명적인 상해를 입은 자는 평균적으로 그와 같은 불안전한 행위를 함으로써 생길 수 있는 심각한 상태로부터 300회 이상을 벗어났었다. 비슷하게 상해를 받기 전 수백번의 기계적 위험에 노출되어 있다.
4) 상해의 결과는 대부분 우연적이다 – 상해를 만드는 사고의 발생은 대부분 방지할 수 있다.
5) 불안전한 행동의 발생에 대한 네 가지 기본 동기와 이유는 적절하고 올바른 조치의 선택에 지침을 제공한다.
6) 이 네 가지 기본적인 방법은 사고를 방지하는 데 사용할 수 있다 – 기술혁신, 설득과 호소, 개인 조정, 훈련 등
7) 사고방지에 있어서 가장 가치있는 방법은 품질, 비용, 생산량의 관리에 요구되는 방법과 유사하다.
8) 관리는 방지작업을 실시하기 위한 가장 좋은 기회와 능력을 가지고 있다. 그러므로 책임을 져야만 한다.
9) 감독자나 직장은 산업사고 방지에 있어 가장 중요한 자이다. 그의 작업수행의 관리에 대한 감독기술의 적용은 성공적인 사고방지에 있어 가장 커다란 영향을 주는 요소이다. 그것은 간단한 네 단계 공식으로 표현되고 가르쳐질 수 있다.
10) 사고 상해를 방지하기 위한 인도주의적 자극은 두 가지 강력한 경제적인 요인에 의해 뒷받침된다.
    ① 안전한 시설은 생산적으로 유용하고 불안전한 시설은 비효율적이다.
    ② 보상과 치료에 대한 산업상태의 직접적인 비용은 고용주가 지불해야만 하는 전체비용의 5분의 1에 불과하다.

13) Herbert W.Heinrich, Industrial Accident Prevention, McGraw-Hill,1980

버드Frank E. Bird재해발생이론 01-08

1. 버드의 재해 연쇄성 이론

버드Frank E. Bird의 손실인과모델Loss Causation Model로서 신 도미노Domino이론은 사고의 직접원인인 불안전한 상태[14], 불안전한 행동 배후에 그 원인의 기본원인이 존재하고 보다 근본원인은 관리(제어)의 부족을 해결할 필요성의 문제제기에 있다.

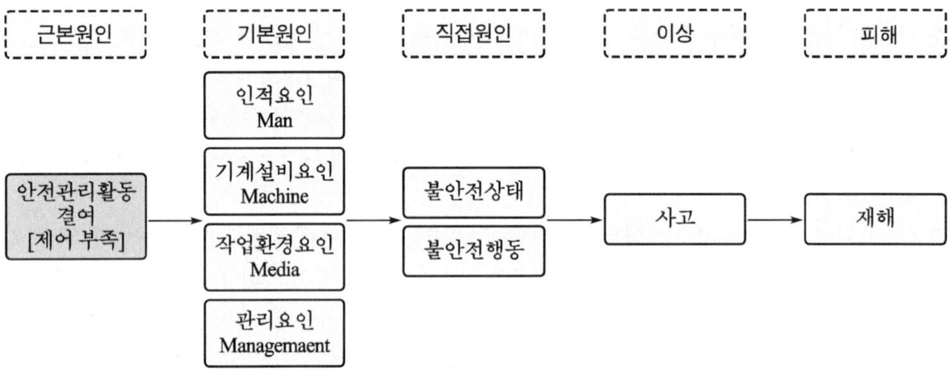

그림 1.2.5. 신 도미노 이론

1단계	2단계	3단계	4단계	5단계
근본원인 [관리부족]	기본원인	직접원인 [징후]	이상 [접촉]	피해 [손실]
•안전관리계획 •직무계획 책정 •설정기준 평가 •계획개선, 추가	•개인적 요인 •작업적 요인	•불안전행동 •불안전상태	•인적사고 •물적사고	•인적손실 •물적손실

14) 불안전상태는 사고의 직접원인으로 기계설비의 불안전한 상태를 말한다. 불안전한 행동이 인적요인을 나타내는데 대하여 불안전한 상태는 일반적으로 물적 결함을 나타내는 것이다. 예컨대 부적합한 환경조건 또는 설비, 장치, 기계의 결함과 작업용구, 방호설비의 결함 등으로 재해발생의 위험이 많은 상태를 말한다. 재해원인의 요소 분류에서 불안전상태의 분류는 다음과 같다.
(1) 물체 자체의 결함 (2) 안전·방호장치의 결함 (3) 복장·보호구의 결함
(4) 물체의 배치와 작업장소의 결함 (5) 작업 환경의 결함 (6) 생산공정의 결함
(7) 작업방법의 결함 (8) 경계표시와 설비의 결함 (9) 기타 불안전한 상태 등이다.

2. 버드의 [1:10:30:600] 법칙(인적사고에 대한 재해발생비율)

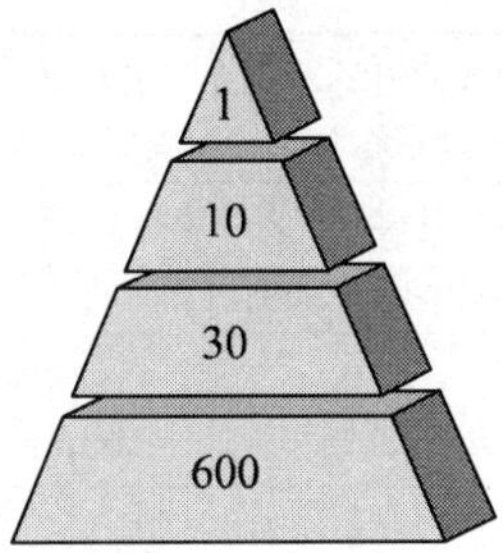

• 사망 또는 중상 : 0.16퍼센트
• 경상(물적, 인적 손실) : 1.56퍼센트
• 무상해, 무사고(물적 손실만) : 4.68퍼센트
• 무상해, 무사고(손실없는 사고) : 93.6퍼센트

• 잠재된 위험상태가 차지하는 비율(α) $\alpha = \dfrac{600}{1+10+30+600}$

• α =93.6퍼센트, 숨은 위험한 상태(Potential), 잠재된 위험상태(Near Accident)

그림 1.2.6. 버드의 재해발생비율

3. 사고연쇄반응이론[도미노 이론] 비교

사고연쇄반응 이론의 비교

구분	1단계	2단계	3단계	4단계	5단계
H.W.Heinrich(1931)	•개성 •사회적환경	•인간의 결여 •과실	•불안전행동 •불안전상태	•사고	•상해
Bird Frank(1976)	•근본원인 (통제불량)	•기본원인 (기초원인)	•징후 (직접원인)	•이상	•피해 (상해과실)
D.A. Weaver	•인간의 개성 •사회환경	•인간특성결여 •불안전상태	•불안전행동	•사고	•상해
Edward Adams	•관리구조	•Error	•현상의 Error	•사고	•상해

학습 Note 산업재해발생 메커니즘 이론

1) Domino 이론 : 하인리히 등이 제시한 이론으로 현대적 안전관리의 기본 개념이다. 일련의 사고 요인들이 순차적으로 발생하여 재해가 발생된다는 이론
2) 재해발생3형태 이론 : 재해의 발생형태는 (1) 집중형 (2) 연쇄형 (3) 혼합형으로 발생된다는 이론
3) 에너지원이나 에너지 이동경로 노출 이론 : 산업재해의 발생 구조는 4가지 형태로 발생하며, 에너지의 효율적인 관리가 안전보건관리업무의 주요한 업무내용이라는 이론

학습 Note Domino 이론

1930년대에 처음 제안된 하인리히의 도미노 이론은 사회적, 환경적 요인에 선행되고 영향을 받는 인간 행동 결함이 불안전한 상태, 재해 및 상해로 이어질 수 있다는 이론. 수정된 도미노 이론[Bird, 1974]은 관리와 조직 측면이 사고 원인의 근본적인 기본 요소라고 제안하고 있다.

학습 Note 안전모델의 발전 과정

세대 구분	제1세대 : 기술의 시대 [Age of Technology]	제2세대 : 인적요인의 시대 [Age of Human Factors]	제3세대 : 안전관리의 시대 [Age of Safety Management]
Model	연속모델 [Sequential Model]	역학적모델 [Epidemiological Model]	System Model
재해[Accident]	간단함. 선형적 [Simple, Linear]	복잡함, 선형적 [Complex, Linear]	복잡함, 비선형적 [Complex, Non-Linear]
근본 원인 [Principle of Causation]	Single Causes (Root Cause)	Multiple Causes (Latent Conditions)	Complex Conditions [Emergent Variability]
관리원칙 [Management Principle]	Error Management	Performance Deviation Management	Performance Variability Management
Scientific Focus	Proximal Components	Distal and Proximal Components	Situated, Integrated Wholes
위험성분석 기법	Domino Model FTA, ETA, FMEA, HAZOP	Swiss Cheese Model	AcciMap, STAMP, FRAM

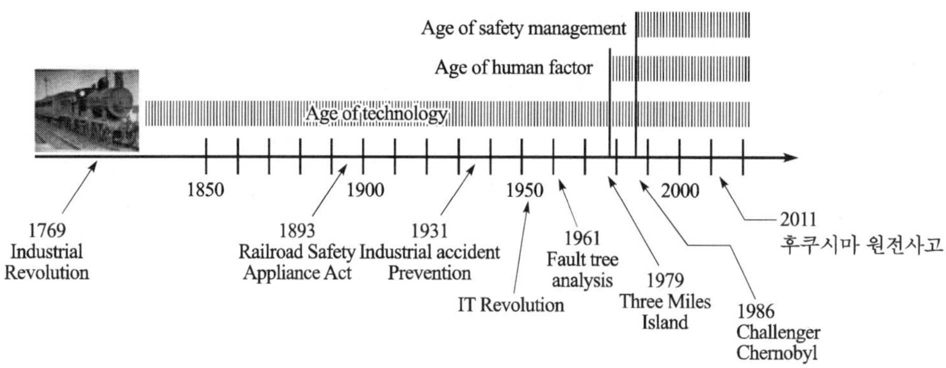

[Three ages of safety(after Hale and Hovdend, 1998)]

학습 Note 스위스 치즈 모델The Swiss Cheese Model(1990)

리즌Reson의 스위스 치즈 모델The Swiss Cheese Model은 사고는 인간의 결함이, 연속된 인간 실수Human Error에 의해 발생하며, 인간 실수를 방지하기 위해서는 안전조치나 조직Organization의 결함을 최소화해야 한다는 주장이다. 즉 사고는 작업자의 직접적인 원인과 작업현장과 조직의 잠재적 원인의 헛점이 관통하여 발생한다는 조직사고Organizational Accident 개념이다.

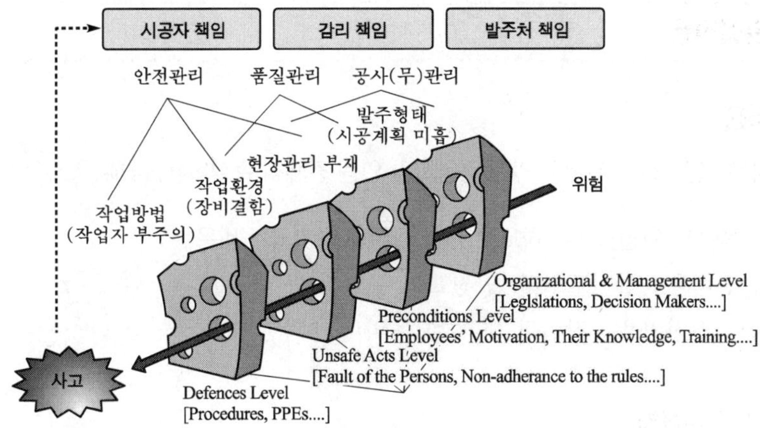

[단계별 안전(시공)관리 허점]

학습 Note 제약-반응 모델 Constraint-Response Model(Suraji, 2001)

1) 이 모델은 건설현장 사고의 원인을 Proximal Factor와 Distal Factor로 분류하고 복잡한 상호작용을 제약Constraint과 반응Response의 관계로 설명하고 있다. Proximal Factor인 부적절한 건설계획, 부적절한 공사관리, 부적절한 공사운영, 부적절한 현장 상태, 부적절한 공사 행위 등을 건설사고의 직접원인으로 분류하고 이러한 직접원인은 건설현장 사고 상황이 건설사업 수행과정에서 사고 발생 가능성이 높아지는 조건이나 상황을 만드는 물리적·환경적 요인인 Distal Factor의 여러 제약 조건 아래 선택된 반응의 결과임을 강조하고 있다.

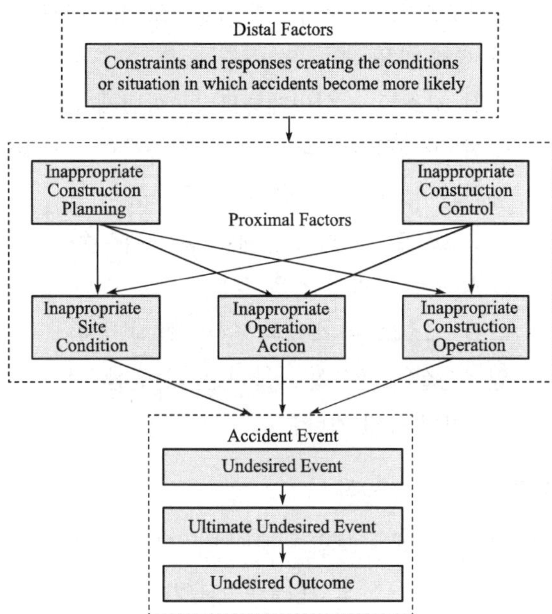

[Pattern of Constrution Accident]

2) 이 모델은 영국 보건안전청의 500건의 사고 기록에 대한 Proximal Factor 분석 결과를 부적절한 건설계획Inappropriate construction planning 28.8%, 부적절한 공사관리Inappropriate construction control 16.6%, 부적절한 공사 운영Inappropriate construction operation 88.0%, 부적절 현장 상태Inappropriate site condition 6.0% 부적절한 공사행위Inappropriate operative action 29.9%의 비율로 제시하고 있다.

재해손실비용 01-09

1. 재해손실비용

1) 재해손실비용 : 업무상의 재해로 인해 경영자가 입는 경제적 손실비용, 재해 코스트Cost라고도 한다.

2) 안전비용Safety Cost : 안전을 유지하고 추진하기 위해 투자되는 비용
   (1) 순수 안전비용 : 안전포스터, 안전표어 구입비 등
   (2) 불명확한 안전비용 : 작업장 내 설비 등의 불명확한 비용

2. 재해 손실비용 계산법

1) 하인리히 방식[1(직접비):4(간접비) 경험법칙][대략의 법칙Rough of Thumb]
   (1) 총재해 손실비용(전 재해코스트)=직접비[20%]+간접비(직접 코스트×4)[80%]
   (2) 직접코스트 : 근로자에게 법령으로 지급하도록 정해진 재해 비용
   직접 코스트 = 산업재해보상보험법제36조의 보험급여-요양급여, 휴업급여, 장해급여, 간병급여, 유족급여, 장례비, 직업재활급여 등
   (3) 간접코스트 : 재해로 인해 발생한 재산손실, 생산중단 등으로 기업이 입은 손실
   간접 코스트 = 재산의 손실, 생산저해의 손실액, 인적손실(임금손실), 물적손실, 생산손실, 특수손실, 여비 등의 기타손실

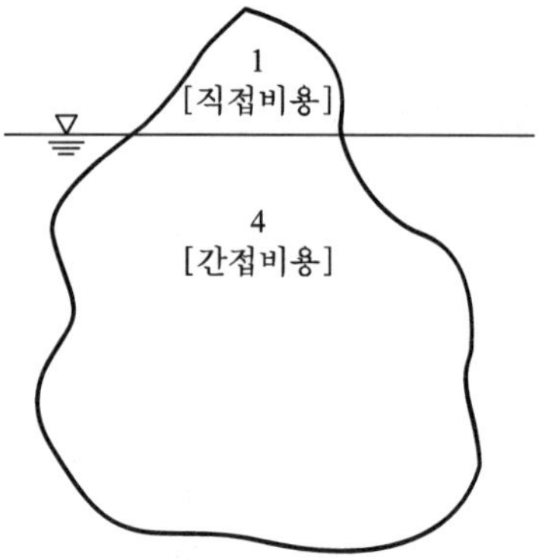

그림 1.2.7. 하인리히 재해 손실비용 산정 방식

2) 시몬즈R.H.Simonds 방식

재해 비용 총액 = 보험 비용Insured Cost + 비보험 비용Uninsured Cost
= 보험비용+비보험비용[(A×휴업상해건수)+(B×통원상해건수)+(C×응급처치상해건수)+(D×무상해사고건수)]

여기서, A,B,C,D는 일정금액이며 상해정도별 각각의 재해에 대한 비보험 비용 평균액이다. 보험료는 의료비, 보상금 등이며, 비보험손실비용은 건물손상비, 기구 및 장비 손실, 제품속 재료 손실, 조업중단, 지연손실비 등이 포함된다. 사망 및 영구전노동불능상해는 제외되며, 이런 종류의 재해발생은 특별한 경우이므로 발생할 때마다 재해 코스트를 별도로 계상하도록 한 것이다.

3) 버드F.E. Bird방식(빙산이론)

(1) 총 재해 손실 비용=직접비+간접비

가. 직접비 : 의료비, 보상금 등

나. 간접비 : 비보험손실비용

(2) 직접비 : 간접비 = 1 : 6 ~ 53

4) 콤페스Compes 방식

총 재해 비용 = 개별비용 + 공용비용

(1) 개별비용 : 작업중단, 수리비용, 사고 조사 등

(2) 공용비용 : 보험료, 기업명예비용 등

5) 우리나라 재해 코스트 산정 방식

(1) 우리나라 재해 코스트 산정방식은 하인리히 계산방식을 따른다.

(2) 재해손실비용(경제적 손실 추정액)=직접손실액(산재보상금 지급액)+간접손실액(직접손실액×4)

6) 재해손실비용과 계산법 구분

(1) 직접비용과 간접비용 산정법

한국, 하인리히, OSHA, EU 등이 적용하고 있다.

(2) 보험비용과 비보험비용 산정법

시몬스, 기존 HSE 모델이 적용하고 있다.

3. 재해손실비용 산정 시 고려사항

1) 손실비 항목 - 산정 가능하도록 실체화 시킬 것

2) 직접 및 간접 항목 - 구제척인 손실비용 산정 할 것

3) 객관적인 기준 - 손실비 추산에 객관적으로 적용할 수 있는 자료 축적 할 것

4. 재해손실비용 비교

1) 전통적인 재해손실비용 평가 모델

(1) 하인리히[직접비용과 간접비용을 일정 비율로 계상하는 방식][직접비용과 간접비용 방식]

(2) 시몬스[직접비용과 간접비용을 일정 비율로 계상하는 방식을 부정하는 방식][보험과 비보험방식]

(3) 기존 HSE 모델[보험과 비보험방식], 기존 NSC 모델 등

(4) OSHA[직접비용과 간접비용 방식]

(5) EU[직접비용과 간접비용 방식]

2) 최근 재해손실비용 평가 모델[재해손실비용을 수식으로 계상하거나 실제 비용으로 계상하는 방식]

(1) 최근 NSC 모델

(2) 최근 HSE 모델

(3) ILO 등

학습 Note 재해발생이론과 재해손실비용

구분	이론	재해손실비용
H.W.Heinrich(1931)	• 도미노이론	• [1(직접비):4(간접비)경험법칙]Rough of Thumb
Frank Bird(1976)	• 신도미노이론	• 총 재해 손실 비용=직접비+간접비 • 직접비 : 간접비 = 1 : 6 ~ 53
Edward Adams	• 사고연쇄이론	–
R.H.Simonds	–	• 재해비용총액=보험비용Insured Cost+비보험비용Uninsured Cost

3. 산업재해조사방법과 재해원인분석방법

재해조사방법 01-10

1. 재해조사의 목적

1) 재해발생 원인을 분명히 밝혀내서 가장 적절한 예방대책을 수립하기 위한 목적
2) 동종재해 또는 유사재해 방지 목적

2. 재해 조사의 원칙 3단계

1) 제1단계(현장 보존)
   (1) 재해발생 직후에 실시한다.
   (2) 현장보존에 유의한다.

2) 제2단계(사실의 수집)
   (1) 현장의 물리적 흔적(물적증거) 수집
   (2) 재해 현장은 사진을 촬영하여 보관 및 기록

3) 제3단계(목격자, 감독자, 피해자 등의 진술)
   (1) 목격자, 현장 관계자 등 많은 사람들에게 사고 시의 상황 청취
   (2) 재해 피해자로부터 재해 직전의 상황 청취
   (3) 판단이 어려운 특수재해, 중대재해는 전문가에게 조사 의뢰

3. 재해조사의 순서 4단계

1) 제1단계 : 사실의 확인
   (1) 사람에 관한 사항 : 작업명, 내용, 단독・공동작업, 소속, 근무연수, 자격, 면허 등
   (2) 작업에 관한 사항 : 명령, 지시, 연락 등 정보의 유무, 작업자세, 작업조건 등
   (3) 설비에 관한 사항 : 기계설비, 방호장치, 보호구 등
   (4) 작업 중 관리에 관한 사항 : 작업 중의 지도, 지휘, 평상시의 교육, 훈련상황 등

2) 제2단계 : 직접원인과 문제점의 확인

(1) 물적 원인과 문제점 파악

(2) 인적 원인과 문제점 파악

(3) 천후 원인

3) 제3단계 : 기본원인과 근본적 문제의 결정

(1) 기본원인을 4M에 따라 분석, 결정

(2) 재해요인과 중요도 등 고려

4) 제4단계 : 대책의 수립

(1) 동종재해 예방 대책 수립

(2) 유사재해 예방 대책 수립

4. 재해 발생 시 조치순서

1) 조치순서

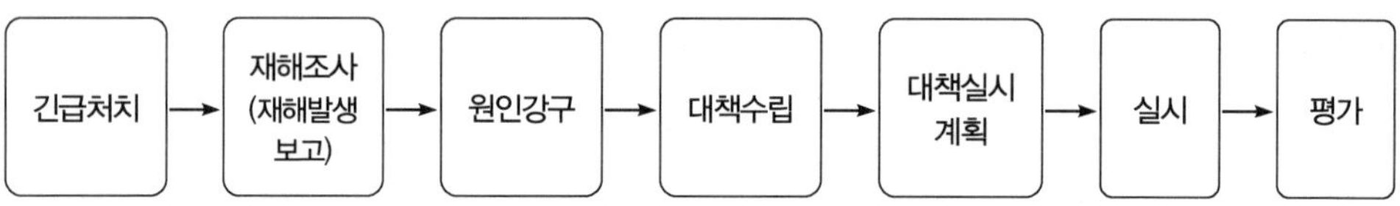

그림 1.3.1. 재해 발생시 조치순서

2) 재해자 발생 시 조치사항

(1) 작업중지 및 재해자 구출

(2) 병원 후송 : 환자 응급조치와 동시에 병원에 긴급 후송

(3) 보고 및 현장 보존 : 관리감독자 등 책임자에게 알리고 현장 보존

5. 산업재해 발생 시 조치[노동부]

상황	조치
산재로 사망자, 부상자, 질병자 발생 시	• 산재발생 1개월 이내에 산업재해조사표를 작성하여 관할 지방고용노동관서장에게 제출
중대재해 발생 사실을 인지할 때	• 발생개요 및 패해 상황, 조치 및 전망 등을 관할 지방노동관서장에게 지체없이 보고
산재발생	• 사업장 개요, 근로자 인적사항, 재해발생 일시 및 장소, 원인 및 과정 등을 기록하고 보존

*단 산업재해조사표 사본 보존 또는 요양신청서의 사본에 재해 재발 방지 계획을 첨부하여 보존한 경우 대체 가능

6. 사고조사 절차

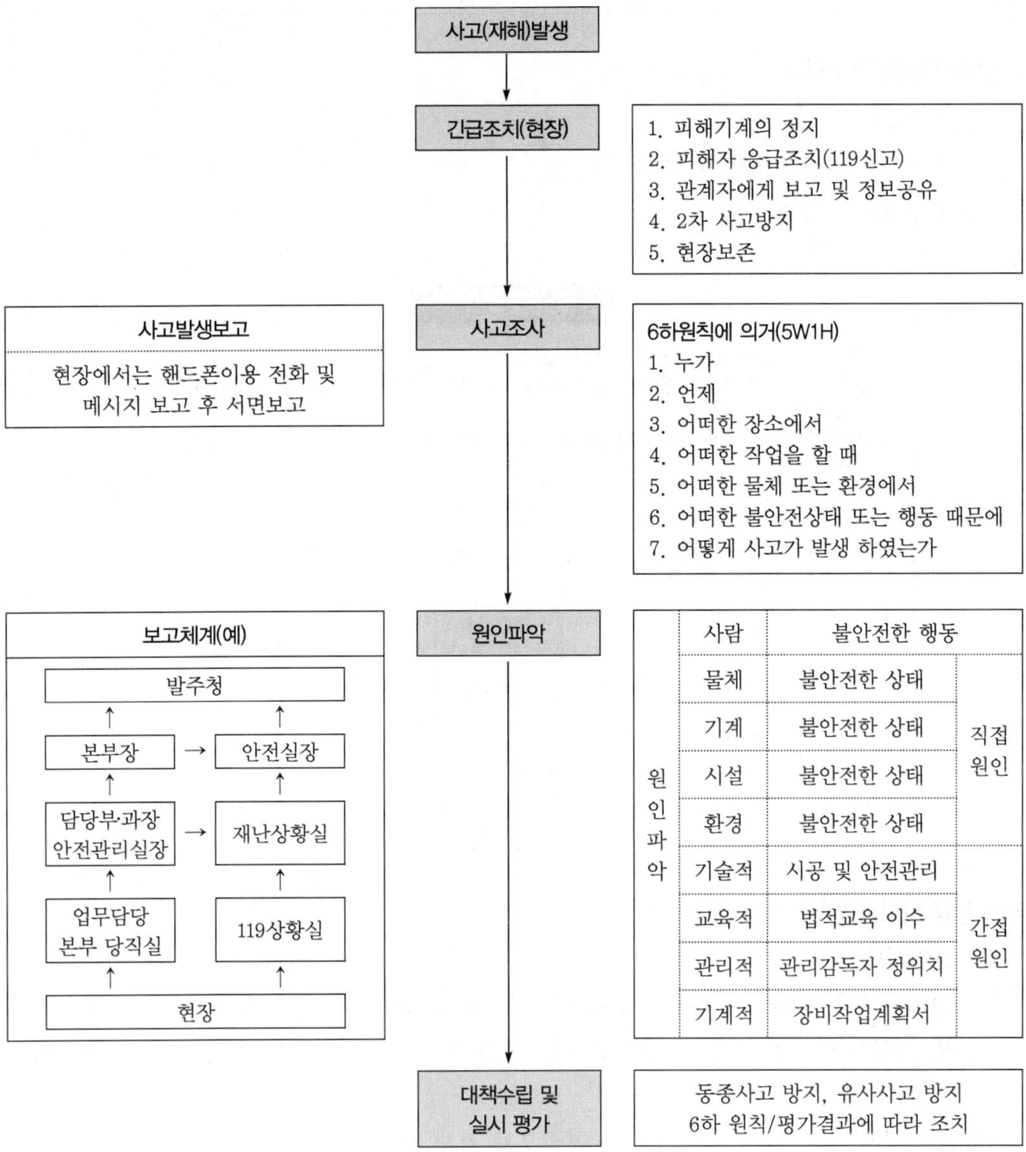

그림 1.3.2. 산업재해조사절차

산재처리 01-11

1. 산업재해발생의 보고

1) 국토부 보고[건진법]

(1) 산재가 발생했을 때(3일 이상의 휴업)

(2) 중대재해가 발생할 때

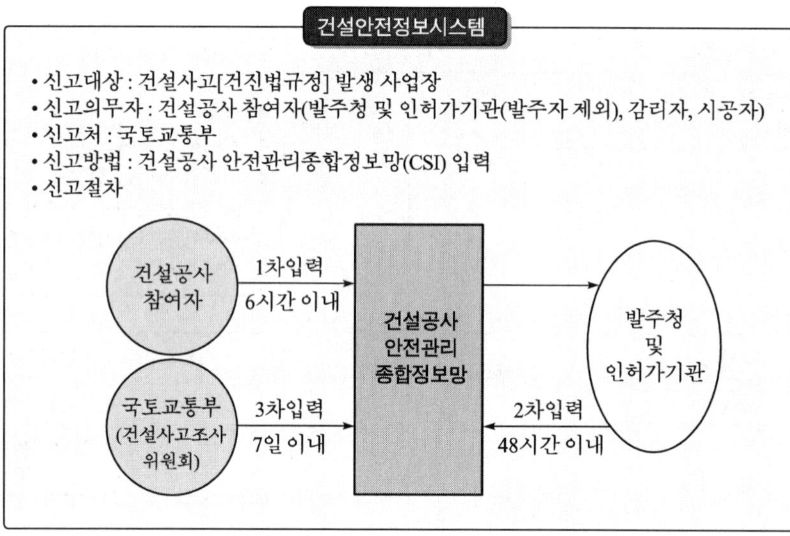

그림 1.3.3. 건설사고 신고 절차[15], 국토교통부

2) 노동부 보고[산안법]

(1) 산업재해

산업재해로 사망자가 발생하거나 3일 이상의 휴업이 필요한 부상을 입거나 질병에 걸린 사람이 발생한 경우 발생일로부터 1개월 이내에 산업재해조사표를 작성, 관할 지방고용노동관서장에게 제출한다.

(2) 중대재해 : 전화, 팩스 또는 기타 방법으로 지체없이 보고한다.

(3) 중대재해 보고내용

가. 발생개요 및 피해 상황

나. 조치 및 전망

다. 그 밖의 중요한 사항

---

15) 건설안전정보시스템[cosmis]은 안전관리종합정보망(CSI)으로 통합됨

2. 비상상황 발생 시 긴급조치 사항

1) 인적사고 발생 시 긴급조치 5단계

(1) 피해기계의 정지 : 피해기계의 운전 일시 중단

(2) 피해자 응급조치 및 119신고(병원으로 긴급 후송)

가. 지혈, 인공호흡, 흉부압박(자동제세동기 사용) 등 응급조치

나. 병원으로 긴급 후송(119 신고)

(3) 관계자 통보 : 전화 또는 문자 후 문서 통보

가. 사내(공사관계자) 보고 : 비상연락체계 또는 안전보건관리체제에 따른다.

나. 중대재해발생보고

다. 건설공사안전관리 종합정보망(CSI) 입력

(4) 2차 사고방지 : 개인보호구 착용 후 구조작업 및 주변통제

(5) 현장 보존 및 목격자 등 진술 확보 : 정확한 현장조사 목적

가. 사고 현장 보존 : 사고 상태대로 보존, 훼손 시 고의성 여부가 문제 된다.

나. 목격자와 작업지시자 등 진술 확보

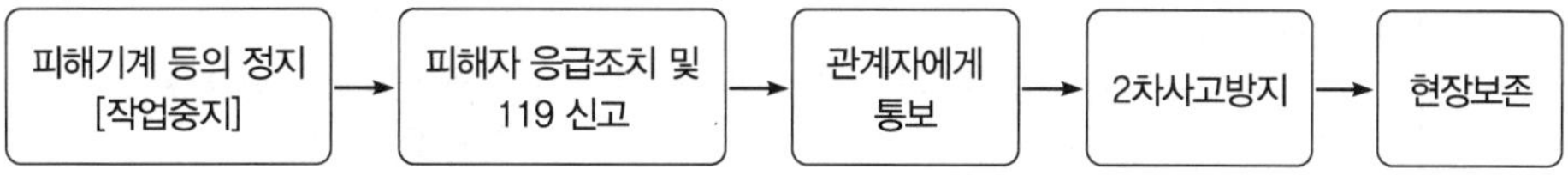

그림 1.3.4. 인적 사고 발생 시 사고 처리 순서

2) 물적사고 발생 시 사고처리 5단계

(1) 근로자 대피 및 신속한 사고전파 : 안전한 지역으로 근로자 대피 유도 및 사고상황 전파

(2) 사고발생 주변 통제 : 사고발생 주변을 통제하여 2차 사고 예방

(3) 관계자 통보 : 전화 또는 문자 후 문서 통보

가. 발주자(청) : 공사현장 담당자(안전관리실장, 공사담당·담당자 등)

나. 건설사업관리단 : 건설사업관리단장

다. 시공사 : 안전보건총괄책임자, 하도업체 안전보건관리책임자

라. 건설공사안전관리 종합정보망CSI 입력

(4) 2차 사고 방지 : 개인보호구 착용 후 구조작업 및 주변통제

(5) 현장 보존 : 정확한 현장조사

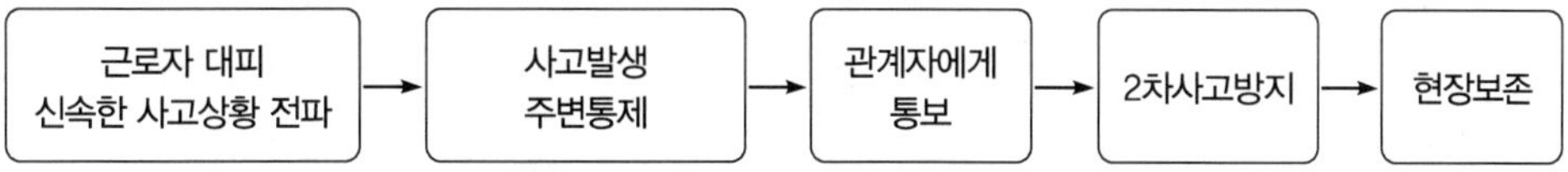

그림 1.3.5. 물적 사고 발생 시 사고 처리 순서

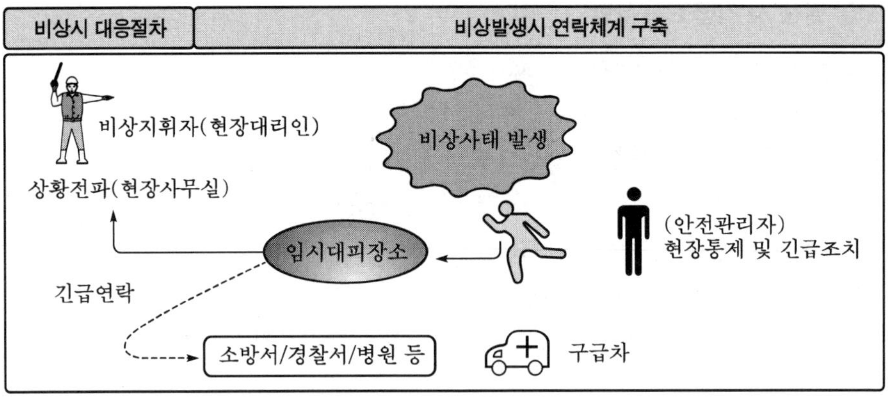

그림 1.3.6. 비상사태[16] 발생시 대응 절차

학습 Note 산업재해 발생 시 조치사항 및 처리절차

재해자 발견 시 조치 사항

- 재해발생 작업(기계)의 정지 및 재해자 구출
- 병원 긴급 후송
  - 환자에 대한 응급처치와 동시에 119구급대, 병원 등에 연락하여 긴급 후송
- 보고 및 현장보존
  - 관리감독자 등 책임자에게 알리고, 사고원인 등 조사가 끝날 때 까지 현장 보존

산업재해 발생 보고

- 산업재해(**3일 이상 휴업**)가 발생한 날부터 1개월 이내에 관할 지방고용노동관서에 산업재해조사표를 제출[산업재해통계대상 : 사망 또는 **4일 이상 요양**을 요하는 부상이나 질병으로 산재요양이 승인된 재해]
- 중대재해는 지체없이 관할 지방고용노동관서에 전화, 팩스 등으로 보고

산업재해 기록보존

- 산업재해가 발생한 경우 다음 각 호의 사항을 기록하고, 3년간 보존
  - 사업장의 개요 및 근로자의 인적사항
  - 재해발생의 일시 및 장소
- 재해발생의 원인 및 과정
- 재해 재발방지 계획

---

16) 건설현장 비상사태의 범위
(1) 붕괴, 폭발, 가스 누출 등에 의한 작업자, 시설물 및 인근지역에 악 영향의 우려가 있는 경우
(2) 호우, 강풍 등의 천재 지변
(3) 인근 지역에서 발생한 비상사태가 현장에 파급효과의 우려가 있는 경우
(4) 그 밖의 인명 및 시설물에 치명적인 영향이 우려되는 경우

재발방지 계획에 따른 개선활동 실시	[산업재해 발생 원인 분석 및 검토 방법]

- 사실의 확인
  - 산업재해 발생까지의 과정을 파악한다
  - 물적·인적·관리적 측면에서 사실을 수집한다
- 재해요인의 파악
  - 물적·인적·관리적 측면에서 재해요인을 찾는다
- 재해요인의 결정
  - 재해요인의 상관관계와 중요도를 고려해서 직접원인 및 간접원인 결정
- 계획(대책) 수립
  - 근본적인 문제점 및 재해원인을 근거로 동종 또는 유사재해방지대책 구체적으로 수립

산재은폐 01-12

1. 산재 은폐(보고의무 위반) 개념

일반적으로 사업주의 은폐의도(고의성)를 불문하고 산업재해발생 보고의무(기한)[17]를 위반한 경우를 말한다.

2. 산재은폐의 문제점

1) 근속기간 계산에 따른 다툼 발생 가능
2) 후유증 발생 가능 및 재발 시 재치료의 지연 발생
3) 장해급여 수급 곤란
4) 사업장의 휴업, 폐업, 부도 시 재해보상 불가능
5) 부정확한 산재통계로 산업보건 정책의 부실화
6) 사업주의 작업환경개선의 무관심
7) 동일유형의 재해 반복 발생

3. 산재은폐 유형의 분류

1) 고의로 추정되는 은폐 유형
   (1) 사업주가 재해자의 치료비를 국민건강보험으로 처리하고 회사에서 지급하는 경우
   (2) 재해자가 일반환자로 치료받고 치료비를 사업주가 지급하는 경우

17) [산업재해 발생 보고 기한(산안법시행규칙제73조)] 사업주는 산업재해로 사망자가 발생하거나 3일 이상의 휴업이 필요한 부상을 입거나 질병에 걸린 사람이 발생한 경우에는 해당 산업재해가 발생한 날부터 1개월 이내에 산업재해조사표를 작성하여 관할 지방고용노동관서의 장에게 제출(전자문서로 제출하는 것 포함)해야 한다.

(3) 재해가가 직접 요구하는 경우

(4) 사업주가 적극적으로 요구하는 경우

2) 고의가 아닌 것으로 추정되는 은폐 유형

재해자가 스스로 처리하는 경우

4. 산재은폐의 발생이유

1) 법적, 제도적 관점

(1) 피해 사실의 입증 책임과 복잡한 절차

(2) 산재 승인까지의 기간

(3) 산재보험 미가입 사업장

2) 사업주 관점

(1) 산재처리에 따른 불이익 회피

(2) 산재보험료 인상

(3) 산업안전보건법의 처벌

3) 근로자 관점

(1) 산재 승인까지의 실질소득 감소와 불안감

(2) 서류 제출과정의 복잡함

(3) 사업주 관계자의 회유

구분	공상처리[18]	산재발생보고(신고) 기준	산업재해통계대상
기간	3일 이상 부상, 질병	3일 이상 휴업 재해 또는 사망자	4일 이상 요양
보상주체	사업주	국가	산재통계기준(OECD)는 요양1일
치료	직장건강보험/개입의료보험	산재보험	-
관련법	근로기준법	산재보상법	-

18) [산재은폐 부추김 제도][공상처리하게 하는 유혹]

(1) 2014년부터 산재보고를 요양4일에서 휴업3일로 변경[휴업이란 요양+반차, 조퇴는 비포함]

(2) 개별실적요율제 대상 20인에서 10인으로 확대

(3) 산재발생율 2019.1.1.부터 환산재해율에서 사고사망만인율로 변경

(4) 산재대상 전체종합건설업체로 확대

(5) 시공사

① 산재보험료 상승

② PQ 감점(신인도 저하)

(6) 근로자 : 산재신청기한 3년 이내

5. 산재은폐의 예방대책

1) 산재예방 의식 고취 및 산재보상제도 관련 지식 함양
2) 산재예방활동 활성화 유도
3) 사업장 근로자에 대한 산재 발생 시 대처요령 등 관련 교육과 홍보 확대
4) 지방관서의 지속적인 정보수집 활동과 적극적인 적발 활동
5) 유관기관과의 협력체계 구축(건강보험공단, 관내 소방관서 및 병원 등)
6) 산재발생의 자진 신고 시 벌칙감량, 면제 특혜 부여
7) 산재은폐 사업장에 대한 강력한 처벌 적용
8) 건강진단의 내실화와 사후관리

6. 과태료 부과기준[산안법시행령별표35]

위반행위	세부내용	과태료 금액(만원)		
		1차	2차	3차이상
중대재해발생 사실을 보고하지 않거나 거짓으로 보고한 경우	-	3000	3000	3000
산업재해를 보고하지 않거나 거짓으로 보고한 경우	산업재해를 보고하지 않는 경우 (사업장 외 교통사고 등 사고주의 위법이 산재의 직접적인 원인이 아닌 것이 명백한 경우 제외)	700	1000	1500
	산업재해를 거짓으로 보고한 경우	1500	1500	1500

학습 Note 산재처리

1) 공상처리
(1) 내용 : 산재처리 대신 사업주가 치료비 등의 일정 보상금을 지불하여 사고를 처리하는 경우
(2) 이유 : 회사의 불이익
가. PQ가산점 손해 나. 보험료 인상 다. 노동부 점검대상
라. 산안법상 처벌 마. 작업환경 개선

2) 공상합의
공상합의란 원래 근로기준법에 따른 사업주의 재해보상 책임을 말하며 회사와 재해자가 직접 합의를 진행하는 것을 산재공상합의라고 한다. 고용노동부는 산업재해보험법상 산재 처리를 우선적으로 하되 산재 적용 대상에서 제외되는 근로자들에 대해서 근로기준법상 보상을 실시하도록 지도하고 있다.

3) 근로자 무과실 원칙 문제점

무과실 책임이란 산재보상은 근로자 과실 여부와 상관없이 재해와 업무상 인과관계만 입증되면 산재보상금을 받을 수 있다.

4) 산업재해보상보험

근로자가 일하던 중 다치거나 질병을 얻은 경우 근로복지공단에서 아픈 근로자나 그 가족에게 빠르고 공정한 보상을 해주는 보험제도

재해원인분석방법 01-13

1. 재해요소에 의한 분석

1) 재해를 일으키는 여러 원인들을 각각의 요소별로 분리하여 분석하는 기법
2) 직접원인, 간접원인, 천후(기후)요인, 사고 또는 상해 등으로 구분하여 실시한다.

2. 개별적 원인분석

1) 개개의 재해를 하나하나 분석하는 것
2) 간혹 발생하는 특수재해나 중대재해 및 건수가 적은 중소기업에 적합하다.

3. 통계에 의한 재해원인의 분석(재해통계 분석 방법)

1) 재해원인의 각 요인별 상호관계와 분포상태 등을 거시적으로 분석하는 것
2) 재해사례를 모아 분석, 검토 후 공통의 유형Pattern을 발견하려는 분석법
3) 재해통계 분석 방법
   (1) 파레토도Pareto Diagram
   (2) 특성요인도Cause and Effects Diagram
   (3) 크로스도Cross Diagram
   (4) 관리도Control Chart
   (5) 기타
      가. 파이도표
      나. 오밀러도표 등
      다. 히스토그램Histogram(주상도)

4. 문답식에 의한 원인분석

Flow Chart를 이용하여 재해원인을 분석하고, 재해원인 분석 시 다시 한번 Flow Chart 상의 원점으로 돌아가 검토하면서 재해요인을 파악하는 분석법을 말한다.

5. 재해사례의 연구법

1) AAC[Accident Analysis and Control Method]방법이라고도 한다. 실제 있었던 재해 사례를 교육환경 속에서 집단토의 연구를 하는 것으로 수강자 입장에서 재해 분석하는 방법을 말한다.

2) 재해사례연구기준 : 법규, 기술지침, 사내규정, 작업명령, 작업표준, 설비기준, 직장의 관습, 작업의 상식 등을 말한다.

6. 재해경험연수별 통계

근로자 경험연수에 따른 재해발생 빈도로 일반적으로 경험연수가 낮은 신입 근로자에게 재해가 많다.

4. 인간의 안전심리와 불안전행동

인간행동방정식과 안전심리5요소 01-14

1. 르윈Kurt Lewin의 인간 행동

르윈[19]은 인간행동의 필드이론Field theory of behavior을 제안하며, 인간의 행동이 개인과 환경의 상호작용Interaction으로 결정된다는 다음과 같은 심리학 공식으로 표현하였다.

$$B=F(P \cdot E)$$

여기서, BBehavior(행동), FFunction(함수), PPerson(사람)을 구성하는 요인 : 사람의 내적요인으로 불안전행동의 원인, EEnvironment(환경적 요인) : 외적요인으로 불안전상태의 원인

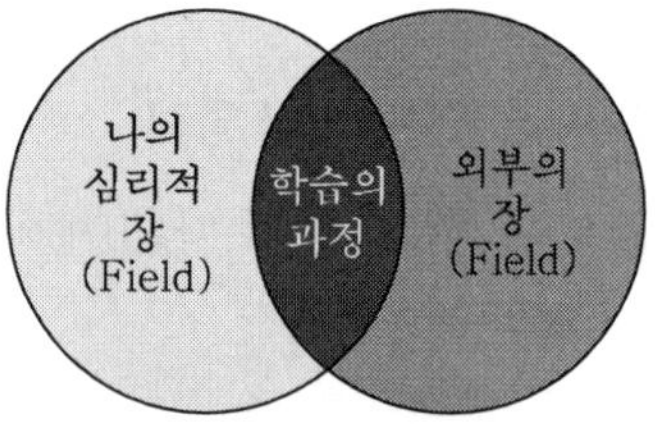

그림 1.4.1. 인간의 행동과 학습

1) P는 사람을 구성하는 요인

사람의 내적요인으로 불안전행동의 원인

(1) 성격 (2) 지능 (3) 감각운동기능

(4) 연령 (5) 심신상태(피로) 등

2) E는 환경을 구성하는 요인

외적요인으로 불안전상태의 원인

(1) 가정, 직장 등의 인간관계 (2) 온습도

(3) 먼지, 소음 등 물리적 환경 조건 설비 등 (4) 조명

2. 인간의 심리적 특성

1) 인간의 심리적 특성

(1) 간결성의 원리[20] : 최소의 에너지로 목표에 도달하려는 원리

(2) 주의의 일점집중 현상 : 과긴장 흥분상태

---

19) 독일의 사회심리학자(Kurt Lewin)

20) 간결성의 원리(Principle of Simplicity)란 중세시대 영국 오컴(Occam) 지방에서 활동한 철학자이자 가톨릭 수사이었던 윌리암(Willian)은 철학적 논쟁에서 불필요한 다수의 가정보다는 단순한 가정의 명제가 맞을 확률이 더 높다고 주장했다. 이처럼 문제를 단순화시켜 설명하거나 행동하는 것을 간결성의 원리라고 하고, '오컴의 면도날(Occam's Razor)'이라고 비유하기도 한다.

2) 안전심리의 5대 요소(개인적 불안요소 5가지)

(1) 동기Motive : 능동적인 감각의 결과로써 사람의 마음을 움직이는 원동력

(2) 기질Temper

가. 인간의 성격, 능력 등 개인적인 특성을 말한다.

나. 성장 과정의 환경적인 영향을 받는다.

(3) 감정Emotion : 지각, 사고 등과 같이 대상의 성질을 아는 작용으로 희로애락 등의 의식

(4) 습성Habit : 동기, 기질, 감정 등과 밀접한 관계를 형성하며 인간의 행동에 영향을 미칠 수 있도록 하는 것

(5) 습관Custom : 성장 과정을 통해 형성된 특성 등이 자신도 모르게 습관화된 현상

3) 안전심리

(1) 휴먼에러(인간 실수)

(2) 파지와 망각

가. 파지란 획득된 행동이나 내용이 지속되는 현상

나. 망각이란 획득된 행동이나 내용이 지속되지 않고 소실되는 현상

(3) 가현운동

인간의 착각현상의 하나이며 감각 특성을 뜻한다. 실제 움직이지 않는 대상이 어떤 조건 아래에서 움직이는 것같이 보이는 운동을 말한다.

(4) 감각차단현상

감각차단현상은 단조로운 업무가 장시간 일정하고 변화가 없이 지속될 때에 작업자의 감각기능 및 판단능력이 오히려 둔화 또는 마비되는 현상을 말한다.

(5) 자신과잉Risk Taking

작업에 익숙해짐에 따라 안전수단을 생략하는 사고유발 행위로서 바른 방법이 아님을 알면서도 행동하는 불안전행동 중 인적요인의 일종이다.

가. 고령자(위험감수)

나. 신규자(위험무지)

(6) 간결화 욕망

간결화 욕망이 발휘되는 순간

(1) 피로 등 심신이 이상할 때

(2) 감정이 고조될 때

1. 주의력과 부주의

건설현장에서 재해가 발생한 경우에 사고 책임 소재를 규명할 때 등장하는 개념으로 부주의 상태의 원인과 대책을 강구하는 것이 요구된다. 주의력이란 행동목적에 의식수준이 집중되는 심리적 안정 상태를 말하며 부주의란 목적 수행을 위한 행동 전개 과정에서 목적에서 벗어나는 심리적, 신체적 변화의 현상을 말한다.

1) 주의력의 성질

(1) 선택성 : 많은 종류의 자극 중에서 소수의 특정한 것에 한정하여 선택하는 기능
(2) 방향성 : 공개적으로 시선의 초점이 맞는 곳은 잘 인식되지만 그 외 부분은 무시되는 성질
(3) 변동성 : 주의 집중 시간은 지속적이지 못하고 변화하는 성질
(4) 일점집중성 : 돌발 상황에 직면하면 주의가 일점에 집중되어 판단정지, 멍청한 상태에 빠지는 성질

2) 주의의 깊이

(1) 외향 : 감각신경의 작용으로 사물을 관찰하면서 주의한 경우
(2) 내향 : 사고의 상태이며, 감각신경계가 활동하지 않는 공상이나 잡념을 가지고 있는 상태

3) 주의의 범위

감시하는 대상이 많아지면 주의의 범위는 넓어지고, 감시하는 대상이 적어질수록 주의의 넓이는 좁아지고 깊이는 깊어진다.

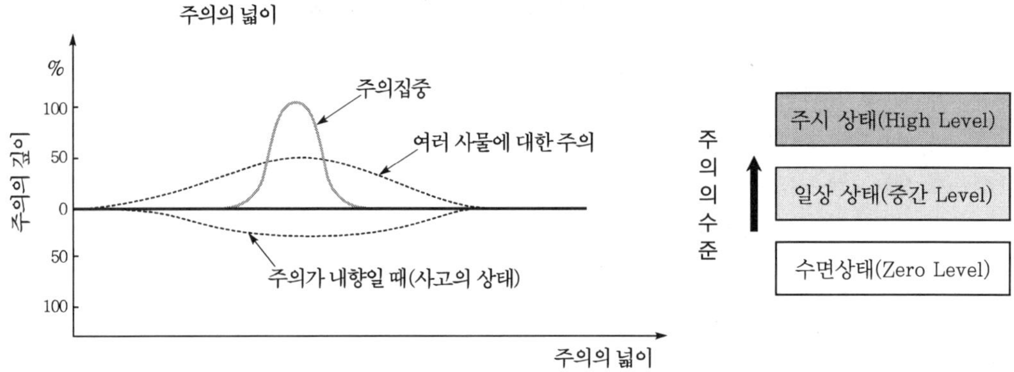

그림 1.4.2. 주의의 깊이와 넓이

2) 부주의

(1) 부주의의 정의

가. 바람직하지 않는 정신 상태의 총칭

나. 안전사고 발생의 주원인

다. 목적 수행을 위한 행동 전개 과정에서 목적에서 벗어난 심리적, 신체적 변화의 현상

라. 자신과잉, 안전수단 생략, 곡예심리 등이 작용하는 경우

(2) 부주의 발생 원인

가. 내적요인(불안전한 행동)

나. 외적요인(불안전한 상태 : 환경적 요인)

(3) 주의력과 동작실패의 원인

가. 자세의 불균형 : 행동의 습관

나. 피로도 : 신체조건, 질병, 스트레스 등

다. 작업강도 : 작업량, 작업속도, 작업시간 등

라. 기상조건 : 온도, 습도, 기타 기상조건 등

마. 환경조건 : 작업환경, 심리적 환경

2. 부주의 예방대책

1) 외적원인(불안전한 상태)

(1) 작업, 환경조건 불량 : 작업환경조건의 정비, 근로조건(근로시간, 휴식 등)의 개선

(2) 작업순서의 부적당 : 작업순서 정비

2) 내적원인(불안전한 행동)

(1) 소질적 조건 : 적성배치

(2) 의식의 우회 : 상담

(3) 경험, 미경험 : 교육

3) 안전교육 실시

(1) 경험자에 대한 세부적인 교육내용 실시(Risk Taking의 위험성)

(2) 미경험에 대한 기초교육 실시(안전의 중요성, 안전수칙이나 기준 내용)

3. 부주의 현상과 의식수준

1) 의식의 단절 : 의식상태(단계 0)-무의식, 실신 상태-질병 등

2) 의식의 우회 : 의식상태(단계 0)-무의식, 실신 상태-걱정, 고뇌, 욕구불만 등

3) 의식수준의 저하 : 의식상태(단계 Ⅰ)-의식 둔화 상태-심신의 피로 상태 등

4) 의식의 과잉 : 의식상태(단계 Ⅳ)-과긴장, 흥분 상태-외부의 자극 등

4. 부주의 현상의 대책

1) 의식의 단절 : 작업자의 작업을 전환시킬 것
2) 의식이 우회 : 안전관리자 등에 의한 작업자와의 상담이나 회의 등의 조치를 취할 것
3) 의식수준의 저하 : 작업자에게 적정한 휴식시간을 제공할 것
4) 의식의 과잉 : 객관적인 판단

정보처리 channel과 의식수준 01-16

1. 의식수준 5단계와 정보처리 5단계[인간 대뇌 의식 수준]

단계 [의식수준]	의식 상태	주의의 작용	생리적 작용	정보처리 5단계[신뢰성]
0 단계	•무의식, 실신 •의식의 단절상태 •의식의 우회상태	•Zero	•수면 상태 •뇌발작	0
Ⅰ 단계	•과소 긴장 (Subnormal) •의식수준 저하상태 •의식둔화(몽롱)	•부주의 •활발하기 않음 (Inactive)	•피로 •단조로움 •졸음	•≦0.9 •낮음 •반사 작업(무의식)
Ⅱ 단계	•정상, 편안함 (Normal, Relaxed) •정상상태 •이완상태	•수동적 (Passive)	•안전함 •휴식 시 •정상작업 시	•0.99~0.99999 •다소 높음 •반사 작업 •주시하지 않아도 되는 작업 •일상(Routine) 작업
Ⅲ 단계	•정상 명석함 (Normal Clear) •주의집중상태 •상쾌한 상태 •분명한 의식	•적극적 •전향적 (Active)	•적극 활동 시	•≧0.99999 •매우 높음 •동적의지 결정작업 •문제 해결 작업
Ⅳ 단계	•과긴장, 흥분상태 (Hyper-normal, Over-excited) •주의 일점집중상태 •의식의 과잉	•1점 집중 •판단정지 •주의의 치우침	•긴급반응, •당황 → Panic •주의의 치우침	•≦0.99 •낮음

2. 정보처리 Channel 및 의식수준

1) 정보처리의 개요

(1) 감지한 정보를 가지고 수행하는 여러 종류의 조작

(2) 정보처리 Channel은 일의 난이도에 따라 5단계로 구분한다.

2) 정보처리 5단계와 의식수준

(1) 1단계 : 반사작업(무의식) : 의식수준(단계) Ⅰ, Ⅱ

가. 반사작용으로 정보처리

나. 입력된 정보 파악 전에 반사 신경이 감수하여 처리하는 단계

(2) 2단계 : 주시하지 않아도 되는 작업 : 의식수준 Ⅱ

가. 2가지 이상 동시작업 처리

나. 몸이나 경험으로 학습된 간단한 조작의 처리

(3) 3단계 : 일상Routine 작업 : 의식수준 Ⅱ

가. 동시 정보처리 불가

나. 순서가 결정된 정상적인 정보처리

(4) 4단계 : 동적의지결정 작업 : 의식수준 Ⅲ

가. 조작하여 결과 확인 후 다음 조작이 결정되는 정보처리

나. 정보처리 순서를 알지 못하는 경우

다. 비정상적인 작업의 유형

(5) 5단계 : 문제해결 작업 : 의식수준 Ⅲ

가. 미경험, 미지의 상황에서 정보처리(창의력 필요)

나. 정보(경험)만으로 대처불가

불안전행동 01-17

1. 불안전행동의 종류(불안전행동의 직접원인)

1) (모른다) 지식 부족 : 안전하고 올바른 작업방법을 알지 못한다.

2) (할 수 없다) 경험부족(미숙련, 기능 미숙)

3) (하지 않는다) 태도 불량, 의욕결여, 피로, 작업 부적응, 심적 갈등

4) 인간 실수Human Error

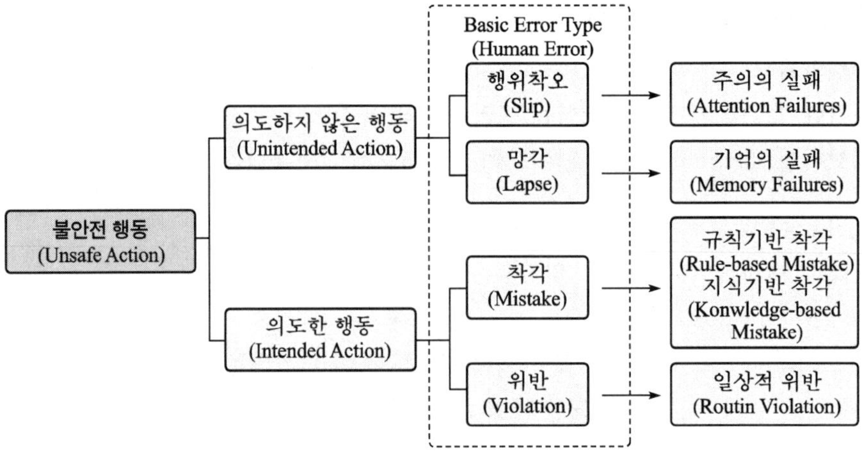

그림 1.4.3. 불안전행동의 분류[J.Reason]

2. 불안전행동의 배후요인

1) 내적요인(인적 요인)

(1) 심리적 요인

가. 인간의 과오(착오)
나. 인간의 무의식[감각차단현상]
다. 자신과잉
라. 착시[가현운동]
마. 소질적 결함

(2) 생리적 요인

가. 피로
나. 영양과 대사
다. 체력과 체격특성

2) 외적요인(환경적 요인)

(1) 인간관계 요인

(2) 물적요인(기계설비 요인)

(3) 작업적요인 : 작업 자세, 작업속도, 작업강도, 작업・휴식시간, 작업 공간, 온도, 습도, 환기, 조명, 색채, 소음, 진동

(4) 관리적 요인 : 교육훈련의 부족, 감독지도 불충분, 적성배치 불충분

그림 1.4.4. 고 위험환경의 작업

인간실수 01-18

1. 인간실수Human Error

1) 인간실수의 정의

(1) 실수Error의 사전적 의미 : 주어진 목표로부터 일정한 제한 범위를 벗어난 결과를 뜻한다.

(2) 휴먼(인간)실수

가. 시스템의 성능, 안전 또는 효율을 저하시키거나 감소시킬 잠재력을 갖고 있는 부적절하거나 원치 않는 인간의 결정이나 행동으로 어떤 허용범위를 벗어난 일련의 인간동작 중의 하나를 의미한다.

나. 허용되는 한계를 넘어서 나타난 일련의 인간행동(오인, 착각, 부주의, 지레짐작 등)[A.D.Wain]

2) 인간실수의 분류(L.W.Rook)

(1) 인간공학적인 설계 실수

(2) 제작 실수

(3) 검사 실수

(4) 설치 보전 실수

(5) 운전 조작 실수

(6) 취급 실수

3) 인간실수의 원인 : 대뇌 정보처리에서 본 인간에러

(1) 1단계(Phase Ⅰ) : 인지, 확인 에러

(2) 2단계(Phase Ⅱ) : 판단, 기억 에러

(3) 3단계(Phase Ⅲ) : 동작, 조작 에러

4) 인간의 정보처리 과정

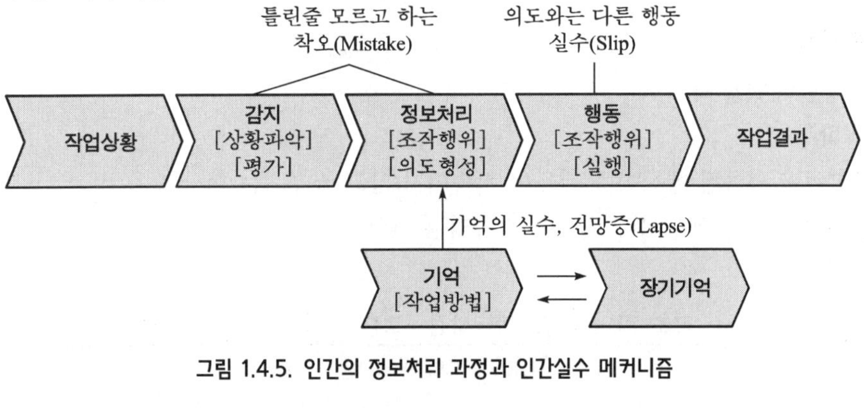

그림 1.4.5. 인간의 정보처리 과정과 인간실수 메커니즘

2. 인간실수의 배후요인(4요소)

1) Man(인적요인) : 인간과오, 망각, 무의식, 피로 등
2) Machine(기계설비요인) : 기계설비, 결함, 안전장치 미설치 등
3) Media(작업환경요인) : 작업순서, 작업방법, 작업환경 등
4) Management(관리요인) : 안전관리조직, 안전교육·훈련미흡 등

3. 인간실수의 방지대책

1) 일반적 대책[위너Wiener]
   (1) 작업특성을 고려한 작업자 선발[적재적소 배치]
   (2) 교육훈련
   (3) 안전의 중요성 인식을 위한 동기 부여
   (4) 작업자 중심의 인간공학적 설계

2) 설비 및 작업환경적 원인 대책
   (1) 위험요인의 제거
   (2) 안전설계(Fail Safe, Fool Proof)
   (3) 정보의 Feed Back
   (4) 경보 시스템

3) 관리적 대책
   (1) 안전에 대한 분위기 조성
   (2) 작업자 작업설비 적합성 사전점검, 개선 및 유지활동

불안전행동의 배후요인(인적요인) 01-19

1. 심리적 요인

1) 소질적 결함이 있을 때
2) 망각과 파지
   (1) 망각이란 획득된 행동이나 내용이 지속되지 않고 소실되는 현상
   (2) 파지란 획득된 행동이나 내용이 지속되는 현상
   (3) 기억률

$$\text{기억률} = \frac{\text{최초 기억에 필요한 시간} - \text{그후 기억에 필요한 시간}}{\text{최초 기억에 필요한 시간}} \times 100$$

(4) 망각곡선[에빙하우스H.Ebbinghaus]

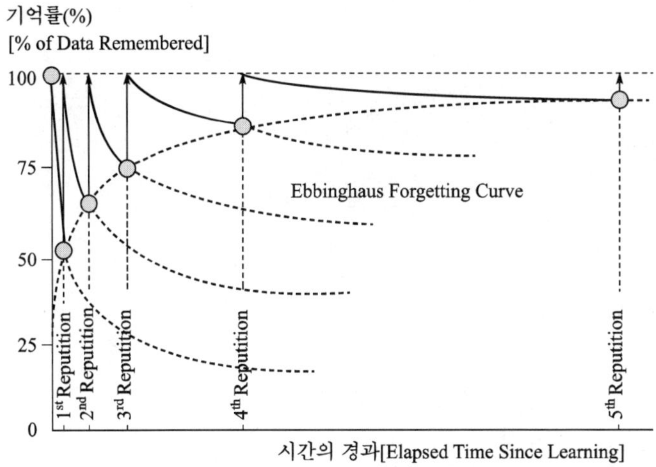

경과시간	보존율(%)	망각율(%)
20분	58.2	41.8
1시간	44.2	55.8
9시간	35.8	64.2
1일	33.7	66.3
2일	27.8	72.2
6일	25.4	74.6
31일	21.1	78.9

그림 1.4.6. 망각곡선

2. 생리적 요인-피로

1) 피로의 정의

작업 활동 중에 작업능률 저하, 주의력 감소, 흥미 감소, 권태 등 심리적 불쾌감을 일으키는 현상

2) 피로의 분류

(1) 정신피로 : 정신적 긴장에 의한 피로(중추신경계의 피로현상)

(2) 육체피로 : 육체 근육의 피로(과도한 사회활동)

(3) 급성피로 : 정상피로 또는 건강피로 – 보통 휴식으로 회복

(4) 만성피로 : 축적피로 – 휴식으로 회복 불능

3) 하세이R.B.Hershey의 피로 분류법(9가지)과 대책

(1) 신체의 활동에 의한 피로

(2) 정신적 노력에 의한 피로

(3) 신체적 긴장에 의한 피로

(4) 정신적 긴장에 의한 피로

(5) 환경과의 관계에 의한 피로

(6) 영양 및 배설의 불충분에 의한 피로

(7) 질병에 의한 피로

(8) 기후에 의한 피로

(9) 단조감, 권태감에 의한 피로

4) 피로의 3대 특징(증상)

(1) 능률의 저하

(2) 생체의 타각적인 기능 변화

(3) 피로의 자각 등의 변화

5) 피로 대책

(1) 충분한 휴식과 수면(가장 좋은 방법)

(2) 충분한 양분 섭취

(3) 기분 전환 : 산책, 명상, 목욕, 마사지, 음악감상, 오락

(4) 작업 환경개선 : 조도, 습도, 작업속도

6) 피로 측정방법

(1) 생리적 방법(심박동) : 근력, 대뇌피질의 활동, 순환 기능의 측정 등

(2) 생화학적 방법(혈액, 뇨, 땀 등) : 혈액 성분의 측정

(3) 심리학적 방법 등 : 집중 유지 시간 측정, 전신 자각 증상 조사 등

7) 피로가 작업자에게 미치는 영향

(1) 효율의 저하

(2) 휴식시간과 횟수의 증가

(3) 작업속도의 저하

(4) 작업정확도의 감소

(5) 재해발생 등

3. 생리적 요인-영양과 에너지 대사

1) 에너지 대사율Relative Methabolic Rate : RMR : 작업에 소요되는 에너지량

(1) 작업강도 측정

(2) 측정기준 : 산소소비량

$$\text{RMR} = \frac{\text{노동대사량}}{\text{기초대사량}} = \frac{\text{작업시 소비에너지}-\text{안정시 소비에너지}}{\text{기초대사량}}$$

2) 작업강도에 따라 소비되는 에너지 대사율

RMR	작업강도	사례
0~2	경輕작업	사무작업 등 주로 앉아서 하는 작업
2~4	중中작업	동작, 속도가 작은 작업
4~7	중重작업	동작, 속도가 큰 작업
7 이상	초중超重작업	과격한 작업

3) 작업강도에 영향을 주는 요소

(1) 에너지 소모량　(2) 작업속도　(3) 작업자세　(4) 작업위험도 등

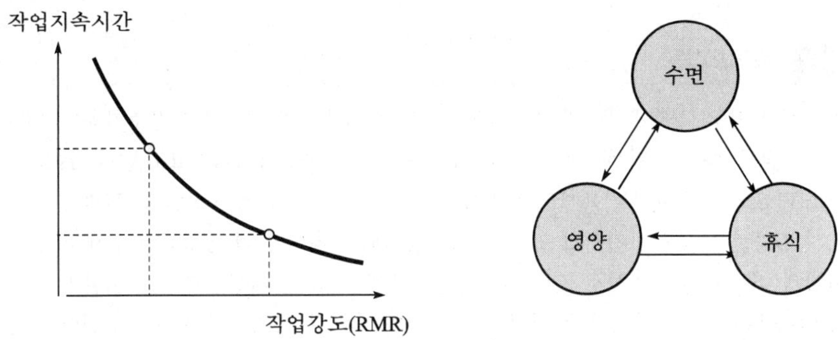

(a)　(b)

그림 1.4.7. (a)작업지속시간과 작업강도 (b)피로회복 3요인

4) RMR이 가장 적게 드는 작업자세

(1) 작업대 높이 : 90센티미터

(2) 작업대와 간격 : 20센티미터

학습 Note 휴식시간 산출식

$$R = \frac{60(E-4)}{E-1.5}$$

- R : 휴식시간(분), E : 작업의 평균 에너지 소비량(kcal/분)
- 총작업시간 60분(만약 총작업시간이 100분이면 60대신에 100으로 대체해야 한다.)
- 분자의 4의 의미 : 작업시 분당 평균에너지 소비량 : 4kcal/분(2000kcal/day÷480분(8시간))
  [기초대사량이 포함되면 5, 아니면 4kcal]
- 분모의 1.5의 의미 : 휴식시간중 에너지 소비량 : 1.5kcal/분(750kcal/day÷480분(8시간))

$$R = \frac{T(E-S)}{E-1.5} \text{[Murrell 공식]}$$

- R : 휴식시간Rest Time(분)
- T : 총작업시간Total Work Time(분)
- E : 작업 중 평균 에너지 소비량 (kcal/분)
- S : 남성의 권장 평균에너지소비량(kcal/분)

- 휴식시간 산출 예[Murrell 공식]
  어떤 작업의 총 작업시간이 35분이고 작업 중 평균에너지 소비량이 분당 7kcal라면 이때 필요한 휴식시간은 약 몇 분인가?(남성의 권장 평균 에너지 소비량은 분당 5kcal)

[답] $R = \frac{35(7-5)}{7-1.5} = 12.7\text{min}$

학습 Note 바이오리듬

인간의 신체·감정·지성知性에 주기週期가 있다고 하는 학설에서의 주기로 인간주기율이라고도 하며, 신체Physical, 감정Sensitivity, 지성Intellectual의 머리글자를 따서 PSI 학설이라고도 한다. 1906년 독일의 W.프리즈(Fliess)가 환자의 기록카드를 조사해 본 결과 설사, 발열, 심장발작, 뇌졸중 등에 규칙적인 주기가 있다는 사실을 발견하고 조사한 결과 남자와 여자는 각각 남성인자(신체 리듬 : P)와 여성인자(감정 리듬 : S)에 의해서 지배되며 남성인자에는 23일, 여성인자에는 28일의 주기가 있다는 것을 알아냈다. 또한, 기억력 등 지적인 면에도 33일을 주기(I)로 하는 주기가 있다는 것을 발견하고, 또 1928년에 신체, 감정, 지성의 컨디션을 탄생일로부터 간단히 산출해내는 표를 만들어 스포츠나 의학에서 이용할 수 있는 길을 열었다. 그 후 직장에서의 능률 유지, 안전관리 등에도 폭넓게 이용되었다.

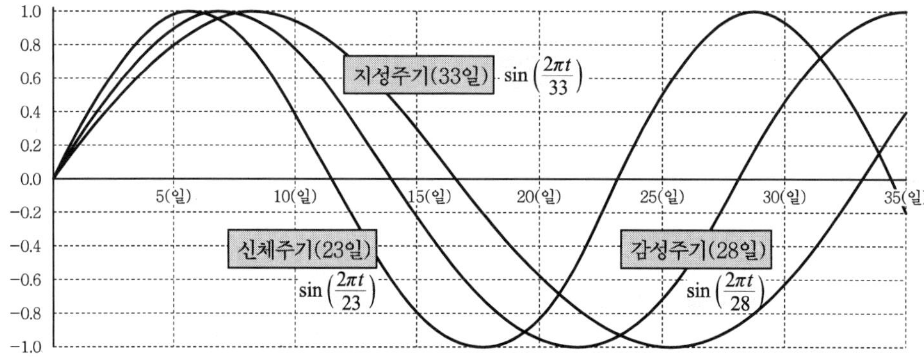

불안전행동의 배후요인(외적요인) 01-20

1. 불안전행동의 외적요인 분류

1) 인간관계 요인
2) 물적(기계적) 요인
3) 작업적 요인
4) 관리적 요인

2. 불안전행동의 안전대책

1) 하인리히의 5단계 안전사고예방대책
2) 하비의 3E 안전대책
3) 심리적 대책
  (1) 개별 면접 (2) 모랄Morale 서베이 기법 활용

3. 모랄서베이 방법

인간관계의 일환으로 직장이나 집단 내 근로자의 심리 욕구 파악을 통한 자발적인 협력을 얻어 근로자의 직장적응에 활용하는 기법. 모랄Moral이란 집단의 특성이며, 직장의 결합도, 응집성을 뜻한다.

1) 효과
  (1) 구성원의 불만을 해소하고, 노동의욕을 향상시킨다.
  (2) 경영관리 개선자료로 활용된다.
  (3) 구성원의 정화작용(마음의 안정)을 촉진한다.

2) 방법
  (1) 질문지나 면접에 의한 태도 또는 의견조사가 중심
  (2) 조사항목에 대한 만족과 불만족을 통계적으로 처리해서 판단한다.

3) 주요 활용 방법
  (1) 통계에 의한 방법
  (2) 관찰법
  (3) 사례연구법
  (4) 태도조사법(의견조사법) : 가장 일반적이고 널리 이용되는 방법이다.
    가. 투사법Projective Technique 나. 질문지법 다. 면접법 라. 집단토의법

3. 출입금지[안전보건규칙제20조)] 작업 또는 장소

1) 추락에 의하여 근로자에게 위험을 미칠 우려가 있는 장소
2) 리프트를 사용하여 작업을 하는 다음 각 목의 장소
   (1) 리프트 운반구가 오르내리다가 근로자에게 위험을 미칠 우려가 있는 장소
   (2) 리프트의 권상용 와이어로프 내각측에 그 와이어로프가 통하고 있는 도르래 또는 그 부착부가 떨어져 나감으로써 근로자에게 위험을 미칠 우려가 있는 장소
3) 지게차·구내운반차·화물자동차 등의 차량계 하역운반기계 및 고소작업대의 포크·버킷bucket·암 또는 이들에 의하여 지지되어 있는 화물의 밑에 있는 장소
4) 운전 중인 항타기 또는 항발기의 권상용 와이어로프 등의 부착 부분의 파손에 의하여 와이어로프가 벗겨지거나 드럼drum, 도르래 뭉치 등이 떨어져 근로자에게 위험을 미칠 우려가 있는 장소
5) 화재 또는 폭발의 위험이 있는 장소
6) 낙반 등의 위험이 있는 다음 각 목의 장소
   (1) 부석의 낙하에 의하여 근로자에게 위험을 미칠 우려가 있는 장소
   (2) 터널 지보공의 보강작업 또는 보수작업을 하고 있는 장소로서 낙반 또는 낙석 등에 의하여 근로자에게 위험을 미칠 우려가 있는 장소
7) 토사·암석 등의 붕괴 또는 낙하로 인하여 근로자에게 위험을 미칠 우려가 있는 토사등의 굴착작업 또는 채석작업을 하는 장소 및 그 아래 장소
8) 암석 채취를 위한 굴착작업, 채석에서 암석을 분할가공하거나 운반하는 작업, 그 밖에 이러한 작업에 수반한 작업을 하는 경우에는 운전 중인 굴착기계·분할기계·적재기계 또는 운반기계에 접촉함으로써 근로자에게 위험을 미칠 우려가 있는 장소
9) 해체작업을 하는 장소
10) 하역작업을 하는 경우에는 쌓아놓은 화물이 무너지거나 화물이 떨어져 근로자에게 위험을 미칠 우려가 있는 장소
11) 굴착기 붐·암·버킷 등의 선회에 의하여 근로자에게 위험을 미칠 우려가 있는 장소
12) 추락에 의하여 근로자에게 위험을 미칠 우려가 있는 장소
13) 굴착기 붐·암·버킷 등의 선회에 의하여 근로자에게 위험을 미칠 우려가 있는 장소

동기유발이론 01-21

1. 동기유발이론

1) 매슬로A. Maslow의 욕구단계설Theory of Need Hierarchy

(1) 1단계 : 생리적 욕구Physiological Needs 저차원적 욕구

(2) 2단계 : 안전의 욕구Safety Needs 저차원적 욕구

(3) 3단계 : 사회적 욕구Social Needs 고차원적 욕구

(4) 4단계 : 인정받으려는 욕구, 존경욕구Esteem Needs 고차원적 욕구

(5) 5단계 : 자아실현의 욕구Self-actualization 고차원적 욕구

2) 허즈버그 2요인론

3) 알더퍼 ERGExistence Relatedness Growth

2. 동기부여(동기요소)이론의 비교

매슬로Maslow	알더퍼Alderfer	맥그리거Mcgregor	허즈버그Herzberg 2요인론 (Two-Factor Theory)
1단계 : 생리적 욕구 2단계 : 안전욕구	생존욕구Existence	X 이론	위생요인
3단계 : 사회적 욕구	관계욕구Relatedness	Y 이론	동기요인
4단계 : 승인욕구 5단계 : 자아실현 욕구	성장욕구Growth		

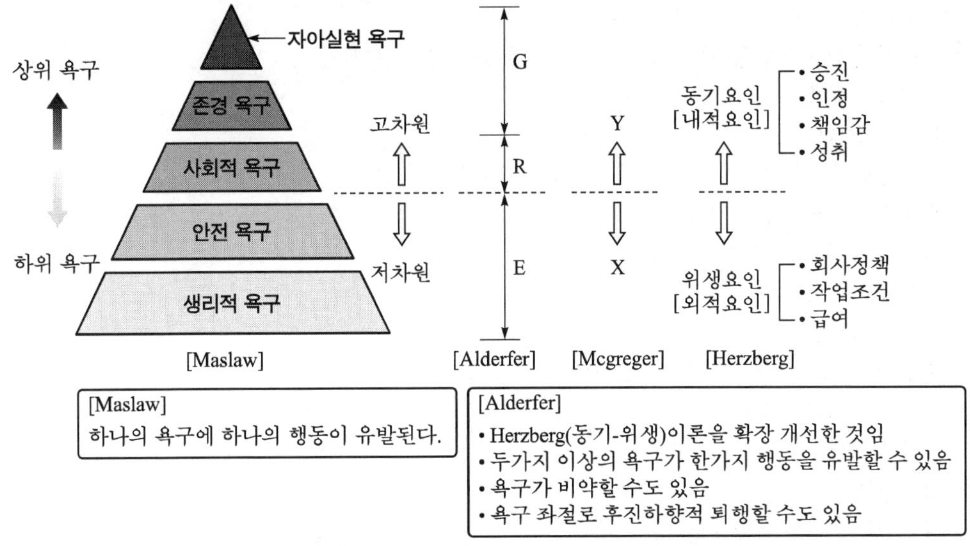

그림 1.4.8. 매슬로의 욕구단계설Maslow's hierarchy of needs과 동기요소 이론 비교

학습 Note 매슬로A. Maslow의 욕구단계설Theory of Need Hierarchy

1. 1단계 : 생리적 욕구Physiological Needs → 저차원적 욕구
   1) 가장 기본적인 욕구(배고픔, 목마름, 호흡, 배설, 기아 등)
   2) 가장 강렬한 본능적인 욕구(수면, 성욕 등)
   3) 생존에 필수적으로 필요한 것을 충분히 취하고 싶은 욕구
2. 2단계 : 안전의 욕구Safety Needs →저차원적 욕구
   1) 안전에 대한 욕구(건설현장의 보호구 착용과 방호장치 사용)
   2) 보호 불안으로부터의 안전욕구(전쟁, 사고, 폭동 발생 시 나타난다.)
   3) 신체적, 심리적으로 외부로부터 자신을 보호하고 싶은 욕구
3. 3단계 : 사회적 욕구Social Needs → 고차원적 욕구
   1) 친화욕구 : 애정 소속에 대한 욕구(향우회 등)
   2) 애정적인 욕구(성적 욕구와는 구별됨)
   3) 자신이 소속된 구성원과 사귀고 사랑하고 사랑받고 싶은 욕구
4. 4단계 : 인정 받으려는 욕구, 존경 욕구Esteem Needs → 고차원적 욕구
   1) 명예, 성취, 지위에 대한 욕구(승인의 욕구)
   2) 자기 일에 대한 자부심, 존경받고자 하는 고차원적 욕구
   3) 타인으로부터 인정받고 싶은 욕구
5. 5단계 : 자아실현의 욕구Self-Actualization → 고차원적 욕구
   1) 잠재 능력을 실현하는 욕구
   2) 자기완성에 대한 갈망의 창조적 욕구
   3) 자신의 잠재적 역량을 최고로 발휘하여 자신의 분야에서 최고가 되고 싶은 욕구

매슬로가 말하는 자아를 실현한 사람은 다음과 같다.

- 효율적인 현실 판단을 하며, 불확실성과 모호성을 잘 수용한다.
- 자기나 타인을 있는 그대로 받아들인다.
- 문제 중심으로 사고하며, 중요한 목표가 있다.
- 사생활을 중시하며, 혼자 있는 것도 꺼려하지 않는다.
- 환경에 의존하지 않고 자율적으로 행동한다.
- 가끔은 황홀한 느낌에 빠진다.
- 공동체 의식이 있다.
- 몇 사람과 깊은 대인관계를 갖는다.
- 고정관념으로 사람을 판단하지 않는다.
- 수단과 목표를 구분한다.
- 유머가 있다.
- 창의성이 있다.
- 특정문화에 집착하지 않는다.

재해빈발자와 무사고자 01-22

1. 재해빈발자

1) 재해빈발자성향Accident Proneness 이론

(1) 고전적이론으로 개인의 내적요인에서 원인을 찾는 소질론

(2) 외적요인에 의한 수정된 이론

가. 기회설 : 개인적인 영향이 아니고 작업의 위험성이 많기 때문(위험한 작업을 담당)에 발생하는 것으로 교육과 작업환경을 개선하는 안전대책을 강구하면 개선된다는 설

나. 암시설 : 재해 후 대응능력의 떨어진다는 설(겁장이, 신경과민 등)

다. 재해빈발자 가설이론 등 : 인간이 소질적으로 결함인자를 보유한다는 설

2) 재해빈발자의 유형

(1) 상황성 빈발자(외적요인)

작업자가 작업을 수행하는 여건이 어렵거나 작업 자체가 고난도 기술을 필요로 하는 경우

(2) 습관성 빈발자(외적요인)

일종의 심리적인 요인으로 과거에 재해발생 경험이 있거나 슬럼프 상태에 빠져 있을 때 재해를 유발하는 경우

(3) 미숙성 빈발자(외적요인)

신규 근로자이거나 고난도 작업여건에 기능능력이 떨어지는 기능미숙련자가 무리하게 작업을 수행하다가 발생하는 경우

(4) 소질성 빈발자(재해빈발경향자라 할 수 있음)(내적요인)

재해 발생 원인 요소를 가지고 있는 자이거나 개인적인 특수한 성격을 소유한 사람으로 반복적으로 재해를 발생시키는 자

3) 재해빈발자(사고자)의 안전태도

(1) 지능이 낮고, 주의력 산만함

(2) 집중력이 부족함

(3) 성격이 괴팍하고 성급함

(4) 근심, 걱정, 불안감이 많음

(5) 자제력이 부족함

4) 재해빈발자의 안전대책

(1) 사고회피능력의 육성(작업환경개선)

(2) 교육훈련이나 작업관리에 의해 작업 방법이나 위험 대처 방법을 숙지시켜 이상 발생에 대한 심리적 압박감에 대한 내성을 기르도록 권장함

2. 무사고자

1) 정의

사고자의 반대개념으로 작업 과정에서 발생되는 위험요인을 발견하여 적합한 대책을 수립하여 작업에 임하는 자라 할 수 있다. 고위험 작업장소나 작업환경, 즉 불안전한 상태에서도 불안전한 행동을 잘하지 않는 사람을 말한다.

2) 무사고자의 특성

(1) 감정 통제를 잘하다.
(2) 정신상태가 건강하고, 관용적이다.
(3) 책임감이 강하고, 상황판단이 정확하다.
(4) 자신의 능력을 과시하지 않는다.
(5) 정해진 규정이나 규칙을 잘 지킨다.

5. 인간공학과 시스템 안전

인간공학의 가치 01-23

1. 인간공학의 정의

1) 기계와 그 조작 및 환경 조건을 인간의 특성, 능력과 한계에 목적한 대로 조화할 수 있도록 설계하기 위한 기법을 연구하는 학문을 말한다.
2) 인간과 기계의 조화있는 일체 관계를 만드는 것이 목적이다.

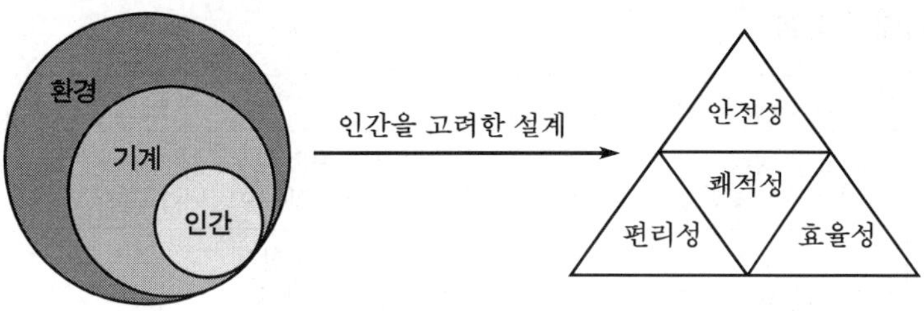

그림 1.5.1. 인간공학의 개념

2. 인간공학의 목표

1) 안전성의 향상과 사고방지
2) 기계조작의 능률성과 생산성 향상
3) 쾌적성

3. 체계분석에 있어서 인간공학의 가치

1) 성능Performance의 향상
2) 훈련 비용의 절감
3) 인력 이용률Utilization의 향상
4) 사고 및 오용으로부터의 손실 감소
5) 생산 및 보전의 경제적 증대
6) 사용자의 수용도Acceptance

4. 작업표준

1) 개념

작업조건, 방법, 관리방식, 사용재료, 설비 등에 관한 취급상의 표준작업 기준 및 작업의 표준화를 말한다. 작업표준은 불안전행동을 최소화하는 방법 중의 하나이다.

2) 내용

(1) 작업표준의 목적
(2) 작업표준의 필요성
(3) 작업표준화의 전제조건
(4) 작업표준의 종류

인간기계체계 01-24

1. 인간과 기계의 특성

구분	기계	인간
장점	1) 획일적 정상처리 2) 고속 출력=양적처리에 우수	1) 상황의 예측, 판단, 유연한 적응처리=질적처리 우수 2) 숙련에 의해 자기 능력 증진
단점	1) 고장에 대해 적응곤란=경직성 2) 단순성 3) 자기회복의 능력이 없음	1) 처리능력의 한계 2) 특성이 시간적으로 변동 (피로, 졸음, 과긴장, 감정에 좌우되기 쉽다) 3) 실수하기 쉽다 (막대한 정보처리의 과정에서 부적절한 혼란을 일으킨다)

2. 인간-기계체계Man-Machine System

1) 정의

인간과 기계를 하나의 계로 취급하여 인간과 기계를 조화있는 일체 관계로 연결시키는 것

2) 인간-기계체계의 기본 기능

(1) 정보보관 기능(정보저장)
(2) 감지(정보수용)
(3) 정보처리 및 의사결정
(4) 행동기능

3) 인간-기계체계의 통합체계 유형

(1) 수동체계Manual System
(2) 기계화체계Mechanical System
(3) 자동체계Automatic System

4) 인간 및 기계의 신뢰도 요인

(1) 신뢰도 요인

가. 인간의 신뢰도 요인 : 주의력, 긴장수준, 의식수준 등

나. 기계의 신뢰도 요인 : 재질, 기능, 작동방법 등

(2) 인간-기계체계의 장단점

구분	장점	단점
인간	• 상황의 예측, 판단, 유연한대처 • 질적우수, 숙련에 의한 능력 함양 • 복잡 다양한 자극 식별 • 독창력 발휘 • 귀납적 추정 가능	• 처리능력 한계 • 심적변화(피로, 졸음,과긴장) • 실수를 범하기 쉬움 • 주위 영향을 받음
기계	• 획일적 정상처리, 고속 입·출력 • 양적처리 우수 • 장기간 중량작업 가능 • 반복작업 수행기능 우수 • 연역적 추정 가능	• 고장에 대한 적응곤란 • 경직성, 단순성, 자기회복 능력 없음 • 위험성에 대한 우선순위 적용 곤란 • 주관적 추정기능 미흡

(3) 인간 및 기계의 안전대책(신뢰도 유지방안)

가. 기계보다 인간 측면의 안전을 더욱 중시 할 것

나. 2중 또는 3중 안전장치Fail Safe

다. 제어 시스템Lock System : 불안전한 요소에 대한 통제

동작경제의 3원칙 01-25

1. 동작경제[21]의 3원칙 개념

작업자의 불필요한 동작으로 인한 위험요인을 찾아내고 작업자의 동작을 세밀하게 분석하여 가장 경제적이고 적합한 표준동작을 설정하는 것을 말한다.

2. 동작경제의 3원칙

1) 동작능력 활용의 법칙[신체사용에 대한 원칙]

2) 작업량 절약의 법칙[작업장 배치에 관한 원칙]

3) 동작개선의 원칙[공구 및 장비의 설계에 관한 원칙]

21) 길브레드(Gilbreth) 부부에 의해 연구된 것으로, 작업자가 에너지의 낭비 없이 효과적으로 작업할 수 있도록 작업자의 동작을 세밀하게 분석하여 가장 경제적이고 합리적인 표준동작을 설정하는 것을 말한다.[산업안전대사전]

3. 동작실패의 방지대책

1) 착각을 일으키는 외부조건을 없앨 것
2) 감각기의 기능이 정상일 것
3) 지적능력을 확보할 것
4) 신경계의 저항이 적을 것
5) 체력적으로 여유가 있을 것 등

Labor Science/Lay Out 01-26

1. Labor science

1) 정의

근로자에 대한 악영향을 제거하고 노동력을 유지 보전하기 위하여 적정한 근로조건을 실현하여 근로자의 육체적, 정신적 영향을 최소화하기 위한 것을 말한다.

2) 노동과학의 목적

노동과학의 목적은 근로자에 대한 악영향을 제거하여 노동력을 유지 및 보전하고 근로의 적정화로 근로자의 육체적, 정신적인 영향을 최소화하기 위한 것. 이를 위하여 물적요인, 인적요인을 연구분석하여 최대, 최선의 작업결과 획득하고자 하는 것.

3) 안전과 레이아웃Layout : 환경정비의 기본 요소

(1) 작업의 흐름에 따른 기계설비 배치
(2) 기계설비 주변의 충분한 공간 확보
(3) 보수, 점검을 용이하게 배치
(4) 조작을 고려한 배치
(5) 안전한 통로 설정
(6) 재료 제품을 두는 장소 확보
(7) 장래의 확장을 예상한 설계

2. Lay Out

1) 정의

생산에 필요한 기계나 기구의 배치 상태를 말한다.

(1) 기계설비, 취급재료, 재품의 장소, 기계의 운동 범위 등 유효한 이용을 고려한 배치
(2) 작업환경정비의 기본
(3) Lay Out이 나쁘면 생산능률 저하, 재해 유발

2) 환경정비의 기본요건
(1) Lay Out
(2) 정리, 정돈, 청소, 청결
(3) 안전표시 부착

3) Lay Out의 주요사항
(1) 작업의 흐름에 따라 기계설비의 배치
(2) 기계설비 주변의 충분한 공간
(3) 보수점검을 용이하게 할 수 있는 배치
(4) 조작을 고려한 배치
(5) 안전한 통로의 설정
(6) 재료 제품을 두는 장소 확보
(7) 위험도가 높은 설비의 설치

시스템 안전관리 01-27

1. 시스템 안전 프로그램(5단계)

시스템 안전이란 어떤 시스템에서 기능, 시간, 비용 등의 계약 조건에서 인원이나 설비가 받는 상해나 손상을 가장 적게 하는 것을 말한다. 시스템 안전 프로그램은 다음과 같이 5단계로 구분된다.

1) 제1단계 : 구상단계
(1) 당해 설비의 사용조건, 그것에 의해 가공되는 제품의 성상 등을 전제로 한다.
(2) 당해 설비에 요구되는 기능의 검토

2) 제2단계 : 사양결정단계
(1) 기능 결정
(2) 설비 사양(종류, 용량, 성능) 결정
(3) 목표 설정

3) 제3단계 : 설계단계
(1) Fail Safe 도입
(2) 기본설계와 세부설계로 분류
(3) 안전성과 신뢰성 목표 달성

4) 제4단계 : 제작단계

(1) 설계 구현 단계

(2) 사용 조건 검토

5) 제5단계 : 조업단계

(1) 조업 개시 및 시 운전

(2) 시스템 안전의 평가

2. System 안전에서 위험의 3가지 의미

1) 위험의 분류

(1) Risk(위험의 발생 가능성과 중대성)

(2) Peril(사고)

(3) Hazard(위험의 근원)

2) 위험의 3가지 의미

(1) Risk(위험의 발생 가능성과 중대성)

가. 위험을 부담한다라고 하는 경우의 위험을 말함

나. 사고발생의 가능성 또는 사고발생의 불확실성의 의미함

다. 손해 또는 피해의 가능성

라. 예 : 화재 발생 가능성을 위험이라고 인식하는 경우

(2) Peril(사고)

가. 위험이 발생하였다라는 경우의 위험을 말함

나. 사고 그 자체

다. 가치 상실 개념과는 직접 관계가 없는 우발적 사건

라. 예 : 화재, 폭발, 충돌, 사망 등의 우발적인 재해나 사건

(3) Hazard(위험의 근원)

인적피해, 물적손실 및 환경피해를 일으키는 요인(요소) 또는 이들 요인이 혼재된 잠재적 유해위험요인으로 실제 사고(손실)로 전환되기 위해서는 자극이 필요하며 이런 자극으로는 기계적 고장, 시스템의 상태, 작업자 실수 등 물리, 화학적, 생물학적, 심리적, 행동적 원인이 있다.

가. 위험이 증가하였다라는 경우의 위험

나. 위험한 것의 근원으로 단순히 위험한 것의 존재(위험요소)

다. 사고 발생 조건, 사정, 상황, 요인, 환경(사고 발생 가능성의 잠재적 요인)

라. 예 : 화재라고 하는 사고를 전제로 할 때, 건물의 구조, 용도, 보관 물품, 입지, 주

위의 상황, 소유자의 주의 능력, 기상조건 등

3) 위험의 예

원유탱크가 화력발전소 구내에 설치되어 있다고 가정할 때

(1) Risk : 원유탱크가 화재, 폭발을 일으키고 주변 환경에 나쁜 환경을 미칠 가능성

(2) Peril : 원유탱크의 화재, 폭발 등의 그 자체

(3) Hazard : 원유탱크의 자체

근원적안전설계기법 01-28

1. 근원적 안전설계기법 종류별 특징

1) Fool Proof[오조작 방지 장치]

(1) 인간이 기계 등의 취급을 잘못하더라도 그것이 재해로 이어지는 일이 없도록 하는 기능

(2) 인간의 착오 등 이른바 인간과오Human Error를 방지하기 위한 것

(3) 조작순서의 잘못에 대응하는 개념

(4) Fool Proof의 주요기구

가. 가드Guard : 작동 중 열리지 않음

나. 기동 방지 기구 : 제어회로에 설계된 접점을 차단하는 기구

2) Fail Safe[안전도 증강 장치]

(1) 기계나 그 부품에 파손, 고장이나 기능 불량이 생겨도 안전성 유지, 즉 언제든지 안전하게 작동할 수 있는 구조와 기능을 말한다. 운전을 정지하면 바로 안전을 확보할 수 있는 기구로써 2중, 3중의 안전장치를 의미한다.

(2) Fail Safe 기구 구분

가. 구조적 Fail Safe(강도와 안전성의 유지가 목적) : 크레인 하중계

나. 기능적 Fail Safe(기능유지가 목적) : 철도신호

가) 기계적 Fail Safe

나) 전기적 Fail Safe

(3) Fail Safe 기능 3단계

가. 1단계 : Fail-Passive(자동감지)

부품이 고장나면 통상 기계는 정지 방향으로 옮긴다[산업기계 많이 채용][가장 단순한 방법]

나. 2단계 : Fail-Active(자동제어)

부품이 고장나면 기계는 경보음을 내면서 짧은 시간의 운전이 가능하다

다. 3단계 : Fail-Operational(차단 및 조정)

부품에 고장이 있더라도 기계는 다음의 보수가 이루어질때까지 안전한 기능 유지 [가장 바람직한 기능]

(4) Fail Safe 체계

가. 1차 Fail Safe

가) 안전을 고려한 설계 나) 안전장치

나. 2차 Fail Safe

가) 보호구

3) Tamper proof

방호장치의 임의 해체를 막는[방호장치의 임의 해체 방지] 안전설계

(1) 별 나사Torx screw 등으로 방호장치를 조립해 전용 공구로만 해체할 수 있게 한다.

(2) 방호장치를 경보 시스템과 연결해 방호장치 해체 시도 시 경보가 울린다.

(3) 잠금이 가능한 방호장치는 잠금장치를 설치하고 따로 관리한다.

(4) 안전장치를 제거하면 기계가 작동하지 않는다.

4) Back Up

(1) 주된 기능의 후방에서 대기하다가 주된 기능의 고장 시에 그 기능을 대행하는 기법

(2) 인간이 작업하고 있을 때에 발생하는 위험에 대하여 경고를 발생하는 방호 시스템을 말한다. 구체적으로는 경보장치, 감시장치, 감시인 등이 해당된다. 공동작업의 경우나 작업자가 항상 위치를 이동하면서 작업을 하는 경우에는 백업의 필요 유무를 검토할 필요가 있다. 비정상 작업의 작업지휘자는 백업을 겸한다고 생각할 수 있지만 외부로부터 침입하는 위험, 그 밖에 감지하기 어려운 위험이 존재할 때에는 특히 백업 시스템을 비치할 필요가 있다. 백업에 의한 경고는 청각에 호소하는 것이 가장 좋으며, 필요에 따라서는 점멸램프 등 시각적 호소를 병용하면 더욱 좋다.

학습 Note Fail Safe(안전도 증강 장치)

어떠한 장치가 고장 시, 그 장치의 고장이 인간에게 재해를 입히지 않거나 혹은 다른 장치에 피해를 주지 않거나 혹은 최소한의 피해만을 가져오게 설계하는 것을 고장 시 안전Fail Safe 설계라고 한다. 중복체계Redundant설계나 대기체계Standby설계는 고장 시 안전 설계의 원칙을 적용한 경우이다. 일상 생활에서 쓰러지면 자동으로 전원이 차단되는 전기히터 등이 그러한 예이다. 고장 시 안전설계는 안전한 기계나 설비를 설계하는 데 있어서 Fool Proof와 함께 반드시 고려해야 할 사항이다.

위험관리(Rick Management) 01-29

1. 위험관리

1) 리스크의 종류

(1) 사회적 리스크

(2) 기업의 리스크

(3) 인간 개인의 리스크

2) 리스크 매니지먼트의 3단계 구성

(1) 1단계 : 리스크 발견과 확인Risk Identification

시스템에서 인적피해, 환경피해 및 재산손실을 야기할 수 있는 잠재적 위험성을 가진 물리 화학적 제 요인을 확인(도출, 파악)하는 것

가. 리스크 매니지먼트의 출발점

나. 리스크 원천Hazard의 추출하여 리스크 항목을 분명히 함

다. 위험의 성질에 의한 분류(Risk Management의 종류)

① 순수위험

(가) 보험관리적 위험

(나) 정태적 위험

(다) 주된 요인 : 천재, 인간의 착오

(라) 손해만 발생시키는 위험Loss Only Risk : 인적위험, 재산위험, 책임위험

② 투기적 위험

(가) 경영관리적 위험

(나) 동태적 위험

(다) 주된 요인 : 인간의 욕구, 사회환경의 변화

(라) 이익 또는 손해를 발생시킨다는 위험Loss or Gain Risk

(2) 2단계 : 리스크 정량화Risk Quantification

가. 리스크 정량화

나. 피해의 정량화

다. 상정피해의 발생 확률 결정

(3) 3단계 : 리스크 대처Risk Handling

가. 리스크 회피Avoidance

① 리스크의 근본이 되는 것을 제거

② 리스크의 존재하는 곳에서 떨어짐

나. 피해의 경감[Loss Prevention]

① 발생하는 확률 감소시킴 ② 결과의 경감

다. 전환[Transfer]

① 다른 사람에게의 전환

라. 보류[Retention]

① 모두를 자기가 담당 ② 자가보험

2. 리스크 매니지먼트와 안전관리

1) 안전관리

(1) 지도하는 사람 : 안전관리자 (2) 목적 : 안전관리

2) 리스크 매니지먼트

(1) 지도하는 사람 : 재무 담당자 (2) 목적 : 회사의 자금 운영

3) 리스크 매니지먼트도 안전관리도 행하고 있는 업무 내용은 같음

리스크 매니지먼트	경계영역(리스크+안전)	안전관리
1) 손해에 대한 자금운영 2) 손해에 대한 재무 3) 손해에 대한 범률 4) 손해에 대한 보험	1) 순수 리스크(확인, 잠재위험, 손해사고 등) 2) 리스크 분석과 평가 3) 자금융통과 방재양면에서 평가 4) 손해의 예측 5) 잠재위험 리스크 경감 6) 손해사고 대책 7) 자금운용과 방재양면에서 의사결정	1) 손해 방지 2) 잠재위험 인지 3) 안전과 건강관리 4) 안전공학

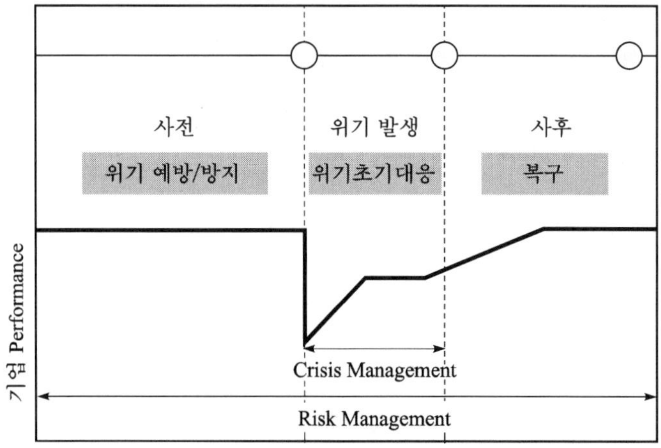

그림 1.5.2. 리스크 매니지먼트

안전성 평가(Safety Assessment) 01-30

1. 정의

1) 설비 공법 등에 대해서 이동 중 또는 시공 중에 나타날 위험에 대하여 설계 또는 계획의 단계에서 정성적 또는 정량적인 평가에 따른 대책을 강구하는 것을 말한다.
2) 안전성평가Safety Assessment란 설비나 제품의 설계, 제조, 사용에 있어서 기술적, 관리적 측면에 대하여 종합적인 안전성을 사전에 평가하여 개선책을 시정하는 것을 말한다.

2. 안전성 평가의 종류

1) Safety Assessment(안전성의 사전평가)
2) Technology Assessment(기술개발의 종합평가)
3) Risk Assessment(위험성 평가)
4) Human Assessment(인간과 사고상의 평가)

3. 안전성의 사전평가의 기본방향

1) 상해 예방은 가능하다는 전제, 상해에 의한 손실은 본인, 가족, 기업의 공통 손실
2) 관리자는 작업자의 상해방지에 대한 책임을 짐
3) 위험 부분 방호장치 설치
4) 안전에 대한 책임을 질 수 있도록 교육 훈련 의무화

4. 안전성 평가의 5단계(안전성평가 실시 순서)

1) 제1단계(기본자료의 수집) : 안전성 평가 기초 자료 수집 및 분석
2) 제2단계(정성적 평가) : 안전 확보를 위한 자료 검토, 위험요인 평가
3) 제3단계(정량적 평가) : 재해 위험 가능성이 높은 요인의 위험도 평가
4) 제4단계(안전대책) : 재해 위험요인에 대한 대책 강구
5) 제5단계(재평가) : 재해 위험요인 재평가, F.M.E.A 또는 F.T.A 적용

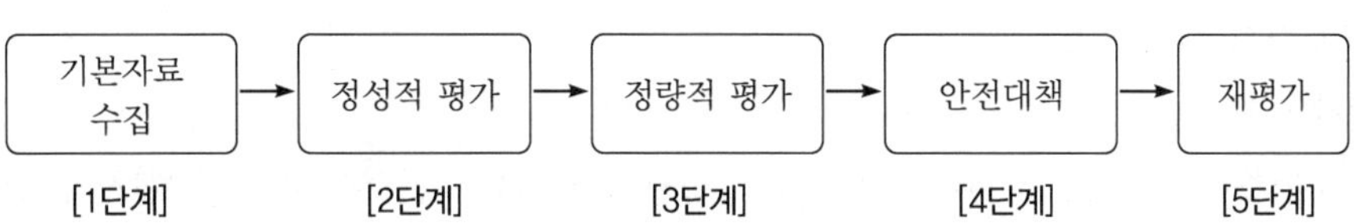

그림 1.5.3. 안전성평가 절차

5. 안전성 평가의 4가지 기법

1) Check List에 의한 평가

2) 위험의 예측평가(Lay Out의 검토)

3) F.M.E.A

4) F.T.A

6. 위험성평가[사업장 위험성평가 지침]

1) 위험성평가 방법

(1) 위험 가능성과 중대성을 조합한 빈도·강도법

(2) 체크리스트Check List법

(3) 위험성 수준 3단계(저·중·고) 판단법

(4) 핵심요인 기술One Point Sheet법

(5) 그 외 방법

2) 근로자 참여

사업주는 위험성평가를 실시할 때, 해당 작업에 종사하는 근로자를 참여시켜야 한다.

(1) 유해·위험요인의 위험성 수준을 판단하는 기준을 마련하고, 유해·위험요인별로 허용 가능한 위험성 수준을 정하거나 변경하는 경우

(2) 해당 사업장의 유해 · 위험요인을 파악하는 경우

(3) 유해·위험요인의 위험성이 허용 가능한 수준인지 여부를 결정하는 경우

(4) 위험성 감소대책을 수립하여 실행하는 경우

(5) 위험성 감소대책 실행 여부를 확인하는 경우

3) 위험성 평가 절차

건설공사의 경우 1억원 미만의 경우 절차를 생략할 수 있다.(위험성 평가 단계가 삭제된다.)

(1) 사전준비

(2) 유해·위험요인 파악

(3) 위험성 결정

(4) 위험성 감소대책 수립 및 실행

(5) 위험성평가 실시내용 및 결과에 관한 기록 및 보존

4) 위험성 평가 실시 시기

(1) 최초 평가

사업주는 사업이 성립된 날(사업 개시일을 말하며, 건설업의 경우 실착공일)로부터 1개월이 되는 날까지 최초 위험성평가의 실시에 착수할 것. 다만, 1개월 미만의 기간 동안 이루어지는 작업 또는 공사의 경우에는 특별한 사정이 없는 한 작업 또는 공사 개시

후 지체 없이 최초 위험성평가를 실시할 것

(2) 수시평가

사업주는 추가적인 유해·위험요인이 생기는 경우

가. 사업장 건설물의 설치·이전·변경 또는 해체

나. 기계·기구, 설비, 원재료 등의 신규 도입 또는 변경

다. 건설물, 기계·기구, 설비 등의 정비 또는 보수(주기적·반복적 작업으로서 이미 위험성평가를 실시한 경우에는 제외)

라. 작업방법 또는 작업절차의 신규 도입 또는 변경

마. 중대산업사고 또는 산업재해(휴업 이상의 요양을 요하는 경우에 한정한다) 발생

바. 그 밖에 사업주가 필요하다고 판단한 경우

(3) 정기검토(정기 재검토)

사업주는 위험성평가의 결과에 대한 적정성을 1년마다 정기적으로 재검토한다.

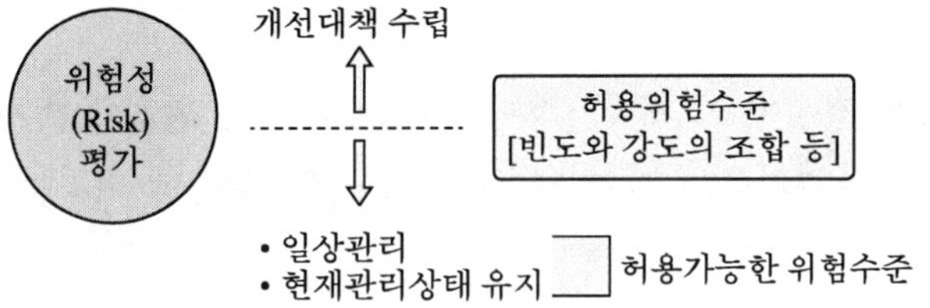

[위험성(Risk)=F(사고발생가능성, 손실정도(사고결과의 중대성)]

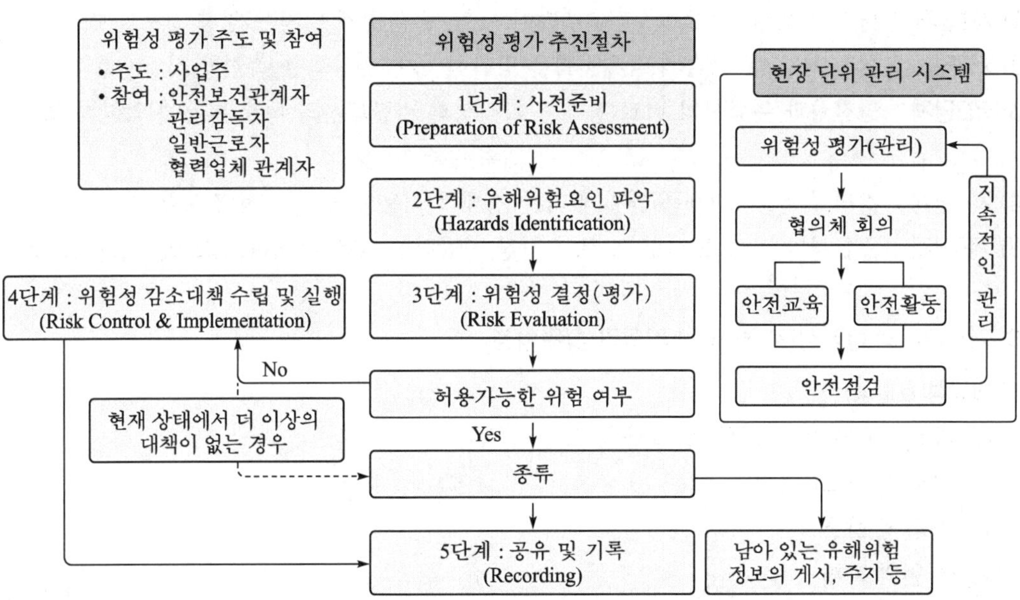

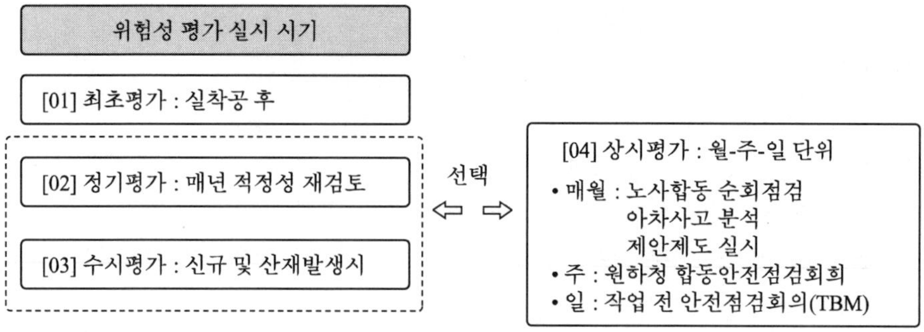

그림 1.5.4. 위험성평가 절차 및 실시시기

기술 평가(Technology Assessment) 01-31

1. 정의

새로운 기술개발을 하는 경우에 그 개발과정 및 결과가 사회나 환경에 미치는 위험성 및 악영향을 사전에 충분히 검토, 평가하여 기술개발로 인해 사회, 환경에 미치는 영향을 최소화하는 것을 말한다.

2. T.A[Technology Assessment]의 5단계

1) 제1단계 : 사회적 복리 기여도 – 기술개발이 사회 및 환경에 미치는 영향 검토할 것
2) 제2단계 : 실현 가능성, 기술의 잠재능력을 명확히 하여 실용화를 촉진할 것
3) 제3단계 : 안전성과 위험성의 비교 평가 – 합리성과 비합리성의 비교 평가에 의한 대체 계획·수립 할 것
4) 제4단계 : 경제성 검토, 신제품 개발에 따른 경제적 허용성 및 경제성 검토할 것
5) 제5단계 : 종합평가 및 조정, 대안으로서 가장 바람직한 것을 선택하고 그것을 실시할 것

3. 기술개발의 합리성(효율성) 및 비합리성(위험성)

1) 합리성(효율성)
   (1) 재해사고의 감소(공해, 산업재해, 보건 향상)
   (2) 생활의 고도화
   (3) 생산성 향상
   (4) 자원의 확대
   (5) 상품의 국제화

(6) 기술수준의 향상

2) 비합리성(위험성, 악영향)

(1) 인체에 대한 영향 : 보건성 장해, 정신적 장해, 재해사고 위험성 등
(2) 자연환경에 대한 영향 : 대기오염, 수질오염, 열오염 등
(3) 사회기능에 대한 영향 : 도시과밀, 교통정체, 전력부족
(4) 자원낭비의 증대여부 : 골재 고갈, 전력 남용, 지하수 고갈
(5) 산업, 직업, 문화측면에 대한 영향 : 재래산업의 영향에 따른 실직, 전직, 문화의 획일화

4. T.A의 실행방법

1) 기술에 대한 상세한 인식
2) 작업에 대한 기초 자료 수집
3) 대상기술에 의해 발생하는 문제 해결을 위해 대체적 방법 제시
4) 대상 문제와 관련있는 Group 파악
5) 대안을 상호비교하여 대안의 선택 및 실행

6. 보호구

보호구 관리 01-32

1. 개인보호구

1) 보호구의 정의

재해예방과 건강장해예방을 목적으로 근로자 개개인이 직접 착용하고 작업하는 것.

개인보호구를 다음과 같이 구분할 수 있다.

(1) 안전보호구 : 재해예방을 대상으로 하는 보호구

가. 두부보호 : 안전모

나. 추락방지 : 안전

다. 발보호 : 안전화, 안전각반, 안전장화

라. 손보호 : 안전장갑

마. 얼굴보호 : 보안면, 눈보호(보안경)

(2) 위생보호구 : 건강장해예방을 목적으로 사용하는 보호구

가. 유해화학물질흡입방지 : 송기마스크, 방진마스크, 방독마스크

나. 몸전체 : 방열복

(3) 기타 보호구 : 작업상 필요한 보호구

2) 보호구의 구비조건

(1) 착용 시 작업이 용이할 것

(2) 대상물(유해위험물)에 대하여 방호가 완전할 것

(3) 재료의 품질이 우수할 것

(4) 구조 및 표면가공이 우수할 것

(5) 외관이 우아할 것

3) 보호구 검정[22]의 중요성

(1) 인체에 미치는 유해성을 예방하기 위하여

---

22) 위험기계검사제도 및 방호장치 보호구성능검정제도가 보호구 안전인증 및 안전검사제도(2009년 1월 1일부터 시행)로 바뀌었다. 대상보호구 : 안전모, 안전화 등 12종

(1) 안전인증 절차 • 서면심사 • 기술능력 및 생산체계 심사 • 제품심사

(2) 자율안전확인시고제도 신실 : 보호구, 보안면 등 3종

(2) 인체에 미치는 위험성을 예방하기 위하여

(3) 불량보호구는 사용하지 않을 때보다 더 많은 문제를 발생시킬 수 있다.

2. 보호구의 지급 및 관리

1) 보호구의 지급

(1) 작업 근로자수 이상으로 지급

(2) 당해 근로자는 보호구를 지급받은 즉시 착용해야 한다.

2) 보호구의 제한적 사용

(1) 보호구를 사용하지 않더라도 보호받을 수 있도록 설비 개선 등 필요한 조치를 할 것

(2) (1)항에도 불구하고 위험요인을 제거할 수 없을 때는 제한적으로 적합한 보호구를 사용할 것

3) 보호구의 관리

(1) 청결하게 유지하고 상시 착용이 가능하도록 할 것

(2) 교환부품(방진 방독 마스트 필터)은 충분한 양을 구비할 것

4) 전용보호구지급

(1) 보호구 공동사용으로 질병 감염 우려가 있을 때

(2) 개인 전용 보호구 지급 및 질병 감염 예방 조치

3. 두부 보호구(안전모)

물체의 낙하, 비래 또는 추락에 의한 위험을 방지 또는 경감하거나 감전에 의한 위험을 방지하기 위해서 착용한다.

1) 안전모 사용구분

종류(기호)	사용구분	비고
AB	물체의 낙하 또는 비래 및 추락에 의한 위험을 방지 또는 경감시키기 위한 것	
AE	물체의 낙하 또는 비래에 의한 위험을 방지 또는 경감하고, 머리부위 감전에 의한 위험을 방지하기 위한 것	내전압성
ABE	물체의 낙하 또는 비래 및 추락에 의한 위험을 방지 또는 경감하고, 머리부위 감전에 의한 위험을 방지하기 위한 것	내전압성

*내전압성이란?
내전압성이란 7,000V 이하의 전압에 견디는 것을 말한다.

2) 안전모 재료의 구비 조건

(1) 쉽게 부식하지 않을 것

(2) 피부에 해로운 영향을 주지 않을 것

(3) 사용 목적에 따라 내열성, 내한성 및 내수성을 보유할 것

3) 안전모 성능 기준[추락 및 감전 위험방지용]

항목	성능
내관통성	AE, ABE종 안전모는 관통거리가 9.5밀리미터 이하이고, AB종 안전모는 관통거리가 11.1밀리미터 이하이어야 한다.
충격흡수성	최고 전달충격력이 4,450N[1,000Pounds]를 초과해서는 안되며, 모체와 착장체의 기능이 상실되지 않아야 한다.
내전압성	AE, ABE종 안전모는 교류 20kV에서 1분간 절연파괴없이 견뎌야 하고, 이때 누설되는 충전전류는 10mA 이내이어야 한다.
내수성	AE, ABE종 안전모는 질량증가율이 1퍼센트 미만이어야 한다.
난연성	모체가 불꽃을 내며 5초이상 타지 않아야 한다.
턱끝풀림	150N 이상 250N 이하에서 턱끝이 풀려야 한다.

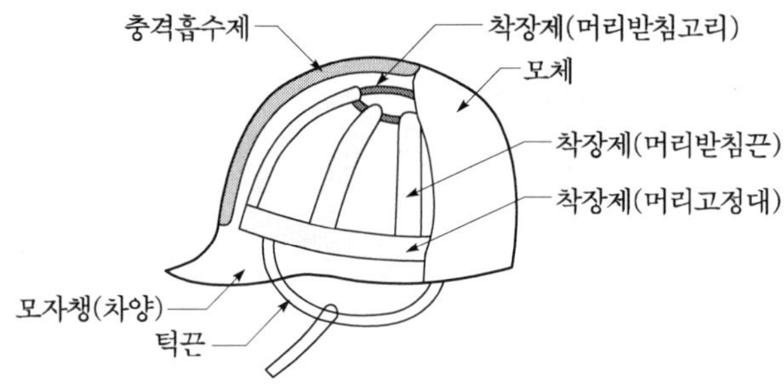

그림 1.6.1. 안전모 구조

4. 안전화

1) 완성품에 대한 성능기준

(1) 내압박성은 선심내부높이를 다음 표에 주어진 값 이상

(2) 내충격성은 선심내부높이를 다음 표에 주어진 값 이상

압박 또는 충격시 선심 내부의 높이(단위 : 밀리미터)

안전화 크기	~ 225	230 ~ 240	245 ~ 250	255 ~ 265	270 ~ 280	285 ~
선심내부 높이	12.5	13.0	13.5	14.0	14.5	15.0

(3) 몸통과 겉창의 박리저항은 중작업용 및 보통작업용은 4.0N/mm 이상, 경작업용은 3.0N/mm 이상

(4) 내답발성은 중작업용 또는 보통작업용은 1,000N, 경작업용은 500N의 정하중을 걸어 창을 관통하지 않아야 한다.

2) 안전화명칭

그림 1.6.2. 안전화의 명칭

5. 방진마스크

1) 방진마스크 종류

종류	분리식		안면부여과식
	격리식	직결식	
형태	전면형	전면형	반면형
반면형	반면형	반면형	
사용조건	산소농도 18센트 이상인 장소에서 사용하여야 한다.		

2) 방진마스크 일반구조

(1) 착용 시 이상한 압박감이나 고통을 주지 않을 것

(2) 전면형은 호흡 시에 투시부가 흐려지지 않을 것

(3) 분리식 마스크에 있어서는 여과재, 흡기밸브, 배기밸브 및 머리끈을 쉽게 교환할 수 있고 착용자 자신이 안면과 분리식 마스크의 안면부와의 밀착성 여부를 수시로 확인할 수 있어야 할 것

(4) 안면부 여과식 마스크는 여과재로 된 안면부가 사용기간 중심하게 변형되지 않을 것

(5) 안면부 여과식 마스크는 여과재를 안면에 밀착시킬 수 있어야 할 것

3) 방진마스크 성능기준(안면부 흡기저항)

<table>
<tr><th colspan="2">형태 및 등급</th><th>유량(ℓ/min)</th><th>차압(Pa)</th></tr>
<tr><td rowspan="6">분리식</td><td rowspan="3">전면형</td><td>160</td><td>250 이하</td></tr>
<tr><td>30</td><td>50 이하</td></tr>
<tr><td>95</td><td>150 이하</td></tr>
<tr><td rowspan="3">반면형</td><td>160</td><td>200 이하</td></tr>
<tr><td>30</td><td>50 이하</td></tr>
<tr><td>95</td><td>130 이하</td></tr>
<tr><td rowspan="6">안면부
여과식</td><td>특급</td><td rowspan="3">30</td><td>100 이하</td></tr>
<tr><td>1급</td><td>70 이하</td></tr>
<tr><td>2급</td><td>60 이하</td></tr>
<tr><td>특급</td><td rowspan="3">95</td><td>300 이하</td></tr>
<tr><td>1급</td><td>240 이하</td></tr>
<tr><td>2급</td><td>210 이하</td></tr>
</table>

5. 보안경

1) 차광보안경 종류

종류	사용구분
자외선용	자외선이 발생하는 장소
적외선용	적외선이 발생하는 장소
복합용	자외선 및 적외선이 발생하는 장소
용접용	산소용접작업 등과 같이 자외선, 적외선 및 강렬한 가시광선이 발생하는 장소

2) 차광보안경 일반구조

(1) 차광보안경에는 돌출 부분, 날카로운 모서리 혹은 사용 도중 불편하거나 상해를 줄 수 있는 결함이 없어야 한다.

(2) 착용자와 접촉하는 차광보안경의 모든 부분에는 피부 자극을 유발하지 않는 재질을 사용해야 한다.

(3) 머리띠를 착용하는 경우, 착용자의 머리와 접촉하는 모든 부분의 폭이 최소한 10밀리미터 이상 되어야 하며, 머리띠는 조절이 가능해야 한다.

제2장

건설안전관리제도 및 법규

1. 건설안전법령
2. 재해율과 재해통계
3. 안전보건관리체제
4. 유해위험예방조치
5. 사전안전성평가 및 안전보건진단
6. 안전관리제도

construction safety management

1. 건설안전법령

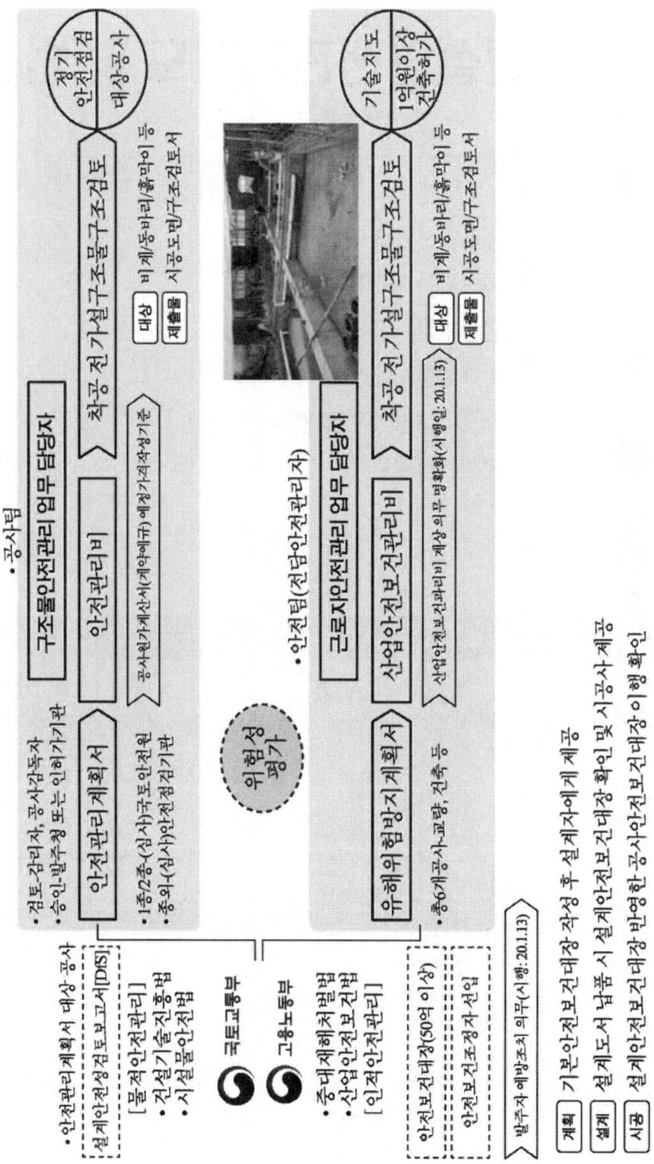

그림 2.1.1. 공사주체별 안전업무와 역할

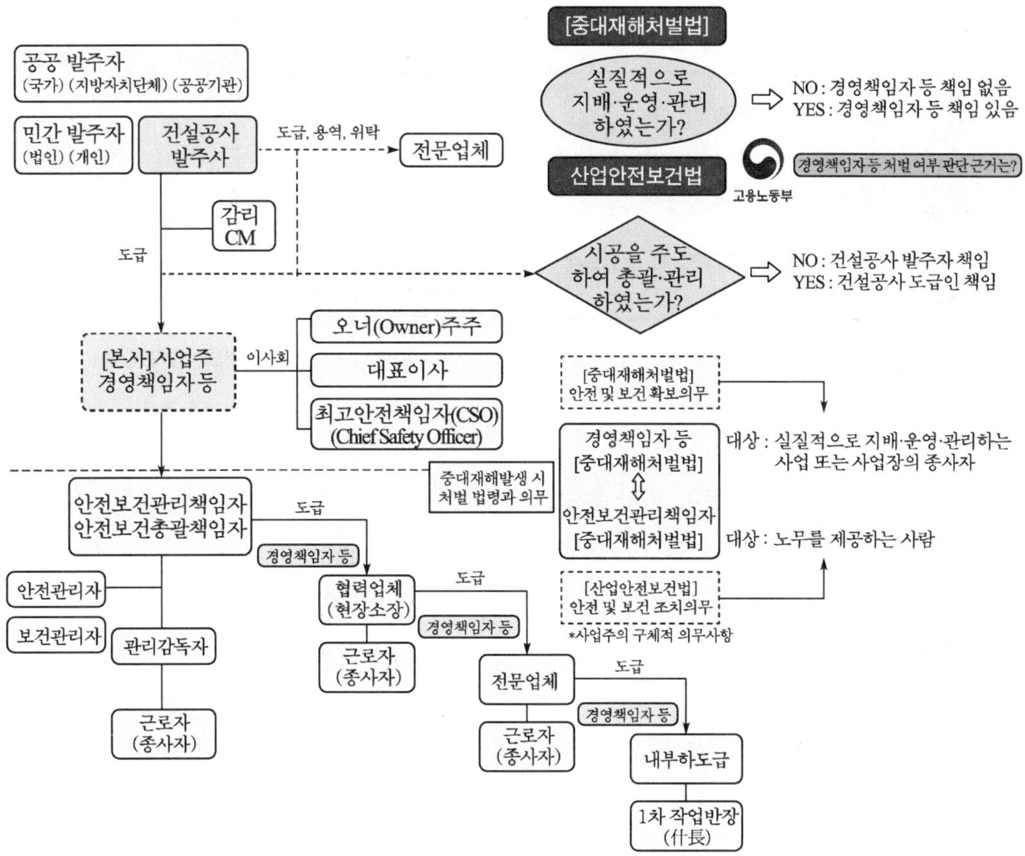

그림 2.1.2. 중대재해와 처벌대상

산업안전보건법 목적과 특징 02-01

1. 산업안전보건법의 목적

산업안전보건법은 산업 안전 및 보건에 관한 기준을 확립하고 그 책임의 소재를 명확하게 하여 산업재해를 예방하고 쾌적한 작업환경을 조성함으로써 노무를 제공하는 사람의 안전 및 보건을 유지·증진함을 목적으로 한다. [산안법제1조]

3단계 (목적)	노동제공자의 안전보건 유지증진
2단계 (중간목표)	산재예방과 작업환경조성
1단계 (수단)	산업안전보건기준 확립과 책임소재 명확화

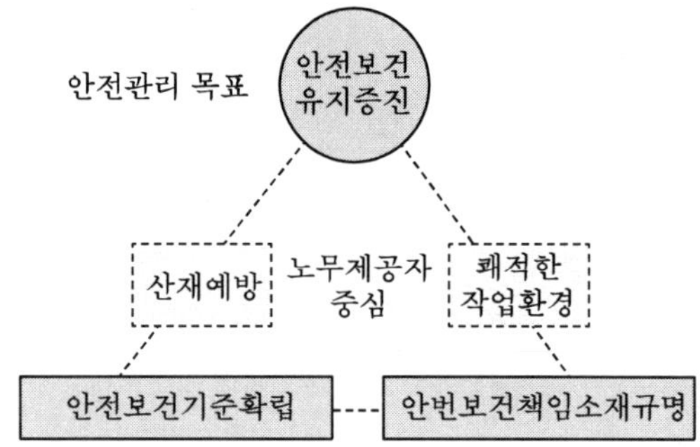

그림 2.1.3. 산업안전보건법의 목적

2. 산업안전보건법의 구성

산업안전보건법령은 고용노동부 소관 법령으로서 1개 법률, 1개 시행령, 3개 시행규칙 등으로 구성된다.

산업안전보건법	법	
산업안전보건법 시행령	시행령	
산업안전보건법 시행규칙	시행규칙	시행규칙
산업안전보건기준에 관한 규칙	안전보건규칙	
유해위험작업의 취업제한에 관한 규칙	취업제한규칙	

1) 법[1)] : 1개-국회

(1) 권리의무 항목으로 총 12개의 장과 15절 175개의 조문

(2) 산재예방의 기본적인 제도, 사업 중 근로자 및 정부의 의무 등 규정

2) 시행령 : 1개-대통령

(1) 절차적 사항

(2) 법령의 적용범위, 종류 등 법에서 위임된 사항과 시행에 필요한 사항을 규정한다.

---

1) 1) 법의 개념
(1) 법규 : 국민의 권리와 의무를 규정하여 활동을 제한한 법률이나 규정을 말한다.
(2) 법의 위계 : 헌법 > 법률 > 명령(대통령령, 총리령, 부령) >조례 > 규칙
2) [산안법/건진법/중처법의 목적]
(1) 산업안전보건법 : 노무를 제공하는 자의 안전 및 보건을 유지·증진함이 목적
(2) 건설기술진흥법 : 건설기술 수준향상, 건설공사의 품질을 높이고 안전을 확보하여 공공복리 증진과 국민 경제발전에 이바지하는 것이 목적
(3) 중대재해처벌법 : 안전·보건 확보 조치의무를 이행하지 않음으로써 인명 피해를 발생하게 한 사업주 경영책임자 공무원 및 법인의 처벌 등을 규정함으로써 중대재해를 예방하고 시민과 종사자의 생명과 신체를 보호하는 것이 목적

3) 시행규칙 : 3개-장관

중대재해유형 등 법 및 시행령에서 위임된 사항과 시행에 필요한 사항을 규정한다.

(1) 산업안전보건법 시행규칙[시행규칙]

(2) 산업안전보건기준에 관한 규칙[안전보건규칙]

(3) 유해위험작업의 취업제한에 관한 규칙[취업제한규칙]

4) 고시(기술상의 지침, 작업환경표준), 예규, 훈령[2)]

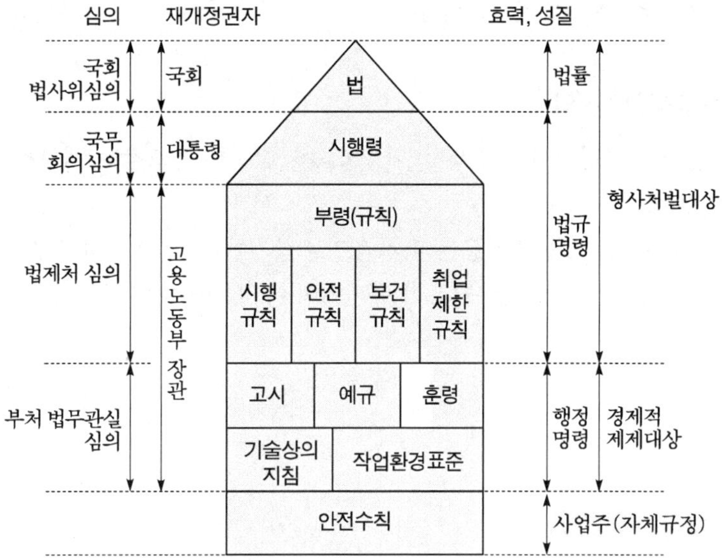

그림 2.1.4. 산업안전보건법령의 체계

2. 산업안전보건법령의 의미와 특징

1) 산업안전보건법령의 의미

법령에 대한 준수사항을 강요하며, 위반 시 벌칙을 부가한다. 규정 자체는 보편적 수준이며, 최저기준을 적용한다. 법령만으로는 안전사고 예방의 한계가 있고 이 한계를 보완하는 역할이(법령외) 안전기준에 해당된다.

---

2) 안전수칙
(1) 안전수칙 : 산업안전보건법을 기본으로 한 사업장내 사업주 자체 규정
(2) 공공공사 안전수칙 위반 작업자 의무교육[공공공사 추락사고 방지에 관한 지침, 2019.4]
① 발주청은 개인보호구 미착용 등 안전수칙을 위반한 작업자에 대하여 안전수칙 등에 관한 안전교육을 의무적으로 이수하도록 조치할 것
② 시공자는 위 조치를 요구받은 경우 즉시 안전교육을 실시하여야 하며, 교육실시 결과를 대장에 기록관리할 것

2) 특징

산업안전보건법은 산업재해 예방을 위한 총제적인 책임을 사업주에게 부여하고 있으며, 그 책임에 대한 구체적인 규제와 규정을 제시하고 있는 특징이 있다.

(1) 복잡성 : 새로운 산업환경 대응 차원–산업기술, 고용 및 작업환경 반영

(2) 다양성 : 다양한 산업환경 대응 차원–산업기술, 고용 및 작업환경 반영

(3) 전문성 : 안전과 보건에 관한 전문 기술성–기술표준성격

(4) 강제성 : 실효성 담보 차원

(5) 규제성 : 사업주 규제(벌칙/과태료)

3. 산업안전보건법의 한계편익

1) 안전투자로 인한 만족감이며 안전투자 비용이 증가할수록 만족감은 점차적으로 감소한다. (한계편익은 감소)

2) 한계편익과 반대개념으로 한계비용은 점차적으로 증가한다.(안전시설비 증가)

3) 한계편익과 한계비용이 일치하는 지점이 총편익이 총비용에 비해 가장 많은 지점이 된다.

4. 산업안전법령 등의 공사 단계별 주요 의무사항

중처법 / 산안법 / 건진법 → 사업장, 기업

기업

[산안법]

- 안전보건계획수립(이사회보고 및 승인) [산안법제14조]
  [매년 이사회 보고·승인]
  [시공능력 상위 1천위 이내 건설회사]
  [계획수립내용]
  1. 경영방침
  2. 관리조직의 구성·인원 및 역할
  3. 예산 및 시설 현황
  4. 전년도 및 다음연도 활동 계획

[중대재해처벌법]

- 사업주와 경영책임자등의 안전 및 보건 확보 의무[법제4조]
  1. 재해예방에 필요한 인력 및 예산 등 안전보건관리체계의 구축 및 그 이행에 관한 조치
  2. 재해 발생 시 재발 방지 대책의 수립 및 그 이행에 관한 조치
  3. 중앙행정기관 지방자치단체가 관계 법령에 따라 개선, 시정 등을 명한 사항의 이행에 관한 조치
  4. 안전보건관계법령에 따른 의무 이행에 필요한 관리상의 조치

사업장

단계	법령	주요 의무사항
기획/설계단계	산안법	• 산업안전보건관리비계상 • (기본)(설계)안전보건대장
	건진법	• 안전관리비계상 • 설계안전성검토[D.F.S]
착공단계	산안법	• 안전보건관리조직 구성 • 유해위험방지계획서 작성 • 공사안전보건대장 작성
	건진법	• 안전관리조직 구성 • 안전관리계획 수립
시공단계	산안법	• 안전보건교육 • 안전보건관리규정 작성 • 위험성평가 • 산업재해발생 시 조치사항 • 사업주의 안전보건조치 • 도급인의 안전보건조치 • 도급인의 산업재해예방 • 산업안전보건관리비 사용 • 기계기구 등에 대한 안전보건조치 • 근로자 건강진단 • 재해예방전문기술지도 계약
	중처법 [시행령 제4조]	1. 안전보건 목표와 경영방침 설정할 것 2. 안전보건업무 총괄관리 전담조직 둘 것 [시공능력 200위 순위 이내, 안전관리자 3명이상 배치] 3. 유해위험요인 확인·개선 업무절차 마련 및 반기 1회 이상 점검 조치 할 것 4. 재해예방 예산 편성 및 집행 할 것 5. 안전보건관리책임자등에게 권한과 예산 배정, 반기 1회 이상 평가·관리할 것 6. 산안법 안전관리자, 보건관리자 등 배치할 것 7. 안전보건에 관한 종사자 의견 수립 절차 마련하고, 반기1회 이상 점검·조치 8. 중대재해나 급박한 위험에 대비한 매뉴얼 마련하고 반기 1회 이상 점검·조치 9. 제3자에게 업무를 도급, 용역, 위탁 등을 하는 경우에 종사자 안전보건 확보를 위한 기준과 절차 마련하고 반기 1회 이상 점검 할 것
	건진법	• 안전교육 • 안전점검 • 가설구조물 구조안전성 평가 • 안전관리비 사용 • 건설사고발생 시 조치사항
준공단계	산안법	• 산업안전보건관리비 정산
	건진법	• 안전관리비 정산 • 안전점검종합보고서 제출

사업주 의무[산업안전보건법] 02-02

1. 사업주 의무

산업안전보건법은 근로자의 안전보건을 유지·증진하기 위해 필요한 사항을 사업주에게 부여하고 있다.

2. 의무사항

1) 국가에서 시행하는 산업재해예방시책 등을 준수할 것
2) 산업재해발생 보고의 의무
3) 산업재해기록, 보존의 의무
4) 산업안전보건법령요지 게시 등의 의무
5) 안전보건표지 부착 의무

3. 사업주 안전관리책임 강화 주요 내용[산안법 2020]

구분	개정 전	개정 후	
• 법 적용대상 확대	• 근로자	제2조	• 노무를 제공하는 사람
• 대표이사 안전보건 계획 수립 의무 신설	-	제14조	• (대상)시공능력평가액 순위상위 1,000위 이내 건설회사대상(2021.1.1.시행)
• 안전관리자 선임대상 공사규모 확대	• (대상)120억원·토목150억원 이상 현장	제17조	• (대상)50억원 이상 공사 • 2023년 7월 1일까지 순차적 확대
• 중대재해 발생 시, 고용노동부장관 작업중지 명확화	-	제55조	• 중대재해 발생 시, 고용노동부 장관의 작업·작업장 중지에 대한 요건 및 해제 절차 마련
• 도급인의 의무 조치 범위 및 대상 확대	• (범위)도급인의 사업장 또는 도급인의 사업장내 22개 위험장소 • (대상)수급인 근로자	제63조	• (범위)도급인 사업장 및 도급인이 지배관리하는 21개 위험장소 • (대상)관계수급인 근로자
• 화재작업 조치기준 강화(안전보건규칙)	• 화재위험 장소에 화재감시자배치 • (배치장소)일정 규모 이상의 지하장소 공사, 단열공사 등	규칙 제241조	• 화재위험 작업 전 조치 및 조치 사항 등 서면 게시 의무 신설
		규칙 제241조의2	• 화재위험 장소에 화재감시자 배치 • (배치장소)작업반경 11미터이내 가연성 물질 등이 있는 경우 등 화재 위험이 있는 장소

4. 근로자 사망사고 발생 시 법령별 사업주 처벌 현황

구분	처벌 현황
산업안전보건법	• 안전·보건조치 위반으로 근로자 사망 시 · 7년 이하 징역 또는 1억원 이하의 벌금 부과(법제167조) · 5년 내 재범 시, 그 형의 1/2까지 가중 · 유죄판결을 선고하거나 약식명령 고지 시, 200시간 이내 수강명령 임의적 병과 (법제174조) · 법인에 대해 10억원 이하 벌금 부과(법제173조)
국가계약법	• 근로자 사망사고 발생 시, 부정당업자로서 입찰 참가자격 제한 · 동시 10명 이상 사망 시 : 2년 · 동시 6명 이상 10명 미만 사망 시 : 1년 6개월 · 동시 2명 이상 6명 미만 사망 시 : 1년 · 법 제27조, 시행령 제76조제1항제3호, 시행규칙 제75조의2 및 별표2
건설산업기본법	• 산업안전보건법에 따른 중대재해를 발생시킨 건설사업자에 대해 고용부장관 또는 다른 법령에 따른 국가 또는 지자체의 기관이 요구 시 영업정지 · 10명 이상 사망 시 : 5개월 · 6명 이상 9명 이하 사망 시 : 4개월 · 2명 이상 5명 이하 사망 시 : 3개월 · 법 제82조제1항제7호, 시행령 제80조제1항 및 별표6 • 산업안전보건법 위반으로 산재 발생 및 산재 은폐 등에 대해 벌점 부과 · 산업안전보건법상 도급인의 안전·보건조치 위반하여 산업재해 발생건수 등이 하수급인과 함께 공표된 경우 : 2점 · 하수급인에게 산업재해 발생 사실을 은폐하도록 교사 또는 공모하여 처벌을 받은 경우 : 3점 ⇒ 벌점 10점 이상 시, 영업정지 3개월 또는 과징금 6천만원 부과 · 법 제25조제5항, 시행령 제28조 및 별표3
형법	• 업무상과실 또는 중대한 과실로 인해 사람을 사상에 이르게 한 자[법 제268조] · 5년 이하 금고, 2천만원 이하 벌금
건설기술진흥법	[건설사업자, 주택건설등록업자 및 건설기술인에 대한 벌점 측정기준] • 건설기술진흥법상 **중대건설사고 발생 시**, 벌점(3점)[시행령제87조제5항별표8] [중대건설사고] ① 사망자 3명 이상 발생 ② 부상자 10명 이상 발생 ③ 건설 중 또는 완공된 시설물의 붕괴 또는 전도로 인해 재시공이 필요한 경우 • 정기안전점검을 한 결과 조치 요구사항을 이행하지 않거나 정당한 사유없이 기간 내에 안전점검을 실시하지 않은 경우, 안전관리계획을 수립할 때 그 내용의 일부를 누락하거나 기준에 미달하여 보완이 필요한 경우에 벌점(2 또는 3점) • 각종 공사용 안전시설 등의 설치를 안전관리계획에 따라 설치하지 않아 안전사고가 우려되는 경우. 벌점(1 또는 2점)
중대재해처벌법	• 자연인 · **(사망) 1년이상**징역 또는 10억원이하벌금(병과 가능) · (부상·질병) 7년이하징역 또는 1억원이하벌금 • 법인 · **(사망) 50억원 이하** 벌금 · (부상·질병) 10억원 이하 벌금

근로자 의무[산업안전보건법] 02-03

1. 근로자의 의무

근로자의 산업재해예방을 위한 기준을 준수하여야 하며, 사업주가 실시하는 산업재해예방에 관한 조치를 따라야 한다.

2. 근로자 의무사항

1) 근로자는 사업주가 행한 안전보건상의 조치사항 준수할 것
   (1) 안전보건교육 이수[산안법제31조]
   (2) 방호조치 준수

2) 사업주가 실시하는 근로자 건강진단을 받아야 할 것

3) 사업주의 안전조치 및 보건조치 준수
   (1) 사업주가 제공한 안전모, 안전대 등 보호구 착용 의무가 있음
   (2) 안전보건규칙에서 정하고 있는 구체적인 사항

3. 근로자의 참여

중대재해처벌법 등 안전보건관리체계 구축·이행을 위해서 현장 작업자의 참여가 필요하다.

1) 근로자 참여 방법
   (1) 산업안전보건위원회[근로자 대표 참여]
   (2) 도급인·수급인 안전보건협의체[산안법제64조]
   (3) 건설공사 안전보건협의체[산안법제75조]
   (4) 안전활동
      가. TBM[작업전 안전미팅]
      나. 안전제안 활동 등

2) 근로자에게 공개해야 할 정보
   (1) 안전보건경영방침 및 목표
   (2) 산업안전보건법령의 주요 내용
   (3) 안전보건관리규정
   (4) 산업안전보건위원회 의결사항
   (5) 안전보건관리체계 관련 참여 절차
   (6) 유해위험물질 및 기계·기구 정보

(7) 산업재해 원인 조사 및 재발 방지대책

3) 사업주는 산업안전보건법령 주요내용을 근로자가 쉽게 볼 수 있는 장소에 게시 또는 알릴 것

발주자 안전관리업무[산업안전보건법-정부 책무] 02-04

1. 건설공사 발주자[산안법제2조제10호]

1) 건설산업기본법에 따른 건설공사와 각 법률의 전기공사, 정보통신, 소방시설, 문화재 수리 등을 도급하는 자로서 건설공사의 시공을 주도하여 총괄관리하지 않는 자(도급받은 건설공사를 다시 도급하는자는 제외)[산안법제2조제10호]
2) 관계수급인 근로자에 대한 안전 및 보건조치 의무를 직접적으로 부담하지 않는다.
3) 건설공사를 총괄 관리하지 않고 시공사나 CM사에 일임한 경우, 안전 및 보건조치 의무를 부담하지 않는다.

2. 발주자의 안전보건관리 업무

1) 건설공사 참여자
   (1) 발주자
   (2) 설계자
   (3) 건설사업관리기술인
   (4) 시공자
   (5) 근로자

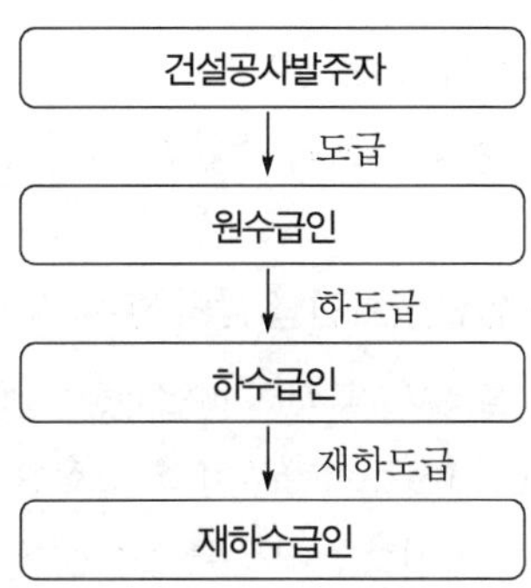

그림 2.1.5. 건설공사의 중층적 도급 구조

2) 기존의 시공자 중심의 안전관리계계
   국내 건설공사 현장에서 안전보건관리에 대한 의무와 책임은 도급자인 시공자에게 집중되어 있다.

3) 발주자의 책임과 역할 부여에 대한 인식 변화
   실질적으로 건설공사에 영향을 주는 최상위 의사결정권자인 발주자에게 일정부분 책임과 역할을 부여하는 것이 효과적이라고 인식되고 있다.

3. 발주자의 안전보건관리 필요성

1) 건설업의 재해 취약 구조와 선제적인 사전 예방제도의 필요성

(1) 재해 원인과 관련된 건설업의 구조

사업 참여 주체(발주자, 시공자, 설계자, 건설사업관리기술자) 중에서 발주자의 역할이 중요하다.

(2) 발주자의 역할

발주자는 막강한 권한에 비해 근로자의 안전보건을 확보하기 위한 역할이 미비한 실정이며, 발주자의 부당한 요구에 의해 재해가 발생될 수 있는 구조이다.

2) 건설사업 전체 단계의 재해예방 노력 요구

건축물의 생애주기는 계획·설계·시공(공사)·유지관리 등의 생산 프로세스를 따르기 때문에 선행 단계의 결함이 후행 단계의 산업재해를 유발할 수 있으며, 선행 단계에서 발생된 위험을 후행 단계에서 대처하기 어렵기 때문에 시공 이전 단계에서 안전을 고려해야 한다.

3) 건설안전보건에 대한 패러다임Paradigm 변화

국내의 정체된 건설재해 감소 추세는 기존 대책의 실효성이 미흡하다는 것을 보여주는 동시에 건설산업의 특성에 맞는 새로운 패러다임의 전환이 필요하다는 것을 시사하고 있다.

4) 발주자 역할 요구

발주자 주도의 종합적 건설사업 안전관리체계가 요구된다.

4. 산업안전보건법 상의 발주자의 의무사항

1) 건설공사발주자의 산업재해 예방 조치[산안법제67조]

(1) 건설공사발주자의 계획단계, 설계단계, 시공단계의 안전보건 조치 의무

(2) 안전보건대장(총공사금액 50억원 이상) 작성 및 이행 확인

2) 안전보건조정자[산안법제제68조]

2개 이상 건설공사를 도급한 건설공사발주자는 혼재 작업에 대해 안전보건조정자를 둘 것

3) 공사기간 단축 및 공법변경 금지[산안법제69조] - 위반 시 이 자체로 형사책임이 따른다.

(1) 설계도서 등에 따라 산정된 공사기간을 단축할 수 없다.

(2) 공사비 감소를 위한 위험한 공법의 사용 금지

(3) 정당한 사유 없이 정해진 공법 변경 불가

4) 건설공사 기간의 연장[산안법제70조]

건설공사발주자는 다음에 해당하는 사유로 건설공사가 지연되어 해당 건설공사 도급인이 산업재해 예방을 위하여 공사기간의 연장을 요청하는 경우에는 특별한 사유가 없으면 공사기간을 연장할 것

(1) 태풍·홍수 등 악천후, 전쟁·사변, 지진, 화재, 전염병, 폭동, 그 밖에 계약 당사자가 통제할 수 없는 사태의 발생 등 불가항력의 사유가 있는 경우

(2) 건설공사발주자에게 책임이 있는 사유로 착공이 지연되거나 시공이 중단된 경우

5) 설계변경의 요청[산안법제71조]

설계변경 요청 사유를 명기하고, 건설공사발주자와 건설공사도급인의 설계변경 의무가 있다.

6) 건설공사 등의 산업안전보건관리비 계상 등[산안법제72조]

산업안전보건관리비 계상 의무와 사용 기준 준수할 것

7) 건설공사의 산업재해 예방 지도[산안법제73조]

건설재해예방 전문지도기관의 기술지도를 받을 것

8) 안전 및 보건에 관한 협의체 등의 구성·운영에 관한 특례[산안법제75조]

노사협의체의 구성 및 운영할 것

9) 기계·기구 등에 대한 건설공사 도급인의 안전조치[산안법제76조]

건설공사도급인의 기계·기구 또는 설비 등이 설치되어 있거나 작동하고 있는 경우 또는 이를 설치·해체·조립하는 등의 작업에 대한 필요한 안전 및 보건조치 의무를 할 것

산업안전보건법[발주자의 의무와 벌칙조항]

조항	주요내용	벌칙(벌금)	과태료
제67조 (건설공사발주자의산업재해 예방 조치)(공사안전보건대장)	• 총공사금액 50억원 이상 건설공사발주자에게 공사 계획·설계·시공 등 전 과정에서 조치 의무 신설	–	• 1천만원 이하
제68조 (안전보건조정자)	• 건설공사 발주자가 작업혼재로 인하여 발생 가능한 산재예방효과 강화를 위해 선임하는 안전보건조정자를 둘 것	–	• 500만원 이하
제69조 (공사기간 단축 및 공법변경금지)	• 설계도서 등에 따라 산정된 공사기간 단축할 수 없음 • 공사비 감소를 위한 위험한 공법의 사용 금지 • 정당한 사유 없이 정해진 공법 변경 불가	• 1천만원 이하	–
제70조 (건설공사 기간의 연장)	• 불가항력, 발주자 책임으로 인한 공사기간 연장	–	• 1천만원 이하

조항	주요내용	벌칙(벌금)	과태료
제71조 (설계변경의 요청)	• 설계변경 요청 사유를 명기하고, 발주자의 설계변경 의무	–	• 1천만원 이하
제72조 (건설공사등의 산업안전보건관리비 계상 등)	• 산업안전보건관리비 계상 의무와 사용 기준	–	• 1천만원 이하

5. 정부의 책무[산안법제4조]

1) 산업안전 및 보건 정책의 수립 및 집행
2) 산업재해 예방 지원 및 지도
3) 직장 내 괴롭힘 예방을 위한 조치기준 마련, 지도 및 지원
4) 사업주의 자율적인 산업 안전 및 보건 경영체제 확립을 위한 지원
5) 산업 안전 및 보건에 관한 의식을 북돋우기 위한 홍보·교육 등 안전문화 확산 추진
6) 산업 안전 및 보건에 관한 기술의 연구·개발 및 시설의 설치·운영
7) 산업재해에 관한 조사 및 통계의 유지·관리
8) 산업 안전 및 보건 관련 단체 등에 대한 지원 및 지도·감독
9) 그 밖에 노무를 제공하는 자의 안전 및 건강의 보호·증진

6. 지방자치단체의 책무[신설 2021.5.18.][시행 2021.11.19.]

지방자치단체 관할 지역의 산업재해 예방을 위한 대책을 수립·시행하도록 책무를 부여하고, 지방자치단체의 장은 관할 지역내에서의 산업재해 예방을 위하여 자체 계획의 수립, 교육, 홍보 및 안전한 작업환경 조성을 지원하기 위한 사업장 지도 등 필요한 조치를 할 수 있는 근거가 된다.

1) 지방지치단체의 책무[산안법제4조의2]

지방자치단체는 정부의 정책에 적극 협조하고 관할 지역의 산업재해를 예방하기 위한 대책을 수립·시행해야 한다.

2) 지방자치단체의 산업재해 예방 활동[산안법제4조의3]

(1) 지방자치단체의 장은 관할 지역내에서의 산업재해 예방을 위하여 자체 계획의 수립, 교육, 홍보 및 안전한 작업환경을 지원하기 위한 사업장 지도 등 필요한 조치를 할 수 있다.
(2) 정부는 지방자치단체의 산업재해 예방 활동에 필요한 행정적·재정적 지원을 할 수 있다.
(3) 산업재해 예방 활동에 필요한 사항은 지방자치단체가 조례로 정할 수 있다.

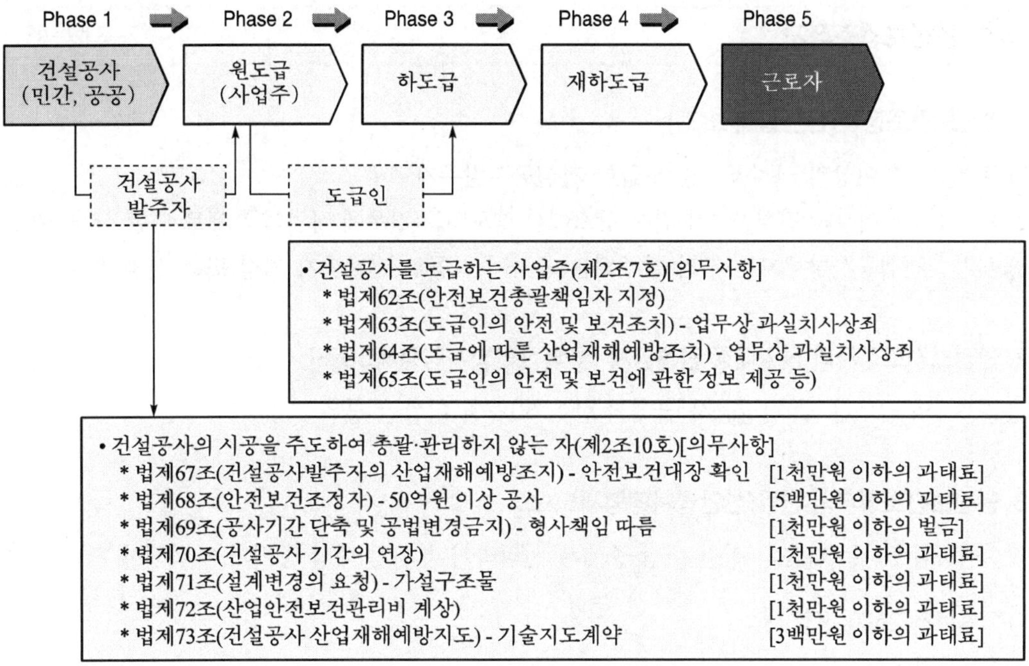

그림 2.1.6. 산업안전보건법의 발주자와 도급인의 의무사항

학습 Note 건설공사발주자의 책임(산업안전보건법)

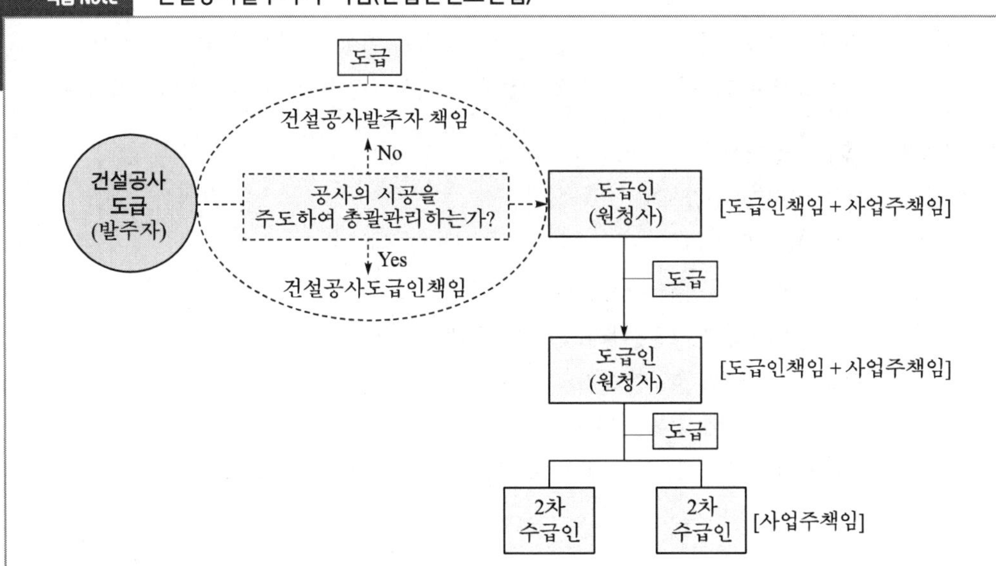

안전보건조정자 02-05

1. 안전보건조정자[산안법제68조]

1) 주체 : 2개 이상의 건설공사를 도급한 건설공사발주자

2) 목적 : 2개 이상의 건설공사가 같은 장소에서 행해지는 경우에 작업의 혼재로 인한 산재 예방

3) 시기 : 건설공사발주자는 분리 발주되는 공사의 착공일 전날까지 지정 또는 선임할 것

2. 안전보건조정자의 선임대상 건설공사 금액[산안법시행령제56조]

건설공사의 금액은 각 건설공사 금액의 합이 50억원 이상인 경우

3. 안전보건조정자의 선임[산안법시행령제56조]

건설공사발주자는 다음의 선임 대상 중에서 선임하거나 지정 대상 중에서 지정해야 한다.

1) 안전보건조정자 선임 대상

(1) 산업안전지도사

(2) 건설산업기본법에 따른 종합공사에 해당하는 건설현장에서 관리책임자로서 3년 이상 재직한 사람

(3) 건설안전기술사

(4) 건설안전기사를 취득한 후 건설안전 분야에서 5년 이상의 실무경력이 있는 사람

(5) 건설안전산업기사를 취득한 후 건설안전 분야에서 7년 이상의 실무경력이 있는 사람

2) 안전보건조정자 지정 대상

(1) 발주청이 선임한 공사감독자

(2) 공사의 감리책임자

가. 건축법에 따라 지정된 공사감리자

나. 건설기술진흥법에 따른 감리 업무를 수행하는 사람

다. 주택법에 따라 배치된 감리원

라. 전력기술관리법에 따라 배치된 감리원

마. 정보통신공사업법에 따라 해당 건설공사에 대하여 감리업무를 수행하는 사람

3. 안전보건조정자의 업무[산안법시행령제57조]

1) 같은 장소에서 행하여지는 각각의 공사 간에 혼재된 작업의 파악
2) 혼재된 작업으로 인한 산업재해 발생의 위험성 파악
3) 혼재된 작업으로 인한 산업재해를 예방하기 위한 작업의 시기·내용 및 안전보건 조치 등의 조정
4) 각각의 공사 도급인의 관리책임자 간 작업 내용에 관한 정보공유 여부의 확인

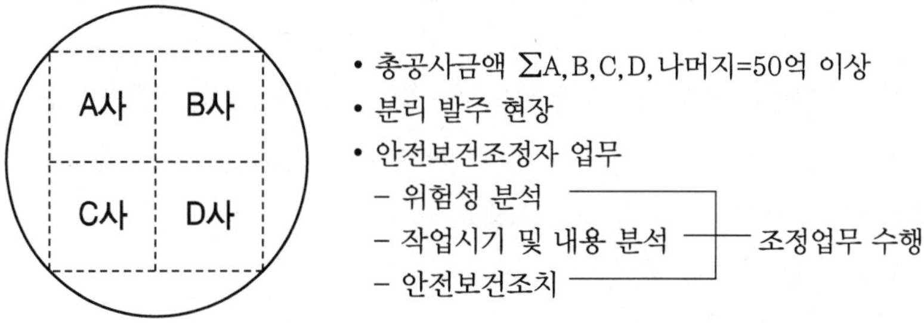

그림 2.1.7. 안전보건조정자 업무

위험공종 가설구조물 설계변경 02-06

1. 위험공종 설계변경[산안법제71조]

건설공사도급인은 가설구조물의 붕괴 등으로 산업재해가 발생할 위험이 있다고 판단되는 아래의 공종은 건축·토목 분야의 전문가의 의견을 들어 건설공사발주자에게 해당 건설공사의 설계변경을 요청할 수 있다. 다만, 건설공사발주자가 설계를 포함하여 발주한 경우는 예외로 한다.

1) 높이 31미터 이상인 비계
2) 작업발판 일체형 거푸집[3] 또는 높이 5미터 이상인 거푸집 동바리(타설된 콘크리트가 일정 강도에 이르기까지 하중 등을 지지하기 위하여 설치하는 부재)
3) 터널의 지보공 또는 높이 2미터 이상인 흙막이 지보공(굴착 후 토사가 무너지지 않도록 지지하는 구조물)
4) 동력을 이용하여 움직이는 가설구조물

---

3) 산업안전보건기준에관한규칙 제331조의3(작업발판 일체형 거푸집의 안전조치) ① "작업발판 일체형 거푸집"이란 거푸집의 설치·해체, 철근 조립, 콘크리트 타설, 콘크리트 면처리 작업 등을 위하여 거푸집을 작업발판과 일체로 제작하여 사용하는 거푸집으로서 다음 각 호의 거푸집을 말한다.
(1) 갱 폼(gang form) (2) 슬립 폼(slip form) (3) 클라이밍 폼(climbing form)
(4) 터널 라이닝 폼(tunnel lining form) (5) 그 밖에 거푸집과 작업발판이 일체로 제작된 거푸집 등

2. 설계변경 전문가 범위[산안법시행령제58조]

산업안전보건공단 또는 다음에 해당하는 사람으로서 해당 건설공사 도급인 및 관계수급인에게 고용되지 않는 사람

1) 건축구조기술사(토목공사 및 터널의 지보공 또는 높이 2미터 이상인 흙막이 지보공 제외)
2) 토목구조기술사(토목공사 한정)
3) 토질및기초기술사(터널의 지보공 또는 높이 2미터 이상인 흙막이 지보공 한정)
4) 건설기계기술사(동력을 이용하여 움직이는 가설구조물로 한정)

3. 설계변경의 요청 방법[산안법시행규칙제88조]-가설구조물의 붕괴 위험에 대한 요청일 경우

건설공사도급인이 설계변경을 요청할 때에는 건설공사 설계변경 요청서에 다음의 서류를 첨부하여 건설공사발주자에게 설계변경을 요청할 수 있다.

1) 설계변경 요청 대상 공사의 도면
2) 당초 설계의 문제점 및 변경요청 이유서
3) 가설구조물의 구조계산서 등 당초 설계의 안전성에 관한 전문가의 검토 의견서 및 그 전문가(전문가가 공단인 경우는 제외함)의 자격증 사본
4) 재해발생의 위험이 높아 설계변경이 필요함을 증명할 수 있는 서류

4. 설계변경의 요청 방법[산안법시행규칙제88조]-고용노동부장관의 공사중지 또는 유해위험방지계획서에 따른 요청일 경우

건설공사도급인이 고용노동부장관으로부터 공사중지 또는 유해위험방지계획서의 변경 명령을 받은 경우에는 다음의 서류를 첨부하여 건설공사발주자에게 설계변경을 요청할 수 있다.

1) 유해·위험방지계획서 심사결과 통지서
2) 지방고용노동관서의 장이 명령한 공사착공중지명령 또는 계획변경명령 등의 내용
3) 설계변경 요청 대상공사의 도면
4) 당초 설계의 문제점 및 변경 요청 이유서
5) 재해발생의 위험이 높아 설계변경이 필요함을 증명할 수 있는 서류

5. 설계변경 요청을 받은 발주자의 의무[산안법제71조제4항]

설계변경 요청을 받은 건설공사발주자는 그 요청 받은 내용이 기술적으로 적용이 불가능한 명백한 경우가 아니면 이를 반영하여 설계를 변경할 것

설계변경대상[위험 공종]

- 높이 31미터 이상 비계
- 작업발판 일체형 거푸집
- 높이 6미터 이상 거푸집동바리
- 터널 지보공
- 높이 2미터 이상 흙막이지보공
- 동력을 이용하여 움직이는 가설구조물

[설계변경근거]

첨부서류 [재해발생위험이 높은 경우]

- 설계변경 요청 대상 공사의 도면
- 당초 설계의 문제점 및 변경요청 이유서
- 가설구조물의 구조계산서 등 당초 설계의 안전성에 관한 전문가의 검토 의견서 및 그 전문가(전문가가 공단인 경우는 제외함)의 자격증 사본
- 재해발생의 위험이 높아 설계변경이 필요함을 증명할 수 있는 서류

첨부서류 [공사중지 또는 유해위험방지계획]

- 유해·위험방지계획서 심사결과 통지서
- 지방고용노동관서의 장이 명령한 공사착공중지명령 또는 계획변경명령 등의 내용
- 설계변경 요청 대상공사의 도면
- 당초 설계 문제점 및 변경 요청 이유서
- 재해발생의 위험이 높아 설계변경이 필요함을 증명할 수 있는 서류

전문가 의견 대상자

- 건축토목분야 전문가
- 산업안전보건공단

[설계변경 절차]

관계수급인→도급인

- 30일 이내 설계변경 또는
- 10일 이내 발주자에게 제출

도급인→발주자

- 30일 이내 설계변경 또는
- 불승인 사유 통지서 발송

설계변경 결과 통보 [도급인→관계수급인]

- 10일 이내

그림 2.1.8. 위험 공종 설계변경 요청 절차(산안법)

가설구조물 안전성 확인 02-07

1. 가설구조물 안전조치

1) 설계도서 작성

건설기술용역사업자는 설계도서를 작성할 때에는 구조물(가설구조물 포함)에 대한 구조검토를 할 것[건진법제48조]

2) 구조안전성 확인

건설업자 또는 주택건설등록업자는 동바리, 거푸집, 비계 등 가설구조물 설치를 위한 공사를 할 때 가설구조물의 구조적 안전성을 확인하기에 적합한 분야의 관계전문가에게 확인을 받을 것[건진법제62조제7항]

2. 가설구조물 구조적 안전성 확인 대상 공종[건진법시행령제101조의2]

1) 비계

(1) 높이가 31미터 이상인 비계

(2) 브라켓(Bracket) 비계

2) 거푸집 및 동바리

(1) 작업발판 일체형 거푸집(갱폼, RCS, ACS 등)

(2) 높이가 5미터 이상인 거푸집 및 동바리

3) 지보공

(1) 터널의 지보공

굴착한 뒤 복공이 완료되기까지 이 지반의 느슨해짐을 억제하고 공간을 유지하기 위해서 굴착 주변의 지반을 지지지하는 구조물

(2) 높이가 2미터 이상인 흙막이 지보공

어스앵커, 스트럿트 등 흙막이 벽 등의 구조물을 지지하기 위한 구조체

4) 가설구조물

(1) 동력을 이용하여 움직이는 가설구조물

가. FCM (Free Cantilever Method)

나. ILM (Incremental Launching Method)

다. PSM (Precast Segment Method)

라. MSS (Movable Scaffolding System)

(2) 높이 10미터 이상에서 외부작업을 하기 위하여 작업발판 및 안전시설물을 일체화하여 설치하는 가설구조물(2020년 5월 27일 시행)

가. SCW Safety Working Cage　　나. ACS Automatic Climbing System

다. RCS Rail Climbing System　　라. Working Platform

(3) 공사현장에서 제작하여 조립·설치하는 복합형 가설구조물(2020년 5월 27일 시행)

가. 합벽지지대　　나. 가설벤트

다. 작업대차　　라. 라이닝폼

5) 그 밖에 발주자 또는 인·허가기관의 장이 필요하다고 인정하는 가설구조물

3. 가설구조물 구조적 안전성 확인 서류 제출

건설업자 또는 주택건설등록업자는 해당 가설구조물을 시공하기 전에 다음의 서류를 공사감독자 또는 건설사업관리기술인에게 제출할 것

1) 건설업자와 주택건설등록업자가 작성하여야 하는 시공상세도면
2) 관계전문가가 서명 또는 기명날인한 구조계산서

4. 구조물 안전성 확인 관계전문가

기술사법에 따라 등록되어 있는 기술사로서

1) 건축구조
2) 토목구조
3) 토질 및 기초를 직무 분야로 하는 기술사 중에서 공사감독자 또는 건설사업관리기술인이 해당 가설구조물의 구조적 안전성을 확인하기에 적합하다고 인정하는 분야의 기술사일 것

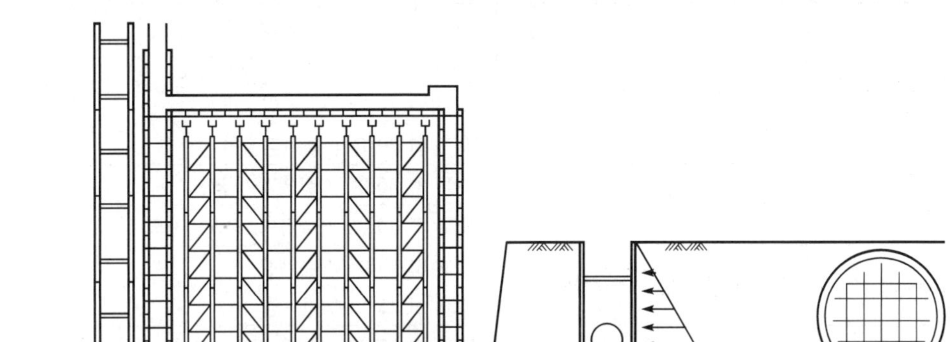

그림 2.1.9. 구조 안전성 확인 가설구조물

건설기준통합코드-가설구조물 02-08

1. 국가건설기준 통합코드 분류

국토교통부 소관 건설기준 34종 및 신규 제정 건설기준 2종을 설계기준(KDS)과 표준시방서(KCS)로 통폐합하고 기준체계를 코드화한 것

1) 설계기준 KDS[Korean Design Specification]
2) 표준시방서 KCS[Korean Construction Specification]

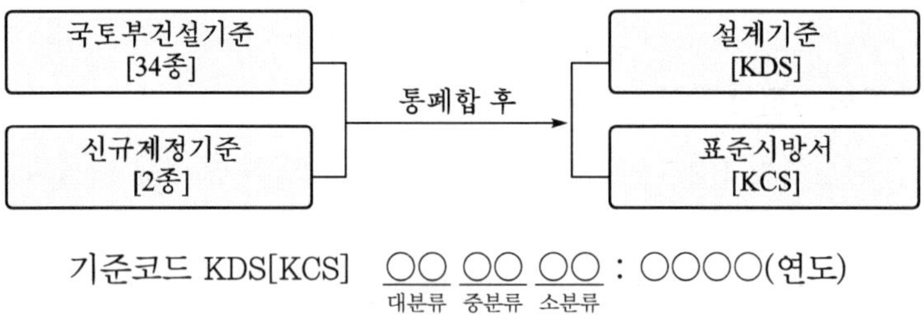

그림 2.1.10. 설계기준과 표준시방서 코드

2. 건설기준과 가설구조물 코드

건설기준은

1) 공통사항 2) 시설물편 3) 사업분야편으로 구분되며

이 기준에 따른 가설공사의 설계기준과 시공기준(표준시방서)는 다음과 같이 구분하고 있다.

KDS : 가시설물 설계기준	KCS : 가설공사 표준시방서
KDS 21 10 00 가시설물 설계 일반사항	KCS 21 10 00 가설공사 일반사항
	KCS 21 20 05 현장가설시설물
	KCS 21 20 10 건설지원장비
	KCS 21 20 15 환경관리시설
KDS 21 30 00 가설흙막이 설계기준	KCS 21 30 00 가설흙막이공사
	KCS 21 40 00 가물막이, 축도, 가도, 우회도로
KDS 21 45 00 가설교량 및 노면 복공 설계기준	KCS 21 45 05 가설교량
	KCS 21 45 10 노면복공
KDS 21 50 00 거푸집 및 동바리 설계기준	KCS 21 50 05 거푸집 및 동바리공사 일반사항
	KCS 21 50 10 초고층고주탑 공사용 거푸집 및 동바리
	KCS 21 50 15 노출 콘크리트용 거푸집 및 동바리
	KCS 21 50 20 기타 콘크리트용 거푸집 및 동바리

KDS : 가시설물 설계기준	KCS : 가설공사 표준시방서
KDS 21 60 00 비계 및 안전시설물 설계기준	KCS 21 60 05 비계공사 일반사항
	KCS 21 60 10 비계
	KCS 21 70 05 안전시설공사 일반사항
	KCS 21 70 10 추락재해 방지시설
	KCS 21 70 15 낙하물재해 방지시설

그림 2.1.11. 가시설물 설계기준과 시방서 구분

설계안전성검토(DFS) 및 관리시스템 02-09

1. 설계안전성검토 관련법과 목적

1) 관련법 : 건진법시행령 제75조의2

2) 목적

(1) 계획, 설계, 시공, 사업관리 등 건설공사 전과정에서 **위험요인**를 관리하기 위함

(2) 발주자 중심의 안전관리[안전책임 부과]

(3) 건설사고 발생을 선제적으로 예방 및 저감대책을 수립하기 위한 시스템

(4) 설계단계에서 **시공과정에서 안전성이 확보**될 수 있도록 위험요소 프로파일을 활용하여 안전설계를 수행하기 위함

2. 설계안전성검토[D.F.S.Design For Safety]작성자와 검토기관

1) 작성자 : 설계자

2) 검토기관

(1) 국토안전원[시행일 2019.07.01.]

(2) 발주청 기술자문위원 : 2019.07.01. 이전 실시설계 공사는 가능함

3) DFS[4] 실시 결과 제출

발주청[착공 전까지] ⇨ 국토부장관

4) 설계안전성검토(DFS)란 시공과정에서 발생할 수 있는 위험요소를 설계단계에서 사전에 발굴하여 사업추진 단계별 위험요인을 제거·저감(안전성 확보)할 수 있도록 체크리스트를 작성하는 것으로 위험요소관리라고 할 수 있음. DFS와 유사한 제도 : 산안법 설계/공사 안전보건대장작성 제도

3. 설계안전검토보고서 포함 내용[건진법시행령제75조의2]

1) 시공단계에서 반드시 고려해야 하는 위험 요소, 위험성 및 그에 대한 저감대책에 관한 사항
2) 설계에 포함된 각종 시공법과 그 절차에 관한 사항
3) 그 밖에 시공과정의 안전성 확보를 위해서 국토부장관이 고시한 사항[건설공사 안전관리 업무수행지침]

4. 대상건설공사

1) 발주청[5] 발주공사 중 안전관리계획 수립 대상 건설공사
2) 예외 공사 : 안전관리계획수립 대상 공사 중에서 건설기계가 사용되는 건설공사

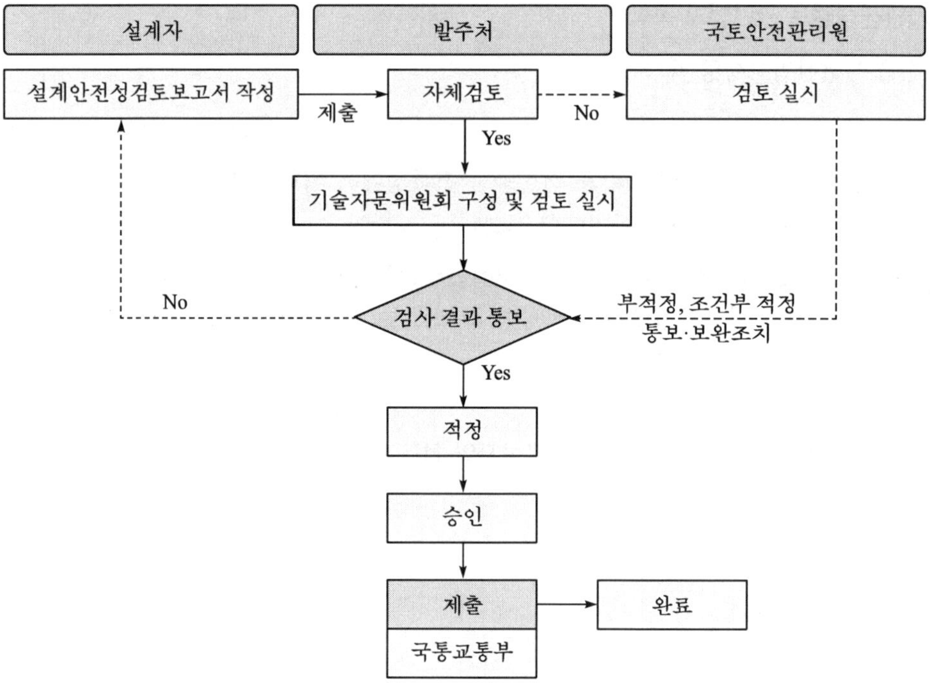

(a) 설계안전성검토보고서 작성 및 검토 승인절차

---

5) 발주청 : 건설공사 또는 건설기술용역을 발주하는 국가, 지방자치단체, 공기업, 준정부기관, 지방공사, 지방공단 및 대통령령으로 정하는 기관의 장

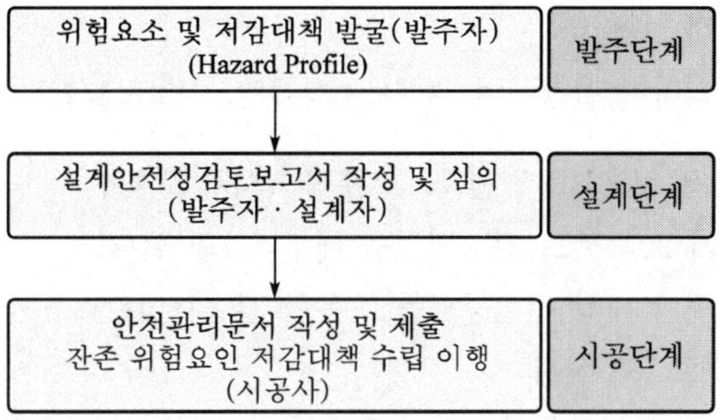

(b) 설계안전성검토보고서(DFS) 주요 내용

구분	안전보건대장	설계안전성검토보고서[DFS]
주무부서	고용노동부	국토교통부
진행형태	작성 후 현장비치	국토안전관리원 검토
심사승인절차	×	○
주요내용	근로자 위험요인	시공(구조물) 위험요인
의미	발주 및 설계 단계에서 위험요인 발굴 및 설계 반영	

(c) 설계안전성검토보고서(DFS)와 안전보건대장 비교

그림 2.1.12. 설계안전성검토보고서(DFS)와 안전보건대장

안전관리수준평가 02-10

1. 안전관리수준평가 주체 및 대상[건진법시행령제101조의3]

건설공사의 안전을 확보하기 위하여 건설공사 참여자의 안전관리 수준을 대통령령으로 정하는 절차 및 기준에 따라 평가하고 그 결과를 공개할 수 있다.

1) 주체 : 국토교통부장관

2) 대상

건설공사 참여자의 총공사비(전기·소방·통신 공사비 제외, 관급자재비 포함)가 200억원 이상인 건설공사(다만, 국유재산법에 따른 기부채납 건설공사 제외)에 참여하는 건설공사 참여자

(1) 공기가 20퍼센트 이상의 건설공사 현장을 보유한 발주청
(2) 건설사업관리용역업자의 현장과 본사
(3) 건설업자 및 주택건설등록업자의 현장과 본사

2. 안전관리수준평가 시기

1) 발주청 : 발주청과 협의하여 결정하며, 횟수는 회계연도 별로 1회로 한정한다.

2) 건설사업관리용역업자 및 시공자의 안전관리 수준 평가시기 및 횟수
   (1) 현장평가는 공기가 20퍼센트 진행되었을 때부터 1회 실시
   (2) 본사평가는 현장평가 대상 건설공사를 보유한 건설사업관리용역업자 및 시공자를 대상으로 회계연도 별로 1회 실시
   (3) (1)항에도 불구하고 국토교통부장관이 필요하다고 인정하는 경우에는 공기가 50퍼센트에 이르지 않아도 안전관리 수준 평가를 실시 할 수 있다. 이 경우 결과를 최종 안전관리 수준 평가결과에 최대 50퍼센트까지 반영할 수 있다.

3. 안전관리수준평가 기준

1) 발주청 또는 인·허가기관의 장에 대한 평가기준
   (1) 안전한 공사조건의 확보 및 지원
   (2) 안전경영 체계의 구축 및 운영
   (3) 건설현장의 법적 요건 준수 및 안전관리 체계 운영 실태
   (4) 수급자의 안전관리 수준
   (5) 건설사고 발생 현황

2) 건설기술용역사업자, 건설사업자 및 주택건설등록업자에 대한 평가기준
   (1) 안전경영 체계의 구축 및 운영
   (2) 관련 법에 따른 안전관리 활동 실적
   (3) 자발적 안전관리 활동 실적
   (4) 건설사고 위험요소 확인 및 제거 활동
   (5) 사후관리 실태

4. 안전관리수준평가 방법[건설사업관리용역업자 및 시공자]

1) 건설사업관리용역업자는 본사 20퍼센트, 각 현장점수의 평균을 80퍼센트의 비율로 합산하여 평가한다.
2) 시공자는 본사 30퍼센트, 각 현장점수의 평균을 70퍼센트의 비율로 합산하여 평가한다.

건설사업관리(감리)계획 02-11

1. 목적

공사시기에 따라 건설사업관리기술인 또는 공사감독자 인원을 적절히 배치하여 건설공사를 체계적으로 관리하기 위한 목적이다.

2. 법적근거

건설기술진흥법 제39조의2, 동법 시행령 제59조의2 및 동법 시행규칙 제34조의2

3. 대상

1) 총공사비가 5억원 이상인 토목공사
2) 연면적이 660제곱미터 이상인 건축공사
3) 총공사비가 2억원 이상인 전문공사 등

4. 수립기준 : 건설사업관리계획 수립 시 포함하여야할 사항

1) 건설공사명, 건설공사 주요내용 및 총공사비 등 건설공사 기본사항
2) 직접감독, 감독권한 대행 등 건설사업관리 방식
3) 건설사업관리기술인 또는 공사감독자 배치계획 및 업무범위
4) 기술자문위원회의 심의 결과(기술자문위원회의 심의 대상[6])인 경우)

5. 수립시기

발주청은 공사 착공 전, 건설사업관리 방식 및 감리· 감독자의 현장배치계획을 포함한 건설사업관리계획을 수립해야 한다.

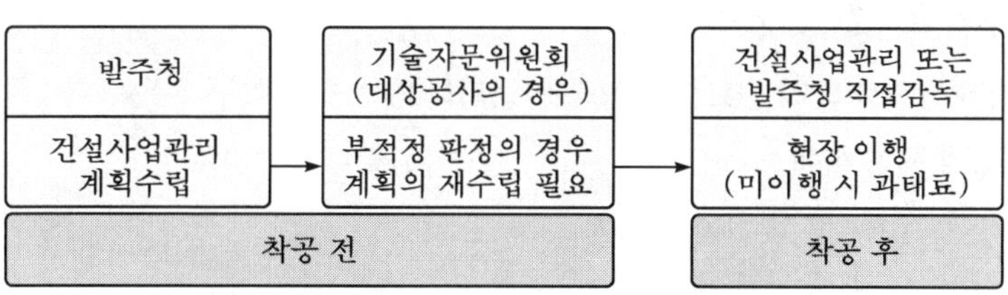

그림 2.1.13. 건설사업관리계획 절차

6) 공사비가 100억원 이상인 건설공사 중 구조물이 포함된 건설공사 또는 부실시공 및 안전사고의 예방을 위하여 심의가 필요하다고 발주청이 인정하는 건설공사

6. 과태료

계획 미수립 또는 미이행 시 발주청에 과태료(2천만원 이하) 부과한다.

건설기술진흥법[건설공사안전관리종합정보망(CSI)] 02-12

1. 건설공사 정보 통합시스템

건설공사의 안전을 도모하기 위해 건설공사 안전관리계획의 실효성을 높이고, 다양한 공종의 건설공사를 **효율적으로 관리하기 위한 시스템**으로써, 건설공사 과정에 발생한 **사고**를 건설종사자 및 발주청 등이 직접 입력하도록 하여 자료화(DB)하고, 이를 분석하여 **온라인으로 제공하는 전산시스템**을 말한다.

2. 건설공사 안전관리종합정보망(CSI) 개요

1) 건설사고 통계관리종합시스템 의미
   (1) 국토부가 건설사고 통계와 사고원인을 종합하여 관리하기 위함
   (2) 신고체계
   시공사나 감리사가 안전관리종합정보망www.csi.go.kr에 신고만 하면 되는 1단계 시스템
   (3) 기존 신고체계
   가. 시공사나 감리사가 발주청이나 인허가기관에 1단계 신고
   나. 3명 이상의 사고 등 중대사고에 한하여 발주청이나 인허가기관이 국토부에 2단계 신고

2) 시행 : 2019년 7월 1일 부터

3. 신고대상(건설사고)[건진법령제4조의2]

1) 사망 또는 3일 이상의 휴업이 필요한 부상의 인명피해
2) 1000만원 이상의 재산 피해
3) 중대한 건설사고(건진법령제105조제3항)
   (1) 사망자가 3명 이상 발생한 경우
   (2) 부상자가 10명 이상 발생한 경우
   (3) 건설 중이거나 완공된 시설물이 붕괴 또는 전도되어 재시공이 필요한 경우

4. 신고의무자 및 신고 요령

1) 신고의무자 : 건설공사 참여자[시공자, 감리자, 발주청 및 인허가기관, 발주자 제외]
2) 신고처 : 국토교통부 장관
3) 신고방법 : 건설공사 안전관리 종합정보망(CSI) 입력(www.csi.go.kr)

5. 건설사고 신고 절차[산재발생 시 조치]

1) 건설기술진흥법에 의한 조치

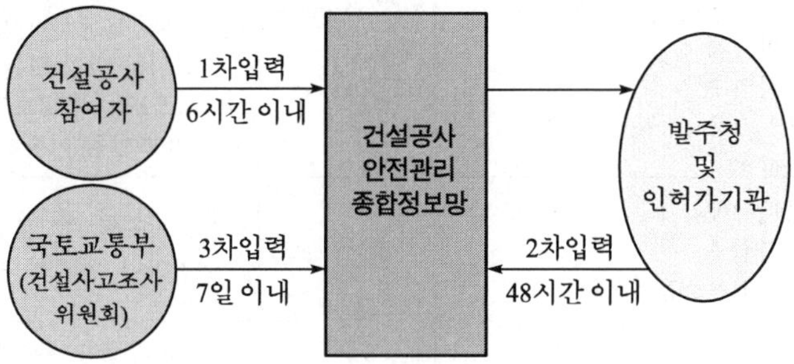

단계	주체	신고기간	내용	비고
1차	건설공사 참여자	6시간 이내	개략보고	건설공사안전관리업무지침 제60조
2차	발주청 및 인허가기관	48시간 이내	사고조사 DB 추가입력	건설공사안전관리업무지침 제61조
3차	국토교통부 (건설사고조사 위원회사무국)	정밀현장조사 완료 후 7일 이내	보고서 제출	건설공사안전관리업무지침 제61조

그림 2.1.14. 건설사고 신고절차

2) 산업안전보건법에 의한 조치

(1) 산업재해 발생 시 사업주 조치 의무(산안법)

그림 2.1.15. 산업재해 발생 시 사업주 조치

(2) 중대재해 발생 시 사업주 조치 의무(산안법)

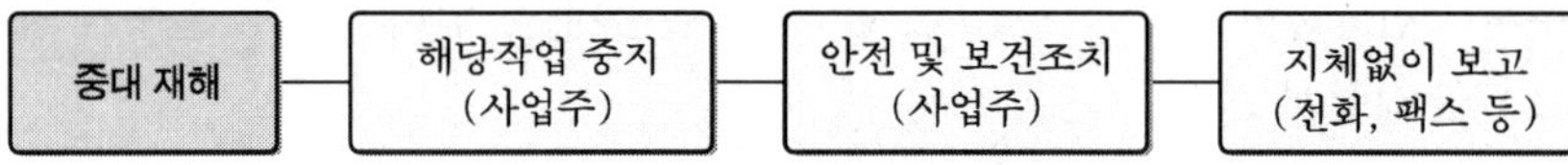

그림 2.1.16. 중대재해 발생 시 사업주 조치

3) 산안법과 건진법의 재해발생 보고체계 비교

구분	보고대상	보고기한	위반시 처벌
산업 안전 보건법	•(대상) 일반재해 •(보고자) 사업주 •(피보고자) 고용노동부장관	1개월이내	•산재은폐 또는 은폐하도록 교사·공모한 자 · 1년이하 징역 또는 1천만원이하 벌금 •미보고 또는 거짓보고 · 1천5백만원 이하 과태료
	•(대상) 중대재해 •(보고자) 사업주 •(피보고자) 고용노동부장관	지체없이보고	•미보고 또는 거짓보고 · 3천만원 이하 과태료
건설 기술 진흥법	•(대상) 건설사고 •(보고자) 건설공사참여자(시공사·감리) •(피보고자) 발주청 및 인·허가 기관장	지체없이보고 (6시간 내)	•건설사고 발생 사실을 발주청 및 인·허가 기관에 미통보시 · 3백만원 이하 과태료
	•(대상) 건설사고 •(보고자) 발주청 및 인·허가 기관장 •(피보고자) 국토부장관	즉시보고 (48시간 내)	없음

1) 산업재해-일반재해(산안법) : 3일 이상 휴업
2) 산업재해-중대재해(산안법)
   ① 사망자 1명 이상
   ② 3개월 이상 요양이 필요한 부상자 2명 이상이 동시 발생
   ③ 부상자 또는 직업성 질병자 동시 10명 이상 발생
3) 건설사고(건진법)
   ① 사망자 1명 이상
   ② 3일 이상 휴업 1명 이상
   ③ 1천만원 이상 재산피해
4) 중대한 건설사고(건진법제105조제3항)
   ① 사망자가 3명 이상 발생한 경우
   ② 부상자가 10명 이상 발생한 경우
   ③ 건설 중이거나 완공된 시설물이 붕괴 또는 전도되어 재시공이 필요한 경우

시설물안전법 목적과 주요내용 02-13

1. 시설물의 안전 및 유지관리에 관한 특별법[시설물안전법]의 목적

1) 공중의 안전확보와 국민의 복리증진
2) 중간목표
   (1) 재해 재난 예방
   (2) 시설물 효용성 증진
3) 수단
   (1) 시설물 안전점검
   (2) 시설물 유지관리

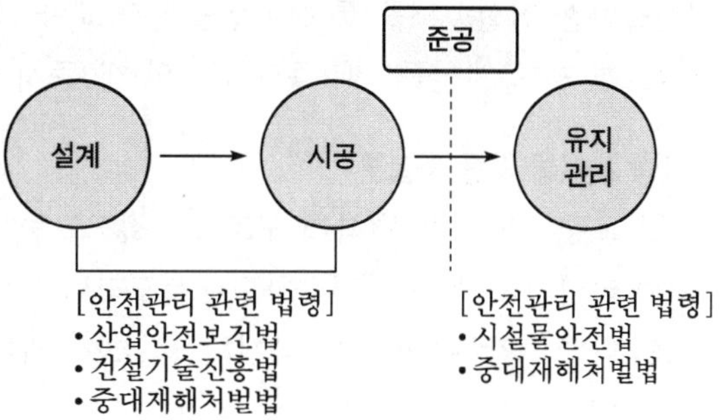

그림 2.1.17. 시설물안전법의 적용 대상

2. 제정배경

1) 건설산업의 환경 변화 요인
   (1) 사고 발생 등 재난 상황 요인 : 성수대교 붕괴 등
   (2) 법 제정의 필요성 : 유지관리 업무의 필요성

2) 제도적 요인
   (1) 법적근거에 의한 사후 관리 체계 구축 확보
   (2) 전문성과 효율적인 관리체계 확립

3. 시설물안전법의 주요내용

1) 시설물의 종류 및 범위
2) 시설물 관리에 대한 국가 및 관리주체의 책임과 의무
3) 안전점검 및 정밀안전진단 실시에 관한 사항
4) 안전진단 전문기관 등록 등에 관한 사항
5) 시설물의 안전조치에 관한 사항
6) 시설물의 유지관리에 관한 사항
7) 국토안전원 설립 및 운용
8) 실태점검 및 사고조사의 실시[시설물안전법의 적용 대상]

시설물종류와 관리주체 02-14

1. 시설물의 범위

시설물이란 건설공사를 통하여 만들어진 교량, 터널, 항만, 댐, 건축물 등 구조물과 그 부대시설로서 제1종시설물, 제2종시설물 및 제3종시설물을 말한다.[시설물안전법제2조]

1) 1종 시설물, 2종 시설물
   (1) 교량 : 도로 교량(복개 구조물), 철도교량
   (2) 터널 : 도로 터널(지하차도), 철도터널
   (3) 항만 : 갑문, 방파제, 파제제 및 호안, 계류시설
   (4) 댐
   (5) 건축물 : 공동주택, 공동주택 외의 건축물(지하도 상가)
   (6) 하천 : 하구둑, 수문 및 통문, 제방, 보, 배수펌프장
   (7) 상하수도 : 상수도, 하수도
   (8) 옹벽 및 절토사면
   (9) 공동구 : 수용시설(전기, 통신, 상수도, 냉·난방 등)은 제외

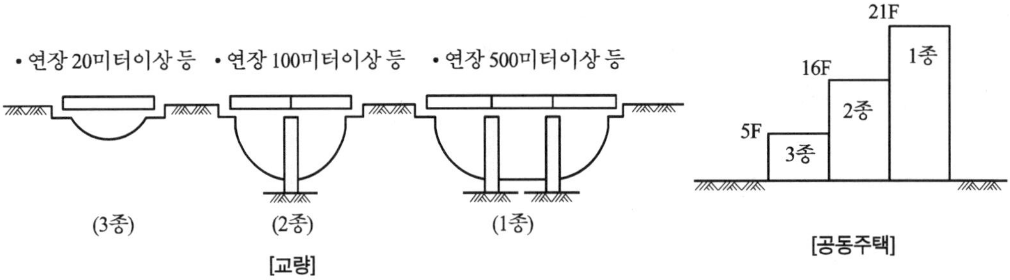

그림 2.1.18. 1종/2종/3종 시설물[공동주택과 교량]

2) 3종 시설물
   (1) 토목분야 : 준공 후 10년이 경과된 시설물
      가. 교량 : 도로 교량(20미터~100미터), 철도 교량 (100미터 미만) 등
      나. 터널 : 300미터 미만, 100미터 미만 지하차도 등
      다. 육교 : 보도육교
      라. 옹벽 : 노출 높이 5미터 이상 연장 100미터 이상 또는 40미터 이상 복합식 옹벽
      마. 그 밖의 시설물 : 지정 시설물
   (2) 건축분야 : 준공 후 15년이 경과된 시설물
      가. 공동주택 : 5층 이상 15층 이하 아파트, 연면적 660제곱미터 초과 기숙사 또는 4층

이하 연립주택

나. 공동주택 외의 건축

마. 그 밖의 시설물 : 지정 시설물

2. 관리주체

관리주체란 관계 법령에 따라 해당 시설물의 관리자로 규정된 자나 해당 시설물의 소유자를 말한다. 이 경우 해당 시설물의 소유자와의 관리계약 등에 따라 시설물의 관리책임을 진 자는 관리주체로 보며, 관리주체는 공공관리주체와 민간관리주체로 구분한다.[시설물안전법제2조]

1) 공공관리주체

(1) 국가지방자치단체 (2) 정부투자기관 및 지방공기업 (3) 기타

2) 민간관리주체 : 공공관리주체외의 관리주체

유지관리와 안전등급 02-15

1. 시설물의 유지관리 방법

1) 유지관리[시설물안전법 제2조] 정의

완공된 시설물의 기능을 보전하고 시설물 이용자의 편의와 안전을 높이기 위하여 일상적으로 점검·정비하고 손상된 부분을 원상복구하며 경과시간에 따라 개량·보수·보강에 필요한 활동을 하는 것

2) 방법

(1) 안전점검 (2) 정밀안전진단

3) 보수보강의 개념

(1) 보수란 내구성능을 회복 또는 향상시키는 것을 목적으로 하는 유지관리대책

(2) 보강이란 부재나 구조물의 내하력과 강성 등의 역학적인 성능을 회복 또는 향상시키는 것을 목적으로 하는 유지관리대책

2. 시설물의 안전성 평가 개념

1) 상태평가

시설물의 외관을 조사하여 결함의 정도를 포함한 상태를 평가하는 행위

2) 안전성 평가

현장조사자료와 설계도서, 기존의 안전점검, 정밀안전진단 실시결과를 참고하여 시설물의 구조, 수리, 수문해석 등 안전성을 평가하는 기술행위

3) 종합평가

상태평가와 안전성평가 결과로 시설물의 안전상태를 종합적으로 평가하는 행위

3. 안전등급

안전등급	시설물의 상태
A(안전)	• 문제가 없는 최상의 상태
B(양호)	• 보조 부재에 경미한 결함이 발생하였으나, 기능 발휘에는 지장이 없으며 내구성 증진을 위하여 일부의 보수가 필요한 상태
C(보통)	• 주요부재에 경미한 결함 또는 보조부재에 광범위한 결함이 발생하였으나 전체적인 시설물의 안전에는 지장이 없으며 주요부재에 내구성, 기능성 저하 방지를 위한 보수가 필요하거나 보조부재에 간단한 보강이 필요한 상태
D(미흡)	• 주요부재에 결함이 발생하여 긴급한 보수보강이 필요하며 사용 제한 여부를 결정하여야 하는 상태
E(불량)	• 주요부재에 발생한 심각한 결함으로 인하여 시설물의 안전에 위험이 있어 즉각 사용을 금지하고 보강 또는 개축을 하여야 하는 상태

시설물정보관리통합시스템[FMS] 02-16

1. FMS Facility Management System

시설물안전법에 따른 1종 시설물, 2종 시설물 및 3종 시설물에 관한 시설물의 기본현황, 상세제원, 안전점검 및 정밀안전진단 이력, 보수·보강이력 등의 정보를 관리하는 공단이 운영하는 전산시스템[7)]

2. 목적

1) 시설물의 안전 및 유지관리 정보체계 구축
2) 시설물의 정보, 안전진단전문기관, 유지관리업자의 정보 등을 종합관리하는 시스템

---

7) CSI와 FMS
 (1) CSI : 공사 발주 및 설계, 시공과정의 안전관리 정보 시스템[http://www.csi.go.kr]
 (2) FMS : 공사 준공 이후 시설물 관리 시스템[http://www.fms.or.kr]

3. 관리주체, 시공자, 발주자가 제출해야 하는 제출도서

1) 설계시공 분야 : 설계도서, 구조계산서, 안전점검종합보고서, 시설물 관리대장
2) 감리분야 : 감리보고서
3) 유지관리 분야 : 안전 및 유지관리 계획, 안전점검과 진단 및 유지관리 실적

4. 시설물정보의 종류

1) 시설물의 안전 및 유지관리 계획
2) 안전진단전문기관의 등록 등에 관한 사항
3) 유지관리업자의 등록 등에 관한 사항
4) 안전점검 및 정밀안전진단 및 유지관리의 실적
5) 사용제한 사항
6) 보수보강 등 필요한 조치결과의 통보내용
7) 감리보고서, 시설물관리대장 및 설계도서 등 관련 서류
8) 시설물의 준공 또는 사용승인 통보내용
9) 안전점검종합보고서의 보존 및 관리
10) 그 밖에 시설물의 안전 및 유지관리에 관련된 사항

5. 주요내용

1) 시설물에 대한 안전점검 정밀안전진단 실시 현황 및 보수 보강 실시 현황의 체계적인 이력관리
2) 안전점검 및 정밀안전진단의 부실이나 미실시에 대한 관리체계 구축
3) 안전점검, 정밀안전진단 내용 입력
4) 안전사고에 대한 사전 예방적 유지관리 정보체계 구축

재난 및 안전관리기본법 목적과 주요내용 02-17

1. 재난 및 안전관리기본법

1) 목적[재난안전법제1조]
   각종 재난으로부터 국토를 보존하고 국민의 생명·신체 및 재산을 보호하기 위한 목적

2) 목적 달성을 위한 국가 및 지방자치단체의 역할
   (1) 재난 및 안전관리체제 확립
   (2) 국토 보존
   (3) 국민의 생명, 신체 및 재산 보호

2. 재난사태 선포 및 재난조치

1) 재난사태 선포[재난안전법제36조]

(1) 선포 주체 : 행정안전부장관

(2) 선포 대상 재난

재난 중 극심한 인명 또는 재산의 피해가 발생하거나 발생할 것으로 예상되어 시·도지사가 중앙대책본부장에게 재난사태의 선포를 건의하거나 중앙대책본부장이 재난사태의 선포가 필요하다고 인정하는 재난

2) 재난조치

(1) 재난경보의 발령, 재난관리자원의 동원, 위험구역 설정, 대피명령, 응급지원 등 응급조치

(2) 해당 지역에 소재하는 행정기관 소속 공무원의 비상 소집

(3) 해당 지역에 대한 여행 등 이동 자제 권고

(4) 유아교육법, 초·중등교육법 및 고등교육법에 따른 휴업명령 및 휴원·휴교 처분의 요청

(5) 그 밖에 재난예방에 필요한 조치

3. 특별재난의 범위

1) 특별재난의 범위[재난안전법시행령제69조]

(1) **자연재난**으로서 자연재난 구호 및 복구 비용 부담기준 등에 관한 규정에 따른 **국고 지원 대상 피해 기준금액의 2.5배**를 초과하는 피해가 발생한 재난

(2) **자연재난**으로서 자연재난 구호 및 복구 비용 부담기준 등에 관한 규정에 따른 국고 지원 대상에 해당하는 시·군·구의 관할 읍·면·동에 같은 항 각 호에 따른 **국고 지원 대상 피해 기준금액의 4분의 1을 초과**하는 피해가 발생한 재난

(3) **사회재난**의 재난 중 재난이 발생한 해당 **지방자치단체의 행정능력**이나 재정능력으로는 재난의 수습이 **곤란하여 국가적 차원의 지원이 필요하다고 인정되는 재난**

(4) 그 밖에 재난 발생으로 인한 생활기반 상실 등 극심한 피해의 효과적인 수습 및 복구를 위하여 국가적 차원의 특별한 조치가 필요하다고 인정되는 재난

지하안전관리에관한특별법 목적과 주요내용 02-18

1. 지하안전관리에관한특별법

지하안전에 영향을 미치는 사업의 실시계획·시행계획 등의 허가·인가·승인·면허 또는 결정 등을 할 때에 해당 사업이 지하안전에 미치는 영향을 미리 조사·예측·평가하여 지반침하를 예방

하거나 감소시킬 수 있는 방안을 마련하기 위한 법이다.

2. 국가지하안전관리 기본계획의 수립[지하안전법제6조]

국토교통부장관은 지반침하를 예방하기 위하여 5년마다 국가의 지하안전관리에 관한 기본계획을 시행해야 한다.

3. 기본계획 포함 내용

1) 중장기 지하안전관리 정책의 기본목표 및 추진방향에 관한 사항
2) 지하안전관리에 관한 법령·제도의 개선에 관한 사항
3) 지반침하로 인한 사고를 예방하기 위한 교육·홍보에 관한 사항
4) 지하안전관리를 위한 정책 및 기술 등의 연구·개발에 관한 사항
5) 지하안전에 관한 정보체계의 구축·운영에 관한 사항
6) 그 밖에 지하안전관리를 위하여 대통령령으로 정하는 사항
   (1) 지하안전영향평가 전문기관으로 등록한 자의 육성 및 지원에 관한 사항
   (2) 지하시설물 및 주변 지반의 안전에 관한 기준의 연구·개발 및 보급에 관한 사항

지하안전영향평가 02-19

1. 지하안전영향평가의 정의

지하개발사업자가 지하굴착공사시 지하안전에 미치는 영향을 미리 조사, 예측, 평가하여 지반침하를 예방하거나 감소시킬 수 있는 방안을 마련하는 것을 말한다.

2. 대상사업

1) 지하안전영향평가 대상사업의 규모[지하안전법시행령 제13조]
   (1) 굴착깊이[공사 지역 내 굴착깊이가 다른 경우에는 최대 굴착깊이를 말하며, 굴착깊이를 산정할 때 집수정, 엘리베이터 피트 및 정화조 등의 굴착부분은 제외함]가 20미터 이상인 굴착공사를 수반하는 사업
   (2) 터널[산악터널 또는 수저터널 제외] 공사를 수반하는 사업

2) 소규모 지하안전영향평가[지하안전법제23조]
   (1) 지하 10미터 이상 20미터 미만의 굴착공사를 하는 사업

3. 지하개발 단계별 평가 내용

1) 설계단계(지하안전영향평가, 소규모 지하안전영향평가)

(1) 내용[8]

가. 시추조사 및 물리탐사　　　나. 광역지하수 흐름 분석

다. 굴착공사에 따른 지반안전성　　　라. 지하안전확보방안 수립

(2) 수행시기 : 사업계획의 인가 또는 승인 전

(3) 발주자 : 지하개발사업자(공공, 민간)

2) 시공단계(사후 지하영향조사)

(1) 내용

가. 계측분석을 통한 안정성 및 지하수 영향 분석

나. 지하안전확보방안의 이행여부

(2) 수행 시기 : 공사 착공 후

(3) 발주자 ; 지하개발사업자(공공, 민간)

3) 유지관리단계(지하안전점검, 지반침하위험도평가)

(1) 내용

가. 육안조사, 물리탐사, 내시경조사, GPR 공동탐사, 공동으로 인한 안정성 분석

(2) 수행 시기 : 매년, 공동발견/지반침하 우려시

(3) 발주자 : 지하시설물 관리자(공공, 민간)

4) 단계별 지하안전영향평가 항목과 방법[지하안전법시행령 별표2]

(1) 지반 및 지질현황

가. 지하정보통합체계를 통한 정보분석　　　나. 시추조사

다. 투수시험　　　라. 지하물리탐사

(2) 지하수 변화에 의한 영향

가. 관측망을 통한 지하수 조사　　　나. 지하수 조사시험, 다.광역지하수 흐름분석

(3) 지반안전성

가. 굴착공사에 따른 지반안정성 분석　　　나. 주변 시설물의 안전성 분석

---

8) 소규모 지하안전영향평가는 물리탐사 및 광역지하수 흐름분석은 제외한다.

4. 공사 진행 단계별 지하안전영향 평가 이행 내용

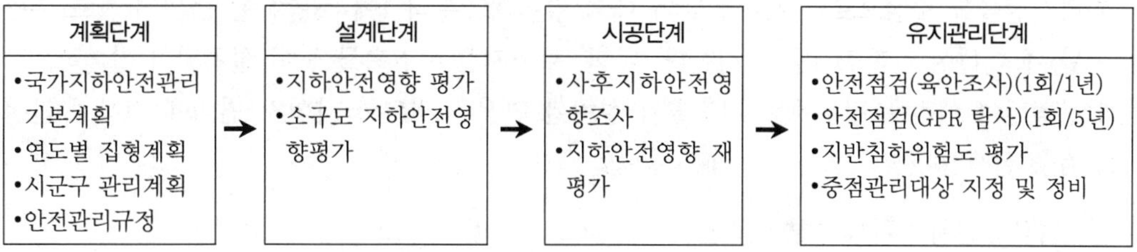

그림 2.1.19. 지하안전영향평가 이행 내용

5. 지하안전영향평가서의 보고서 작성방법(제16조제1항)[지하안전법시행령 별표 3]

1) 요약문
2) 지하안전평가 대상사업의 개요
3) 지하안전평가 대상지역의 설정
4) 지반 및 지질 현황
5) 지하수 변화에 의한 영향 검토
6) 지반안전성 검토
7) 지하안전확보방안 수립
8) 종합 평가 및 결론
9) 착용 후 지하안전조사 시기
10) 부록

6. 안전점검 대상 지하시설물 종류, 안전점검 시기 및 방법[지하안전법시행규칙별표 3]

1) 안전점검 대상 지하시설물

도로법의 도로 및 철도의 건설 및 철도시설 유지관리에 관한 법률 중 철도의 선로(선로에 딸리는 시설 포함) 아래에 해당하는 지하시설물

(1) 수도 중 직경 500밀리미터 이상의 상수도관
(2) 하수도 중 직경 500밀리미터 이상의 하수도관
(3) 전기설비 중 직경 500밀리미터 이상의 전기설비
(4) 전기통신설비 중 직경 500밀리미터 이상의 전기통신설비
(5) 가스공급시설 중 직경 500밀리미터 이상의 가스공급시설
(6) 공급시설설 중 직경 500밀리미터 이상 수송관
(7) 공동구, 지하도로 및 지하광장
(8) 도로
(9) 도시철도시설
(10) 철도시설
(11) 주차장
(12) 지하도상가

2) 안전점검 대상 주변지반의 범위

지하시설물을 중심으로 지하시설물의 매설 깊이의 2분의 1에 해당하는 범위의 지표(주변지반)에 대하여 안전점검을 실시한다. 다만, 주변지반에 건축물 등이 설치되어 기술적으로 안전점검이 어려운 경우에는 건축물이 설치된 면적을 제외한 나머지 면적에 대하여 안전점검을 실시한다.

3) 안전점검의 실시 시기 및 방법

(1) 지반침하 육안조사 : 연 1회 이상

(2) 지표투과레이더 탐사를 통한 공동조사 : 종전의 조사 완료일을 기준으로 매 5년마다 1회 이상

4) 시설물의 직경 기준

(1) 해당 시설물이 다발관의 형태인 경우에는 다발관을 구성하는 관의 단면적의 합과 같은 면적을 가지는 원의 직경을 해당 시설물의 직경으로 본다.

(2) 안전점검 대상 지하시설물의 경우 해당 시설물이 원형이 아닌 경우에는 해당 시설물의 횡단면적 중 가장 넓은 면적과 같은 면적을 가지는 원의 직경을 해당 시설물의 직경으로 본다.

7. 승인기관장의 재협의 요청 대상[지하안전법령제20조]

1) 굴착깊이의 변경

(1) 사업계획에 반영된 깊이보다 3미터 이상 깊어진 경우

(2) 사업계획에 반영된 깊이가 깊어져 소규모 지하안전평가 대상 사업이 지하안전평가대상 사업에 해당하는 경우

2) 굴착면적 변경

(1) 사업계획에 반영된 면적보다 30퍼센트 이상 증가하는 경우

3) 흙막이 차수공법이 사업계획에 반영된 공법과 달라지는 경우

지하안전관리 평가제도

구분	지하안전영향평가	소규모 지하안전영향평가
대상	• 지하 20미터 이상 굴착 • 터널공사[산악터널, 수저터널 제외]	• 지하 10미터 이상 20미터 미만 굴착
시기	사업계획의 인가 또는 승인 전	사업계획의 인가 또는 승인 전
실시자	지하개발사업자	지하개발사업자
평가항목	• 시추조사 및 물리탐사 • 광역지하수 흐름 분석 • 굴착공사에 따른 지반안전성 • 지하안전확보방안 수립	• 시추조사 및 물리탐사 • 광역지하수 흐름 분석 • 굴착공사에 따른 지반안전성 • 지하안전확보방안 수립

중대재해처벌법 목적과 주요내용 02-20

1. 중대재해처벌법의 제정 이유

기업의 조직문화 또는 안전관리 시스템 미비로 인해 일어나는 중대재해 사고를 사전에 방지하기 위하여 제정되었다.

2. 중대재해처벌법 목적과 주요 내용

1) 목적[중대재해처벌법제1조]

이 법은 사업 또는 사업장, 공중이용시설 및 공중교통수단을 운영하거나 인체에 해로운 원료나 제조물을 취급하면서 안전·보건 조치의무를 위반하여 인명피해를 발생하게 한 사업주, 경영책임자, 공무원 및 법인의 처벌 등을 규정함으로써 중대재해를 예방하고 시민과 종사자의 생명과 신체를 보호함을 목적으로 한다.

2) 용어 정의[중대재해처벌법제2조]

(1) 중대재해란 중대산업재해와 중대시민재해를 말한다.

(2) 중대산업재해란 산업안전보건법 제2조제1호에 따른 산업재해 중 다음에 해당하는 재해

가. 사망자가 1명 이상 발생[사고에 의한 사망뿐만아니라 직업성 질병에 의한 사망도 포함]

나. 동일한 사고[9]로 6개월 이상 치료가 필요한 부상자가 2명 이상 발생

다. 동일한 유해요인으로 급성중독 등 대통령령으로 정하는 직업성 질병자가 1년 이내에 3명 이상 발생

(3) 중대시민재해란 특정 원료 또는 제조물, 공중이용시설 또는 공중교통수단의 설계, 제조, 설치, 관리상의 결함을 원인으로 하여 발생한 재해로서 다음에 해당하는 재해로써 다만, 중대산업재해에 해당하는 재해는 제외한다.

가. 사망자가 1명 이상 발생

나. 동일한 사고로 2개월 이상 치료가 필요한 부상자가 10명 이상 발생

다. 동일한 원인으로 3개월 이상 치료가 필요한 질병자가 10명 이상 발생

3) 사업주[10]와 경영책임자 등[중대재해처벌법제2조]

(1) 사업주란 자신의 사업을 영위하는 자, 타인의 노무를 제공받아 사업을 하는 자를 말한다.

---

9) 하나의 사고 또는 장소적·시간적으로 근접성을 갖는 일련의 과정에서 발생한 사고를 말한다.

10) 자신의 사업을 영위하는 자란 타인의 노무를 제공 받음이 없이 자신의 사업을 영위하는 자를 말하므로 중대재해처벌법에 따른 사업주는 근로자를 사용하여 사업을 하는 자로 한정하고 있는 산업안전보건법에 따른 사업주보다 넓은 개념[중대재해처벌법해설, 고용노동부 2021.11]

(2) 경영책임자등이란 다음에 해당하는 자

가. 사업을 대표하고 사업을 총괄하는 권한과 책임이 있는 사람[11] 또는 이에 준하여 안전보건에 관한 업무를 담당하는 사람[12]

나. 중앙행정기관의 장, 지방자치단체의 장, 지방공기업법에 따른 지방공기업의 장, 공공기관의 운영에 관한 법률 제4조부터 제6조까지의 규정에 따라 지정된 공공기관의 장

4) 중대재해처벌법의 특징

(1) 법과 시행령으로만 구성되며 시행규칙은 없다.

(2) 의무사항 준수를 통한 예방보다는 중대재해가 발생한 경우 그 조직의 최고책임자를 강력하게 처벌한다는 처벌법이다.

5) 사업주와 경영책임장등의 안전 및 보건 확보의무[처벌법제4조]

(1) 안전 및 보건 확보의무

중대재해처벌법은 개인사업주 또는 경영책임자등에게 개인사업주나 법인 또는 기관이 실질적으로 지배·운영·관리하는 사업 또는 사업장에서 일하는 모든 종사자에 대한 안전 및 보건 확보의무를 부과한다.

(2) 중대재해처벌법의 핵심

안전 및 보건 확보의무를 위반하여 중대산업재해에 이르게 한 경우 처벌하므로 안전 및 보건 확보의무는 중대재해처벌법의 핵심 사항이다.

(3) 안전 및 보건 확보 의무를 위한 조치

가. 재해예방에 필요한 인력 및 예산 등 **안전보건관리체계의 구축**[13] 및 그 이행에 관한 조치

---

11) 통상적으로 기업의 경우에는 상법상 주식회사의 경우 그 대표이사, 중앙행정기관이나 공공기관의 경우에는 해당 기관의 장을 말한다. 다만 형식상의 직위나 명칭에 관계없이 실질적으로 사업을 대표하고 사업을 총괄하는 권한과 책임이 있는 사람이 안전보건 확보의무 이행에 관한 최종적인 의사결정권을 가진다고 볼 수 있는 경우에는 그가 경영책임자에 해당할 수 있다.[중대재해처벌법, 고용노동부 2021.11]

12) 사업 또는 사업장 전반의 안전 및 보건에 관한 조직·인력·예산 등에 관하여 대표이사 등 경영책임자에 준하여 총괄하는 권한과 책임을 가지는 등 최종 결정권을 가진 사람을 의미한다. 따라서 안전보건 업무를 전담하는 최고책임자라 하더라도 사업 경영대표자 등으로부터 사업 또는 사업장 전반의 안전보건에 관한 조직·인력·예산에 관한 총괄 관리 및 최종 의사 결정권을 위임받은 경우로 평가될 수 있는 경우가 아니라면 이에 준하여 안전보건에 관한 업무를 담당하는 사람 으로 볼 수 없다.[중대재해처벌법, 고용노동부 2021.11]

13) 근로자를 비롯한 모든 일하는 사람의 안전과 건강을 보호하기 위해 기업 스스로 유해하거나 위험한 요인을 파악하여 제거 대체 및 통제 방안을 마련 이행하며 이를 지속적으로 개선하는 일련의 활동을 의미한다. 중대재해처벌법의 안전보건관리체계는 산업안전보건법의 제2장 제1 절의 안전보건관리체제와는 구별된다. 산업안전보건법에서 규정한 "체제"는 사업장의 안전보건관리에 관여하는 조직의 구성과 역할을 규정할 때 사용하는 용어이고 "체계"는 조직 구성과 역할을 넘어서 사업장의 안전보건 전반의 운영 또는 경영을 정할 때 사용하는 용어이다.[중대재해처벌법, 고용노동부 2021.11]

(가) 안전보건 목표와 경영방침의 설정

(나) 안전보건 업무를 총괄 관리하는 전담 조직 설치

(다) 유해 위험요인 확인 개선 절차 마련 점검 및 필요한 조치

(라) 재해예방에 필요한 안전보건에 관한 인력 시설 장비 구비와 유해위험요인 개선에 필요한 예산 편성 및 집행

(마) 안전보건관리책임자등의 충실한 업무수행 지원 권한과 예산 부여 평가기준 마련 및 평가 관리

(바) 산업안전보건법에 따른 안전관리자 보건관리자 등 전문인력 배치

(사) 종사자 의견 청취 절차 마련 청취 및 개선방안 마련 이행 여부 점검

(아) 중대산업재해 발생 시 등 조치 매뉴얼 마련 및 조치 여부 점검

(자) 도급 용역 위탁 시 산재예방 조치 능력 및 기술에 관한 평가기준, 절차 및 관리비용 업무수행기관 관련 기준 마련, 이행 여부 점검

나. 재해 발생 시 재발 방지 대책의 수립 및 그 이행에 관한 조치

다. 중앙행정기관·지방자치단체가 관계 법령에 따라 개선, 시정 등의 이행에 관한 조치 개선 또는 시정명령은 행정처분을 의미하고 행정지도나 권고 조언은 포함되지 않는다.

라. 안전·보건 관계 법령[14]에 따른 의무이행에 필요한 관리상의 조치

(가) 안전보건관계법령에 따른 의무를 이행했는지를 반기 1회 이상 점검

(나) (가)항의 의무가 이행되지 않은 사실이 확인되는 경우 필요한 조치할 것

(다) 안전보건관계법령에 따라 의무적으로 실시해야 하는 유해·위험한 작업에 관한 안전·보건에 관한 교육이 실시되었는지를 반기 1회 이상 점검하고, 직접 점검하지 않은 경우에는 점검이 끝난 후 지체 없이 점검 결과를 보고받을 것

(라) (다)항의 점검 또는 보고 결과 실시되지 않은 교육에 대해서는 지체 없이 그 이행의 지시, 예산의 확보 등 교육 실시에 필요한 조치를 할 것

3. 중대재해처벌법에서 사업주 또는 경영책임자 등의 형사책임

1) 경영책임자의 고의가 없으면 중대재해발생 만으로 형사책임을 물을 수 없다.

2) 중대산업재해에 해당하여야 하며, 산업재해에 해당하기 위해서는 그것이 업무로 인한 것이 명백해야 한다.

3) 사업주 또는 경영책임자 등이 종사자에 대한 안전 및 보건 확보 의무를 다했다면 중대재해처벌법에 따른 처벌을 받지 않는다.

14) 안전보건관계법령이란 해당 사업 또는 사업장에 적용되는 것으로서 종사자의 안전보건을 확보하는데 관련되는 법령을 말한다.(중처법시행령제5조제1항) : 산업안전보건법, 광산안전법, 원자력안전법, 항공안전법, 선박안전법, 연구실 안전환경 조성에 관한 법률, 폐기물관리법, 생활물류서비스산업발전법, 선원법, 생활주변방사선안전관리법(중대재해처벌법 해설, 2021.11. 고용노동부)

4) 사업주 또는 경영책임자 등의 고의성이란

사업주가 사업장에서 안전조치가 취해지지않은 상태에서의 작업이 이루어지고 있고 향후 그러한 작업이 계속될 것이라는 사정을 미필적으로 인식하고서도 이를 그대로 방치한 경우에 고의를 인정하고 있다.[대법원 2010.11.25.선고2009도11906판결문]

4. 경영책임자등과 안전보건관리책임자 비교

1) 경영책임자등 : 사업 전체를 대표하고 사업을 총괄하는 권한과 책임이 있는 자 또는 이에 준하여 안전보건에 관하여 업무를 담당하는 자

2) 안전보건관리책임자 : 산안법의 안전보건관리책임자는 '하나의 사업장을 단위'로 하여 산업안전보건법 제15조제1호부터 제9호까지의 업무를 총괄하는 자

5. 중대재해처벌법의 안전보건관리체계

1) 산업안전보건법의 안전보건관리체제

(1) 산업안전보건법은 효과적인 안전보건활동을 위하여 기본적인 구성원의 역할과 공식적인 절차를 규정하고 있다.

(2) 안전보건관리책임자, 관리감독자, 안전관리자, 보건관리자 등을 지정하고 역할을 부여한다.

2) 중재재해처벌법의 안전보건관리체계

중대재해처벌법에서 안전보건관리체계의 구축·이행이란 일하는 사람의 안전과 건강을 보호하기 위해 기업스스로 위험요인[15]을 파악하여 제거·대체 및 통제 방안을 마련·이행하며, 이를 지속적으로 개선하는 일연의 활동을 말한다.

전통적 안전보건 활동 vs 안전보건관리체계

구분	동기	책임	평가	목표
전통적 활동	처벌 회피 → 수동적	안전보건 담당자	외부점검 (고용부 등)	처벌 회피
안전보건관리체계	성과 달성 → 능동적	경영자	자체 점검	안전하고 쾌적한 작업환경 조성

15) 사람은 실수하고 기계는 고장난다는 사실을 인정하는 위험요인

6. 중대재해처벌법과 산업안전보건법의 의무 내용과 처벌 수준

구분	산업안전보건법	중대재해처벌법
의무주체	• 사업주(법인사업주+개인사업주)	• 개인사업주, 경영책임자등
보호대상	• 근로자, 특수형태근로자	• 근로자, 노무제공자, 수급인, 수급인의 근로자 및 노무제공자
적용범위	• 전 사업장 적용	• 5인 미만 사업장 적용 제외 (건설업 50억원 미만 사업장은 2024.1.26. 시행)
재해정의	• 중대재해 : 산업재해 중 ① 사망자 1명 이상 ② 3개월 이상 요양이 필요한 부상자 동시 2명 이상 ③ 부상자 또는 직업성 질병자 동시 10명 이상 * 산업재해: 노무를 제공하는 자가 업무와 관계되는 건설물, 설비 등에 의하거나 작업 또는 업무로 인하여 사망·부상·질병	• 중대산업재해: 산안법상 산업재해 중 ① 사망자 1명 이상 ② 동일한 사고로 6개월 이상 치료가 필요한 부상자 2명 이상 ③ 동일한 유해요인으로 급성중독 등 직업성질병자 1년내 3명 이상 • 중대시민재해 ① 사망자 1명 이상 ② 동일한 사고로 2개월 이상 치료가 필요한 부상자 10명 이상 ③ 동일한 유해요인으로 3개월 이상 치료가 필요한 질병 10명 이상
처벌수준	• 자연인 (사망) 7년이하징역 또는 1억원이하벌금 (안전·보건조치위반) 5년 이하 징역 또는 5천만원 이하 벌금 • 법인 (사망) 10억원 이하 벌금 (안전·보건조치위반) 5천만원 이하 벌금	• 자연인 (사망) 1년이상징역 또는 10억원이하벌금(병과 가능) (부상·질병) 7년이하징역 또는 1억원이하벌금 • 법인 (사망) 50억원 이하 벌금 (부상·질병) 10억원 이하 벌금 • 징벌적 손해배상 경영책임자 등의 고의·중과실로 중대재해가 발생하면 손해액의 5배 이내 손해배상
범죄 구성 요건	• 산업재새발생 시	• 사업주 또는 경영책임자 등이 안전보건확보 의무에 위반해 중대산업재해나 중대시민재해가 발생한 경우
의무내용	• 사업주의 안전조치 ① 프레스·공작기계 등 위험기계나 폭발성 물질 등 위험물질 사용시 ② 굴착·발파 등 위험한 작업시 ③ 추락하거나 붕괴할 우려가 있는 등 위험한 장소에서 작업시 • 사업주의 보건조치 ① 유해가스나 병원체 등 위험물질 ② 신체에 부담을 주는 등 위험한 작업 ③ 환기·청결 등 적정기준 유지 ⇒ 산업안전보건에 관한 규칙에서 구체적으로 규정(673개 조문)	• 개인사업주 또는 경영책임자등의 종사자에 대한 안전·보건 확보 의무 ① 안전보건관리체계의 구축 및 이행에 관한 조치 ② 재해 재발방지 대책의 수립 및 이행에 관한 조치 ③ 중앙행정기관 등이 관계 법령에 따라 시정 등을 명한 사항 이행에 관한 조치 ④ 안전·보건 관계 법령상 의무이행에 필요한 관리상의 조치 ⇒ ①~④의 구체적인 사항은 시행령에 위임
책임기관	• 재해발생여부와 무관 • 안전보건조치 의무 위반 시 처벌	• 안전보건확보 의무 불이행 자체는 불처벌 • 재해발생 시 처벌[인과관계가 중요함]
	• 고의범 만 처벌[확정적+미필적 고의]	
수사기관	• 고용노동부, 검찰	• (중대산업재해) 노동부, 검찰 • (중대시민재해) 검찰, 경찰

학습 Note 중대재해와 처벌대상

1) 중대산업재해

[중대산업재해처벌(중처법제2조제2호)]

인명피해
- 사망 1명 → [사망자(법제6조제7조)]
  (1) 사업주 또는 경영책임자 등은 1년 이상의 징역 또는 10억원 이하 벌금
  (2) 법인 또는 기관의 경우 50억원 이하의 벌금
- 6개월 이상 부상자 2명
- 직업성질병자 1년 이내에 3명
  → [부상자, 질병자(법제6조제7조)]
  (1) 사업주 또는 경영책임자 등은 7년 이하의 징역 또는 1억원 이하 벌금
  (2) 법인 또는 기관의 경우 10억원 이하의 벌금

형사처벌 ＋ [양벌규정]

* 다만, 법인 또는 기관이 그 위반행위를 방지하기 위해 해당 업무에 관하여 상당한 주의와 감독을 게을리 하지 않은 경우에는 그리하지 아니하다.

손해배상 책임

[손해배상책임(법제15조)]
손해액의 5배 이내

안전보건 의무주체
- 중대재해처벌법: 사업주 또는 경영책임자 등
- 산업안전보건법: 법인사업주, 개인사업주

2) 중대재해처벌법의 사업주와 경영책임자 등의 안전 및 보건 확보 의무

[법 제4조제1항제1호]
재해예방에 필요한 인력 및 예산 등 안전보건관리체계의 구축 및 그 이행에 관한 조치

1. 안전보건 목표와 경영방침의 설정
2. 안전보건업무 중 총괄관리하는 전담조직 설치
3. 유해위험요인 확인 개선절차 마련, 점검 및 조사
4. 안전보건에 관한 인력시설 장비 구비와 우세위험요인 개선 예산 편성 및 집행
5. 안전보건관리작업자 등의 충실한 업무수행 지원
4. 산업안전보건법에 따른 전문인력배치
7. 종사자 의견 청취 절차 마련, 쟁취 및 개선 방안 마련 이행 여부 점검
8. 중대산업재해 발생 시 등 조치 매뉴얼 마련 및 조치 여부 점검
9. 도급 용역, 위탁 시 평가기준 절차 및 관리비 등 업무수행평가 관련 기준 수행 여부 점검

[법 제4조제1항제2호]
재해발생 시 재발방지 대책의 수립 및 그 이행에 관한 조치

[법 제4조제1항제3호]
중앙행정기관 지방자치단체가 관계법령에 따라 개선, 시정 등을 명한 사항의 이행에 관한 조치

5. → 평가 관리 반기 1회 이상 → 1. 업무 수행 2. 수준평가

3, 7, 8, 9 → 점검 반기 1회 이상 → 3. 유해위험요인조치 7. 의견청취 절차 8. 조치메뉴얼 9. 도급 용역위탁시 기준 및 절차 검토

[법 제4조제1항제4호]
안전보건관계법령 의무이행 필요한 관리상 조치

1. 안전보건관계법령에 따른 의무 이행 여부에 대한 점검
2. 인력배치 및 예산 추가 편성 집행 등 의무 이행에 필요한 조치
3. 유해위험 작업에 대한 안전보건교육의 실시 여부를 점검
4. 미 실시 교육 이행 지시, 예산의 확보 등 교육 실시에 필요한 조치

1, 3 → 점검 반기 1회 이상 → 1. 의무 이행 필요 조치 3. 교육 실시 필요 조치

* 반기 1회 이상 점검은 상반기(1.1~6.30)와 하반기(7.1~12.31)를 최소한의 주기로 하여 각 1회 이상 실시하여야한다.

학습 Note **건설안전관련법령별 안전관리대상**

<table>
<tr><th>법령 구분</th><th>안전관리 대상</th><th>비고</th></tr>
<tr><td>• 산업안전보건법[산안법]</td><td>• 노무를 제공하는 자</td><td>• 산업재해 예방기능</td></tr>
<tr><td>• 건설기술진흥법[건진법]</td><td>• 건설기술(근로자 안전은 제외)</td><td rowspan="4">• 붕괴우려 안전관리
· 건축물의 부실 공사
· 구조물의 부실 설계
· 공사관리의 문제</td></tr>
<tr><td>• 건축법</td><td>• 건축물(대지, 구조, 설비기준)
건축감리(안전감리원)
착공신고서-기술지도기관명시</td></tr>
<tr><td>• 시설물 안전 및 유지관리에 관한 특별법[시설물안전법]</td><td>• 토목, 건축 시설물 중(제1종, 제2종, 제3종)</td></tr>
<tr><td>• 건축물관리법</td><td>• 건축물(토지에 정착하는 지붕이 있는 지상, 지하구조물)의 안전한 기능유지와 해체관리</td></tr>
<tr><td>• 지하안전관리에관한특별법[지하안전법]</td><td>• 지하굴착[지하형태변형(굴착, 매설, 양수 등)]
지하시설물[가스공급시설, 공동구, 지하차도, 지하철 등]</td><td>–</td></tr>
<tr><td>• 재난 및 안전관리기본법[재난안전법]</td><td>• 국민</td><td>–</td></tr>
<tr><td>• 건설기계관리법</td><td>• 건설기계</td><td>• 중대한 사고</td></tr>
<tr><td>• 중대재해처벌법</td><td>• 근로자를 포함한 종사자
일반시민</td><td>• 중대재해
[중대산업재해 중대시민재해]</td></tr>
</table>

2. 재해율과 재해통계

무재해운동 02-21

1. 무재해와 무재해 운동의 개념

1) 무재해 운동이란
   (1) 자율적인 산업재해예방운동
   (2) 인간중심의 안전한 사업장 조성 안전활동

2) 무재해란
   근로자가 업무에 기인하여 사망 또는 **4일 이상의 요양**을 요하는 부상 또는 질병에 걸리지 않는 것을 말한다.

2. 무재해 운동의 목적

1) 건설현장의 모든 잠재위험요인을 사전에 발견
2) 근원적인 산업재해 예방

3. 무재해운동의 추진 방법[무재해 실천 4단계]

1) 제1단계 : 인식단계
2) 제2단계 : 준비단계
3) 제3단계 : 개시 및 시행단계
4) 제4단계 : 목표 달성 및 시상[16)]

4. 무재해 운동의 기본 이념

1) 무無의 원칙[제로의 원칙]
2) 안전제일의 원칙[선취의 원칙]
3) 참가의 원칙

5. 무재해 운동 추진 조직(3기둥)

1) 최고경영자의 안전경영철학(사업주의 경영자세)
2) 관리감독자의 안전보건활동 적극 추진(라인화의 철저)
3) 자율활동의 활발화(직장 자주활동의 활성화)

---

16) 무재해 목표 달성 기록 인증 업무 폐지('19.1.1)−산재은폐 처벌 강화('17.7)에 따라 은폐 유인의 소지가 있는 무재해 목표 달성 인증서 발급 등의 혜택을 폐지함

무재해 안전활동 02-22

1. 무재해 운동 실천기법별 세부내용

1) 위험예지훈련Danger Prediction

(1) 1단계 : 현상파악

가. 위험요인 발견　　나. 위험요인 토의Brain storming

(2) 2단계 : 본질추구

가. 위험요인 중 위험원인규명　　나. 위험의 핵심결정

(3) 3단계 : 대책수립

가. 실현 가능 대책 수립　　나. 핵심 위험 대책 수립

(4) 4단계 : 목표설정

가. Team 행동목표설정　　나. 중요항목 설정

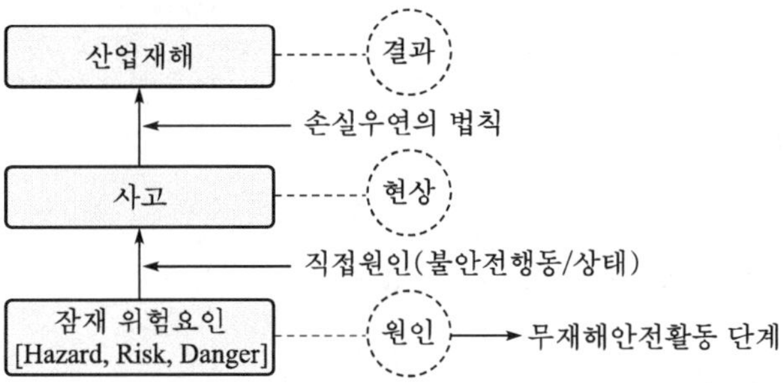

그림 2.2.1. 무재해안전활동과 산업재해

2) T.B.MTool Box Meeting

(1) TBM의 실천 방법

일방적인 명령이나 지시되는 것이 아니고 스스로 말하고 스스로 납득할 수 있게 한다.

(2) TBM진행순서[4Round 8 단계]

1Round : 현상파악	2Round : 본질추구	3Round : 대책수립	4Round : 목표설정
1단계 : 문제제기 2단계 : 현상파악	3단계 : 문제점 발견 4단계 : 중요문제 결정	5단계 : 해결책 구상 6단계 : 구체적 방안 수립	7단계 : 중점사항 결정 8단계 : 실시계획 결정

(3) TBM위험예지훈련의 구체적인 실천방법

가. T.B.M 역할연기법Role-Playing

나. One Point 위험예지훈련(구두로 실시)

다. 삼각위험예지훈련(구두로 실시)

라. 단시간 Meeting 즉시즉응훈련 등이 있다.

3) B.S[Brain Storming]

(1) 개요 : 토의식 아이디어 개발기법

(2) B.S의 4원칙

가. 비판금지[Critism is ruled out]

나. 자유분방[Free wheeling]

다. 대량발언[Quantity is wanted]

라. 수정발언[Combination and Improvement are sought]

4) 지적확인

5) Touch and Call

6) 5C

7) 잠재재해 발굴운동

재해통계 02-23

1. 산업재해통계 목적

1) 안전성적의 평가 자료로 활용한다.

2) 재해예방대책의 자료로 활용하기 위한 2가지 목적이 있다.

2. 산업재해통계의 문제점

산업재해통계[17]는 국제노동기준(ILO) 등 국제적으로 인정된 기준이 없으며, 각국마다 통계산출방법, 적용범위, 업무상재해 인정범위 등을 상이하게 적용하고 있다. 따라서 국가간 재해율을 단순비교 하기는 곤란한 문제점이 있다.

3. 산업재해통계의 종류

1) 적용범위

사망자 또는 **4일 이상의 요양**을 요하는 부상을 입거나 질병에 걸린 자가 발생한 경우에 적용한다.

2) 종류

(1) 사고사망만인율

(2) 재해율(천인율)

17) 우리나라 : 4일 이상 요양재해, 산재보상보험 가입 근로자, 일본 : 4일 이상 휴업재해, 근로자(경제활동인구)

(3) 도수율Frequency of Rate of Injury(빈도율)

(4) 강도율Severity Rate of Injury

(5) 종합재해지수(FSIFrequency Severity Rate:강도지수라고도 함)

(6) Safe T Score

4. 재해통계 작성 시 고려사항

1) 활용 가능한 충분한 내용일 것
2) 안전활동 추진 자료이지, 안전활동 그 자체는 아니다.
3) 재해조건과 상태 추측 금지
4) 통계 사실의 정확한 이해와 판단이 필요하다.
4) 재해통계 그 자체 보다 경향과 성질의 활용이 중요하다.
5) 이용 및 활용 가치가 없는 통계는 의미 없다.

5. 재해방지를 위한 재해통계&재해율 이용방법

1) 재해통계 활용 방법
   (1) 산재 및 업무상질병 예방을 위한 기초자료
   (2) 산재 예방 정책 방향 설정
   (3) 산재 예방사업 추진실적 평가 등용

2) 재해율 이용방법
   (1) 자율안전관리업체 선정
   (2) 안전관리자선임 변경 및 교체
   (3) PQ 가점

6. 산업재해 공표 및 처리절차

1) 공표대상 사업장[산안법시행령 제10조]
   (1) 산업재해로 인한 사망자가 연간 2명 이상 발생한 사업장
   (2) 사망만인율(연간 상시근로자 1만명당 발생하는 사망재해자 수의 비율)이 규모별 같은 업종의 평균 사망만인율 이상인 사업장
   (3) 중대산업사고가 발생한 사업장
   (4) 산업재해 발생 사실을 은폐한 사업장
   (5) 산업재해의 발생에 관한 보고를 최근 3년 이내 2회 이상 하지 않은 사업장

2) 공표방법[산안법시행규칙 제8조]

(1) 관보

(2) 일반일간신문 또는 인터넷 등에 게재

재해율 02-24

1. 건설업체 재해율 발표 의의

1) 사업주 안전의식 고취

기업 자율의 재해예방 활동을 활성화시키기 위한 제도

2) 재해율이 낮은 업체는 PQ[Pre-Qualification] 시 가점(+2) 부여 등의 혜택

3) 재해율이 높은 업체는 시공능력평가액 감액(최고 5퍼센트)요청 등의 불이익 조치

4) **산업재해율의 산정 기준이 환산재해율에서 사고사망만인율로 바뀜**

2. 건설업체 재해발생률 산정기준 및 방법[산안법시행규칙별표 1]

건설업체의 산업재해발생률은 다음의 계산식에 따른 업무상 사고사망만인율[18]로 산출하되, 소수점 셋째 자리에서 반올림 한다.

$$\text{사고사망만인율}(‱) = \frac{\text{사고사망자 수}}{\text{상시근로자 수}} \times 10,000$$

$$\text{상시근로자 수} = \frac{\text{연간 국내공사 실적액} \times \text{노무비율}}{\text{건설업 월평균임금} \times 12}$$

$$\text{환산재해율} = \frac{\text{환산재해자수}}{\text{상시근로자수}} \times 100$$

3. 재해자 중 사망자 가중치 폐지 효과

1) 사망자 가중치 부여 폐지

2) 사망사고만인율 산정할 때 사망자는 사고로 사망한 경우와 질병으로 인한 사망자만 포함한다.

---

18) [사고사망만인율]

(1) 사망만인율(‱) = 상시 근로자 만명당 사고사망자 수

(2) 2020년 건설업 사고사망만인율(‱) : 한국 1.65, 영국 0.16, 싱가폴 0.31

(3) 영국·싱가폴 등 선진국의 5~10배 수준

3) 효과

(1) 1000대 기업을 대상으로 재해율을 반영해 입찰참가자격사전심사(PQ) 시에 불이익을 주었으나 그 결과로서 관급공사 입찰 시 불이익을 받게 되었고 각종 재해를 은폐하거나 누락하는 문제점으로 나타난 것에 대한 개정 사항이다.

(2) 산업재해발생률 산정 대상이 시공능력평가액 순위 1,000대 이내 건설업체에서 전체 종합건설업체(약 12,000개사)로 늘리게 된다.

(3) 공상처리 감소하고 산재보상 청구 부담이 감소한다.

(4) 도급업체가 하도급업체 산업재해(사망사고 제외)로 전가하는 행위는 감소할 것으로 예상된다.

4. 재해율과 PQ.

PQ[19] 가감점 제도[조달청 입찰참가자격사전심사기준][별표 3](2024.05.17)–건설재해

1) 최근3년간 사고사망만인율이 가중평균 이하 또는 초과한 자 : –1.0 ~ +1.0점
2) 최근1년간 산업재해예방활동실적을 고용노동부가 평가한 결과 그 실적이 우수한 자 : 0 ~ +1.0점
3) 최근1년간 산업안전보건관리비 사용의무위반(사용금액 1000만원 이상) 과태료 처분 받은 자 : –1.0 ~ –0.5점
4) 산업재해발생 보고 의무 위반으로 과태료 처분 받은자(–0.5/건) : 최대 -2.0점

5. 산업재해 발생 보고의무 위반건수의 산정기준과 방법[산안법시행규칙 별표 1]

1) 위반건수 : 과태료 처분 경우만 해당된다.

건설업체의 산업재해 발생 보고의무 위반건수는 국내의 건설현장에서 발생한 산업재해의 경우 보고의무를 위반(보고기한을 넘겨 보고의무를 위반한 경우는 제외)하여 과태료 처분을 받은 경우만 해당된다.

2) 도급공사인 경우–하수급인 보고의무 위반 건수 포함

건설산업기본법에 따른 종합공사를 시공하는 업체의 산업재해 발생 보고의무 위반건수에는 해당 업체로부터 도급받은 업체(그 도급을 받은 업체의 하수급인을 포함)의 산업재해 발생 보고의무 위반건수를 합산한다.

3) 하도에 하도를 준 경우–하수급인 보고의무 건수의 각각 1/2씩

건설산업기본법에 따라 종합공사를 시공하는 업체(A)가 발주자의 승인을 받아 종합공사를

19) [사전심사(PQ)] 발주자가 입찰에 참여하는 건설업체의 재무상태, 기술수준 및 시공실적 등을 사전에 종합 심사하여 공공공사 입찰에 반영하는 제도

시공하는 업체(B)에 도급을 준 경우에는 해당 도급을 받은 종합공사를 시공하는 업체(B)의 산업재해 발생 보고의무 위반건수와 그 업체로부터 도급을 받은 업체(C)의 산업재해 발생 보고의무 위반건수를 도급을 준 종합공사를 시공하는 업체(A)와 도급을 받은 종합공사를 시공하는 업체(B)에 반으로 나누어 각각 합산한다.

4) 공동도급인 경우-출자비율에 따라 분배

둘 이상의 건설업체가 국가를 당사자로 하는 계약에 관한 법률에 따라 공동계약을 체결하여 공사를 공동이행 방식으로 시행하는 경우 산업재해 발생 보고의무 위반건수는 공동수급업체의 출자비율에 따라 분배한다.

3. 안전보건관리체제

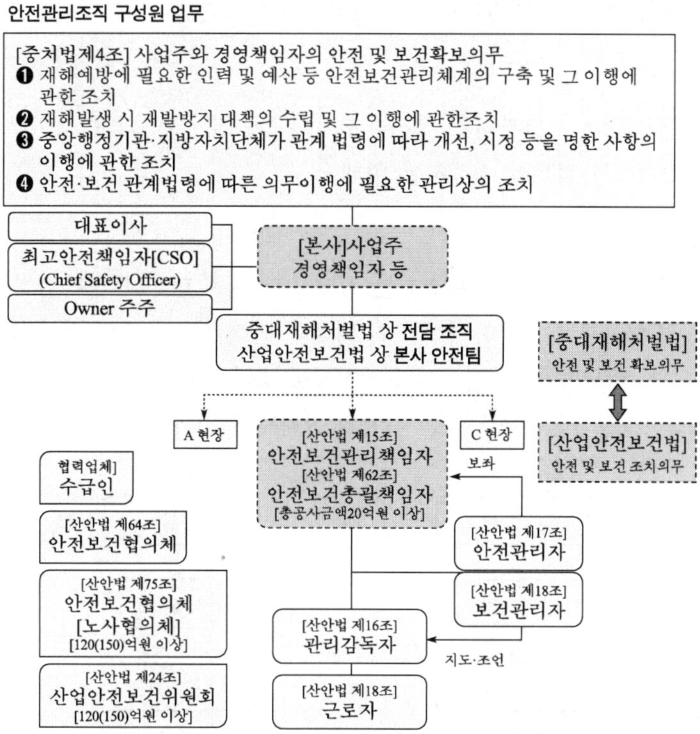

[산안법 제62조] 업무 안전보건총괄책임자

- 위험성평가의 실시에 관한 사항
- 작업의 중지
- 산업재해의 예방조치
- 산업안전보건관리비의 관계수급인간의 사용에 관한 협의조정 및 그 집행의 감독
- 안전인증대상기계 등과 자율안전대상기계 등의 사용 여부 확인

[산안법령 제15조] 업무 관리감독자

- (해당작업) 기계·기구 또는 설비 점검
- 작업복·보호구·방호장치 점검, 교육·지도
- 산재 보고 및 응급조치
- 작업장 정리정돈 및 통로확보
- 안전·보건관리자의 지도조언에 대한 협조
- 위험성평가 관련-위험요인 파악 및 개선조치 참여

[산안법 제15조]업무 안전보건관리책임자

- 산재예방계획 수립
- 안전보건관리규정 작성·변경
- 안전보건교육
- 직업환경측정 등 작업환경의 점검 및 개선
- 근로자 건강진단 등 건강관리
- 산재 원인조사 및 재발방지대책 수립
- 산재 통계 기록·유지
- 안전장치·보호구 적격품 여부 확인
- 위험성평가 실시

[산안법 제17조] 업무 안전관리자

- 산업안전보건위원회 또는 안전 및 보건에 관한 노사협의체에서 심의 · 의결한 업무와 해당 사업장의 안전보건관리규정 및 취업규칙에서 정한 업무
- 위험성평가에 관한 보좌 및 지도 · 조언
- 안전인증대상기계등과 자율안전확인대상기계등 구입 시 적격품의 선정에 관한 보좌 및 지도 · 조언
- 해당 사업장 안전교육계획의 수립 및 안전교육 실시에 관한 보좌 및 지도 · 조언
- 사업장 순회점검, 지도 및 조치 건의
- 산업재해 발생의 원인 조사 · 분석 및 재발 방지를 위한 기술적 보좌 및 지도 · 조언
- 산업재해에 관한 통계의 유지 · 관리 · 분석을 위한 보좌 및 지도 · 조언
- 안전에 관한 사항의 이행에 관한 보좌 및 지도 · 조언
- 업무 수행 내용의 기록 · 유지

그림 2.3.1. 안전관리조직 체제별 역할

건설현장 안전관리조직 체제(조직 구성) 02-25

1. 조직 유형

1) 라인형Line System

사업장 생산부서(공사, 공무 등) 내에서 안전관리 업무를 동시에 수행하는 형태

2) 참모형Staff System

사업장에 안전부서나 안전관리가 생산부서와는 별도로 운영되며 생산부서의 안전사항을 자문하거나 평가하는 업무를 수행하는 형태

3) 라인-참모형Line-Staff System

사업장의 안전업무를 전문으로 관장하는 스태프를 두는 한편 생산라인의 명령계통에 안전관리 업무를 병행해서 실시하는 방식. 이 방식은 안전업무에 대한 전문적이고 종합적인 기획 · 조사 · 연구, 대외업무, 라인부서의 안전활동 평가와 감독 등이 전문적인 스태프 조직에서 이루어지고, 일상적인 안전업무는 라인의 관리자에게 책임과 권한이 부여되는 관리방식

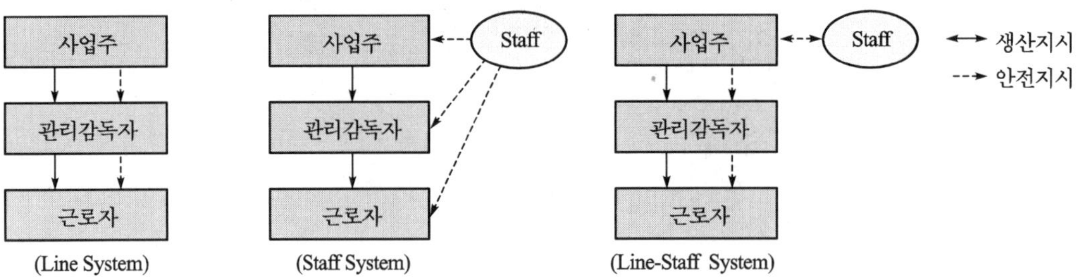

그림 2.3.2. 안전관리조직의 형태

2. 안전보건관리체제-조직표 구성원

1) 산업안전보건법 체제[산안법제2장제1절]

(1) 안전보건총괄책임자
(2) 안전보건관리책임자
(3) 관리감독자
(4) 안전관리자
(5) 보건관리자
(6) 명예산업안전감독관
(7) 산업안전보건위원회, 노사협의체, 안전보건협의체

2) 건설기술진흥법 체제[건진법제64조]

(1) 안전총괄책임자 : 해당 건설공사의 시공 및 안전에 관한 업무 총괄

가. 산안법 안전보건관리(총괄)책임자와 유사한 업무 수행

나. 산안법 안전보건관리(총괄)책임자 지정시 선임한 것으로 인정함

(2) 분야별 안전관리책임자 : 토목, 건축, 전기, 기계, 설비 등 건설공사의 각 분야별 시공 및 안전관리 지휘하는 사람

가. 산안법 관리감독자와 유사한 업무 수행

나. 산안법 관리감독자 지정시 선임한 것으로 인정함

(3) 안전관리담당자 : 직접 시공 및 안전관리를 담당하는 사람, 분야별안전관리책임자의 직무보조

가. 산안법 관리감독자와 유사한 업무 수행

나. 산안법 관리감독자 지정시 선임한 것으로 인정함

(4) 협의체 : 수급인과 하수급인으로 구성된 협의체 구성원

가. 산안법 산업안전보건위원회와 유사한 성격

나. 매월 1회 이상 회의

다. 협의사항 : 안전관리계획의 이행에 관한 사항, 안전사고 발생시 대책 등 사항 협의

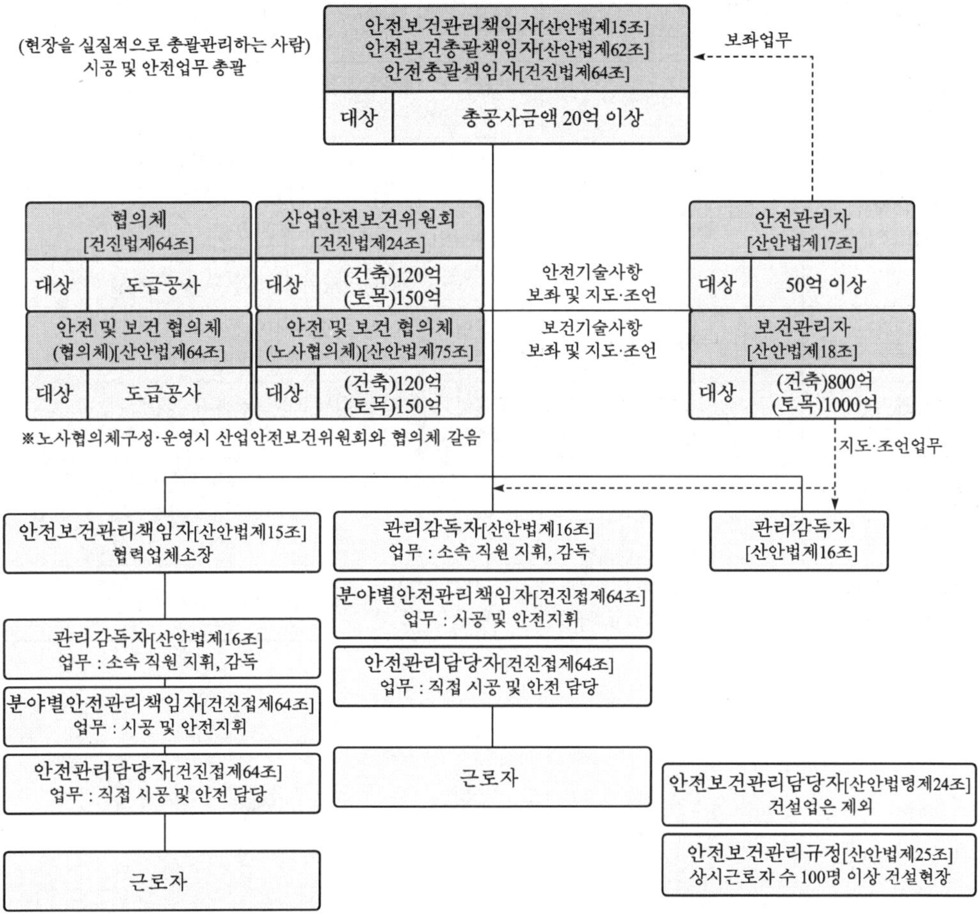

그림 2.3.3. 안전보건관리조직 구성[건진법/산안법]

구분	산업안전보건위원회[제24조]	안전보건협의체[제64조]	노사협의체[제75조]
협의사항	안전 및 보건사항 심의의결	산재예방활동	산재예방활동
구성	근로자 위원 사용자 위원	도급인과 수급인 전원	근로자 위원 노동자 위원
회의	정기회의-분기 임시회의-필요시	정기회의-매월 1회 이상	정기회의-2개월 마다 임시회의-필요시
규모 [건설업]	건축 120억 이상 토목 150억 이상	도급사업	건축 120억 이상 토목 150억 이상
구성운영	노사협의체로 대체 가능	노사협의체로 대체 가능	-

3. 조직구성별 적용대상

산업안전보건법	건설공사 규모(공사금액)	대상사업주	자격요건 등
안전보건총괄책임자 [제62조]	총공사금액 20억원 이상 (관계수급인 공사금액 포함)	도급인	•관계수급인 근로자가 도급인의 사업장에서 작업할 경우 그 사업장의 안전보건관리책임자 •사업장 내 증명 서류 구비
안전보건관리책임자 [제15조]	공사금액 20억원 이상	도급인, 관계수급인	•사업장을 실질적으로 총괄하여 관리하는 사람 •사업장 내 증명 서류 구비
관리감독자 [제16조]	모든 공사	도급인, 관계수급인	•사업장의 생산과 관련되는 업무와 그 소속 직원을 직접 지휘·감독하는 직위에 있는 사람 ※건설기술진흥법제64조제1항제2호에 따른 안전관리책임자 및 같은 항 제3호에 따른 안전관리담당자를 각각 둔 것으로 봄
안전관리자 [제17조]	공사금액 50억원 이상	도급인, 관계수급인	•시행령 별표 4(안전관리자의 자격) •선임 후 14일 이내 증명서류 제출
보건관리자 [제18조]	공사금액 800억원 이상 (토목공사업 1천억원 이상)	도급인, 관계수급인	•시행령 별표6(보건관리자의 자격) •선임 후 14일 이내 증명서류 제출
명예산업안전감독관 [제23조]	임의 규정	-	•사업주가 아닌 고용노동부장관이 위촉 가능 •근로자, 근로자단체, 사업주단체 및 산업재해 예방 관련 전문단체에 소속된 사람
산업안전보건위원회 [제24조]	공사금액 120억원 이상 (토목공사업 150억원 이상)	도급인, 관계수급인	•근로자위원과 사용자위원이 같은 수로 구성

4. CDM 제도Construction Design and Management Regulations의 참여주체

1) 제도의 개요[20]

(1) CDM은 영국의 산업안전보건법 하위법령으로 건설산업에만 적용되는 제도

(2) 발주자 중심의 시공 이전단계부터 참여자들이 역할 및 책임을 분담하는 협력적 안전관리 체계 구축 제도

2) 영국 CDM 제도의 주요 변화내용

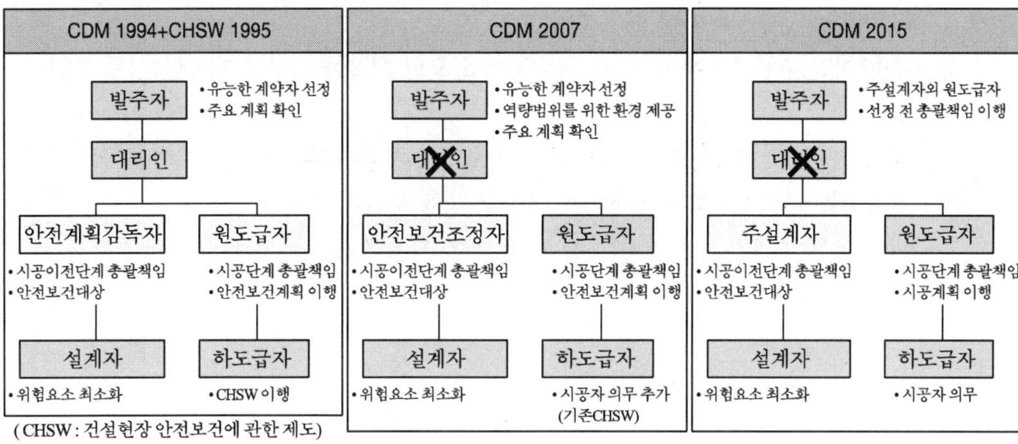

그림 2.3.4. CDM 제도의 변화

3) 참여주체별 역할

(1) 발주자

가. 건설사업 안전보건관리의 총괄관리 책임자

나. 시공 이전단계에는 주설계자, 시공단계에서는 원도급자와 협업

다. 주요 관계자 선정 의무와 그들이 보유한 안전관리 역량을 발휘할 수 있는 환경을 제공하는 것이 가장 큰 의무사항

라. 주설계자가 작성하는 안전보건대장 확인

마. 시공단계에서 원도급자가 수립하고 이행하는 시공계획 확인

(2) 안전보건관리 책임자인 주설계자Principle Designer

가. 시공 이전단계에서 안전보건관리를 계획, 관리, 점검하는 핵심 역할 수행

나. 시공 이전단계에서 다양한 참여자의 협업을 유도하는 임무 수행

다. 설계자 및 원도급자로부터 수집한 정보를 바탕으로 안전보건대장을 작성하고, 착공 전 원도급자에게 시공계획 작성을 위한 정보를 제공하고 협업할 의무 있음

20) 영국 건설산업의 안전보건관리제도, 최수영, 한국건설산업연구원, 2019.11.

(3) 설계자

가. 위험요소를 최소화한 디자인을 할 의무를 수행

나. 주설계자와 협업하여 안전보건대장 작성 지원

(4) 원도급자

가. 시공단계 안전보건관리를 계획, 관리, 점검하는 핵심 주체

나. 시공단계 안전보건관리의 컨트롤타워 역할 수행

다. 착공 이전 주설계자로부터 받은 정보를 바탕으로 협업을 통해 시공계획을 작성하고 현장에 공유 및 이행 여부 확인

라. 준공 이전 주설계자에게 안전보건대장에 필요한 시설물 정보를 제공할 의무가 있음

(5) 하도급자

가. 하도급자는 수행하는 작업에 대한 안전보건 업무를 계획, 관리, 감독해야 함

나. 시공계획을 이행하고 주설계자와 원도급자의 지시를 따라야 함

다. 해당 업무에 관한 기술과 지식을 갖춘 자를 고용하고 그들에게 충분한 정보를 제공하고 관리할 의무가 있음

4) 국내와 영국 안전보건관리 조직 체계 비교

안전보건관리조직 비교

구분	국내	영국
안전보건관리조직체계	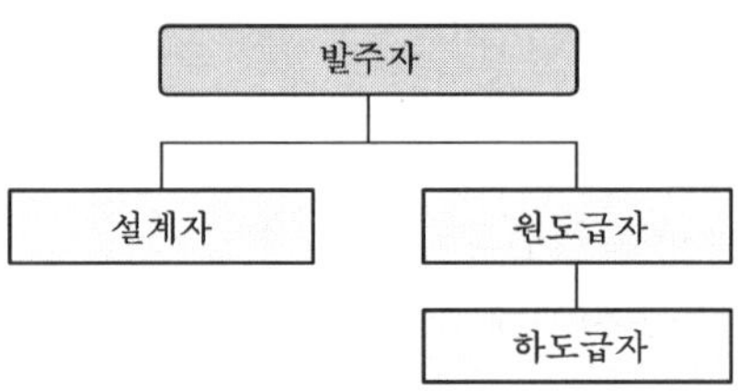	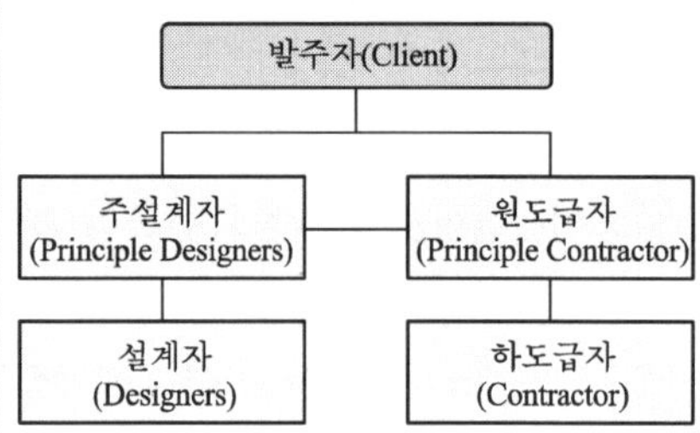
시공 이전 단계 책임자	없음	주설계자
사공 단계 책임자	원도급자	원도급자

관리책임자 02-26

1. 안전보건총괄책임자의 직무

1) 안전보건총괄책임자[21]의 직무 구분[산안법제62조]

(1) 공사금액 20억 이상 현장
도급인은 관계수급인 근로자가 도급인의 사업장에서 작업을 하는 경우에는 그 사업장의 안전보건관리책임자를 도급인의 근로자와 관계수급인 근로자의 산업재해를 예방하기 위한 업무를 총괄하여 관리하는 안전보건총괄책임자로 지정할 것

(2) 공사금액 20억 미만 현장
안전보건관리책임자를 두지 아니하여도 되는 사업장에서는 그 사업장에서 사업을 총괄하여 관리하는 사람을 안전보건총괄책임자로 지정할 것

(3) 안전보건총괄책임자를 지정한 경우에는 건설기술진흥법에 따른 안전총괄책임자를 선임한 것으로 인정함

2) 안전보건총괄책임자 지정 이유[산안법제62조]

(1) 산업재해 예방업무 총괄·관리[산안법]

(2) 공사의 시공 및 안전에 관한 업무 총괄[건기법]

3) 안전보건총괄책임자의 직무[산안법시행령제53조]

(1) 위험성평가의 실시에 관한 사항[산안법제36조]

(2) 작업의 중지[산안법제51조및제54조]

(3) 도급 시 산업재해 예방조치[산안법제64조]

(4) 산업안전보건관리비의 관계수급인 간의 사용에 관한 협의·조정 및 그 집행의 감독[산안법제72조제1항]

(5) 안전인증대상기계등과 자율안전확인대상기계등의 사용 여부 확인

2. 안전보건관리책임자의 직무

1) 안전보건관리책임자의 직무 구분[산안법제15조제1항]

(1) 안전보건관리책임자 : 사업장을 실질적으로 총괄하여 관리하는 사람

(2) 총괄관리 업무
가. 사업장의 산업재해 예방계획의 수립에 관한 사항
나. 안전보건관리규정의 작성 및 변경에 관한 사항[산안법제25조및제26조]

---

21) [안전보건총괄책임자의 처벌규정] 안전보건총괄책임자의 의무 위반 시 500만원 이하의 과태료

다. 안전보건교육에 관한 사항[산안법제29조]

라. 작업환경측정 등 작업환경의 점검 및 개선에 관한 사항

마. 근로자의 건강진단 등 건강관리에 관한 사항[산안법제129조에서제132조]

바. 산업재해의 원인 조사 및 재발 방지대책 수립에 관한 사항

사. 산업재해에 관한 통계의 기록 및 유지에 관한 사항

아. 안전장치 및 보호구 구입 시 적격품 여부 확인에 관한 사항

자. 그 밖에 고용노동부령으로 정하는 사항[시행규칙제9조]

가) 위험성평가의 실시에 관한 사항

나) 안전보건규칙에서 정하는 근로자의 위험 또는 건강장해의 방지에 관한 사항

(3) 지휘감독 업무

가. 안전관리자 지휘감독[산안법제17조]

나. 보건관리자 지휘감독[산안법제18조]

(4) 안전관리자 등의 지도조언에 대한 조치 의무[산안법제20조]

가. 안전관리자 나. 보건관리자

다. 안전보건관리담장자 라. 안전관리전문기관

2) 안전보건관리책임자 선임 대상 사업 규모[산안법시행령제14조제1항]

안전보건관리책임자 선임대상

관리책임자를 두어야 할 사업의 종류 및 규모	
33. 건설업	공사금액 20억원 이상

3) 사업주 지원 및 구비 사항[산안법시행령제14조의제2항제3항]

(1) 사업주는 안전보건관리책임자가 업무를 원활하게 수행할 수 있도록 권한·시설·장비·예산, 그 밖에 필요한 지원을 할 것

(2) 사업주는 안전보건관리책임자를 선임했을 때에는 그 선임 사실 및 업무의 수행내용을 증명할 수 있는 서류를 갖출 것

안전보건관리책임자와 안전보건총괄책임자 비교

구분	안전보건관리책임자	안전보건총괄책임자
법적용	산안법 제15조 업무	산안법 제62조 업무, 산안법 제63조 도급인의 안전조치 및 보건조치
책임 한계	근로자를 직접지휘감독하므로 법으로 규정한 유해위험예방조치에 대한 책임이 부가됨	하도급 수행에 따른 도급인의 간접적 지휘책임이 부가됨
대상	원하도급업체 현장소장	원도급업체 현장소장

3. 안전총괄책임자의 직무

1) 안전총괄책임자가 수행하여야 할 직무의 범위[건진법시행령제102조]
   (1) 안전총괄책임자 : 해당 건설공사의 시공 및 안전에 관한 업무를 총괄관리하는 사람
   (2) 안전관리계획서의 작성 및 제출
   (3) 안전관리 관계자의 업무 분담 및 직무 감독
   (4) 안전사고가 발생할 우려가 있거나 안전사고가 발생한 경우의 비상동원 및 응급조치
   (5) 안전관리비의 집행 및 확인
   (6) 협의체의 운영
   (7) 안전관리에 필요한 시설 및 장비 등의 지원
   (8) 자체안전점검의 실시 및 점검 결과에 따른 조치에 대한 지휘·감독
   (9) 안전교육의 지휘·감독

관리감독자 02-27

1. 관리감독자 정의[산안법제16조]

1) 사업장의 생산과 관련된 업무와 그 소속직원을 직접 지휘감독하는 직위에 있는 사람으로서 산업 안전 및 보건에 관한 업무를 수행한다.
2) 관리감독자가 있는 경우에는 건설기술진흥법에 따른 안전관리책임자 및 안전관리담당자를 각각 둔 것으로 본다.

2. 관리감독자의 업무 내용[산안법시행령제15조]

1) 사업장 내 관리감독자가 지휘·감독하는 작업과 관련된 기계·기구 또는 설비의 안전·보건 점검 및 이상 유무의 확인
2) 관리감독자에게 소속된 근로자의 작업복·보호구 및 방호장치의 점검과 그 착용·사용에 관한 교육·지도
3) 해당작업에서 발생한 산업재해에 관한 보고 및 이에 대한 응급조치
4) 해당작업의 작업장 정리·정돈 및 통로 확보에 대한 확인·감독
5) 사업장의 다음에 해당하는 사람의 지도·조언에 대한 협조
   (1) 안전관리자 또는 안전관리전문기관의 해당 사업장 담당자
   (2) 보건관리자 또는 보건관리전문기관의 해당 사업장 담당자
   (3) 안전보건관리담당자 또는 안전관리전문기관 또는 보건관리전문기관의 해당 사업장 담당자

(4) 산업보건의

6) 위험성평가에 관한 다음 각 목의 업무

(1) 유해·위험요인의 파악에 대한 참여

(2) 개선조치의 시행에 대한 참여

7) 그 밖에 해당작업의 고용노동부령으로 정하는 사항

3. 분야별 안전관리책임자의 직무 범위[건진법시행령제102조]

1) 안전관리책임자 : 토목·건축·전기·기계·설비 등 건설공사의 각 분야별 시공 및 안전관리를 지휘하는 사람

2) 공사 분야별 안전관리 및 안전관리계획의 검토 이행

3) 각종 자재 등의 적격품 사용 여부 확인

4) 자체안전점검 실시의 확인 및 점검 결과에 따른 조치

5) 건설공사 현장에서 발생한 안전사고의 보고

6) 안전교육의 실시

7) 작업 진행 상황의 관찰 및 지도

4. 안전관리담당자의 직무 범위[건진법시행령제102조]

1) 안전관리담당자 : 건설현장에서 직접 기송 및 안전관리를 담당하는 사람

2) 분야별 안전관리책임자의 직무 보조

3) 자체안전점검의 실시

4) 안전교육의 실시

안전관리자 02-28

1. 안전관리자 선임목적[산안법제17조]

1) 안전관리자 : 안전보건관리책임자의 업무 중에서 안전에 관한 기술적인 사항의 업무를 수행하는 사람

2) 안전기술업무

(1) 사업주와 안전보건관리책임자에게 안전기술업무에 대한 보좌

(2) 관리감독자에게 안전기술업무사항에 대한 지도·조언

3) 사업주 의무[산안법제17조제3항][신설 2021.05.18.][시행 2021.11.19.]

건설공사의 120억(건축), 150억(토목) 이상 사업주는 안전관리자에게 그 업무만을 전담하도록 한다. 위반시 500만원이하의 과태료를 부과한다.

2. 안전관리자 선임[산안법시행령제16조]

1) 안전관리자의 선임[산안법시행규칙제11조]

안전관리자 선임 보고서를 관할지방고용노동관서의 장에게 제출할 것

2) 동일 사업주의 공동 안전관리자 선임 조건

사업주가 경영하는 다음 둘 이상의 사업장 공사금액의 합계가 120억원(토목150억원) 이내에 해당하는 경우에는 그 둘 이상의 사업장에 1명의 안전관리자를 공동으로 둘 수 있다.

(1) 같은 시·군·구(자치구) 지역에 소재하는 경우

(2) 사업장 간의 경계를 기준으로 15킬로미터 이내에 소재하는 경우

3) 도급인과 수급인 간의 공동 안전관리자 선임 조건

도급인의 사업장에서 이루어지는 도급사업에서 도급인이 고용노동부령으로 정하는 바에 따라 그 사업의 관계수급인 근로자에 대한 안전관리를 전담하는 안전관리자를 선임한 경우에는 그 사업의 관계수급인은 해당 도급사업에 대한 안전관리자를 선임하지 않을 수 있다.

4) 안전관리자 선임신고

사업주는 안전관리자를 선임한 후 14일 이내에 고용노동부장관에게 그 사실을 증명할 수 있는 서류를 제출해야 한다. 안전관리자를 늘리거나 교체한 경우에도 동일하다.

안전관리자 선임 대상 공사

선임	보고	직무교육
실착공일	선임후 14일 이내	신규 : 3개월이내(34시간)
보고시기 (지체없이)	고용노동부 제출서류 1) 선임보고서 2) 재직증명서 3) 자격증 사본	보수 : 신규 교육 후 매2년마다(24시간)

<table>
<tr><th colspan="2" rowspan="2">규모</th><th colspan="2">안전관리자 수</th></tr>
<tr><th>[전담]</th><th>공사전후 15% 기간</th></tr>
<tr><td colspan="2" rowspan="2">50억원(관계수급인은 100억원 이상) ~ 120억원 미만(토목 150억원 미만)
[공사금액 60억원 이상 80억원 미만 공사의 경우: 2022년 7월 1일부터]
[공사금액 50억원 이상 60억원 미만 공사의 경우: 2023년 7월 1일부터]
*50억~120억[150억]미만 2022년 6월 3일.이전 착공 유해위험방지계획서 현장은 종전대로 시행</td><td>1</td><td>1</td></tr>
<tr><td colspan="2">겸직 및 공동관리 가능</td></tr>
<tr><td colspan="2">120억원(토목공사 150억원) 이상~800억원 미만</td><td>[1]</td><td>1</td></tr>
<tr><td>800억원~1,500억원 미만</td><td>1명 이상 최소포함되어야 할 안전관리자 자격을 산업안전지도사, 산업안전산업기사 이상, 건설안전산업기사 이상으로 변경됨</td><td>[2]</td><td>1</td></tr>
<tr><td>1,500억원~2,200억원 미만</td><td rowspan="2">1명 이상은 산업안전지도사* 등 포함</td><td>[3]</td><td rowspan="2">2</td></tr>
<tr><td>2,200억원~3,000억원 미만</td><td>[4]</td></tr>
<tr><td>3,000억원~3,900억원 미만</td><td rowspan="2">2명 이상은 산업안전지도사* 등 포함</td><td>[5]</td><td rowspan="2">3
(1명 산업안전지도사 등)</td></tr>
<tr><td>3,900억원~4,900억원 미만</td><td>[6]</td></tr>
<tr><td>4,900억원~6,000억원 미만</td><td rowspan="2">2명 이상은 산업안전지도사* 등 포함</td><td>[7]</td><td rowspan="2">4
(2명 산업안전지도사 등)</td></tr>
<tr><td>6,000억원~7,200억원 미만</td><td>[8]</td></tr>
<tr><td>7,200억원~8,500억원 미만</td><td rowspan="2">3명 이상은 산업안전지도사* 등 포함</td><td>[9]</td><td rowspan="2">5
(3명 산업안전지도사 등)</td></tr>
<tr><td>8,500억원~1조원 미만</td><td>[10]</td></tr>
<tr><td>1조원 이상</td><td>3명 이상은 산업안전지도사* 등 포함
[매2,000억원(2조원이상부터는 매3,000억원)마다 1명씩 추가]</td><td>[11]</td><td>선임대상안전관리자수의 1/2
(3명 산업안전지도사 등)</td></tr>
</table>

*산업안전지도사 등 : 건설안전기술사, 건설안전기사 또는 산업안전기사 자격을 취득한 후 7년 이상 건설안전업무를 수행한 사람, 건설안전산업기사 또는 산업안전산업기사의 자격을 취득한 후 10년 이상 건설안전업무를 수행한 사람

(비고)

1) 철거공사가 포함된 건설공사의 경우 철거공사만 이루어지는 기간은 전체 공사기간에는 산입되나 전체 공사기간 중 전·후 15에 해당하는 기간에는 산입되지 않음. 이 경우 전체 공사기간 중 전·후 15에 해당하는 기간은 철거공사만 이루어지는 기간을 제외한 공사기간을 기준으로 산정함
2) 철거공사만 이루어지는 기간에는 공사금액별로 선임해야 하는 최소 안전관리자 수 이상으로 안전관리자를 선임해야 한다.

3. 안전관리자의 업무

1) 안전관리업무 전담 조건[산안법시행령제16조]

총공사금액 120억(토목 150억원) 현장의 안전관리자는 산안법제18조제1항의 업무만을 전담할 것

2) 업무[산안법시행령제18조]

(1) 산업안전보건위원회 또는 안전 및 보건에 관한 노사협의체에서 심의·의결한 업무와 안전보건관리규정 및 취업규칙에서 정한 업무

(2) 위험성평가에 관한 보좌 및 지도·조언[산안법제36조]
(3) 안전인증대상기계 등 및 자율안전확인대상기계 등의 구입 시 적격품의 선정에 관한 보좌 및 지도·조언
(4) 안전교육계획의 수립 및 안전교육 실시에 관한 보좌 및 지도·조언
(5) 사업장 순회점검, 지도 및 조치 건의
(6) 산업재해 발생의 원인 조사·분석 및 재발 방지를 위한 기술적 보좌 및 지도·조언
(7) 산업재해에 관한 통계의 유지·관리·분석을 위한 보좌 및 지도·조언
(8) 법 또는 법에 따른 명령으로 정한 안전에 관한 사항의 이행에 관한 보좌 및 지도·조언
(9) 업무 수행 내용의 기록·유지
(10) 그 밖에 안전에 관한 사항으로서 고용노동부장관이 정하는 사항

3) 협력업무
안전관리자는 업무를 수행할 때에는 보건관리자와 협력할 것

4. 안전관리자 증원 및 교체 임명[산안법시행규칙 제12조]

1) 해당 사업장의 연간재해율이 같은 업종의 평균재해율의 2배 이상인 경우
2) 중대재해가 연간 2건 이상 발생한 경우. 다만, 해당 사업장의 전년도 사망만인율이 같은 업종의 평균 사망만인율 이하인 경우는 제외함
3) 관리자가 질병이나 그 밖의 사유로 3개월 이상 직무를 수행할 수 없게 된 경우
4) 화학적 인자로 인한 직업성 질병자가 연간 3명 이상 발생한 경우. 이 경우 직업성 질병자의 발생일은 산업재해보상보험법에 따른 요양급여의 결정일로 함(직업성 질병자 발생 당시 사업장에서 해당 화학적 인자를 사용하지 않은 경우에는 해당없음)

5. 안전관리자의 자격[건설업][산안법시행령별표4(2024.03.12)]

1) 산업안전지도사
2) 산업안전산업기사 이상 취득한 사람
3) 건설안전산업기사 이상 취득한 사람
4) 4년제 대학 이상의 학교에서 산업안전 관련 학위를 취득한 사람
5) 전문대학 수준 이상의 학교에서 산업안전 관련 학위를 취득한 사람
6) 이공계 전문대학 수준 이상의 학교에서 학위를 취득하고, 해당 사업의 관리감독자로서의 업무(건설업의 경우는 시공실무경력)를 3년(4년제 이공계 대학 학위 취득자는 1년) 이상 담당한 후 고용노동부장관이 지정하는 기관이 실시하는 교육(1998년 12월 31일까지의 교육만 해당)을 받고 정해진 시험에 합격한 사람

7) 공업계 고등학교 수준 이상의 학교를 졸업하고, 해당 사업의 관리감독자로서의 업무(건설업의 경우는 시공실무경력)를 5년 이상 담당한 후 고용노동부장관이 지정하는 기관이 실시하는 교육(1998년 12월 31일까지의 교육만 해당)을 받고 정해진 시험에 합격한 사람
8) 건설산업기본법 제8조에 따른 종합공사를 시공하는 업종의 건설현장에서 안전보건관리책임자로 10년 이상 재직한 사람
9) 건설기술진흥법에 따른 토목·건축 분야 건설기술인 중 등급이 중급 이상인 사람으로서 고용노동부장관이 지정하는 기관이 실시하는 산업안전교육(2025년 12월 31일까지의 교육만 해당)을 이수하고 정해진 시험에 합격한 사람
10) 국가기술자격법에 따른 토목산업기사 또는 건축산업기사 이상의 자격을 취득한 후 해당 분야에서의 실무경력이 다음 각 목의 구분에 따른 기간 이상인 사람으로서 고용노동부장관이 지정하는 기관이 실시하는 산업안전교육(2025년 12월 31일까지의 교육만 해당)을 이수하고 정해진 시험에 합격한 사람
   (1) 토목기사 또는 건축기사 : 3년
   (2) 토목산업기사 또는 건축산업기사 : 5년

학습 Note **야간작업 시 안전관리자는 상주하여야 하는지?**

산안법 제17조에 따라 안전관리자는 안전에 관한 기술적인 사항에 대하여 지도·조언을 하는 자로서, 사업장에서 야간작업이 이루어질 경우 안전관리자가 상주해야 할 의무는 없는 것으로 사료됨
[산업안전보건법 질의회시집 - 산안(건안) 68307-1, 2000.01.03.]

학습 Note **안전관리자 등 안전보건관리조직 구성의 기준이 되는 총공사금액과 공사금액의 구분은?**

1) 안전보건총괄책임자 및 노사협의체 기준인 총공사금액은 관계수급인의 공사 금액을 합한 도급인이 발주자로부터 계약한 총공사금액을 의미한다. 안전관리자 등의 기준인 공사금액은 ① 수급인의 공사금액은 도급인과 계약한 공사금액을 의미하며 ② 도급인의 공사금액은 총공사금액에서 수급인과 계약한 공사금액을 제외한 공사금액을 의미한다. 단, 수급인의 공사금액이 일정수준 미달하는 경우는 도급인의 공사금액에 포함된다.

2) 아래 그림에서 총공사금액이 200억원인 경우, 도급인은 안전보건총괄책임자를 선임해야 하며 노사협의체를 설치·운영해야 함. 수급인 C사(100억원)와 B사(20억원)는 안전보건관리책임자를 선임해야 하며

3) 도급인 A사(자체공사 70억원 + 수급인 B사 공사 20억원 + 수급인 D사 공사 10억원 = 100억원)와 수급인 C사(100억원)는 각각 안전관리자 1명씩 선임하거나, 도급인 A사가 2명 선임해야 한다.('20.7.1 이후 착공현장 기준)

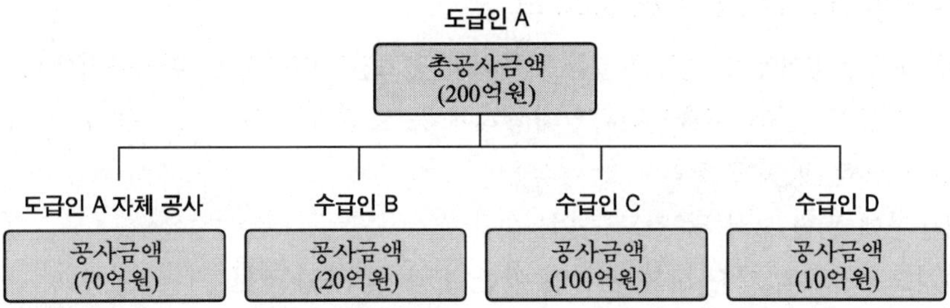

- 안전보건총괄책임자 : 총공사금액 200억원(기준 20억원 이상)으로 도급인 A사 선임
- 노사협의체 : 총공사금액 200억원(기준 120억원 이상)으로 도급인 A사 설치·운영
- 안전보건관리책임자 : 수급인 B사와 수급인 C사 선임(기준 20억원 이상)
- 안전관리자 : 도급인 A사(자체공사 70억원+수급인 B사 20억원 + 수급인 D사 10억원 > 기준 50억원) 와 수급인 C사(100억원 > 기준 100억원 이상) 선임

보건관리자 02-29

1. 보건관리자

1) 보건관리자[산안법 제18조]

사업장에서 보건에 관한 기술적인 사항의 업무를 수행하는 사람

2) 업무

(1) 보좌 : 사업주와 안전보건관리책임자

(2) 지도조언 : 관리감독자

3) 건설업 보건관리자선임 대상 사업장[산안법시행령제20조 별표 5]

공사금액 800억원 이상(토목공사업 1천억 이상) 또는 상시 근로자 600명 이상

4) 선임자 수

1명 이상[공사금액 800억원(토목공사업은 1,000억원)을 기준으로 1,400억원이 증가할 때마다 또는 상시 근로자 600명을 기준으로 600명이 추가될 때마다 1명씩 추가]

5) 사업주 의무[산안법제18조제3항][시행 2021.11.19.]

상시근로자 300면 이상 사업장의 사업주는 보건관리자에게 그 업무만을 전담하도록 할 것

2. 보건관리자의 업무[산안법시행령제20조]

1) 산업안전보건위원회에서 심의·의결한 업무와 안전보건관리규정 및 취업규칙에서 정한 업무
2) 안전인증대상기계등과 자율안전확인대상기계 등 보건과 관련된 보호구 구입 시 적격품 선정에 관한 보좌 및 지도·조언
3) 위험성평가에 관한 보좌 및 지도·조언
4) 물질안전보건자료의 게시 또는 비치에 관한 보좌 및 지도·조언
5) 산업보건의의 직무
6) 해당 사업장 보건교육계획의 수립 및 보건교육 실시에 관한 보좌 및 지도·조언
7) 해당 사업장의 근로자를 보호하기 위한 다음에 해당하는 의료행위
   (1) 외상 등 흔히 볼 수 있는 환자의 치료
   (2) 응급처치가 필요한 사람에 대한 처치
   (3) 부상·질병의 악화를 방지하기 위한 처치
   (4) 건강진단 결과 발견된 질병자의 요양 지도 및 관리
   (5) 가목부터 라목까지의 의료행위에 따르는 의약품의 투여
8) 작업장 내에서 사용되는 전체 환기장치 및 국소 배기장치 등에 관한 설비의 점검과 작업방법의 공학적 개선에 관한 보좌 및 지도·조언
9) 사업장 순회점검·지도 및 조치의 건의
10) 산업재해 발생의 원인 조사·분석 및 재발 방지를 위한 기술적 보좌 및 지도·조언
11) 산업재해에 관한 통계의 유지·관리·분석을 위한 보좌 및 지도·조언
12) 보건에 관한 사항의 이행에 관한 보좌 및 지도·조언
13) 업무수행 내용의 기록·유지
14) 그 밖에 작업관리 및 작업환경관리에 관한 사항으로서 고용노동부 장관이 정하는 사항

3. 보건관리자의 자격[산안법시행령제21조별표 6]

1) 의료법에 따른 의사
2) 의료법에 따른 간호사
3) 산업보건지도사
4) 국가기술자격법에 따른 산업위생관리산업기사 또는 대기환경산업기사 이상의 자격을 취득한 사람
5) 국가기술자격법에 따른 인간공학기사 이상의 자격을 취득한 사람
6) 고등교육법에 따른 전문대학 이상의 학교에서 산업보건 또는 산업위생 분야의 학과를 졸업한 사람(법령에 따라 이와 같은 수준 이상의 학력이 있다고 인정되는 사람 포함)

산업안전보건위원회 02-30

1. 산업안전보건위원회의 목적

1) 사업장의 안전 및 보건에 관한 중요 사항을 심의·의결하기 위한 조직
2) 사업주와 근로자가 건설현장 재해예방의 문제해결을 논의하기 위함

2. 산업안전보건위원회의 역할

1) 심의의결사항
   (1) 사업장의 산업재해 예방계획의 수립에 관한 사항
   (2) 안전보건관리규정의 작성·변경에 관한 사항
   (3) 안전보건교육에 관한 사항
   (4) 작업환경측정 등 작업환경의 점검 및 개선에 관한 사항
   (5) 근로자의 건강진단 등 건강관리에 관한 사항
   (6) 중대재해의 원인 조사 및 재발 방지대책 수립에 관한 사항
   (7) 산업재해에 관한 통계의 기록 및 유지에 관한 사항
   (8) 유해·위험 기계·기구·설비 도입 시, 안전 및 보건 관련 조치에 관한 사항
   (9) 기타 사업장 근로자의 안전·보건을 유지·증진시키기 위해 필요한 사항

2) 미의결 사항
   중재기구를 두어 해결하거나 제3자의 중재를 받아야 한다.

3. 산업안전보건위원회의 설치대상 공사규모

1) 공사금액이 120억원(토목공사업 150억원) 이상인 사업장
2) 노사협의체로 구성 할 수 있다.

4. 산업안전보건위원회의 구성[산안법제24조]

1) 위원장(근로자위원과 사용자위원위원 각1명)

2) 근로자 위원
   근로자 대표, 근로자 대표가 지명하는 명예감독관 1명(있을 경우), 근로자 대표가 지명하는 9명 이내의 해당 사업장의 근로자(명예감독관 수 제외)

3) 사용자 위원

해당 사업의 대표자, 안전관리자, 보건관리자, 산업보건의(있을 경우), 해당 사업의 대표자가 지명하는 9명 이내의 해당 사업장 부서의 장

4) 안전·보건에 관한 협의체[22]를 구성한 경우에는 해당 협의체에 사용자위원으로서 안전관리자, 근로자위원으로서 근로자대표 및 명예산업안전감독관[23]과 근로자대표가 지명하는 근로자를 포함한 산업안전보건 위원회를 구성할 수 있다.

5. 산업안전보건위원회의 회의

1) 회의 구분

(1) 정기회의 : 분기별(노사협의체는 1회/2개월)

(2) 임시회의 : 필요 시

2) 회의록 작성 · 비치

6. 산업안전보건위원회 회의결과 등의 주지 방법

1) 사내방송

2) 사내보

3) 게시 또는 자체 정례 조회

4) 기타 적절한 방법으로 근로자[24]에게 신속히 알릴 것

---

22) 안전보건에 관한 협의체의 구성 운영에 관한 특례[산안법제75조제2항]
산안법에 따라 근로자와 사용자가 같은 수로 구성되는 안전보건에 관한 노사 협의체를 구성 · 운영하는 경우에는 산업안전보건위원회 및 안전 및 보건에 관한 협의체를 각각 설치 · 운영한 것으로 본다.

23) [명예산업안전감독관] 산업재해 예방활동에 대한 참여와 지원을 촉진하기 위해 근로자, 근로자단체, 사업주단체 및 산업재해 예방 관련 전문단체에 소속된 사람 중에서 명예산업안전감독관을 위촉할 수 있다.
[주요업무]
(1) 사업장에서 하는 자체점검 참여 및 「근로기준법」 제101조에 따른 근로 감독관이 하는 사업장 감독 참여
(2) 사업장 산업재해 예방계획 수립 참여 및 사업장에서 하는 기계 • 기구 자체검사 참석
(3) 법령을 위반한 사실이 있는 경우 사업주에 대한 개선 요청 및 감독기관에의 신고
(4) 산업재해 발생의 급박한 위험이 있는 경우 사업주에 대한 작업중지 요청
(5) 작업환경측정, 근로자 건강진단 시의 참석 및 그 결과에 대한 설명회 참여
(6) 직업성 질환의 증상이 있거나 질병에 걸린 근로자가 여러 명 발생한 경우 사업주에 대한 임시건강 진단 실시 요청
(7) 근로자에 대한 안전수칙 준수 지도
(8) 법령 및 산업재해 예방정책 개선 건의
(9) 안전·보건 의식을 북돋우기 위한 활동 등에 대한 참여와 지원
(10) 그 밖에 산업재해 예방에 대한 홍보 등 산업재해 예방업무와 관련하여 고용노동부장관이 정하는 업무

24) 사업주 및 근로자는 산업안전보건위원회가 심의 의결 또는 결정한 사항을 성실하게 이행해야 한다.

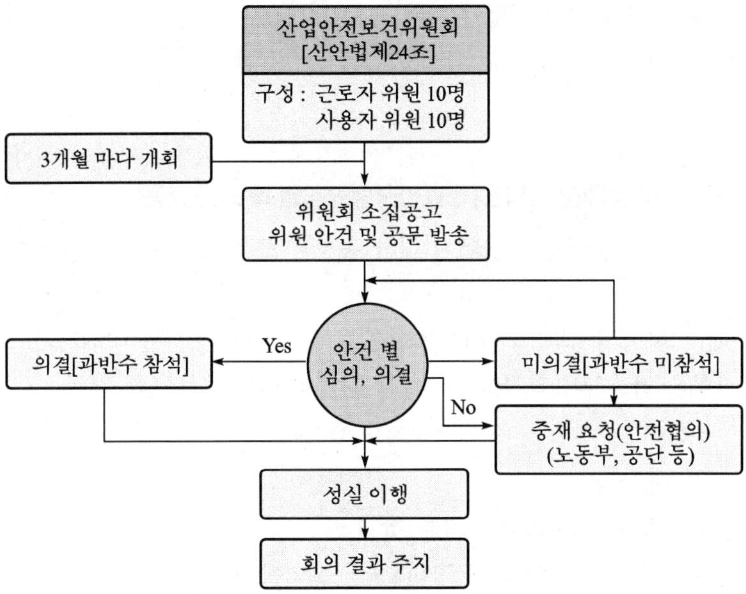

그림 2.3.5. 산업안전보건위원회 구성과 업무 흐름도

안전보건관리규정 02-31

1. 안전보건관리규정의 목적[필요성]

안전보건관리규정이란 해당 사업장의 업종, 기계설비, 생산공정 등의 실태에 상응하는 산업재해 예방을 추진하기 위해 안전보건관리에 관한 기본적인 사항을 정한 것으로서 근로기준법에 의한 취업규칙과 동등한 가치의 사내 규범이다.

1) 노사가 안전보건관리 입장을 조율하고 준수하게 하기 위함
2) 자율적으로 안전관리를 규율하고자 하는 목적
3) 산업재해예방 관리 체계·책임의 명확화, 기준 확립

2. 안전보건관리규정 포함 사항[산안법제25조]

1) 안전 및 보건에 관한 관리조직과 그 직무에 관한 사항
   (1) 총칙
   (2) 안전·보건 관리조직과 직무
2) 안전보건교육에 관한 사항
3) 작업장 안전 및 보건관리에 관한 사항
4) 사고조사 및 대책수립에 관한 사항

5) 그 밖에 안전 및 보건에 관한 사항

(1) 위험성평가에 관한 사항

(2) 보칙

3. 안전보건관리규정 작성 대상 사업장[산안법시행규칙별표 2]과 활용

1) 상시근로자[25) 100인 이상[공사 금액에 대한 규정은 없음]을 사용하는 날로부터 30일 이내에 작성할 것

2) 안전관계자에 대하여 규정과 기준의 필요성과 중요성을 충분히 이해시키고, 교육훈련을 하고 이행 상황을 점검하여 직장에 안전문화를 정착시킬 것

5. 심의·의결

1) 산업안전보건위원회의 심의·의결을 거칠 것

2) 산업안전보건위원회가 없는 경우 근로자대표의 동의를 받을 것

---

25) 상시근로자 수 산정방법[근로기준법시행령제7조의2]

1개월 동안 사용한 근로자의 연인원(延人員)을 같은 기간 중의 가동 일수로 나누어 산정하되, 사업이 성립한 날로부터 1개월 미만인 경우에는 그 사업이 성립한 날 이후의 기간으로 계산

$$\text{상시 근로자 수} = \frac{\text{1개월동안 사용한 근로자의 연인원}}{\text{1개월 중 가동일 수}}$$

4. 유해위험예방조치

학습 Note 안전보건조치의 목적

안전보건조치란 사업장의 여러 위험으로 인한 산재를 예방하기 위하여 사업주가 해야 하는 조치를 말한다.
- · 안전조치 : 근로자의 산재 예방
- · 보건조치 : 근로자의 건강장해 예방

- 산업재해 예방을 위한 간접적 기능 내용
  - · 안전보건관리 체계구성 및 조직 구성
  - · 유해위험방지계획서 등 다양한 계획 수립
  - · 산업안전보건관리비 계상 및 집행
- 산업재해 예방을 위한 안전보건조치의 핵심 역할
  - · 수행자 : 사업주와 도급인
  - · 구체적인 안전보건조치 이행 방법 : 산업안전보건기준에관한규칙[안전보건규칙] 준수

학습 Note 산업안전보건법에서 규정하는 사업주의 안전조치 및 보건조치를 취해야 하는 내용

구분	주요 위험 장소 및 작업	구체적인 조치내용
안전조치 [제38조]	[위험 예방 조치] 1) 기계·기구, 그 밖의 설비에 의한 위험 2) 폭발성, 발화성 및 인화성물질 등에 의한 위험 3) 전기, 열, 그 밖의 에너지에 의한 위험 [작업방법 위험 예방 조치] • 굴착, 채석, 하역, 벌목, 운송, 조작, 운반, 해체, 중량물 취급, 그 밖의 작업을 할 때 불량한 작업방법 등에 의한 위험 [작업장소 위험 예방 조치] 1) 근로자가 추락할 위험이 있는 장소 2) 토사·구축물 등이 붕괴할 우려가 있는 장소 3) 물체가 떨어지거나 날아올 위험이 있는 장소 4) 천재지변으로 인한 위험이 발생할 우려가 있는 장소	안전보건규칙 제1편 및 2편
보건조치 [제39조]	[건강장해 예방 조치] 1) 원재료·가스·증기·분진·흄·미스트·산소결핍·병원체 등에 의한 건강장해 2) 방사선·유해광선·고온·저온·초음파·소음·진동·이상기압 등에 의한 건강장해 3) 사업장에서 배출되는 기체·액체 또는 찌꺼기 등에 의한 건강장해 4) 계측감시, 컴퓨터 단말기 조작, 정밀공작 등의 작업에 의한 건강장해 5) 단순반복작업 또는 인체에 과도한 부담을 주는 작업에 의한 건강장해 6) 환기·채광·조명·보온·방습·청결 등의 적정기준을 유지하지 아니하여발생하는 건강장해	안전보건규칙 제1편 및 3편

1. 안전보건표지

1) 작업자가 판단이나 행동의 잘못을 일으키기 쉬운 장소나 실수로 인해 중대한 재해를 일으킬 위험이 있는 장소에 안전확보를 위해 표시하는 표지를 말한다.
2) 유해하거나 위험한 장소·시설·물질에 대한 경고, 비상시에 대처하기 위한 지시·안내 또는 그 밖에 근로자의 안전 및 보건의식을 고취하기 위한 사항 등을 그림, 기호 및 글자 등으로 나타낸 표지를 말한다.

2. 안전표지의 부착 이유

1) 유해 또는 위험한 시설 및 장소에 대한 경고
2) 비상시 조치의 안내
3) 안전의지 고취

3. 안전보건표지의 종류 형태 및 용도

1) 금지표지 : 출입금지 등 8종(빨강색)
2) 경고표지 : 인화성 물질 경고 등 15종(노랑색)
3) 지시표지 : 보안경 착용 등 9종(파랑색)
4) 안내표지 : 녹십자 표지 등 9종(녹색)
5) 문자추가시범례(검정)

금지표지	경고표지	지시표지	안내표지	관계자외출입금지 [문자추가시범례]

그림 2.4.1. 안전·보건표지의 종류 및 형태

4. 안전보건표지판 설치위치 및 방법

1) 근로자가 쉽게 식별할 수 있는 장소
2) 근로자가 쉽게 식별할 수 있는 시설
3) 물체에 흔들리거나 쉽게 파손되지 않도록 견고하게 설치 또는 부착할 것

작업중지 02-33

1. 안전조치[산안법제38조]

1) 안전조치 개요

(1) 산업재해 예방을 위해 사업주의 조치 내용

(2) 구체적인 안전 조치사항은 안전보건규칙으로 정하고 있다.

2) 안전조치를 취해야 할 위험

(1) 산재 예방조치가 필요한 위험

가. 기계, 기구, 설비 위험

나. 폭발성, 발화성 및 인화성 물질 위험

다. 전기, 열, 에너지 위험

라. 불량한 작업방법의 위험

(2) 산재 예방조치가 필요한 위험[작업 장소 위험]

가. 추락 위험 장소

나. 토사 · 구축물 붕괴 우려 장소

다. 물체가 떨어지거나 날아올 위험이 있는 장소

라. 천재지변으로 인한 위험이 발생할 우려가 있는 장소

2. 작업중지

1) 작업중지 시기

(1) 산업재해발생의 급박한 위험이 있을 때

(2) 중대재해가 발생하였을 때

(3) 산업재해발생의 급박한 위험이 있다고 믿을 만한 합리적인 근거가 있는 때

2) 작업중지

(1) 사업주 작업중지 조건 및 안전보건 조치[산안법제51조]

가. 산업재해가 발생할 급박한 위험이 있을 때

나. 근로자를 작업장소에서 대피시키는 등 안전 및 보건 조치를 취할 것

(2) 근로자 작업중지[26] 조건 및 조치[산안법제52조]

---

26) [근로자 작업중지권 행사 요건(산업재해의 급박한 위험이 있을 때의 예시)]
[사례1] 높이가 2미터 이상인 장소에서의 작업으로서 작업발판, 안전난간 또는 안전방망이 전반적으로 설치되지 않아 추락사고의 우려가 현저히 높은 경우
[사례2] 비계, 거푸집동바리, 흙막이지보공 등 가시설물의 설치가 기준에 적합하지 않거나 부적합한 자재의 설치 또는 사용불량으로 붕괴사고의 우려가 높은 경우

가. 산업재해가 발생할 급박한 위험이 있는 경우
나. 근로자는 대피하고 지체 없이 관리감독자 등에게 보고 할 것
다. 사업주는 작업을 중지하고 대피한 근로자에 대해 해고나 그 밖의 불리한 처를 해서는 안됨

(3) 고용노동부장관 시정조치[산안법제53조] : 근로자에게 현저한 유해·위험이 초래될 우려가 있다고 판단될 때

3) 조치사항

(1) 산재발생 위험이 있을 때
가. 출입금지조치
나. 근로자 대피 지시/상급자(기관) 보고
다. 안전대책 수립[안전보건규칙 준수]

(2) 재해발생시
가. 기계 정지
나. 피해자 응급조치
다. 관계자(기관) 통보
라. 2차 재해방지
마. 현장보존

(3) 작업중지권자 및 조치사항
가. 근로자 대피
나. 필요한 안전·보건상의 조치

(4) 작업중지에 따른 근로자 보호 조치
가. 사업주는 근로자가 작업중지를 했다는 근거로 불이익 처우를할 수 없도록 금지할 것
나. 중대재해가 발생한 경우에는 근로자 보호 차원의 재해원인조사, 안전보건진단 기타 필요한 조치 실시할 것

4. 사망사고 발생(위험) 시 노동자 대처 방법[출처: 산업안전보건공단]

1) 1단계 : 작업중지
사망사고가 발생할 위험이 있다고 판단되거나, 중대재해/중대산업사고 발생한 경우

2) 2단계 : 비상상황 전파-비상벨 등 통신설비를 이용하거나 큰 소리로 주변 노동자에게 전파

3) 3단계 : 초기대응(필요시) : 사고 상황별 초기 대응요령

[사례3] 토사, 구축물, 공작물 등의 변형 또는 변위가 발생하거나 예상되어 붕괴사고의 우려가 높은 경우
[사례4] 가연성 또는 인화성 물질 취급장소에서 동시에 화기작업을 실시하여 화재 및 폭발사고의 우려가 높은 경우
[사례5] 화학물질 취급고정에서 부속설비의 심각한 고장, 변형 등으로 중대산업사고 발생의 우려가 높은 경우
[사례6] 밀폐공간작업으로 작업전 산소농도 측정을 하지 않거나 적정 공기 기준을 준수하지 않아 산소결핍에 의한 질식사고의 우려가 높은 경우
[사례7] 관리대상 유해물질의 가스,증기 또는 분진의 발산원을 밀폐하는 설비 또는 국소배기장치를 설치하지않아 취급근로자의 건강장해가 현저히 우려되는 경우

(1) 감전 : 즉시 전원 차단, 통전 차단 확인
(2) 질식 : 작업 중지, 신선한 공기가 있는 곳으로 대피
(3) 화재 : 소화기를 이용한 초기 진화 실시, 진압이 힘들 경우 신속히 대피
(4) 무너짐 : 해당 공종의 기계·장비 정지, 2차 피해 발생 방지
(5) 기계재해 : 재해 발생 시 기계 정지
(6) 유해물질 누출 : 가까운 밸브 차단, 신속한 대피, 호흡기 등 보호
(7) 인화성·산화성 물질 누출 : 점화원 발생 억제 조치 및 접촉 금지

4) 4단계 : 긴급대피
(1) 관리감독자 또는 부서장에게 보고 → 위험상황 개선조치(사업주)
(2) 신고 및 응급조치(소방서, 고용노동지청 등) → 현장보존 사고 원인조사 및 대책수립(사업주)

학습 Note 중대재해와 안전보건진단

산업안전보건법은 안전관리자 선임대상 사업장에서 안전·보건조치를 소홀히 해서 중대재해가 발생하여 잠재적인 위험이 있는 경우는 안전·보건진단을 명령하고 재해예방대책을 수립한 후 공사를 재개하도록 하고 있다

학습 Note 산업안전보건법령 상 근로자대표의 권한

관계 조항	제도 내용	근로자대표 권한
시행규칙 제73조제3항	산업재해조사표 작성내용 확인	작성내용 확인권
법 제26조	안전보건관리규정 작성 또는 변경	산업안전보건위원회 미설치 사업장에서 동의권
법 제47조제3항, 제125조제4·7항, 제132조제1·2항, 제141조제1항	안전보건진단, 작업환경측정 및 그 예비조사, 건강진단, 역학조사	참여(입회)권, 설명회 개최 요구권
시행령 제35조제1항, 제64조제1항	산업안전보건위원회, 노사협의체 구성	산업안전보건위원회, 노사협의회 참여권 및 근로자위원 지명권
법 제35조	산업안전보건에 관한 법정사항 통지 요청	내용 또는 결과 제공(통지) 요청권
법 제44조제2항, 제49조제2항	공정안전보고서 작성, 안전보건개선계획 수립	산업안전보건위원회 미설치 사업장에서 의견제출권

*근로자대표 : 근로자의 과반수로 조직된 노동조합이 있는 경우에는 그 노동조합을, 근로자의 과반수로 조작된 노동조합이 없는 경우에는 근로자의 과반수를 대표하는 자(산안법 제2조제3호)/자료 : 서울과학기술대 정진우 교수

학습 Note 구축물 등의 안전유지[구축물 등의 안전성 평가]

1. 구축물등의 안전 유지[안전보건규칙제51조]〈개정 2023. 11. 14.〉
사업주는 구축물등이 고정하중, 적재하중, 시공·해체 작업 중 발생하는 하중, 적설, 풍압, 지진이나 진동 및 충격 등에 의하여 전도·폭발하거나 무너지는 등의 위험을 예방하기 위하여 설계도면, 시방서, 건축물의 구조기준 등에 관한 규칙 제2조제15호에 따른 구조설계도서, 해체계획서 등 설계도서를 준수하여 필요한 조치를 해야 한다.

2. 구축물등의 안전성 평가[안전보건규칙제52조]
사업주는 구축물등이 다음 각 호의 어느 하나에 해당하는 경우에는 구축물등에 대한 구조검토, 안전진단 등의 안전성 평가를 하여 근로자에게 미칠 위험성을 미리 제거해야 한다.
1) 구축물등의 인근에서 굴착·항타작업 등으로 침하·균열 등이 발생하여 붕괴의 위험이 예상될 경우
2) 구축물등에 지진, 동해, 부동침하 등으로 균열·비틀림 등이 발생했을 경우
3) 구축물등이 그 자체의 무게·적설·풍압 또는 그 밖에 부가되는 하중 등으로 붕괴 등의 위험이 있을 경우
4) 화재 등으로 구축물등의 내력이 심하게 저하됐을 경우
5) 오랜 기간 사용하지 않던 구축물등을 재사용하게 되어 안전성을 검토해야 하는 경우
6) 구축물등의 주요구조부(건축법제2조제1항제7호에 따른 주요구조부)에 대한 설계 및 시공 방법의 전부 또는 일부를 변경하는 경우
7) 그 밖의 잠재위험이 예상될 경우

작업환경-감염병 02-34

1. 보건조치[산안법제39조]

1) 근로자의 건강장해를 예방하기 위하여 필요한 조치를 말한다.

2) 보건조치가 필요한 작업환경
(1) 화학적환경-화학적 인자[27](화학물질)
(2) 물리적 환경-물리적 인자(소음 등)
(3) 생물학적 환경-생물학적 인자(감염병 등)
(4) 사회적 환경-인간공학적 인자(근골격계질환 등)

27) 유해인자란 안전보건에 위해를 야기하는 것을 말하며, 통상 화학적 인자(화학물질), 물리적 인자(소음 등), 생물학적 인자(감염병 등), 인간공학적 인자(근골격질환 등)로 분류된다.

3) 안전대책

(1) 밀폐공간 보건작업프로그램 수립시행(밀폐공간 질식 재해 예방 3대 안전수칙)

가. 작업전·중 산소 및 유해가스 농도측정

나. 환기

다. 구조작업시 보호장비 착용

(2) 작업장 환기조치

(3) 감시인 배치

(4) 질병자 근로금지 및 제한

(5) 근로시간 연장의 제한 및 무자격자의 취업제한

4) 건강장해 예방조치가 필요한 작업

(1) 원재료·가스·증기·분진·흄Fume (열이나 화학반응에 의하여 형성된 고체증기가 응축되어 생긴 미세입자)·미스트Mist (공기 중에 떠다니는 작은 액체방울을 말한다)·산소결핍·병원체 등에 의한 건강장해

(2) 방사선·유해광선·고온·저온·초음파·소음·진동·이상기압 등에 의한 건강장해

(3) 사업장에서 배출되는 기체·액체 또는 찌꺼기 등에 의한 건강장해

(4) 계측감시, 컴퓨터 단말기 조작, 정밀공작 등의 작업에 의한 건강장해

(5) 단순반복작업 또는 인체에 과도한 부담을 주는 작업에 의한 건강장해

(6) 환기·채광·조명·보온·방습·청결 등의 적정기준을 유지하지 아니하여 발생하는 건강장해

(7) 사업주가 하여야 하는 보건조치에 관한 구체적인 사항은 고용노동부령으로 정한다.

2. 작업환경요인(근로자 건강에 영향을 미치는) 4가지

1) 화학적 요인(유해물질이 근로자의 건강에 영향을 미침)

(1) 유해가스

(2) 분진, 중금속

(3) 산소결핍 등

(4) 직업병

가. 진폐증　　　나. 피부장애　　　다. 산소결핍증

2) 물리적 환경(유해 에너지가 근로자의 건강에 영향을 미침)

(1) 조명

사업주는 근로자가 높이 2미터 이상에서 작업을 하는 경우 그 작업을 안전하게 하는 데에 필요한 조명을 유지할 것[안전보건규칙제49조(조명의 유지)]

가. 안전보건규칙제8조(조도)

작업의 종류	초정밀 작업	정밀 작업	보통 작업	기타
이상적인 조명도	750Lux 이상	300Lux 이상	150Lux 이상	75Lux 이상
예외 사업장 : 갱내 작업장, 감광재료 취급 작업장				
터널조명기준	60Lux 이상	50Lux 이상	30Lux 이상	–

(2) 소음

(3) 진동

(4) 색채(시각과 밀접한 관계가 있음)

가. 직접효과 나. 간접효과

(5) 직업병

가. 피로 나. 근시 다. 난청

3) 생물적 요인(병원균이 근로자의 건강에 영향을 미침)

(1) 세균

(2) 곤충

(3) 알레르기

(4) 직업병

가. 감염증 나. 식중독 다. 직업성 알레르기

4) 사회적 요인(주위 환경이 근로자의 건강에 영향을 미침)

(1) 대인관계 : 상급, 동료, 신뢰, 협력, 경쟁 등

(2) 직무 : 책임, 능률, 기술, 노력

(3) 근로조건

(4) 직업병

가. 정신피로 나. 정서 불안정

3. 직업병(건강장해)의 예방대책

1) 유해원인의 원인 제거

2) 작업환경 개선

3) 개인적인 보호

건강진단 02-35

1. 건강진단

1) 건강진단 목적

근로자가 특정 작업에 종사하게 되는 것이 근로자 건강상에 적당한지 등을 평가하여 필요한 조치를 취하기 위한 목적으로 실시한다.

2) 근로자 건강진단 종류 및 정의

(1) 일반건강진단
(2) 특수건강진단
(3) 배치전건강진단
(4) 수시건강진단
(5) 임시건강진단

3) 건강진단결과후 조치사항

(1) 질병자 근로금지 및 제한
(2) 근로시간 연장 제한 및 무자격자 취업제한
(3) 건강진단실시후 근로자의 건강을 유지하기 위해서는 다음과 같은 조치를 취할 것

가. 작업장소의 변경
나. 작업의 전환
다. 근로시간의 단축
라. 작업환경측정의 실시
마. 시설 설비의 설치 및 개선
바. 그밖의 적절한 조치를 취할 것

2. 근로자 건강진단

종류	일반건강진단	특수건강진단	배치전건강진단	수시건강진단	임시건강진단
대상	전체근로자 [상시 근로자]	특수건강진단 대상업무 종사 근로자 · 강열한 소음, 진동, 분진 발생 작업장 근로자 · 고압실내, 잠수작업등 이상 기압 근로자		건강장해호소자 또는 의학적 소견 근로자	지방관서 명령 근로자
주기	사무직-2년 생산직-1년	석면, 용접흄, 진동 등 : 6개월후 12개월 분진, 소음, 진동 등 : 12개월후 12개월	특수건강진단 대상 업무 배치 전	요청시	요청시

*임시건강진단 : 동일 근무자와 유사한 질병 증상이 발생한 경우, 직업병 유소견자가 다수 발생하거나 우려가 있는 경우, 지방고용노동관서의 장이 필요하다고 판단하는 경우

1. 작업환경측정 목적[산안법 제125조]

작업환경측정이란 작업환경 실태를 파악하기 위하여 해당 근로자 또는 작업장에 대하여 사업주가 유해인자에 대한 측정계획을 수립한 후 시료를 채취하고 분석평가하는 것을 말한다.

1) 쾌적한 작업환경 조성
2) 근로자 건강보호

2. 작업환경측정대상 작업장

작업환경측정대상 작업장은 작업환경측정 대상 유해인자에 노출되는 근로자가 있는 작업장

1) 작업환경측정 대상 유해인자
   (1) 화학적 인자(1종) – 유기화학물, 금속류, 산 및 알칼리류, 가스상태물질류, 허가대상유해물질, 금속가공류
   (2) 물리적 인자(2종) – 8시간 시간가중평균 80dB 이상의 소음, 고열
2) 분진(7종) – 광물성 분진, 곡물분진, 면분진, 목재분진, 용접 흄, 유리섬유, 석면분진
3) 그 밖에 고용노동부장관이 고시하는 인체에 해로운 유해인자

3. 작업환경측정 순서도

1) 1단계 : 예비조사(대상 작업장의 일반적 특성조사)
2) 2단계 : 본조사
   (1) 작업환경측정 세부 계획 수립
   (2) 작업환경측정
   (3) 시료 운반
3) 3단계 : 시료 분석 및 자료 처리
4) 4단계 : 평가
5) 5단계 : 시설 설비 등을 개선

4. 작업환경개선 방안

평가결과	조치사항
노출기준 미만	현재의 작업상태를 유지
노출기준 초과 가능	재측정, 시설설비 등 작업방법의 점검 후 개선 및 적정보호구 지급
노출기준 초과	시설 설비 등에 대한 개선대책 수립 시행 및 적정 보호구 지급

5. 사업주의 보고의무

1) 시료채취를 마친 날부터 30일 이내에 관할 지방노동관서의 장에게 제출한다.
2) 다만 사유가 발생한 경우에는 30일의 범위에서 제출기간 연장 가능하다.
3) 노출기준을 초과한 작업공정이 있을 경우에는 해당시설 및 설비의 설치 또는 개선 등 적절한 조치를 하고 시료채취를 마친 날 부터 60일이내에 해당작업공정의 개선을 증명할 수 있는 서류 또는 개선계획을 관할 지방노동관서의 장에게 제출한다.

6. 고온의 허용온도 Level[미국 ACGIH America Conference of Governmental Industrial Hygienists]

작업의 강도	작업내용	허용온도레벨
지극히 경작업	손끝을 움직이는 정도(사무)	32℃
경작업	가벼운 손작업(선반, 감시보턴조작, 보행)	30℃
중등도작업	상체를 움직이는 정도(줄질, 자전거 주행)	29℃
중등도작업	전신을 움직인다(30~40분에 한번 휴식한다)	27℃
중작업	전신을 움직인다(즉시 땀이 난다)	26℃

7. 작업환경 측정 결과조치

작업환경측정[28] 결과 노출기준을 초과한 경우에는 해당 시설 및 설비를 설치하거나 개선하는 등의 조치를 이행해야 한다.

---

28) [작업환경측정서류 기재사항]
(1) 사업장 개요
(2) 작업환경 측정 일시
(3) 작업환경측정자(분석자 포함)
(4) 지정한계 및 측정 실적
(5) 작업환경 측정결과 및 종합 의견
[작업환경측정 횟수(산안법시행규칙 제93조의4)]
(1) 작업환경측정대상 작업장이 된 경우에는 그날부터 30일 이내
(2) 실시 후 매 6월에 1회 이상 정기적으로 측정
(3) 화학적 인자(발암성 물질)의 측정치가 노출기준을 초과하는 경우나 화학적 인자(발암성 물질)의 측정치가 노출기준을 2배 이상 초과하는 경우에는 조사 주기를 3월에 1회이상 실시하는 것으로 조사 시기 단축

고령근로자, 근골격계 질환

1. 고령근로자29) 재해발생원인

1) 육체의 노화현상
2) 빠른 기술의 진보
   (1) 급속한 기술 진보
   (2) 노동의 질적 변화
3) 작업의 위험성 증가
   (1) 위험작업기회가 많음(경험자로서)
   (2) 재해발생 가능성이 많음

2. 고령 근로자의 특징

1) 균형기능의 저하
2) 청력, 시력 저하
3) 자신과잉
4) 자기중심
5) 과거경험에 고집
6) 더딘 피로회복 속도

3. 고령 근로자의 안전대책

1) 직접대책(설비면 중심)
   (1) 추락, 전락 방지대책
   (2) 중량물 등 취급방법 개선(장비 이용 등)
   (3) 작업자세의 개선
   (4) 시청각 기능의 보조 등
      가. 눈에 대한 대책 : 조도 유지
      나. 귀에 대한 대책 : 소음 감소
2) 간접대책(능력개발, 건강관리)
   (1) 교육
   (2) 건강관리프로그램 추진 등

---

29) [고령근로자]
   (1) 고령화 사회Aging Society : 65세 이상 고령자가 차지하는 비율이 7% 이상
   (2) 고령사회Aged Society : 14% 이상
   (3) 초 고령사회Super Aged Society : 20% 이상
   (4) 고령자란 고용 강 연령차별 금지 및 고령자 고용촉진에 관한 법에서 55세 이상인 사람, 준 고령 근로자란 50세 이상 55세 미만으로 정의한다.

4. 근골격계질환[안전보건규칙제656조]

근골격계질환이란 반복적인 동작, 부적절한 작업자세, 무리한 힘의 사용, 날카로운 면과의 신체접촉, 진동 및 온도 등의 요인에 의하여 발생하는 건강장해[30]로서 목, 어깨, 허리, 팔·다리의 신경·근육 및 그 주변 신체조직 등에 나타나는 질환을 말한다.

5. 근골격계 부담작업[안전보건규칙제656조]

근골격계부담작업(11개 근골격계 부담작업)이란 **단순반복작업 또는 인체에 과도한 부담을 주는 작업에 의한 건강장해**에 따른 작업으로서 작업량·작업속도·작업강도 및 작업장 구조 등에 따른 다음 작업을 말한다.

1) 하루에 4시간 이상 집중적으로 자료입력 등을 위해 키보드 또는 마우스를 조작하는 작업
2) 하루에 총 2시간 이상 목, 어깨, 팔꿈치, 손목 또는 손을 사용하여 같은 동작을 반복하는 작업
3) 하루에 총 2시간 이상 머리 위에 손이 있거나, 팔꿈치가 어깨위에 있거나, 팔꿈치를 몸통으로부터 들거나, 팔꿈치를 몸통뒤쪽에 위치하도록 하는 상태에서 이루어지는 작업
4) 지지되지 않은 상태이거나 임의로 자세를 바꿀 수 없는 조건에서, 하루에 총 2시간 이상 목이나 허리를 구부리거나 트는 상태에서 이루어지는 작업
5) 하루에 총 2시간 이상 쪼그리고 앉거나 무릎을 굽힌 자세에서 이루어지는 작업
6) 하루에 총 2시간 이상 지지되지 않은 상태에서 1킬로그램 이상의 물건을 한손의 손가락으로 집어 옮기거나, 2킬로그램 이상에 상응하는 힘을 가하여 한손의 손가락으로 물건을 쥐는 작업
7) 하루에 총 2시간 이상 지지되지 않은 상태에서 4.5킬로그램 이상의 물건을 한 손으로 들거나 동일한 힘으로 쥐는 작업
8) 하루에 10회 이상 25킬로그램 이상의 물체를 드는 작업
9) 하루에 25회 이상 10킬로그램 이상의 물체를 무릎 아래에서 들거나, 어깨 위에서 들거나, 팔을 뻗은 상태에서 드는 작업
10) 하루에 총 2시간 이상, 분당 2회 이상 4.5킬로그램 이상의 물체를 드는 작업
11) 하루에 총 2시간 이상 시간당 10회 이상 손 또는 무릎을 사용하여 반복적으로 충격을 가하는 작업

30) [건강장해예방] 산안법제125조, 제128조의2, 제130조
(1) 작업환경 측정 : 소음, 분진 등 유해인자에 대한 노출 정도를 측정 및 평가
(2) 특수건강진단 : 유해인자 노출 대상 업무의 근로자 배치 적합성 평가
(3) 휴게시설 설치 : 피로와 스트레스를 해소할 수 있도록 휴게시설을 마련

6. 근골격계질환예방프로그램[안전보건규칙제656조]

1) 근골격계질환 예방관리 프로그램

유해요인 조사, 작업환경 개선, 의학적 관리, 교육·훈련, 평가에 관한 사항 등이 포함된 근골격계질환을 예방관리하기 위한 종합적인 계획

2) 유해요인조사 방법

(1) 사업주는 유해요인조사를 실시할 때에는 **유해요인조사표** 및 **근골격계질환 증상조사표**를 활용할 것

(2) 작업조건 조사의 경우에는 조사 대상 작업을 보다 정밀하게 조사할 수 있는 작업분석·평가도구를 활용할 수 있다.

유해요인	설명
반복동작	같은 근육, 힘줄 또는 관절을 사용하여 동일한 유형의 동작을 되풀이해서 수행함
부자연스런, 부적절한 자세	반복적이거나 지속적으로 팔을 뻗음, 비틂, 구부림, 머리 위 작업, 무릎을 꿇음, 쪼그림, 고정 자세를 유지함, 손가락으로 집기 등
과도한 힘	작업을 수행하기 위해 근육을 과도하게 사용함
접촉스트레스	작업대 모서리, 키보드, 작업공구, 가위사용 등으로 인해 손목, 손바닥, 팔 등이 지속적으로 눌리거나 손바닥 또는 무릎 등을 사용하여 반복적으로 물체에 압력을 가함으로써 해당 신체부위가 충격을 받게 되는 것
진동	지속적이거나 높은 강도의 손-팔 또는 몸 전체의 진동
기타요인	극심한 저온 또는 고온, 너무 밝거나 어두운 조명 등

7. 중량물을 들어올리는 작업 특별조치[안전보건규칙제663~666조]

1) 중량물의 제한

과도한 무게로 인한 근골격계(목, 허리 등)에 무리한 부담을 주지 않도록 할 것

2) 작업조건에 따른 조치

물품의 중량, 취급빈도, 운반거리, 운반속도 등으로 인체에 부담을 주는 작업은

(1) 작업시간

(2) 휴식시간을 적정하게 배분할 것

3) 중량의 표시

5킬로그램 이상의 중량을 들어 올릴 때에는 다음 조치를 할 것

(1) 물품이 중량과 무게중심에 대하여 작업장 주변에 안내표시 할 것

(2) 취급이 곤란한 물품은 손잡이를 붙이거나 진공빨판 등 적절한 보조도구를 활용할 것

4) 작업자세

중량물을 들어올 릴 때 무게중심을 낮추거나 대상물에 몸을 밀착하도록 하는 등 신체의 부담을 줄일 수 있는 자세를 알려줄 것

8. 근골격계질환자 증가 이유[31)]

1) 산업재해보상보험 적용 확대

근골격계질환 예방에 관한 법 제도가 신설된 2003년이후 지속적으로 증가한다.

2) 업무상질병 인정 범위 확대

자연경과적인 신체 변화가 신체부담업무로 가중될 때도 업무상 질병으로 인정된다.

3) 산재판정 시 추정의 원칙 적용 강화로 인정기준 확대

추정의 원칙이란 특정 직업군에서 자주 발생하는 질병은 신속한 산재보상을 위해 작업(노출) 기간, 노출량 등에 대한 일정한 기준을 충족하면 이에 대한 반증이 없는 한 업무상질병으로 인정한다.

4) 고령근로자의 증가

업무상질병에서 근골격계질환자의 산재 승인 추이를 분석한 연구 결과(업무상 근골격계질환 산업재해판정자에 대한 현황 분석, 근로복지공단, 2013), 30~40대가 대다수를 차지하는 가운데 50대 이상 고령층이 점차 증가하는 추세를 보인다.

MSDS 02-38

1. 물질안전보건자료(MSDS Material Safety Data Sheets)

1) 물질안전보건자료란 화학물질의 유해위험성, 명칭, 성분 및 함류량, 응급조치 요령, 안전보건상의 취급주의사항 등을 설명해 주는 자료를 말한다.
2) 화학제품의 안전사용을 위한 정보자료가 바로 MSDS이다.

2. 물질안전보건자료의 의의

1) 새로운 화학물질 수입 또는 개발
2) 근로자 자신의 보호
3) 화학물질 취급으로 인한 재해나 직업병을 사전에 예방하기 위해 도입된 제도

31) 출처 : http://www.safety1st.news

3. MSDS 구성항목

1) 화학제품과 회사에 관한 정보
2) 구성성분의 명칭 및 함유량
3) 위해·유해성
4) 응급처치 요령
5) 폭발·화재 시 대처방법
6) 누출사고 시 대처방법
7) 취급 및 저장방법
8) 노출방지 및 개인보호구
9) 물리화학적 특성
10) 안정성 및 반응성
11) 독성에 관한 정보
12) 환경에 미치는 영향
13) 폐기 시 주의사항
14) 운송에 필요한 정보
15) 법적규제현황
16) 기타 참고사항

4. MSDS 조치사항

1) MSDS의 작성 및 제공[제조 및 수입 또는 판매자]
2) MSDS의 게시[사용 사업주]
3) 경고표시[제조 및 수입 또는 판매자]
4) 근로자 교육[사용 사업주]

5. 물질안전보건자료의 기재사항

1) 화학물질의 명칭·성분 및 함유량
2) 안전·보건상의 취급주의 사항
3) 인체 및 환경에 미치는 영향
4) 기타 노동부령이 정하는 사항
   (1) 물리·화학적 특성
   (2) 독성에 관한 정보
   (3) 폭발·화재시의 대처 방법
   (4) 응급조치 요령
   (5) 기타 노동부장관이 정하는 사항

   하지만 영업비밀로서의 보호가치가 있다고 인정되는 화학물질 또는 화학물질을 함유한 제제는 예외사항으로 하고 있다.

6. 교육내용

1) 대상 화학 물질의 명칭
2) 물리적 위험성 및 건강유해성
3) 취급상 주의사항
4) 적절한 보호구
5) 응급조치요령과 사고시 대처 요령
6) MSDA 및 경고표지 이해 방법

7. 교육시기

1) 근로자 배치시
2) 새로운 화학물질이 도입된 경우
3) 유해성, 위험성 정보가 변경된 경우

8. MSDS 대상(총16종)

1) 물리적 위험물질 6종
   폭발성물질, 산화성물질, 극인화성물질, 고인화성물질, 인화성물질, 금수성물질

2) 건강장해물질 9종
   고독성물질, 독성물질, 유해물질, 부식성물질, 자극성물질, 과민성물질 발암성물질, 변이원성물질, 생식독성물질

3) 환경유해물질

도급사업 협력업체 안전보건조치 02-39

1. 도급공사의 안전관리[문제점]

1) 원도급사와 하도급사가 동일한 작업장에서 작업이 진행
2) 하도급사 단독으로 충분한 재해예방조치의 효과를 거두기 힘든 구조
3) 원도급사에게 사업장내 모든 산업재해예방 조치사항을 규정하고 있다.

2. 도급인의 안전조치 및 보건조치[산안법제2절]

1) 안전보건총괄책임자 선인[산안법제62조] : 총공사금액 20억원 이상 건설업
2) 도급인의 안전조치 및 보건조치[산안법제63조] : 도급인과 관계수급인 근로자의 산재예방을 위한 안전 및 보건 시설의 설치 등 필요한 안전조치 및 보건조치, 다만 보호구 착용지시 등 관계 수급인 근로자의 작업행동에 관한 직접적인 조치는 제외한다.
3) 도급에 따른 산업재해 예방조치[산안법제64조]
4) 도급인의 안전 및 보건에 관한 정보 제공[산안법제65조]
5) 도급인의 관계수급인에 대한 시정조치[산안법제66조]

3. 도급 사업주의 산업재해 예방조치[산안법제64조][협력업체관리방법]

1) 도급에 따른 산업재해 예방 이행 사항[산안법제64조제1항]

(1) 도급인과 수급인을 구성원으로 하는 안전 및 보건에 관한 협의체의 구성 및 운영

(2) 작업장 순회점검 : 2일에 1회 이상 실시할 것

(3) 관계수급인이 근로자에게 하는 안전보건교육을 위한 장소 및 자료의 제공 등 지원

(4) 관계수급인이 근로자에게 하는 안전보건교육의 실시 확인

(5) 경보체계 운영과 대피방법 등 훈련

가. 작업 장소에서 발파작업을 하는 경우

나. 작업 장소에서 화재 · 폭발, 토사 · 구축물 등의 붕괴 또는 지진 등이 발생한 경우

(6) 위생시설 설치 등을 위하여 필요한 장소의 제공 또는 도급인이 설치한 위생시설 이용의 협조

가. 휴게시설 나. 세면 및 목욕시설 다. 세탁시설 라. 탈의 시설 마. 수면시설

(7) [신설2021.05.18., 시행 2021. 11.19]같은 장소에서 이루어지는 도급인과 관계수급인 등의 작업에 있어서 화재·폭발 등 대통령령으로 정하는 위험이 발생할 우려가 있는 경우 관계수급인 등의 작업시기, 내용, 안전조치 및 보건조치 등의 확인

(8) [신설2021.05.18., 시행 2021. 11.19]제7호에 따른 확인 결과 관계수급인 등이 작업 혼재로 인하여 화재·폭발 등 대통령령으로 정하는 위험이 발생할 우려가 있는 경우 관계수급인 등의 작업시기, 내용 등의 조정

2) 안전보건점검[산안법제64조제2항]

(1) 안전보건점검 반 구성

가. 도급인 안전보건관리책임자

나. 관계수급인 안전보건관리책임자

다. 도급인 및 관계수급인 근로자 각1명

(2) 안전보건점검 실시 횟수

가. 건설업 : 2개월에 1회 이상

3) 수급인 및 수급인 근로자에 대한 시정요구

(1) 도급인인 사업주는 수급인에게 시정을 요구할 수 있음

(2) 수급인 및 수급인의 근로자는 조치 또는 요구에 따라야 함

4. 안전보건협의체

1) 협의체 구성[산안법시행규칙제79조]

도급인 및 수급인의 전원으로 구성한다.

2) 협의체의 협의 내용

(1) 작업의 시작 시간
(2) 작업 또는 작업장 간의 연락 방법
(3) 재해발생 위험이 있는 경우 대피방법
(4) 작업장 위험성평가의 실시에 관한 사항
(5) 사업주와 수급인 또는 수급인 상호 간의 연락 방법 및 작업 공정의 조정

3) 협의 운영

(1) 매월 1회 이상 정기적으로 회의 개최
(2) 회의 결과 기록 및 보존

5. 산업안전보건위원회, 안전보건협의체, 노사협의체의 비교

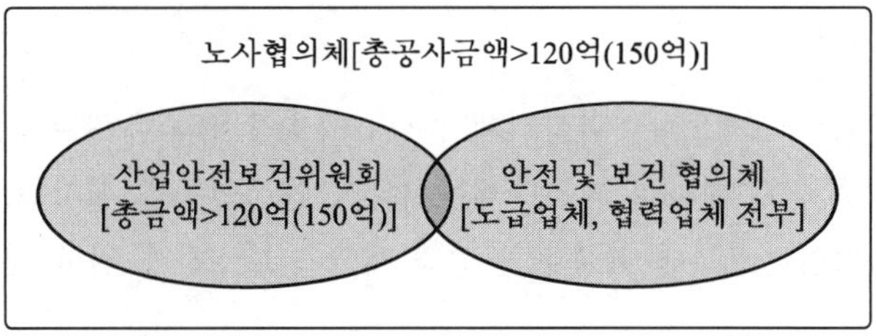

그림 2.4.2. 도급인과 관계수급인의 안전보건조치 관계

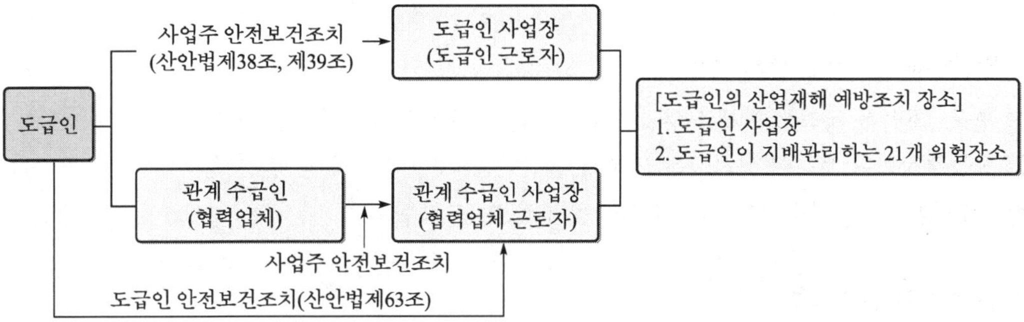

그림 2.4.3. 도급인과 관계수급인의 안전보건조치 관계

6. 기계기구 등에 대한 건설공사 도급인의 안전조치[산안법제76조]

1) 타워크레인 등 기계기구 또는 설비 종류[산안법시행령제66조]

(1) 타워크레인
(2) 건설용리프트
(3) 항타기 및 항발기

2) 타워크레인 등 기계기구 설치, 해체, 조립 작업 안전조치[산안법시행규칙제94조]

(1) 작업시작 전 기계, 기구 등을 소유 또는 대여하는 자와 합동으로 안전점검 실시

(2) 작업을 수행하는 사업주의 작업계획서 및 이행 여부확인(타워크레인, 항타 및 항발기 만 해당)
(3) 작업자의 자격, 면허, 경험 또는 기능을 가지고 있는지 여부 확인
(4) 그 밖에 해당 기계, 기구 또는 설비 등에 대하여 안전보건규칙에서 정하고 있는 안전보건조치
(5) 기계, 기구 등의 결함, 작업방법과 절치 미준수, 강풍 등 이상 환경으로 인하여 작업수행 시 현저한 위험이 예상되는 경우 작업 중지 조치

자율안전확인대상 02-40

1. 안전인증의 구분

1) 안전인증제도[32](KS마크제도)는 위험기계기구의 방호장치와 유해위험한 작업장에서 근로자가 착용하는 보호구에 대하여 제조단계에서부터 안전인증을 실시함으로써 근원적 안전성을 확보하여 산업재해로부터 귀중한 인명과 재산을 보호하기 위한 제도를 말한다.
2) 안전인증의 종류
   (1) 의무안전인증
   (2) 자율안전확인

2. 안전인증 전부 또는 면제 대상

1) 연구, 개발을 목적으로 제조·수입하거나 수출을 목적으로 제조하는 경우
2) 노동부장관이 정하여 고시하는 외국의 안전인증기관에서 인증을 받은 경우
3) 다른 법령에서 안전성에 관한 검사나 인증을 받은 경우

3. 안전인증제도의 취지

1) 우리나라 상품인 기계기구 등을 미국이나 유럽 등 선진국에 수출하는 경우 그 국가의 안전인증 마크인 UL 마크나 CE 마크 등을 받아야 한다.
2) 이러한 수출을 위한 외국의 안전인증 획득을 지원하고 기계기구의 근원적인 안전성 확보를 위해 안전인증제도를 도입하였다.

---

32) [안전인증제도의 취지] 우리나라 상품인 기계기구 등을 미국이나 유럽 등 선진국에 수출하는 경우 그 국가의 안전인증 마크인 UL 마크나 CE 마크 등을 받아야 한다. 이러한 수출을 위한 외국의 안전인증 획득을 지원하고 기계기구의 근원적인 안전성 확보를 위해 안전인증제도를 도입하였다.

4. 안전인증대상기계등의 종류

구분		대상	법조항
안전인증(30품목)	기계·기구(9품목)	1. 프레스 2. 전단기 및 절곡기 3. 크레인 4. 리프트 5. 압력용기 6. 롤러기 7. 사출성형기 8. 고소작업대 9. 곤돌라 10. 기계톱(삭제)	산안법 제84조
	방호장치(9품목)	1. 프레스 및 전단기 방호장치 2. 양중기용 과부하방지장치 3. 보일러 압력방출용 안전밸브 4. 압력용기 압력방출용 안전밸브 5. 압력용기 압력방출용 파열판 6. 절연용 방호구 및 활선작업용 기구 7. 방폭구조 전기기계·기구 및 부품 8. 가설기자재 9. 산업용 로봇 방호장치(신설	
	보호구(12품목)	1. 안전모(추락 및 감전 위험방지용) 2. 안전화 3. 안전장갑 4. 방진마스크 5. 방독마스크 6. 송기마스크 7. 전동식 호흡보호구 8. 보호복 9. 안전대 10. 보안경(차광 및 비산물 위험방지용) 11. 용접용보안면 12. 방음용 귀마개 또는 귀덮개	

5. 자율안전확인의 신고

1) 자율안전확인대상기계기구

(1) 자율안전확인대상기계기구의 정의

의무안전인증대상기계기구등이 아닌 안전인증대상기계기구

(2) 자율안전기준의 정의

노동부 장관이 정하는 자율안전확인대상기계기구 등의 안전에 관한 성능을 확인하기 위한 노동부 장관이 고시하는 기준

2) 자율안전확인대상기계등의 종류[산안법시행령제77조]

구분		대상	법조항
자율 안전 확인 신고 (20품목)	기계·설비(10품목)	1. 연삭기 또는 연마기(휴대형 제외) 2. 산업용 로봇 3. 혼합기 4. 파쇄기 또는 분쇄기 5. 식품가공용기계(파쇄·절단·혼합· 제면기만 해당) 6. 컨베이어 7. 자동차정비용 리프트 8. 공작기계(선반, 드릴기, 평삭·형삭기, 밀링만 해당) 9. 고정형 목재 가공용기계(둥근톱, 대패, 루타기, 띠톱, 모떼기 기계만 해당) 10. 인쇄기 11. 기압조절실(삭제)	산안법 제89조
	방호장치(7품목)	1. 아세틸렌 용접장치 및 가스집합 용접장치용 안전기 2. 교류 아크용접기용 자동전격방지기 3. 롤러기 급정지장치 4. 연삭기 덮개 5. 목재 가공용 둥근톱 반발 예방장치와 날 접촉 예방장치 6. 동력식 수동대패용 칼날 접촉 방지장치 7. 가설기자재(안전인증 대상 제외) 8. 산업용 로봇 안전매트(삭제)	
	보호구(3품목)	1. 안전모(안전인증대상 안전모 제외) 2. 보안경(안전인증대상 보안경 제외) 3. 보안면(안전인증대상 보안면 제외) 4. 잠수기(삭제)	

6. 안전검사(자율검사프로그램)

1) 안전검사의 정의

(1) 유해하거나 위험한 기계·기구·설비가 대상

(2) 안전 성능이 검사 기준에 적합한지 검사

2) 자율검사프로그램에 따른 안전검사

(1) 자율검사프로그램의 정의

안전검사의 정의에도 불구하고 사업주가 근로자대표와 협의하여 검사 기준 및 검사 방법, 검사 주기 등을 충족하는 검사프로그램을 정하고 노동부장관의 인정을 받아 안전에 관한 성능검사를 실시하는 안전검사

(2) 자율검사프로그램의 유효기간은 2년

3) 자율검사 프로그램 검사원 자격

(1) 노동부령으로 정하는 자격 및 경험을 가진 사람

(2) 노동부령으로 정하는 교육을 마친 사람

4) 자율검사프로그램의 인정 취소 및 개선 대상

(1) 거짓이나 그 밖의 부정한 방법으로 자율검사프로그램을 인정받은 경우

(2) 자율검사프로그램을 인정받고도 검사를 실시하지 아니한 경우

(3) 인정받은 자율검사프로그램의 내용에 따라 검사를 실시하지 아니한 경우

(4) 자격을 가진 자 또는 지정검사기관이 검사를 실시하지 아니한 경우

5) 안전검사대상 기계 등의 종류

구분	대상	법조항
안전검사 (13품목)	1. 프레스 2. 전단기 3. 크레인(정격 하중이 2톤 미만은 제외) 4. 리프트 5. 압력용기 6. 곤돌라 7. 국소 배기장치 (이동식 제외) 8. 원심기(산업용만 해당) 9. 화학설비 및 그 부속설비(삭제) 10. 건조설비 및 그 부속설비(삭제) 11. 롤러기 (밀폐형 구조 제외) 12. 사출성형기[형 체결력 294킬로뉴턴(KN) 미만은 제외] 13. 고소작업대[「자동차관리법」 제3조 제3호 또는 제4호에 따른 화물자동차 또는 특수자동차에 탑재한 고소작업대로 한정] 14. 컨베이어 15. 산업용 로봇	산안법 제93조

6) 안전검사 주기

(1) 크레인, 리프트, 곤돌라

사업장에 최초 설치한 날부터 6개월 마다 실시

(2) 기타 유해위험기계 등

사업장에 설치가 끝나는 날부터 3년이내 최초 안전검사 실시하되 그 이후부터 2년 마다 실시

산업안전보건관리비 사용 기준 02-41

1. 산업안전보건관리비[33]의 정의

1) 건설사업장 및 본사 안전전담부서에서 산업재해 예방을 위하여 법령에 규정된 사항의 이행에 필요한 비용
2) 건설사업장의 산업재해와 건강장해 예방을 위한 목적으로 공사금액에 별도로 계상된 금액

2. 산업안전보건관리비의 적용 범위

1) 건설공사 중 총공사금액 2천만원 이상인 공사에 적용함
2) 단가계약인 경우에는 총계약금액 기준을 적용함

3. 산업안전보건관리비 사용 기준(항목)

산업안전보건관리비는 항목별 사용기준에 따라 건설사업장에서 근무하는 근로자의 산업재해 및 건강장해 예방을 위한 목적으로만 사용할 것

1) 안전관리자·보건관리자의 임금 등
   (1) 안전관리 또는 보건관리 업무만을 전담하는 안전관리자 또는 보건관리자의 임금과 출장비 전액
   (2) 안전관리 또는 보건관리 업무를 전담하지 않는 안전관리자 또는 보건관리자의 임금과 출장비의 각각 2분의 1에 해당하는 비용
   (3) 안전관리자를 선임한 건설공사 현장에서 산업재해예방 업무만을 수행하는 작업지휘자, 유도자, 신호자 등의 임금 전액
   (4) 관리감독자 안전보건업무 수행 시 수당지급 작업에 해당하는 작업을 직접 지휘·감독하는 직·조·반장 등 관리감독자의 지위에 있는 자가 업무를 수행하는 경우에 지급하는 업무수당(월 급여액의 10분의 1 이내)[34]

---

33) 산업안전보건관리비 주요 용어
   (1) 대가 : 건설공사 안전점검 업무를 수행하는데 필요한 비용
   (2) 실비정액가산 방식 : 직접인건비, 직접경비, 제경비, 기술료, 추가업무비용, 부가가치세 및 손해배상보험(공제)료 등을 합산하여 대가를 산출하는 방식
   (3) 공사비요율에 의한 방식 : 순공사비에 일정 요율을 곱하여 산출한 금액에 추가조사에 필요한 금액과 부가가치세를 합산하여 대가를 산출하는 방식
   (4) 순공사비 : 전체 공사비에서 일반관리비, 이윤, 공사손해보험료, 부가가치세를 제외한 공사비(지급자재비는 순공사비 포함)

34) [관리감독자 안전보건업무 수행 시 수당지급 작업]
   (1) 건설용 리프트, 곤돌라를 이용한 작업
   (2) 콘크리트 파쇄기를 사용하여 행하는 파쇄작업 (2미터 이상인 구축물 파쇄에 한정한다)

2) 안전시설비 등

(1) 산업재해 예방을 위한 안전난간, 추락방호망, 안전대 부착설비, 방호장치(기계·기구와 방호장치가일체로 제작된 경우, 방호장치 부분의 가액에 한함) 등 안전시설의 구입·임대 및 설치를 위해 소요되는 비용

(2) 산업재해예방시설자금 융자금 지원사업 및 보조금 지급사업운영규정(고용노동부고시)에 따른 스마트안전장비 지원사업 및 건설기술진흥법에 따른 스마트안전장비 구입·임대비용[35]의 5분의 2에 해당하는 비용. 다만, 계상된 산업안전보건관리비 총액의 10분의 1을 초과할 수 없다.

(3) 용접 작업 등 화재 위험작업 시 사용하는 소화기의 구입·임대비용

3) 보호구 등[산안법시행령제74조 안전인증 대상 보호구]

(1) 보호구의 구입·수리·관리 등에 소요되는 비용

(2) 근로자가 보호구를 직접 구매·사용하여 합리적인 범위 내에서 보전하는 비용

(3) 안전관리자 등의 업무용 피복, 기기 등을 구입하기 위한 비용

(4) 안전관리자 및 보건관리자가 안전보건 점검 등을 목적으로 건설공사 현장에서 사용하는 차량의 유류비·수리비·보험료

4) 안전보건진단비 등

(1) 유해위험방지계획서의 작성 등에 소요되는 비용

(2) 안전보건진단에 소요되는 비용

(3) 작업환경 측정에 소요되는 비용

---

(3) 굴착 깊이가 2미터 이상인 지반의 굴착작업
(4) 흙막이지보공의 보강, 동바리 설치 또는 해체작업
(5) 터널 안에서의 굴착작업, 터널거푸집의 조립 또는 콘크리트 작업
(6) 굴착면의 깊이가 2미터 이상인 암석 굴착 작업
(7) 거푸집지보공의 조립 또는 해체작업
(8) 비계의 조립, 해체 또는 변경작업
(9) 건축물의 골조, 교량의 상부구조 또는 탑의 금속제의 부재에 의하여 구성되는 것(5미터 이상)의 조립, 해체 또는 변경작업
(10) 콘크리트 공작물(높이 2미터 이상)의 해체 또는 파괴 작업
(11) 전압이 75볼트 이상인 정전 및 활선작업
(12) 맨홀작업, 산소결핍장소에서의 작업
(13) 도로에 인접하여 관로, 케이블 등을 매설하거나 철거하는 작업
(14) 전주 또는 통신주에서의 케이블 공중가설작업

35) [안전보건관리비 총액이 250만원인 공사현장에서 스마트 헬멧(구매가 140만원, 통신비 별도) 구입 시]
(1) 구입·임대비의 5분의 2에 해당되는 비용 : 140만원 × 40퍼센트 = 56만원, 2026년1월1일부터는 100%로 확대
(2) 안전보건관리비 총액의 10분의 1 : 25만원
(3) 스마트 안전장비 품목으로 사용 가능한 안전보건관리비 :25만원

(4) 그 밖에 산업재해예방을 위해 법에서 지정한 전문기관 등에서 실시하는진단, 검사, 지도 등에 소요되는 비용

5) 안전보건교육비 등

(1) 산업안전보건법 규정에 따라 실시하는 의무교육이나 이에 준하여 실시하는 교육을 위해 건설공사 현장의 교육 장소 설치·운영 등에 소요되는 비용
(2) 산업재해 예방 목적을 가진 다른 법령 상 의무교육을 실시하기 위해 소요되는 비용
(3) 응급의료에 관한 법률에 따른 안전보건교육 대상자 등에게 구조 및 응급처치에 관한 교육을 실시하기 위해 소요되는 비용
(4) 안전보건관리책임자, 안전관리자, 보건관리자가 업무수행을 위해 필요한 정보를 취득하기 위한 목적으로 도서, 정기간행물을 구입하는 데 소요되는 비용
(5) 건설공사 현장에서 안전기원제 등 산업재해 예방을 기원하는 행사를 개최하기 위해 소요되는 비용. 다만, 행사의 방법, 소요된 비용 등을 고려하여 사회통념에 적합한 행사에 한함
(6) 건설공사 현장의 유해·위험요인을 제보하거나 개선방안을 제안한 근로자를 격려하기 위해 지급하는 비용

6) 근로자 건강장해예방비 등

(1) 법·영·규칙에서 규정하거나 그에 준하여 필요로 하는 각종근로자의 건강장해 예방에 필요한 비용
(2) 중대재해 목격으로 발생한 정신질환을 치료하기 위해 소요되는 비용
(3) 감염병의 예방 및 관리에 관한 법률에 따른 감염병의 확산 방지를 위한 마스크, 손소독제, 체온계 구입비용 및 감염병병원체 검사를 위해 소요되는 비용
(4) 산안법에 따른 휴게시설을 갖춘 경우 온도, 조명설치·관리기준을 준수하기 위해 소요되는 비용
(5) 건설공사 현장에서 근로자 심폐소생을 위해 사용되는 자동심장충격기(AED) 구입에 소요되는 비용

7) 건설재해예방전문지도기관 기술지도비[사용 한도 20퍼센트 제한 폐지]

(1) 건설재해예방전문지도기관의 지도에 대한 대가로 자기공사자가 지급하는 비용
(2) 건설재해예방전문지도기관의 지도에 대한 대가로 지급하는 비용–2022년 8월 18일 시행되는 개정 산업안전보건법에서 기술지도 계약 의무 주체가 기존 건설공사 도급인에서 발주자 등으로 변경됨에 따라 2022년 8월 17일 이전 계약분에 한하여 사용 가능

8) 본사 전담조직 근로자 임금[36][중처법 시행 고려, 200위내 업체 사용 제한, 5억원 한도 폐지 등]

중대재해처벌법에 의한 전담조직을 운영하지 않는 사업자가 운영하는 사업에서 안전보건 업무를 총괄・관리하는 3명 이상으로 구성된 본사 전담조직에 소속된 근로자의 임금 및 업무수행 출장비 전액. 다만, 계상된 산업안전보건관리비 총액의 20분의 1을 초과할 수 없다.[건산법에 따른 토목건축공사업에 대해 직전년도 공시된 시공능력 순위가 상위 200위 이내인 건설사업자는 사용 불가]

9) 위험성 평가 등에 따른 소요 비용[자율결정항목(신설)]

위험성평가 또는 중대재해 처벌등에 관한 법률 시행령에 따라 유해·위험요인개선을 위해 필요하다고 판단하여 산업안전보건위원회 또는 노사협의체에서 사용하기로 결정한 사항[37]을 이행하기 위한 비용. 다만, 계상된 안전보건관리비 총액의10분의 1을 초과할 수 없다.

4. 산업안전보건관리비 사용불가항목

1) (계약예규) 예정가격작성기준 경비 세비목(제19조제3항 1호부터 27호까지) 중 각 호[단, 제14호(산업안전보건관리비)는제외]에 해당되는 비용[38]
2) 다른 법령에서 의무사항으로 규정한 사항을 이행하는데 필요한 비용
3) 근로자 재해예방 외의 목적이 있는 시설·장비나 물건등을 사용하기 위해 소요되는 비용
4) 환경관리, 민원 또는 수방대비 등 다른 목적이 포함된 경우

---

36) 본사 안전관리비는 1년간(1.1~12.31) 사용금액이 전년도 미사용 금액을 합산하여 5억원을 초과할 수 없다.[삭제됨](계상된 안전보건관리비의 5퍼센트를 초과할 수 없다.[유지됨])

37) 예시 : 혹서기 건설공사 현장 근로자에게 생수병을 제공하려는 경우
(1) 법제36조에 따른 위험성 평가 시 생수 부족에 대한 위험요인 분석
(2) 법제75조 노사협의체에서 안전보건관리비로 생수병 구입제공결정
(3) 해당 증빙자료 등 작성보존 후 안전보건관리비(생수병 구입) 사용

38) 예정가격작성기준(계약예규제577호, 2021. 12.1)
(1) 전력비, 수도광열비 (2) 운반비 (3) 기계경비 (4) 특허권사용료 (5) 기술료 (6) 연구개발비 (7) 품질관리비 (8) 가설비 (9) 지급임차료 (10) 보험료 (11) 복리후생비 (12) 보관비 (13) 외부가공비 (14) 산업안전보건관리비 (15) 소모품비 (16) 여비, 교통비, 통신비 (17) 세금, 공과금 (18) 폐기물처리비 (19) 도서인쇄비 (20) 지급수수료 (21) 환경보전비 (22) 보상비 (23) 안전관리비 (24) 건설근로자 퇴지공제부금비 (25) 관급자재 관리비 (26) 법정부담금 (27) 기타 법정경비

5. 공사종류 및 규모별 안전관리비 계상기준표

1) 안전관리비 계상기준표[시행 2025.1.1. 이후 새로이 계약을 체결하는 공사] (단위: 원)

구분 공사종류	대상액 5억원 미만	대상액 5억원 이상 50억원 미만		대상액 50억원 이상	보건관리자 선임 대상 건설공사
		비율	기초액(C)		
건축공사	3.11%	2.28%	4,325,000원	2.37%	2.64%
토목공사	3.15%	2.53%	3,300,000원	2.60%	2.73%
중건설공사	3.64%	3.05%	2,975,000원	3.11%	3.39%
특수건설공사	2.07%	1.59%	2,450,000원	1.64%	1.78%

2) 건설공사의 종류

공사종류	내용 예시
1. 건축공사	가. 「건설산업기본법 시행령」(별표 1) 제1호 '나'목 종합적인 계획, 관리 및 조정에 따라 토지에 정착 하는 공작물 중 지붕과 기둥(또는 벽)이 있는 것과 이에 부수되는 시설물을 건설하는 공사 및 이와 함께 부대하여 현장 내에서 행하는 공사 나. 「건설산업기본법 시행령」(별표 1) 제2호의 전문공사로서 건축물과 관련하여 분리하여 발주되었고 시간적·장소적으로도 독립하여 행하는 공사
2. 토목공사	가. 「건설산업기본법 시행령」(별표 1) 제1호 '가'목 종합적인 계획·관리 및 조정에 따라 토목 공작물을 설치하거나 토지를 조성·개량하는 공사, '라'목 종합적인 계획, 관리 및 조정에 따라 산업의 생산시설, 환경 오염을 예방·제거 재활용하기 위한 시설, 에너지 등의 생산·저장·공급시설 등의 건설공사 및 이와 함께 부대하여 현장 내에서 행하는 공사 나. 「건설산업기본법 시행령」(별표 1) 제2호의 전문공사로서 같은 표 제1호 건축공사 외의 시설물과 관련하여 분리하여 발주되었고 시간적·장소적으로도 독립하여 행하는 공사
3. 중건설공사	「건설산업기본법 시행령」(별표 1) 제1호 '가'목 및 '라'목에 해당 되는 공사 중 다음과 같은 공사 및 이와 함께 부대하여 현장 내에서 행하는 공사 가. 고제방 댐 공사 등 댐 신설공사, 제방신설공사와 관련한 제반시설공사 나. 화력, 수력, 원자력, 열병합 발전시설 등 설치공사 화력, 수력, 원자력, 열병합 발전시설과 관련된 신설공사 및 제반시설공사 다. 터널신설공사 등 도로, 철도, 지하철 공사로서 터널, 교량, 토공사 등이 포함된 복합시설물로 구성된 공사에 있어 터널 공사비 비중이 가장 큰 비중을 차지하는 건설공사
4. 특수건설 공사	「건설산업기본법 시행령」(별표 1) 제1호 '마'목 종합적인 계획·관리 및 조정에 따라 수목원, 공원, 녹지, 숲의 조성 등 경관 및 환경을 조성·개량 등의 건설공사로서 같은 법 시행규칙(별표 3)에서 구분한 조경공사에 해당하는 공사와 아래 각목에 따른 건설공사 중 다른 공사와 분리하여 발주되었고 시간적·장소적으로도 독립하여 행하는 공사 가. 「전기공사업법」에 의한 공사 나. 「정보통신공사업법」에 의한 공사 다. 「소방공사업법」에 의한 공사 라. 「문화재수리공사업법」에 의한 공사

*하나의 사업장 내에 건설공사 종류가 둘 이상인 경우(분리 발주는 제외)에는 공사금액이 가장 큰 공사 종류를 적용함

6. 안전관리비 사용 내역 확인

1) 도급인은 안전보건관리비의 사용 내역[39]에 대하여 공사시작 후 6개월 마다 1회이상 발주자 또는 감리자의 확인을 받을 것-6개월 이내 공사 종료되는 경우에는 종료 시 확인을 받을 것
2) 발주자, 감리자 및 근로감독관은 안전보건관리비 사용내역을 수시로 확인할 수 있으며, 도급인 등은 이에 따를 것
3) 발주자 또는 감리자는 안전보건관리비 사용내역 확인 시 기술지도 계약 체결, 기술지도 실시 및 개선 여부 등을 확인할 것

산업안전보건관리비[낙찰률 적용 배제] 02-42

1. 적용방법 및 이유[건설업 산업안전보건관리비해설, 2019. 6]

1) 적용방법

발주자가 수급인과 공사계약을 체결할 경우 낙찰률을 적용하지 아니하고, 당초 예정가격 작성 시 계상한 산업안전보건관리비를 금액 조정 없이 반영하도록 함. 2019.1.1.이후 새로이 계약을 체결하는 건설공사부터 적용한다.

2) 이유

산업안전보건관리비가 낙찰률이 적용됨에 따라 당초 계상된 금액보다 감액되어 안전관리비가 충분히 확보되지 못하여 안전관리 부실 요인으로 작용할 우려가 반영된다.

2. 입찰참가자에게 사전 고지

당초 예정가격 작성 시 계상한 산업안전보건관리비를 공사 계약문서에 금액 조정 없이 반영하여야 한다는 사실을 입찰공고 등에 명시하여 입찰참가자가 미리 열람하도록 할 것

39) [산업안전보건관리비 사용성 확대 품목]
(1) CPR(심패소생술) 교육비-인명사고 초기대응에 필수적인 심폐소생술 응급처치 교육을 실시하기 위해 소요되는 비용 허용
(2) AED(자동심장충격기) 구입비-심정지 응급환자 심폐소생술에 필요한 AED(자동심장충격기)를 구비하는데 필요한 비용 허용
(3) 스마트 안전시설 · 장비-스마트 안전시설 · 장비 구입 · 임대비 사용 한도 확대(20%→40%)
※ 총액의 10% 한도

1) 공공공사 수의계약

공공공사는 수의계약이라 하더라도 국가를 당사자로 하는 계약에 관한 법률 시행령제33조(입찰공고) 등 기관별 적용되는 입찰·계약관련 규정에 따라 전자조달시스템(나라장터 등)이나 필요한 경우 일간신문 등을 통해 안전관리비를 입찰에 참가하고자 하는 자에게 미리 알려줄 것

2) 민간공사 수의계약

입찰공고의 의무가 없는 민간공사로써 수의계약으로 공사계약을 체결할 경우 안전관리비 계상금액 고지방법에 대해서는 특별히 정하고 있지 않으므로 구두 또는 서면에 의한 고지 등 어떠한 형태로든 안전관리비를 입찰에 참가하고자 하는 자에게 미리 알려줄 것

3. 낙찰률 적용 배제에 따른 산업안전보건관리비 변경 계상 방법

설계변경 등으로 대상액의 변동이 있는 경우의 산업안전보건관리비 조정 계상 시에도 낙찰률이 배제될 수 있도록 산업안전보건관리비 조정 계상 기준 마련한다.

산업안전보건관리비[계상기준] 02-43

1. 산업안전관리비 계상 방법[산안법제72조]

1) 고용노동부 : 산업안전보건관리비에 대하여 낙찰률을 적용하지 않도록 고시로 정함
2) 기재부 : 안전관리비의 확보를 위해 국가계약법령을 개정('19.6월)하여 적격심사 가격평가에서 안전비용(안전관리비, 산업안전보건관리비 등)은 제외토록 하여 건설현장에 충분한 안전관리비가 확보될 수 있도록 개선함
3) 발주자의 의무 : 산업재해 예방을 위한 산업안전보건관리비를 도급금액 또는 사업비에 계상토록 명시함
4) 도급인의 업무 : 산업안전보건관리비를 산업재해 예방 목적으로 사용하며 사용명세서를 작성하고 보존해야 한다.

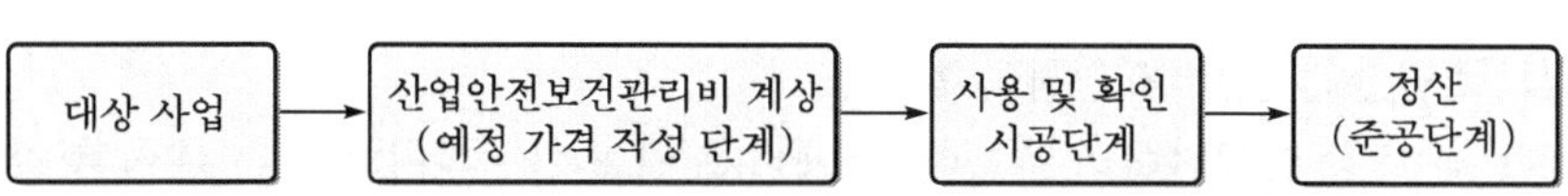

그림 2.4.4. 산업안전보건관리비 계상 및 정산

2. 산업안전보건관리비의 계상기준 및 시기

1) 대상액

산업안전보건관리비 대상액이란 예정가격 작성기준(기획재정부 계약예규) 및 지방자치단체 입찰 및 계약집행기준(행정안전부 예규) 등 관련 규정에서 정하는 공사원가계산서 구성항목 중 직접재료비, 간접재료비와 직접노무비를 합한 금액(발주자가 재료를 제공할 경우에는 해당 재료비 포함)을 말한다.

(1) 공사내역이 구분되어 있는 경우

대상액=재료비(직접재료비+간접재료비+발주자가 제공하는 경우 재료비)+직접노무비

(2) 공사내역이 구분되지 않은 경우

총공사금액(부가가치세 포함)×70퍼센트

2) 계상기준

(1) 아래 금액 중 작은 금액

가. 대상액으로 계상된 금액

나. 대상액 중 발주자 제공 재료비 제외 후 계상된 금액x1.2

(2) 산업안전보건관리비 계상 방법

가. (대상액이 정해진 경우) 대상액이 5억원 미만 또는 50억원 이상인 경우

대상액×비율

나. (대상액이 정해진 경우) 대상액이 5억원 이상 50억원 미만인 경우

대상액×비율+기초액

다. 대상액이 명확하지 않는 경우

대상액(총공사금액의 10분의 7에 해당하는 금액)을 기준으로 상기 가.나.항목으로 계상한 금액

3. 설계변경 시 안전관리비 조정·계상 방법

1) 설계변경에 따른 안전보건관리비 계산식

설계변경에 따른 안전관리비 = 설계변경 전의 안전관리비 + 설계변경으로 인한 안전관리비 증감액

2) 설계변경으로 인한 안전관리비 증감액 계산식

설계변경으로 인한 안전관리비 증감액=설계변경 전의 안전관리비×대상액의 증감비율

3) 대상액의 증감 비율 계산식

$$\text{대상액의 증감 비율} = \frac{(\text{설계변경후 대상액} - \text{설계변경 전 대상액})}{\text{설계변경 전 대상액}} \times 100\%$$

4. 산업안전보건관리비 공사진척에 따른 사용기준

산업안전보건관리비 사용기준

공정율 [기성공정율]	50% 이상~70% 미만	70% 이상~90% 미만	90% 이상
사용기준	50% 이상	70% 이상	90% 이상

* 공정률이 89%일 때 안전관리비의 70% 이상을 사용하면 되고, 공정률이 91%일 때 안전관리비의 90%이상을 사용하면 됨

** 동 규정은 처벌조항이 없으므로 이에 따라 안전관리비의 감액 등의 조치는 불가함

건설기술진흥법[안전관리비] 02-44

1. 건진법 안전관리비 계상 및 확인

1) 계상 시기 및 발주자 입찰공고 명시 내용

(1) 계상시기

발주자는 건설공사 계약 체결 시, 예정가격작성기준(계약예규)에 따라 안전관리비를 공사원가계산서에 계상할 것

(2) 입찰공고 내용[건설공사 안전관리 업무수행 지침. 국토부고시제2020-47호]

가. 공사원가계산서에 계상된 안전관리비

나. 입찰참가자가 입찰금액 산정시 안전관리비는 공사원가계산서에 따른 금액을 조정 없이 반영하여야 한다는 사항

다. 안전관리비는 사후정산을 하게 된다는 사항

2) 계상 항목별 기준[건진법시행규칙제60조]

(1) 안전관리계획의 작성 및 검토 비용 또는 소규모안전관리계획의 작성비용

가. 실비정액가산방식 : 작성 대상과 공사의 난이도 등을 고려하여 엔지니어링산업 진흥법에 따른 엔지니어링사업 대가기준 적용[실비정액가산방식]할 것

나. 구성항목 : 직접인건비, 직접경비, 제경비 및 기술료

(2) 안전점검 비용

가. 안전점검비용 : 공사비 요율에 의한 방식을 적용할 것

나. 정밀안전점검비용 : 엔지니어링사업 대가기준 적용할 것

다. 초기점검 추가항목 : 별도 계상할 것

라. 안전점검대가요율에 포함되지 않는 건설공사 안전점검비용 : 엔지니어링사업 대가기준 적용

(3) 발파·굴착 등의 건설공사로 인한 주변 건축물 등의 피해방지대책 비용

토목·건축 등 관련 분야의 설계기준을 적용할 것

(4) 공사장 주변의 통행안전관리대책 비용

토목·건축 등 관련 분야의 설계기준을 적용할 것

(5) 계측장비, 폐쇄회로 텔레비전 등 안전 모니터링 장치의 설치·운용 비용

엔지니어링사업 대가기준 적용할 것

(6) 가설구조물의 구조적 안전성 확인에 필요한 비용

엔지니어링사업 대가기준 적용할 것

(7) 무선설비 및 무선통신을 이용한 건설공사 현장의 안전관리체계 구축·운용 비용

건설공사 현장의 안전관리체계 구축·운용에 사용되는 무선설비의 구입·대여·유지 등에 필요한 비용과 무선통신의 구축·사용 등에 필요한 비용을 계상할 것

3) 안전관리비 증액 계상 사유[발주자의 요구 또는 귀책사유로 인한 경우로 한정함]

(1) 공사기간의 연장

(2) 설계변경 등으로 인한 건설공사 내용의 추가

(3) 안전점검의 추가편성 등 안전관리계획의 변경

(4) 그 밖에 발주자가 안전관리비의 증액이 필요하다고 인정하는 사유

4) 안전관리비의 사용기준 및 정산 기준[건설공사 안전관리 업무수행 지침, 2023.1.1.]

(1) 사용기준

가. 건설업자 또는 주택건설등록업자는 안전관리비 계상 및 사용기준에 따라 사용할 것

나. 건설업자 또는 주택건설등록업자는 안전관리비 사용내역에 대하여 필요시 발주자 또는 건설사업관리기술인의 확인을 받을 것

(2) 정산기준

가. 건설업자 또는 주택건설등록업자는 안전관리비를 해당목적에만 사용할 것

나. 안전관리비는 실제로 납부, 지출, 부담한 객과적인 서류를 근거로 정산하도록 할 것

5) 안전관리비 계상 및 사용기준[건설공사 안전관리 업무수행 지침, 2022.12.20.]

항목	내역
1. 안전관리계획의 작성 및 검토 비용	가. 안전관리계획 작성 비용 1) 안전관리계획서 작성 비용(공법 변경에 의한 재작성 비용 포함) 2) 안전점검 공정표 작성 비용 3) 안전관리에 필요한 시공 상세도면 작성 비용 4) 안전성계산서 작성 비용(거푸집 및 동바리 등) ※ 기 작성된 시공 상세도면 및 안전성계산서 작성 비용은 제외한다. 나. 안전관리계획 검토 비용 1) 안전관리계획서 검토 비용 2) 대상시설물별 세부안전관리계획서 검토 비용 - 시공상세도면 검토 비용 - 안전성계산서 검토 비용 ※ 기 작성된 시공 상세도면 및 안전성계산서 작성 비용은 제외한다.
2. 영 제100조제1항제1호 및 제3호에 따른 안전점검 비용	가. 정기안전점검 비용 영 제100조제1항제1호에 따라 본 지침 별표1의 건설공사별 정기안전점검 실시시기에 발주자의 승인을 얻어 건설안전점검기관에 의뢰하여 실시하는 안전점검에 소요되는 비용 나. 초기점검 비용 영 제98조제1항제1호에 해당하는 건설공사에 대하여 해당 건설공사를 준공(임시사용을 포함)하기 직전에 실시하는 영 제100조제1항제3호에 따른 안전점검에 소요되는 비용 ※ 초기점검의 추가조사 비용은 본 지침 [별표8] 안전점검 비용요율에 따라 계상되는 비용과 별도로 비용계상을 하여야 한다.
3. 발파·굴착 등의 건설공사로 인한 주변 건축물 등의 피해방지대책 비용	가. 지하매설물 보호조치 비용 1) 관매달기 공사 비용 2) 지하매설물 보호 및 복구 공사 비용 3) 지하매설물 이설 및 임시이전 공사 비용 4) 지하매설물 보호조치 방안 수립을 위한 조사 비용 ※ 공사비에 기 반영되어 있는 경우에는 계상을 하지 않는다. 나. 발파·진동·소음으로 인한 주변지역 피해방지 대책 비용 1) 대책 수립을 위해 필요한 계측기 설치, 분석 및 유지관리 비용 2) 주변 건축물 및 지반 등의 사전보강, 보수, 임시이전 비용 및 비용 산정을 위한 조사비용 3) 암파쇄방호시설(계획절토고가 10미터이상인 구간)설치, 유지관리 및 철거 비용 4) 임시방호시설(계획절토고가 10미터미만인 구간)설치, 유지관리 및 철거 비용 ※ 공사비에 기 반영되어 있는 경우에는 계상을 하지 않는다. 다. 지하수 차단 등으로 인한 주변지역 피해방지 대책 비용 1) 대책 수립을 위해 필요한 계측기의 설치, 분석 및 유지관리 비용 2) 주변 건축물 및 지반 등의 사전보강, 보수, 임시이전 비용 및 비용 산정을 위한 조사비용 3) 급격한 배수 방지 비용 ※ 공사비에 기 반영되어 있는 경우에는 계상을 하지 않는다. 라. 기타 발주자가 안전관리에 필요하다고 판단되는 비용

항목	내역
4. 공사장 주변의 통행안전 및 교통소통을 위한 안전시설의 설치 및 유지관리 비용	가. 공사시행 중의 통행안전 및 교통소통을 위한 안전시설의 설치 및 유지관리 비용 1) PE드럼, PE휀스, PE방호벽, 방호울타리 등 2) 경관등, 차선규제봉, 시선유도봉, 표지병, 점멸등, 차량 유도등 등 3) 주의 표지판, 규제 표지판, 지시 표지판, 휴대용 표지판 등 4) 라바콘, 차선분리대 등 5) 기타 발주자가 필요하다고 인정하는 안전시설 6) 현장에서 사토장까지의 교통안전, 주변시설 안전대책시설의 설치 및 유지관리 비용 7) 기타 발주자가 필요하다고 인정하는 안전시설 ※ 공사기간 중 공사장 외부에 임시적으로 설치하는 안전시설만 인정된다. 나. 안전관리계획에 따라 공사장 내부의 주요 지점별 건설기계·장비의 전담유도원 배치 비용 다. 기타 발주자가 안전관리에 필요하다고 판단되는 비용
5. 공사시행 중 구조적 안전성 확보 비용	가. 계측장비의 설치 및 운영 비용 나. 폐쇄회로 텔레비전의 설치 및 운영 비용 다. 가설구조물 안전성 확보를 위해 관계전문가에게 확인받는데 필요한 비용 라. 전파법에 따른 건설공사 현장의 안전관리체계 구축, 운용에 사용되는 무선설비의 구입, 대여, 유지에 필요한 비용과 무선통신의 구축, 사용 등에 필용한 비용

2. 안전관리비-스마트 안전장비[건진법시행규칙제60조제1항제7호]

1) 도입배경

(1) 안전관리비 항목에 무선통신 및 설비를 이용한 안전관리체계 구축·운용비용을 추가하여, 건설현장에 사물인터넷(IoT), 빅데이터 등을 활용한 스마트 안전장비 도입 등 첨단기술 활용 근거를 마련하기 위함

(2) 현장의 위험요소를 사전에 인지하고 제거할 수 있도록 즉각적인 대응 기반을 마련해 현장 근로자의 안전 확보를 최우선 한다는 방침

2) 주요 내용

(1) 발주자는 전파법에 따른 무선설비 및 무선통신을 이용한 건설공사 현장의 안전관리체계 구축·운용 비용을 안전관리비로 공사금액에 계상할 것

(2) 무선설비 : 전파를 보내거나 받는 전기적 시설

(3) 무선통신 : 전파를 이용하여 모든 종류의 기호·신호·문언·영상·음향 등의 정보를 보내거나 받는 것

3. 안전관리비-스마트 안전장비[공공공사 추락사고 방지에 관한 지침]

1) 스마트 안전장비

무선통신 및 무선설비를 사용하여 건설현장의 안전을 관리하는 장비 또는 그 장비를 구축·운영하는 체계 또는 시스템을 말함

2) 스마트 안전장비 계상 대상 공사

(1) 건설공사 중 총공사비가 300억원 이상인 공사

(2) 방법 : 건진법 안전관리비에 별도 계상할 것

(3) 방법(신규 착공 및 이미 착공된 공사)(스마트안전장비가 필요한 경우) : 안전관리비 증액 계상할 것

3) 스마트 안전장비 사례[40]

(1) 건설근로자 위치추적, 무선신호 송수신 모니터링, 위치관제 시스템 등

가. 근로자안전을 위한 위치파악용 센서 등 장비

나. 근로자 위치정보를 송수신하는 유무선 통신네트워크

다. 실시간 위치기반 작업자 안전관제 및 위급상황 발생시 긴급구호 등을 위한 시스템

(2) 고정식 및 이동식 지능형 CCTV를 설치하여 건설현장 위험지역 작업자 실 시간 영상관제 및 이상발생 경고알림 장비

(3) 작업지시, 위험성평가서, 안전점검일지, 안전작업허가서 등을 스마트폰과 PC로 수행하고 안전관리서류를 DB화하여 위험분석 및 조치를 통해 안전사고 예방하는 장비

(4) 위험요소 스마트 모니터링 시스템

가설흙막이 원격계측 장비, 구조물균열 감지 장비, 중장비의 근로자 접근감지 장비, 밀폐공간에서의 일산화탄소, 가스 등 유해물질 측정장비 등 위험요소 장비 및 위험요소 장비와 연동하여 건설현장 위험 사전예측 및 경고, 대응을 위한 모니터링 시스템

(5) 고소작업시 안전고리 미체결시 경고음 발생 장비와 이를 현장관리자에게 정 보를 전송하는 장치 및 시스템

4) 발주청 의무사항[공공공사 추락사고방지지침]

(1) 스마트 안전장비 비용의 설계에 검토·반영될 수 있도록 설계서(과업지시서)의 설계조건 작성할 것

(2) 건진법 안전관리비 반영여부 확인할 것

---

40) 위의 스마트 안전장비 사례이외에 발주청은 건설현장 안전관리를 위하여 무선통신 및 무선설비를 사용하는 장비 또는 장비를 구축·운영하는 체계 (시스템) 등 스마트 안전장비를 건설현장에 맞추어 적용할 수 있다.

5) 스마트 안전장비 사례

구분	안면인식 열화상 카메라 설치	현장 출입관리 시스템 운영
개요도		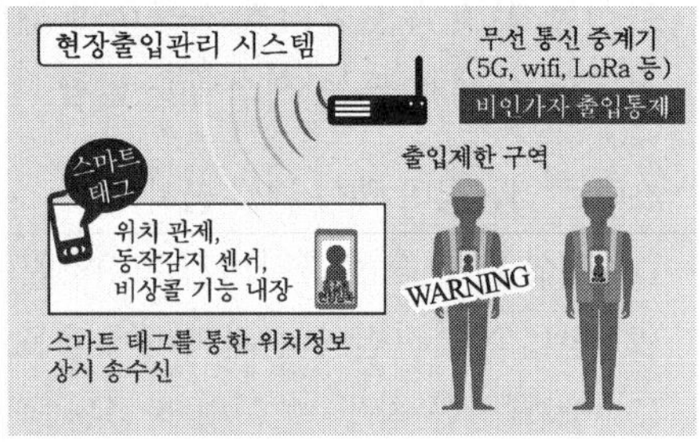
적용구간	• 사무실 등 공사 구간 출입구간	• 현장 전 구간 출입 인원
기대효과	• 작업자 중 유증상자 사전선별 가능	• 위치 정보 자료를 활용한 유증상자 동선 파악

구분	IoT 헬멧 비대면 화상회의	장비 접근제어 시스템
개요도	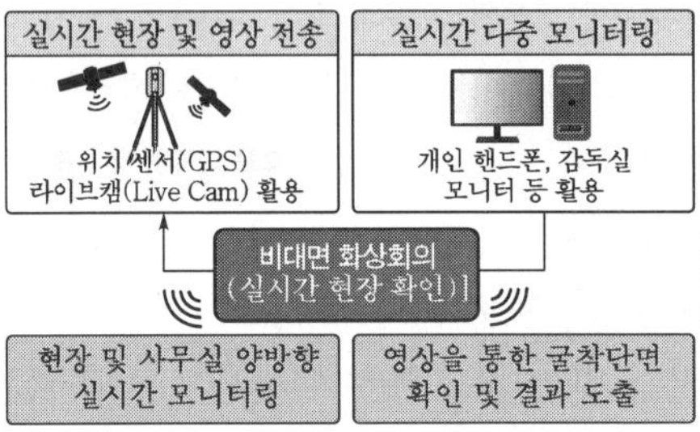	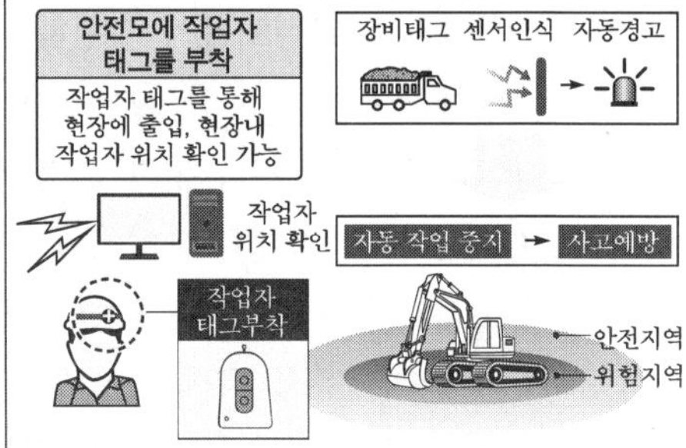
적용구간	• 밀폐공간 출입 관리원 및 사무실	• 현장 투입 굴착 장비 및 스마트-제어굴착 장비
기대효과	• 실시간 현장 상황 공유/접촉 최소화	• 비콘, 센서, 태그 등으로 협착사고 예방

구분	복합유해가스 경보 시스템	장비 과열감지 시스템(열화상 카메라)
개요도	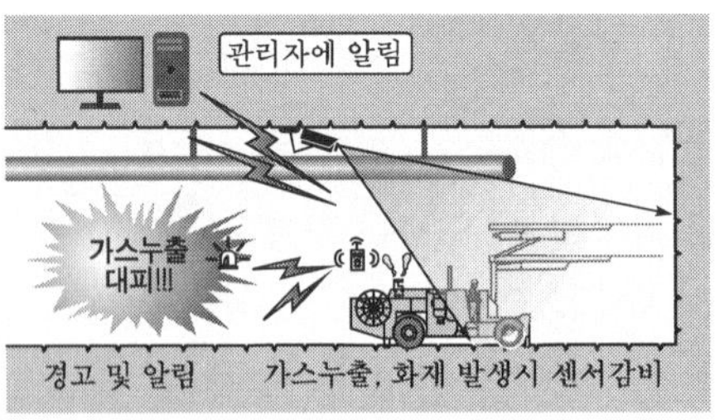	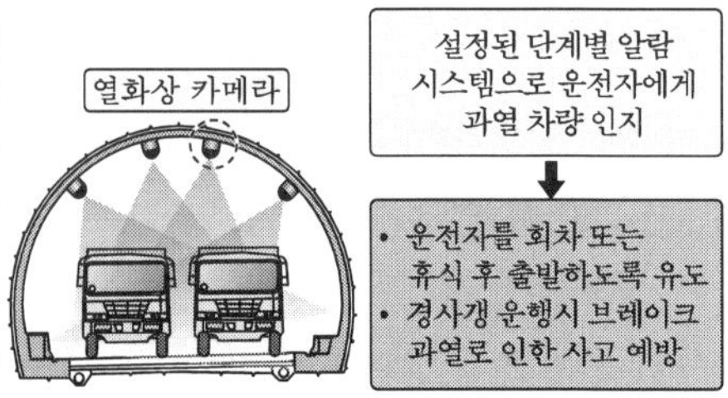
적용구간	• 터널 굴착 완료 전 구간	• 터널 굴착 완료 전 구간
기대효과	• 가스누출, 화재발생 현장과 관제센터 알림	• 갱내 현장장비에 대한 화재 사전 방지

구분	VR기반 사전 안전체험 시스템	스마트 안전고리 시스템	고성능 CCTV 및 방송/통신 시스템
개요도		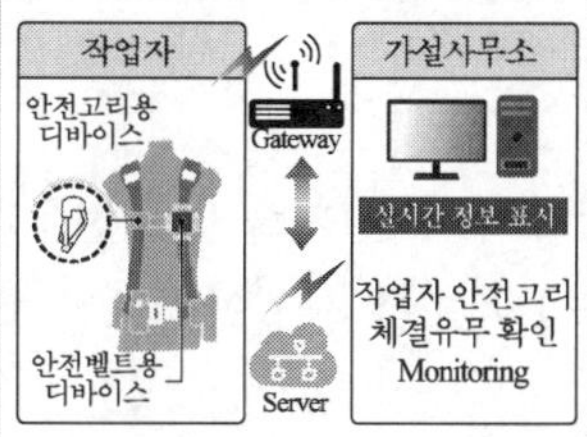	
적용 구간	• 신규 및 외국근로자 교육 및 홍보	• 안전고리 체결유무 확인 사고예방	• 실시간 영상정보를 통한 신속한 대응

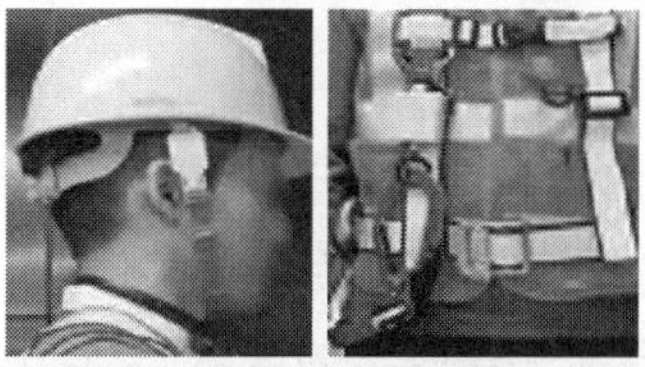	[스마트 개인안전보호구] 안전모, 안전벨트 미착용 시 경보음, 위험지역 접근 경고
	[건설장비 접근 경보시스템] 장비와 작업자와의 충돌위험 감지를 위한 경보 및 장비 정지
	[붕괴위험경보기] 비계, 거푸집, 흙막이 등 가설구조물 붕괴 위험 감지
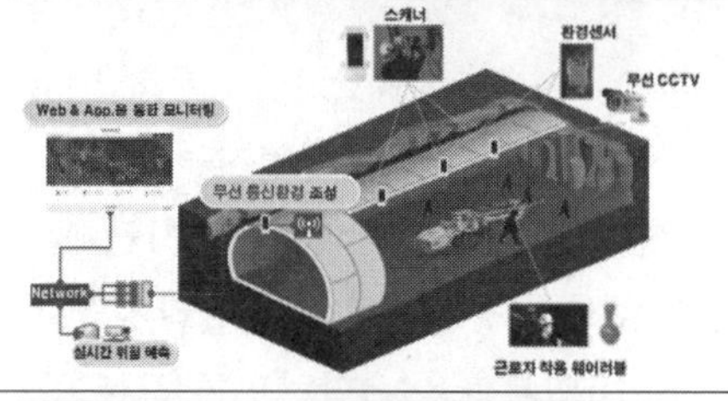	[스마트 터널 모니터링 시스템] 터널내부 작업인원 및 장비 위치파악 비산먼지 등 작업환경 자동측정 등
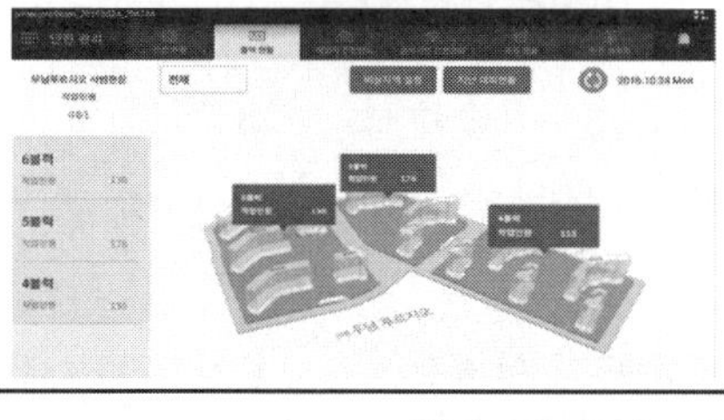	[스마트 건설 안전통합관제시스템] 작업인원 및 장비 원격 관제, 붕괴·화재·침수 등 현장 긴급 재해 대응

그림 2.4.5. 스마트 안전장비 사례

재해예방전문지도기관 02-45

1. 재해예방전문기관의 정의

1) 건설현장의 안전사고 예방을 위하여 기술지도 전문기관으로부터 공사시작 후 15일 이내마다 1회씩 정기적인 안전관리 지도를 산업안전보건법에 의하여 받아야 하는 제도를 말한다.

2) 건설재해예방전문지도기관의 종류
   (1) 건설공사 지도분야
   (2) 전기공사 및 정보통신공사 지도분야

3) 기술지도 계약
   (1) 도급인 임무 : 공사 착공 전날까지 계약을 체결하고 증명서류를 갖추어 둘 것
   (2) 건설공사 발주자[41] 또는 건설공사 도급인[건설공사발주자로부터 건설공사를 최초로 도급받은 수급인은 제외]은 해당 건설공사를 착공하려는 경우 전문기관(건설재해예방전문기관)과 건설 산업재해 예방을 위한 지도계약을 체결해야 한다.[시행 2021.08.18.][시공사에서 발주자로 개정된 이유 : 1) 독립성확보의 어려움 2) 실효성 확보]

2. 기술지도 대상 사업 규모[42]

1) 건축공사 : 총공사 부기금액이 1억원부터 120억 미만
2) 토목공사 : 총공사 부기금액이 1억원부터 150억 미만
3) 전기공사 및 정보통신공사 : 총공사 부기금액 1억원부터 120억 미만인 공사

3. 기술지도 대상 사업 예외 공사[산안법령제59조]

1) 공사기간이 1개월 미만인 공사
2) 육지와 연결되지 않은 섬 지역(제주특별자치도 제외)에서 이루어지는 공사
3) 사업주가 안전관리자의 자격을 가진 사람을 선임(같은 광역지방자치단체의 구역 내에서 같은 사업주가 시공하는 셋 이하의 공사에 대하여 공동으로 안전관리자의 자격을 가진 사람 1명을 선임한 경우 포함)하여 안전관리자의 업무만을 전담하도록 하는 공사
4) 유해위험방지계획서를 제출해야 하는 공사

---

41) 건설공사 발주자에는 국가, 지자체, 공공기관, 민간발주자 등이 해당된다.
42) 총공사금액 : 서면상 계약한 금액은 물론 별도로 재료를 제공받을 때는 그 재료의 시가환산액을 포함하는 금액으로 부가가치세를 포함하는 공사금액

4. 기술지도 횟수

1) 공사시작 후 15일 이내마다 1회 실시
2) 공사금액 40억원 이상인 공사는 산업안전지도사(건설분야) 또는 건설안전기술사가 8회 마다 한번 이상 방문 기술지도 실시
3) 기술지도 횟수 산정법

$$\text{기술지도 횟수(회)} = \frac{\text{공사기간(일)}}{15\text{일}}$$ ※ 단, 소수점은 버린다.

4) 건설재해예방전문지도기관의 사업장 지도 담당 요원 1명당 기술지도 횟수는 1일당 최대 4회로 하고, 월 최대 80회로 함
5) 기술지도비가 계상된 안전보건관리비 총액의 20퍼센트를 초과하는 경우에는 그 이내에서 기술지도 횟수를 조정할 수 있음[삭제]

5. 기술지도 한계 및 지도지역

1) 담당 요원 1명당 사업장 수는 30개소
   (1) 총 공사금액이 3억원 미만인 사업장은 3개소를 1개소로
   (2) 3억원 이상 40억원 미만인 사업장은 2개소를 1개소로 계산할 것

2) 기술지도지역
   지방노동청 및 지방노동청의 소속 사무소 관할지역으로 한다.

6. 기술지도 업무내용[산안법시행령별표 18][개정 2022.8.16.]

1) 기술지도 범위 및 준수의무
   (1) 현장별 기술지도 담당자 지정할 것
   (2) 최근 사망사고사례, 사망사고 유형과 예방대책에 대해 연1회 이상 안전교육 실시할 것
   (3) 기술지도기관은 건설공사 도급인이 기술지도에 따라 적절한 조치를 했는지 확인해야 하고 해당조치를 하지 않을 경우 건설공사 발주자에게 그 사실을 알릴 것
   (4) 재해예방전문지도기관은 산업안전보건법 등 관계법령에 따라 산재예방 준수 사항을 기술지도 할 것. 건설재해예방전문지도기관의 개선 권고를 받은 건설공사 도급인은 적절한 조치를 취할 것

2) 기술지도 결과 관리
   (1) 기술지도 결과보고서를 알릴 대상
      가. 총공사금액 20억원 이상 ; 안전보건총괄책임자

나. 총공사금액 20억원 미만 : 해당 사업장을 실질적으로 총괄관리하는 사람

다. 총공사금액 50억원 이상 : 사업주와 경영책임자 등에게 매 분기 1회 이상 결과 보고서 송부할 것

(2) 전산시스템에 입력

건설재해예방전문지도기관은 기술지도를 한 날부터 7일 이내에 고용노동부장관 전산시스템(K2B)에 입력할 것

(3) 기술지도 완료 증명서 제출

건설재해예방전문지도기관은 공사 종료 시 건설공사발주자와 건설공사 도급인에게 고용노동부령으로 정하는 서식에 따른 기술지도 완료증명서를 제출할 것

7. 재해예방전문지도기관 평가기준[재해예방 전문지도기관 평가기준, 고시 2016-20호]

1) 기술지도 운영실적 및 상태 등
2) 인력·시설 및 장비 보유 수준, 지도인력에 대한 교육실시 현황 등
3) 기술지도의 적절성·충실성 등
4) 기술지도 대상 사업장 재해발생 빈도, 재해의 규모 등 재해발생 현황 등

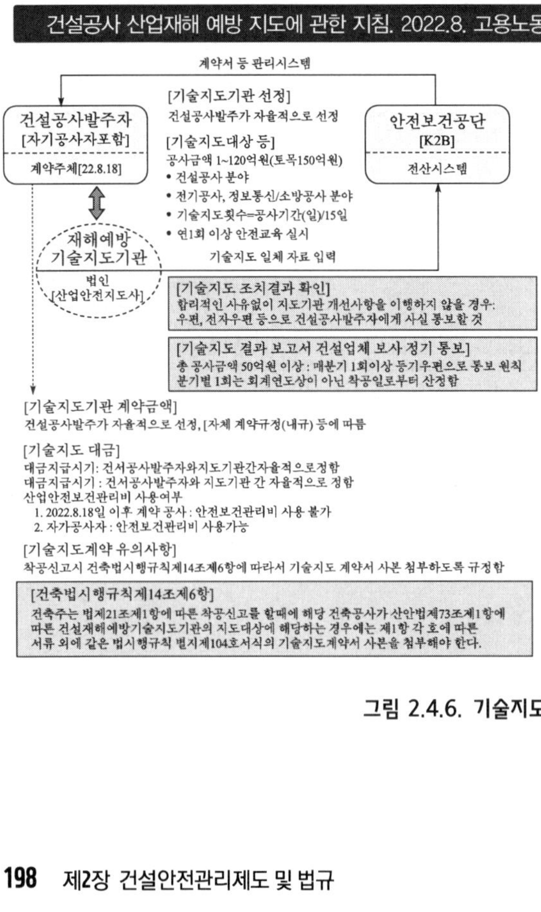

[건설재해예방전문지도기관의 지도 기준(산안법시행령 별표18)]
1. 건설재해예방전문지도기관의 지도대상 분야
   가. 건설공사　나. 전기공사, 정보통신공사 및 소방시설공사
2. 기술지도계약
   가. 기술지도 계약서-건설현장 비취(건설공사 발주자료와 계약 체결 후 14일 이내)
   나. 기술지도 계약서-전산시스템(K28)에서 발급받은 계약서 이용
3. 기술지도의 수행방법
   가. 기술지도 횟수
      기술지도 횟수(회)=공사기간(일)/15일　*단, 소수점은 버림
   나. 기술지도 횟수 조정=조기준공 또는 지연 체결된 경우에는 공사감독자(공사감독이 없는 경우에는 감리자)의 승인후 조정가능
   다. 기술지도 한계 및 기술지도 지역
      1) 1명당 1일당 최대 4회, 월 최대 80회　2) 지역-지방고용노동관서 관할 지역
   라. 기술지도기관은 연 1회 이상 최근 사망사례 등 안전교육 실시할 것
4. 기술지도 결과 보고서(서명 또는 등기우편, 전자우편, 모바일 등)
   가. 총공사금액 20억 이상-안전보건총괄관리책임장게 알릴 것
   나. 총공사금액 20억 미만-사업장을 실질적으로 총괄관리하는 사람에게 알릴 것
   다. 총공사금액 50억 이상-기술지도기관은 사업주 또는 경영책임자 등에게 분기1회 이상 결과보고서 송부해야 함
   라. 기술지도 종료시 기술지도 완료 증명서 발급
4. 서류 보존기간 - 기술지도 종료일부터 3년

그림 2.4.6. 기술지도 계약과 내용

학습 Note 건설재해예방전문지도기관 기술지도 개요

1) 목적
   전담 안전관리자가 없는 자율적 산재예방조치활동이 어려운 중소규모 건설현장에 대해 재해예방기술지도 실시[산안법제73조]
2) 지도대상
   (1) 공사금액 1억원 이상 120억원 미만 공사
   (2) 건축법제11조에 따른 건축허가 대상 공사
   (3) [예외 공사] 단, 공사기간 1개월 미만, 육지와 연결되지 않은 섬(제조도 제외), 유해위험방지계획서 대상, 전담안전관리자 선임공사는 예외
3) 지도절차
   (1) 건설공사도급인은 착공전 지도계약을 체결
   (2) 지도기과은 착공 이후 매 15일 마다 산재예방 지도 실시
   (3) 건설공사도급인은 지도에 따라 적절한 조치
4) 지도내용
   (1) 건설현장 위험요인 개선방안 등 산업안전보건법령 전반
5) 지도주체
   (1) 고용노동부 지정 건설재해예방전문지도기관
   (2) 법인 또는 산업안전지도사
6) 안전관리체계 핵심지도사항
   (1) 안전보건관리체제
      가. 안전보건관리책임자[법제15조]
         - 공사금액 20억 이상 인 건설공사, 안전보건에 관한 사항 총괄 관리
      나. 안전관리자[법제17조]
         - 총공사금액 50억이상 건설공사, 안전보건관리책임자 등을 보좌
      다. 관리감독자[법제16조]
         - 작업단위별 조장반장 등이 관리감독자가 안전보건업무 수행
   (2) 안전보건교육
      가. 기초안전보건교육[법제31조]
         - 일용근로자 채용 시 기초안전보건교육 이수
      나. 직무교육[법제32조]
         - 안전보건관리책임자, 안전관리자 등 정기적으로 직무교육 이수
      다. 정기안전보건교육[법제29조]
         - 근로자(분기 1회), 관리감독자(연 16시간) 안전보건교육 실시
      라. 특별안전보건교육[법제29조]
         - 위험작업 전 작업별 유해위험요인 및 안전조치사항 교육(일용근로자 2시간, 일용외 16시간)

(3) 유해위험방지조치

가. 법령요지 등 게시[법제34조]

- 법령 요지를 근로자가 보기 쉬운 장소에 게시

나. 위험성 평가 실시[법제36조]

- 유해휘험요인 파악 후 위험성 감소대책 수립

다. 안전보건표지[법제37조]

- 근로자 쉽게 볼 수 있는 장소에 부착

라. 유해위험방지계획서계획[법제43조]

- 유해위험방지계획서에 따른 안전보건조치

마. 작업중지[법제51,52조]

- 산재가 급박한 위험이 있는 경우 즉시 작업중지 후 근로자 대피

바. 작업계획서[법제38조]

- 건설기계 사용, 굴착, 중량물 취급, 건물 해체 등 위험작업 전 위험요인 등을 사전에 조사하고 작업계획서를 작성, 이행

사. 작업지휘자[법제39조]

- 차량계 하역운반기계의 사용, 굴착작업, 중량물 취급작업 시 작업지휘자 지정

(4) 도급인이 의무

가. 안전보건총괄책임자[법제62조]

- 공사금액 20억 이상 안전보건총괄책임자 지정 및 도급인과 관계수급인 근로자 산재 예방업무 총괄 관리

나. 안전보건협의체[법제64조]

- 도급인 및 관계수급인 전원으로 구성 월1회 안전보건에 관한 사항 논이

다. 작업장 순회점검[법제64조]

- 도급인은 2일에 1회 이상 현장 순회 점검

라. 합동 안전보건점검[법제64조]

- 도급인 및 관계수급인과 관계수급인의 근로자 1명을 포함한 점검반을 구성하여 2개월에 1회 안전보건점검 실시

마. 안전보건조치확인[법제64조]

- 도급인은 관계수급인의 안전보건조치, 작업 시기, 내용 등을 확인

바. 혼재작업 확인[법제64조]

- 혼재로 인한 화재폭발 등의 위험이 발생할 우려가 있는 경우 관계수급인 등의 작업 시기, 내용 등을 조정

사. 안전보건정보 제공[법제65조]

- 도급인은 해당 작업 시작 전 수급인에게 안전보건정보 제공

(5) 발주자

가. 안전보건대장[법제67조]

- 공사금액 50억 이상 시공단계별 안전보건대장 작성하고 이행

나. 안전보건조정자[법제68조]
- 분리 발주된 각 건설공사 금액 합이 50억원 이상인 경우 안전보건조정자 두고 작업이 혼재 되지 않도록 조정

다. 공법변경 등 금지[법제69조]
- 건설공사비를 줄이기 위해 위험성이 높은 공법을 사용하거나 공사기간을 단축하지 않음

라. 공사기간 연장[법제70조]
- 천재지변 등 불가항력적 사유나 발주자에게 책임이 있는 사유로 건설공사가 지연될 경우 발주자에게 공사기간 연장을 요청

마. 안전보건관리비[법제72조]
- 발주자가 안전보건관리비를 계상하고 시공사즌 사용기준에 맞게 사용

산업안전보건법과 건설기술진흥법[안전교육] 02-46

1. 안전보건교육[산안법시행규칙제26조]

안전보건교육은 사업장에 상존하는 위험성과 유해성으로부터 사고를 방지하기 위하여 관리감독자나 근로자에게 실시하는 교육이며, 일반적으로 **산업안전보건법에 의한 교육은 근로자 안전사고 예방을 위한 안전한 작업절차가 중심**이 되고, **건설기술진흥법에 의한 교육은 구조물의 안전시공을 위한 공법과 세부시공순서, 시공기술상의 주의사항** 등의 안전 확보를 위한 교육을 실시한다.

1) 안전보건교육 과정[산안법시행규칙 별표4]

교육과정	교육대상		교육시간
가. 정기교육	사무직 종사 근로자		매반기 6시간 이상
	사무직 종사근로자 외의 근로자	판매업무에 직접 종사하는 근로자	매반기 6시간 이상
		그 외 근로자(건설업)	매반기 12시간 이상
나. 채용 시 교육	일용근로자(1주일 이하 기간제)		1시간 이상
	1주일초과 1개월 이하 기간제 근로자		4시간 이상
	그밖에 근로자		8시간 이상
다. 작업내용 변경 시 교육	일용근로자(1주일 이하 기간제)		1시간 이상
	일용근로자를 제외한 근로자		2시간 이상

교육과정	교육대상	교육시간
라. 특별교육	일용근로자(1주일 이하 기간제) 중 특별교육 대상 작업 종사자(타워크레인 신호작업 종사자 제외)	2시간 이상
	타워크레인 신호작업에 종사하는 일용근로자	8시간 이상
	일용근로자를 제외한 근로자 특수형태근로 종사자	- 16시간 이상 - 단기간 작업 또는 간헐적 작업인 경우에는 2시간 이상
마. 건설업 기초 안전보건교육	건설 일용근로자 *채용시 교육를 대체함	4시간
[직무교육] 신규[선임후3월] 보수[매2년전후6월]	안전보건관리책임자	신규 6시간 이상 보수 6시간 이상
	안전관리자, 재해예방전문지도기관의 종사자 석면조사기관의 종사자	신규 34시간 이상 보수 24시간 이상
	보건관리자, 보건관리기관의 종사자	신규 34시간 이상 보수 24시간 이상
*일용근로자 : 1일 단위의 계약으로 채용되고 당일 약정된 근로의 종료시 근로 관계가 계속 유지되지 않는자		

관리감독자 안전보건교육[산안법시행규칙 별표4]

교육과정	교육시간
가. 정기교육	연간 16시간 이상
나. 채용시 교육	8시간 이상
다. 작업내용 변경 시 교육	2시간 이상
라. 특별교육	16시간 이상(최초 작업에 종사하기 전 4시간 이상 실시하고 12시간은 3개월 이내에서 분할하여 실시가능)
	단기간 작업 또는 간헐적 작업인 경우에는 2시간 이상

특수형태근로종사자에 대한 안전보건교육[산안법시행규칙 별표4]

교육과정	교육시간
가. 최초 노무제공 시 교육	2시간 이상(단기간 작업[43] 또는 간헐적 작업에 노무를 제공하는 경우에는 1시간 이상 실시하고, 특별교육을 실시한 경우는 면제)
나. 특별교육	16시간 이상(최초 작업에 종사하기 전 4시간 이상 실시하고 12시간은 3개월 이내에서 분할하여 실시가능)
	단기간 작업 또는 간헐적 작업인 경우에는 2시간 이상

43) 단기간 작업의 구분
(1) 단기간 작업 : 2개월 이내에 종료되는 1회성 작업
(2) 간헐적 작업 : 연간 총 작업일수가 60일을 초과하지 않는 작업

2) 자체 근로자 안전보건교육을 실시할 수 있는 사람[산안법시행규칙제26조]

(1) 안전관리조직표 구성원 중에서

가. 안전안전보건관리책임자

나. 관리감독자

다. 안전관리자(안전관리전문기관에서 안전관리자의 위탁업무를 수행하는 사람 포함)

라. 보건관리자(보건관리전문기관에서 보건관리제자의 위탁업무를 수행하는 사람을 포함)

마. 안전보건관리담당자

바. 산업보건의

(2) 공단에서 실시하는 해당 분야의 강사요원 교육과정을 이수한 사람

(3) 산업안전지도사 또는 산업보건지도사

(4) 산업안전보건에 관하여 학식과 경험이 있는 사람으로서 고용노동부장관이 정하는 기준에 해당하는 사람

3) 안전보건교육 교육대상별 교육내용-근로자 정기교육[산안법시행규칙별표 5]

(1) 산업안전 및 사고 예방에 관한 사항

(2) 산업보건 및 직업병 예방에 관한 사항

(3) 위험성 평가에 관한 사항

(4) 건강증진 및 질병 예방에 관한 사항

(5) 유해·위험 작업환경 관리에 관한 사항

(6) 산업안전보건법령 및 일반관리에 관한 사항

(7) 직무스트레스 예방 및 관리에 관한 사항

(8) 직장 내 괴롭힘, 고객의 폭언 등으로 인한 건강장해 예방 및 관리에 관한 사항

4) 채용 시 교육 및 작업내용 변경 시 교육[산안법시행규칙별표 5]

(1) 산업안전 및 사고 예방에 관한 사항

(2) 산업보건 및 직업병 예방에 관한 사항

(3) 위험성 평가에 관한 사항

(4) 산업안전보건법령 및 일반관리에 관한 사항

(5) 직무스트레스 예방 및 관리에 관한 사항

(6) 직장 내 괴롭힘, 고객의 폭언 등으로 인한 건강장해 예방 및 관리에 관한 사항

(7) 기계기구의 위험성과 작업의 순서 및 동선에 관한 사항

(8) 작업 개시 전 점검에 관한 사항

(9) 물질안전보건자료에 관한 사항

(10) 사업장 내 안전보건관리체제 및 안전보건조치 현황에 관한 사항

(11) 표준안전 작업방법 결정 및 지도 감독 요령에 관한 사항
(12) 비상시 또는 재해 발생 시 긴급조치에 관한 사항
(10) 그 밖의 관리감독자의 직무에 관한 사항

4) 안전보건교육 교육대상별 교육내용-관리감독자 정기교육[산안법시행규칙별표 5]
(1) 산업안전 및 사고 예방에 관한 사항
(2) 산업보건 및 직업병 예방에 관한 사항
(3) 위험성 평가에 관한 사항
(4) 유해위험 작업환경 관리에 관한 사항
(5) 산업안전보건법령 및 산업재해보상보험 제도에 관한 사항
(6) 직무스트레스 예방 및 관리에 관한 사항
(7) 직장 내 괴롭힘, 고객의 폭언 등으로 인한 건강장해 예방 및 관리에 관한 사항
(8) 작업공정의 유해위험과 재해 예방에 관한 사항
(9) 사업장 내 안전보건관리체제 및 안전보건보치 현황에 관한 사항
(10) 표준안전 작업방법 결정 및 지도감독 요령에 관한 사항
(11) 현장 근로자와의 의사소통능력 및 강의 능력 등 안전보건교육 능력 배양에 관한 사항
(12) 비상시 또는 재해 발생 시 긴급조치에 관한 사항
(13)그 밖의 관리감독자의 직무에 곤한 사항

5) 건설업 기초안전보건교육
건설업의 사업주는 건설 일용근로자를 채용할 때에는 그 근로자로 하여금 안전보건교육기관이 실시하는 안전보건교육을 이수하도록 해야 한다. 다만, 건설 일용근로자가 그 사업주에게 채용되기 전에 안전보건교육을 이수한 경우에는 해당없다.

2. 안전보건관리책임자 직무교육

사업주는 다음의 사람에게 안전보건교육기관에서 직무와 관련한 안전보건교육을 이수하도록 하여야 한다. 해당하는 사람은 해당 직위에 선임(위촉의 경우 포함)되거나 채용된 후 3개월(보건관리자가 의사인 경우는 1년) 이내에 직무를 수행하는 데 필요한 신규교육을 받아야 하며, 신규교육을 이수한 후 매 2년이 되는 날을 기준으로 전후 3개월 사이에 안전보건에 관한 보수교육을 받아야 한다.
1) 안전보건관리책임자
2) 안전관리자
3) 보건관리자
4) 안전보건관리담당자

5) 다음 기관에서 안전과 보건에 관련된 업무에 종사하는 사람

(1) 안전관리전문기관　(2) 보건관리전문기관　(3) 건설재해예방전문지도기관

(4) 안전검사기관　(5) 자율안전검사기관

3. 특별안전교육 대상[산안법시행규칙별표5]

작업명	교육내용
1. 고압실 내 작업(잠함공법이나 그 밖의 압기공법으로 대기압을 넘는 기압인 작업실 또는 수갱 내부에서 하는 작업만 해당한다)	
3. 밀폐된 장소(탱크 내 또는 환기가 극히 불량한 좁은 장소를 말한다)에서 하는 용접작업 또는 습한 장소에서 하는 전기용접 작업	
12. 목재가공용 기계[둥근톱기계, 띠톱기계, 대패기계, 모떼기기계 및 라우터기(목재를 자르거나 홈을 파는 기계)만 해당하며, 휴대용은 제외한다]를 5대 이상 보유한 사업장에서 해당 기계로 하는 작업	
15. 건설용 리프트·곤돌라를 이용한 작업	
18. 콘크리트 파쇄기를 사용하여 하는 파쇄작업(2미터 이상인 구축물의 파쇄작업만 해당)	
19. 굴착면의 높이가 2미터 이상이 되는 지반 굴착(터널 및 수직갱 외의 갱 굴착은 제외)작업	
20. 흙막이 지보공의 보강 또는 동바리를 설치하거나 해체하는 작업	
21. 터널 안에서의 굴착작업(굴착용 기계를 사용하여 하는 굴착작업 중 근로자가 칼날 밑에 접근하지 않고 하는 작업은 제외한다) 또는 같은 작업에서의 터널 거푸집 지보공의 조립 또는 콘크리트 작업	
22. 굴착면의 높이가 2미터 이상이 되는 암석의 굴착작업	
25. 거푸집 동바리의 조립 또는 해체작업	
26. 비계의 조립·해체 또는 변경작업	
27. 건축물의 골조, 다리의 상부구조 또는 탑의 금속제의 부재로 구성되는 것(5미터 이상인 것만 해당한다)의 조립·해체 또는 변경작업	
28. 처마 높이가 5미터 이상인 목조건축물의 구조 부재의 조립이나 건축물의 지붕 또는 외벽 밑에서의 설치작업	
29. 콘크리트 인공구조물(그 높이가 2미터 이상인 것만 해당)의 해체 또는 파괴작업	
30. 타워크레인을 설치(상승작업 포함)·해체하는 작업	
34. 맨홀작업	
35. 밀폐공간에서의 작업	
38. 석면해체·제거작업	
39. 가연물이 있는 장소에서 하는 화재위험작업	
40. 타워크레인을 사용하는 작업시 신호 업무를 하는 작업	• 타워크레인의 기계적 특성 및 방호장치 등에 관한 사항 • 화물의 취급 및 안전작업방법에 관한 사항 • 신호방법 및 요령에 관한 사항 • 인양 물건의 위험성 및 낙하·비래·충돌재해 예방에 관한 사항 • 인양물이 적재될 지반의 조건, 인양하중, 풍압 등이 인양물과 타워크레인에 미치는 영향 • 그 밖에 안전·보건관리에 필요한 사항

건설업 기초안전보건교육에 대한 내용 및 시간(제28조제1항 관련)[시행 2023.1.1.]

교육 내용	시간
건설공사의 종류(건축, 토목, 교량 등) 및 시공절차	1시간
재해유형별 위험요인 및 안전보건조치	2시간
안전보건관리체제 현황 및 근로자 권리 의무	1시간

학습 Note 건설공사 안전관리 조직구성원과 안전교육

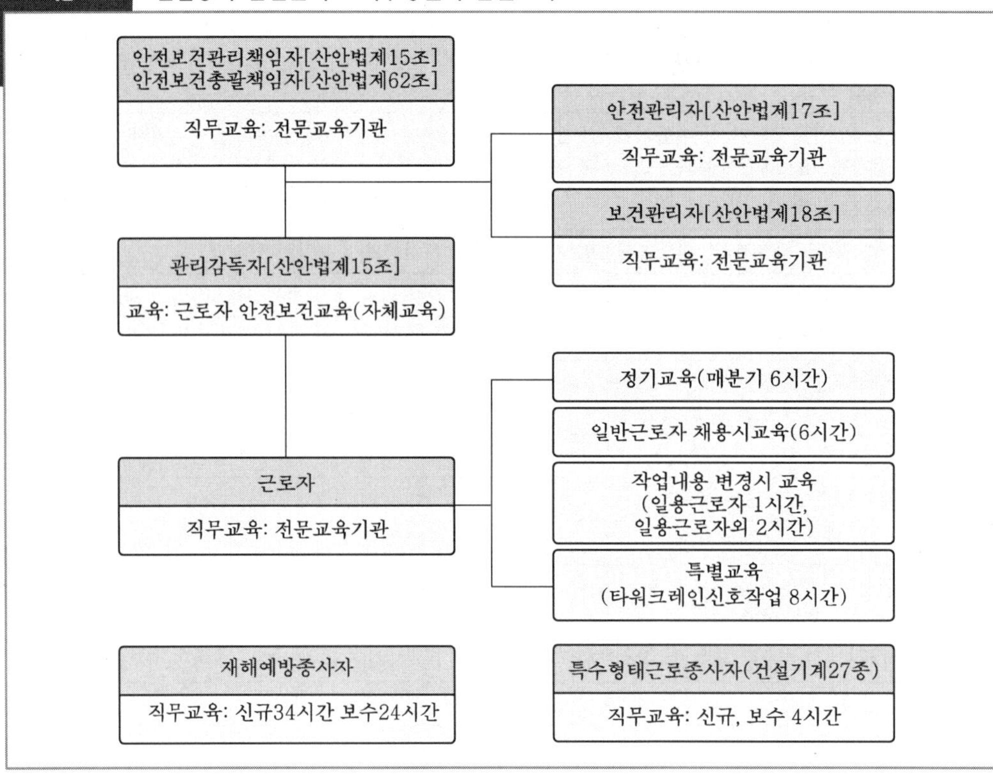

4. 건설기술진흥법 법정교육 체계

1) 분야별 안전관리책임자 및 안전관리담당자는 매일 공사 착수전에 안전교육 실시할 것

2) 안전교육 내용
   (1) 당일 작업의 공법 이해
   (2) 시공상세도면에 따른 세부 시공순서 및 시공 기술상의 주의사항

3) 기록관리 : 안전교육내용을 기록 관리하여야 하며, 준공 후 발주청에 제출할 것

4) 정기안전교육

대상	교육 시간	담당자	교육 내용
직원 및 근로자 (전체교육)	월1시간 이상 1회 1시간 이상	안전총괄책임자 (현장소장)	1) 주요공법의 이해 2) 안전시공 절차에 관한 사항 3) 자체안전점검 방법에 관한 사항 4) 안전표지 및 주의에 관한 사항 5) 안전관리의 필요성 6) 기타 안전에 관한 사항

5) 일상 안전교육

(1) 가설공사

대상	교육 시간	담당자	교육 내용
현장내 당일 공사 작업자	매일 공사착수전 10분 이상	각분야별 담당자, 책임자	1) 가시설물 설치 및 조립순서, 유지관리 방법 2) 지지대 보강 및 조립부위 결속 방법 3) 가설물위의 적치하중에 관한 사항 4) 기타 필요한 사항

(2) 굴착 및 발파공사

대상	교육 시간	담당자	교육 내용
현장내 당일 공사 작업자	매일 공사착수전 10분 이상	각분야별 담당자, 책임자	1) 기본적인 토질조사 사항 2) 지하매설물 및 인접시설물에 대해 조사된 사항 3) 지하매설물 방호 및 인접시설물 보호조치 방법 4) 계측시 설치 및 보호방법 5) 배수상태 및 계측상태 확인 방법 6) 기타 필요한 사항

(3) 콘크리트공사

대상	교육 시간	담당자	교육 내용
현장내 당일 공사 작업자	매일 공사착수전 10분 이상	각분야별 담당자, 책임자	1) 콘크리트 치기순서 및 이어붓기 계획 2) 벽, 바닥, 보의 치기 방법 3) 시공이음등에 대한 주의사항 4) 거푸집 존치 기간 5) 거푸집 표면 정리

(4) 성토 및 절토공사

대상	교육 시간	담당자	교육 내용
현장내 당일 공사 작업자	매일 공사착수전 10분 이상	각분야별 담당자, 책임자	1) 부석 및 균열유무 및 지하수 함수변화의 확인 방법 2) 유도원의 배치위치 3) 장비운전시 제한 속도

(5) 공사장 주변 통행안전 및 교통소통 대책

대상	교육 시간	담당자	교육 내용
현장내 당일 공사 작업자	매일 공사착수전 10분 이상	각분야별 담당자, 책임자	1) 차량 및 보행자의 유도를 위한 각종 표지판, 안내판, 경보장치등의 설치 및 보수, 관리방법 2) 가시설 설치 및 보수, 관리방법 3) 신호수 배치기준 및 신호방법 4) 기타 필요한 사항

(6) 협력업체 안전관리 교육

대상	교육 시간	담당자	교육 내용
분야별책임자,담당자, 하도급업체 안전관리관계자	2주마다 1회 이상 1회 1시간 이상	안전총괄책임자	1) 안전사고사례 교육 2) 시공상의 안전관리 기술 3) 건설안전 관련 법규 4) 안전사고로 인한 손실 5) 안전관리상의 의무

안전교육지도원칙 02-47

1. 안전교육[산업안전보건법 규정에 의한]

1) 안전교육의 목적

(1) 건설현장 위험성과 유해성을 대비하기 위하여

(2) 근로자가 안전한 행동내용을 숙지하고 이행하여 재해를 예방하기 위하여 실시한다.

(3) 구체적 목적

가. 인간정의 안전화(심리적, 생리적 안전도모)　나. 행동의 안전화

다. 작업환경의 안전화　라. 기계설비의 안전화

2) 안전교육의 3단계

1단계 지식 교육 (Knowledge)	교육 목표	• 기능 지식 주입 • 안전의 감수성 향상	교육 방법	• 강의, 시청각 교육을 통한 지식의 전달과 이해
2단계 기능 교육 (Skill)	교육 목표	• 안전 작업 기능 • 표준 작업 기능 • 위험 예측 및 응급 기능	교육 방법	• 시범, 실습, 현장, 실습 교육 • 견학을 통한 이해와 경험체득
3단계 태도 교육 (Attitude)	교육 목표	• 작업 동작의 정확화 • 공구 보호구 취급화 • 관리 자세의 확립 • 점검 태도의 정확화 • 언어 태도의 안전화	교육 방법	• 생활지도, 직업 동작 지도 등을 통한 안전의 습관화

그림 2.4.7. 안전교육의 3단계

3) 안전교육 8원칙

(1) 상대방의 입장에서
(2) 동기부여를
(3) 쉬운 것부터 어려운 것으로
(4) 반복
(5) 한번에 하나씩
(6) 인상의 강화
(7) 오감 활용
(8) 기능적인 이해

4) 관리책임자교육[직무교육]

(1) 안전·보건에 관한 직무교육 대상자

가. 안전보건관리책임자 나. 안전관리자 다. 재해예방전문지도기관의 종사자

(2) 교육 구분

가. 신규교육 : 당해 직위에 선임된 후 3월이내

나. 보수교육 : 신규교육을 이수한 후 매 2년이 되는 날을 기준으로 전후3개월 사이

2. 안전교육지도자의 조건

1) 자격기준

(1) 안전보건관리책임자
(2) 관리감독자
(3) 안전관리자
(4) 외부강사

2) 인성조건

(1) 모범이 되는 사람
(2) 현장내용을 잘 알고 설득력이 있는 사람

3. 안전교육의 문제점

1) 지식교유 위주
2) 임시방편적이어서 체계적이지 못함
3) 안전보다 생산성이 우선함
4) 추상적이고 일반적임
5) 동기 부여 부족
6) 집합교육으로 실효성 미흡

4. 안전교육의 활성화방안

1) 실질적인 안전교육
2) 근로자 능력 개발을 위한 안전교육
3) 담당 공구별 안전교육 실시

5. 사전안전성평가 및 안전보건진단

유해위험방지계획서와 위험성평가 02-48

1. 유해·위험방지계획 목적과 절차

1) 유해위험방지계획서는 공사 착공 전에 재해발생위험이 높은 대상 공사의 유해위험요소를 파악하고 안전한 시공방법과 작업절차를 수립하여 근로자의 안전과 보건을 확보하기 위한 사전안전성 평가제도이다.

2) 작성 및 이행 확인 절차

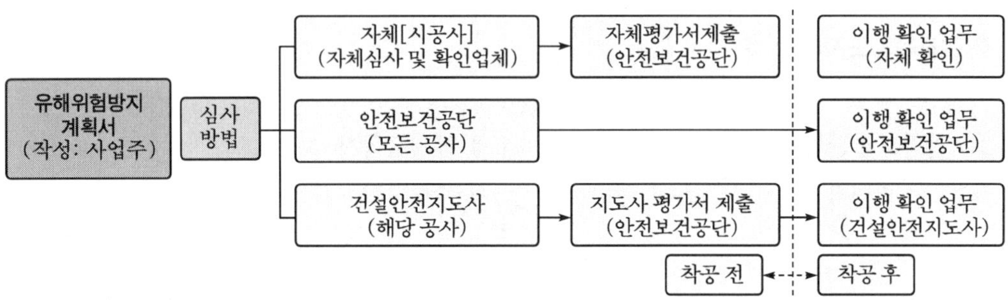

그림 2.5.1. 유해위험방지계획서 절차

2. 유해·위험방지계획서의 제출 대상 사업장[산안법시행령제42조제3항]

1) 다음에 해당하는 건축물 또는 시설 등의 건설·개조 또는 해체 공사
   (1) 지상높이가 31미터 이상인 건축물 또는 인공구조물
   (2) 연면적 3만제곱미터 이상인 건축물
   (3) 연면적 5천제곱미터 이상인 시설로서 다음에 해당하는 시설
      가. 문화 및 집회시설(전시장 및 동물원·식물원 제외)
      나. 판매시설, 운수시설(고속철도의 역사 및 집배송시설 제외)
      다. 종교시설
      라. 의료시설 중 종합병원
      마. 숙박시설 중 관광숙박시설
      바. 지하도상가
      사. 냉동·냉장 창고시설

2) 연면적 5천제곱미터 이상인 냉동·냉장 창고시설의 설비공사 및 단열공사

3) 최대 지간길이(다리의 기둥과 기둥의 중심사이의 거리)가 50미터 이상인 다리의 건설 등 공사
4) 터널의 건설등
5) 다목적댐, 발전용댐, 저수용량 2천만톤 이상의 용수 전용 댐 및 지방상수도 전용 댐의 건설 등 공사
6) 깊이 10미터 이상인 굴착공사

3. 유해위험방지계획서 검토자

건설공사를 착공하려는 사업주는 유해위험방지계획서를 작성할 때 건설안전 분야의 자격 등 다음의 자격을 갖춘 자의 의견을 들어야 한다.

1) 건설안전 분야 산업안전지도사
2) 건설안전기술사 또는 토목·건축 분야 기술사
3) 건설안전산업기사 이상으로서 건설안전 관련 실무경력이 7년(기사는 5년) 이상인 사람

4. 유해위험방지계획서 심사결과 구분

안전보건공단은 유해위험방지계획서 접수일로부터 15일 이내 심사해야 한다.

1) 적정
   근로자의 안전과 보건을 위하여 필요한 조치가 구체적으로 확보되었다고 인정되는 경우

2) 조건부 적정
   근로자의 안전과 보건을 확보하기 위하여 일부 개선이 필요하다고 인정되는 경우

3) 부적정
   건설물·기계·기구 및 설비 또는 건설공사가 심사기준에 위반되어 공사착공 시 중 한 위험 발생의 우려가 있거나 계획에 근본적 결함이 있다고 인정되는 경우

5. 유해위험방지계획서 확인점검

1) 건설공사 중 6월에 1회 이상 산업안전공단 확인을 받을 것[산안법시행규칙제46조]

2) 확인 점검 내용
   (1) 유해·위험방지계획서의 내용과 실제공사 내용이 부합하는지 여부
   (2) 유해·위험방지계획서 변경내용의 적정성
   (3) 추가적인 유해·위험요인의 존재여부

6. 유해위험방지계획서 첨부 서류[산안법시행규칙별표 10]

1) 공사 개요 및 안전보건관리계획

(1) 공사 개요서

(2) 공사현장의 주변 현황 및 주변과의 관계를 나타내는 도면(매설물 현황 포함)

(3) 건설물, 사용 기계설비 등의 배치를 나타내는 도면

(4) 전체 공정표

(5) 산업안전보건관리비 사용계획서

(6) 안전관리 조직표

(7) 재해 발생 위험 시 연락 및 대피방법

2) 작업 공사 종류별 유해·위험방지계획[대상공사별 작업공사 종류] : 산업재해예방계획

(1) 건축물 또는 시설 등의 건설·개조 또는 해체 공사

가. 가설공사

나. 구조물공사

다. 마감공사

라. 기계 설비공사

마. 해체공사

가) 해당 작업공사 종류별 작업개요 및 재해예방 계획

나) 위험물질의 종류별 사용량과 저장·보관 및 사용 시의 안전작업계획

다) 그 밖에

(가) 밀폐공간 작업은 질식·화재 및 폭발 예방 계획이 포함할 것

(나) 작업과정에서 통풍이나 환기가 충분하지 않거나 가연성 물질이 있는 건축물 내부나 설비 내부에서 단열재 취급·용접·용단 등과 같은 화기작업이 포함되어 있는 경우에는 세부계획이 포함될 것

(2) 냉동·냉장창고시설의 설비공사 및 단열공사

가. 가설공사　　나. 단열공사　　다. 기계 설비공사

(3) 다리 건설 등의 공사

가. 가설공사　　나. 다리 하부(하부공) 공사　　다. 다리 상부(상부공) 공사

(4) 터널 건설 등의 공사

가. 가설공사　　나. 굴착 및 발파 공사　　다. 구조물공사

(5) 댐 건설 등의 공사

가. 가설공사　　나. 굴착 및 발파 공사　　다. 댐 축조공사

(6) 굴착공사

가. 가설공사　　　　나. 굴착 및 발파 공사　　　　다. 흙막이 지보공 공사

3) 대상 공사 종류별 첨부서류

(1) 해당 작업공사 종류별 작업개요 및 재해예방 계획

(2) 위험물질의 종류별 사용량과 저장·보관 및 사용 시의 안전작업계획

(3) 비고

가. 밀폐공간내 작업은 질식·화재 및 폭발 예방 계획 포함

나. 통풍이나 환기가 충분하지 않거나 가연성 물질이 있는 건축물 내부나 설비 내부에서 단열재 취급·용접·용단 등과 같은 화기작업이 포함되어 있는 경우에는 세부계획 포함

다. 터널 작업은 굴진(갱구부, 본선, 수직갱, 수직구 등) 및 막장 내 붕괴·낙석 방지 계획 포함

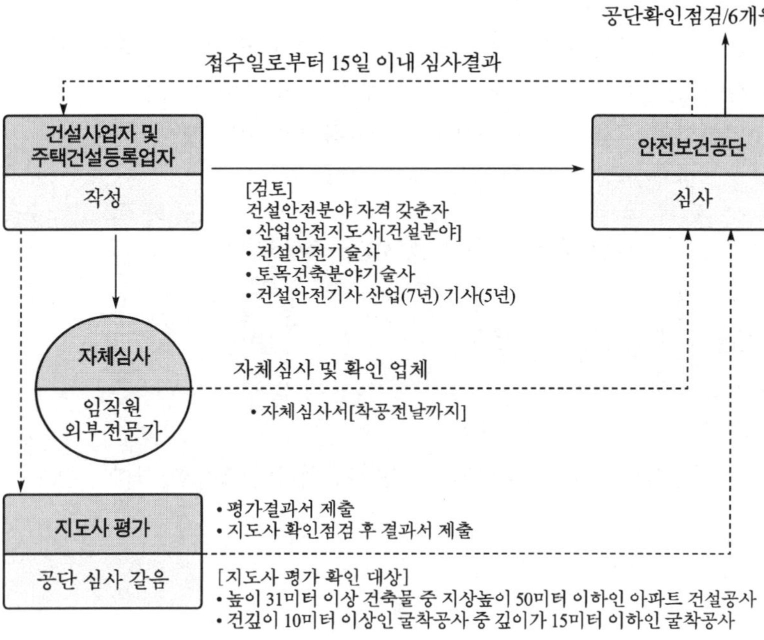

그림 2.5.2. 유해위험방지계획서 절차 및 내용

7. 건설업 유해·위험방지계획서 중 지도사가 평가·확인 할 수 있는 대상 건설공사의 범위 및 지도사의 요건[시행 2020. 1. 16.] [고용노동부고시 제2020-1호]

1) 건설공사 범위[산안법시행규칙제44조제4항의 건설공사 중에서]

(1) 지상높이가 31미터 이상인 건축물 중 지상높이가 50미터 이하인 아파트 건설공사

※ 아파트의 범위는 건축법시행령별표1제2호가목[주택으로 쓰는 층수가 5개층 이상인 주택]

(2) 깊이 10미터 이상인 굴착공사 중 깊이가 15미터 이하인 굴착공사

2) 지도사의 요건[건설안전분야]

(1) 한국산업안전보건공단이 실시하는 유해위험방지계획서 관련 교육과정을 20시간 이상 이수한 사람

(2) 한국산업안전보건공단의 유해위험방지계획서 심사에 참여한 경험이 있는 사람

8. 위험성평가

1) 위험성평가의 실시[산안법제36조]

(1) 사업주는 유해·위험 요인을 찾아내어 부상 및 질병으로 이어질 수 있는 위험성의 크기가 허용 가능한 범위인지를 평가하고, 그 결과에 따라 조치를 할 것

(2) 사업주는 위험성평가 시 해당 작업장의 근로자를 참여시킬 것

(3) 사업주는 평가의 결과와 조치사항을 기록·보존할 것

2) 위험성평가 실시내용 및 결과의 기록·보존[산안법시행규칙제37조]

(1) 기록해야 할 내용

가. 위험성평가 대상의 유해·위험요인

나. 위험성 결정의 내용

다. 위험성 결정에 따른 조치의 내용

라. 그 밖에 위험성평가의 실시내용을 확인하기 위하여 필요한 사항

(2) 보존

사업주는 기록한 내용을 3년간 보존할 것

<table>
<tr><td>위험성평가[44]
정의</td><td>사업주가 스스로 유해·위험요인을 파악하고 해당 유해·위험요인의 위험성 수준을 결정하여, 위험성을 낮추기 위한 적절한 조치를 마련하고 실행하는 과정을 말한다.</td></tr>
<tr><td>법적근거와 대상</td><td>• 산업안전보건법 제36조, •모든 공사</td></tr>
<tr><td>실시주체 및 참여</td><td>• 주도
· 사업주 : 위험성평가가 실시되도록 사업주가 주도하여 총괄관리함
• 참여
· 안전보건관리책임자 · 관리감독자(직장, 조장 및 반장 등)
· 일반근로자 · 협력업체관계자</td></tr>
<tr><td>실시시기
[최초, 정기, 수시]</td><td>• 최초 평가 : 사업장 성립(또는 실착공) 후, 사업장 가동, 공사의 진행 등 1개월 내 착수함을 기준으로 하되, 평가의 실효성이 확보되는 시기에 적절하게 시행
• 정기 평가 : 매년 위험성평가 결과의 적정성 재검토
• 수시 평가 : 설비, 물질의 신규 도입 또는 산업재해 발생 시</td></tr>
<tr><td>새로운 평가방식
[상시평가]</td><td>• 상시 평가 : 월, 주, 일 단위로 일상화된 안전활동
– 월 : 1) 노사합동 순회점검 2) 아차시고 분석 3) 제안제도 실시 후 평가
– 주 : 원하청 합동 안전점검회의 후 이행확인 및 점검
– 일 : 작업 전 안전점검회의(TBM) 후 공유
*상시평가를 실시하는 경우에는 정기평가와 수시평가를 대체할 수 있음
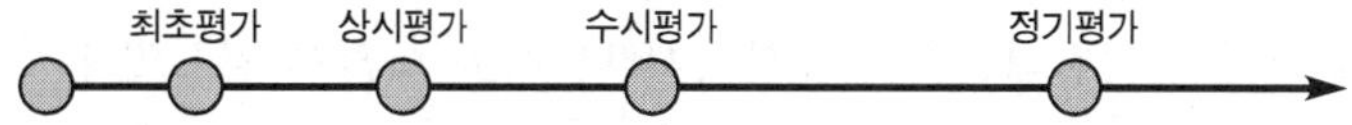
</td></tr>
<tr><td>평가절차</td><td>사전준비 : •실시규정 작성 •담당자, 참여자 선정 •사고사례 수집, 분석
→ 유해위험 요인파악 : •노사합동 순회점검 •아차사고 분석 •제안제도 실시
→ 위험성 결정 : •위험성 수준 판단 및 결정 •허용가능한 위험수준
→ 위험성 감소대책 수립 및 실행 : •우선순위에 따른 대책 수립 및 실행
→ 기록 및 보존 : •TBM, 교육 등을 통해 공유 및 기록
[위험성평가방법]
•위험성 빈도강도법
•Checklist법
•위험성수준3단계법
• One Point Sheet법
•그외(FTA 등)
Hierarchy of Controls
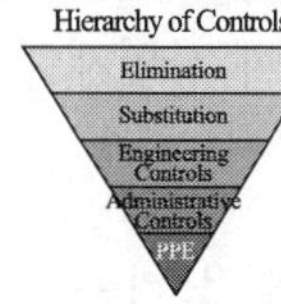

•제거
•대체
•기술적제어
•관리적제어
•개인보호구</td></tr>
<tr><td>위험성빈도강도법
위험도 수준 평가(예)
*관리범위 A,B,C</td><td><table>
<tr><th>가능성 \ 중대성</th><th>약간 심각(L)</th><th>심각(M)</th><th>매우 심각(H)</th></tr>
<tr><td>낮음(L)</td><td>사소한 위험도(E)</td><td>수용가능한 위험도(D)</td><td>중간 위험도(C)</td></tr>
<tr><td>보통(M)</td><td>수용가능한 위험도(D)</td><td>중간 위험도(C)</td><td>큰 위험도(B)</td></tr>
<tr><td>높음(H)</td><td>중간 위험도(C)</td><td>큰 위험도(B)</td><td>수용불가능한 위험도(A)</td></tr>
</table></td></tr>
</table>

44) [위험성평가(Risk Assessment)] The process of evaluating the risk to the health and safety of workers while at work arising from the circumstances of the occurrence of a hazard at the workplace. [Guidance on risk assessment at work(EU OSHA, 1996)]

1. 자체심사 및 확인업체

자체심사 및 확인업체는 유해위험방지계획서를 스스로 심사하고, 그 심사결과서를 작성하여 고용노동부장관에게 제출할 것

2. 자체심사 및 확인업체가 되기 위한 기준[산안법시행규칙별표 11(2022.8.18.)]

다음과 같은 조건을 모두 충족한 건설업체

1) 시공능력순위
   건설산업기본법에 따른 토목건축공사업 평가에서 시공능력 순위가 상위 200위 이내인 건설업체

2) 평균산업재해발생률
   건설업체 산업재해발생률이 3년간 평균산업재해발생률(직전 3년간 사고사망만인률)이 건설업체 전체의 직전 3년간 평균상업재해발생률 이하인 건설업체

3) 안전전담조직
   안전관리자 자격을 갖춘 사람 1명을 포함한 3명 이상의 안전전담직원의 별도조직을 갖춘 건설업체

4) 산업재해예방활동 실적 평가
   직전연도 건설업체 산업재해예방활동 실적 평가 점수가 70점 이상인 건설업체

5) 사망 재해
   해당 연도 8월 1일을 기준으로 직전 2년간 근로자가 사망한 재해가 없는 건설업체

6) 즉시 제외 대상
   동시에 2명 이상의 근로자가 사망한 재해가 발생하거나 그 밖에 부실한 안전관리 문제로 사회적 물의를 일으켜 더 이상 자체심사 및 확인업체로 둘 수 없다고 고용노동부 장관이 인정하는 경우 즉시 제외함

3. 자체심사 및 확인업체와 유해위험방지계획서

1) 자체심사서로 공단 유해위험방지계획서 심사를 갈음한다.
2) 제출기간 : 해당공사 착공 전날까지

자체심사 및 확인업체는 자체심사 및 확인방법에 따라 유해·위험방지계획서를 스스로 심사하여 해당 공사의 착공 전날까지 자체심사서를 공단에 제출해야 한다.
이 경우 공단은 필요한 경우 자체심사 및 확인업체의 자체심사에 관하여 지도·조언할 수 있다.

4. 자체심사 및 확인방법

1) 자체심사 시 최소 1인 이상 참여 인원 자격
   (1) 산업안전지도사(건설안전)
   (2) 건설안전기술사
   (3) 건설안전기사(산업안전기사 이상의 자격을 취득한 사람으로서 건설안전 실무경력이 3년 이상인 사람 포함)로서 공단에서 실시하는 유해·위험방지계획서 심사전문화 교육과정을 28시간 이상 이수한 사람

2) 자제 확인 방법
   (1) 자체확인은 상기 인력기준에 해당하는 사람이 실시하도록 할 것
   (2) 자체확인을 실시한 사업주는 유해·위험방지계획서 자체확인 결과서를 해당 사업장에 갖추어 둘 것

5. 산업안전지도사 심사 대상 공사 중 확인업무

1) 지도사에게 평가를 받은 건설물·기계·기구 및 설비 또는 건설공사의 경우 사업주가 고용노동부장관이 정하는 요건을 갖춘 지도사에게 확인을 받고 그 결과를 공단에 제출하면 공단은 확인에 필요한 현장방문을 지도사의 확인결과로 대체할 수 있다. 다만, 건설업의 경우 최근 2년간 사망재해가 발생한 경우에는 그럴 필요없다.
2) 지도사에 의한 유해·위험방지계획서에 대한 확인은 계획서 평가를 한 자가 해서는 안된다.

안전관리계획서 02-50

1. 목적

건설공사 **착공 전**에 건설사업자 등이 시공과정의 **위험요소를 발굴**하고 건설현장에 적합한 **저감대책를 수립**하도록 유도함으로써 건설공사 중 안전사고를 예방하기 위한 제도를 말한다.

2. 법적근거

건설기술진흥법 제62조, 동법 시행령 제98조

3. 안전관리계획 수립 건설공사의 범위

1) 1종 및 2종시설물의 공사

2) 지하 10미터 이상 굴착공사

3) 10층 이상 16층 미만 건축물의 건설공사

4) 다음에 해당하는 공사
   (1) 10층 이상인 건축물의 리모델링 또는 해체공사
   (2) 주택법에 따른 수직증축형 리모델링

5) 건설기계 사용 건설공사
   (1) 천공기(높이가 10미터 이상인 것)
   (2) 항타 및 항발기
   (3) 타워크레인

6) 가설구조물 사용 공사
   (1) 비계
      가. 높이가 31미터 이상인 비계
      나. 브라켓[Bracket]비계
   (2) 거푸집 및 동바리
      가. 작업발판 일체형 거푸집(갱폼, RCS, ACS 등)
      나. 높이가 5미터 이상인 거푸집 및 동바리
   (3) 지보공
      가. 터널의 지보공
      나. 높이가 2미터 이상인 흙막이 지보공
   (4) 가설구조물
      가. 동력을 이용하여 움직이는 가설구조물(FCM, ILM 등)
      나. 높이 10미터 이상에서 외부작업을 하기 위하여 작업발판 및 안전시설물을 일체화하여 설치하는 가설구조물(2020년 5월 27일 시행)
      다. 공사현장에서 제작하여 조립·설치하는 복합형 가설구조물(2020년 5월 27일 시행)
   (5) 그 밖에 발주자 또는 인허가 기관의 장이 필요하다고 인정하는 가설구조물
      가. 발주자가 안전관리가 특히 필요하다고 인정하는 건설공사
      나. 해당 지방자치단체의 조례로 정하는 건설공사 중에서 인허가기관의 장이 안전관리에 특히 필요하다고 인정하는 건설공사

4. 안전관리계획 작성 및 심사 절차

1) 안전관리계획의 절차

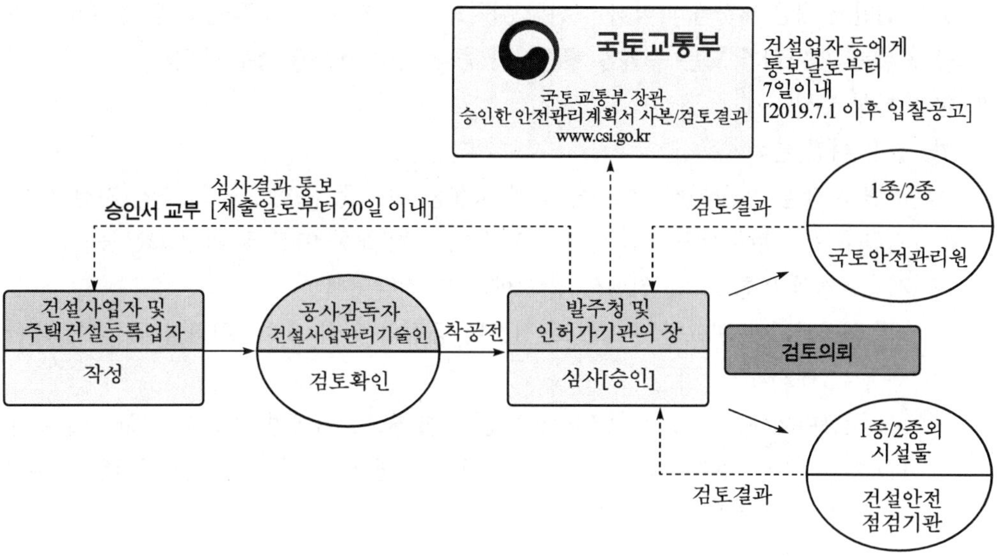

그림 2.5.3. 안전관리계획서 작성 절차

2) 안전관리계획서 검토 의뢰

(1) 1종, 2종시설물은 국토안전관리원

(2) 1종, 2종시설물 외 공사는 건설안전점검기관

3) 안전관리계획 심사결과의 구분·판정

(1) 적정 (2) 조건부 적정 (3) 부적정

발주청 또는 인 허가기관은 시공자가 수립한 안전관리 계획을 착공 전에 검토·승인하고, 그 결과를 국토부에 제출할 것

5. 안전관리계획서 작성기준

1) 일반기준

구분	작성 기준	제출 기한
총괄 안전관리계획	건설공사 전반에 대하여 작성	건설공사 착공 전까지
공종별 세부 안전관리계획	해당하는 공종별로 작성	공종별로 구분하여 해당 공종의 착공 전까지

2) 총괄 안전관리계획의 수립기준

(1) 건설공사의 개요

공사 전반에 대한 개략을 파악하기 위한 위치도, 공사개요, 전체 공정표 및 설계도서(해당 공사를 인가·허가 또는 승인한 행정기관 등에 이미 제출된 경우 제외)

(2) 현장 특성 분석

가. 현장 여건 분석

주변 지장물 여건(지하 매설물, 인접 시설물 제원 등 포함), 지반 조건[지질 특성, 지하수위, 시추주상도 등], 현장시공 조건, 주변 교통 여건 및 환경요소 등

나. 시공단계의 위험 요소, 위험성 및 그에 대한 저감대책

가) 핵심관리가 필요한 공정으로 선정된 공정의 위험 요소, 위험성 및 그에 대한 저감대책

나) 시공단계에서 반드시 고려해야 하는 위험 요소, 위험성 및 그에 대한 저감대책

다) 가) 및 나) 외에 시공자가 시공단계에서 위험 요소 및 위험성을 발굴한 경우에 대한 저감대책 마련 방안

다. 공사장 주변 안전관리대책

공사 중 지하매설물의 방호, 인접 시설물 및 지반의 보호 등 공사장 및 공사현장 주변에 대한 안전관리에 관한 사항(주변 시설물에 대한 안전 관련 협의서류 및 지반침하 등에 대한 계측계획 포함)

라. 통행안전시설의 설치 및 교통소통계획

공사장 주변의 교통소통대책, 교통안전시설물, 교통사고예방대책 등 교통안전관리에 관한 사항(현장차량 운행계획, 교통 안내원 배치계획, 교통안전시설물 점검계획 및 손상·유실·작동이상 등에 대한 보수 관리계획 포함)

(3) 현장운영계획

가. 안전관리조직

공사관리조직 및 임무에 관한 사항으로서 시설물의 시공안전 및 공사장 주변안전에 대한 점검·확인 등을 위한 관리조직표(비상시의 경우 별도 작성)

나. 공정별 안전점검계획

자체안전점검, 정기안전점검의 시기·내용, 안전점검 공정표, 안전점검 체크리스트 등 실시계획 등에 관한 사항(계측장비 및 폐쇄회로 텔레비전 등 안전 모니터링 장비의 설치 및 운용계획 포함)

다. 안전관리비 집행계획

안전관리비의 계상, 산출·집행계획, 사용계획 등에 관한 사항

라. 안전교육계획

마. 안전교육계획표, 교육의 종류·내용 및 교육관리에 관한 사항

바. 안전관리계획 이행보고 계획

위험한 공정으로 감독관의 작업허가가 필요한 공정과 그 시기, 안전관리계획 승인권자에게 안전관리계획 이행 여부 등에 대한 정기적 보고계획 등

(4) 비상시 긴급조치계획

공사현장에서의 사고, 재난, 기상이변 등 비상사태에 대비한 내부·외부 비상연락망, 비상동원조직, 경보체제, 응급조치 및 복구 등에 관한 사항

3) 공종별 세부 안전관리계획

(1) 가설공사

가. 가설구조물의 설치개요 및 시공상세도면

나. 안전시공 절차 및 주의사항

다. 안전점검계획표 및 안전점검표

라. 가설물 안전성 계산서

(2) 굴착공사 및 발파공사

가. 굴착, 흙막이, 발파, 항타 등의 개요 및 시공상세도면

나. 안전시공 절차 및 주의사항(지하매설물, 지하수위 변동 및 흐름, 되메우기 다짐 등에 관한 사항을 포함)

다. 안전점검계획표 및 안전점검표

라. 굴착 비탈면, 흙막이 등 안전성 계산서

(3) 콘크리트공사

가. 거푸집, 동바리, 철근, 콘크리트 등 공사개요 및 시공상세도면

나. 안전시공 절차 및 주의사항

다. 안전점검계획표 및 안전점검표

라. 동바리 등 안전성 계산서

(4) 강구조물공사

가. 자재·장비 등의 개요 및 시공상세도면

나. 안전시공 절차 및 주의사항

다. 안전점검계획표 및 안전점검표

라. 강구조물의 안전성 계산서

(5) 성토 및 절토 공사(흙댐공사를 포함한다)

가. 자재·장비 등의 개요 및 시공상세도면

나. 안전시공 절차 및 주의사항

다. 안전점검계획표 및 안전점검표

라. 안전성 계산서

(6) 해체공사

가. 구조물해체의 대상·공법 등의 개요 및 시공상세도면

나. 해체순서, 안전시설 및 안전조치 등에 대한 계획

(7) 건축설비공사

가. 자재·장비 등의 개요 및 시공상세도면

나. 안전시공 절차 및 주의사항

다. 안전점검계획표 및 안전점검표

라. 안전성 계산서

(8) 타워크레인 사용공사

가. 타워크레인 운영계획

안전작업절차 및 주의사항, 관리자 및 신호수 배치계획, 작업반경 간섭 방지 등 충돌방지계획, 표준작업시간 확보계획, 관련 도면[타워크레인에 대한 기초 상세도, 브레이싱(압축 또는 인장에 작용하며 구조물을 보강하는 대각선 방향 등의 구조부재) 연결 상세도 등 설치 상세도 포함]

나. 타워크레인 점검계획

점검시기, 점검 체크리스트 및 검사업체 선정계획 등

다. 타워크레인 임대업체 선정계획

적정 임대업체 선정계획(저가임대 및 재임대 방지방안 포함), 조종사 및 설치·해체 작업자 운영계획, 임대업체 선정과 관련된 발주자와의 협의시기, 내용, 방법 등 협의계획

라. 타워크레인에 대한 안전성 계산서(현장조건을 반영한 타워크레인의 기초 및 브레이싱에 대한 계산서는 반드시 포함)

6. 벌칙 및 과태료

1) 벌칙 : 승인 전 착공한 시공사에 징역(1년 이하) 또는 벌금(1천만원 이하)

2) 과태료 : 승인 전 착공을 묵인한 발주자에 과태료 부과(300만원 이하)

안전관리계획서 작성 대상 별 심사기관

<table>
<tr><th>안전관리계획서 작성 대상 및 심사기관[건설기술흥법시행령제98조]</th><th>심사기관</th></tr>
<tr><td>1. 「시설물의 안전관리에 관한 특별법」 제7조제1호 및 제2호에 따른 1종시설물 및 2종시설물의 건설공사(같은 법 제2조제11호에 따른 유지관리를 위한 건설공사 제외)</td><td>국토안전
관리원</td></tr>
<tr><td>2. 지하 10미터 이상을 굴착하는 건설공사. 이 경우 굴착 깊이 산정 시 집수정, 엘리베이터 피트 및 정화조 등의 굴착 부분은 제외하며, 토지에 높낮이 차가 있는 경우 굴착 깊이의 산정방법은 「건축법 시행령」 제119조제2항을 따름</td><td rowspan="7">건설안전
점검기관</td></tr>
<tr><td>3. 폭발물을 사용하는 건설공사로서 20미터 안에 시설물이 있거나 100미터 안에 사육하는 가축이 있어 해당 건설공사로 인한 영향을 받을 것이 예상되는 건설공사</td></tr>
<tr><td>4. 10층 이상 16층 미만인 건축물의 건설공사
4의2. 다음 각 목의 리모델링 또는 해체공사
가. 10층 이상인 건축물의 리모델링 또는 해체공사
나. 「주택법」 제2조제25호다목에 따른 수직증축형 리모델링</td></tr>
<tr><td>5. 「건설기계관리법」 제3조에 따라 등록된 다음 각 목의 어느 하나에 해당하는 건설기계가 사용되는 건설공사
가. 천공기(높이가 10미터 이상인 것)
나. 항타 및 항발기
다. 타워크레인</td></tr>
<tr><td>5의2. 제101조의2제1항 각 호의 가설구조물을 사용하는 건설공사

제101조의2(가설구조물의 구조적 안전성 확인)
① 법 제62조제7항에 따라 건설업자 또는 주택건설등록업자가 같은 항에 따른 관계전문가(이하 "관계전문가"라 한다)로부터 구조적 안전성을 확인받아야 하는 가설구조물은 다음 각 호와 같다.
1. 높이가 31미터 이상인 비계
1의2. 브라켓(bracket) 비계
2. 작업발판 일체형 거푸집 또는 높이가 5미터 이상인 거푸집 및 동바리
3. 터널의 지보공(支保工) 또는 높이가 2미터 이상인 흙막이 지보공
4. 동력을 이용하여 움직이는 가설구조물
4의2. 높이 10미터 이상에서 외부작업을 하기 위하여 작업발판 및 안전시설물을 일체화하여 설치하는 가설구조물
4의3. 공사현장에서 제작하여 조립·설치하는 복합형구조물
5. 그 밖에 발주자 또는 인·허가기관의 장이 필요하다고 인정하는 가설구조물</td></tr>
<tr><td>6. 제1호부터 제4호까지, 제4호의2, 제5호 및 제5호의2의 건설공사 외의 건설공사로서 다음 각 목의 어느 하나에 해당하는 공사
가. 발주자가 안전관리가 특히 필요하다고 인정하는 건설공사
나. 해당 지방자치단체의 조례로 정하는 건설공사 중에서 인·허가기관의 장이 안전관리가 특히 필요하다고 인정하는 건설공사</td></tr>
</table>

소규모건설공사 안전관리계획서 02-51

1. 법적근거와 배경

1) 법적근거 : 건설기술진흥법 제62조의2

2) 배경

안전관리계획을 수립하지 않는 소규모 공사 중 사고위험이 있는 공사는 소규모 안전관리계획을 수립해야 한다. 산업재해 사망사고자의 약60퍼센트가 소규모 건설현장에서 발생한다.

2. 소규모 안전관리계획 수립 건설공사의 범위

1) 대상공사[건진법시행령제101조의5]

(1) 건축물 건설공사로서 2층 이상 10층 미만 건축물의 건설공사

가. 연면적 1,000제곱미터 이상의 공동주택(아파트, 연립주택, 다세대주택, 기숙사)

나. 연면적 1,000제곱미터 이상의 제1종 및 제2종 근린생활시설

다. 연면적 1,000제곱미터(산업단지[45]인 경우는 2000제곱미터) 이상의 공장

라. 연면적 5,000제곱미터 이상의 창고(일반창고, 냉장 및 냉동 창고)

(2) 지하5미터 이상 굴착공사[46]

(3) 건산법제41조 건설사업자가 시공하는 200제곱미터 초과 건축공사[47]

3. 소규모 안전관리계획 수립 절차

1) 작성자 : 건설사업자와 주택건설등록업자

2) 승인자

(1) 발주자(발주자가 발주청이 아닌 경우에는 인허가기관의 장)

(2) 승인기한은 15일 이내

3) 검토결과 통보 기한

승인가자 제출받은 날로부터 15일 이내에 건설업자와 주택건설등록업자에게 결과 통보해야 한다. 검토결과는 적정, 조건부 적정, 부적정으로 구분하며 부적정 판정을 받은 경우에는 필요한 조치를 해야 한다.

---

45) 산업직접활성화 및 공장설립에 관한 법률

46) 서울특별시(중소형 민간건축공사장 안전관리 실행 강화 대책, 2020. 12)에 따른 소규모 안전관리계획서 수립 대상

47) 서울특별시(중소형 민간건축공사장 안전관리 실행 강화 대책, 2020. 12)에 따른 소규모 안전관리계획서 수립 대상

4) 시행일

2020년 12월 10일부터 12월 10일 후 입찰공고 또는 허가·인가·승인 등을 하는 건설공사부터 적용한다.

5) 제출기한

대상 공사의 착공하기 전까지 발주자(발주청이 아닌 경우에는 인·허가기관의 장)에제 제출하여 승인받을 것

4. 소규모 안전관리계획 수립기준

건설현장의 시공절차 및 주의사항를 포함한 다음 내용[건진법시행령제101조의6][건진법시행규칙별표7의2]

1) 건설공사의 개요

공사 전반에 대한 개략을 파악하기 위한 위치도, 공사개요, 전체 공정표 및 설계도서(해당 공사를 인가·허가 또는 승인한 행정기관 등에 이미 제출된 경우는 제외한다.)

2) 비계 설치계획

건축물 외부에 설치하는 비계의 설치계획 및 시공도면과 현장 특성을 반영한 비계 시공절차 및 주의사항

3) 안전시설물 설치 계획으로 안전관리에 필요한 최소한의 세부내용 수립

(1) 추락방호망
(2) 낙하물방지망
(3) 개구부 덮개
(4) 안전난간대 등 안전시설물 설치계획과 안전시설물을 적정하게 설치하기 위한 사진·그림 등 예시자료

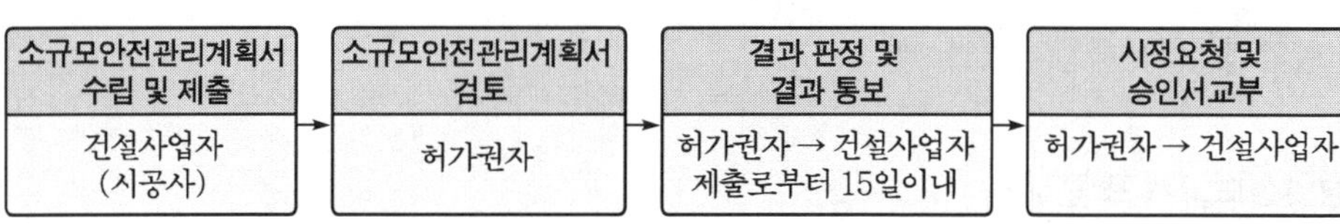

그림 2.5.4. 소규모안전관리계획 수립 및 승인 절차

1. 공정안전보고서Process Safety Management

산업안전보건법에서 명시하는 유해,위험물질을 제조, 취급, 저장하는 설비를 보유한 사업장은 위험물질 누출, 화재, 폭발 등으로 중대산업사고를 예방하기 위하여 공정안전보고서를 제출하도록 한 제도이다.

2. 목적

중대산업사고를 예방하기 위한 목적으로
1) 근로자에게 화학물질의 유해 위험성을 알려주기 위함
2) 근로자 스스로 보호하기 위함
3) 화학물질 사고에 신속히 대응하기 위함

3. 공정안전보고서 제출대상[산안법시행령제43조]

1) 유해 위험물질을 취급하는 사업장[유해위험물질 총51종]
  (1) 인화성 가스
  (2) 인화성 액체 등

2) 유해하거나 위험한 설비가 대상 업종인 사업장(7가지 업종)
  (1) 원유정제처리업
  (2) 기타 석유정제물 재처리업
  (3) 석유화학계 기초화학물 또는 합성수지 및 기타 플라스틱물질 제조업
  (4) 질소, 인산 및 칼리질 비료 제조업
  (5) 복합비료 제조업
  (6) 농약제조업
  (7) 화약 및 불꽃제품제조업

4. 공정안전보고서 포함 내용

1) 공정안전자료
  (1) 취급·저장하고 있거나 취급·저장하려는 유해·위험물질의 종류 및 수량
  (2) 유해·위험물질에 대한 물질안전보건자료
  (3) 유해·위험설비의 목록 및 사양
  (4) 유해·위험설비의 운전방법을 알 수 있는 공정도면

(5) 각종 건물·설비의 배치도
(6) 폭발위험장소 구분도 및 전기단선도
(7) 위험설비의 안전설계·제작 및 설치 관련 지침서

2) 공정위험성평가서
(1) 위험성평가 기법[48]에 따른 공정위험성 평가 결과서
(2) 잠재재해가 있다고 인정되는 경우에는 사고예방 및 피해최소화 대책 포함

3) 안전운전계획
(1) 안전운전지침서
(2) 설비점검·검사 및 보수계획, 유지계획 및 지침서
(3) 안전작업허가
(4) 도급업체 안전관리계획
(5) 근로자 등 교육계획
(6) 가동 전 점검지침
(7) 변경요소 관리계획
(8) 자체감사 및 사고조사계획
(9) 그 밖에 안전운전에 필요한 사항

4) 비상조치계획
(1) 비상조치를 위한 장비·인력보유현황
(2) 사고발생 시 각 부서·관련 기관과의 비상연락체계
(3) 사고발생 시 비상조치를 위한 조직의 임무 및 수행 절차
(4) 비상조치계획에 따른 교육계획
(5) 주민홍보계획
(6) 그 밖에 비상조치 관련 사항

5) 그 밖에 공정상의 안전과 관련하여 고용노동부 장관이 필요하다고 인정하여 고시하는 사항

---

48) 위험성평가 기법
(1) 체크리스트(Check List)
(2) 상대위험순위 결정(Dow and Mond Indices)
(3) 작업자 실수 분석(HEA)
(4) 사고 예상 질문 분석(What-if)
(5) 위험과 운전 분석(HAZOP)
(6) 이상위험도 분석(FMECA)
(7) 결함 수 분석(FTA)
(8) 사건 수 분석(ETA)
(9) 원인결과 분석(CCA)

5. PSM(공정안전보고서) 등급 및 평가대상 주기

1) P등급 : 이행실태 점검 면제(4년간)
2) S등급 : 이행실태 점검(1회/년)
3) M등급 : 이행실태 점검 및 기술지도(2회/년)

6. 공정안전보고서의 제출시기

유해·위험설비의 설치·이전 또는 주요구조부분의 변경공사의 착공일 30일전까지 공정안전보고서를 2부 작성하여 공단에 제출해야 함

그림 2.5.5. 공정안전보고의 제출 절차

7. PSM 제출 후 공단의 확인

1) 신규로 설치될 유해·위험설비에 대해서는 설치 과정 및 설치 완료 후 시운전단계에서 각 1회
2) 기존에 설치되어 사용 중인 유해·위험설비에 대해서는 심사 완료 후 3개월 이내
3) 유해·위험설비와 관련한 공정의 중대한 변경의 경우에는 변경 완료 후 1개월 이내
4) 유해·위험설비 또는 이와 관련된 공정에 중대한 사고 또는 결함이 발생한 경우에는 1개월 이내

산업안전보건법 안전진단 02-53

1. 산업안전보건법 안전보건진단

1) 안전보건진단이란 산업재해를 예방하기 위하여 잠재적 위험성을 발견하고 그 개선대책을 수립할 목적으로 조사·평가하는 것[산안법제2조]
2) 고용노동부장관은 추락 · 붕괴, 화재 · 폭발, 유해하거나 위험한 물질의 누출 등 산업재해 발생의 위험이 현저히 높은 사업장의 사업주에게 산업안전보건법제48조에 따라 지정받은 안전보건진단기관이 실시하는 안전보건진단을 받을 것을 명할 수 있다.

2. 안전보건진단대상사업장의 종류

1) 중대재해발생 사업장
2) 안전보건개선계획 수립·시행명령을 받은 사업장
3) 추락·폭발·붕괴 등 재해발생 위험이 현저히 높은 사업장으로서 지방노동관서의 장이 안전·보건진단이 필요하다고 인정하는 사업장

3. 안전보건진단을 받아 안전보건개선계획을 수립할 대상[산안법시행령제49조]

1) 산업재해율이 같은 업종 평균 산업재해율의 2배 이상인 사업장
2) 사업주가 필요한 안전조치 또는 보건조치를 이행하지 아니하여 중대재해가 발생한 사업장
3) 직업성 질병자가 연간 2명 이상(상시근로자 1천명 이상 사업장의 경우 3명 이상) 발생한 사업장
4) 그 밖에 작업환경 불량, 화재·폭발 또는 누출 사고 등으로 사업장 주변까지 피해가 확산된 사업장으로서 고용노동부령으로 정하는 사업장

4. 안전보건개선계획수립 사업장[산안법제49조]

1) 산업재해율이 같은 업종의 규모별 평균 산업재해율보다 높은 사업장
2) 사업주가 필요한 안전조치 또는 보건조치를 이행하지 아니하여 중대재해가 발생한 사업장
3) 직업성 질병자가 연간 2명 이상 발생한 사업장
4) 유해인자의 노출기준을 초과한 사업장

5. 안전보건개선계획서 포함내용

1) 포함내용
   (1) 안전시설
   (2) 안전·보건관리체제
   (3) 안전·보건교육
   (4) 산업재해예방
   (5) 작업환경의 개선을 위하여 필요한 사항

2) 심의
   (1) 산업안전보건위원회의 심의를 거칠 것

6. 산업안전보건법 안전보건진단의 종류 및 내용

산압법시행령제46조제1항 관련][별표14]

종류	진단 내용
1. 종합진단	1. 경영·관리적 사항에 대한 평가 가. 산업재해 예방계획의 적정성 나. 안전·보건 관리조직과 그 직무의 적정성 다. 산업안전보건위원회 설치·운영, 명예산업안전감독관의 역할 등 근로자의 참여 정도 라. 안전보건관리규정 내용의 적정성 2. 산업재해 또는 사고의 발생 원인(산업재해 또는 사고가 발생한 경우만 해당한다) 3. 작업조건 및 작업방법에 대한 평가 4. 유해·위험요인에 대한 측정 및 분석 가. 기계·기구 또는 그 밖의 설비에 의한 위험성 나. 폭발성·물반응성·자기반응성·자기발열성 물질, 자연발화성 액체·고체 및 인화성 액체 등에 의한 위험성 다. 전기·열 또는 그 밖의 에너지에 의한 위험성 라. 추락, 붕괴, 낙하, 비래 등으로 인한 위험성 마. 그 밖에 기계·기구·설비·장치·구축물·시설물·원재료 및 공정 등에 의한 위험성 바. 법 제118조제1항에 따른 허가대상물질, 고용노동부령으로 정하는 관리대상 유해물질 및 온도·습도·환기·소음·진동·분진, 유해광선 등의 유해성 또는 위험성 5. 보호구, 안전·보건장비 및 작업환경 개선시설의 적정성 6. 유해물질의 사용·보관·저장, 물질안전보건자료의 작성, 근로자 교육 및 경고표시 부착의 적정성 7. 그 밖에 작업환경 및 근로자 건강 유지·증진 등 보건관리의 개선을 위하여 필요한 사항
2. 안전진단	종합진단 내용 중 제2호·제3호, 제4호가목부터 마목까지 및 제5호 중 안전 관련 사항
3. 보건진단	종합진단 내용 중 제2호·제3호, 제4호바목, 제5호 중 보건 관련 사항, 제6호 및 제7호

7. 제출시기[산안법제50조]

안전보건개선계획서 작성 명령을 받은 사업장은 명령을 받은 날로부터 60일 이내에 관할지방노동관서의 장에게 제출해야 할 것

안전점검 02-54

1. 건설기술진흥법의 안전점검

1) 안전점검의 종류

(1) 자체안전점검

공종별 건설공사 안전관리계획의 자체안전점검표에 따라 매일 해당 공종의 시공상태를 점검하고, 안전성 여부 확인하는 점검

(2) 정기안전점검

발주자(발주청 또는 인·허가기관의 장)가 지정하는 건설안전점검기관(안전진단전문기관 또는 국토안전원)에 점검을 의뢰해서 확인하는 점검

(3) 정밀안전점검

정기안전점검결과 건설공사의 물리적·기능적 결함 등이 발견되어 보수·보강 등의 조치가 필요할 경우 실시하는 점검

(4) 정기안전점검 수준 이상의 안전점검[초기점검]

건설공사를 준공하기 전에 실시하는 점검으로 정밀검검 수준의 점검

(5) 공사 재개 안전점검

건설공사의 중단으로 1년 이상 방치된 시설물의 공사를 재개하는 경우, 정기안전점검 수준의 안전점검

안전점검의 종류

구분	실시시기	점검항목
자체안전점검	• 매일	• 공종별 시공상태와 안전성
정기안전점검	• 종류와 규모에 따라 3~5차	• 임시시설물 • 시공상태의 적정성 • 공사장 주변 안전조치
정밀안전점검	• 정기안전점검 결과 필요 시	• 물리적, 기능적 결함분석
초기점검	• 종류에 따라 공사 준공 전	• 유지관리를 위한 초기치 확보
공사재개안전점검	• 종류에 따라 1년이상 방치 후	• 정기안전점검 내용

2) 공사중 안전점검을 실시해야 하는 공사의 종류[안전관리계획서 수립대상 사업장]

(1) 1종 및 2종시설물의 공사 적용시점 2008. 2. 29 이후

(2) 지하 10미터 이상 굴착공사 적용시점 2008. 2. 29 이후

(3) 10층 이상 16층 미만 건축물의 건설공사 적용시점 2008. 2. 29 이후

(4) 다음에 해당하는 공사

가. 10층 이상인 건축물의 리모델링 또는 해체공사 적용시점 2008. 2. 29 이후

나. 주택법에 따른 수직증축형 리모델링 적용시점 2014. 5. 23 이후

(5) 건설기계 사용 건설공사

가. 천공기(높이가 10미터 이상인 것) 적용시점 2016. 5. 19 이후

나. 항타 및 항발기 적용시점 2012. 7. 18 이후

다. 타워크레인(리프트카 해당없음) 적용시점 2016. 5. 19 이후

(6) 가설구조물 사용 공사 적용시점 2014. 5. 23 이후

[비계]

가. 높이가 31미터 이상인 비계

나. 브라켓(Bracket) 비계 적용시점 2020. 5. 27 이후

[거푸집 및 동바리]

가. 작업발판 일체형 거푸집(갱폼, RCS, ACS 등)

나. 높이가 5미터 이상인 거푸집 및 동바리

[지보공]

가. 터널의 지보공

나. 높이가 2미터 이상인 흙막이 지보공

[가설구조물]

가. 동력을 이용하여 움직이는 가설구조물(FCM, ILM 등)

나. 높이 10미터 이상에서 외부작업을 하기 위하여 작업발판 및 안전시설물을 일체화하여 설치하는 가설구조물 적용시점 2020. 5. 27 이후

다. 공사현장에서 제작하여 조립·설치하는 복합형 가설구조물 적용시점 2020. 5. 27 이후

(7) 그 밖에 건설공사

가. 발주자가 안전관리가 특히 필요하다고 인정하는 건설공사 적용시점 2008. 2. 29 이후

나. 해당 지방자치단체의 조례로 정하는 건설공사 중에서 인허가기관의 장이 안전관리에 특히 필요하다고 인정하는 건설공사 적용시점 2016. 5. 19 이후

4) 안전점검 점검사항

(1) 정기안전점검[건설공사 안전점검 지침]

가. 공사목적물의 안전시공을 위한 임시시설 및 가설공법의 안전성

나. 공사목적물의 품질, 시공상태 등의 적정성

다. 인접건축물 또는 구조물의 안전성 등 공사장 주변안전조치의 적정성

라. 건설기계의 설치·해체 등 작업절차 미 작업 중 건설기계의 전도·붕괴 등을 예방하기 위한 안전조치의 적절성

마. 이전 점검에서 지적된 사항에 대한 조치사항

(2) 정밀안전점검[건설공사 안전점검 지침]

가. 물리적·기능적 결함 현황

나. 결함원인 분석

다. 구조안전성 분석결과

라. 보수·보강 또는 재시공 등 조치대책

5) 건설공사 안전점검 종합보고서

(1) 준공시 발주자에 제출

안전관리계획을 수립하고 안전점검을 실시한 건설공사를 준공한 때에는 안전점검에관한 종합보고서를 작성하여 발주자에게 제출할 것

(2) 발주자가 발주청이 아닌 경우는 행정기관의 장에게 제출

종합보고서를 제출받은 발주자 중 발주청이 아닌 자는 그 건설공사의 허가·인가·승인 등을 한 행정기관의 장에게 제출할 것

(3) 발주청과 행정기관의 장은 국토부장관에게 제출

종합보고서를 제출받은 발주청 또는 해당 건설공사의 허가·인가·승인 등을 한 행정기관의 장은 국토해양부장관에게 제출할 것

(4) 종합보고서 보존 및 관리

국토해양부장관, 발주청 및 해당 건설공사의 허가·인가·승인 등을 한 행정기관의 장은 제출받은 종합보고서를 대통령령이 정하는 바에 따라 보존·관리할 것

6) 안전점검/정밀안전진단 책임기술자의 자격

구분	자격요건
정기점검	• 건설기술관리법에 따른 토목 · 건축 또는 안전관리(건설안전) 직무분야의 건설기술자 중 초급기술자 이상
정밀점검 및 긴급점검	• 건설기술관리법에 따른 토목 · 건축 또는 안전관리(건설안전) 직무분야의 건설기술자 중 고급기술자 이상 • 건축사로서 연면적 5천 제곱미터 이상의 건축물에 대한 설계 또는 감리 실적이 있는 사람
정밀안전 진단	• 건설기술관리법에 따른 토목 또는 건축 직무분야의 건설기술자 중 특급기술자 • 건축사로서 연면적 5천 제곱미터 이상의 건축물에 대한 설계 또는 감리 실적이 있는 사람

*정밀점검 및 정밀안전진단을 하기 위해서는 아래 3가지 요건을 모두 갖추어야 한다.
1) 안전점검 및 정밀안전진단의 실시 범위 2) 책임기술자의 자격 3) 해당분야의 교육 이수

7) 발주자의 안전점검 의무 강화

(1) 안전점검기관 지정 의무[시행 2019.07.01.]

가. 대상 : 정기안전점검, 정밀안전점검, 초기점검, 공사재개점검

나. 방법 : 발주청[점검기관 명부 작성] ⇨ 시공사[지정 요청] ⇨ 발주청[지정/통보]

(2) 안전점검결과 국토부 제출

가. 건설사업자 또는 주택건설등록업자 ⇨ 국토부장관 제출[15일 이내]

나. 건설안전종합정보망(www.csi.go.kr)에 제출[관리 : 국토안전관리원]

(3) 안전점검종합보고서 제출

건설사업자 또는 주택건설등록업자 ⇨ 발주청(인허가기관) ⇨ 국토부장관 제출[FMS]

2. 시설물안전법 안전점검

안전점검이란 경험과 기술을 갖춘 자가 육안이나 점검기구 등으로 검사하여 시설물에 내재되어 있는 위험요인을 조사하는 행위를 말한다. [시설물안전법제2조]

1) 안전점검의 종류

(1) 정기안전점검

시설물의 상태를 판단하고 시설물이 점검 당시의 사용 요건을 만족시키고 있는지 확인할 수 있는 수준의 외관조사를 실시하는 안전점검

(2) 정밀안전점검

시설물의 상태를 판단하고 시설물이 점검 당시의 사용 요건을 만족시키고 있는지 확인하며 시설물 주요부재의 상태를 확인할 수 있는 수준의 외관조사 및 측정·시험장비를 이용한 조사를 실시하는 안전점검

(3) 긴급안전점검

시설물의 붕괴·전도 등으로 인한 재난 또는 재해가 발생할 우려가 있는 경우에 시설물의 물리적·기능적 결함을 신속하게 발견하기 위하여 실시하는 점검

(4) 소규모 취약시설 안전점검[시설물안전법제19조]

1종, 2종, 3종 시설물이 아닌 시설 중에서 안전에 취약하거나 재난의 위험이 있다고 판단되는 사회복지 시설 등 다음과 같은 시설물은 해당 시설의 관리자, 소유자 또는 관련 행정기관의 장이 요청하는 경우 실시하는 안전점검. 다만, 지방자치단체 또는 지방공기업이 관리주체인 시설은 제외한다.

가. 사회복지사업법에 따른 사회복지시설

나. 전통시장 및 상점가 육성을 위한 특별법에 따른 전통시장

다. 농어촌도로 정비법 시행령에 따른 교량

(가) 터널, 교량, 도선장등 도로와 하나가 되어 그 효용을 다하게 하는 시설

(나) 옹벽, 암거(땅속 또는 구조물 속 도랑), 용·배수관, 길도랑(측구) 및 그 밖에 이와 유사한 공작물

라. 도로법 시행령에 따른 지하도 및 육교

(가) 차도·보도·자전거도로 및 측도

(나) 터널·교량·지하도 및 육교(해당 시설에 설치된 엘리베이터를 포함한다)

(다) 궤도

(라) 옹벽·배수로·길도랑·지하통로 및 무넘기시설

(마) 도선장 및 도선의 교통을 위하여 수면에 설치하는 시설

마. 옹벽 및 절토사면(깍기비탈면). 다만, 도로법 및 급경사지 재해예방에 관한 법률의

적용을 받는 시설은 제외한다.

바. 그 밖에 안전에 취약하거나 재난의 위험이 있어 안전점검 등을 실시할 필요가 있는 시설로서 국토교통부장관이 정하여 고시하는시설

(5) 초기점검

관리주체가 시설물의 유지관리를 하는데 필요한 초기치와 기초자료를 얻기 위하여 실시하며, 시설물의 전 부재에 대한 조사 관찰로 현재 발생한 결함 및 장래 발생하기 쉬운 결함을 조사하여 시설물의 상태평가 및 중점유지관리 항목을 파악하기 위하여 실시한다.

가. 실시시기

가) 2001. 7. 30 이전 입찰 공고된 시설물는 사용승인(임시사용 포함)후 6개월 이내에 정밀점검 수준의 안전점검(초기점검)을 실시 완료

나) 2001. 7. 30 이후 시설물은 준공직전에 완료되어야 하며, 준공 전에 완료하기 곤란한 공사의 경우에는 발주자의 승인을 얻어 준공 후 3개월 이내에 할 수 있다.

나. 점검 절차

가) 점검 실시전에 설계도서 상세 검토

나) 붕괴유발부재 또는 부위를 파악하여 현장조사

다) 추후 유지관리에 특별한 주의를 필요로 하는 사항 제시

라) 초기치 조사 : 결함부위 등 주요부위 외관조사망도 작성, 조사결과 도면 기록

마) 시설물의 예방적 유지관리 체계 구성

바) 초기점검의 과업은 정밀점검에서 규정하고 있는 기본과업과 선택과업으로 구분

(6) 시설물의 성능평가

시설물의 기능을 유지하기 위하여 요구되는 시설물의 구조적 안전성, 내구성, 사용성 등의 성능을 종합적으로 평가하는 것으로 도로, 철도, 항만, 댐 등 시설물의 관리주체가 시설물의 성능을 유지하기 위하여 시설물에 대한 성능평가를 실시하는 해야 한다.

구분	성능평가대상시설물
1. 교량	
가. 도로교량	제1종시설물 및 제2종시설물에 해당하는 고속국도 및 일반국도의 교량
나. 철도교량	제1종시설물 및 제2종시설물에 해당하는 고속철도 및 일반철도의 교량
2. 터널	
가. 도로터널	제1종시설물 및 제2종시설물에 해당하는 고속국도 및 일반국도의 터널
나. 철도터널	제1종시설물 및 제2종시설물에 해당하는 고속철도 및 일반철도의 터널
3. 항만	제1종시설물 및 제2종시설물에 해당하는 무역항 및 연안항의 계류시설
4. 댐	제1종시설물에 해당하는 다목적댐
5. 건축물	제1종시설물 및 제2종시설물에 해당하는 공항청사

구분	성능평가대상시설물
6. 하천 가. 하구둑 나. 수문 및 통문 다. 제방	 제1종시설물 및 제2종시설물에 해당하는 국가하천의 하구둑 및 방조제 제1종시설물 및 제2종시설물에 해당하는 국가하천의 수문 및 통문 제2종시설물에 해당하는 국가하천의 제방(부속시설인 통관 및 호안을 포함한다)
7. 상수도	제1종시설물에 해당하는 광역상수도

2) 안전점검, 정밀안전진단 실시시기[시설물안전법별표3]

안전등급	정기안전점검	정밀안전점검		정밀안전진단	성능평가
		건축물	건축물 외 시설물		
A등급	반기에 1회 이상	4년에 1회 이상	3년에 1회 이상	6년에 1회 이상	5년에 1회
B · C등급		3년에 1회 이상	2년에 1회 이상	5년에 1회 이상	
D · E등급	1년에 3회 이상	2년에 1회 이상	1년에 1회 이상	4년에 1회 이상	

3) 안전점검 실시자[49)]

(1) 관리주체

(2) 안전진단전문기관

(3) 시설물유지관리업자

4) 안전점검 또는 정밀안전진단 책임기술자 자격

(1) 정기안전점검

해당 기술분야 기술자격요건과 교육 및 실무경력 요건을 모두 갖춘 자

(2) 정밀안전점검 침 긴급안전점검

해당 기술분야 기술자격요건과 교육 및 실무경력 요건을 모두 갖춘 자

(3) 정밀안전진단

해당 기술분야 기술자격요건과 교육 및 실무경력 요건을 모두 갖춘 자

(4) 성능평가

해당 기술분야 기술자격요건과 교육 및 실무경력 요건을 모두 갖춘 자

49) 하자담보책임기간이 만료되기 전에 마지막으로 실시하는 정밀점검의 경우에 한해서는 안전진단전문기관만이 실시한다.

정밀안전진단 02-55

1. 시설물안전법 정밀안전진단

정밀안전진단이란 시설물의 물리적,기능적 결함을 발견하고 그에 대한 신속하고 적절한 조치를 하기 위하여 구조적 안전성과 결함의 원인 등을 조사, 측정, 평가하여 보수, 보강 등의 방법을 제시하는 행위를 말한다.[시설물안전법제2조]

1) 정밀안전진단의 실시
   (1) 제1종 시설물은 정기적으로 실시
   (2) 안전점검 또는 정밀안전점검, 긴급안전점검을 실시한 결과 재해 및 재난을 예방하기 위하여 필요하다고 인정되는 경우에 실시
   (3) 내진설계 대상 시설물 중 내진 성능평가를 받지 않은 시설물

2) 정밀안전진단 실시할 때 유의사항
   (1) 해당 시설물을 설계·시공·감리한 자 또는 그 계열회사인 안전진단전문기관에 의뢰할 수 없음
   (2) 해당 시설물의 관리주체에 소속되어 있거나 그 자회사인 안전진단전문기관에 의뢰할 수 없음. 다만, 공공관리주체인 안전진단전문기관으로서 소관 시설물의 구조적 특수성으로 해당 기관의 전문기술이 필요하여 국토교통부장관이 인정하는 경우에는 예외

3) 중대한 결함[시설물안전법제18조]
   시설물기초의 세굴, 부등침하 등 중대한 결함이란 시설물의 구조안전에 중대한 영향을 미치는 것으로 인정되는 다음 각 호의 결함을 말한다.
   (1) 시설물기초의 세굴
   (2) 교량교각의 부등침하
   (3) 교량받침의 파손
   (4) 터널지반의 부등침하
   (5) 항만 계류시설 중 강관 또는 철근콘크리트파일의 파손 · 부식
   (6) 댐의 파이핑
   (7) 건축물의 기둥·보 또는 내력벽의 내력 손실
   (8) 하천시설물의 본체, 교량 및 수문의 파손·누수·파이핑 또는 세굴
   (9) 시설물의 철근콘크리트의 염해 또는 탄산화에 따른 내력 손실
   (10) 절토사면 및 성토사면(쌓기비탈면)의 균열·이완 등에 따른 옹벽의 균열 또는 파손
   (11) 그 밖에 시설물의 구조안전에 영향을 미치는 것으로 인정되는 결함

학습 Note 안전관리계획서 및 안전점검 결과 제출

건설기술진흥법에 따른 검토·점검 결과 제출

건설기술진흥법제62조제3항, 제5항에 따른 ① 안전관리계획서 사본과 검토 결과, ② 차수별 안전점검 결과를 국토교통부장관(건설공사 안전관리 종합정보망, www.csi.go.kr)에 제출할 것

1. 안전관리계획서 사본과 검토결과 제출
   (1) 관련근거 : 건설기술진흥법제62조제3항
   (1) 제출자 : 발주청 또는 인·허가기관
   (1) 제출시기 : 계획서 검토결과를 통보한 날로부터 7일 이내
   (1) 제출방법 : 건설공사 안전관리 종합정보망(www.csi.go.kr)에 제출
   (1) 적용대상 : '19. 7. 1. 이후 입찰공고 또는 인·허가된 건설공사
2. 차수별 안전점검 결과 제출
   (1) 관련근거 : 건설기술진흥법제62조제5항
   (2) 제출자 : 건설업자 또는 주택건설등록업자
   (3) 제출시기 : (차수별)점검결과를 통보받은 날로부터 15일 이내
   (4) 제출방법 : 건설공사 안전관리 종합정보망(www.csi.go.kr)에 제출
   (5) 적용대상 : '19. 7. 1. 이후 입찰공고 또는 인·허가된 건설공사

6. 안전관리제도

KOSHA18001 02-56

1. 안전보건경영시스템 KOSHA 18001 개요

1) KOSHA 18001은 안전보건공단에서 99년 위험성 평가를 기반으로 산업안전보건법의 요구조건과 국제노동기구[ILO]의 안전보건경영시스템 구축에 관한 권고를 반영하여 독자적으로 개발한 안전보건경영체제
2) 안전보건경영시스템 국제 기준[ISO45001]공표·시행에 따라 국제 표준에 맞게 KOSHA18001을 새로운 시스템(KOSHA-MS)으로 전환함

2. KOSHA-MS 목적

1) 안전보건경영시스템[KOSHA-MS]구축지원 및 인증업무에 필요한 사항을 정하여 사업장으로부터 자율적으로 인증 신청을 받아 심사 후 일정 수준 이상인 사업장에 인증서를 수여함으로써 자율적인 재해 예방 활동을 촉진하기 위함이다.
2) 사업주가 재해예방과 기업손실감소 활동을 체계적으로 추진토록 하기 위한 자율안전보건체계를 말한다.
3) 안전보건경영시스템은 최고경영자가 안전보건방침에 안전보건정책을 선언하고 이에 대한 실행계획을 수립[Plan]실행 및 운영[Do], 점검 및 시정조치[Check]하며 그 결과를 최고경영자가 검토[Acion]하는 P-D-C-A 순환과정의 체계적인 안전보건활동을 말한다.

3. KOSHA-MS 변경사항

1) 국제표준[ISO45001]인증기준 체계 반영한다.
2) 재해율 기준 인증 취소 요건이 사고사망만인율을 적용한다.
3) 사업장 규모에 따라 인증기준, 심사비, 심사 일수 세분화 한다.

4. 평가항목

1) 위험성평가를 포함한 교육, 운영관리 등 안전보건영영체제분야 18개 항목
2) 현장의 안전보건활동 15개 항목
3) 경영층, 중간관리자와 현장관리자 등 관계자 면담으로 6개 항목 등 총 39개 항목

5. 인증심사 절차(신규)

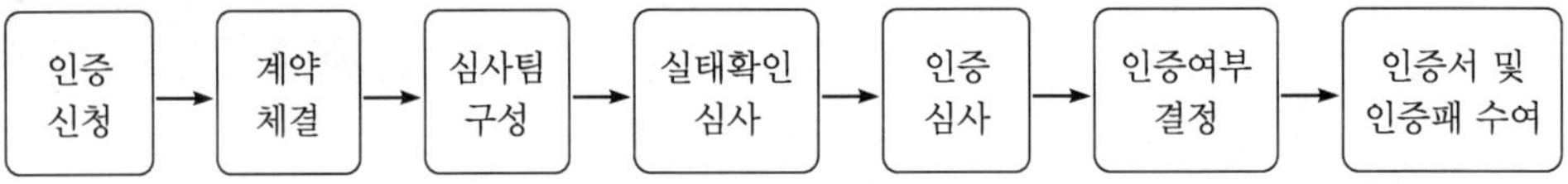

그림 2.6.1. 인증심사 절차

6. 안전보건경영 구성요소

1) 자체평가
2) 안전보건 방침
3) 계획수립
4) 실행 및 운영
5) 점검 및 시정조치
6) 경영자 검토

7. 인증 신청(건설)

1) 안전보건관련현황조사표
2) 사업자등록증 각 1부

8. 인증유효기간

1) 인증유효기간 3년(1년 단위로 계속하여 사후심사 후 연장)
2) 유효기간 주기도래시 유효기간 연장신청을 한 사업장을 심사하여 유효기간 연장여부를 결정한다.

9. 안전보건경영시스템 운영방법

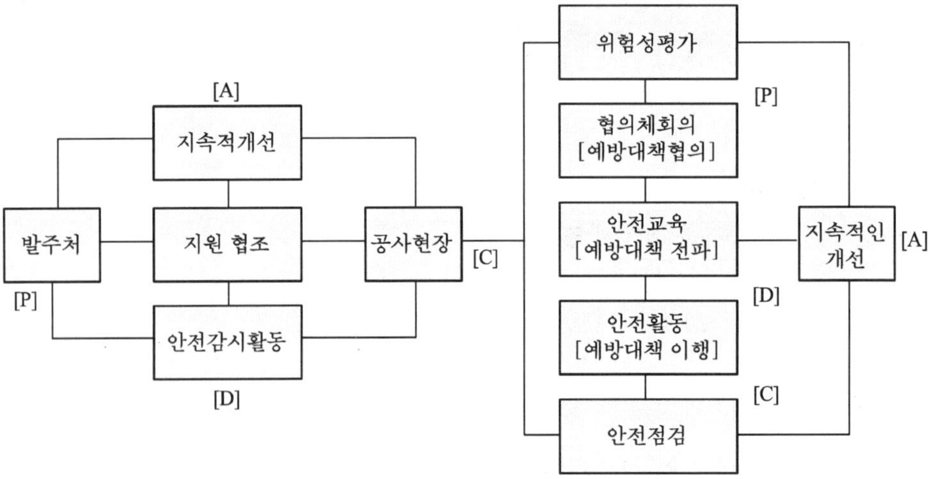

그림 2.6.2. 안전보건경영시스템 운영 방법

산업안전지도사 02-57

1. 산업안전지도사 등의 업무 영역별 종류

1) 산업안전지도사
   (1) 기계안전
   (2) 전기안전
   (3) 화공안전
   (4) 건설안전 분야

2) 산업보건지도사
   (1) 직업환경의학
   (2) 산업위생 분야

2. 산업안전지도사 직무[산안법제142조]

1) 공정상의 안전에 관한 평가·지도
2) 유해·위험의 방지대책에 관한 평가·지도
3) 제1호 및 제2호의 사항과 관련된 계획서 및 보고서의 작성
4) 그 밖에 산업안전에 관한 사항으로서 대통령령으로 정하는 사항
   (1) 위험성평가의 지도
   (2) 안전보건개선계획서의 작성
   (3) 그 밖에 산업안전에 관한 사항의 자문에 대한 응답 및 조언

3. 산업보건지도사 직무

1) 작업환경의 평가 및 개선 지도
2) 작업환경 개선과 관련된 계획서 및 보고서의 작성
3) 근로자 건강진단에 따른 사후관리 지도
4) 직업성 질병 진단(의료법에 따른 의사인 산업보건지도사만 해당) 및 예방 지도
5) 산업보건에 관한 조사·연구
6) 그 밖에 산업보건에 관한 사항으로서 대통령령으로 정하는 사항
   (1) 위험성평가의 지도
   (2) 안전보건개선계획서의 작성
   (3) 그 밖에 산업보건에 관한 사항의 자문에 대한 응답 및 조언

4. 산업안전지도사(건설안전 분야) 업무 범위[산안법시행령제102조제2항별표 31]

1) 유해·위험방지계획서, 안전보건개선계획서, 건축·토목 작업계획서 작성 지도
2) 가설구조물, 시공 중인 구축물, 해체공사, 건설공사 현장의 붕괴우려 장소 등의 안전성 평가
3) 가설시설, 가설도로 등의 안전성 평가
4) 굴착공사의 안전시설, 지반붕괴, 매설물 파손 예방의 기술 지도
5) 그 밖에 토목, 건축 등에 관한 교육 또는 기술 지도

5. 지도사의 교육[산안법제146조]

1) 지도사 자격이 있는 사람은 직무 수행하기 위한 등록 전 1년의 범위에서 연수교육을 받을 것
2) 산업안전 또는 산업보건 분야에서 5년 이상 실무에 종사한 경력이 있는 사람은 교육 면제

작업허가제 02-58

1. 작업허가제 도입 취지[고위험작업]

작업 전 위험성을 평가하여 안전대책 수립 및 재해를 예방하기 위하여 시행하는 제도

1) 재해위험요인 사전제거
2) 안전보건증진
3) 쾌적한 작업환경 조성

2. 대상공종[위험공종][공공공사 추락사고방지에 관한보완지침, 2020.03]

1) 2미터 이상의 고소작업
2) 1.5미터 이상의 굴착·가설공사
3) 철골 구조물 공사
4) 2미터 이상의 외부 도장공사
5) 승강기

3. 작업절차

1) [작성] 시공자 : 위험공종을 작업하기 전에 공사감독자 또는 건설사업관리기술인에게 작업계획 제출할 것
2) [승인] 공사감독자 또는 건설사업관리기술인 : 작업계획서 승인할 것
3) [착수] 시공자 : 작업계획서 승인 후 작업에 착수 할 것

4) [확인점검] 승인받은 작업과 작업조건이 동일하게 반복되는 경우에는 작업계획을 제출 후 작업에 착수할 수 있음

4. 적용 대상 및 적용시기

1) 적용대상 : 건진법 규정에 따라 발주청으로 지정된 모든 기관에 적용된다.
2) 적용시기 : 2020년 4월 1일부터 시행함

5. 작업계획서[안전보건규칙제38조]

1) 사전조사 및 작업계획서의 작성 등

사업주는 근로자의 위험을 방지하기 위하여 작업장의 지형·지반 및 지층 상태 등에 대한 사전조사를 하고 그 결과를 기록·보존하여야 하며, 조사결과를 고려하여 작업계획서를 작성하고 그 계획에 따라 작업을 하도록 할 것

2) 작성대상 작업

(1) 타워크레인을 설치·조립·해체하는 작업
(2) 차량계 하역운반기계등을 사용하는 작업
(3) 차량계 건설기계를 사용하는 작업
(4) 화학설비와 그 부속설비를 사용하는 작업
(5) 전기작업(해당 전압이 50볼트를 넘거나 전기에너지가 250볼트 암페어를 넘는 경우로 한정한다.)
(6) 굴착면의 높이가 2미터 이상이 되는 지반의 굴착작업
(7) 터널굴착작업
(8) 교량(상부구조가 금속 또는 콘크리트로 구성되는 교량으로서 그 높이가 5미터 이상이거나 교량의 최대 지간 길이가 30미터 이상인 교량으로 한정)의 설치·해체 또는 변경 작업
(9) 채석작업
(10) 건물 등의 해체작업
(11) 중량물의 취급작업
(12) 궤도나 그 밖의 관련 설비의 보수·점검작업
(13) 열차의 교환·연결 또는 분리 작업

3) 근로자 주지

(1) 사업주는 작성한 작업계획서의 내용을 해당 근로자에게 알릴 것
(2) 사업주는 항타기나 항발기를 조립·해체·변경 또는 이동하는 작업을 하는 경우 그 작업방법과 절차를 정하여 근로자에게 주지시킬 것

4) 작업지휘자의 지정

(1) 사업주는 작업지휘자를 지정하여 작업계획서에 따라 작업을 지휘하도록 할 것

(2) 사업주는 항타기나 항발기를 조립·해체·변경 또는 이동하여 작업을 하는 경우 작업지휘자를 지정하여 지휘·감독할 것

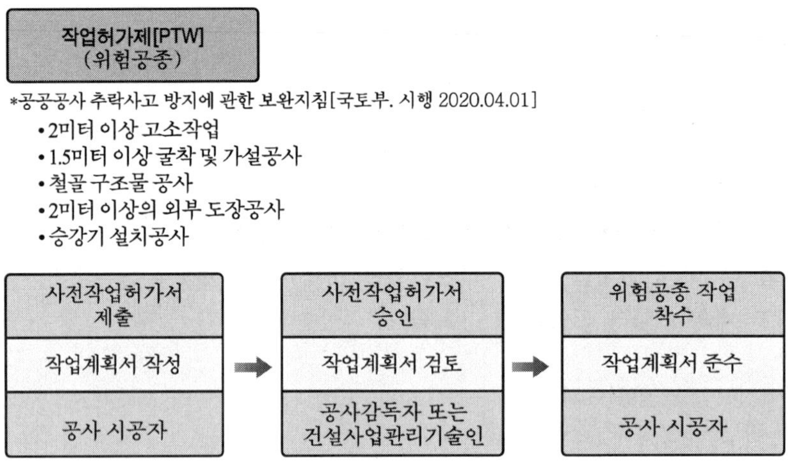

그림 2.6.3. 작업허가제

비산먼지 02-59

1. 비산먼지발생사업[대기환경보전법시행령제44조]

1) 시멘트·석회·플라스터Plaster 및 시멘트 관련 제품의 제조업 및 가공업

2) 비금속물질의 채취업, 제조업 및 가공업

3) 제1차 금속 제조업

4) 비료 및 사료제품의 제조업

5) 건설업(지반 조성공사, 건축물 축조 및 토목공사, 조경공사로 한정함)[시행규칙별표13]

(1) 건축물축조공사

건축법에 따른 건축물의 증·개축, 재축 및 대수선을 포함하고, 연면적이 1,000 제곱미터 이상인 공사

(2) 토목공사

가. 구조물의 용적 합계가 1,000세제곱미터 이상, 공사면적이 1,000제곱미터 이상 또는 총 연장이 200미터 이상인 공사

나. 굴정(구멍뚫기)공사의 경우 총 연장이 200미터 이상 또는 굴착토사량이 200세제

곱미터 이상인 공사

(3) 조경공사

면적의 합계가 5,000제곱미터 이상인 공사

(4) 지반조성공사

가. 건축물해체공사의 경우 연면적이 3,000제곱미터 이상인 공사

나. 토공사 및 정지공사의 경우 공사면적의 합계가 1,000제곱미터 이상인 공사

다. 농지조성 및 농지정리 공사의 경우 흙쌓기(성토) 등을 위하여 운송차량을 이용한 토사 반출입이 함께 이루어지거나 농지전용 등을 위한 토공사, 정지공사 등이 복합적으로 이루어지는 공사로서 공사면적의 합계가 1,000제곱미터 이상인 공사

(5) 도장공사 : 공동주택관리법에 따라 장기수선계획을 수립하는 공동주택에서 시행하는 건물외부 도장공사

(6) 그 밖에 가목부터 마목까지의 공사에 준하는 공사로서 해당 가목부터 마목까지의 공사 규모 이상인 공사

6) 시멘트, 석탄, 토사, 사료, 곡물 및 고철의 운송업

7) 운송장비 제조업

8) 저탄시설의 설치가 필요한 사업

9) 고철, 곡물, 사료, 목재 및 광석의 하역업 또는 보관업

10) 금속제품의 제조업 및 가공업

11) 폐기물 매립시설 설치·운영 사업

2. 비산먼지 발생을 억제하기 위한 시설의 설치 및 필요한 조치에 관한 기준(건설업)

1) 롤러방식 채택

도장공사장에서 야외 도장작업을 하려는 경우 및 건축물축조공사장의 야외 도장작업을 하려는 경우에는 롤러방식(붓칠방식 포함)으로 할 것. 다만, 충돌혼합으로만 반응하는 폴리우레탄 도료를 사용하여 건물 옥상 방수용 도장작업을 하는 경우 또는 도장공사장에서 비산먼지 발생이 적은 방식으로서 환경부장관이 고시하는 방식으로 도장작업을 하는 경우에는 롤러방식으로 하지 않을 수 있다.

2) 방진막, 방진벽, 물뿌림 시설

건축물해체공사장에서 건물해체작업을 할 경우 먼지가 공사장 밖으로 흩날리지 아니하도록 방진막 또는 방진벽을 설치하고, 물뿌림 시설을 설치하여 작업 시 물을 뿌리는 등 비산먼지 발생을 최소화할 것

3) 저공해 조치 건설기계

건설기계를 사용하려는 경우에는 저공해 조치를 한 건설기계를 사용할 것

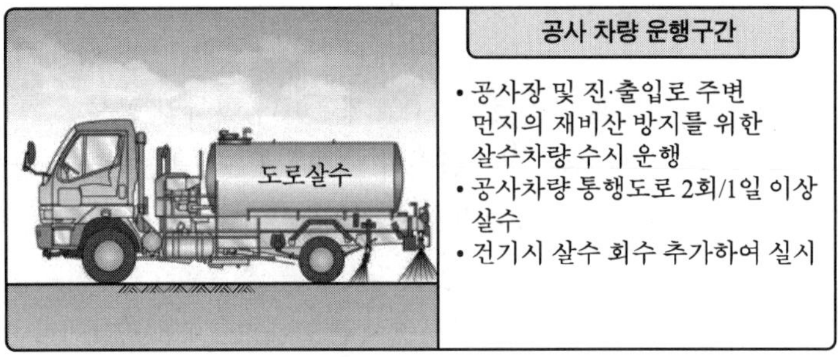

그림 2.6.4. 도로살수차 운행

안전보건계획수립, 안전보건대장[산재예방 책임주체 확대] 02-60

1. 산업재해 예방 책임주체 확대

사업주 이외에도 대표이사, 건설공사 발주자 등에게도 산업재해 예방을 위한 의무를 부과하고 있다.

2. 산업재해 예방 책임주체 확대[대표이사, 발주자 의무]

1) 안전보건계획 수립 이사회 보고 및 승인[산안법제14조]

기업의 산재예방 강화를 위해 회사의 대표이사에게 안전 및 보건에 관한 계획을 수립하여 이사회에 보고하고 승인받도록 하였으며, 수립계획의 성실한 이행 의무를 부과하고 있다.

(1) 대상

전년도 시공능력평가액(토목·건축공사업에 한함) 순위 상위 1,000위 이내의 건설회사

(2) 안전 및 보건에 관한 계획 포함 내용[산안법령제13조]

가. 안전 및 보건에 관한 경영방침

나. 안전·보건관리 조직의 구성·인원 및 역할

다. 안전·보건 관련 예산 및 시설 현황

라. 안전 및 보건에 관한 전년도 활동 실적 및 다음 연도 활동 계획

안전 및 보건에 관한 계획 수립 → 이사회 보고 → 이사회 승인 → 안전 및 보건에 관한 계획 이행

그림 2.7.1. 안전 및 보건에 관한 계획 수립 절차

2) 건설공사 발주자 산업재해예방조치[안전보건대장 작성]

(1) 건설공사발주자는 산업재해 예방을 위하여 건설공사의 계획, 설계 및 시공 단계에서 다음의 구분에 따른 조치할 것[산안법제67조]

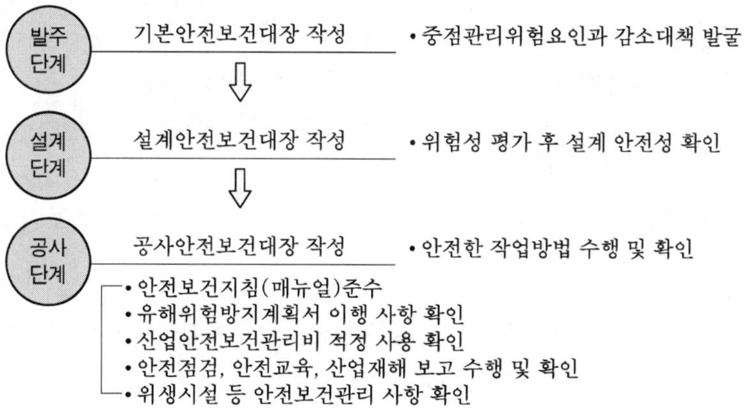

그림 2.7.2. 발주자 산업재해 예방조치

(2) 건설공사 발주자는 안전보건 분야의 전문가에게 각 단계별 대장에 기재된 내용의 적정성을 확인받아야 한다.[신설 2021.05.18., 시행 2021.11.19.]

(3) 건설공사 발주자는 설계자 및 건설공사를 최초로 도급받은 수급인이 건설현장의 안전을 우선적으로 고려하여 설계·시공업무을 수행할 수 있도록 적정한 비용과 기간을 계상·설정해야 한다.[신설 2021.05.18., 시행 2021.11.19.]

3) 각 단계별 안전보건대장 내용

(1) 계획단계(기본안전보건대장)[산안법시행규칙제86조]

가. 건설공사 계획단계에서 예상되는 공사내용, 공사규모 등 공사 개요

나. 공사현장 제반 정보

다. 건설공사에 설치·사용 예정인 구조물, 기계·기구 등 고용노동부장관이 정하여 고시하는 유해·위험요인과 그에 대한 안전조치 및 위험성 감소방안

라. 산업재해 예방을 위한 건설공사발주자의 법령상 주요 의무사항 및 이에 대한 확인

(2) 설계단계(설계안전보건대장)[산안법시행규칙제86조]

가. 안전한 작업을 위한 적정 공사기간 및 공사금액 산출서
다만, 건설공사발주자가 건설사업관리를 하게 하고 해당 설계용역에 대하여 공사기간 및 공사비의 적정성 검토가 포함된 건설사업관리 결과보고서를 작성·제출받은 경우에는 포함하지 않을 수 있다.

나. 건설공사 중 발생할 수 있는 유해·위험요인 및 시공단계에서 고려해야 할 유해·위

험요인 감소방안

다. 산업안전보건관리비의 산출내역서

(3) 시공단계(공사안전보건대장)[산안법시행규칙제86조]

가. 설계안전보건대장의 유해·위험요인 감소방안을 반영한 건설공사 중 안전보건 조치 이행계획

나. 유해위험방지계획서의 심사 및 확인결과에 대한 조치내용

다. 고용노동부장관이 정하여 고시하는 건설공사용 기계·기구의 안전성 확보를 위한 배치 및 이동계획

라. 건설공사의 산업재해 예방 지도를 위한 계약 여부, 지도결과 및 조치내용

4) 안전보건대장 적용 범위

(1) 총 공사금액 50억원 이상 건설공사의 발주자에게 공사 계획·설계·시공 등 전 과정에 의무를 부여하고 있다.[산안법시행령제55조]

(2) 총 공사금액이란 발주자가 하나의 건설공사를 완성하기 위하여 발주한 공사금액의 합을 말하며, 시간적·장소적으로 분리된 건설공사를 일정기간 총액으로 계약한 공사는 개별 공사금액이 50억원 이상인 경우에 한하고 있다.[건설공사 안전보건대장의 작성 등에 관한 고시]

5) 안전보건대장 작성 및 확인 업무 수행자[건설공사 안전보건대장의 작성 등에 관한 고시]

(1) 발주자 소속 임직원 지정

(2) 발주자의 소속 임직원이 업무를 수행하기 어려운 경우에는 전문가를 선임하여 업무를 수행하게 할 수 있다.

가. 산업안전지도사(건설안전 분야) 및 건설안전기술사

나. 건설안전기사 자격을 취득한 후 건설안전 분야에서 3년 이상의 실무경력이 있는 사람

다. 건설안전산업기사 자격을 취득한 후 건설안전 분야에서 5년 이상의 실무경력이 있는 사람

(3) 안전보건조정자

6) 안전보건대장[50]의 작성방법 및 확인

하나의 건설공사를 두 개 이상으로 분리하여 발주하는 경우에는 발주자, 설계자 또는 수급인은 안전보건대장을 각각 작성해야 한다. 이 경우 건설공사를 분리하여 발주하더라도 설계자 또는 수급인이 같은 때에는 안전보건대장을 통합하여 작성할 수 있다.

50) 건설공사 안전보건대장의 작성 등에 관한 고시[고용노동부고시 제2020-22호] 이 고시는 2020년 1월 16일 이후 발주자가 건설공사의 설계에 관한 계약을 체결하는 건설공사부터 시행한다.

(1) 기본안전보건대장의 작성[계획단계]

가. 설계조건 고지

발주자는 기본안전보건대장의 유해·위험요인과 감소대책에 대한 설계조건을 설계자 선정 또는 설계의 입찰 시 미리 고지할 것

나. 발주자는 설계자와 설계계약을 체결할 경우 기본안전보건대장을 설계자에게 제공할 것

(2) 설계안전보건대장 작성 및 확인[설계단계]

가. 설계안전보거대장 작성-설계자 업무

설계자는 발주자로부터 제공받은 기본안전보건대장을 반영하여 설계안전보건대장을 작성할 것

나. 발주자 확인

설계자는 기본설계 시에 설계안전보건대장을 작성하고 발주자의 확인을 받아야 하며, 실시설계 시에는 그 구체적인 내용을 설계서에 반영할 것

다. 설계안전보건대장 확인-발주자 업무

발주자는 설계안전보건대장을 확인하고 산업재해 예방을 위한 설계조건이 충분하지 않을 경우 설계자에게 보완을 요청할 것

라. 설계안전보건대장 제공-발주자 업무

발주자는 건설공사 계약 체결 시 설계안전보건대장을 수급인에게 제공할 것

(3) 공사안전보건대장 작성 및 확인[시공단계]

가. 공사안전보건대장 작성[시공자 업무]

수급인은 발주자로부터 제공받은 설계안전보건대장을 반영하여 공사안전보건대장을 작성할 것

나. 설계안전보건대장 및 공사안전보건대장 확인[시공자 업무]

발주자는 수급인이 설계안전보건대장 및 공사안전보건대장에 따라 산업재해 예방조치를 이행하였는지 여부를 공사시작 후 매 3월마다 1회 이상 확인할 것. 다만, 3개월 이내에 공사가 종료되는 경우에는 종료 전에 확인할 것

다. 공사안전보건대장 변경[시공자 및 발주자 업무]

수급인이 공사안전보건대장에 따른 안전보건 조치 이행계획을 변경하고자 하는 경우 발주자에게 변경요청을 하여야 하며, 발주자는 변경요청의 적정성을 검토하여 필요한 경우 변경을 승인할 것. 이 경우 수급인은 발주자의 요청사항을 공사안전보건대장에 반영할 것

라. 작업중단 요청[발주자 업무]

발주자는 수급인이 공사안전보건대장에 따른 안전보건 조치 등을 이행하지 아니하여 산업재해가 발생할 급박한 위험이 있을 때에는 수급인에게 작업중단을 요청할 수 있음

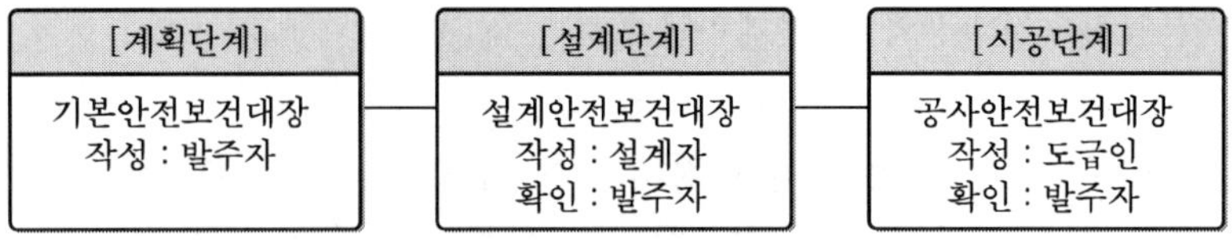

그림 2.7.3. 건설공사 단계별 안전보건대장 작성 및 확인 주체

안전보건대장 작성 절차 및 조치 내용

구분	조치사항	안전보건대장 포함 사항
계획	[기본안전보건대장] 해당 건설공사에서 중점적으로 관리하여야 할 유해·위험 요인과 이의 감소방안	• 건설공사 계획단계에서 예상되는 공사내용, 공사규모 등 공사 개요 • 공사현장 제반 정보 • 건설공사에 설치·사용 예정인 구조물, 기계·기구 등 고용노동부장관이 정하여 고시하는 유해·위험요인과 그에 대한 안전조치 및 위험성 감소방안 • 산업재해 예방을 위한 건설공사발주자의 법령상 주요 의무사항 및 이에 대한 확인
설계	[설계안전보건대장] 기본안전보건대장을 설계자에게 제공하고, 설계자로 하여금 유해·위험요인의 감소방안을 포함한설계안전보건대장을 작성하게 하고 이를 확인	• 안전한 작업을 위한 적정 공사기간·금액 산출서 • 건설공사 중 발생할 수 있는 유해·위험요인 및 시공단계에서 고려해야 할 유해·위험요인 감소방안 • 건설공사 중 발생할 수 있는 유해·위험요인 및 시공단계에서 고려해야 할 유해·위험요인 감소방안 • 산업안전보건관리비의 산출내역서
시공	[공사안전보건대장] 건설공사발주자로부터 건설공사를 최초로 도급받은 수급인에게 설계안전보건대장을 제공하고, 그수급인에게 이를 반영하여 안전한 작업을 위한 공사안전보건대장을 작성하게 하고 그 이행 여부 확인	• 설계안전보건대장의 유해·위험요인 감소방안을 반영한 건설공사 중 안전보건 조치 이행계획 • 유해위험방지계획서의 심사 및 확인결과에 대한 조치 내용 • 고용노동부장관이 정하여 고시하는 건설공사용 기계·기구의 안전성 확보를 위한 배치 및 이동계획 • 건설공사의 산업재해 예방 지도를 위한 계약 여부, 지도결과 및 조치내용

3. 법의 보호대상 확대

1) 특수형태근로종사자 보호 : 건설기계 운전자(27종)

[산업안전보건법 적용대상 건설기계 종류 27종]
(1) 불도저 (2) 굴삭기 (3) 로더 (4) 지게차 (5) 스크래이퍼 (6) 덤프트럭 (7) 기중기 (8) 모터그레이더 (9) 롤러 (10) 노상안정기 (11) 콘크리트뱃칭플랜트 (12) 콘크리트피니셔 (13) 콘크리트 살포기 (14) 콘크리트믹서트럭 (15) 콘크리트펌프 (16) 아스팔트믹싱플랜트 (17) 아스팔트피니셔 (18) 아스팔트살포기 (19) 골재살포기 (20) 쇄석 (21) 공기압축기 (22) 천공기 (23) 항타 및 항발기 (24) 자갈채취기 (25) 준설선 (26) 특수건설기계 (27) 타워크레인

2) 안전보건조치

(1) 건설기계운전자

가. 기상상태

- 악천후 및 강풍 등 기상상태 불안정으로 인하여 근로자가 위험할 우려가 있는 경우 작업 중지
- 순간풍속 10m/s 초과 → 타워크레인의 설치·해체 또는 수리·점검 중지
- 순간풍속 15m/s 초과 → 타워크레인의 운전작업 중지

나. 작업계획서

- 사전조사 결과를 고려한 작업계획서 작성 및 그에 따른 작업 이행
- 작업지휘자를 지정하여 작업계획서에 따라 작업 지시

다. 운전·탑승

- 하중을 건 상태 또는 화물 적재 상태에서 운전위치 이탈금지, 갑작스러운 주행·이탈을 방지하기 위한 조치 및 시동키를 운전대에서 분리 등
- 크레인에 전용 탑승설비를 설치하고 추락 위험방지 조치시 근로자 탑승 가능(단, 이동식 크레인의 경우 탑승 제한)
- 차량계 건설기계 및 차량계 하역운반기계를 사용하여 작업 시 승차석 외 위치에 근로자 탑승 금지

라. 사용제한

- 차량계 건설기계 및 차량계 하역운반기계는 그 기계의 주된 용도로만 사용
- 크레인, 이동식 크레인 등 양중기의 적재하중 내 사용

마. 방지조치 등

- 차량계 하역운반기계 등을 사용하는 작업 시 기계가 넘어지거나 굴러 떨어짐으로써 근로자에게 위험을 미칠 우려가 있는 경우 기계유도자 배치 및 갓길 붕괴 방지 등을 위한 조치를 하여야 한다.
- 차량계 하역운반기계 등을 사용하여 작업 시 하역운반 중인 화물이나 그 기계 등에 접촉되어 근로자가 위험해질 우려가 있는 장소에 근로자 출입제한(단, 작업지휘자 또는 유도자 배치 시 출입가능)
- 굴착작업을 하는 경우 미리 운반기계, 굴착기계 등의 운행경로 및 토석 적재장소 출입 방법을 근로자에게 주지

(2) 양중기

타워크레인, 이동식크레인 등 동력을 사용하여 중량물을 매달아 상하좌우로 운반하는 설비인 양중기에 대한 다음의 안전조치 필요

가. 정격하중 표시

• 운전자 또는 작업자가 보기 쉬운 곳에 정격하중, 운전속도, 경고표시 등 부착

나. 방호장치 조정

• 과부하방지장치, 권과방지장치, 비상정지장치, 제동장치 등 작업 전 작동상태 확인

다. 크레인 사용

• 훅걸이용 와이어로프 등이 훅으로부터 벗겨지는 것을 방지하기 위한 해지장치를 구비한 크레인을 사용하여야 하며, 크레인을 사용하여 짐 운반 시 해지장치 사용

• 지브 크레인을 사용하여 작업 시 지브 경사각의 범위에서 사용

라. 크레인 작업 시 안전조치

• 인양할 하물을 바닥에서 끌어당기거나 밀어내는 작업 금지

• 위험물 용기는 보관함에 담아 안전하게 운반

• 고정된 물체를 직접 분리·제거하는 작업 금지

• 작업반경 내 근로자의 출입 통제

• 인양할 하물이 보이지 아니하는 경우에는 작동 금지(단, 신호수 작업하는 경우 제외)

(3) 차량계 하역운반기계

지게차 등 동력원을 사용하여 특정되지 아니한 장소로 스스로 이동할 수 있는 하역 운반용 기계인 차량계 하역운반기계에 대한 다음의 안전조치 필요

가. 화물 적재 시 조치 : 한쪽으로 치우치지 않도록 적재하고 적재 시 운전자의 시야를 확보

나. 좌석 안전띠 : 지게차를 운전하는 근로자에게 좌석 안전띠를 착용하도록 지시

(4) 차량계 건설기계

굴삭기, 덤프트럭, 불도저 등 동력원을 사용하여 특정되지 아니한 장소로 스스로 이동할 수 있는 건설기계인 차량계 건설기계에 대한 다음의 안전조치 필요

가. 안전 장비

• 전조등 구비

• 암석이 떨어질 우려가 있는 등 위험 장소에서는 견고한 헤드가드[낙하물 보호구조] 구비

나. 좌석 안전띠

• 지게차를 운전하는 근로자에게 좌석 안전띠를 착용하도록 지시

(5) 항타기 및 항발기

기초공사용 말뚝 등을 박거나 뽑는 항타기 및 항발기에 대한 다음의 안전조치 필요

가. 무너짐 방지

• 항타기 또는 항발기를 연약한 지반에 설치하는 경우 깔판, 깔목 등을 사용

- 시설 또는 가설물 등에 설치하는 경우 내력을 확인하고 필요 시 보강
- 각부나 가대가 미끄러질 우려가 있는 경우 말뚝 또는 쐐기 등을 사용하여 고정
- 버팀대, 버팀줄, 평형추로 안정시키는 경우 각각에 대한 안전조치 실시

나. 사용 시 조치

- 권상용 와이어로프가 꼬인 경우 하중을 걸어서는 안 됨
- 항타기 또는 항발기의 권상장치에 하중을 건 상태로 정지하여 두는 경우 장비를 사용하여 제동하는 등 확실하게 정지

3) 안전보건교육

건설기계 운전사 정기교육 및 특별교육 실시

(1) 교육과정

가. 최초 노무제공 시

교육 2시간 이상(단기간 작업 또는 간헐적 작업에 노무를 제공하는 경우에는 1시간 이상 실시하고, 특별교육을 실시한 경우는 면제)

나. 특별교육

16시간 이상(최초 작업에 종사하기 전 4시간 이상 실시하고 12시간은 3개월 이내에서 분할하여 실시가능) 단기간 작업 또는 간헐적 작업인 경우에는 2시간 이상

(2) 교육내용

- 산업안전 및 사고 예방
- 사고발생 시 긴급조치
- 작업개시전 점검 등

사업참여자별 안전보건 관련 주요 계획 비교

주체	계획구분	산안법	대상 기업 및 사업	작성시기
건설회사	안전 및 보건에 관한 계획	제14조	• 전년도 시공능력평가액(토목건축공사업)순위 상위 1000위 이내	매년
발주자	설계안전성검토	건진법제62조	• 안전관리계획 수립대상	설계단계
	기본안전보건대장	제67조	• 공사금액 50억원 이상	계획단계
설계자	설계안전보건대쟝	제67조	• 공사금액 50억원 이상	
시공자	공사안전보건대장	제67조	• 공사금액 50억원 이상	착공전
	유해위험방지계획서	제42~43조	• 해당공사	해당공사 착공전
	안전관리계획서	건진법제62조	• 해당공사	
	안전보건관리규정	제25조	• 상시근로자 100명이상	시공단계
	위험성평가	제36조	• 모든사업	
	안전점검	건진법제62조	• 안전관리계획 수립대상	

도급인의 책임강화 02-61

1. 산안법상의 용어 정의

1) 도급

명칭에 관계없이 물건의 제조·건설·수리 또는 서비스의 제공, 그 밖의 업무를 타인에게 맡기는 계약

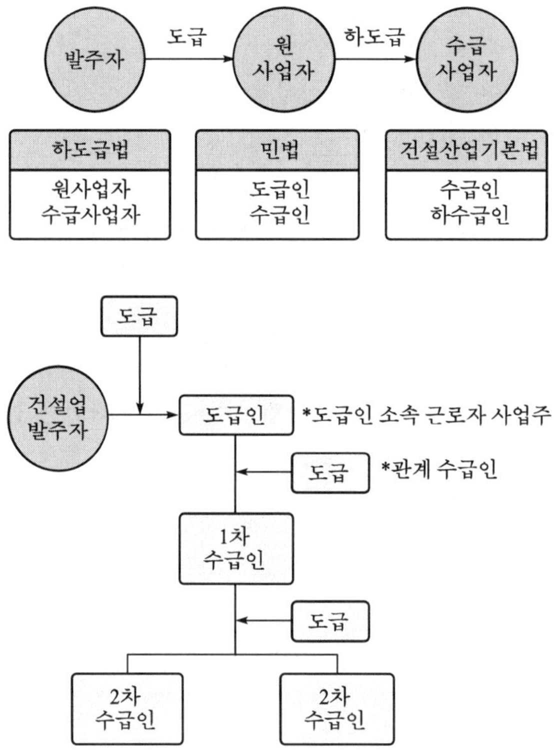

그림 2.7.4. 산안법의 용어 구분

2) 건설공사 발주자[51]

(1) 건설공사를 도급하는 자로서 건설공사의 시공을 주도하여 총괄·관리하지 아니하는 자

(2) 도급받은 건설공사를 다시 도급자는 제외

(3) 건설공사의 시공을 주도하여 총괄·관리하는 자는 자기 공사자를 의미한다.

---

51) 산업안전보건법에서 건설공사발주자의 산업재해 책임 의무

(1) 산업안전보건법 상 건설공사발주자는 도급인 책임을 지지않고, 건설공사발주자로부터 건설공사를 도급받은 사업주가 산업안전보건법 상 도급인에 해당되며 그에 따른 책임을 부담하게 하고 있다.

(2) 건설공사발주자는 건설현장의 산업재해 예방을 위하여 건설공사 도급인과 다른 책임을 부담하도록 규정하고 있다.

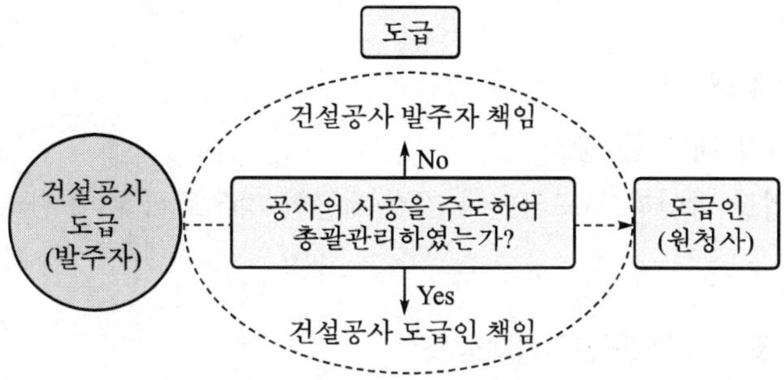

그림 2.7.5. 산업안전보건법 상 건설공사발주자와 도급인 구분

3) 도급인

(1) 명칭에 관계없이 물건의 제조·건설·수리 또는 서비스의 제공, 그 밖의 업무를 도급하는 사업주 다만, 건설공사발주자는 제외

(2) 건설공사에서 도급인은 건설공사발주자로부터 해당 건설공사를 최초로 도급받은 수급인 또는 건설공사의 시공을 주도하여 총괄 관리하는 자

(3) 건설공사를 발주자로부터 처음 도급받은 도급인은 건설산업기본법상 수급인에 해당한다.

(4) 자기공사를 하여 공사의 일부를 도급 주는 경우, 도급인의 지위를 갖음(건설발주자의 지위는 없다.)

4) 수급인

(1) 도급인으로부터 물건의 제조·건설·수리 또는 서비스의 제공, 그 밖의 업무를 도급받은 사업주

(2) 중층적 도급관계는 고려하지 않는다.

(3) 산업안전보건법상 수급인은 건설산업기본법상 하수급인에 해당한다.

5) 관계수급인

(1) 도급이 여러 단계에 걸쳐 체결된 경우에 각 단계별로 도급받은 사업주 전부

(2) 중층적 도급관계가 고려됨

(3) 건설공사를 재하도급시 재하도급 회사 소속 근로자는 관계수급인 근로자에 해당된다.

6) 사업주

(1) 사업주는 근로자를 사용하여 사업을 하는 자를 지칭

(2) 법인의 경우는 법인 자체가 사업주에 해당하며, 개인사업자의 경우는 개인(사업주)이 사업주에 해당된다.

(2) 건설현장에서 도급인 근로자의 사업주는 도급인 회사 법인(개인사업자의 경우 개인)이며, 수급인 근로자의 사업주는 수급인 회사 법인(개인사업자의 경우 개인)이 해당된다.

2. 도급인의 책임강화

1) 도급인의 책임범위 확대

(1) 도급인의 사업장 내 모든 장소

(2) 도급인의 사업장 밖이라도 도급인이 지정·제공한 경우로서 지배·관리하는 장소(21개 위험장소)

2) 도급인의 안전보건조치 사항 등[산안법제64조]

(1) 산업재해예방조치

가. 안전보건조치[산안법제64조제1항]

도급인은 관계수급인 근로자가 도급인의 사업장에서 작업을 하는 경우에 자신의 근로자와 관계수급인 근로자의 산재예방을 위하여 안전보건 시설의 설치 등 안전보건조치를 할 것

나. 안전보건점검

도급인은 자신과 관계수급인[52], 자신 및 해당 공정의 관계수급인 근로자 각 1명과 함께 분기에 1회 이상(건설업·선박 및 보트 건조업은 2개월 1회 이상) 작업장의 안전보건 점검을 할 것

(2) 정보제공

유해·위험성 있는 화학물질의 제조·사용하는 설비의 분해·해체 등 작업, 질식·붕괴 위험 있는 작업 등을 시작하기 전 수급인에게 안전·보건에 관한 정보를 문서로 제공할 것

가. 정보제공 방법 및 시기

해당 작업 시작 전에 수급인에게 안전 및 보건에 관한 정보를 문서로 제공할 것

나. 확인의 의무

도급인은 수급인의 노동자가 제공된 정보에 따라 필요한 조치를 받고 작업을 수행하는지 확인할 것

다. 작업 개시 연기 등

수급인은 도급인이 정보 미제공 시 도급 작업을 하지 않을 수 있고, 이 경우 계약 지체에 따른 책임은 지지 않는다.

(3) 시정조치

도급인은 관계수급인 또는 관계수급인 근로자가 도급 받은 작업과 관련하여 법 또는 명령을 위반한 경우 관계수급인에게 시정하도록 필요한 조치를 할 수 있다.

가. 질식·붕괴 위험 있는 작업 등 도급 시 정보를 제공해야 하는 작업을 도급 하는 경

---

52) 도급인과 관계수급인은 같은 사업 내에 지역을 달리하는 사업장이 있는 경우에는 그 사업장의 안전보건관리책임자로 한다.

우 수급인 또는 수급인 근로자가 법 또는 명령을 위반하면 수급인에게 시정하도록 필요한 조치를 할 수 있다.

학습 Note 도급인의 책임 범위][산업재해 발생 위험이 있는 장소[산안법시행령제11조]

1) 토사·구축물·인공구조물 등 붕괴될 우려가 있는 장소
2) 기계·기구 등이 넘어지거나 무너질 우려가 있는 장소
3) 안전난간의 설치가 필요한 장소
4) 비계 또는 거푸집을 설치하거나 해체하는 장소
5) 건설용 리프트를 운행하는 장소
6) 지반을 굴착하거나 발파작업을 하는 장소
7) 엘리베이터홀 등 근로자 가 추락할 위험이 있는 장소
8) 석면이 붙어 있는 물질을 파쇄 또는 해체하는 작업을 하는 장소
9) 공중 전선에 가까운 장소로서 시설물의 설치·해체·점검 및 수리 등의 작업시 감전의 위험이 있는 장소
10) 물체가 떨어지거나 날아올 위험이 있는 장소
11) 프레스 또는 전단기를 사용하여 작업을 하는 장소
12) 차량계 하역운반기계 또는 차량계 건설 기계를 사용하여 작업하는 장소
13) 전기 기계·기구를 사용하여 감전 위험 있는 작업을 하는 장소
14) 철도차량에 의한 충돌 또는 협착의 위험이 있는 작업을 하는 장소
15) 화재·폭발 우려가 있는 선박 내부 용접·용단작업 등
16) 양중기에 의한 충돌 또는 협착의 위험이 있는 작업을 하는 장소
17) 유기화합물취급 특별장소
18) 방사선 업무를 하는 장소
19) 밀폐공간
20) 위험물질을 제조하거나 취급하는 장소
21) 화학설비 및 그 부속설비에 대한 정비·보수 작업이 이루어지는 장소

학습 Note 도급에 따른 산업재해예방조치 이행사항(산안법제64조제1항)

1) 도급인과 수급인을 구성원으로 하는 안전 및 보건에 관한 협의체의 구성 및 운영
  ① 정기적-매월 1회 이상 협의
  ② 안전보건협의사항
    (1) 작업의 시작시간 (2) 작업장간 연락방법 (3) 배해발생 위험이 있는 경우 대피방법
    (4) 작업장에서의 위험성평가의 실시에 관한 사항
    (5) 사업주와 수급인 또는 수급인 상호간의 연락방법 및 작업공정의 조정
  ③ 구성원
    (1) 도급인

(2) 도급계약을 직접 체결한 수급인

(3) 수급인으로부터 재하도급받은 관계수급인 제외

④ 협의체 예외 공사 : 공사기간 30일 이내에 종료되는 일시적인 작업의 경우

2) 작업장 순회점검

① 주기 : 2일에 1회 이상(건설업)

② 도급인의 의무이므로 관계수급인이 해당점검에 참여할 의무는 없음

③ 관계수급인은 순회점검을 거부방해 또는 기피해서는 안되며, 도급인의 시정요구에 따라야 함[산안법시행규칙제80조제2항]

[합동안전보건점검] ① 안전보건조치의 적정성 여부를 점검조치하는 행위

② 주기 : 2개월에 1회 이상(건설업)

3) 관계수급인이 근로자에게 하는 제29조제1항부터 제3항까지의 규정에 따른 **안전보건교육을 위한 장소 및 자료의 제공** 등 지원

4) 관계수급인이 근로자에게 하는 제29조제3항에 따른 **안전보건교육의 실시 확인**

5) 다음 각 목의 어느 하나의 경우에 대비한 경보체계 운영과 **대피방법** 등 훈련

① 작업 장소에서 발파작업을 하는 경우

② 작업 장소에서 화재·폭발, 토사·구축물 등의 붕괴 또는 지진 등이 발생한 경우

6) **위생시설**(휴게시설, 세면·목욕시설, 세탁시설, 탈의시설, 수면시설)의 설치 등을 위하여 필요한 장소의 제공 또는 도급인이 설치한 위생시설 이용의 협조

학습 Note 도급 시 정보제공 대상작업

1) 폭발성·발화성·인화성·독성 등의 유해성·위험성이 있는 화학물질 중 고용노동부령으로 정하는 화학 물질 또는 그 화학물질*을 함유한 혼합물을 제조·사용·운반 또는 저장하는 반응기·증류탑·배관 또는 저장탱크로서 고용노동부령으로 정하는 설비**를 개조·분해·해체 또는 철거하는 작업

* 안전보건기준에 관한 규칙에 따른 위험물질 및 관리대상 유해물질

** 안전보건기준에 관한 규칙에 따른 화학설비 및 그 부속설비

2) 제1호에 따른 설비의 내부에서 이루어지는 작업

3) 질식 또는 붕괴의 위험이 있는 작업으로서 대통령령*으로 정하는 작업

* 산소결핍, 유해가스 등으로 인한 질식의 위험이 있는 장소로서 안전보건규칙 별표 18에 따른 밀폐공간에서 이루어지는 작업 및 토사, 구축물, 인공구조물 등의 붕괴 우려가 있는 장소에서 이루어지는 작업

학습 Note 수급인에게 제공하여야 하는 문서

1) 안전보건규칙 별표 7에 따른 화학설비 및 그 부속설비에서 제조·사용·운반 또는 저장하는 위험물질 및 관리대상 유해물질의 명칭과 그 유해성·위험성

2) 안전·보건상 유해하거나 위험한 작업에 대한 안전·보건상의 주의사항

3) 안전·보건상 유해하거나 위험한 물질의 유출 등 사고가 발생한 경우에 필요한 조치의 내용

(4) 적격수급인 선정

산재예방 조치 능력을 갖춘 수급인을 선정할 것

(5) 안전보건총괄책임자 지정[53)]

관계수급인 근로자가 도급인의 사업장에서 작업을 하는 경우에 그 사업장의 안전보건관리책임자를 도급인의 근로자와 관계수급인 근로자의 산재예방 업무를 총괄 관리하는 안전보건총괄책임자로 지정할 것

가. 대상 : 총 공사금액(수급인 공사금액 포함)이 20억원 이상인 건설업

나. 업무 : 위험성평가 실시, 작업 중지 및 재개, 도급사업 시의 안전보건조치, 수급인의 산업안전보건관리비 집행 감독 등

(5) 노사협의체

가. 노사협의체 구성 및 운영[산안법제75조]

공사금액 120억원(토목 150억원) 이상 건설공사의 건설공사도급인은 근로자위원과 사용자위원이 동수로 구성되는 노사협의체를 구성·운영할 수 있으며 이 경우 산업안전보건위원회와 도급인과 수급인을 구성원으로 하는 안전 및 보건에 관한 협의체를 각각 구성·운영한 것으로 본다.

나. 노사협의체 협의사항[산안법시행규칙제93도]

(가) 산업재해 예방방법 및 산업재해가 발생한 경우의 대피방법

(나) 작업의 시작시간, 작업 및 작업장 간의 연락방법

(다) 그 밖의 산업재해 예방과 관련된 사항

산업안전보건위원회, 안전보건협의체, 노사협의체 구성 및 운영 비교

구분	산업안전보건위원회	안전보건협의체	노사협의체
협의사항	안전 및 보건사항 심의의결	산재예방활동	산재예방활동
구성	근로자위원 사용자위원	도급인과 수급인 사업주 전원	근로자 위원 사용자 위원
회의	정기회의-분기마다 임시회의-필요시	정기회의-매월1회 이상	정기회의-2개월 마다 임시회의-필요시
규모	120억(150억 토목) 이상	도급사업	120억(150억 토목) 이상 도급사업
구성운영	노사협의체로 대체가능	노사협의체로 대체가능	-
주체	사업주 의무규정	사업주 의무규정	도급인 임의 규정

3) 도급인의 의무이행 강화

도급인이 안전·보건조치 의무를 위반한 경우 처벌 수준을 강화한다.

53) 안전보건총괄책임자를 지정한 경우 안전총괄책임자(건설기술진흥법)를 선임한 것으로 본다.

(1) 안전조치 및 보건조치 의무위반인 경우

(종전) 1년 이하의 징역 또는 1천만원 이하의 벌금 → (개정) 3년 이하의 징역 또는 3천만원 이하의 벌금

(2) 안전조치 및 보건조치 의무위반으로 근로자가 사망한 경우(신설)

가. 7년이하의 징역 또는 1억원 이하의 벌금

나. 5년 이내 재범 시 그 형의 2분의 1까지 가중처벌

다. 수강명령 병과가능

유죄의 판결(선고유예 제외)을 선고하거나 약식명령을 고지하는 경우 200시간의 범위 내 산재 예방에 필요한 수강명령 병과 규정을 신설

학습 Note 안전보건법 상 건설공사발주자의 책임(법률신문. 2020. 9. 23)

1) 도급인

개정법[산업안전보건법 202.1.16 시행]에서도 건설공사발주자를 제외한 도급인은 관계수급인의 근로자가 도급인의 사업장에서 작업을 하는 경우 자신의 근로자와 관계수급인 근로자의산업재해 예방을 위하여 필요한 안전 및 보건 조치 의무를 부담합니다(제63조). 이를 위반하여 근로자를 사망에 이르게 한 경우 7년 이하의 징역 또는 1억원 이하의 벌금이 부과될 수 있고(제167조 제1항), 사망의 결과에 이르지 않더라도 안전 및 보건조치 미이행 자체로 3년 이하의 징역 또는 3천만원 이하의 벌금이 부과됩니다(제169조제1호).

그 밖에도 도급인은 안전보건총괄책임자의 지정(제62조), 안전보건협의체의 구성 및 운영 등 산업재해예방조치(제64조), 수급인에 대한 안전 및 보건 정보제공(제65조) 등의 의무를 부담합니다.

2) 건설공사 발주자

반면, 개정법에 따르면 건설공사발주자는 관계수급인의 근로자에 대한 안전 및 보건조치 의무를 직접적으로 부담하지 않습니다. 대신에 건설공사발주자는 건설공사의 계획 단계에서 기본안전보건대장을 작성하여야 하고, 설계 및 시공단계에서 그 기본안전보건대장에 따라 각각 설계안전보건대장 및 공사안전보건대장을 작성하게 한 뒤 이를 확인하는 등의 산업재해 예방조치 의무를 부담합니다(제67조). 또한 건설공사발주자는 2개 이상의 건설공사가 같은 장소에서 진행되는 경우 안전보건조정자 배치(제68조), 공사기간 단축 및 정당한 사유 없는 공법 변경의 금지(제69조), 산업재해 예방을 위한 도급인의 요청 시 공기 연장(제70조), 산업재해 발생 우려가 있는 경우 설계변경(제71조), 도급계약체결 시 도급금액에 산업안전보건관리비 계상(제72조)등의 의무를 부담합니다. 이러한 건설공사발주자의 의무 가운데 위반 시 그 자체로 형사책임이 따르는 사항은 '공사기간단축 및 공법 변경금지'입니다. 건설공사발주자가 설계도서 등에 따라 산정된 공사기간을 단축하거나 공사비를 줄이기 위하여 위험성 있는 공법 또는 정당한 이유 없이 변경된 공법을 사용하는 경우 1천만원 이하의 벌금에 처하게 됩니다(제171조제1호). 그 밖에 위에서 열거된 사항은 위반 시 과태료 부과 대상입니다(제175조)

학습 Note 산안법제66조(도급인의 관계수급인에 대한 시정조치)의 의미

1) (직접적 조치 제한) 보호구 착용의 지시 등 관계수급인 근로자의 작업행동에 관한 직접적 조치는 제외하도록 규정(법 제63조 단서)
2) 법 제63조 단서는 도급인이 산업재해 예방을 위하여 필요한 안전조치 및 보건조치를 모두 했음에도 불구하고 관계수급인 근로자가 보호구 미착용 상태로 작업하는 등으로 산업재해가 발생한 경우도급인으로서의 책임을 묻지 않는다는 뜻이며
3) 오히려 도급인은 관계수급인 근로자가 산업안전보건법 또는 법에 따른 명령을 위반하는 경우, 관계수급인에게 위반행위에 대한 시정하도록 필요한 조치를 할 수 있고, 관계수급인은 정당한 사유가 없으면 그 조치를 이행해야 한다.
4) 법 제63조 단서는 도급인이 도급업무의 완성을 위해서 관계수급인 근로자에 대하여 보호구 착용을 지시할 수 없다거나, 불안전한 작업행동에 대하여 시정을 요구하여서는 안 된다는 취지는 아님

※ 보호구 착용 등 관계수급인 근로자의 작업행동에 관한 직접적인 조치의무는 근로계약 당사자인 관계수급인이 부담해야 한다.

건설업 및 위험기계기구 안전강화 02-62

1. 건설업 안전보건관리체제 강화

1) 안전관리자

(1) 건설업의 안전관리자 선임대상 공사 규모

(종전) 120억

(개정) 50억 이상으로 확대

(시행시기) 100억 이상('20.7.1), 80억 이상('21.7.1), 60억 이상('22.7.1), 50억 이상('23.7.1)

(2) 대규모 건설현장 안전성 확보를 위해 안전관리자 자격 강화 및 공사 초·말기에 투입되는 안전관리수 확대. 공사금액별 선임해야할 안전관리자 수의 1/2이상 선임

2) 안전보건조정자

개정법에서는 작업혼재로 인하여 발생 가능한 산재예방 효과 강화를 위해 건설공사발주자가 선임하는 안전보건조정자 대상을

(종전) 전기공사, 정보통신공사와 그 밖의 건설공사가 같은 장소에서 행하여지는 경우

(개정) 2개 이상의 건설공사가 같은 장소에서 행하여지는 경우로 변경

3) 관계수급인의 요청

가설구조물의 붕괴 등으로 산업재해 발생 위험이나, 건설공사가 지연되는 사유로 산업재해 예방을 위해,

(1) 설계변경이나

(2) 공사기간의 연장을 요청 할 수 있는 대상을 관계수급인까지 확대됨

(가설구조물) 높이 31m이상의 비계, 높이 6m이상인 거푸집 동바리 등

(건설공사 지연 사유) 태풍·홍수 등 악천후, 전쟁·사변, 지진, 화재, 전염병, 폭동 등

2. 위험기계기구 등의 안전강화

1) 타워크레인 안전강화 이유

타워크레인 등의 임대업체, 설치·해체업체는 영세소규모 사업주로 작업자 숙련도가 낮고 안전작업 절차 미준수 등 안전관리에 취약하여 다수의 산업 재해가 발생하고 있다.

(1) 타워크레인 설치·해체업 등록제 신설을 통해 숙련도 높은 업체가 안전수칙을 준수하며 설치·해체 작업 등을 하도록 한다.

(2) 건설공사도급인에게 자신의 사업장에 타워크레인, 항타기 및 항발기 등이 설치되어 있거나 작동하는 경우 또는 이를 설치·해체·조립 작업 시 필요한 안전보건조치 의무를 신설함

2) 지게차 안전강화

사업장에서 중량물 운반목적으로 사용하는 지게차의 위험을 방지하기 위해 안전장치 설치와 운전자 교육이수 신설

(1) 안전장치 : 후진경보기와 경광등 설치 또는 후방감지기 설치 조치

(2) 교육이수

사업장에서 사용하는 지게차 중 건설기계관리법에 적용 받지 않는 3톤미만 전동식지게차 운전자는 국가기술자격법에 따른 지게차 운전기능사 자격이 있거나 지게차 소형건설기계교육기관이 실시하는 교육을 이수해야 한다.

3) 고소작업대 안전강화

지게차, 리프트 등 24종류[54]의 기계·기구·설비 및 건축물 등을 타인에게 대여하거나 대여받는 자가 필요한 안전조치 및 보건조치 하여야 하는 대상 품목

(1) (종전) 산업재해보상보험 및 예방심의위원회 심의를 거쳐 고용부 장관이 정하여 고시하는 기계, 기구, 설비 및 건축물 등이 삭제되고

54) [24종류] 1.사무실 및 공장용 건축물 2.이동식 크레인 3.타워크레인 4.불도저 5.모터 그레이더 6.로더 7.스크레이퍼 8.스크레이퍼 도저 9.파워 셔블 10.드래그라인 11.클램셸 12.버킷굴삭기 13.트렌치 14.항타기 15.항발기 16. 어스드릴 17.천공기 18.어스오거 19.페이퍼드레인머신 20.리프트 21.지게차 22. 롤러기 23.콘크리트 펌프 24. 고소작업대

(2) (개정) 재해율이 높은 고소작업대가 추가되었다.

4) 안전인증

유해·위험한 기계·기구 및 방호장치, 보호구 제조·수입·사용 등을 위해서는

(1) 사전에 안전인증(안전인증대상기계 등)을 받거나 안전에 관한 성능이 안전 기준에 맞는지 확인하여 신고(자율안전확인대상기계 등)할 것

(2) 개정법에서는 자율안전확인신고 대상품목이었던 기압조절실, 잠수기, 산업용 로봇 안전매트를 삭제한 반면,

(3) 산업용 로봇 방호장치는 안전인증 대상으로 포함하여 강화하였고 안전 인증 대상에서 기계톱을 삭제함

5) 안전검사

유해·위험한 기계·기구를 사용하기 위해서는 해당 기계·기구의 설치가 끝난 날로부터 3년 이내에 최초 안전검사를 실시하되, 그 이후부터 2년마다 안전 검사를 받을 것

(1) 개정법에서는 안전검사 대상에서 화학설비 및 그 부속설비, 건조설비 및 그 부속설비를 삭제한다.

안전인증, 자율안전확인 신고제품 및 종류

구분		대상	법조항
안전 인증 (30 품목)	기계·기구 (9품목)	1. 프레스 2. 전단기 및 절곡기 3. 크레인 4. 리프트 5. 압력용기 6. 롤러기 7. 사출성형기 8. 고소작업대 9. 곤돌라 10. 기계톱(삭제)	산안법 제84조
	방호장치 (9품목)	1. 프레스 및 전단기 방호장치 2. 양중기용 과부하방지장치 3. 보일러 압력방출용 안전밸브 4. 압력용기 압력방출용 안전밸브 5. 압력용기 압력방출용 파열판 6. 절연용 방호구 및 활선작업용 기구 7. 방폭구조 전기기계·기구 및 부품 8. 가설기자재 9. 산업용 로봇 방호장치(신설	
	보호구 (12품목)	1. 안전모(추락 및 감전 위험방지용) 2. 안전화 3. 안전장갑 4. 방진마스크 5. 방독마스크 6. 송기마스크 7. 전동식 호흡보호구 8. 보호복 9. 안전대 10. 보안경(차광 및 비산물 위험방지용) 11. 용접용보안면 12. 방음용 귀마개 또는 귀덮개	
자율 안전 확인 신고 (20 품목)	기계·기구 (10품목)	1. 연삭기 또는 연마기(휴대형 제외) 2. 산업용 로봇 3. 혼합기 4. 파쇄기 또는 분쇄기 5. 식품가공용기계(파쇄·절단·혼합· 제면기만 해당) 6. 컨베이어 7. 자동차정비용 리프트 8. 공작기계(선반, 드릴기, 평삭·형삭기, 밀링만 해당) 9. 고정형 목재 가공용기계(둥근톱, 대패, 루타기, 띠톱, 모떼기 기계만 해당) 10. 인쇄기 11. 기압조절실(삭제)	산안법 제89조
	방호장치 (7품목)	1. 아세틸렌 용접장치 및 가스집합 용접장치용 안전기 2. 교류 아크용접기용 자동전격방지기 3. 롤러기 급정지장치 4. 연삭기 덮개 5. 목재 가공용 둥근톱 반발 예방장치와 날 접촉 예방장치 6. 동력식 수동대패용 칼날 접촉 방지장치 7. 가설기자재(안전인증 대상 제외) 8. 산업용 로봇 안전매트(삭제)	
	보호구 (3품목)	1. 안전모(안전인증대상 안전모 제외) 2. 보안경(안전인증대상 보안경 제외) 3. 보안면(안전인증대상 보안면 제외) 4. 잠수기(삭제)	

구분	대상	법조항
안전검사 (13품목)	1. 프레스 2. 전단기 3. 크레인(정격 하중이 2톤 미만은 제외) 4. 리프트 5. 압력용기 6. 곤돌라 7. 국소 배기장치 (이동식 제외) 8. 원심기(산업용만 해당) 9. 화학설비 및 그 부속설비(삭제) 10. 건조설비 및 그 부속설비(삭제) 11. 롤러기 (밀폐형 구조 제외) 12. 사출성형기[형 체결력 294킬로뉴턴(KN) 미만은 제외] 13. 고소작업대[「자동차관리법」 제3조 제3호 또는 제4호에 따른 화물자동차 또는 특수자동차에 탑재한 고소작업대로 한정] 14. 컨베이어 15. 산업용 로봇	산안법 제93조

6) 사전조사 및 작업계획서 내용[안전보건규칙별표]

작업명	사전조사내용	작업계획서 내용
1. 타워크레인을 설치·조립·해체하는 작업	-	가. 타워크레인의 종류 및 형식 나. 설치·조립 및 해체순서 다. 작업도구·장비·가설설비 및 방호설비 라. 작업인원의 구성 및 작업근로자의 역할 범위 마. 자립고 이상의 타워크레인지지 방법
2. 차량계 하역운반 기계 등을 사용하는 작업	-	가. 해당 작업에 따른 추락·낙하·전도·협착 및 붕괴 등의 위험 예방대책 나. 차량계 하역운반기계등의 운행경로 및 작업방법
3. 차량계 건설기계를 사용하는 작업	해당 기계의 전락, 지반의 붕괴 등으로 인한 근로자의 위험을 방지하기 위한 해당 작업 장소의 지형 및 지반상태	가. 사용하는 차량계 건설기계의 종류 및 성능 나. 차량계 건설기계의 운행경로 다. 차량계 건설기계에 의한 작업방법
6. 굴착작업 7. 터널굴착 작업 8. 교량작업 9. 채석작업 10. 건물 등의 해체작업	지반의 붕괴·굴착기계의 전락 등에 의한 근로자에게 발생할 위험을 방지하기 위한 해당 작업장의 지형·지질 및 지층의 상태	가. 해당작업에 대한 기계·장비 별 사용계획 나. 사용하는 기계·장비 등의 종류 및 성능 다. 사용하는 기계·장비별 안전작업 방법, 순서 및 대책

학습 Note 타워크레인, 지게차 등 건설기계 조종사 안전교육(건설기계관리법)

- 교육 목적 : 전복, 붕괴 등을 건설기계 사고 방지하기 위한 목적
- 교육 내용 : 건설기계의 구조, 작업안전 및 재해예방
- 교육 과정 : 일반기계 과정, 하역기계 과정
- 교육 대상자 : 건설기계 면허(총 19종)
- 교육 시기 : 면허보유자로서 3년 마다 받아야 함
- 첫 교육시기 : 면허발급일 기준으로 09년 12월 31일 이전은 2020년까지, 10년 1월 1일부터 14년 12월 31일까지는 2021년까지, 15년 1월 1일 이후인 경우는 2022년까지 받아야 함

화학물질 관련 개정 내용 02-63

1. 물질안전보건자료(MSDS)

1) MSDS 작성 제출

물질안전보건자료MSDS작성·제출자가

(1) (종전) 화학물질 등을 양도하거나 제공하는 자

(2) (개정) 화학물질 등을 제조하거나 수입하는 자로 변경됨

(3) MSDS 작성·제출 제외대상에 건강기능식품, 위생용품 등이 추가되었으며, 연구개발용 화학물질은 MSDS 작성은 하되 제출 의무는 면제한다.

(4) MSDS 등을 제출하지 아니하는 경우 5백만원 이하의 과태료 부과

2) MSDS 개정내용 비교

구분	개정전(현행)	개정 후	비고
작성대상	• 유해·위험한 화학물질 및 이를 함유한 제제 • 약칭(대상화학물질)	• 유해·위험한 화학물질 또는 혼합물 • 약칭(물질안전보건자료대상 물질	• 작성대상은 동일 • 약칭만 변경
작성주체	• 대상화학물질 양도· 제공자	• 물질안전보건자료대상물질 제조·수입자	–
기재항목	• 대상화학물질의 명칭	• 제품명	• 작성대상은 동일하나, 이를 명확히 함 *(예시)구성성분인 "에틸알코올"이 아닌 제품명인 "크리네타놀"을 기재
	• 모든 구성성분의 명칭·함유량	• 구성성분 중 유해·위험한 화학물질의 명칭·함유량	• 유해·위험성 물질만을 기재 *(예시)"에틸알코올 92%"
제출	• 미규정	• 고용노동부장관에게 제출	• 정부는 MSDS를 제출받아 관리

3) MSDS 일부 비공개 승인

종전에는 업비로서 보호할 가치가 있다고 사업주가 자체 판단하면 구성 성분의 명칭 및 함유량을 MSDS에 작성하지 않을 수 있었으나

(1) 노동자의 안전보건을 강화하기 위해 개정법령에서는 구성성분의 명칭 및 함유량을 비공개하려는 경우 고용노동부장관의 승인을 받아야 하며, 승인 시에는 대체명칭 및 대체함유량을 기재할 것

(사전 승인 시) ① 비공개 타당성 ② 대체자료의 적합성 ③ MSDS의 적정성 확인

(2) 다만 연구·개발(R&D)용 화학물질은 비공개심사는 하지만 제출서류를 간소화(비공개 타당성 생략)하고, 심사기간을 단축(2주 이내)

2. 공정안전보고서PSM

1) 규정량 변경

독성·위험도가 높은 물질은 규정량을 줄이고(18종 강화), 낮은 물질의 규정량 증가(18종 완화)

2) 허용기준 설정 물질

직업병이 발생하거나 발암성·생식독성·변이원성 등 高유해성으로 인한 직업병 발생의 우려가 있는 산화에틸렌 등 화학물질을 추가 지정(종전 14종→개정 38종, 24종 추가)

(1) 작업장 내 유해인자의 노출 농도를 허용기준 이하로 유지하지 않은 경우 1,000만원의 과태료 부과

3) 허용기준 설정 대상 유해인자 : 총38종

4) 안전보건규칙 준수사항

(1) 관리대상 유해물질

가. 밀폐설비 또는 국소배기장치 설치, 국소배기장치 및 전체환기장치의 성능 유지

나. 불침투성 작업장 바닥, 부식·누출방지조치, 경보설치·긴급차단장치 설치

다. 국소배기장치 사용 전 점검, 명칭 등의 게시, 저장 및 빈 용기 관리 등

라. 특별관리물질 : 특별관리물질 취급일지 작성, 특별관리물질의 고지

(2) 허가대상 유해물질

가. 설비기준, 국소배기장치의 설치·성능, 배출액의 처리

나. 국소배기장치 사용 전 점검, 출입의 금지, 흡연 등의 금지, 명칭 등의 게시, 유해성 주지, 작업수칙, 목욕설비·긴급 세척시설, 누출시 조치, 기록의 보존 등

화재위험작업, 화재감시자 배치확대 02-64

1. 화재위험작업

1) 화재위험작업[안전보건규칙제236조]

(1) 화기를 사용하는 작업(용접, 용단 및 금속 가열 등)

(2) 연삭숫돌의 건식연마 작업

(3) 불꽃이 발생될 우려가 있는 작업

2) 화재위험작업 준수사항[안전보건규칙제241조]

(1) 통풍이나 환기가 충분하지 않은 장소에서 화재위험작업을 하는 경우에는 통풍 또는 환기를 위하여 산소를 사용하지 말 것

(2) 가연성물질이 있는 장소에서 화재위험작업을 하는 경우 준수사항[작업전 조치사항]

가. 작업 준비 및 작업 절차 수립할 것

나. 작업장 내 위험물의 사용·보관 현황 파악할 것

다. 화기작업에 따른 인근 가연성물질에 대한 방호조치 및 소화기구 비치할 것

라. 용접불티 비산방지덮개, 용접방화포 등 불꽃, 불티 등 비산방지조치 할 것

마. 인화성 액체의 증기 및 인화성 가스가 남아 있지 않도록 환기 등의 조치할 것

바. 작업근로자에 대한 화재예방 및 피난교육 등 비상조치 할 것

(3) 작업시작 전 안전조치를 이행한 후 근로자에게 화재위험작업을 하도록 할 것

(4) 작업장소 게시 내용

가. 작업내용

나. 작업일시

다. 안전점검 및 조치에 관한 사항 등

2. 화재감시자 배치[용접용단작업 시]

1) 화재감시자 배치

(1) 화재 감시자는 화재의 위험을 감시하고 화재 발생 시 사업장 내 근로자의 대피를 유도하는 업무만을 담당하도록 할 것

(2) 같은 장소에서 상시·반복적으로 용접·용단작업을 할 때 경보용 설비·기구, 소화설비 또는 소화기가 갖추어진 경우에는 화재감시자를 지정·배치하지 않을 수 있음

2) 화재감시자 배치 장소[안전보건규칙제241조의2]

(1) 용접·용단 작업을 하는 다음의 장소

가. 작업반경 **11미터 이내**에 건물구조 자체나 내부(개구부 등으로 개방된 부분 포함)에 가연성물질이 있는 장소

나. 작업반경 11미터 이내의 바닥 하부에 가연성물질이 11미터 이상 떨어져 있지만 불꽃에 의해 쉽게 발화될 우려가 있는 장소

다. 가연성물질이 금속으로 된 칸막이·벽·천장 또는 지붕의 반대쪽 면에 인접해 있어 열전도나 열복사에 의해 발화될 우려가 있는 장소

3) 화재감시자 대피용 방연장비

(1) 확성기

(2) 휴대용 조명기구

(3) 방연마스크 등

3. 화재예방, 소방시설 설치·유지 및 안전관리에 관한 법률[소방시설법]

특정소방대상물의 공사[55]현장(건축·대수선·용도변경 또는 설치 등)에서 인화성 물품을 취급하는 작업[화재위험작업]을 할 때에는 임시소방시설을 설치 할 것

1) 화재위험작업[소방시설법령제15조의5]

임시소방시설[설치 및 철거가 쉬운 화재대비시설]을 설치·유지·관리해야하는 화재위험작업의 종류

(1) 인화성·가연성·폭발성 물질을 취급하거나 가연성 가스를 발생시키는 작업

(2) 용접·용단 등 불꽃을 발생시키거나 화기를 취급하는 작업

(3) 전역기구, 가열전선 등 영을 발생시키는 기구를 취급하느 작업

(4) 소방청장이 고시하는 폭발성 부유분진을 발생시킬 수 있는 작업

(5) 그 밖에 소방청장이 정하여 고시하는 작업

2) 임시소방시설[공사현장에 설치하여야 하는 설치 및 철거가 쉬운 화재대비시설]

(1) 임시소방시설의 종류

가. 소화기

(가) 화재위험작업지점 5미터 이내에 소형소화기 2개, 대형소화기 1개

(나) 화재안전기준(NFSC 606) : 층별 2개소 설치

나. 간이소화장치

(가) 공사장 상수도배관과 연결 또는 가압장치(펌프) 이용할 것

(나) 물을 방사하여 화재를 진화할 수 있는 장치로서 소방청장이 정하는 성능을 갖추고 있을 것

(다) 20분 이상 수원과 방수압 0.1MPa, 방수량 65L/mim

다 비상경보장치

(가) 작업지점 5미터 이내 확성기, 비상벨, 사이렌 비치

(나) 화재가 발생한 경우 주변에 있는 작업자에게 화재 사실을 알릴 수 있는 장치로써 소방청장이 정하는 성능을 갖추고 있는 것

라. 간이피난유도선

(가) 광원점등방식 배선을 지하층, 무창층의 작업장에서 피난로로 바닥으로부터 1미터 이하에 설치

(나) 화재가 발생한 경우 피난구 방향을 안애할 수 있는 장치로써 소방청장이 정하

---

55) 특정소방대상물이란?

(1) 공동주택(아파트 5층 이상 주택, 기숙사) (2) 근린생활시설

(3) 문화 및 집회시설 (4) 지하시설 (5) 지하공동구

는 성능을 갖추고 있을 것

(2) 임시소방시설을 설치하여야 하는 공사의 종류 및 규모

가. 소화기

건축허가등을 할 때 소방본부장 또는 소방서장의 동의를 받아야 하는 특정소방대상물의 건축·대수선·용도변경 또는 설치 등을 위한 공사 중 상기 5개장소[소방시설법령제15조의5제1항 작업]

나. 간이 소화장치

(가) 연면적 3천제곱미터 이상

(나) 지하층 무창층 또는 4층 이상의 층, 이 경우 해당 층의 바닥면적이 600제곱미터 이상인 경우만 해당됨

다. 비상경보장치

(가) 연면적 400제곱미터 이상

(나) 지하층 무창층 또는 4층 이상의 층, 이 경우 해당 층의 바닥면적이 150제곱미터 이상인 경우만 해당됨

라. 간이피난유도선

바닥면적이 150제곱미터 이상인 지하층 또는 무창층의 작업현장

3) 과태료

건설공사 현장에서 용접과 같은 화재위험작업을 할 때 소화기 등 안전기구를 갖추지 않으면 시공자에게 300만원의 과태료가 즉시 부과됨

학습 Note **내화기준(안전보건규칙)**

1) 폭발위험이 있는 장소[제230조] : 가스폭발 위험장소 또는 분진폭발 위험장소

① 인화성 액체의 증기나 인화성 가스 등을 제조·취급 또는 사용하는 장소

② 인화성 고체를 제조·사용하는 장소

2) 내화기준[제270조] : 사업주는 가스폭발 위험장소 또는 분진폭발 위험장소에 설치되는 건축물 등 내화구조

① 건축물의 기둥 및 보: 지상 1층(지상 1층의 높이가 6미터를 초과하는 경우에는 6미터)까지

② 위험물 저장 • 취급용기의 지지대(높이가 30센티미터 이하인 것은 제외한다): 지상으로부터 지지대의 끝부분까지

③ 배관·전선관 등의 지지대 : 지상으로부터 1단(1단의 높이가 6미터를 초과하는 경우에는 6미터)까지

3) 안전거리[안전보건규칙제271조]

구분	안전거리
1. 단위공정시설 및 설비로부터 다른 단위공정시설 및 설비의 사이	설비의 바깥 면으로부터 10미터 이상
2. 플레어스택으로부터 단위공정시설 및 설비, 위험물질 저장탱크 또는 위험물질 하역설비의 사이	플레어스택으로부터 반경 20미터 이상. 다만, 단위공정시설 등이 불연재로 시공된 지붕 아래에 설치된 경우에는 그러하지 아니하다.
3. 위험물질 저장탱크로부터 단위공정시설 및 설비, 보일러 또는 가열로의 사이	저장탱크의 바깥 면으로부터 20미터 이상. 다만, 저장탱크의 방호벽, 원격조종 화설비 또는 살수설비를 설치한 경우에는 그러하지 아니하다.
4. 사무실 · 연구실 · 실험실 · 정비실 또는 식당으로부터 단위공정시설 및 설비, 위험물질 저장탱크, 위험물질 하역설비, 보일러 또는 가열로의 사이	사무실 등의 바깥 면으로부터 20미터 이상. 다만, 난방용 보일러인 경우 또는 사무실 등의 벽을 방호구조로 설치한 경우에는 그러하지 아니하다.

작업중지 요건 및 범위 명확화 02-65

1. 작업중지 요건과 범위의 명확화

중대재해가 발생한 해당 작업 및 동일 작업으로 인하여 **산업재해가 재발할 급박한 위험**이 있는 경우에 그 **작업의 중지(일부 중지)**를 명할 수 있고

1) 화재·폭발 등으로 인하여 중대재해가 발생하여 **주변 확산 우려**가 있을 경우에 한하여 **해당 사업장의 작업을 중지(전부 중지)**할 수 있도록 한다.
2) 한편 **작업중지 해제 시**에는 중대재해 발생 해당작업 **근로자 의견을 청취**하고, 해제 심의위원회는 **해제요청일 다음 날부터 4일 이내**(토요일·공휴일 포함)에 개최·심의 하도록 한다.

2. 중대재해 등 발생 시 작업중지 명령해제 운영기준

1) 기준 마련 필요성
   (1) 중대재해 발생 시 해당 사업장의 안전·보건조치에 대한 적극적 개선을 유도하기 위함
   (2) 작업중지 명령기준을 명확히 하고, 해제여부 판단 시 노동자 의견을 듣는 방법 등 통일된 해제절차 마련
   (3) 법적근거[산안법제51조(감독상의 조치)]
   산업재해가 발생할 급박한 위험이 있을 때 또는 사용중지명령이 지켜지지 아니하거나 위험상태가 해제·개선되지 아니하였다고 판단될 때 작업의 전부 또는 일부중지를 명할 수 있다.

2) 작업중지 적용대상, 범위 및 방법

(1) 작업중지의 적용대상

가. 대상 재해

① 중대재해[산안법시행규칙제2조]

② 사회적 물의를 야기하였거나 지방고용노동관서장이 필요성을 인정하여 지정한 사고

나. 대상 작업

사업목적 달성에 있어 본질적이고 불가분의 관계에 있는 핵심작업(건설업의 공사작업 등)

다. 대상 장소

재해(또는 사고)발생 사업장의 안전보건관리(총괄)책임자 또는 사업주가 관할하는 장소

(2) 작업중지의 범위[산안법제55조]

가. 원칙 : 전면작업중지

① 재해(사고)발생 이후에도 현장 상황이 안정되지 않아 2차재해 발생 위험이 있어 작업자나 일반 공중에 상당한 피해가 우려되는 경우
[예시] 토사 붕괴 사고 발생 시 그 사고의 결과로 현장의 지반이나 구조물의 취약성이 커져 또다시 붕괴 사고가 발생할 우려가 큰 경우

② 사업장 내 타 장소에서도 재해(사고)발생 작업과 동종·유사작업이 행해질 것으로 예상되어 동종·유사재해 발생이 우려되는 경우
[예시] 아파트 건설현장에서 안전난간 및 추락방망 미설치로 추락 사망사고가 발생하여 다른 장소에서도 추락사고 발생이 우려되는 경우

③ 재해(사고)발생 과정에서 사업주의 안전·보건조치 위반이 판단되어 사업장 전반의 안전·보건관리 수준이 미흡할 것으로 예상되는 경우

나. 예외 : 부분작업중지

① 전면작업중지로 인해 안전 확보에 필수적인 시설·설비의 유지·가동작업까지 중단될 경우 오히려 작업자

② 국민의 생명·안전에 중대한 피해를 유발할 우려가 있는 경우

③ 재해가 고유의 업무와 직접 관련이 없는 장소 또는 구분되는 작업영역에서 발생하여 해당 작업만 중지하더라도 2차 재해를 예방할 수 있다고 판단되는 경우
[예시] 철도선로 보수작업 중 전동열차에 충돌·사망한 재해의 경우 철도선로 보수작업에 한정하여 작업중지명령 하고 철도운행은 허용 가능

3) 작업중지의 방법

(1) 사업장에서 중대재해 등이 발생한 경우 근로감독관은 지체 없이 현장에 출동하여 위 적용대상 및 작업중지 범위 등에 따라 즉시 작업중지명령 실시

(2) 작업중지명령 시 사업주에게 작업중지명령의 근거, 사유 및 해제절차와 필요조치 사항을 충분히 설명할 것

3. 작업중지 해제 기준

1) 재해를 유발한 위험요인에 대한 안전·보건조치 사항을 개선하여 현재 상태에서 노동자의 안전이 보장될 뿐 아니라, 작업중지 해제 이후의 작업계획도 안전성이 확보될 것

작업중지 및 시정조치

구분	산안법	사유	사업주의 조치사항
사업주 [작업중지]	제26조	• 산업재해가 발생할 급박한 위험이 있는 경우	• 안전 및 보건에 관한 필요한 조치 이행 후 작업중지 해제
근로자 [작업중지]	제26조		
고용노동부장관 [시정조치]	제51조	• 안전 및 보건에 관하여 필요한 조치를 취하지 아니하여 근로자에게 현저한 유해위험이 초래될 우려가 있다고 판단될 경우	• 시정지시(명령)서 게시 → 이행 → 개선결과 제출
		• 방호장치 미부착 위험기계기구, 안전인증 또는 안전검사 미실시 등	• 명령사항 게시 → 이행→ 사용중지 해제요청 →사용중지 해제
고용노동부장관 [작업중지]		• 시행조치 명령사항을 이행하지 아니한 경우	• 명령사항 게시 → 이행→ 작업중지 해제요청 →작업중지 해제

2) 중대재해 작업중지 해체 절차

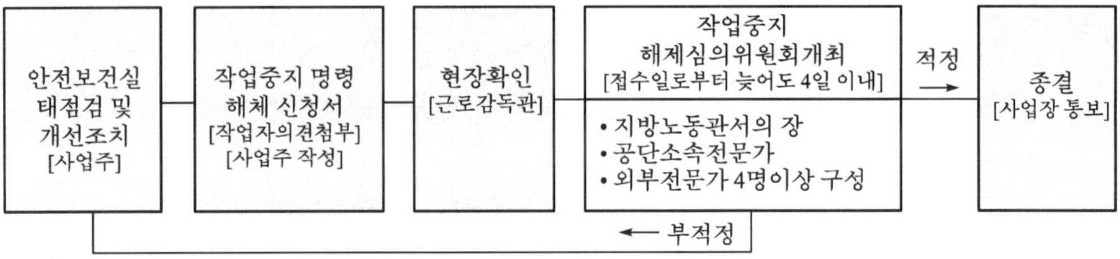

3) 부분 작업중지와 전면 작업중지[산안법제55조]

구분	세부기준
부분 작업중지	• 중대재해가 발생한 해당 작업중지 : 중대재해 발생작업이 다른 작업과 명확히 구분되고, 동일한 작업 공정이 없는 경우 • 중대해재가 발생한 작업과 동일 작업중지 : 사업장 내에 중대재해 발생작업과 동일한 작업공정이 있는 경우 (〈예〉 건설현장에서 둘 이상의 설치사용 중인 일부 타워크레인에서 상승작업 중 중대재해 시 현장 내 타워크레인의 설·해체 및 상승작업에 대해 작업중지)
전면 작업중지	• 토사·구축물의 붕괴, 화재·폭발, 유해하거나 위험한 물질의 누출 등으로 인하여중대재해가 발생하여 그 재해가 발생한 장소 주변으로 산업재해가 확산될 수 있다고 판단되는 등 불가피한 경우

위험성평가 근로자 참여 02-66

1. 위험성평가 근로자 참여

1) 사업주는 건설물, 기계·기구·설비 등의 유해·위험요인을 찾아내어 부상 및 질병으로 이어질 수 있는 위험성의 크기가 허용 가능한 범위인지 평가하고 필요한 조치를 해야 한다.[산안법시행규칙제36조]
2) 법률상 유해·위험요인을 파악하거나 감소대책을 수립하는 경우 근로자 참여사항이 의무화되어 **반드시 근로자를 참여**시킬 것

2. 근로자 참여대상 작업[사업장 위험성평가에 대한 지침]

1) 관리감독자가 해당작업의 유해위험요인을 파악하는 경우
2) 사업주가 위험성 감소대책을 수립하는 경우
3) 위험성평가 결과 위험성 감소대책 이행여부를 확인하는 경우

밀폐공간 안전강화 02-67

1. 밀폐공간 안전강화

밀폐공간 질식사고는 산소 및 유해가스 농도 측정, 안전수칙의 주지 등 기본적인 안전 규칙 준수로 충분히 예방 가능한 재해이다.

1) 산소 및 유해가스 농도의 측정시기를 명확화하여 사업장에서 규정을 준수하는데 용이하게 하였다.
   (종전) '미리'
   (개정) '작업을 시작하기 전(작업을 일시 중단하다가 재진입하는 경우 포함)'

2) 감시인에 대한 안전조치
   감시인의 구조 작업 중 질식이 다수 발생하여 사고 시의 응급조치 요령, 안전한 작업방법 등의 주지 대상
   (종전) 작업근로자
   (개정) 작업근로자(감시인 포함)로 하여 감시인에 대한 안전조치를 강화하였음

2. 상수도공사 밀폐공간 보건작업[KCS 57 10 25 : 2017]

1) 유해공기란
   (1) 산소농도 범위가 18 % 미만, 23.5 % 이상인 공기

(2) 탄산가스 농도가 1.5 % 이상인 공기
(3) 황화수소농도가 10 ppm 이상인 공기
(4) 폭발하한농도의 10 %를 초과하는 가연성가스, 증기 및 미스트를 포함하는 공기
(5) 폭발하한농도에 근접하거나 초과하는 공기와 혼합된 가연성분진을 포함하는 공기(염소, 오존 등)오폐수처리시설

2) 작업전 작업절차

산소농도 및 유해가스 유무를 확인하기 위해 작업장소의 수직방향 및 수평방향으로 각각 3개소 이상 측정하여야 한다.

측정가스	기준농도
산소 (O_2)	18 % ~ 23.5 %
탄산가스 (CO_2)	1.5 % 미만
황화수소 (H_2S)	10 ppm 미만
가연성가스	하한치 10 % 이하

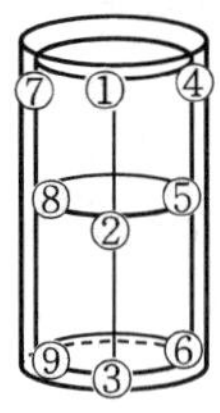

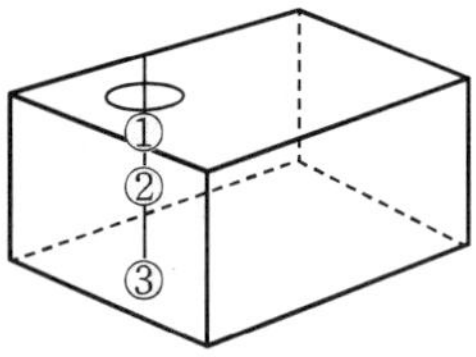

안전보건교육 면제제도 02-68

1. 사업주

1) 전년도에 산업재해가 발생하지 않은 사업장의 사업주의 경우 근로자 정기교육을 그 다음 연도에 한정하여 실시기준 시간의 100분의 50까지의 범위에서 면제 가능하다.
2) 근로자건강센터에서 실시하는 안전보건교육, 건강상담, 건강관리프로그램 등 근로자 건강관리 활동에 해당 사업장의 근로자를 참여하게 한 때에는 해당 시간을 해당 분기의 근로자 정기교육 시간에서 면제 가능하다.
3) 근로자가 채용 또는 변경된 작업에 경험이 있을 경우 채용 시 교육 또는 특별교육 시간을 다음 기준에 따라 실시 가능하다.

2. 관리감독자

1) 관리감독자가 다음 어느 하나에 해당하는 교육을 이수하는 경우 근로자 정기교육 면제 가능하다.
2) 직무교육기관에서 실시한 전문화 교육, 직무교육기관에서 실시한 인터넷 원격교육, 공단에서 실시한 안전보건관리담당자 양성교육, 검사원 성능검사 교육, 그 밖에 고용노동부장관이 인정하는 교육

구분	면제 또는 감면
정기교육	• (산재 미발생 사업장) 전년도 산재 미발생 사업장은 다음 연도에 한정하여 최대 50% 감면 • (근로자 정기교육) 안전관리자 및 보건관리자 선임의무가 없는 사업장에서 근로자건강센터 제공 교육 등에 근로자 참여시킨 경우, 해당 시간만큼 해당 분기에서 면제 • (관리감독자정기교육) 관리감독자가직무교육기관에서실시하는전문화교육, 인터넷원격교육 또는 안전보건공단에서 실시하는 안전보건관리담당자 양성교육 등 이수 시 정기교육시간 면제
특별교육	• (50퍼센트 이상 감면) ① 6개월 이상 근무 경험 있는 근로자가 이직 후 1년 내에 채용되어 전과 동일 작업을 수행하거나, ② 6개월 이상 근무 경험 있는 근로자가 같은 사업장 내 다른 작업 배치 후 1년 이내 배치 전 작업 종사 시 • (면제) 특별교육 이수한 근로자가 같은 도급인의 사업장 내에서 이전에 하던 업무와 동일한 업무에 종사하는 경우
직무교육	• (신규교육 면제) ① 관리감독자 유경력자로 과거 고용부장관이 인정하는 과정 이수 후 시험을 거쳐 안전관리자 자격 취득자 ② 안전보건담당자 • (보수교육 면제) ① 기업활동 규제완화에 관한 특별조치법 제30조제3항제4호 또는 제5호에 따라 안전관리자로 채용된 것으로 보는 사람, ② 보건관리자(의료법에 따른 의사 또는 간호사) 중 교육기관에서 고용노동부장관이 정하는 내용이 포함된 교육을 이수하고 해당 교육기관에서 발행하는 확인서를 제출하는 경우

휴게시설 설치 의무화 02-69

1. 휴게시설 설치 대상공사[산안법시행령제96조의2]

건설공사의 경우 관계수급인 공사금액을 포함한 해당 공사의 총공사금액 20억원 이상인 사업장으로 한정한다.

2. 휴게시설의 설치 추진배경[산안법제128조의2]

근로자가 신체적 피로와 정신적 스트레스를 해소할 수 있도록 하기 위함[본조신설 2021. 8. 17.]

3. 휴게시설 설치 및 관리기준[산안법시행규칙제194조의2별표21의2(2022.8.18.)]

1) 휴게시설 크기

(1) 최소 바닥면적 6제곱미터. 둘 이상의 사업장의 근로자 공동으로 같은 휴게시설을 사용하

는 경우 공동휴게실 바닥면적은 6제곱미터에 사업장의 개수를 곱한 면적 이상

(2) 휴게시설의 바닥에서 천장까지 높이는 2.1미터 이상

(3) (1)항에도 불구하고 근로자의 휴식 주기, 이용자 성별, 동시 사용인원 등을 고려하여 최소면적을 근로자대표와 협의하여 6제곱미터가 넘는 면적으로 정한 경우에는 근로자대표와 협의한 면적을 최소 바닥면적으로 한다.

(4) (1)항 단서에도 불구하고 근로자의 휴식 주기, 이용자 성별, 동시 사용인원 등을 고려하여 공동휴게시설의 바닥면적을 근로자대표와 협의하여 정한 경우에는 근로자대표와 협의한 면적을 공동휴게시설의 최소 바닥면적으로 한다.

2) 휴게시설 위치 : 다음 요건을 모두 갖출 것

(1) 근로자가 이용하기 편리하고 가까운 곳에. 이 경우 공동휴게시설은 각 사업장에서 휴게시설까지의 왕복 이동에 걸리는 시간이 휴식시간의 20퍼센트를 넘지 않는 곳

(2) 다음의 모든 장소에서 떨어진 곳에 있을 것

가. 화재·폭발 등의 위험이 있는 장소

나. 유해물질을 취급하는 장소

다. 인체에 해로운 분진 등을 발산하거나 소음에 노출되어 휴식을 취하기 어려운 장소

3) 휴게시설 온도, 습도, 조명, 환경

(1) 온도 : 적정한 온도(18℃~28℃)를 유지할 수 있는 냉난방 기능이 갖출 것

(2) 습도 : 적정한 습도(50~55%)를 유지할 수 있는 습도 조절 기능을 갖출 것

(3) 조명 : 적정한 밝기(100럭스~200럭스)를 유지할 수 있는 조면 조절 기능을 갖출 것

(4) 환기 : 창문 등을 통하여 환기가 가능할 것

(5) 휴식 : 의자등 휴식에 필요한 비품을 갖출 것. 마실 수 있는 물이나 식수 설비를 갖출 것

4) 휴게시설 관리

(1) 휴게시설임을 알 수 있는 표지를 외부에 부착할 것

(2) 휴계시설 청소·관리 등을 하는 담당자를 지정할 것

(3) 물품 보관 등 휴게시설 목적외 용도로 사용하지 말 것

5) 작업특성을 고려한 휴게시설

작업장소가 일정하지 않거나 전기가 공급되지 않는 등 작업특성상 실내에 휴게시설을 갖추기 곤란한 경우로서 그늘막 등 간이 휴게시설을 설치한 경우에는 온도, 습도, 조명, 창문 환기까지의 규정에 따른 기준으로 관리할 것

3. 건설업 휴게시설 적용 예

1) 건설업의 경우 관계수급인의 공사 금액을 포함한 해당공사의 총공사금액이 50억원 이상 : 2022년 8월 18일 시행
2) 건설업의 경우 관계수급인의 공사 금액을 포함한 해당공사의 총공사금액이 20억원 이상 : 2023년 8월 18일 시행

4. 과태료

1) 대통령령으로 정하는 사업주가 휴게시설 미설치시 : 1500만원 이하 과태료
2) 고용노동부령을 정하는 설치관리기준 미준수시 : 1000만원 이하 과태료

건축물 생애이력 관리시스템[건축물관리법] 02-70

1. 추진배경

건축물 전 생애단계Life-cycle를 체계적으로 관리하기 위하여 정기점검 등 이력정보의 통합관리 서비스를 제공하는 시스템

2. 근거법령

건축물관리법 제7조(건축물 생애이력 정보체계 구축 등)

3. 주요내용

1) (응용시스템 운영) 대국민, 점검 업체, 지자체 공무원용 시스템 운영
   (1) 건물소유자 : 유지관리 대상 건물현황 및 점검계획/점검결과 확인
   (2) 점검업체 : 건축물 점검계획수립 및 점검결과 등록 관리
   (3) 지자체 공무원 : 점검대상 지정, 건축물 점검결과 검토 및 승인 관리
2) (건축물 생애관리 대장) 전국 약 720만동 건축물의 인허가, 유지점검, 가스·소방·전기·승강기·시설물 점검결과 등 통합DB구축
3) ('18년 현황) 방문자수 86,341명, 건축물 유지관리 점검건수 9,280건, 건축물 도면조회 16,950,554건, 맞춤형 건축통계 153건 제공 등

정기점검제도(건축물관리법 제13조, 시행령 제8조) 02-71

1. 대상.주기

3,000제곱미터 이상 집합건축물, 다중이용건축물 등은 12년 내 최초, 2년마다 실시하던 정기점검을 5년 내 최초, 3년마다 실시한다.[건축법에 따라 점검을 받은 경우 마지막 점검일 3년 이내 정기점검 실시]

2 정기점검 대상과 제외

1) 정기점검 대상

(1) 다중이용업소가 있는 건축물로서 조례로 정하는 건축물

(2) 연면적 3,000제곱미터 이상인 집합건축물

(3) 다중이용 건축물

(4) 준다중이용 특수구조 건축물

2) 제외대상

(1) 학교안전법에 따른 학교, 의무관리대상 공동주택, 대규모·중대규모점포 및 3년 이내에 공동주택관리법에 따라 소규모 공동주택 안전관리를 실시한 공동주택

(2) 구조항목 제외

해당 연도에 도시 및 주거환경정비법, 공동주택관리법, 시설물안전법에 따른 안전점검·진단이 실시된 경우

2. 절차와 내용

1) 절차

지자체장이 점검 3개월 전 관리자에게 통보하고, 지자체장이 지정한 점검기관이 점검을 실시한 후 점검자가 결과를 보고할 것

2) 내용

건축설비, 화재·구조안전 등에 대하여 점검을 실시하고, 20년 이상 경과한 건축물은 구조안전 분야를 추가적으로 점검할 것

3. 점검기관

광역지자체장은 점검기관을 모집·공고하여 명부를 작성하고, 기초지자체장은 명부에서 점검기관을 지정토록 할 것

정기점검 기관 요건

구분		점검대상 규모(연면적)		
		$3,000m^2$ 미만	$3,000m^2$ 이상 $10,000m^2$ 미만	$10,000m^2$ 이상
기술인력	1) 건축사, 건축구조, 건축시공 또는 건설안전 전문분야의 특급건설기술인	1명 이상	1명 이상	1명 이상
	2) 건축사보의 자격요건을 갖춘 사람 또는 건축 직무분야의 초급건설기술인 이상인 사람	2명 이상	3명 이상	4명 이상
장비		① 망원경, 균열폭측정기 ② 레이저 거리측정기 ③ 열화상카메라 ④ 전자내시경 ⑤ 측량기		

화재안전성능보강[건축물관리법 제27조, 시행령 제19조] 02-72

1. 대상

1) 의료시설·노유자시설·지역아동센터·청소년수련원·다중이용업(고시원·목욕장·산후조리원·학원)시설 중 화재취약요인을 갖춘 건축물
2) 화재취약요인 건축물 : 3층 이상으로서, 가연성 외장재를 사용하고 스프링클러가 미설치된 건축물 다만, 다중이용업시설은 1층 필로티 주차장 구조의 연면적 1천제곱미터미만 건축물

화재안전성능보강 사업대상

분류		세부용도		
		가연성외장재 사용	스프링클러 미설치	1층 필로티 주차장
피난약자 이용시설	의료·노유자시설, 지역아동센터, 청소년수련원	O	O	무관
다중이용업소 (연면적 1천제곱미터 미만)	고시원, 목욕장, 산후조리원, 학원	O	O	O

* 가연성 외장재란, 외단열 공법으로서 단열재·외벽마감재 모두 난연재료 미만의 재료로 시공한 경우를 말함 (예. 드라이비트 공법 등)

2. 절차

건축물 소유자 등은 건축물관리지원센터(LH)로 지원사업 신청 후, 보강계획을 수립하여 시·군·구로 제출할 것

3. 내용

화재취약요인을 갖춘 건축물은 22년까지 화재안전성능보강을 완료해야하며, 한시적으로 최대 2,600만원 지원

학습 Note 건축물 생애이력 관리시스템

- 추진배경
  - 건축물 전 생애단계 Life-cycle를 체계적으로 관리하기 위하여 정기점검 등 이력정보의 통합관리 서비스를 제공하는 시스템
- 근거법령
  - 건축물관리법 제7조(건축물 생애이력 정보체계 구축 등)
- 주요내용
  - 건물소유자 : 유지관리 대상 건물현황 및 점검계획/점검결과 확인
  - 점검업체 : 건축물 점검계획수립 및 점검결과 등록 관리
  - 지자체 공무원 : 점검대상 지정, 건축물 점검결과 검토 및 승인 관리

건축공사 감리기준[안전감리] 02-73

1. 건축공사 안전관리강화

1) 목적

(1) 현장 중심의 안전관리 체계 강화 방안

(2) 건축현장에서의 안전사고 예방을 위하여

2) 배경

건축사 1인의 수시감리체계로는 모든 공종(토목, 기계 등)을 체계적으로 관리하는 데 어려움이 있다.

2. 건축공사 감리원 배치 구분

1) 책임상주감리

2) 상주감리

3) 비상주(수시)감리

3. 건축공사 안전관리강화 방법

1) 상주감리대상 확대 및 안전전담 감리원 배치

(1) 대상

연속 2개층+바닥면적 2000제곱미터 이상 건축공사로 확대

(2) 배치기준[2인상주]

가. 공사감리원1(건축분야 건축사보)

나. 안전감리원1(안전분야 건축사보)

2) 현장관리인이 공사현장 이탈에 대한 과태료 강화

건축주가 직접시공하는 소규모 건축공사 현장에서 상주하는 현장관리인의 공정 및 안전관리에 관한 업무를 내실화하고 공사의 품질 및 안전을 확보하기 위해 현장관리인이 업무를 수행하지 않거나 공사현장을 이탈하는 경우 과태료 상향(1차위반 20만원, 2차위반 30만원)함

3) 착공신고 시 재해예방 계약관계 등 기재 강화

건축공사의 사고예방 및 안전관리강화를 위해 착공신고서에 산안법 건설재해예방지도의 대상여부, 계약관계 등에 관한 사항 기재토록 한다.

4. 건축공사 감리세부기준[비상주감리자 업무 신설 20년 12월 24일부터 시행]

1) 감리업무자 자격 기준

깊이 10미터 이상 토지 굴착공사 또는 높이 5미터 이상의 옹벽 등의 공사(산업집적활성화 및 공장 설립에관한 법률에 따른 산업단지 바닥면적 합계가 2천제곱미터 이하인 공장을 건축하는 경우는 제외)를 감리하는 경우에는 건축사보 중 건축 또는 토목분야의 건축사보 한 명 이상을 해당 공사기간 동안 공사현장에서 감리업무를 수행하게 해야 함. 이 경우 건축사보는 해당 공사의 시공·감독 또는 감리업무 등에 2년 이상 종사한 경력이 있는 사람일 것

2) 현장 방문 공사 감리 수행 공정[비상주감리 점검횟수 강화 등 공사 감리자의 역할이 대폭 강화]

소규모공사(연면적 2천제곱미터) 감리의 경우 비상주 감리로서 일부 공정에 대해서만 현장방문 및 확인을 함으로써 터파기 등 공정에 대한 품질 및 안전 등의 확보에 한계가 있었으나, 앞으로는 현장방문 공정과 횟수를 확대하고 감리세부기준에 이를 구체적으로 명시(최소 3회→9회)하여 주요공정에 대한 품질, 안전 등을 확보토록 한다.

(1) 기존의 일부공정(3회)

가. 기초공사 시 철근배치를 완료한 경우
나. 지붕슬래브 조립을 완료한 경우
다. 지상 3~5개층마다 상부슬래브 배근(주요구조부 조립)을 완료한 경우

(2) 추가 6회 기준(최소3회에서 9회로 확대)

가. 공사착공 시 공사현장과 건축허가 도서 비교 확인
나. 터파기 및 규준틀 확인
다. 각층 바닥철근 배근 완료 시
라. 단열 및 창호공사 완료 시
마. 마감공사 완료 시
바. 사용검사 신청 전

3) 동시작업 금지

동일한 건축물 안에서 화재위험이 높은 공정(용접작업과 유증기를 다루는 작업)은 동시작업을 금지한다. 다만, 환기 또는 안전장치(유증기 회수 기계장지 등)설치로 동시작업에 지장이 없다고 공사 감리자가 인정하는 경우는 제외한다.)

4) 공사감리자의 사전 확인이 필요한 작업계획서 확인·검토

공사 감리자는 다음 공정에 대하여 공사 시행전 공사 시공자의 안전조치 이행여부를 확인해야 함. 이 경우 시공자에게 해당 공정에 대한 작업계획서를 요구해야 한다. 다만, 시공자가 작업조건이 동리하게 반복(작업계획서상 작업조건)되어 안전에 영향이 없다고 공사감리자가 인정하는 경우에는 작업계획서 제출 후 작업을 착수 할 수 있다.

(1) 가설공사, 철골공사, 승강기 설치공사 등 추락위험이 있는 공정

(2) 도장공사, 단열공사 등 화재위험이 있는 공정

(3) 거푸집, 토공사 등 붕괴위험이 있는 공정

(4) 공사 시행 전 안전조치 확보가 필요하다고 공사 감리자가 인정하는 경우

5) 작업계획서 확인·검토 준수여부 확인·검토

6) 동일한 건축물 안에서 화재위험이 높은 공정(용접작업과 유증기를 다루는 작업)의 동시작업 금지 확인·검토(환기 또는 안전장치(유증기 회수 기계장치 등)설치 시 동시작업에 지장유뮤 검토 포함

BIM 02-74

1. BIM Building Information Model 정의

BIM은 자재, 공정, 공사비, 제원정보 등 속성정보가 입력된 3차원 입체 모델링을 통해 건설 전 생애주기 정보를 통합관리하는 기술(공사정보가 없는 입체모델은 3차원 조감도에 불과)

2. BIM 개요

1) 목적

공공시설의 설계 및 시공단계에서 건설 생산성을 높이고 정보의 투명성, 신뢰성을 확보하여 건설엔지니어링 경쟁력 강화

2) 활용

(1) (설계) BIM 형상표준을 기반으로 기본/상세설계, BIM 라이브러리 활용, 간섭검토, 수량산출, 도면추출, 납품 및 검증 등 설계 생산성 개선

(2) (시공) BIM 성과품 기반 공정계획·진도관리(4D), 비용관리(5D), 설계변경, 안전관리, 장비시뮬레이션, 검측, 장비배치 계획 등 시공관리 효율화

BIM의 구성요소		BIM 활용분야
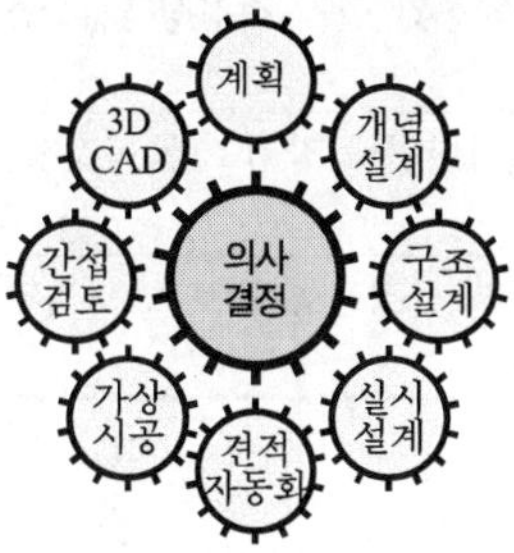	〈BIM의 3요소〉 **3차원 정보모델** (기하, 재료, 공정, 내역정보) **표준화** (코드, 시방서, 시스템) **협업시스템** (연동, 자료공유, 승인, 보안)	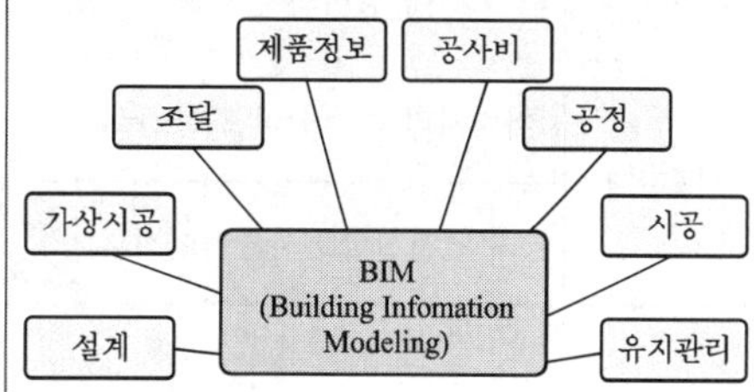

3. BIM 효과

1) (정성) 설계·시공 오류방지로품질 개선, 이해도 증대, 협업, 의사결정 및 공사 효율 강화 입체설계 및 가상시공을 통한 대안검토 및 민원설명 용이
2) (정량) 설계변경 건수(최대 89%↓), 시공비(약 5%↓), 재작업비용(약 9%↓)

4. BIM 성숙도 단계

1) (단계) Level 1(준비기) → Level2(통합화) → Level3(자동화) → Level4(지능화)
   * Level 1단계는 2D to 3D의 개념 BIM, 2D to BIM의 전환 BIM, 2D+BIM의 병행 BIM으로 구분

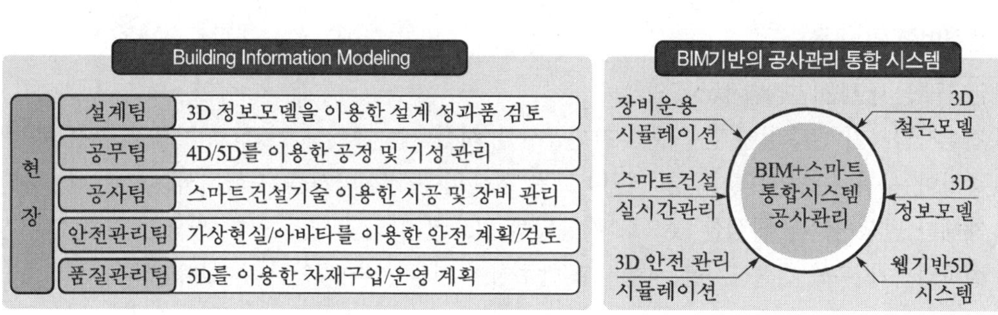

그림 2.7.6. BIM 분석을 통한 설계 적정성 검토

5. BIM 활용 예시(터널공사)

건설단계	BIM 활용계획	기대효과
설계단계	건축한계 검토	• 운영중 열차와 시설물간 건축한계 확보여부 사전 검증
	개착구조물 장비진입 검토	• 계획구조물 3D Modeling을 통한 공사중 장비 진입 계획 검증
	유지관리차량 운행검토	• 공용중 터널 유지관리에 필요한 차량운행 가능여부 검증

건설단계	BIM 활용계획	기대효과
설계/시공 단계	자재(레일) 반입계획 검토	• 자재반입 장비의 진·출입 가능여부 사전 검토로 후속공정 시공성 확보
	대형장비 운반 진입 가능유무	• 주요 장비/자재 현장반입 검증으로 지연 발생요소 배제
	갱내 장비회차 검토	• 공사중 장비 간섭 검토를 통해 회차공간 설계 적정성 및 시공성 확보
시공단계	버력처리 최적장비 조합검토	• 스마트-제어굴착 구간 굴착시 굴착단면내 장비조합 적정성 검증으로 최적 장비조합 제시
	구난시설 4D 시뮬레이션	• 4D 시뮬레이션을 통한 시공단계별 공정간섭 검토로 공정간섭 요소 사전 배제

건진법(일요일 공사 제한) 02-75

1. 일요일 공사 제한 개요

1) 휴일작업에 대한 근로자 휴식 및 안전관리 확보를 위해 일요일 휴무제를 의무화함
2) 주52시간 근무제를 건설현장 특성에 맞도록 보완한 제도임
3) 평일 보다 주말에 발생한 중대건설사고가 1.2~1.4배 높음
4) 건설근로자 휴식 및 안전보장(건설근로자 약 50만명)
5) 전국 공공공사 현장 개소 약 20,093개소에 적용

2. 관련법령 및 내용

1) 일요일 공사 제한[건진법제65조의2]

건설사업자가 발주청이 발주하는 건설공사를 시행하는 때에는 긴급 보수·보강 공사 등 발주청이 사전에 승인한 경우를 제외하고는 일요일에 건설공사를 시행해서는 아니됨. 다만 재해가 발생하거나 발생할 것으로 예상되어 일요일에 긴급 공사 등이 필요한 경우에는 건설사업자가 우선 건설공사를 시행하고 발주청이 이를 사후 승인할 수 있다.

2) 일요일 공사 시행 제항 예외의 경우[건진법시행령제103조의2]

(1) (긴급공사) 사고·재해의 복구 및 예방과 안전확보를 위하여 긴급 보구·보강 공사가 필요한 경우
(2) (환경조건) 날씨·감염병 등 환경조건에 따라 작업일 수가 부족하여 추가 작업이 필요한 경우
(3) (작업조건) 교통·환경 등의 문제로 평일 공사 시행이 어려운 경우
(4) (공사조건) 공법·공사의 특성상 연속적인 시공이 필요한 경우–터널굴착공사

(5) (공정지연) 민원, 소송, 보상 문제 등 건설사업자의 귀책사유가 아닌 외부인으로 인하여 공정이 지연된 경우

(6) (공사기간) 도서·산간벽지 등 낙후지역의 10일 미만의 단기공사로서 짧은 시일 내에 공사를 마칠 필요성이 크다고 인정되는 경우

3) 발주청의 사전승인 내용

(1) 주요작업 내용

(2) 현장대리인 및 안전관리자 배치

(3) 공사관계자 연락처 등의 공문

3. 시행일

2020년 12월 10일부터 모든 공공공사 현장에 적용된다.

4. 일요일공사가 불가피한 경우

1) 사전승인

(1) 현장은 1주일전부터 목요일(D-3)까지 발주청에 공문 송부

(2) 발주청은 금요일(D-2)까지 현장에 승인 통보

(3) 현장은 사업 및 안전관리자 상주하에 공사 진행

(4) 발주청은 화용일(D+2)까지 공사일지 등 사후 검토

2) 사후승인

(1) 현장은 기상악화 등으로 긴급공사 결정

(2) 현장은 사업 및 안전관리자 상주하에 공사 진행

(3) 현장은 발주청 유선연락(공문은 화요일까지)

(4) 발주청은 화요일(D+2)까지 긴급공사 적절성 등 사후 검토

5. 일요일 공사 안전관리

1) 안전관리방안

승인 요청시 사업 및 안전관리자 배치 등 안전확보 방안을 함께 제출하고, 발주청은 안전성 등을 종합하여 판단후 승인

2) 불시점검

일요일 공사 현장을 불시 방문점검하거나 화상전화 등을 활용해 사업 및 안전관리자 현장 상주 여부 등 확인

6. 주말, 휴일작업 안전관리 강화 단기 조치[고용노동부 공문 2021. 08.13]

주말·휴일 위험공사56)는 가능하면 진행하지 않도록 하고, 부득이 공사를 진행해야 할 사정이 있는 경우 아래에 따라 작업계획서를 제출할 것

1) 작업계획서 작성 대상 현장

총 공사금액 50억원 이상 건설현장(공동도급 현장은 주관사에서 제출)

2) 작업계획서 작성대상 작업

건설현장에서 산업안전보건기준에 관한 규칙 제38조에 따른 위험공사를 주말·휴일에 수행하는 경우 작업계획서를 제출

(1) 위험공사란

① 타워크레인 설치·조립·해체작업〈고위험작업〉

② 차량계 하역운반 기계 등 사용작업〈고위험작업〉

③ 차량계 건설기계 사용작업〈고위험작업〉

④ 2미터 이상 굴착작업

⑤ 터널굴착작업

⑥ 교량(높이5미터 이상 또는 최대지간길이 30미터 이상)작업

⑦ 채석작업

⑧ 건물 등 해체작업

⑨ 중량물 취급작업〈고위험작업〉

(2) 계획서 작성 내용

① 산업안전보건기준에 관한 규칙 별표4에 따른 사전조사 및 작업계획서 내용은 자유양식으로 작성·제출

② 해당 작업에 투입하는 인원·장비, 관리자(현장소장, 관리감독자 등) 배치 현황

③ 안전관리대책 및 사고시 비상대응체계

3) 작업계획서 제출방법[해당 작업일 2일 전까지 제출]

(1) 총 공사금액 120억원 이상 현장 소재지 관할 지방고용노동관서

(2) 총 공사금액 50억~120억원미만 현장 소재지 관할 안전보건공단 건설담당부서

4) 시행기간

2021년 8월 31일~10월 31일

---

56) 최근 3년간('18년~'20년) 건설업 사고사망자의 22.3%가 주말·휴일 작업 중 발생 특히 8월(12.8%), 10월(10.6%)에 발생했다.

제3장

가설구조물과 건축구조물공사

1. 가설구조물공사 안전관리
2. 건축구조물(철골)공사 안전관리
3. 건축구조물(철근콘크리트)공사 안전관리
4. 가설구조물과 건축구조물공사 위험성평가표 및 재해사례

construction safety management

1. 가설구조물공사 안전관리

가설공사 개요 03-01

1. 가설공사Temporary Work의 정의

1) 신축 또는 증축, 보수 공사 기간 중 임시로 설치하는 공사의 제반 시설 및 수단의 총칭을 가설공사[1]라 한다.
2) 공사 목적이 완료된 후 해체, 철거, 정리되는 공사

2. 가설공사의 위험성

1) 안전사고 발생 위험성이 매우 크고 근로자 안전에 직접적인 영향을 미친다.
2) 공사 목적물의 품질관리 및 제품 수준에 영향이 크다.

3. 가설공사의 특징과 구비요건

1) 특징
   (1) 공사 목적물을 위하여 일시적으로 설치되는 장치물이다.
   (2) 설치 후 사용 기간이 길지 않다.
   (3) 최종 공종은 해체 공종이다.

2) 구비요건
   (1) 안전성 : 작업기간 동안 구조물 자체의 전도나 붕괴 등에 안전성이 확보될 것
   (2) 작업성 : 작업자의 이동 동선이나 움직임에 방해가 되지 않을 것
   (3) 경제성 : 본 구조물 작업목적을 달성하기 위한 최소한의 비용이 요구되는 조건일 것

4. 산업재해 발생위험이 높은 가설구조물[산안법시행령제58조]

산업안전보건법에서 산업재해의 발생 가능성이 높은 가설구조물 항목은 작업 전에 공법 변경 등을 검토하여 위험 저감대책을 수립하도록 규정하고 있다.

---

1) 가설공사[가설구조물(Temporary Structure)]는 동바리, 비계, 거푸집 등 공사용 가설건축물을 말하며 공사 목적물(구조물) 시공을 위한 작업발판이나 작업통로 또는 시공하중을 지지하는 지보공 형식으로 설치된다. 가설구조물의 안전성 확보는 품질관리의 중요한 요인이 되며 공사 중에 발생하는 추락, 붕괴 등 산업재해 기인물의 주된 공종이기도 하다.

1) 높이 31미터 이상인 비계
2) 작업발판 일체형 거푸집 또는 높이 5미터 이상인 거푸집 동바리[타설된 콘크리트가 일정 강도에 이르기까지 하중 등을 지지하기 위하여 설치하는 부재]
3) 터널의 지보공(무너지지 않도록 지지하는 구조물) 또는 높이 2미터 이상인 흙막이 지보공
4) 동력을 이용하여 움직이는 가설구조물

5. 가설구조물 구조안전성 확인 대상[건진법시행령제101조의2]

건설기술진흥법은 가설구조물 구조안전성 확인 공종을 규정하여 작업 전에 관계전문가[2]의 구조적인 안전성 확인과 상세 도면을 작성하게 하여 실제 공사에 적용될 수 있도록 하고 해당 공종 착공 전까지 안전관리계획서를 제출하도록 하고 있다. 산업안전보건법의 산업재해발생 위험이 높은 가설구조물의 공법 변경 항목과 큰 차이가 없으며 다만 산업안전보건법은 작업자의 안전에 중점을 두고 있는 규정이고 건설기술진흥법은 기술안전 측면의 가설구조물 자체의 안전성 확보에 목적이 있다고 할 수 있다.

1) 비계
  (1) 높이가 31미터 이상인 비계
  (2) 브라켓Bracket 비계

2) 거푸집 및 동바리
  (1) 작업발판 일체형 거푸집(갱폼, RCS, ACS 등)
  (2) 높이가 5미터 이상인 거푸집 및 동바리

3) 지보공
  (1) 터널의 지보공
  (2) 높이가 2미터 이상인 흙막이 지보공

4) 가설구조물
  (1) 동력을 이용하여 움직이는 가설구조물(FCM, ILM 등)
  (2) 높이 10미터 이상에서 외부작업을 하기 위하여 작업발판 및 안전시설물을 일체화하여 설치하는 가설구조물(2020년 5월 27일 시행)
  (3) 공사현장에서 제작하여 조립·설치하는 복합형 가설구조물(2020년 5월 27일 시행)

5) 그 밖에 발주자 또는 인·허가기관의 장이 필요하다고 인정하는 가설구조물

2) 관계전문가는 기술사법에 따라 등록되어 있는 기술사로서 건축구조, 토목구조, 토질 및 기초와 건설기계 직무 범위 중 공사감독자 또는 건설사업관리기술인이 해당 가설구조물의 구조적 안전성을 확인하기에 적합하다고 인정하는 직무 범위의 기술사

가설공사 종류 03-02

1. 가설공사 표준안전 작업지침 기준

1) 비계 작업

(1) 통나무비계
(2) 강관비계
(3) 강관틀비계
(4) 달비계
(5) 달대비계[걸침비계]
(6) 말비계
(7) 이동식비계
(8) 시스템비계[안전보건규칙제69조]

2) 가설통로

(1) 경사로
(2) 사다리
(3) 가설계단[안전보건규칙제26조]
(4) 승강로Trap[철골공사 표준안전작업지침]

3) 가설도로

(1) 가설도로
(2) 우회로

4) 추락위험방지시설[안전보건규칙제42조]

(1) 작업발판
(2) 개구부
(3) 안전대부착설비
(4) 승강설비
(5) 울타리

5) 붕괴낙하위험방지시설[안전보건규칙제50조]

(1) 흙막이 지보공

2. 가설공사 표준시방서 기준[KCS 21 00 00]

1) 공통가설공사

(1) 현장가설시설물[KCS 21 20 05]

가. 가설공급설비 : 가설전기, 가설조명, 가설환기 등

나. 가설시설물 : 가설방호책, 가설울타리, 가설방음벽, 가설도로 공사표지판 등

(2) 건설지원장비[KCS 21 20 10]

가. 양중장비 : 이동식 크레인, 타워크레인

나. 작업자 탑승장비 : 고소작업대, 건설용 리프트

다. 굴착기

(3) 환경관리시설[KCS 21 20 15]

가. 비산먼지 방지시설 : 토사운반, 세륜시설, 방진덮개, 방진망, 방진벽 등

나. 공사장 폐수처리시설 : 조목스크린 등
다. 토사유출 저감시설 : 침사지, 오탁방지망 등
라. 가설사무실 오수처리시설 : 오수처리시설, 단독정화조
마. 항타 발파 시 소음·진동 방지시설
바. 공사장비 소음저감시설

2) 가설흙막이[KCS 21 30 00]

(1) 벽체 형식에 따른 분류

가. 엄지말뚝+흙막이판 벽체
나. 강널말뚝Steel Sheet Pile벽체
다. 소일시멘트 벽체Soil Cement wall
라. CIPCast In Placed Pile
마. 지하연속벽체

(2) 지지 구조형식에 따른 분류

가. 자립식
나. 버팀구조 형식
다. 지반앵커 형식
라. 네일링 형식
마. 레이커 형식

(3) 흙막이벽 배면의 지반보강 그라우팅

가. JSP 공법
나. LW 공법
다. SGR 공법
라. Shotcrete 공법

3) 가물막이, 축도 및 가도, 우회도로[KCS 21 40 00]

(1) 가설교량[KCS 21 45 05]

4) 가설교량 및 노면복공[KCS 21 45 00]

(1) 가설교량[KCS 21 45 05]
(2) 노면복공[KCS 21 45 10]

5) 거푸집 및 동바리[KCS 21 50 00]

(1) 거푸집 및 동바리[KCS 21 50 05]

가. 거푸집
나. 동바리
다. 시스템동바리 : 지주 형식 동바리, 보 형식 동바리

(2) 초고층, 고주탑 거푸집 및 동바리[KCS 21 50 10]

가. 클라이밍 폼
나. 슬립 폼
다. 갱 폼
라. 테이블 폼

(3) 노출 콘트리트 거푸집 및 동바리[KCS 21 50 15]
(4) 기타 콘크리트 거푸집 및 동바리[KCS 21 50 20]

가. 터널 라이닝
나. PC 패널 거푸집

6) 비계[KCS 21 60 00]

(1) 비계[KCS 21 60 10]

가. 강관 비계　　나. 강관틀 비계

다. 시스템 비계　　라. 이동식 비계

마. 기타 비계 : 달비계, 말비계, 브래킷 비계, 고소 가설작업대

(2) 작업발판 및 통로[KCS 21 60 15]

가. 작업발판　　나. 작업계단

다. 경사로　　라. 사다리

7) 안전시설[KCS 21 70 00]

(1) 추락재해 방지시설[KCS 21 70 10]

가. 추락방호망　　나. 안전난간

다. 수평, 수직 개구부 안전시설　　라. 리프트 안전문

마. 수직형 추락방망　　바. 안전대부착설비

사. 접근방지책

(2) 낙하물재해방지시설[KCS 21 70 15]

가. 낙하물 방지망　　나. 방호선반

다. 수직보호망　　라. 낙하물 투하설비

가설공사 재해원인 및 예방대책 03-03

1. 가설공사의 재해발생원인

1) 구조물 자체의 붕괴, 전도(깔림)사고 등의 원인[기술안전 관점]

(1) 불량자재 사용

가. 안전 미인증 제품

나. 설계기준강도 미달 자재 사용 : 단면 결손 및 성능저하

(2) 구조설계 누락 또는 기준 적용의 오류

가. 작업 책임자의 경험에 의존 : 구조설계 도면과 상이하게 시공

나. 작업현장 여건 미반영(하중조건과 하중조합 등)

(3) 가설구조물 설치 기준 미준수 : 가설공사 표준시방서, 안전보건규칙 등의 설치 기준에 미흡

2) 구조물 작업자의 안전사고 원인[작업자안전 관점]

(1) 개인보호구 미착용 : 안전모, 안전대 착용 등

(2) 안전시설 미설치 및 생략 : 추락재해 방지시설, 낙하물 재해 방지시설 등
(3) 근로자 자기 과신 : 안전수칙 무시

3. 가설공사의 재해 예방대책

1) 구조물 자체의 붕괴, 전도(깔림)사고 등의 대책
  (1) 현장 반입 가설자재 성능 확인
    가. 안전 성능 확인
    나. 불량 자재 반입 금지
  (2) 구조설계검토서 확인 및 도면 준수
    가. 구조설계 도면과 현장 설치 계획을 일치시킬 것
    나. 현장 여건을 반영한 구조검토 실시 여부 확인
  (3) 가설구조물 설치 기준 준수

2) 구조물 작업자의 안전사고 대책
  (1) 개인보호구 착용 상태 확인 및 미착용자 작업금지 조치
  (2) 안전시설 설치 및 확인
  (3) 근로자 안전의식 고취 : 안전교육 강화 및 관리

4. 가설공사 사고 예방을 위한 일반적 안전수칙

1) 관리감독자[신호수 등] 배치
2) 출입금지
3) 악천후 시 작업중지
4) 달줄, 달포대 사용
5) 근로자 안전교육

비계공사 개요 03-04

1. 비계Scaffold의 정의

비계란 작업자가 높은 작업장소에 접근하여 작업할 수 있도록 설치하는 작업대(작업발판 및 작업통로)를 지지하는 구조물을 말한다.

2. 비계의 구비요건

1) 안전성
  (1) 파괴 및 도괴(무너짐)에 대한 충분한 강도를 확보할 것

(2) 낙하물에 대한 방호조치를 구비할 것

2) 작업성

(1) 작업발판의 넓이가 충분할 것

(2) 적정한 작업자세가 가능할 것

3) 경제성

(1) 가설 및 철거비가 최소 비용이 될 것

(2) 내구성이 높고, 다양한 현장 조건에 적용 가능한 재료로써 반복 사용이 가능할 것

3. 비계공사 재해발생 형태 및 원인

1) 도괴(무너짐) 및 파괴

(1) 비계, 작업발판 또는 지지대가 파괴되는 경우(불량자재 사용 및 시공 부실)

(2) 수직재가 좌굴파괴되는 경우(적재하중 기준 초과 하중 적치)

2) 추락(떨어짐) 및 낙하물 비래(물체에 맞음)

(1) 부재의 파손, 탈락 또는 변위가 발생하는 경우(시공 부실)

(2) 작업도구, 기자재 낙하가 되는 경우(작업 방법의 불량)

3) 감전사고

(1) 고압전선 접촉에 의한 감전사고(작업반경 내 고압전선 안전조치 미흡)

4. 달비계 또는 비계 조립.해체 공사할 때 안전대책[안전보건규칙제57조]

1) 높이가 5미터 이상 비계 조립·해체 시

(1) 관리감독자의 지휘하에 작업하도록 할 것

(2) 작업 전에 근로자 교육 실시할 것(조립·해체 변경의 시기, 범위 및 절차)

(3) 해당 근로자 외의 출입을 금지 및 작업안내 게시판 설치할 것

(4) 기상악화 시에 작업중지 조치할 것(비, 눈 등 기상상태가 불안정할 때)

(5) 연결 또는 해체작업 시 추락방지조치할 것(안전대 착용과 폭 20센티미터 이상의 발판 설치)

(6) 달줄, 달포대 이용할 것(재료, 기구 또는 공구 등을 올리거나 내리는 때)

2) 강관비계 또는 통나무 비계는 쌍줄로 할 것, 다만 별도의 작업발판을 설치할 수 있는 시설을 갖춘 경우는 외줄로 할 수 있다.

5. 비계의 도괴(뒤집힘) 방지대책

1) 벽 이음 : 강관비계의 경우 가로 5미터 세로 5미터 마다 설치할 것
2) 버팀대 : 벽 이음 설치가 불가능한 곳은 지면 등에서 경사 버팀대를 설치할 것
3) 가새Bracing : 수평하중에 대한 저항부재로 가로 10미터 이내마다 가새를 설치할 것
4) 보조받침 : 기초 지반이 침하하지 않도록 깔판, 받침목 등을 설치할 것

일반 재래식 작업발판(강관비계)	일체형 작업발판(시스템 비계)

그림 3.1.1. 작업발판 설치 사례

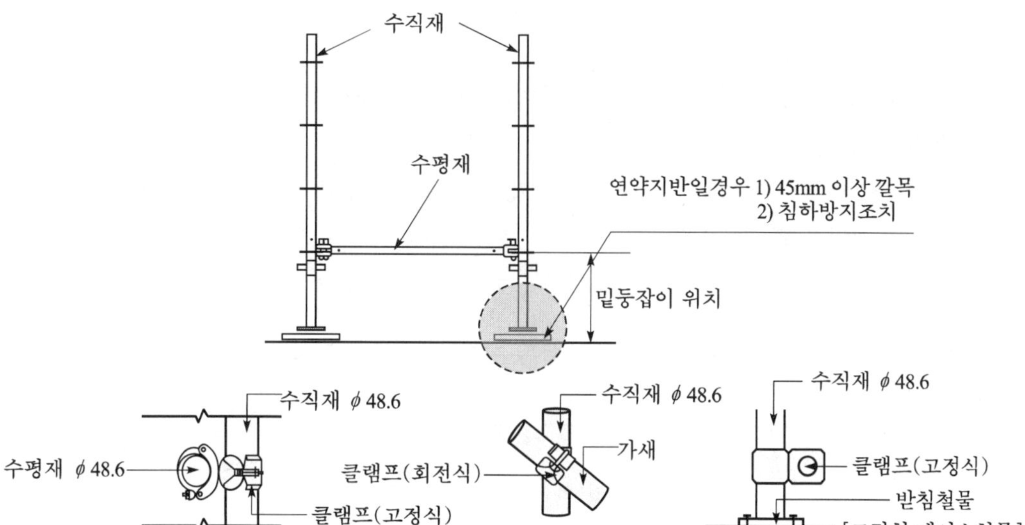

그림 3.1.2. 비계침하방지조치 및 클램프 고정 상세도

강관비계 안전관리

1. 강관비계의 종류

1) 강관비계

강관을 이음철물이나 연결철물(클램프)을 이용하여 조립한 비계를 말한다.

2) 시스템비계

수직재, 수평재, 가새재 등 각각의 부재를 공장에서 제작하고 조립하여 사용하는 조립형 비계로 고소작업에서 작업자가 작업장소에 접근하여 작업할 수 있도록 설치하는 작업대를 지지하는 구조물을 말한다.

3) 이동식비계[강관틀비계]

강관을 사용하여 가설용 틀을 형성하는 비계의 한 종류

2. 강관비계의 구조[안전보건규칙제60조]

1) 설치 기준[건설업]

(1) 비계 기둥 간격 : 띠장방향 1.85미터 이하, 장선방향 1.5미터 이하

(2) 띠장 간격 : 2.0미터 이하

2) 비계기둥 설치 제한 조건

(1) 비계기둥 제일 윗부분으로부터 31미터 되는 지점 밑부분의 기둥은 2개의 강관을 묶어 세울 것

(2) 브라켓Bracket(까치발)등으로 보강하여 2개의 강관으로 묶을 경우 이상의 강도가 유지될 경우는 예외로 할 수 있음

3) 적재하중 제한

(1) 비계 기둥간의 적재하중은 최대 400킬로그램 초과 금지할 것

(2) 적재하중[킬로그램]

구분	적재하중	구분	적재하중
비계기둥간	400	개구부 덮개	120
가설계단	500kg/m^2	작업발판	400
• 안전난간 : 임의 방향 100킬로그램 이상에 견딜 것(스팬 중앙에서는 120킬로그램)			

4) 비계 적재하중 비교

강관비계	이동식비계	시스템비계
1) 비계 표준시방서 (KCS 21 60 10 : 2022)] * 비계기둥간 하중 한도 4.0kN * 비계기둥1개의 하중은 7.0kN 2) 안전보건규칙제60조 비계기둥 간의 적재하중은 400킬로그램을 초과하지 않도록 할 것	[안전보건규칙제68조] 작업발판의 최대적재하중은 250킬로그램을 초과하지 않도록 할 것	[안전보건규칙제70조] 작업발판에는 **제조사가 정한 최대적재하중**을 초과하여 적재해서는 아니되며, 최대적재하중이 표기된 표지판을 부착하고 근로자에게 주지시킬 것

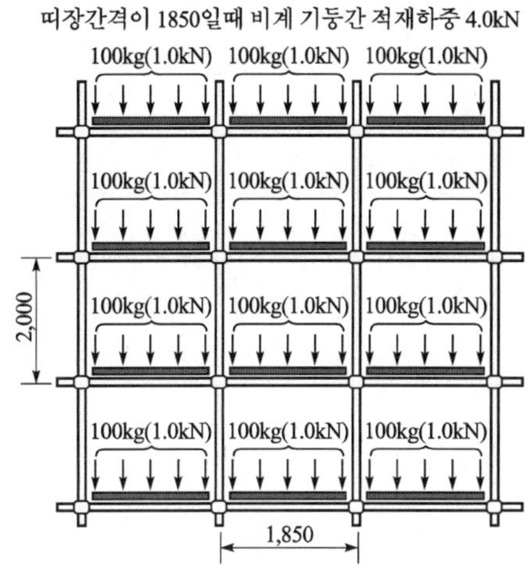

[강관비계]

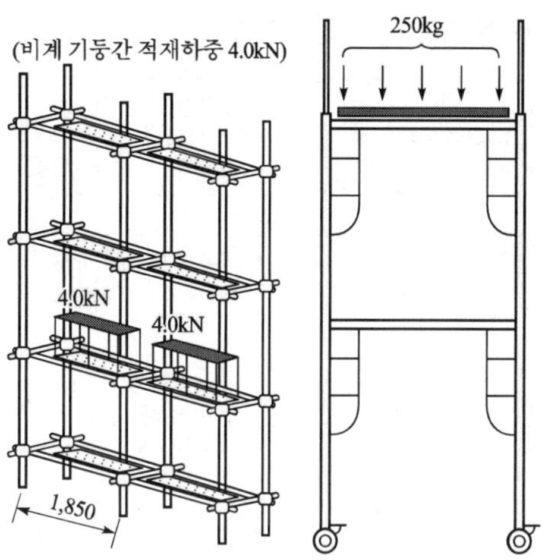

[이동식비계]

3. 강관비계의 조립시 준수사항[안전보건규칙제59조]

1) 기초 부분

(미끄러짐, 침하 방지) 밑받침철물, 깔판·받침목 사용 등을 사용하여 밑둥잡이를 설치하는 등의 조치를 할 것

2) 지상 조립 부분

(1) 강관의 접속부 또는 교차부 : 적합한 부속철물로 접속하거나 단단히 묶을 것

(2) 교차 가새로 보강할 것

(3) 벽 이음 또는 버팀을 설치할 것

3) 가공전로와 접촉 방지 조치 : 가공전로를 이설하거나 가공전로에 절연용 방호구 장착할 것

4. 비계종류별 벽 이음 설치 기준

구분	벽 이음		적용조건
	수직(미터)	수평(미터)	
통나무비계	5.5	7.5	• 4층 이하 12미터 이하 작업에만 적용
단관비계	5.0	5.0	• 강관통나무 등으로 견고하게 인장재와 압축재 간격 1미터 이내
강관틀비계	6.0	8.0	• 5미터 미만은 제외[안전보건규칙 별표5]
시스템 비계	-	-	• 제조사가 정한 기준

5. 비계 조립 순서 및 안전대책

순서	안전대책
1. 작업준비	• 작업자 숙련정도에 따라 적정 배치할 것 • 각 개인별 건강상태 확인할 것 • 작업자 및 통제자에 대한 특별교육 실시할 것
2. 최하단 브라켓 또는 깔판설치	• 브라켓은 발코니용, 슬라브형 형태에 적합한 브라켓 사용할 것 • 깔판은 장기하중에 견딜 수 있는 양호한 재료를 사용할 것
3. 수직 세우기	• 수평길이를 감안하여 적정 간격을 준수할 것 • 무단 투하 금지 및 준수할 것 • 4미터나 6미터의 어긋 배치기준을 준수할 것
4. 클램프 조임	• 무리한 힘으로 인해 몸의 중심을 잃지 않도록 주의할 것 • 무단 투하 금지 및 준수할 것
5. 수평세우기	• 핀이음부의 정착상태 확인을 철저히 할 것 • 모서리구간에 한 치수 부족 등의 이유로 구간을 생략하는 행위를 금지할 것
6. 벽 이음철물설치 [또는 경사재설치]	• 벽 이음재의 무리한 작업을 금지할 것 • 벽 이음 해체 전에 가보강을 실시할 것 • 하부 벽연결재를 보강할 것
7. 수평재 수직재 조임	• 무리한 힘으로 인해 몸의 중심을 잃지 않도록 주의할 것 • 무단 투하 금지 및 준수할 것
8. 상부구간 이동	• 옆구간의 작업자와 동일한 작업진행을 실시할 것
9. 반복	
10. 확인 및 종료	• 구조물 단부 또는 경사부위에 잔여 자재여부를 확인할 것 • 작업중 발생한 위험상황이나 불안전한 작업방법에 대한 작업 지휘자의 개선 방안을 지시할 것

시스템비계 안전관리 03-06

1. 시스템비계의 구조[안전보건규칙제69조]

1) 수직재, 수평재, 가새재를 견고하게 연결하는 구조가 되도록 할 것
2) 수직재와 받침철물 연결부의 겹침길이는 받침철물 전체 길이의 1/3이상 되도록 할 것
3) 수직재와 수평재는 직각으로 설치하고 흔들림없이 견고하게 할 것
4) 수직재 수평재 연결철물은 이탈하지 않도록 견고한 구조로 할 것
5) 벽연결재의 설치 간격은 제조사가 정한 기준을 따를 것

2. 시스템비계 조립 작업시 준수사항[안전보건규칙제70조]

1) 항상 수평 및 수직 유지
   (1) 비계 기둥의 밑둥에는 밑받침 철물 사용할 것
   (2) 밑받침에 고저차가 있는 경우 : 조절형 밑받침 철물 사용할 것
   (3) 경사진 바닥에 설치하는 경우
      가. 피벗형 받침 철물 사용
      나. 쐐기 사용

2) 감전사고 예방[가공전로 접촉방지 조치]
   (1) 가공전로 이설할 것
   (2) 가공전로에 절연용 방호구 설치할 것

3) 작업통로 확보
   (1) 상하 또는 좌우 이동 통로 이용할 것

4) 수직면 상의 위와 아래 동시 작업 금지

5) 최대적재하중 표시
   (1) 최대적재하중이 표기된 표지판을 작업발판에 부착할 것
   (2) 근로자에게 주지시킬 것

3. 시스템비계 추락사고 방지대책[공공공사 추락사고 방지에 관한 지침. 2019.4]

1) 설계시행단계-발주청 의무사항
   (1) 작업발판(비계)을 설치할 때에는 일체형 작업발판(시스템비계)을 의무적으로 설계에 반영할 것
   (2) 일체형 작업발판(시스템비계) 설치가 곤란한 경우[3)]

가. 작업 전에 시공자가 작업계획서를 건설사업관리기술인 또는 감독자에게 승인을 받은 후 작업에 착수해야 한다는 내용

나. 추락방호망을 병행 설치하고 안전대를 착용한 후 작업한다는 내용

다. 작업계획서에 포함할 내용

가) 강관비계의 조립도(단면도, 평면도, 작업발판 배치도 및 시공상세도)

나) 구조계산서

(3) 시스템비계를 설계에 반영될 수 있도록 설계서(과업지시서)의 설계조건을 작성할 것

(4) 시스템비계를 설계에 반영하도록 설계자에게 통보할 것, 설계도서와 예정가격에 **시스템비계의 반영 여부를 확인**할 것

(5) 설계자는 시스템비계 설계 시 가설공사 표준시방코드, 가시설물 설계 기준코드 및 안전보건규칙에 따라 설계할 것

2) 공사시행단계-발주청 의무사항

(1) **공사계약 할 때 비계 설치비를 공사금액에 계상할 것**

(2) 공사감독자 또는 건설사업관리기술인은 시공상세도 작성여부 확인 및 **구조적인 안전성 검토 · 확인**

(3) 설치·해체 시 시공상세도, 안전보건규칙, 시방서, 국가건설기준 납품자의 안전수칙을 준수할 것

(4) 강관비계로 설계되어 착공 예정이거나, 이미 착공되었지만 강관비계를 아직 설치하지 않은 공사는 설계를 변경하여 시스템 비계를 적용토록 하고, **시스템비계로 변경함에 따른 추가적인 비용은 발주청이 부담할 것**

(5) 강관비계를 이미 설치하였거나, 시스템비계로 설계변경이 곤란한 공사는 공사감독자 및 건설사업관리기술인이 안전수칙 준수 여부를 철저히 점검할 것

벽 이음과 풍압 03-07

1. 벽 이음(연결)재의 역할

벽 이음 철물이란 구조물의 외벽에 따라 세워진 비계는 폭에 비해서 높이가 높기 때문에 수평방향으로 불안정하므로 이를 안정시키기 위해 비계를 구조물 외벽에 연결하는데 사용되는 재료를 벽 이음(연결) 철물이라 한다. 바람과 편심 하중 등의 수평하중에 저항하게 되며 작업발판 등의 적재하중으로 인한 수직재의 임계좌굴하중에 영향을 미치는 좌굴길이 결정의 중요한

3) (1) 경사지 (2) 복잡한 구조형식 (3) 비정형 구조물 (4) 지반 등 현지 여건

요인이 된다.

1) 도괴 방지 역할

2) 좌굴 저항력 증가

2. 벽 이음재의 안전성 검토

1) 풍하중(W_D) < 벽 이음재(연결재) 인장(압축) 강도

[건축구조기준 설계하중, (KDS 41 12 00 : 2022)], 기타 구조물[개방형 간판, 래티스구조물, 굴뚝, 탱크, 펜스]

구분	내 용
풍방향풍하중 (W_D)	$W_D = q_h \times G_D \times C_D \times A(N),\ q_h = \frac{1}{2}\rho V_H^2 (N/m^2)$ 여기서, q_h=기준높이 h에서의 설계속도압(N/m^2) G_D=풍방향 가스트 영향계수[건축물의 동적특성에 좌우됨] C_D=풍력계수[건축물의 형상에 좌우됨] A=풍향에 수직인 수압면적(m^2) V_H=설계풍속(m/s) ρ= 공기밀도로써 균일하게 $1.22kg/m^3$로 한다.
최소풍하중	기타 구조물에 대한 설계용 최소풍하중은 $650N/m^2 \times A$ 이상이어야 한다. 여기서 A는 유효수압면적이다.

2) 벽 이음재(벽연결용 철물)의 인장 또는 압축 성능 기준[KDS 21 60 00, 2022]

(1) 인장성능 : 9.81kN(안전율 2.0)[4)]

(2) 압축성능 : 9.81kN(안전율 3.0)

그림 3.1.3. 벽 이음재 설치 사례

3) 인장 또는 압축성능 검토

인장 또는 압축성능(9.81kN/안전율) ≥ 작용하중(압축력 또는 인장력)

4) 벽 이음재의 인장(압축)성능 기준값인 9.81kN은 벽 이음재로 사용할 수 있는 최솟값이며 설치 시 부담하게 되는 허용축력은 성능기준 9.81kN에 안전율 2.0(압축성능 일 경우 3.0)을 적용하게 되면 허용인장력은 4.905kN, 허용압축력은 3.27kN 미만 중에서 최솟값인 3.27kN(약 327킬로그램) 미만의 축력이 작용하면 안전성이 확보된 것으로 평가할 수 있다.

3. 벽 이음재[벽 연결용 철물] 시공-비계공사 표준시방서[KCS 21 60 05 : 2022]

1) 비계가 풍하중 및 수평하중에 의해 영구 구조체의 내·외측으로 움직임을 방지하기 위해 설치하는 부재로써 간격은 벽 이음재의 성능과 작용하중에 의해 결정할 것
2) 수직재와 수평재의 교차부에서 비계면에 대하여 직각이 되도록 하여 수직재에 설치할 것
3) 전체를 한 번에 풀지 않고, 부분적으로 순서에 맞게 풀 것. 특히, 거푸집 조립 시에는 1개 층씩 필요한 부분만 풀고, 작업을 완료한 이후에 즉시 재설치할 것
4) 띠장에 부착된 벽 이음재는 비계기둥으로부터 300밀리미터 이내에 부착할 것
5) 벽 이음재로 사용되는 앵커는 비계 구조체가 해체될 때까지 남겨두어야 하며, 앵커를 설치하는 근로자는 납품자의 지침에 따라 시공할 것
6) 벽 이음재의 배치는 보호망의 설치 유무와 벽 이음재의 종류를 고려할 것. 특히, 보호망이 설치된 비계의 경우에는 풍하중에 대한 벽 이음재 배치에 대해 주의할 것
7) 벽 이음재는 결속에 필요한 요구조건과 영구 구조체면의 특성을 고려하여 다음 사항에 적합한 것을 선정하여 사용할 것
   (1) 박스형 벽 이음재Box Ties : 건물의 기둥과 같은 부재에 강관과 클램프를 사용하여 사각형 형태로 결속하는 방식
   (2) 립형 벽 이음재Lip Ties : 박스형 벽 이음재 설치가 불가능한 경우 건물 전면의 형상과 조건에 따라 강관과 클램프를 갈고리 형태로 조립하여 건물에 결속하는 방식
   (3) 관통형 벽 이음재Through Ties : 건물 개구부 내부의 바닥 및 천정에 지지되도록 설치된 강관 또는 강제 파이프 서포트에 개구부를 가로지르는 강관을 클램프로 결속하는 방식
   (4) 창틀용 벽 이음재Reveal Ties : 건물 전면에 앵커를 설치할 수 없는 경우, 건물 구조물의 성능을 확인 할 수 없는 경우, 또는 창틀 등의 개구부에 강관과 클램프로 벽 이음을 할 수 없는 경우에 사용하는 방식으로 마주보는 창틀면에 강관, 쐐기 또는 잭 등을 사용하여 지지한 후에 비계 구조물에 결속하는 방식

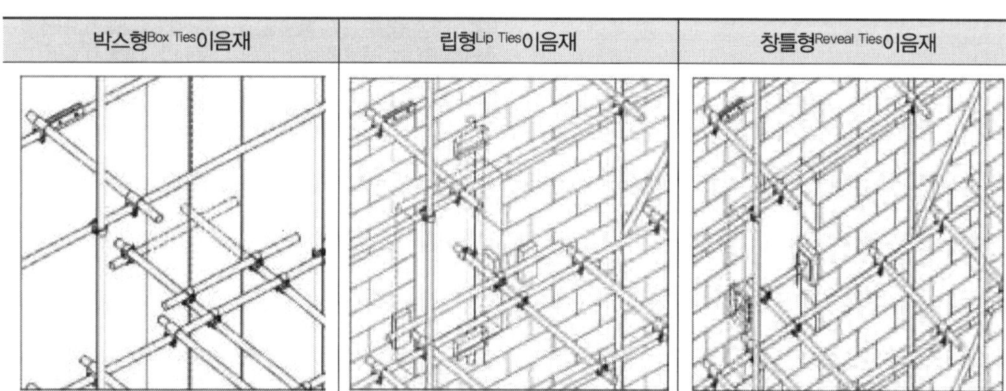

그림 3.1.4. 벽 이음재의 종류

이동식비계(강관틀비계) 안전관리 03-08

1. 강관틀비계 설치조건[안전보건규칙제62조]

1) 강관틀비계가 항상 수평 및 수직을 유지할 것 : 조절형 밑받침철물을 사용할 것
2) 높이가 20미터를 초과하고 중량물을 적재할 경우 주틀간의 간격이 1.8미터 이하로 할 것
3) 주틀간에 교차가새를 설치하고 최상층 및 5층 이내마다 수평재를 설치할 것
4) 수직방향으로 6미터, 수평방향으로 8미터 이내 마다 벽 이음할 것
5) 길이가 띠장방향으로 4미터 이하이고 높이가 10미터를 초과하는 경우에는 10미터 이내마다 띠장방향으로 버팀기둥을 설치할 것

2. 이동식비계 조립작업할 때 안전대책

1) 주요 구성
   (1) 작업발판 – 발판틈 3센티미터 이하로 설치할 것
   (2) 주틀구조부
   (3) 승강설비
   (4) 안전난간

2) 조립 및 작업 시 준수사항[안전보건규칙제68조]
   (1) 이동, 전도방지용
   브레이크, 쐐기 등으로 바퀴를 고정시킨 다음 비계 일부를 견고한 구조물에 고정하거나 아웃트리거Outrigger를 설치 할 것
   (2) 승강용 사다리는 견고하게 설치할 것
   (3) 최상부에서 작업을 할 경우에는 안전난간을 설치할 것
   (4) 작업 시 유의사항
   가. 작업발판은 항상 수평을 유지할 것
   나. 안전난간을 딛고하는 작업 금지할 것
   다. 받침대 또는 사다리를 사용한 작업을 금지할 것
   (5) 작업발판 최대적재하중은 250킬로그램을 초과하지 않도록 할 것

3. 이동식비계 작업 중 유의사항

1) 상부난간대 : 상부난간(90~120센티미터), 중간대(45~60센티미터) 설치
2) 작업발판 : 작업상 전부분에 빈틈없이 깔 것(유공발판)
3) 승강설비 : 별도의 승강설비 부착(사다리 설비, 제작 시 부착된 것)

4) 최대높이 : 밑변 최소길이의 4배 이하, 3단 이상 설치시 전도방지용 지지대 설치 또는 구조물에 고정할 것
5) 표지판 : 최대 적재하중 및 사용책임자 명시할 것
6) 바퀴구름방지장치 : 비계의 갑작스런 이동방지를 위해 바퀴구름 방지조치 실시할 것
7) 발끝막이 판 : 합판 등(사용공구, 재료 등의 낙하방지), 폭 10센티미터 정도로 설치할 것
8) 달줄사용 : 재료공구 등을 올리거나 내릴 때는 포대 및 로프를 이용할 것

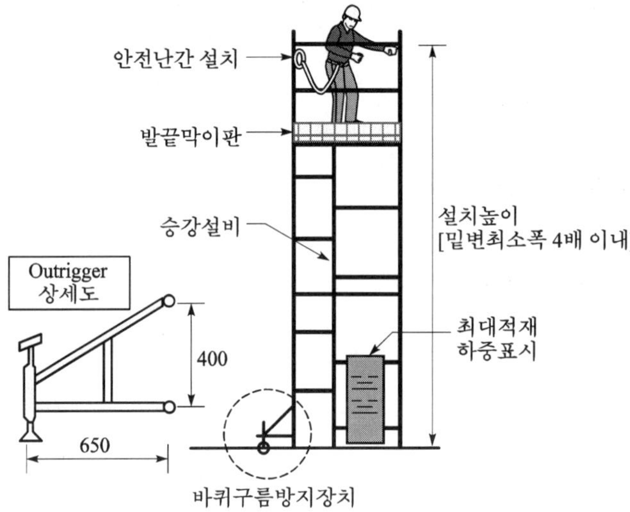

그림 3.1.5. 이동식비계 안전조치

달비계 안전관리 03-09

1. 달비계의 정의

1) 작업발판을 와이어로프나 달기체인, 섬유로프 등으로 **매달아 작업할 수 있게 설치된 비계를 말한다.**
2) 달비계[5]의 종류[안전보건규칙제63조]
   (1) 곤돌라형 달비계
   (2) 작업의자형 달비계

5) 달비계 안전보건규칙 개정(21.11월 시행)
   (1) (현행) 작업의자형 달비계와 곤돌라형 달비계 규정이 불분명하다.
   (2) 달비계 종류별로 안전조치를 구분한다.
   (3) 대표적인 내용 : 섬유로프에 대한 내용은 작업의자형 달비계 내용으로 정리하고 있다.

2. 달비계의 용도 및 안전조치

그림 3.1.6. 교량 가로보 작업용 달대비계 설치 사례

1) 용도 : 철골의 접합작업, 보의 철근 조립, 도장작업 등
2) 안전조치
   (1) 로프 절단 및 마모 보호 조치할 것
   (2) 보호구 지급 및 착용 관리할 것

3. 달비계 설치 시 준수사항

1) 곤돌라형 달비계의 로프 준수 사항[안전보건규칙 제63조]
   (1) 와이어로프의 사용 금지 기준 준수할 것
   (2) 달기체인의 사용 금지 기준 준수할 것
   (3) 달기 강선 및 달기 강대는 심하게 손상, 변형 또는 부식된 것 사용하지 않도록 할 것
   (4) 달기 와이어로프, 달기 체인, 달기 강선, 달기 강선, 달기 섬유로프는 풀리지 않도록 고정할 것
   (5) 작업발판 폭 40센티미터 이상, 틈새가 없도록 할 것
   (6) 비계가 흔들리거나 뒤집히는 것을 방지할 것
   (7) 근로자의 추락 위험이 있는 경우
      가. 달비계에 구명줄을 설치할 것
      나. 근로자에게 안전대를 착용하도록 하고 근로자가 착용한 안전줄을 달비계의 구명줄에 체결하도록 할 것
      다. 달비계에 안전난간을 설치할 수 있는 구조인 경우에는 달비계에 안전난간을 설치할 것

2) 작업의자형 달비계의 로프 준수 사항[안전보건규칙제63조]
   (1) 달비계의 작업대는 나무 등 근로자의 하중을 견딜 수 있는 강도의 재료를 사용하여 견고한 구조로 제작할 것
   (2) 작업대의 4개 모서리에 로프를 매달아 작업대가 뒤집히거나 떨어지지 않도록 연결할 것
   (3) 작업용 섬유로프는 콘크리트에 매립된 고리, 건축물의 콘크리트 또는 철재 구조물 등 2개 이상의 견고한 고정점에 풀리지 않도록 결속할 것
   (4) 작업용 섬유로프와 구명줄은 다른 고정점에 결속되도록 할 것
   (5) 작업하는 근로자의 하중을 견딜 수 있을 정도의 강도를 가진 작업용 섬유로프, 구명줄 및 고정점을 사용할 것

(6) 근로자가 작업용 섬유로프에 작업대를 연결하여 하강하는 방법으로 작업을 하는 경우 근로자의 조종 없이는 작업대가 하강하지 않도록 할 것

(7) 작업용 섬유로프 또는 구명줄이 결속된 고정점의 로프는 다른 사람이 풀지 못하게 하고 작업 중임을 알리는 경고표지를 부착할 것

(8) 작업용 섬유로프와 구명줄이 건물이나 구조물의 끝부분, 날카로운 물체 등에 의하여 절단되거나 마모될 우려가 있는 경우에는 로프에 이를 방지할 수 있는 보호 덮개를 씌우는 등의 조치를 할 것

(9) 달비계에 다음 각 목의 작업용 섬유로프 또는 안전대의 섬유벨트를 사용하지 않을 것

가. 꼬임이 끊어진 것

나. 심하게 손상되거나 부식된 것

다. 2개 이상의 작업용 섬유로프 또는 섬유벨트를 연결한 것

라. 작업높이보다 길이가 짧은 것

(10) 근로자의 추락 위험을 방지하기 위하여 다음 각 목의 조치를 할 것

가. 달비계에 구명줄을 설치할 것

나. 근로자에게 안전대를 착용하도록 하고 근로자가 착용한 안전줄을 달비계의 구명줄에 체결하도록 할 것

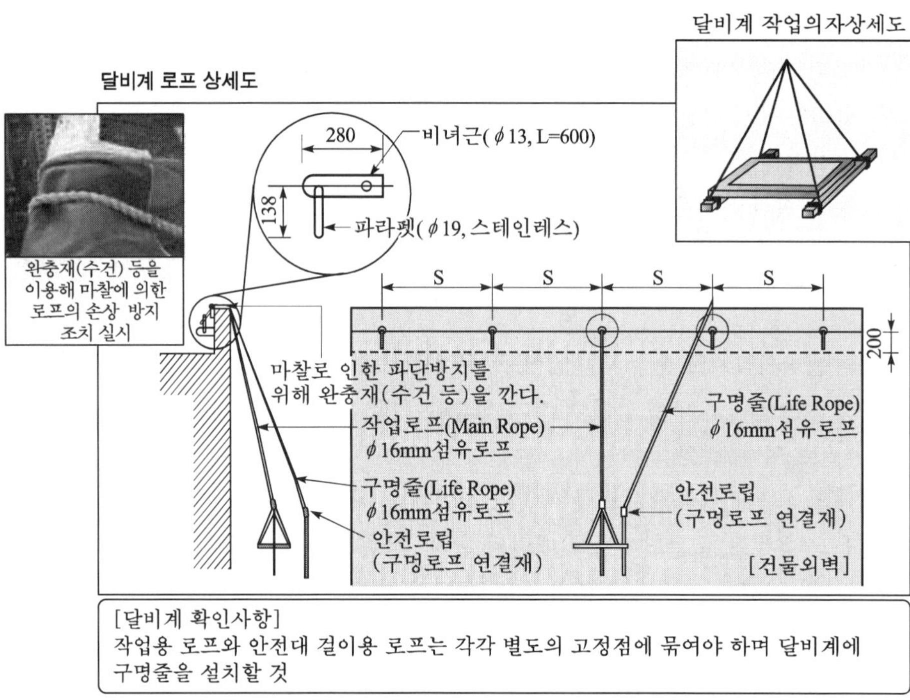

[달비계 확인사항]
작업용 로프와 안전대 걸이용 로프는 각각 별도의 고정점에 묶여야 하며 달비계에 구명줄을 설치할 것

그림 3.1.7. 작업의자형 달비계 위험요인 및 안전대책 예시

3) 작업 중 준수 사항

(1) 높은 디딤판, 사다리 등을 사용하여 근로자에게 작업을 시키지 않도록 할 것

(2) 추락방지 장치 설치 : 안전대 및 구명줄 설치 및 안전난간 설치할 것

달대비계 안전관리 03-10

1. 달대비계의 개요

1) 철골에 매달아 작업발판을 만드는 비계를 말한다.

2) 철골공사(예. 교량 Steel Box) 리벳, 볼트, 도장 공사 작업용으로 사용한다.

3) 상하 이동이 불가하다.

2. 달대비계의 종류

1) 전면형 달대비계 2) 통로형 달대비계 3) 상자형 달대비계

3. 달대비계 조립작업시 안전대책(준수사항)[가설공사표준안전작업지침]

1) 조립 기준

(1) 매다는 철선은 #8 소성철선을 사용, 4가닥 정도 꼬아서 안전계수 8이상 확보할 것

(2) 철근을 사용할 때에는 19밀리미터 이상 사용할 것

2) 작업시 준수사항

(1) 근로자는 반드시 안전모와 안전대를 착용할 것

(2) 높은 디딤판, 사다리 등을 사용하여 근로자에게 작업을 시키지 않도록 할 것

(3) 하중에 충분히 견딜 수 있도록 조치할 것

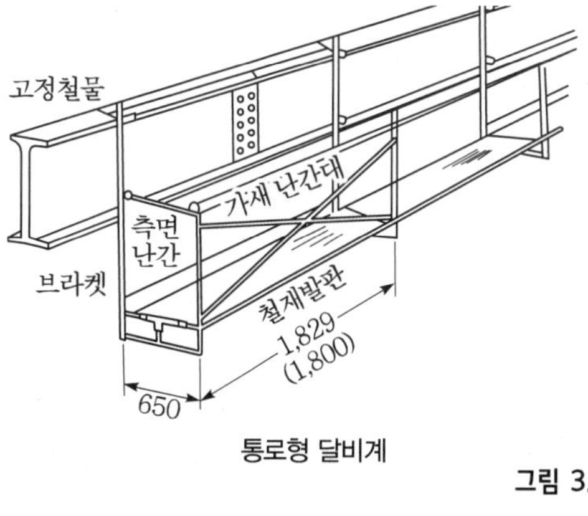

통로형 달비계

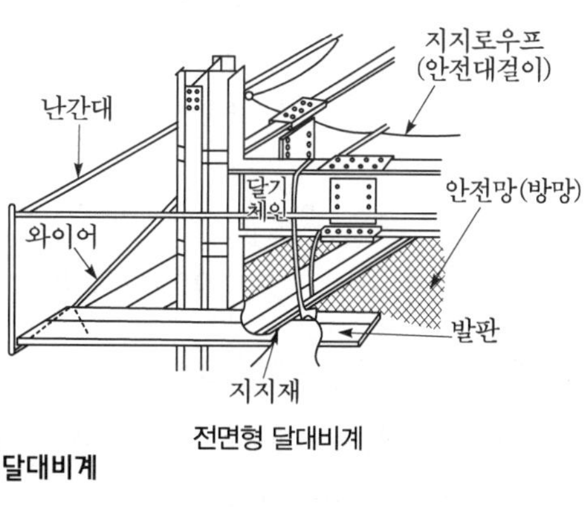

전면형 달대비계

그림 3.1.8. 달대비계

말비계 안전관리 03-11

1. 말비계의 종류

1) 각립비계 : 수직높이 2미터 미만 높이에 사용한 것
2) 안장비계 : 각립비계 등을 병렬 연결 후 사용한 것

2. 말비계 조립 및 사용 시 안전대책

1) 말비계 조립 시 준수사항[안전보건규칙제67조]
   (1) 지주부재의 하단에는 미끄럼 방지장치를 하고, 근로자가 양측 끝부분에 올라서서 작업하지 않도록 할 것
   (2) 지주부재와 수평면의 기울기를 75도 이하로 하고, 지주부재와 지주부재 사이를 고정시키는 보조부재를 설치할 것
   (3) 말비계의 높이가 2미터를 초과하는 경우에는 작업발판의 폭을 40센티미터 이상으로 할 것

2) 작업 시 준수사항
   (1) 미끄럼 방지장치, 양측 끝부분에 올라서서 작업하지 아니하도록 할 것
   (2) 지주부재와 지주부재 사이를 고정시키는 보조부재를 설치할 것
   (3) 사다리의 각부는 수평하게 놓아서 상부가 한쪽으로 기울지 않도록 할 것

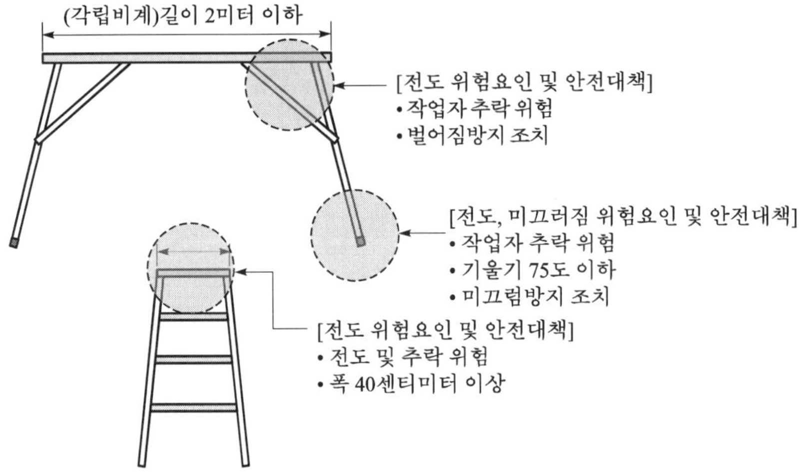

그림 3.1.9. 말비계 위험요인 및 안전대책

3. 말비계 준수사항[KCS 21 60 10]

1) 말비계의 설치높이는 2미터 이하이어야 하며, 2미터를 초과하는 경우에는 작업발판의 폭을 0.4미터 이상으로 할 것

2) 말비계는 수평을 유지하여 한쪽으로 기울지 않도록 할 것
3) 말비계는 벌어짐을 방지할 수 있는 구조이어야 하며, 이동하지 않도록 견고히 고정할 것
4) 말비계용 사다리는 기둥재와 수평면과의 각도는 75도이하, 기둥재와 받침대와의 각도는 85도 이하가 되도록 설치할 것
5) 계단실에서는 보조지지대나 수평연결 등을 하여 말비계가 전도되지 않도록 할 것
6) 작업발판의 돌출길이는 100밀리미터~200밀리미터 정도로 하며, 돌출된 장소에서는 작업을 하지 않도록 할 것
7) 작업발판 위에서 받침대나 사다리를 사용하지 않도록 할 것

가설통로 안전관리 03-12

1. 통로의 설치[안전보건규칙제22조]

1) 작업장으로 통하는 장소 또는 작업장내에는 안전한 통로를 설치하고 항상 사용가능한 상태로 유지할 것
2) 통로의 주요한 부분에는 통로 표시할 것
3) 통로면으로부터 높이 2미터 이내에는 장애물이 없도록 할 것
4) 부득이하게 통로면으로부터 높이 2미터 이내에 장애물을 설치할 수밖에 없거나 통로면으로부터 높이 2미터 이내의 장애물을 제거하는 것이 곤란하다고 고용노동부장관이 인정하는 경우에는 근로자에게 발생할 수 있는 부상 등의 위험을 방지하기 위한 안전조치를 할 것

2. 가설통로 종류 및 설치기준

<table>
<tr><th>통로의 형태</th><th>경사도, 폭</th><th>통로의 폭
[센티미터]</th><th>가설통로의 경사도</th><th>계단참</th></tr>
<tr><td rowspan="2">경사로</td><td>30° 이내</td><td>90 이상</td><td rowspan="6">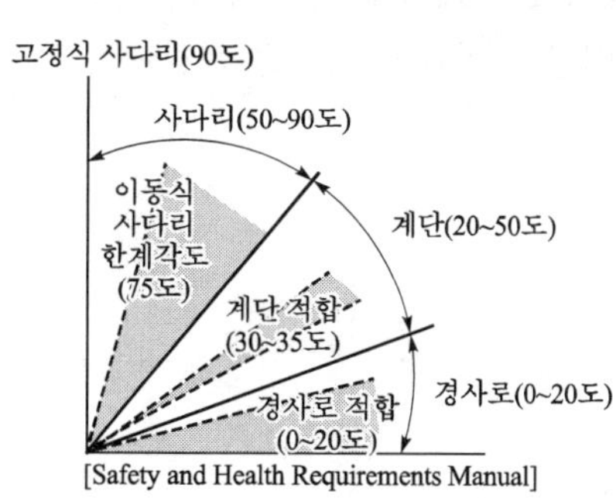

[Safety and Health Requirements Manual]</td><td rowspan="2">8미터 이상,
7미터 마다</td></tr>
<tr><td colspan="2">15° 이상은 미끄럼 방지턱 설치</td></tr>
<tr><td>가설계단</td><td>30° ~ 65°</td><td>100 이상</td><td>3미터 이상,
3미터 마다</td></tr>
<tr><td>사다리</td><td>60° 이상</td><td>30 이상</td><td>1미터 이상,
5미터 마다</td></tr>
<tr><td>작업발판(통로)</td><td>폭</td><td>40 이상</td><td>-</td></tr>
<tr><td>승강로(Trap)</td><td>폭</td><td>30 이상</td><td>15미터 이상,
10미터 마다</td></tr>
</table>

3. 가설통로의 구조[안전보건규칙제23조]

1) 견고한 구조로 할 것
2) 경사는 30도 이하로 할 것
   (계단을 설치하거나 높이 2미터 미만으로서 튼튼한 손잡이를 설치한 때에는 예외로 한다.)
3) 경사가 15도를 초과하는 때에는 미끄러지지 않는 구조로 할 것
4) 추락할 위험이 있는 장소에는 안전난간을 설치할 것. 다만, 작업상 부득이한 경우에는 필요한 부분만 임시로 해체할 수 있다.
5) 수직갱에 가설된 통로의 길이가 15미터 이상인 때에는 10미터 이내마다 계단참을 설치할 것
6) 건설공사에 사용하는 높이 8미터 이상인 비계다리에는 7미터 이내마다 계단참을 설치할 것

가설계단 안전관리 03-13

1. 계단의 강도[안전보건규칙제26조]

1) 제곱미터 당 500킬로그램 이상의 하중에 견딜 수 있는 강도와 안전율 4이상 확보할 것
2) 구멍이 있는 재료로 만들 경우 렌치 기타 공구 등이 낙하할 위험이 없는 구조일 것

2. 계단의 폭, 높이, 난간[안전보건규칙제27~30조]

1) 폭은 1미터 이상(급유용·보수용·비상용계단 및 나선형계단은 해당없음)
2) 계단에는 손잡이 외의 다른 물건 등을 설치 또는 적재하지 말 것
3) 높이가 3미터를 초과하는 계단에는 높이 3미터 이내마다 진행방향으로 길이 1.2미터 이상의 계단참[6)]을 설치할 것
4) 바닥면으로부터 높이 2미터 이내의 공간에 장애물이 없도록 할 것(급유용·보수용·비상용계단 및 나선형계단은 해당없음)
5) 높이 1미터 이상인 계단의 개방된 측면에는 안전난간을 설치할 것

6) 계단참
   (1) 계단참은 휴식, 방향 전환 시 추락 위험 방지 및 전도 시 피해 최소화 등을 위해 설치한다.
   (2) 너비 1.2미터란 계단 이동방향을 의미한다.(계단의 폭이 아님)

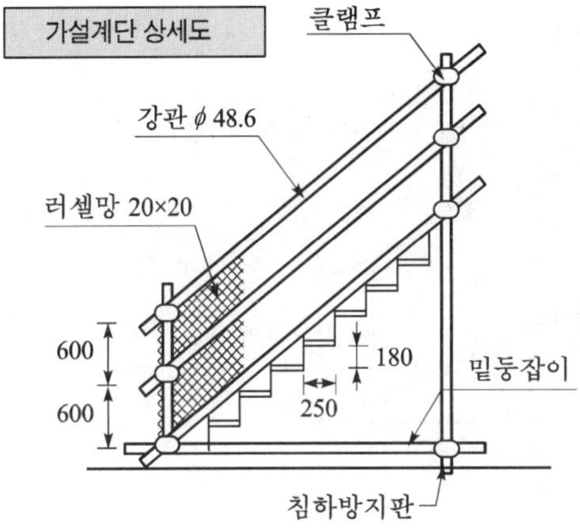

그림 3.1.10. 조립형 가설계단 설치 기준과 설치 사례

가설경사로 안전관리 03-14

1. 경사로 설치.사용할 때 준수사항[가설공사표준안작업지침]

1) 설치 기준

(1) 비탈면의 경사각은 30도 이내로 하고 미끄럼막이 간격은 다음과 같다.

경사각	미끄럼막이 간격 [센티미터]	경사각	미끄럼막이간격 [센티미터]
30도	30	22도	40
29도	33	19도 20분	43
27도	35	17도	45
24도 15분	37	14도	47

(2) 경사로의 폭은 최소 90센티미터 이상 확보할 것

(3) 높이 7미터 이내마다 계단참 설치할 것

(4) 경사로 지지기둥은 3미터 이내마다 설치할 것

(5) 발판은 폭 40센티미터 이상으로 하고, 틈은 3센티미터 이내로 설치할 것

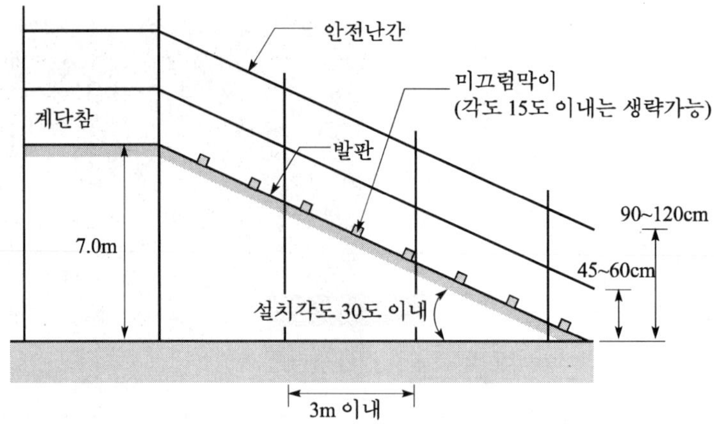

그림 3.1.11. 가설경사로 설치기준

2) 작업 중 준수 사항

(1) 경사로는 항상 정비하고 안전통로를 확보할 것

(2) 추락방지용 안전난간 설치할 것

(3) 발판이 이탈하거나 한쪽 끝을 밟으면 다른쪽이 들리지 않게 장선에 결속할 것

2. 지지기둥 설치기준 비교

1) 가설계단 지주 : 2 미터 이내

2) 경사로 지주 : 3 미터 이내

통로발판 안전관리 03-15

1. 통로발판 설치.사용할 때 안전대책(준수사항)[가설공사표준안작업지침제15조]

1) 충분한 넓이 확보할 것

2) 추락의 위험이 있는 곳에는 안전난간이나 철책을 설치할 것

3) 이음하는 경우 장선 위에 이음을 하고 겹침길이는 20센티미터 이상으로 할 것

4) 발판 1개에 한 지지물은 2개 이상으로 할 것

5) 작업발판의 최대폭은 1.6미터 이내로 할 것

6) 작업발판 위에는 돌출된 못, 옹이, 철선 등이 없도록 할 것

7) 비계발판의 구조에 따라 최대 적재하중을 정하고 이를 초과하지 않도록 할 것

2. 작업발판의 구조[안전보건규칙제56조]

1) 발판재료는 작업시의 하중을 견딜 수 있도록 견고한 것으로 할 것
2) 작업발판의 폭은 40센티미터 이상, 발판재료 간의 틈은 3센티미터 이하로 할 것
3) 추락의 위험성이 있는 장소에는 안전난간을 설치할 것(작업의 성질상 안전난간을 설치하는 것이 곤란한 경우, 작업의 필요상 임시로 안전난간을 해체할 때에 추락방호망을 설치하거나 근로자로 하여금 안전대를 사용하도록 하는 등 추락위험 방지 조치를 한 경우에는 설치할 필요없음)
4) 작업발판의 지지물은 하중에 의하여 파괴될 우려가 없는 것을 사용할 것
5) 작업발판재료는 뒤집히거나 떨어지지 않도록 2이상의 지지물에 연결하거나 고정시킬 것
6) 작업발판을 작업에 따라 이동시킬 때에는 위험방지에 필요한 조치를 할 것

항목	설치 기준
표지판	최대적재하중표시(400킬로그램 이하), 위험경고 및 지시판 부착
안전난간	상부난간대(90~120센티미터이상), 중간에 중간대를 견고히 설치
작업발판	폭은 40센티미터 이상, 간격 3센티미터이하로 발판1개당 2개소 이상지지
폭목	폭목의 높이는 10센티미터 이상
이음부	발판간 20센티미터이상 겹치고 중앙부는 장선위에 놓일 것
재료	발판은 폭40센티미터 이상, 두께 3.5센티미터, 길이 3.6미터이내의 것
작업발판 설치 목재사용시(예)	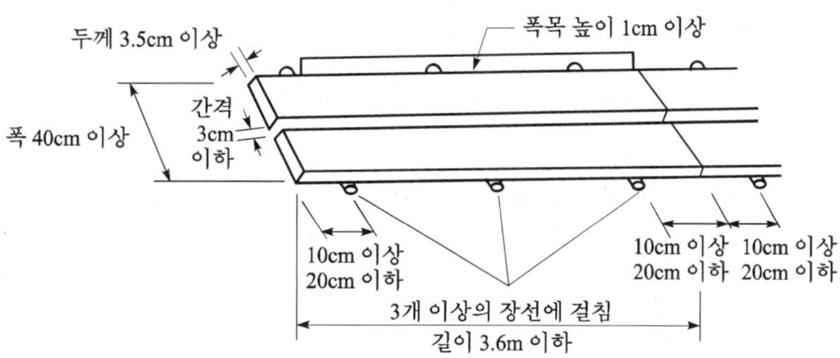

사다리 안전관리 03-16

1. 사다리의 종류[가설공사표준안작업지침]

1) 옥외용 사다리
2) 목재 사다리
3) 철재 사다리
4) 이동식 사다리
5) 기계 사다리
6) 연장 사다리

2. 사다리식 통로 설치.작업할 때 준수사항[안전보건규칙제24조]

1) 견고한 구조로 할 것
2) 심한 손상·부식 등이 없는 재료를 사용할 것
3) 발판의 간격은 일정하게 할 것
4) 발판과 벽과의 사이는 15센티미터 이상의 간격을 유지할 것
5) 폭은 30센티미터 이상으로 할 것
6) 사다리가 넘어지거나 미끄러지는 것을 방지하기 위한 조치를 할 것
7) 사다리의 상단은 걸쳐놓은 지점으로부터 60센티미터 이상 올라가도록 할 것
8) 사다리식 통로의 길이가 10미터 이상인 경우에는 5미터 이내마다 계단참을 설치할 것
9) 사다리식 통로의 기울기는 75도 이하로 할 것. 다만, 고정식 사다리식 통로의 기울기는 90도 이하로 하고, 그 높이가 7미터 이상인 경우에는 바닥으로부터 높이가 2.5미터 되는 지점부터 등받이울을 설치할 것
10) 접이식 사다리 기둥은 사용 시 접혀지거나 펼쳐지지 않도록 철물 등을 사용하여 견고하게 조치할 것

3. 사다리 미끄럼방지장치

1) 미끄럼 방지 안전장치(고무, 코르크, 가죽, 강스파이크 등)를 설치할 것
2) 쐐기형 강스파이크는 지반이 평탄한 맨땅위에 세울 때 사용
3) 미끄럼방지 판자 및 고정쇠는 돌마무리 또는 인조석 깔기마감 한 바닥용으로 사용
4) 미끄럼방지 발판은 인조고무 등으로 마감한 실내용을 사용할 것

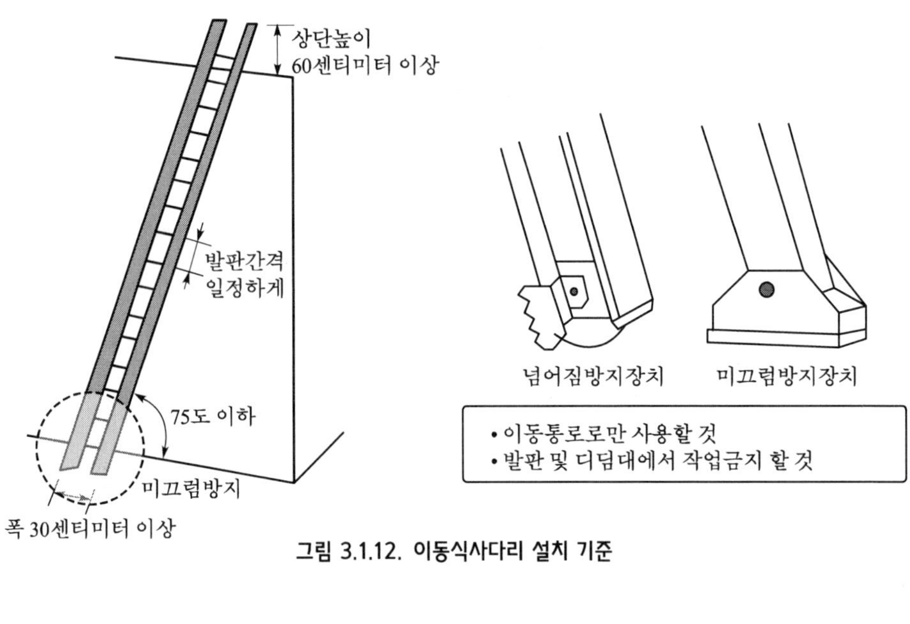

그림 3.1.12. 이동식사다리 설치 기준

4. 이동식사다리 안전작업지침 개선방안[고용노동부 19.03.18]

1) 공통사항

(1) 보통사다리(일자형 사다리), 신축형 사다리, 발붙임 사다리(A형)를 일자형으로 펼쳐서 사용하는 경우 오르내리는 이동통로로만 사용할 것

(2) 모든 사다리 작업시 안전모 착용할 것

2) 발붙임 사다리(A형, 조경용)

(1) 평탄·견고하고 미끄럼이 없는 바닥에 설치할 것[미끄럼·넘어짐 방지조치]

(2) 경작업[7], 고소작업대·비계 등 설치가 어려운 협소한 장소에서 사용할 것

(3) 사다리 작업높이가 1.2미터 이상~2미터 미만인 경우 : 2인 1조 작업, 최상부 발판에서는 작업금지

(4) 사다리 작업높이가 2미터 이상~3.5미터 이하인 경우 : 2인 1조 작업 및 안전대 착용, 최상부 및 그 하단 디딤대 작업 금지

(5) 사다리 최대길이가 3.5미터 초과한 경우 : 작업발판으로 사용금지

3) 행정사항

(1) (시행시기) 즉시

(2) 조치기준 : 안전작업지침 위반사항 점검

가. 보통 사다리(일자형), 신축형 사다리 등을 작업발판으로 사용할 경우

나. 발붙임 사다리(A형, 조경용) 안전작업지침 미준수 여부

다. 모든 사다리에서 안전모를 착용하지 않고 작업시에는 산업안전보건업무담당 근로감독관 집무규정에 따라 조치('19.7.1부터 조치)

A형 사다리 설치 기준

작업높이 [발을 딛는 디딤대의 높이]	안전작업지침
1.2미터 미만	• 반드시 안전모 착용
1.2~2.0미터 미만	• 반드시 안전모 착용 • 2인 1조 작업
2.0~3.5미터 미만	• 반드시 안전모 착용 • 2인 1조 작업 • 최상부 발판에서 작업금지 • 디딤대 작업금지
3.5미터 초과	• 작업발판으로 사용금지

7) (경작업) 손 또는 팔을 가볍게 사용하는 작업으로서 전구교체 작업, 전기·통신 작업, 평탄한 곳의 조경작업 등

철골 기둥 승강로 안전관리 03-17

1. 철골 기둥 승강로의 설치[안전보건규칙제381조]

1) 근로자가 수직방향으로 이동하는 철골 부재에는 답단 간격이 30센티미터 이내인 고정된 승강로 설치할 것
2) 수평방향 철골과 수직방향 철골이 연결되는 부분에는 연결작업을 위하여 작업발판 등을 설치할 것

2. 철골 기둥 승강로의의 구조[철골공사표준안전작업지침]

1) 답단간격 : 30센티미터 이내
2) 답단자재 : 철근 16밀리미터
3) 답단 폭 : 30센티미터 이상
4) 안전대 부착설비 구조를 겸용할 것

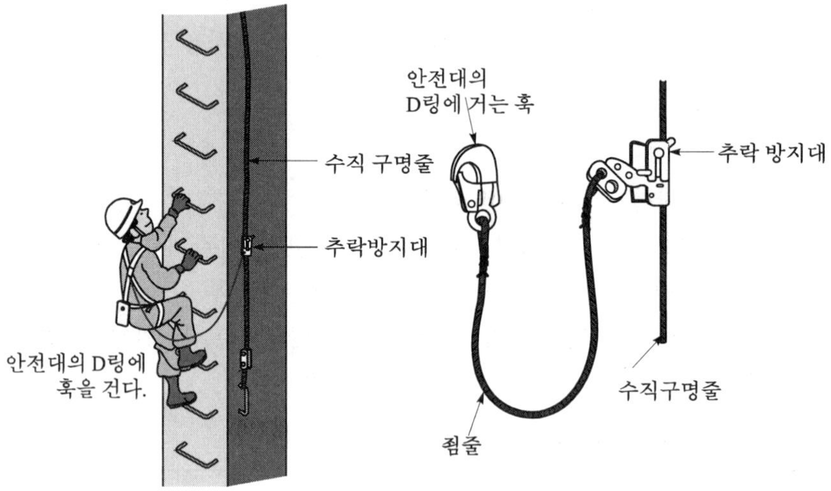

그림 3.1.13. 철골 기둥 승강로와 추락방지대

가설도로 안전관리 03-18

1. 가설도로 설치할 때 준수사항[안전보건규칙제379조]

1) 도로는 장비 및 차량이 안전하게 운행할 수 있도록 견고하게 설치할 것
2) 도로와 작업장이 접하여 있을 경우에는 방책 등을 설치할 것
3) 도로는 배수를 위하여 경사지게 설치하거나 배수시설을 설치할 것
4) 차량의 속도제한 표지를 부착할 것

2. 가설도로 설치.사용할 때 준수사항[가설공사표준안전작업지침]

1) 도로의 표면은 장비 및 차량이 안전운행 할 수 있도록 유지 및 보수할 것
2) 진입로, 경사로 등은 주행하는 차량통행에 지장을 주지 않도록 만들것
3) 도로와 작업장 높이에 차가 있을 때는 바리케이트 또는 연석 등을 설치할 것
4) 도로는 배수를 위해 도로 중앙부를 약간 높게 하거나 배수시설을 설치 할 것
5) 운반로는 장비의 안전운행에 적합한 도로의 폭을 유지하여야 하며, 또한 모든 커브는 통상적인 도로폭보다 좀 더 넓게 만들고 시계에 장애가 없도록 만들 것
6) 커브 구간에서는 차량이 가시거리의 절반 이내에서 정지할 수 있도록 차량의 속도를 제한할 것
7) 최고 허용경사도는 부득이한 경우를 제외하고는 10퍼센트를 넘지말 것
8) 필요한 전기시설(교통신호등 포함), 신호수, 표지판, 바리케이트, 노면표지 등을 교통 안전운행을 위하여 제공할 것
9) 안전운행을 위하여 먼지가 일어나지 않도록 물을 뿌려주고 겨울철에는 눈이 쌓이지 않도록 조치할 것

3. 가설도로 표지와 신호수[가설공사표준안전작업지침]

1) 가설도로 표지
   (1) 교통안전 표지
   (2) 방호장치(반사경, 보호책, 방호설비)
   (3) 노동부장관이 정하는 산업안전표지

2) 신호수
   책임감 있고 임무숙지는 물론 잘 훈련되고 경험있는 자

4. 우회로 설치 시 준수사항[가설공사표준안전작업지침]

1) 교통량을 유지시킬 수 있도록 계획할 것
2) 시공 중인 교량이나 높은 구조물의 밑을 통과해서는 안되며 부득이 시공중인 교량이나 높은 구조물의 밑을 통과하여야 할 경우에는 필요한 안전조치를 할 것
3) 모든 교통통제나 신호등은 교통법규에 적합하도록 할 것
4) 우회로는 항시 유지보수 되도록 확실한 점검을 실시하여야 하며 필요한 경우에는 가설등을 설치할 것
5) 우회로의 사용이 완료되면 모든 것을 원상 복구할 것

5. 도로 점용 구간 안전시설 설치(사례)

교통관리구간 설정	준수 내용
주의구간 (공사예고)	• 차량운전자가 전방의 교통상황 변화를 사전에 인식할 수 있는 구간에 표지 설치
변화구간 (교통안내/우회안내)	• 진행중인 차로를 변화시키는 구간으로 새로운 차로는 도류화시설과 동시에 도색이 필요
완충구간 (교통표지판)	• 주의표지를 보지 못했거나 차로변경을 하지 못한 경우 공사장 충돌을 방지하기 위한 구간
공사구간 (경관등, 안전휀스)	• 작업자 활동공간, 자재적치 및 장비 활동 공간, 작업공간으로 도류화시설 및 안전휀스 설치
종결구간 (도류화 설치구간)	• 공사구간을 통과하여 공사 이전의 정상적인 주행차로로 복귀하는데 소요되는 구간

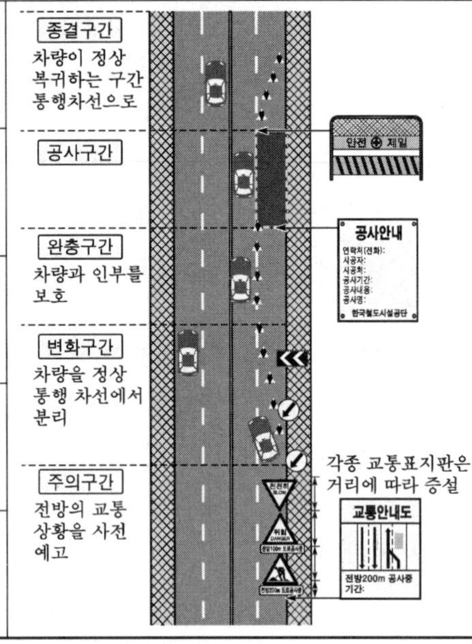

6. 가설도로 가설램프Ramp 운영계획(사례)

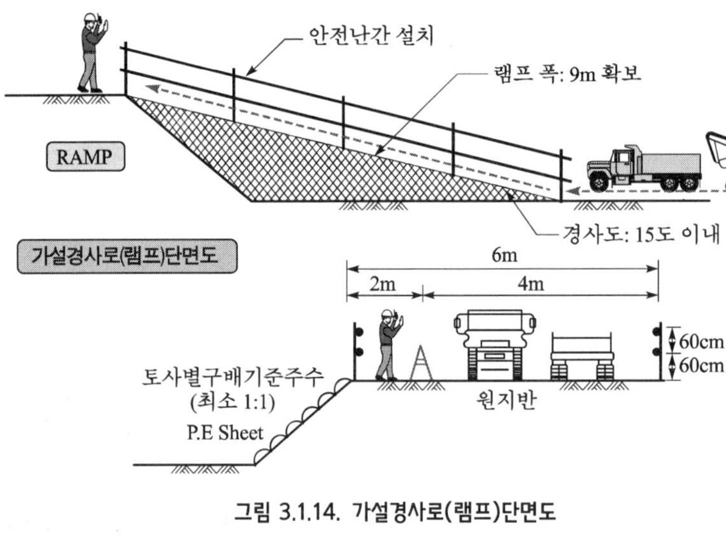

그림 3.1.14. 가설경사로(램프)단면도

1) 경사로 각도는 15도 이내로 한다.

2) 경사로 폭은 6.0미터 이상 확보하고 근로자 통행로를 확보한다.

3) 차량 운행로는 4.0미터 이상 확보한다.
4) 경사로 사면에는 부직포를 깔아 붕괴를 방지한다.

학습 Note 가설울타리

1) 가설울타리 설치 목적
① 공사범위 명확화 ② 제3자에 대한 보안 ③ 제3자의 침입방지
④ 도난방지 ⑤ 미관 등

2) 설치기준
① 높이 1.8미터 이상(건축법) ② 일반적으로 보안과 미관상 2~6미터 높이로 설치한다.

인력운반 안전관리 03-19

1. 중량물을 들어올리는 작업에 관한 조치

1) 중량물의 제한[안전보건규칙제663조]
근로자가 인력으로 들어올리는 작업을 하는 경우에 과도한 무게로 인하여 근로자의 목·허리 등 근골격계에 무리한 부담을 주지 않도록 할 것

2) 작업조건[안전보건규칙제664조]
근로자가 취급하는 물품의 중량·취급빈도·운반거리·운반속도 등 인체에 부담을 주는 작업의 조건에 따라 작업시간과 휴식시간 등을 적정하게 배분할 것

3) 중량의 표시[안전보건규칙제665조]
근로자가 5킬로그램 이상의 중량물을 들어올리는 작업을 하는 경우에 다음 조치를 할 것
(1) 근로자가 쉽게 알 수 있도록 물품의 중량과 무게중심에 대하여 작업장 주변에 안내표시를 할 것
(2) 취급하기 곤란한 물품은 손잡이를 붙이거나 갈고리, 진공빨판 등 적절한 보조도구를 활용할 것

4) 작업자세[안전보건규칙제666조]
근로자가 중량물을 들어올리는 작업을 하는 경우에 무게중심을 낮추거나 대상물에 몸을 밀착하도록 하는 등 신체의 부담을 줄일 수 있는 자세에 대하여 알려줄 것

2. 건축구조물(철골)공사 안전관리

철골공사 공사전 검토사항 03-20

1. 공사 전 검토사항

1) 설계도 및 공작도 확인 검토
2) 건립계획 확인 검토

2. 설계도 및 공작도 확인 검토사항

1) 건립형식(건립작업 문제점, 관련 가설설비) 검토
   (1) 부재의 형상 및 치수(길이, 폭 및 두께) 확인
   (2) 접합부의 위치 확인
   (3) 브라켓의 내민 치수 확인
   (4) 건물의 높이 등 확인

2) 건립기계의 종류(건립공정) 검토
   (1) 시공기간
   (2) 건립기계 대수 결정

3) 건립작업방법 결정
   (1) 현장용접의 유무 확인
   (2) 이음부의 시공난이도 확인

4) 건립순서 검토

5) 상세도면 표기 내용 검토
   (1) 한쪽만 많이 내민 보가 있는 기둥 등 취급이 곤란한 경우
   (2) 폭이 좁고 길며 두께가 얇은 보나 기둥 등으로 가보강이 필요한 경우

6) 공작도 포함내용
   건립 후에 가설부재나 부품을 부착하는 것은 위험한 작업(고소작업 등)이 예상되므로 다음 각 목의 사항을 사전에 계획하여 공작도에 포함시킬 것
   (1) 외부비계받이 및 화물승강설비용 브라켓
   (2) 기둥 승강용 트랩
   (3) 구명줄 설치용 고리

(4) 건립에 필요한 와이어 걸이용 고리
(5) 난간 설치용 부재
(6) 기둥 및 보 중앙의 안전대 설치용 고리
(7) 방망 설치용 부재
(8) 비계 연결용 부재
(9) 방호선반 설치용 부재
(10) 양중기 설치용 보강재

3. 철골건립계획 수립 시 검토사항

1) 운반로의 교통체계 또는 장애물에 의한 부재 반입의 제약, 작업시간의 제약 등을 고려하여 1일 작업량을 결정할 것
2) 강풍, 폭우 등과 같은 악천우시에는 작업을 중지하여야 하며 특히 강풍시에는 높은 곳에 있는 부재나 공구류가 낙하비래하지 않도록 조치할 것. 이때 작업을 중지해야 하는 악천후는 다음 각목의 경우를 말한다.
   (1) 풍속 : 10분간의 평균풍속이 1초당 10미터 이상
   (2) 강우량 : 1시간당 10밀리미터 이상
3) 건립기계, 용접기 등의 사용에 필요한 전력과 기둥의 승강용 트랩, 구명줄, 추락방지용 방망, 비계, 방호절망, 통로 등의 배치 및 설치방법을 검토할 것
4) 지휘명령계통과 기계 공구류의 점검 및 취급방법, 신호방법, 악천 후에 대비한 처리방법 등을 검토할 것

4. 풍압 등 외압에 대한 내력 설계 고려여부 확인[구조안전의 위험이 큰 경우]

1) 높이 20미터 이상의 구조물
2) 구조물의 폭과 높이의 비가 1 : 4 이상인 구조물
3) 단면구조에 현저한 차이가 있는 구조물
4) 연면적당 철골량이 50킬로그램/제곱미터 이하인 구조물
5) 기둥이 타이플레이트Tie Plate형인 구조물
6) 이음부가 현장용접인 구조물

그림 3.2.1. 철골공사 시공 사례

철골공사 작업 중 안전대책 03-21

1. 재해방지설비

구분	기능	용도, 사용장소, 조건	설비
추락방지	• 안전한 작업이 가능한 작업대	• 높이 2미터 이상의 장소로서 추락의 우려가 있는 작업	• 비계, 달비계, 수평통로, 안전난간대
	• 추락자를 보호할 수 있는 것	• 작업대 설치가 어렵거나 개구부 주위로 난간설치가 어려운 곳	• 추락방지용 방망
	• 추락의 우려가 있는 위험장소에서 작업자의 행동을 제한하는 것	• 개구부 및 작업대의 끝	• 난간, 울타리
	• 작업자 신체를 유지시키는 것	• 안전한 작업대나 난간설비를 할 수 없는 곳	• 안전대부착설비, 안전대, 구명줄
비래 낙하 및 비산 방지	• 낙하된 것을 막는 것	• 철골 건립, 볼트 체결 및 기타 상하작업	• 방호철망, 방호울타리, 가설앵커설비
	• 제3자의 위해 방지	• 볼트, 콘크리트 덩어리, 형틀재, 일반자재, 먼저등이 낙하비산할 우려가 있는 작업	• 방호철망, 방호시트, 방호울타리, 방호선반, 안전망
	• 불꽃의 비산방지	• 용접, 용단을 수반하는 작업	• 석면포

2. 철골건립 전에 부착하여야 할 안전시설

1) 추락방지용 : 추락방지망 설치용 철물, 안전대 부착용 철물, 수평안전대 지지로프 설치용 철물
2) 승·하강용 : 기둥 승·하강용 트랩, 사다리 걸이용 철물
3) 작업발판용 : 달비계 설치용 철물 등
4) 부재인양용 : 철골 인양용 걸이 철물

3. 철탑 심형 기초와 안전망

심형기초란 가공송전선로 철탑 기초공사에서 주로 사용되는 기초공법의 일종으로 구체부의 깊이가 구체부 원형단면 직경의 2배를 넘는 것을 말한다.

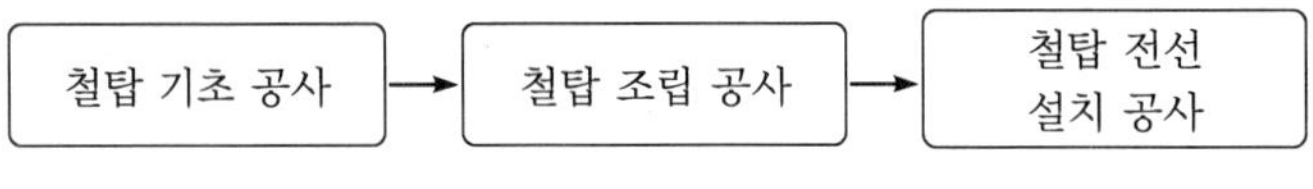

그림 3.2.2. 철탑공사 시공순서도

그림 3.2.3. 철탑 하부 안전방망 설치 조건]

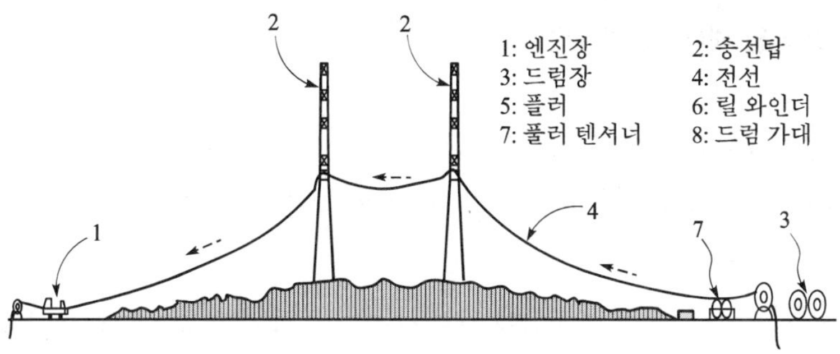

그림 3.2.4. 철탑 가선공사 개념도

철골 데크플레이트 재해유형과 안전대책 03-22

1. 데크플레이트Deck Plate

데크플레이트는 아연도금 강판, 선재 등 강재류를 요철 가공하여 사다리꼴 또는 사각형 모양의 **바닥구조로 사용하는 성형된 판**으로 면외방향의 강성과 길이 방향의 내 좌굴성을 높게 만든 건설용 자재로써 콘크리트구조물의 바닥구조를 형성하는 바닥 거푸집이자 보 형식 동바리의 일종이다. 콘크리트 시공 후 영구 구조물로 사용하며 붕괴 시 추락사고(사망) 위험이 매우 높다.

2. 데크플레이트 종류

1) 거푸집용

(1) 골형 데크플레이트 (2) 평형 데크플레이트

2) 구조용

(1) 철근트러스형 데크플레이트 (2) 합성 데크플리이트

		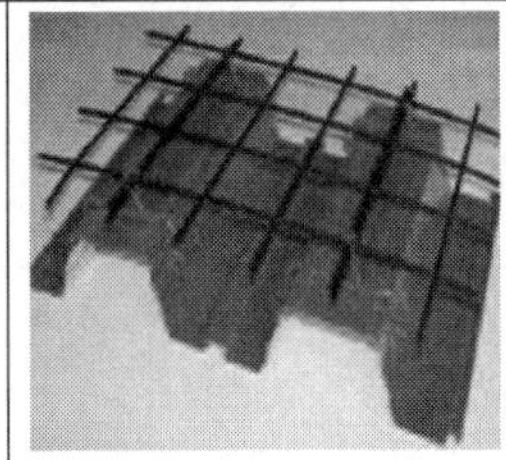	
골형 데크	평형 데크	합성 데크	철근트러스형 데크

그림 3.2.5. 데크플레이트 종류

3. 데크플레이트 작업 재해유형과 원인

1) 추락

(1) 개구부 주위나 슬래브 끝단에는 안전난간 설치

(2) 철골 하부에 안전방망 설치 또는 작업 및 이동 동선 상에 안전대 부착설비 설치

2) 붕괴

(1) 데크 자재 과적치 금지, 보 거푸집에 적치 시 보 거푸집 측판 벌어짐 방지 보강을 선행할 것

(2) 데크플레이트 구조검토 후 시공상세도를 작성하고 조립도에 따라 설치 준수할 것

(3) 데크플레이트 설치 시 양단 걸침 길이를 확보할 것

(4) 콘크리트 타설계획 수립·이행으로 과 타설, 집중 타설를 방지할 것

3) 낙하

(1) 시공도면 및 시방서에 의거 탈락 등이 발생하지 않도록 부재간 용접을 철저히 할 것

(2) 데크플레이트를 펼친 후 즉시 용접Tack Welding등으로 고정을 실시할 것

(3) 철골 하부에 안전방망 설치 또는 낙하 위험구역에 출입을 통제 조치할 것

4. 데크플레이트 장점과 고려사항

1) 장점[시공관점]

(1) 지보공이 필요 없음 (2) 공기 단축

(3) 노무비 절감 (4) 연속적인 콘크리트 타설과 철근 배근이 간단함

2) 고려사항[시공관점]

(1) 구조적인 강성문제 (2) 철근배근의 합리화 문제

(3) 내화성 문제 (4) 배관 문제

5. 데크플레이트 조립 시 안전조치

1) 접합부는 충분한 걸침 길이를 확보하고 못, 용접 등으로 양끝을 지지물에 고정시켜 미끄러짐 및 탈락을 방지할 것[안전보건규칙제332조의2]
   (1) 데크플레이트는 설치 후 바로 용접 등으로 고정하여야 하며, 부득이하게 설치 중이거나 가설상태에서 작업을 중단하는 경우, 강풍에 대비한 결속 등의 조치를 반드시 할 것[KCS 41 31 55, 2022]
   (2) 데크플레이트 슬래브 작업 시에는 반드시 걸침폭(골방향 50밀리미터 이상, 폭방향 30밀리미터 이상)이 확보할 것[KCS 41 31 55, 2022]
2) 양 끝에 설치된 보 거푸집을 지지하는 동바리 사이에는 수평연결재를 설치하거나 동바리를 추가로 설치하는 등 보 거푸집이 옆으로 넘어지지 않도록 견고하게 할 것[안전보건규칙제332조의2]
   (1) 데크플레이트 하부(중앙부)에 지주 형식의 동바리 추가 설치
   (2) 데크플레이트 하부(보 거푸집 인접부)에 지주 형식의 동바리 추가 설치
   (3) 보 거푸집 측판에 브라켓 등의 추가 동바리 설치
   (4) 보 거푸집 하부 동바리 사이를 가로지르는 수평연결재 설치
3) 설계도면, 시방서 등 설계도서를 준수하여 설치할 것[안전보건규칙제332조의2]

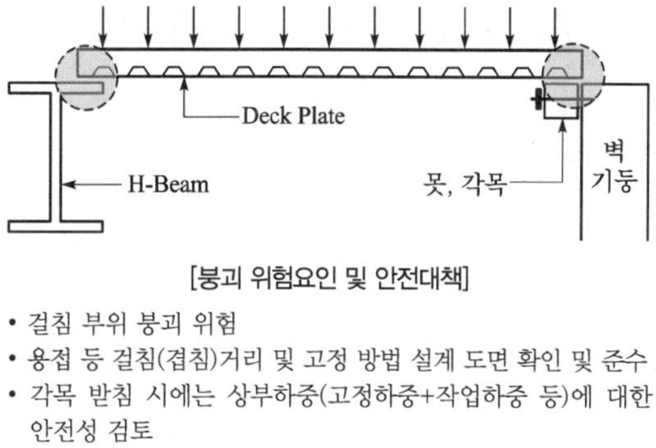

그림 3.2.6. 데크플레이트 시공과 사고

7. 데크플레이트 공사 유의사항[공공공사 추락사고 방지에 관한 지침, 2019.4]

1) 구조안전성 확인

데크플레이트를 공사에 적용하는 경우 건설사업관리기술인 또는 감독자는 데크플레이트의 자중과 작업하중 및 바닥 중앙의 휨보강 등 구조적 안전성을 확보하여 콘크리트 타설 시 안전하도록 설계되었는지 확인하여야 하며, 접합부 시공방법 및 그에 대한 구조검토 결과 등을 반영하여 접합상세도를 작성하였는지 확인할 것

2) 작업계획서 승인

데크플레이트 시공시 시공자는 건설사업관리기술인 또는 감독자에게 작업계획을 제출하고 승인을 받은 후 접합상세도를 준수하여 시공할 것. 다만, 시공조건이 변경되는 경우에는 구조검토 등을 재실시하여야 하며, 건설사업관리기술인 또는 감독자에게 승인을 받은 후 작업을 실시할 것

8. 데크플레이트 조립 및 설치 전 점검 사항

1) 작업 신호 유무선 통신체계 상태 확인
2) 용접자 유자격 여부, 특별교육 실시 – 용접기, 가스공구, 휴대공구의 낙하방지조치 상태 확인
3) 고소작업용 안전대, 용접 보호면, 차광안경 등 개인보호구 상태 확인
4) 낙하물방지망, 추락방지망, 안전난간 등과 같은 안전시설 설치 상태 확인

안전대 부착설비, 안전난간

안전방망

그림 3.2.7. 철골작업장 안전시설

철골공사와 풍력 03-23

1. 철골작업 중지 조건[안전보건규칙제383조]

1) 풍속이 초당 10미터 이상인 경우
2) 강우량이 시간당 1밀리미터 이상인 경우
3) 강설량이 시간당 1센티미터 이상인 경우

2. 타워크레인 작업제한 조건[안전보건규칙제37조]

1) 순간풍속 10m/s 초과 시 설치, 수리, 점검 또는 해체작업 중지 및 철골작업 중지
2) 순간풍속 15m/s 초과 시 타워크레인 운전작업 중지
3) 순간풍속 30m/s 초과하는 바람 불어올 경우 옥외 크레인 이탈방지조치 할 것[산업안전규

칙제140조]

3. 풍속별 작업범위

10분간 평균풍속(m/sec)	종별	상태
0~7	안전작업범위	• 모든 작업 실시가 가능함
7~10	주의경보	• 외부용접, 도장작업 중지
10~14	경고경보	• 건립작업 중지
14이상	위험경고	• 고소작업자는 즉시 하강하여 안전지대로 대피할 것

•강풍주의보 : 육상풍속 14m/s 또는 순간풍속 20m/s 이상
•강풍경보 : 육상풍속 21m/s 또는 순간풍속 26m/s 이상

4. 풍속과 자연현상

1) 연기가 똑바로 올라갈 때 : 0.5m/sec
2) 연기가 옆으로 쓰러질 때 : 1.5m/sec
3) 바람기가 느껴지고 나뭇잎이 흔들릴 때 : 3.5m/sec
4) 나뭇잎이나 가느다란 가지가 흔들릴 때 : 5.5m/sec
5) 먼지가 일고 종이 조각이 날아오를 때 : 8.0m/sec
6) 나무의 큰 가지가 흔들릴 때 : 10.0m/sec

철골공사 리프트업 공법 03-24

1. 리프트업Lift Uo 공법과 필요성

1) 공법
대형구조물을 지상이나 하부에서 제작한 후 높은 위치로 들어 올려 설치하는 공법을 말한다.

2) 필요성
(1) 품질관리 향상 (2) 공기 단축 및 원가절감 (3) 기계화 시공이 가능

2. 리프트업공법의 장점

1) (안전성확보) 고소작업이 상대적으로 감소한다.
2) (공사기간 단축과 공사비용 절감) 지상조립작업에 따른 공기 절감
3) (대형구조물의 합리적인 공법) 고소작업을 위한 작업발판 작업 등의 가설공사가 필요 없다.

4. 공법의 위험성[안전관리]

1) 인양 부재의 강성부족에 의한 떨어짐
2) 하부작업자의 낙하물 위험
3) 양중장비의 안전성 확보 문제
4) 줄걸이 안전성 확보 문제

5. 보의 조립 준수사항

1) 인양작업 준수사항

(1) 매달기 각도와 체결위치

인양 와이어 로프의 매달기 각도는 양변 60도를 기준으로 2열로 매달고 와이어 체결지점은 수평부재의 1/3기점을 기준으로 할 것

(2) 작업순서 준수

조립되는 순서에 따라 사용될 부재가 하단부에 적치되어 있을 때에는 상단부의 부재를 무너뜨리는 일이 없도록 주의하여 옆으로 옮긴 후 부재를 인양할 것

(3) 클램프로 부재를 체결할 때는 다음 각 목의 사항을 준수할 것

가. 클램프는 부재를 수평으로 하는 두 곳의 위치에 사용하며 부재 양단방향은 등간격 유지할 것

나. 부득이 한군데 만을 사용할 때는 위험이 적은 장소로서 간단한 이동을 하는 경우에 한하며 부재길이의 1/3지점을 기준으로 할 것

다. 두 곳을 매어 인양시킬 때 와이어 로프의 내각은 60도 이하로 할 것

라. 클램프의 정격용량 이상 매달지 말 것

마. 체결작업중 클램프 본체가 장애물에 부딪치지 않게 주의할 것

바. 클램프의 작동상태를 점검한 후 사용할 것

(4) 유도 로프는 확실하게 맬 것

(5) 인양할 때 준수사항

가. 인양 와이어 로프는 후크의 중심에 걸어야 하며 후크는 용접의 경우 용접장 등 용접규격을 확인하여 인양 시 취성파괴에 의한 탈락을 방지할 것

나. 신호자는 운전자가 잘 보이는 곳에서 신호할 것

다. 불안정하거나 매단 부재가 경사지면 지상에 내려 다시 체결할 것

라. 부재의 균형을 확인하면 서서히 인양할 것

마. 흔들리거나 선회하지 않도록 유도 로프로 유도하며 장애물에 닿지 않도록 주의할 것

2) 보 설치 준수사항

(1) 추락방지조치

보의 설치작업에 있어 반드시 안전대를 기둥의 본체부재 또는 기둥 승강용트랩에 걸어 추락을 방지할 것

(2) 안전대 부착설비

작업자는 한 곳에 2인, 다른 곳에 1인 또는 2인 한조가 되어 기둥에 올라가야 하며 기둥 상단부 및 보 연결부등에 안전대 부착설비를 할 것

(3) 조립순서 준수

작업자가 기둥과 연결된 브라켓에 올라 앉은 자세로 보를 설치할 수 있는 브라켓 형태의 보 조립 순서를 준수 할 것

(4) 작업자가 기둥에 매달린 자세로 설치하게 되는 브라켓이 없는 형태의 보의 경우도 브라켓이 있는 형태의 보에서만 적용되는 부분을 제외하고는 모두 같은 요령으로 조립할 것

(5) 구명줄과 안전대 설치

인양 와이어 로프를 해체할 때에는 안전대를 사용하여 보위를 이동하여야 하며 안전대를 설치할 구명줄은 보의 설치와 동시에 기둥 간에 설치할 것

(6) 달줄, 달포대 사용

해체한 와이어 로프는 후크에 걸어 내리며 밑으로 던지지 말 것

용접(이음) 결함과 방지대책 03-25

1. 철골공사 접합방법

철골부재의 접합이란 철골의 부재들을 연결하여 하중을 지지할 수 있는 구조체를 조립하는 작업으로 접합방법은 리벳접합, 볼트접합, 고력볼트접합, 용접접합 등이 있다.

2. 용접 결함[8]의 종류와 고려사항

1) 용접사 기량과 용접 조건에 의해 발생하는 결함

(1) Slag Inclusion(슬래그 부스러기 잔존 현상)

---

8) 용접결함의 종류
(1) 크레이터(Crater) : 아크 용접할 때 비드(Bead) 끝에 오목하게 패인 결함
(2) 공기구멍(Blow Hole) : 용융금속이 응고할 때 방출가스가 남아서 생기는 결함
(3) 오버랩(Over Lap) : 용접금속과 모재가 융합되지 않고 겹쳐지는 결함
(4) 언더컷(Under Cut) : 모재가 녹아 용착금속이 채워지지 않고 홈으로 남는 결함
(5) 슬래그(Slag) 함입 : 슬래그가 표면에 뜨지 않고 단면 내에 남아 있는 결함

(2) Incomplete Fusion(용입불량)

(3) Inadequate Joint Penetration(용입부족)

(4) Undercutting(과대전류 또는 용입부족으로 모재가 파이는 현상)

(5) Overlap

(6) Crater crack(용접 비드의 크레이터에 발생하는 균열)

2) 용접의 기술적 검토 부족에 의한 결함

(1) 고온 균열Hot Crack

(2) 저온 균열Cold Crack

(3) 응력부식균열Stress Corrosion Crack

3) Lamellar Tearing(층박리 균열), Porosity(기공)

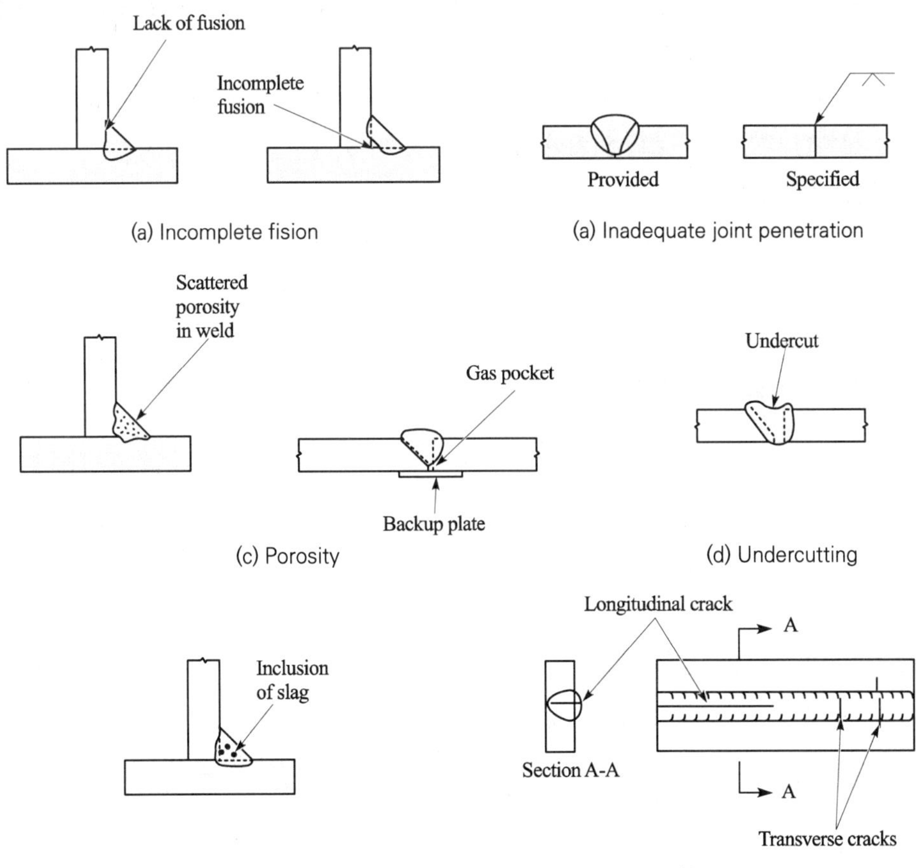

그림 3.2.8. 용접 결함 종류

3. 주요 용접결함의 원인 및 대책

주요결함	결함 원인	안전 대책
용입부족	• 운봉 속도가 적당치 않은 경우 • 용접전류가 낮은 경우 • 홈의 각도가 좁은 경우	• 용접속도를 적당하게 하고, 슬래그 용융 지나 아크에 선행치 않도록 할 것 • 슬래그가 포피성을 해치지 않을 정도로 전류를 많게 할 것 • 홈의 각도를 크게 하거나, 각도에 따른 봉지름의 용접봉을 선정할 것
언더컷	• 용접봉의 각도, 운봉 속도가 적당치 않은 경우 • 용접전류가 너무 높을 때 • 부적당한 용접봉을 사용할 때	• 운봉지름에 따른 균일한 위빙을 주의깊게 할 것 • 운봉속도를 늦게 하고, 전류를 약간 적게 할 것 • 목적에 따른 용접봉을 선정할 것
슬래그 섞임	• 전층의 슬래그 박리의 불완전 • 이음설계의 부적당	• 앞서의 비드에서 슬래그를 충분히 떼어내서 깨끗하게 할 것 • 아크 길이 또는 조작을 적당히 할 것
기공	• 아크 분위기중의 수소 또는 일산화탄소가 너무 많을 때 • 용착부가 급냉될 때 • 모재중 유황량(편석포함)이 많을때	• 적당한 봉을 선정할 것 • 위빙, 후열등에 의해 냉각속도를 늦게 할 것 • 저수소계 용접봉을 잘 건조해서 사용할 것

4. 용접부 검사 방법

1) 용접 착수 전 검사 : 트임새(개선)모양, 개선 각도, 용접부 청소상태, 용접자세
2) 용접 작업 중 검사 : 용접봉 검사, 운봉 검사, 전류의 적정 검사
3) 용접 완료후 검사
   (1) 외관검사(육안검사) (2) 절단검사 (3) 비파괴 검사

5. 용접변형 발생원인

1) 용착금속의 냉각과정의 수축
2) 용접열과 모재의 소성 변형
3) 용융금속의 응고시 모재의 열팽창
4) 용접 순서와 용접 방법

6. 용접작업 시 안전대책

1) 가연물질, 인화물질이 주변에 없도록 할 것
2) 작업대, 안전난간 등의 안전을 확인할 것
3) 안전보호구를 착용할 것
4) 자동전격방지기 설치할 것

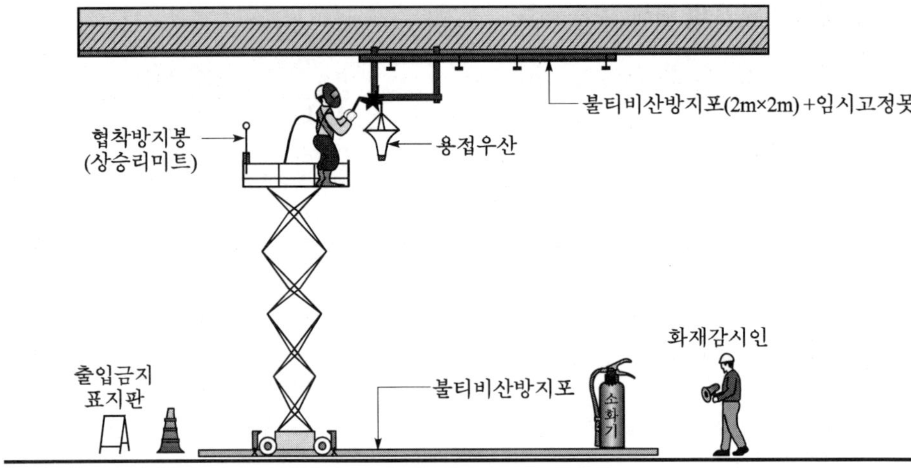

그림 3.2.9. 용접작업과 안전대책

용접 비파괴검사법 비교 03-26

1. 강재 비파괴 시험법 비교[9)]

방법	대상결함	장점	문제점
외관 검사	• 표면결함 • 수치의 적부 여부	• 별도의 특수장비의 이용없이 측정가능	• 미세균열의 감지는 불가능
방사선 투과 시험	• 주로내부결함 • 체적결함, 용입불량 등 • 면상결함 (균열, 용입불량, 융합불량)	• 재질, 결정구조에 영향을 받지 않음 • 표면층 결함검출 가능 • 결함의 종류 및 추정 가능 • 기록성이 좋음	• 피검사체에 접근할 수 없음 • 면상결함에는 조사방향과 결함면이 평행되어야 함 • 비교적 비용이 비싸고 현장시간이 필요
초음파 탐상 시험	• 주로 내부 결함 • 면상결함 (균열, 용입불량, 슬래그 혼입)	• 면상결함 검출용이 • 편면에서 결함 검출 가능 • 결함의 두께방향 정보를 얻을 수 있음 • 시험결과의 응답성이 양호 • 후판탐상가능	• 표면상태에 좌우됨 • 접촉매질이 필요 • 박판의 탐상에는 부적절 • 결함의 종류판별이 곤란 • 숙련이 필요
자분 탐상 시험	• 표면결함 • 표면층결함 • 특히 미세한 결함	• 비교적 경제적임 • 조작이 용이 • 장치가 움직일 수 있음 • 표면 및 결함 검출 가능	• 강자성체에만 적용가능 • 시험전후 세척필요 • 코팅된것은 불가능

9) 강재(철골)구조물 비파괴시험법 비교[한국구조물진단공학, 2006]

방법	대상결함	장점	문제점
침투 탐상 시험	• 표면에 벌어진 결함	• 휴대성이 좋고 경제적임 • 시험결과 평가 용이 • 조명이외의 전원 불필요 • 결함형상 및 방향성의 영향이 없음	• 코팅, 녹 등이 표면에 존재할 경우 적용 불가능 • 시험전후 세척 필요 • 침투후 과세척 및 세척부족에 주의
와류 탐상 시험	• 표면 결함 • 표면층 결함 • 재질 평가 가능	• 고속탐상 가능 • 자동화에 유리 • 비접촉식으로 탐상 가능	• 의사 신호 및 소음발생 • 결함종류, 형상, 치수 펴어가 곤란

용접 이음 03-27

1. 용접 이음의 개요

1) 철골부재의 접합부를 열로 녹여 일체가 되도록 결합시키는 방법을 말한다.
2) 강재의 절약, 건물경량화, 소음회피 등의 목적으로 철골공사에 많이 사용한다.
3) 용접이음의 종류
   (1) 홈용접 : 홈을 파서 용접하는 것으로 목두께의 방향이 모재의 표면과 직각 또는 거의 직각이 되게 하는 용접법으로 V형과 X형이 있다.
   (2) 필렛용접 : 재편이 만나는 표면 사이를 용접하는 것으로 목두께의 방향이 모재의 면과 45°가 되게 하는 용접법

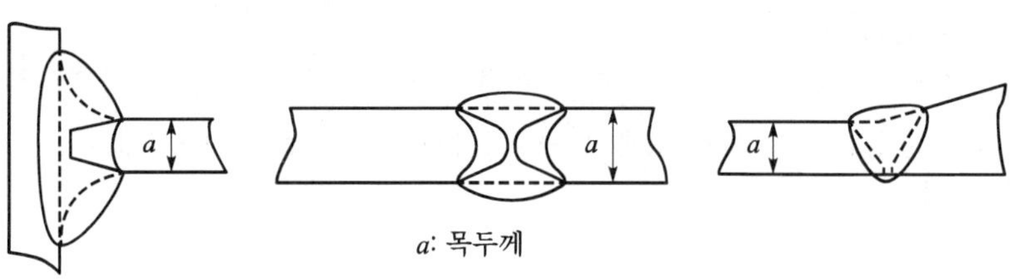

그림 3.2.10. 전단면 용입 홈용접의 목두께

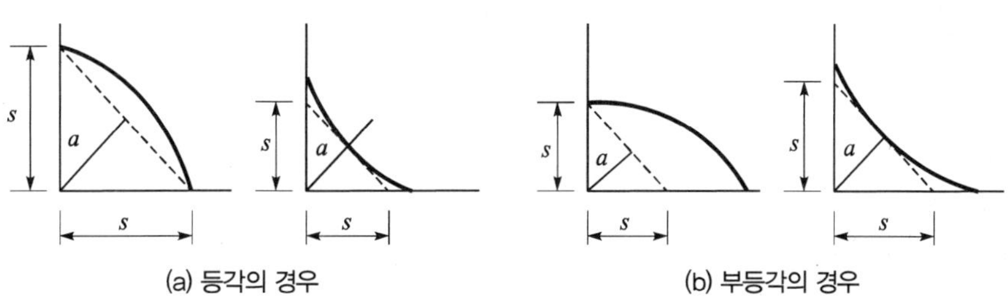

그림 3.2.11. 용접(홈, 필렛)의 목두께

4) 용접의 특징

(1) 응력전달이 확실하며 이음이 쉽다.

(2) 강재의 절약이로 철골중량이 감소한다.

(3) 소음진동 등의 공해가 없다.

(4) 용접결함 검사가 어렵다.

(5) 변형이 생기기 쉽다.

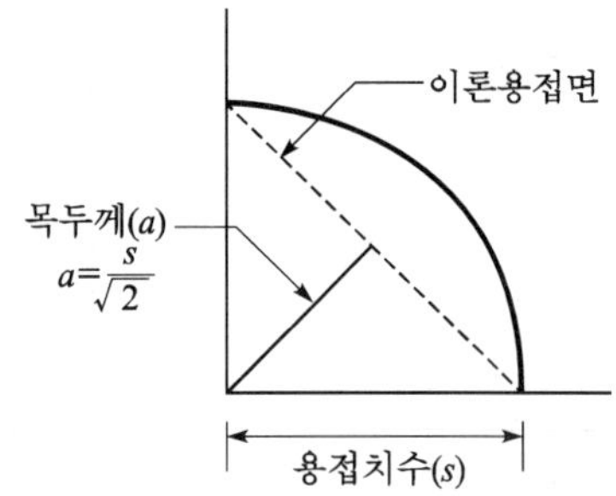

그림 3.2.12. 용접 치수 조건

2. 용접방법

1) 피복 Arc 용접(수동용접)

(1) 피복재를 입힌 용접봉과 모재사이에 전류를 통하여 발생하는 아크열(약 600도)을 이용하는 용접법

(2) 가장 일반적인 용접법

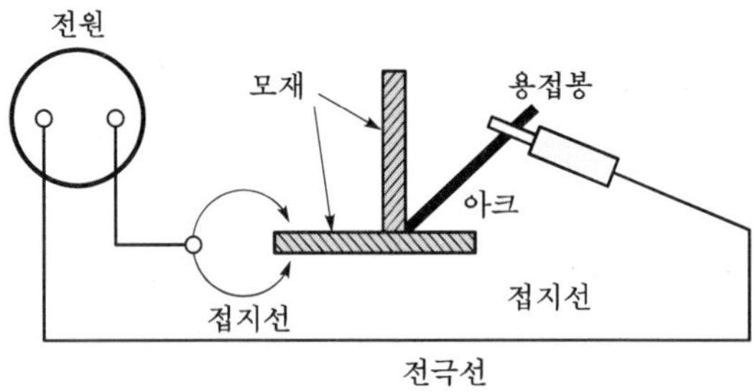

• 한쪽선은 접지선에 의해 모재에 연결
• 한쪽선은 전극선에 의해 용접봉에 연결
• 모재와 용접봉 사이에 3600도 아크열

그림 3.2.13. 아크용접 회로 개념도

2) Co2 Arc 용접(반자동용접)

(1) 코일 상으로 되어 있는 와이어가 자동장치에 의해 연속으로 공급하며 아크를 발생시켜 모재와 와이어를 용접하는 용접법

(2) 토치 선단 노즐에서 Co2 가스를 내보내어 용착금속을 보호한다.

3) Submerged Arc 용접(자동용접)

(1) 용접의 진행을 자동으로 하며, 접합부 표면에 용제를 뿌리고 피복이 안된 용접봉을 용제 속에 대어 발생한 아크열에 용제 및 용접봉을 녹여 접합하는 용접법

(2) 용접속도가 빠르고 신뢰성이 높다.

3. 용접예열

용접 전에 저온균열이 일어나기 쉬운 재료에 피용접물의 전체, 또는 이음부 부근의 온도를 올리는 것을 말한다.

1) 용접 예열의 목적

(1) 저온균열 방지

(2) 용접의 작업능률 향상

(3) 용접부의 기계적 성질 향상

(4) 용접부의 수축변형 및 잔류응력 향상

(5) 용접부의 냉각속도를 느리게 하여 결함 방지

(6) 용접부와 인접된 모재의 수축응력 감소

2) 용접 균열이 발생하는 이유

용접이 시작되는 부분에는 열팽창으로 인해 재료의 부피가 늘어나는데, 냉각되면 다시 수축하면서 균열이 발생할 수가 있다. 용접 균열이 발생하는 세가지 이유는 다음과 같다.

(1) 재료가 두꺼울 때(통상 25밀리미터 기준)

(2) 용접부 주위의 온도가 0도 이하일 때

(3) 재료성분이 경화성이 높은 성분이 비교적 많을 때

3) 용접 금속 종류별 예열 온도

(1) 연강 : 이음 양쪽을 약 100밀리미터 폭으로 50~70도 정도로 예열할 것

(2) 주철 : 500~550도 정도로 예열할 것

(3) 후판, 구리, 알루미늄 등 합금 : 200~400도 정도로 예열할 것

(4) 연강후판, 저합금강, 스테인리스강 등 합금 : 재질에 따라 50~350도 정도로 용접 홈을 예열할 것

(5) 다층용접 시 : 제2층 이후로는 앞 층의 열이 있기 때문에 예열을 생략해도 된다.

학습 Note Rivets of Titanic

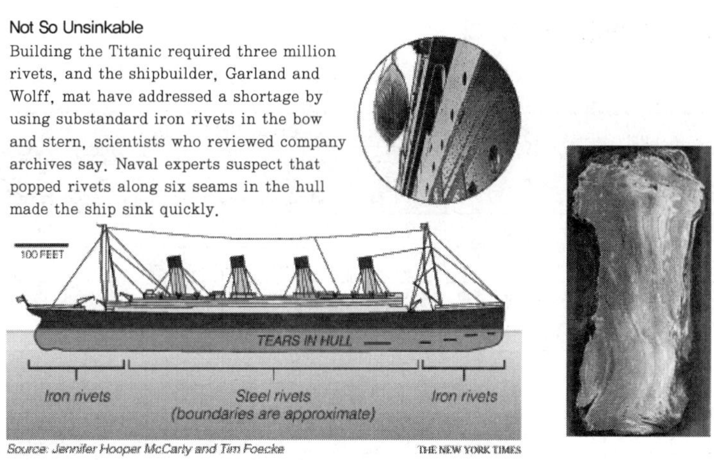

타이타닉호 잔해에서 찾아낸 48개의 리벳 중 하나를 세로로 자른 단면도. 미 국립표준기술연구원과 존스홉킨스대 연구팀이 분석한 결과 리벳의 강도를 약하게 하는 슬래그 성분 함유율이 동시대에 만든 다른 리벳보다 세 배나 높았다. 유리처럼 번쩍거리는 물질이 슬래그로, 철을 제련하는 과정에서 나온 찌꺼기를 일컫는다.

용접공사와 화재 03-28

1. 용접용단 작업 시 위험성

용접 또는 절단 작업을 할 때, 고열의 산소·아세틸렌 불꽃이나 용접금속이 비산하므로 작업장 부근의 가연성물질에 착화하여 화재가 발생하는 일이 많다. 주위에 가연성 물질이 없는 곳에서 작업하든가, 그렇지 않으면 주위를 깨끗이 청소해서 사고가 없도록 하고, 토치 점화작업 중의 불꽃 및 용융금속으로 인하여 화상을 당하기 쉬우므로 주의를 하여야 하며, 용접작업 주위에 소화기를 비치하여 화재에 대비해야 한다.

2. 비산불티의 특성

1) 용접, 용단 시 수천개의 불티가 발생하고 날아간다.
2) 비산 불티는 풍향, 풍속에 따라 비산거리가 달라진다.
3) 비산불티는 1600도의 고온체이다.
4) 발화원이 될 수 있는 비산불티의 크기는 0.3~3.0밀리미터정도 이다.
5) 가스 용접시의 산소의 압력, 절단속도 및 절단방향에 따라 비산불티의 양과 크기가 달라질 수 있다.
6) 비산된 후 상당시간 경과 후에도 축열에 의하여 화재를 일으키는 경향이 있다.

3. 용접·용단 작업 시 불티의 비산거리

용접·용단 작업시 불티의 비산거리

높이 (m)	철판두께 (mm)	작업의 종류	불티의 비산거리(m)				풍속 (m/s)
			역풍(4)		순풍(3)		
			1차불티(1)	2차불티(2)	1차불티(1)	2차불티(2)	
8.25	4.5	세로방향	4.5	6.5	7.0	9.0	1~2
		아래방향	3.5	6.0	–	–	
12.25	4.5	세로방향	5.5	7.0	6.0	9.5	1~2
		아래방향	3.5	6.0	–	–	
15	4.5	세로방향	4.5	6.0	8.0	11.0	2~3
	9		6.0	12.0	8.5	12.0	
	16		5.5	7.0	9.0	12.0	
	25		6.0	8.0	9.0	12.0	
	4.5	아래방향	3.0	6.0	–	–	
	9		4.0	7.0	–	–	
	16		5.0	8.0	–	–	
	25		6.0	9.0	–	–	

높이 (m)	철판두께 (mm)	작업의 종류	불티의 비산거리(m)				풍속 (m/s)
			역풍(4)		순풍(3)		
			1차불티(1)	2차불티(2)	1차불티(1)	2차불티(2)	
20	4.5	세로방향	4.0	6.0	8.0	12.0	4~5
	9		4.5	6.0	9.0	15.0	
	16		4.5	6.0	10.0	15.0	
	4.5	아래방향	6.5	14.0	–	–	
	9		7.0	10.0	–	–	
	16		8.0	10.0	–	–	

주 (1) 1차불티 : 용접·용단시 발생하는 불티
(2) 2차불티 : 1차불티가 지면에 낙하하여 반사되면서 2차적으로 비산하는 불티
(3) 순풍 : 바람을 등지고 작업할 때
(4) 역풍 : 바람을 향하고 작업할 때

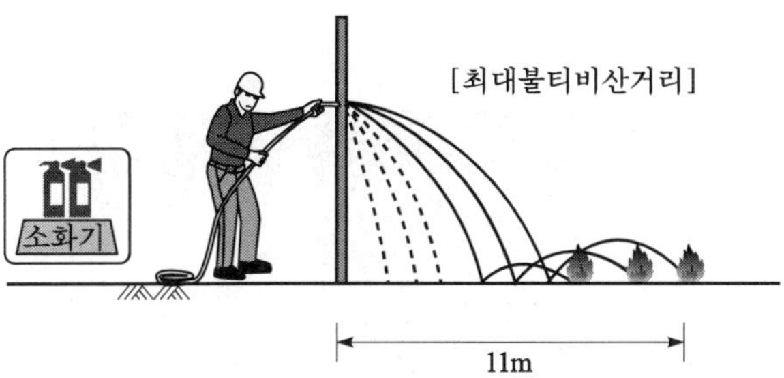

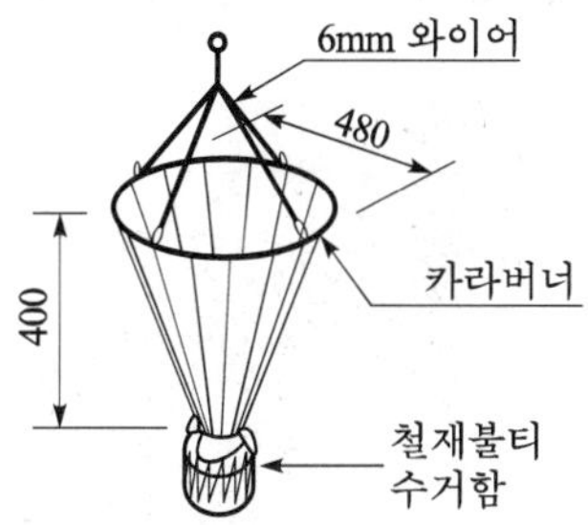

[용접 및 용단 작업시 불티 비산 용접우산 예시]

그림 3.2.14. 용접 불꽃과 화재감시자 배치거리

4. 용접용단작업의 주요 재해발생원인 및 대책

1) 화재

(1) 불꽃비산

가. 불꽃받이나 방염시트사용 할 것

나. 불꽃비산구역내 가연물을 제거하고 정리·정돈할 것

다. 소화기 비치할 것

(2) 열을 받은 용부분의 뒷면에 있는 가연물

가. 용부 뒷면을 점검할 것

나. 작업종료 후 점검할 것

2) 폭발

(1) 토치나 호스에서 가스누설

가. 가스누설이 없는 토치나 호스 사용할 것

나. 좁은 구역에서 작업할 때는 휴게시간에 토치를 공기의 유통이 좋은 장소에 둘 것

다. 호스 접속 시 실수가 없도록 호스에 명찰 부착할 것

(2) 드럼통이나 탱크를 용, 단시 잔류 가연성 가스 증기의 폭발

가. 내부에 가스나 증기가 없는 것을 확인할 것

(3) 역화

가. 정비된 토치와 호스를 사용할 것

나. 역화방지기[10)]를 설치할 것

3) 화상

(1) 토치나 호스에서 산소 누설

가. 산소누설이 없는 호스를 사용할 것

5. 기인물별 주요 사고 발생 형태

그림 3.2.15. 철골부재의 화재 후 변형

1) 인화성 가스, 인화성 물질

인화성 유증기 및 인화성 액체 등이 체류할 수 있는 용기·배관 또는 밀폐공간 인근에서 용접·용단 작업 실시 중 불티가 유증기 등에 착화할 위험성이 있다.

---

10) 역화방지기(Flashback Arrestor)란 가스용접 작업 시 흡관의 화구가 막히거나 과열되어 화염이 거꾸로 흘러 폭발을 일어날 수 있는 것을 방지하기 위하여 연료 공급관에 설치하는 장치

2) 발포 우레탄

(1) 스프레이 뿜칠 발포우레탄 인근에서 용접·용단 중 불꽃이 튀어 우레탄에 축열되어 발화

(2) 샌드위치 패널 또는 우레탄 단열판 내로 용접·용단 불꽃이 튀어 축열되어 발화

3) 기타 발화재

(1) 용접·용단 불꽃이 비산하여 가연물(자재, 유류가 묻은 작업복 등)에 착화

(2) 밀폐공간 환기용으로 공기 대신으로 산소를 사용하여 산소에 발화

용접작업 건강장해 03-29

1. 용접작업 시 건강장해 유형

1) 눈과 시력 장해 2) 호흡기 장해 3) 발암
4) 신경계 장해 5) 위장관 장해 6) 피부질환

2. 용접 작업 시 유해인자

1) 흄Fume 2) 가스Gas 3) 분진Mist 4) 아크Arc

3. LPG 용접용단 시 화재폭발 안전대책

1) LPG(액화석유가스)의 특성

(1) 기화 및 액화가 쉽고, 공기보다 1.5~2.0배 무거워 누출시 바닥부터 쌓일 수 있다.

(2) 색과 냄새가 없어 누설되었을 때 쉽게 알 수 있도록 부취제를 첨가할 것

(3) 공기중 LPG 2.0~9.5퍼센트가 있으면 폭발할 수 있다.

(4) 호스·취관의 손상·마모 등으로 인한 가스의 누출·체류 여부에 대한 확인할 것

2) 가스 누출 주요 위험 요인

(1) 가스용기의 배관이나 호스 손상·마모

(2) 기계굴착으로 인한 지하 매설 배관 파손

(3) 가스 토오치 밸브 노후 및 잠금 미실시

(4) 가스 배관 및 용기의 장비 충돌

3) 용접·용단 작업시 안전수칙

(1) 가스용기의 압력조정기와 호스 등의 접속부에서 가스누출 여부를 상시 점검할 것

(2) 유류 등이 있을 우려가 있는 배관·탱크, 용기 등의 용접·용단 작업시 위험물 사전 제거할 것

(3) 작업을 중단하거나 휴식할 땐 가스 공급밸브를 잠그고 주변 불티를 확인할 것
(4) 사용전 또는 사용중인 용기와 그 밖의 용기를 명확히 구별하여 보관할 것
(5) 용접장소 주변의 가연물을 치우고 소화기구와 용접불티 비산방지덮개 등을 비치할 것
(6) 가스용기의 부식·마모 또는 변형상태를 점검한 후 사용할 것
(7) 가스용기는 열원에서 떨어진 곳에 넘어지지 않도록 묶어서 세워 보관할 것

4) 안전수칙 준수를 위한 예방활동
(1) 용접작업 장소에 관리감독자를 배치하여 작업방법·순서에 대한 사전 점검을 실시할 것
(2) 화기 작업 전 안전상의 조치 이행여부 등에 대해 확인 후 작업을 허가할 것

고장력볼트 이음 03-30

1. 접합(이음) 방법의 종류

1) 기계적인 접합(이음)
(1) 리벳접합Riveted Connection
(2) 볼트접합Bolted Connection

2) 금속학적 접합(이음)
(1) 용접접합Welded Connection

2. 고장력볼트 접합

1) 고장력볼트 이음이란 고강도재료로 만든 볼트를 강제로 회전시켜 볼트에 인장을 발생시켜 이 인장력으로 부재간의 일정한 압축력이 발생하도록 하는 이음방법을 말한다.

2) 접합방식의 종류(연결부 응력전달 방법)
(1) 마찰접합
(2) 인장접합
(3) 지압접합

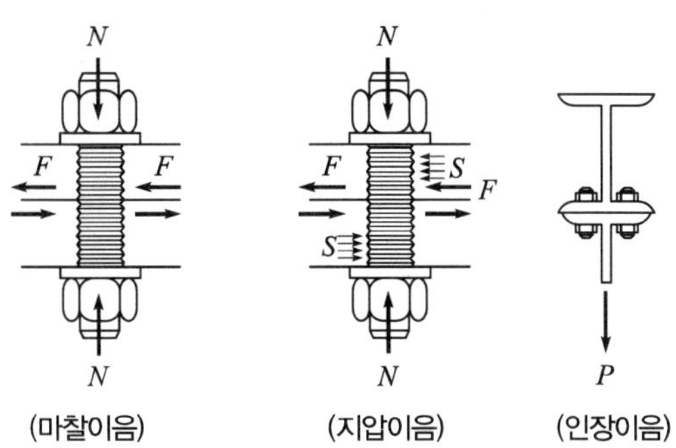

그림 3.2.16. 고장력 볼트 이음의 종류

4) 고력볼트의 조임
(1) 1차 조임
가. 본조임 볼트 삽입 후 즉시 조인다.
나. 조임은 볼트 접합부, 볼트 군 마다 중앙에서 단부로 조인다.

(2) 금매김

1차 조임 후 볼트, 너트 와셔 및 부재에 금매김을 한다.

(3) 본조임

가. 토크관리법 : 축력계를 사용하여 너틀를 회전시켜 조인다.

나. 너트회전법 : 너트를 일정각도만 조이는 것으로 1차 조임 완료 후를 기점으로 해서 너트를 120도 회전한다.

3. 고장력볼트의 특징

1) 접합부의 강성이 높아 변형이 거의 없다.
2) 작업이 간단하고 강한 조임력으로 너트의 풀림이 없다.
3) 소음, 진동이 적고 불량개소 수정이 용이하다.
4) 조이기 검사가 필요하다.
5) 숙련공이 필요하며, 비교적 고가이다.

4. 고장력 볼트의 종류

고장력 볼트 종류	허용응력(MPa)		허용전단응력 (MPa)	
	인장	전단		
F8T B10T	250 310	120 150	–	  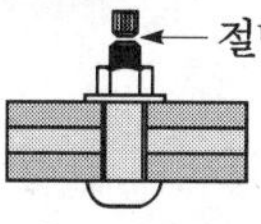 [T/S 볼트]
F10T(지압이음용) B10T(지압이음용)	–	–	150 190	

5. 볼트 불량(결함)

1) 나사선 부족으로 인한 접합 불량
2) 볼트 구멍 확보 불량(중심선간 2밀리미터 이내)
3) 볼트 조임불량
4) 고력볼트 : 토크관리법에 의해 조임시 조임절차 불이행

6. 볼트 체결력 확보방안

1) 체결볼트 축력은 설계볼트 축력을 10퍼센트 증가시킨 값을 표준으로 한다.
2) 체결순서는 중앙볼트에서 단부볼트 순서로 한다.
3) 원칙적으로 2회 조이기 실시한다.

4) 1회 조이기는 표준볼트 축력의 80퍼센트 정도한다.

5) 2회 조이기시는 표준볼트 축력의 110퍼센트 정도한다.

6) TS볼트 사용한다.

강재의 부식 03-31

1. 강재의 부식Corrosion

금속이 주위 환경의 여러가지 물질과 화학적 혹은 전기화학적으로 반응하여 물성이 변하는 현상을 말한다.

2. 부식의 종류

1) 건식

(1) 전형적인 형태는 연소로서, 고온의 가스 중에서 산소와 직접 반응하여 산화하는 것

(2) 습기가 존재하지 않는 환경 중에 200도 이상 가열된 상태에서 발생하는 부식

2) 습식

(1) 금속표면이 접하는 환경 중에 습기의 작용에 의한 부식[11] 현상

(2) 상온의 공기 중에서 철 등이 녹스는 것

3) 전면부식

금속의 표면이 일정하게 녹으로 변해가며 같은 속도로 소모되어 가는 경우(발생하기 어려움)

4) 국부부식

부분적으로 구멍 모양 혹은 홈 모양의 부식이 발생하는 경우

3. 강재부식의 발생기구(메커니즘)

1) 강재부식의 인자

(1) 물리적(응력) 요인 : 중성화 염해

(2) 화학적(CL−) 요인

---

11) 강재의 부식 속도(구조물 기초설계기준 1986, 4.5.11 강말뚝, 표 4.22)

(1) 고조수위(H.W.L) 위 0.30(mm/년)
(2) 고조수위와 해저지표면 사이 0.10(mm/년)
(3) 바다밑 뻘속 0.03(mm/년)
(4) 육상의 대기중 0.10(mm/년)
(5) 지하수위면 위의 흙속 0.03(mm/년)
(6) 지하수위면 아래의 흙속 0.02(mm/년)

2) 강재부식 반응식

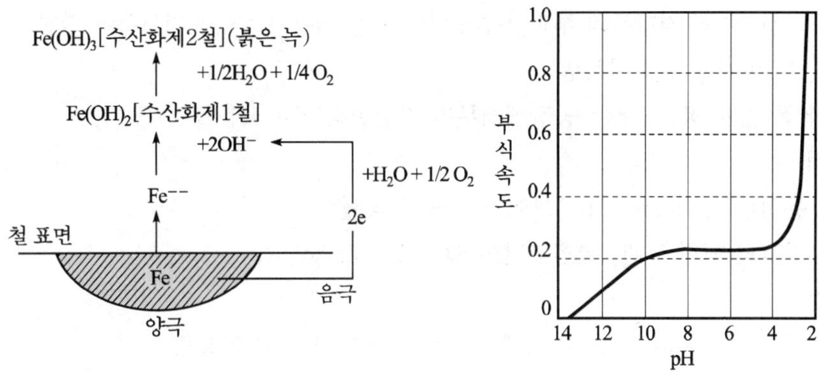

그림 3.2.17. 강재 부식반응식과 pH

4. 강재의 방식Anticorrosive

1) 부식의 원인이 되는 물과 산소의 침투를 차단한다.
2) 철표면이 알칼리성이 되도록 하여 부동태화 시킨다.
3) 철보다 이온화 경향이 큰 안료(아연말)을 사용하여 금속 아연이 전지의 양극Anode이 되어 철이 이온Ion화하는 것을 막아준다.
4) 도막이 전기 저항체가 되어 양극Anode과 음극Cathode 간의 부식 전류를 저지한다.

5. 철근 부식 저감방법

1) 수분, 산소 및 염소이온 등의 부식성 물질을 환경 중에서 제거할 것
2) 부식성 물질이 피복콘크리트 중에 침입, 확산되지 않도록 할 것
3) 부식성능이 높은 강재 사용할 것
4) 방청제를 사용할 것

강재 비파괴시험법 03-32

1. 강재(철골)구조물 비파괴 시험[용접부 결함조사]

1) 육안검사법Visual Inspection Test(VT)
   (1) 가장 기본적인 비파괴시험법
   (2) 조사시기 : 용접 시공 전·중·후에 실시한다.
   (3) 표면 결함 조사로 국한한다.

2) 방사선 투과시험Radiogical Test(RT)

(1) 원리 : 건전부와 결함부의 투과선량의 차에 의한 필름상의 농도차로부터 결함을 검출한다.

(2) 가장 많이 사용되는 시험법

(3) 가장 폭 넓게 적용 : 생산공장에서부터 건설현장까지 적용할 수 있다.

(4) 장점

가. 용입부족, Blow Hole, 보이드 검출이 탁월함

나. 결과의 영구 보관, 결함판단이 쉽고 결과가 양호함

(5) 단점

가. 밀착균열, 미세기공, 미세 틈, 층상분리Lamination 검출 불량

나. 인체에 유해함, 현장적용성이 떨어짐, 탐색속도가 느리고 고가

3) 초음파시험Ultrasonic Test(UT)

(1) 원리 : 탐촉자로부터 시험체 내부에 보통 1~1MHz의 초음파펄스를 입사시켰을 때 내 부에 결함이 있으면 그 곳에서 반사되어 되돌아오는 초음파가 탐촉자에 수신되는 원리를 이용하여 주로 내부결함의 위치 및 크기 등을 비파괴적으로 조사하는 기법을 말한다.

(2) 특징

가. 내부 결함을 찾는데 아주 효과적임

나. 탐상가능한 결함의 종류 : 균열, 기공, Lamination, Non-metallic Inclusion

(3) 장단점

가. 장점 : 휴대성, 민감성, 결함의 공간적인 정보 확보, 방사선투과법에 비해 안전하고 경제적임

나. 단점 : 표면결함을 효과적으로 찾아낼 수 없다.

4) 자분탐상검사Magnetic Particle Test(MT)

(1) 원리 : 시험체 표면에 자분을 도포하면 결함위치에 자분이(누설자분) 모이게 되므로 이를 검지하여 표면 및 표면 직하의 결함을 검출하는 방법을 말한다.

(2) 특징

가. 강재의 표면 결함 검출에 뛰어나다.

나. 복잡한 구조물에 적용가능하다.

다. 경제적인 시험법이다.

(3) 장점 : 휴대성, 신속 저렴, 최소한의 기술요구, 미세균열 검출

(4) 단점

가. 강자성체에만 적용가능, 고압의 전류가 필요(자기장 형성)하다.

나. 표면 아래의 작은 결함 검출은 어렵다.

5) 와류탐상시험법Eddy Current Test(ET)

(1) 원리 : 와전류 분포의 변화를 시험코일의 임피던스 변화로 결함을 찾아내는 것이 와전류 탐상시험이다.

(2) 특징

가. 도체에 적용가능

나. 시험체 표면의 결함 검출 대상

다. 비접촉 탐상 가능, 고속으로 자동화된 전수검사가 가능하다.

(3) 장점 : 표층부 결함 검출이 우수하다.

(4) 단점 : 복잡한 형상 검사 불가, 내부결함 검출 불가하다.

6) 음향방출시험법Acoustic Emission Test(AE)

(1) 원리 : 물체의 균열 또는 국부적인 파단에서 방출되는 응력파Stress Wave Emission를 센서로 검출하는 기법으로 다른 비파괴시험법이 신호를 발생시키고 그 응답을 분석하는 반면 피동적으로 신호를 수신하여 결함을 검출하는 비파괴시험법을 말한다.

(2) 장점 : 실시간 검출 가능, 전체 구조물 상태를 모니터링할 수 있다.

(3) 단점

가. 진행이 멈춘 균열은 검출 불가함

나, 센서의 감도에 따라 결함 검출 결과가 좌우됨

다. 결함 위치 찾기가 어려움

7) 침투탐상시험법Liquid Penetrate Test(PT)

(1) 원리 : 침투탐상시험은 모세관 현상이 원리이다. 재료 표면으로 형광물질을 함유한 액체를 침투시키고 그 후에 미립자로 된 피막을 시험체 표면에 만들면 입자간 틈새에 의한 모세관 현상에 의해 결함 속에 침투해 있는 액체가 표면으로 흡출되면서 보기 쉬운 색깔이나 밝기를 가진 지시모양으로 나타난다. 이와 같은 방법으로 결함을 검출 하는 것이 침투탐상검사이다.

(2) 특징 : 표면 결함만 검출 대상, 비금속재료에 유효, 다공질재료나 탐상제에 의 해서 변질되는 시험체에는 적용할 수 없다.

철골 내화피복 03-33

1. 철골 내화피복 정의

내화 피복이란 철골조의 기둥, 보 등을 내화구조로 하기 위하여 표면을 내화성능을 가진 재료로 감싸는 것을 말한다.

2. 내화 피복의 목적

1) 철골의 보호(화재, 열)
2) 철골 변형 방지(강재의 상승온도 보호)
3) 내화성능의 확보
4) 인명보호
5) 마감재보호
6) 결로방지
7) 단열 및 흡음
8) 재산보호

3. 내화 피복의 종류

1) 습식 내화피복공법
   (1) 타설공법 (2) 뿜칠공법 (3) 조적공법 (4) 미장공법

2) 건식 내화피복공법(성형판 붙임공법)
   (1) 성형판을 철골주위에 붙이는 공법
   (2) PC판, ALC판, 석면규산칼슘판 등
   (3) 주로 기둥과 보의 내화피복에 사용

3) 합성내화피복공법

4) 복합내화피복공법(내화피복기능 외에 다른 기능 충족)

3. 건축구조물(철근콘크리트)공사 안전관리

지하수 배수관리 03-34

1. 배수공법의 종류

1) 중력배수공법

중력에 의해 침투된 지하수를 집수하여 배수하는 공법을 말한다.

(1) 집수정Sump공법 (2) Deep Well 공법

2) 강제배수공법

중력에 의해 침투된 지하수를 진공에 의한 흡입력으로 강제적으로 집수하여 배수하는 공법을 말한다.

(1) Well Point 공법 (2) Deep Well 공법

3) 복수Recharge공법

(1) 주수공법 (2) 담수공법

2. 배수 시 문제점

1) 공사장 주변 지하수위 저하(지하수 고갈)
2) 지하수 저하로 인한 인접지반 침하
3) 인접지반 침하로 지하매설물 및 인접 건축물 침하 우려
4) 인접구조물, 지하매설물 영향

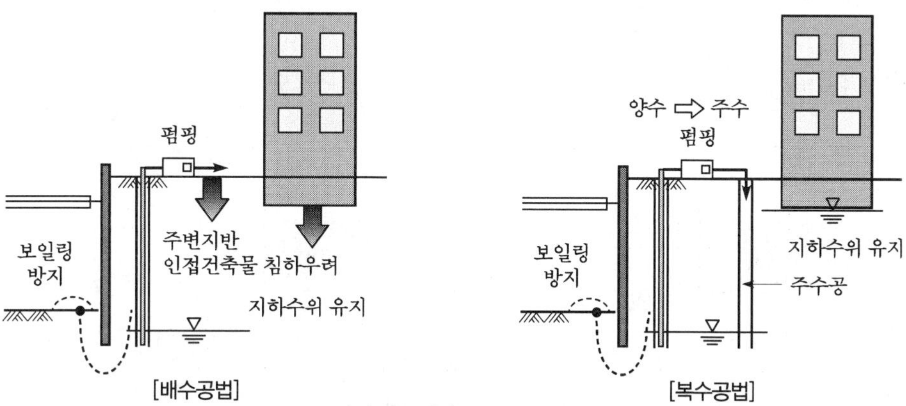

그림 3.3.1. 배수공법과 복수공법

1. 안전진단 평가 항목별 중요도

1) 구조안전성

(1) 건물기울기
(2) 기초침하
(3) 내구성
(4) 내하력(하중을 받칠 수 있는 능력)

2) 주거환경

(1) 도시미관, 소방활동 용이성, 침수피해 가능성
(2) 주차가능대수, 일조환경
(3) 에너지 효율

3) 건축마감 및 설비 노후도

(1) 지붕, 외벽 등 마감상태
(2)난방, 급수, 도시 가스 등

4) 비용편익(경제성) : 개보수 비용과 재건축 비용 비교

2. 평가 항목 성능점수(100점 기준)와 판정

1) 성능점수 : 55점 초과할 때 - 유지보수
2) 성능점수 : 30~55점 - 조건부 재건축
3) 30점 이하 : 재건축

3. 재건축 안전진단 평가 항목별 가중치

1) 구조안전성 : 50퍼센트
2) 주건환경 : 15퍼센트
3) 비용편익 : 10퍼센트
4) 설비노후도 : 25퍼센트

4. 절차

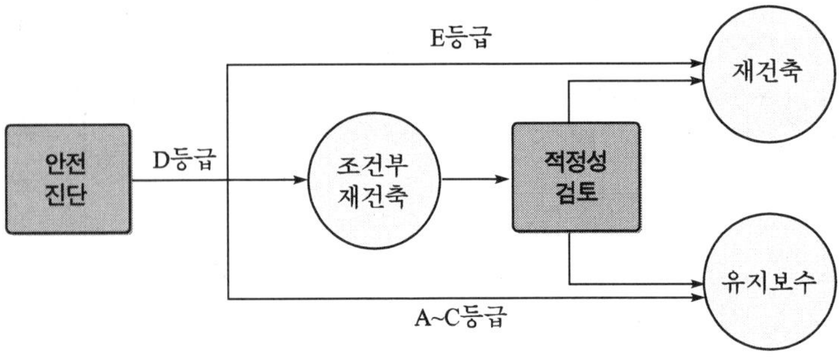

그림 3.3.2. 안전진단 절차

리모델링 03-36

1. 제도적 예방대책12)

1) 대수선 공사 시 건축법 관련 허가 등의 제반사항 준수할 것

2) 건축법 시행령 제3조의2(대수선의 범위)
   (1) 내력벽을 증설 또는 해체하거나 그 벽면적을 30제곱미터 이상 수선 또는 변경하는 것
   (2) 기둥을 증설 또는 해체하거나 세 개 이상 수선 또는 변경하는 것
   (3) 보를 증설 또는 해체하거나 세 개 이상 수선 또는 변경하는 것 등
   (4) 내력벽을 증설 또는 해체하는 공사는 명백히 대수선 공사에 해당함

3) 건축법 제11조(건축허가)
   (1) 건축물을 건축하거나 대수선하려는 자는 특별자치시장·특별자치도지사 또는 시장·군수·구청장의 허가를 받아야 한다.
   (2) 대수선하려는 자는 시장 군수·구청장의 허가를 받을 것

4) 건축법 시행령 제32조(구조 안전의 확인)
   (1) 건축물을 건축하거나 대수선하는 경우 해당 건축물의 설계자는 국토교통부령으로 정하는 구조기준 등에 따라 그 구조의 안전을 확인할 것
   (2) 제1항에 따라 구조 안전을 확인한 건축물 중 다음 각 호의 어느 하나에 해당하는 건축물의 건축주는 해당 건축물의 설계자로부터 구조 안전의 확인 서류를 받아 법 제21조에 따른 착공신고를 하는 때에 그 확인 서류를 허가권자에게 제출할 것
      가. 층수가 3층[대지가 연약하여 건축물의 구조 안전을 확보할 필요가 있는 지역으로서 건축조례로 정하는 지역에서는 2층] 이상인 건축물
      나. 연면적이 500제곱미터 이상인 건축물. 다만, 창고, 축사, 작물 재배사 및 표준설계도서에 따라 건축하는 건축물은 제외할 것
      다. 높이가 13미터 이상인 건축물
      라. 처마높이가 9미터 이상인 건축물 등
      마. 3층 이상 건축물 등의 대수선은 설계자가 구조적 안전성을 확인하여야 하며, 건축주는 반드시 구조 안전의 확인서류를 착공신고 시 허가권자에게 제출할 것

---
12) 출처 : 안전보건공단(kosha.or.kr)/중대재해사례

5) 리모델링 해체작업 시 산업안전보건법 관련 제반사항 준수

(1) 건물 노후화, 철거 등으로 건물이 부가되는 하중 등으로 붕괴 등의 위험이 있을 경우 건축물에 대해 사전 안전성평가 실시할 것(안전보건규칙 제52조)

(2) 건물 등의 해체작업을 하는 경우 해당 작업 및 작업장의 상태 등에 대한 사전조사를 하고, 작업계획서 작성 및 이행준수할 것(안전보건규칙 제38조)

2. 기술적 예방대책

1) 리모델링 해체작업 시공 전 확인사항

(1) 구조안전성 검토 여부

(2) 설계도서 및 시방서 내용

(3) 해체작업 대상(내력벽 또는 비내력벽 분별), 현장여건과 설계도서의 일치 여부

(4) 해체작업 작업계획서 작성

(5) 작업절차, 예상 위험요인 및 주의사항 등 작업계획서 내용 근로자 교육

2) 리모델링 해체작업 시공 중 확인사항

(1) 구조 전문가 권고사항 이행 (잭서포트 등 구조적 보강, 해체작업 순서 명확화 등)

(2) 작업계획서에 따라 순차적으로 작업 진행

(3) 중량물 취급 수반 시 별도의 작업지휘자를 지정하여 작업 지휘

(4) 칸막이 조적벽체(비내력벽)의 경우 상부에서부터 하부로 순차적 해체

(5) 내력벽체 및 기둥 철거 시 충분한 내력의 구조 보강재 선행 설치

3. 벽체 기둥 철거 시 구조거동의 변화

1) 내부 내력벽 기둥을 철거할 경우 아래 그림에서와 같이 지간증가(L1→L2) 증가 등으로 인해 상부하중에 의한 기존 건축물의 부재력[13](휨응력 등)이 증가한다.

2) 내부의 내력벽 기둥 철거 시 증가한 부재력으로 인해 기존 건축물의 구조적인 내력을 초과할 경우 상부하중을 지지하지 못하고 무너지게 된다.

---

13) (부재력) 건축물 등 하중에 의해 각 부재에 걸리는 힘

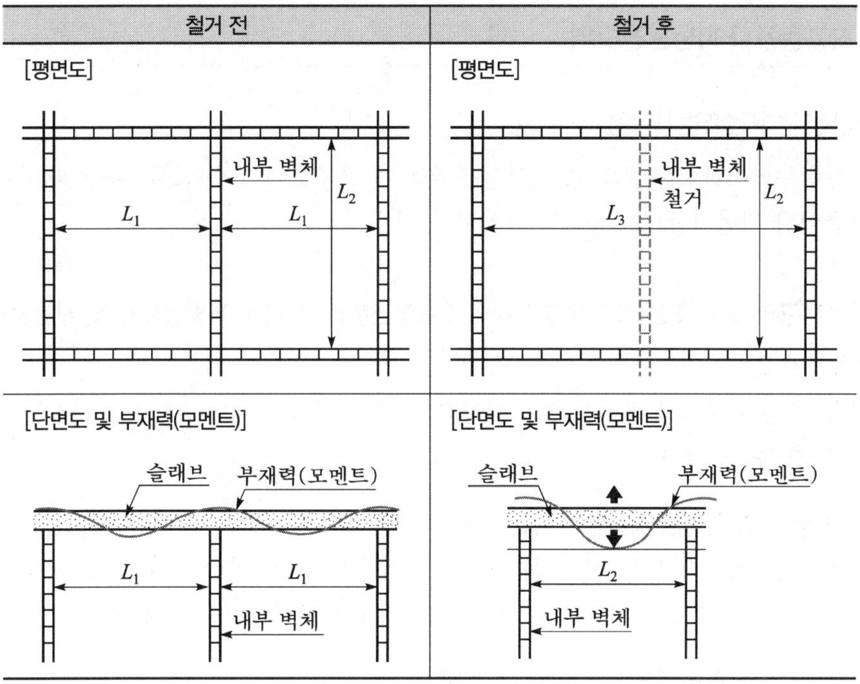

그림 3.3.3. 철거 전·후 단면력 변화

3) 내력벽체 철거 시 부재력 변화 사례(L1=3m, L2=5m, L3=6m로 가정)

(1) 철거 전 $L_1 = 3m$이므로 부재력(모멘트)는 $0.332w\left(= \dfrac{5^4}{3^4+5^4} \times \dfrac{w \times 3^3}{24}\right)$

(2) 철거 후 $L_2 = 5m$이므로 부재력(모멘트)는 $0.702w\left(= \dfrac{6^4}{5^4+6^4} \times \dfrac{w \times 3^3}{24}\right)$

내력벽체 철거 후 휨모멘트 증가량은 $\dfrac{0.702w}{0.332w} = 2.11$배 증가하게 된다.

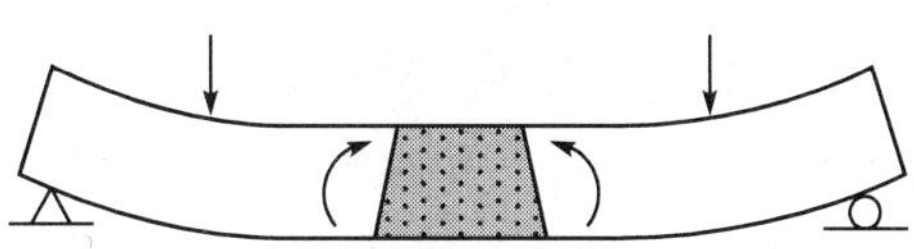

그림 3.3.4. 보의 휨변형

1. 피난안전구역[건축법시행령제34조]

1) 피난안전구역이란 건축물의 피난·안전을 위하여 건축물 중간층에 설치하는 대피공간
2) 피난층이란 직접지상으로 통하는 출입구가 있는 층

2. 피안안전구역 설치 조건[초고층 및 지하연계 복합건축물 재난관리특별법제18조, 시행령제14조]

1) 초고층 건축물14)
   피난층 또는 지상으로 통하는 직통계단과 직접 연결되는 피난안전구역을 지상층으로부터 최대 30개 층마다 1개소 이상 설치할 것

2) 30층 이상 49층 이하인 지하연계 복합건축물
   피난층 또는 지상으로 통하는 직통계단과 직접 연결되는 피난안전구역을 해당 건축물 전체 층수의 1/2에 해당하는 층으로부터 상하 5개층 이내에 1개소 이상 설치할 것

3) 16층 이상 29층 이하인 지하연계 복합건축물
   지상층별 거주밀도가 제곱미터 당 1.5명을 초과하는 층은 해당 층의 사용형태별 면적의 합의 1/10에 해당하는 면적을 피난안전구역으로 설치할 것

4) 초고층 건축물 등의 지하층이 문화 및 집회시설, 판매시설, 운수시설, 업무시설, 숙박시설, 위락시설 중 유원시설업시설, 종합병원, 요양병원으로 사용되는 경우
   해당 지하층에 피난안전구역을 면적산정기준에 따라 설치하거나 선큰(지표 아래에 있고 외기에 개방된 공간으로서 건축물 사용자 등의 보행 · 휴식 및 피난 등에 제공되는 공간)을 설치할 것

3. 소방시설 설치 기준

1) 소화설비 중 소화기구(소화기 및 간이소화용구만 해당), 옥내소화전설비, 스프링클러설비
2) 피난설비 중 방열복, 공기호흡기(보조마스크 포함), 인공소생기, 피난유도선(피난안전구역으로 통하는 직통계단 및 특별피난계단 포함), 피난안전구역으로 피난을 유도하기 위한 유도등

---

14) (고층 건축물) 층수가 50층 이상 또는 높이가 200미터 이상인 건축물[건축법시행령제2조]
   (1) (초고층 기준) 법적으로 정해진 바는 없음. 관행적으로 5층 이하는 저층, 5~15층은 중층, 16~30층을 고층으로 통용되고 있다.
   (2) 초고층은 30층 이상, 높이 100미터 이상의 건축물로 보고 있으나 국제고층건물학회에서는 50층 이상을 제시하고 있다.

3) 유도표지 · 비상조명 등 및 휴대용비상조명등
4) 소화활동설비 중 제연설비, 무선통신보조설비

초고층공사 화재 03-38

1. 고층 건물 신축 중 화재발생 시 안전대책

1) 관리적인 문제점
  (1) 현 소방대의 장비로는 불난 층에 접근하기 어려움이 있다.
  (2) 고층까지 소화할 물을 올릴 수 없어 진화 자체가 불가능한 상황에 이를 수 있다.

2) 제도적인 문제점
  (1) 준공이전 : 화재예방과 관련된 직접적인 규제는 없다.
  (2) 준공이후 : 관리주체(건물주)에게 소방방화시설 등의 유지관리 의무가 있고 소방관서는 점검할 것

2. 화재의 구분

1) 실화
2) 방화
3) 자연재해
4) 공사장 화재 발생 원인
  (1) 용접(용접, 그라인더 불티) (2) 담뱃 불

3. 신축 공사 중 화재원인

1) 신축 공사 중 화재 원인
  (1) 작업과 관련된 발화원
  (2) 작업과 직접 관련 없는 발화원(담배, 위험물, 가스렌지, 전열기구(전기장판) 등)
  (3) 제3의 원인(방화, 주변건물로부터의 연소확대, 천재지변, 테러 등)

2) 화재원인별 발화원
  (1) 용접, 용단 작업 중 화재 : 불꽃
  (2) 누전 합선 등 전기시설과 관련된 화재 : 임시배전반, 임시배전, 이동용 전선 피복 손상
  (3) 도장 및 방수 작업 관련 화재 : 시너나 페인트 작업 중 스파크

4. 신축 공사 중 화재 특징

1) 화재발생 위험도 측면

화기취급, 이동용 전선사용 : 소방 방화시설의 미완성으로 연소 확대 위험 큼

2) 화재 제어 측면

(1) 자동소화설비 없음
(2) 초기소화의 한계 : 소화기만 사용
(3) 방화구획 미완성으로 전층으로 급속한 연소 확대
(4) 고층 화재시 강풍으로 급속 확대
(5) 고층 화재시 지상의 도움을 받는데 한계가 있음

3) 피난 및 정보전달 측면

(1) 피난로 확보 미흡 (2) 화재경보 전달 수단 없음

4) 소방대의 대응 측면

(1) 소방대 접근성 : 고층부위까지 걸어서 올라가야 함
(2) 소방차 접근의 한계성 : 주변 정리 불량으로 접근이 어려움
(3) 소방활동 자체의 발가능 : 소방호스 내압과 펌프 한계(대략 20~25kgf/cm^2)

5) 2차 재해 유발 등 측면과 공기 차질 초래

(1) 가시설물의 붕괴로 인한 2차 재해
(2) 마감자재 복구 및 재설치로 인한 공기 지연

6) 신축 중인 건물에 대한 화재예방 규제 실태

(1) 산업안전보건법 : 안전상의 조치
(2) 소방법규 : 소방법 제15조(신축공사 용접 용단에 대한 언급은 없음
(3) 건축법규 : 산업안전보건법을 따르도록 하고 있음

7) 화재예방 대책

(1) 소방안전대책의 강화
  가. 화재감지 및 소화시스템 구축과 가연성 자재의 보관 제한
    ① 가설소화전과 소화기 설치
    ② 크레인에 감시로 카메라 설치
    ③ 가연성 자재의 특별관리(별도 구획 지정)
  나. 현장 관리적 대책 강화
    ① 화기 작업시 사전 허가제 실시

② 위험물은 특별관리
③ 공사장은 금연구역 불가피한 경우는 금연구역 설정
④ 화재예방관리절차 수립

(2) 가이드 라인 제정 필요
가. 초고층 건물 공사에 대한 관련 법규 제정
나. 국제적인 해외 규정 참조
① 신축과정
② 리모델링 과정
③ 해체과정의 소방안전 등에 대한 제반사항을 정하고 있음

5. 방화구조

1) 방화구조의 정의(건축물의 피난 방화 구조등의 기준에 관한 규칙제4조)
방화구조란 화염의 확산을 막을 수 있는 성능을 가진 구조

2) 방화구조
(1) 철망모르타르 바름두께 2센티미터 이상
(2) 석고판 위 모르타르 총 두께 2.5센티미터 이상
(3) 모르타르 위 타일 총두께 2.5센티미터 이상
(4) 심벽 흙 맞벽치기 두께에 관계없이 인정
(5) 한국산업표준 방화 2급 이상 두께에 관계없이 인정[철2석타일2.5]

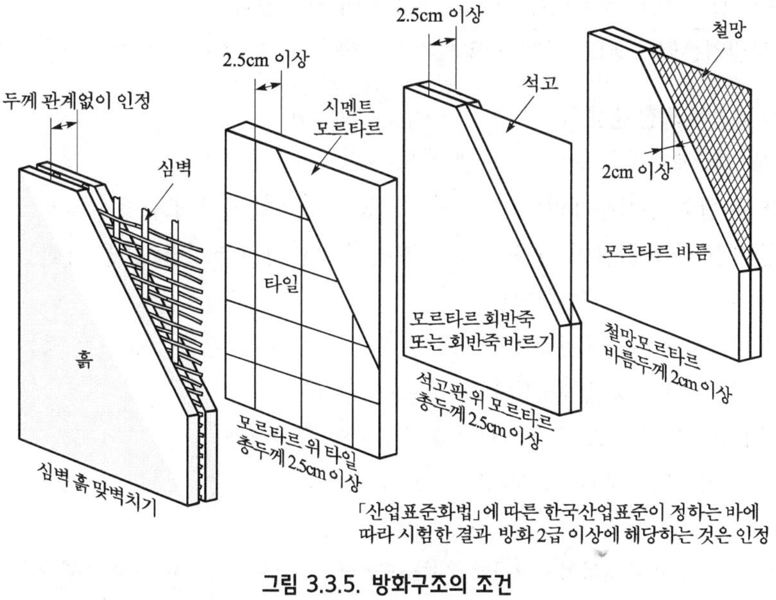

그림 3.3.5. 방화구조의 조건

1. 커튼월Curtain Wall 공법

1) 공장생산 부재로 구성되는 건물의 비내력 외벽(건축공사 표준시방서)
2) 외벽에 설치되는 유니트화Unit된 비내력 벽체
3) 고층 건물의 경우에는 공장에서 제작한 패널을 붙이는 방법이 훨씬 수월하며 미관상으로도 우수하기 때문에 초고층 건물에 많이 쓰이고 있는 공법

2. 커튼월 구조

1) 비·바람·소음·열 등을 차단하는 기능
2) 외장용 기능
3) 재질 : 금속판, 유리, 블록, 프리캐스트 콘크리트 등
4) 고층건축에서는 건물의 자중을 줄이기 위해 커튼 월에는 가벼운 재료가 사용된다.

3. 커튼월 공법의 종류

1) 재료에 의한 분류
   (1) 금속 커튼월[15] ; 커튼월의 구조가 금속 즉, 알미늄 바, 철재, 스테인레스 등으로 구성되는 것을 말한다. 마감은 유리, 복합판넬, 스텐판, 코팅 아연철판 등이 사용된다.
   (2) 프리케스트 콘크리트 월 ; 커튼월의 구조가 콘크리트 PC로 되어 있는 것을 말한다. 마감은 콘크리트 마감, 석재마감, 타일 마감 등이 사용된다.
   (3) 기타(복합커튼월) ; ALC 판넬, GRCGlass Fiber Reinforced Concrete), SPG(Specil Point Glazing 등이 있다.

2) 조립(설치) 방법에 의한 분류
   (1) 스틱 월 시스템Stick Wall System
      가. 커튼 월의 수직부재와 수평부재를 가공하여 현장에서 조립하는 방식
      나. 중저층 건물에 많이 사용되고, 대부분의 우리나라 커튼월 시공 방법
   (2) 유니트 월 시스템Unit Wall System
      가. 공장에서 1개층 또는 2개층 단위로 완전 조립하여 현장 시공하는 방법
      나. 공정이 단순, 좋은 품질 확보, 고층건물 적용
   (3) 조합 시스템(유니트 스틱 월 시스템)Unit and Stick Wall System
      가. 스틱 시스템과 유니트 시스템의 혼합 시스템

15) 커튼월(Curtain wall)이란 공장에서 생산한 부재를 구조물의 외벽에 조립, 설치하여 마감 처리하는 비내력 벽을 말한다.

나. Mullion : 층과 층 사이에 수직으로 설치되는 커튼 월에 가해재는 풍하중을 받아 주는 커튼 월의 구조부재

(4) 패널 시스템Panel System

단일 부재로 형성된 즉, PC Con'c Panel을 말한다.

4. 하자원인

1) 누수 원인

(1) Primer, Sealing재 피착재 등의 재료 불량

(2) 접합면 바탕처리의 미흡

(3) 시공불량 및 구조체의 변형

2) 결로발생원인

(1) 재료적 : 단열재 미적용, 단열성능저하

(2) 시공적 : 결합부 실링 불량, Weeping Hole 누락

(3) 환경적 : 통풍불량, 환기불량

(4) 기후적 : 내외부 온도차, 북쪽 유리

5. 빗물 침투원인과 대책

1) 빗물 침투 조건

(1) 물 (2) 틈 (3) 압력차이(이동력)

2) 대책

(1) 바닥, 처마 물끊기 등 (2) 실링방수, 주입지수 공법 등

(3) 오픈조인트, 이중벽 등

3) 빗물처리기구

(1) Closed joint 방법 (2) Curtain Wall 방법

(3) Open Window 방법 (4) Sky Light 방법

6. 커튼 월 공법의 특징[시공관점]

1) 공기의 단축효과 : 조립작업

2) 경량화 : 콘크리트, 벽돌에 비해 가볍다.

3) 가설공사의 간략화 : 외부 작업발판이 필요없다. 건축물 내부에서 작업이 가능하다.

4) 고성능 : 태풍, 지진, 직사광선 등 외부 조건을 조절하는 조정기능이 탁월하다.

5) 미관이 향상된다.

7. 커튼 월 공법의 요구성능[시공관점]

1) 내풍성 : 허용 휨능력
2) 수밀성 : 비와 바람 동시 고려
3) 기밀성 : 통기량 표시 성능
4) 차음성능
5) 단열성능(외부 태양열 내부 전달)
6) 결로방지성능
7) 내화성능
8) 내진성능
9) 배연성
10) 구조성능

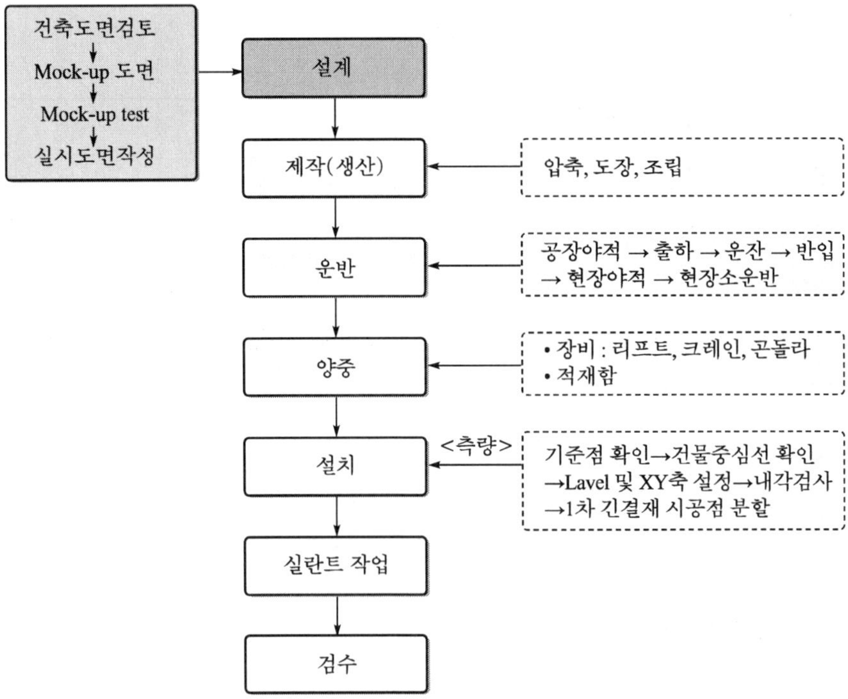

그림 3.3.6. 커튼월 시공순서도

4. 가설구조물과 건축구조물공사 위험성평가표 및 재해사례

- 위험성평가표
  - 01. 강관비계[03-05]
  - 02. 시스템비계[03-06]
  - 03. 이동식비계[03-08]
  - 04. 작업의자형 달비계[03-09]
  - 05. 말비계 [03-11]
  - 06. 가설통로(이동식사다리)[03-16]]
  - 07. 철탑[03-21]
  - 08. 데크플레이트 [03-22]
  - 09. 철골[03-24]
  - 10. 용접[03-25]
  - 11. 커튼월[03-39]

- 재해사례
  - 01. 비계-넘어짐(전도)
  - 02. 비계-떨어짐(추락)
  - 03. 비계-감전(1)
  - 04. 비계-감전(2)
  - 05. 달비계-떨어짐(추락)
  - 06. 이동식틀비계-떨어짐(추락)
  - 07. 말비계-떨어짐(추락)
  - 08. 작업발판-떨어짐(추락)
  - 09. 사다리-떨어짐(추락)
  - 10. 개구부-떨어짐(추락)
  - 11. 엘리베이터-떨어짐(추락)
  - 12. 철탑-떨어짐(추락)
  - 13. 철탑-삭도 무너짐(붕괴)
  - 14. 철골-기동 넘어짐(전도)
  - 15. 철골-떨어짐(추락)
  - 16. 데크플레이트-떨어짐(추락)
  - 17. 데크플레이트-무너짐(붕괴)
  - 18. 데크플레이트-무너짐(붕괴)

위험성평가표

01 강관비계[03-05]

유해위험요인 파악Hazard Identification							
위험요인 위험		불량한 작업방법 위험		작업장소 위험		건강장해 위험	
기계·기구 등	●	굴착 등		추락 위험 등	●	분진 등	
폭발, 인화성		하역, 운반 등	●	붕괴 위험 등	●	소음 진동 등	
전기, 열 등	●	중량물 등		물체 비래 등	●	환기, 채광 등	

재해발생유형	
1. 떨어짐	✔
2. 넘어짐	
3. 부딪힘	
4. 물체에 맞음	✔
5. 무너짐	✔
6. 끼임	
7. 절단·베임·찔림	✔
8. 감전	✔
9. 폭발·파열	
10. 화재	✔
11. 깔림·뒤집힘	

위험성 평가Risk Assessment									
위험성 수준			최초 평가	●	상시 평가	월	•노사합동순회점검( )	주	•합동안전점검회의( )
고	중	저	정기 평가				•아차사고분석 ( )		
●			수시 평가				•제안제도실시 ( )	일	•작업전 TBM ( )

위험성 감소대책Alternative					필수 확인 사항
제거	대체	공학적제어	관리적제어	개인보호구	•강관비계 벽이음 위치과 상태의 적정성 확인 •비계 진입, 상하부 이동통로 가설계단 및 사다리 상태 확인
		●		●	

유해위험요인 및 감소대책 도면

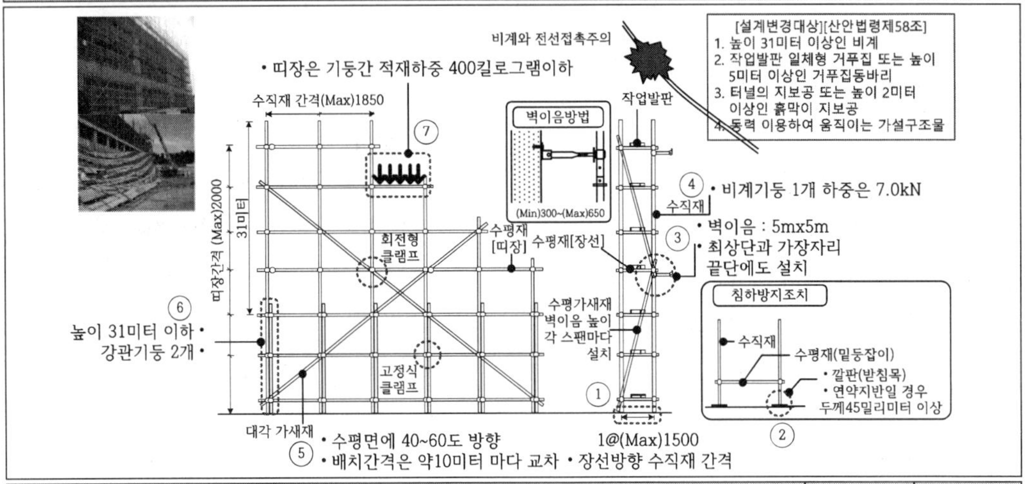

중대재해유형	재해 유발 원인	점검	확인
1. 떨어짐	•비계 위 작업자가 이동 중 발을 헛딛거나 미끄러지며 아래로 떨어짐		
	•작업자가 슬래브 끝단(2층 이상)에서 비계로 진입할 때 발을 헛디디며 아래로 떨어짐		
	•작업자가 하단에서 상단으로 또는 상단에서 하단으로 이동할 때 전용 사다리를 이용하지 않고 승하강하다가 아래로 떨어짐		
	•작업발판의 양단 고정상태가 불량하여 작업자 하중으로 발판이 뒤집히며 아래로 떨어짐		
2. 무너짐	•비계 설치 후 작업 중 작업발판 위에 과하중 적재로 비계가 무너짐		
	•비계의 적정 높이에 설치되어야 할 벽 이음재 미시공으로 비계가 무너짐		
	•비계 하부 지면 접촉면의 침하와 연결부클램프 불량으로 무너짐		
3. 감전	•비계 자재 이송 중 인근 전선에 접촉하여 감전됨		
4. 물체에 맞음	•비계 자재 양중 중에 결속 불량으로 이탈된 비계에 작업자가 맞음		
구조검토 대상	•비계 설치 높이가 31미터 이상이면 관계전문가의 구조검토가 실시되어야 함		

01 강관비계[03-05]

유해위험요인별 세부 항목 Check List

유해위험요인[Hazard] List	위험성 감소대책 Check List	점검	확인
1. 비계 기초(바닥면) 패임이나 침하 등으로 무너짐 2. 수직재와 수평재 등 교차부위 체결 상태 불량으로 무너짐 3. 대각가새 미설치로 풍하중 등으로 붕괴됨 4. 간격과 기성발판 크기 불일치로 작업발판 뒤집힘 5. 작업발판 위에 과대적재로 붕괴 또는 자재 떨어짐 6. 벽이음 미설치 또는 선 해체 등으로 마감 작업 시 붕괴됨 7. 비계 설치 또는 해체 작업 시 작업자 미끄러져 떨어짐 8. 강관비계 끝 부분 안전캡 미설치로 작업자 눈 찔림 9. 비계 이동통로 미설치(계단 등)로 작업자 이동 중 떨어짐 10. 비계공사 중 인근 고압선에 걸려서 감전됨 11. 작업발판 고정상태 불량으로 작업자 떨어짐	1. 비계 기둥 침하 가능성은 없는가?		
	2. 교차부 클램프 체결 상태는 양호한가?		
	3. 대각가새(가새재)는 설치되어 있는가?		
	4. 부재 설치간격은 구조검토(도면)과 일치하는가?		
	5. 작업발판 위 적재하중은 400kg 이하인가?		
	6. 벽이음 설치 간격은 설치기준과 일치하는가?		
	7. 벽이음 미 설치시 외부 경사재는 대체되었는가?		
작업 전 공통 확인사항	8. 작업발판의 끝은 장선재에 고정되어있는가?		
1. 작업자 / •수평(수직) 이동통로 확보 및 생명줄 상태	9. 작업자 이동용 계산은 설치되어 있는가?		
2. 건설기계장비 / •이동동선 구간 지반 침하 및 지내력 상태 •양중작업용 로프(벨트) 슬링 안전성 검토	10. 비계와 전선의 접촉가능성은 없는가?		
3. 작업환경 / •가설구조물 안전성 검토와 도면 일치 확인 •가성구조물 안전조치(설치기준) 준수 확인	11. 비계 구조검토는 실시되었는가?		

중대재해유형	중대재해예방 저감대책	중점 관리대상	
☐ 떨어짐 [높은 곳에서 사람이 떨어짐]	•작업자의 무리한 행동 억제 [지정된 작업통로(이동동선)로 진출입]	•작업자 [신규작업자, 일용작업자, 외국인]	✔
	•고소 작업 위치에 안전난간, 안전대 부착설비 설치 [개구부 안전난간 설치, 고소작업자 안전대 착용]	•건설기계장비 [안전검사 유효기간, 장비부품상태]	
	•작업 현장 별 위험요인 제거 [작업 특성과 조건에 따른 위험요인 제거]	•건설자재 [안전인증제품, 자재 적치 상태]	
	•그 밖의 위험요인 제거	•작업환경[방법] [안전보건규칙준수, 구조안전성확인]	✔
☐ 무너짐 [건축물(토사) 등이 무너짐]	•작업 전 작업구간 이상 변위 상태 확인 [경사 또는 굴착구간 주변 변위(균열) 여부 확인]	•작업자 [신규작업자, 일용작업자, 외국인]	
	•가설 구조물 안전성 검토 확인 [가성구조물(동바리, 흙막이 등) 구조검토서와 도면 확인]	•건설기계장비 [안전검사 유효기간, 장비부품상태]	
	•가성 구조물 설치 상태 확인 [가설 구조물 등 안전보건규칙 준수 여부 확인]	•건설자재 [안전인증제품, 자재 적치 상태]	
	•그 밖의 위험요인 제거	•작업환경[방법] [안전보건규칙준수, 구조안전성확인]	✔
☐ 감전 [고압전선에 접촉하여 감전]	•작업자 절연보호구 착용 [절연 장갑 등 개인 보호구 착용 여부 확인]	•작업자 [신규작업자, 일용작업자, 외국인]	✔
	•작업 반경 내 충전선로 확인 [용접기 등 충전부(전선 피복 손상 부위) 등에 절연처리 확인]	•건설기계장비 [안전검사 유효기간, 장비부품상태]	✔
	•작업 반경 내 충전선로 확인 [충전선로에 방호장치 설치 여부 확인]	•건설자재 [안전인증제품, 자재 적치 상태]	
	•양중 작업 중 인근 전선 접촉 가능성 여부 확인	•작업환경[방법] [안전보건규칙준수, 구조안전성확인]	

02 시스템비계[03-06]

유해위험요인 파악Hazard Identification							
위험요인 위험		불량한 작업방법 위험		작업장소 위험		건강장해 위험	
기계·기구 등	●	굴착 등		추락 위험 등	●	분진 등	
폭발, 인화성		하역, 운반 등	●	붕괴 위험 등	●	소음 진동 등	
전기, 열 등	●	중량물 등		물체 비래 등	●	환기, 채광 등	

위험성 평가Risk Assessment									
위험성 수준			최초 평가	●	상시 평가	월	•노사합동순회점검( )	주	•합동안전점검회의( )
고	중	저	정기 평가				•아차사고분석 ( )		
●			수시 평가				•제안제도실시 ( )	일	•작업전 TBM ( )

위험성 감소대책Alternative					필수 확인 사항
제거	대체	공학적제어	관리적제어	개인보호구	•강관비계 벽이음 위치과 상태의 적정성 확인 •비계 진입, 상하부 이동통로 가설계단 및 사다리 상태 확인
		●		●	

재해발생유형	
1. 떨어짐	✔
2. 넘어짐	
3. 부딪힘	
4. 물체에 맞음	✔
5. 무너짐	✔
6. 끼임	
7. 절단·베임·찔림	✔
8. 감전	✔
9. 폭발·파열	
10. 화재	✔
11. 깔림·뒤집힘	

유해위험요인 및 감소대책 도면

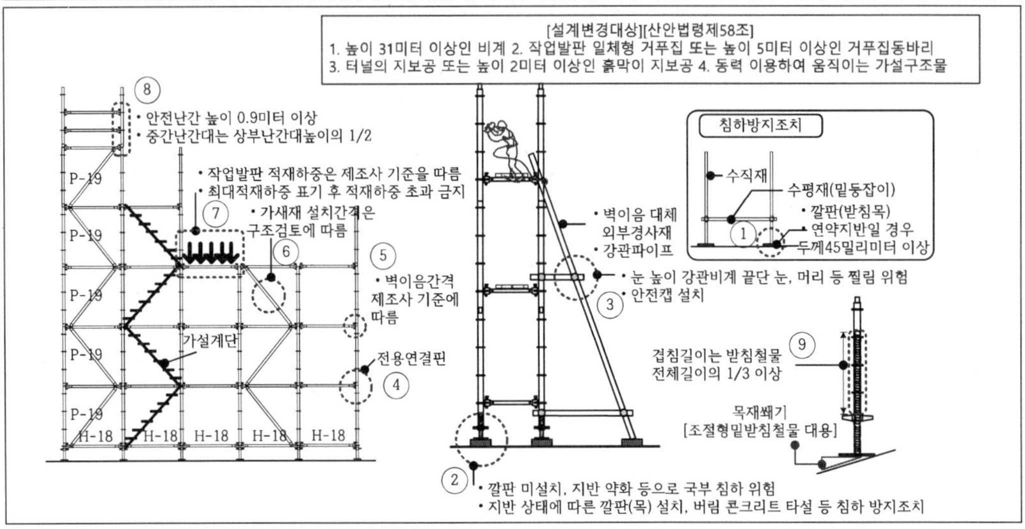

중대재해유형	재해 유발 원인	점검	확인
1. 떨어짐	•비계 위 작업자가 이동 중 발을 헛딛거나 미끄러지며 아래로 떨어짐		
	•작업자가 슬래브 끝단(2층 이상)에서 비계로 진입할 때 발을 헛디디며 아래로 떨어짐		
	•작업자가 하단에서 상단으로 또는 상단에서 하단으로 이동할 때 전용 사다리를 이용하지 않고 승하강하다가 아래로 떨어짐		
	•작업발판의 양단 고정상태가 불량하여 작업자 하중으로 발판이 뒤집히며 아래로 떨어짐		
2. 무너짐	•비계 설치 후 작업 중 작업발판 위에 과하중 적재로 비계가 무너짐		
	•비계의 적정 높이에 설치되어야 할 벽 이음재 미시공으로 비계가 무너짐		
	•비계 하부 지면 접촉면의 침하와 연결부클램프 불량으로 무너짐		
3. 감전	•비계 자재 이송 중 인근 전선에 접촉하여 감전됨		
4. 물체에 맞음	•비계 자재 양중 중에 결속 불량으로 이탈된 비계에 작업자가 맞음		
구조검토 대상	•비계 설치 높이가 31미터 이상이면 관계전문가의 구조검토가 실시되어야 함		

02 시스템비계[03-06]

유해위험요인별 세부 항목 Check List

유해위험요인Hazard List

1. 비계 기초(바닥면) 패임이나 침하 등으로 무너짐
2. 수직재와 수평재 등 교차부위 체결 상태 불량으로 무너짐
3. 대각가새 미설치로 풍하중 등으로 붕괴됨
4. 간격과 기성발판 크기 불일치로 작업발판 뒤집힘
5. 작업발판 위에 과대적재로 붕괴 또는 자재 떨어짐
6. 벽이음 미설치 또는 선 해체 등으로 마감 작업 시 붕괴됨
7. 비계 설치 또는 해체 작업 시 작업자 미끄러져 떨어짐
8. 강관비계 끝 부분 안전캡 미설치로 작업자 눈 찔림
9. 비계 이동통로 미설치(계단 등)로 작업자 이동 중 떨어짐
10. 비계공사 중 인근 고압선에 걸려서 감전됨
11. 작업발판 고정상태 불량으로 작업자 떨어짐

작업 전 공통 확인사항	
1. 작업자	•수평(수직) 이동통로 확보 및 생명줄 상태
2. 건설기계장비	•이동동선 구간 지반 침하 및 지내력 상태 •양중작업용 로프(벨트) 슬링 안전성 검토
3. 작업환경	•가설구조물 안전성 검토와 도면 일치 확인 •가성구조물 안전조치(설치기준) 준수 확인

위험성 감소대책 Check List	점검	확인
1. 비계 기둥 침하 가능성은 없는가?		
2. 교차부 클램프 체결 상태는 양호한가?		
3. 대각가새(가새재)는 설치되어 있는가?		
4. 부재 설치간격은 구조검토(도면)과 일치하는가?		
5. 작업발판 위 적재하중은 매뉴얼기준 이하인가?		
6. 벽이음 설치 간격은 매뉴얼기준과 일치하는가?		
7. 벽이음 미 설치시 외부 경사재는 대체되었는가?		
8. 작업발판의 끝은 장선재에 고정되어있는가?		
9. 작업자 이동용 계산은 설치되어 있는가?		
10. 비계와 전선의 접촉가능성은 없는가?		
11. 비계 구조검토는 실시되었는가?		

중대재해유형	중대재해예방 저감대책	중점 관리대상	
□ 떨어짐 [높은 곳에서 사람이 떨어짐]	•작업자의 무리한 행동 억제 [지정된 작업통로(이동동선)로 진출입]	•작업자 [신규작업자, 일용작업자, 외국인]	✔
	•고소 작업 위치에 안전난간, 안전대 부착설비 설치 [개구부 안전난간 설치, 고소작업자 안전대 착용]	•건설기계장비 [안전검사 유효기간, 장비부품상태]	
	•작업 현장 별 위험요인 제거 [작업 특성과 조건에 따른 위험요인 제거]	•건설자재 [안전인증제품, 자재 적치 상태]	
	•그 밖의 위험요인 제거	•작업환경[방법] [안전보건규칙준수, 구조안전성확인]	✔
□ 무너짐 [건축물(토사) 등이 무너짐]	•작업 전 작업구간 이상 변위 상태 확인 [경사 또는 굴착구간 주변 변위(균열) 여부 확인]	•작업자 [신규작업자, 일용작업자, 외국인]	
	•가설 구조물 안전성 검토 확인 [가성구조물(동바리, 흙막이 등) 구조검토서와 도면 확인]	•건설기계장비 [안전검사 유효기간, 장비부품상태]	
	•가성 구조물 설치 상태 확인 [가설 구조물 등 안전보건규칙 준수 여부 확인]	•건설자재 [안전인증제품, 자재 적치 상태]	
	•그 밖의 위험요인 제거	•작업환경[방법] [안전보건규칙준수, 구조안전성확인]	✔
□ 감전 [고압전선에 접촉하여 감전]	•작업자 절연보호구 착용 [절연 장갑 등 개인 보호구 착용 여부 확인]	•작업자 [신규작업자, 일용작업자, 외국인]	✔
	•작업 반경 내 충전선로 확인 [용접기 등 충전부(전선 피복 손상 부위) 등에 절연처리 확인]	•건설기계장비 [안전검사 유효기간, 장비부품상태]	✔
	•작업 반경 내 충전선로 확인 [충전선로에 방호장치 설치 여부 확인]	•건설자재 [안전인증제품, 자재 적치 상태]	
	•양중 작업 중 인근 전선 접촉 가능성 여부 확인	•작업환경[방법] [안전보건규칙준수, 구조안전성확인]	

03 이동식비계[03-08]

유해위험요인 파악Hazard Identification							
위험요인 위험		불량한 작업방법 위험		작업장소 위험		건강장해 위험	
기계·기구 등	●	굴착 등		추락 위험 등	●	분진 등	
폭발, 인화성		하역, 운반 등	●	붕괴 위험 등	●	소음 진동 등	
전기, 열 등		중량물 등		물체 비래 등		환기, 채광 등	

위험성 평가Risk Assessment								
위험성 수준			최초 평가	●	상시 평가	월	•노사합동순회점검( ) •아차사고분석 ( ) •제안제도실시 ( )	주	•합동안전점검회의( )
고	중	저	정기 평가					일	•작업전 TBM ( )
●			수시 평가						

위험성 감소대책Alternative					필수 확인 사항
제거	대체	공학적제어	관리적제어	개인보호구	•상부 안전난간 대 설치 및 해체 여부 확인 •바퀴 구름방지방치 및 승각용 사다리 부착 여부 확인
		●		●	

재해발생유형	
1. 떨어짐	✔
2. 넘어짐	
3. 부딪힘	
4. 물체에 맞음	
5. 무너짐	
6. 끼임	✔
7. 절단·베임·찔림	
8. 감전	
9. 폭발·파열	
10. 화재	
11. 깔림·뒤집힘	✔

유해위험요인 및 감소대책 도면

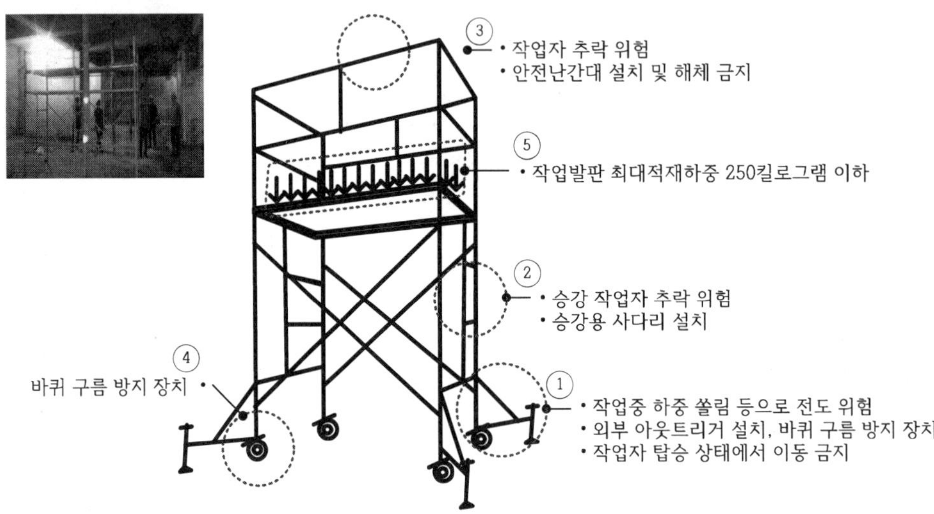

중대재해유형	재해 유발 원인	점검	확인
1. 떨어짐	•틀비계 위 작업자가 몸의 중심을 잃고 아래로 떨어짐		
	•작업자가 하단에서 상단으로 또는 상단에서 하단으로 이동할 때 미끄러지며 아래로 떨어짐		
	•틀비계 위에 말비계를 설치하고 작업하던 중에 바닥면으로 떨어짐		
2. 뒤집힘	•틀비계 이동 중 바닥면 단차로 인하여 넘어짐		
구조검토 대상	•이동식틀비계 설치 높이가 31미터 이상이면 관계전문가의 구조검토가 실시되어야 함		

03 이동식비계[03-08]

유해위험요인별 세부 항목 Check List			
유해위험요인[Hazard] List	**위험성 감소대책 Check List**	**점검**	**확인**
1. 작업 또는 이동 중 수평하중에 의한 넘어짐 2. 상부 작업 중 바퀴가 굴러가 부딪힘 3. 비계 이동 중 장애물에 걸려서 넘어짐 4. 작업발판 내 파손이나 개구부로 떨어짐 5. 상부 안전난간 미 설치 또는 해체로 작업자 떨어짐 6. 작업자 상부 이동 승강설비 미비로 떨어짐 7. 비계 설치 또는 해체 중에 인근 고압선에 감전됨 8. 작업발판 고정상태 불량으로 작업자 떨어짐	1. 비계 아웃트리거 설치 상태는 양호한가?		
	2. 작업 중에 아웃트리거는 사용하고 있는가?		
	3. 작업자 승강용 사다리는 설치되어 있는가?		
	4. 상부 안전난간대 설치 상태는 양호한가?		
	5. 상부 안전난간대가 해체되어 있지는 않는가?		
	6. 바퀴구름방지장치는 설치되어 있는가?		
	7. 바퀴구름방지장치의 작동상태는 양호한가?		
작업 전 공통 확인사항	8. 이동식비계 이동로에 장애물이 있는가?		
1. 작업자: •수평(수직) 이동통로 확보 및 생명줄 상태	9. 작업발판 최대적재하중은 250kg 이하인가?		
2. 건설기계장비: •이동동선 구간 지반 침하 및 지내력 상태 •양중작업용 로프(벨트) 슬링 안전성 검토	10. 이동식비계 높이는 전선의 접촉가능성은 없는가?		
3. 작업환경: •가설구조물 안전성 검토와 도면 일치 확인 •가성구조물 안전조치(설치기준) 준수 확인	11. 이동식비계를 3단을 초과해서 사용하는가?		

중대재해유형	중대재해예방 저감대책	중점 관리대상	
□ 떨어짐 [높은 곳에서 사람이 떨어짐]	•작업자의 무리한 행동 억제 [지정된 작업통로(이동동선)로 진출입]	•작업자 [신규작업자, 일용작업자, 외국인]	✔
	•고소 작업 위치에 안전난간, 안전대 부착설비 설치 [개구부 안전난간 설치, 고소작업자 안전대 착용]	•건설기계장비 [안전검사 유효기간, 장비부품상태]	
	•작업 현장 별 위험요인 제거 [작업 특성과 조건에 따른 위험요인 제거]	•건설자재 [안전인증제품, 자재 적치 상태]	
	•그 밖의 위험요인 제거	•작업환경[방법] [안전보건규칙준수, 구조안전성확인]	✔
□ 넘어짐 [사람이 미끄러지거나 넘어짐]	•작업자의 실수 최소화 [작업자의 건강상태 확인, 음주(약물)여부 확인]	•작업자 [신규작업자, 일용작업자, 외국인]	✔
	•작업자 동선 내 걸려넘어질 위험요인 제거 [이동동선 내 장애물 제거, 미끄러운 이물질 제거]	•건설기계장비 [안전검사 유효기간, 장비부품상태]	
	•작업공간 이동용 상하 승강 안전통로 확보 [진입과 진출 위치 지정 및 통로(사다리 등) 설치]	•건설자재 [안전인증제품, 자재 적치 상태]	✔
	•그 밖의 위험요인 제거	•작업환경[방법] [안전보건규칙준수, 구조안전성확인]	

04 작업의자형 달비계[03-09]

유해위험요인 파악Hazard Identification							
위험요인 위험		불량한 작업방법 위험		작업장소 위험		건강장해 위험	
기계·기구 등	●	굴착 등		추락 위험 등	●	분진 등	
폭발, 인화성		하역, 운반 등	●	붕괴 위험 등		소음 진동 등	
전기, 열 등		중량물 등		물체 비래 등		환기, 채광 등	

재해발생유형	
1. 떨어짐	✔
2. 넘어짐	
3. 부딪힘	
4. 물체에 맞음	
5. 무너짐	
6. 끼임	
7. 절단·베임·찔림	
8. 감전	
9. 폭발·파열	
10. 화재	
11. 깔림·뒤집힘	✔

위험성 평가Risk Assessment									
위험성 수준			최초 평가	●	상시 평가	월	•노사합동순회점검( )	주	•합동안전점검회의( )
고	중	저	정기 평가				•아차사고분석 ( )		
●			수시 평가				•제안제도실시 ( )	일	•작업전 TBM ( )

위험성 감소대책Alternative					필수 확인 사항
제거	대체	공학적제어	관리적제어	개인보호구	•상부 안전난간 대 설치 및 해체 여부 확인 •바퀴 구름방지방치 및 승강용 사다리 부착 여부 확인
		●		●	

유해위험요인 및 감소대책 도면

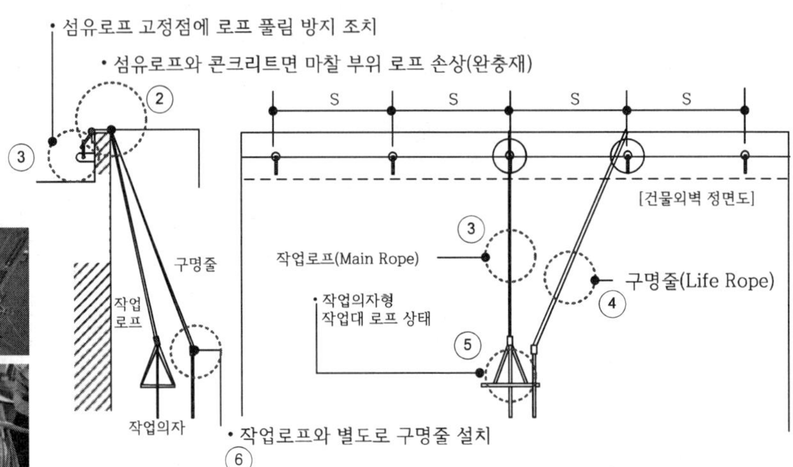

중대재해유형	재해 유발 원인	점검	확인
1. 떨어짐	•달비계 탑승을 바던 중에 아래로 떨어짐		
	•달비계 지지로프가 풀리면서(끊어지며) 아래로 떨어짐		
	•달비계 섬유로프가 콘크리트 면과의 마찰로 인하여 끊어지며 아래로 떨어짐		
구조검토 대상	•달비계의 구조검토 대상 기준은 없음		

04 작업의자형 달비계[03-09]

작업 전 공통 확인사항		적정여부 확인
1. 작업자	•수평(수직)이동구간 이동통로 확보 및 생명줄 상태	
2. 건설기계장비	•이동동선(정지)구간 지반 침하 및 지내력 상태 •양중작업용 로프(벨트) 슬링 안전성 검토	
3. 작업환경	•가설구조물의 안전성 검토 및 현장 적용 여부 확인 •가설구조물 안전조치(설치기준) 준수 여부 확인	

유해위험요인별 세부 항목 Check List			
유해위험요인Hazard List	위험성 감소대책 Check List	점검	확인
1. 작업재 탑승 시에 작업대 뒤집힘 2. 작업로프 고정점에서 로프 풀림 3. 작업로프가 기존 구조물과 마찰로 끊어짐 4. 작업로프 외에 구명줄이 설치되지 않음 5. 작업로프 상태가 폐기기준에 근접함 6. 구명줄 미 설치로 작업로프 끊어지며 떨어짐 7. 작업 중 돌풍 등으로 작업대가 흔들리며 부딪힘 8. 작업로프 고정점 위치에 관계자 외 출입으로 로프 손상 등 돌발행동이 예상됨 9. 작업 중 작업도구가 아래로 떨어짐	1. 작업대 고정로프 연결상태는 양호한가?		
	2. 작업대 고정로프(4줄) 상태는 양호한가?		
	3. 작업로프 외에 구명줄은 설치되어 있는가?		
	4. 작업로프 등 모든 로프가 폐기기준에 근접한가?		
	5. 작업로프 고정점 위치에 출입은 금지되어 있는가?		
	6. 작업로프와 마찰부위에 완충재 상태는 양호한가?		
	7. 상부작업 수직아래에 다른 작업이 진행 중인가?		
	8. 작업 전에 기상 상태는 확인하고 있는가?		

중대재해유형	중대재해예방 저감대책	중점 관리대상	
□ 떨어짐 [높은 곳에서 사람이 떨어짐]	•작업자의 무리한 행동 억제 [지정된 작업통로(이동동선)로 진출입]	•작업자 [신규작업자, 일용작업자, 외국인]	✔
	•고소 작업 위치에 안전난간, 안전대 부착설비 설치 [개구부 안전난간 설치, 고소작업자 안전대 착용]	•건설기계장비 [안전검사 유효기간, 장비부품상태]	
	•작업 현장 별 위험요인 제거 [작업 특성과 조건에 따른 위험요인 제거]	•건설자재 [안전인증제품, 자재 적치 상태]	
	•그 밖의 위험요인 제거	•작업환경[방법] [안전보건규칙준수, 구조안전성확인]	✔

05 말비계[03-11]

유해위험요인 파악Hazard Identification							
위험요인 위험		불량한 작업방법 위험		작업장소 위험		건강장해 위험	
기계·기구 등	●	굴착 등		추락 위험 등	●	분진 등	
폭발, 인화성		하역, 운반 등		붕괴 위험 등		소음 진동 등	
전기, 열 등		중량물 등		물체 비래 등		환기, 채광 등	

위험성 평가Risk Assessment									
위험성 수준			최초 평가	●	상시 평가	월	•노사합동순회점검( ) •아차사고분석 ( ) •제안제도실시 ( )	주	•합동안전점검회의( )
고	중	저	정기 평가					일	•작업전 TBM ( )
●			수시 평가						

위험성 감소대책Alternative					필수 확인 사항
제거	대체	공학적제어	관리적제어	개인보호구	•강관비계 벽이음 위치와 상태의 적정성 확인 •비계 진입, 상하부 이동통로 가설계단 및 사다리 상태 확인
		●		●	

재해발생유형	
1. 떨어짐	✔
2. 넘어짐	✔
3. 부딪힘	
4. 물체에 맞음	
5. 무너짐	
6. 끼임	
7. 절단·베임·찔림	
8. 감전	
9. 폭발·파열	
10. 화재	
11. 깔림·뒤집힘	✔

유해위험요인 및 감소대책 도면

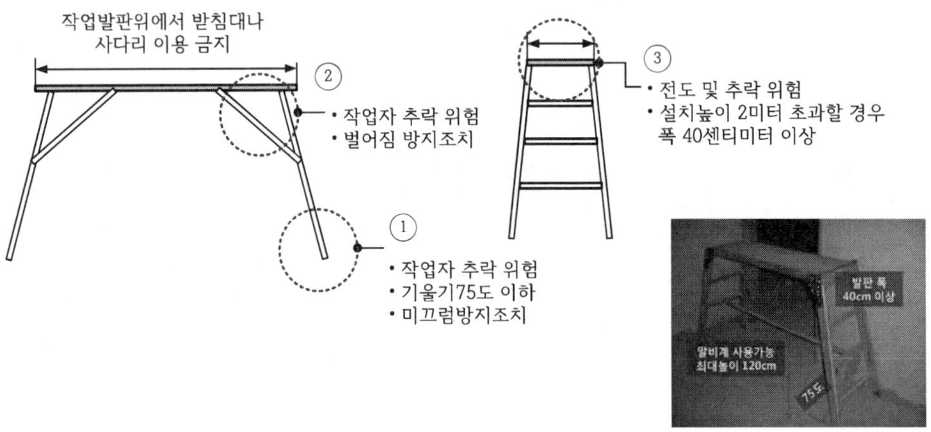

중대재해유형	재해 유발 원인	점검	확인
1. 떨어짐	•말비계 위 작업자가 몸의 중심을 잃고 떨어짐		
	•말비계 위 작업자가 몸의 중심을 잃고 벽면 개구부(E/V홀, 계단실) 아래로 떨어짐		
2. 뒤집힘	•말비계 위에 작업도중에 말비계가 뒤집힘		
구조검토 대상	•말비계의 구조검토 대상은 없음		

05 말비계[03-11]

작업 전 공통 확인사항		적정여부 확인
1. 작업자	•수평(수직)이동구간 이동통로 확보 및 생명줄 상태	
2. 건설기계장비	•이동동선(정지)구간 지반 침하 및 지내력 상태 •양중작업용 로프(벨트) 슬링 안전성 검토	
3. 작업환경	•가설구조물의 안전성 검토 및 현장 적용 여부 확인 •가설구조물 안전조치(설치기준) 준수 여부 확인	

유해위험요인별 세부 항목 Check List			
유해위험요인[Hazard] List	위험성 감소대책 Check List	점검	확인
1. 지주 하단(다리)이 미끄러지며 무너짐 2. 지주 하단(다리)이 미끄러지며 뒤집힘 3. 지주 하단(다리)과 작업발판 연결상태가 느슨하여 무너짐 4. 말비계 사용장소가 경사지여서 넘어짐 5. 작업발판의 폭이 40cm보다 작음 6. 작업발판 위에 작업자가 발을 헛디뎌 떨어짐 7. 작업발판 끝에서 작업 중에 말비계가 뒤집어짐 8. 경사지 위에서 작업 중 작업자가 떨어짐 9. 말비계를 수직 벽면 개구부 근처에서 작업 중에 작업자가 개구부 내부로 떨어짐	1. 지주 하단(다리)이 부러질 위험성은 없는가?		
	2. 지주 하단(다리)의 연결부위는 견고한가?		
	3. 말비계 설치 상태가 뒤집힐 가능성은 없는가?		
	4. 작업발판 폭은 40cm 이상인가?		
	5. 말비계가 경사지면에 설치되어 있지는 않은가?		
	6. 수직 벽면 개구부 근처에서 작업에 임하고 있는가?		
	7. 수직 벽면 개구부에 안전조치는 적절한가?		
	8. 작업발판이 작업장 의해 뒤집힐 염려는 없는가?		

중대재해유형	중대재해예방 저감대책	중점 관리대상	
□ 떨어짐 [높은 곳에서 사람이 떨어짐]	•작업자의 무리한 행동 억제 [지정된 작업통로(이동동선)로 진출입]	•작업자 [신규작업자, 일용작업자, 외국인]	✔
	•고소 작업 위치에 안전난간, 안전대 부착설비 설치 [개구부 안전난간 설치, 고소작업자 안전대 착용]	•건설기계장비 [안전검사 유효기간, 장비부품상태]	
	•작업 현장 별 위험요인 제거 [작업 특성과 조건에 따른 위험요인 제거]	•건설자재 [안전인증제품, 자재 적치 상태]	
	•그 밖의 위험요인 제거	•작업환경[방법] [안전보건규칙준수, 구조안전성확인]	✔

06 가설통로(이동식사다리)[03-16]

유해위험요인 파악Hazard Identification							
위험요인 위험		불량한 작업방법 위험		작업장소 위험		건강장해 위험	
기계·기구 등	●	굴착 등		추락 위험 등	●	분진 등	
폭발, 인화성		하역, 운반 등	●	붕괴 위험 등		소음 진동 등	
전기, 열 등		중량물 등		물체 비래 등		환기, 채광 등	

위험성 평가Risk Assessment									
위험성 수준			최초 평가	●	상시 평가	월	•노사합동순회점검( )	주	•합동안전점검회의( )
고	중	저	정기 평가				•아차사고분석 ( )		
●			수시 평가				•제안제도실시 ( )	일	•작업전 TBM ( )

위험성 감소대책Alternative					필수 확인 사항
제거	대체	공학적제어	관리적제어	개인보호구	•강관비계 벽이음 위치와 상태의 적정성 확인
		●		●	•비계 진입, 상하부 이동통로 가설계단 및 사다리 상태 확인

재해발생유형	
1. 떨어짐	✔
2. 넘어짐	✔
3. 부딪힘	
4. 물체에 맞음	
5. 무너짐	
6. 끼임	
7. 절단·베임·찔림	
8. 감전	
9. 폭발·파열	
10. 화재	
11. 깔림·뒤집힘	✔

유해위험요인 및 감소대책 도면

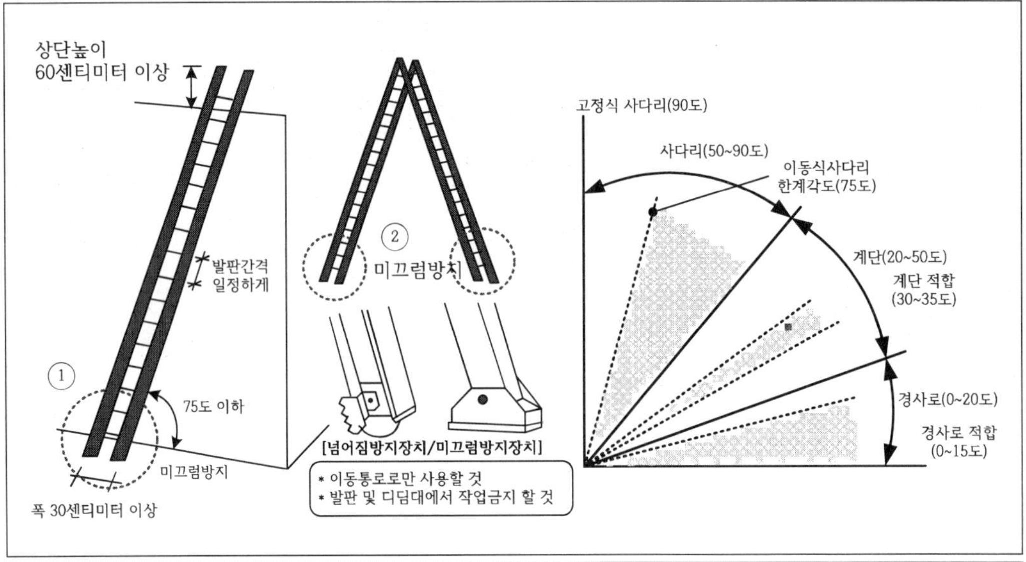

중대재해유형	재해 유발 원인	점검	확인
1. 떨어짐	•이동식사다리 위 작업자가 몸의 중심을 잃고 아래로 떨어짐		
	•이동식사다리 하부 고정발판이 미끄러지며 아래로 떨어짐		
	•고정식사다리에 올라가던 중에 미끄러지며 떨어짐		
2. 넘어짐	•사다리 전체가 넘어짐		
구조검토 대상	•사다리는 구조검토 대상이 아님		

06 가설통로(이동식사다리)[03-16]

작업 전 공통 확인사항		적정여부 확인
1. 작업자	•수평(수직)이동구간 이동통로 확보 및 생명줄 상태	
2. 건설기계장비	•이동동선(정지)구간 지반 침하 및 지내력 상태 •양중작업용 로프(벨트) 슬링 안전성 검토	
3. 작업환경	•가설구조물의 안전성 검토 및 현장 적용 여부 확인 •가설구조물 안전조치(설치기준) 준수 여부 확인	

유해위험요인별 세부 항목 Check List			
유해위험요인Hazard List	위험성 감소대책 Check List	점검	확인
1. 사다리 하부가 미끄러짐 2. 사다리 상부 연장 길이가 부족하여 넘어짐 3. 사다리 발판이 손상되어 부러짐 4. 사다리 걸침 한계각도를 넘어서 넘어짐 5. 사다리 위에서 작업 중에 작업자가 떨어짐 6. 사다리 발판이 손상되어 이동 중인 작업자가 떨어짐 7. 사다리가 수직 벽면 개구부 근처에서 사용 중에 작업자가 수직 벽면 개구부로 넘어짐 	1. 사다리 하부가 미끄러질 위험은 없는가?		
	2. 사다리 상부 연장 길이는 충분한가?		
	3. 사다리 조립 자재의 상태는 양호한가?		
	4. 사다리 걸침 각도는 넘어질 위험은 없는 상태인가?		
	5. 사다리 답단 윙서 작업이 이루어지고 있는가?		
	6. 수직 벽면 개구부 근처에서 작업에 임하고 있는가?		
	7. 수직 벽면 개구부에 안전조치는 적절한가?		
	8. 사다리에 충격하중을 줄 인접 작업이 진행 중인가?		

중대재해유형	중대재해예방 저감대책	중점 관리대상	
□ 떨어짐 [높은 곳에서 사람이 떨어짐]	•작업자의 무리한 행동 억제 [지정된 작업통로(이동동선)로 진출입]	•작업자 [신규작업자, 일용작업자, 외국인]	✔
	•고소 작업 위치에 안전난간, 안전대 부착설비 설치 [개구부 안전난간 설치, 고소작업자 안전대 착용]	•건설기계장비 [안전검사 유효기간, 장비부품상태]	
	•작업 현장 별 위험요인 제거 [작업 특성과 조건에 따른 위험요인 제거]	•건설자재 [안전인증제품, 자재 적치 상태]	
	•그 밖의 위험요인 제거	•작업환경[방법] [안전보건규칙준수, 구조안전성확인]	✔
□ 넘어짐 [사람이 미끄러지거나 넘어짐]	•작업자의 실수 최소화 [작업자의 건강상태 확인, 음주(약물) 여부 확인]	•작업자 [신규작업자, 일용작업자, 외국인]	✔
	•작업자 동선 내 걸려넘어질 위험요인 제거 [이동동선 내 장애물 제거, 미끄러운 이물질 제거]	•건설기계장비 [안전검사 유효기간, 장비부품상태]	
	•작업공간 이동용 상하 승강 안전통로 확보 [진입과 진출 위치 지정 및 통로(사다리 등) 설치]	•건설자재 [안전인증제품, 자재 적치 상태]	
	•그 밖의 위험요인 제거	•작업환경[방법] [안전보건규칙준수, 구조안전성확인]	✔

07 철탑[03-21]

유해위험요인 파악Hazard Identification							
위험요인 위험		불량한 작업방법 위험		작업장소 위험		건강장해 위험	
기계·기구 등	●	굴착 등	●	추락 위험 등	●	분진 등	
폭발, 인화성		하역, 운반 등	●	붕괴 위험 등		소음 진동 등	
전기, 열 등		중량물 등	●	물체 비래 등	●	환기, 채광 등	

위험성 평가Risk Assessment									
위험성 수준			최초 평가	●	상시 평가	월	•노사합동순회점검( )	주	•합동안전점검회의( )
고	중	저	정기 평가				•아차사고분석 ( )		
●			수시 평가				•제안제도실시 ( )	일	•작업전 TBM ( )

위험성 감소대책Alternative					필수 확인 사항
제거	대체	공학적제어	관리적제어	개인보호구	•작업자 이동로프 설치 및 안전대 사용 확인 •상부 작업용 자재 낙하물 방호장치 사용 여부 확인
		●		●	

재해발생유형	
1. 떨어짐	✔
2. 넘어짐	
3. 부딪힘	
4. 물체에 맞음	✔
5. 무너짐	
6. 끼임	
7. 절단·베임·찔림	
8. 감전	
9. 폭발·파열	
10. 화재	
11. 깔림·뒤집힘	

유해위험요인 및 감소대책 도면

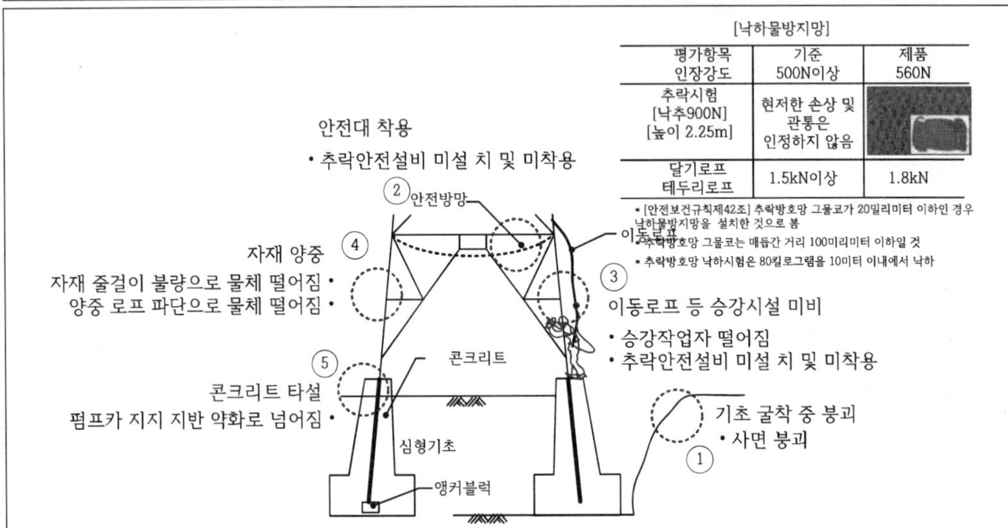

중대재해유형	재해 유발 원인	점검	확인
1. 떨어짐	•심형기초 거푸집 해체 중 작업자가 이동 중 발을 헛딛거나 미끄러지며 아래로 떨어짐		
	•철탑 주부재 연결 작업 중 작업자가 실족하며 아래로 떨어짐		
	•송전선로 가공지선 상에 항공장애표시구를 정착하는 작업 중 달비계에서 떨어짐		
2. 무너짐	•심형기초 터파기 사면이 붕괴되며 작업자 매몰		
3. 물체에 맞음	•철탑공사 트럭크레인에서 자재를 인양 중 로프가 풀리며 작업자를 강타		
4. 감전	•철탑 부식을 방지하기 위한 도장 작업 중 배전선로 충전부에 접촉하며 감전된 후 떨어짐		
5. 넘어짐	• 벌목 작업 중 수목이 넘어지는 것을 피하려다 미끄러지면서 작업자가 지면과 충돌		
구조검토 대상	•철탑 공사를 위한 가시설물이 없으면 구조검토 대상이 없음		

07 철탑[03-21]

작업 전 공통 확인사항		적정여부 확인
1. 작업자	•수평(수직)이동구간 이동통로 확보 및 생명줄 상태	
2. 건설기계장비	•이동동선(정지)구간 지반 침하 및 지내력 상태 •양중작업용 로프(벨트) 슬링 안전성 검토	
3. 작업환경	•가설구조물의 안전성 검토 및 현장 적용 여부 확인 •가설구조물 안전조치(설치기준) 준수 여부 확인	

유해위험요인별 세부 항목 Check List			
유해위험요인[Hazard] List	위험성 감소대책 Check List	점검	확인
1. 기초 굴착작업 중 사면 무너짐 2. 고소 작업자 작업발판 불량으로 미끄러져 떨어짐 3. 고소 작업을 위해 승강 중 미끄러져 떨어짐 4. 조립용 강재 인양 중 자재 떨어짐 5. 기초 콘크리트 타설 중 지반 불량으로 펌프카 넘어짐 6. 고소에서 강재 조립 중 자재가 떨어짐  	1. 기초 굴착사면의 급경사로 슬라이딩위험은 없는가?		
	2. 콘크리트 펌프카지지 기반 상태는 양호한가?		
	3. 작업자 승강용 이동로프는 설치되어 있는가?		
	4. 작업자 개인보호구는 지급되고 착용하고 있는가?		
	5. 자재 양중 작업의 줄걸이 상태는 양호한가?		
	6. 자재 양중 작업 수직 하부에 출입은 통제되었는가?		
	7. 하부 1단에 안전방방은 설치되어 있는가?		
	8. 전체 작업을 총괄하는 관리자는 배치되었는가?		

중대재해유형	중대재해예방 저감대책	중점 관리대상	
□ 떨어짐 [높은 곳에서 사람이 떨어짐]	•작업자의 무리한 행동 억제 [지정된 작업통로(이동동선)로 진출입]	•작업자 [신규작업자, 일용작업자, 외국인]	✔
	•고소 작업 위치에 안전난간, 안전대 부착설비 설치 [개구부 안전난간 설치, 고소작업자 안전대 착용]	•건설기계장비 [안전검사 유효기간, 장비부품상태]	
	•작업 현장 별 위험요인 제거 [작업 특성과 조건에 따른 위험요인 제거]	•건설자재 [안전인증제품, 자재 적치 상태]	
	•그 밖의 위험요인 제거	•작업환경[방법] [안전보건규칙준수, 구조안전성확인]	✔
□ 맞음 [날아온(떨어진) 물체에 맞음]	•작업자 개인보호구(안전모 등) 착용 [양중 작업이나 상하 동시 작업 구간 작업자 안전모 착용 확인]	•작업자 [신규작업자, 일용작업자, 외국인]	✔
	•양중 작업 시 결속 방법 확인 [줄걸이 방법 및 자재 결속 상태 확인 후 양중 실시]	•건설기계장비 [안전검사 유효기간, 장비부품상태]	
	•고소 작업 위치 자재 적치 상태 확인 [자재 적치 장소의 물체 이탈 가능성 확인]	•건설자재 [안전인증제품, 자재 적치 상태]	✔
	•그 밖의 위험요인 제거	•작업환경[방법] [안전보건규칙준수, 구조안전성확인]	

08 데크플레이트[03-22]

유해위험요인 파악Hazard Identification							
위험요인 위험		불량한 작업방법 위험		작업장소 위험		건강장해 위험	
기계·기구 등		굴착 등		추락 위험 등	●	분진 등	
폭발, 인화성		하역, 운반 등		붕괴 위험 등	●	소음 진동 등	
전기, 열 등		중량물 등	●	물체 비래 등		환기, 채광 등	

재해발생유형	
1. 떨어짐	✔
2. 넘어짐	
3. 부딪힘	
4. 물체에 맞음	
5. 무너짐	✔
6. 끼임	
7. 절단·베임·찔림	
8. 감전	
9. 폭발·파열	
10. 화재	
11. 깔림·뒤집힘	✔

위험성 평가Risk Assessment									
위험성 수준			최초 평가	●	상시 평가	월	•노사합동순회점검( )	주	•합동안전점검회의( )
고	중	저	정기 평가				•아차사고분석 ( )		
●			수시 평가				•제안제도실시 ( )	일	•작업전 TBM ( )

위험성 감소대책Alternative					필수 확인 사항
제거	대체	공학적제어	관리적제어	개인보호구	•데크플레이트 양단 고정상태 확인 •보 측면 거푸집 벌어짐 방지조치 여부 확인
		●		●	

유해위험요인 및 감소대책 도면

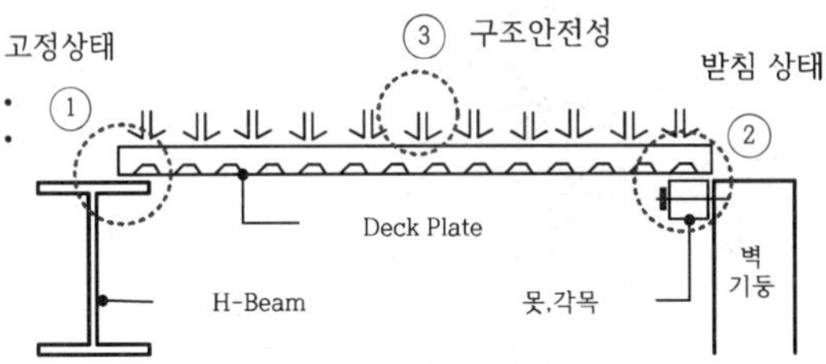

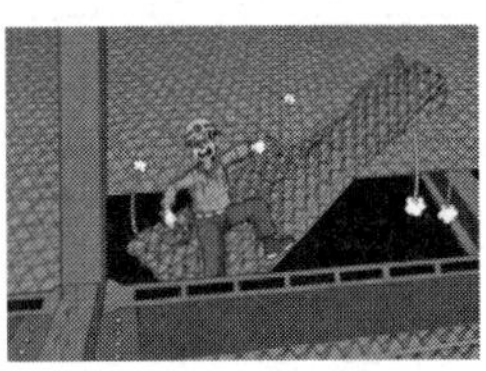

• 걸침 부위 붕괴 위험(걸침 상태 확인-용접 등)
• 받침 상태 및 방법 설계 도면 확인 및 준수-벽체 받침 형식 특히 유의
• 각목 받침 시에는 상부 하중(고정하중+작업하중 등)에 대한 안전성 검토

중대재해유형	재해 유발 원인	점검	확인
1. 떨어짐	•데크플레이트 배열 작업 중 작업자가 몸의 중심을 잃고 아래로 떨어짐		
	•작업자가 데크플레이트를 밟은 순간 데크플레이트 단부가 플랜지로부터 이탈하며 떨어짐		
	•양중 데크플레이트를 철골보위에 거치하던 중에 작업자가 몸의 중심을 잃고 아래로 떨어짐		
2. 무너짐	•데크플레이트 설치 후 콘크리트 타설 중에 무너짐		
구조검토 대상	•데크플레이트 걸침(또는지지) 부위의 안전성 검토가 필요함		

08 데크플레이트[03-22]

작업 전 공통 확인사항		적정여부 확인
1. 작업자	•수평(수직)이동구간 이동통로 확보 및 생명줄 상태	
2. 건설기계장비	•이동동선(정지)구간 지반 침하 및 지내력 상태 •양중작업용 로프(벨트) 슬링 안전성 검토	
3. 작업환경	•가설구조물의 안전성 검토 및 현장 적용 여부 확인 •가설구조물 안전조치(설치기준) 준수 여부 확인	

유해위험요인별 세부 항목 Check List			
유해위험요인Hazard List	위험성 감소대책 Check List	점검	확인
1. 데크플레이트 판의 걸침길이 부족으로 붕괴됨 2. 데크플레이트 받침용 가설자재가 무게를 견디지 못하고 무너짐 3. 데크플레이트 구조안전성 확보 불량으로 데크 붕괴됨 4. 데크플레이트 하부 동바리 설치 불량으로 붕괴됨 5. 보 측면 거푸집 벌어짐으로 데크플레이트 붕괴됨 6. 데크플레이트 걸침부위 고정상태 불량으로 붕괴됨 7. 데크플레이트 양중 작업 중 줄걸이 로프 파단됨 8. 데크플레이트 양중 작업 중 줄걸이방법 불량으로 자재 	1. 데크플레이트 걸침 위치 고정상태는 견고한가?		
	2. 데크플레이트 걸침 길이는 기준에 적합한가?		
	3. 데크플레이트를 보 측면이 받칠 경우 보 거푸집이 벌어질 위험은 없는가?		
	4. 데크플레이트 하부 동바리지지 상태는 양호한가?		
	5. 데크플레이트 구조안전성 검토서는 있는가?		
	6. 데크플레이트 설계도면과 실제 시공방법의 변경 사항은 없는가?		
	7. 양중 작업용 로프의 상태는 양호한가?		
	8. 양중 작업을 위한 줄걸이 결속방법은 데크플레이트가 떨어질 염려는 없는가?		

중대재해유형	중대재해예방 저감대책	중점 관리대상	
□ 떨어짐 [높은 곳에서 사람이 떨어짐]	•작업자의 무리한 행동 억제 [지정된 작업통로(이동동선)로 진출입]	•작업자 [신규작업자, 일용작업자, 외국인]	✔
	•고소 작업 위치에 안전난간, 안전대 부착설비 설치 [개구부 안전난간 설치, 고소작업자 안전대 착용]	•건설기계장비 [안전검사 유효기간, 장비부품상태]	
	•작업 현장 별 위험요인 제거 [작업 특성과 조건에 따른 위험요인 제거]	•건설자재 [안전인증제품, 자재 적치 상태]	
	•그 밖의 위험요인 제거	•작업환경[방법] [안전보건규칙준수, 구조안전성확인]	✔
□ 무너짐 [건축물(토사) 등이 무너짐]	•작업 전 작업구간 이상 변위 상태 확인 [경사 또는 굴착구간 주변 변위(균열) 여부 확인]	•작업자 [신규작업자, 일용작업자, 외국인]	
	•가설 구조물 안전성 검토 확인 [가설 구조물(동바리, 흙막이 등) 구조검토서와 도면 확인]	•건설기계장비 [안전검사 유효기간, 장비부품상태]	
	•가설 구조물 설치 상태 확인 [가설 구조물 등 안전보건규칙 준수 여부 확인]	•건설자재 [안전인증제품, 자재 적치 상태]	
	•그 밖의 위험요인 제거	•작업환경[방법] [안전보건규칙준수, 구조안전성확인]	✔

09 철골[03-24]

유해위험요인 파악Hazard Identification							
위험요인 위험		불량한 작업방법 위험		작업장소 위험		건강장해 위험	
기계·기구 등		굴착 등		추락 위험 등	●	분진 등	
폭발, 인화성		하역, 운반 등		붕괴 위험 등		소음 진동 등	
전기, 열 등		중량물 등	●	물체 비래 등	●	환기, 채광 등	

위험성 평가Risk Assessment								
위험성 수준			최초 평가	●	상시 평가	월	•노사합동순회점검( ) •아차사고분석 ( ) •제안제도실시 ( )	주 •합동안전점검회의( )
고	중	저	정기 평가					일 •작업전 TBM ( )
●			수시 평가					

위험성 감소대책Alternative					필수 확인 사항
제거	대체	공학적제어	관리적제어	개인보호구	•보 상부 작업자 이동통로에 안전로프 설치 여부 확인 •보 상부 작업자 안전대 착용 여부 확인
		●		●	

재해발생유형	
1. 떨어짐	✔
2. 넘어짐	✔
3. 부딪힘	
4. 물체에 맞음	
5. 무너짐	✔
6. 끼임	
7. 절단·베임·찔림	
8. 감전	
9. 폭발·파열	
10. 화재	
11. 깔림·뒤집힘	✔

유해위험요인 및 감소대책 도면

[안전방망]

평가항목	기준	제품
인장강도	500N이상	560N
추락시험 [낙추900N] [높이 2.25m]	현저한 손상 및 관통은 인정하지 않음	
달기로프 테두리로프	1.5kN이상	1.8kN

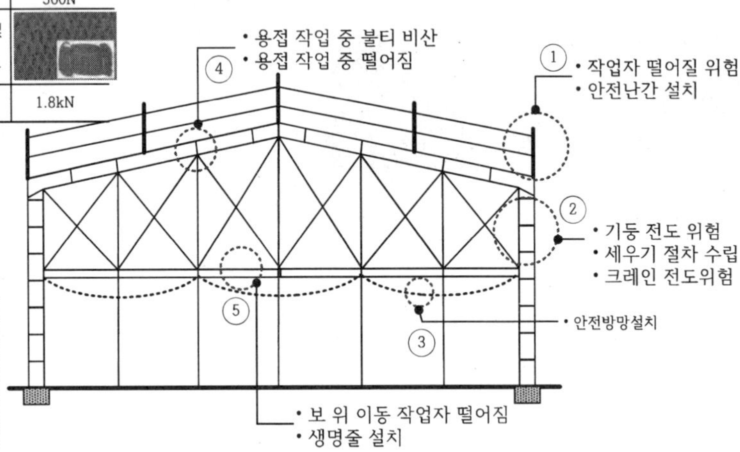

중대재해유형	재해 유발 원인	점검	확인
1. 떨어짐	•철골부재 설치 작업 중 철골부재 위에서 몸의 중심을 잃고 아래로 떨어짐		
	•철골 기둥 승강용 트랩에서 내려오던 중 아래로 떨어짐		
	•철골보 위에서 이동 중에 몸의 중심을 잃고 아래로 떨어짐		
2. 깔림	•수직 철골 부재가 연쇄적으로 넘어지며 작업자가 깔림		
3. 물체에 맞음	•철골부재 양중 과정에서 부재가 러그 용접부가 파단되며 떨어지며 작업자를 강타		
4. 감전	•철골부재 용접작업 중 충전부에 접촉하며 감전		
구조검토 대상	•철골 공사를 위한 가시설물이 없으면 구조검토 대상이 없음		

09 철골[03-24]

작업 전 공통 확인사항		적정여부 확인
1. 작업자	•수평(수직)이동구간 이동통로 확보 및 생명줄 상태	
2. 건설기계장비	•이동동선(정지)구간 지반 침하 및 지내력 상태 •양중작업용 로프(벨트) 슬링 안전성 검토	
3. 작업환경	•가설구조물의 안전성 검토 및 현장 적용 여부 확인 •가설구조물 안전조치(설치기준) 준수 여부 확인	

유해위험요인별 세부 항목 Check List			
유해위험요인Hazard List	위험성 감소대책 Check List	점검	확인
1. 철골 건립 중 기둥 넘어짐 2. 철골 양중 작업 중 양중 장비 넘어짐 3. 철골 양중 작업 중 자재가 떨어짐 4. 양중 작업 중 철골 부재와 작업자 부딪힘 5. 철골 상부 작업자 미끄러져 떨어짐 6. 철골 연결작업 중 볼트 등이 떨어짐 7. 철골 용접 연결작업 중 불꽃에 의한 화재 발생 8. 용접 작업자 전기 감전  	1. 철골 양중 장비는 정격하중에 적합한 장비인가?		
	2. 철골 양중 작업 중 장비 넘어질 위험은 없는가?		
	3. 양중 자재의 결속상태는 떨어질 위험은 없는가?		
	4. 양중 로프의 상태는 폐기기준에 적합한가?		
	5. 작업자의 추락 방지용 안전대 착용은 하였는가?		
	6. 안전대 걸이용 안전대 부착설비 상태는 양호한가?		
	7. 용접 작업용 불꽃 비산 방지용 조치는 양호한가?		
	8. 용접기의 충전부에 감전위험은 없는가?		
	9.작업자 이동을 위한 이동통로는 확보되어 있는가?		
	10.상하부 동시작업이 진행되고 있는가?		

중대재해유형	중대재해예방 저감대책	중점 관리대상	
□ 떨어짐 [높은 곳에서 사람이 떨어짐]	•작업자의 무리한 행동 억제 [지정된 작업통로(이동동선)로 진출입]	•작업자 [신규작업자, 일용작업자, 외국인]	✔
	•고소 작업 위치에 안전난간, 안전대 부착설비 설치 [개구부 안전난간 설치, 고소작업자 안전대 착용]	•건설기계장비 [안전검사 유효기간, 장비부품상태]	
	•작업 현장 별 위험요인 제거 [작업 특성과 조건에 따른 위험요인 제거]	•건설자재 [안전인증제품, 자재 적치 상태]	
	•그 밖의 위험요인 제거	•작업환경[방법] [안전보건규칙준수, 구조안전성확인]	✔
□ 맞음 [날아온(떨어진) 물체에 맞음]	•작업자 개인보호구(안전모 등) 착용 [양중 작업이나 상하 동시 작업 구간 작업자 안전모 착용 확인]	•작업자 [신규작업자, 일용작업자, 외국인]	✔
	•양중 작업 시 결속 방법 확인 [줄걸이 방법 및 자재 결속 상태 확인 후 양중 실시]	•건설기계장비 [안전검사 유효기간, 장비부품상태]	
	•고소 작업 위치 자재 적치 상태 확인 [자재 적치 장소의 물체 이탈 가능성 확인]	•건설자재 [안전인증제품, 자재 적치 상태]	✔
	•그 밖의 위험요인 제거	•작업환경[방법] [안전보건규칙준수, 구조안전성확인]	

10 용접[03-25]

유해위험요인 파악Hazard Identification							
위험요인 위험		불량한 작업방법 위험		작업장소 위험		건강장해 위험	
기계·기구 등		굴착 등		추락 위험 등	●	분진 등	
폭발, 인화성	●	하역, 운반 등		붕괴 위험 등		소음 진동 등	
전기, 열 등	●	중량물 등		물체 비래 등		환기, 채광 등	●

재해발생유형	
1. 떨어짐	
2. 넘어짐	
3. 부딪힘	
4. 물체에 맞음	
5. 무너짐	
6. 끼임	
7. 절단·베임·찔림	
8. 감전	✔
9. 폭발·파열	✔
10. 화재	✔
11. 깔림·뒤집힘	

위험성 평가Risk Assessment								
위험성 수준			최초 평가	●	상시 평가	월	•노사합동순회점검( ) •아차사고분석 ( ) •제안제도실시 ( )	주 •합동안전점검회의( ) 일 •작업전 TBM ( )
고	중	저	정기 평가					
●			수시 평가					

위험성 감소대책Alternative					필수 확인 사항
제거	대체	공학적제어	관리적제어	개인보호구	•용접 구역 내 인화성 물질 여부 확인 •용접 불티 비산의 위험성 확인
		●		●	

유해위험요인 및 감소대책 도면

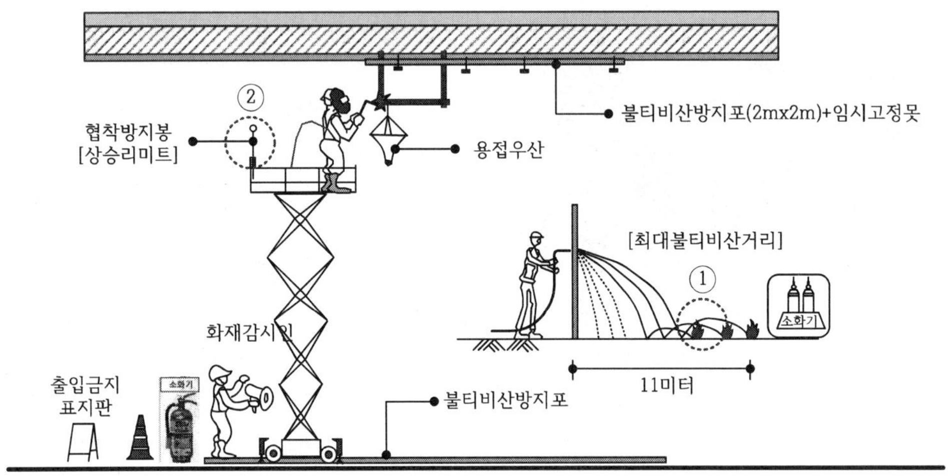

[설비공사 시 출입금지구역 지중 후 관리]

중대재해유형	재해 유발 원인	점검	확인
1. 화재	•지하 피트층 용접작업 중 화재(LPG) 발생		
	•지하 피트층 볼트 절단 중 용접기에 불이 붙는 순간 폭발성 화염 발생		
2. 폭발	•지상층 천정 H-Beam 용단 작업 중 용기(LPG) 폭발		
3. 감전	•아크(전기) 용접 중에 아크를 멈춘 상태에서 모재를 교환하는 과정에서 용접기 고압에 감전		
구조검토 대상	•해당사항 없음		

10 용접[03-25]

작업 전 공통 확인사항		적정여부 확인
1. 작업자	•수평(수직)이동구간 이동통로 확보 및 생명줄 상태	
2. 건설기계장비	•이동동선(정지)구간 지반 침하 및 지내력 상태 •양중작업용 로프(벨트) 슬링 안전성 검토	
3. 작업환경	•가설구조물의 안전성 검토 및 현장 적용 여부 확인 •가설구조물 안전조치(설치기준) 준수 여부 확인	

유해위험요인별 세부 항목 Check List			
유해위험요인[Hazard] List	위험성 감소대책 Check List	점검	확인
1. 용접 불티에 의한 화재 2. 용접 불티 비산에 의한 화재 3. 용접 작업자 건강장해 4. 고소작업차 상승에 의한 작업자 끼임 5. 용접 작업자 감전에 의한 떨어짐 6. 고소작업차 이동 시 장애물에 걸려 넘어짐	1. 용접 구역 내 화재감시인은 배치되어 있는가?		
	2. 용접 구역 내 인화성 물질이 있는가?		
	3. 용접 구역 내 출입금지 조치는 취했는가?		
	4. 용접 작업자 개인 보호구는 착용하고 있는가?		
	5. 작업자의 추락 방지용 안전대 착용은 하였는가?		
	6. 안전대 걸리용 안전대 부착설비 상태는 양호한가?		
	7. 용접 작업용 불꽃 비산 방지용 조치는 양호한가?		
	8. 용접기의 충전부에 감전 위험은 없는가?		
	9. 고소작어바 이동통로는 확보되어 있는가?		
	10. 화재 진압용 소화기는 배치되어 있는가?		

11 커튼월[03-39]

유해위험요인 파악Hazard Identification							
위험요인 위험		불량한 작업방법 위험		작업장소 위험		건강장해 위험	
기계·기구 등	●	굴착 등		추락 위험 등	●	분진 등	
폭발, 인화성		하역, 운반 등		붕괴 위험 등		소음 진동 등	
전기, 열 등		중량물 등		물체 비래 등	●	환기, 채광 등	

위험성 평가Risk Assessment									
위험성 수준			최초 평가	●	상시 평가	월	•노사합동순회점검( ) •아차사고분석 ( ) •제안제도실시 ( )	주	•합동안전점검회의( )
고	중	저	정기 평가					일	•작업전 TBM ( )
●			수시 평가						

위험성 감소대책Alternative					필수 확인 사항
제거	대체	공학적제어	관리적제어	개인보호구	•상부 작업자 외부 추락 위험에 대한 안전대 착용 여부 확인 •양중 물체 떨어짐에 대한 하부 작업 금지 확인
		●		●	

재해발생유형	
1. 떨어짐	✔
2. 넘어짐	
3. 부딪힘	
4. 물체에 맞음	✔
5. 무너짐	
6. 끼임	
7. 절단·베임·찔림	
8. 감전	
9. 폭발·파열	
10. 화재	
11. 깔림·뒤집힘	

유해위험요인 및 감소대책 도면

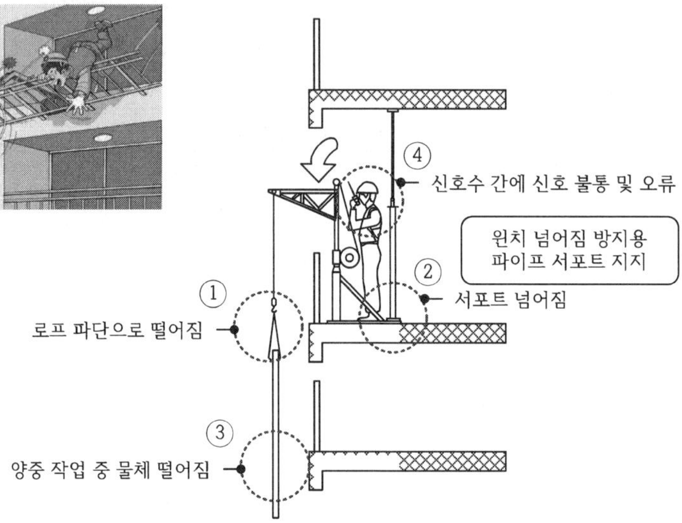

중대재해유형	재해 유발 원인	점검	확인
1. 떨어짐	•알루미늄커튼월 수직바에 수평바를 조립하던 중 한발을 비계 위에 올려놓고 작업 중 떨어짐		
	•카고크레인 작업대에서 커튼월 유리 설치 및 코킹작업 도중 몸의 중심을 잃고 아래로 떨어짐		
2. 물체에 맞음	•철골보 위에서 이동 중에 몸의 중심을 잃고 아래로 떨어짐		
구조검토 대상	•해당사항 없음		

11 커튼월[03-39]

작업 전 공통 확인사항		적정여부 확인
1. 작업자	•수평(수직)이동구간 이동통로 확보 및 생명줄 상태	
2. 건설기계장비	•이동동선(정지)구간 지반 침하 및 지내력 상태 •양중작업용 로프(벨트) 슬링 안전성 검토	
3. 작업환경	•가설구조물의 안전성 검토 및 현장 적용 여부 확인 •가설구조물 안전조치(설치기준) 준수 여부 확인	

유해위험요인별 세부 항목 Check List			
유해위험요인Hazard List	위험성 감소대책 Check List	점검	확인
1. 양중 로프 파단 2. 양중 장비(윈치) 넘어짐 3. 양중 로프 연결 부위 파손 4. 양중 로프 파단으로 인양 자재 떨어짐 5. 양중 작업자 외부로 떨어짐	1. 양중 작업자와 하부 작업자 간의 신호체계는 양호하게 작동되는가?		
	2. 상부와 동시에 진행되는 하부 작업은 없는가?		
	3. 양중작업 하부에 출입금지구역은 설정되었는가?		
 	4. 양중 장비의 양중무게로 인한 넘어짐 방지조치는 적절하게 수립되었는가?		
	5. 작업자가 외부로 떨어질 위험에 대비한 안전대와 안전대부착설비는 설치되어 있는가?		
	6. 양중 무게에 대한 로프의 안전율과 로프의 폐기기준은 준수하고 있는가?		

중대재해유형	중대재해예방 저감대책	중점 관리대상	
□ 떨어짐 [높은 곳에서 사람이 떨어짐]	•작업자의 무리한 행동 억제 [지정된 작업통로(이동동선)로 진출입]	•작업자 [신규작업자, 일용작업자, 외국인]	✔
	•고소 작업 위치에 안전난간, 안전대 부착설비 설치 [개구부 안전난간 설치, 고소작업자 안전대 착용]	•건설기계장비 [안전검사 유효기간, 장비부품상태]	
	•작업 현장 별 위험요인 제거 [작업 특성과 조건에 따른 위험요인 제거]	•건설자재 [안전인증제품, 자재 적치 상태]	
	•그 밖의 위험요인 제거	•작업환경[방법] [안전보건규칙준수, 구조안전성확인]	✔
□ 맞음 [날아온(떨어진) 물체에 맞음]	•작업 전 작업구간 이상 변위 상태 확인 [경사 또는 굴착구간 주변 변위(균열) 여부 확인]	•작업자 [신규작업자, 일용작업자, 외국인]	
	•가설 구조물 안전성 검토 확인 [가설 구조물(동바리, 흙막이 등) 구조검토서와 도면 확인]	•건설기계장비 [안전검사 유효기간, 장비부품상태]	
	•가설 구조물 설치 상태 확인 [가설 구조물 등 안전보건규칙 준수 여부 확인]	•건설자재 [안전인증제품, 자재 적치 상태]	
	•그 밖의 위험요인 제거	•작업환경[방법] [안전보건규칙준수, 구조안전성확인]	✔

재해사례

01 재해사례-비계 넘어짐(전도)

1. 재해개요

2017. 8.12(토) 14:08분경 포항시 북구 소재 00토건㈜ 00중학교 신축공사 현장에서 재해자 2명이 교사동 앞 지상에서 작업을 하던 중 교사동 전면에 설치된 높이 약 16.6m의 비계가 전도되면서 하부에 깔려 1명 사망, 1명 부상자 발생한 재해임

2. 재해상황도

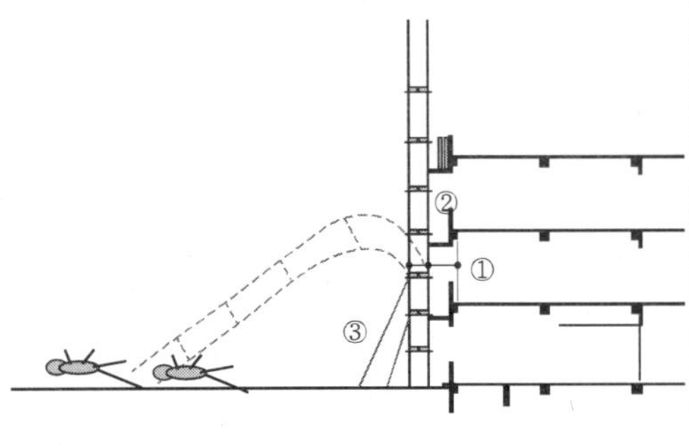

3. 안전대책

1) 강관비계 조립시의 준수사항 이행

(1) 강관비계를 조립하는 경우 좌굴 등으로 무너지지 않도록 교차가새로 보강

※ 교차가새 설치시 기둥간격 10m 마다 45도 각도의 처마방향 가새를 설치

(2) 비계는 넘어지는 것을 방지하기 위해 벽 이음 및 버팀을 수직, 수평방향으로 5m이내 마다 설치

(3) 작업의 필요상 부득이한 경우로서 해당 벽 이음 또는 버팀 대신 비계기둥 또는 띠장에 사재를 설치하는 등 조치

2) 강관비계의 구조 준수

비계기둥의 간격은 띠장방향에서는 1.5m 이상 1.8m 이하로 설치

02 재해사례-비계 떨어짐(추락)

1. 재해개요

2019. 6. 19.(수) 서울 강동구 소재 ○○근생 및 공동주택 신축현장에서 비계공인 재해자가 외부비계 해체작업을 위해 비계 상부로 이동하던 중 몸의 중심을 잃고 약 12.0m아래 지면으로 떨어져 사망한 재해임

2. 재해상황도

[재해사례]
아파트 측벽 석재 부착 작업용 쌍줄비계를 해체하던 중 추락하여(6m) 사망한 재해

3. 재해발생원인

1) 비계해체 작업구간으로의 안전한 작업통로 미확보

   비계해체작업 구간으로 이동하기 위해 구조물 내부에서 작업구간으로 통하는 작업발판 설치 등 안전통로를 확보하여야 하나, 작업자가 별도의 안전조치 없이 지상에서 수직이동 중 추락사고 발생함

2) 무자격자에 의해 비계해체작업 진행

   비계·구조물 해체공사업 등 건설업 등록을 하지 아니한 업체에 의해 해체작업 진행 중 사고 발생함

4. 안전대책

1) 비계해체 작업절차 수립 및 준수 철저

비계해체 시 작업구간으로의 이동, 방법 및 순서 등 작업절차를 수립하여 작업자들에게 주지시키고, 관리감독자의 지휘 하에 작업을 진행하여야 함

2) 유자격자에 의한 비계해체작업 진행

해당업종에 등록되어 비계기능사보 이상 등 자격을 갖춘 업체(작업자)에 의해 비계 해체작업이 수행되어야 함

03 재해사례-비계 감전(1)

1. 재해개요

2016.06.08(수) 14:30경 인천시 남구 숭의동 소재『(주)○○종합건설 숭의동 ○○ 업무시설 신축공사』현장에서, (주)○○종합건설 소속 피재자 피재자(남, 비계공, 51세)가 지상 4층(약 11m) 높이의 외부비계에서 강관파이프를 이용하여 낙하물방지망 설치용 비계를 설치하던 중, 강관파이프(6m)가 가공전로(22.9KV 배전선로)의 충전부에 닿으며 발생한 아아크 및 전격에 의해 전신 화상을 당하고 지상 바닥으로 떨어져 사망한 재해

2. 재해상황도

[재해사례]
피재자가 운반하던 비계 파이프가 전력 공급용 변대에 접촉되어 감전 후 바닥으로 추락하여(11m) 사망한 재해임

3. 안전대책

1) 가공전로와 접촉을 방지하기 위한 조치 실시

사업주는 가공전로에 근접하여 비계를 설치하는 경우에는 가공전로를 이설하거나 가공전로에 절연용 방호구를 장착하는 등 가공전로와의 접촉을 방지하기 위한 조치를 취해야 함

2) 충전전로 인근 접근금지 조치 실시

사업주는 근로자가 충전전로 인근의 높은 곳에서 작업할 때에 근로자의 몸 또는 긴 도전성 물체가 방호되지 않은 경우 충전전로에서 대지전압이 50킬로볼트 이하인 경우 3m 이내로 접근할 수 없도록 조치하여야 함

04 재해사례-비계 감전(2)

1. 재해개요

2동 후면부의 1층 외벽 돌붙이기 작업 중 가설 외부비계(연장 약 30미터, 높이 6~8미터)가 순차적으로 전도·붕괴되어 작업자 3명 부상

2. 재해상황도

외벽 도장사를 위해 설치한 가설 외부비계의 고정대(벽연결재) 일부를 제거한 상태에서 외벽 석재를 적치해 둔 돌붙이기 공사용 쌍줄비계 작어발판이 하중으로 작용하여 외부비계가 순차적으로 전도·붕괴된 사고

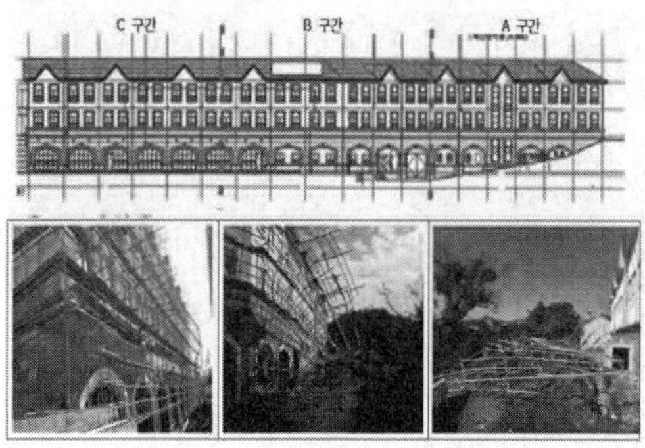

구간별 비계 붕괴·전도 현황

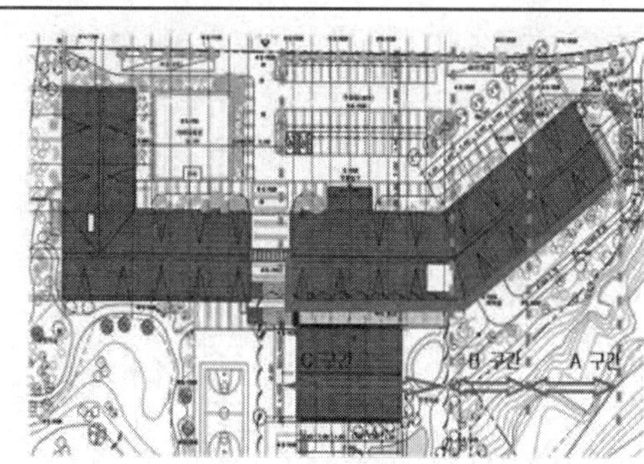

구간별 비계 위치

3. 안전대책

1) 비계 조립 전에 바닥부 지반상태 및 비계의 구조, 강도, 기능 및 재료 등에 결함이 없는지 면밀히 검토하여야 한다.
2) 비계 및 작업발판은 공종별 시공계획서 및 시공상세도에 따라 설치하여야 한다.
3) 작업상 부득이하게 일부 부재를 제거하는 경우에는 제거 상태에서의 비계성능이 현저하게 저하되지는 않는지 사전에 확인하여야 하며, 작업 종료 후에는 반드시 원상복구를 하여야 한다.
4) 비계 해에작업은 공사감독자의 승인을 받은 후 관리감독자의 지휘 하에 시작하여야 한다.
5) 비계 조립 및 해체작업을 실시하는 근로자는 산업안전보건법 제47조 및 유해·위험작업의 취업 제한에 관한 규칙에 의거하여 기능습득교육을 받은 자 또는 동등 이상의 자격을 갖춘 자이어야 한다.

05 재해사례-달비계 떨어짐(추락)

1. 재해개요

피재자가 아파트 외벽(10층 6라인) 도장작업을 위해 달비계용 섬유로프(20mm)를 옥상의 상수도 배관 받침대에 묶은 후 달비계를 타고 도장작업 중 섬유로프가 풀어지면서 달비계와 함께 추락하여(H≒20m) 사망한 재해임

2. 재해상황도

3. 안전대책

1) 달비계를 이용하여 외벽 도장작업을 할 때에는 섬유로프가 풀리지 아니하도록 체결하고 U클립 등으로 매듭풀림 방지 등의 조치를 실시하여야 하며 섬유로프 체결상태를 확인하는 등 조치 후 작업을 실시하여야 함

2) 달비계 작업 시 추락에 의한 근로자의 위험을 방지하기 위하여 작업용 로프와는 별도로 수직구명줄을 설치하여 안전대를 걸고 작업하여야 함

4. 달비계 재해사례

아파트 외벽도장 작업을 위해 달비계에 탑승하려던 중 몸의 중심을 잃고 45m 아래 콘크리트 바닥으로 추락하여 사망한 재해	달비계에 탑승하여 하강하던 중 섬유로프가 끊어져 달비계와 함께 지면으로 추락하여 사망한 재해

06 재해사례-이동식 비계 떨어짐(추락)

1. 재해개요

2018. 4. 27.(수) 16:20경 고양시 덕양구 소재 ○○플라자 신축공사 현장 5층에서 재해자가 이동식 비계에서 천장의 철선 제거작업 중 바닥으로 떨어져(H≒1.8m) 사망한 재해임

2. 재해상황도

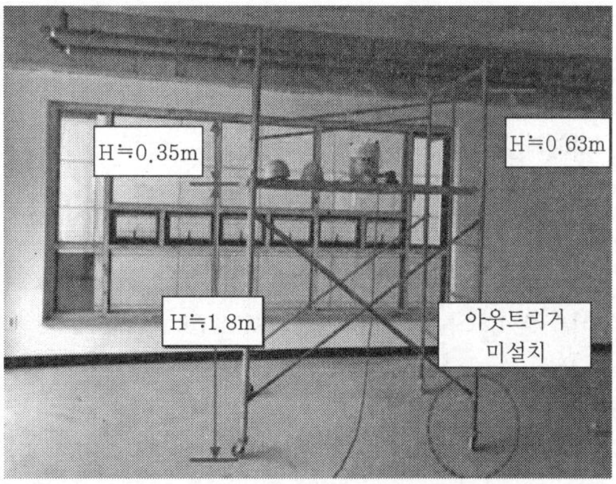

3. 안전대책

1) 안전난간의 구조 및 설치요건 준수

사업주는 근로자의 추락 위험이 있는 이동식비계 작업발판 위에서 작업을 하는 경우 안전 난간의 구조 및 설치요건을 준수하여 안전 난간을 설치한 후 작업하도록 관리

※상부난간대 : 0.9m~1.2m, 중간난간대 : 0.45m~0.6m

2) 안전모 착용 철저

사업주는 근로자가 추락할 위험이 있는 작업을 하는 경우 안전모를 착용하도록 관리감독 하여야 함

4. 이동식비계 재해사례

스프링쿨러 보온작업을 위하여 이동식틀비계(2단) 작업발판 상부에 말비계를설치하고 말비계위에서 스프링클러 보온작업을 진행하던 중 몸의 중심을 잃고 약 6.3m아래 콘크리트 바닥으로 추락·사망한재해	아파트 지하 PIT 층의 환기창 부위 구조변경으로 인해 기 조립된 철근을 절단하기 위한 준비 작업중작업발판인 이동식틀비계에서내려오다가 추락하여(3.4m) 사망한 재해

07 재해사례-말비계 떨어짐(추락)

1. 재해개요

2018. 05. 08.(화) 09:50경, 충북 청주시 흥덕구 소재 아파트 신축공사 현장에서, 재해자가 아파트 옥상 단부에 설치 된 말비계 위에서 계단실 옥탑 외벽을 핸드 그라인더로 견출작업(면갈이) 중 떨어져(H≒70m) 사망한 재해임

2. 재해상황도

3. 안전대책

1) 강관비계 해체 전 견출작업 실시 등 작업순서 변경

   옥탑 골조 작업 시 설치하였던 강관비계는 작업발판 및 안전난간 설치 등 구조상 말비계보다 안정적인 작업이 가능하므로 비계 해체 전에 견출작업 실시

2) 안전대 및 구명줄 설치된 달비계 작업으로 대체

   계단실 옥탑 모서리면과 같이 추락 위험이 높은 작업구간은 별도의 안전난간이나 추락방지망 설치가 현실적으로 어려우므로 말비계 작업을 지양하고, 안전대 및 구명줄이 설치된 달비계 작업으로 대체

3) 옥상 단부 추락방지조치 실시

   말비계 사용이 불가피할 경우 옥상 단부에 안전난간대의 높이 등을 보강하여 작업 실시

08 재해사례-작업발판 떨어짐(추락)

1. 재해개요

2018.06.27.(수) 충남 아산시 소재 ○○ 다가구주택 신축공사 현장에서 형틀목공인 재해자가 옥탑 계단실 내 벽체 거푸집 해체를 위해 파이프 서포트(2열 설치, 폭17cm)를 작업발판 용도로 설치한 후 그 위에 올라가 거푸집 고정핀을 해체하던 중 인접 돌음계단 사이의 개구부로 떨어져 사망한 재해임

2. 재해상황도

3. 안전대책

1) 작업발판 설치기준 준수

계단실 등 이동식비계 설치가 어려운 장소에는 비계를 이용한 폭 40cm 이상의 작업발판을 설치하고, 외측으로 안전난간을 설치하는 등 추락재해예방 조치 철저

2) 추락방지조치 철저

안전한 작업발판을 설치하였다 하더라도 작업장소 주변에 돌음계단 및 개구부 등이 있을 때에는 추락을 방지할 수 있도록 안전난간과 추락방지망을 철저히 설치확인하는 등 작업 중 관리감독 철저

09 재해사례-사다리 떨어짐(추락)

1. 재해개요

피재자가 옥탑 바닥 방수작업 후 이동식 사다리로 내려오던 중 에폭시 코팅된 바닥에 설치된 사다리가 미끄러지면서 피재자가 사다라와 함께 옥상 바닥으로 넘어져 기도손상 등으로 병원으로 이송·치료하였으나 2016. 10. 09(일)에 사망한 재해임

2. 재해상황도

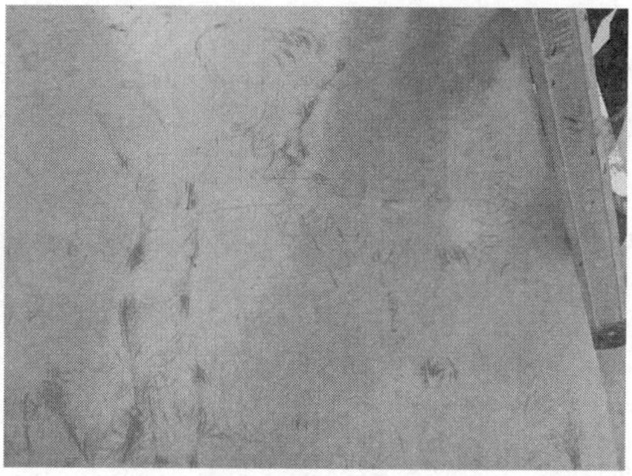

3. 안전대책

1) 에폭시 코팅 마감된 바닥위에 이동식 사다리를 설치하는 경우에는 사다리 상단부를 고정시키거나 2인1조로 작업하는 등 미끄러짐 방지조치를 한 상태에서 사용할 것
2) 옥탑 바닥방수작업을 위해 수시로 출입함에 있어 이동식 사다리가 미끄러지거나 전도될 우려가 있는 경우에는 벽체 고정식 사다리 또는 가설계단 등 견고한 가설통로를 설치할 것

4. 사다리 재해사례

공장벽체 상단에 위치한 유도등연결 전선의 결선작업을 위해 사다리를 타고 올라 가던 중 약 2.7m 아래 바닥으로 추락하여 사망한 재해	보거푸집조립작업을 위해 목재사다리를 올라가던 중 몸의 중심을 잃고 사다리에서 바닥으로 추락하여 사망한 재해

10 재해사례-E/V 피트 떨어짐(추락)

1. 재해개요

피재자가 4층 엘리베이터 피트 측면에 설치될 경량 칸막이용 판넬(Panel) 자재발주를 위해 줄자로 실측작업 중 슬래브 단부(폭 2.3m)에서 몸의 중심을 잃고 실족하여 피트 내부를 통해 약 15m 아래 지하 1층 엘리베이터 피트 바닥으로 추락·사망한 재해임

2. 재해상황도

3. 안전대책

엘리베이터 피트 등 개구부 단부에는 안전난간의 설치 및 유지 · 관리하여야 하며, 엘리베이터 설치로 인해 안전난간을 해체하여야 하는 때에는 안전대 부착설비 설치 후 작업자로 하여금 안전대를 착용하고 부착설비에 걸어 작업하여야 함

11 재해사례-개구부 떨어짐(추락)

1. 재해개요

형틀목공인 피재자가 슬래브 거푸집해체 작업용 작업대차(이동식틀비계 조립)를 작업장소로 이동시키기 위해 이동통로 확보를 목적으로 자재정리 작업 중 개구부 덮개를 해체자재로 오인하여 덮개를 드는 순간 몸의 중심으로 잃고 개구부(1.1×1.7m)를 통해 약 8.5m아래 콘크리트 바닥으로 추락·사망한 재해임

2. 재해상황도

3. 안전대책

바닥 개구부 덮개를 설치하는 때에는 개구부 덮개를 제거되거나 탈락되지 않도록 철물 등을 이용하여 설치·고정한 후 근로자가 개구부 덮개임을 쉽게 인식할 수 있도록 개구부 표지를 부착하여야 함

12 재해사례-철탑 떨어짐(추락)

1. 재해개요

피재자가 지상 32m 지점의 철탑 수평 부재 위에서 수직 주주재(후면28번) 연결 작업을 하던 중 실족하여 바닥으로 수직 주주재와 함께 추락(h≒32m) 하여 사망한 재해임

2. 재해상황도

3. 안전대책

송전선로(154kv) 철탑 조립 작업시 안전대 부착설비 등 추락위험을 방지하기 위한 조치를 실시한 상태에서 작업하여야 하며, U자걸이 안전대(1종)를 주로 사용하는 경우에는 보조죔줄을 반드시 사용하여야 함

13 재해사례-삭도 철탑 무너짐(붕괴)

1. 재해개요

2017.08.10. 충북 제천시 청풍면 소재 000케이블카 설치 현장에서 근로자 11명이 산 정상에 있는 삭도 철탑 A형 지주의 주발 및 최하단 단위지주(L=2m) 교체를 위해 지주 하부에 임시 버팀대(5개)를 설치하여 지주를 약 20mm 인상시키고, 최하단 단위지주 해체하던 중 임시버팀대가 붕괴되면서 A형 지주가 전도되어 2명 사망, 3명 부상당한 재해임

2. 재해상황도

3. 안전대책

1) 케이블 크레인 수리 등 보수공사 시 안전기준 준수

   당해 현장과 같이 작업장소가 산악지역(비봉산 정상, 해발 530m)이고 비 또는 바람 등의 기상 상태가 크레인 수리, 해체 등의 작업에 미치는 영향이 큰 경우 작업을 즉시 중단하여야 함

2) 철탑 지주의 단위지주 교체를 위한 작업 전 안전성 평가 실시

   철탑 지주와 같은 중량물을 인양하기 위해서는 붕괴, 도괴의 위험성에 대비해 구조검토 등의 안전진단을 통한 위험요소파악, 문제점 도출, 현실성 있는 개선대책을 수립

3) 중량물 취급 작업방법 변경 즉시 적합한 작업계획서 변경 수립, 시행

작업방법 변경 시 적기의 안전한 작업방법을 강구하여 작업절차에 대한 낙하, 전도, 협착, 붕괴 등의 안전대책을 변경, 수립하여 작업자에게 알려야 함

14 재해사례-철골기둥 넘어짐(전도)

1. 재해개요

철골해체작업을 위해 피재자가 철골기둥의 승강사다리(Trap)로 올라가던 중 기초앵커의 너트가 풀려있던 철골기둥이 높이 4m에 있던 피재자와 함께 전도되면서 피재자가 콘크리트 바닥과 철골기둥 사이에 협착·사망한 재해임

2. 재해상황도

3. 안전대책

철골구조물을 해체작업 시에는 해체방법 및 순서 도면, 가설 및 방호설비, 해체작업용 기계·기구 등의 내용이 포함된 해체계획을 작성하여 계획에 따라 진행하여야 하며, 철골기둥은 상부를 (이동식)크레인에 의해 지지된 상태에서 하부기초 앵커너트를 해체하는 등 작업방법을 개선하여야 함

15 재해사례-철골 공사 떨어짐(추락)

1. 재해개요

1) 2016.12.13.(화) 오후 14:30경
2) 경남 진주시 소재 공장 현장에서
3) 피재자(철골공)가 철골 지붕 위에서 퍼린(purlin) 설치 작업 중 실족하여 높이 11.5m 아래 콘크리트 바닥으로 떨어져 사망한 재해임

2. 재해상황도

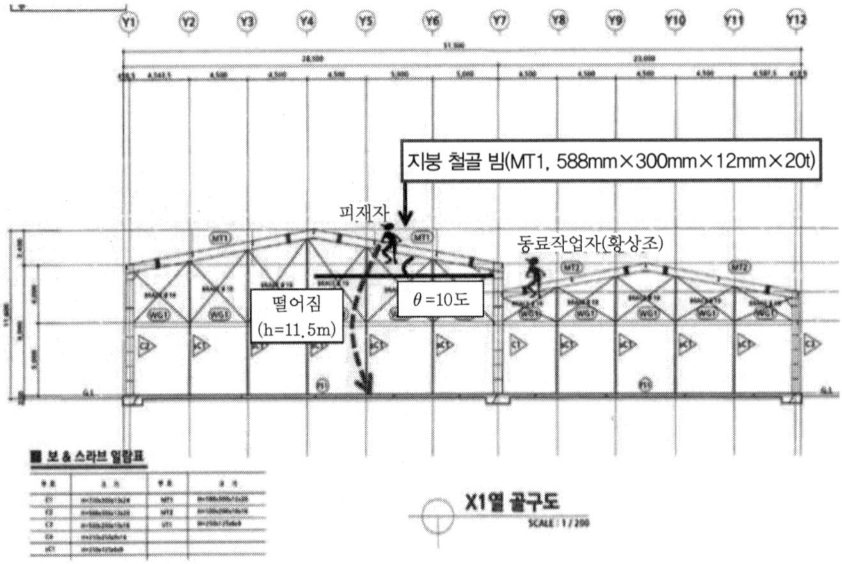

3. 안전대책

1) 추락의 방지 조치 철저
   사업주는 근로자가 떨어질 위험이 있는 높이 10미터 이상의 철골빔위에서 고소작업을 할 때에 추락방지망을 설치하는 등 추락방지 조치 철저

2) 안전대의 부착설비 설치
   근로자에게 안전대를 착용시킨 경우 안전대를 안전하게 걸어 사용할 수 있는 안전대 부착 설비를 설치하고 작업하도록 하여야 함

4. 철골공사 재해사례

철골 구조 2층에서 추락방지망설치를 위한 준비작업 과정에서 하부로 떨어진 자재를 가져오기 위해 철골기둥의 승강용 트랩으로 내려가던 중 약 9.0m아래 바닥으로 추락하여 사망한 재해	옥탑층의철골 작은보(Beam)를 설치하기 위해 기 조립된 철골 큰보(Girder) 상부를 이동하던 중 실족하여 약 29.7m아래 콘크리트 바닥으로 추락·사망한재해

16 재해사례-데크플레이트 떨어짐(추락)

1. 재해개요

2018.02.08(목) 15:09분경 부산광역시 사상구 장인로 소재 00테크 증축공사 현장에서 일용직 근로자 (50세, 남)가 데크플레이트 판개 및 용접 작업을 위해 철골 상부 이동 중 바닥으로 떨어져 사망

2. 재해상황도

3. 안전대책

1) 떨어짐 방지 조치 및 개인보호구 착용 철저

사업주는 근로자가 떨어질 위험이 있는 장소에서 작업을 할 때에는 추락방호망을 설치하거나, 추락방호망 설치가 곤란한 경우에는 안전대 걸이시설을 설치하여 떨어짐 방지 조치 철저

2) 사업주는 근로자가 떨어질 위험이 있는 장소에서 작업을 할 때에는 안전모, 안전대를 지급하여 착용하도록 관리 철저

4. 데크플레이트 재해사례

데크플레이트(Deck Plate) 설치를 위해 옥상층철골보 상부에 적치되어 있던 데크플레이트를 운반 및 설치작업을 진행하던 중 몸의 중심을 잃고 약 16.8m아래 콘크리트 바닥으로 추락·사망한재해	양중된Hi-Form Deck를 내려받는작업중, 철골빔위에 거치해 놓은 Deck가 미끄러지면서 발생한 충격에 의해 몸의 중심을 잃고 약 5.6m아래 바닥으로 추락하여 사망한 재해

17 재해사례-데크플레이트 무너짐(1)(붕괴)

1. 재해개요

2016년 11월 15일(화) 오후 3시 45분경 김포시 고촌읍 소재 ○○건설(주)이 시공하는 (주)○○○ 물류창고 신축공사 현장에서 재해자 8명(타설공 4, 미장공 4)이 3층 TU-Deck 슬래브 타설 중 하부 시스템 동바리가 붕괴 되어 TU Deck 플레이트가 무너지면서 타설 및 콘크리트면 미장작업 중이던 재해자 8명이 3층 슬래브에서 2층 바닥(H≒7.2m)으로 떨어져 부상 당한 재해임

2. 재해상황도

3. 안전대책

1) 데크플레이트 공사 시 적절한 조립도 작성 후 준수 시공
   (1) 플레이트를 사용하는 경우에 콘크리트 및 작업하중에서 가장 불리한 경우의 하중을 반영하여 구조검토 및 조립도 등을 작성하고 그에 따라 조립 및 설치
   (2) 동바리는 수직 및 수평하중에 의해 변위가 발생되지 않도록 가새재 등을 설치하여 수평하중 및 좌굴에 견딜 수 있는 구조여야 함

18 재해사례-데크플레이트 무너짐(2)(붕괴)

1. 재해개요

종합타운 공사장 5층(옥탑 1층) 데크플레이트의 콘크리트 타설작업 중 데크플레이트가 붕괴되면서 타설 및 면고르기 작업 중이던 근로자 3명이 20미터 높이에서 추락

2. 재해상황도

1) 콘크리트르 타설하게 되는 데크플레이트와 이를 지지하는 RC보의 접합부에 대한 구조검토 및 상세도면 누락
2) 시공 시 현장에서 데크플레이트와 RC보 접합부를 임의 시공(데크플레이트 거치대를 각목 이지지)함으로써 콘크리트 타설 과정에서 하중을 견디지 못하고 붕괴됨

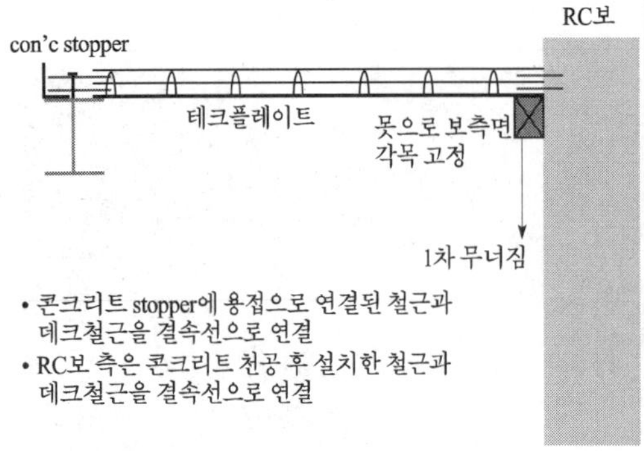

사고발생 모식도

데크플레이트 접합부 고정 및 정착 불량 부위

3. 안전대책

1) 구축물의 자중, 적재하중, 진동 및 충격 등에 의하여 무너지는 사고를 예장하기 위해서는 설계도서 및 건설공사 시방서에 따라 시공하였는지, 건축물의 구조기준 등에 관한 규칙에 따른 구조기준을 준수하였는지 등에 대하여 확인해야 한다.
2) 동바리의 상하 고정 및 미끄러짐 방지 조치 여부 등을 확인하고, 공사중 하중의 지지상태를 유지할 수 있도록 하여야 한다.
3) 작접 중에는 거푸집 동바리 등의 변형·변위 및 침하 유무 등을 감시할 수 있는 감시자를 배치하여 이상이 발생하는 경우 즉시 작업을 중지하고 근로자를 대피시키도록 한다.

제4장

건설기계장비공사

construction safety management

1. 건설기계장비공사

차량계 건설기계 종류와 안전대책 04-01

1. 건설기계의 정의

1) 차량계 건설기계[1][안전보건규칙제196조별표6]

동력원을 사용하여 특정되지 아니한 장소에 스스로 이동이 가능한 건설기계를 말한다.

2) 건설기계

건설공사에 사용할 수 있는 기계로서 대통령령으로 정하는 27기종[건설기계관리법제2조시행령별표1]으로 분류한다.

2. 건설기계의 종류

안전보건규칙		[건설기계관리법제2조관련][별표1]
양중기	이동식크레인	[07]기중기(궤도 또는 타이어식) 중 스스로 이동하면서 중량물을 매달아 상하좌우로 운반하는 설비 * 단, 드래그라인, 크램쉘 등 크레인형 굴착기계는 차량계 건설기계로 분류
	크레인(호이스트 포함)	[27]타워크레인(원동기 또는 전동기를 가진 것)
	리프트, 곤돌라, 승강기	-
차량계 하역운반기계	화물자동차, 구내운반차	-
	고소작업대	-
	지게차	[04]지게차(타이어식)
차량계 건설기계 [안전보건규칙 별표6]	도저형 건설기계	[01]불도저(궤도 또는 타이어식)
	굴착기	[02]굴착기(궤도 또는 타이어식) * 다른 용도의 작업장치 부착에 따른 용도변경 형식 포함
	로더	[03]로더(궤도 또는 타이어식)
	스크레이퍼	[05]스크레이퍼(자주식)

1) 건설기계의 구분
(1) 산업안전보건법
- 차량계 건설기계(17종), 차량계 하역운반기계(4종), 양중기(5종)

(2) 건설기계관리법
- 총27기종

안전보건규칙		[건설기계관리법제2조관련][별표1]
[건설기계등록번호] [건설기계관리법시행규칙별표2]  1)"0"은 건설기계 2)"12"는 기종번호 3)"가 4568"은 일련번호	덤프트럭	^{06}덤프트럭(12톤 이상) *자동차관리법 상 자동차로 등록된 것 제외
	크레인형 굴착기계	^{07}기중기(궤도 또는 타이어식) 중 크램쉘, 드래그라인 등
	모터그레이더	^{08}모터그레이터(자주식)
	지반 다짐용 건설기계	^{09}롤러(자주식, 진동식)
	콘크리트 막서트럭	^{14}콘크리트믹서트럭(자주식)
	콘크리트 펌프카	^{15}콘크리트펌프(원동기를 가진 이동식, 트럭적재식)
	골재채취 및 살포용 건설기계	^{19}골재살포기, ^{20}쇄석기, ^{24}자갈채취기
	천공용 건설기계	^{23}천공기(자주식)
	지반 압밀침하용 건설기계	
	항타 및 항발기	^{23}항타 및 항발기(원동기를 가진 해머중량 0.5톤 이상)
	준설용 건설기계	^{25}준설선(비자항식) * 선박법 적용대상 제외
	도로포장용 건설기계	^{12}콘크리트피니셔(원동기를 가진 것), ^{13}콘크리트살포기(원동기를 가진 것), ^{17}아스팔트피니셔(원동기를 가진 것), ^{18}아스팔트살포기(자주식)
	기타	^{10}노상안정기(자주식), ^{11}콘크리트뱃칭플랜트(원동기를 가진 이동식), ^{16}아스팔트믹싱플랜트(원동기를 가진 이동식), ^{21}공기압축기(이동식), ^{26}특수건설기계

3. 차량계 건설기계 안전대책

1) 위험방지 조치[안전보건규칙제197조~206조]

(1) 전조등 설치할 것

(2) 헤드가드Head Guard(낙하물 보호구조)[암석이 떨어질 우려가 있는 위험한 장소에서 작업할 때][불도져, 트랙터, 쇼벨, 로더, 파우더쇼벨, 드래그 쇼벨로 한정함]

(3) 전도 등의 방지[유도자, 지반의 부동침하 방지, 갓길의 붕괴 방지, 도로 폭 유지 등의 조치]

(4) 접촉방지[근로자 출입금지 또는 유도자 배치]

(5) 차량계건설기계 이송[평탄한 곳, 견고한 발판, 충분한 폭과 강도 및 경사 확보]

(6) 승차석 외의 탑승금지

(7) 안전도 등 준수[최대사용하중 준수]

(8) 주용도 외 사용 제한

(9) 붐 등의 강하에 의한 위험방지[안전지지대, 안전블록 등 설치]

(10) 수리 등의 작업 시 조치[작업순서 결정, 수리상태 점검]

2) 차량계 건설기계 재해발생과 기본 안전대책

(1) 재해발생메커니즘

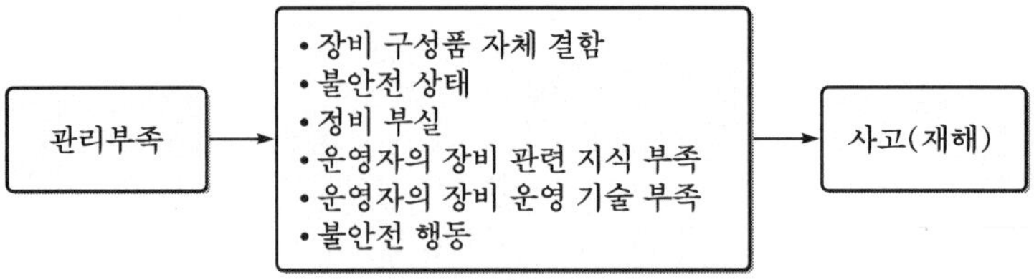

그림 4.1.1. 차량계 건설기계장비 재해발생메커니즘

(2) 자량계 건설기계 종류별 기본 안전대책

가. 차량계 건설기계

(가) 이동 경로, 작업반경 내 출입금지 조치

(나) 운전석 이탈 시 시동을 끄고 키 분리할 것

(다) 기계를 본래 용도로만 사용할 것

나. 차량계 하역운반기계

(가) 이동경로 출입금지 조치

(나) 화물이 치우치지 않게 적재하고 운전자 시야를 가리지 않도록 할 것

(다) 허용하중을 초과하지 않도록 할 것

다. 양중기

(가) 인양물이 작업자 머리 위로 지나지 않도록 할 것

(나) 적재하중을 초과하지 않도록 할 것

(다) 인양고리 체결로 인양물의 이탈을 방지할 것

4. 건설기계 종사자 안전교육

1) 건설기계조종사 안전교육[건설기계관리법제31조]

건설기계조종사는 건설기계로 인한 인적·물적 피해를 예방하기 위하여 안전 및 전문성 향상을 위한 안전교육을 받아야 한다.

2) 건설기계의 구분[건설기계관리법]

(1) 일반건설기계조종사 안전교육 대상 면허 종류(8종) : 4시간 교육

가. 불도저　나. 5톤 미만 불도저　다. 굴착기　라. 3톤 미만 굴착기

마. 로더　바. 3톤 미만 로더　사. 5톤 미만 로더　아. 롤러

(2) 하역운반 건설기계조종사 안전교육 대상 면허 종류(11종) : 4시간 교육

가. 지게차　나. 3톤 미만 지게차　다. 기중기　라. 이동식 콘크리트펌프

마. 쇄석기　바. 공기압축기　사. 공기　아. 5톤 미만 천공기

자. 준설선　　차. 타워크레인　　　카. 3톤미만 타워크레인

3) 교육 대상 및 교육 내용[건설기계관리법시행규칙[별표22의2]

(1) 일반건설기계 조종사 안전교육 등의 내용-대상 기종

가. 불도저　나. 5톤 미만의 불도저　다. 굴착기　라. 3톤 미만의 굴착기
마. 로더　바. 3톤 미만의 로더　사. 5톤 미만의 로더　아.롤러

과목	교육내용	교육시간	교육주기
가. 건설기계 관련 법령 이해	1) 건설기계관리법 및 산업안전보건법의 주요 내용 2) 건설기계 사고 예방을 위한 조종사의 역할과 의무	1시간	3년
나. 건설기계의 구조	1) 건설기계의 특성 2) 건설기계의 주요 구조부 3) 방호 및 안전장치	1시간	
다. 건설기계 작업 안전	1) 조종작업 준수사항 2) 굴착 공사의 작업안전 조치 등 3) 건설기계 기능상 점검 가) 작업 전 점검　나) 작업 중 점검　다) 작업 후 점검	1시간	
라. 재해사례 및 예방 대책	1) 건설기계 작업의 위험성 2) 재해사례 및 예방 대책	1시간	
총계		4시간	

(2) 하역운반 등 기타 건설기계 조종사 안전교육등의 내용-대상 기종

가. 지게차　나. 3톤 미만의 지게차　다. 기중기　라. 롤러
마. 이동식 콘크리트펌프　바. 쇄석기　사. 공기압축기　아. 천공기
자. 5톤 미만의 천공기　차. 준설선　카. 타워크레인　타. 3톤미만 타워크레인

과목	교육내용	교육시간	교육주기
가. 건설기계 관련 법령 이해	1) 건설기계관리법 및 산업안전보건법의 주요 내용 2) 하역운반기계 사고 예방을 위한 조종사의 역할과 의무	1시간	3년
나. 하역운반 등 기타 건설기계의 구조	1) 하역 운반기계 및 기타 건설기계의 특성 2) 하역 운반기계 및 기타 건설기계의 주요구조부 3) 방호 및 안전장치	1시간	
다. 하역운반 등 기타 건설기계의 작업 안전	1) 조종작업 준수사항 2) 줄걸이 작업과 신호체계이해 등 3) 하역 운반기계 및 기타 건설기계 기능상 점검 가) 작업 전 점검　나) 작업 중 점검　다) 작업 후 점검	1시간	
라. 재해사례 및 예방 대책	1) 하역 운반기계 및 기타 건설기계 작업의 위험성 2) 재해사례 및 예방 대책	1시간	
총계		4시간	

5. 특수형태 근로자[건설기계 운전원] 안전교육

특수형태 근로자 안전교육[교육대상(건설기계27종 건설장비 운전자)][산안법시행규칙 별표4]

<table>
<tr><th colspan="2" rowspan="2">교육대상</th><th colspan="2">교육시간</th></tr>
<tr><th>일반</th><th>면제대상</th></tr>
<tr><td colspan="2">최초 노무 제공 시</td><td>2시간 이상</td><td>1시간 이상</td></tr>
<tr><td colspan="2">특별교육</td><td>16시간 이상</td><td>8시간 이상</td></tr>
<tr><td rowspan="2">단기간 또는 간헐적 작업</td><td>최초 노무 제공 시</td><td>1시간 이상</td><td>30분 이상</td></tr>
<tr><td>특별교육</td><td>2시간 이상</td><td>1시간 이상</td></tr>
</table>

• 면제대상 : 6개월 이상 경험이 있고 아래 사항에 해당되는 경우
  * 이직 후 1년 이내에 동일 업무에 종사하는 경우
  * 해당사업장 내에서 1년 이내에 동일 작업에 종사하는 경우
• 단기간 작업 : 2개월 이내 종료되는 1회성 작업
• 간헐적 작업 : 연간 총 작업일수가 60일 이하인 경우

6. 건설기계장비 사용에 따른 소음·진동 안전대책

1) 저소음, 저진동 공법 선정이나 건설장비의 선택
   (1) 토공 및 지정공사시 불필요한 고속운전을 피할 것
   (2) Pre-boring 공법 채용
   (3) 타격 공법시는 방음벽 시설 보완
   (4) 콘크리트 타설시 레미콘의 불필요한 고속회전 금지
   (5) 해체공사 시 저소음 압쇄공법 채용
   (6) 운반로를 선정, 출입구와 입구 구분
   (7) 운반 차량의 속도 제한
   (8) 사전에 철저한 환경안전 교육

2) 공사 기간의 최소화나 적정한 작업시간대 선정

3) 차음, 방진시설 설치(차음벽, 방음벽 설치)

4) 건설장비 점검, 출입차량 통제 등 현장 관리

5) 주민의 협조 강구(호의적인 관계 유지)

6) 소음진동 대책을 위한 사전조사
   (1) 공사장 인근 건축물의 용도 및 노후화정도 조사
   (2) 사용 예정 건설장비의 소음, 진동 영향 사전 측정

안전검사 대상기계 04-02

1. 위험기계기구 안전검사 제도

유해하거나 위험한 기계, 기구, 설비를 사용하는 사업주가 안전검사를 받도록 함으로써 산업재해를 예방하기 위한 제도를 말한다.

2. 안전검사의 의무자

1) 산업안전보건법의 적용을 받는 모든 사업 또는 사업장
2) 정부, 지방자치단체, 정부투자기관 등
3) 안전검사 대상품을 사용하는 자

3. 안전검사 처리 절차

반입전/반입검사 [사전검사] →	설치 관리감독 →	완성검사 →	자율 안전검사 →	정기검사 →	해체 관리감독
· 타워크레인 · 건설용리프트 · 항타/항발기 · 비파괴검사[15년 이상]	· 시공사 주관 · 노동부 신고	· 타워크레인 [국토부지정업체] · 리프트 [안전검사기관]	· 시공사 주관	· 타워크레인 [국토부지정업체] · 리프트 [안전검사기관]	· 시공사 주관 · 노동부 신고

4. 안전검사 주기

1) 안전검사 대상 : 최초 안전인증 후 매 2년 마다 시행
2) 크레인(건설현장) : 최초 설치 시 안전인증 후 매 6개월 마다 시행
3) 사용제한 : 기계·기구·설비 및 방호장치·보호구[안전보건규칙제36조]
   (1) 방호조치 미준수
   (2) 안전인증기준, 자율안전기준, 안전검사기준에 부적합

5. 안전검사 대상 기계[산안법시행령제78조]

1) 프레스 2) 전단기 3) 크레인(정격 하중이 2톤 미만은 제외)
4) 리프트 5) 압력용기 6) 곤돌라
7) 국소 배기장치 (이동식 제외) 8) 원심기(산업용만 해당)
9) 롤러기 (밀폐형 구조 제외) 10) 사출성형기[형 체결력 294킬로뉴턴 미만은 제외]
11) 고소작업대[「자동차관리법」 제3조 제3호 또는 제4호에 따른 화물자동차 또는 특수자동차에 탑재한 고소작업대로 한정]
12) 컨베이어 13) 산업용 로봇 14) 혼합기 15) 파쇄기 또는 분쇄기

고소작업대(차량탑재형)안전검사 및 안전작업대책 04-03

1. 안전검사

1) 안전검사란 유해위험기계기구 및 설비를 대상으로 사업주가 안전에 관한 성능이 검사기준에 맞는지 실시하는 검사로써 재해를 예방하기 위한 제도를 말한다.
2) 자율검사란 유해위험기계기구 및 설비를 대상으로 사업주가 근로자 대표와 협의하여 검사기준, 주기, 검사합격표시방법 등을 충족하는 검사프로그램을 정하여 실시하는 검사를 말한다.

2. 고소작업대[2] 안전검사 적용 범위

1) 차량탑재형 이동식크레인

동력으로 구동되는 것으로서 정격하중 2톤 이상인 것(다만, 건설기계관리법의 적용을 받는 기중기는 제외)

그림 4.1.1. 차량탑재형 이동식크레인

2) 차량탑재형 고소작업대

동력에 의해 사람이 탑승한 작업대를 작업위치로 이동시키는 것으로서 차량탑재형 고소작업대(자동차관리법제3조에 따른 화물특수자동차의 작업부에 고소작업용 장비를 탑재한 것)에 한정하여 적용한다.

---

2) 고소작업대 구분
   (1) Scissor 형
      • 수직상승 및 굴절형식의 Table Lift
   (2) 차량탑재 형
      • 스카이(고소작업차)   • 굴절식 고소작업차(전기, 통신작업용)
   (3) 건설기계관리법 적용 장비 제외
      • 터널 공사용 고소 작업차(Charginf Car) 등

그림 4.1.2. 차량탑재형 고소작업대

3. 고소작업대 안전작업대책

1) 차량탑재형 이동식크레인 재해발생 원인과 안전대책

(1) 이동식 크레인(차량탑재형)의 중대재해 발생의 주요 원인

가. 불법 탑승설비 부착

나. 불법 탑승 설비 부착 작업 사례 : 신호등 설치 해체 작업, 수목전지작업, 간판 설치 해체작업

(2) 이동식 크레인의 탑승 제한[안전보건규칙제86조]

이동식 크레인을 사용하여 근로자를 운반하거나 근로자를 달아 올린 상태에서 작업에 종사시켜서는 안 된다. 다만, 작업 장소의 구조, 지형 등으로 고소작업대를 사용하기가 곤란하여 이동식크레인 중 기중기를 한국산업표준에서 정하는 안전기준에 따라 사용하는 경우는 제외한다

2) 차량탑재형 고소작업대 재해발생 원인과 안전대책

(1) 고소작업대(차량탑재형)의 중대재해 발생의 주요 원인

가. 안전난간(전면) 미설치 : 떨어짐 재해

(2) 고소작업대(차량탑재형) 제작 및 안전기준(낙하 또는 추락방호조치)[위험기계기구안전인증고시별표7]

가. 작업대 모든 측면에는 물체나 사람이 낙하 또는 추락하지 않도록 안전난간을 설치할 것

나. 안전난간은 작업대에 견고하게 고정하고, 최소한 1.0미터 이상 높이의 상부난간대와 10센티미터 이상 높이의 발끝막이판, 상부난간대나 발끝낙이판으로부터 55센티미터 이내에 중간대로 구성할 것

다. 안전난간은 가장 불리한 방향과 위치에서 50센티미터 간격으로 작용하는 500N의 집중하중에 영구 변형 없이 견뎌야 할 것

라. 작업대는 난연성 재료로 제작할 것

3) 고소작업대 안전장치

(1) 풋스위치 (2) 상승이동방지장치(주행차단장치)

(3) 비상안전장치(수동하강밸브) (4) 과상승방지대

(5) 비상정지장치 (6) 과부하방지장치 (7) 아웃트리거

그림 4.1.3. 차량탑재형 이동식 크레인[안전인증 대상]

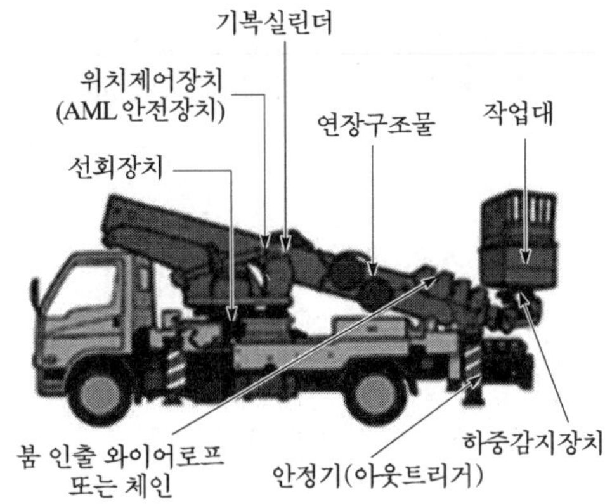

그림 4.1.4. 차량탑재형 고소작업대[안전검사 대상]

양중기 안전관리 04-04

1. 양중기

1) 양중기

양중기란 동력을 사용하여 화물 또는 사람을 올리고 내리는 데 사용하는 기계설비를 말한다.

2) 양중기의 종류[안전보건규칙제132조]

(1) 크레인(호이스트 포함)

가. 크레인이란 동력을 사용하여 중량물을 매달아 상하 및 좌우(수평 또는 선회를 말한다)로 운반하는 것을 목적으로 하는 기계 또는 기계장치

나. 호이스트란 훅이나 그 밖의 달기구 등을 사용하여 화물을 권상 및 횡행 또는 권상동작만을 하여 양중하는 것

(2) 이동식 크레인

이동식 크레인이란 원동기를 내장하고 있는 것으로서 불특정 장소에 스스로 이동할 수 있는 크레인으로 동력을 사용하여 중량물을 매달아 상하 및 좌우(수평 또는 선회를 말함)로 운반하는 설비로서 건설기계관리법을 적용 받는 기중기 또는 자동차관리법에 따른 화물·특수자동차의 작업부에 탑재하여 화물운반 등에 사용하는 기계 또는 기계장치

(3) 리프트[이삿짐운반용 리프트의 경우에는 적재하중이 0.1톤 이상인으로 한정]

리프트란 동력을 사용하여 사람이나 화물을 운반하는 것을 목적으로 하는 기계설비로서 다음의 것을 말한다.

가. 건설용 리프트: 동력을 사용하여 가이드레일(운반구를 지지하여 상승 및 하강 동작을 안내하는 레일)을 따라 상하로 움직이는 운반구를 매달아 사람이나 화물을 운반할 수 있는 설비 또는 이와 유사한 구조 및 성능을 가진 것으로 건설현장에서 사용하는 것

나. 산업용 리프트: 동력을 사용하여 가이드레일을 따라 상하로 움직이는 운반구를 매달아 화물을 운반할 수 있는 설비 또는 이와 유사한 구조 및 성능을 가진 것으로 건설현장 외의 장소에서 사용하는 것

다. 자동차정비용 리프트: 동력을 사용하여 가이드레일을 따라 움직이는 지지대로 자동차 등을 일정한 높이로 올리거나 내리는 구조의 리프트로서 자동차 정비에 사용하는 것

라. 이삿짐운반용 리프트: 연장 및 축소가 가능하고 끝단을 건축물 등에 지지하는 구조의 사다리형 붐에 따라 동력을 사용하여 움직이는 운반구를 매달아 화물을 운반하는 설비로서 화물자동차 등 차량 위에 탑재하여 이삿짐 운반 등에 사용하는 것

(4) 곤돌라

곤돌라란 달기발판 또는 운반구, 승강장치, 그 밖의 장치 및 이들에 부속된 기계부품에 의하여 구성되고, 와이어로프 또는 달기강선에 의하여 달기발판 또는 운반구가 전용 승강장치에 의하여 오르내리는 설비를 말한다

(5) 승강기

승강기란 건축물이나 고정된 시설물에 설치되어 일정한 경로에 따라 사람이나 화물을 승강장으로 옮기는 데에 사용되는 설비로서 다음의 것을 말한다.

가. 승객용 엘리베이터: 사람의 운송에 적합하게 제조·설치된 엘리베이터

나. 승객화물용 엘리베이터: 사람의 운송과 화물 운반을 겸용하는데 적합하게 제조·설치된 엘리베이터

다. 화물용 엘리베이터: 화물 운반에 적합하게 제조 · 설치된 엘리베이터로서 조작자 또는 화물취급자 1명은 탑승할 수 있는 것(적재용량이 300킬로그램 미만인 것은 제외)

라. 소형화물용 엘리베이터: 음식물이나 서적 등 소형 화물의 운반에 적합하게 제조·설치된 엘리베이터로서 사람의 탑승이 금지된 것

마. 에스컬레이터: 일정한 경사로 또는 수평로를 따라 위·아래 또는 옆으로 움직이는 디딤판을 통해 사람이나 화물을 승강장으로 운송시키는 설비

2. 양중기의 안전대책

1) 사용 중 안전대책

(1) 정격하중 등의 표시[안전보건규칙제133조]

사업주는 양중기(승강기는 제외) 및 달기구를 사용하여 작업하는 운전자 또는 작업자가 보기 쉬운 곳에 해당 기계의 정격하중, 운전속도, 경고표시 등을 부착할 것. 다만, 달기구는 정격하중만 표시한다.

(2) 과부하의 제한 등[안전보건규칙제135조]

사업주는 양중기에 그 적재하중을 초과하는 하중을 걸어서 사용하지 말 것

2) 방호장치[안전보건규칙제134조]

사업주는 양중기에 과부하방지장치, 권과방지장치, 비상정지장치 및 제동장치, 그 밖의 방호장치[승강기의 파이널 리미트 스위치Final Limit Switch, 속도조절기, 출입문 인터 록Inter Lock 등]가 정상적으로 작동될 수 있도록 미리 조정해 두어야 한다

구분		내용
과부하방지장치		과부하방지장치는 크레인이 물건을 들때 물건의 무게가 최대 허용하중이상이 되면 과적재를 알리면서 자동으로 작동이 중단되도록 하는 장치이다.
권과방지장치		권과방지조치는 크레인이 물건을 달아 올릴 때 일정수준 이상으로 물건을 올리지 못하도록 하는 장치로써 만약 이 권과방지장치가 없으면 드럼이 한없이 감겨서 물건이 붐대와 충돌하면 물건은 낙하하고 크레인은 손상을 입고 전도의 위험까지 있다.(카고크레인도 반드시 있어야 한다.)
비상정지장치 및 제동장치	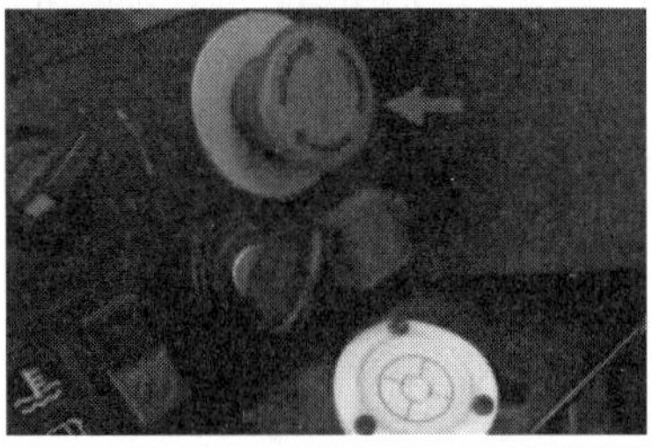	운전자가 비상시 조작이 가능한 위치에 비상정지스위치를 설치하여 돌발적인 사태가 발생했을 때 안전을 유지하기 위하여 모든 전원을 차단하여 크레인을 급정지시키는 장치이다.

구분		내용
그 밖의 방호장치	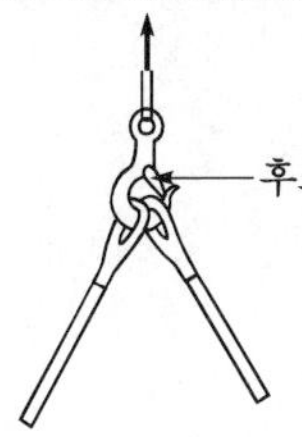 *후크에서 와이어로프가 이탈하는 것을 방지하는 장치	•승강기의 파이널 리미트 스위치Final Limit Switch •속도조절기 •출입문 인터록Inter Lock

3) 양중작업(줄걸이) 안전대책

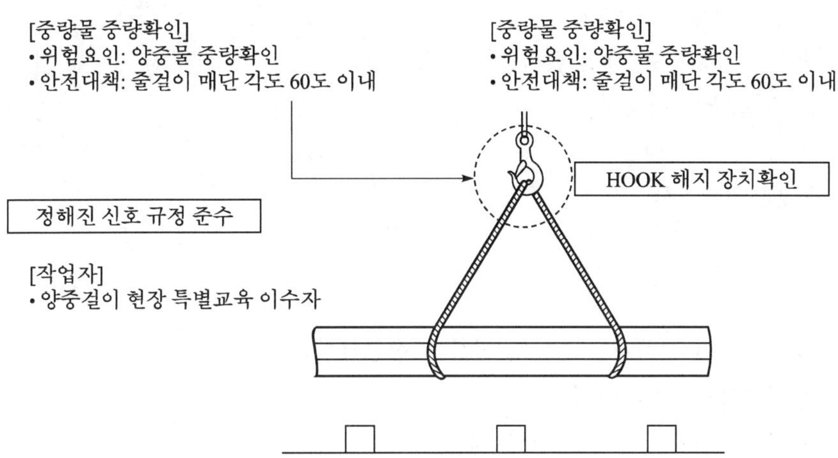

그림 4.1.5. 양중작업 위험요인 및 안전대책

이동식 크레인 재해유형 및 안전성검토 04-05

1. 이동식 크레인 재해유형 및 원인

1) 추락

(1) 운전자 추락

(2) 승강용 사다리 점검

2) 낙하·비래

(1) 걸이방법 불량

(2) 인양줄(와이어 로프, 슬릴벨트 등) 불량으로 파손

(3) 본체 낙하(유압 잭 불량, 조인트 부분 결합 미흡)

3) 전도·도괴

(1) 과재하중

(2) 설치가대(마스트)강도 부족

(3) 기초지반 지내력 미확보

(4) 강풍

(5) 붐대 강도부족

4) 감전

(1) 고압전선 보호설비 미설치

(2) 인양높이, 붐대 길이 사전 인지부족

(3) 작업전 작업내용 미숙지

2. 이동식 크레인 안전검사

1) 검사의 형태

(1) 안전인증

가. 타워크레인 설치완료 후(안전인증 지정검사기관에서 실시)

나. 한국승강기안전기술원

다. 안전인증실시 시기 : 2019년 02월

(2) 안전검사

가. 6개월마다 1회 : 안전검사대행기관(안전검사 지정검사기관에서 실시)

나. 안전검사실시 시기 : 6개월마다 실시

(3) 일상점검

가. 작업개시전 확인, 작업완료후 확인 : 안전담당자, 전담운전자

나. 이상징후 발견시 안전관계자 및 중기관계자 보고(확인후 사용중지 및 해당부위 고장수리)

(4) 수시검사

가. 폭풍우 등 필요하다고 인정되는 시기

2) 점검 시 주의사항

(1) 점검중 위험 표지 설치할 것

(2) 점검당일 안내방송실시할 것

(3) 정지점검시 동력원차단 조작금지 표찰 게시할 것

(4) 안전보호구 착용(안전모, 안전대 등)할 것

3) 고장 수리 시 안전대책

(1) 위험표시 테이프, 바리케이트 등으로 관계자외 출입금지 조치할 것

(2) 전담운전자 배치(작업자 접근금지 조치)할 것

(3) 상·하 동시작업 금지할 것

(4) 동력원 차단시 조작금지 표찰 게시할 것

그림 4.1.6. 크레인 양중작업 사례

3. 이동식 크레인의 아웃트리거 안정성 검토

1) 이동식 크레인 전체하중(차량하중+양중하중)은 붐대의 위치가 전·후방 또는 측방일 때에 따라 4개의 아웃트리거에 하중적용 비율이 변하게 된다.

2) 최대 작용하중 비율은 측면작업일 경우에 발생하며 그 비율은 전체하중의 70퍼센트로 본다. 이때의 지압응력(접지압)을 허용지내력과 비교하여 안전성 판정이 이루어진다.

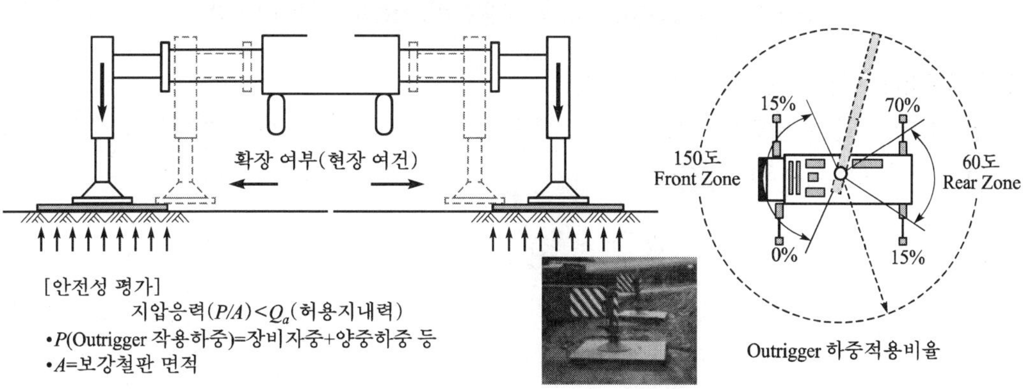

그림 4.1.7. 양중기 아웃트리거Outrigger 작용하중과 지압력

4. 이동식 크레인 아웃트리거 확장 여부에 따른 양중능력 변화

1) 일반적인 이동식 크레인의 양중능력은 아웃트리거를 최대한 확장한 경우를 기준으로 제시하고 있다.
2) 이동식크레인 아웃트리거를 최대한 확장한 경우와 미확장한 경우를 비교한 아래 그림을 보면 양중능력이 급격히 감소하게 됨을 알 수 있다.
3) 50톤 크레인(KATO) 양중능력 제원표(예)

   (1) 아웃트리거 7.6미터 확장, 작업반경 10미터 붐대 32.5미터일 경우의 양중하중은 11.65톤

   (2) 아웃트리거 4.3미터 확장, 작업반경 10미터 붐대 32.5미터일 경우의 양중하중은 5.15톤

   (3) 아웃트리거 2.43미터 확장, 작업반경 10미터 붐대 32.5미터일 경우의 양중하중은 0톤

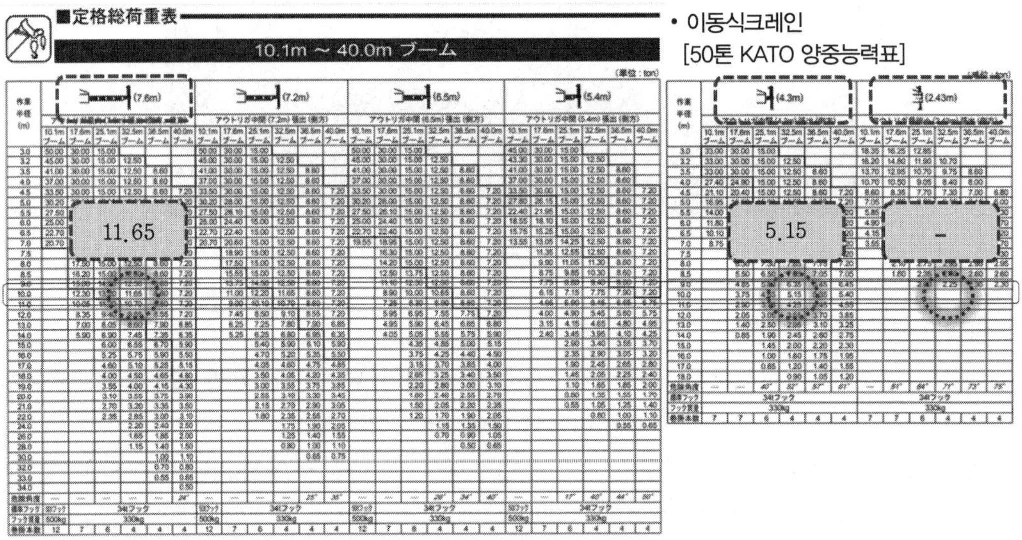

그림 4.1.8. 아웃트리거 확장 정도에 따른 양중능력의 제원표(KATO)

4) 아웃트리거 미확장과 전도사고

   건설현장 작업 여건에 따라서 아웃트리거를 확장할 수없을 경우에는 매다는 하중을 줄여서 전도사고에 대비해야 한다.

기중기(이동식크레인 포함) 관리 방안 – 양중능력 비교

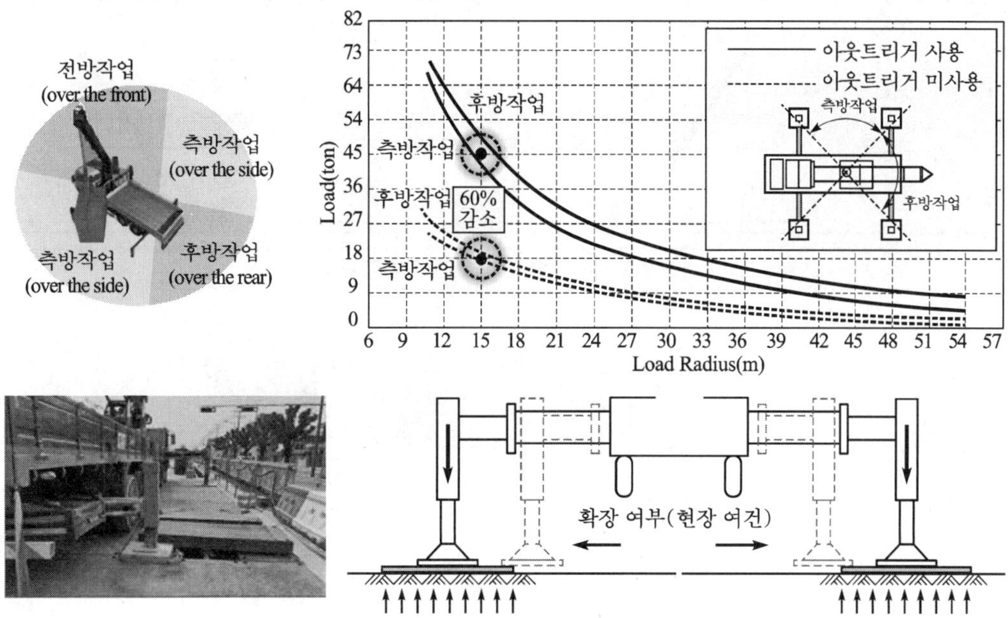

그림 4.1.9. 아웃트리거 위치에 따른 양중능력의 변화표 사례

학습 Note 제원표를 이용한 이동식크레인 인양능력 검토 사례

구분	이동식 크레인 작업방법
Girder 거치 Hydro 500ton	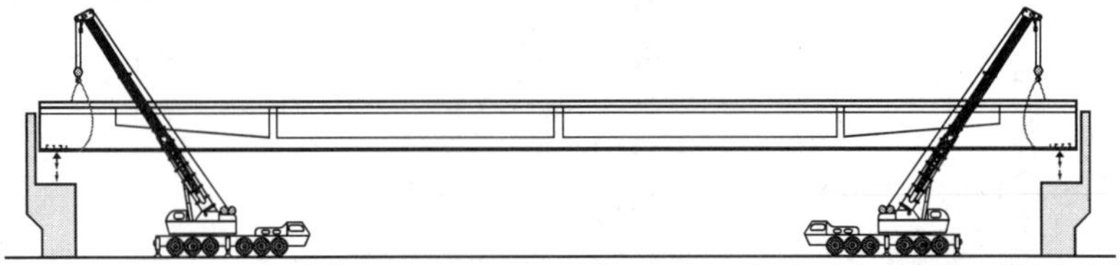

구분	이동식 크레인 인양(양중) 하중표
크레인 정격하중 500ton	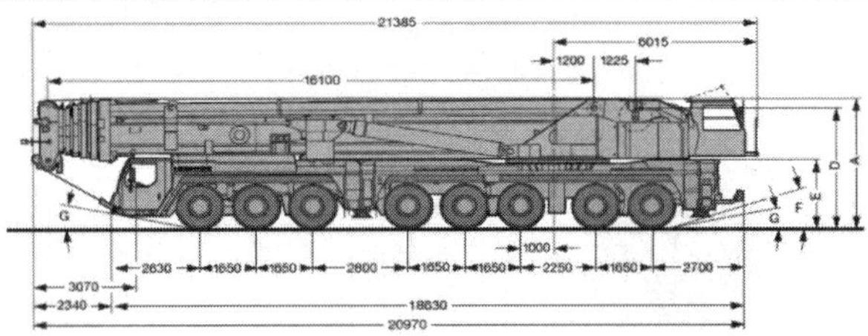 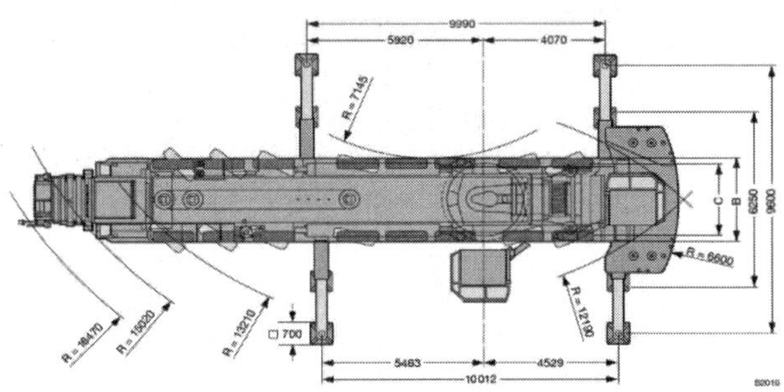

작업반경(m) \ 붐길이(m)	21.3	26.5	31.7	36.9	42.1	47.3	50
8	179.0	178.0	147.0	129.0	113.0	98.0	–
9	162.0	161.0	138.0	120.0	106.0	93.0	81.0
10	147.0	146.0	130.0	112.0	100.0	88.0	76.0
12	124.0	122.0	111.0	98.0	88.0	80.0	69.0
14	**106.0**	104.0	99.0	87.0	79.0	72.0	62.0
16	92.0	90.0	89.0	78.0	71.0	64.0	56.0
18	80.0	79.0	79.0	71.0	63.0	58.0	52.0
20	66.0	71.0	70.0	63.0	57.0	53.0	47.0
22	–	63.0	62.0	59.0	53.0	48.5	42.5
24	–	57.0	56.0	55.0	49.5	44.0	38.5
26	–	–	50.0	55.0	46.0	41.0	35.5
28	–	–	46.0	46.0	43.0	38.0	33.0
30	–	–	42.0	42.0	40.5	35.5	30.5
32	–	–	–	38.5	37.0	33.0	27.9
34	–	–	–	35.5	34.5	31.0	26.3

학습 Note 제원표를 이용한 이동식크레인 인양능력 검토 사례

• 인양능력 검토

인양물	중량 (kN)	부담하중 (1대)(kN)	Boom (m)	Radius (m)	CAPA. (kN)	안전성 (하중/능력)	평가
Girder L=49m	1350	675	**21.3**	**14**	1050	0.64 < 1.0	O.K

• 인양능력 검토[추가검토 조건]

인양능력검토 CAPA.(kN)	지면기울기(%) 감소율	바람(m/s) 감소율	주행회전 감소율	추가조건 고려한 CAPA.(kN)	안전성(하중/능력)
1050	0	5(m/s)	회전	636	675/636=1.06 > 1.0 N.A
	–	20%	20%		
	–	212(kN)	212(kN)		
Crane 양중능력 안전성 검토	안전성 검토 조건은 아웃트리거를 최대 9.6미터 확장한 조건이며 추가검토 조건을 고려하지 않는 경우에는 안전성이 확보되지만, 추가검토 조건을 고려하면 부적합 상태가 된다.				

학습 Note 아웃트리거에 작용하는 접지하중과 접지응력(압)

깔판의 면적과 접지압 관계

아웃트리거에 작용하는 하중(P)이 50kN이고 깔판의 면적이 2×2m와 1×1m인 경우에 접지압을 비교해 보면, f_3=50kN/4m²=12.5kN/m², f_2=50kN/m²으로 f_2가 4배 더 크게 된다. 즉 깔판 면적이 클수록 접지압은 작아져서 지내력과 비교할 때 유리하게 되며 깔판을 설치해야 하는 이유 중에 하나이다. 그렇다고 접지압을 줄이기 위해서 무한정 깔판의 크기를 크게 하면 깔판 자체의 안전성에 문제가 발생할 수 있게 되므로 깔판 자체의 안전성 여부까지 검토해야 한다.

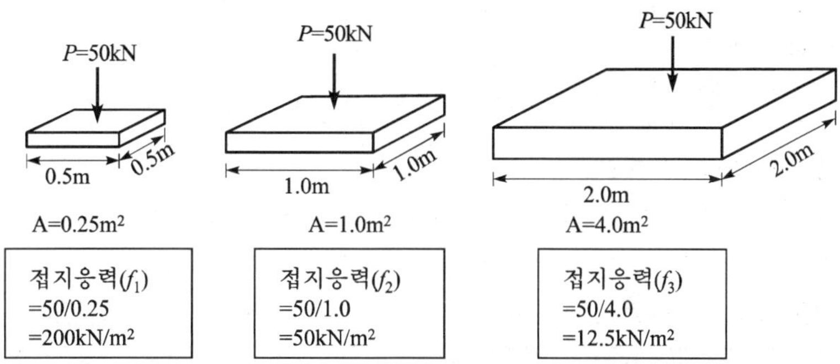

학습 Note 이동식크레인 안전성 검토 사례, 최대접지압(fmax)과 강재 받침 계산 사례

이동식 크레인(100톤)	자체 중량 등	비고
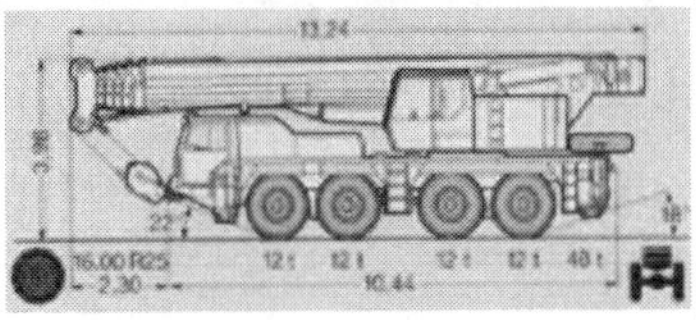 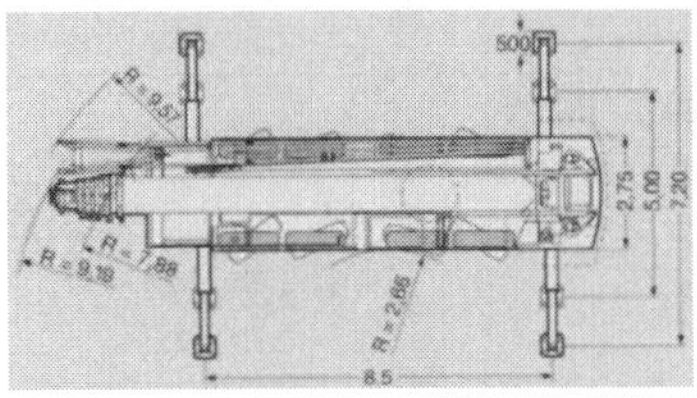	총중량 67톤 (카운터웨이트 14.0톤포함) W=차량무게+카운터웨이트 +부속품 등 무게 ≒ 67.0 W_1 = 양중무게(10ton)(가정) R= 회전반경(10m)(가정) $A = 8.5m$ $B = 7.2m$ 플로터(a) = 0.5m×0.5 m 강재받침 SS400(fy=235MPa)	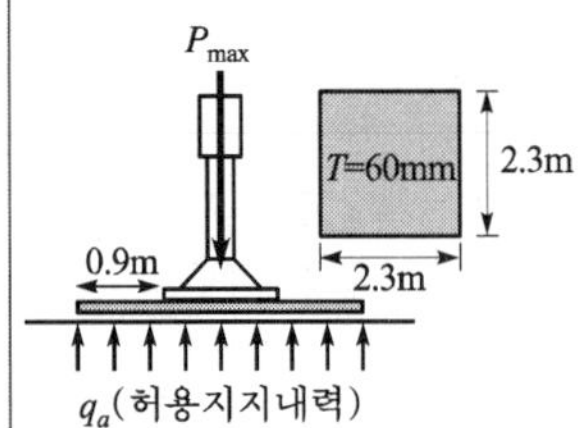

[1. 모멘트 계산법][충격하중 고려 시]

$V = (W + W_1) \times 1.3 = (67.0 + 10.0) \times 1.3 = 100.1ton$

$M = (W + W_1) \times R = (67.0 + 10.0) \times 10.0m = 770ton\ m$

$$L = \frac{\sqrt{A^2 + B^2}}{2} = \frac{\sqrt{8.5^2 + 7.2^2}}{2} = 5.57m$$

$$P_{max} = \frac{V}{4} + \frac{M}{L} = \frac{100.1}{4} + \frac{770.0}{5.57} = 163.266ton$$

[접지압]

$$q_{max}(깔판) = \frac{P_{max}}{b \times c} = \frac{163.266}{2.3 \times 2.3} = 30.8t/m^2$$

1) 지내력 검토

$q_{max} = 30.8ton/m^2 > q_a(= 20ton/m^2) ... N.G$

[2. 전체 중량 비례식 방법][충격하중 고려 시]

$P_{max} = [W + W_1] \times 0.7 \times 1.3 = 70.07ton$

[접지압]

$$q_{max}(깔판) = \frac{P_{max}}{b \times c} = \frac{70.07}{2.3 \times 2.3} = 13.25t/m^2$$

1) 지내력 검토

$q_{max} = 13.25ton/m^2 < q_a(= 20ton/m^2) ... O.K$

2) 강재 받침 휨 검토

[모멘트 계산법]

$$f_{1,2} = \frac{3 \times q \times a_{1,2}^2}{t^2} = \frac{3 \times 30.86 \times 0.9^2}{0.06^2} = 20832.6t/m^2 = 208.32MPa > f_{ba}(= 140MPa) ... NG$$

[전체 중량 비례식 방법]

$$f_{1,2} = \frac{3 \times q \times a_{1,2}^2}{t^2} = \frac{3 \times 13.25 \times 0.9^2}{0.06^2} = 8943.75t/m^2 = 89.43MPa < f_{ba}(= 140MPa) ... O.K$$

3) 강재 받침 전단검토[모멘트 계산법]

$$\tau_{1,2} = \frac{1.5 \times q \times a_1}{t} = \frac{1.5 \times 30.8631 \times 0.9}{0.06} = 694.42ton/m^2 = 6.94MPa \leqq f_{sa}(= 90MPa) ... O.K$$

- 지반의 허용지내력 q_a[건축물의 구조기준 등에 관한 규칙. 국토교통부령 제555호] (단위 : kN/m²)

지반	장기응력에 대한 허용지내력	단기응력에 대한 허용지내력
자갈과 모래와의 혼합물	200 (≒20t/m²)	각각 장기응력에 대한 허용지내력 값의 1.5배로 한다

타워크레인 안전관리 04-06

1. 타워크레인

기초 지반에 고정된 상태의 T자 형식으로 건설기자재 등을 수직 또는 수평으로 들어 올려 이동시키는 기계장치로써 기중기라고도 한다.

1) 타워크레인 구성 요소

(1) 기초Mat 또는 Pile
(2) 마스트Mast
(3) 텔레스코핑 케이지Telescoping
(4) 지브Jib
(5) 카운터웨이트Countweight
(6) 캣헤드Cathead
(7) 와이어로프Wirerope

2) 타워크레인 작용하중

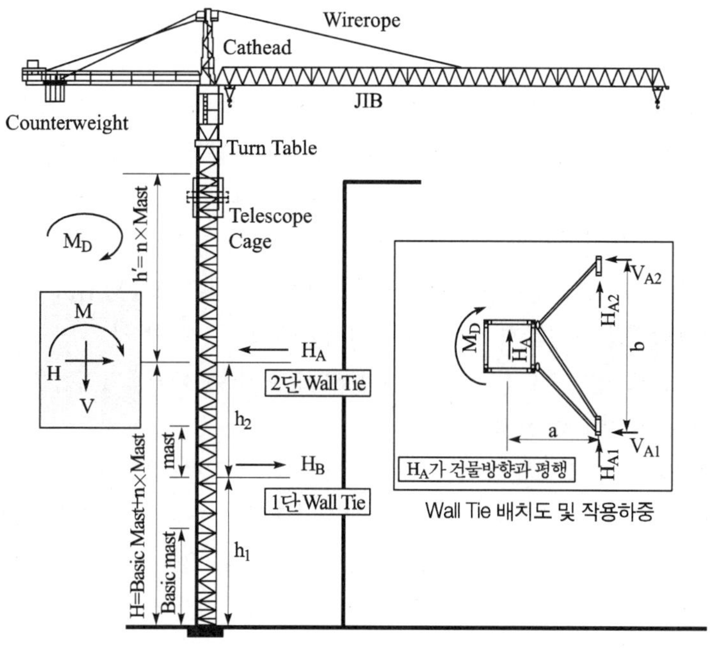

그림 4.1.10. 타워크레인 구성 요소와 작용하중

2. 타워크레인 작업계획서 내용[안전보건규칙제38조별표4]

1) 타워크레인의 종류 및 형식
2) 설치·조립 및 해체순서
3) 작업도구, 장비, 가설설비 및 방호설비

4) 작업인원의 구성 및 작업근로자의 역할 범위

5) 타워크레인 지지[안전보건규칙제142조]

타워크레인을 자립고 이상의 높이로 설치하는 경우 건축물 등의 벽체에 지지하도록 한다. 다만, 지지할 벽체가 없는 등 부득이한 경우에는 와이어로프에 의하여 지지할 수 있다.

(1) 건축물 벽체에 지지하는 경우 준수 사항

가. 산업안전보건법시행규칙에 따른 서면심사에 관한 서류(건설기계관리법 따른 형식승인서류 포함) 또는 제조사의 설치작업설명서 등에 따라 설치할 것

나. 가의 서면심사 서류 등이 없거나 명확하지 아니한 경우에는 국가기술자격법에 따른 건축구조·건설기계·기계안전·건설안전기술사 또는 건설안전분야 산업안전지도사의 확인을 받아 설치하거나 기종별·모델별 공인된 표준방법으로 설치할 것

다. 콘크리트구조물에 고정시키는 경우에는 매립이나 관통 또는 이와 같은 수준 이상의 방법으로 충분히 지지되도록 할 것

라. 건축 중인 시설물에 지지하는 경우에는 그 시설물의 구조적 안정성에 영향이 없도록 할 것

(2) 와이어로프로 지지하는 경우 준수 사항

가. 산업안전보건법시행규칙에 따른 서면심사에 관한 서류(건설기계관리법 따른 형식승인서류 포함) 또는 제조사의 설치작업설명서 등에 따라 설치할 것

나. 가의 서면심사 서류 등이 없거나 명확하지 아니한 경우에는 국가기술자격법에 따른 건축구조·건설기계·기계안전·건설안전기술사 또는 건설안전분야 산업안전지도사의 확인을 받아 설치하거나 기종별·모델별 공인된 표준방법으로 설치할 것

다. 와이어로프를 고정하기 위한 전용 지지프레임을 사용할 것

라. 와이어로프 설치각도는 수평면에서 60도 이내로 하되, 지지점은 4개소 이상으로 하고, 같은 각도로 설치할 것

마. 와이어로프와 그 고정부위는 충분한 강도와 장력을 갖도록 설치하고, 와이어로프를 클립·샤클Shackle(연결고리) 등의 고정기구를 사용하여 견고하게 고정시켜 풀리지 않도록 하며, 사용 중에는 충분한 강도와 장력을 유지하도록 할 것. 이 경우 클립·샤클 등의 고정기구는 한국산업표준 제품이거나 한국산업표준이 없는 제품의 경우에는 이에 준하는 규격을 갖춘 제품일 것

바. 와이어로프가 가공전선에 근접하지 않도록 할 것

3. 타워크레인의 작업 제한 및 이상유무 점검

1) 폭풍 등으로 인한 이상 유무 점검[안전보건규칙제143조]
   (1) 순간풍속이 매초당 30미터를 초과하는 바람이 불어온 후
   (2) 중진이상의 진도의 지진 후

2) 타워크레인 작업제한 조건][안전보건규칙제37조]
   (1) 순간풍속이 매초당 10미터를 초과하는 경우(설치, 수리, 점검 또는 해체작업 중지 및 철골 작업 중지)
   (2) 순간풍속미 매초당 15미터를 초과하는 경우(타워크레인 운전작업 중지)

3) 크레인 이탈방지조치[산업안전규칙제140조]
   순간풍속이 매초당 30미터를 초과하는 바람 불어올 경우(옥외 크레인 이탈방지조치 할 것)

4. 타워크레인의 작업 시의 조치 사항[안전보건규칙제146조]

1) 유인 크레인 작업 시 조치
   (1) 인양할 하물을 바닥에서 끌어당기거나 밀어내는 작업을 하지 아니할 것
   (2) 유류드럼이나 가스통 등 운반 도중에 떨어져 폭발하거나 누출될 가능성이 있는 위험물 용기는 보관함(또는 보관고)에 담아 안전하게 매달아 운반할 것
   (3) 고정된 물체를 직접 분리·제거하는 작업을 하지 아니할 것
   (4) 미리 근로자의 출입을 통제하여 인양 중인 하물이 작업자의 머리 위로 통과하지 않도록 할 것
   (5) 인양할 하물이 보이지 아니하는 경우에는 어떠한 동작도 하지 아니할 것(신호하는 사람에 의하여 작업을 하는 경우는 제외)

2) 무인 크레인 작업 시 조치[조종석이 설치되지 않은 크레인]
   (1) 무선원격제어기 또는 펜던트 스위치를 설치·사용할 것
   (2) 무선원격제어기 또는 펜던트 스위치를 취급하는 근로자에게는 작동요령 등 안전조작에 관한 사항을 충분히 주지시킬 것

3) 타워크레인을 사용하여 작업을 하는 경우 타워크레인마다 근로자와 조종 작업을 하는 사람 간에 신호업무를 담당하는 사람을 각각 둘 것〈신설 2018. 3. 30.〉

4) 타워크레인 안전조치사항[산안법시행규칙제101조]
   (1) 충돌방지장치 설치 등 충돌방지 조치할 것
   (2) 타워크레인 설치·해체 작업 동안 작업과정 전반을 영상으로 기록하여 대여기간 동안 보관할 것

5. 타워크레인 검사 강화[건설기계관리법제20조의3]

1) 사용기간 별 검사

10년 미만	10년 이상	15년 이상	20년 이상
• 정기검사 • 설치 시, 설치 후 매 6개월 마다	• 정밀검사	• 15년 경과 후 매 2년 마다 비파괴 검사 의무	• 내구연한 20년 • 원칙적 사용제한 • 예외적[정밀안전진단 후 인정 시 3년 단위 연장 허용]
*정기안전점검 점검자 자격기준 : 건설기계관리법시행규칙의 타워크레인검사대행자의 검사원 이상 자격이상의 자격을 갖춘자			

2) 신규등록 강화

(1) 17년 7월 이후 수입한 중고 타워크레인 등록

(2) 해체상태에서 실시한 비파괴 검사 결과 서류 제출

6. 타워크레인 해체 작업순서 및 안전대책

타워크레인 해체 작업순서 및 사고 위험 요인

타워크레인이 지면과 최대한 가까워지도록 텔레스코핑 작업진행

↓

카운터 웨이트 해체[메인 지브와 균형 유지] -사고위험공종[카운터 웨이트 미해체할 경우]

↓

이동식 크레인을 사용하여 메인 지브를 적정 각도로 들어올린 후 타이바 해체-사고위험공종 [마스트 볼트 해체 후 상부구조물 지지볼트 일부만 체결 할 경우]

↓

메인 지브 해체 후 카운터 지브 해체

↓

캣헤드 및 운전실 해체

↓

텔레스코픽 케이지 및 베이직 마스트 해체

안전대책

1. 기종선택과 년식 확인(반입검사)
2. 작업계획서 수립 및 작업 시 검토와 반영
3. 적정 비용과 작업시간 반영한 계약 체결 [원청-T/C임대업체-T/C해체업체]
4. 정기검사, 사전검사, 자율안전검사 철저 [검사원 자격 및 검사업체 선정 철저]
5. 해체작업 관리감독

[재해발생 현황분석(1999~ 2003)]

※ 타워크레인 재해 중 약 50%가 텔레스코핑 시의 사고임을 고려하여 작업절차를 반드시 준수할 것

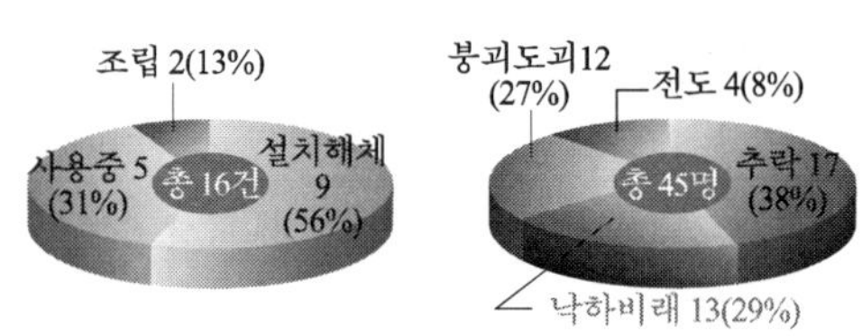

(발생 시기별) (재해 시기별)

그림 4.1.11. 타워크레인 해체 작업순서 및 안전대책

7. 타워크레인 안전장치

타워크레인 설치 의무화 안전장치[국토교통부 보도자료, 2020.1.23.]

구분		비고
속도제한장치		• 권상·기복 작업에 대하여 일정한 높이마다 속도를 단계별로 제한하는 장치
정격하중 경고 · 확인장치	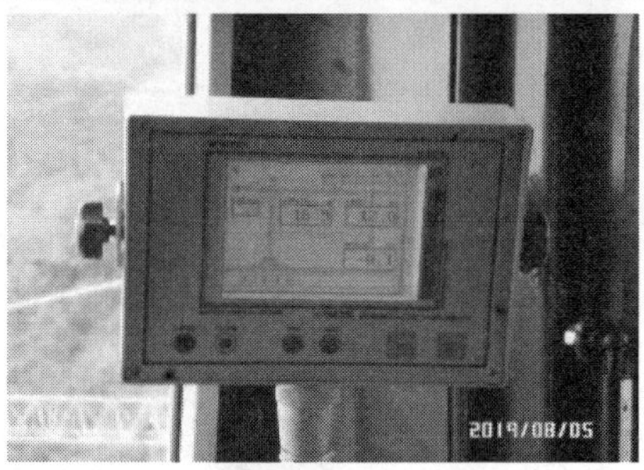	• 조종사가 타워크레인의 거리별 하중을 시각적으로 내용을 확인할 수 있는 장치
이상경고장치		• 안전장치의 이상이 발생하는 경우 주변 작업자들에게 위험을 안내할 수 있는 장치

리프트 안전관리 04-07

1. 리프트 방호장치 및 안전조치

건설작업용 리프트는 동력을 사용하여 가이드레일을 따라 상하로 움직이는 운반구에 사람이나 화물을 적재하여 운반하는 설비 또는 유사한 구조 및 성능을 가진 것을 말한다.

1) 리프트 방호장치(운반구 이탈 등의 위험방지용 방호장치 종류)[안전보건규칙제151조]

(1) 권과방지장치[3]

(2) 과부하방지장치[4]

(3) 비상정지장치[5]

2) 사용 중 안전조치

(1) 무인작동의 제한[안전보건규칙제152조]

(2) 피트 청소 시 조치[안전보건규칙제153조]

가. 승강로에 각재 또는 원목 등을 걸칠 것

나. 구동모터 또는 윈치를 확실하게 제동해 둘 것

(3) 붕괴 방지 조치 할 것[안전보건규칙제154조] : 순간 풍속이 초당 35m/sec 초과할 경우 보강조치 할 것

(4) 운반구의 정지 위치[안전보건규칙제155조] : 주행로 위에 달아 올린 상태로 정지시켜 두지말 것

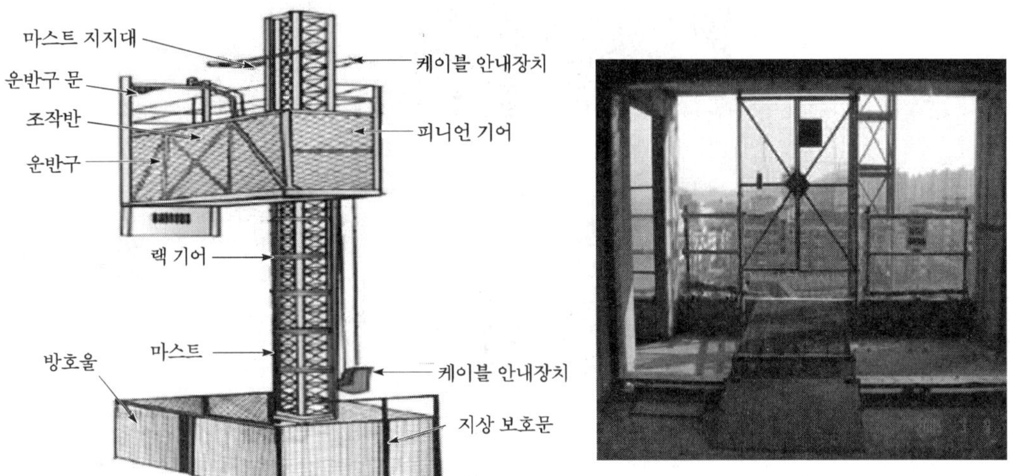

그림 4.1.12. 건설용 리프트 및 출입구 안전시설

3) 운반구가 승기로의 최상부에 도착 전 리미트 스위치가 작동하여 운전을 정지시키는 방호장치

4) 양중기의 정격하중이상의 하중(적재하중의 1.1배 초과 하중)이 부하되었을 경우 자동으로 정지시켜 주는 방호장치로써 "전기식 과부하방지장치"는 모터가 구동하여야 만 전기적 신호를 검출하여 작동하므로, 리프트가 2층이나 3층에서 정지 상태로 적재하중을 초과하는 제품을 적재하더라도 승·하강 전까지는 과부하방지장치가 작동하지 않아 사고발생 위험이 높다.(안전인증제도도입이후에는 전기식사용 불가)

5) 비상정지장치(Emergency Stop Switch)란 리프트의 작동 중 비상사태가 발생한 경우 작동을 중지하도록 하는 장치로 순간정지식과 순차정지식이 있다. 비상정지장치는 작동스위치 보다 2~3배 큰 크기의 적색, 돌출형 스위치가 많다.

2. 리프트 설치·조립·수리·점검 또는 해체 작업 시 조치사항[안전보건규칙제156조]

1) 작업을 지휘하는 사람을 선임하여 그 사람의 지휘하에 작업을 실시할 것
2) 관계 근로자 외 출입 금지하고 그 취지를 보기 쉬운 장소에 표시할 것
3) 비·눈 또는 기상 상태가의 불안으로 날씨가 몹시 나쁠 때에는 작업 중지시킬 것
4) 작업지휘자의 유의사항
   (1) 작업방법과 근로자의 배치를 결정하고 당해 작업을 지휘하는 일
   (2) 재료의 결함유무 또는 기구 및 공구의 기능을 점검하고 불량품을 제거하는 일
   (3) 작업중 안전대 등 보호구의 착용상황을 감시하는 일

곤돌라 안전관리 04-08

1. 곤돌라 정의

곤돌라Gondola는 달기발판 또는 운반구, 승강장치, 기타의 장치 및 이들에 부속된 기계부품에 의하여 구성되고, 와이어로프 또는 달기강선에 의하여 달기발판 또는 운반구가 전용의 승강장치에 의하여 상승 또는 하강하는 설비를 말한다.

2. 곤돌라 안전점검 사항

1) 와이어로프 상태
2) 운반구 상태
3) 지지대 상태
4) 구명줄 설치 여부
5) 승강장치 상태
6) 제동 및 제어장치의 상태

3. 곤돌라 안전대책

1) 사용의 제한
   고용노동부장관이 정하는 제작 및 안전기준에 적합하지 않는 것은 사용금지할 것
2) 곤돌라 방호장치
   (1) 권과방지장치 : 와이어로프를 감아서 물건을 들어올리는 기계장치(호이스트, 리프트, 크레인, 데릭 등)에서 로프가 너무 많이 감기거나 풀리는 것을 방지하는 장치
   (2) 과부하방지장치
   (3) 제동장치

승강기 안전관리 04-09

1. 폭풍 등으로 인한 무너짐 방지[안전보건규칙제161조]

순간풍속이 매초당 35미터를 초과할 경우 무너짐 방지조치 할 것

2. 승강기의 설치·조립·수리·점검 또는 해체작업 안전조치[안전보건규칙제162조]

1) 작업을 지휘하는 사람을 선임하여 그 사람의 지휘하에 작업을 실시할 것
2) 관계근로자외 출입 금지할 것
3) 비, 눈, 날씨가 몹시 나쁠 때에는 작업 중지할 것
4) 작업지휘자의 준수사항
   (1) 작업방법과 근로자의 배치를 결정하고 당해 작업을 지휘하는 일
   (2) 재료의 결함유무 또는 기구 및 공구의 기능을 점검하고 불량품을 제거하는 일
   (3) 작업중 안전대 등 보호구의 착용 상황을 감시하는 일

3. 근로자 승강설비 설치[안전보건규칙제46조]

1) 승강설비 설치 위치

   높이 또는 깊이가 2미터를 초과하는 장소에서 작업하는 경우 해당 작업에 종사하는 근로자가 안전하게 승강하기 위한 건설용 리프트 등의 설비를 설치할 것

2) 승강설비 예외

   승강설비 설치 작업이 성질상 곤란한 경우는 예외로 한다.

와이어로프와 섬유벨트 안전관리 04-10

1. 와이어로프 관리 기준

1) 달비계용 와이어로프 사용 금지[안전보건규칙제63조]
   (1) 이음매가 있는 것
   (2) 와이어로프의 한 꼬임에서 끊어진 소선[필러Pillar선은 제외)]의 수가 10퍼센트 이상(비자전로프의 경우에는 끊어진 소선의 수가 와이어로프 호칭지름의 6배 길이 이내에서 4개 이상이거나 호칭지름 30배 길이 이내에서 8개 이상)인 것
   (3) 지름의 감소가 공칭지름의 7퍼센트[6]를 초과하는 것

---

6) 공칭지름의 7%[Φ20인 경우, 20mm x 7% =1.4mm]

(4) 꼬인 것
(5) 심하게 변형되거나 부식된 것
(6) 열과 전기충격에 의해 손상된 것

2. 와이어 로프 표기 방법 및 수명관리방법

1) 와이어로프 표기 방법

구성 기호(예시)	내용		
$6 \times Fi(25) + IWRC$ B종 $20mm$ 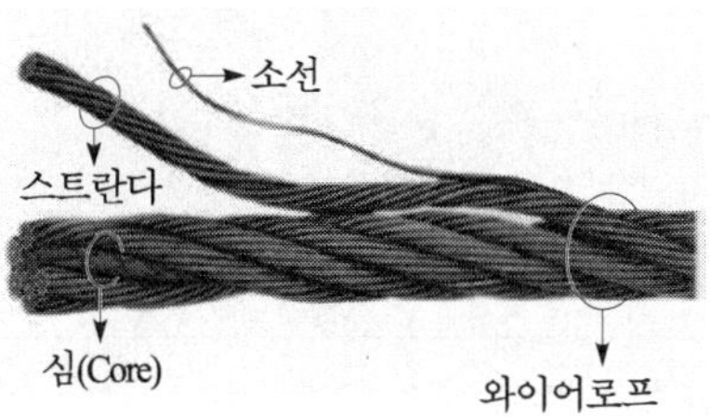	6	로프의 구성(스트랜드 수)	
	Fi (형태 기호)	S	Seal- Type
		W	Warring-Type
		Fi	Filler- Type
		Ws	Warring-Seal
	25	스트랜드 구성 수(소선 수)	
	심강의 종류	섬유(Fiber)	
		Wire Strand Core(WSC)	
		Independent Wire Rope(IWRC)	
	B종	종별(소선의 인장강도)	
	20	로프 직경	

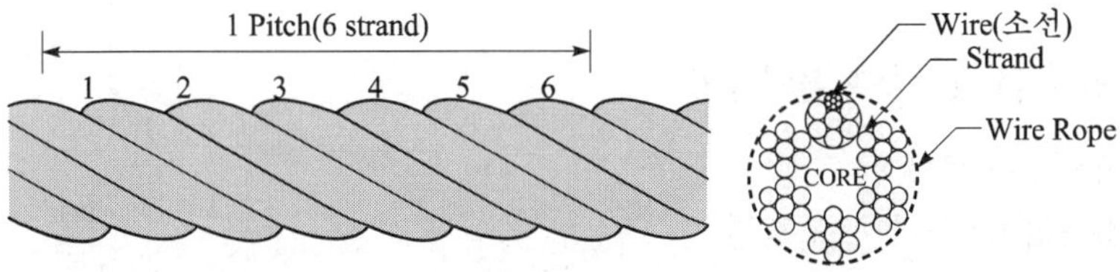

2) 달비계용 와이어로프 수명 관리 방법

와이어 로프의 수명은 사용시간 보다 작동 운동량과 밀접한 관계가 있으므로 권양회수, 일의 양 등을 매일 작업일지에 기록하고 주 1~2회 정기적으로 자율적 점검을 실시해야 한다.

(1) 마모Abrasion : 마모에 의한 절단하중 감소율을 추정할 경우 손상부위의 지름을 측정하여 관리한다.
(2) 부식Corrosion : 부식에 의한 절단하중의 감소는 표준과 비교하여 감소율을 결정한다.
(3) 소선파단Wire Break : 단선이 많이 발생된 지점에서 로프레이Ropelay내에 Wire 단선을 조사한다.
(4) 형상붕괴Form Collapse : 와이어 로프의 형상 찌그러짐, 굴곡, 킹크Kink, 피치 변형 등을 신제품과 비교하여 점검한다.
(5) 편심Eccentric : 사용상태에서 편심이 왜 일어나는가를 조사한다.

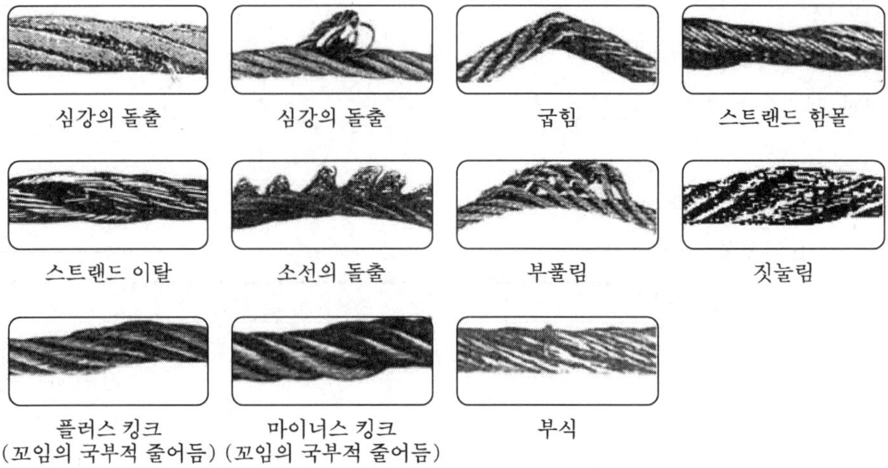

그림 4.1.13. 와이어로프 폐기기준

학습 Note **슬링Sling**

상자나 통 등을 달아 올리기 위한 달기구의 일종으로 훅만 혹은 훅과 링을 양단에 달은 체인, 와이어로프, 벨트 등을 말한다. 체인 슬링, 로프 슬링, 벨트 슬링 등이 있다.

3. 와이어 로프 단말 고정법과 절단방법

1) 와이어로프 단말 고정법

(1) 아이스플라이스Eye Splice고정법

로프의 단말을 링 형태로 가공하는 방법으로 슬링용 로프에 이용된다. 가공은 로프 단말의 스트랜드를 풀어 로프 본체에 질러 넣은 것으로 5회 이상 꼬아 넣어야 한다.

(2) 합금 고정법

단말부에 금형 또는 소켓을 부착하여 용융금속 주입

(3) 압축 고정법

파이프형태의 슬립Slip에 와이어로프 넣고 압착 고정

2) 와이어로프의 절단방법

(1) 반드시 기계적인 방법에 의하여 절단할 것

(2) 가스용단 등 열에 의한 방법으로 절단하지 말 것

(3) 아크, 화염, 고온부 접촉 등 열 영향을 받은 와이어로프 사용 금지할 것

종류		형태	단말 이음 효율	
아이 스플아리스 Eye-splice	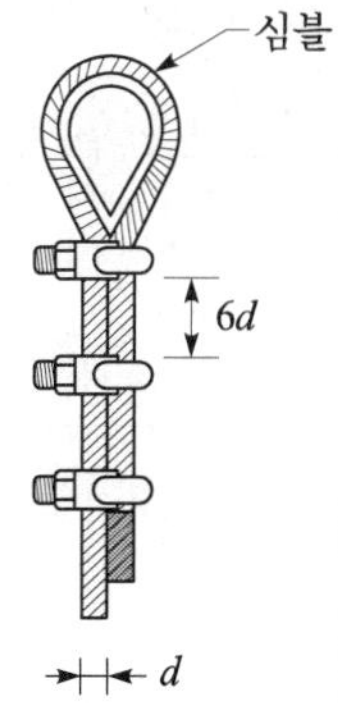		6밀리미터	90퍼센트
			9밀리미터	88퍼센트
			12밀리미터	86퍼센트
			18밀리미터	82퍼센트
소켓 Socket			100퍼센트	
록 Lock		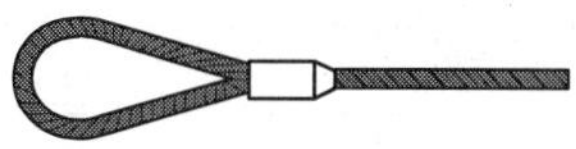	24밀리미터	95퍼센트
			26밀리미터	92.5
클립 Clip		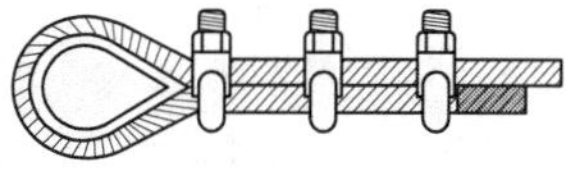	75~80퍼센트	
웨지 Wedge		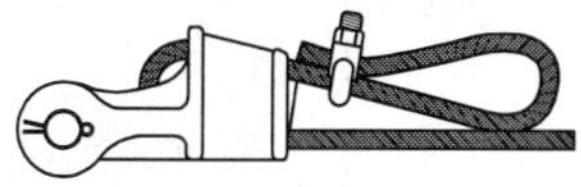	75~90퍼센트	

그림 4.1.14. 단말 이음 효율,크레인 달기기구 및 줄걸이 작업용 와이어로프의 작업에 관한 기술지침, 2015

4. 와이어로프 클립Clip 고정법

클립과의 간격은 와이어로프직경의 6배 이상일 것

〈클립고정 개수〉

와이어로프의 지름 (밀리미터)	클립수
16이하	4개
16초과 – 28 이하	5개
28초과	6개

〈클립고정법〉

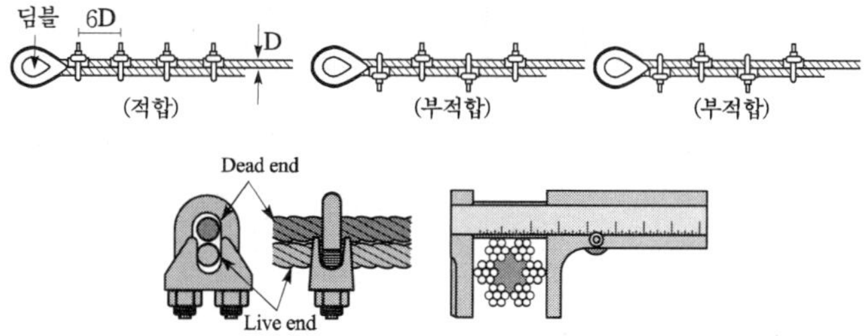

그림 4.1.15. 와이어로프 클립 고정법

5. 와이어로프 안전계수

1) 안전계수Safety Factor[7])란 달기구 절단하중[8])의 값을 그 달기구에 걸리는 하중의 최대값으로 나눈 값을 말한다.

구분	안전계수	구분		안전계수
와이어 로프(강선)	10	와이어로프	근로자탑승	10
달대비계(철선)	8		화물지지	5
가설계단	4		기타	4

$$\text{안전계수} = \frac{\text{절단하중}}{\text{양중 최대하중}} = \frac{\text{극한하중}}{\text{허용하중}}$$

- 비계 및 안전시설물에 사용되는 부속품의 안전계수 : 극한하중에 대한 허용하중의 비

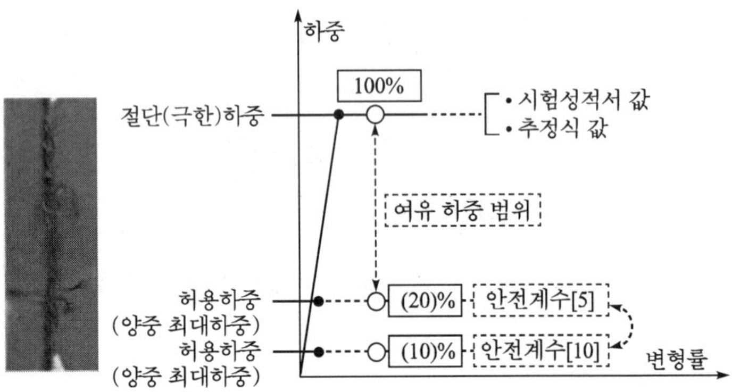

7) 안전보건규칙이나 비계 및 안전시설물 등에서 양중작업 로프나 부재(동바리, 폼타이 등)의 안전계수로 제시한 절단하중(파단하중) 값 또는 극한하중은 로프 등이 끊어지게 하는 최대하중을 의미한다. 걸리는 최대값은 들어 올리는 부재나 자재의 총량을 말하며 이 값은 허용하중과는 다르다. 허용하중은 절단하중을 안전계수로 나눈 값이 되며 이 값은 걸리는(들어 올릴 수 있는) 최대하중의 상한값이 된다. 따라서 안전계수 값은 1보다 큰 값이 되어야 하고 그 값은 안전보건규칙 등에서 정하고 있는 안전계수 값 이상이어야 한다. 안전율이란 부재의 허용응력(즉 안전계수가 적용된 값)을 설계하중으로 나눈 결과이므로 이 값은 항상 1보다 작아야 안전성이 확보된다.

8) 절단하중이란 와이어로프(또는 벨트 슬링) 규정에 따라 결정되는 파단 시 하중

2) 와이어로프에 걸리는 하중

줄걸이 각도(θ)

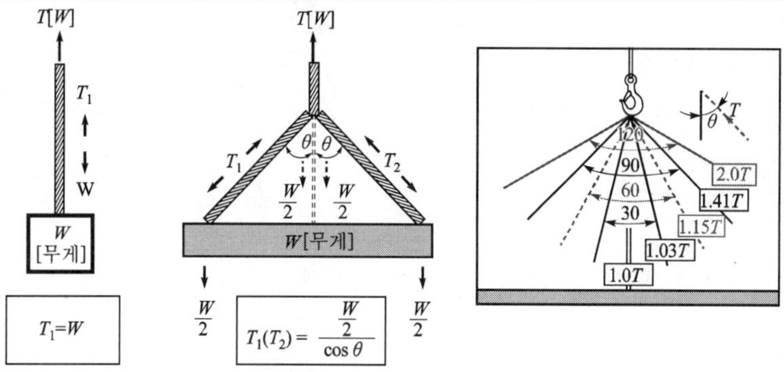

[양중걸이 각도와 하중계수]

각도와 하중계수9)

각도 (θ°)	2줄 사잇각	하중계수 (c)
0	0	1.00
15	30	1.03
30	60	1.15
45	90	1.41
60	120	2.00

학습 Note **두 줄걸이작업에서 두 줄의 사잇각이 동일한 경우 한줄에 걸리는 인장력 계산(예)**

하물의 중량(W)이 10톤이고 두 줄의 사잇각이 60도($\theta=30°$)라면 하중계수는 1.15이므로

1) 각도를 이용한 경우

$$T_1=\frac{\frac{10\text{ton}}{2}}{\cos(30)}=5.77\text{ton}$$

2) 또는 하중계수를 이용한 경우

$T_1=5\text{ton}\times1.15=5.75\text{ton}$으로 계산할 수 있다.

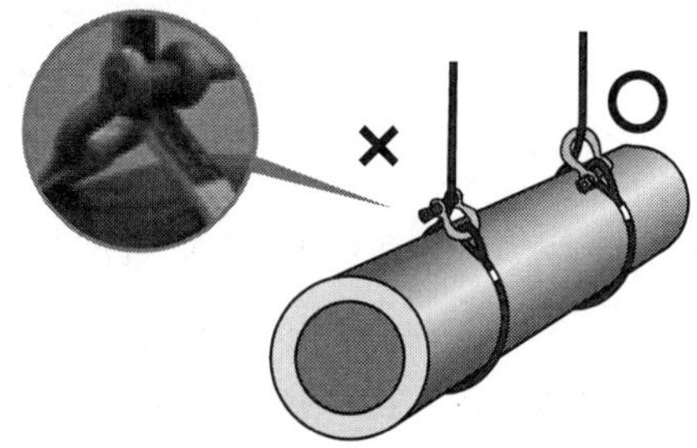

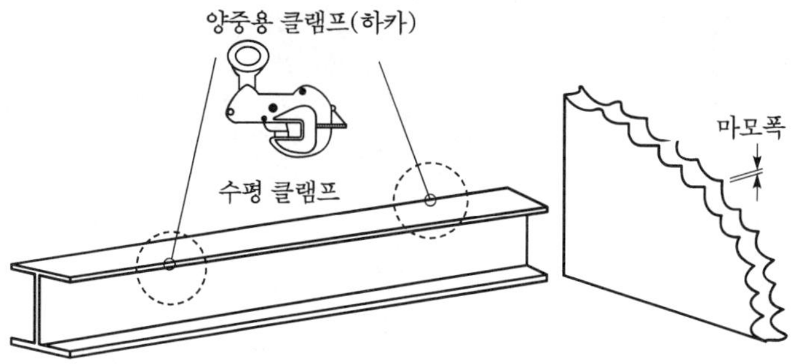

사용하중	마모폭
0.5ton	0.5mm
1.0ton	0.6mm
2.0ton	0.8mm
3.0ton	1.0mm
5.0ton	1.2mm

* 마모폭 이상으로 마모된 것은 치판을 신제품으로 교환할 것

그림 4.1.16. 샤클 줄걸이 방법과 클램프

9) 하중계수의 의미는 훅에 매다는 로프의 각도를 60도 이내로 제한하면 로프에 걸리는 하중의 증가는 0도에 비교해서 15%정도 증가함을 의미한다. 반면에 2줄 사잇각이 120도가 되면 0도에 비하여 2.0배 증가함을 뜻한다.

6. 섬유벨트 및 달기체인 사용금지

1) 섬유로프 또는 안전대의 섬유벨트(벨트 슬링) 사용 금지 조건[안전보건규칙제169조]

(1) 꼬임이 끊어진 것

(2) 심하게 손상되거나 부식된 것

(3) 2개 이상의 작업용 섬유로프 또는 섬유벨트를 연결한 것

(4) 작업높이보다 길이가 짧은 것

2) 벨트 슬링의 특징

(1) 벨트 슬링은 와이어로프나 체인보다 가볍고 취급이 용이하다.

(2) 유연성이 우수하다.

(3) 와이어로프에 비하여 강도가 매우 약해 취급에 주의가 요구된다.

3) 벨트 슬링의 파단하중

일반적으로 벨트 슬링의 파단하중 추정은 제조사의 시험성적서에 따르게 되지만 1밀리미터당 200킬로그램으로 계산하여 추정할 수 있다. 예를 들면 폭 75밀리미터이면 75×200 = 15,000킬로그램으로 15톤에 해당된다. 이 값에 안전율 5.0을 적용하면 3.0톤이 양중가능 하중이 된다.

한국기계전기전자시험연구원 단체표준[SPS-KTC-B6241-6216]의 벨트 슬링Webbing slings for lifting purposes기준에 따르면 파단하중은 아래 표와 같다. 이 표에서 75밀리미터 파단하중은 100~300킬로뉴튼으로 양끝고리형 및 쇠걸이붙이 등급Ⅲ에 해당되는 값과 추정값이 유사함을 알 수 있다.

폭(mm)	파단하중(kN)					
	양끝고리형 및 쇠걸이붙이			엔드리스형		
	등급			등급		
	Ⅰ	Ⅱ	Ⅲ	Ⅰ	Ⅱ	Ⅲ
25	30 이상	40 이상	50 이상	60 이상	75 이상	100 이상
35	50 이상	60 이상	75 이상	100 이상	125 이상	150 이상
50	60 이상	75 이상	100 이상	125 이상	150 이상	190 이상
75	100 이상	125 이상	150 이상	190 이상	250 이상	300 이상
100	125 이상	150 이상	190 이상	250 이상	300 이상	400 이상
150	190 이상	250 이상	300 이상	400 이상	500 이상	600 이상
200	250 이상	300 이상	400 이상	500 이상	600 이상	750 이상
250	300 이상	400 이상	500 이상	600 이상	750 이상	1000 이상
300	400 이상	500 이상	600 이상	750 이상	1000 이상	1250 이상

주) 쇠걸이를 포함하지 않는다.

4) 벨트 슬링 종류 및 형식

(1) 형식 : 양끝고리형, 엔드리스형, 쇠걸이 붙이형

(2) 등급 : Ⅰ, Ⅱ, Ⅲ(각 등급은 25% 차이)

(3) 양끝고리형 벨트 슬링(예)

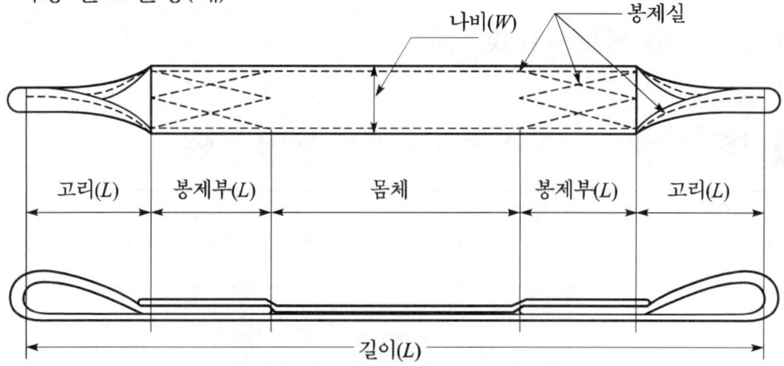

그림 4.1.17. 양끝고리형 벨트 슬링(예)

아래 표는 건설현장에서 일반적으로 많이 사용하고 있는 벨트 슬링의 파단하중과 양중방법에 따른 허용하중을 제시하고 있다. 이 파단하중은 1밀리미터당 200킬로그램으로 계산하여 추정값과 일치하고 있음을 알 수 있다. 한국산업안전공단인증 과정의 S마크 슬링벨트의 경우에는 안전율이 7:1로서 산업안전보건기준에 관한 규칙의 5:1[물건을 양중할 경우]보다 강화된 기준이 적용된다.

일반적으로 슬링벨트 규격상 1인치[25.4밀리미터]의 안전하중[양중가능하중]은 800킬로그램을 적용하여 계산하기도 한다. 즉 75밀리미터라면 75밀리미터는 25밀리미터의 3.0배이므로 3.0×800=2400킬로그램이 된다. 1밀리미터에 200킬로그램를 적용한 후 안전율6.0을 적용한 값과 비슷한 결과이다.

폭(mm)	Straight (kg)	Choker (kg)	Basket(kg)		Breaking Load(kg)
			Single	Two ply	
		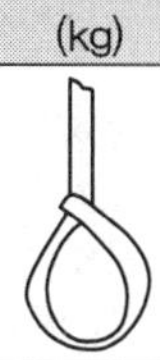		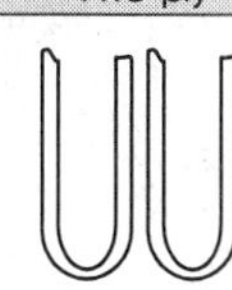	
25	800	650	1600	3200	5000
50	1600	1300	3200	6400	10000
75	2400	1900	4800	9600	15000
100	3200	2550	6400	12800	20000
150	4800	3850	9600	19200	30000
200	6400	5100	12800	25600	40000
250	8000	6400	16000	32000	50000
300	9600	7700	19200	38400	60000

3) 달기체인 등의 사용금지[안전보건규칙제167조]

(1) 달기체인의 길이의 증가가 그 달기체인이 제조된 때의 길이의 5퍼센트를 초과한 것

(2) 링의 단면지름의 감소가 그 달기체인이 제조된 때의 당해 링의 지름의 10퍼센트를 초과한 것

(3) 균열이 있거나 심하게 변형된 것

학습 Note 2줄 걸이 방법에 따른 와이어 로프 인장력 계산식과 예제

$\cos(0°) = 1.0$	$\cos(30°) = \frac{\sqrt{3}}{2} = 0.866$	$\cos(60°) = \frac{1}{2} = 0.5$
$T_1 = \frac{1}{\cos(0°)} \times \frac{W}{2} = 1.0 \times \frac{W}{2}$	$T_1 = \frac{1}{\cos(30°)} \times \frac{W}{2} = 1.1547 \times \frac{W}{2}$	$T_1 = \frac{1}{\cos(60°)} \times \frac{W}{2} = 2.0 \times \frac{W}{2}$
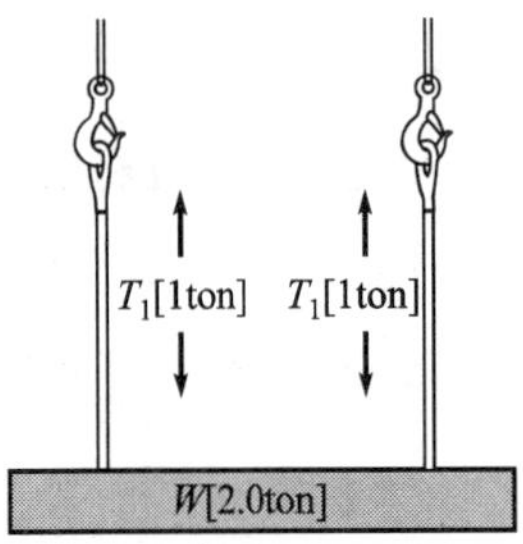	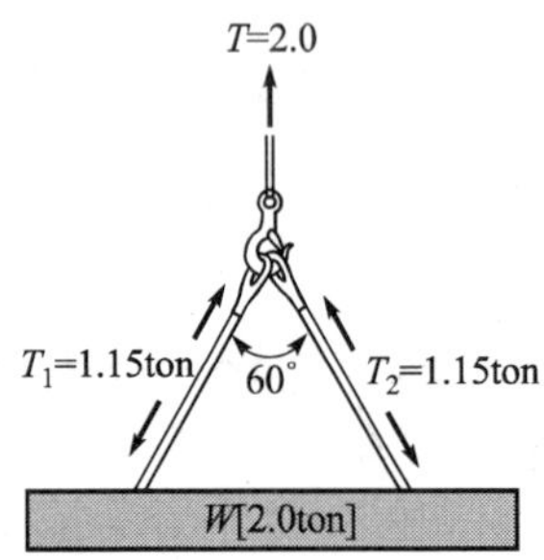	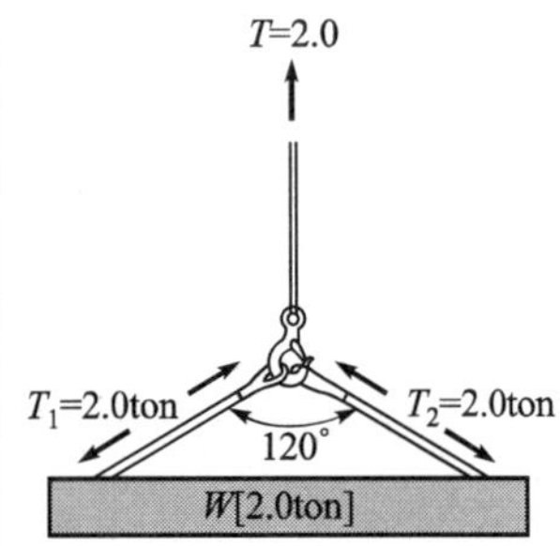

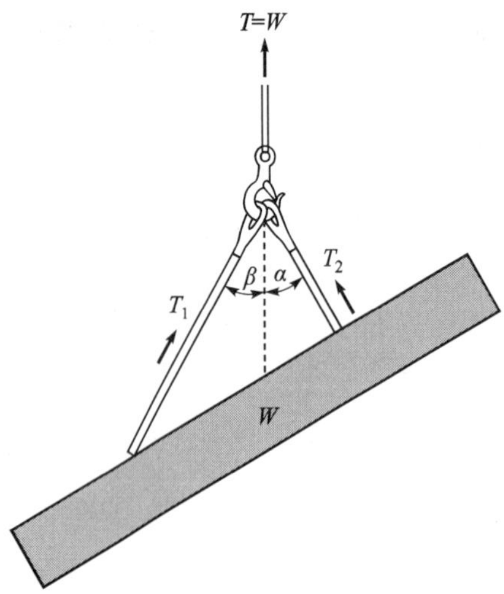

[와이어로프 인장력]

$$T_1 = \frac{W \times \sin(\alpha)}{\sin(\alpha + \beta)}$$

$$T_2 = \frac{W \times \sin(\beta)}{\sin(\alpha + \beta)}$$

[로프에 걸리는 하중 계산(예)]

1) 조건 : 중량 100kN,
   사잇각 α=20, β=15도 일 때

2) T_1 인장력 계산

$$T_1 = \frac{100 \times \sin 20°}{\sin(20° + 15°)} = 59.63kN$$

3) T_2 인장력 계산

$$T_2 = \frac{100 \times \sin 15°}{\sin(20° + 15°)} = 45.12kN$$

학습 Note 줄걸이용 와이어로프 안전계수 계산 방법 및 절차

구분	와이어로프 절단(파단)하중을 알고 있는 경우		
안전계수 계산 조건	$\text{안전계수}(N) = \dfrac{\text{와이어로프 파단하중}(F) \times \text{줄 수}(n) \times \text{연결 고정 이음 효율}(n_r)}{\text{양중 하중의 최댓값}(W) \times \text{하중계수}(c)}$		
	와이어로프 파단하중(F)	[6×19 A종 12.5]	78.4(kN)
	줄수	2줄 걸이 방법	-
	연결고정 이음 효율(n_r)	아이스플라이스	82%
	양중 최댓값(W)	철근 다발	20(kN)
	하중계수(c)	사잇각 60도	1.15

줄걸이 방법

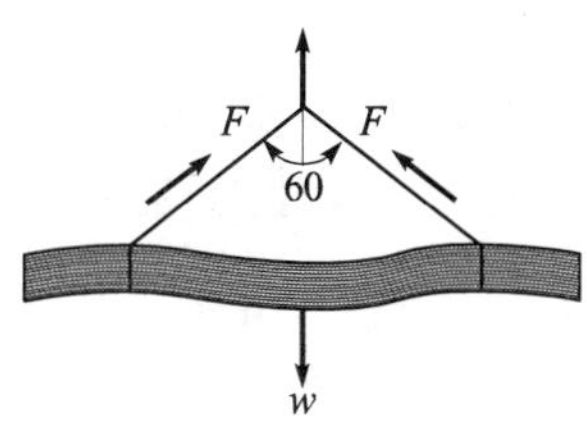

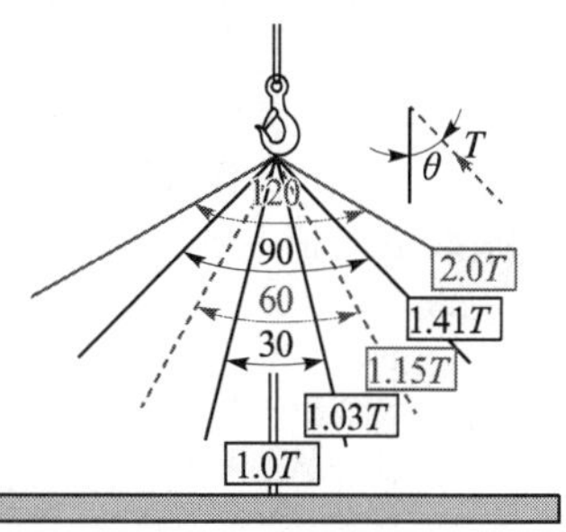

안전계수 및 안전성 계산

안전계수 계산	안전계수[안전보건규칙]	평가
$\text{안전계수}(N) = \dfrac{78.4kN \times 2 \times 0.82}{20kN \times 1.15} = 5.59$	5.0	O.K

• 안전계수 5.0은 정하중 효과만 반영된 것으로 판단하고 동하중 영향을 추가로 고려하여 계산하면 다음과 같다.

정하중 (W)(kN)	추가하중 증가율	추가고려 항목 하중(kN)		양중 최댓값(kN)	안전계수	평가
20	25%	기울기	5	35	3.12	N.A
		바람	5			
		회전	5			

$$\text{안전계수, 동하중 고려}(N) = \frac{78.4kN \times 2 \times 0.82}{35kN \times 1.15} = 3.12$$

• 추가 고려 항목

구분	지면기울기		바람		주행 및 회전	
	1%	2%	5m/s~10m/s	18m/s 이상	주행	회전
인양능력감소율	20%	작업중지	20%	작업중지	20%	20%
하중증가율	25%	-	25%	-	25%	25%

학습 Note 와이어로프가 지지할 수 있는 최대허용인장하중($P_{t,a}$)

와이어로프 한 줄이 지지할 수 있는 최대허용인장하중($P_{t,a}$)은 파단하중($P_{t,MAX}$)을 안전계수($Factor\ of\ Safety$) 만큼 감소시킨 값이며, 로프 한 줄에 매달 수 있는 최대 양중 가능하중은 다음과 같이 계산할 수 있다.

$$P_{t,a} = \frac{P_{t,MAX}}{Factor\ of\ Safety}$$

파단하중을 모를 경우에는 다음 식으로 추정해 볼 수 있다.

$$P_{t,\max}(ton) = \frac{지름(mm) \times 지름(mm)}{20}$$

종류(지름 20mm)		KS4호(6x24)F.C	KS6호(6x37)F.C	6xFi(25)IWRC
파단하중 (ton)	시험값	18.6	21.6	27.5
	추정값	20.0	20.0	20.0
최대양중하중(ton) 안전율 5.0	시험값	3.72	4.26	5.5
	추정값	4.0	4.0	4.0

권상용 와이어로프 안전율 = 파단하중/허용하중

* 파단하중 : 국가표준규격[KSD3514 규정]에 따른 파단시 하중
* 허용하중 : 양중하중(들어 올리는 실제하중)

학습 Note 로프 안전성 검토 사례

구분	PSC거더와 와이어로프	
줄걸이 작업		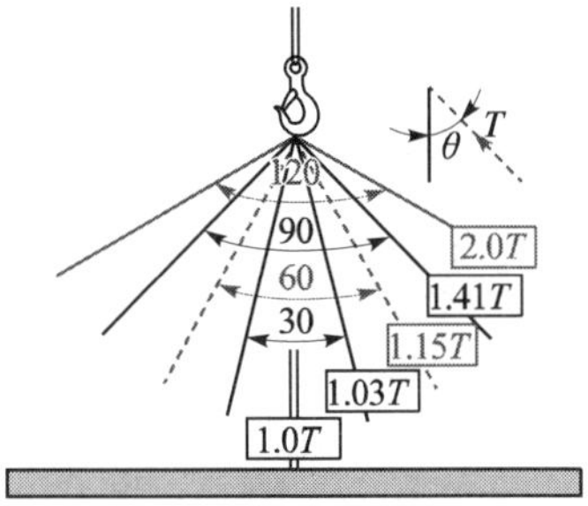

	줄걸이 방법	양중하중(kN)(1)		한 줄에 걸리는 하중 (kN)	로프 파단하중 (kN)	사용가능 로프직경 (mm)
		인양하중	충격하중 (20%)			
와이어로프 구조검토	2줄걸이	1350	270	465.75	2,328.75	68.9 이상
	• 양중하중=주형보 무게(1350kN) • 충격하중=양중하중의 20%로 가정(1350*0.2=270kN [인양물 들고 회전하는 경우][이동식크레인양중작업의 안정성검토지침, 2014] • 한 줄에 걸리는 하중=[인양하중+충력하중]/4*하중계수(1.15)=465.75kN • 안전율=5.0 • 로프 파단하중=한 줄에 걸리는 하중*안전율=405.75×5=2,328.75kN≒237.6ton • Wire Rope 파단하중 약산식 =지름*지름/20(ton) • 사용가능 로프 직경(∅)= $\sqrt{237.6\times20}$ ≒68.9mm 이상 ∴∅74mm 이상[1 줄일 경우]					

지게차/둥근톱/굴착기/항타기/연삭기/덤프트럭 안전관리 04-11

1. 지게차 안전대책

차의 앞부분에 두 개의 수평으로 된 포크Fork상부에 짐을 싣고 마스트Mast에 의하여 들어 올려 위아래로 움직여서 짐을 나르는 하역장비를 말하다.

1) 안전대책

(1) 지게차 운반시 운반경로의 지반상태를 확인하고 지정 신호수를 배치하여 신호, 유도할 것

(2) 고임목, 미끄럼방지조치

2) 지게차 위험 요인

(1) 물체의 낙하로 인한 위험　(2) 보행자 등과의 접촉　(3) 차량의 전도

3) 안전조치[법적 방호조치 의무사항]

(1) 충돌 방호조치 : 등화장치[안전보건규칙제179조]

가. (조명확보장소) 전조등과 후미등 설치

나. (충돌위험장소) 후진경보기와 경광등 설치하거나 후방감지기 설치할 것[시행일 : 2021. 1. 16.]

(2) 낙하물 방호조치 : 헤드가드Head Guard[안전보건규칙제180조]

가. 강도는 지게차의 최대하중의 2배 값(4톤을 넘는 값에 대해서는 4톤)의 등분포정하

중에 견딜 수 있을 것

나. 상부틀의 각 개구의 폭 또는 길이가 16센티미터 미만일 것

다. 운전자가 앉아서 조작하거나 서서 조작하는 지게차의 헤드가드는 산업표준화법에 따른 한국산업표준에서 정하는 높이 기준 이상일 것

(3) 낙하물 방호조치 : 백레스트Backrest[안전보건규칙제181조]

(4) 붕괴 방호조치 : 팔레트[안전보건규칙제182조]

[팔레트Pallet 또는 스키드Skid 조건]

가. 적재하는 화물의 중량에 따른 충분한 강도를 가질 것

나. 심한 손상·변형 또는 부식이 없을 것

(5) 이탈 방호조치 : 좌석안전띠 착용[안전보건규칙제183조]

4) 지게차 안정조건

안정도	지게차 상태	안정도	지게차 상태	비고
하역작업 시 전후안정도 : 4% 이내 (기준부하상태) [5톤이상 : 3.5% 이내] (기준부하상태)	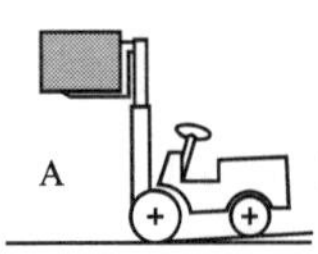 [포크 상단]	하역작업시 좌우안정도 : 6% 이내 (기준부하상태)		안정도= $\frac{h}{L} \times 100\%$ [X–Y] : 지게차 좌우 안정도축 [A–B] : 지게차 전후방향중심선
주행 시 전후안정도 : 18% 이내 (기준무부하상태)		주행시의 좌우안정도 : (15+1.1V)%이내 (V:최고속도 Km/h) (기준무부하상태)	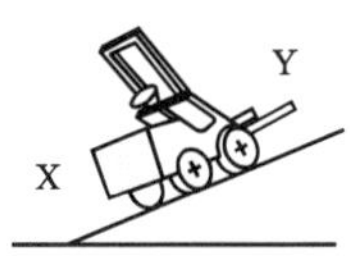	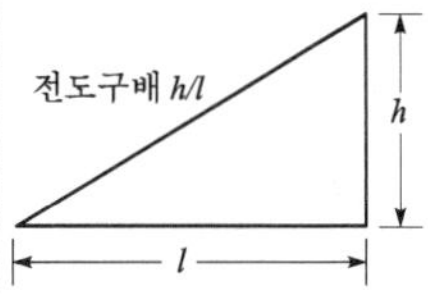

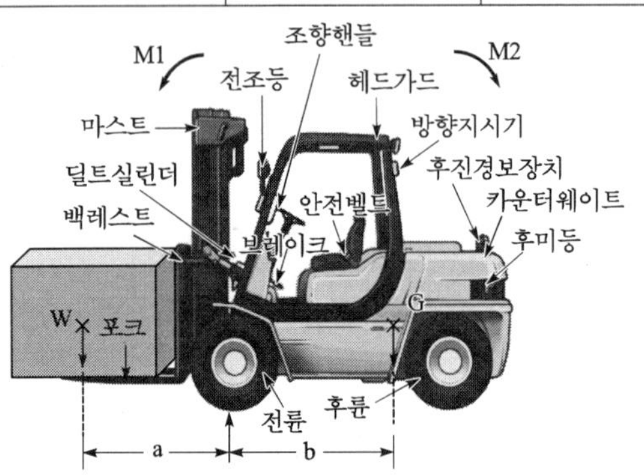

[지게차 안정조건 (M1 ≤ M2)]

- 전도모멘트(화물의 모멘트) : M1=W×a
- 복원모멘트(지게차의 모멘트) : M2=G×b

W : 포크 중심에서의 화물의 중량

G : 지게차 중심에서의 지게차 중량

a : 앞 바퀴에서 화물 중심까지의 최단거리

b : 앞 바퀴에서 지게차 중심까지의 최단거리

지게차 포크에 화물을 실을 때 화물이 차체를 앞으로 넘어지게 하려는 힘을 전도 모멘트(M1)라 하고, 차체의 하중에 의해 차체를 안정시키려는 힘을 복원모멘트(M2)라 한다. 이때 차체가 앞으로 기울면 지게차는 화물을 적재하여 운반할 수 없다. 차체의 후부에 균형추(카운터웨이트Counter weight)를 부착하여 앞으로 넘어지지 않도록 한다. 그러므로 복원모멘트가 전도모멘트 보다 같거나 커야 한다.

그림 4.1.18. 지게차 안정조건

5) 전동식지게차 운전원 자격 강화(유해·위험작업의 취업 제한에 관한 규칙 별표1)[2021.1.16.]

(1) (대상)

가. 전동식으로 솔리드타이어를 부착한 것 중 도로가 아닌 장소에서만 운용하는 지게차

나. 건설기계관리법을 적용받지 않는 지게차

(2) (운전원 자격)

가. 지게차운전기능사 자격

나. 소형 건설기계의 조종에 관한 교육과정(12H)을 이수한 사람

그림 4.1.19. 지게차 안전장치

2. 목재가공 둥근톱 사용방법

1) 방호장치

(1) 둥근톱기계의 반발예방장치[안전보건규칙제105조]

(2) 둥근톱기계의 톱날접촉예방장치[안전보건규칙제106조]

2) 작업 중 유의사항

(1) 톱날접촉예방장치 및 반발예방 안전장치 부착할 것
고정식 접촉예방장치는 하단과 테이블 사이의 높이를 최대 25밀리미터로 제한하고 하단과 가공재의 간격을 8밀리미터이내로 조정할 것

(2) 재료의 가공작업은 톱날회전 방향의 정면에서 서서하지 말고 약간 측면에서 작업할 것

(3) 옹이 부분 송급시에는 천천히 송급하여 목재의 튀김 예방할 것

(4) 재료를 밀어 넣을때에는 밀대나 누름판 사용할 것

(5) 재료 절단시에는 무리하게 밀어 넣지 말고 절단하기 어려운 재료는 천천히 밀어 넣어 톱날의 훼손, 목재의 반발 등이 생기지 않도록 조치할 것

(6) 둥근톱에 재료를 분리할 수 있는 분할날 부착할 것

(7) 분할날과 톱니 사이의 간격이 12밀리미터 이내가 되도록 조정할 것

(8) 둥근톱 취급작업중 장갑착용 금지조치실시(교육, 감시확인 등)할 것
(9) 나무조각이나 톱밥 등을 제거하기 위해 회전하는 톱날 주변에서 손으로 밀어내는 행위금지할 것

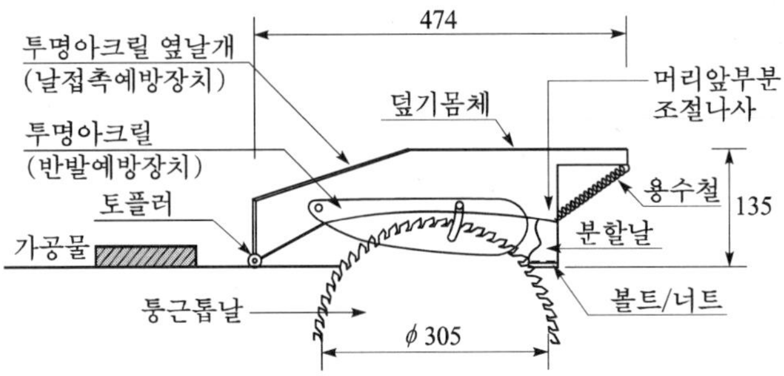

그림 4.1.20. 목재가공용 둥근톱 안전장치

3. 항타기 안전조치

기초공사를 위한 말뚝Pile이나 널말뚝Sheet Pile을 땅속으로 박는 건설기계로써 해머Hammer를 낙하하거나 유압으로 진동하여 압입하는 형식이 있다.

1) 항타 공법
(1) 해머공법 : 드롭 해머, 디젤 해머, 유압해머(소음 비연이 적은 유압 해머가 대부분이다)
(2) 천공 후 타격(경타)
가. SIP(Auger 천공 공법)(시멘트 밀크+Precast Pile)
나. DRA(Auger+Casing 공법)
다. PRD(T4+Casing 공법)
(3) 항타기 적용 현황
가. Hammer 타격법만 적용하는 해머공법은 소음 진동이 심해서 거의 사용하지 않고 있음
나. Auger 천공 후 드롭 해머로 관입량 맞추는 공법이 다수임(드롭 해머 와이어로프 파단으로 중대재해가 발생한다.)

2) 조립 및 해체 시 준수사항[안전보건규칙제207조]
(1) 항타기 또는 항발기에 사용하는 권상기에 쐐기장치 또는 역회전방지용 브레이크를 부착할 것
(2) 항타기 또는 항발기의 권상기가 들리거나 미끄러지거나 흔들리지 않도록 설치할 것
(3) 그 밖에 조립·해체에 필요한 사항은 제조사에서 정한 설치·해체 작업 설명서에 따를 것

3) 조립 및 해체 시 점검사항[안전보건규칙제207조]

(1) 본체 연결부의 풀림 또는 손상의 유무
(2) 권상용 와이어로프·드럼 및 도르래의 부착상태의 이상 유무
(3) 권상장치의 브레이크 및 쐐기장치 기능의 이상 유무
(4) 권상기의 설치상태의 이상 유무
(5) 리더Leader의 버팀 방법 및 고정상태의 이상 유무
(6) 본체·부속장치 및 부속품의 강도 적합 여부
(7) 본체·부속장치 및 부속품에 심한 손상·마모·변형 또는 부식 여부

4) 무너짐 방지 준수사항[안전보건규칙제209조]

(1) 연약한 지반에 설치하는 경우에는 아웃트리거·받침 등 지지구조물의 침하를 방지하기 위하여 깔판·받침목 등을 사용할 것
(2) 시설 또는 가설물 등에 설치하는 경우에는 그 내력을 확인하고 내력이 부족하면 그 내력을 보강할 것
(3) 아웃트리거·받침 등 지지구조물이 미끄러질 우려가 있는 경우에는 말뚝 또는 쐐기 등을 사용하여 해당 지지구조물을 고정시킬 것
(4) 궤도 또는 차로 이동하는 항타기 또는 항발기에 대해서는 불시에 이동하는 것을 방지하기 위하여 레일 클램프Rail Clamp 및 쐐기 등으로 고정시킬 것
(5) 상단 부분은 버팀대·버팀줄로 고정하여 안정시키고, 그 하단 부분은 견고한 버팀·말뚝 또는 철골 등으로 고정시킬 것

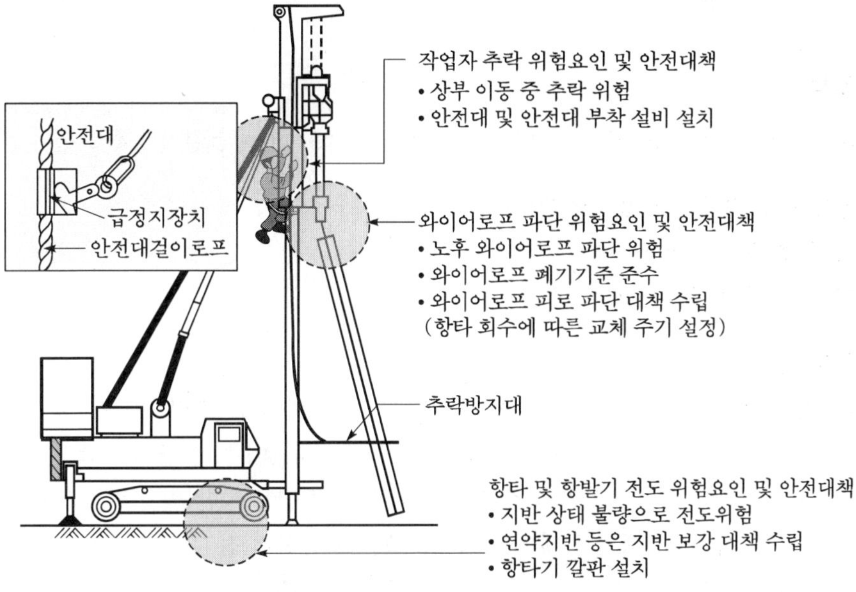

그림 4.1.21. 항타기 위험요인

4. 덤프트럭

차량의 적재함을 기울여서 적재물을 자동으로 내리는 토사 또는 골재 등의 운반용 화물차를 말한다.

1) 덤프트럭 주요 유해위험요인

(1) 건설현장 내 트럭 후진 등 작업자와 부딪힘

(2) 사면 선단부 등 지반약화 장소에서 굴러 넘어짐

(3) 덤프트럭 정비, 점검 작업 중 끼임

(4) 경사면에서의 고임목 미설치에 따른 사고 위험

2) 덤프트럭 안전대책

(1) 접촉방지 철저

가. 출입금지

나. 유도자 배치

(2) 작업계획서

가 작업장의 지형 사전 조사

나. 차량계 건설기계의 종류 및 성능, 운행 경로, 유도자 배치위치 등이 포함된 작업계획서 작성

(3) 차량계 건설기계 후진시 후방감시

가. 후사경

나. 후방감시장치CCTV

5. 굴착기

굴착기[10]Excavator란 토사의 굴삭 및 상차를 주목적으로 하는 건설기계를 말한다.

1) 굴삭기 종류(하부장치에 따른 분류)

(1) 무한궤도식 굴삭기Crawler Type

(2) 타이어식 굴삭기Wheel Type

2) 재해유형

(1) 전도·전락 : 비탈면 굴착중 토사붕괴에 의한 장비 전도·전락, 매몰사고 발생

(2) 충돌 : 작업반경 내 근로자 접근 및 유도자 미배치에 따른 충돌사고 발생

(3) 협착 : 퀵커플러 안전핀 고정상태 미체결 및 불량에 의한 버킷 탈락으로 협착사고 발생

(4) 감전 : 붐Boom을 올린상태에서 장비운행중 고압선에 접촉되어 감전사고 발생

10) 대통령령 제29630호(2019.3.19.) 건설기계관리법 시행령 일부개정(굴삭기→ 굴착기)

3) 굴착기 공사 시 안전조치

(1) 충돌위험 방지조치[안전보건규칙제221조의2]

가. 굴착기에 사람이 부딪히는 것을 방지하기 위해 후사경과 후방영상표시장치 등 설치

나. 굴착기로 작업을 하기 전에 후사경과 후방영상표시장치 등의 부착상태와 작동 여부 확인

(2) 좌석안전띠 착용[안전보건규칙제221조의3]

(3) 잠금장치 체결[안전보건규칙제221조의4]

굴착기 퀵커플러[11]Quick Coupler에 버킷, 브레이커Breaker, 크램셸Clamshell 등 작업장치를 장착 또는 교환하는 경우에는 안전핀 등 잠금장치 체결

(4) 굴착기로 인양작업 시 조치[안전보건규칙제221조의5]

가. 인양작업이 가능한 조건

(가) 굴착기의 퀵커플러 또는 작업장치에 달기구(훅, 걸쇠 등)가 부착되어 있는 등 인양작업이 가능하도록 제작된 기계일 것

(나) 굴착기 제조사에서 정한 정격하중이 확인되는 굴착기를 사용할 것

(다) 달기구에 해지장치가 사용되는 등 작업 중 인양물의 낙하 우려가 없을 것

나. 인양작업 시 준수사항

(가) 굴착기 제조사에서 정한 작업설명서에 따라 인양할 것

(나) 사람을 지정하여 인양작업을 신호하게 할 것

(다) 인양물과 근로자가 접촉할 우려가 있는 장소에 근로자의 출입을 금지시킬 것

(라) 지반의 침하 우려가 없고 평평한 장소에서 작업할 것

(마) 인양 대상 화물의 무게는 정격하중을 넘지 않을 것

그림 4.1.22. 굴착기 공사 시 안전조치

11) 백호 퀵커플러[건설기계안전기준에의한규칙제12조의9]
(1) 잠금장치는 이중 잠금으로 할 것
(2) 유압잠금장치 해체된 경우 충분한 크기의 경보음 발생 장치
(3) 퀵커플러에 과전류 발생 시 전원차단하라 수 있어야 하며 작동은 조종사 조작에 의해서만 작동되도록 하는 구조

안전인증제도, 안전검사제도 04-12

1. 안전인증

유해·위험한 기계·기구 및 방호장치, 보호구 제조·수입·사용 등을 위해서는 사전에 안전인증(안전인증대상기계 등)을 받거나 안전에 관한 성능이 안전 기준에 맞는지 확인하여 신고(자율안전확인대상기계 등)해야 한다.[산업안전보건법제84조]

안전 인증 (30품목)	기계 · 기구 (9품목)	1. 프레스 2. 전단기 및 절곡기 3. 크레인 4. 리프트 5. 압력용기 6. 롤러기 7. 사출성형기 8. 고소작업대 9. 곤돌라 10. 기계톱(삭제)
	방호장치 (9품목)	1. 프레스 및 전단기 방호장치 2. 양중기용 과부하방지장치 3. 보일러 압력방출용 안전밸브 4. 압력용기 압력방출용 안전밸브 5. 압력용기 압력방출용 파열판 6. 절연용 방호구 및 활선작업용 기구 7. 방폭구조 전기기계·기구 및 부품 8. 가설기자재 9. 산업용 로봇 방호장치(신설
	보호구 (12품목)	1. 안전모(추락 및 감전 위험방지용) 2. 안전화 3. 안전장갑 4. 방진마스크 5. 방독마스크 6. 송기마스크 7. 전동식 호흡보호구 8. 보호복 9. 안전대 10. 보안경(차광 및 비산물 위험방지용) 11. 용접용보안면 12. 방음용 귀마개 또는 귀덮개

2. 안전검사

1) 안점검사 제도[산안법제93조]

(1) 안전검사는 08년 12월 31일까지 시행하던 산업안전보건법의 **자체검사**와 **정기검사**를 통합한 제도

(2) 유해위험기계·기구 및 설비는 안전검사를 받음으로써 사용중 안전사고를 예방하기 위한 제도

(3) 유해위험기계·기구 및 설비는 사업주가 안전에 관한 성능이 안전검사기준에 적합한지 여부에 대하여 안전검사기관으로부터 안전검사를 받도록 한 제도

2) 안전검사 주기

(1) 최초검사

유해·위험한 기계·기구는 설치가 끝난 날로부터 3년 이내에 최초 안전검사를 실시할 것

(2) 주기(정기검사)

가. 최초 안점검사 후로부터 2년마다 안전 검사를 받을 것

나. 건설현장은 최초 설치한 날로부터 매 6개월 마다 실시 할 것

3) 안전검사 대상[산업안전보건법제93조]

안전검사 (13품목)	1. 프레스 2. 전단기 3. 크레인(정격 하중이 2톤 미만은 제외) 4. 리프트 5. 압력용기 6. 곤돌라 7. 국소 배기장치(이동식 제외) 8. 원심기(산업용만 해당) 9. 화학설비 및 그 부속설비(삭제) 10. 건조설비 및 그 부속설비(삭제) 11. 롤러기 (밀폐형 구조 제외) 12. 사출성형기[형 체결력 294킬로뉴턴(KN) 미만은 제외] 13. 고소작업대[「자동차관리법」 제3조 제3호 또는 제4호에 따른 화물자동차 또는 특수자동차에 탑재한 고소작업대로 한정] 14. 컨베이어 15. 산업용 로봇

*이동식크레인 정기검사는 최초 안전검사 이후 2년마다 실시[건설현장 장비로 보지않음]

3. 건설기계 정기검사 유효기간

1) 정기검사 유효기간

기종	구분	검사유효기간
1. 굴착기	타이어식	1년
2. 로더	타이어식	2년
3. 지게차	1톤 이상	2년
4. 덤프트럭	–	1년
5. 기중기	타이어식, 트럭적재식	1년
6. 모터그레이더	–	2년
7. 콘크리트 믹서트럭	–	1년
8. 콘크리트펌프	트럭적재식	1년
9. 아스팔트살포기	–	1년
10. 천공기	트럭적재식	2년
11. 타워크레인	–	6개월
12. 특수건설기계		
가. 도로보수트럭	타이어식	1년
나. 노면파쇄기	타이어식	2년
다. 노면측정장비	타이어식	2년
라. 수목이식기	타이어식	2년
마. 터널용 고소작업차	타이어식	2년
바. 트럭지게차	타이어식	1년
사. 그 밖의 특수건설기계	–	3년
13. 그 밖의 건설기계		3년

*비고

1. 신규등록 후의 최초 유효기간의 산정은 등록일부터 기산한다.
2. 신규등록일(수입된 중고건설기계의 경우에는 제작연도의 12월 31일)부터 20년 이상 경과된 경우 검사유효기간은 1년(타워크레인은 6개월)으로 한다.
3. 타워크레인을 이동설치하는 경우에는 이동설치할 때마다 정기검사를 받아야 한다.

2) 이동식크레인 검사 종류 및 주요 검사항목

<table>
<tr><th>기계기구명</th><th>검사종류</th><th>검사주기</th><th>검사자</th><th>주요검사항목</th></tr>
<tr><td rowspan="2">이동식크레인
고소작업대
(차량탑재형)
산안법시행규칙
제73조의3</td><td>•안전인증</td><td>•반입 시 확인</td><td>•고용노동부지정 안전인증기관</td><td>

〈이동식 크레인〉</td></tr>
<tr><td>•안전검사</td><td>•2016년 8월18일 이전등록차량 –2017년 10월31일까지 최초안전검사 후 매2년
•2016년8월18일 이후 등록차량–등록후 3년이내 최초검사 후 매 2년(건설현장설치후6개월마다)</td><td>•산업안전보건공단 지역본부 인증팀</td><td>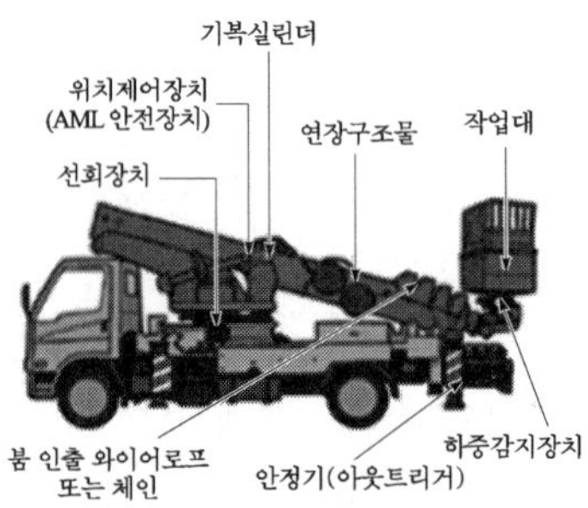

〈고소작업대〉</td></tr>
<tr><td>검사방법</td><td colspan="4">•육안검사 : 부식 페인트 벗겨짐, 윤활유 부족 볼트 풀림, 이상소음, 이상진동 등
•기기검사 : 초음파 검사기, 버어니어 리퍼스, 망치 등
•기타 : 카메라, 사포 등</td></tr>
<tr><td>검사결과조치</td><td colspan="4">•판정란에 양호, 폐기 등 판정만을 기록
•조치란에는 불량 판정시 조치 후 사용할 수 있는 경우 조치 사항 기록
•(조정, 복구, 수리, 보수내용 등 기록)
•판정표기는 반드시 표기
•측정계측치 및 계산치 등 기록</td></tr>
</table>

2. 건설기계장비공사 위험성평가 및 재해사례

• 위험성평가표

01. 고소작업대[04-03]
02. 양중기[04-05]
03. 카고크레인[04-05]
04. 타워크레인[04-06]
05. 건설용리프트[04-07]
06. 와이어로프[04-10]
07. 지게차[04-11]
08. 항타 및 항발기[04-11]
09. 굴착기[04-11]

• 재해사례

01. 이동식크레인-넘어짐(전도)
02. 이동식크레인-물체에 맞음
03. 고소작업대-떨어짐(추락)
04. 고소작업대-떨어짐(추락)
05. 고소작업대-끼임(협착)
06. 고소작업대-끼임(협착)
07. 글착기-끼임(협착)
08. 굴착기-물체에 맞음(낙하비래)
09. 굴착기-물체에 맞음(낙하비래)
10. 굴착기-물체에 깔림
11. 굴착기-물체에 맞음(낙하비래)
12. 굴착기-물체에 맞음(낙하비래)
13. 항타기-떨어짐(추락)
14. 항타기-넘어짐(전도)
15. 항타기-물체에 맞음(낙하비래)
16. 타워크레인-무너짐(붕괴)
17. 타워크레인-무너짐(전도)
18. 리프트-떨어짐(추락)
19. 지게차-넘어짐(전도)
20. 원형톱-감전

위험성평가표

01 고소작업대[04-03]

유해위험요인 파악 Hazard Identification

위험요인 위험		불량한 작업방법 위험		작업장소 위험		건강장해 위험	
기계·기구 등	●	굴착 등		추락 위험 등	●	분진 등	
폭발, 인화성		하역, 운반 등	●	붕괴 위험 등		소음 진동 등	
전기, 열 등		중량물 등		물체 비래 등		환기, 채광 등	

위험성 평가 Risk Assessment

위험성 수준			최초 평가	●	상시 평가	월	•노사합동순회점검( )	주	•합동안전점검회의( )
고	중	저	정기 평가				•아차사고분석 ( )	일	•작업전 TBM ( )
	●		수시 평가				•제안제도실시 ( )		

위험성 감소대책 Alternative

제거	대체	공학적제어	관리적제어	개인보호구
		●		●

필수 확인 사항

•과상승방지장치 설치 및 정상 작동 상태 여부 확인
•작업대 작업 중 안전난간 해체 여부 확인

재해발생유형

재해발생유형	
1. 떨어짐	✔
2. 넘어짐	
3. 부딪힘	
4. 물체에 맞음	
5. 무너짐	
6. 끼임	✔
7. 절단·베임·찔림	
8. 감전	
9. 폭발·파열	
10. 화재	
11. 깔림·뒤집힘	

유해위험요인 및 감소대책 도면

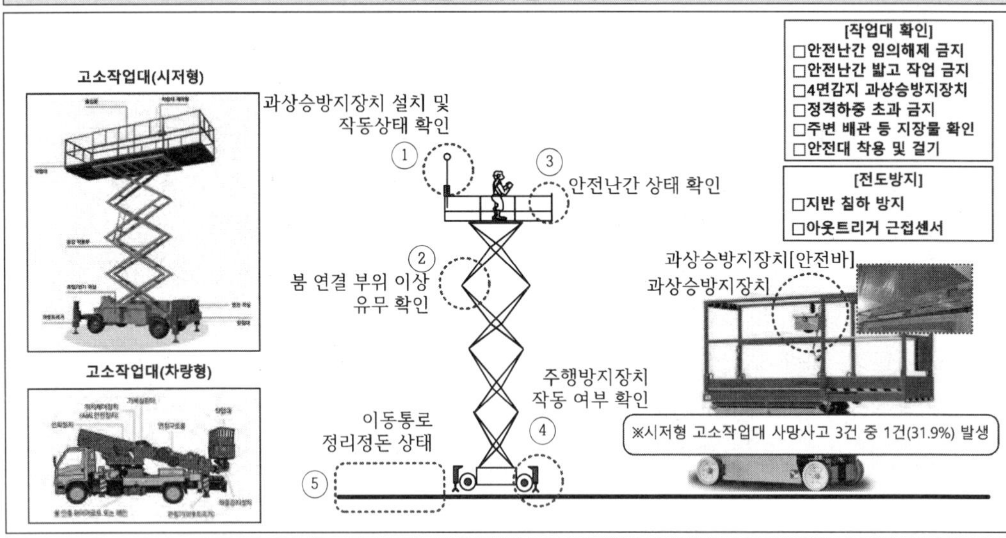

중대재해유형	재해 유발 원인	점검	확인
1. 끼임	•작업자가 고소작업대 위에서 작업 중에 스위치 오조작으로 고소작업대가 상승하며 끼임		
2. 넘어짐[깔림]	•고소작업대를 이동시키던 중 바닥 맨홀(또는 단차)에 빠지며 넘어짐		
3. 무너짐[깔림]	•고소작업차가 자재를 싣고 상승 중에 붐대가 꺾이며 무너짐		
4. 무너짐[맞음]	•돌출형 확장 자업재가 본 작업대와 탈락하며 무너짐		
5. 떨어짐	•고소작업자 작업대에서 창소작업 중 합판 재질의 발판이 파손되며 떨어짐		
6. 감전	•활선 작업차의 버켓에 탑승하여 가공지선을 설치하던 중 배전선로 충전부에 감전됨		
구조검토 대상	•해당사항 없음		

01 고소작업대[04-03]

유해위험요인별 세부 항목 Checklist

유해위험요인[Hazard] List	위험성 감소대책 Checklist	점검	확인
1. 과상승방지장치 미설치나 사용 불량으로 작업자 끼임 2. 스위치 조작 미숙이나 주행방지장치 미작동으로 끼임 3. 작업대 작업자 흔들림 등으로 떨어짐 4. 장비 이동 중 장애물에 걸려 넘어짐 5. 장비 이동 중 장애물에 걸려 넘어짐	1. 과상승방지장치 스위치는 상부로 30cm 이상인가?		
 	2. 장비 연결 부위 등의 상태에 이상은 없는가?		
	3. 주행방지장치는 정상적으로 작동 중인가?		
	4. 리프트 주행 시 승하강 시 경고음은 작동되는가?		
	5. 운전자는 허가증을 보유하고 유경험자인가?		
작업 전 공통 확인사항	6. 작업 구간 내 신호수는 배치되어 있는가?		
1. 작업자: •수평(수직)이동구간 이동통로 확보 및 생명줄 상태	7. 작업대 안전난간은 설치되어 있는가?		
2. 건설기계장비: •이동동선(정지)구간 지반 침하 및 지내력 상태 •양중작업용 로프(벨트) 슬링 안전성 검토	8. 작업 중에 안전난간대를 해체한 상태인가?		
	9. 장비 이동 통로에 장애물은 없는가?		
3. 작업환경: •가설구조물의 안전성 검토 및 현장 적용 여부 확인 •가설구조물 안전조치(설치기준) 준수 여부 확인	10. 전체 작업을 관리하는 신호수는 배치되어 있는가?		

중대재해유형	중대재해예방 저감대책	중점 관리대상	
□ 떨어짐 [높은 곳에서 사람이 떨어짐]	•작업자의 무리한 행동 억제 [지정된 작업통로(이동동선)로 진출입]	•작업자 [신규작업자, 일용작업자, 외국인]	✔
	•고소 작업 위치에 안전난간, 안전대 부착설비 설치 [개구부 안전난간 설치, 고소작업자 안전대 착용]	•건설기계장비 [안전검사 유효기간, 장비부품상태]	
	•작업 현장 별 위험요인 제거 [작업 특성과 조건에 따른 위험요인 제거]	•건설자재 [안전인증제품, 자재 적치 상태]	
	•그 밖의 위험요인 제거	•작업환경[방법] [안전보건규칙준수, 구조안전성확인]	✔
□ 끼임 [건설기계 등에 끼임]	•작업자 작업구간 내 이동범위 확인 [건설기계장비 회전 반경 내 출입금지 여부 확인]	•작업자 [신규작업자, 일용작업자, 외국인]	✔
	•건설기계장비 안전장치 확보 여부 확인 [후방감지카메라, 협착방지봉 상태, 경광등 설치 여부 확인]	•건설기계장비 [안전검사 유효기간, 장비부품상태]	✔
	•작업영역 내에 관리감독자 배치 확인 [작업장 안전을 관리하는 신호수 등 배치 여부 확인]	•건설자재 [안전인증제품, 자재 적치 상태]	
	•그 밖의 위험요인 제거	•작업환경[방법] [안전보건규칙준수, 구조안전성확인]	✔
□ 감전	•작업자 절연보호구 착용 [절연 장갑 등 개인 보호구 착용 여부 확인]	•작업자 [신규작업자, 일용작업자, 외국인]	✔
	•용접기 등 충전부 절연테이핑 처리 확인 [용접기 등 충전부(전선 피복 손상 부위)등에 절연처리 확인]	•건설기계장비 [안전검사 유효기간, 장비부품상태]	✔
	• 작업 반경 내 충전선로 확인 [충전선로에 방호장치 설치 여부 확인]	•건설자재 [안전인증제품, 자재 적치 상태]	
	•양중 작업 중 인근 전선 접촉 가능성 여부 확인	•작업환경[방법] [안전보건규칙준수, 구조안전성확인]	

02 양중기[04-05]

유해위험요인 파악 Hazard Identification

위험요인 위험		불량한 작업방법 위험		작업장소 위험		건강장해 위험	
기계·기구 등	●	굴착 등		추락 위험 등		분진 등	
폭발, 인화성		하역, 운반 등	●	붕괴 위험 등	●	소음 진동 등	
전기, 열 등		중량물 등	●	물체 비래 등	●	환기, 채광 등	

위험성 평가 Risk Assessment

위험성 수준			최초 평가	●	상시 평가	월	•노사합동순회점검( ) •아차사고분석 ( ) •제안제도실시 ( )	주	•합동안전점검회의( )
고	중	저	정기 평가					일	•작업전 TBM ( )
	●		수시 평가						

위험성 감소대책 Alternative

제거	대체	공학적제어	관리적제어	개인보호구
		●		●

필수 확인 사항

- 양중장비의 아웃트리거 확장 여부 및 지내력 안전성 검토
- 양중로프 안전성 검토 및 양중 자재 결속 방법

재해발생유형

재해발생유형	
1. 떨어짐	✔
2. 넘어짐	
3. 부딪힘	
4. 물체에 맞음	
5. 무너짐	✔
6. 끼임	✔
7. 절단·베임·찔림	
8. 감전	
9. 폭발·파열	
10. 화재	
11. 깔림·뒤집힘	✔

유해위험요인 및 감소대책 도면

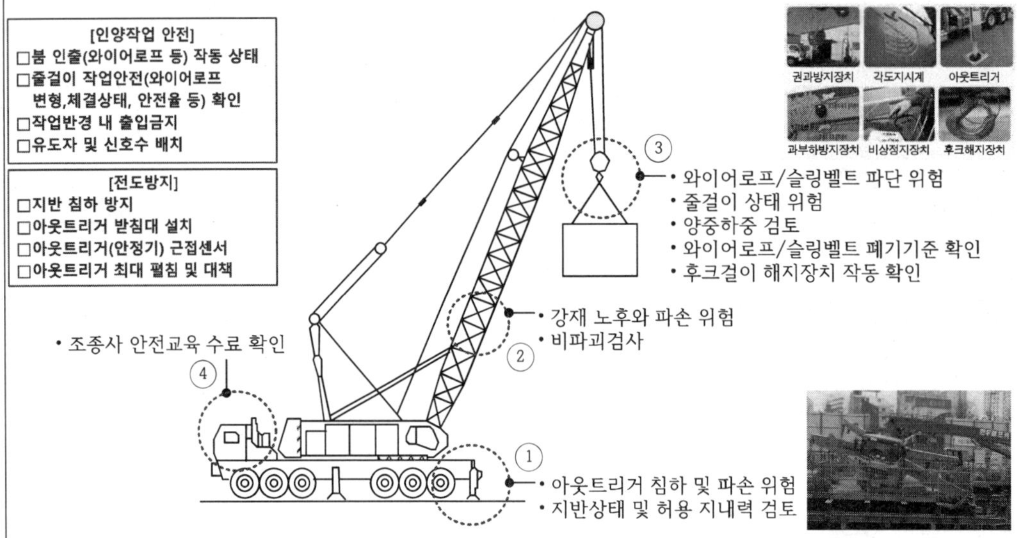

중대재해유형	재해 유발 원인	점검	확인
1. 뒤집힘[깔림]	•이동식크레인으로 양중 작업 중 크레인이 넘어지며 하부 작업자를 강타		
2. 물체에 맞음	•철골기둥을 세우던 중 철골 부재가 슬링벨트에서 이탈하며 부재가 작업자를 강타		
3. 무너짐[맞음]	•이동식크레인으로 양중 작업 중 크레인 붐대가 꺾이면서 하부 작업자를 강타		
4. 떨어짐	•양중 작업 중 고소 작업자가 몸의 중심을 잃고 아래로 떨어짐		
구조검토 대상	•해당사항 없음		

02 양중기[04-05]

작업 전 공통 확인사항		적정여부 확인
1. 작업자	•수평(수직)이동구간 이동통로 확보 및 생명줄 상태	
2. 건설기계장비	•이동동선(정지)구간 지반 침하 및 지내력 상태 •양중작업용 로프(벨트) 슬링 안전성 검토	
3. 작업환경	•가설구조물의 안전성 검토 및 현장 적용 여부 확인 •가설구조물 안전조치(설치기준) 준수 여부 확인	

유해위험요인별 세부 항목 Check List			
유해위험요인Hazard List	위험성 감소대책 Check List	점검	확인
1. 아웃트리거 침하나 부러짐으로 장비 넘어짐 2. 노후 장비 붐대 파단과 인근 작업자 깔림 3. 양중 로프 파단으로 물체 떨어짐 4. 후크 해지장치 미작동으로 양중자재 떨어짐 5. 양중 하부 작업자 물체에 맞음	1. 아웃트리거 위치 지반의 지내력은 충분한가?		
	2. 양중작업 하부에 출입금지구역을 설정되었는가?		
	3. 상부와 동시에 진행되는 하부 작업은 없는가?		
	4. 양중작업 하부에 출입금지 구역은 설정되었는가?		
	5. 양중 장비의 양중무게로 인한 넘어짐 방지조치는 적절하게 수립되었는가?		
 	6. 아웃트리거는 최대한 확장된 상태에서 작업이 이루어지며, 신호수는 배체되어 있는가?		
	7. 양중 무게에 대한 로프의 안전율과 로프의 폐기기준은 준수하고 있는가?		

중대재해유형	중대재해예방 저감대책	중점 관리대상	
□ 깔림 [물체의 쓰러짐이나 뒤집힘]	•건설 부재 수직도 유지 및 경사재 설치 [철근이나 거푸집이 바람 등에 대비한 경사재지지 상태 확인]	•작업자 [신규작업자, 일용작업자, 외국인]	
	•건설기계장비 이동동선 장애물 제거 [지게차 등 이동동선 내 단차 또는 장애물 제거]	•건설기계장비 [안전검사 유효기간, 장비부품상태]	✔
	•건설기계장비 이동동선 지반상태 확인 [장비 이동동선 지반(성토층)의 지내력 확보 여부 확인]	•건설자재 [안전인증제품, 자재 적치 상태]	
	•그 밖의 위험요인 제거	•작업환경[방법] [안전보건규칙준수, 구조안전성확인]	✔
□ 맞음 [날아온(떨어진) 물체에 맞음]	•작업자 개인보호구(안전모 등) 착용 [양중 작업이나 상하 동시 작업 구간 작업자 안전모 착용 확인]	•작업자 [신규작업자, 일용작업자, 외국인]	✔
	•양중 작업 시 결속 방법 확인 [줄걸이 방법 및 자재 결속 상태 확인 후 양중 실시]	•건설기계장비 [안전검사 유효기간, 장비부품상태]	
	•고소 작업 위치 자재 적치 상태 확인 [자재 적치 장소의 물체 이탈 가능성 확인]	•건설자재 [안전인증제품, 자재 적치 상태]	✔
	•그 밖의 위험요인 제거	•작업환경[방법] [안전보건규칙준수, 구조안전성확인]	
□ 무너짐 [건축물(토사) 등이 무너짐]	•작업 전 작업구간 이상 변위 상태 확인 [경사 또는 굴착구간 주변 변위(균열) 여부 확인]	•작업자 [신규작업자, 일용작업자, 외국인]	
	•가설 구조물 안전성 검토 확인 [가설 구조물(동바리, 흙막이 등) 구조검토서와 도면 확인]	•건설기계장비 [안전검사 유효기간, 장비부품상태]	
	•가설 구조물 설치 상태 확인 [가설 구조물 등 안전보건규칙 준수 여부 확인]	•건설자재 [안전인증제품, 자재 적치 상태]	
	•그 밖의 위험요인 제거	•작업환경[방법] [안전보건규칙준수, 구조안전성확인]	✔

03 카고크레인[04-05]

유해위험요인 파악 Hazard Identification

위험요인 위험		불량한 작업방법 위험		작업장소 위험		건강장해 위험	
기계·기구 등	●	굴착 등		추락 위험 등		분진 등	
폭발, 인화성		하역, 운반 등	●	붕괴 위험 등	●	소음 진동 등	
전기, 열 등		중량물 등	●	물체 비래 등	●	환기, 채광 등	

위험성 평가 Risk Assessment

위험성 수준			최초 평가	●	상시 평가	월	•노사합동순회점검( ) •아차사고분석 ( ) •제안제도실시 ( )	주	•합동안전점검회의( )
고	중	저	정기 평가					일	•작업전 TBM ( )
	●		수시 평가						

위험성 감소대책 Alternative

제거	대체	공학적제어	관리적제어	개인보호구
		●		●

필수 확인 사항

•양중장비의 양중능력 검토 및 아웃트리거 확장 여부
•양중로프 안전성 검토 및 양중 자재 결속 방법

재해발생유형	
1. 떨어짐	✔
2. 넘어짐	
3. 부딪힘	
4. 물체에 맞음	
5. 무너짐	✔
6. 끼임	✔
7. 절단·베임·찔림	
8. 감전	
9. 폭발·파열	
10. 화재	
11. 깔림·뒤집힘	✔

유해위험요인 및 감소대책 도면

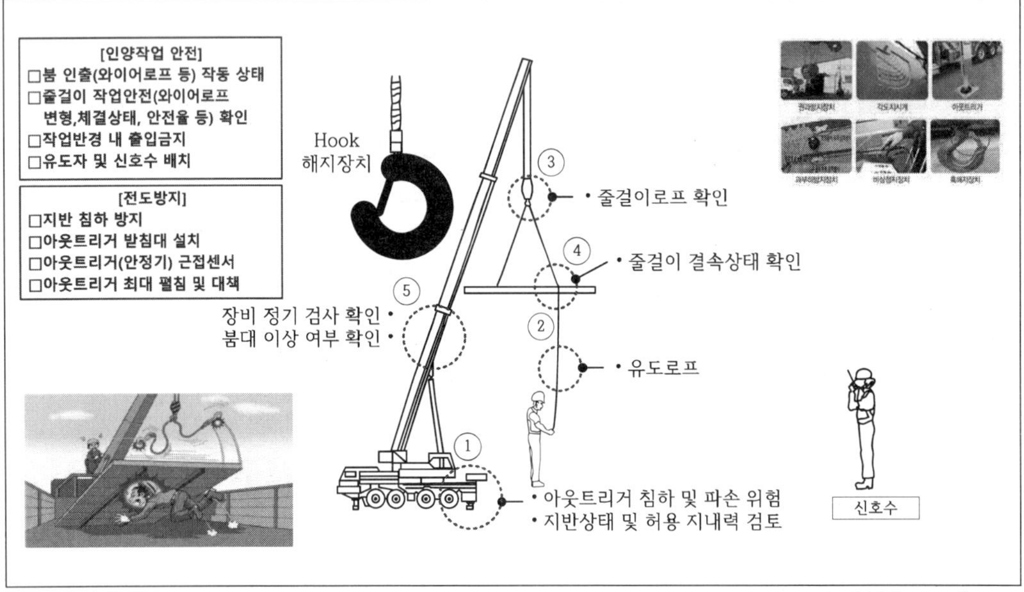

중대재해유형	재해 유발 원인	점검	확인
1. 넘어짐[깔림]	•카고크레인으로 양중 작업 중 크레인이 넘어지며 하부 작업자를 상타		
2. 물체에 맞음	•카고크레인으로 토류판을 상차하던 중 와이어로프 후크가 이탈되며 하부 작업자를 강타		
3. 물체에 맞음	•카고크레인으로 철근을 상차하던 중 와이어로프가 파단되며 하부 작업자를 강타		
4. 무너짐[맞음]	•카고크레인 작업대가 붐대에서 분리되며 바닥으로 떨어짐		
5. 무너짐[맞음]	•카고크레인으로 자재 인향 중 턴테이블이 파단되며 자재에 맞음		
구조검토 대상	•해당사항 없음		

03 카고크레인[04-05]

작업 전 공통 확인사항		적정여부 확인
1. 작업자	•수평(수직)이동구간 이동통로 확보 및 생명줄 상태	
2. 건설기계장비	•이동동선(정지)구간 지반 침하 및 지내력 상태 •양중작업용 로프(벨트) 슬링 안전성 검토	
3. 작업환경	•가설구조물의 안전성 검토 및 현장 적용 여부 확인 •가설구조물 안전조치(설치기준) 준수 여부 확인	

유해위험요인별 세부 항목 Check List			
유해위험요인[Hazard] List	위험성 감소대책 Check List	점검	확인
1. 아웃트리거 침하나 부러짐으로 장비 넘어짐 2. 노후 장비 붐대 파단과 인근 작업자 깔림 3. 양중 로프 파단으로 물체 떨어짐 4. 후크 해지장치 미작동으로 양중자재 떨어짐 5. 양중 하부 작업자 물체에 맞음  	1. 아웃트리거 위치 지반의 지내력은 충분한가?		
	2. 양중작업 하부에 출입금지구역을 설정되었는가?		
	3. 상부와 동시에 진행되는 하부작업은 없는가?		
	4. 양중작업 하부에 출입금지구역은 설정되었는가?		
	5. 양중 장비의 양중무게로 인한 넘어짐 방지조치는 적절하게 수립되었는가?		
	6. 아웃트리거는 최대한 확장된 상태에서 작업이 이루어지며, 신호수는 배치되어 있는가?		
	7. 양중 무게에 대한 로프의 안전율과 로프의 폐기기준은 준수하고 있는가?		

중대재해유형	중대재해예방 저감대책	중점 관리대상	
□ 깔림 [물체의 쓰러짐이나 뒤집힘]	•건설 부재 수직도 유지 및 경사재 설치 [철근이나 거푸집이 바람 등에 대비한 경사재지지 상태 확인]	•작업자 [신규작업자, 일용작업자, 외국인]	
	•건설기계장비 이동동선 장애물 제거 [지게차 등 이동동선 내 단차 또는 장애물 제거]	•건설기계장비 [안전검사 유효기간, 장비부품상태]	✔
	•건설기계장비 이동동선 지반상태 확인 [장비 이동동선 지반(성토층)의 지내력 확보 여부 확인]	•건설자재 [안전인증제품, 자재 적치 상태]	
	•그 밖의 위험요인 제거	•작업환경[방법] [안전보건규칙준수, 구조안전성확인]	✔
□ 맞음 [날아온(떨어진) 물체에 맞음]	•작업자 개인보호구(안전모 등) 착용 [양중 작업이나 상하 동시 작업 구간 작업자 안전모 착용 확인]	•작업자 [신규작업자, 일용작업자, 외국인]	✔
	•양중 작업 시 결속 방법 확인 [줄걸이 방법 및 자재 결속 상태 확인 후 양중 실시]	•건설기계장비 [안전검사 유효기간, 장비부품상태]	
	•고소 작업 위치 자재 적치 상태 확인 [자재 적치 장소의 물체 이탈 가능성 확인]	•건설자재 [안전인증제품, 자재 적치 상태]	✔
	•그 밖의 위험요인 제거	•작업환경[방법] [안전보건규칙준수, 구조안전성확인]	
□ 무너짐 [건축물(토사) 등이 무너짐]	•작업 전 작업구간 이상 변위 상태 확인 [경사 또는 굴착구간 주변 변위(균열) 여부 확인]	•작업자 [신규작업자, 일용작업자, 외국인]	
	•가설 구조물 안전성 검토 확인 [가설 구조물(동바리, 흙막이 등) 구조검토서와 도면 확인]	•건설기계장비 [안전검사 유효기간, 장비부품상태]	
	•가설 구조물 설치 상태 확인 [가설 구조물 등 안전보건규칙 준수 여부 확인]	•건설자재 [안전인증제품, 자재 적치 상태]	
	•그 밖의 위험요인 제거	•작업환경[방법] [안전보건규칙준수, 구조안전성확인]	✔

04 타워크레인[04-06]

유해위험요인 파악Hazard Identification							
위험요인 위험		불량한 작업방법 위험		작업장소 위험		건강장해 위험	
기계·기구 등	●	굴착 등		추락 위험 등		분진 등	
폭발, 인화성		하역, 운반 등	●	붕괴 위험 등	●	소음 진동 등	
전기, 열 등		중량물 등	●	물체 비래 등	●	환기, 채광 등	

재해발생유형	
1. 떨어짐	✔
2. 넘어짐	
3. 부딪힘	
4. 물체에 맞음	
5. 무너짐	✔
6. 끼임	
7. 절단·베임·찔림	
8. 감전	
9. 폭발·파열	
10. 화재	
11. 깔림·뒤집힘	✔

<table>
<tr><th colspan="9">위험성 평가Risk Assessment</th></tr>
<tr><td colspan="3">위험성 수준</td><td>최초 평가</td><td>●</td><td rowspan="3">상시 평가</td><td rowspan="3">월</td><td rowspan="3">•노사합동순회점검( )
•아차사고분석 ( )
•제안제도실시 ( )</td><td>주 •합동안전점검회의( )</td></tr>
<tr><td>고</td><td>중</td><td>저</td><td>정기 평가</td><td></td><td rowspan="2">일 •작업전 TBM ( )</td></tr>
<tr><td></td><td>●</td><td></td><td>수시 평가</td><td></td></tr>
</table>

위험성 감소대책Alternative					필수 확인 사항
제거	대체	공학적제어	관리적제어	개인보호구	•타워크레인 설치 및 해체 시 작업자 안전대 부착설비 여부 •타워크레인 양중 능력 확인 및 양중 자재 결속 방법
		●		●	

유해위험요인 및 감소대책 도면

작업내용	재해발생원인
상승작업	• 텔레스코픽 중 양쪽 지브 균열 불일치 • 텔레스코픽케이지 상부고정핀 미체결 • 마스트 대차레일 상차상태 불량 • 마스트가 대차레일에서 이탈 • 텔레스코픽 케이지 좌굴 • 선회링 서포트 체결 볼트 파단
설치작업	• 텔레스코픽 슈 장착 불완전 • 마스트 받침복 지지고정 불량
해체작업	• 텔레스코픽 작업발판 핀 제거 불량 • 메인 지브 인양 위치 선정부적합 파단 • 지브해체 중 와이어로프 파단 지브낙하

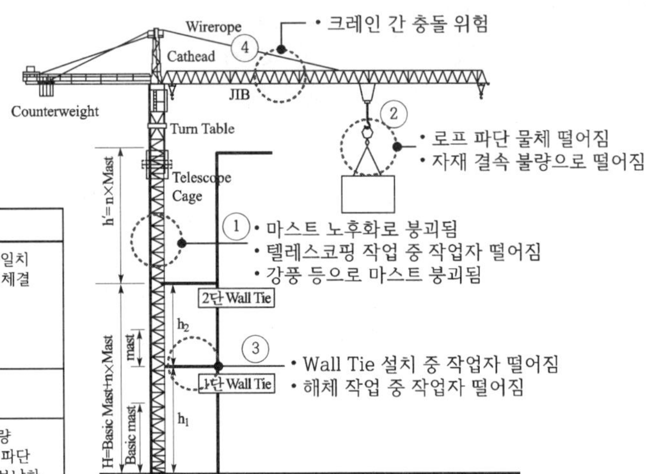

중대재해유형	재해 유발 원인	점검	확인
1. 깔림	•타워크레인 설치 작업 중 선회장치(또는 붐대)가 부러지며 하부 작업자를 강타		
2. 떨어짐	•텔레스코필 케이지 해체 작업 중 하강하던 케이지가 벽체에 충돌하며 떨어짐		
3. 물체에 맞음	•건설자재를 양중하던 중에 마스트 연결볼트가 파단되며 넘어지며 하부 작업자를 강타		
구조검토 대상	•해당사항 없음		

04 타워크레인[04-06]

유해위험요인별 세부 항목 Checklist			
유해위험요인Hazard List	위험성 감소대책 Checklist	점검	확인
1. 무게 중심의 이동으로 균형을 상실하며 붕괴 위험 2. 제작업체에서 지시한 작업절차서를 무시하여, 조립작업 중 부재의 떨어짐 위험 3. 권상 시 와이어로프 절단 또는 줄걸이 잘못으로 하물 떨어짐 위험 4. 설치해체 고소작업으로 떨어짐 재해 위험 5. 월타이 설치 작업 중 작업자 떨어짐	1. 월타이 설치위치에 대한 구조검토는 실시되었는가?		
	2. 양중작업 하부에 출입금지 구역은 설정되었는가?		
	3. 상부와 동시에 진행되는 하부 작업은 없는가?		
	4. 양중작업 하부에 출입금지구역은 설정되었는가?		
작업 전 공통 확인사항	5. 상부와 동시에 진행되는 하부 작업은 없는가?		
1. 작업자: •수평(수직)이동구간 이동통로 확보 및 생명줄 상태	6. 양중작업 하부에 출입금지구역은 설정되었는가?		
2. 건설기계장비: •이동동선(정지)구간 지반 침하 및 지내력 상태 •양중작업용 로프(벨트) 슬링 안전성 검토	7. 월타이 설치할 때 작업자 구명줄은 설치된 상태이며, 안전대부착설비 상태가 적정한가?		
3. 작업환경: •가설구조물의 안전성 검토 및 현장 적용 여부 확인 •가설구조물 안전조치(설치기준) 준수 여부 확인	8. 양중 무게에 대한 로프의 안전율과 로프의 폐기기준은 준수하고 있는가?		

중대재해유형	중대재해예방 저감대책	중점 관리대상	
□ 떨어짐 [높은 곳에서 사람이 떨어짐]	•작업자의 무리한 행동 억제 [지정된 작업통로(이동동선)로 진출입]	•작업자 [신규작업자, 일용작업자, 외국인]	✔
	•고소 작업 위치에 안전난간, 안전대 부착설비 설치 [개구부 안전난간 설치, 고소작업자 안전대 착용]	•건설기계장비 [안전검사 유효기간, 장비부품상태]	
	•작업 현장 별 위험요인 제거 [작업 특성과 조건에 따른 위험요인 제거]	•건설자재 [안전인증제품, 자재 적치 상태]	
	•그 밖의 위험요인 제거	•작업환경[방법] [안전보건규칙준수, 구조안전성확인]	✔
□ 맞음 [날아온(떨어진) 물체에 맞음]	•작업자 개인보호구(안전모 등) 착용 [양중 작업이나 상하 동시 작업 구간 작업자 안전모 착용 확인]	•작업자 [신규작업자, 일용작업자, 외국인]	✔
	•양중 작업 시 결속 방법 확인 [줄걸이 방법 및 자재 결속 상태 확인 후 양중 실시]	•건설기계장비 [안전검사 유효기간, 장비부품상태]	
	•고소 작업 위치 자재 적치 상태 확인 [자재 적치 장소의 물체 이탈 가능성 확인]	•건설자재 [안전인증제품, 자재 적치 상태]	✔
	•그 밖의 위험요인 제거	•작업환경[방법] [안전보건규칙준수, 구조안전성확인]	
□ 무너짐 [건축물(토사) 등이 무너짐]	•작업 전 작업구간 이상 변위 상태 확인 [경사 또는 굴착구간 주변 변위(균열) 여부 확인]	•작업자 [신규작업자, 일용작업자, 외국인]	
	•가설 구조물 안전성 검토 확인 [가설 구조물(동바리, 흙막이 등) 구조검토서와 도면 확인]	•건설기계장비 [안전검사 유효기간, 장비부품상태]	
	•가설 구조물 설치 상태 확인 [가설 구조물 등 안전보건규칙 준수 여부 확인]	•건설자재 [안전인증제품, 자재 적치 상태]	
	•그 밖의 위험요인 제거	•작업환경[방법] [안전보건규칙준수, 구조안전성확인]	✔

05 건설용리프트[04-07]

유해위험요인 파악Hazard Identification							
위험요인 위험		불량한 작업방법 위험		작업장소 위험		건강장해 위험	
기계·기구 등	●	굴착 등		추락 위험 등		분진 등	
폭발, 인화성		하역, 운반 등	●	붕괴 위험 등	●	소음 진동 등	
전기, 열 등		중량물 등	●	물체 비래 등	●	환기, 채광 등	

위험성 평가Risk Assessment								
위험성 수준			최초 평가	●	상시 평가	월	•노사합동순회점검( ) •아차사고분석 ( ) •제안제도실시 ( )	주	•합동안전점검회의( )
고	중	저	정기 평가					일	•작업전 TBM ( )
	●		수시 평가						

위험성 감소대책Alternative					필수 확인 사항
제거	대체	공학적제어	관리적제어	개인보호구	•리프트 권과방지장치 작동 상태 및 마스트 지지대 확인 •리프트 승강장과 건물 사이 개구부 발생 여부 확인
		●		●	

재해발생유형	
1. 떨어짐	✔
2. 넘어짐	
3. 부딪힘	
4. 물체에 맞음	
5. 무너짐	✔
6. 끼임	
7. 절단·베임·찔림	
8. 감전	
9. 폭발·파열	
10. 화재	
11. 깔림·뒤집힘	✔✔

유해위험요인 및 감소대책 도면

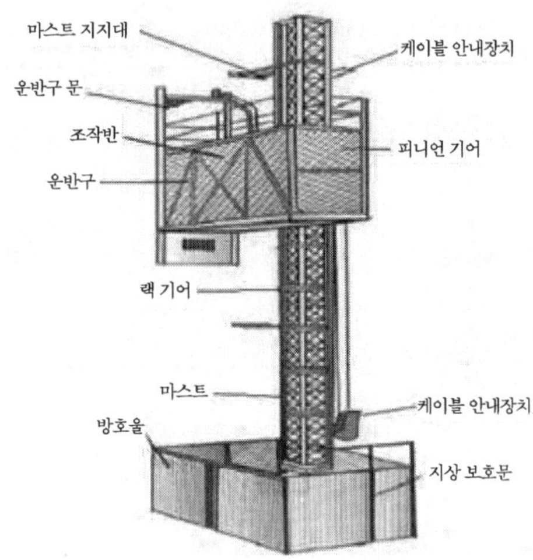

중대재해유형	재해 유발 원인	점검	확인
1. 끼임	•리프트 과부하방지장치를 교체하기 위해 운반구 하부에서 작업 중 운반구가 하강하며 끼임		
2. 떨어짐[운반구]	•리프트에 탑승한 채 상승하던 중에 운반구가 자유 낙하하며 떨어짐		
3. 떨어짐	•리프트 운반구가 하강한 것을 모르고 리어커로 자재 운반중에 운반구 상부로 떨어짐		
4. 떨어짐[개구부]	•카리프트와 구조물 사이 개구부로 작업자가 떨어짐		
5. 물체에 맞음	•해체 중 운반구 지붕에 마스트를 적재한 채로 하강 중에 마스트가 떨어지며 작업자가 맞음		
구조검토 대상	•해당사항 없음		

05 건설용리프트[04-07]

유해위험요인별 세부 항목 Checklist				
유해위험요인[Hazard] List		위험성 감소대책 Checklist	점검	확인
1. 리프트 권과방지장치 고장으로 탑승구가 상승 중 마스트를 넘어 이탈하며 떨어짐 2. 리프트에서 하차 시 리프트와 건물 사이로 떨어짐 3. 리프트 각층 출입문 열린 상태로 운행 중 탑승자 떨어짐 4. 리프트 하부에 작업 중 리프트 카가 내려와 깔림 5. 안전장치 임의 해체 후 작업 중 떨어짐		1. 권과방지장치는 정상적으로 작동하는가?		
		2. 최상층 마스트 지지대는 설치되어 있는가?		
		3. 출입문에 개구부는 덮개가 설치되어 있는가?		
		4. 승하강 작동 스위치는 정상 작동하는가?		
작업 전 공통 확인사항		5. 리프트 하부에서 작업이 진행 중인가?		
1. 작업자	•수평(수직)이동구간 이동통로 확보 및 생명줄 상태	6. 리프트는 정기적인 점검을 받고 있는가?		
2. 건설기계장비	•이동동선(정지)구간 지반 침하 및 지내력 상태 •양중작업용 로프(벨트) 슬링 안전성 검토	7. 안전장비 작동 상태는 정상적인가?		
		8. 비상정지장치는 정상적으로 작동되는가?		
3. 작업환경	•가설구조물의 안전성 검토 및 현장 적용 여부 확인 •가설구조물 안전조치(설치기준) 준수 여부 확인	9. 마스트 지지대 해체 여부는 확인하였는가?		
		10. 해체 작업자의 안전대는 설치되어 있는가?		

중대재해유형	중대재해예방 저감대책	중점 관리대상	
□ 떨어짐 [높은 곳에서 사람이 떨어짐]	•작업자의 무리한 행동 억제 [지정된 작업통로(이동동선)로 진출입]	•작업자 [신규작업자, 일용작업자, 외국인]	✔
	•고소 작업 위치에 안전난간, 안전대 부착설비 설치 [개구부 안전난간 설치, 고소작업자 안전대 착용]	•건설기계장비 [안전검사 유효기간, 장비부품상태]	
	•작업 현장 별 위험요인 제거 [작업 특성과 조건에 따른 위험요인 제거]	•건설자재 [안전인증제품, 자재 적치 상태]	
	•그 밖의 위험요인 제거	•작업환경[방법] [안전보건규칙준수, 구조안전성확인]	✔
□ 깔림 [물체의 쓰러짐이나 뒤집힘]	•건설 부재 수직도 유지 및 경사재 설치 [철근이나 거푸집이 바람 등에 대비한 경사재지지 상태 확인]	•작업자 [신규작업자, 일용작업자, 외국인]	
	•건설기계장비 이동동선 장애물 제거 [지게차 등 이동동선 내 단차 또는 장애물 제거]	•건설기계장비 [안전검사 유효기간, 장비부품상태]	✔
	•건설기계장비 이동동선 지반상태 확인 [장비 이동동선 지반(성토층)의 지내력 확보 여부 확인]	•건설자재 [안전인증제품, 자재 적치 상태]	
	•그 밖의 위험요인 제거	•작업환경[방법] [안전보건규칙준수, 구조안전성확인]	✔
□ 맞음 [날아온(떨어진) 물체에 맞음]	•작업자 개인보호구(안전모 등) 착용 [양중 작업이나 상하 동시 작업 구간 작업자 안전모 착용 확인]	•작업자 [신규작업자, 일용작업자, 외국인]	✔
	•양중 작업 시 결속 방법 확인 [줄걸이 방법 및 자재 결속 상태 확인 후 양중 실시]	•건설기계장비 [안전검사 유효기간, 장비부품상태]	
	•고소 작업 위치 자재 적치 상태 확인 [자재 적치 장소의 물체 이탈 가능성 확인]	•건설자재 [안전인증제품, 자재 적치 상태]	✔
	•그 밖의 위험요인 제거	•작업환경[방법] [안전보건규칙준수, 구조안전성확인]	

06 와이어로프[04-10]

유해위험요인 파악Hazard Identification							
위험요인 위험		불량한 작업방법 위험		작업장소 위험		건강장해 위험	
기계·기구 등	●	굴착 등		추락 위험 등		분진 등	
폭발, 인화성		하역, 운반 등	●	붕괴 위험 등	●	소음 진동 등	
전기, 열 등		중량물 등	●	물체 비래 등	●	환기, 채광 등	

위험성 평가Risk Assessment									
위험성 수준			최초 평가	●	상시 평가	월	•노사합동순회점검( )	주	•합동안전점검회의( )
고	중	저	정기 평가				•아차사고분석 ( )		
	●		수시 평가				•제안제도실시 ( )	일	•작업전 TBM ( )

위험성 감소대책Alternative					필수 확인 사항
제거	대체	공학적제어	관리적제어	개인보호구	•리프트 권과방지장치 작동 상태 및 마스트 지지대 확인 •리프트 승강장과 건물 사이 개구부 발생 여부 확인
		●		●	

재해발생유형	
1. 떨어짐	
2. 넘어짐	
3. 부딪힘	
4. 물체에 맞음	✔
5. 무너짐	
6. 끼임	
7. 절단·베임·찔림	
8. 감전	
9. 폭발·파열	
10. 화재	
11. 깔림·뒤집힘	✔

유해위험요인 및 감소대책 도면

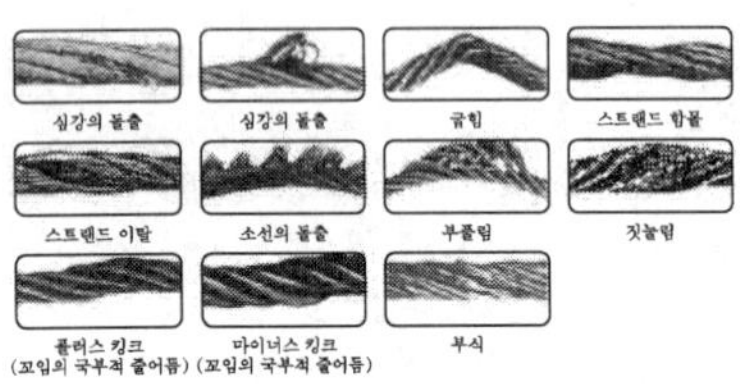

[섬유로프(벨트슬링)사용금지][안전보건규칙제169조]
1) 꼬임이 끊어진 것
2) 심하게 손상되거나 부식된 것
3) 2개 이상의 작업용 섬유로프(섬유벨트) 연결한 것
4) 작업높이보다 길이가 짧은 것

[와이어로프 사용 금지][안전보건규칙제63조]
1) 이음매가 있는 것
2) 와이어로프의 한 꼬임에서 끊어진 수가 10퍼센트 이상인 것
3) 지름 감소가 공칭지름의 7퍼센트를 초과하는 것
4) 꼬인 것
5) 심하게 변형되거나 부식된 것
6) 열과 전기충격에 의해 손상된 것

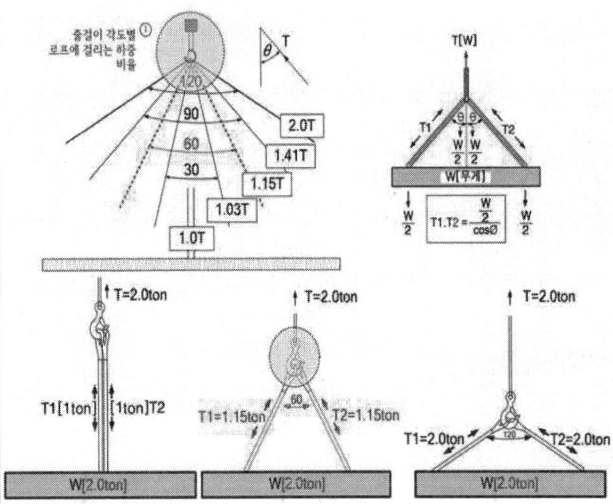

유해위험요인별 세부 항목 Check List			
유해위험요인Hazard List	위험성 감소대책 Check List	점검	확인
1. 와이어로프 노후화로 파단 2. 와이어로프 과대 양중으로 파단 3. 로프 파단으로 물체 떨어지며 작업자와 충돌 4. 양중 자재 결속부가 풀리면서 작업자 충돌 5. 후크 해지장치 불량으로 물체 떨어짐	1. 와이어로프 상태는 사용가능한 상태인가?		
	2. 슬링벨트는 사용가능한 상태인가?		
	3. 줄걸이 양중무게에 대한 로프 안전율은 적정한가?		
	4. 줄걸이 방법은 물체의 이탈을 방지할 수 있는가?		
	5. 줄걸이 물체에 유도로프는 매어져 있는가?		
	6. 작업 반경 내 출입금지 조치는 적절한가?		
	7. 양중작업 중 신호수는 배치되어 있는가?		
	8. 줄걸이 각도는 로프장력을 최소화 할 수 있는 매다는 각도인가?		
	9. 후크 해지장치는 양호하게 작동하고 있는가?		

07 지게차[04-11]

유해위험요인 파악Hazard Identification							
위험요인 위험		불량한 작업방법 위험		작업장소 위험		건강장해 위험	
기계·기구 등	●	굴착 등		추락 위험 등		분진 등	
폭발, 인화성		하역, 운반 등	●	붕괴 위험 등	●	소음 진동 등	
전기, 열 등		중량물 등	●	물체 비래 등		환기, 채광 등	

위험성 평가Risk Assessment									
위험성 수준			최초 평가	●	상시 평가	월	•노사합동순회점검( )	주	•합동안전점검회의( )
고	중	저	정기 평가				•아차사고분석 ( )		
●			수시 평가				•제안제도실시 ( )	일	•작업전 TBM ( )

위험성 감소대책Alternative					필수 확인 사항
제거	대체	공학적제어	관리적제어	개인보호구	•지게차 이동통로에 장애물 여부 확인 •지게차 양중 능력에 따른 무리한 양중 금지
		●		●	

재해발생유형	
1. 떨어짐	
2. 넘어짐	
3. 부딪힘	
4. 물체에 맞음	
5. 무너짐	
6. 끼임	✔
7. 절단·베임·찔림	
8. 감전	
9. 폭발·파열	
10. 화재	
11. 깔림·뒤집힘	✔

유해위험요인 및 감소대책 도면

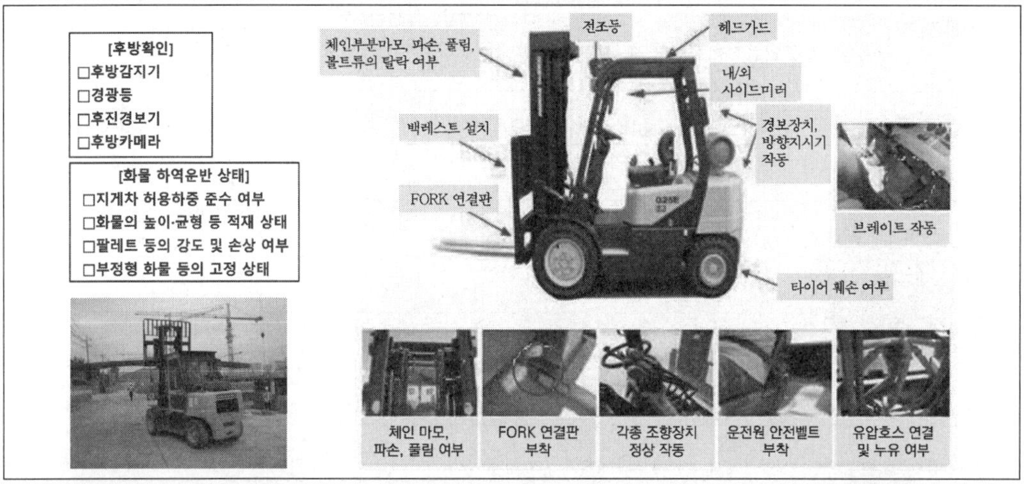

중대재해유형	재해 유발 원인	점검	확인
1. 물체에 맞음	•건설자재를 지게차로 하역하던 중 자재가 떨어지며 작업자를 가격		
2. 깔림	•지게차 포크에 상차되어 있던 창호(또는 파일 등)가 넘어지며 지게차 전면 작업자가 깔림		
3. 넘어짐[깔림]	•지게차로 장비를 운반하던 중에 그 무게를 견디지 못하고 지게차가 넘어짐		
4. 부딪힘	•자재를 하역한 후 후진하던 지게차에 작업자가 충돌		
구조검토 대상	•해당사항 없음		

□ 끼임 [건설기계 등에 끼임]	•작업자 작업구간 내 이동범위 확인 [건설기계장비 회전 반경 내 출입금지 여부 확인]	•작업자 [신규작업자, 일용작업자, 외국인]	✔
	•건설기계장비 안전장치 확보 여부 확인 [후방감지카메라, 협착방지봉 상태, 경광등 설치 여부 확인]	•건설기계장비 [안전검사 유효기간, 장비부품상태]	✔
	•작업영역 내에 관리감독자 배치 확인 [작업장 안전을 관리하는 신호수 등 배치 여부 확인]	•건설자재 [안전인증제품, 자재 적치 상태]	
	•그 밖의 위험요인 제거	•작업환경[방법] [안전보건규칙준수, 구조안전성확인]	✔

07 지게차[04-11]

유해위험요인별 세부 항목 Checklist			
유해위험요인[Hazard] List	**위험성 감소대책 Checklist**	**점검**	**확인**
1. 지게차 운행 중 넘어짐 2. 지게차 운행 중 운반 물체가 떨어짐 3. 양중 작업 중 슬링벨트 파단 4. 지게차 후진 작업 중 작업자 깔림 5. 지게차 넘어지면 인근 작업자 깔림	1. 운전원은 면허소지가인가?		
	2. 장비의 검사유효기간 및 보험에 가입되어 있는가?		
	3. 백레스트는 설치되어 있는가?		
	4. 헤드가드는 설치되어 있고 상태는 양호한가?		
작업 전 공통 확인사항	5. 작업 중 작업등, 방향지시등은 정상 작동하는가?		
1. 작업자: •수평(수직)이동구간 이동통로 확보 및 생명줄 상태	6. 작업 반경 내 출입금지 조치는 적절한가?		
2. 건설기계장비: •이동동선(정지)구간 지반 침하 및 지내력 상태 •양중작업용 로프(벨트) 슬링 안전성 검토	7. 운전석 안전띠는 부착되어 있고 착용하고 있는가?		
3. 작업환경: •가설구조물의 안전성 검토 및 현장 적용 여부 확인 •가설구조물 안전조치(설치기준) 준수 여부 확인	8. 포크(지게방) 승강용 체인 및 포크 고정핀의 상태는 양호한가?		
	9. 후진 경고음은 정상적으로 작동되고 있는가?		

중대재해유형	중대재해예방 저감대책	중점 관리대상	
□ 깔림 [물체의 쓰러짐이나 뒤집힘]	•건설 부재 수직도 유지 및 경사재 설치 [철근이나 거푸집이 바람 등에 대비한 경사재지지 상태 확인]	•작업자 [신규작업자, 일용작업자, 외국인]	
	•건설기계장비 이동동선 장애물 제거 [지게차 등 이동동선 내 단차 또는 장애물 제거]	•건설기계장비 [안전검사 유효기간, 장비부품상태]	✔
	•건설기계장비 이동동선 지반상태 확인 [장비 이동동선 지반(성토층)의 지내력 확보 여부 확인]	•건설자재 [안전인증제품, 자재 적치 상태]	
	•그 밖의 위험요인 제거	•작업환경[방법] [안전보건규칙준수, 구조안전성확인]	✔
□ 맞음 [날아온(떨어진) 물체에 맞음]	•작업자 개인보호구(안전모 등) 착용 [양중 작업이나 상하 동시 작업 구간 작업자 안전모 착용 확인]	•작업자 [신규작업자, 일용작업자, 외국인]	✔
	•양중 작업 시 결속 방법 확인 [줄걸이 방법 및 자재 결속 상태 확인 후 양중 실시]	•건설기계장비 [안전검사 유효기간, 장비부품상태]	
	•고소 작업 위치 자재 적치 상태 확인 [자재 적치 장소의 물체 이탈 가능성 확인]	•건설자재 [안전인증제품, 자재 적치 상태]	✔
	•그 밖의 위험요인 제거	•작업환경[방법] [안전보건규칙준수, 구조안전성확인]	
□ 무너짐 [건축물(토사) 등이 무너짐]	•작업 전 작업구간 이상 변위 상태 확인 [경사 또는 굴착구간 주변 변위(균열) 여부 확인]	•작업자 [신규작업자, 일용작업자, 외국인]	
	•가설 구조물 안전성 검토 확인 [가설 구조물(동바리, 흙막이 등) 구조검토서와 도면 확인]	•건설기계장비 [안전검사 유효기간, 장비부품상태]	
	•가설 구조물 설치 상태 확인 [가설 구조물 등 안전보건규칙 준수 여부 확인]	•건설자재 [안전인증제품, 자재 적치 상태]	
	•그 밖의 위험요인 제거	•작업환경[방법] [안전보건규칙준수, 구조안전성확인]	✔

08 항타 및 항발기[04-11]

유해위험요인 파악Hazard Identification							
위험요인 위험		불량한 작업방법 위험		작업장소 위험		건강장해 위험	
기계·기구 등	●	굴착 등		추락 위험 등		분진 등	
폭발, 인화성		하역, 운반 등	●	붕괴 위험 등	●	소음 진동 등	●
전기, 열 등		중량물 등	●	물체 비래 등	●	환기, 채광 등	

위험성 평가Risk Assessment								
위험성 수준			최초 평가	●	상시 평가	월	•노사합동순회점검( ) •아차사고분석 ( ) •제안제도실시 ( )	주 •합동안전점검회의( ) 일 •작업전 TBM ( )
고	중	저	정기 평가					
●			수시 평가					

위험성 감소대책Alternative					필수 확인 사항
제거	대체	공학적제어	관리적제어	개인보호구	•항타기 거치 위치 및 동선의 지반 지지력 상태 확인 •항타기 와이어로프 폐기기준 준수 여부 확인
		●		●	

재해발생유형	
1. 떨어짐	✔
2. 넘어짐	
3. 부딪힘	
4. 물체에 맞음	✔
5. 무너짐	
6. 끼임	✔
7. 절단·베임·찔림	
8. 감전	
9. 폭발·파열	
10. 화재	
11. 깔림·뒤집힘	✔

유해위험요인 및 감소대책 도면

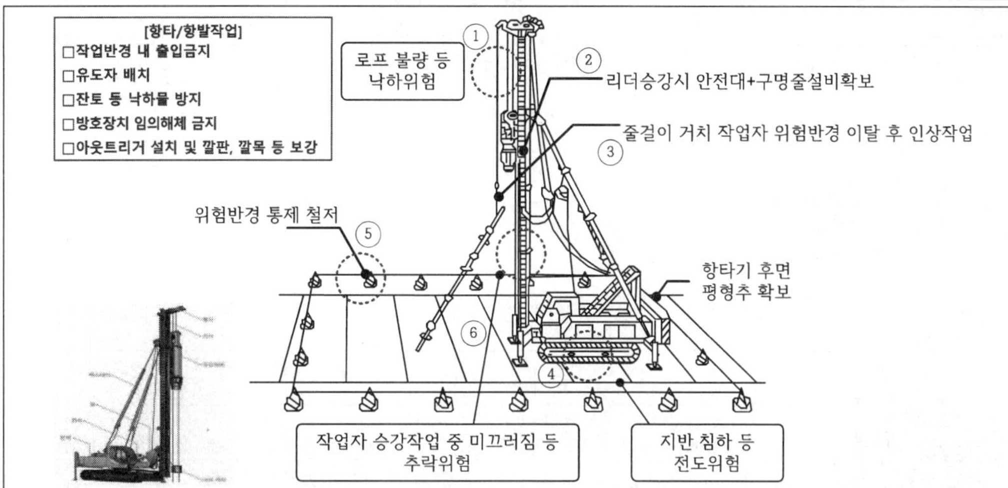

중대재해유형	재해 유발 원인	점검	확인
1. 깔림	•항타기가 이동 중 지반이 침하되며 넘어지며 작업자를 강타		
2. 부딪힘	•항타기 리더 지지래를 지탱하던 섬유벨트가 파단되며 부딪힘		
3. 물체에 맞음	•파일 항타 중 오거를 인발하면서 스크류 상부의 토사 덩어리가 떨어지며 작업자 강타		
4. 맞음[로프파단]	•파일 천공 작업 중 항타기 지지용 와이어로프가 파단되면서 작업자 강타		
구조검토 대상	•해당사항 없음		

□ 떨어짐 [높은 곳에서 사람이 떨어짐]	•작업자의 무리한 행동 억제 [지정된 작업통로(이동동선)로 진출입]	•작업자 [신규작업자, 일용작업자, 외국인]	✔
	•고소 작업 위치에 안전난간, 안전대 부착설비 설치 [개구부 안전난간 설치, 고소작업자 안전대 착용]	•건설기계장비 [안전검사 유효기간, 장비부품상태]	
	•작업 현장 별 위험요인 제거 [작업 특성과 조건에 따른 위험요인 제거]	•건설자재 [안전인증제품, 자재 적치 상태]	
	•그 밖의 위험요인 제거	•작업환경[방법] [안전보건규칙준수, 구조안전성확인]	✔

08 항타 및 항발기[04-11]

유해위험요인별 세부 항목 Checklist

유해위험요인[Hazard] List

1. 무한궤도 부식, 마모 등의 불량으로 뒤집힘
2. 붐 노후화로 파손됨
3. 항타기 운행 중 지반 상태 불량으로 넘어짐
4. 항타기 와이어로프 파단됨
5. 항타기 후진 중에 작업자가 깔림
6. 리더 오물 제거하기 위해 오르던 작업자 떨어짐
7. 항타기 설치 및 해체 작업 시 자재가 떨어짐

위험성 감소대책 Checklist	점검	확인
1. 운전원은 면허소지가인가?		
2. 장비의 검사유효기간 및 보험에 가입되어 있는가?		
3. 각종 안전장치는 정상적으로 작동되고 있는가?		
4. 케이블, 훅 걸이 등 마모나 파손된 상태인가?		
5. 지반 침하에 대한 방지조치는 양호한가?		
6. 장비 거치 장소의 지반상태 지지력은 적정한가?		
7. 와이어로프 상태는 폐기기준을 준수하고 있는가?		
8. 항타기 이동통로에 장애물은 없는가?		
9. 항타기 이동동선의 지반 상태는 적정한가?		
10. 전체 작업을 지휘하는 신호수는 배치되어 있는가?		

작업 전 공통 확인사항

구분	확인사항
1. 작업자	•수평(수직)이동구간 이동통로 확보 및 생명줄 상태
2. 건설기계 장비	•이동동선(정지)구간 지반 침하 및 지내력 상태 •양중작업용 로프(벨트) 슬링 안전성 검토
3. 작업환경	•가설구조물의 안전성 검토 및 현장 적용 여부 확인 •가설구조물 안전조치(설치기준) 준수 여부 확인

중대재해유형	중대재해예방 저감대책	중점 관리대상	
□ 깔림 [물체의 쓰러짐이나 뒤집힘]	•건설 부재 수직도 유지 및 경사재 설치 [철근이나 거푸집이 바람 등에 대비한 경사재지지 상태 확인]	•작업자 [신규작업자, 일용작업자, 외국인]	
	•건설기계장비 이동동선 장애물 제거 [지게차 등 이동동선 내 단차 또는 장애물 제거]	•건설기계장비 [안전검사 유효기간, 장비부품상태]	✔
	•건설기계장비 이동동선 지반상태 확인 [장비 이동동선 지반(성토층)의 지내력 확보 여부 확인]	•건설자재 [안전인증제품, 자재 적치 상태]	
	•그 밖의 위험요인 제거	•작업환경[방법] [안전보건규칙준수, 구조안전성확인]	✔
□ 맞음 [날아온(떨어진) 물체에 맞음]	•작업자 개인보호구(안전모 등) 착용 [양중 작업이나 상하 동시 작업 구간 작업자 안전모 착용 확인]	•작업자 [신규작업자, 일용작업자, 외국인]	✔
	•양중 작업 시 결속 방법 확인 [줄걸이 방법 및 자재 결속 상태 확인 후 양중 실시]	•건설기계장비 [안전검사 유효기간, 장비부품상태]	
	•고소 작업 위치 자재 적치 상태 확인 [자재 적치 장소의 물체 이탈 가능성 확인]	•건설자재 [안전인증제품, 자재 적치 상태]	✔
	•그 밖의 위험요인 제거	•작업환경[방법] [안전보건규칙준수, 구조안전성확인]	
□ 무너짐 [건축물(토사) 등이 무너짐]	•작업 전 작업구간 이상 변위 상태 확인 [경사 또는 굴착구간 주변 변위(균열) 여부 확인]	•작업자 [신규작업자, 일용작업자, 외국인]	
	•가설 구조물 안전성 검토 확인 [가설 구조물(동바리, 흙막이 등) 구조검토서와 도면 확인]	•건설기계장비 [안전검사 유효기간, 장비부품상태]	
	•가설 구조물 설치 상태 확인 [가설 구조물 등 안전보건규칙 준수 여부 확인]	•건설자재 [안전인증제품, 자재 적치 상태]	
	•그 밖의 위험요인 제거	•작업환경[방법] [안전보건규칙준수, 구조안전성확인]	✔
□ 끼임 [건설기계 등에 끼임]	•작업자 작업구간 내 이동범위 확인 [건설기계장비 회전 반경 내 출입금지 여부 확인]	•작업자 [신규작업자, 일용작업자, 외국인]	✔
	•건설기계장비 안전장치 확보 여부 확인 [후방감지카메라, 협착방지봉 상태, 경광등 설치 여부 확인]	•건설기계장비 [안전검사 유효기간, 장비부품상태]	✔
	•작업영역 내에 관리감독자 배치 확인 [작업장 안전을 관리하는 신호수 등 배치 여부 확인]	•건설자재 [안전인증제품, 자재 적치 상태]	
	•그 밖의 위험요인 제거	•작업환경[방법] [안전보건규칙준수, 구조안전성확인]	✔

09 굴착기[04-11]

유해위험요인 파악 Hazard Identification							
위험요인 위험		불량한 작업방법 위험		작업장소 위험		건강장해 위험	
기계·기구 등	●	굴착 등	●	추락 위험 등		분진 등	
폭발, 인화성		하역, 운반 등		붕괴 위험 등		소음 진동 등	
전기, 열 등		중량물 등	●	물체 비래 등	●	환기, 채광 등	

위험성 평가 Risk Assessment									
위험성 수준			최초 평가	●	상시 평가	월	•노사합동순회점검( )	주	•합동안전점검회의( )
고	중	저	정기 평가				•아차사고분석 ( )		
	●		수시 평가				•제안제도실시 ( )	일	•작업전 TBM ( )

위험성 감소대책 Alternative					필수 확인 사항
제거	대체	공학적제어	관리적제어	개인보호구	•항타기 거치 위치 및 동선의 지반 지지력 상태 확인
		●		●	•항타기 와이어로프 폐기기준 준수 여부 확인

재해발생유형	
1. 떨어짐	
2. 넘어짐	
3. 부딪힘	
4. 물체에 맞음	
5. 무너짐	
6. 끼임	✔
7. 절단·베임·찔림	
8. 감전	
9. 폭발·파열	
10. 화재	
11. 깔림·뒤집힘	✔

유해위험요인 및 감소대책 도면

[굴착기 인양작업 가능조건]

□퀵커플러 또는 작업장치에 달기구(훅 등)가 부착되어 인양작업이 가능하도록 제작된 굴착기일 것
□제조사에서 정한 정격하중이 확인되는 굴착기를 사용할 것
□해지장치 사용 등 작업 중 인양물 낙하 우려가 없을 것
□와이어로프 등 줄걸이 용구의 상태를 확인 후 작업할 것
□인양물이 균형에 맞게 로프와 연결되어 있는지 확인

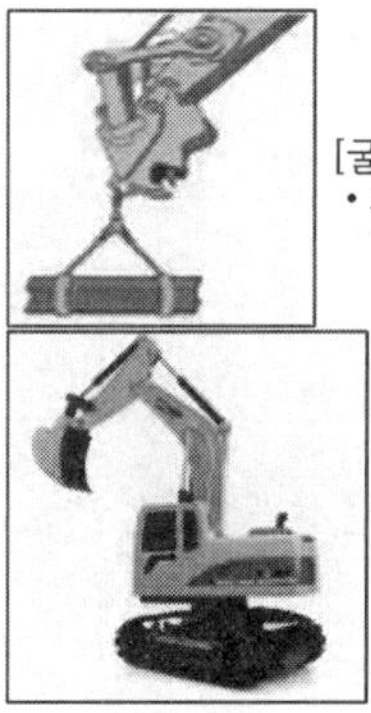

중대재해유형	재해 유발 원인	점검	확인
1. 부딪힘	•벡호우 버켓으로 콘크리트 타설작업 중 버켓에 작업자 충돌		
2. 끼임	•골재 포설 작업 중 굴착기 선회부와 창고 사이에 끼임		
3. 깔림	•굴착사면의 연약지반이 슬라이딩 되며 굴착기가 매몰		
4. 물체에 맞음	•굴착기로 목재다발을 이동시키던 중 버켓의 후크에 걸린 섬유벨트가 파단되며 작업자 강타		
5. 물체에 맞음	•굴착기 버켓에 콘크리트 타설 중 퀵커플러에서 버켓이 이탈하며 작업자 강타		
구조검토 대상	•해당사항 없음		

09 굴착기[04-11]

유해위험요인별 세부 항목 Checklist

유해위험요인Hazard List

1. 버켓 안전핀 미 체결 EH는 오작동으로 버켓 떨어짐
2. 굴착기 이동로 장애물로 뒤집힘
3. 굴착 사면 작업 시 부주의로 뒤집힘
4. 굴착기 후진 또는 회전 중에 작업자가 끼임
5. 굴착기 양중 작업 중 와이어로프(슬링벨트) 파단
6. 굴착기 버켓 탈락하며 작업자 맞음

작업 전 공통 확인사항	
1. 작업자	•수평(수직)이동구간 이동통로 확보 및 생명줄 상태
2. 건설기계장비	•이동동선(정지)구간 지반 침하 및 지내력 상태 •양중작업용 로프(벨트) 슬링 안전성 검토
3. 작업환경	•가설구조물의 안전성 검토 및 현장 적용 여부 확인 •가설구조물 안전조치(설치기준) 준수 여부 확인

위험성 감소대책 Checklist	점검	확인
1. 운전원은 면허소지가인가?		
2. 장비의 검사유효기간 및 보험에 가입되어 있는가?		
3. 버켓 탈락방지용 안전핀 체결 상태로 작업하는가?		
4. 굴착기 작업반경 내 출입금지조치는 되어 있는가?		
5. 후사경과 후방영상표시장치는 설치되어 있는가?		
6. 굴착기 양중가능 조건 및 안전수칙은 준수되는가?		
7. 와이어로프 상태는 폐기기준을 준수하고 있는가?		
8. 충돌 위험 방지 장치는 정상적으로 작동되는가?		
9. 혼잡 공종 작업 시 신호수는 배치되어 있는가?		
10. 전체 작업을 지휘하는 담당자는 배치되어 있는가?		

중대재해유형	중대재해예방 저감대책	중점 관리대상	
□ 맞음 [날아온(떨어진) 물체에 맞음]	•작업자 개인보호구(안전모 등) 착용 [양중 작업이나 상하 동시 작업 구간 작업자 안전모 착용 확인]	•작업자 [신규작업자, 일용작업자, 외국인]	✔
	•양중 작업 시 결속 방법 확인 [줄걸이 방법 및 자재 결속 상태 확인 후 양중 실시]	•건설기계장비 [안전검사 유효기간, 장비부품상태]	
	•고소 작업 위치 자재 적치 상태 확인 [자재 적치 장소의 물체 이탈 가능성 확인]	•건설자재 [안전인증제품, 자재 적치 상태]	✔
	•그 밖의 위험요인 제거	•작업환경[방법] [안전보건규칙준수, 구조안전성확인]	
□ 무너짐 [건축물(토사) 등이 무너짐]	•작업 전 작업구간 이상 변위 상태 확인 [경사 또는 굴착구간 주변 변위(균열) 여부 확인]	•작업자 [신규작업자, 일용작업자, 외국인]	
	•가설 구조물 안전성 검토 확인 [가설 구조물(동바리, 흙막이 등) 구조검토서와 도면 확인]	•건설기계장비 [안전검사 유효기간, 장비부품상태]	
	•가설 구조물 설치 상태 확인 [가설 구조물 등 안전보건규칙 준수 여부 확인]	•건설자재 [안전인증제품, 자재 적치 상태]	
	•그 밖의 위험요인 제거	•작업환경[방법] [안전보건규칙준수, 구조안전성확인]	✔
□ 끼임 [건설기계 등에 끼임]	•작업자 작업구간 내 이동범위 확인 [건설기계장비 회전 반경 내 출입금지 여부 확인]	•작업자 [신규작업자, 일용작업자, 외국인]	✔
	•건설기계장비 안전장치 확보 여부 확인 [후방감지카메라, 협착방지봉 상태, 경광등 설치 여부 확인]	•건설기계장비 [안전검사 유효기간, 장비부품상태]	✔
	•작업영역 내에 관리감독자 배치 확인 [작업장 안전을 관리하는 신호수 등 배치 여부 확인]	•건설자재 [안전인증제품, 자재 적치 상태]	
	•그 밖의 위험요인 제거	•작업환경[방법] [안전보건규칙준수, 구조안전성확인]	✔

재해사례

01 재해사례-이동식 크레인 넘어짐(전도)

1. 재해개요

2018.6.22.(금) 14:30경 충북 청주시 옥산면 소재 ㈜00크레인 차고지 내에서 피재자(크레인 운전원)가 이동식크레인(176 ton)을 운전하여 트레일러 적재함에 적재되어 있는 카운터웨이트(24 ton)를 인양하던 중 이동식 크레인이 전도되면서 운전실이 트레일러 적재함 상부에 끼어 운전실내부에 있던 피재자가 협착, 사망한 재해임

2. 재해상황도

1단계 : 카운터웨이드 줄걸이

→

2단계 : 인양 후 붐 선회

3단계 : 크레인 넘어지기 시작

→

4단계 : 바닥에 넘어진 크레인

3. 안전대책

1) 이동식 크레인 양중능력 범위 내에서 중량물 인양

크레인의 양중능력은 아웃트리거 길이, 붐 길이, 작업반경, 카운터웨이트 장착 여부 등 크레인 설치 조건 및 사용 조건에 따라 각각의 양중능력이 결정되므로, 작업 시 크레인 설치 및 사용 조건에 따른 양중 능력표를 참조하여초과 하중이 되지 않도록 작업 실시 및 적정한 규격의 크레인 선정

02 재해사례-이동식크레인 물체에 맞음(낙하비래)

1. 재해개요

이동식크레인을 사용하여 아파트 옥상층의 가설자재를 지상으로 인양하던 중 크레인의 보조 붐이 꺾이면서 가설자재가 낙하하여 하부에 있던 피재자를 가격하여 사망한 재해임

2. 재해상황도

3. 안전대책

이동식크레인으로 양중작업 시에는 크레인의 붐 길이와, 작업반경, 인양각도를 고려하여 정격하중 이내의 중량물을 양중하고 과부하방지장치의 경고부저가 울리는 등 크레인에 과부하가 감지 될 경우에는 즉시 작업을 중단하고 부재의 중량경감 등을 통해 과부하의 원인을 제거한 후 작업을 재개토록 하여야 함

4. 이동식크레인 재해사례

터널 입구부산마루 측구구조물 되메우기작업에 사용할 토사를 카고크레인을 이용하여 운반하는 과정에서 와이어로프가 인접한 충전전로(22,900V)에 접촉되면서 훅을 손으로 잡고 있던 피재자가 감전되어 사망한 재해

03 재해사례-고소작업대 떨어짐(추락)

1. 재해개요

2018.1.19.(금) 15:05분경 포항시 남구에 소재한 00제강(주) 포항공장 내 창고동 에서 고소작업대의 작업대에 근로자 2명이 탑승하여 천장 LED등 교체공사를 진행하던 중 턴테이블 고정볼트 파단으로 붐대가 낙하하면서, 탑승한 근로자가 떨어져 1명이 사망하고 1명이 부상당한 재해임

2. 재해상황도

[과상승방지장치 설치상태 불량]

3. 안전대책

1) 과부하방지장치의 기능 정상적인 상태로 유지

고소작업대를 사용하는데 있어 과부하방지장치 등 방호장치를 해체하거나 사용 정지해서는 안되며 방호장치의 수리·조정 및 교체 등을 작업을 하는 경우 완료한 후에는 즉시 방호장치가 정상적인 기능을 발휘할 수 있도록 관리

2) 관리감독자의 작업시작 전 점검 철저

차량계 하역운반기계(고소작업대)를 사용하는 작업하는데 있어 관리감독자로 하여금 작업을 시작하기 전에 과부하방지장치의 작동유무 등에 대한 사전점검을 실시하고 작업을 수행

3) 작업계획서 작성 철저

차량계 하역운반기계(고소작업대)에 대한 해당 작업, 작업장의 지형·지반 등에 대하여 사전조사를 하고 그 결과를 기록·보존하여야하며 조사결과를 고려하여 작업계획서를 작성하고 이를 준수

04 재해사례-고소작업대 떨어짐(추락)

1. 재해개요

2016. 12. 12.(월) 13:30분경 충북 청주시 흥덕구 옥산면 소재, 『(주)○○종합건설 (주)○○○테크 내부 보수공사』 현장에서 재해자(판넬공) 4명이 지붕판넬 방수(실리콘) 작업을 하기 위해 이동식크레인 탑승설비에 탑승하여 지브를 상승시켜 작업장소로 이동 중 탑승설비가 지브브라켓에서 탈락하여 지상으로 떨어져(H≒13m) 3명사망, 1명 부상한 재해임

2. 재해상황도

[과상승방지장치 설치상태 불량]

3. 안전대책

1) 안전인증을 받은 고소작업대 사용

고소작업 시 하중감지장치, 모멘트감지장치 등 안전장치를 부착하고 안전인증을 받은 차량계 하역운반기계인 고소작업대를 사용

2) 개인보호구(안전대) 착용

고소작업대 등에서 고소 작업 시 추락의 우려가 있는 경우 안전대를 고소작업대 지브 또는 탑승설비 등에 체결한 상태에서 작업

3) 이동식 크레인 목적 외 사용 금지

이동식 크레인 이용 작업 시에는 자재 등의 중량물 운반에 주

05 재해사례-고소작업대 끼임(협착)

1. 재해개요

'2022. 05.00(일) 00:00경 밀양시 소재OO공장 지붕교체공사현장에서 재해자가 작업을 위해 시저형 고소작업대에 탑승하여 케이지 상승 중, 난간대와 지붕 구조물에 머리가 끼어 사망한 재해임

2. 재해상황도

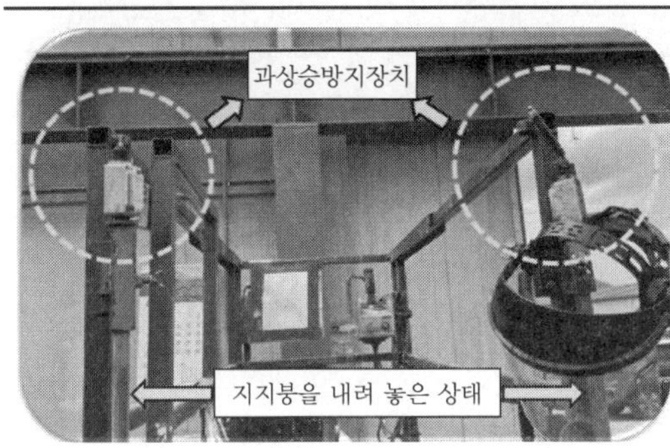

[과상승방지장치 설치상태 불량]

3. 안전대책

1) 방호장치의 적정 설치 및 상태유지(점검)

과상승방지장치를 적정 높이에 설치하여 상부 구조물 등에 접촉 시 상승이 멈출 수 있도록 조치하여야 함. 또한 작업편의를 위해 임의로 과상승방지장치의 설치높이를 낮추지 않고,

작업 시작 전 또는 작업 중 적정한 상태인지 점검확인 하여야 함

2) 작업계획서 작성 및 준수

고소작업대 사용 시 끼임 등 위험예방대책을 포함하는 작업계획서를 작성하고 그 계획에 따라 작업하여야 함

06 재해사례-굴착기 끼임(협착)

1. 재해개요

보통인부(남, 50세)가 도시가스 배관(∅400mm) 부설 후 되메우기용 토사 다짐작업을 위한 굴삭기(버킷용량:0.6m³) 주변에서 청소작업 중 후진하던 굴삭기 오른쪽 뒷바퀴에 깔려 병원으로 이송 치료 중 15:25경 사망한 재해임

2. 재해상황도

3. 안전대책

1) 굴삭기 등 차량계 건설기계 접촉 방지 조치 철저

2) 차량계 건설기계 작업계획서 작성

사업주는 차량계 건설기계를 사용하여 작업시 차량계 건설기계의 운행경로 등의 내용을 포함한 작업계획서를 작성하고 그 내용을 해당 근로자에게 알려주어야 함

3) 차량계 건설기계 접촉방지 조치 실시

사업주는 차량계 건설기계를 사용하여 작업하는 경우에는 운전 중인 해당 차량계 건설기계에 접촉되어 근로자가 부딪칠 위험이 있는 장소에 근로자를 출입시키지 않거나 유도자를 배치하고 해당 차량계 건설기계를 유도하도록 하여야 함

07 재해사례-굴착기 양중 물체에 맞음(낙하비래)

1. 재해개요

피재자가 건설폐기물(파형강관)을 외부로 반출하기 위해 백호우 버켓에 줄걸이하여 인양하던 중 섬유벨트가 풀리면서 파형강관이 낙하하여 피재자를 가격·사망한 재해임

2. 재해상황도

3. 안전대책

백호우로 중량물을 인양하는 등 차량계 건설기계를 주용도 외의 용도로 사용하여서는 아니되며, 이동식크레인 등으로 인양하되 섬유벨트 등으로 2줄걸이 하는 등 중량물이 탈락되지 않도록 조치하여야 함

08 재해사례-굴착기 양중 물체에 맞음(낙하비래)

1. 재해개요

토류판용 목재다발을 다른 장소로 이동시키기 위해 섬유벨트로 결속하여 굴삭기 버켓의 훅에 걸어서 인양(높이 약 1.5m)하던 중 섬유벨트가 하중을 견디지 못하고 파단되면서 목재다발이 피재자를 가격하여 사망한 재해임

2. 재해상황도

3. 안전대책

굴삭기 버켓의 훅에 중량물을 걸어 인양하는 등 주용도 외의 사용을 금하여야 하며, 중량물 인양에 사용되는 섬유벨트는 사전에 점검하여 심하게 손상된 때에는 즉시 교체하여야 함

09 재해사례-굴착기 양중 물체에 깔림

1. 재해개요

2018. 4. 22.(일) 11:12경 경북 구미시 소재 00종합건설(주)가 시공하는 0000아파트 신축공사현장에서 협력업체인 00건설(주) 소속의 재해자(철근가공반장)가 지게차에 철근(D10mm, 3.76ton)을 싣고 경사진 가설도로에서 좌회전하다가 지게차가 중심을 잃고 넘어지려하자, 지게차에서 내려 대피하던 중 지게차가 넘어지면서 떨어지는 철근에 깔려 사망한 사고임

2. 재해상황도

3. 안전대책

1) 유자격자에 의한 지게차 운전

사업주는 4.5톤 지게차를 운전할 경우 「건설기계관리법」에 따라 건설기계 조종사 면허를 받은 자로 하여금 조종하도록 관리 감독하여야 한다.

2) 장비유도자 배치

사업주는 지게차를 사용하는 작업을 할 때 지게차가 넘어져 근로자에게 위험을 미칠 우려가 있을 경우에는 장비 유도자를 배치하여야 한다.

10 재해사례-굴착기 물체에 맞음(낙하비래)

1. 재해개요

2017. 08. 30(수) 09:15경, 전북 무주군 설천면 소재 00마을 진입로 개선공사 현장 내 철근 야적장에서 굴삭기로 철근을 인양, 좌측으로 90° 회전(선회)하여 철근을 트럭에 상차하려는 순간 굴삭기가 중심을 잃고 넘어지면서, 철근 적재를 돕기 위해 트럭 옆에서 대기 중이던 재해자(보통인부)의 머리를 철근다발이 강타하여 사망한 재해임

2. 재해상황도

[과상승방지장치 설치상태 불량]

3. 안전대책

1) 작업계획서 작성 및 준수

(1) 철근 등 중량물 취급 작업시에는 추락, 낙하, 전도, 협착, 붕괴 위험을 예방할 수 있는 안전대책을 수립 하여야 하며, 작업계획서 내용을 근로자에게 알려주고 작업을 실시해야 함

(2) 건설기계(굴삭기) 제원, 성능, 작업반경, 인양물 무게 등을 고려하여 사용하는 건설기계가 전도되지 않도록 검토하여야 함

2) 작업용도에 적합한 건설기계 사용

굴삭기는 토사의 굴착, 절토 등의 용도로만 사용하여야하며 자재 인양 및 운반시에는 크레인 또는 지게차 등 목적에 적합한 건설기계를 사용하여야함

4. 굴착기 재해사례

백호우작업구간으로 이동하던 중 후진하는 백호우를피하지 못하고 충돌하여 사망한 재해

비탈면숏크리트보강작업을 위해 백호우의 버켓에탑승하여 와이어매쉬를고정하는 작업을 하던 중 버켓이암(Arm)에서 탈락하여 추락(10m) 사망한 재해임

11 재해사례-굴착기 빔클램프(하카) 떨어짐(낙하비래)

1. 재해개요

2016. 12. 08.(목) 14시 50분경 경기 하남시 망월동 소재 ○○건설(주)이 시공하는 ○○ 복선전철 건설공사 현장에서 재해자(가시설공)가 굴삭기(0.6m^3)를 이용하여 빔클램프(하카)로 매달아(외줄) 버팀보 인양 작업중 버팀보가 중앙파일에 부딪혀 빔클램프(하카)로부터 이탈되면서 낙하하여 버팀보를 잡고 있던 재해자가 협착되어 사망한 재해

2. 재해상황도

3. 안전대책

1) 차량계 건설기계 주용도 외 사용제한

굴삭기를 사용하는 경우 지반 굴착 등 주된 용도에만 사용하여야 함

2) 중량물 취급 작업계획서 작성 및 준수

(1) 중량물 취급작업계획서(흙막이 가시설)에 따라 버팀보를 2줄로 인양하여 설치하여야 함

(2) 흙막이 가시설 부재 인양 작업 시 인양물의 이탈 및 유동으로 인한 근로자와의 충돌 등의 위험이 발생하지 않도록 다음과 같은 방법 등으로 작업

가. 버팀보 플랜지(Flange) 등에 샤클 고정 hole(구멍)을 만들어 샤클 등을 활용하여 인양

나. 버팀보에 인양용 러그(Lug)를 설치하여 인양

다. 버팀보에 유도로프를 설치하여 근로자가 최대한 이격하여 작업

12 재해사례-항타 및 항발기 떨어짐(추락)

구분	○○현장
발생 일시	2022년 8월 3일(수) 10:00경
사고 개요	항타항발기 장비 본체 상부에서 설비배관 정리 후 내려오던 중 미끄러져 중심을 잃고 1~1.6m 높이에서 지면으로 뛰어내렸고, 오른발 뒷꿈치뼈 골절상
피해 현황	부상 1명(떨어짐)
발생 원인	1) (물적요인) 미끄럼 및 추락방지 조치 미흡 2) (관리적요인) 추락방지시설 미비 및 비정상적인 통로 사용 

안전 기준 등
• 산업안전보건기준에 관한 규칙 제32조(보호구의 지급 등) – (제1항제2호) 안전대 사용: 높이(또는 깊이) 2미터 이상의 추락할 위험이 있는 장소에서 하는 작업 • 산업안전보건기준에 관한 규칙 제22조(통로의 설치) – 작업장으로 통하는 장소 또는 작업장 내에 근로자가 사용할 안전한 통로를 설치하고 항상 사용할 수 있는 상태로 유지 • 산업안전보건기준에 관한 규칙 제38조(사전조사 및 작업계획서의 작성 등) • 산업안전보건기준에 관한 규칙 제39조(작업지휘자의 지정)
개선 사례(예시 등)
• 예방대책 – 추락방지 설비 설치(난간, 안전대 및 부착설비 등) – 작업지휘자를 배치하여 불안전한 자세, 행동 등을 통제 – 안전한 이동통로 확보 필요(이동식 사다리, 가설 계단 등)

13 재해사례-항타기 넘어짐(전도)

1. 재해개요

2018.01.09.(화) 16:35경 전남 00군 소재 00리 공동주택 신축공사 현장에서 피재자(항타기 운전원)가 PHC(콘크리트)파일을 설치하기 위하여 지반 천공작업을 하려고 하던 중 항타기가 넘어지려고 하자 운전석에서 뛰어내려 대피하던 중 넘어지는 항타기 본체 등에 깔려 사망한 재해임

2. 재해상황도

[과상승방지장치 설치상태 불량]

3. 안전대책

1) 차량계 건설기계 작업시 사전조사에 의한 작업계획서 작성

항타기 등 차량계 건설기계를 사용하는 작업을 할 때에는 해당 기계의 전락, 지반의 붕괴 등으로 인한 근로자의 위험을 방지하기 위한 해당 작업장소의 지형 및 지반상태에 대하여 사전조사를 하고, 그 결과를 기록·보존 하여야 하며, 조사결과를 고려하여 작업계획서를 작성하고 그 계획에 따라 작업을 하도록 관리

2) 전도 등의 방지조치 철저

항타기 등 차량계 건설기계를 사용하는 작업을 할 때에는 그 기계가 넘어지거나 굴러 떨어질 위험이 없도록 지반의 부동침하 방지조치 등 전도방지조치 철저

14 재해사례-항타기 와이어로프 파단(낙하비래)

1. 재해개요

기초공사를 위해 파일을 삽입한 후 항타작업을 위해 파일 두부를 정리하던 중 와이어로프가 파단되어 해머가 낙하하면서 파일 두부를 정리하던 작업자 1명을 타격하여 사망

2. 재해상황도

사고발생 항타기

[과상승방지장치 설치상태 불량]

낙하된 해머

반복되는 파일 항타작업으로 인해 와이어로프의 가장 취약한 부위인 도르레 주변에서의 와이어로프가 파단된 것으로 추정

3. 재발방지대책

1) 주기적인 와이어로프 점검 및 검사를 실시하여 손상 및 변형여부를 확인하고 손상된 부위가 있다면 작업을 중지하고 즉시 교체하여야 한다.
2) 사업주는 항타기 또는 항발기의 권상용 와이어로프의 안전계수가 5이상이 아닌 경우에는 사용해서는 안된다.
3) 권상용 와이어로프는 해머가 최저의 위치에 있을 때 또는 널말뚝을 빼내기 시작할 때를 기준으로 권상장치의 드럼에 적어도 2회전 정도 감기고 남을 수 있는 충분한 길이를 사용해야 한다.
4) 권상용 와이어로프는 권상장치의 드럼에 클램프·클립 등을 견고하게 고정하여야 한다.
5) 항타기의 권상용 와이어로프에서 추·해머 등과의 연결은 클램프·클립 등을 사용하여 견고하게 고정하여야 한다.

15 재해사례-타워크레인 무너짐(붕괴)

1. 재해개요

2017.12.18.(월) 14:40경 경기도 평택시 소재 00건설㈜ 공동주택 3차 신축공사 현장에서 타워크레인 임대업체 00건기(주)와 설치·해체업체 00타워 소속 근로자 5명이 타워크레인 10호기(14톤, L형) 텔레스코핑 케이지 상승작업 중 써포트 슈가 이탈하면서 상승되었던 텔레스코픽 케이지가 3m 아래로 내려 앉았고, 그 충격으로 텔레스코픽 케이지에 부착된 작업발판 및 안전난간이 파손되어 작업발판에 있던 1명이 약 70m 아래로 떨어져 사망하고, 4명이 부상을 입음

2. 재해상황도

3. 안전대책

1) 작업방법 준수(매뉴얼 준수)

   써포트 슈를 마스트 러그에 고정한 후 정상적인 고정여부를 확인하고, 안전핀을 사용하여 써포트 슈와 마스트 러그의 이탈을 방지하도록 함

2) 작업계획서 작성 철저

   작업계획서는 당해 타워크레인의 매뉴얼을 준수하여 작성하고 내용을 근로자에게 알려주어야 함

16 재해사례-타워크레인 무너짐(전도)

1. 재해개요

2017. 5. 22.(월) 16:40분경, 경기도 남양주시 OO지구 소재 OOOOOOO㈜ 남양주 OO지구 OOBL 공동주택 신축공사 현장에 설치한 타워크레인에서, 재해자(타워크레인설치공) 5명이 타워크레인 텔레스코핑 작업 중, 타워크레인 마스트가 전도되면서 근로자가 떨어져(H≒50m) 3명 사망하고 2명이 부상당한 재해임

2. 재해상황도

3. 안전대책

1) 관리감독자의 유해·위험 방지 업무 철저

   사업주는 타워크레인 상승작업 시 관리감독자로 하여금 재료의 결함 유무를 점검하여 불량품을 제거하고, 작업 중 근로자의 안전대 착용 상황을 감시하도록 하는 등 관리감독자 유해·위험 방지 업무 철저

2) 타워크레인 상승 작업계획서 작성 및 준수 철저

사업주는 타워크레인 상승작업 시 상승작업 순서, 작업인원의 구성 및 작업근로자의 역할 범위를 명확히 하고 세부적인 작업계획서의 작성 및 작업계획서를 준수하여 작업을 하여야 함

3) 타워크레인 상승작업 전 위험 방지조치 철저

사업주는 타워크레인 상승작업 등 기계의 운전을 시작할 때에 근로자가 위험해질 우려가 있으면 근로자의 배치 및 교육, 작업방법, 방호장치 등 필요한 사항을 미리 확인 후 위험 방지를 위한 필요한 조치를 철저히 하여야 함

3) 안전대 착용 철저

사업주는 높이 2m 이상의 추락할 위험이 있는 장소에서 하는 작업인 경우 안전대를 작업하는 근로자 수 이상으로 지급하고 철저히 착용토록 하여야 함

17 재해사례-리프트 떨어짐(추락)

1. 재해개요

2018.06.04.(월) 13:50경 충남 천안시 소재 아파트 신축공사 현장에서, 재해자(연장설치공)가 건설용 리프트 운반구 지붕에서 월타이(Wall-Tie) 고정용 앵커볼트 천공작업 준비 중, 몸의 중심을 잃고 떨어져 사망한 재해임

2. 재해상황도

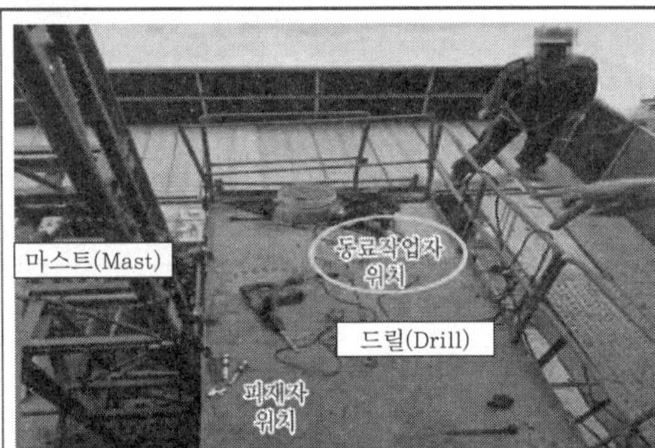

3. 안전대책

1) 건설용 리프트 연장설치 작업 중 추락방지조치 철저

(1) 건설용 리프트 운반구 지붕에서 작업 시(볼트를 풀고 공구를 정리하는 등의 작업준비포함) 안전난간 설치 철저

(2) 마스트와 월타이 앵커볼트 설치(천공) 등은 작업특성 상 부득이 안전난간을 해체(작업 시 작업공간 확보가 어려움)하여야 할 경우에는 안전대를 작업종료 시 까지 풀지 않고 작업할 수 있는 위치에 안전대 부착설비를 설치(마스트 및 안전난간 등이 아닌 별도의 안전대 부착설비 설치하고 작업자는 반드시 안전대를 걸고 작업

18 재해사례-지게차 전도

1. 재해개요

2018. 4. 22.(일) 11:12경 경북 구미시 소재 0000아파트 신축공사현장에서 재해자(철근가공반장)가 지게차에 철근(D10mm, 3.76ton)을 싣고 경사진 가설도로에서 좌회전하다가 지게차가 중심을 잃고 넘어지려하자, 지게차에서 내려 대피하던 중 지게차가 넘어지면서 떨어지는 철근에 깔려 사망

2. 재해상황도

[과상승방지장치 설치상태 불량]

3. 안전대책

1) 유자격자에 의한 지게차 운전

사업주는 4.5톤 지게차를 운전할 경우「건설기계관리법」에 따라 건설기계 조종사 면허를 받은 자로 하여금 조종하도록 관리

2) 장비유도자 배치

사업주는 지게차를 사용하는 작업을 할 때 지게차가 넘어져 근로자에게 위험을 미칠 우려가 있을 경우에 장비 유도자 배치

19 재해사례-휴대용 원형톱 감전

1. 재해개요

2018.03.14.(수) 15:45분경 경기 파주시 동패동 소재 ㈜OOOO종합건설「다가구주택 신축공사」 현장 지상 2층 계단참에서 휴대용 원형톱으로 거푸집 제작 및 설치작업 중이던 피재자가 절연파괴된 원형톱 금속제 외함의 누설전류에 감전되어 사망

2. 재해상황도

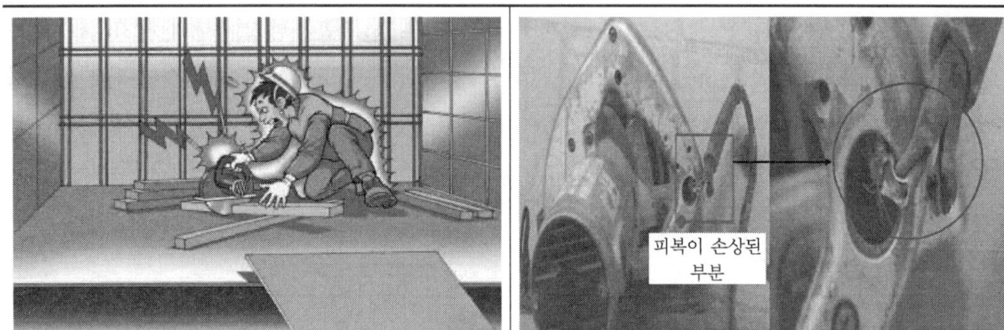

3. 안전대책

1) 전기기계·기구 전원코드 절연조치 철저

사업주는 휴대용원형톱 등 전기기계·기구 전원코드의 절연피복이 손상되지 않도록 관리하고 피복이 손상된 배선은 즉시 기존 절연의 동등이상으로 절연을 보강하여 사용

2) 감전방지용 누전차단기 상태 확인 철저

사업주는 휴대용원형톱 등 전기기계·기구를 사용하기 위해 임시배선시 누전에 의한 감전위험을 방지하기 위해 해당 전로의 정격에 적합하고 확실하게 작동하는 누전차단기를 설치하고 작업 전 작동 여부를 확인, 이상이 발견되면 즉시 보수하거나 교체

3) 전기기계·기구 접지 실시 철저

사업주는 휴대용원형톱 등 전기기계·기구 사용시 누전에 의한 감전의 위험 방지를 위하여 전원코드에 접지 포함여부 확인 및 가설분전반 접지 실시 및 접지저항값을 확인하고 작업

제5장
굴착 및 기초공사

1. 굴착공사
2. 옹벽 및 사면공사
3. 흙막이공사
4. 구조물인접공사
5. 기초(말뚝)공사
6. 굴착 및 기초 공사 위험성평가 및 재해사례

construction safety management

1. 굴착공사

침윤선, 유선망 05-01

1. 유선망Flow Net

토질역학에서 유선과 등수두선으로 이루어진 망을 말하며 흙 속의 물의 흐름을 나타낸다. 인접한 2개의 유선으로 이루어진 공간을 유로Flow Path라 하고, 인접한 2개의 등수두선으로 이루어진 공간을 등수두면Equipotential Space이라고 한다. 아래 그림에서는 4개의 유로, 6개의 등수두면이 있다.

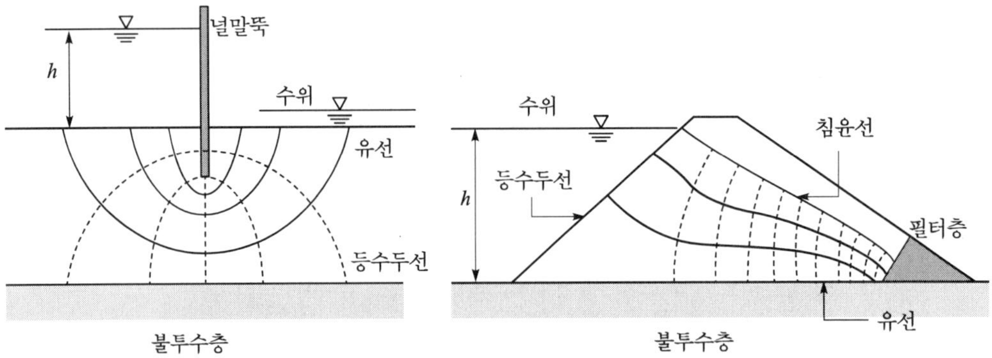

그림 5.1.1. 유선망과 침윤선

2. 유선망 특성

1) 유선과 등수두선은 직교한다.
2) 유선, 등수두선으로 이루어지는 사변형은 정사각형이다.
3) 인접한 두 유선 사이의 침투수량은 동일하다.
4) 인접한 두 등수두선 사이의 손실수두는 동일하다.
5) 침투속도와 동수경사는 유선망의 폭에 반비례한다.
6) 유선망 성립에 필요한 유로 수는 4~6개이다.

3. 흙댐의 침윤선

흙[Earth]댐이나 제방 등에 있어서 제체 안에 있는 물이 수위가 높은 쪽에서 제체를 횡단 방향으로 침투하여 반대쪽에 도달하게 될 경우 제체 내에 만들어지는 수면선을 침윤선이라고 하며 포화수선이라고 부르기도 한다.

흙의 연경도(Atterberg 한계) 05-02

1. 흙의 연경도

일반적으로 점착성이 있는 흙은 함수량의 변화에 따라서 성질이 달라짐. 함수량이 매우 높으면 흙 입자는 수중에 떠 있는 상태로 있다가 함수량의 감소에 따라서 점착성이 있는 풀[Slurry]의 상태, 소성을 나타내는 상태, 반 고체상태, 고체상태로 변화게 된다. 이와같이 **점착성 있는 흙의 함수량에 따른 연하고 딱딱한 정도**를 흙의 연경도[Consistency of Soil]라고 한다.

2. Atterberg 한계

함수량의 변화는 앞에서 언급한 연경도 뿐만 아니라 부피에도 영향을 미친다. 함수량이 매우 높아서 액체인 상태에서는 흙의 부피가 가장 크며, 함수량의 감소에 따라서 소성, 반 고체상태로 변화함에 따라서 흙의 부피는 점차 감소한다. 그러다 함수량이 줄어 흙이 고체상태로 되는 경우에는 함수량이 줄어도 부피의 변화는 없게 된다. 이와 같이 **함수량이 매우 높은 액체상태의 흙이 건조되어 가면서 거치는 4가지의 상태 즉 액성상태, 소성상태, 반고체상태, 고체상태의 변화하는 한계지점의 함수비**를 애터버그 한계라 한다.

1) 액성한계[LL, Liquid Limit]
 액체상태와 소성상태의 경계가 되는 함수비

2) 소성한계[PL, Plastic Limit]
 소성상태와 반고체상태의 경계가 되는 함수비

3) 수축한계[SL, Shrinkage Limit]
 반고체상태와 고체상태의 경계가 되는 함수비

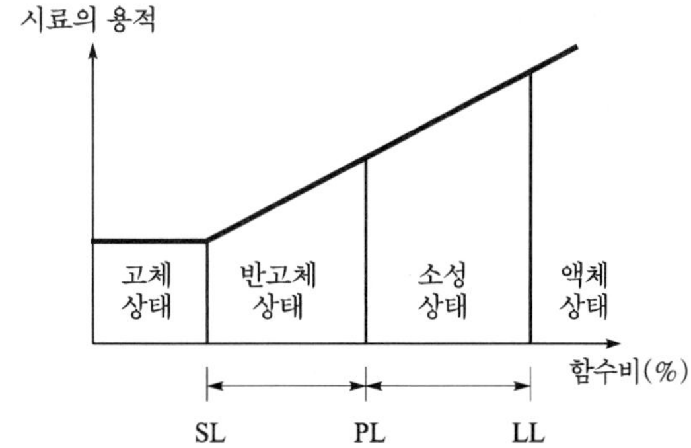

그림 5.1.2. 애터버그 한계

1. 지반 반력계수

지반반력계수는 지반이 탄성적인 거동을 보이는 범위 내에서 기초의 변위량이나 지반반력을 구하기 위한 상수로서 설계기준에 의해 다음 식으로 산정한다.

$$K_v = K_{vo}(\frac{B_v}{30})^{-(3/4)}, K_{vo} = \frac{1}{30} \times \alpha \times E_o$$

여기서, K_v : 연직방향 지반반력계수

E_o : 변형계수

B_v : 기초의 환산재하폭

α : 추정계수(평상시 4)

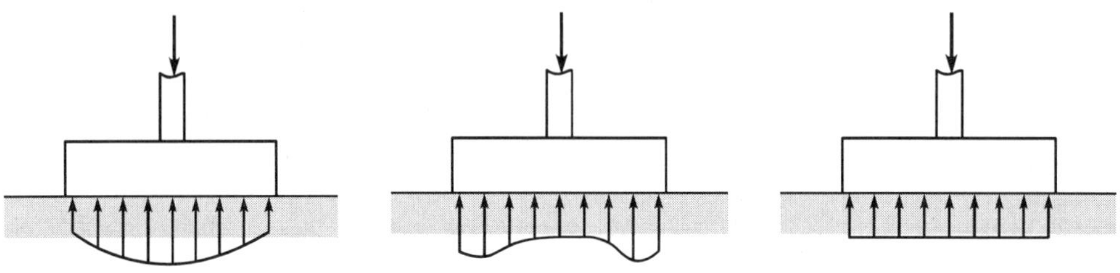

그림 5.1.3. 지반반력 분포 현황

2. 표준관입시험

1) 표준관입시험의 개요

표준관입시험은 시추작업과 병행하여 실시하며, 각 지층 및 토질에 대한 N값을 파악하기 위하여 실시한다.

2) 방법

(1) 64킬로그램의 해머를 76센티미터 높이에서 자유낙하시켜 Split Spoon Sampler를 30센티미터 관입시키는데 소요되는 타격횟수(N)를 측정하는 시험법을 말한다.

(2) N값 측정은 15센티미터씩 3단계로 시행하며 1단계 15센티미터 관입 시 소요되는 타격수는 예비타로 간주하여 고려하지 않는다.

(3) 지층이 조밀 또는 견고하여 30cm 관입이 곤란할 때는 50회까지 타격하고 그때의 관입량을 표시 50/3(50회 타격에 3센티미터 관입)과 같이 기록한다.

(4) 표준관입시험은 한국공업규격(KS F 2318)에 규정된 방법에 의거하여 실시하며, 지층이 변하는 구간 또는 1.0미터마다 연속적으로 시행하는 것을 원칙으로 한다.

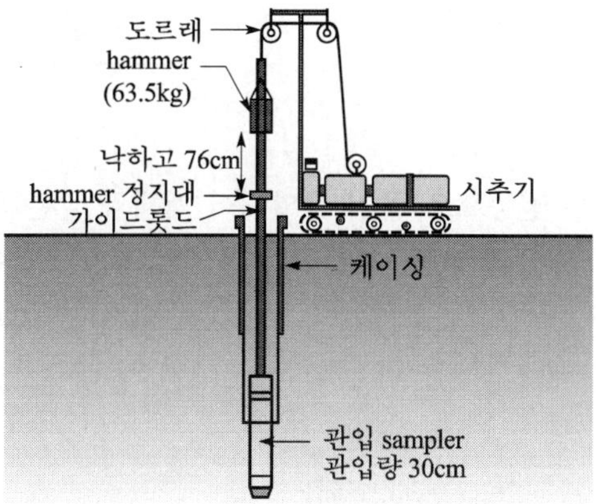

〈표준관입시험 모식도〉

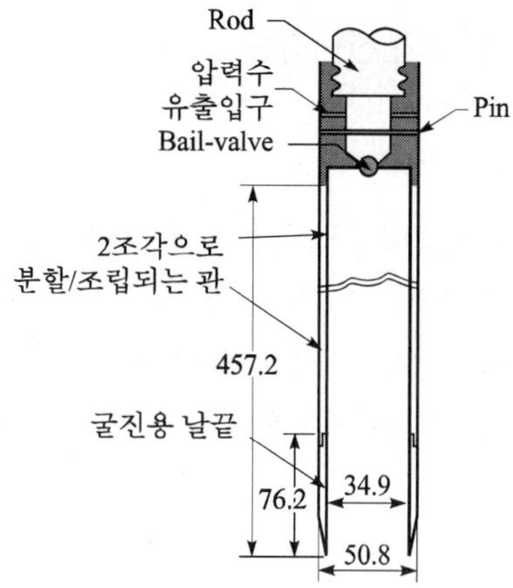

〈Spilt Sampler〉

그림 5.1.4. 표준관입시험

3) 표준관입시험으로 확인할 수 있는 토질특성

구분		판정 · 추정 사항	
N값으로 추정할 수 있는 사항	사질토	• 상대밀도(Dr), 내부마찰각(ø) • 기초 지반의 탄성침하 • 기초지반의 허용 지지력	• 기초 지반의 지지력 계수(K), 탄성계수(E_s) • 액상화 가능성 파악 등
	점성토	• 일축압축강도(q_u), 비배수 점착력(C_u)	• 기초 지반의 허용 지지력 • 연경도Consistency 등

4) 점성토의 연경도Consistency, 일축압축강도와 N값과의 관계

연경도 / 구분	매우 연약 (Very Soft)	연약 (Soft)	보통 견고 (Medium)	견고 (Stiff)	매우 견고 (Very Stiff)	고결 (Hard)
N값	0 ~ 2	2 ~ 4	4 ~ 8	8 ~ 15	15 ~ 30	30 이상
q_u(kgf/cm^2)	0.25이하	0.25~0.5	0.5~1.0	1.0~2.0	2.0~4.0	4.0 이상
c(t/m^2)	1.2 이하	1.2~2.5	2.5~5.0	5.0~10	10~20	20 이상
γ(t/m^3)	1.60~1.90		1.70~2.00	1.90~2.20		

1. 액상화Liquefaction

퇴적층이나 모래흙으로 형성된 지역에 **지진과 같은 진동으로 물이 유입되어 액체와 같은 성질[강성과 전단강도 상실]을 띠게 되어 저항력을 상실한 현상**. 지진이나 건설 시의 인공적인 진동으로 발생한다. 중국 탕산 지역, 미국 샌프란시스코, 일본 도후쿠 및 도쿄 일대 등 퇴적층을 기반으로 하는 주요 지역에서 발생했다. 한국에서는 2017년 11월 포항 지진 때 대규모로 관측된다.

2. 액상화 원리

액상화 현상은 투수계수(물이 흙을 통과하는 정도)가 크거나 포화된 상태의 사질지반(대부분 모래로 이루어진 흙)에서 주로 일어난다. 토립자 사이의 **응력이 감소하여** 수압과 같아질 때, 저항력이 없어지게 된다.
토양 액상화 조건은
1) 지하수가 높을 것
2) 연약 지반인 모래나 실트질의 지반
3) 지진, 발파, 말뚝 타입 등의 충격하중에 의한 진동이 있을 것 등이다.

토양의 액상화 현상은 주로 지진 발생시 **지진파**의 S파(2차파라고도 하며, 넓은 지역으로 전달되는 횡파)에 의해 영향을 받는다.

3. 액상화 결과

토양이나 지반에 액상화 현상이 나타나면, 액상화된 토양보다 비중이 높은 **건물이나 구조물은 연약해진 지반 밑으로 가라앉거나 기울어지며**, 상대적으로 비중이 낮은 **배관이나 맨홀 등의 구조물은 토양 위쪽으로 밀려서 올라오게 된다.** 일반적으로 액상화 현상이 발생하면 **도로침하나 싱크홀 발생의 위험이 있다.**

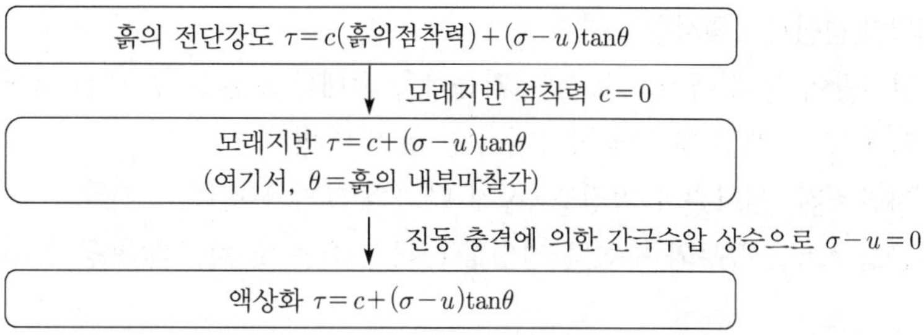

*σ'(유효응력) = σ(전응력) − u(간극수압)

그림 5.1.5. 액상화와 전단강도 관계

4. 흙의 종류에 따른 전단강도[1)]

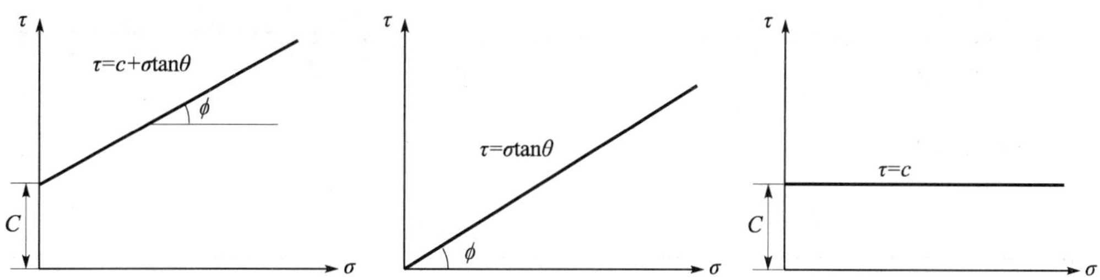

a) 일반 흙 $c \neq 0, \phi \neq 0, \tau_f = c + \sigma\tan\theta$ b) 모래 $c \neq 0, \phi = 0, \tau_f = \sigma\tan\theta$ c) 포화된 점토 $c \neq 0, \phi = 0, \tau_f = c$

그림 5.1.6. 흙의 전단강도

지하굴착공사 05-05

1. 굴착방법의 종류

1) 굴착방법

(1) 인력굴착 (2) 기계굴착

(3) 발파굴착 (4) 파쇄굴착

---

1) 전단강도란 흙이 전단응력을 받아서 전단변형을 일으키거나 활동면을 따라서 전단파괴(Shear Failure)을 일으킬 때의 활동면상의 전단응력의 최대값을 말한다.

2) 굴착방법 선정시 고려사항

(1) 원지반이 본래 가지고 있는 지지능력을 최대한 보존할 수 있는 굴착 방법

(2) 안정성, 경제성 및 시공성이 우수한 굴착 방법

(3) 지반조건, 지하수 유입정도, 굴착 단면의 크기와 형태

(4) 근접구조물 유무와 주변 환경영향 (진동, 소음 및 지표침하 등)

2. 굴착면 기울기

1) 굴착면의 기울기 및 높이의 기준

굴착면의 기울기 기준[안전보건규칙제338조제1항별표11][개정2023.11.14.]

지반의 종류	기울기
모래	1 : 1.8
그 밖의 흙	1 : 1.2
연암 및 풍화암	1 : 1.0
경암	1 : 0.5

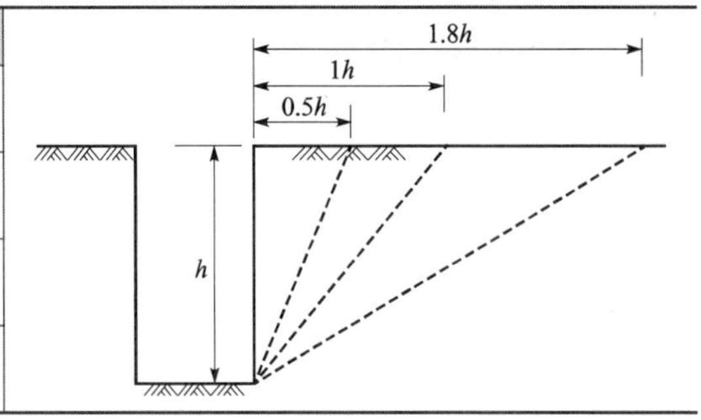

2) 굴착면의 기울기는 굴착면의 높이에 대한 수평거리의 비율을 말한다.

3) 굴착면의 경사가 달라서 기울기를 계산하기가 곤란한 경우에는 해당 굴착면에 대하여 지반의 종류별 굴착면의 기울기에 따라 붕괴의 위험이 증가하지 않도록 지반의 종류별 굴착면의 기울기에 맞게 해당 각 부분의 경사를 유지할 것

그림 5.1.7. 트렌치 굴착 사례

3. 토석붕괴원인[굴착공사표준안전작업지침]

1) 외적 원인
   (1) 사면, 법면의 경사 및 기울기의 증가
   (2) 절토 및 성토 높이의 증가
   (3) 공사에 의한 진동 및 반복 하중의 증가
   (4) 지표수 및 지하수의 침투에 의한 토사 중량의 증가
   (5) 지진, 차량, 구조물의 하중작용
   (6) 토사 및 암석의 혼합층 두께

2) 내적 원인
   (1) 절토 사면의 토질·암질
   (2) 성토 사면의 토질구성 및 분포
   (3) 토석의 강도 저하

4. 토사붕괴 안전대책[굴착공사표준안전작업지침]

1) 적절한 경사면의 기울기를 계획할 것
2) 경사면의 기울기가 당초 계획과 차이가 발생되면 즉시 재검토하여 계획을 변경시킬 것
3) 활동할 가능성이 있는 토석은 제거할 것
4) 경사면의 하단부에 압성토 등 보강공법으로 활동에 대한 저항대책을 강구할 것
5) 말뚝(강관, H형강, 철근 콘크리트)을 타입하여 지반을 강화시킬 것

5. 굴착에 따른 인접지반의 영향거리

1) 굴착에 따른 인접지반의 영향거리[가설흙막이 공사(KCS 21 30 00)(표3.16-1)]

지반 구분	수평영향거리
사질토	굴착깊이의 2배
점성토	굴착깊이의 4배
암반	굴착깊이의 1배 (불연속면이 있을 경우에는 2배)

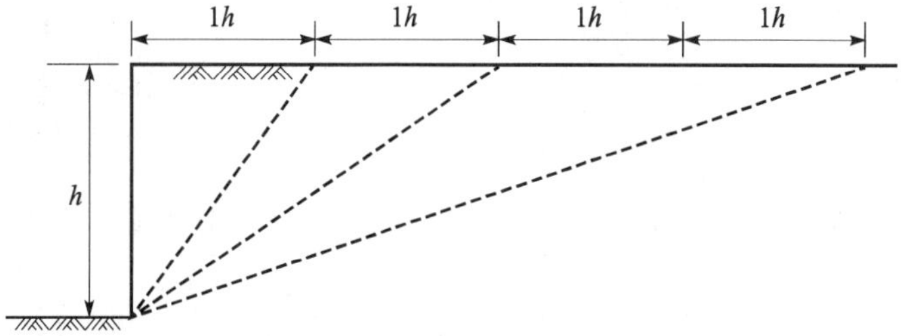

1. 트렌치굴착 붕괴방지대책

1) [구배준수] 굴착면의 구배기준을 준수할 것
2) [흙막이 지보공] 수분을 많이 함유한 지반의 경우나 뒷채움 지반인 경우 또는 차량의 통행으로 붕괴되기 쉬운 경우에는 반드시 흙막이지보공을 설치할 것
3) [접근금지] 통행자가 많은 장소에서 굴착하는 경우 굴착장소에 방호울 등을 사용하여 접근을 금지시키고 안전표지판을 식별이 용이한 장소에 설치할 것

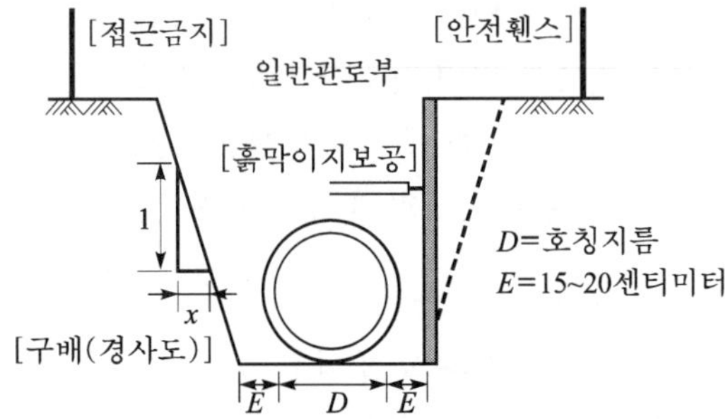

그림 5.1.8. 트렌치 굴착

4) [굴착깊이 확보] 토사지반으로서 흙막이지보공을 설치하지 않는 경우 굴착깊이는 1.5미터 이하로 할 것
5) [작업통로확보] 굴착토사는 굴착바닥에서 45도 이상 경사선 밖에 적치하도록 하고 건설기계가 통행하는 장소에는 별도의 통행로를 설치할 것
6) [대피공간 확보] 굴착폭은 작업 및 대피가 용이하도록 충분한 넓이를 확보하여야 하며, 굴착깊이가 2미터 이상일 경우에는 1미터 이상의 폭으로 할 것
7) [진동 저감] 브레이커 등을 이용하여 파쇄하거나 견고한 지반을 분쇄할 경우에는 진동을 방지할 수 있는 장갑을 착용하도록 할 것

2. 굴착깊이와 가시설공법

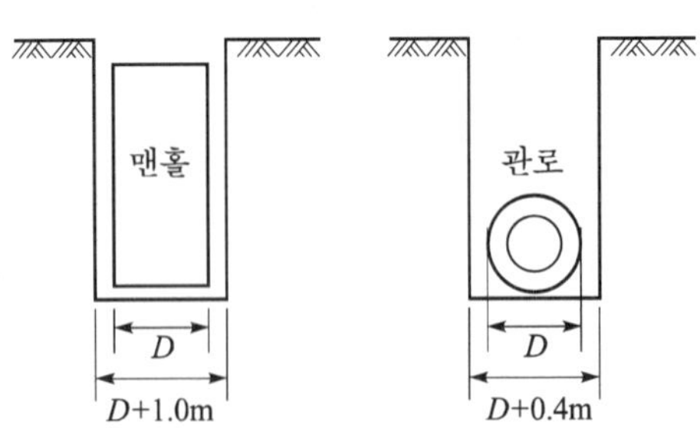

그림 5.1.9. 굴착 최소폭

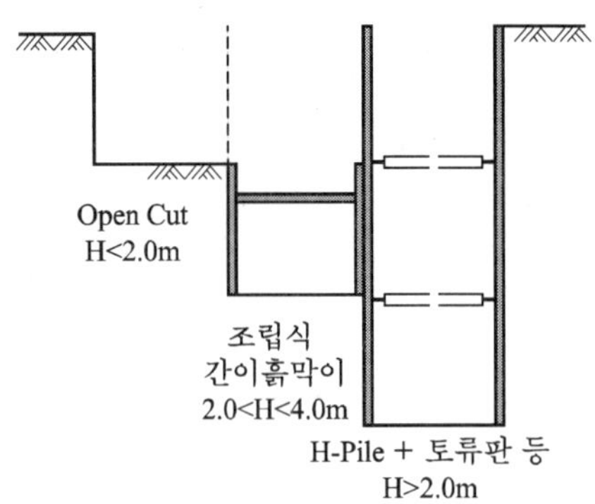

그림 5.1.10. 굴착 깊이별 가시설공

3. 트렌치Trench 굴착의 파괴형태[OSHA Technical Manual Section V. Chapter 2]

1) 인장균열Tension Crack : 지표면의 인장균열은 굴착깊이의 0.5~0.7H 위치에서 발생한다.
2) 미끄러짐Sliding : 미끄러짐과 Sluffing(토사의 빠짐)은 인장균열의 결과로 나타난다.
3) 떨어짐Toppling : 미끄러짐과 인장균열은 전도의 원인으로 작용한다. 전도는 인장균열면을 따라서 굴착면 안쪽으로 발생한다.
4) 침하Subsidence와 배부름Bulging : 흙벽을 지지하지 않는 상태로 굴착을 하면 응력의 불균형으로 침강과 팽창 현상이 나타난다. 이는 굴착면의 붕괴로 작업자를 매몰시킬 수 있다.

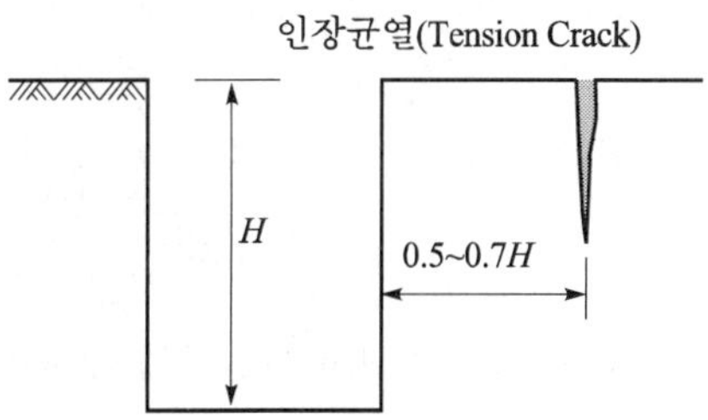

[인장균열]

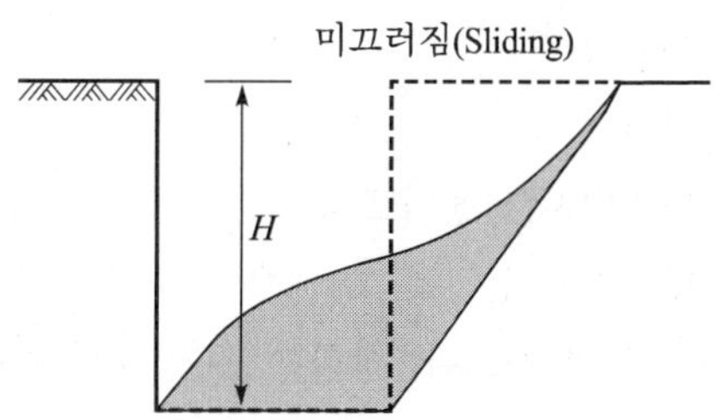

[미끄러짐]

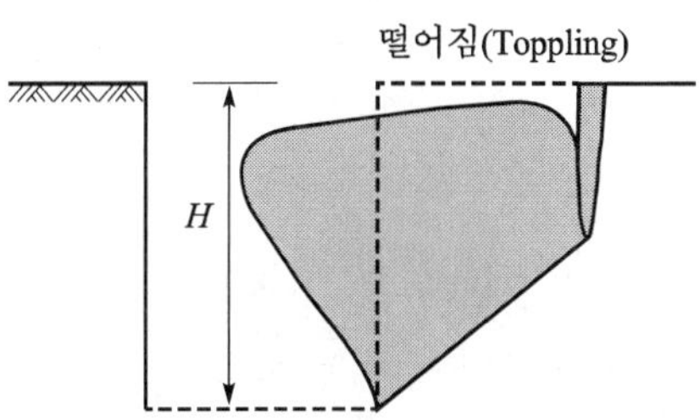

[떨어짐]

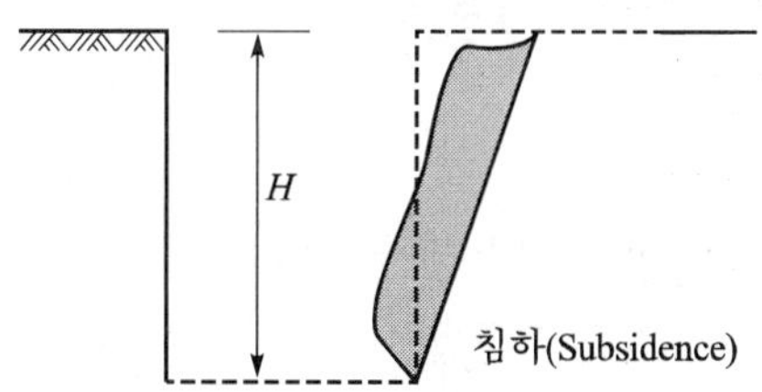

[침하]

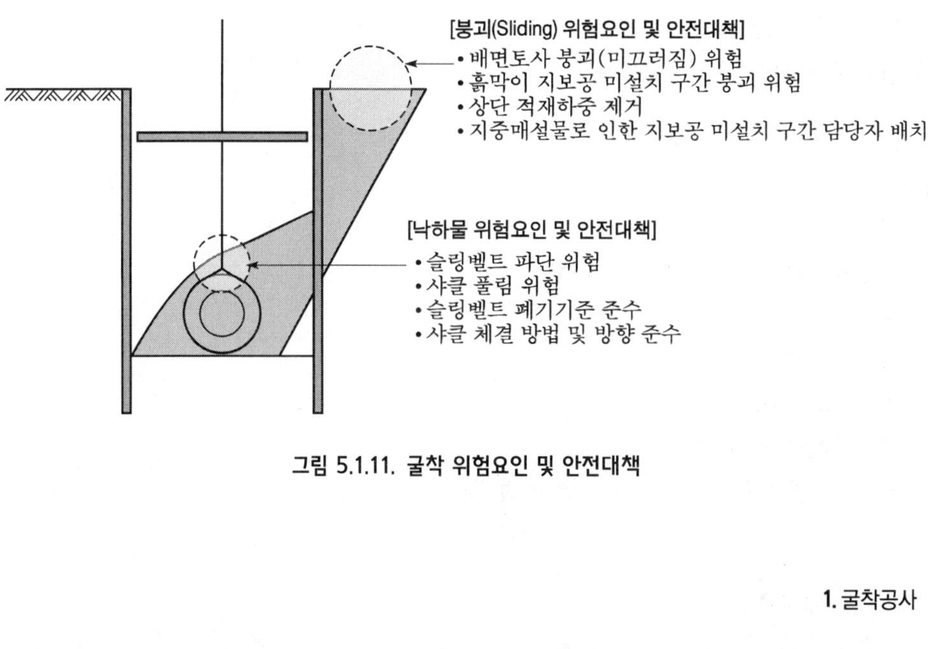

그림 5.1.11. 굴착 위험요인 및 안전대책

1. 주변 지반조사 내용[굴착공사 표준안전작업지침]

1) 조사대상은 지형, 지질, 지층, 지하수, 용수, 식생 등으로 한다.
2) 조사내용은 다음 각 목의 사항을 기준으로 한다.
   (1) 주변에 기 절토된 경사면의 실태 조사
   (2) 지표, 토질에 대한 답사 및 조사를 하므로써 토질구성(표토, 토질, 암질), 토질구조(지층의 경사, 지층, 파쇄대의 분포, 변질대의 분포), 지하수 및 용수의 형상 등의 실태 조사
   (3) 사운딩
   (4) 시추
   (5) 물리탐사(탄성파조사)
   (6) 토질시험 등
3) 굴착작업전 가스관, 상하수도관, 지하케이블, 건축물의 기초 등 지하매설물에 대하여 조사하고 굴착 시 이에 대한 안전조치를 할 것

2. 지하수 처리 대책 공법

1) 배수공법
   (1) 중력배수법
      가. 얕은 집수정Shallow Sump Method
      나. 필터 우물법Filter Well Method
      다. 깊은 우물법Deep Well Method
      라. 지멘 우물법Siemen's Method
   (2) 진공배수법
      가. Well Point 진공법Well Point Vaccum Method
      나. 깊은 우물 진공법Deep Well Vaccum Method
   (3) 전기침투법Electro Osmosis Method

2) 차수공법
   (1) 물리적 방법
      가. 강널말뚝공법
      나. 슬러리월 공법, 주열식 공법
      다. 동결공법
   (2) 화학적 방법
      가. 벤토나이트 주입공법
      나. 시멘트 주입공법
      다. 약액주입공법(L.W., S.C.W 공법 등)

발파굴착[암반분류] 05-08

1. 암반 분류

1) 암반 분류 목적

(1) 암반 분류Rock Classification는 비슷한 거동의 그룹으로 암석이나 암반을 분류하여 각 그룹의 특성을 이해할 수 있는 기준을 마련하고 설계를 위한 정량적인 데이터를 획득하여 정보를 전달하는 근거를 마련하는데 목적이 있다.

(2) 암반 분류에 따라 경험적인 지보량이 제시된다.

(3) 암질 판별 실시 시기

가. 암질 변화구간

나. 이상 암질 출현 시

2) 주요 암반 분류법

(1) RQD에 의한 암반 분류

(2) RMR에 의한 암반 분류

(3) Q-System에 의한 암반 분류 등

2. 암반분류법

1) RQD에 의한 암반 분류

(1) Deere에 의해 제시된 RQDRock Quality Designation는 시추조사 시 회수된 Core 조각 중 10cm 이상이 되는 것의 합을 총 암석 Core 길이로 나눈 백분율로 정의된다.

$$RQD = \frac{\text{10cm 이상 코어의 총 길이}}{\text{시추공의 길이}} \times 100(\%)$$

(2) RQD 값과 실험실 암석 코어의 탄성계수를 이용하여 현지 암반의 탄성계수를 추정한다.

(3) 암반의 양호도와 RQD의 관계

RQD (%)	암질 상태	계수비 (Em/Elab)	비고
0 ~ 25	매우 불량	0.15	*Em : 암반의 탄성계수 *Elab : 암석의 탄성계수(실내시험 값)
25 ~ 50	불량	0.20	
50 ~ 75	보통	0.25	
75 ~ 90	양호	0.3 ~ 0.7	
90 ~ 100	매우 양호	0.7 ~ 1.0	

2) RMR에 의한 암반분류

(1) Bieniawski가 제안한 방법인 The Geomechanics Classification 또는 RMR[Rock Mass Rating] 분류법으로 터널 굴착을 위한 분류기준뿐만 아니라 일반적인 공학적 분류방법을 포괄하고 있으며, 다음과 같은 6가지 암반을 평가하는 변수들이 있다.

가. 신선한 암반으로서의 일축압축강도

나. RQD[Rock Quality Designation](암질계수)

다. 불연속면의 간격

라. 불연속면의 상태

마. 지하수 상태

바. 불연속면의 방향

(2) RMR 분류방법의 장단점

장점	단점
• 여러 분야에서 적용한다. • 각 요소들에 대한 평가가 쉽다 • 터널의 유지시간, 최대 가능 폭 및 최대 무지보 폭 등의 예측 가능하다. • 암반의 물리적 성질의 값도 예측이 가능하다. • 터널과 불연속면의 방향성 고려 가능하다.	• 지보량의 결정에 있어서 개별요소의 영향이 Q-system처럼 세밀하지 않다. • 불연속면 간격 평가에 있어서 불연속면 군이 3개 이하인 경우 보수적인 평가를 한다. • 총 RMR을 5개의 암반 등급으로 분류하고 있지만 실제로는 영역 간의 뚜렷한 경계가 없다. • 터널의 폭에 대한 연구가 충분하지 못하다. • 지압 25MPa 이하 직경 10미터 -천공 발파식의 마제형 터널에 대한 지보량을 결정하는데만 적용 범위를 국한 시킨다.

학습 Note 시험발파 수행 항목과 내용

1) 시험발파 목적

① 시공시 현지 지반상태 및 여건에 맞는 발파 설계를 위해 실시한다.

② 주변 지장물이나 인적 피해를 사전에 예방하기 위해 실시한다.

③ 설계발파 패턴의 적정성 검증 및 발파 패턴의 수정과 보완한다.

④ 안전한 발파 작업을 수행하기 위한 신뢰성 있는 자료를 확보한다.

⇒ 발파방법, 폭약사용량 등을 변화시키면서 암석, 폭약에 대한 계수를 결정하기 위한 발파로서

⇒ 발파계수, 적정장약량를 구하기 위한 목적으로 실시한다.

2) 시험발파시 사전조사

① 주요 보안물건 현황 및 이격거리 조사

② 지형 및 지질구조 조사

③ 건물의 지반상태, 건물의 시설 현황

3) 시험발파 계획 및 시험발파 실시
   ① 주변 환경을 고려한 시험발파 패턴 선정
   ② 시험발파 적정 폭약 및 뇌관 선정
   ③ 발파 진동소음 계측 계획 수립, 시험발파 실시

4) 발파영향권 분석 및 발파 패턴 선정
   ① 획득한 발파 진동소음 계측 데이터 분석
   ② 본 현장의 발파 진동 추정식 산출
   ③ 주변 보안물건에 따른 터널 발파 영향권 분석
   ④ 터널 발파 패턴 선정 및 발파 공해 저감방안 수립

5) 누두지수 : 누두공(폭파에 의해 생긴 원뿔모양의 구멍) 형상을 나타내는 지수

   $n = \frac{R}{W}$ [$N=1$, 표준장약, $n>1$, 과장약, $n<1$, 약장약]

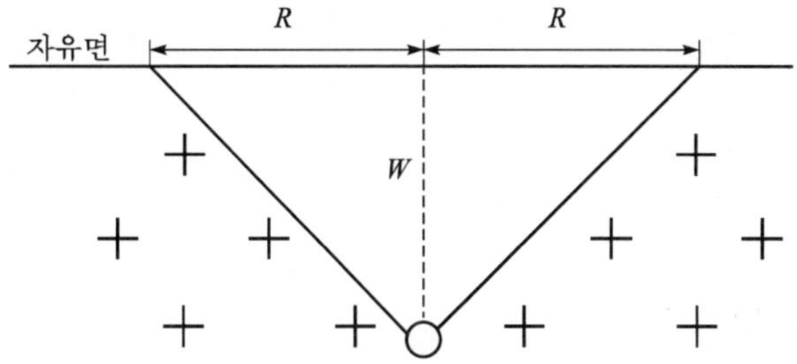

2. 옹벽 및 사면공사

굴착[콘크리트 옹벽] 05-09

1. 옹벽

옹벽이란 토압에 저항하며 토사가 무너지는 것을 방지하기 위하여 설치하는 구조물를 말하며 평상 시와 지진 시의 사용하중에 대하여 활동, 전도 및 지지력에 대하여 안정성을 확보해야 한다. 옹벽의 종류는 다음과 같이 분류할 수 있다.

1) 중력식
2) 비자립식
3) 캔틸레버식
4) 부벽식
5) 기타(특수옹벽)-보강토

2. 옹벽의 안정성 조건 및 대책

1) 활동에 대한 안정대책

활동은 저판과 흙 또는 가상활동면의 마찰저항력으로 안정을 유지하여 안전율을 평시 1.5, 지진시 1.2 이상이여야 한다. 활동방지벽을 설치할 경우는 활동방지벽의 높이는 일반적으로 저판높이의 2/3배 이상 저판폭 B의 10~15퍼센트 이내로 한다.

$$안전율(FS) = \frac{활동에저항하는힘, \Sigma V \times \mu}{토압의수평력, \Sigma P_h} \geq 1.5$$

μ = 저면과 지반사이 마찰계수, ΣV = 수직력의 합

(1) 활동방지벽(Shear Key) 설치에 의한 안정성 확보
(2) 기초의 근입을 깊게하여 전면의 수동토압 고려

2) 전도에 대한 안정대책

평상시 전도에 대한 저항모멘트는 작용 전도모멘트의 2.0배 이상이어야 한다. 또한 하중이 합력이 작요하는 위치는 평상시 저판의 중심으로뷔 저판폭의 1/6이내, 지진시에는 저판 폭의 1/3이내 범위에 있어야 한다.

$$\text{안전율}(FS) = \frac{\text{앞굽의저항모멘트}, \Sigma M_r}{\text{앞굽의전도모멘트}, \Sigma_o} \geq 2.0$$

(1) 저판폭을 증가 시킴

(2) 기초 후면 뒷굽 길이를 길게 함

(3) 뒷채움 재료 입도가 양호하고 내부 마찰각이 큰 재료 선택

3) 기초지반 지지력(침하)에 대한 안정대책

저판에 작용하는 최대 지반반력은 기초지반의 허용지지력을 초과하지 않아야 한다. 기초지반의 극한지지력에 대한 허용지지력은 상시에는 안전율 3.0, 지진시에는 안전율 2.0으로 나눈 값을 사용하며, 지하수위의 영향을 고려하여 결정한다.

$e < \frac{B}{6}$일 경우 저판이 받는 최대응력, $q_{\max,\min} = \frac{\Sigma V}{B}(1 \pm \frac{6e}{B}) < \text{허용지지력} = q_a$

$e > \frac{B}{6}$일 경우 저판이 받는 최대응력, $q_{\max} = \frac{2\Sigma V}{3a} < \text{허용지지력} = q_a$

$B =$저면폭, $e =$편심거리, $a =$앞굽에서 외력작용위치까지 거리$\left(a = \frac{M}{\Sigma V}\right)$

(1) 기초 하부 지반 개량

(2) 기초 저판의 폭 증가

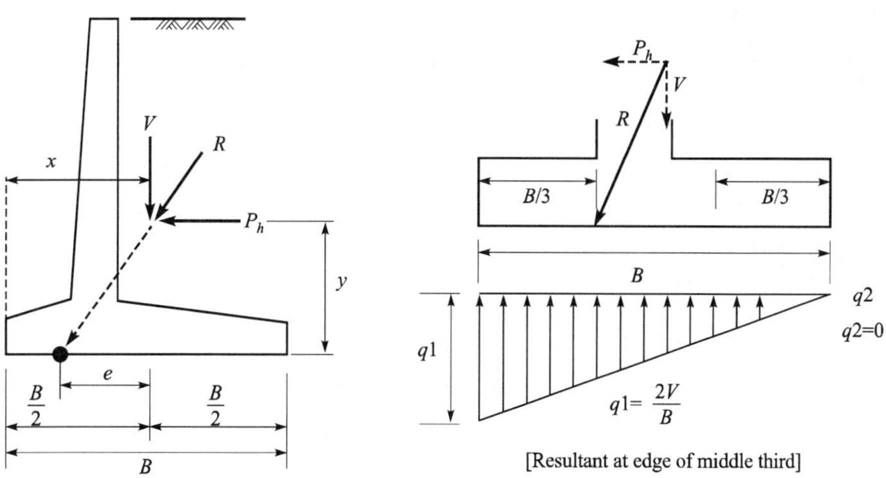

그림 5.2.1. 옹벽에 작용하는 하중 조건

3. 옹벽의 붕괴원인 및 대책

1) 옹벽의 붕괴 원인

(1) 옹벽의 안전성 미확보

(2) 기초지반의 지지력 부족

(3) 배수불량 : 배수공 부족, 배수공 막힘

(4) 과도한 토압발생 : 우수시 간극수압의 증가

(5) 옹벽 뒷굽 길이의 부족 : 전도나 침하 발생

(6) 옹벽 배변 활동 발생

(7) 뒷채움 불량

(8) 옹벽 저판면적 부족

(9) 옹벽의 높이 : 과도한 옹벽 높이

2) 옹벽 붕괴 방지대책

(1) 옹벽의 안정성 확보

(2) 기초지반 개량

(3) Pile 보강

(4) 주동토압 경감

(5) 옹벽 뒷급길이 증대

(6) 옹벽 배면의 활동 경감

(7) 뒷채움재 치환 및 다짐

(8) 옹벽 저판 면적 확대

(9)옹벽 저판의 근입 깊이

보강토 옹벽 05-10

1. 보강토 옹벽

보강토 옹벽이란 인장에 약한 흙을 건설재료로 만들기 위한 개념으로 흙과의 결속력이 큰 보강재를 흙 속에 삽입하여 흙과 보강재가 복합체가 되도록 하여 추가적인 구속압을 유발시켜 토체의 안정을 기하는 공법을 말한다.

2. 보강토 옹벽의 구성

1) 보강재　　2) 뒤채움 흙　　3) 전면판(또는 보호재)

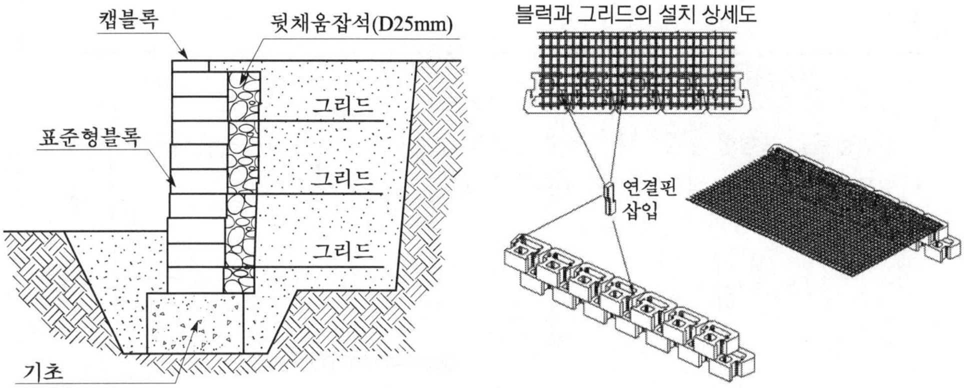

그림 5.2.2. 보강토 옹벽의 구성

2. 보강토 옹벽 파괴형태

1) 외적 파괴형태

(1) 활동　　(2) 전도　　(3) 지지력

2) 내적 파괴형태

(1) 인발　　(2) 파단

3. 보강토 옹벽 안정성 검토

1) 보강토체의 외적안정성 기준

(1) 활동

블럭식 옹벽의 활동Sliding

- 보강토체와 지반 사이에서 발생하는 활동량과 이에 대한 저항력에 근거하여 안정검토

$$FS_{sl} = \frac{\sum R_v \times \tan\Phi\, C \times L}{P_{sh} + P_{qh}}$$

여기서, P_{sh} : Rankine 수평토압

P_{qh} : 상재하중에 의한 수평토압

$\sum R_v$: 총 연직하중, L : 보강재 길이

C ,ϕ : 지반 강도정수

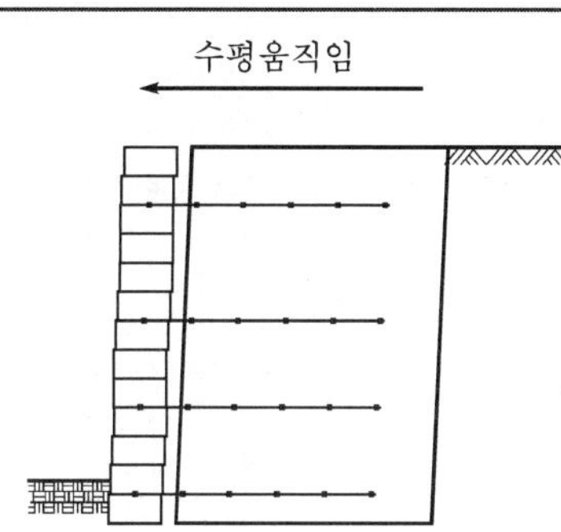

$$FS_{sl} = \frac{R_s}{P_{a(H)}} > 1.5$$

FS_{sl} : 저부활동에 대한 안전율

R_s : 저부활동에 대한 저항력

$P_{a(H)}$: 수평력

(2) 전도

블럭식 옹벽의 전도Overturning	
• 전면블럭을 포함한 보강토체가 옹벽 선단을 중심으로 회전하려는 모멘트와 이에 대해 저항하려는 모멘트에 근거한 안정 검토 $FS_{ot} = \frac{M_o}{M_R}$ 여기서, M_o : 저항 모멘트 $(M_o = P_{ah} \cdot \ y_s + P_{qh} \cdot \ y_q)$, M_R : 전도 모멘트 $(M_r = \sum R_v \cdot \ x_v)$,	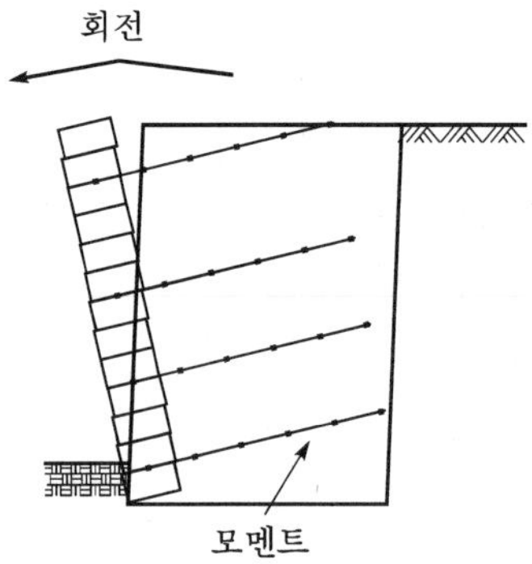 $FS_{ot} = \frac{M_r}{M_o} > 1.5$ FS_{ot} : 전도에 대한 안전율 M_r : 저항모멘트 M_o : 전도에 대한 모멘트

(3) 지지력

블럭식 옹벽의 지지력Bearing Capacity	
• 보강토옹벽의 자중 및 토압으로 인한 수직응력과 지반의 허용지지력과의 관계에 근거한 안정 검토 $FS_{bc} = \frac{q_{ult}}{\sigma v}$ 여기서, q_{ult} : 한계 허용지지력 σ_v : 접지압 = $\frac{\sum R_v}{B'}$ B' : 편심 환산길이(=$L-2e$) e : 편심 (=$\frac{M_o + M_r}{\sum R_v}$)	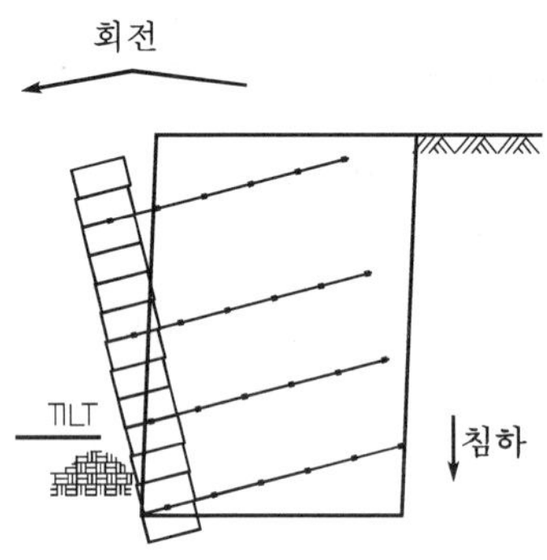 $FS_{bc} = \frac{Q_{ult}}{Q_a} > 2.5$ FS_{bc} : 지지력에 대한 안전율 Q_{ult} : 지반의 극한 지지력 Q_a : 기초지반의 작용하중

2) 보강재의 내적안정성 기준

(1) 보강재의 인발파괴

보강재의 인발파괴

- 각 보강재에 유발되는 인장력에 대해 보강재의 유효길이에 따른 인발저항력에 근거하여 안정 검토

$$FS_{po} = \frac{F^* \gamma Z_p L_e C R_c \alpha}{T_{\max}} > 1.5$$

FS_{po} : 보강재의 인발에 대한 안전율

$T_{\max}$: 최대유발 인장력

α : 스캐일 수정계수

F^* : 인발저항계수

R_c : 적용면적비(coverage ratio)

γZ_p : 교통하중을 제외한 상부하중에 의한 수직응력

L_e : 수동저항영역에서의 보강재의 정착길이

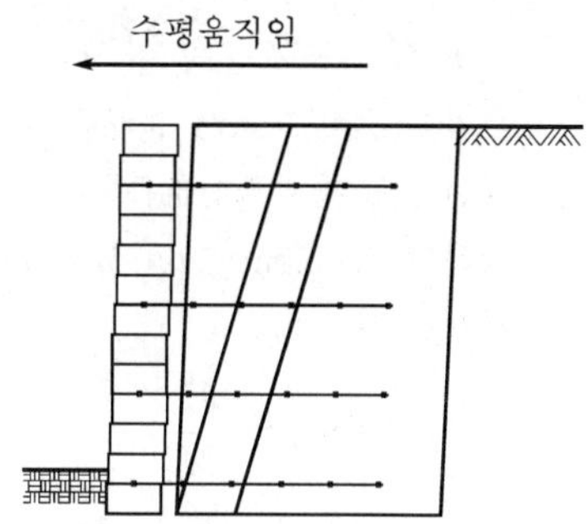

$$FS_p = \frac{T_{pull}}{T_{\max.k}}$$

여기서, T_{pull} : 보강재의 인발저항력,

$T_{pull} = P_{bear}$

$T_{\max.k}$: 축방향 최대인장력,

P_{bear} : 수동저항력

(2) 보강재의 파단

보강재의 파단

- 보강재에 유발되는 인장력에 대한 보강재가 견딜수 있는 최대허용인장력에 근거한 안정 검토

$$FS_{ta} = \frac{T_{\max}}{T_a} > 1.0$$

FS_{ta} : 보강재의 파단에 대한 안전율

$T_{\max}$: 보강재의 최대유발인장력

T_a : 보강재의 허용인장력

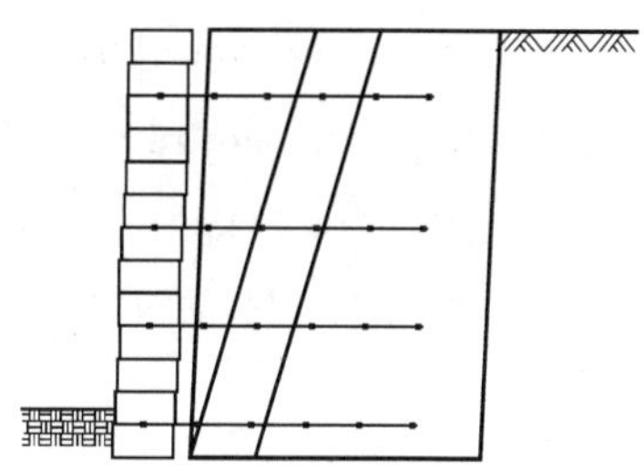

3) 전체 안정검토

(1) 전체적 안정검토

<table>
<tr><th>전체적 안정</th><th></th></tr>
<tr><td>• 보강토 옹벽 구조체 전체를 포함한 토체의 파괴에 대한 비탈면 안정검토를 수행, 파괴면은 원호로 가정하고, Moment Equilibrium에 의한 한계평형해석으로 검토 :
$$FS_{gs} = \frac{M_r}{M_d}$$
여기서, M_d : 보강토 옹벽에 불안정을 유발하는 Driving모멘트
M_r : Driving모멘트에 대한 저항 모멘트</td><td></td></tr>
</table>

4) 보강재Geogrid 허용인장력 검토

• 보강재의 허용인장력 산정식(FHWA 기준적용)

$$T_{al} = \frac{T_{ult}}{RF_C \times RF_D \times RF_{ID}}, \quad T_a = \frac{T_{ult}}{RF \times FS_{uc}}$$

여기서, T_{al} : 장기 인장강도

T_a : 설계 허용인장력

T_{ult} : 보강재의 인장력

RF_C : Creep에 대한 감소계수 (1.60)

RF_D : 내화학성에 대한 감소계수 (1.10)

RF_{ID} : 설치시 손상에 대한 감소계수 (1.30)

4. 보강토 옹벽의 공사 중 안전시설

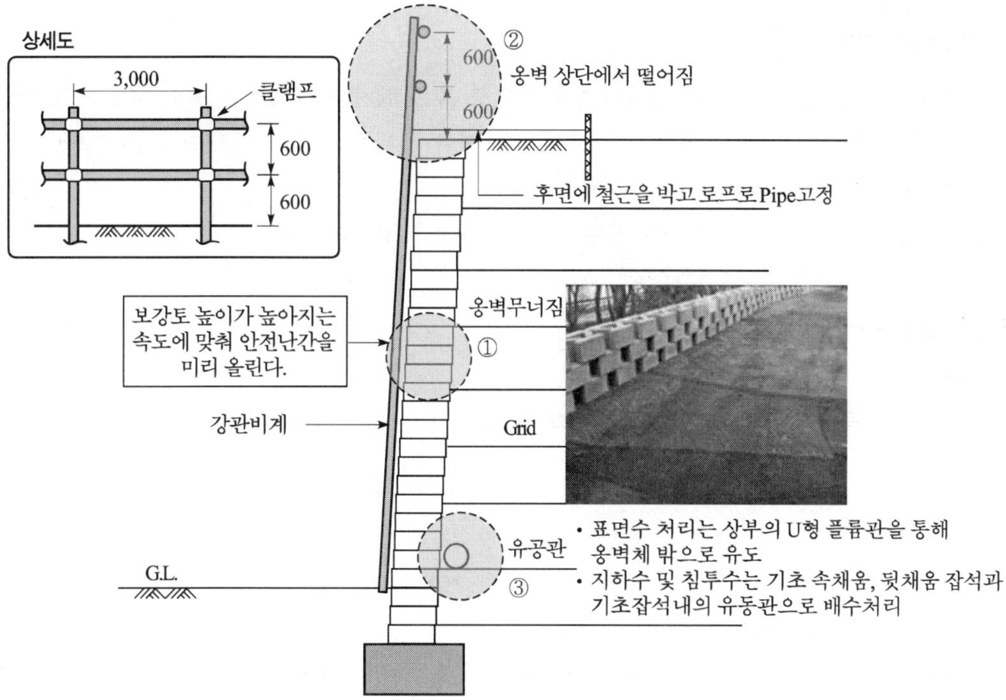

그림 5.2.3. 보강토 옹벽의 공사 중 안전시설

5. 보강토 옹벽 사고 사례

옹벽(식생블럭) 하단에서 측량자업 중 옹벽 붕괴로 인한 매몰 사고	단지조성용 옹벽(L형, 높이 5미터)을 시공하기 위하여 비탈면(높이 약12미터)을 절취한 후 옹벽 벽체 콘크리트 타설을 위한 거푸집을 설치하던 중 인접한 절취 비탈면의 토사가 붕괴된 사고

1. (토석)절토사면

사면이란 자연적으로 형성되어 있거나 인위적으로 흙을 쌓거나(성토) 땅을 깎아서(절토) 만들어진 경사진 흙 또는 암석의 표면으로 도로 비탈면이나 채석장 등의 비탈면 등을 말한다. 절토사면은 다음과 같이 분류할 수 있다.

1) 토사사면 2) 암반사면 3) 혼합사면

2. (토석)절토사면의 붕괴 형태

1) 사면

(1) 천단부 붕괴 (2) 사면중심부 붕괴 (3) 사면하단부 붕괴

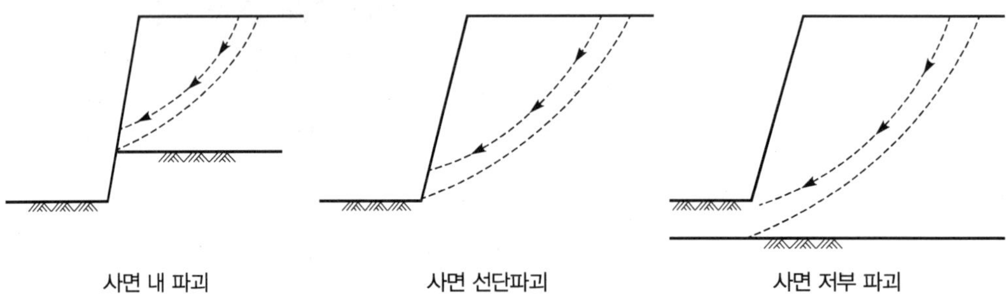

그림 5.2.4. 사면 붕괴형태

2) 얕은 표층의 붕괴 특징

(1) 경사면이 침식되기 쉬운 토사로 구성된 경우 : 지표수와 지하수가 침투하여 경사면이 부분적으로 붕괴된다.

(2) 절토 경사면이 암반인 경우 : 파쇄가 진행됨에 따라서 균열이 많이 발생되고, 풍화하기 쉬운 암반인 경우에는 표층부 침식 및 절리발달에 의해 붕괴가 발생한다.

3) 깊은절토 법면의 붕괴

(1) 전단력, 점착력 저하에 의해 경사면의 심층부에서 붕괴된다.

(2) 대량의 붕괴재해가 발생한다.

4) 성토 경사면의 붕괴

(1) 성토 직후에 붕괴 발생률이 높다.

(2) 다짐불충분 상태 : 빗물이나 지표수, 지하수 등이 침투되어 공극수압이 증가되어 단위중량 증가에 의해 붕괴가 발생한다.

(3) 성토 자체에 결함이 없어도 지반이 약한 경우는 붕괴된다.

(4) 풍화가 심한 급경사면과 미끄러져 내리기 쉬운 지층구조의 경사면에서 일어나는 성토붕괴의 경우에는 성토된 흙의 중량이 지반에 부가되어 붕괴된다.

3. 절토사면 붕괴 요인 및 안정화 대책

1) 사면붕괴 원인

중력에 의한 지반의 안정화 과정으로 구성지반의 강도가 현 상태의 경사유지 조건을 유지하기 어려울 때 발생한다.

2) 붕괴 요인

(1) 수리적인 요인

가. 기후적인 조건

나. 지형적인 조건

(2) 지질적인 요인

가. 단층

나. 파쇄대

다. 습곡

라. 암맥

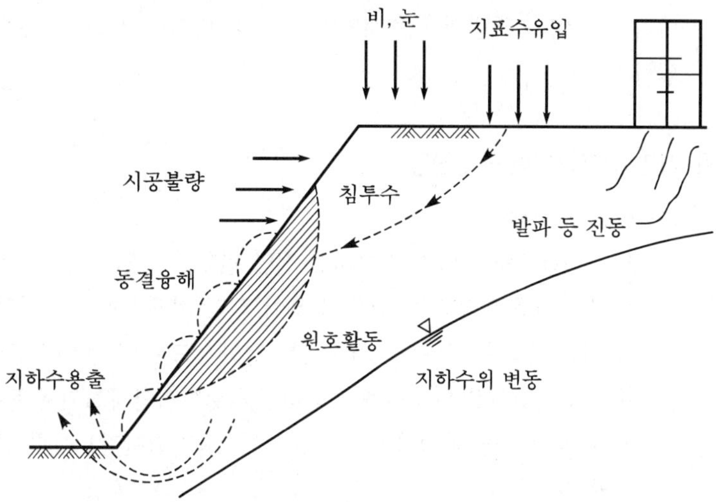

그림 5.2.5. 사면붕괴 원인

3) 인위적인 요인

(1) 관련기준 미흡

(2) 설계 및 시공부실

(3) 유지관리 미흡

4) 절토사면 안정화 대책

(1)보호공법

가. 낙석방지망　나. 낙석방지울타리　다. 개비온

라. 식생공　마. 돌붙임　바. 블럭공 등

(2) 보강공법

가. 저항력 증가공법

(가) 앵커　(나) 록볼트　(다) 억지말뚝 등

나. 활동력 감소공법

(가) 절취　(나) 위험 암 블록 제거 등

4. (토석)사면 부석 등 처리 시 안전대책[작업자 안전조치]

1) 동시작업의 금지

붕괴토석의 최대 도달거리 범위내에서 굴착공사, 배수관의 매설, 콘크리트 타설작업 등을 할 경우에는 적절한 보강대책을 강구할 것

2) 대피공간의 확보

붕괴 속도는 높이에 비례하므로 수평방향의 활동에 대비하여 작업장 좌우에 피난통로 등을 확보할 것

3) 2차재해의 방지

작은 규모의 붕괴가 발생되어 인명구출 등 구조작업 도중에 대형붕괴의 재차 발생을 방지하기 위하여 붕괴면의 주변상황을 충분히 확인하고 2중 안전조치를 강구한 후 복구작업에 임할 것

5. 사면의 전단응력과 전단강도

1) 전단강도와 전단응력

(1) 흙이 전단응력을 받아서 현저한 전단 변형률을 일으키거나 또는 어느 활동면을 따라 명확한 전단활동을 일으킨 경우에 흙이 전단 파괴Shear Failure되었다고 말하며, 이때 활동면상의 전단 응력Shear Stress의 최대치를 전단강도Shear Strength라 한다.

(2) 사면의 안정성을 단순하게 정의하면, 흙의 전단강도와 활동면에 발생하는 전단응력의 비이며, 활동면에 발생하는 전단응력이 흙의 전단강도보다 클 경우 사면의 붕괴가 발생될 수 있다.

$$F_s = \frac{\tau_f(\text{흙의 전단강도})}{\tau(\text{발생된 전단응력})} = \frac{c+(\sigma-u)\tan\phi}{\tau} > 1.5$$

여기서, c = 점착력, σ = 흙 중 어느 면에 작용하는 수직 응력, u = 간극수압,
ϕ = 내부 마찰각

2) 흙의 종류에 따른 전단 강도

(1) 일반 흙 : $c \neq 0$, $\phi \neq 0$ $\tau_f = c + \sigma\tan\phi$

(2) 모래 : $c=0$, $\phi \neq 0$ $\tau_f = \sigma\tan\phi$

(3) 점토 : $c \neq 0$, $\phi=0$ $\tau_f = c$

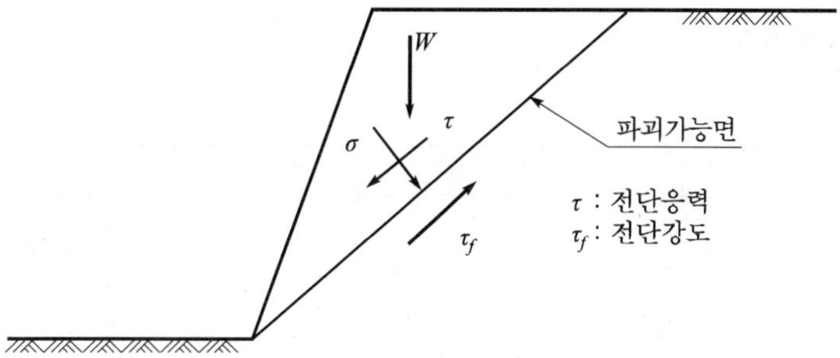

그림 5.2.6. 전단응력과 파괴면

6. 사면 배수시설

1) 배수시설

(1) V형 측구

(2) U형 측구

(3) 산마루 측구

가. 현장타설콘크리트 나. 프리캐스트콘크리트 플륨관 다. ESP 조립식 측구

(4) 흙깍기부 도수로

2) 용출수 발생시 배수계획

구분	침투수 발생 시 배수시설 설치	지하배수공 설치로 외부로 유도배수
쌓기부	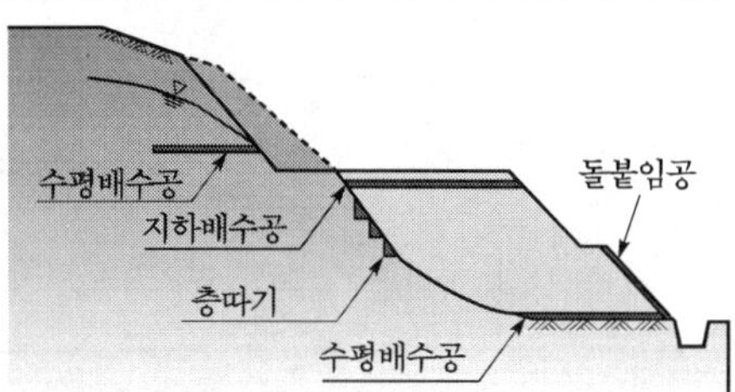	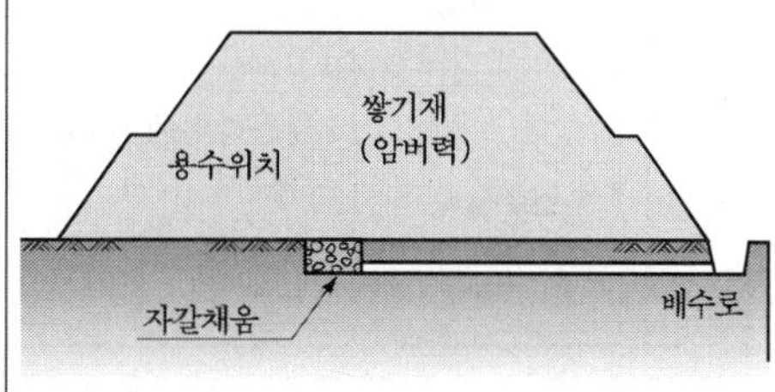

구분	비탈면 표면의 용수처리	비탈면 내 침투수 처리
깎기부	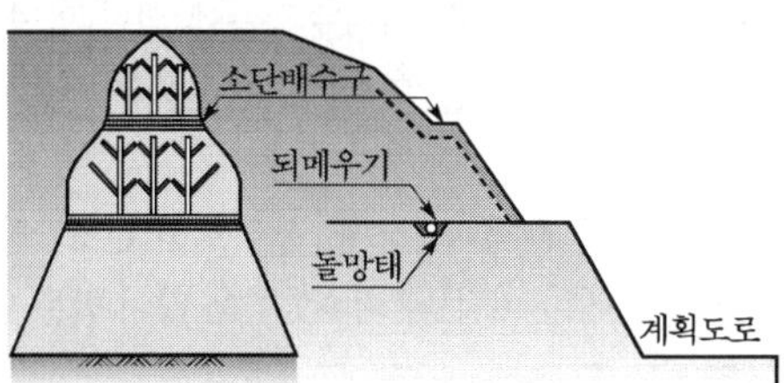	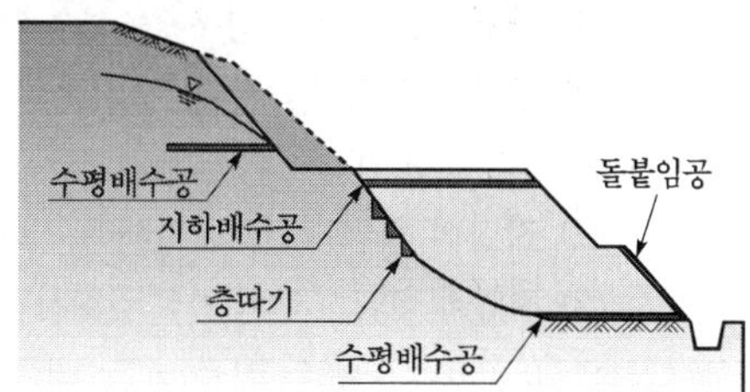

학습 Note 비탈면 붕괴유형

1) 비탈면 붕괴 유형

분류		설명	
붕락Falls		• 연직으로 깎은 비탈면 일부가 떨어져 나와 공중에서 낙하하거나 굴러서 아래로 떨어지는 현상	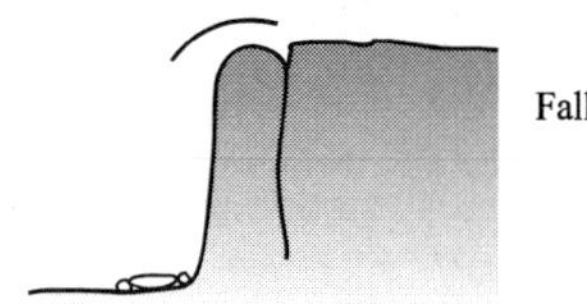
활동	회전활동 Rotational Slides	• 활동물질과 활동면 사이의 전단변형에 의해 발생하며 활동 형상은 지반의 균질성에 따라 얕은 원호, 비원호로 구성됨	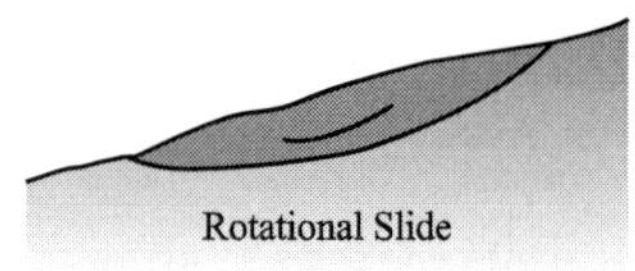
	병진활동 Translational Slides	• 자연비탈면과 같이 비탈면 아래로 내려갈수록 강도가 커지는 지반에서 발생	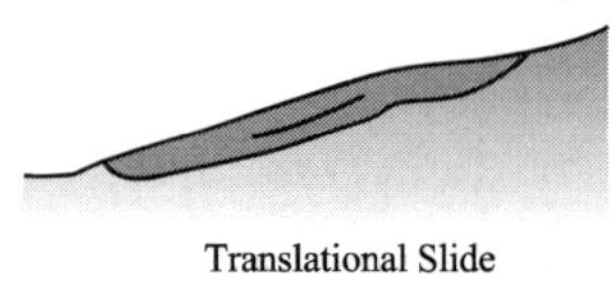
	퍼짐Spread	• 지층중에 전단강도가 현저히 약한 층이 존재할 때 그 층을 따라 흙덩이가 멀리까지 퍼지면서 활동	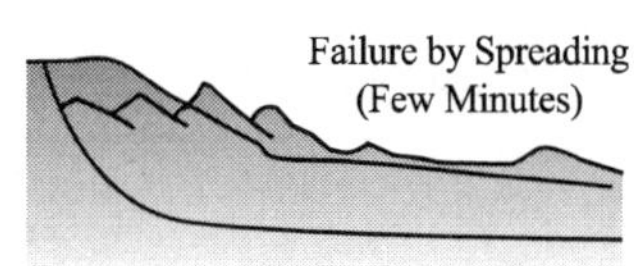
	유동Flows	• 활동깊이에 비해 활동되는 길이가 대단히 길며 전단저항력의 부족으로 인한 활동이라기 보다는 소성적인 활동이 지배적임	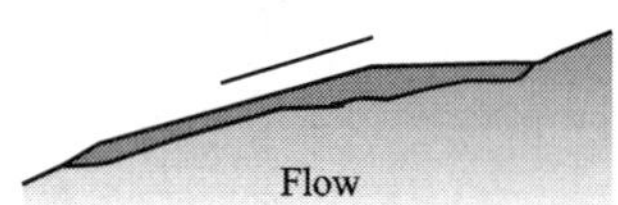

2) 비탈면 불안정 요인

① 직접적인 요인

(1) 자연적인 요인 : 강우, 융설, 적설, 하천의 경우 침식, 지하수접촉에 의한 암반강도 저하

(2) 인공적인 요인 : 터널, 부지조성, 도로건설에 의한 비탈면 절취, 댐하류부 세굴, 수목벌채

② 간접적인 요인

(1) 지질적 원인 : 단층, 파쇄대, 절리, 편리 등의 존재, 변질대, 붕적토의 분포, 암반 풍화

(2) 지형적 원인 : 35도 이상 급경사지, 침식이 용이한 비탈면, 기후영향을 많이 받는 남측비탈면

암반사면 05-12

1. 암반사면 붕괴유형

1) 파괴활동면의 형상에 따른 분류

(1) 평면파괴 : 사면경사방향과 동일한 방향을 가지고 있는 불연속면을 따라서 일어나는 파괴형태

(2) 쐐기파괴 : 두 불연속면이 경사면을 비스듬히 가로질러 교차하고 그 교차선을 따라서 파괴가 일어나는 형태

(3) 원호파괴 : 지반이 매우 약하거나 절리의 발달이 아주심한 파쇄 암반에서 원호 혹은 원형의 경로를 따라 발생하는 파괴형태

(4) 전도파괴 : 암반 블럭들이 사면 경사방향으로 회전하여 일어나는 파괴형태

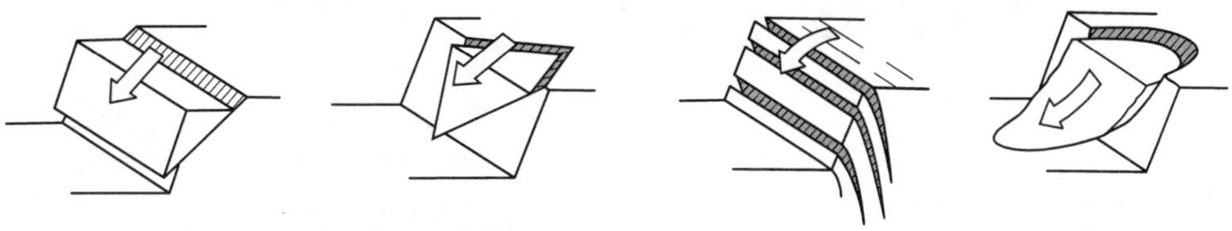

Planar failure in rock in which a discontinuity "daylights" the spope face

(a) 평면파괴

Wedge failure on two intersecting discontinuities with a line of inertsection which "daylights" the spope

(b) 쐐기파괴

Toppling failure in hard rock with slabs or columns defined by discontinuities that dip steeply into slope

(c) 전도파괴

Circular failure in overburden soil, waste rock of heavily fractured rock with no identifiable structural pattern

(d) 원호파괴

그림 5.2.7. 암반사면 붕괴유형

(2) 지반의 운동역학적 특성과 이동물질에 따른 분류

(1) 낙반Fall : 전단력이 작용하지 않은 표면을 따라 흙 또는 암석이 이탈되는 붕괴

(2) 확장Spread : 하부의 연약한 물질 속으로 점성토 혹은 단열이 잘 발달된 흙 블록이 침하하면서 인장형태로 붕괴하는 경우

(3) 유동Flow : 공간적으로 연속적인 운동에 의해 발생하는 경우

2. 암반사면 안정성 해석

1) 암반사면 안정해석

(1) 평사투영해석 : 불연속면의 방향성 또는 불연속면과 사면과의 상대적 위치를 스테레오그래프Stereograph위에 도시함으로써 기하학적인 안정성을 검토

(2) 한계평형해석법(평면파괴, 쐐기파괴) : 사면에 작용하는 힘의 상관관계를 고려해 안전율로 계산

$$안전율(Safety\ Factor) = \frac{Drive\ Force}{Resisting\ Force}$$

2) 사면파괴 유형에 따른 평사투영해석

3. 파쇄대(터널)

1) 시공중 단층 또는 파쇄대 노출시 고려사항

시공중 단층 또는 파쇄대가 예상되는 구간이 노출될 때에는 막장면 전방에 대한 선진수평 시추조사 또는 TSP 탐사Tunnel Seismic Profile를 시행하여 파쇄대의 위치, 규모 방향 및 용수량 등을 사전에 확인하여 보강대책을 수립을 고려해야 한다.

<table>
<tr><th>선진 수평 시추조사 계획도</th><th>TSP 탐사 고려</th></tr>
<tr><td>
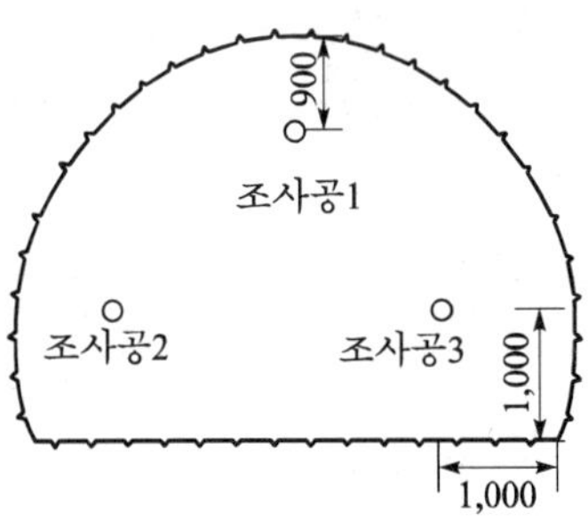

</td><td>
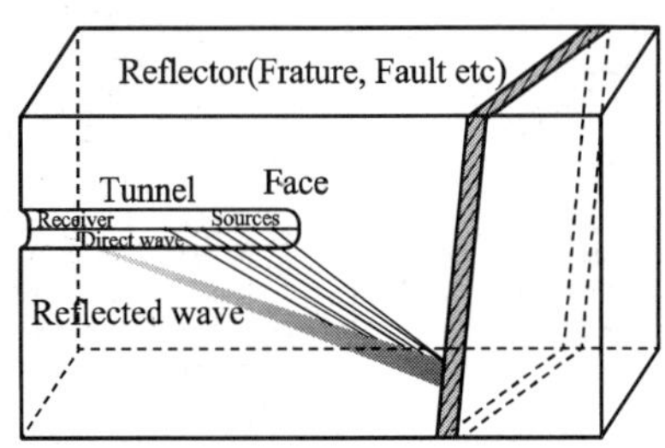

</td></tr>
<tr><td>• 조사공 1의 천공결과 파쇄대가 확인될 경우 조사공 2,3을 천공하여 파쇄대의 방향 및 범위를 확인</td><td>• 터널 전방 100~200미터 내외까지 탐사가 가능함
• 양호한 암질 내에 단층대 등 연약대가 존재할 경우</td></tr>
</table>

학습 Note 산사태

1) 한국은 외국 대비 토층 두께가 1~2미터 수준으로 얇아 산사태에 취약하다.

2) 산사태 진행과정
   ① 1단계 : 강우로 인한 빗물이 지반으로 침투 [지표면에서 물에 젖는 지점인 습윤부분 형성 이후 지중으로 물에 젖는 구역인 습윤전선 형성]
   ② 2단계 : 습윤전선은 불포화 상태에서 포화 상태로 변화
   ③ 3단계 : 지속적으로 비가 내리면 습윤전선의 확대로 산사태 발생

3) 산사태와 모관흡수력
   흙 입자사이의 공간은 간극수와 간극공기가 차지하고 있다. 이 지층내의 물과 공기의 공기압과 수압과의 차이를 모관흡수력Capillary Force(흙 입자 사이의 결합력)이라고 한다. 이러한 모관흡수력은 흙 입자의 표면장력Surface Force으로 작용하게 되는데 불포화층일수록(즉 흡수력이 클수록) 입자들간의 서로 잡아당기는 구속효과가 커지고 반대로 포화도(즉 물이 많이 스며들수록)가 증가할수록 흡수력이 감소하고 그 구속효과(결합력)는 느슨하게 된다.
   ① 모관흡수력은 간극공기압(u_a)과 간극수압(u_w)의 차($u_a - u_w$)로 정의된다.

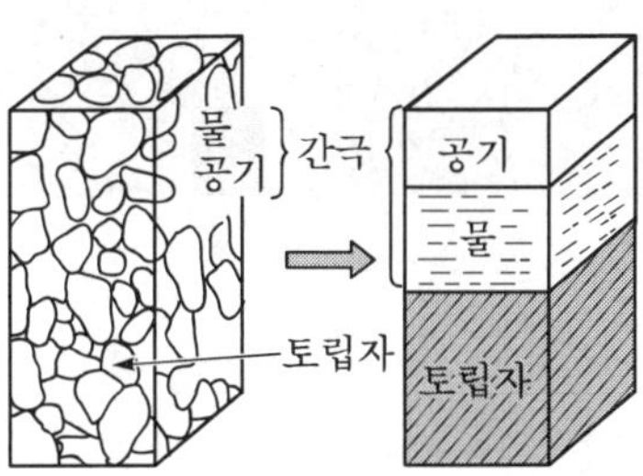

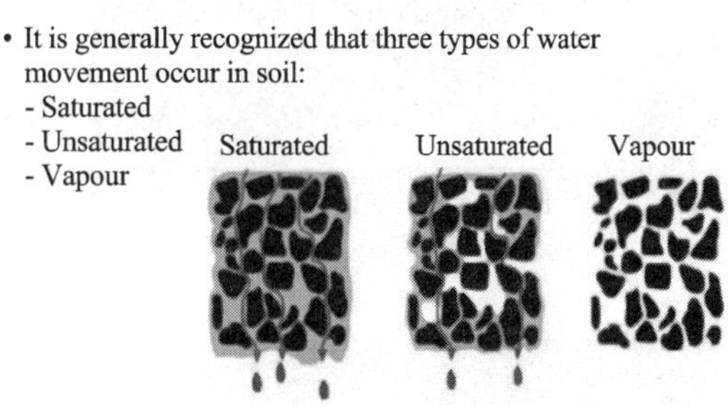

3. 흙막이공사

학습 Note 가설흙막이 공법(KCS 21 30 00, 2022)

1) 벽체 형식에 따른 분류
① 엄지말뚝+흙막이 판 벽체
② 강널말뚝Steel Sheet Pile 벽체
③ Soil시멘트 벽체Soil Cement Wall
④ CIPCast In Placed Pile
⑤ 지하연속벽체

2) 지지 구조형식에 따른 분류
① 자립식
② 버팀구조 형식
③ 지반앵커 형식
④ 네일링 형식
⑤ 경사고임대 형식

3) 흙막이 벽 배면의 지반보강 그라우팅
① JSP 공법
② LW 공법
③ SGR 공법
④ 숏크리트 공법

강널말뚝(steel sheet pile) 벽체

지반앵커 형식

엄지말뚝+흙막이 판 벽체[수직구 링빔]

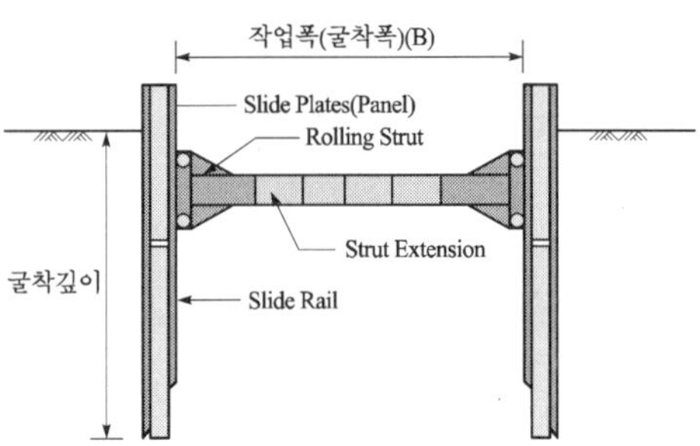

간이흙막이[얕은 굴착]

학습 Note 흙막이 공법

공법명		H-PILE +토류판	H-PILE +토류벽콘크리트	강널말뚝 (SHEET PILE)	지중연속벽
개요도		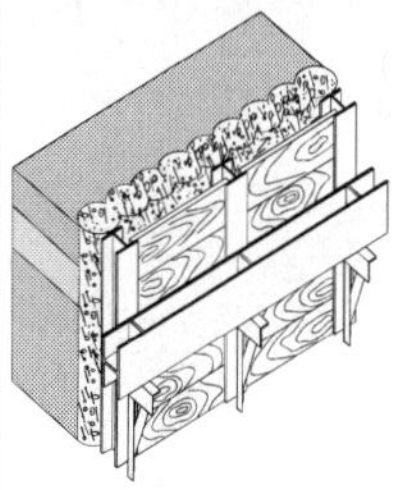	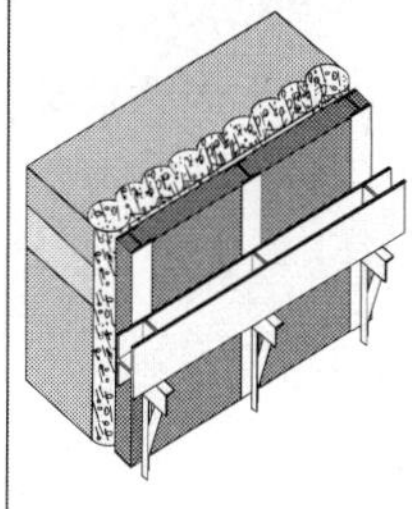	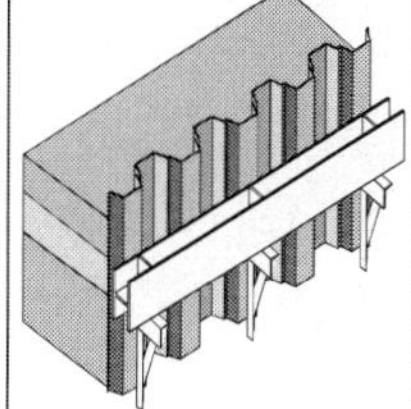	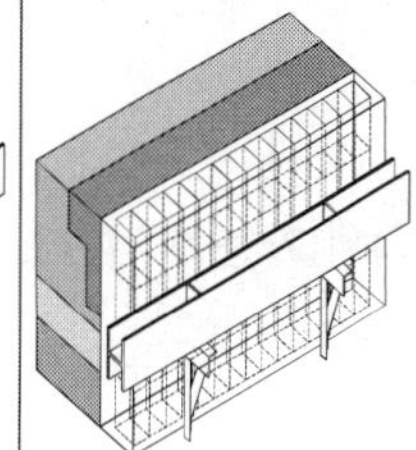
효과	차수성	없음	부분차수 가능	차수효과	완벽한 차수 가능
	주변지반 변형정도	압밀침하 탄소성 변형유발	변형축소	탄소성 변형유발	변형이 거의 없음
	안정성	지속적인 관리가 필요함	보통	보통	양호

학습 Note 흙막이 지지공법

구분	Strut 공법	Earth Anchor 공법	Raker 공법
시공 단면	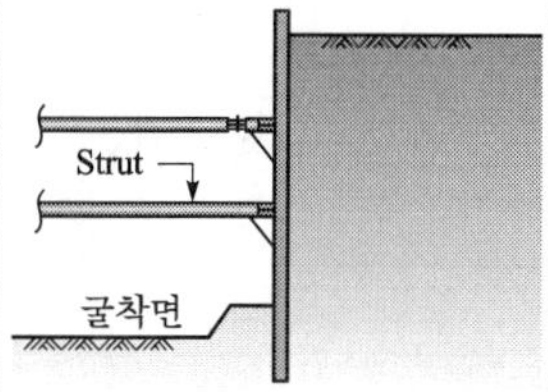	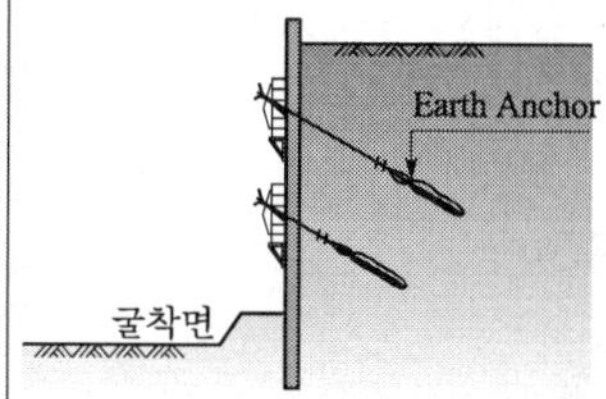	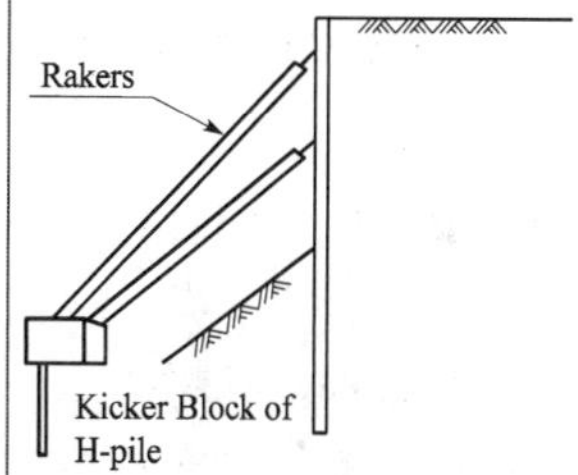
공법 개요	• 버팀보를 흙막이 벽체에 밀착시켜 토압을 버팀보 강성으로지지(Prestress 적용가능)	• 배면지반에 앵커 설치 후 Prestress를 가하여 앵커정착부의 마찰저항으로 토압을 지지	• 굴착저면에 지지블록 또는 파일 설치 후 버팀보를 설치하여 토압을 지지

1. Soil Nailing 정의

흙과 보강재 사이의 마찰력과 네일의 인장응력 등으로 흙과 일체화시켜 전단저항력과 활동저항력을 증대시켜가면서 지반의 안정을 도모하는 지반보강 공법이다.

2. 적용 가능한 지반조건

1) 경암반　　2) 연암반　　3) 풍화암

3. Soil Nailing 장점과 단점[시공관점]

1) 장점
   (1) 공종이 간단하고 공사기간이 단축된다.
   (2) 장비가 소형(크롤러 드릴)이며 가시설이 불필요하다.
   (3) 원지반 자체를 벽체로 이용한다.
   (4) 작업장소가 협소해도 가능하다.
   (5) 소음과 진동이 적어 도심지 공사에 적합하다.

2) 단점
   (1) 지하수 발생 시 시공이 곤란하다.
   (2) 사질토 지반에는 부적합(점착력 부족)하다.
   (3) Nail이 부식된다.
   (4) 정밀한 계측관리가 필요하다.

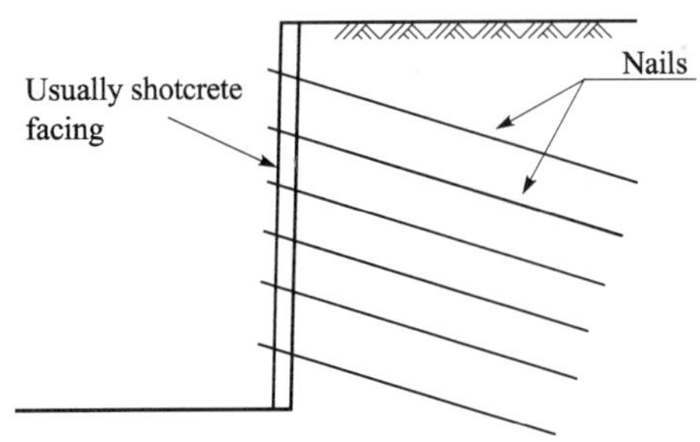

그림 5.3.1. Soil Nailing 공법

4. Soil Nailing 시공순서

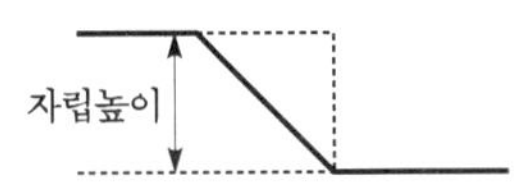

① 굴착
정해진 깊이까지 굴착

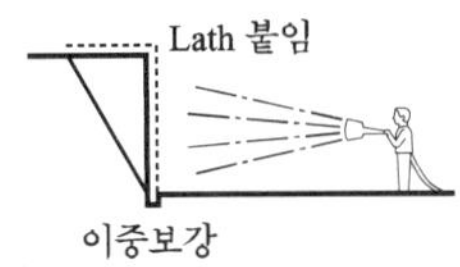

② 라스 붙임과 콘크리트 뿜기
라스를 붙이고 두께 5~10cm 뿜기를 한다.

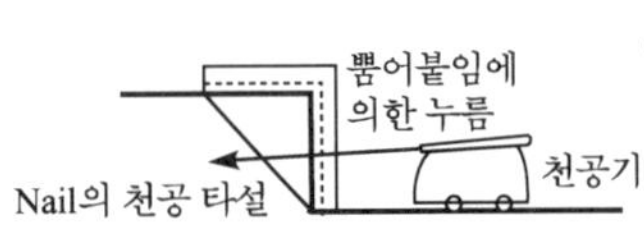

③ Soil nail의 설치
천공하여 nail을 설치하고 그라우트재를 주입한다.

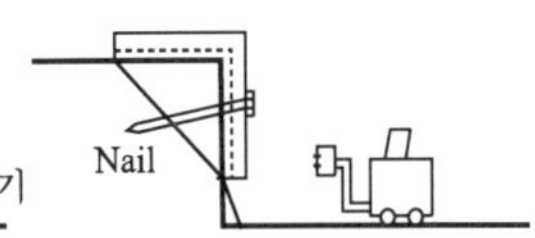

④ 각 단의 굴착
nail의 머리를 조이고 다음 단의 굴착을 실시한다.

그림 5.3.2. Soil Nailing 공법

5. Soil Nailing과 Earth Anchor 공법

1) Soil Nailing 특성

(1) Soil Nailing공법은 사면의 변위를 허용하는 공법이다.

(2) 천공과 그라우팅 충진 이후 다음 단계 굴착이 반복적으로 진행되는 경우에는 이전 단계 보강 이후 다음 단계 굴착 작업 때 사면의 변위가 발생하고 그 변위를 이전 단계에 시공한 Soil Nail이 저항하는 시스템이다.

2) Earth Anchor 특징

(1) Earth Anchor는 굴착면의 변위를 허용할 수 없는 경우에 앵커의 긴장력에 의하여 변위를 사전에 억제하는 공법이다.

(2) Soil Nailing의 변위 허용으로 인한 문제점을 보완하기 위해 계획된 공법
앵커 공법은 최상단 첫 번째 앵커의 지지 기반이 약한 지반일 가능성이 높아서 첫단의 긴장력 확보를 위한 앵커 길이 확보 등에 대한 검토가 이루어져야 한다.

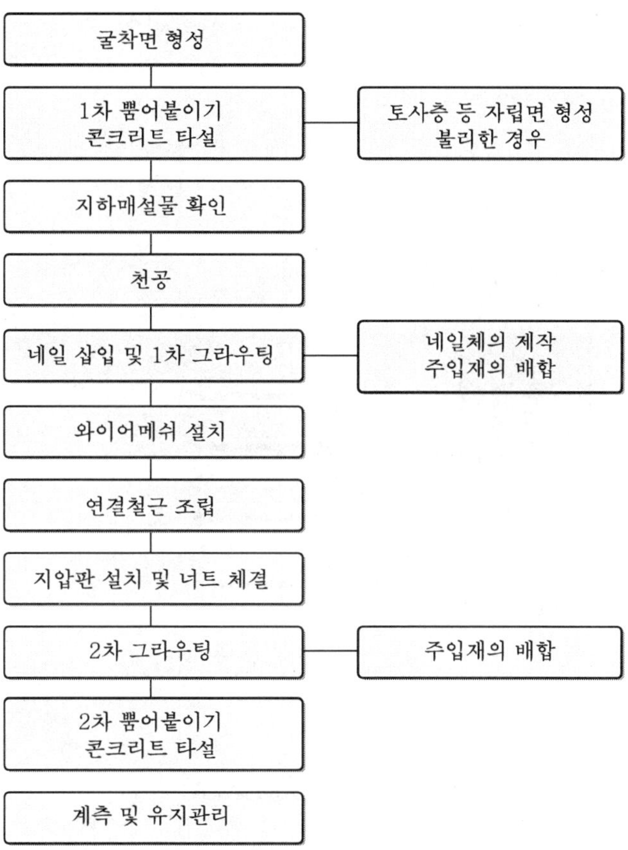

그림 5.3.3. Soil Nailing 작업순서

1. 토류벽

1) 토압의 정의

흙과 접하는 구조물에 미치는 흙의 압력을 말한다.

2) 토압의 종류

(1) 주동토압Active Earth Pressure(P_a)

가. 외측(벽체의 앞쪽)에 변위가 생기는 토압(이완)

나. 옹벽에서 주로 발생

다. $P_a = \frac{1}{2}K_a\gamma H^2$, $K_a = \tan^2(45 - \frac{\phi}{2})$

(2) 정지토압Earth Pressure at Rest(P_o)

가. 벽체의 변위가 없을 때의 토압

나. 지하구조물에 발생 : 지하벽, 암거, 교대 날개벽 등

다. $P_o = \frac{1}{2}K_o\gamma H^2$, $K_o = 1 - \sin(\phi)$

(3) 수동토압Passive Earth Pressure(P_p)

가. 배면측에 변위가 생기는 토압(압축)

나. $P_p = \frac{1}{2}K_p\gamma H^2$, $K_p = \tan^2(45 + \frac{\phi}{2})$

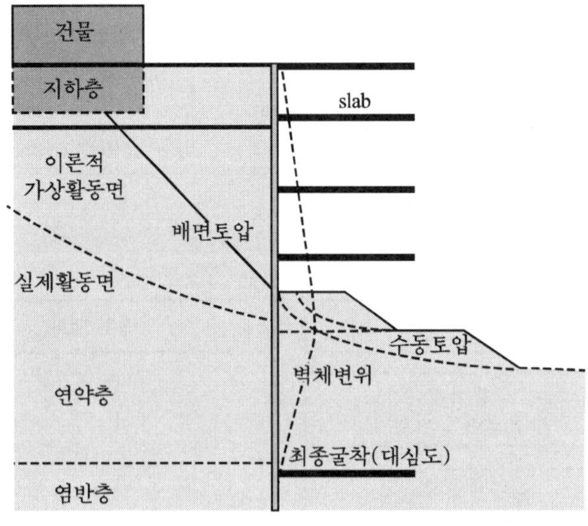

그림 5.3.4. 연약지반에서 나타나는 벽체의 변위 양상

3) 토압의 크기

$$\text{주동토압}[P_a\ (=K_a)] < \text{정지토압}[P_o\ (=K_o)] \ll \text{수동토압}[P_p\ (=K_p)]$$

만약에 내부마찰각 ϕ의 범위를 $30^\circ \leq \phi \leq 42^\circ$ 라고 한다면

$$\left[\frac{1}{5} \leq \text{주동토압}(K_a) \leq \frac{1}{3}\right] < \text{정지토압}(K_o)] \ll [3.0 \leq \text{수동토압}(K_p) \leq 5.0]$$

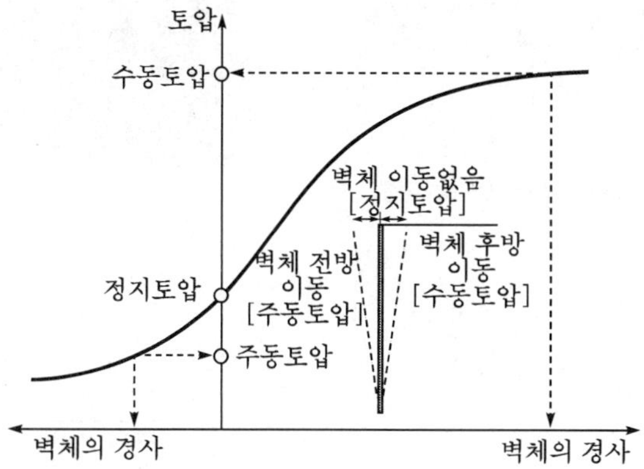

그림 5.3.5. 지반의 주동토압, 수동토압, 변위 관계도(벽체의 이동으로 인한 횡토압 크기의 변화)

4) 흙막이 설계시 검토사항[시공관점]

(1) 흙막이이 벽의 안정성

가. 응력 상태　　나. 변위 상태　　다. 지지력

(2) 지보공의 안정성

가. 응력(축력, 모멘트, 전단력)

(3) 굴착저면의 안정성

가. 보일링　　나. 히빙　　다. 지반융기

(4) 주변구조물의 안정성

가. 침하　　나. 수평이동

(5) 지하수 처리 및 변동에 관한 문제

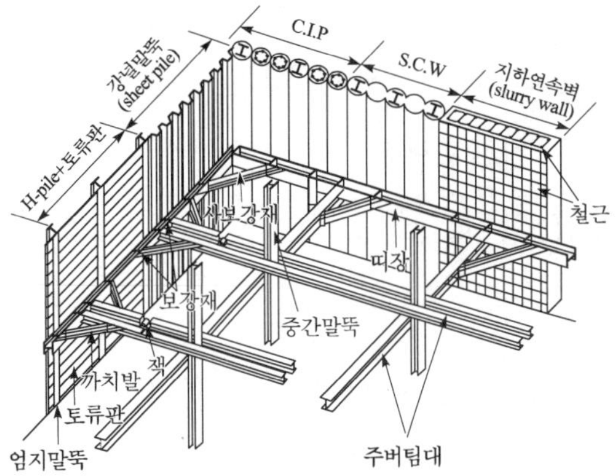

그림 5.3.6. 일반적인 흙막이 가시설 구조

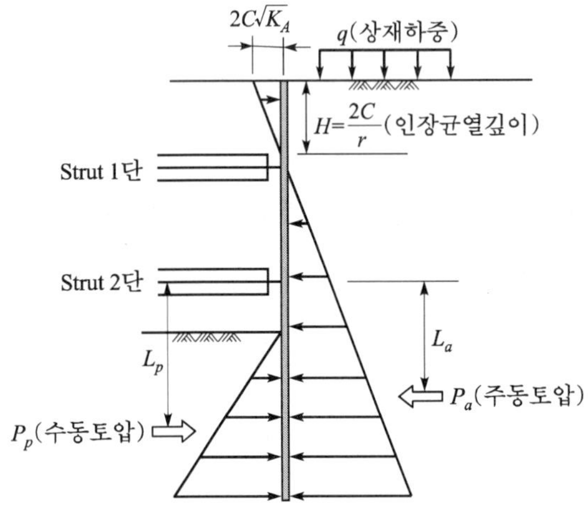

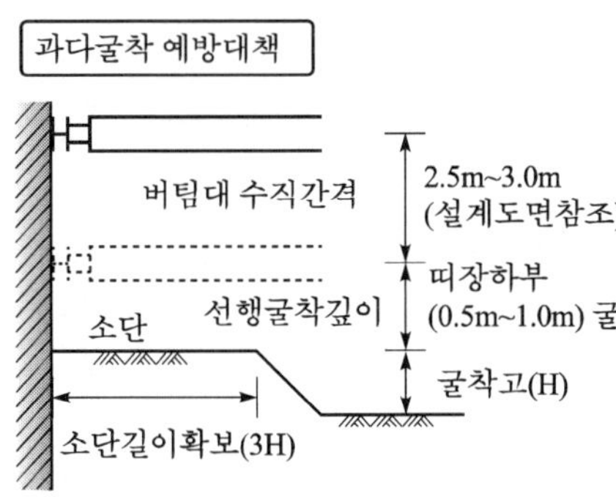

그림 5.3.7. 흙막이 가설공법과 토압

학습 Note **흙막이 구조물의 해석방법** [KDS 21 30 00 **가설흙막이 설계기준** 3.1.2]

굴착은 띠장 설치 위치에서 깊이 1.0미터 이하의 작업공간을 주어 단수별로 실시하고, 굴착 즉시 구조물을 설치하여 과도한 굴토 및 변위를 유발하지 않도록 시공하여야 하며, 흙막이 벽체 구조검토 시 이를 반영하여 검토하여야 한다.

5) 토류벽 가시설 도면 검토사항

검토사항	세부내용	비고
엄지말뚝의 간격 및 근입장 깊이	• 간격 : 1.0~1.5미터 • 근입장 깊이 확인	–
버팀대Strut 길이 및 간격	• 길이 : 50미터 • 간격 : 2.5미터	• Strut 길이는 50미터를 넘지 않는다 • 50미터일 경우에 20도 온도 변화가 있을 때 약 12밀리미터 정도 길이 변화가 흙막이벽에 영향을 준다[(계산)50m*20도*1.2*10^{-5}=12mm]
띠장[2] Wale의 높이	• 간격 : 2.5미터	• 각층 슬래브에서 1.5미터 이상 위치하도록 설계 도면을 확인한다.
포스트 파일 간격	• 보통 : 10미터 • 좌굴방지/장비 주행성 • 본 구조물과 간섭(보, 기둥)	• 10미터 이내일 경우 굴토장비 이동에 장애가 있으므로 이동 및 회전할 수 있도록 조치가 필요하다.
아웃코너 형상	–	• 구조적으로 취약한 부위 • 경사계 설치 후 흙막이 변위 점검
본 구조물과 간섭사항	• 본 구조물과 간섭(보, 기둥)	• 도면 Overlab

6) 토류벽 가시설 시공 중 유의사항

관리사항	세부내용	비고
Strut와 띠장의 중심잡기(이음)	• 이음부 라이너에 의한 축선 보정–좌굴방지	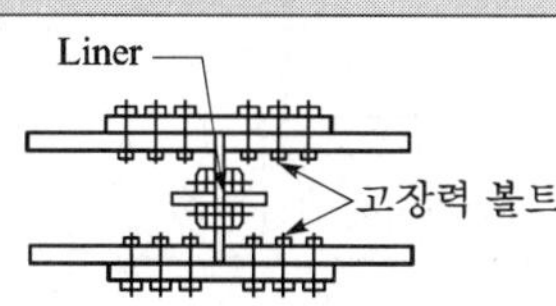
교차부 긴결	• 앵글 및 타이볼트를 사용하여 긴결한다.	• 좌굴방지
띠장과 흙막이 벽의 접촉 상태	• 측압 전달을 위한 면접촉 상태 유지를 위한 팩킹을 설치한다.	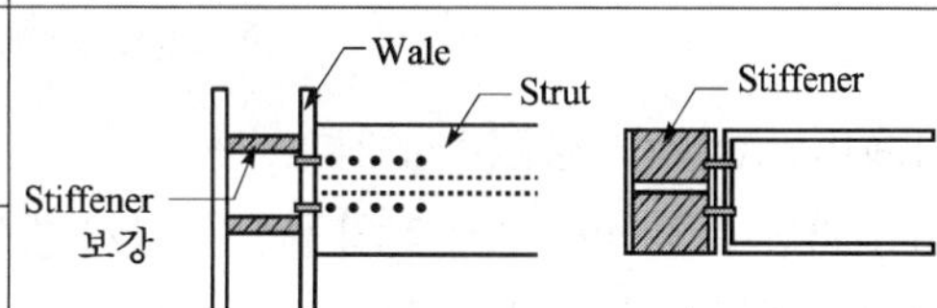
띠장의 보강	• 스티프너로 보강–버팀대지지 부분	
흙막이 벽의 변형을 최소화 하기 위한 jack 설치	• 흙막이 주변 변형 최소화	–
Strut 귀잡이	• 45도 각도 귀잡이 설치	•구조적으로 취약한 부위

2) 띠장(Wale)이란 흙막이 지보공의 구성부재중의 하나로서, 이는 흙막이 벽에 작용하는 토압을 균등하게 받아 버팀대에 전달하는 역할을 한다. 흙막이 벽의 굴착깊이에 따라 그 위치가 결정되지만 대체로 그 수직간격은 2~3m 정도가 된다. 또한 흙막이 벽과 띠장은 최대한 밀착시켜야 한다. 만일 그 사이에 틈새가 발생하였다면 강재 피이스나 콘크리트 또는 모르타르를 충전하여 좌굴이 발생하지 않도록 해야 한다. 또한 버팀대(Strut)는 널말뚝에 가해지는 토압이나 수압에 저항하기 위하여 널말뚝 측면에 부착한 동바리공(지보공) 띠장을 수평 방향으로 지지하는 부재를 말한다.

7) Strut 해체 시 유의사항

관리사항	세부내용	비고
상단 버팀대의 안전성 확인	• Strut 해체 시 상단 버팀대에 작용하는 응력이 크게 변화하므로 안전성을 확인한다.	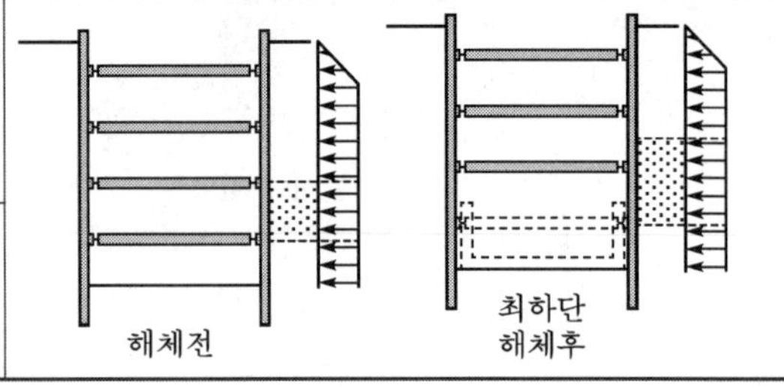
Strut 허용응력 확인	• 조속한 되메우기 • 구조체에 가시설 버팀대 지지	

2. Earth Anchor[Ground Anchor]

지반을 천공한 후에 인장재를 삽입하여 그라우팅으로 정착하고 정착된 인장재에 프리스트레스를 가하여 구조물에 부하되는 토압, 수압, 외력에 저항토록 하는 구조체로 용도에 따라 영구 앵커와 가설 앵커로 구분된다.

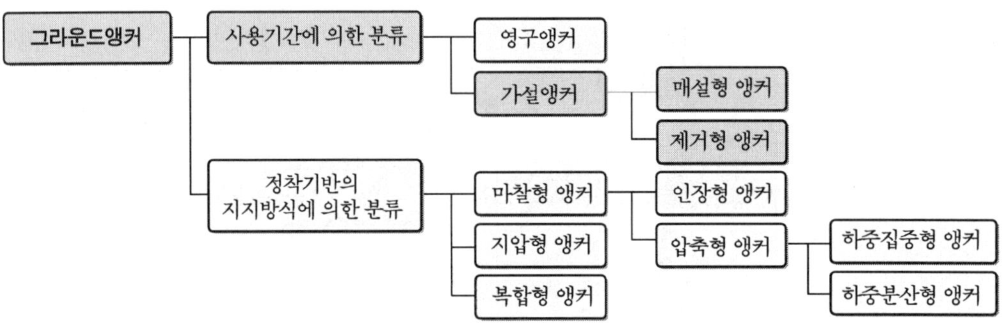

그림 5.3.8. 그라운드앵커

1) Earth Anchor의 장점[시공관점]

(1) 버팀대 공법에 비해 작업공간을 넓게 활용한다.

(2) 작업공간이 넓어 기계화 시공이 가능하여 공기단축이 가능하다.

(3) 버팀대 지지가 필요없어 가설재가 절약된다.

(4) 지반이 경사져도 시공이 가능하다.

(5) 벽체의 변위와 지반침하가 최소화(프리스트레스 영향)한다.

2) Earth Anchor의 단점[시공관점]

(1) 주변 대지 사용에 따른 지주의 동의가 필요한다.

(2) 지반이 약할 때 적용이 곤란한다.

(3) 지중 구조물, 인접 구조물이 있는 경우 적용이 곤란하다.

(4) 지하수위가 높을 경우 누수와 지반침하 문제가 발생한다.

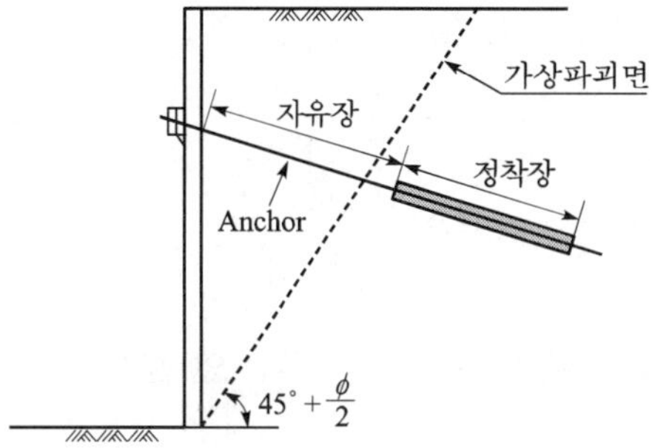

그림 5.3.9. Earth Anchor 단면도

4) 정착지반의 지지방식에 따른 분류

구분	마찰형 앵커	지압형 앵커	복합형 앵커
개요도	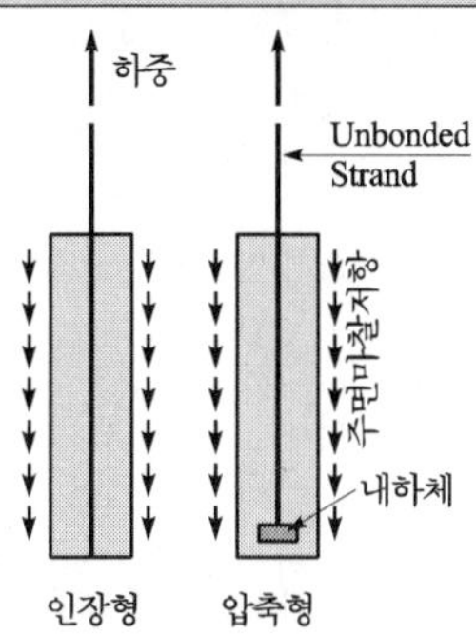		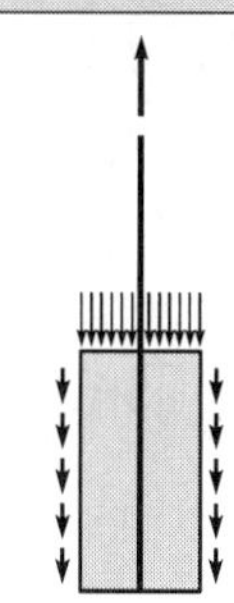
지지방법	• 그라우트와 지반 마찰력으로 지지하는 방식으로 인장/압축형이 있으며 사용성 높음	• 지압판이나 파일 등을 사용하여 지반의 수동 저항력으로지지	• 마찰형과 지압형을 함께 적용

5) 앵커 시공방법 및 시공시 유의사항[시공관점]

(1) 앵커 시공방법

그림 5.3.10. 앵커 시공방법

(2) Earth Anchor의 시공순서 및 점검사항[시공관점]

가. 천공

(가) 벽면 변위(붕괴) 발생 여부 확인

(나) 순환수 점검(청정수 사용)

나. 인장재 삽입

(가) 정착장 확보 여부 확인 (나) 인장재 P.S강선 상태 확인

다. 1차 그라우팅

(가) 정착장에 밀실한 주입 여부 (나) 그라우팅재는 긴장재 부식 영향 확인

라.) 양생

(가) 양생 동안 진동/충격 관리

마. 인장 및 정착 작업

(가) 인장시 응력이완 고려하여 긴장력 산정

(나) 인장, 인발 확인 시험 실시

바. 2차 그라우팅

(가) 필요시 자유장에 부식방지용 그라우팅 실시

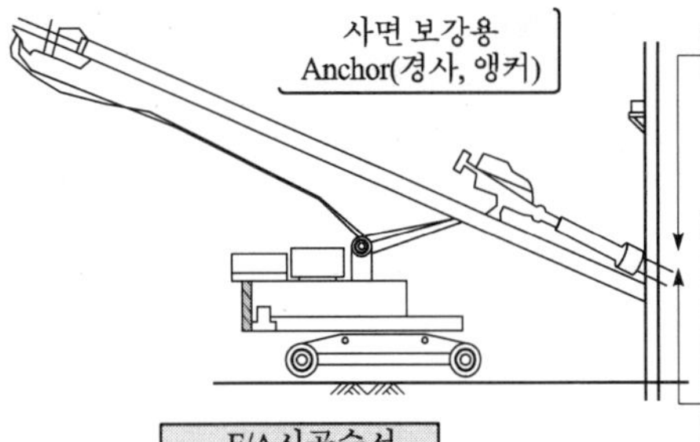

- 천공직경은 설계도서에 의한다.
- 토층, 천공길이, 천공경, 천공각도, 천공시간을 확인하여 기록한다.

- 천공작업은 (크롤러 드릴)과 공기압축기을 사용하여 원지반 상태에 최대한 변동을 주지 않게 천공한다.
- 천공이 끝나면 앙카 투입시까지 이물질이 공내에 들어가지 않도록 마개로 봉하고 지층이 불량하여 공이 유지될 수 없을 경우에는 즉시 앙카를 투입하고 Grouting을 실시한다.
- 천공시 다량의 지하수 유출시는 지하수의 유입을 방지하기 위하여 별도의 케이싱을 연결시켜서 처리한다.
- 소요 천공길이보다 약 20cm정도 더 천공하여 천공면으로부터 이물질이 낙하하여도 소요 천공길이에는 지장이 없도록 한다.

E/A시공순서

Anchor Body 제작 및 조립
↓
Casing 설치 및 천공
↓
Anchor Body 삽입
↓
1차 Grouting
↓
2차 Grouting
↓
Bracket Wall 설치
↓
Plate 설치
↓
Anchor Head 설치 및 인장작업
↓
종료

앵커 스트랜드 종류와 허용인장응력		
종류	허용인장응력	최대인장응력
ø12.7	11.2t	18.7t

어스 앵커 작업자 안전수칙

- 보링 작업 시 바람을 등지고 작업한다.
- 안전모, 안전화, 보안경, 마스크, 안전장화 등을 착용해야 한다.
- 절단기 사용은 유경험자가 실시한다.
- 운전원과 보조원은 호흡을 일치시켜 작업한다.
- 강선 절단 시는 절단용 공구를 사용해야 한다.
- 작업 종료 후에는 공구, 자재 정리정돈하고 청소를 실시한다.

그림 5.3.11. Earth Anchor 위험요인과 안전대책

6) 흙막이 공사 작업자 추락방지 안전대책

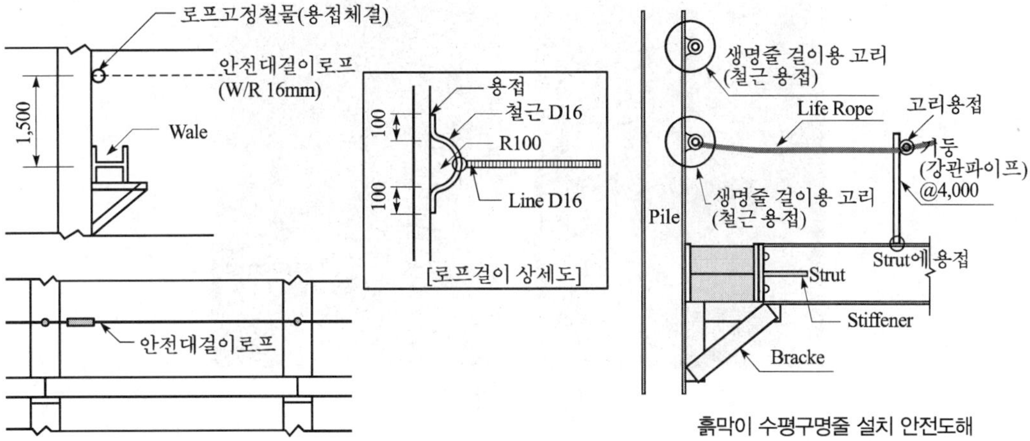

흙막이 수평구명줄 설치 안전도해

그림 5.3.12. 흙막이공사 작업자 추락방지 안전대책

3. 토류벽 지지공법

구분	Strut 공법	Earth Anchor 공법	Raker 공법
시공 단면	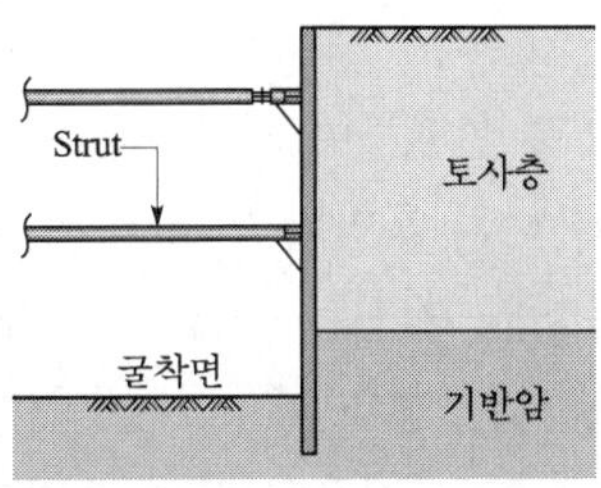	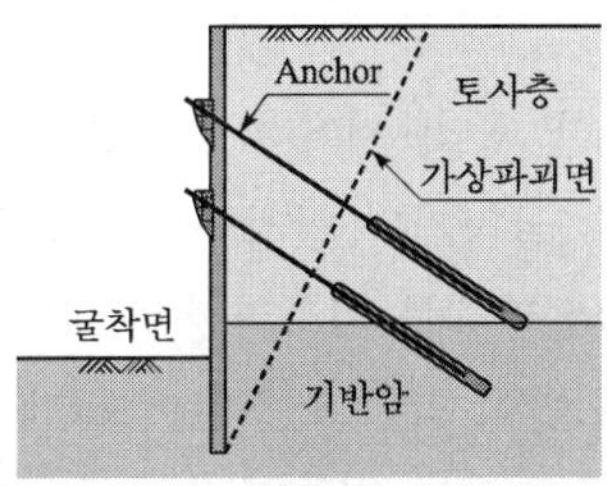	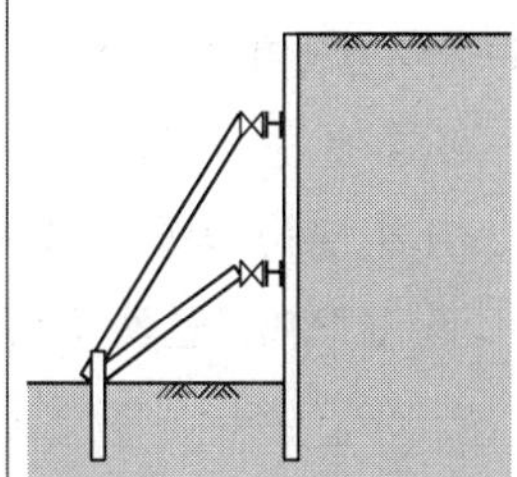
공법 개요	• 버팀보 흙막이벽체에 밀착시켜 토압을 버팀보 강성으로지지 (Prestress 적용가능)	• 배면지반에 앵커 설치 후 Prestress를 가하여 앵커 정착 부의 마찰저항으로 토압을 지지	• 굴착저면에 지지블록 또는 파일 설치 후 버팀보를 설치하여 토압을지지
장점	• 강성이 큰 지지구조 • 인접부지 침해없음 • 보수, 보강이 용이 • 공사비 저렴	• 기계화시공(공기단축) • 작업공간이 넓게 확보됨 • 양측 지표고가 다른 경우 유리	• 버팀보 지간이 긴 경우 유리 • 공사비 저렴
단점	• 지간이 길어지면 버팀보의 휨강성 감소로 좌굴에 취약해짐 • 굴착과 구조물 공사를 위한 작업공간이 협소해짐	• Earth Anchor 천공 시 허가 필요 • 인접매설물에 따라 제약을 받음 • 천공 후 배면수 유입 • 보수, 보강이 어려움 • 지반조건에 제약을 받음	• 지지블록이 불안정하면 큰 변위 유발우려 • 굴토작업이 어려움 • 시공심도의 제한 (굴착심도 15m 이내 적용)

그림 5.3.13. 흙막이 붕괴 사례

Slurry Wall 05-15

1. 지하연속벽Diaphragm or Slurry Wall 공법

1) 지하연속벽의 정의

지중에 콘크리트를 타설한 패널Panel이나 말뚝을 연속으로 연결하여 지하벽을 만드는 현장 타설 말뚝 공법으로 특수 굴착기와 안정액을 이용한다. 다른 흙막이 벽에 비해 차수 효과가 높으며, 인접 건축물의 피해를 최소화할 수 있는 저소음, 저진동 공법이다. 지중연속벽 Diaphragm wall, Slurry wall은 지반이 약하고 토압이 크게 작용하는 경우 H-pile 흙막이판, CIP, SCW, Sheet Pile 공법 등으로는 저항할 수 없는 경우에 주로 사용하며 영구 벽체로 사용하는 경우가 대부분이다.

2) 지하연속벽 공법의 종류

지하연속벽은 크게 구분하여 벽식과 주열식의 2종류와 이들을 병용하는 벽식주열병용식의 3종류가 있다.

(1) 벽식 지하연속벽 : 안정액[3]Bentonite Slurry과 콘크리트 패널을 연속적으로 연결하여 벽체 형성

가. Cramshell, Bucket에 의해 굴착하는 방법

나. 회전, 충격, Bit에 의한 방법

3) 굴착면 붕괴와 지하수 유입을 막기 위하여 굴착 부분에 채워 넣는 용액을 말한다.

(2) 주열식 지하연속벽

콘크리트 말뚝을 연속적으로 연결하여 흙막이 벽을 형성하는 공법

가. Earth Drill 공법

나. Benoto 공법All Casing

다. R.C.D 공법Reverse Circulation Method(역순환 공법)

라. S.C.WSoil Cement Wall공법[4)]

마. Prepacked Concrete Pile(C.I.P[5)], M.I.P, P.I.P)

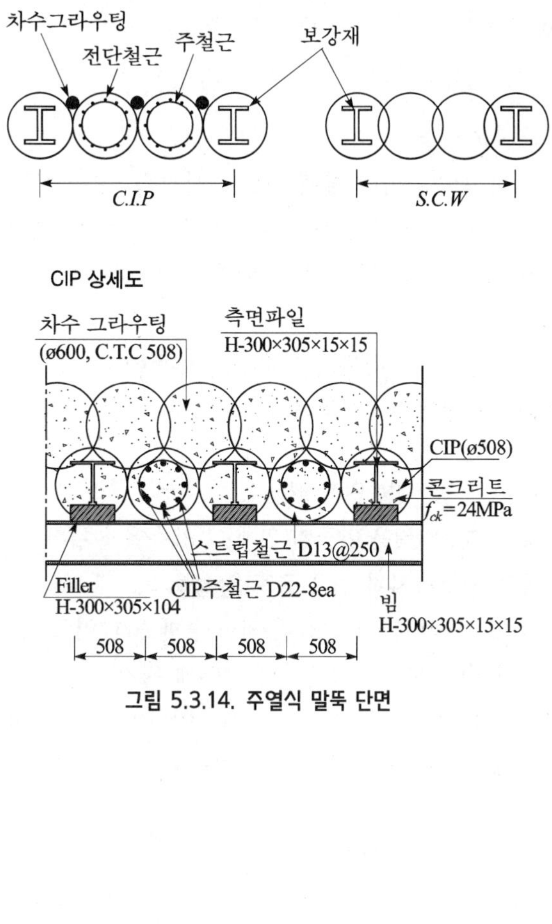

그림 5.3.14. 주열식 말뚝 단면

---

4) SCW공법 시공순서는 ①천공기로 소정의 심도까지 굴착 시행 ②주입관을 통한 시멘트풀(Cement Paste) 주입 ③굴착한 토사와 골재를 혼합 교반 ④H-Beam 삽입시키며 벽체 형성 순서로 만든 일종의 차수 공법이며, DSP(Deep Soil Mixing Pile),DSM(Deep Soil Mixing) 등과 동일한 공법이다.

5) 주열식 말뚝공법으로 시공순서는 ①Auger Boring기(ø400~ø500mm)로 소정의 심도까지 천공 시행 ②지층 붕괴 방지를 위한 Guide Casing 설치 ③주입관을 통한 시멘트풀(Cement Paste) 주입 ④조립된 철근망 삽입 ⑤굵은 골재(자갈) 투입 등의 순서로 만든 일종의 현장타설 콘크리트 Pile로서 토류벽 강성 확보 및 지반보강 역할을 한다.

3) 지하연속벽의 특징(장·단점)[시공관점]

[장점]

(1) 저공해 공법(무진동, 무소음, 저진동, 저소음)

(2) 주변지반에 대한 영향이 적음(훼손 없음)

(3) 벽체의 강성이 큼(큰 토압에 유리, 주변 침하 방지에 유리)

(4) 내수성, 차수성, 지수성이 높아 지하수 대책에 유리함

(5) 지반조건에 좌우 되지 않음(넓은 범위의 지반에 적용이 가능함)

(6) 영구구조물로 이용 가능함(지하외벽)

(7) 벽두께, 길이를 자유롭게 설계, 조정이 가능함

[단점]

(1) 공사비가 비교적 고가임

(2) 고도의 경험과 기술이 필요함(지질에 대한 공사방법, 장비선정, 안정액 선택과 관리 등)

(3) 안정액Bentonite Slurry처리가 문제(굴착토 분리가 곤란, 분리를 위한 기계설비 필요)

(4) 콘크리트 타설에 따른 품질관리에 많은 노력이 필요함

(5) 장비가 대형으로 이동성이 둔함

(6) 일련의 토류벽으로서는 수평방향의 연속성이 부족할 수 있음

(7) 굴착중 공벽의 붕괴(안정액을 사용하더라도 예측못한 지하수의 침입으로 붕괴 우려가 있음)

4) 벽식 지하연속벽Slurry Wall 시공순서별 안전대책

(1) Guide Wall 설치 : 슬러리 월을 만들기 위해 그 양측에 설치하는 RC조 형태의 벽체 구조물

가. 굴착시 충격으로 무너지기 쉬운 표토층 보호

나. 철근 케이지 및 트레미관의 받침대 역할과 엔드 파이프 인발시 지지대로 사용

다. 슬러리 월 계획 높이보다 1~1.5미터 상단에 위치

라. 슬러리 월 상단이 지하수보다 1.5~2미터 이상이 되도록 설치

마. 내측 가이드 월 기준선에서 벽두께 50밀리미터 정도의 여유 치수 확보

(2) 굴착Excavation

가. 공벽 수직도 검사, 벤토나이트 안정액 품질관리

나. Slime 1차 처리Desanding, 부유 토사분 침강 대기 후 Slime 2차 처리Cleaning : **슬라임**은 콘크리트 타설에 의해 치환되지 않고 벽체 하부에 잔류하여 지하벽의 **지지력을 저하**시키거나 **벽체의 침하**를 초래한다. 판넬 이음부로 집중될 경우에는 **지수성 저하**를 가져온다.

(3) 철근망 삽입

가. 굴착 공사중에 철근망 조립

나. 굴착 심도 확인

다. Panel Joint 설치

라. 철근망 세우기

마. 안정액 치환 : 안정액 겔화로 굴착 심도 유지를 위하여 Desanding을 통한 신선한 안정액과 교체한다.

① 안정액 치환방식

(가) Suction Pump 방식 : Trench 굴착 등 심도가 얕을 때 효과적임

(나) Air Lift 방식 : 교환할 안정액이 많을 때, 심도가 깊을 때

(다) Sand Pump 방식 : 심도가 15미터 이내인 경우

② 안정액의 기능

(가) 굴착 벽면의 붕괴방지

(나) 부유물의 침전 방지

(다) 굴착토사의 배출

③ 안정액 요구 성능

(가) 굴착 벽면에 대한 조막성

(나) 화학적 안정성

(다) 물리적 안정성

(라) 적정 비중 : 비중이 과다하게 높으면 펌프의 능력을 저하시켜 콘크리트 타설시 치환에 지장이 생기므로 적정 비중을 결정함

④ 안정액의 역할

안정액은 굴착면에 불투수막을 형성시키고 정수압으로 작용하여 측벽에 작용하는 외측의 토압과 지하수압을 지지하는 차수역할을 한다.

(4) 콘크리트 타설

가. 트레미관Tremie Pipe설치 : 굴착바닥에서 15센티미터 정도 뜨게 설치

나. 콘크리트 타설 및 안정액 회수

다. Panel Joint 인발

라. 두부정리 및 Guide Wall 철거

마. Cap Beam 설치

5) Slurry Wall의 Panel 시공순서

(1) Primary Panel(선행 판넬) 시공 순서 P1 → P2 → P3

(2) Secondary Panel(후행 판넬) 시공 순서 S1 → S2

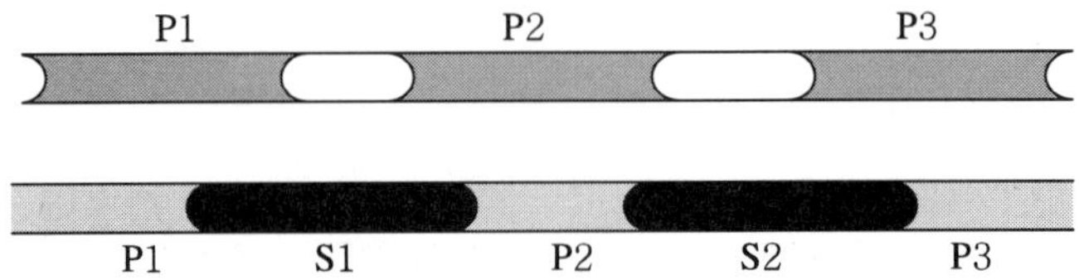

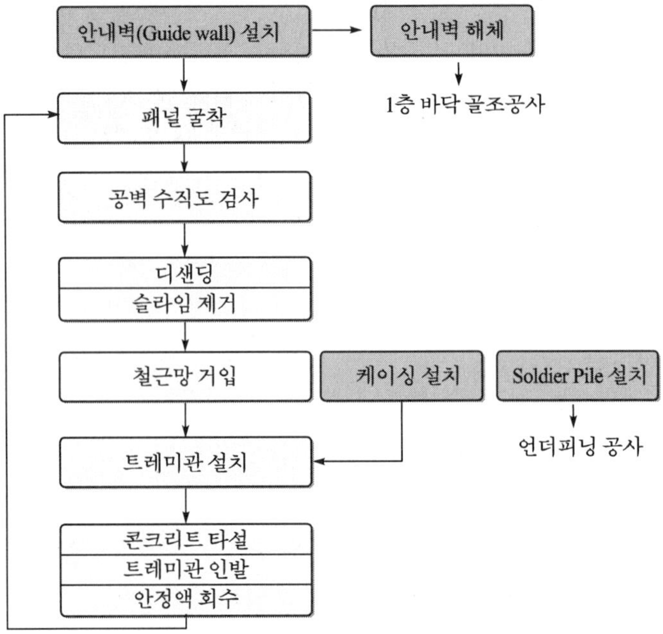

그림 5.3.15. 지하연속벽 시공순서

슬러리 월 공법 시공순서 및 방법		
1. 안내벽 설치 Guide Wall	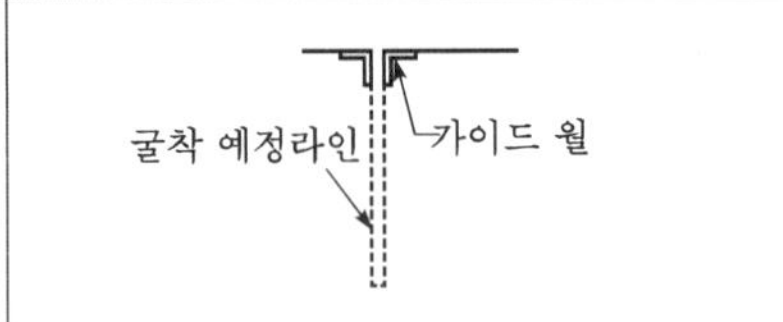	
2. 굴착Excavation	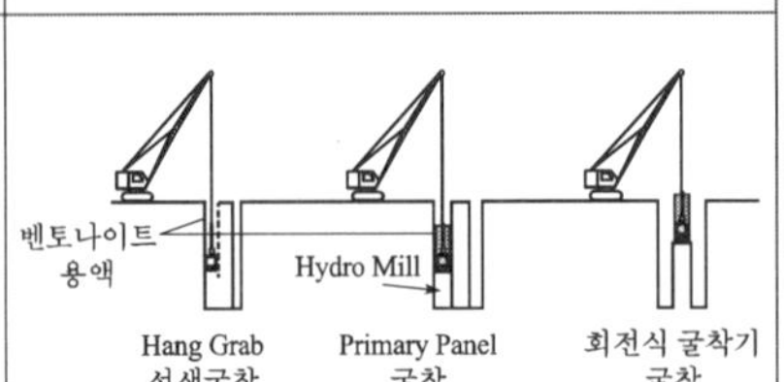	

<table>
<tr><td>3. 철근망 삽입</td><td>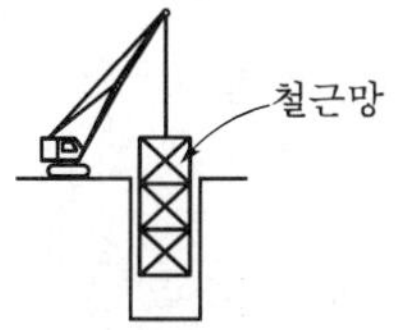</td><td rowspan="2"></td></tr>
<tr><td>4. 콘크리트 타설</td><td>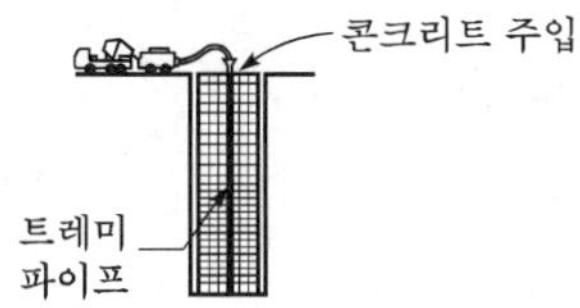</td></tr>
</table>

6) 굴착공사 중 안전관리 사항

(1) 굴착의 수직성 정도(최근 장비는 경사계 설치로 10cm이내 오차로 굴착 및 수정 굴착 가능)

(2) Slime 처리 철저

가. 굴착이 끝난후 3시간 동안 방치 후 침하시킴

나. 굴착기로 제거(Air Lift, Compressor 사용)

(3) 안정액 관리

가. 주로 Bentonite 수용액 사용

나. 깨끗한 안정액 계속 공급

다. 변질된 안정액 배수처리

라. 지질에 맞는 안정액 선책과 관리(혼합 비율 등)

2. 지하연속벽 시공시 유의사항[시공관점]

1) 지형, 지세의 특징

(1) 지층의 형성과정, 경사, 지하수 및 피압수, 매립토사의 종류와 규격

(2) 지하수의 유동상태

2) 지반조건

(1) 지층의 균질성 및 입도분포 상태

(2) 지층경사 및 지중장애물

(3) 지반조건에 따른 시공상의 문제점

3) 지하수 조건

4) 지하수질의 영향

5) 본 구조물의 규모, 특징, 굴착깊이 및 범위

6) 민원 발생 가능성

Top Down 05-16

1. 역타Top Down공법

역타Top down공법이란 **굴착작업 전**에 **지하 외부 벽체와 기둥을 선 시공한 후** 굴착공사와 병행하여 **지상에서부터 지하**로 1개 층씩 단계적으로 시공해가는 공법이다. 역타공법은 지하구조물의 시공순서를 지상에서 깊은 지하 방향으로 진행하며 도심지 등 공사여건이 열악하여 지보공법 등의 흙막이 공법으로는 시공이 불리한 장소에 적용되는 공법이다.

2. 역타공법 적용 이유

1) 인접구조물과 가까이 시공이 될 경우[도심지 내 공사]
2) 대지경계선과 인접하여 작업공간 확보가 어려운 경우

3. 역타공법의 장단점

1) 역타공법의 장점[시공관점]
   (1) 지하와 지상층 병행으로 공기단축
   (2) 1층 바닥 면적 작업장으로 사용가능
   (3) 토질조건(기후)에 관계없이 시공가능
   (4) 소음진동이 적어 도심지 공사에 유리

2) 역타공법의 단점[시공관점]
   (1) 토공계획이 어려움
   (2) 암반 지반일 경우 작업곤란(커팅용 특수 장비 동원)
   (3) 지하 환기시설, 조명시설 필요
   (4) 굴착장비가 소형으로 제약
   (5) 공사비 고가

4. 역타공법의 작업순서와 안전대책

1) 역타공법의 순서
   (1) 벽식 지하연속벽 설치
   (2) 철골기둥, 기초 설치
   (3) 1층 바닥판 설치(지상 S.R.C 공사)
   (4) 지하 1층, 2층
   (5) 지하구조물 완료

2) 역타공법의 시공순서별 안전유의사항

(1) 지하연속벽 공사

가. 벽체 수직도 유지와 판넬 조인트 지수성 확보

나. 연속벽 암반 근입(1.5미터 이상)

다. 콘크리트 품질 확보

(2) 심초 기초 및 기둥 공사

가. 소요심도까지 드릴링과 수직도 확보

나. 굴착공법 : 풍화암(올 케이싱), 연암(RCD)

다. 슬라임 처리

(3) 지하바닥 슬래브 시공

가. 슬래브 하부 지면에 닿게 시공　　　나. 콘크리트 품질저하 관리

(4) 바닥 슬래브 하부 굴착

가. 과다 굴착 금지　　　나. 지하수위 지중변위 계측

다. 보링, 히빙상태 점검　　　라. 조명과 환기 상태 점검

(5) 슬래브와 기둥, 연속벽 접합

가. 스터드 볼트 이용

(6) 콘크리트 타설

가. 타설 이음부 처리 철저　　　나. 콘크리트 타설 방법

탑 다운 공법 시공순서 및 방법			
1. 건물외벽 및 내부기둥 작업	2. 1층 슬래브 완성 및 지하굴착	3. 지상구조물 및 지하 굴착작업	4. 기초바닥 슬래브 시공

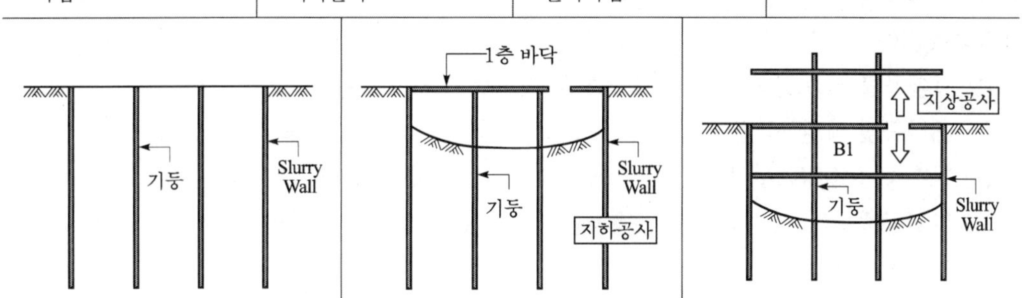

그림 5.3.16. 탑 다운 공법 시공순서 및 방법

1. 지반개량의 목적

1) 지반의 전단강도 확보
2) 구조물의 부동침하 방지
3) 터파기 공사의 안전성 확보(액상화 방지)
4) 기초의 지정

2. 연약지반 판정기준

연약지반이란 연약토질(N치가 0~4)로 이루어진 포화지반으로 건축물의 기초지반으로서 충분한 지내력을 갖고 있지 않는 지반을 말한다.

1) 점성토 지반 : N≤4, 일축압축시험값(q_u) < $0.5kg/cm^2$, 자연함수비(w_n) > 50%
2) 사질토 지반 : N≤10, 일축압축시험값(q_u) = 0, 자연함수비(w_n) > 25%
3) 유기질토 지반 : 쓰레기 매립 성토층

구조물의 상대적인 하중과 강도에 의한 판정
설계하중(Q_d) > (Q_a)지반허용지지력 ---연약지반
설계하중(Q_d) < (Q_a)지반허용지지력 ---일반지반

3. 지반개량공법의 종류

1) 점성토 지반
   (1) 치환공법 : ① 굴착치환 ② 활동치환(미끄럼치환) ③ 폭파치환
   (2) 재하공법(압밀[6]공법) : ① Preloading ② Surcharge(압성토) ③ 사면선단재하공법
   (3) 탈수공법(수직배수공법) : ① Sand Drain ② Paper Drain ③ Pack Drain
   (4) 고결공법 : ① 생석회(Cao)말뚝공법 ② 동결공법 ③ 소결공법
   (5) 전기침투공법

---

6) 압밀(consolidation)이란 투수성이 작은 포화한 점토질 토층에 하중에 의한 응력이 작용했을 경우 하중의 대부분을 간극수가 부담하고, 이에 따라 서서히 간극수가 유동하여 점토층의 흙 입자로 하중이 부담되기까지 점토 층이 수축하는 현상[토목용어사전]

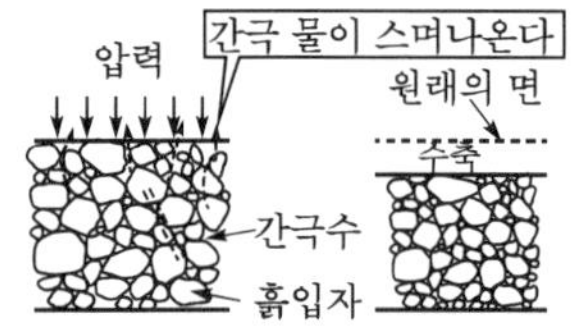

2) 사질토 지반

(1) 다짐[7]공법

가. 동다짐공법Vibro Floatation

나. 다짐모래말뚝공법Sand Compaction Pile

다. 동다짐공법

(2) 주입공법 : 시멘트나 약액을 지중에 주입하여 지반을 강화시키는 공법

가. 시멘트 주입공법

나. 약액 주입공법 : L.W 공법, Hydro 공법

(3) 배수공법 :

가. 중력배수공법Deep Well

나. 강제배수공법Well Point

다. 전기침투공법

3) 점성토·사질토 지반

(1) 혼합공법 : ① 입도조정법 ② Soil Cement 법 ③ 화학약제 혼합법

<table>
<tr><th colspan="6">연약지반 개량공법의 종류 및 목적</th></tr>
<tr><th>구분</th><th>원리</th><th colspan="2">주요공법</th><th>개량목적</th><th>적용지반</th></tr>
<tr><td rowspan="14">지반개량</td><td rowspan="2">치환</td><td colspan="2">굴착치환공법</td><td rowspan="2">활동파괴의 방지, 침하의 감소,
지반 전단변형의 억제</td><td rowspan="2">점성토
유기질토</td></tr>
<tr><td colspan="2">강제치환공법</td></tr>
<tr><td rowspan="7">탈수</td><td colspan="2">Pre-Loading</td><td rowspan="7">압밀침하 촉진
지반의 강도증가 촉진
활동파괴의 방지</td><td rowspan="4">점성토, 유기질토</td></tr>
<tr><td rowspan="3">연직
배수공법</td><td>Sand Drain 공법</td></tr>
<tr><td>Pack Drain 공법</td></tr>
<tr><td>Plastic Drain 공법</td></tr>
<tr><td rowspan="2">지하수위
저하공법</td><td>Well Point 공법</td><td>사질토</td></tr>
<tr><td>Deep Well 공법</td><td rowspan="2">점성토</td></tr>
<tr><td colspan="2">생석회 Pile 공법</td></tr>
<tr><td rowspan="5">다짐</td><td colspan="2">Sand Dompaction Pile 공법</td><td rowspan="5">침하의 감소
액상화의 방지
활동파괴의 방지</td><td>점성토,사질토,유기질토</td></tr>
<tr><td colspan="2">Vibroflotation 공법</td><td rowspan="2">사질토</td></tr>
<tr><td colspan="2">Vibrotamper 공법</td></tr>
<tr><td colspan="2">쇄석 Pile 공법</td><td>점성토, 사질토</td></tr>
<tr><td colspan="2">동압밀공법</td><td>사질토</td></tr>
</table>

7) 흙의 다짐이란 흙에 인위적인 외적 에너지를 가하여 흙의 공극을 조밀하게 하여 밀도를 증가시키는 것으로 그에 영향을 미치는 요인은 함수비, 다짐에너지(장비)의 크기, 흙의 종류(형태) 등이 있다.

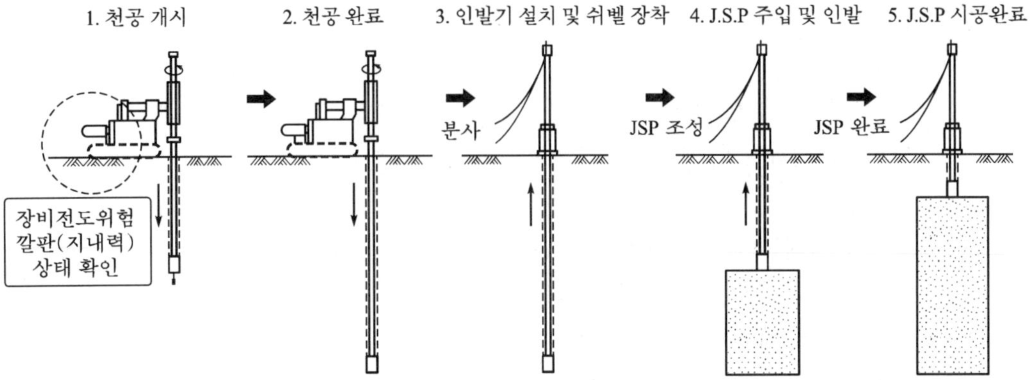

그림 5.3.17. 지반개량공법(예시)

4. 연약지반의 공사 중 발생되는 문제점[시공관점]

1) [전단파괴] 기초지반의 지지력 부족에 의한 지반파괴
   (1) 지반활동파괴 (2) 지반전단파괴 (3) 강제치환량 발생

2) [침하파괴] 기초지반의 압축성이 크기 때문에 생기는 침하 붕괴
   (1) 지반의 침하피해 (2) 지반 변형 피해 (3) 부등침하 붕괴

3) [거동파괴] 지반 토질의 마찰저항력 부족에서 생기는 활동파괴
   (1) 지반의 활동파괴 (2) 측방거동

5. 연약지반 계측관리

1) 계측목적

계측관리는 연약지반상에 성토를 함에 있어 **대상 지반의 주요지점에 침하 및 안정관리** 등에 필요한 경사계, 침하판, 지하수위계, 간극수압계 등의 계측기를 설치하고 지반의 거동을 정량적으로 확인하는데 필요하며, 다음과 같은 목적이 있다.

(1) 설계 시 정보부족으로 인한 미비점을 시공중에 발견하여 대책방안을 제시할 것
(2) 설계 시 예측치 않았던 거동이 생기면 신속히 그 원인을 규명하고 그 대책을 수립할 것
(3) 계측자료를 분석하고 이를 Feed back시켜 보완하므로서 경제성 및 안정성을 도모할 것

계측의 목적		침하관리	안정관리	
	• 정량적인 지반 거동 파악 • 침하특성 및 변형특성 파악	• 쌓기에 따른 침하량 추정 • 단계별 쌓기속도의 관리 • 선행재하 제거시기 결정을 위한 압밀도 평가	• 지반의 전단파괴에 대한 안전성 평가	• 설계정수의 보정 → 시공에 반영 (Feed Back)

2) 계측항목 및 목적

계측항목	계측기 선정	설치 목적
침하	지표침하계	• 최종 침하량 추정 및 Preloading 제거 시기 결정
	층별침하계	• 각층의 침하량 측정 및 심부의 지반거동 파악 • 최종 침하량 추정 및 Preloading 제거 시기 결정
변위	경사계	• 쌓기에 따른 지반의 심도별 수평변위량을 측정하여 쌓기시기 및 속도결정 • 수평방향의 지반변위 및 안전도 판단
수압	간극수압계	• 쌓기하중에 의한 과잉 간극수압의 변화 측정등의 지반처리 효과 판정 • 침하 진행상황 검토 및 Preloading 제거 시기 결정
수위	지하수위계	• 지반내 간극수압으로부터 정수압과 과잉간극수압의 구분에 이용

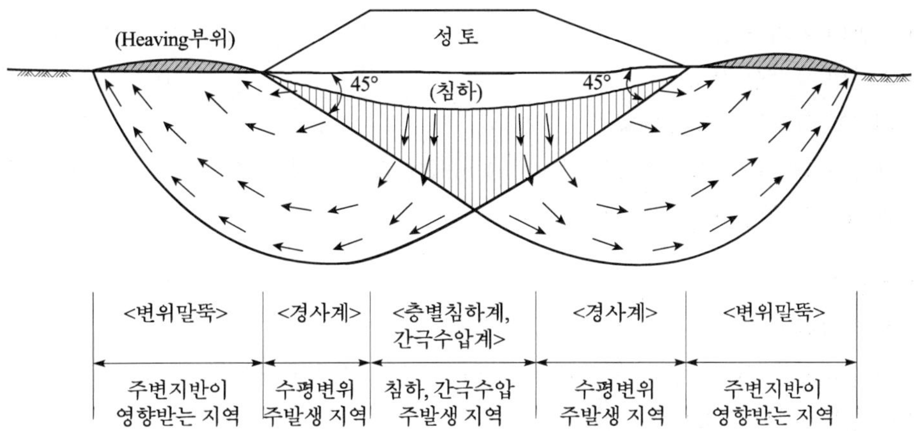

그림 5.3.18. 계측항목 및 목적

3) 전단파괴

(1) 전반전단파괴General Shear Failure : 조밀한 모래나 단단한 점성토 등 압축성이 작은 지반

(2) 국부전단파괴Local Shear Failure : 중간정도 다짐상태의 모래나 점성토 지반

(3) 관입전단파괴Punching Shear Failure : 매우 느슨한 지반

그림 5.3.19. 전단파괴

6. 그라우팅 공사

1) 그라우팅Grouting 공사의 필요성

(1) 토류벽공법은 단독으로 시공할 수 있는 공법들이나 현장여건 및 지반조건 등의 변화로 주 공법만으로는 시공이 곤란한 경우가 발생한다.

(2) 기초지반의 지지력 부족에 의한 침하, 용수의 발생으로 인한 토립자의 유출 및 지하수위의 저하 등으로 인한 변형과 압밀침하 등에 기인하게 되어 이를 방지할 수 있는 보조공법을 사용하여 변형을 사전에 방지하는 대책을 필요하다

2) 그라우팅 목적

(1) 지반의 고결화

(2) 지반의 지지력 증가

(3) 지반의 투수성 감소

(4) 지반과 구조물과의 일체화

(5) 그라우팅이란 상기의 목적을 달성하기 위하여 각종 시멘트, 모르타르 또는 약제 등을 지반 내부로 주입하는 것을 말한다.

3) 그라우팅 종류

(1) 커튼 그라우팅Curtain Grouting

흙속의 공극이나 암반의 균열에 주입제를 넣어 지수벽을 만드는 목적으로 시공한다.

(2) 콘솔리데이션 그라우팅Consolidation Grouting

콘크리트 댐과 같은 구조물과 기초 암반지반의 변형성과 강도 등을 개량할 목적으로 시공한다.

4) 그라우팅 공법 분류[8)]

(1) 약액주입공법

가. LW 공법　　나. MSG 공법　　다. SGR 공법

라. CGS 공법　　마. MCG 공법

---

8) [차수 및 지반개량을 위한 그라우팅 공법 분류] 주입공법을 적용하는 궁극적인 목적은 구조물 등의 안전성과 시공의 용이성, 안정성을 도모하는 것으로 일반적으로 그라우팅 주입공법은 다음 사항 중 한가지 또는 두가지 이상이다.

(1) 지반강화 : 지반의 역학적 강도가 부족할 때 기초지반의 지지력 개선, 터널굴착시 붕괴 방지, 굴착작업시 인접구조물 방호 및 굴착 저면의 융기방지, 토압의 경감 등을 도모한다. 즉, 굴착에 따라 위험이 발생할 부분을 고결시킴으로서 공사를 하며 안정성을 확보한다.

(2) 지반의 지수성 증대 : 터널굴착시의 용수방지, 굴착시 파이핑 현상방지와 지하수위의 저하방지, 댐에서의 지수를 위해 지수영역을 형성시킨다.

(3) 지반의 변형방지 : 변형방지 효과는 지반강화 혹은 지수증대에 부수적으로 얻어진다.

(2) 고압분사주입공법

가. JSP 공법　　　　　나. SRC 공법

5) 시공원리에 따른 차수 및 지반보강 종류

구분	저압침투 주입	고압분사 주입	압입 주입
개량 원리	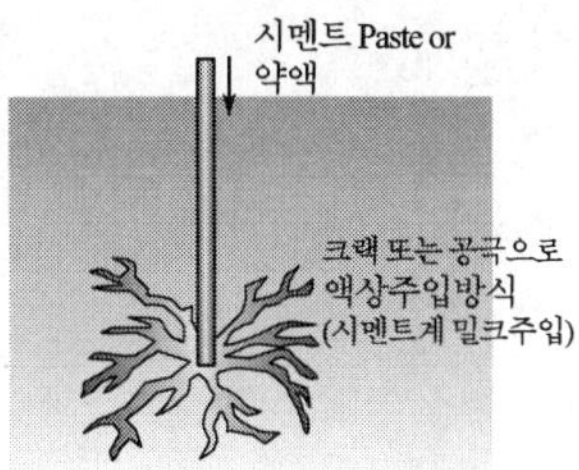	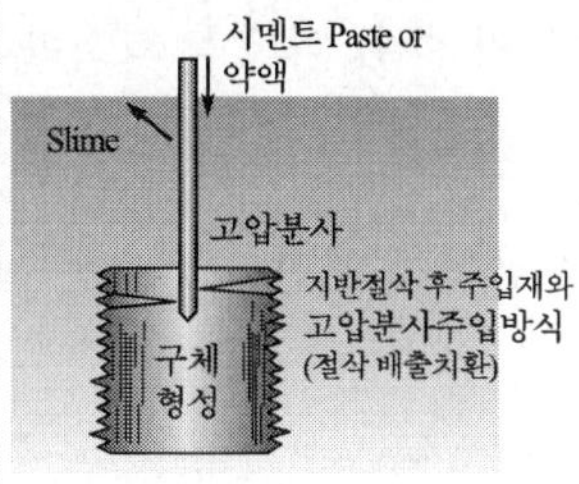	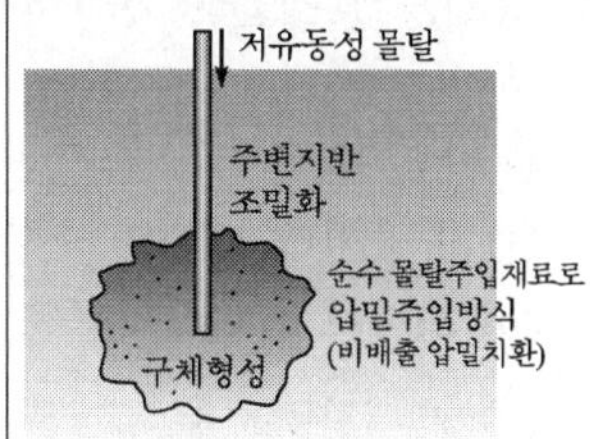
공법 개요	• 천공후 주입관을 통하여 주입재를 토립자의 간극사이로 침투·고결에 의해 원지반토의 강성이 증진되고, 지반을 치밀하게 하여 지반보강 및 차수효과를 발휘하는 원리	• 천공후 ROD선단의 노즐에서 초고압수와 Air를 분사하여 지반을 절삭·파괴한 후 슬라임을 외부로 배출함과 동시에 경화재와 원토의 충전교반으로 고결체를 조성하는 원리	• 천공후 단관의 주입관을 설치한 상태에서 저 유동성 몰탈을 압입·주입하여 지중에 원주형의 고결체 조성과 주변지반의 압축다짐 효과로 밀도가 증진되는 지반보강 원리
특징	• 주입작업 비교적 간편 • 공사비가 저렴 • 지반공극이 큰 지반에 유리 • 타공법에 비해 개량강도가 작음 • 특수약액을 쓰지 않을 경우 용탈현상 발생	• 견고한 지층에서도 균일한 개량체 조성가능 • 지하수위가 높은 실트 및 모래 자갈층에 적용성 우수 • 고강도 차수벽 시공가능 • 고속절삭으로 슬라임 다량발생	• 원주상 주입개량체 형성 및 주변지반의 압축, 강화효과 우수 • 지하수위에 의한 용탈현상 없음 • 주입재료 특성상 중첩시공 불가능하여 차수성 저하
시공 순서	① 계획심도 천공 ② 급결재 주입 ③ 완결재 주입 ④ 인발하면서 반복주입	① 계획심도 천공 ② 절삭·파괴 및 경화제 주입 ③ 구체형성 ④ 인발하면서 반복주입	① 계획심도 천공 ② 몰탈 압밀주입 ③ 인발하면서 반복주입
주입 재료	시멘트+물+약액	시멘트+물+약액	시멘트+세립토+석분+물
주입 방식	저압·저속 침투주입	배출치환	비배출 치환(압입)
현장 적용성	흙막이 차수벽	흙막이 차수벽, 지반보강	지반보강
대표 공법	L.W 공법	J.S.P 공법	C.G.S 공법

흙막이 주변 침하 05-18

1. 지반변위(침하)의 원인

지하구조물 구축을 위한 흙막이 공사는 소음, 진동, 침하, 지하수 고갈 등의 문제점이 발생한다. 이러한 문제점 중에서 가장 피해를 주는 것은 주변 지반침하라라고 한다. 따라서 발생 원인을 분석하고 대책을 강구함으로써 주위 피해를 최소화해야 한다.

1) 흙막이 배면 토사의 변화
   (1) 흙막이 토류벽의 변형 : 굴착시 배면토의 이동
   (2) 뒷채움 불량
   (3) 과재하중
   (4) Heaving(점토질)
   (5) Pile 인발 후의 처리 불량

2) 지하수위의 변화
   (1) 강제배수로 인한 침하(지하수위 저하)
   (2) Boiling, Piping(사질지반) 발생
   (3) 피압수에 의한 굴착 저면 솟음

3) 인접건물의 침하 발생 원인
   (1) 인접건물의 기초깊이가 흙막이 벽 높이보다 높은 경우
   (2) 인접건물의 기초깊이가 토류벽 심도보다 낮고 Pile이나 Pier 기초인 경우
      ① 배수시 Pile이나 Pier 주위의 토사유출에 따른 침하
      ② 배수시 압밀 침하에 따른 부마찰력Negative Friction
      ③ 히빙Heaving

2. 지반변위(침하)의 대책

1) 적정한 흙막이 공법 선정과 안전성 검토
   (1) 침하 크기 : H-Pile > Sheet Pile > Slurry Wall
   (2) 토압의 크기 : 수동토압 > 정지토압 > 주동토압
2) 차수/배수 대책 수립
3) 뒷채움 철저
4) 강제 배수시 대책 수립 : 지반개량과 보강공법 선정
5) 과재하중 제거

6) 히빙, 보링, 파이핑 대책 수립
7) 피압수 대책 수립
8) 파일 인발 후 처리 철저
9) 제1단 굴착시 침하가 크므로 토류벽 두부에 Tie-Rod Anchor나 Strut 등 설치한다.
10) Strut에 Pre-loading을 가한다.

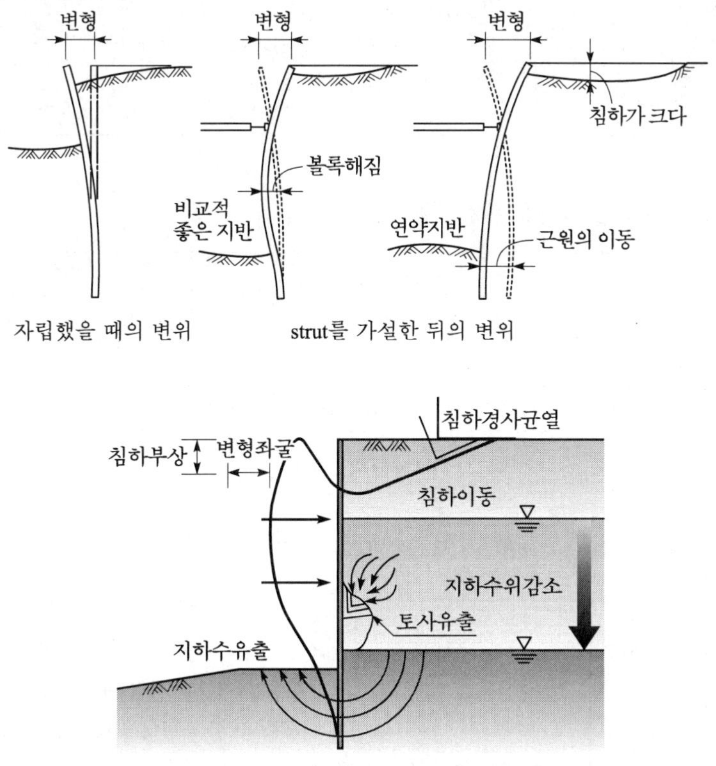

그림 5.3.20. 흙막이벽의 변위에 따른 지반침하

2. 지반굴착시 문제점에 따른 차수 및 지반보강 대책[시공관점]

1) 문제점
   (1) 토류벽 벽체 변위에 따른 배면지반의 침하
   (2) 배면 지하수위 저하에 의한 압밀침하
   (3) 지하수 유출과 함께 토사 유실에 의한 침하

2) 대책
   (1) 지반강성 증대
   (2) 지하수위 유지

(3) 토립자 유실방지

침하원인	구분	대책
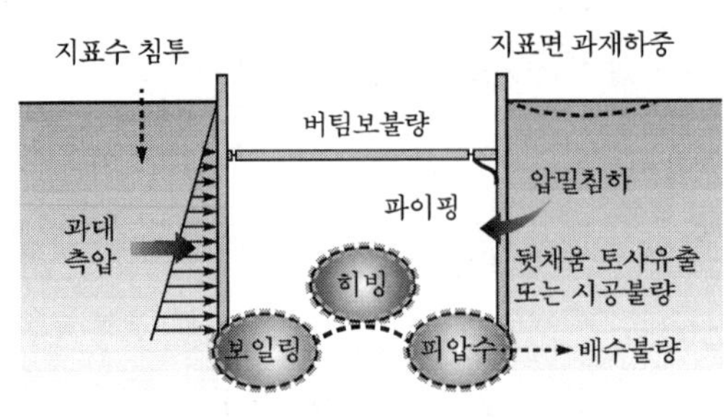	히빙 대책	• 흙막이 벽체를 견고한 지반까지 확보 및 차량통행 금지 • 히빙 영향 범위 내 지반보강
	보일링 대책	• 배면부 지하수위 저하공법 적용 • 차수벽체를 불투수층 지반까지 시공
	피압수 대책	• 웰포인트공법 등을 적용하여 피압수두의 저감(필요시)
	과대측압	• 흙막이 벽체보강, 지반보강, 지보보강

3. 인접구조물 침하관리 및 손상도 판정기준

구분	허용기준	적용근거	비고
최대침하량	25mm	최대허용 침하량(Sower, 1962)	석적 및 조적구조
부등침하량	0.003S	최대부등 침하량(Sower, 1962)	철근콘크리트 뼈대구조
각변위	1/500	Sower(1962), Bjerrum(1963)	균열을 허용할 수 없는 빌딩에 대한 안정한계

각변위 (δ /L)[경사도]

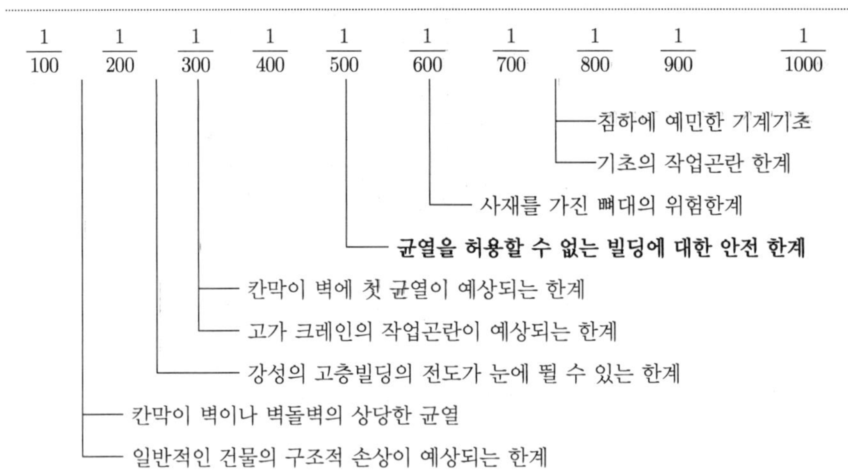

지반이상현상[히빙, 보일링, 파이핑] 05-19

1. 히빙Heaving

1) 히빙 현상

연약한 점토지반에서 굴착바닥면의 지지력이 굴착배면의 토사 중량보다 작거나, 굴착바닥면의 토사 중량이 상승 토압보다 작게 되었을 때 굴착 바닥면이 부풀어 오르는 현상을 말한다.

2) 히빙 원인

(1) 흙막이 벽의 근입장 깊이 부족
(2) 흙막이 배면흙의 중량 〉 굴착저면 흙의 중량
(3) 굴착저면 하부의 피압수(압력수)
(4) 배수 대책 미흡

3) 히빙 발생시 문제점

(1) 지반지지력 약화
(2) 흙막이 벽의 불안정 : 흙막이 전체의 붕괴, 흙막이 벽의 결손, 흙막이 벽의 변형
(3) 주변지반의 침하

4) 히빙 방지대책

(1) 흙막이 벽의 강화(근입장 깊이 연장과 강성를 증가시킴)
(2) 지반개량에 의한 전단강도 증가
(3) 굴착의 평면 규모 축소
(4) 배면 지반(표토) 제거 후 하중 감소
(5) 기타
① 설계변경
② 피압수에 의한 히빙 방지 : 지하수위 저하, 피압수층 그라우팅
③ 흙막이 공법 검토

5) 말뚝의 강성과 근입깊이를 고려한 히빙 검토법

$$FS = \frac{M_r(\text{저항모멘트})}{M_a(\text{작용모멘트})} \geq 1.2$$

$$M_a = (rH+q)\frac{x^2}{2},\ M_r = \int_0^{\pi} c(z)x^2 d\theta + x\int_0^{h} c(z)dz$$

6) 히빙 발생 사례

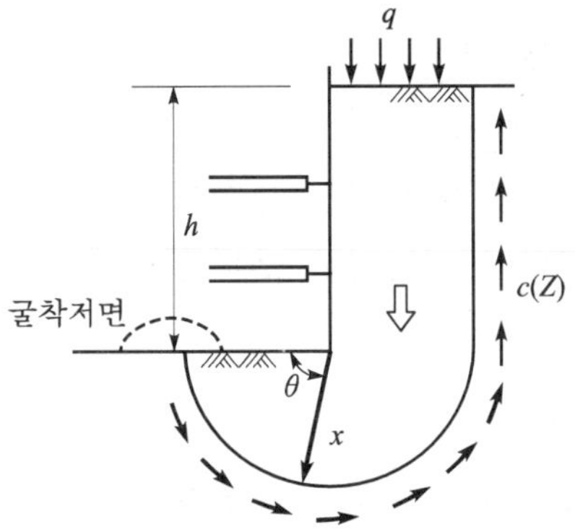

학습 Note 히빙 검토 방법

한계동수경사법 검토

$$FS = \frac{i_c}{i},\ i_c = \frac{r'}{r_w},\ i = \frac{\text{수두차}}{\text{유로길이}} = \frac{H}{H_1 + 2H_2} \geq 2.0$$

- H : 배면측과 굴착면의 수두차
- H_1 : 배면측의 유로 길이
- H_2 : 흙막이 말뚝 근입깊이
- i : 평균동수경사
- i_c : 한계동수경사
- r' : 수중에서의 흙의 단위 체적 중량
- r_w : 물의 단위체적중량

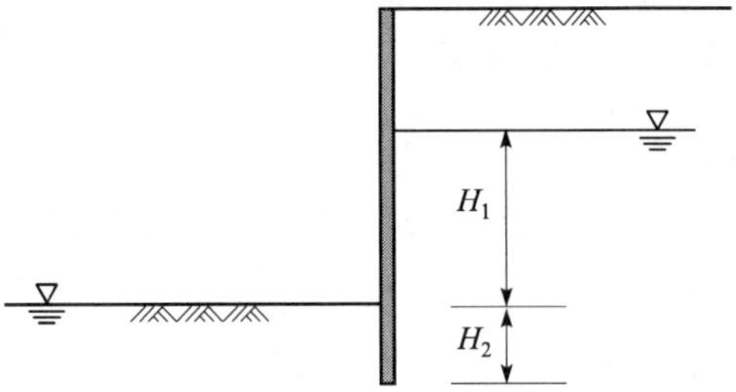

2. 보일링Boiling

1) 보일링 정의

투수성이 좋은 사질지반에서 흙막이 벽 배면의 지하수위와 굴착저면의 지하수위차GWL : Ground Water Level에 따라 굴착저면 위로 모래와 지하수가 부풀어 오르는 현상, Quick Sand라고도 한다.

2) 보일링의 원인

(1) 흙막이 벽의 근입장 깊이 부족

(2) 흙막이 배면 비하수위 높이 > 굴착저면 지하수위 높이

(3) 굴착저면 하부의 피압수(압력수)

(4) 굴착저면 하부의 투수성 좋은 사질지반(모래지반)

3) 보일링 발생시 문제점

(1) 흙막이 벽의 지지력 부족
(2) 배면토사의 함몰
(3) 주변지반의 침하 및 구조물 파괴
(4) 굴착저면 지반의 지지력 저하

4) 보일링 방지대책

(1) 흙막이 벽의 근입장 깊이 연장
(2) 지하수위 저하공법에 의한 방법
(3) 저면의 지수에 의한 방법
(4) 기타
① 설계계획(배수설계)을 변경 ② 굴착저면 그라우팅 ③ 지하수위의 측정관리

5) 보일링 안정(Terzaghi 간편식)

$$W(\text{흙의 저항력}) = r'\frac{1}{2}d^2 = r'd\frac{1}{2}d \quad U(\text{과잉수압}) = r_w h_a \frac{1}{2}d$$

$$FS = \frac{W(\text{흙의 저항력})}{U(\text{과잉수압})} \geq 2.0$$

학습 Note 보일링 검토 방법

Terzaghi에 의한 보일링 검토

- 굴착면과 배면의 수위차(H) : 3.44m
- 배면측과 흙막이 벽체의 근입깊이(d_1) : 7.08m
- 굴착면에서의 흙막이 벽체의 근입깊이(d_2) : 6.0m
- 근입지반의 수중단위중량(γ') : $10.0kN/m^3$
- 물의 단위중량(γ_w) : $10.0kN/m^3$
- 안전율(FS) : 2.0
- 지표면까지의 평균수두손실($h_a = \frac{H}{2}$) : 1.72
- 보일링 검토 : $FS = \frac{W}{U} > 2.0$
- 흙의 저항력(W) : $W = \gamma' \times \frac{d_2^2}{2} = 10.0 \times \frac{6.0^2}{2} = 180.0kN/m$

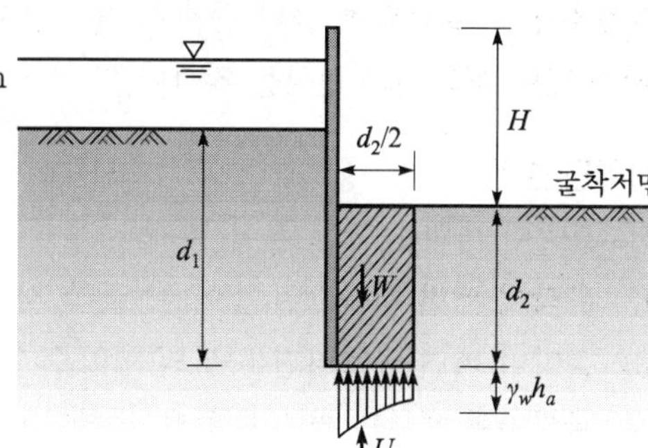

• 과잉수압(U) : $U = \gamma_w \times h_a \times \frac{d_2}{2} = 10.0 \times 1.72 \times \frac{6.0}{2} = 51.6kN/m$

• 보일링 검토 : $FS = \frac{W}{U} = \frac{180.0}{51.6} = 3.49 > 2.0 \quad .....O.K$

학습 Note 히빙과 보일링 검토(KDS 21 30 00 가설흙막이 설계기준 3.2.1)

히빙 및 보일링에 대한 안정성 검토를 수행하여 굴착저면의 안정성을 확인하여야 한다. 단, 굴착저면 또는 흙막이 벽체가 근입된 지층이 풍화암 이상의 단단한 지반으로 구성되어 있는 경우에는 히빙과 보일링에 대한 안정성 검토를 생략할 수 있다.

① 히빙 검토는 하중 지반 지지력식에 의한 방법과 모멘트 평형에 의한 방법으로 구분된다.
② 히빙에 대한 검토결과는 흙막이 벽체의 종류, 지반조건, 어떤 설계규정에 근거하느냐에 따라 차이를 보이므로 하중 지반 지지력식에 의한 방법과 모멘트 평형에 의한 방법 중 최소한 한 가지 이상 검토하고, 안전율이 작은 것을 채택하여 안정성을 평가하여야 한다.
③ 굴착깊이가 얕거나 수위차가 작은 경우(3.0 m 미만)에는 보일링 검토 시 유선망 해석 방식을 실시하거나, Terzaghi 간편식 또는 한계동수경사를 고려한 방법을 비교 검토하여 모두 만족하도록 한다.
④ 굴착깊이가 깊거나 다층지반을 굴착하는 경우는 투수계수에 따라 침투수압이 변화되는 침투해석을 통한 안정성 검토를 실시하여야 한다.

3. 파이핑 Piping

1) 파이핑 현상

보링현상이 발전되어 물의 통로가 생기면서 파이프 모양으로 구멍이 뚫려 흙이 세굴되면서 지반이 파괴되는 현상을 말한다.

2) 파이핑 원인

(1) 흙막이 벽의 근입장 깊이 부족
(2) 흙막이 배면 지하수위 높이 > 굴착 저면 지하수위 높이
(3) 흙막이 배면 굴착저면 하부의 피압수(압력수)
(4) 굴착저면 하부의 투수성 좋은 사질지반(모래지반)
(5) 댐, 제방에서의 발생원인
 가. 누수에 의한 세굴, 지니에 의한 균열, 기초처리 불량
 나. 댐체의 단면(제방폭) 부족, 필터 등 불량

3) 파이핑 방지대책
(1) 흙막이 벽의 근입장 깊이 연장
(2) 차수성 높은 흙막이 설치
(3) 지하수위 저하
(4) 기타
가. 설계계획(배수설계)을 변경
나. 굴착저면 그라우팅
다. 지하수위의 측정관리

4) 파이핑에 대한 안정
(1) Terzaghi 간편식에 의한 검토

$$FS = \frac{W}{U} \geq 1.5,\ W = \text{흙의중량},\ U = \text{과잉수압}$$

(2) 한계동수구배를 고려하는 방법
상기 두식을 모두 만족해야 함

4. 토류벽 변위의 발생원인

1) 토류벽의 휨Bending

2) 버팀대의 탄소성 변형 : 버팀대 자체의 탄성적 변형, 좌굴에 의한 변형, 토류벽 사이 연결부의 변형(연결부 가능한 밀착시킬 것)

3) 버팀대 설치의 시간적 지체(단계별 설치)
(1) 지나치게 깊게 굴착하는 경우
(2) 설치를 지연시켜 일어나는 경우(지반의 Creep 현상)는 지반의 Creep 특성에 따라 다르지만 버팀대의 실측기록에 의하면 점성토 지반에서는 4~8 일정도(단, 액상의 연약지반 제외) 모래 지반에 있어서는 2~3일 정도 이후에 버팀대의 반력이 최대가 되는 것으로 알려져 있다. 따라서 버팀대 및 Earth Anchor는 가급적 조기에 설치하는 것이 바람직하고 굴착규모가 큰 경우에는 공구를 분할 할 필요가 있다

4)토류벽 근입 깊이의 부족
지하수위가 높은 모래질 지반에서는 Boiling에 대한 영향을 검토하여야 하는데 근입깊이의 영향이 매우 크다.

흙막이 계측관리 05-20

1. 흙막이 계측관리

흙막이 계측관리란 흙막이 붕괴, 지반침하, 인근구조물 균열 등을 예방하기 위하여 계측기기를 통한 공사관리 행위를 말한다. 계측관리의 목적은 다음과 같다.

1) 시공 중 문제점 사전 대책 수립 : 예상 위험 지역 확인, 예기치 못한 위험요소의 사전파악 및 대책수립
2) 안전성 확보 : 보강대책의 적정성 확인, 기존 설계의 타당성 검토 및 보완
3) 경제적 시공 : 계측 결과 역해석으로 최적시공 유도
4) 고품질 시공 : 사용재료의 품질 확인, 선형 및 구조물의 정확한 규격화

2. 계측 종류

1) 계측관리 항목별 구분
   (1) 지반 지중 변위 측정
      가. 경사계Inclinometer : 지중 수평변위 측정
      나. 침하계Extensometer : 지중 수직변위 측정
      다. 지하수위계Water Level Meter : 지하수위 측정
      라. 간극수압계Piezometer : 지하수압 측정
   (2) 흙막이 계측기
      가. 하중계Load Cell
      나. 변형계Strain Gage
   (3) 구조물 계측기
      가. 경사계Tiltmeter
      나. 균열계Crack Gage

2) 흙막이 계측
   (1) 수위계
   (2) 경사계
   (3) 하중 및 침하계
   (4) 응력계

3) 터널NATM 계측
   (1) 내공변위 측정
   (2) 천단변위 측정
   (3) 지중 지표 침하 측정
   (4) 록 볼트 측정
   (5) 숏크리트 응력 측정

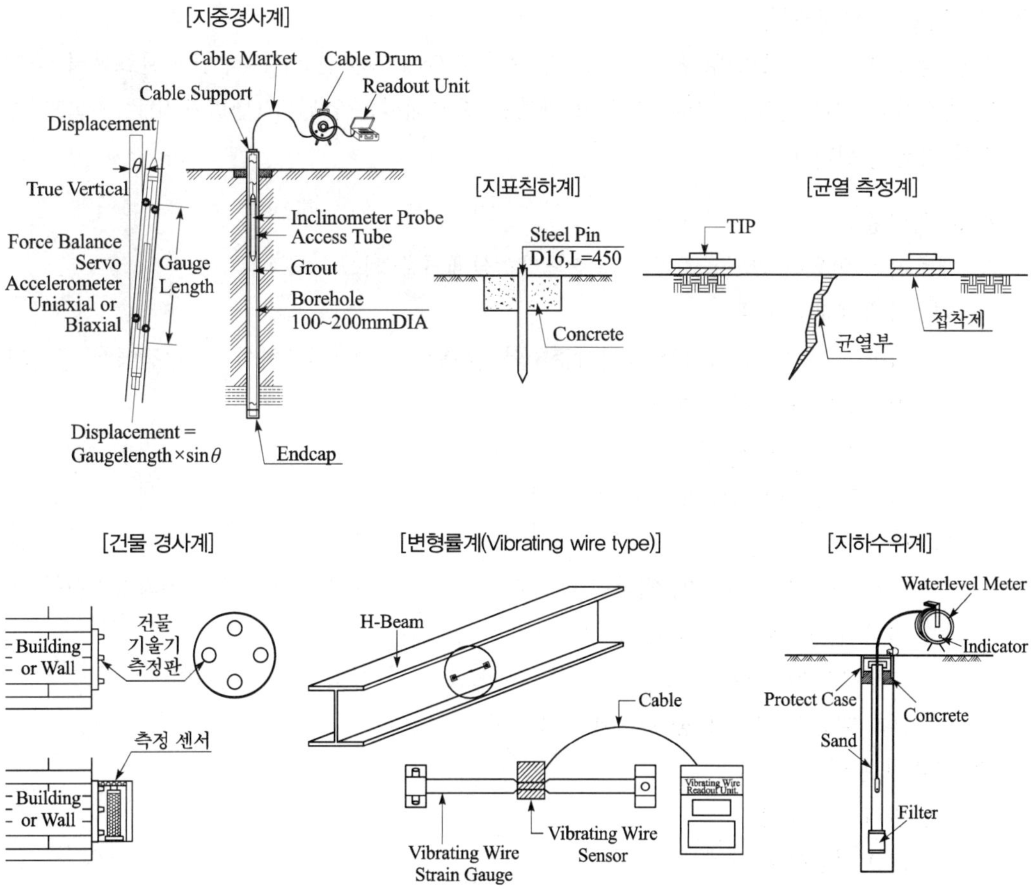

그림 5.3.21. 계측기 종류

3. 계측관리 필요성과 기준

1) 계측관리의 필요성

(1) 긴급한 위험의 징후를 발견하기 위한 계측

(2) 시공중에 중요한 정보를 얻기 위한 계측

(3) 시공방법, 속도 등을 개선하기 위한 계측

(4) 법적 소동에 대비하여 도움이 되는 계측

(5) 공사지역의 특수한 영향을 파악하기 위한 계측

(6) 이론을 검증하기 위한 계측

2) 계측 및 관측 시 유의점

공사 착공전부터 공사의 영향이 없다고 판단될 때까지 가능한 한 지하공사 완료부터 장기간 측정한다. 계측결과는 그래프화하고 계측을 중지해서는 안된다.(변화가 없는 기록도 중요한 기록이 된다.)

3) 계측관리 기준

(1) 계측치를 이용하 안전관리기법[구조물기초설계기준 해설, p.29, 2015]

가. 절대치 관리기준

시공 전에 미리 설정한 관리기준치와 실측치를 비교검토하여 그 시점에서 공사의 안정성을 평가하는 방법

(가) 신속한 대처 가능

(나) 단순관리에 많이 이용함

나. 예측관리기준

이전 단계의 실측치에 의하여 예측한 다음 추후 단계의 에측치와 관리기준치를 대비하여 안정성 여부를 판정하는 기법

(가) 조기에 시뮬레이션에 의한 추정이므로 보다 합리적인 관리기법

(나) 대규모 공사나 중요한 계측에 이용함

(2) 절대치 관리기준

가. 관리기준 구분

(가) 정상시공 단계

(나) 주의시공 단계

(다) 공사중단 후 대책 수립 단계(위험)

나. 관리기준

(가) 계측치(실측치) < 관리기준치(허용치)

(나) 계측종류별 관리기준치

- 계측토압의 관리기준치

구분	관리기준(P_{max} = 토압분포 최댓값)
정상단계(안정 단계)	실측치 $< \frac{P_{max}}{1.2}$
주의단계	$\frac{P_{max}}{1.2} \ll$ 실측치 $< \frac{P_{max}}{0.8}$
위험단계	$\frac{P_{max}}{0.8} \ll$ 실측치

- 지하수위계 및 간극 수압계[보일링에 대한 관리기준치]

구분	관리기준(i_{exit} = 최대동수경사)
정상단계(안정 단계)	$i_{exit} < 0.25$
주의단계	$0.25 << i_{exit} < 0.57$
위험단계	$0.57 \ll i_{exit}$

- 하중계[버팀보 관리기준치]

구분	관리기준
정상단계(안정 단계)	$실측치 < \frac{부재의허용축력}{1.2}$
주의단계	$\frac{부재의허용축력}{1.2} \ll 실측치 < \frac{부재의허용축력}{0.7}$
위험단계	$\frac{부재의허용축력}{0.7} \ll 실측치$

- 응력계[흙막이 벽체, 엄지말뚝 및 띠장 응력 관리기준치]

구분	관리기준
정상단계(안정 단계)	$실측응력 < \frac{허용휨응력}{1.2}$
주의단계	$\frac{허용휨응력}{1.2} \ll 실측응력 < \frac{허용휨응력}{0.8}$
위험단계	$\frac{허용휨응력}{0.8} \ll 실측응력$

- 경사계[구조물 손상한계]

기준		독립기초	확대기초
각변위$\left(\frac{\delta}{L}\right)$		1/300(L: 기둥간격, δ: 부등침하량)	
최대부등침하량	점토	44mm	
	사질토	32mm	
최대침하량	점토	76mm	76~127mm
	사질토	51mm	51~76mm

- 건물경사계

각변위 경사도=$\frac{\Delta}{L}$	$\frac{1}{500}$	건물에 균열이 없도록 하는 안정단계

4. 계측관리 이상 발생 시 안전대책

변위 현상	보강 대책
• 지중경사계 변위 • 토류벽의 휨발생 (가시설부재의 변형과 일체로 발생)	• 경사계의 Data상 이상 변위 발생시 조속한 가시설부재 및 보강재를 보강하여 보강 Grouting 실시
• 하중계변위 • 가시설부재의 좌굴변형	• 응력계 Data상 설계응력 초과시 허용응력 전에 조속한 가시설부재를 보강
• 지중경사계 변위 • 지보공 가설시 시간적 지체에 따른 토류벽 변형	• 깊은 굴착 금지 • 점토성 지반 : 4~5일 이내 지보공 설치 • 모래지반 : 1~2일 이내 지보공 설치
• 수위계변위 • 굴토 작업시 우수 유입으로 인접지반의 침하 발생	• 유입방지 및 유도시설 설치 • 예비 양수기 확보(정전시 대비 Moter 양수기 사용) • 급결재, Cement, 잔골재, 부직포를 상시 보유하여 누수부분 발생시 토사 및 지하수 유출 부위에 안전조치 • 건물 경사계 Data상 문제 발생시 안전진단 조치

계측 계획의 변위발생 원인
• 현장내 굴착공사시 가시설의 설치시점이 늦어지는 경우(과다굴착) • 지질 구성상 배면지반의 토질이 극히 연약지반인 경우 • 차수공 시공 불완전으로 인한 현장 배면지반의 지하수가 현장내로 유출하여 배면지반의 침하가 발생되는 경우 • 흙막이 주변지반에 과다한 자재 적재로 추가하중이 가중되는 경우 • 기타 외부요인에 의한 토압 증가로 인한 변위(배면지반의 상·하수도등 누수 유입 • 인접지반 굴착으로 토압 감소에 의한 불균형 초래

계측관리 Flow

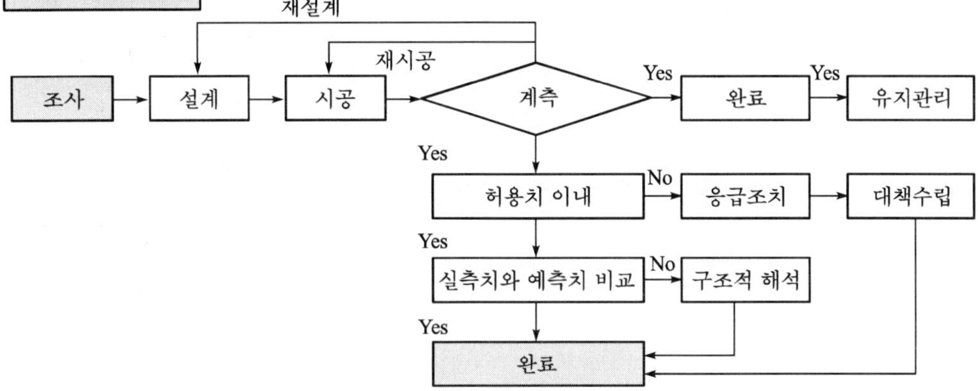

그림 5.3.22. 계측관리 Flow

학습 Note 흙막이 계측관리 사례

1) 계측기 배치 계획

기호	명칭	설치 위치	수량	비고
Ⓘ	Indinometer (경사계)	흙막이벽체 외측부	4개소	
Ⓦ	Water Level Meter (지하수위계)	흙막이벽체 외측부	2개소	
	지표침하계	흙막이벽체 외측부	5개소	
	Strain Gauge (변형률계)	내부 Strut	2개소	
Ⓛ	Load Cell (하중계)	어스 앵커	2개소	

1. 계측계획은 현장 여건을 고려하여 감독관과 합의하여 설치위치 및 수량을 조정할 수 있다.
2. 계측관리는 굴착작업시 주 2회, 건축공사시 주 1회 이상 실시하여 측정자료를 감독관에게 제출하여야 한다.

1. 단계별 굴착시 계측관리 계측기 spec는 다음과 같이 기준한다.

항목	관리기준	판정법		
		위험	주의	안전
지중경사계	굴착고와 비례	기준치 ×1.2 이상	기준치 ×(0.5~1.2)	기준치 ×0.8 이하
		기준치=1/500×H		
응력계	설계응력	설계응력<0.8	0.8<설계응력<1.2	설계응력>1.2
지하수위계	0.5m/주	타 계측기 관리기준치와 비교하여 판단		
건물경사계	1/500	관리기준치와 비교하여 판단		
지표침하계	50mm	관리기준치와 비교하여 판단(일반적인 허용침하량)		

2. 현장 계측관리는 주1회 계측관리토록 하며, 이상변위시는 수시로 계측관리 보고하여 즉시 현장여건에 적합토록 보강대책이 강구되어야 한다.
3. 계측기 항목 및 개소는 현장여건에 적합토록 시행하며, 변경할 경우 현장여건에 적합토록 시행토록 한다.
4. 계측관리 계획서를 작성하여 제출하여 보관토록 하며, 설계시 변위 모델링과 계측입력값의 모델링 값이 상이할 경우 즉시 보완대책을 강구하여 현장여건에 적합토록 시행되어야 한다.
5. 인접지하철 계측관리는 관청과 협의 후 현장여건에 적합토록 시행할 것

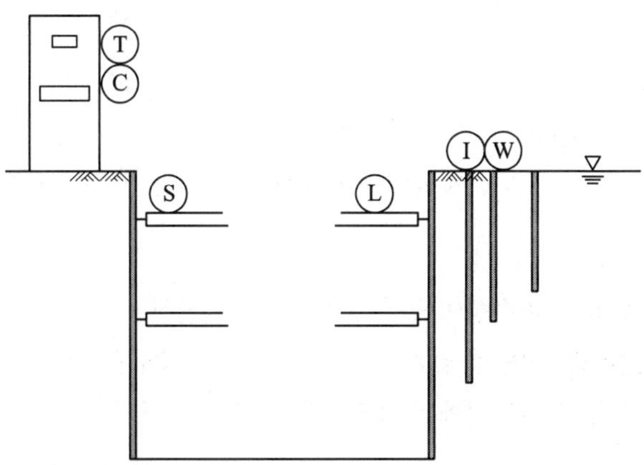

2) 흙막이지보공 정기정검항목[안전보건규칙제347조]

① 부재의 손상·변형·부식·변위 및 탈락의 유무와 상태
② 버팀대의 긴압의 정도
③ 부재의 접속부·부착부 및 교차부의 상태
④ 침하의 정도

3) 일반적인 가시설 계측 계측결과에 따른 현장관리대책

구분	관리기준	현장관리방안
주의단계	1차기준 < 계측치 < 2차기준	원인분석 및 감독실 보고, 계측기 점검 및 재측정
경고단계	2차기준 < 계측치 < 3차기준	원인분석 및 사업단 보고, 보강공법검토 및 시행 계측빈도 강화, 계측기 추가설치 검토
위험단계	3차기준 < 계측치	공사중지 및 사업단 보고, 후속대책 검토 및 시행

1. 흙막이와 굴착시공 때 지하수 대책 및 계측관리

1) 지하수의 종류

(1) 자유수

비교적 얕은 위치에 있고 흙 중의 간극을 통하여 대기와 접하여 평형상태를 유지한다. 강우 등의 침투로 자유로이 수면이 승강하는 지하수를 말한다.

(2) 피압수

지중에서 어느 정도의 압력을 받고 있는 지하수로서 상하 불투수층사이에 끼어 있는 투수층으로 압력수두차에 의해 흐름이 생기는 경우를 말한다.

2) 굴착에 따른 지하수 문제

(1) 피압수에 의한 굴착저면의 부풀어 오름

(2) Boiling 현상

(3) Piping 현상

(4) 지하수 양수에 따른 지하수위 저하로 주변 장해

가. 우물의 마름　　나. 지반의 압밀침하　　다. 인접건물의 부동침하

3) 지하수 대책 및 유의점

(1) 흙막이 공법 선정시 내수성이 높은 흙막이 공법 선정

(2) 시공시 계측관리를 하여 문제점이 예상되면 대책 강구할 것

(3) 지하수위 저하 공법 채용시에 인접건물들 주위 상황을 사전조사하여 주위지반침하 유의할 것

(4) 엄지말뚝, 지하연속벽 등의 근입장 깊게 할 것

4) 흙막이 굴착시 계측관리(시공관리)

(1) 계측관리의 항목

가. 흙막이 벽의 변형 계측

나. 흙막이 지보공의 계측

다. 주변 지반 침하의 계측

라. 지하매설물의 침하 계측

마. 근접 구조물의 변위계측과 관측(Level, Transit, 다림추, Crack Guage)

바. 지하수위 및 배수량 계측(Notch Tank, 수위계)

(2) 계측 및 관측시 유의점

공사 착공전부터 공사의 영향이 없다고 판단될 때까지 가능한 한 지하공사 완료부터 장기간 측정, 계측결과는 그래프화 하고 계측을 중지해서는 아니됨(변화가 없는 기록도 중요한 기록이 됨)

2. 사면의 배수처리

1) 절토구간을 흐르는 우수처리

(1) 절토사면 상단부의 배수시설
(2) 종배수시설
(3) 소단배수시설
(4) 집수공법
(5) 웰포인트 공법
(6) 심정공법Deep Well
(7) 절토사면 하단 배수시설

2) 절토사면으로부터의 용수처리

(1) 맹암거
(2) 수평배수공
(3) 기타의 용수처리

지하 방수공법 05-22

1. 방수공법 개요

구조물이 지하수에 노출되는 경우에는 콘크리트 자체의 흡수성과 시공 Joint 등의 실 균열Hair Crack을 통하여 지하수의 침투를 계속 받으므로 재질이 약화되어 내구성이 저하되므로 누수가 발생, 제설비의 기능저하 및 콘크리트 라이닝의 열화를 초래한다. 따라서 방수공은 구조물의 유지관리, 기능확보 및 미관유지를 위한 중요한 기능을 하는 요소로서 하자가 발생할 경우 완전한 개수 및 보수가 거의 불가능한 공종이다.

2. 공법 선정시 주요 고려사항

1) 지반조건 : 주변지반의 투수성, 지하수위, 암반의 절리조건 등
2) 주변조건 : 지하공동, 주요매설물 현황, 지상 주요 지장물 등
3) 경제성 : 초기 투자비, 유지관리비 등
4) 시공성 고려
5) 구조물의 안정성
6) 유지관리 : 누수시 보수 가능여부

3. 방수재료 및 공법 선정

1) 방수재의 압력수(지하수)에 대한 저항성
2) 방수재의 유연성 및 강도
3) 이음부의 적합성, 시공성
4) 파손시 유지관리 용이성
5) 내화성 및 화재시 유독가스 발생량

4. 방수공법별 장단점[시공관점]

종별	장점	단점
액체방수	• 구조체의 수밀성 증가 효과 • 시공성이 뛰어남 • 구조체의 경년 변화가 적음 • 투수 저항성이 뛰어남	• 바탕 청소 및 정리 필요 • 양생과정 습윤처리 필요 • 구조체의 수밀 시공이 요구됨
우레탄 도막방수	• 이음부이없이 연속 도포가능 • 속경화성으로 후속 공정이 빠름 • 신축성이 우수하여 옥상층에 적합 • 외기천후에 거의 영향을 받지 않음 • 내구수명이 길고 시공실적이 많음	• 바탕정리가 필요 • 숙련공 필요
시트 방수	• 제품이 규격화 되어있음 • 상온 공법으로 시공이 가능	• 시트 상호간 접착부위와 코너부위 모서리, 이음부위에 신뢰성 없음 • 누수사고 시 누수발견이 어려우며 국부적인 보수 어려움 • 수직부 및 경사부위에 대한 처짐의 우려가 높음
일체형 복합방수	• 이음매가 없는 일체화된 방수층형성 • 조인트 부분을 2중 보강 처리하여 조인트 수밀성을 확보 • 일체형 드레인 시공으로 루프드레인 주위의 하자 문제를 보완한 공법	• 기계화 장비의 관리요함 • 조인트의 기계화 시공으로 정밀성이 요구됨
에폭시 방수	• 내약품성이 우수 • 방수·방식 복합공법 • 콘크리트와의 접착성 우수 • 신축성으로 모체 균열에 대한 대응이 용이하여 내구성 우수	• 동절기 시공 곤란 • 기본제와 경화제의 혼합 비율 및 방법을 지켜야 함 • 재료 품질에 따라 시공후 품질에 차이가 있어 주의를 요함

4. 구조물인접공사

지하매설물 05-23

1. 지하매설물이 있는 경우

1) 사전조사내용(지하매설물이 있는 경우)

(1) 매설물 종류 (2) 매설 깊이 (3) 선형 기울기
(4) 지지방법 등

2) 지하매설물의 종류

(1) 도시가스 (2) 상/하수도관 (3) 전기배관
(4) 통신관 (5) 송유관

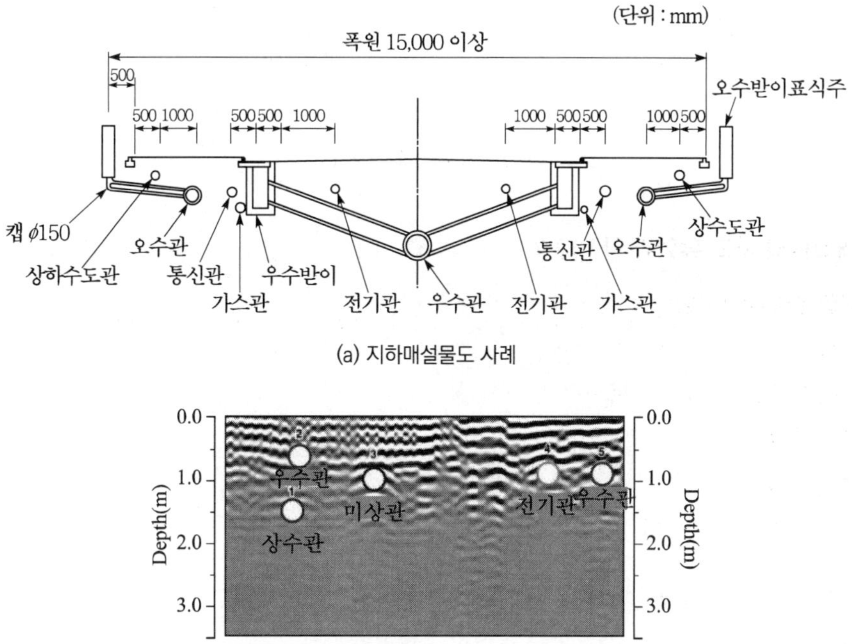

(a) 지하매설물도 사례

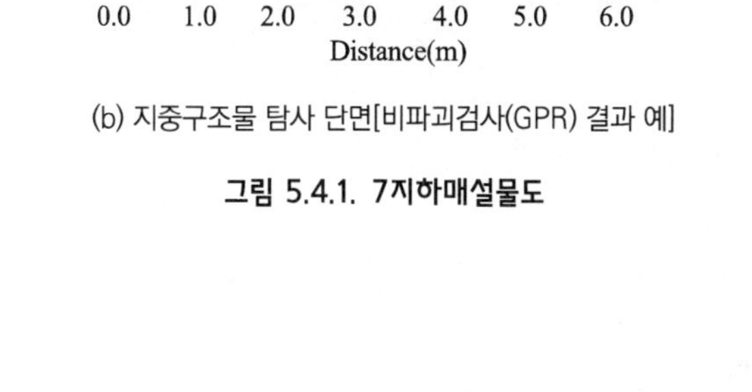

(b) 지중구조물 탐사 단면[비파괴검사(GPR) 결과 예]

그림 5.4.1. 7지하매설물도

3) 취급 주의 사항(지하매설물이 있는 경우)

(1) 매설물의 위치를 파악한 후 줄파기 작업을 선행할 것

(2) 매설물이 노출되면 반드시 방호조치할 것

(3) 매설물의 이설 및 위치변경, 교체 등은 관계기관(자)과 협의하여 실시할 것

(4) 최소 1일 1회 이상은 순회 점검, 특히 접합부분을 중점적으로 확인할 것

(5) 곡관부의 보강, 매설물 벽체 누수 등 방지대책 강구할 것

(6) 가스관과 송유관 등이 매설된 경우는 화기사용을 금하고 폭발방지 조치할 것

4) 되메우기 주의 사항(지하매설물이 있는 경우)

노출된 매설물을 되메우기 할 경우는 매설물의 방호를 실시하고 양질의 토사를 이용하여 충분한 다짐할 것

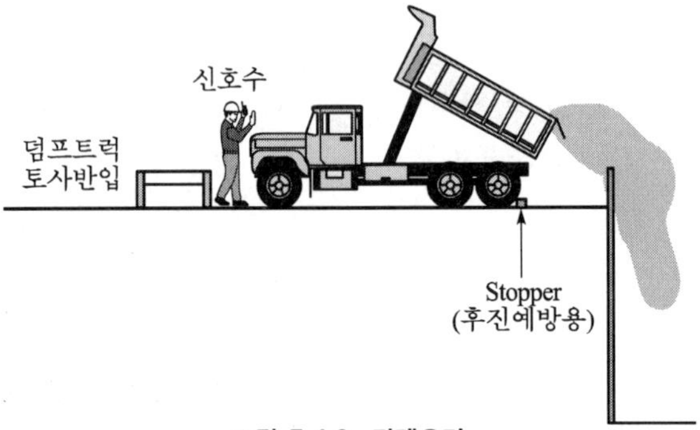

그림 5.4.2. 되메우기

2. 지하매설물의 사고 유형과 안전대책

1) 지하매설물의 사고유형

(1) 가스폭발

(2) 상하수도관 파열시 : 토사붕괴

(3) 감전사고

(4) 통신두절

(5) 기름유출 : 환경오염, 화재 폭발

2) 사전조사내용(지하매설물이 있는 경우)[굴착공사표준안전작업지침]

(1) 매설물 종류

(2) 매설 깊이

(3) 선형 기울기

(4) 지지방법 등

3) 안전조치사항(취급 주의 사항)

(1) 시가지 굴착 : 매설물의 위치를 파악한 후 줄파기 작업 시작

(2) 매설물이 노출

가. 방호조치

나. 이설 및 위치변경, 교체 등 검토

(3) 순회 점검 방법 및 내용

가. 최소 1일 1회 이상

나. 와이어로프 상태, 거치구조 안전상태(특히 접합부분 중점)

(4) 매설물에 인접하여 작업할 경우

가. 곡관부의 보강, 매설물 벽체 누수 방지대책 강구

나. 주변지반의 지하수위가 저하되어 압밀 침하될 가능성이 많고 매설물이 파손될 우려 있음

(5) 가스관과 송유관 등이 매설된 경우

가. 화기사용을 금지

나. 부득이 용접기 등을 사용해야 될 경우 : 폭발방지 조치

3. 지장물 처리계획

1) 사전조사 및 작업준비

(1) 지하매설물 별도 관리자가 보관하고 있는 대장을 열람하여 전력선, 전화선, 가스관, 수도관, 하수관, 공동구 등의 시설에 대해 평면 및 종단위치, 구조, 규격, 수량, 상태 등을 관계자와 협의, 확인하여 상세히 확인할 것

(2) 도면에 표시된 위치와 실제위치 확인할 것

(3) 지하매설물의 종류 및 규격의 표시 확인할 것

(4) 지하매설물중 불명확한 관의 처리 대책

(5) 지하매설물 또는 가공 공작물에 대한 방호, 이설계획 작성할 것

2) 관계기관의 협의

(1) 지하매설물 근접 시공 시 매설물 관계자의 입회하에 실시할 것

(2) 지하매설물 관련기관과 협의할 것

3) 줄파기 시공

(1) 배관 등 지하매설물 근접 굴착 시 배관 탐지기로 매설위치 탐지여부 및 관노출시까지 인력 굴착시행(장비 굴착금지)할 것

(2) 매설물 확인시 매설물 종류 및 위험방지조치 사항을 기입한 표지판 설치할 것

(3) 지하매설물의 되메우기시 각 종관에 피해를 주지 않는 방법으로 시공할 것

4) 지하매설물 보호조치

(1) 설계도서 준수할 것

(2) 지하매설물 또는 가공공작물에 대한 방호, 이설계획 작성할 것

(3) 토류판 배면에 인접한 가스관에 대한 보호조치(이설, 매달기, 그라우팅 등) 실시할 것

5) 유지관리 및 매달기 작업

(1) 지하매설물의 정기적인 점검실시할 것

(2) 지하매설물의 방호상태를 용이하게 점검할 수 있도록 기록 및 표시할 것

(3) 지하매설물의 종류, 가스 등의 이동방향, 위치, 위험표시 등을 표시할 것

(4) 지하매설물 피부손상과 외부충격에 대한 보호조치 실시할 것

(5) 매달기용 로프의 규격 및 간격, 턴버클의 점검 철저히 할 것

(6) 가스관, 상수도 관로상 비상용 차단밸브의 위치 및 밸브 조작키의 보관위치 확인할 것

(7) 노출된 상하수도, 가스관의 접합부 및 곡관부의 보강할 것

6) 가스폭발 위험작업 안전조치

(1) 가스누출 또는 체류가 우려되는 지하작업장의 안전조치(가스탐지기휴대, 가스누출 경로 기설치, 가연 성가스의 농도측정 등)할 것

(2) 가스누출 측정담당자 지정할 것

(3) 가스등 가연성 물질 수송관 부근에서 환기기구를 사용하여 작업할 것

7) 비상연락 및 긴급조치

(1) 가스관, 통신관로, 상수도관 등의 파손, 절단사고 시 긴급조치 및 비상연락 체제 구축할 것

지하매설물 보호 상세도 예시

구분	단면도	측면도
상수관 하수관 D800mm 이하	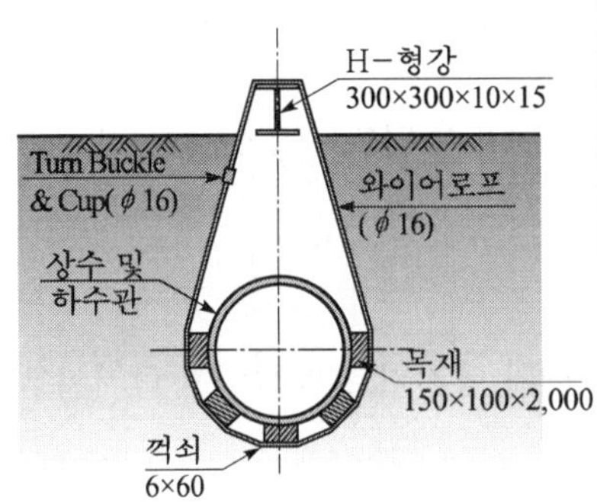	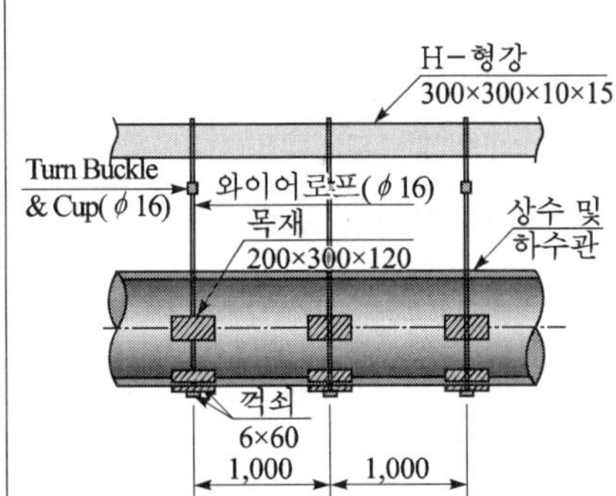

지하매설물[가스관] 05-24

1. 지하매설물 보호해야 하는 이유

지하에는 우리 일상생활에 필요한 각종 구조물이 대단히 많고, 복잡하게 설치되어 있다. 이러한 지하 매설물은 조금만 손상을 입혀도 막대한 피해가 발생되므로 예상 발생 문제점에 대한 대책수립으로 시공에 만전을 기하여야 한다.

2. GAS관 보호조치

1) 직접조치
(1) 이전
(2) 우회
(3) 임시배관
(4) 관 종류 변경
(5) 이음보강, 빠지기 방지조치

2) 간접조치
(1) 매달기 방호
(2) 받침 방호

3. GAS 사고 긴급조치

1) 관계기관 연락
2) 2차 재해 방지
(1) 접근금지 조치
(2) 화기사용 금지
(3) 전원/가스 차단

인접구조물 05-25

1. 기존구조물이 인접하여 있는 경우

1) 사전조사내용(기존구조물이 인접한 경우)
(1) 기존구조물의 기초상태와 지질조건 및 구조형태 등 조사할 것
(2) 기존구조물의 크기, 높이, 하중 등을 조사하고 굴착에 의한 진동, 침하, 전도 등 외력에 대해서 충분히 안전한가를 확인할 것

2) 준수 사항(기존구조물이 인접한 경우)
(1) 기존구조물의 하부에 파일, 가설슬라브 구조 및 언더피닝공법 등의 대책을 강구할 것

(2) 기존구조물을 방호, 지반의 침하를 방지할 것

(3) 기존구조물의 침하가 예상되는 경우에는 대책 강구할 것

(4) 웰 포인트 공법 등이 행하여지는 경우 기존구조물의 침하에 충분히 주의하고 침하가 될 경우에는 그라우팅, 화학적 고결방법 등으로 대책을 강구할 것

(5) 지속적으로 기존구조물의 상태에 주의하고, 작업장 주위에는 비상투입용 보강재 등을 준비할 것

3) 소규모 구조물의 방호 시설(기존구조물이 인접한 경우)

(1) 맨홀 등 소규모 구조물이 있는 경우에는 굴착전에 파일 및 가설가대 등을 설치한 후 매달아 보강할 것

(2) 옹벽, 블록벽 등이 있는 경우에는 철거 또는 버팀목 등으로 보강한 후에 굴착작업할 것

4) 인접구조물 공사전 조사내용

(1) 기존구조물의 기초상태와 지질조건 및 구조형태 등 조사할 것

가. 크기, 높이, 하중 등을 충분히 조사

나. 굴착에 의한 진동, 침하, 전도 등 외력에 대한 안전성 확인할 것

(2) 굴착 할 경우 안전대책 수립

가. 작업방식

나. 공법

다. 작업상의 안전계획 확인할 것

5) 공사 시 준수사항

(1) 보강대책 수립

가. 구조물의 하부에 파일시공 할 것

나. 가설슬라브 구조 및 언더피닝공법 등의 대책 강구할 것

(2) 붕괴방지 파일 등에 브라케트를 설치하여 기존구조물 방호

가. 기존구조물과의 사이에는 지반 침하 방지대책

나. 모래, 자갈, 콘크리트, 지반보강 약액재 등을 충진할 것

(3) 기존구조물의 침하가 예상되는 경우

가. 토질, 토층 등을 정밀조사

나. 보강 대책 수립 : 혼합시멘트, 약액 주입공법, 수평·수직보강 말뚝공법 등

(4) 웰 포인트 공법 등이 행하여지는 경우

가. 기존구조물의 침하에 충분히 주의할 것

나. 침하가 될 경우에는 그라우팅, 화학적 고결방법 등 대책수립할 것

(5) 지속적으로 기존구조물의 상태에 주의하고, 작업장 주위에는 비상투입용 보강재 등을 준비할 것

인접구조물 균열 발생(예시)

Boscardin and Cording(1989)	Dulacska(1992)
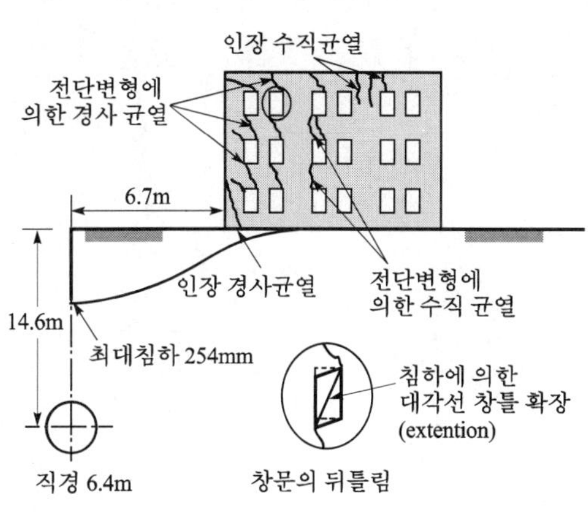	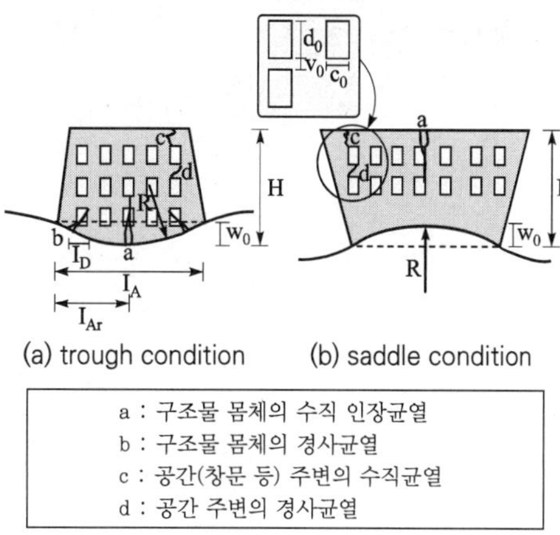

2. 언더 피닝 공법Under Pinning

1) 언더 피닝 공법

기존구조물에 근접 시공시 기존 구조물의 기초저면보가 깊은 구조물을 시공하거나 또는 기존 구조물을 증축하거나 지하실을 축조할 경우에, 기존 구조물을 보호하기 위하여 기초 하부에 실시하는 기초보강공법을 말한다.

2) 언더 피닝을 실시하는 경우

(1) 구조물의 침하나 경사를 미연에 방지할 경우
(2) 구조물을 이용할 경우
(3) 기존 구조물 하부에 지중 구조물을 설치할 경우
(4) 구조물에 침하가 생겨 복원하는 경우

3) 공법의 종류

(1) 2중 널말뚝 공법 : 흙과 물의 이동 차단
(2) 차단벽 설치 공법 : 건물 하부의 흙의 이동 막음
(3) 현장 콘크리트 말뚝 공법 : 기존 구조물 바닥에 현장 콘크리트 말뚝 시공할 것
(4) 강재 말뚝 공법 : 현장 콘크리트 대신 강재말뚝을 지지층까지 박고 재키에 의해 지지할 것
(5) 지반 안정 공법 : 시멘트 모르타르, 화학약액 등을 주입하여 지반을 강화할 것

4) 시공순서

(1) 사전조사

(2) 준비공사 : 기존 구조체의 보수 및 보강공사 준비

(3) 가 받이 공사 : 기존 구조물을 일시적으로 지지

(4) 본 받이 공사 : 신설 기초와 방이 바꾸기 공사

(5) 철거와 복구 공사

5. 기초(말뚝)공사

기초형식 분류

일반적으로 교량의 기초는 직접기초, 말뚝기초 및 케이슨 기초로 분류한다.

1) 직접기초

- 직접기초Direct Foundation
  - 확대기초Footing Foundation
    - 독립확대기초
    - 복합확대기초
    - 연속확대기초
    - Cantilever(Strap) 확대기초
  - 전면기초(Mat 기초)

2) 말뚝기초

(1) 시공법에 의한 분류

- 타입공법
  - 타격공법
  - 진동공법
- 매입공법
  - 선단굴착공법
  - 속파기공법 (중굴공법)
  - 말뚝회전 압입공법
- 현장타설공법
  - 기계굴착 공법
    - 올케이싱 공법
    - R.C.D 공법
    - 어스드릴 공법
  - 인력굴착 공법
    - 심초공법

(2) 재질에 의한 분류

- 강말뚝
  - 강관말뚝
  - H형 강말뚝
- 콘크리트말뚝
  - 기성 콘크리트 말뚝
    - RC 말뚝
    - PC 말뚝
    - PHC 말뚝
  - 현장타설 말뚝
- 합성말뚝
  - SC 말뚝
  - 강관합성말뚝

3) 케이슨 기초

매틱 케이슨 기초, 오픈 케이슨 기초 및 박스 케이슨 기초가 있으며, 하중 규모가 큰 경우 적용된다.

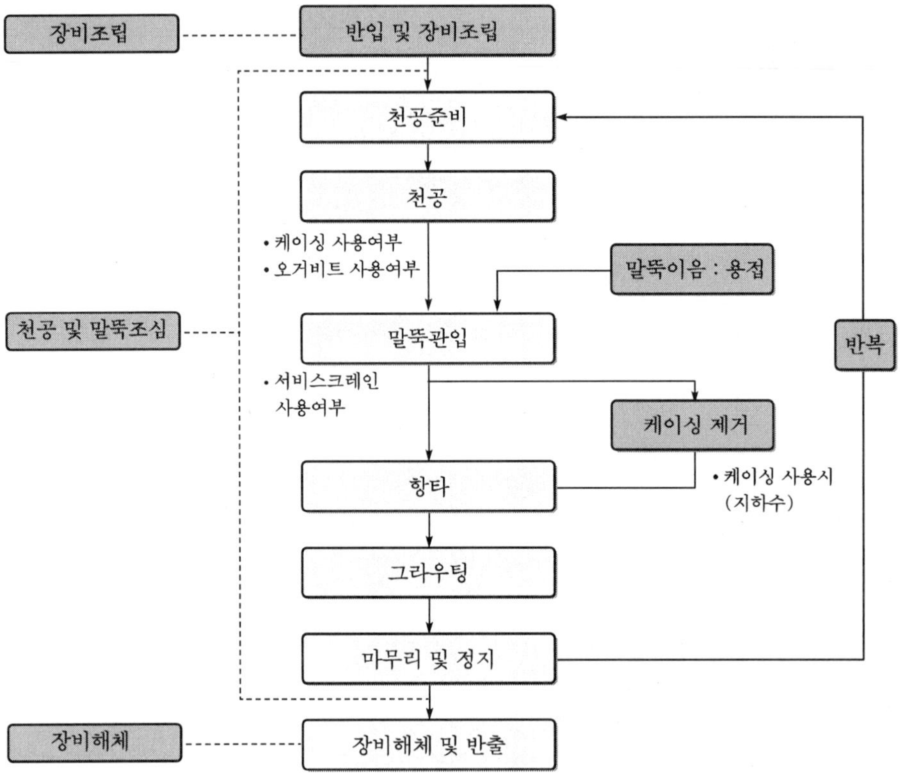

그림 5.5.1. 케이슨기초

부력 05-26

1. 부력Up Lift

부력이란 지반 혹은 지반과 구조물 사이의 간극수가 존재하는 구조물의 저면에서 상향으로 작용하는 정수압에 의해 생기는 힘을 말한다. 지하수위가 지하구조물 위치보다 높은 지역에서 구조물 구축 작업이 수행될 경우에는 구조체 하면에 연직 상향방향으로 부력(양압력)Up Lift Force이 작용하게 되고 깊은 굴착일 수록 필연적으로 지하수압에 대한 문제가 발생된다.

1) 부력

(1) 부상이란 구조물을 들어 올리도록 작용하는 힘

(2) 구조물의 중량이 부력보다 적은 경우 부상한다.

2) 부상의 발생원인

(1) 지하피압수의 영향 : 압력수두차에 의한 건축물 기초의 부상

(2) 구조물의 지반여건 : 불투수층 또는 암반 층으로 수위가 증가할 경우

(3) 일시적인 수량증가 : 계곡, 매립지 등에 호우로 인한 일시적인 수량 증가

(4) 구조물의 중량이 적을 경우 : 구조물의 중량이 부력보다 적을 때 구조물이 부상

3) 부상 방지대책

(1) 부력 Anchor 설치 : 지하수 부력 대응 방식

(2) 강제배수 : 지하수 부력 감소방식

(3) 구조물의 자중(사하중) 증가 방법 : 지하수 부력 대응 방식

4) 부력이 구조물에 미치는 영향

(1) 건축물 균형Balance상실 (2) 구조체 균열

(3) 건축물 누수 및 파손 (4) 피압수 용출 (5) 건축물 붕괴

5) 부력의 안전율

(1) W > U : 안정(W : 자중, U : 부력)

(2) W ≥ [안전율×U], 안전율은 일반적으로 공사중 1.1, 완공후 1.2

2. 부력 검토

1) 부력

(1) 지하에 구조물 설계시 부력에 대한 안정성 여부를 검토할 것

(2) 부력에 안전검토는 아래항의 기준에 따름

(3) 부력(U)은 구조물 바닥폭(B) 전면에 수압(u)을 균등하게 작용시킴

2) 저항력

(1) 부력에 대한 저항력(R)은 고정하중인 구체자중(W_1) 및 상재 고정하중(W_2)과 측면 마찰력(F)의 총합으로 한다.

(2) 구체자중(W_1)은 구조물 자중 만을 고려하는 것을 원칙으로 할 것

(3) 상재고정하중(W_2)은 포장하중과 지하수의 영향을 고려할 것

(4) 지하수위 이하의 토피하중은 지하수위 이하 흙의 단위중량(r_{sub})을 기준으로 하고 연직수압은 추가로 고려할 것

$$저항력(R) = W_1 + W_2 + F$$

여기서, W_1 : 구체자중　　W_2 : 상재 고정하중　　　F : 측면 마찰력

주) 구조물 벽체와 주변 뒤채움 흙과의 측면 마찰력은 재질간의 접촉 불확실성을 고려하여 무시할 것

3) 안정 검토

부력에 대한 안전율 부족 시에는 별도의 필요한 조치할 것

(1) 안전율 $F_s = R/U$

가. 공사중 : $F_s \geq 1.1$

나. 공사후-정상조건(실수위 적용시) : $F_s \geq 1.2$

다. 극한조건(수위 GL-1m 적용시) : $F_s \geq 1.05$

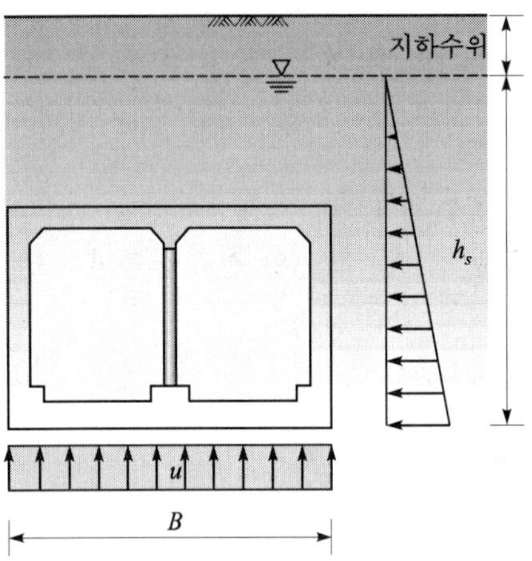

$U = \gamma_w \cdot h_s \cdot B$

$(u = \gamma_w h_s)$

여기서

U : 부력(kN/m)

γ_w : 물의 단위중량(kN/m^3)

h_s : 지하수의 심도(m)

B : 구조물에 작용하는 부력의 폭(m)

그림 5.5.2. 부력 계산식

3. 부력에 대한 안정성 검토 사례

1) 대상구조물 : 맨홀[맨홀 직경 2.5미터, 굴착심도 4.86미터]

2) 부력의 산정

지하수위 : 주변 지형 여건 등을 고려하여 지반높이[F.G.L]와 동일하게 적용한다.

(1) 구체 시공직후 되메우기 전

$$W_{B1} = \gamma_w \cdot V_1 = 10.0 \times [\frac{\pi \times 2.5^2}{4} \times 4.86] = 238.56 \text{ kN}$$

(2) 공사 후 유지관리시(완공후)

$$W_{B2} = \gamma_w \cdot V_2 = 10.0 \times [\frac{\pi \times 2.5^2}{4} \times 4.86] = 238.56 \text{ kN}$$

3) 안정성 검토

(1) 구체 시공직 후 되메우기 전 : 시공 중 안전율 1.1 적용

R_1 = 콘크리트 자중 = 283.30 kN

$$S_F = \frac{R_1}{W_{B1}} = \frac{283.30}{238.56} = 1.19 > 1.1$$ ∴ O.K !! ⇒ 부력에 대해 안정함

(2) 공사 후 유지관리 시 : 완공 후 안전율 1.2 적용

R_2 = 콘크리트 자중 + 상재흙하중 = 283.30+13.99 = 297.29 kN

$$S_F = \frac{R_2}{W_{B2}} = \frac{297.29}{238.56} = 1.25 > 1.2$$ ∴ O.K !! ⇒ 부력에 대해 안정함

4) 부상방지앵커의 설계

구조물의 부상을 방지하기 위해 부상방지앵커를 시공하는 경우가 종종 있다. 앵커의 경우 두부는 정착구에 내에 강선과 쐐기가 고정되는 구조인데, 이 부분에 누수현상이 발생하면 강선의 부식으로 인해 앵커의 기능은 상실되게 된다. 강선의 부식을 방지할 수 있는 대책은 없다고 보아도 될 정도로 어려운 사항이다. 이러한 현상을 고려해 볼 때 철근다발(마이크로파일 개념)을 기초매트 철근과 결속하여 기초매트콘크리트에 매몰하는 방법도 고려해 볼 필요가 있을 것으로 판단된다.

부마찰력 05-27

1. 말뚝의 마찰력과 중립점

1) 정마찰력Positive Friction:PF

말뚝에 작용하는 상향의 마찰력을 말한다.

2) 부마찰력Negative Friction:NF

말뚝에 작용하는 하향의 마찰력으로 지반이 연약한 경우의 지지말뚝에서만 발생한다. 지반 침하, 구조물의 균열, 말뚝지지력의 감소, 건축물의 누수 등의 피해를 유발한다.

(1) 지반의 침하량이 큰 부분에서 발생

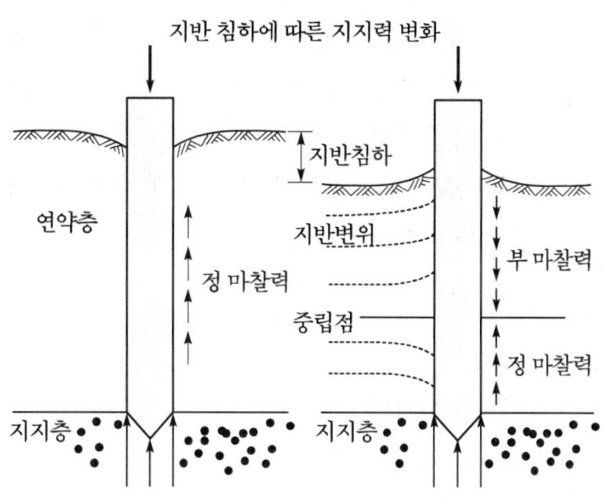

그림 5.5.3. 부마찰력

(2) 부마찰력 발생원인

가. 연약지반

(가) 연약지반과 연약 지반층이 두꺼울 때

(나) 과재하중에 위한 연약층에 압밀침하가 발생할 때

나. 융해

다. 지하수위 저하, 말뚝 진동, 침하지반, 성토층 압밀

3) 중립점Neutral Point

(1) 부마찰력이 정마찰력으로 변화하는 위치

항타공법 05-28

1. 말뚝박기 공법의 종류

1) 타입공법

(1) 타격공법

(1) 드롭햄머Drop Hammer

가. 충격추 자유낙하 나. 편심을 받기 쉬움

(2) 스팀햄머Steam Hammer

가. 타격에너지 조절이 용이함 나. 설비가 큼

다. 대형 해양구조물에 유리

(3) 디젤햄머Diesel Hammer

가. 작동이 간편함 나. 설비가 비교적 작음

다. 연약지반에서 이동이 어려움 라. 기름이 많이 소요됨

(4) 유압햄머Hydraulic Hammer

(2) 진동공법 : 강널 말뚝, 연약지반, 말뚝 인발

(1) 타입과 인발 겸용

(2) 전기 설비가 비교적 대형

2) 매입공법

(1) 선행굴착공법Pre-Boring

(2) Water-Jet 공법

(3) 압입공법

(4) 내부굴착공법(중공굴착공법)

3) 말뚝 파손 형태

(1) 말뚝 두부훼손(파손)

(2) 말뚝 종방향, 횡방향 균열

(3) 말뚝 선단부, 이음부 파괴

2. 항타 장비 전도사고 안전대책

1) 전도 안전대책

(1) 연약지반에 설치 시 각부 또는 가대의 침하를 방지하기 위한 깔판을 사용할 것

(2) 지정된 제한속도 준수할 것

(3) 리더의 수직상태 유지할 것

(4) 유도자 배치할 것

(5) 지반다짐도 0.2MPa 이상 유지할 것

(6) 지반 경사도 10퍼센트 이내

(7) 풍속10m/sec이상일 때 작업중지할 것

(8) 유자격자 배치할 것

2) 항타 공법의 종류 및 특징

항타공법	특징
SIP 공법 (Soil Cement Injected Precast Pile)	크레인 오거 스크류를 장착하여 천공하고 시멘트밀크(페이스트, W/C=83%)를 주입한 후 Precast Pile을 넣고 드롭해머로 경타하여 파일을 시공하는 공법 [Auger 천공공법] 일반적으로 홍붕괴가 적은 양질토에 사용가능하며 흙막이벽에도 사용가능함
DRA 공법 (Double rod Auger), SDA 공법 (Seperated Doughnut Auger)	천공벽을 보호하기 위하여 케이싱과 오거를 동시에 천공후 오거를 인발하면서 시멘트밀크(페이스트, W/C=83%)를 주입하고 Precast Pile을 넣고 드롭해머로 경타하여 시공하는 방법 [Auger+Casing 천공공법] 천공시 정착지반내 홀붕괴가 일어나며 진동, 소음이 문제가 되는 지역에 유리함
PRD 공법 (Precution Rotary Drill)	DRA 공법과 동일한 방식으로 하며 스크류에 일반오거 비트 대신 암반천공용 햄머(T-4)를 장착하여 천공하고 시멘트밀크(페이스트, W/C=83%)를 주입하고 Precast Pile을 넣고 드롭해머로 경타하여 파일을 시공하는 방법 [T-4+Casing 천공공법] 모든 지층에 천공이 가능한 공법이지만(호박돌/전석층/암반층) 연약지반천공시(뻘층) 작업효율이 저하됨
해머 공법	말뚝머리를 해머로 직접 타격하여 말뚝을 지지층에 관입하는 공법으로서 효율적, 경제적이며 지지력에 대한 신뢰성이 가장 높으나 소음 및 진동으로 인해 민원의 발생이 잦아 제한적으로 사용되고 있다. 해머로는 드롭해머, 디젤해머, 유압해머 등이 있으며 최근에는 소음, 비연이 적은 유압해머를 사용하고 있다.

3. 항타기 안전성 검토 사례

1) Pile Driver Auger 지내력 평가와 전도방지

(1) Pile Driver Auger의 중량[현장 투입장비에 따라 재검토해야 함]

자재중량 (자중 + CounterWeight)	(최대) 1200.0kN
양중하중	20.0kN

(2) Pile Driver Auger의 충격하중(양중하중의 30% 가정)

충격하중=20.0kN×30%=6.0kN

(3) Pile Driver Auger의 궤도에 작용하는 최대 작용하중

[자재중량 (최대)1200.0+(양중하중+충격하중) 26.0]×40%=480.4kN

(4) Pile Driver Auger의 복공판 크기[가정]

2500×6000×30T

(5) Pile Driver Auger의 복공판 작용응력

480.4/(2500×6000)=0.03202MPa

(6) Pile Driver Auger의 지내력에 따른 안전성 검토

[자갈과 모래와의 혼합물(가정)]

0.03202MPa<0.20MPa(허용지내력) .....O.K

지반의 허용지내력[건축물 구조기준등에 관한 규칙] (국토교통부령제555호)

지반		장기응력에 대한 허용지내력 (단위 : kN/m^2)	단기응력에 대한 허용지내력
경암반	화강암, 석록암, 편나암, 아산암 등의 화성암 및 굳은 역암 등의 암반	4000	각각 장기응력에 대한 허용지내력 값의 1.5배로 한다.
연암반	편암, 편암 등의 수성암의 암반	2000	
	혈암, 토단반 등의 암반	1000	
자갈		300	
자갈과 모래와의 혼합물		200	
모래 섞인 점토 또는 롬토		150	
모래 또는 점토		100	

그림 5.5.4. 항타작업

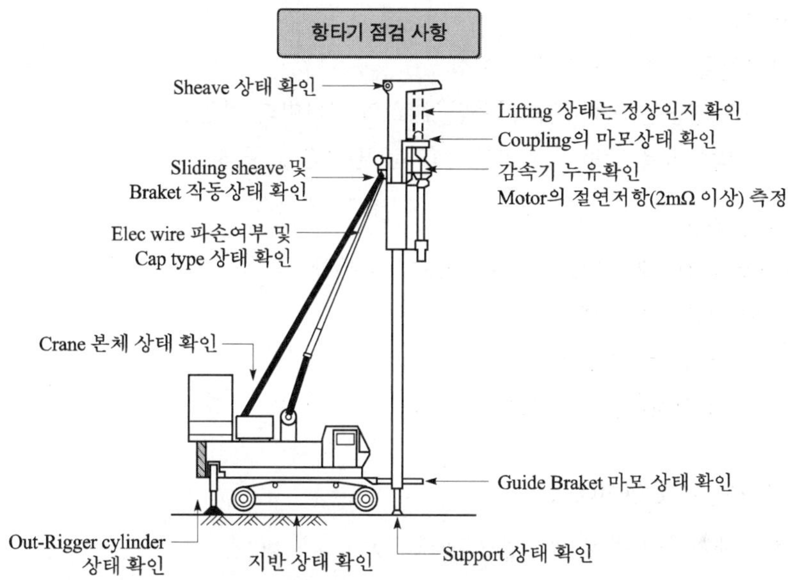

그림 5.5.5. 항타기 점검 내용

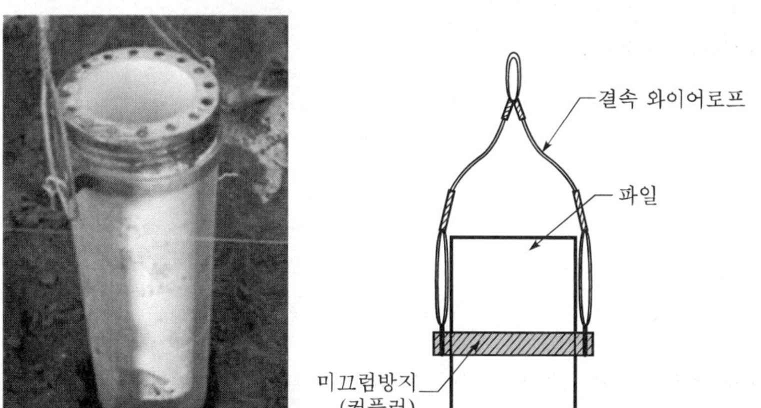

그림 5.5.6. PHC 말뚝 이중결속 및 커플러 설치 사례(와이어로프 벗겨짐 방지)

Pile 두부 05-29

1. 말뚝기초 부두 정리 및 말뚝 이음

1) 말뚝이음

(1) 이음조건 : 경제성, 시공용이성, 이음내력 확인

(2) 이음의 종류 : 장부식 이음, 충전식 이음, 볼트식 이음, 용접식 이음

2) 두부정리

(1) 말뚝이 길때 : 버림 콘크리트 위 6센티미터 남기고 절단, 절단점 아래 밴드로 균열 방지

(2) 말뚝이 짧을 때

가. 보강철물은 철근배근 개수 이상

나. 조인트 철근은 버림 콘크리트면 위로 30센티미터 이상

다. 내부 받이판은 말뚝 직경의 0.5D되는 밑지점에 둘 것

3) 말뚝시공시 유의사항

(1) 용접 이음부 검사와 청소 등 강도 확보가 우선함

(2) 말뚝간의 이음은 최소화함

(3) 이음부는 부식과 변형방지 조치함

(4) 말뚝 축선이 일치하는 수직도를 유지함

2. 파일두부 작업순서 및 안전대책

1) 전담 신호수 배치하여 관계자외 접근 통제

2) Pile 두부정리 후 덮개 설치

3) 작업구간 주변 관계자외 접근금지

4) 개구부 덮개에는 추락위험 표시

동상 05-30

1. 동상Frost Heave

1) 동상의 정의

(1) **지표면이 위로 부풀어 오르는 현상을 말한다.** 발생 원리는 대기온도가 0도 이하로 내려가면 흙속의 공극수가 동결되어 체적이 증가하기 때문이다. 땅속 깊이에 따라 동결층과 동결되지 않는 경계선이 형성되는데 이 선을 동결선Frost line이라고 한다.

(2) 동상방지층

가. 노상토에 동상 우려가 있는 경우 보조기층에서 노상의 동결깊이까지 동상에 민감하지 않은 양질의 재료로 치환하여 노상의 동결을 막고자 시공하는 층을 말한다.

나. 동상방지층을 설치할 경우에는 설계동결깊이가 구조설계된 포장두께보다 클 경우 그 차이만큼 동상방지층을 설치한다.

2) 동상에 의한 피해

(1) 구조물 기초의 변형과 균열 발생

(2) 지중구조물과 지상구조물의 손상(철도 침목, 도로포장면, 상하수도관 등)

(3) 융해Thawing에 의한 지반의 강도저하 및 지반 침하

3) 동상의 발생원인(3대 요인)

(1) 흙 : 동상을 받기 쉬운 Silt질 흙

(2) 온도 : 0도 이하의 장기적인 온도 조건

(3) 물(모관수) : 충분한 수분의 공급

4) 동결지수Freezing Index

(1) 동결지수(°C·일) : 영하 이하인 온도에 영하의 지속시간을 곱한 값으로 기온이 영하로 떨어진 모든 시간의 합을 말한다.

(2) 설계동결지수 산정

대상 지역 인근 측후소에서 관측한 월평균대기온도의 크기와 지속기간에 대한 20년간의 기상자료에서 추위가 가장 심하였던 2년간(즉, 동결지수의 최대 2년치)의 평균동결지수로 정한다. 만일 20년간의 기상자료가 없으면 최근 10년간의 최대동결지수를 설계동결지수로 산정한다.

5) 동결심도Freezing Level

(1) 동결심도 : 지반면에서 지하 동결선까지의 깊이

(2) 동결심도 산출식(도로동상방지층 설계지침) : $Z = C\sqrt{F}$

여기서, Z=동결심도(mm), C=동결지수에 따른 보정상수(27.3~53.0),
F=설계(수정)동결지수(°C·일)

$$\text{수정동결지수}(^\circ C\,day) = \text{동결지수} \pm 0.5 \times \text{동결기간} \times \frac{\text{표고차}}{100}$$

(3) 동결심도 산정방법

가. 완전방지법 : 충분한 비동결재료층 설치하여 지반약화를 감소 또는 억제하는 방법

나. 노상동결관입허용법 : 노상의 동결을 어느정도 허용하는 방법[도로 포장설계에 일반적으로 적용]

다. 감소노상강도법 : 해빙기간중에 일어나는 노상강도 감소를 근거로 동결에 대비한 포장두께를 결정하는 방법

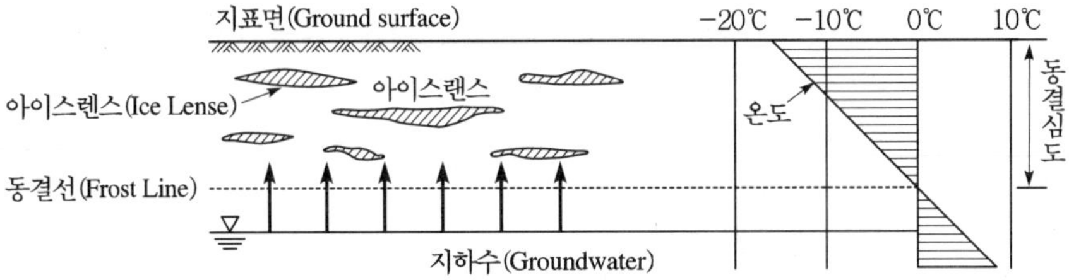

그림 5.5.7. 동상

6) 방지대책

(1) 흙 : 비동결성 재료 사용(흙의 치환), 지표의 흙 화학처리

(2) 온도 : 단열처리–흙속에 기포 콘크리트, 석탄재 등을 넣어 동결온도 저하

(3) 물 : 지하수위 저하, 배수층 설치, 모관수 차단,

(4) 설계 : 동결심도 아래 기초 설치

2. 기초Footing, Foundation와 지정

1) 기초의 정의

상부 구조물의 하중을 지반 또는 지정에 직접 전달하는 구조부분으로 기초판과 지정으로 구성된다.

2) 기초의 종류

(1) 얕은 기초Shallow Foundation

가. 푸팅 기초 : 공사비 저렴, 시공 간편, 연약지반 부적합

가) 독립기초 나) 복합기초 다) 연속기초

나. 전면기초Mat Foundation : 부등침하 감소, 지반응력 감소, 방수작업 효과

(2) 깊은 기초Deep Foundation

가. 말뚝기초Pile Foundation

가) 기성말뚝

나) 현장타설 콘크리트 말뚝

나. 케이슨 기초Cassion Foundation

가) 우물통기초Open Cassion : 교량기초에 많이 사용

나) 공기 케이슨 기초Pneumatic Cassion : 용수량이 많은 기초

다) Box Cassion : 방파제 공사에 많이 사용

3) 지정Foundation의 종류

기초Footing를 보강하거나 지반의 내력을 보강한 부분으로 얕은 기초에서 사용된다.

(1) 잡석지정　(2) 모래지정　(3) 자갈지정　(4) 버림 콘크리트 지정

4) 지정 및 기초공사의 중요성

(1) 상부 하중에 대한 지반 내력 확보

(2) 상부 구조물지지

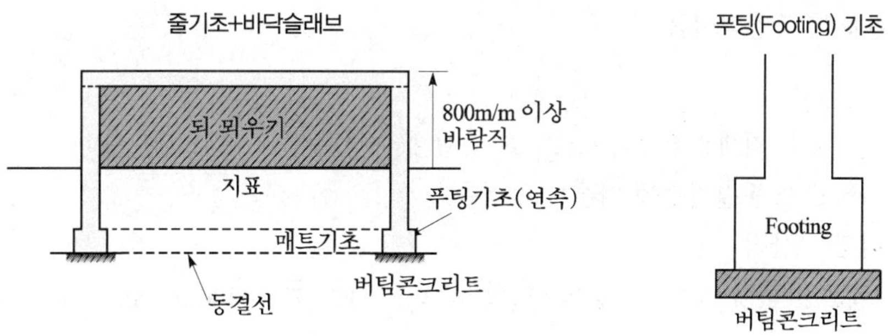

그림 5.5.8.

3. 동결심도 산정 예시

구분	완전방지법	노상동결관입허용법	감소노상강도법
특징	• 동결작용에 의한 표면변위량을 제거하기 위해 충분한 두께의 비동결 재료층을 설치하여 포장융기와 지반 약화를 감소 또는 억제하는 방법	• 노상상태가 수평방향으로 심하게 변하지 않거나 흙이 균질한 경우의 설계방법으로 동결깊이가 노상으로 얼마쯤 관입되어도 동상으로 인한 융기량이 포장파괴를 일으킬만한 양이 아니라면 노상의 동결을 어느 정도 허용하는 경제적 방법	• 해빙기간중에 일어나는 노상강도 감소를 근거로 동결에 대비한 포장두께를 결정하는 방법으로 동결지수가 직접함수가 아니므로 통상적으로 적용하지 않는다.

1) 설계동결지수 산정

(1) 수정 동결지수

$$수정동결지수(℃\ day) = 동결지수 \pm 0.5 \times 동결기간 \times \frac{표고차}{100}$$

가. 도시계획도로(영남제일로 기준)

= 212.5 + 0.5 × 69.0 × (65.51− 172.1) / 100 ≒ 175.73 °C 일

나, 소로 및 중로

= 212.5 + 0.5 × 69.0 × (130.40− 172.1) / 100 ≒ 198.11 °C 일

* 표고차 = 설계노선 포장면 최고 표고(m) − 측후소 지반고(m)

다. 수정 동결지수 산정결과

도로명	측후소	측우소 지반고 (m)	최대 계획고 (m)	동결지수 (℃·day)	동결기간 (일)	수정동결지수 (℃·day)
영남00로	문경	172.1	65.51	212.50	69.0	175.73
소로 및 중로			130.40			198.11

2) 설계동결 깊이 산정

(1) 최근 「도로 동상방지층 설계지침(국토해양부 2012.8)」에서 제시된 한국형동결깊이 예측식을 이용하여 동결깊이를 산정한다.

$$Z = C\sqrt{F}$$

※ 여기서, Z = 최대동결깊이(mm), F = 설계(수정)동결지수(°C 일)

C = 동결지수에 따른 보정상수

(2) 최대 동결깊이 산정

가. 도시계획도로(영남00로) : $Z = C\sqrt{F} = 30.2\sqrt{175.73} = 400.34\,\text{mm}$

나. 중로 및 소로 : $Z = C\sqrt{F} = 30.2\sqrt{198.11} = 425.07\,\text{mm}$

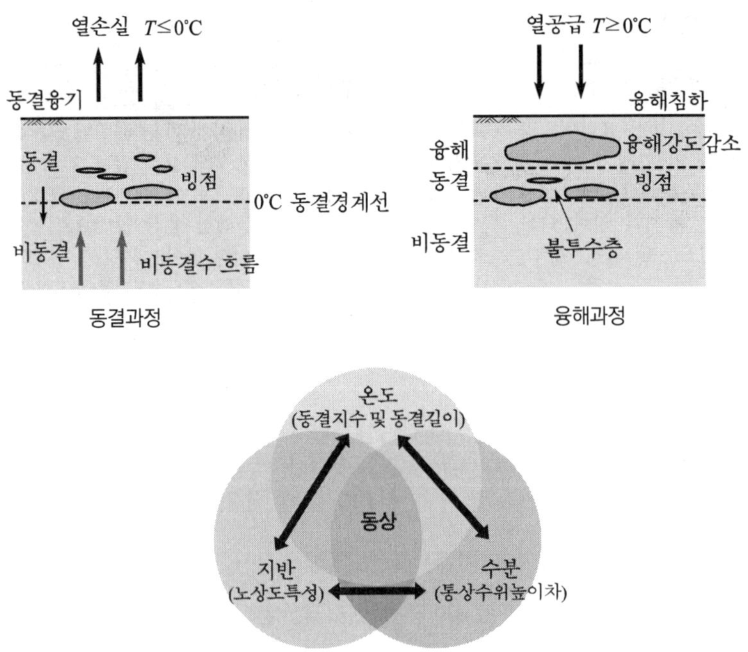

그림 5.5.9. 동상 발생 메커니즘

6. 굴착 및 기초 공사 위험성평가 및 재해사례

- 위험성평가표
  - 01. 트렌치굴착[05-06]
  - 02. 콘크리트 옹벽[05-09]
  - 03. 보강토 옹벽[05-10]
  - 04. 대절토사면[05-11]
  - 05. 토류벽흙막이[05-15]
  - 06. 쉬트파일 흙막이[05-15]

- 재해사례
  - 01. 트렌치 굴착-무너짐(붕괴)(1)
  - 02. 트렌치 굴착-무너짐(붕괴)(2)
  - 03. 트렌치 굴착-무너짐(붕괴)(3)
  - 04. 트렌치 굴착-무너짐(붕괴)(4)
  - 16. 굴착-버킷에 깔림(협착)
  - 05. 흙막이(쉬트파일)-무너짐(붕괴)
  - 06. 흙막이-해체 중 무너짐(붕괴)
  - 07. 흙막이-설치 중 물체에 맞음(낙하비래)
  - 08. 흙막이-무너짐(붕괴)
  - 09. 어스앵커-충돌
  - 10. 콘크리트 옹벽-무너짐(붕괴)
  - 11. 보강토 옹벽-무너짐(붕괴)
  - 12. 사면-무너짐(붕괴)
  - 13. 항타기-끼임(협착)
  - 14. 항타기-물체에 맞음(낙하비래)
  - 15. 말뚝-물체에 맞음(낙하비래)
  - 16. 말뚝-물체에 맞음(낙하비래)
  - 17. 말뚝-와이어로프 이탈(협착)

위험성평가표

01 트렌치 굴착[05-06]

유해위험요인 파악Hazard Identification							
위험요인 위험		불량한 작업방법 위험		작업장소 위험		건강장해 위험	
기계·기구 등	●	굴착 등	●	추락 위험 등		분진 등	
폭발, 인화성	●	하역, 운반 등		붕괴 위험 등	●	소음 진동 등	
전기, 열 등		중량물 등	●	물체 비래 등		환기, 채광 등	

위험성 평가Risk Assessment									
위험성 수준			최초 평가	●	상시 평가	월	•노사합동순회점검( )	주	•합동안전점검회의( )
고	중	저	정기 평가				•아차사고분석 ( )		
	●		수시 평가				•제안제도실시 ( )	일	•작업전 TBM ( )

위험성 감소대책Alternative					필수 확인 사항
제거	대체	공학적제어	관리적제어	개인보호구	•굴착 사면 주변 균열 등 변위 여부 확인 •흙막이지보공 설치 여부 확인
		●		●	

재해발생유형	
1. 떨어짐	✔
2. 넘어짐	
3. 부딪힘	
4. 물체에 맞음	
5. 무너짐	
6. 끼임	✔
7. 절단·베임·찔림	
8. 감전	
9. 폭발·파열	
10. 화재	
11. 깔림·뒤집힘	

유해위험요인 및 감소대책 도면

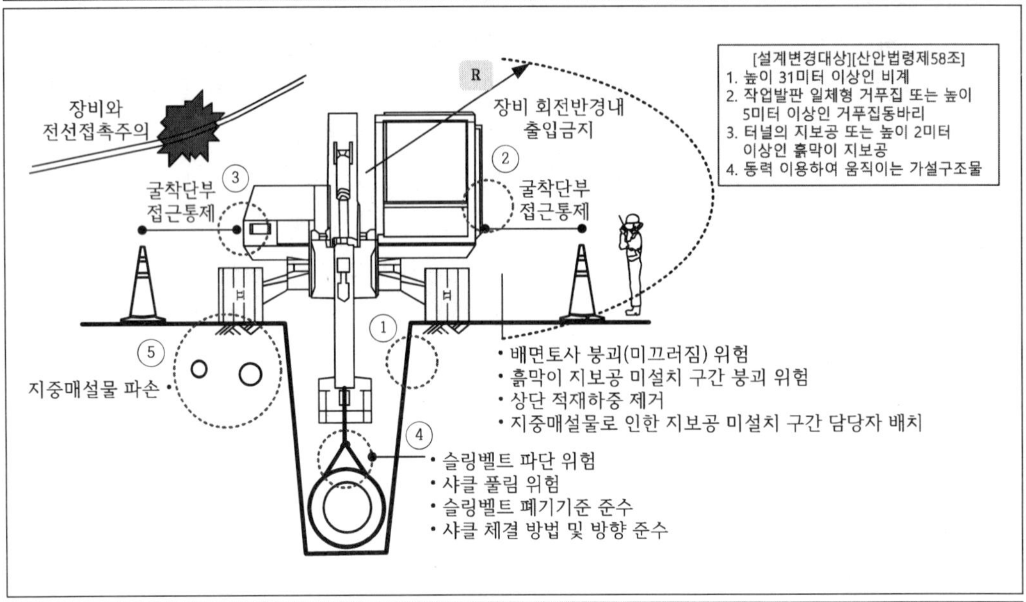

중대재해유형	재해 유발 원인	점검	확인
1. 무너짐	•관로공사 중 터파기 사면이 무너지며 매몰		
2. 끼임	•기초 터파기 작업 중 회전하는 굴착기에 부딪힘		
3. 물체에 맞음	•굴착 작업 중 굴착기 버켓에 끼임 또는 버켓이 탈락 또는 벨트 파단으로 물체에 맞음		
구조검토 대상	•굴착기로 양중작업을 할 경우에 로프 안전성 검토가 필요함		

01 트렌치 굴착[05-06]

유해위험요인별 세부 항목 Checklist

유해위험요인Hazard List

1. 흙막이지보공 미 설치로 사면 무너짐
2. 굴착장비 지반약화로 뒤집힘
3. 버켓 안전핀 미 체결 또는 오작동으로 버켓 떨어짐
4. 굴착 작업 중 지중 매설물 파손
5. 굴착기 이동 중 작업자와 부딪힘
6. 굴착기로 양중작업 중 와이어로프(벨트) 파단

작업 전 공통 확인사항	
1. 작업자	•수평(수직)이동구간 이동통로 확보 및 생명줄 상태
2. 건설기계장비	•이동동선(정지)구간 지반 침하 및 지내력 상태 •양중작업용 로프(벨트) 슬링 안전성 검토
3. 작업환경	•가설구조물의 안전성 검토 및 현장 적용 여부 확인 •가설구조물 안전조치(설치기준) 준수 여부 확인

위험성 감소대책 Checklist	점검	확인
1. 운전자 좌석안전띠를 착용하고 있는가?		
2. 장비의 검사유효기간 및 보험에 가입되어 있는가?		
3. 버켓 탈락방지용 안전핀 체결 상태로 작업하는가?		
4. 굴착기 작업반경 내 출입금지조치는 되어 있는가?		
5. 후사경 후방영상 표시장치는 설치되어 있는가?		
6. 굴착기 양중가능 조건 및 안전수칙은 준수되는가?		
7. 와이어로프 상태는 폐기기준을 준수하고 있는가?		
8. 충돌 위험 방지 장치는 정상적으로 작동되는가?		
9. 굴착 전에 지충매설물 현황은 파악되었는가?		
10. 전체 작업을 지취하는 담당자는 배치되어 있는가?		

중대재해유형	중대재해예방 저감대책	중점 관리대상	
□ 맞음 [날아온(떨어진) 물체에 맞음]	•작업자 개인보호구(안전모 등) 착용 [양중 작업이나 상하 동시 작업 구간 작업자 안전모 착용 확인]	•작업자 [신규작업자, 일용작업자, 외국인]	✔
	•양중 작업 시 결속 방법 확인 [줄걸이 방법 및 자재 결속 상태 확인 후 양중 실시]	•건설기계장비 [안전검사 유효기간, 장비부품상태]	
	•고소 작업 위치 자재 적치 상태 확인 [자재 적치 장소의 물체 이탈 가능성 확인]	•건설자재 [안전인증제품, 자재 적치 상태]	✔
	•그 밖의 위험요인 제거	•작업환경[방법] [안전보건규칙준수, 구조안전성확인]	
□ 무너짐 [건축물(토사) 등이 무너짐]	•작업 전 작업구간 이상 변위 상태 확인 [경사 또는 굴착구간 주변 변위(균열) 여부 확인]	•작업자 [신규작업자, 일용작업자, 외국인]	
	•가설 구조물 안전성 검토 확인 [가설 구조물(동바리, 흙막이 등) 구조검토서와 도면 확인]	•건설기계장비 [안전검사 유효기간, 장비부품상태]	
	•가설 구조물 설치 상태 확인 [가설 구조물 등 안전보건규칙 준수 여부 확인]	•건설자재 [안전인증제품, 자재 적치 상태]	
	•그 밖의 위험요인 제거	•작업환경[방법] [안전보건규칙준수, 구조안전성확인]	✔
□ 끼임 [건설기계 등에 끼임]	•작업자 작업구간 내 이동범위 확인 [건설기계장비 회전 반경 내 출입금지 여부 확인]	•작업자 [신규작업자, 일용작업자, 외국인]	✔
	•건설기계장비 안전장치 확보 여부 확인 [후방감지카메라, 협착방지봉 상태, 경광등 설치 여부 확인]	•건설기계장비 [안전검사 유효기간, 장비부품상태]	✔
	•작업영역 내에 관리감독자 배치 확인 [작업장 안전을 관리하는 신호수 등 배치 여부 확인]	•건설자재 [안전인증제품, 자재 적치 상태]	
	•그 밖의 위험요인 제거	•작업환경[방법] [안전보건규칙준수, 구조안전성확인]	✔

02 콘크리트 옹벽[05-09]

유해위험요인 파악Hazard Identification							
위험요인 위험		불량한 작업방법 위험		작업장소 위험		건강장해 위험	
기계·기구 등	●	굴착 등	●	추락 위험 등	●	분진 등	●
폭발, 인화성		하역, 운반 등		붕괴 위험 등	●	소음 진동 등	
전기, 열 등		중량물 등		물체 비래 등		환기, 채광 등	

위험성 평가Risk Assessment								
위험성 수준			최초 평가	●	상시 평가	월	•노사합동순회점검( ) •아차사고분석 ( ) •제안제도실시 ( )	주 •합동안전점검회의( )
고	중	저	정기 평가					일 •작업전 TBM ( )
	●		수시 평가					

위험성 감소대책Alternative					필수 확인 사항
제거	대체	공학적제어	관리적제어	개인보호구	•옹벽 거푸집 설치 시 폼타이 체결 상태 및 간격 확인 •옹벽 철근조립 시 철근 넘어짐 방지용 버팀대 설치 확인
		●		●	

재해발생유형	
1. 떨어짐	✔
2. 넘어짐	
3. 부딪힘	
4. 물체에 맞음	
5. 무너짐	✔
6. 끼임	
7. 절단·베임·찔림	
8. 감전	
9. 폭발·파열	
10. 화재	
11. 깔림·뒤집힘	✔

유해위험요인 및 감소대책 도면

[설계변경대상][산안법령제58조]
1. 높이 31미터 이상인 비계
2. 작업발판 일체형 거푸집 또는 높이 5미터 이상인 거푸집동바리
3. 터널의 지보공 또는 높이 2미터 이상인 흙막이 지보공
4. 동력 이용하여 움직이는 가설구조물

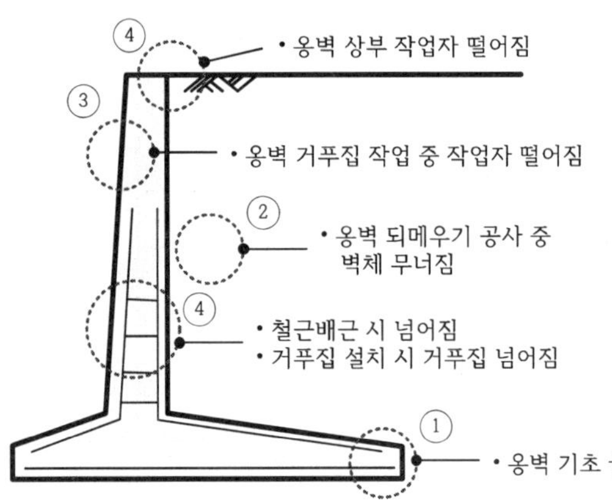

중대재해유형	재해 유발 원인	점검	확인
1. 무너짐	•옹벽 저면 굴착 작업 중 터파기 사면이 무너지며 매몰		
2. 깔림	•옹벽 철근 조립 작업 중 벽체 외부 철근이 자립력을 상실하며 넘어지며 작업자가 깔림		
3. 물체에 맞음	•옹벽 거푸집 설치(해체)를 위한 대형 거푸집 양중 작업 중에 로프가 파단되며 작업자가 맞음		
4. 넘어짐	•옹벽 콘크리트 타설을 위한 레미콘 타설 중 장비가 넘어지며 작업자가 붐대에 맞음		
5. 감전	•콘크리트 타설 작업 중 콘크리트 진동다짐기의 다짐봉을 교체하던 중 누설전류에 감전		
6. 떨어짐	•옹벽 형틀 해체 작업 중 굴착 단부 작업자가 실족하며 떨어짐		
7. 감전	•옹벽 기초에 배근할 철근을 절단하던 중 휴대용 유압 절단기를 조작하던 중 누전으로 감전		
구조검토 대상	•해당사항 없음		

02 콘크리트 옹벽[05-09]

<table>
<tr><th colspan="5">유해위험요인별 세부 항목 Checklist</th></tr>
<tr><th colspan="2">유해위험요인Hazard List</th><th>위험성 감소대책 Checklist</th><th>점검</th><th>확인</th></tr>
<tr><td colspan="2" rowspan="5">1. 옹벽 거푸집 설치 작업 중 거푸집 무너짐
2. 옹벽 철근 조립 시 철근 넘어짐
3. 옹벽 배면 토사 되메우기 시 옹벽 파손
4. 굴착장비 지반약화로 뒤집힘
5. 경사지 굴착기 이동 중 뒤집힘
6. 굴착기 이동 중 작업자와 부딪힘</td><td>1. 옹벽 거푸집 측압 구조검토는 실시되었는가?</td><td></td><td></td></tr>
<tr><td>2. 옹벽 철근 무너짐에 대한 지지대 설치는 적정한가?</td><td></td><td></td></tr>
<tr><td>3. 옹벽 상단 안전난간 설치는 적정한가?</td><td></td><td></td></tr>
<tr><td>4. 옹벽 거푸집 설치용 작업발판은 적정한가?</td><td></td><td></td></tr>
<tr><td>5. 철근 양중작업용 슬링벨트 상태는 적정한가?</td><td></td><td></td></tr>
<tr><td colspan="2">작업 전 공통 확인사항</td><td>6. 굴착기 양중가능 조건 및 안전수칙은 준수되는가?</td><td></td><td></td></tr>
<tr><td>1. 작업자</td><td>•수평(수직)이동구간 이동통로 확보 및 생명줄 상태</td><td>7. 와이어로프 상태는 폐기기준을 준수하고 있는가?</td><td></td><td></td></tr>
<tr><td>2. 건설기계장비</td><td>•이동동선(정지)구간 지반 침하 및 지내력 상태
•양중작업용 로프(벨트) 슬링 안전성 검토</td><td>8. 옹벽 배면 굴착장비가 넘어질 위험은 없는가?</td><td></td><td></td></tr>
<tr><td rowspan="2">3. 작업환경</td><td rowspan="2">•가설구조물의 안전성 검토 및 현장 적용 여부 확인
•가설구조물 안전조치(설치기준) 준수 여부 확인</td><td>9. 유로폼 폼타의 간격은 구조검토를 실시한 것인가?</td><td></td><td></td></tr>
<tr><td>10. 전체 작업을 지휘하는 담당자는 배치되어 있는가?</td><td></td><td></td></tr>
</table>

중대재해유형	중대재해예방 저감대책	중점 관리대상	
□ 깔림 [물체의 쓰러짐이나 뒤집힘]	•건설 부재 수직도 유지 및 경사재 설치 [철근이나 거푸집이 바람 등에 대비한 경사재지지 상태 확인]	•작업자 [신규작업자, 일용작업자, 외국인]	
	•건설기계장비 이동동선 장애물 제거 [지게차 등 이동동선 내 단차 또는 장애물 제거]	•건설기계장비 [안전검사 유효기간, 장비부품상태]	✔
	•건설기계장비 이동동선 지반상태 확인 [장비 이동동선 지반(성토층)의 지내력 확보 여부 확인]	•건설자재 [안전인증제품, 자재 적치 상태]	
	•그 밖의 위험요인 제거	•작업환경[방법] [안전보건규칙준수, 구조안전성확인]	✔
□ 맞음 [날아온(떨어진) 물체에 맞음]	•작업자 개인보호구(안전모 등) 착용 [양중 작업이나 상하 동시 작업 구간 작업자 안전모 착용 확인]	•작업자 [신규작업자, 일용작업자, 외국인]	✔
	•양중 작업 시 결속 방법 확인 [줄걸이 방법 및 자재 결속 상태 확인 후 양중 실시]	•건설기계장비 [안전검사 유효기간, 장비부품상태]	
	•고소 작업 위치 자재 적치 상태 확인 [자재 적치 장소의 물체 이탈 가능성 확인]	•건설자재 [안전인증제품, 자재 적치 상태]	✔
	•그 밖의 위험요인 제거	•작업환경[방법] [안전보건규칙준수, 구조안전성확인]	
□ 무너짐 [건축물(토사) 등이 무너짐]	•작업 전 작업구간 이상 변위 상태 확인 [경사 또는 굴착구간 주변 변위(균열) 여부 확인]	•작업자 [신규작업자, 일용작업자, 외국인]	
	•가설 구조물 안전성 검토 확인 [가설 구조물(동바리, 흙막이 등) 구조검토서와 도면 확인]	•건설기계장비 [안전검사 유효기간, 장비부품상태]	
	•가설 구조물 설치 상태 확인 [가설 구조물 등 안전보건규칙 준수 여부 확인]	•건설자재 [안전인증제품, 자재 적치 상태]	
	•그 밖의 위험요인 제거	•작업환경[방법] [안전보건규칙준수, 구조안전성확인]	✔

03 보강토 옹벽[05-10]

유해위험요인 파악Hazard Identification							
위험요인 위험		불량한 작업방법 위험		작업장소 위험		건강장해 위험	
기계·기구 등	●	굴착 등	●	추락 위험 등	●	분진 등	●
폭발, 인화성		하역, 운반 등		붕괴 위험 등	●	소음 진동 등	
전기, 열 등		중량물 등		물체 비래 등		환기, 채광 등	

위험성 평가Risk Assessment									
위험성 수준			최초 평가	●	상시 평가	월	•노사합동순회점검( )	주	•합동안전점검회의( )
고	중	저	정기 평가				•아차사고분석 ( )		
	●		수시 평가				•제안제도실시 ( )	일	•작업전 TBM ( )

위험성 감소대책Alternative					필수 확인 사항
제거	대체	공학적제어	관리적제어	개인보호구	•보강토 옹벽 그리드 설치 간격과 시공 상태 확인 •보강토 옹벽 구조검토서 확인
		●		●	

재해발생유형	
1. 떨어짐	✔
2. 넘어짐	
3. 부딪힘	
4. 물체에 맞음	
5. 무너짐	✔
6. 끼임	
7. 절단·베임·찔림	
8. 감전	
9. 폭발·파열	
10. 화재	
11. 깔림·뒤집힘	✔

유해위험요인 및 감소대책 도면

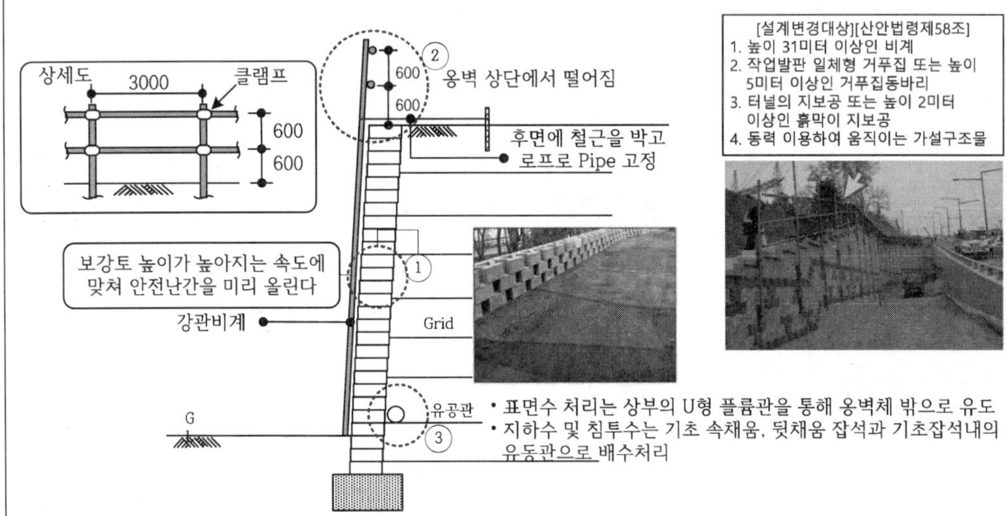

중대재해유형	재해 유발 원인	점검	확인
1. 무너짐	•보강토옹벽 설치 작업 중 벽체 일부가 무너지며 매몰		
2. 떨어짐	•보강토 옹벽 끝단부에서 블록 내부 골재 속채움 정리작업 중 바닥으로 떨어짐		
3. 떨어짐	•보강토옹벽 단부를 수동로울러로 다지던 중 바닥으로 장비와 함께 떨어짐		
구조검토 대상	•옹벽 콘크리트 타설을 위한 레미콘 타설 중 장비가 넘어지며 작업자가 붐대에 맞음		

03 보강토 옹벽[05-10]

유해위험요인별 세부 항목 Checklist

유해위험요인Hazard List

1. 보강토 옹벽 무너짐
2. 보강토 옹벽 상단에서 떨어짐
3. 보강토 옹벽 그리드 파손
4. 보강토 옹벽 뒷채움 토사 불량
5. 장비가 경사지에서 뒤집힘
6. 장비 이동 중 작업자와 부딪힘
7. 양중 작업 중 양중 물체에 부딪힘
8. 양중 슬링벨트 상태 불량
9. 양중 줄걸이 불량

작업 전 공통 확인사항	
1. 작업자	•수평(수직)이동구간 이동통로 확보 및 생명줄 상태
2. 건설기계장비	•이동동선(정지)구간 지반 침하 및 지내력 상태 •양중작업용 로프(벨트) 슬링 안전성 검토
3. 작업환경	•가설구조물의 안전성 검토 및 현장 적용 여부 확인 •가설구조물 안전조치(설치기준) 준수 여부 확인

위험성 감소대책 Checklist	점검	확인
1. 보강토 옹벽		
2. 옹벽 그리드 시공 시 손상은 없는가?		
3. 옹벽 상단 안전난간 설치는 적정한가?		
4. 옹벽 설치 용 작업발판은 적정한가?		
5. 블록 양중작업 용 슬링벨트 상태는 적정한가?		
6. 굴착기 양중가능 조건 및 안전수칙은 준수되는가?		
7. 와이어로프 상태는 폐기기준을 준수하고 있는가?		
8. 옹벽 배면 굴착 장비 넘어질 위험은 없는가?		
9. 옹벽 그리드 간격은 구조검토를 실시할 것인가?		
10. 전체 작업을 지휘하는 담당자는 배치되어 있는가?		

중대재해유형	중대재해예방 저감대책	중점 관리대상	
□ 깔림 [물체의 쓰러짐이나 뒤집힘]	•건설 부재 수직도 유지 및 경사재 설치 [철근이나 거푸집이 바람 등에 대비한 경사재지지 상태 확인]	•작업자 [신규작업자, 일용작업자, 외국인]	
	•건설기계장비 이동동선 장애물 제거 [지게차 등 이동동선 내 단차 또는 장애물 제거]	•건설기계장비 [안전검사 유효기간, 장비부품상태]	✔
	•건설기계장비 이동동선 지반상태 확인 [장비 이동동선 지반(성토층)의 지내력 확보 여부 확인]	•건설자재 [안전인증제품, 자재 적치 상태]	
	•그 밖의 위험요인 제거	•작업환경[방법] [안전보건규칙준수, 구조안전성확인]	✔
□ 무너짐 [건축물(토사) 등이 무너짐]	•작업 전 작업구간 이상 변위 상태 확인 [경사 또는 굴착구간 주변 변위(균열) 여부 확인]	•작업자 [신규작업자, 일용작업자, 외국인]	
	•가설 구조물 안전성 검토 확인 [가설 구조물(동바리, 흙막이 등) 구조검토서와 도면 확인]	•건설기계장비 [안전검사 유효기간, 장비부품상태]	
	•가설 구조물 설치 상태 확인 [가설 구조물 등 안전보건규칙 준수 여부 확인]	•건설자재 [안전인증제품, 자재 적치 상태]	
	•그 밖의 위험요인 제거	•작업환경[방법] [안전보건규칙준수, 구조안전성확인]	✔
□ 떨어짐 [높은 곳에서 사람이 떨어짐]	•작업자의 무리한 행동 억제 [지정된 작업통로(이동동선)로 진출입]	•작업자 [신규작업자, 일용작업자, 외국인]	✔
	•고소 작업 위치에 안전난간, 안전대 부착설비 설치 [개구부 안전난간 설치, 고소작업자 안전대 착용]	•건설기계장비 [안전검사 유효기간, 장비부품상태]	
	•작업 현장 별 위험요인 제거 [작업 특성과 조건에 따른 위험요인 제거]	•건설자재 [안전인증제품, 자재 적치 상태]	
	•그 밖의 위험요인 제거	•작업환경[방법] [안전보건규칙준수, 구조안전성확인]	✔

04 대절토 사면[05-11]

유해위험요인 파악Hazard Identification							
위험요인 위험		불량한 작업방법 위험		작업장소 위험		건강장해 위험	
기계·기구 등	●	굴착 등	●	추락 위험 등		분진 등	●
폭발, 인화성		하역, 운반 등		붕괴 위험 등	●	소음 진동 등	
전기, 열 등		중량물 등		물체 비래 등		환기, 채광 등	

위험성 평가Risk Assessment									
위험성 수준			최초 평가	●	상시 평가	월	•노사합동순회점검( )	주	•합동안전점검회의( )
고	중	저	정기 평가				•아차사고분석 ( )		
	●		수시 평가				•제안제도실시 ( )	일	•작업전 TBM ( )

위험성 감소대책Alternative					필수 확인 사항
제거	대체	공학적제어	관리적제어	개인보호구	•굴착사면 지반 상태 확인(장비 이동 동선 확인)
		●		●	•굴착사면 기울기 확인

재해발생유형	
1. 떨어짐	
2. 넘어짐	
3. 부딪힘	
4. 물체에 맞음	
5. 무너짐	✔
6. 끼임	
7. 절단·베임·찔림	
8. 감전	
9. 폭발·파열	
10. 화재	
11. 깔림·뒤집힘	✔

유해위험요인 및 감소대책 도면

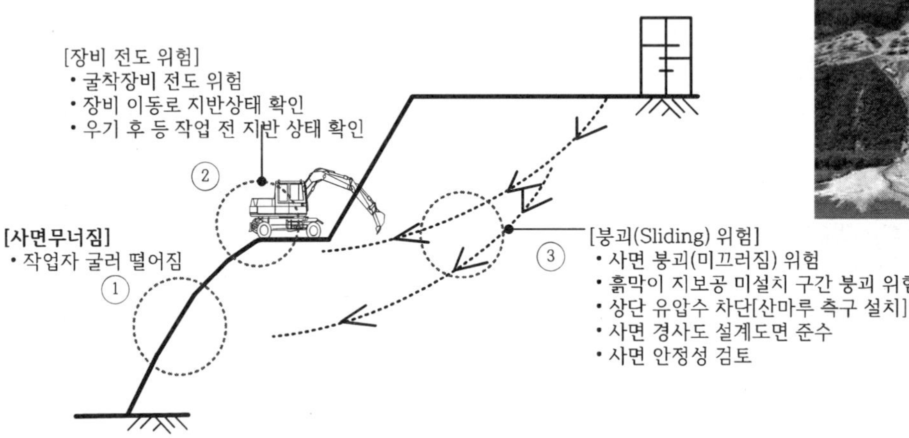

중대재해유형	재해 유발 원인	점검	확인
1. 깔림	•기계톱으로 나무를 절단하던 중 경사지에서 나무를 지지하던 굴착기가 넘어짐		
2. 물체에 맞음	•굴착기로 굴취된 나무를 인양 중 작업자를 가격		
3. 물체에 맞음	•벌목 작업 중 상부에서 벌도된 나무가 작업자와 충돌		
4. 넘어짐	•굴착 사면 정리 작업 중이던 굴착기가 경사면에서 넘어짐		
구조검토 대상	•해당사항 없음		

04 대절토 사면[05-11]

유해위험요인별 세부 항목 Checklist

유해위험요인Hazard List	위험성 감소대책 Checklist	점검	확인
1. 대절토 사면 안전성 미확보로 무너짐 2. 굴착 장비 지반 상태 약화로 뒤집힘 3. 사면 상부에서 굴러 떨어짐 4. 장비 이동 중 작업자와 부딪힘 	1. 사면 구조검토는 실시되었는가?		
	2. 사면 굴착 중 부석 등이 굴러올 가능성은 없는가?		
	3. 사면 상단 작업자가 굴러 떨어질 위험은 없는가?		
	4. 굴착 장비의 후사경과 후방영상표시장치는 있는가?		
	5. 굴착기 충돌 위험방지장치는 설치되어 있는가?		
	6. 굴착기 양중가능 조건 및 안전수칙은 준수되는가?		
	7. 와이어로프 상태는 폐기기준을 준수하고 있는가?		
	8. 옹벽 배면 굴착 장비 넘어질 위험은 없는가?		

작업 전 공통 확인사항

구분	내용
1. 작업자	•수평(수직)이동구간 이동통로 확보 및 생명줄 상태
2. 건설기계장비	•이동동선(정지)구간 지반 침하 및 지내력 상태 •양중작업용 로프(벨트) 슬링 안전성 검토
3. 작업환경	•가설구조물의 안전성 검토 및 현장 적용 여부 확인 •가설구조물 안전조치(설치기준) 준수 여부 확인

중대재해유형	중대재해예방 저감대책	중점 관리대상	
□ 깔림 [물체의 쓰러짐이나 뒤집힘]	•건설 부재 수직도 유지 및 경사재 설치 [철근이나 거푸집이 바람 등에 대비한 경사재지지 상태 확인]	•작업자 [신규작업자, 일용작업자, 외국인]	
	•건설기계장비 이동동선 장애물 제거 [지게차 등 이동동선 내 단차 또는 장애물 제거]	•건설기계장비 [안전검사 유효기간, 장비부품상태]	✔
	•건설기계장비 이동동선 지반상태 확인 [장비 이동동선 지반(성토층)의 지내력 확보 여부 확인]	•건설자재 [안전인증제품, 자재 적치 상태]	
	•그 밖의 위험요인 제거	•작업환경[방법] [안전보건규칙준수, 구조안전성확인]	✔
□ 무너짐 [건축물(토사) 등이 무너짐]	•작업 전 작업구간 이상 변위 상태 확인 [경사 또는 굴착구간 주변 변위(균열) 여부 확인]	•작업자 [신규작업자, 일용작업자, 외국인]	
	•가설 구조물 안전성 검토 확인 [가설 구조물(동바리, 흙막이 등) 구조검토서와 도면 확인]	•건설기계장비 [안전검사 유효기간, 장비부품상태]	
	•가설 구조물 설치 상태 확인 [가설 구조물 등 안전보건규칙 준수 여부 확인]	•건설자재 [안전인증제품, 자재 적치 상태]	
	•그 밖의 위험요인 제거	•작업환경[방법] [안전보건규칙준수, 구조안전성확인]	✔
□ 끼임 [건설기계 등에 끼임]	•작업자 작업구간 내 이동범위 확인 [건설기계장비 회전 반경 내 출입금지 여부 확인]	•작업자 [신규작업자, 일용작업자, 외국인]	✔
	•건설기계장비 안전장치 확보 여부 확인 [후방감지카메라, 협착방지봉 상태, 경광등 설치 여부 확인]	•건설기계장비 [안전검사 유효기간, 장비부품상태]	✔
	•작업영역 내에 관리감독자 배치 확인 [작업장 안전을 관리하는 신호수 등 배치 여부 확인]	•건설자재 [안전인증제품, 자재 적치 상태]	
	•그 밖의 위험요인 제거	•작업환경[방법] [안전보건규칙준수, 구조안전성확인]	✔

05 토류벽 흙막이[05-15]

유해위험요인 파악Hazard Identification								재해발생유형	
위험요인 위험		불량한 작업방법 위험		작업장소 위험		건강장해 위험		1. 떨어짐	✔
기계·기구 등	●	굴착 등	●	추락 위험 등	●	분진 등		2. 넘어짐	
폭발, 인화성		하역, 운반 등		붕괴 위험 등	●	소음 진동 등	●	3. 부딪힘	
전기, 열 등		중량물 등		물체 비래 등	●	환기, 채광 등		4. 물체에 맞음	✔

위험성 평가Risk Assessment									
위험성 수준			최초 평가	●	상시 평가	월	•노사합동순회점검( ) •아차사고분석 ( ) •제안제도실시 ( )	주	•합동안전점검회의( )
고	중	저	정기 평가					일	•작업전 TBM ( )
	●		수시 평가						

위험성 감소대책Alternative					필수 확인 사항
제거	대체	공학적제어	관리적제어	개인보호구	•굴착사면 지반 상태 확인(장비 이동 동선 확인) •굴착사면 기울기 확인
		●		●	

재해발생유형	
5. 무너짐	✔
6. 끼임	
7. 절단·베임·찔림	
8. 감전	
9. 폭발·파열	
10. 화재	
11. 깔림·뒤집힘	✔

유해위험요인 및 감소대책 도면

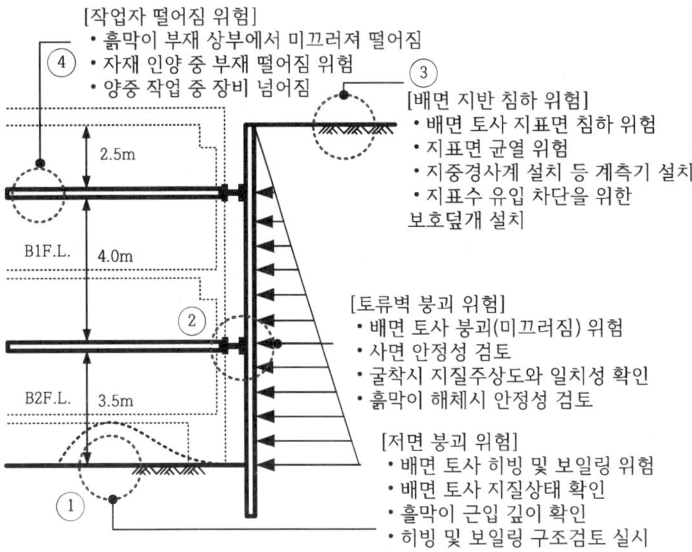

[설계변경대상][산안법령제58조]
1. 높이 31미터 이상인 비계
2. 작업발판 일체형 거푸집 또는 높이 5미터 이상인 거푸집동바리
3. 터널의 지보공 또는 높이 2미터 이상인 흙막이 지보공
4. 동력 이용하여 움직이는 가설구조물

중대재해유형	재해 유발 원인	점검	확인
1. 물체에 맞음	•강관파일 항타 작업 중 와이어로프가 인양고리에서 이탈하며 넘어지는 강관에 맞음		
2. 떨어짐	•항타기 고장으로 수직 리더에 승강 중에 몸의 중심을 잃고 떨어짐		
3. 물체에 맞음	•흙막이 버팀보 설치(또는 해체) 작업 중 외력에 의해 떨어지며 작업자 가격		
4. 떨어짐	•흙막이 설치(또는 해체) 작업 중 보 위에서 이동 중에 몸의 중심을 잃고 아래로 떨어짐		
5. 무너짐	•흙막이 가시설의 배면 토사의 변형으로 가시서러 흙막이가 무너짐		
구조검토 대상	•흙막이지보공 2미터 이상은 구조검토 대상임		

05 토류벽 흙막이[05-15]

유해위험요인별 세부 항목 Checklist

유해위험요인[Hazard] List

1. 흙막이 안전성 미확보로 무너짐
2. 굴착 장비 지반 상태 약화로 뒤집힘
3. 흙막이 상부에서 굴러 떨어짐
4. 장비 이동 중 작업자와 부딪힘
5. 흙막이 설치 작업 중 고소 작업자 떨어짐
6. 용접 작업자 작업 중 떨어짐

작업 전 공통 확인사항	
1. 작업자	•수평(수직)이동구간 이동통로 확보 및 생명줄 상태
2. 건설기계장비	•이동동선(정지)구간 지반 침하 및 지내력 상태 •양중작업용 로프(벨트) 슬링 안전성 검토
3. 작업환경	•가설구조물의 안전성 검토 및 현장 적용 여부 확인 •가설구조물 안전조치(설치기준) 준수 여부 확인

위험성 감소대책 Checklist	점검	확인
1. 설계조건과 시공조건의 일치 여부를 확인하였는가?		
2. 흙막이 구조안전성 검토는 실시되었는가?		
3. 흙막이 배면 지반 침하 현상은 dqjt는가?		
4. 굴착 장비의 후사경과 후방영상표시장치는 있는가?		
5. 흙막이 작업자 이동동선 구명줄은 설치되어있는가?		
6. 굴착기 양중가능 조건 및 안전수칙은 준수되는가?		
7. 와이어로프 상태는 폐기기준을 준수하고 있는가?		
8. 흙막이 상부 안전난간은 설치되어 있는가?		

중대재해유형	중대재해예방 저감대책	중점 관리대상	
□ 떨어짐 [높은 곳에서 사람이 떨어짐]	•작업자의 무리한 행동 억제 [지정된 작업통로(이동동선)로 진출입]	•작업자 [신규작업자, 일용작업자, 외국인]	✔
	•고소 작업 위치에 안전난간, 안전대 부착설비 설치 [개구부 안전난간 설치, 고소작업자 안전대 착용]	•건설기계장비 [안전검사 유효기간, 장비부품상태]	
	•작업 현장 별 위험요인 제거 [작업 특성과 조건에 따른 위험요인 제거]	•건설자재 [안전인증제품, 자재 적치 상태]	
	•그 밖의 위험요인 제거	•작업환경[방법] [안전보건규칙준수, 구조안전성확인]	✔
□ 맞음 [날아온(떨어진) 물체에 맞음]	•작업자 개인보호구(안전모 등) 착용 [양중 작업이나 상하 동시 작업 구간 작업자 안전모 착용 확인]	•작업자 [신규작업자, 일용작업자, 외국인]	✔
	•양중 작업 시 결속 방법 확인 [줄걸이 방법 및 자재 결속 상태 확인 후 양중 실시]	•건설기계장비 [안전검사 유효기간, 장비부품상태]	
	•고소 작업 위치 자재 적치 상태 확인 [자재 적치 장소의 물체 이탈 가능성 확인]	•건설자재 [안전인증제품, 자재 적치 상태]	✔
	•그 밖의 위험요인 제거	•작업환경[방법] [안전보건규칙준수, 구조안전성확인]	
□ 무너짐 [건축물(토사) 등이 무너짐]	•작업 전 작업구간 이상 변위 상태 확인 [경사 또는 굴착구간 주변 변위(균열) 여부 확인]	•작업자 [신규작업자, 일용작업자, 외국인]	
	•가설 구조물 안전성 검토 확인 [가설 구조물(동바리, 흙막이 등) 구조검토서와 도면 확인]	•건설기계장비 [안전검사 유효기간, 장비부품상태]	
	•가설 구조물 설치 상태 확인 [가설 구조물 등 안전보건규칙 준수 여부 확인]	•건설자재 [안전인증제품, 자재 적치 상태]	
	•그 밖의 위험요인 제거	•작업환경[방법] [안전보건규칙준수, 구조안전성확인]	✔

06 쉬트파일 흙막이[05-15]

유해위험요인 파악Hazard Identification							
위험요인 위험		불량한 작업방법 위험		작업장소 위험		건강장해 위험	
기계·기구 등	●	굴착 등	●	추락 위험 등	●	분진 등	
폭발, 인화성		하역, 운반 등		붕괴 위험 등	●	소음 진동 등	●
전기, 열 등		중량물 등		물체 비래 등	●	환기, 채광 등	

위험성 평가Risk Assessment									
위험성 수준			최초 평가	●	상시 평가	월	•노사합동순회점검( ) •아차사고분석 ( ) •제안제도실시 ( )	주 일	•합동안전점검회의( ) •작업전 TBM ( )
고	중	저	정기 평가						
	●		수시 평가						

위험성 감소대책Alternative					필수 확인 사항
제거	대체	공학적제어	관리적제어	개인보호구	•쉬트파일 흙막이 배면 변위 여부 확인 •흙막이 자재 양중 및 거치 작업 시 줄걸이, 결속 방법을 확인
		●		●	

재해발생유형	
1. 떨어짐	✔
2. 넘어짐	
3. 부딪힘	
4. 물체에 맞음	✔
5. 무너짐	✔
6. 끼임	
7. 절단·베임·찔림	
8. 감전	
9. 폭발·파열	
10. 화재	
11. 깔림·뒤집힘	✔

유해위험요인 및 감소대책 도면

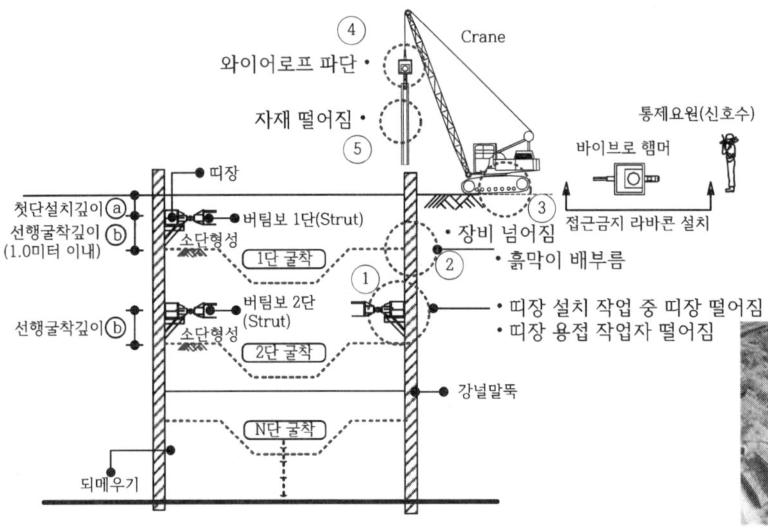

중대재해유형	재해 유발 원인	점검	확인
1. 물체에 맞음	•쉬트파일 항타 작업 중 와이어로프가 인양고리에서 이탈하며 넘어지는 강관에 맞음		
2. 떨어짐	•항타기 고장으로 수직 리더에 승강 중에 몸의 중심을 잃고 떨어짐		
3. 물체에 맞음	•흙막이 버팀보 설치(또는 해체) 작업 중 외력에 의해 떨어지며 작업자 가격		
4. 떨어짐	•흙막이 설치(또는 해체) 작업 중 보 위에서 이동 중에 몸의 중심을 잃고 아래로 떨어짐		
5. 무너짐	•흙막이 가시설의 배면 토사의 변형으로 가시서러 흙막이가 무너짐		
구조검토 대상	•흙막이지보공 2미터 이상은 구조검토 대상임		

06 쉬트파일 흙막이[05-15]

유해위험요인별 세부 항목 Checklist

유해위험요인Hazard List

1. 쉬트파일 흙막이 안전성 미확보로 무너짐
2. 굴착 장비 지반 상태 약화로 뒤집힘
3. 흙막이 상부에서 굴러 떨어짐
4. 장비 이동 중 작업자와 부딪힘
5. 쉬트파일 흙막이 설치 작업 중 고소 작업자 떨어짐
6. 용접 작업자 작업 중 떨어짐

작업 전 공통 확인사항	
1. 작업자	•수평(수직)이동구간 이동통로 확보 및 생명줄 상태
2. 건설기계장비	•이동동선(정지)구간 지반 침하 및 지내력 상태 •양중작업용 로프(벨트) 슬링 안전성 검토
3. 작업환경	•가설구조물의 안전성 검토 및 현장 적용 여부 확인 •가설구조물 안전조치(설치기준) 준수 여부 확인

위험성 감소대책 Checklist	점검	확인
1. 설계조건과 시공조건의 일치 여부를 확인하였는가?		
2. 흙막이 구조안전성 검토는 실시되었는가?		
3. 흙막이 배면 지반 침하 현상은 없는가?		
4. 굴착 장비의 후사경과 후방영상표시장치는 있는가?		
5. 흙막이 작업자 이동동선 구명줄은 설치되어 있는가?		
6. 굴착기 양중가능 조건 및 안전수칙은 준수되는가?		
7. 와이어로프 상태는 폐기기준을 준수하고 있는가?		
8. 흙막이 상부 안전난간은 설치되어 있는가?		

중대재해유형	중대재해예방 저감대책	중점 관리대상	
□ 떨어짐 [높은 곳에서 사람이 떨어짐]	•작업자의 무리한 행동 억제 [지정된 작업통로(이동동선)로 진출입]	•작업자 [신규작업자, 일용작업자, 외국인]	✔
	•고소 작업 위치에 안전난간, 안전대 부착설비 설치 [개구부 안전난간 설치, 고소작업자 안전대 착용]	•건설기계장비 [안전검사 유효기간, 장비부품상태]	
	•작업 현장 별 위험요인 제거 [작업 특성과 조건에 따른 위험요인 제거]	•건설자재 [안전인증제품, 자재 적치 상태]	
	•그 밖의 위험요인 제거	•작업환경[방법] [안전보건규칙준수, 구조안전성확인]	✔
□ 맞음 [날아온(떨어진) 물체에 맞음]	•작업자 개인보호구(안전모 등) 착용 [양중 작업이나 상하 동시 작업 구간 작업자 안전모 착용 확인]	•작업자 [신규작업자, 일용작업자, 외국인]	✔
	•양중 작업 시 결속 방법 확인 [줄걸이 방법 및 자재 결속 상태 확인 후 양중 실시]	•건설기계장비 [안전검사 유효기간, 장비부품상태]	
	•고소 작업 위치 자재 적치 상태 확인 [자재 적치 장소의 물체 이탈 가능성 확인]	•건설자재 [안전인증제품, 자재 적치 상태]	✔
	•그 밖의 위험요인 제거	•작업환경[방법] [안전보건규칙준수, 구조안전성확인]	
□ 무너짐 [건축물(토사) 등이 무너짐]	•작업 전 작업구간 이상 변위 상태 확인 [경사 또는 굴착구간 주변 변위(균열) 여부 확인]	•작업자 [신규작업자, 일용작업자, 외국인]	
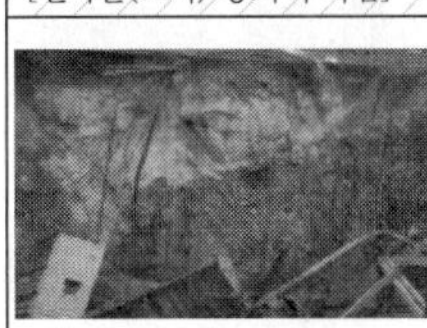	•가설 구조물 안전성 검토 확인 [가설 구조물(동바리, 흙막이 등) 구조검토서와 도면 확인]	•건설기계장비 [안전검사 유효기간, 장비부품상태]	
	•가설 구조물 설치 상태 확인 [가설 구조물 등 안전보건규칙 준수 여부 확인]	•건설자재 [안전인증제품, 자재 적치 상태]	
	•그 밖의 위험요인 제거	•작업환경[방법] [안전보건규칙준수, 구조안전성확인]	✔

재해사례

01 재해사례-트렌치 굴착 무너짐(붕괴)(1)

1. 재해개요

2020.10.13.(화) 10:10분 경 대구광역시 달성군 소재 오수관로 설치공사 현장에서 오수관로 설치를 하기 위해 지장물인 우수암거 하부의 터파기 바닥면 고르기 작업 중 좌측 사면의 토사가 붕괴되면서 근로자가 매몰되어 사망한 재해임

2. 재해상황도

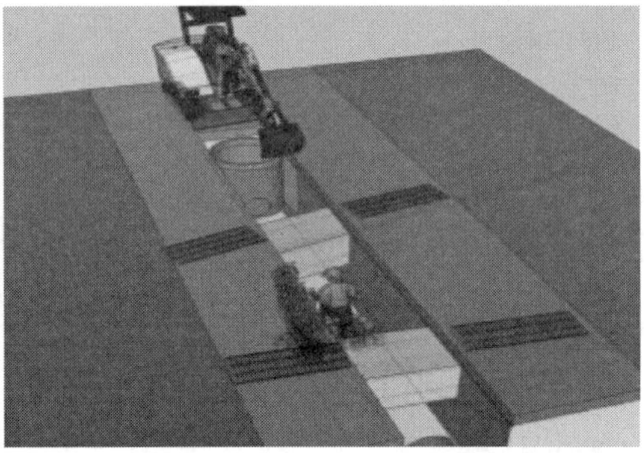

3. 재해발생원인

1) 지반 등의 굴착 시 위험 방지조치 미실시
   (1) 사업주는 지반 등을 굴착하는 경우에는 굴착면의 기울기를 기준에 맞도록 하여야 하나 미준수
   (2) 사업주는 굴착작업에서 지반의 붕괴 또는 토석의 낙하에 의하여 근로자에게 위험을 미칠 우려가 있을 경우 위험방지를 위한 조치를 하여야 하나 미실시

4. 안전대책

1) 지반 등의 굴착 시 위험 방지조치 철저
   (1) 굴착면의 기울기 기준 준수 및 흙막이지보공, 방호망의 설치 및 근로자 출입금지 등 조치

02 재해사례-트렌치 굴착 무너짐(붕괴)(2)

1. 재해개요

우수관로를 매설하기 위하여 성토지반을 수직으로 터파기 (폭 1m, 깊이 2m) 한 내부에서 우수 관로의 연결상태를 확인하던 작업자 1 인이 굴착면 상부에 적치한 토사와 터파기 벽체가 붕락되면서 매몰

2. 재해상황도

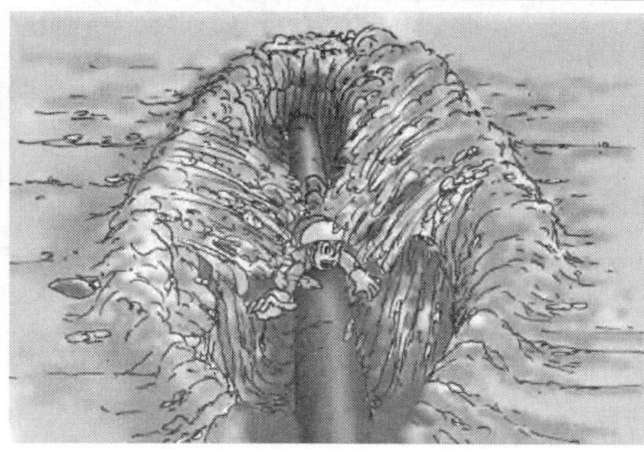

3. 재해발생원인

1) 굴착면 기울기 기준 미준수 및 토사의 적치상태 점검 등 안전관리 미흡
2) 굴착면 붕락 위험요소 미 파악 및 붕락대비 조치 미흡

4. 안전대책

1) 설계 및 발주 시 굴착면의 상세 안전성 확보방안 포함
2) 관로접합 작업 전 굴착면 기울기 및 우기 시 토사의 함수 상태 등 확인
3) 굴착면 안전확보를 위한 시공 상세도면 작성 및 조립식 흙막이 설치 등 조치
4) 작업 전 안전교육 실시 및 안전감시자 상주1) 지반 등의 굴착 시 위험 방지조치 철저

03 재해사례-트렌치 굴착 무너짐(붕괴)(3)

1. 재해개요

2016. 11. 23.(수) 15:30분경 (주)○○건설/○○아파트 신축공사 현장에서 타워크레인 전력케이블(380V) 연장·이설을 위해 협력업체 소속 재해자(현장소장)와 근로자 1명이 굴착저면으로

들어가 케이블 절단 및 연장 작업 중, 굴착 사면이 무너지면서(V≒1.5m^3) 근로자 1명은 대피하고, 재해자는 매몰되어 사망

2. 재해상황도

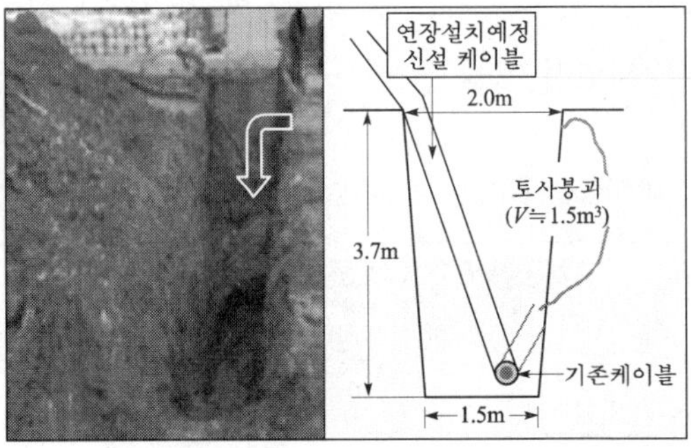

굴착면 상태 및 기울기(1:0.07)

3. 재해발생원인

1) 지반 무너짐 방지조치 철저

   굴착 작업 시 굴착면의 붕괴를 방지하기 위해 지반의 상태에 따라 적정한 굴착면 기울기를 준수하거나 흙막이 지보공을 설치하는 등 무너짐 방지조치를 철저히 하여야 함

2) 사전조사 및 작업계획서 작성 및 준수

   굴착면의 높이가 2m 이상인 지반 굴착 작업을 할 경우에는 사전에 함수·용수 상태 등 사전조사를 하고 그 결과를 고려하여 굴착방법 및 순서, 흙막이 지보공 설치 방법 및 작업지휘자 배치계획 등을 포함한 작업계획서를 작성하여야 하고, 그 계획에 따라 굴착

04 재해사례-트렌치 굴착 무너짐(붕괴)(4)

1. 재해개요

2019. 11. 14(목) 16:30경, 서울시 소재 00설비(주) 4구역 인근 정압기 및 본·공급관 공사 현장에서 재해자 2명이 도시가스 공급관 설치 작업 중 주변 토사 일부가 붕괴, 매몰되어 3개월 이상의 요양이 필요한 재해 발생

2. 재해상황도

[재해발생상황도]	[붕괴 토사 위치(추정)]

3. 재해발생원인

1) 사전조사 미실시 및 작업계획 없이 임의 작업 실시

   굴착면의 높이가 2미터 이상인 지반 사전조사를 실시하지 않고, 작업계획 없이 임의 작업함

2) 지반의 붕괴 등에 의한 위험 방지 조치 미실시

   굴착작업에 있어서 지반의 붕괴 또는 토석의 낙하에 의하여 근로자에게 위험이 있음에도 흙막이 지보공의 설치 등 그 위험을 방지하기 위한 조치를 미실시

3) 흙막이 지보공 미설치한 지반굴착 중 기울기 기준(안식각) 미준수

   지반 등을 굴착하여 사면 형성 중 「산업안전보건기준에 관한 규칙」 별표 11의 기준에 맞는 굴착면의 기울기 미준수

4. 안전대책

1) 굴착작업 시 사전조사 및 작업계획서 작성·준수

   굴착면의 높이가 2미터 이상인 지반의 굴착작업 시 해당 작업에 대한 사전조사를 실시하고 그 작성된 결과를 고려하여 작업계획서를 작성하여 그 계획에 따라 작업을 하여야 함

2) 흙막이 지보공 설치 등 지반붕괴 및 낙석위험 방지조치 실시

   굴착작업에 있어서 지반의 붕괴 또는 토석의 낙하에 의하여 근로자에게 위험을 미칠 우려가 있는 경우에는 미리 흙막이 지보공의 설치 등의 필요한 조치를 해야 함

3) 흙막이 지보공 미설치한 경우 지반 굴착 시 굴착사면의 기울기 준수

   지반 등을 굴착하여 사면을 형성하는 경우에는 「산업안전보건기준에 관한 규칙」 별표 11의 기준에 맞도록 굴착면의 기울기를 준수하여야 함

05 재해사례-크램쉘 버킷에 깔림(협착)

1. 재해개요

2017. 2. 6.(월) 16:20경 평택시 이충동 소재 OOOTower 신축공사 현장에서 협력업체인 0000건설(주) 소속 재해자가 흙막이 가시설 띠장 지지용 브라켓을 용접하기 위해 굴착 토사 반출위치(크램쉘 버킷 수직 이동구간)를 통과하여 작업장소로 이동 중 하강하던 크램쉘 버킷에 깔려 사망한 재해임

2. 재해상황도

3. 재해발생원인

1) 차량계 건설기계 접촉 방지 조치 철저
   (1) 크램쉘 등 차량계 건설기계에 근로자가 부딪칠 위험이 있는 장소에 근로자가 출입하지 않도록 통제 철저
   (2) 크램쉘 버킷 하강 위치에 유도자를 배치하여 수직이동 중인 크램쉘 버킷과의 충돌 방지

2) 작업계획서의 작업방법 이행 철저
   작업계획서의 작업방법 및 내용 이행 철저

06 재해사례-흙막이(쉬트파일) 무너짐(붕괴)

1. 재해개요

용접공이 하수관 맨홀 시공위치의 흙막이 배면(지상)에서 토류강판 연장설치를 위해 크레인으로 매단 강판(1.2m x 1.75m)을 기 시공된 강판에 용접하는 작업 중 흙막이(SGP 공법 : 가

로 10m, 세로 10m, 깊이 7.6m) 배면 지반(사질토)이 내려앉으면서(기 굴착된 흙막이 내부로 토사 유입) 허리까지 매몰되자 협력업체 현장소장 및 굴착기 기사가 구조를 시도하였으나 지반이 추가 붕괴되면서 3명 전원이 매몰되어 사망한 재해임

2. 재해상황도

3. 안전대책

1) 흙막이 지보공을 조립할 때에는 당해 조립도에 따라 설치방법과 순서를 준수하여야 함

2) 당 현장은 사질토이고 하천에 인접하여 굴착함으로서 지하수 유입 등에 의한 붕괴 위험이 높은 작업조건이므로 차수용 토류 강판을 충분한 깊이까지 근입한 후 굴착하는 등 시공순서를 준수하여야 함

07 재해사례-흙막이 해체 중 무너짐(붕괴)

1. 재해개요

교량의 교각위치에 설치된 흙막이지보공(H-pile+토류판+버팀대) 해체작업을 진행하는 과정에서 띠장과 버팀대(1단) 접속부 볼트를 해체한 후 띠장과 엄지말뚝 접속부 용단작업을 실시하던 중, 토류벽이 붕괴되면서 인접한 띠장위에서 작업을 지켜보던 피재자가 배면 토사에 매몰·사망한 재해임

2. 재해상황도

3. 안전대책

흙막이지보공 해체작업을 하는 때에는 부재의 변위·탈락 등에 의한 토류벽 붕괴를 방지하기 위해 되메우기를 실시하여 외부토압에 의해 토류벽에 영향을 미치지 않는 범위내에서 접속부재 해체하는 등 해체작업순서를 준수하여야 함

4. 흙막이 재해사례

크롤러드릴 로드에 설치된 집진후드의 작동상태를 점검하던 중 회전중이던 로드의 비트부분에 작업복이 감기면서 피재자가 협착되어 늑골등이 골절되어 사망한 재해	굴착공사 중 어스앵커지지형식의 흙막이벽체가 붕괴되면서 철골작업대 상 · 하부에서작업 중이던 근로자 3명이 사망하고 13명이 부상한 재해

흙막이버팀보작업을 하기 위해 버팀보상부에서 하부지지 받침보의 연결볼트를 산소로 절단하던 중 연결볼트가 절단됨과 동시에 하부지지 받침보 한쪽이 떨어지면서 몸의 중심을 잃고 추락하여(7m) 사망한 재해	자재반입용 개구부(1.8x4.5m)를 지하3층의 자재를 인양하기 위한 이동식크레인 신호작업을 진행하던 중 몸의 중심을 잃고 실족하여 약 7.6m 아래 바닥으로 추락하여 사망한 재해

08 재해사례-흙막이 설치 중 띠장 물체에 맞음(낙하비래)

1. 재해개요

2020.07.27.(월) 08:55경 서울시 서초구 서초동 소재 업무시설 신축공사 현장에서 해자가 흙막이 가시설 두 번째 단의 우각부 스트러트 밀림방지 부재 설치 작업 중 재해자 작업구간 상부에서 설치 중이던 띠장*이 하부로 떨어지면서(H≒40cm) 재해자 두부를 강타하여 사망한 재해임

* 띠장(Wale) : 널말뚝 또는 버팀보를 지지하기 위한 흙막이 가시설 수평부재

2. 재해상황도

[굴삭기 지게포크 사용]	[재해발생 상황도]

3. 안전대책

1) 출입금지 구역 설정 및 출입금지 조치

사업주는 흙막이 가시설 등 중량물이 떨어질 위험이 있는 경우 출입금지구역을 설정하고 출입금지 조치를 하여야 함

2) 작업계획서에 따른 작업절차 및 안전대책 준수 철저

사업주는 ①차량계 건설기계(굴삭기) 작업, ②굴착작업, ③중량물(흙막이 가시설) 취급작업 시 작업계획서에 따른 작업절차 및 안전대책을 준수하여 작업하도록 하여야 함

3) 차량계 건설기계 주용도 외 사용금지

굴삭기는 굴착작업 등 주된 용도에만 사용하여야 함. 다만, 근로자가 위험해질 우려가 없는 경우에는 그러하지 아니함

09 재해사례-흙막이 무너짐(붕괴)

1. 재해개요

피재자등 3명이 흙막이 가시설 보수 및 버럭 반출작업 후 흙막이 가시설의 이상조짐을 인지하고 복공판 주변에서 이를 주시하던 중, 흙막이 가시설이 서→남→북→동측 순으로 붕괴되면서, 2명이 매몰되어 사망하고 1명이 대피중 부상당한 재해임

2. 재해상황도

3. 안전대책

흙막이지보공 설치작업을 진행하는 때에는 과굴착을 금하고 흙막이 설계도서에 따라 흙막이 가시설을 적기에 설치하여야 하며, 계측기설치를 통해 주기적으로 계측관리를 하고 이상징후 시에는 즉시 보강조치를 하여야 함

10 재해사례-어스앵커 대좌 충돌

1. 재해개요

2018. 1. 23(화) 08:57분 경, 대전광역시 서구 소재 복합문화시설 신축공사 현장에서, 재해자가 어스앵커(Earth Anchor) 강선 인장작업 중 어스앵커 대좌(Bracket)가 회전하면서 인장기 실린더에 머리를 맞아 사망한 재해임

2. 재해상황도

3. 재해발생원인

1) 사전 흙막이지보공 부재 검수 철저 및 정기적인 손상여부 점검 실시
   (1) 사업주(현장대리인)는 현장에 반입된 흙막이지보공 부재에 대한 사전검수(단면결손 및 변형, 용접불량, 부식, 재사용 가설기자재 여부 등)철
   (2) 주기적인 점검을 통하여 결함이 있는 부재에 대한 교체, 보강 등 관리

11 재해사례-콘크리트 옹벽 무너짐(붕괴)

1. 재해개요

피재자(미장공, 만31세)외 1명이 본관동 도로 상에서 옹벽 전면 문양 다듬기 및폼타이 제거 등의 견출 작업을 하던 중 당일 배면 되메우기 작업이 완료된 토사(50m^3)의 압력에 의해 전체 옹벽 146m 중 일부구간(L=20m, H=2.5~3.5m, t=20cm)이 파괴되어 넘어져 1명 사망, 1명 부상한 것으로 추정됨

2. 재해상황도

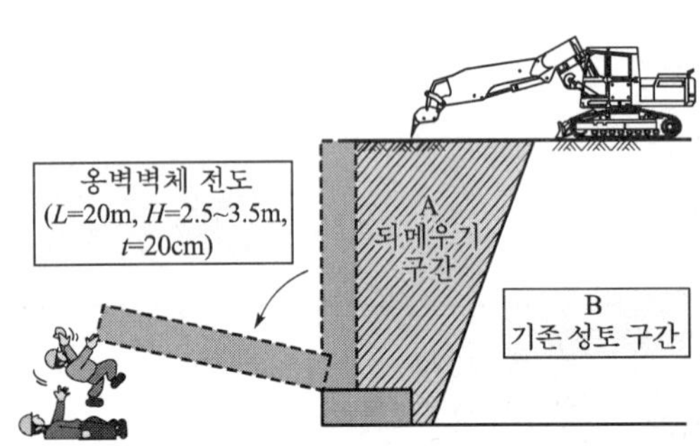

3. 안전대책

1) 옹벽 시공 전 구조검토 실시 및 설계도면 작성 철저

옹벽과 같은 토압을 받는 구조물을 시공을 할 때에는 사전에 구조검토를 실시한 후 설계도면을 철저히 작성하여야 하고, 옹벽의 전도 등에 외적 안전성에 대한 검토 시 안전율(Fs)을 고려하여야 하며, 전도 안전율이 2이상이 될 수 있도록 옹벽 벽체두께를 키우거나 옹벽 저판 길이를 충분히 하는 등의 안전성이 확보된 설계를 하여야 함

2) 옹벽 콘크리트 시방서 작성 및 준수 철저

옹벽 시공 시 콘크리트 최소 양생기간을 정하여 압축강도가 충분히 발현된 후 토사 되메우기 작업이 이루어지도록 시방서를 작성 및 준수하여야 하고, 롤러 등의 장비를 이용하여 성토 후 다짐을 실시하고 배면 성토부에 상재 하중이 추가 발생하지 않도록 화물차량의 통행을 금지하는 등의 조치 철저

12 재해사례-보강토 옹벽 무너짐(붕괴)

1. 보강토 옹벽 개요

1) 보강토 옹벽이란

흙과의 결속력이 큰 보강재를 흙 속에 삽입하여 흙과 보강재가 복합체를 이루게 함으로써 추가적인 구속압을 유발시켜 토체의 안정을 가하는 공법

2) 구성요소 : 보강재(보강철근 또는 토목섬유), 뒤채움 흙, 전면판

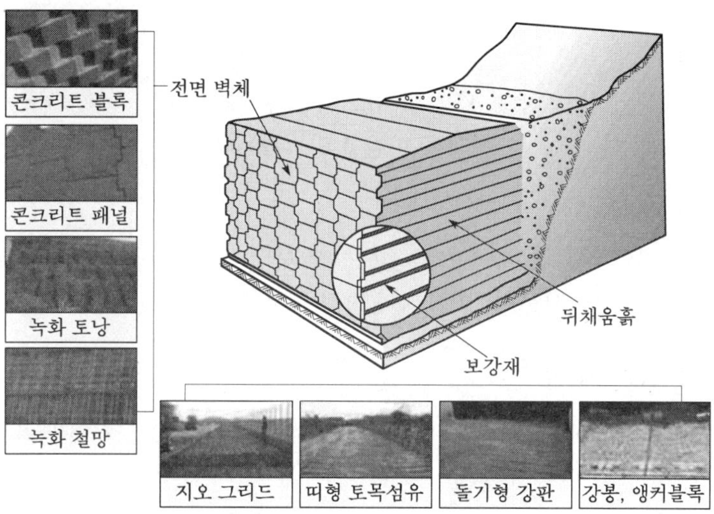

그림 5.6.1. 보강토 옹벽

2. 재해상황도

3. 보강토 옹벽 피해유형과 원인

1) 보강토 옹벽 전체붕괴

(1) 부적절한 설계(전체 안전성 검토 미흡, 지지력 부족)

(2) 강우 시 지표수 처리 미흡, 불량 뒤채움 흙 사용 및 다짐불량

2) 전면벽체 붕괴

(1) 배면 수직 배수층 재료불량 및 배수설계 불량으로 빗물과 오수 유입

(2) 동절기 동결손상에 의해 보강재 연결부 파단

3) 보강토 옹벽 침하

(1) 보강토 옹벽 하부 성토지반의 다짐 불량 및 기초지반 지지력 부족

(2) 보강토 옹벽 하부 배수시스템 설계와 시공 미흡

4) 전면벽체의 균열

(1) 압축강도가 작은 전면벽체의 사용 및 기초지반 부등침하

(2) 전면벽체 간의 연결상태 불량(과잉 인장응력 유발)

5) 전면벽체의 변형

(1) 뒤채움 흙의 재료불량 및 배수불량, 전면벽체 부근 과도한 다짐

(2) 복합적 원인(재료 및 시공)에 의한 수평변위(배부름 현상) 발생

4. 보강토 옹벽 시공 중 점검사항

1) 주요 구성 재료의 품질 확인(보강재 시험성적서, 뒤채움 흙 입도, 전면판 품질 등)
2) 보강재의 설치 및 반복 작업시 동일한 품질 확보(시공순서 준수)
3) 공사 진행에 따른 수시 육안관찰(벽체 배부름, 지반침하, 전면판 손상) 실시 여부
4) 정기적인 계측실시 및 관리(계측보고서) 여부
5) 지표수 유입 및 지하수 차단을 위한 대책수립 여부

5. 보강토 옹벽 재해사례

보강토옹벽 블록끝단부에서 블럭내부에 골재로 속채움 정리작업을 진행하던 중 약 2.2m아래 바닥으로 추락하여 사망한 재해	법면에 보강토옹벽을 시공한 후, 단부를 수동로울러로 다지던 중 6m아래 바닥으로 장비와 함께 추락하여 사망한 재해

13 재해사례-사면 무너짐(붕괴)

1. 재해개요

도시개발사업 단지조성공사 현장에서 개착식 터널구간(L=240m) 측면부의 절취사면(높이 50m, 폭 300m) 일부구간(토석 약 1,500ton)이 붕괴 되면서 하부에서 구조물 철근 및 거푸집 조립작업 중이던 피재자 3명이 매몰되어 사망하고 5명이 부상한 재해임

2. 재해상황도

3. 안전대책

대절토 구간 굴착을 진행하는 때에는 사전에 지반조사를 실시하여 굴착사면이 적정한 기울기(연암의 경우 1:0.5)이내가 되도록 굴착 하여야 하며, 대절토 사면이 장기간 노출되어 우수침투·절리 및 균열의 발달 등으로 붕괴우려가 있는 때에는 적정한 지보공(Rock Anchor 등) 설치, 법면 보호덮개 설치 등 필요한 조치를 하여야 함

4. 사면 재해사례

절토비탈면에 낙석방지망을 설치하기 위해 이동식 크레인으로 낙석방지망을 인양하여 달기구와망의 결속부위를 절단하는 순간 몸의 중심을 잃고 약 7m아래 지면으로 추락하여 사망한 재해

비탈면상부 소단부에서 낙석방지책 기초 거푸집 조립작업을 하다가 추락하여(20m) 사망한 재해

14 재해사례-항타기 끼임(협착)

1. 재해개요

2016년 7월22일 15시57분경 김포시 양촌읍 소재 학운2단지 ○○○공장 신축공사 현장에서 항타기를 다른 작업지점으로 이동하는 과정에서 항타기의 균형유지 등을 위하여 이동 할 지면에 깔아놓을 무게 3ton 철판(깔판)을 항타기에 부착된 인양장치를 이용 인양하는 중에 보조 작업자인 재해자가 후크를 완전히 고정하지 않은 상태에서 인양 중에 철판이 고리에서 탈락하면서 재해자를 덮쳐 철판과 지면 사이에서 협착 사망한 재해임

2. 재해상황도

3. 안전대책

1) 작업계획에 따른 작업지휘자 및 유도자 배치

   항타기 이동 및 작업 시에는 작업계획서를 작성하고 동 작업계획서에 따라 작업지휘자를 배치하여 작업범위 밖에서 작업을 유도하고 작업범위 내 작업자 등의 출입을 금지한 상태에서 작업을 진행

2) 연결고리(훅)의 체결 상태 확인 및 사전 교육 실시

   업무에 대한 위험성 등을 사전에 교육하여 후크의 인양고리체결이 양호한 상태로 체결상태 확인 후 인양을 실시하여야 함

3) 작업계획서 작성 후 작업계획서대로 작업 진행

   항타기 및 중량물 취급 시는 작업환경 및 작업방법 등에 내용을 포함한 작업계획서를 상세히 작성하고 작업계획서에 따라서 작업을 진행하도록 관리

4) 인양고리 등 적절한 도구의 사용

규격화된 후크장치에 적합한 인양 고리 등을 제작하여 작업자가 체결작업 시 등에 편리하게 체결작업이 될 수 있도록 도구의 적절한 제작과 사용

15 재해사례-항타기 물체에 맞음(낙하비래)

1. 재해개요

파일 천공작업을 위해 항타장비를 후진하여 회전하던 중 항타기 해머(3ton)를 상부에서 지지하고 있던 와이어로프의 샤클이 풀리면서 해머가 낙하하여 피재자를 가격 · 사망한 재해임

2. 재해상황도

3. 안전대책

항타기의 권상용 와이어로프에 해머 등을 연결하는 때에는 탈락되지 않도록 클램프·클립 등으로 견고하게

16 재해사례-PHC 말뚝 물체에 맞음(낙하비래)

1. 재해개요

기초공사를 위해서 PHC말뚝 두본을 용접 연결한 후 동재하시험을 위해 케이싱에서 인양하여 이동하려던 중 PHC말뚝이 와이어로프에서 탈락, 전도 되면서 인근에서 작업 중이던 피재자를 덮쳐 사망한 재해임

2. 재해상황도

3. 안전대책

1) PHC말뚝 인양 등 작업 시에는 인양 중 말뚝이 떨어짐으로 인한 위험을 예방하기 위하여 말뚝길이를 고려한 출입금지 구역을 설정하고 근로자의 출입을 통제하는 등 안전조치를 철저히 하여야 하며,
2) PHC파일을 인양할 수 있는 커플러 또는 PHC파일 제작시 인양용으로 사용할 수 있는 천공 구멍 등 러그를 설계·제작시 반영하여야 함

4. 말뚝 재해사례

파일 천공작업을 위해 항타장비를 후진하여 회전하던 중 항타기 해머(3ton)를 상부에서 지지하고 있던 와이어로프의 샤클이 풀리면서 해머가 낙하하여 피재자를 가격 · 사망	강관파일 항타작업중 Auger를 인발하면서 스크류상부의 토사덩어리가 낙하하여 피재자 강타

17 재해사례-말뚝(와이어로프 이탈)(협착)

1. 재해개요

2021년 1월 20일 10:31경 경기도 과천시 소재 지식정보타운 공동주택 신축공사 현장에서 PHC파일*(D600mm) 이동 중 와이어로프 줄걸이(둘러매기**)가 빠지면서 이탈하여 인근에서 작업 중이던 타 공종 작업자가 전도된 파일에 깔려 사망한 재해임

* PHC Pile(Pretentioned spun High strength Concreate pile)은 원심력을 이용하여 만든 프리텐션 방식에 의한 고강도 콘크리트 파일로 깊은기초의 상부구조물 지지용으로 많이 사용

** 둘러메기 인양방법이란 와이어로프 2줄을 PHC말뚝에 감고 각각 샤클로 고정하는 형태로 인양시 PHC파일 무게로 인해 와이어로프가 조여져 마찰에 의해 버티는 형태임

[유사사례]

◈ 2020.10.15.(목) 14:40분경 경남 창원시 진해구 소재 물류센터 신축공사에서 PHC파일 항타 후 지지력 확인을 위해 리바운드량 측정을 하던 중 샤클핀이 이탈되면서 샤클과 체결되어 있던 베어링 슈벨이 약 8m 높이에서 낙하되면서 재해자의 두부를 강타하여 사망

◈ 2020. 6. 4(목) 15:30경 경기도 고양시 소재 복합시설 건설현장에서 CIP 파일 항타작업 중 재해자가 탈락한 항타기 케이싱 모터 케이블에 맞아 사망

2. 재해상황도

3. 재해발생원인

1) 낙하에 의한 위험예방조치 미실시

중량물(PHC 파일) 인양 작업시 작업반경 내 출입금지구역 설정 등의 조치없이 작업을 진행하던 중 인양중인, PHC파일 줄걸이로부터 빠지면서 낙하하여 작업반경내에서 작업 중이던 근로자를 덮쳐 재해가 발생함 - 와이어로프 2줄걸이 매달기 지점위치는 파일상부에

서 약 1.2m로 인양높이(약2.28m)보다 적은 이격거리로 매달아 인양 중 PHC파일이 낙하, 전도되어 재해가 발생함

2) 중량물 취급 작업계획 미수립
PHC파일 연결작업 시 출입금지구역 설정, 줄걸이방법 등 중량물 취급 작업계획을 미수립함

4. 안전대책

1) 낙하에 의한 위험예방조치 철저[산업안전보건기준에 관한 규칙 제14조](낙하물에 의한 위험의 방지)
PHC파일 인양 등 작업시에는 파일 낙하, 전도 등 낙하물이 근로자에게 위험을 미칠 우려가 있는 경우 필요한 조치를 하여야 함

2) 중량물 취급 작업계획 수립 및 준수[산업안전보건기준에 관한 규칙 제38조](사전조사 및 작업계획서의 작성 등)
PHC말뚝 등 중량물 취급시에는 낙하 등의 위험을 방지하기 위하여 줄걸이 방법, 출입금지구역 설정 등 중량물 취급계획을 수립한 후 작업지휘자를 정하여 작업순서 및 작업방법, 출입금지 등을 수행하며 중량물 취급계획을 준수하여야 함

제6장

콘크리트공사

1. 철근공사
2. 거푸집 및 동바리공사
3. 콘크리트 시공 안전관리
4. 안전진단
5. 콘크리트공사 위험성평가표 및 재해사례

construction safety management

1. 철근공사

철근공사 작업절차와 위험요인 06-01

1. 작업절차

철근공사는 가공작업 시 철근 절곡기의 풋 스위치Foot Switch안전장치와 철근 묶음 운반 시 줄걸이 로프나 결속상태 불량으로 인한 로프 파단 사고와 낙하에 대한 안전대책 수립이 요구된다.

1) 운반
   (1) 상차
   (2) 하차
   (3) 운반

2) 가공
   (1) 밴딩(구부리기)
   (2) 운반

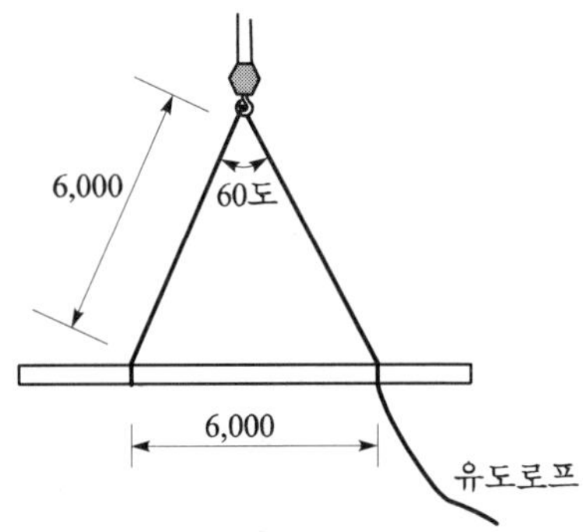

그림 6.1.1. 철근 양중조건

3) 철근조립 준수사항[안전보건규칙제333조]
   (1) 양중기로 철근을 운반할 경우에는 두 군데 이상 묶어서 수평으로 운반할 것
   (2) (위험 방지 조치) 작업위치의 높이가 2미터 이상일 경우
      가. 작업발판 설치할 것
      나. 안전대를 착용하게 할 것

2. 위험요인

1) 넘어짐(도괴) 위험
   (1) 수직철근 도괴 안전조치
   (2) 도괴 안전장치의 고정상태 불량

2) 낙하물 위험

3) 찔림 위험

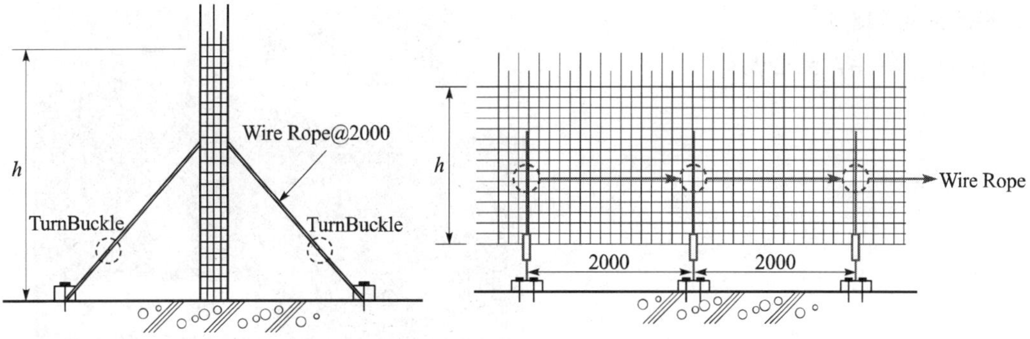

그림 6.1.2. 철근 버팀대(줄) 설치 사례

3. 철근 조립 시 안전대책

1) 넘어짐(도괴) 대책

(1) 벽, 기둥 철근의 경우 - 버팀대 설치

(2) 터널 라이닝 철근인 경우 - 천단부에 고정 앵커 또는 지지대 설치

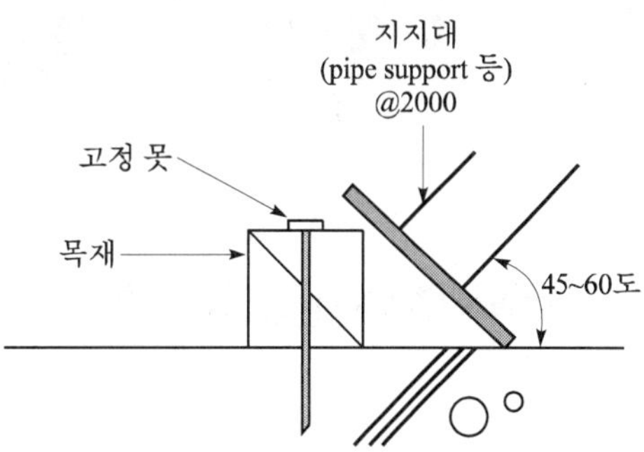

그림 6.1.3. 철근 버팀대 고정 사례

2) 철근 도괴방지 조치방법[1)]

(1) 벽체 철근은 와이어로프(D16밀리미터 등) + 턴버클을 사용하여 양면 고정할 것

(2) 벽체 철근을 파이프써포트를 이용하여 경사버팀대로 설치할 것

(3) 버팀대 및 긴장재는 적정 각도로 설치할 것

(4) 태풍 등 일기예보에 관심을 갖고 대비책 및 보강을 실시할 것

(5) 붕괴위험에 대비 기초하부에 작업자가 들어가는 일이 없도록 작업계획 수립할 것

(6) 도괴(전도)위험이 있는 철근 조립부위의 작업대 해체작업 시에는 작업지휘자를 배치하고,구체적인 작업방법·순서를 소속 근로자에게 주지 시키는 등 관리감독 철저히 할 것

(7) 철근조립 시공계획 수립 시 겹이음의 위치 조정 등으로 5미터 이상의 높이에서 수직철근의 조립에 발생하지 않도록 하는 등의 철근 전도방지 조치 철저히 할 것

3) 개인보호대책 : 개인 보호구 착용할 것

---

1) (질의) 철근작업시 실족 및 전도방지를 위한 발판설치비용 산업안전보건관리비 사용여부
(회신) 실족방지망의 경우 해당 시설물의 설치가 철근 작업자들의 이동 및 작업 시 철근 사이에 발빠짐 및 꺾임 등 실족을 방지하기 위한 목적이 있다. 작업의 원활한 수행을 위한 이동통로로써 이동의 편의성을 위한 목적으로도 볼 수 있고 작업의 용이성도 있는 만큼 안전관리비로 사용이 불가하다.

4) 작업 중 보호대책

(1) 철근 돌출부 보호캡 설치

그림 6.1.4. 교량 슬래브 철근 상부 작업자 통로발판 설치 사례

학습 Note 철근다발 양중작업 방법에 따른 적정 묶음 위치

철근다발 양중 방법	철근 양중시 처짐 모양		처짐 최소 묶음 위치	
	묶음위치	처짐 모양	철근길이L[m]	b[m]
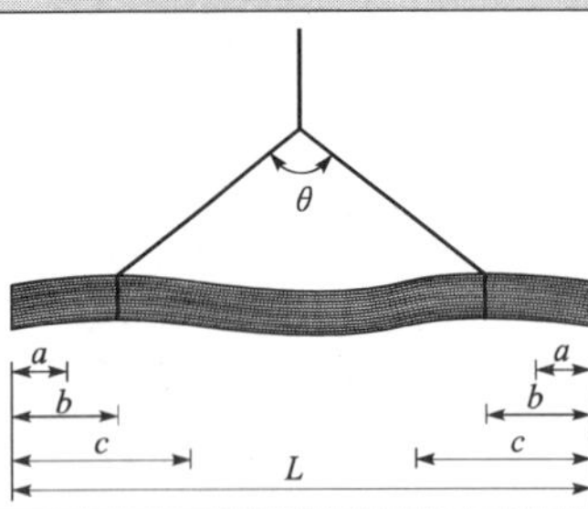	a	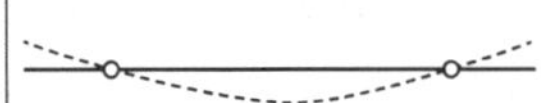	8.0	1.78
	b		10.0	2.23
	c		12.0	2.67

양중작업할 때 묶음 위치는 양끝단에 가까울수록 가운데 부분에 처지는 묶음위치 a의 처짐 모양이고 가운데에 가까울수록 c의 처짐모양이 됨을 짐작할 수 있다. 철근의 처짐이 양끝단과 중앙에서 최소가 되는 묶음 위치 b는 전체길이의 약 1/4 지점이 된다.

보 부재의 철근배치 06-02

1. 철근 표기

[표기예시] SD500W D19 경우

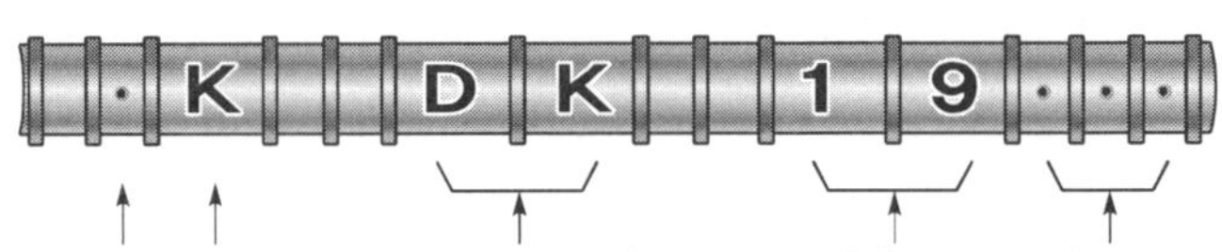

그림 6.1.5. 철근 기호

1) 원형철근

표면에 리브 또는 마디 등의 돌기가 없는 원형단면의 봉강으로서 KS D 3504(철근콘크리트용 봉강에 규정되어 있는 철근

2) 이형철근

표면에 리브와 마디 등의 돌기가 있는 봉강으로서 KS D 3504(철근콘크리트용 봉강)에 규정되어 있는 철근

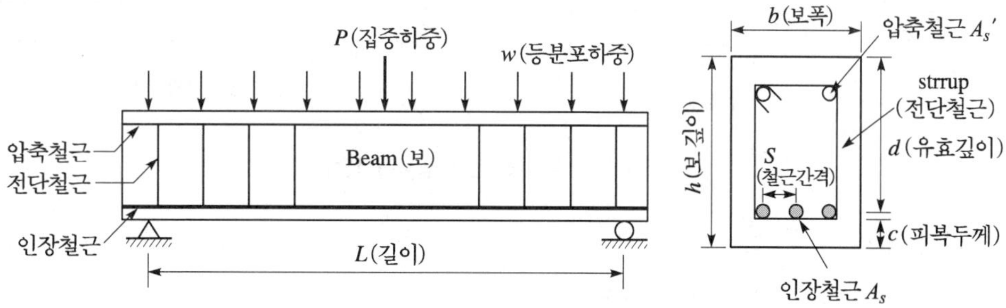

그림 6.1.6. 단순보와 단면

2. 철근비

1) 균형철근비

철근이 항복($\epsilon_s = \epsilon_y$)할 때 콘크리트 압축변형률(ϵ_c)이 0.003에 도달 할 때의 철근비

2) 인장철근비 ρ

콘크리트의 유효단면적($b \times d$)에 대한 인장철근 단면적(A_s)의 비

3) 압축철근비 ρ'

콘크리트의 유효단면적($b \times d$) 대한 압축철근 단면적(A_s')의 비

3. 인장지배단면과 압축지배단면

1) 인장지배단면

압축연단 콘크리트가 가정된 극한변형률에 도달할 때 최외단 인장철근의 순인장변형률 ε_t가 0.005의 인장지배변형률 한계 이상인 단면.

2) 압축지배단면

압축연단 콘크리트가 가정된 극한변형률에 도달할 때 최외단 인장철근의 순인장변형률 ε_t가 압축지배변형률 한계 이하인 단면.

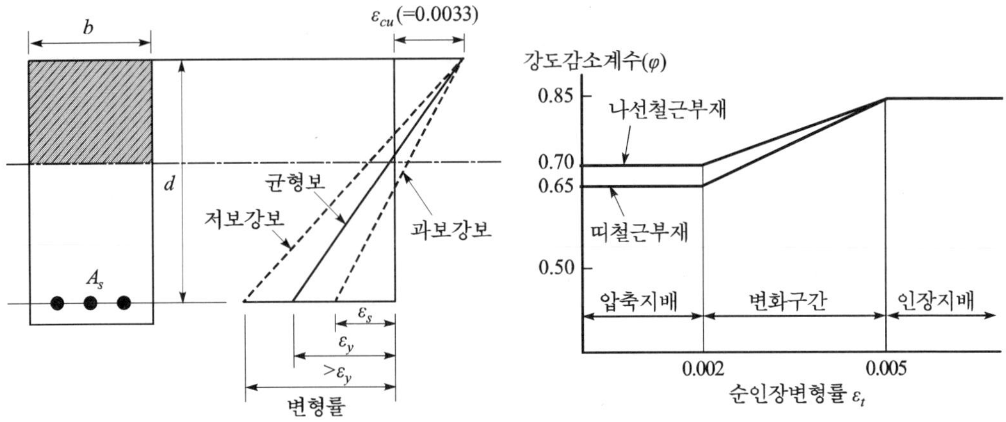

그림 6.1.7. 인장지배단면과 압축지배단면

3) 보의 파괴 형태

(1) 인장파괴 : 저보강보(과소철근보)

(2) 균형파괴 : 균형철근보

(3) 압축파괴 : 과보강보(과다철근보)

4. 피복두께와 배치간격

1) 피복두께

콘크리트 표면과 그에 가장 가까이 배치된 철근표면사이의 콘크리트 두께. 최소 200밀리미터~최대 800밀리미터로써 최소피복두께가 유지되어야 하는 이유는 다음과 같다.

(1) 철근 부식 방지

(2) 화재에 의한 손상 방지

(3) 철근의 부착력 확보

2) 배치간격

(1) 동일 평면에서 평행하는 철근 사이의 수평순간격은 25밀리미터 이상, 철근 공칭 지름 이상

(2) 상단과 하단 2단 이상일 경우, 상하 철근은 동일 연직면 내에 배치되어야 하고, 이 때 상하철근의 순간격은 25밀리미터 이상

피복두께				최소피복두께
콘크리트 구조기준	• 흙에 접하여 콘크리트를 친 후 영구히 흙에 묻혀있는 콘크리트			80밀리미터
	• 흙에 접하거나 옥외 공기에 직접 노출되는 콘크리트	• D29 이상의 철근		60밀리미터
		• D25 이상의 철근		50밀리미터
		• D16 이하의 철근, 지름 16mm 이하의 철선		40밀리미터
	• 옥외의 공기나 흙에 직접 접하지 않는 콘크리트	• 슬래브, 벽체, 장선	• D35 초과하는 철근	40밀리미터
		• 보, 기둥	• D35 이하인 철근	20밀리미터
		• 쉘, 절판부재	• $f_{ck} \geq 40$MPa 이상인 경우 규정값에서 10밀리미터를 저감시킬 수 있음	40밀리미터
			–	20밀리미터
	• 본선터널 : 60밀리미터 • 갱문 : 80밀리미터			

5. 띠철근

1) 주인장 철근

보 부재 인장응력에 저항하기 위해 배치되는 철근

2) 전단철근

보 부재의 복부에서 사인장 응력에 저항하기 위해 배치되는 철근

(1) 절곡철근Bent Up Bar

(2) 스터럽Stirrup

3) 띠철근

기둥에서 종방향(기둥길이방향) 철근의 위치를 확보하고 전단력에 저항하도록 정해진 간격으로 배치된 횡방향의 보강철근 또는 철선

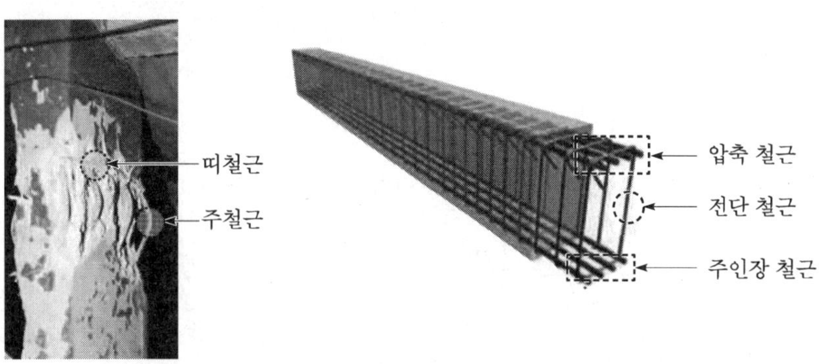

그림 6.1.8. 보와 기둥의 철근 배근

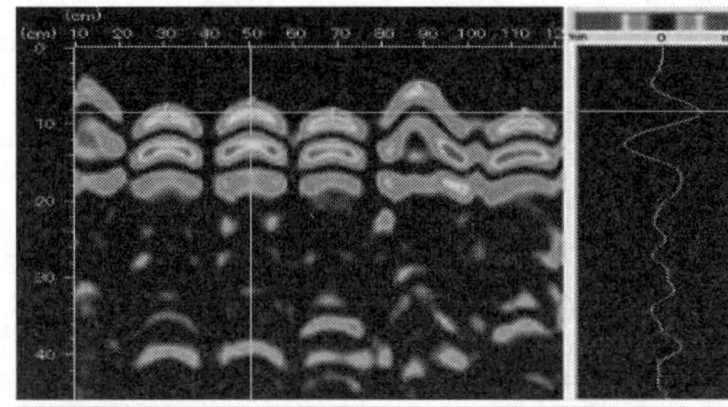

철근 방향	주철근	
측정치 평균 (mm)	피복두께	103.0
	철근간격	242.0

그림 6.1.9. 벽체 철근 비파괴조사 사례

철근 부착과 정착 06-03

1. 부착 Bond

철근과 콘크리트가 일체로 붙어있는 상태에서 철근과 콘크리트 경계면의 활동에 저항하는 성질을 말한다.

2. 정착 Anchorage

철근의 끝부분이 콘크리트 속에서 빠져나오지 않도록 고정하는 것

1) 인장철근의 정착길이

(1) 기본정착길이

$$l_{db} = \frac{0.6 d_b f_y}{\lambda \sqrt{f_{ck}}}$$

(2) 정착길이

$$l_d = l_{db} \times (\text{보정계수 } \alpha, \beta, \lambda) \geqq 300mm \qquad (1)$$

여기서, α = 철근배근 위치계수, β = 도막계수, λ = 경량콘크리트 계수

$$l_d = \frac{0.90 d_b f_y}{\lambda \sqrt{f_{ck}}} \frac{\alpha \beta \gamma}{\left(\frac{c + K_{tr}}{d_b}\right)} \qquad (2)$$

인장철근 정착길이는 Min[식(1), 식(2)]

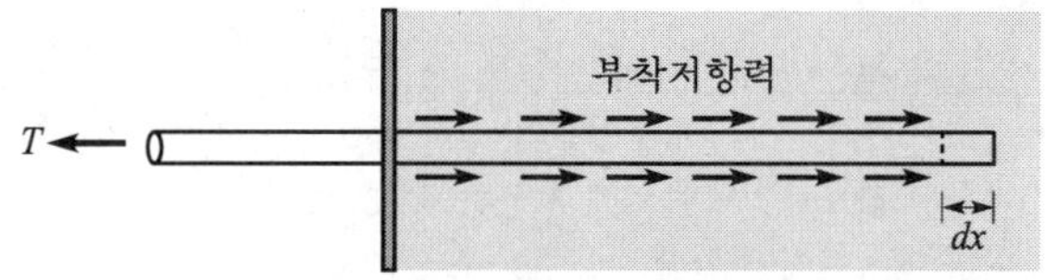

그림 6.1.10. 철근의 부착저항력

2) 압축철근의 기본정착길이

$$l_{db} = \frac{0.25 d_b f_y}{\lambda \sqrt{f_{ck}}} \geq 0.04 d_b f_y \geq 200mm$$

3. 이음Splice

철근콘크리트 속에서 2개의 철근을 하나의 철근처럼 이어서 사용하는 것

1) 이음부의 위치
  (1) 최대 인장응력이 작용하는 곳에서 이음은 피할 것
  (2) 이음부를 한 단면에 집중시키지 않고 엇갈리게 할 것

2) 이음방법
  (1) 겹침이음Lap Splice 가장 많이 사용함
  (2) 기계적이음
  (3) 용접이음

3) 철근의 겹침이음
  (1) 인장력을 받는 이형철근 및 이형철선의 겹침이음길이는 A급과 B급으로 분류하며 다음 값 이상, 또한 300밀리미터 이상
    가. A급 이음 : $1.0l_d$ 이상
    나. B급 이음 : $1.3l_d$ 이상
  (2) 겹침이음에서 A급 이음과 B급 이음의 분류
    가. A급 이음
      배치된 철근량이 이음부 전체 구간에서 해석결과 요구되는 소요철근량의 2배 이상이고 소요겹침이음길이 내 겹침이음된 철근량이 전체 철근량의 1/2 이하인 경우
    나. B급 이음
      가.에 해당되지 않는 경우
  (3) 철근의 배근은 최소 응력점에서 철근을 잇도록 하고, 이음으로 인해 나타날 수 있는 위험한 거동을 보완하기 서로 엇갈리게 겹침이음을 할 것

<table>
<tr><th>구분</th><th>정착길이</th></tr>
<tr><td>콘크리트
구조기준</td><td>• 인장 이형철근 및 이형철선의 정착길이 l_d는 기본정착길이 l_d에 보정계수를 곱하여 계산된 값 또는 식에 의해 계산된 값 중 큰 값으로 하며 정착길이 l_d는 항상 300밀리미터 이상이어야 한다.
• 두 계산 방법중 선택하여 적용
① 기본정착길이 × 보정계수 : $l_{db} = \dfrac{0.6 d_b f_y}{\lambda \sqrt{f_{ck}}} \times$ 보정계수
② $l_d = \dfrac{0.90 d_b f_y}{\lambda \sqrt{f_{ck}}} \times \dfrac{\alpha\beta\gamma}{\left(\dfrac{c+K_{tr}}{d_b}\right)}$ 단, $\dfrac{(c+K_{tr})}{d_b} \le 2.5$</td></tr>
</table>

<table>
<tr><th>구분</th><th>이음길이</th></tr>
<tr><td>콘크리트
구조기준</td><td>• 인장력을 받는 이형철근 및 이형철선의 겹침 이음길이는 A급, B급으로 분류하며 다음값 이상, 또한 300밀리미터 이상이어야 한다.
<table>
<tr><th rowspan="2">배근 As/소요 As</th><th colspan="2">소요겹침이음길이 내의 이음된 철근 As의 최대(%)</th></tr>
<tr><th>50 이하</th><th>50 초과</th></tr>
<tr><td>2 이상</td><td>A 급</td><td>B 급</td></tr>
<tr><td>2 미만</td><td>B 급</td><td>B 급</td></tr>
</table>
• 인장이형철근의 겹이음길이는 등급에 따라 구한다.
(A급 이음 : 1.0 ld 이상, B급 이음 : 1.3 ld 이상)</td></tr>
</table>

철근 부식 06-04

1. 부식의 종류

콘크리트 속에 매입된 철근은 콘크리트의 알칼리성으로 보호되어 있어서 녹 발생이 없으나 사용 중에 균열이나 중성화의 진행으로 철근부식 메커니즘이 발생한다. 부식의 진행은 철근의 부피를 확장시켜 콘크리트 피복를 밀어내며 표면 상의 균열이 발생하고 순차적으로 피복이 탈락되는 상태까지 진행될 수 있다.

1) 습식 : 수분을 동반한 부식

2) 건식 : 수분을 동반하지 않는 부식

2. 철근부식 과정

1) 1단계 : 중성화, 염해, 물리화학적 작용

2) 2단계 : 부동태 피막 파괴

3) 3단계 : 철근의 전기화학반응 후 부식

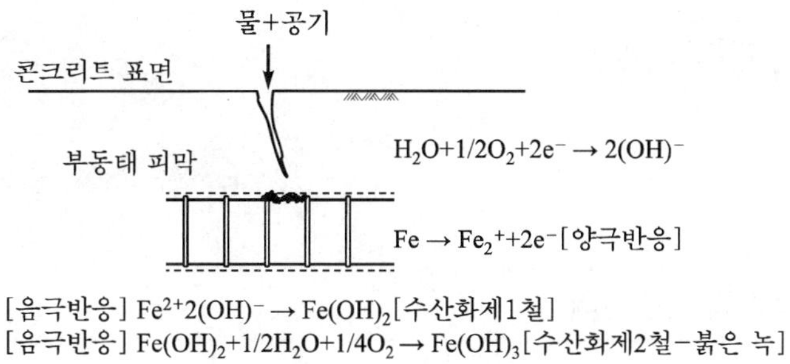

그림 6.1.11. 철근 부식 메커니즘

3. 철근 부식의 원인

1) 중성화에 의한 부식
2) 염해에 의한 부식
3) 전류에 의한 침식
4) 물리적, 화학적 작용에 의한 균열 발생

4. 부식정도 평가방법

1) 직접법
   (1) 육안에 의한 방법 (2) 부식면적율 계산법 (3) 중량감소율 계산법

2) 간접법
   (1) 인장강도 측정법 (2) 부식깊이 측정법 (3) 단면 감소 측정법

5. 철근 부식 허용값

1) ACI 기준
   (1) 부식된 녹은 두드려서 제거함
   (2) 철근시편의 중량손실 6퍼센트 이하의 경우 사용 가능

2. 거푸집 및 동바리

거푸집 및 동바리 안전관리 06-05

1. 거푸집 및 동바리[KCS 21 50 05, 2023]

1) 거푸집

콘크리트 구조물이 필요한 강도를 발현할 수 있을 때까지 구조물을 지지하여 구조물의 형상과 치수를 설계도서대로 유지시키기 위한 가설구조물의 총칭한다.

2) 동바리

타설된 콘크리트가 소정의 강도를 얻기까지 고정하중 및 작업하중 등을 지지하기 위하여 설치하는 부재 또는 작업 장소가 높은 경우 발판, 재료 운반이나 위험물 낙하 방지를 위해 설치하는 임시 지지대를 말한다.

2. 동바리 구분[KCS 21 50 05, 2023]

1) 동바리 형식

동바리의 구조는 상재하중 전달방식에 따라 지주형식 동바리와 보형식 동바리로 구분할 수 있다. 보 형식 동바리는 층고가 높거나 지주를 세우기 곤란한 경우에 주로 사용한다.

(1) 지주형식 동바리

가. 파이프서포트　　　나. 시스템동바리

(2) 보형식 동바리

가. 철재 트러스 조립 보(예, 호리 빔)　　　나. 데크플레이트(강제 갑판)

2) 보 형식 동바리

강제 갑판 및 철재트러스 조립보 등을 수평으로 설치하여 거푸집을 지지하는 동바리를 말한다.

3) 시스템동바리Prefabricated Shoring System

수직재, 수평재, 가새재 등 각각의 부재를 공장에서 미리 생산하여 현장에서 조립하여 거푸집을 지지하는 지주 형식의 동바리와 강제 갑판 및 철재트러스 조립보 등을 이용하여 수평으로 설치하여 지지하는 보 형식의 동바리를 지칭한다.

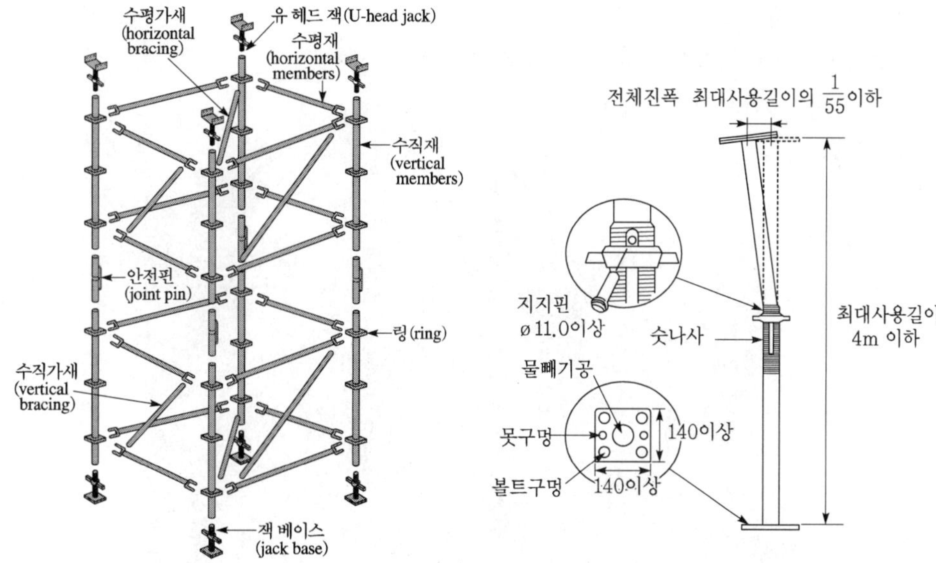

(a) system support (b) pipe support

그림 6.2.1. 동바리 형태

3. 동바리 붕괴 유형

1) 단관 파이프와 파이프 써포트 혼합 형태

층고가 높아 단관 파이프 위에 각재를 깔고 상부에 파이프 써포트를 설치하는 경우

(1) 파이프 써포트를 지지하는 각재가 부러지는 등의 파손

(2) 파이프 써포트를 올려놓은 각재를 지지하는 하부 단관 파이프의 수평재와의 연결용 클램프Clamp가 상부 콘크리트 타설하중에 의해 클램프 체결 불량 등의 이유로 클램프가 수직재에서 밀려 상부하중을 지지하지 못하고 파이프 써포트Pipe Support의 처짐 발생

(3) 하부에 밑둥잡이 및 수평재를 높이 2미터 마다 2개 방향으로 설치하여야 하나 미설치로 단관 파이프 유효 좌굴길이가 증가하여 지지력 감소

2) 강관틀 비계와 파이프 써포트 혼합 형태

강관틀(B/T)위에 각재를 깔고 상부에 파이프 써포트를 설치하는 경우

(1) 파이프 써포트를 지지하는 각재가 부러지는 등의 파손

(2) 강관틀에 교차가새 미설치

3) 파이프 써포트와 파이프 써포트의 혼합 형태

파이프써포트 각재 위에 다시 파이프 써포트를 설치하는 경우

(1) 콘크리트 타설 시 발생하는 편심하중 등 수평하중에 매우 취약함

(2) 상부 파이프 써포트를 지지하는 각재가 파손

4) 시스템 써포트 형태

(1) 층고가 6미터 이상에서 가새재 설치 불량 또는 미설치

(2) 타설 두께 증가와 종단경사 미고려

그림 6.2.2. 파이프 서포트 설치 사례

거푸집 안전관리 06-06

1. 거푸집 및 동바리의 종류

1) 동바리 구조형식의 의한 분류

(1) 조립형동바리 : 시스템동바리

(2) 강관틀동바리 : 시스템동바리

(3) 강재동바리

(4) 혼합형동바리

2) 가설방식에 의한 분류

(1) 전체지주식동바리

(2) 지주지지식동바리

(3) 거더지지식동바리

2. 거푸집 및 동바리 붕괴의 주요원인[사전검토내용, 안전성 검토내용]

건설현장 거푸집은 크게 합판 거푸집과 유로폼Euro Form이 사용된다. 특히 사용 빈도가 높은 유로폼은 콘크리트 측압을 폼타이Form Tie가 지지하는 방식으로 폼타이의 배치간격 결정이 측압 구조검토의 핵심이라 할 수 있다. 따라서 콘크리트 측압에 대한 거푸집 구조검토는 구조검토

결과에 따른 폼타이 배치간격이 실제로 시공이 되는지 확인하는 절차가 반드시 수행되어야 한다.

1) 거푸집 및 동바리 구조검토 부실

(1) 좌굴[2]에 대한 안전성 검토 미실시(수평연결재 역할 : 좌굴방지, 횡력 저항)

(2) 횡력에 대한 안전성 검토 미실시

지점조건	힌지–힌지	고정–자유	고정–힌지	고정–고정
변형형상과 좌굴길이	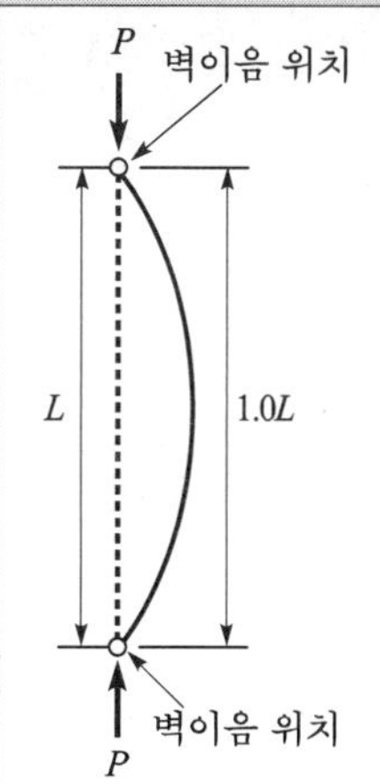	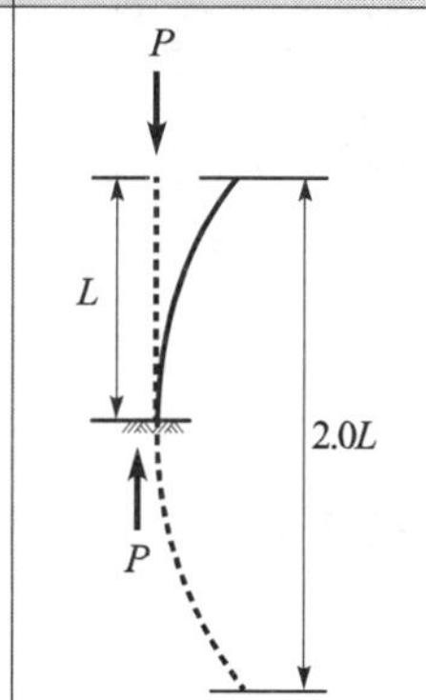	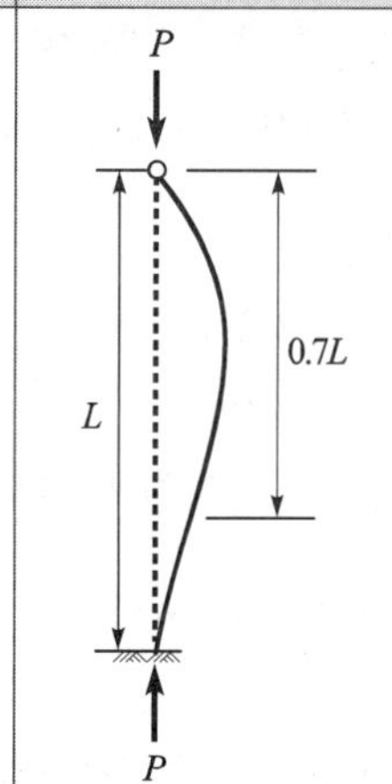	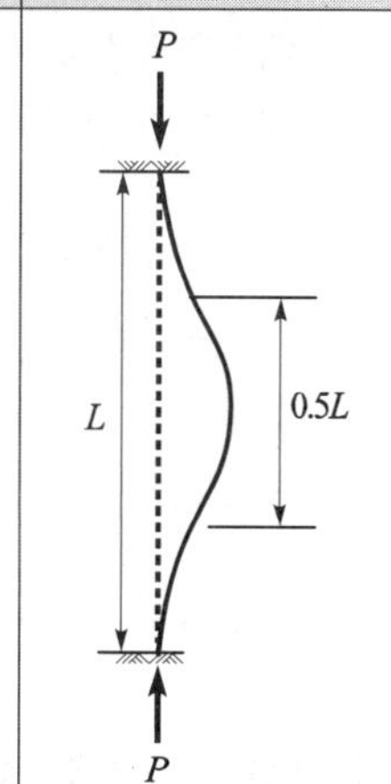
좌굴하중 P_{cr}	$P_{cr}=\pi^2 EI/(1.0L)^2$	$P_{cr}=\pi^2 EI/(2.0L)^2$	$P_{cr}=\pi^2 EI/(0.7L)^2$	$P_{cr}=\pi^2 EI/(0.5L)^2$

* 지점조건에 따른 좌굴하중을 비교해보면 양단힌지조건보다 양단고정조건일 때 좌굴하중이 4배가 커짐을 알 수 있다. 이 의미는 비계나 동바리를 동일한 높이에 동일한 자재를 사용하더라도 양단 지점의 시공상태에 따라서 상재하중에 저항하는 능력에 큰 차이가 발생할 수 있다는 것을 알 수 있다. 따라서 강관비계의 벽이음 위치는 지점조건으로서 좌굴길이를 결정하는 중요한 변수임을 알 수 있다.

그림 6.2.3. 양단 지지조건과 좌굴길이

2) 거푸집 및 동바리 재료의 불량

(1) 목재의 경우 : 옹이, 부식, 균열, 단면 부족 등의 결함

(2) 강재의 경우 : 단면감소(휨, 찌그러짐, 부식 등)

3) 거푸집 및 동바리 설치불량

(1) 수직도 불량, 경사부 미끄럼방지 조치 미흡(쐐기 미설치)

(2) 미검정 파이프써포트 사용, 동바리 부재 자체의 결함

2) 좌굴길이는 압축력에 의해 수직재에 좌굴이 발생할 때 수직재 지점의 고정조건에 따라 좌굴변형이 발생하는 유효길이. 수직재의 길이가 L인 경우, 좌굴길이는 양단이 핀(Hinge) 조건일 때 L, 1단고정(Fixed) 타단자유(Free)일 때 2L, 1단고정 타단핀일 때 0.7L, 그리고 양단고정일 때는 0.5L이 된다. 같은 수직재 길이에서 좌굴길이(Buckling Length)가 짧다는 것은 상재하중에 의한 적재하중(압축력)이 상대적으로 커진다는 것을 의미한다.

(3) 수평연결재 설치 불량 : 층고가 높을 경우 수평연결재 2단 설치

가. 수령연결재로 철근 또는 목재 사용

나. 동바리와 수평연결재를 철선을 사용하여 체결

(4) 시스템 써포트System Support설치 불량

가. 수평재 및 가새 설치 누락

나. 동바리 지지 지반의 침하

(5) 거푸집동바리 지지지반의 침하

가. 연약지반 지지력 검토 미실시

나. 보강대책 미흡(버림 콘크리트 타설)

4) 콘크리트 타설방법 불량

(1) 콘크리트 타설순서 미준수

(2) 집중타설로 편심하중 작용

(3) 콘크리트 타설물량을 고려한 타설장비 투입계획 등의 사전검토 미실시

5) 거푸집동바리 조립도 작성 여부 확인

3. 거푸집 및 동바리 안전조치[안전보건규칙제332조]

동바리 붕괴사고는 높이가 V4 이상(높이 4미터 이상)으로 높고 타설 두께가 두꺼울수록 붕괴 위험성이 커진다. 붕괴의 주된 이유는 수직재의 좌굴하중 이상의 과하중이 작용하거나 수평하중의 저항 부재인 가새재 설치가 누락된 경우가 많다. 동바리 상부 작용하중을 줄이기 위해서는 수직재 배치간격을 줄이거나 강도가 큰 자재(대구경 강관 또는 H형강 등)를 사용해야 되고 수평하중에 대한 위험성은 가새재의 배치간격에 대한 검토가 수행되어야 한다.

1) 동바리로 파이프 서포트를 사용할 경우[안전보건규칙제332조의2,〈신설 2023.11.14]

(1) 파이프 서포트를 3개 이상 이어서 사용하지 않도록 할 것

(2) 파이프 서포트를 이어서 사용하는 경우에는 4개 이상의 볼트 또는 전용철물을 사용하여 이을 것

(3) 높이가 3.5미터를 초과하는 경우

가. 높이 2미터 이내마다 수평연결재를 2개 방향으로 만들고 수평연결재의 변위를 방지할 것

2) 동바리로 강관틀을 사용할 경우[안전보건규칙제332조의2,〈신설 2023.11.14]

(1) 강관틀과 강관틀 사이에 교차가새를 설치할 것

(2) 최상층 및 5층 이내마다 동바리의 측면과 틀면의 방향 및 교차가새의 방향에서 5개 이내

마다 수평연결재를 설치하고 수평연결재의 변위를 방지할 것

(3) 최상층 및 5층 이내마다 동바리의 틀면의 방향에서 양단 및 5개틀 이내마다 교차가새의 방향으로 띠장틀을 설치할 것

3) 동바리로 조립강주를 사용할 경우[안전보건규칙제332조의2,〈신설 2023.11.14]

(1) 높이가 4미터를 초과하는 경우에는 높이 4미터 이내마다 수평연결재를 2개 방향으로 설치하고 수평연결재의 변위를 방지할 것

4) 시스템 동바리(규격화·부품화된 수직재, 수평재 및 가새재 등의 부재를 현장에서 조립하여 거푸집으로 지지하는 지주 형식의 동바리)를 사용할 경우[안전보건규칙제332조의2,〈신설 2023.11.14]

(1) 수평재는 수직재와 직각으로 설치해야 하며, 흔들리지 않도록 견고하게 설치할 것

(2) 연결철물을 사용하여 수직재를 견고하게 연결하고, 연결 부위가 탈락 또는 꺾어지지 않도록 할 것

(3) 수직 및 수평하중에 대해 동바리의 구조적 안전성이 확보되도록 조립도에 따라 수직재 및 수평재에는 가새재를 견고하게 설치하도록 할 것

(4) 동바리 최상단과 최하단의 수직재와 받침철물은 서로 밀착되도록 설치하고 수직재와 받침철물의 연결부의 겹침길이는 받침철물 전체길이의 3분의 1 이상 되도록 할 것

5) 보 형식의 동바리[강제 갑판Steel Deck, 철재트러스 조립 보 등 수평으로 설치하여 거푸집을 지지하는 동바리]의 경우[안전보건규칙제332조의2,〈신설 2023.11.14]

(1) 접합부는 충분한 걸침 길이를 확보하고 못, 용접 등으로 양끝을 지지물에 고정시켜 미끄러짐 및 탈락을 방지할 것

(2) 양끝에 설치된 보 거푸집을 지지하는 동바리 사이에는 수평연결재를 설치하거나 동바리를 추가로 설치하는 등 보 거푸집이 옆으로 넘어지지 않도록 견고하게 할 것

(3) 설계도면, 시방서 등 설계도서를 준수하여 설치할 것

6) 동바리 조립 시 안전조치[안전보건규칙제332조]

(1) (동바리 침하방지조치) 받침목이나 깔판의 사용, 콘크리트 타설, 말뚝박기 등

(2) (미끄럼 방지조치) 동바리의 상하 고정 및 미끄러짐 방지 조치

(3) (동바리 고정) 상부·하부의 동바리가 동일 수직선상에 위치하도록 하여 깔판·받침목에 고정시킬 것

(4) (개구부 받침대) 개구부 상부에 동바리를 설치하는 경우에는 상부하중을 견딜 수 있는 견고한 받침대를 설치할 것

(5) (단판 설치) U헤드 등의 단판이 없는 동바리의 상단에 멍에 등을 올릴 경우에는 해당 상단에 U헤드 등의 단판을 설치하고, 멍에 등이 전도되거나 이탈되지 않도록 고정시킬 것

(6) (이음부재) 동바리의 이음은 같은 품질의 재료를 사용할 것

(7) (전용철물) 강재의 접속부 및 교차부는 볼트·클램프 등 전용철물을 사용하여 단단히 연결할 것

(8) (2단 설치 금지) 거푸집의 형상에 따른 부득이한 경우를 제외하고는 깔판이나 받침목은 2단 이상 끼우지 않도록 할 것

(9) 깔판이나 받침목을 이어서 사용하는 경우에는 그 깔판·받침목을 단단히 연결할 것

4. 작업발판 일체형 거푸집 안전조치[안전보건규칙제331조의3]

작업발판 일체형 거푸집은 자체 무게가 무거워 양중기로 운반하거나 상부로 이동시키는 과정에서 사고가 발생한다. 양중작업은 줄걸이 로프 상태나 줄걸이 묶음 방법을 확인하는 절차로 관리가 되어야 하고 상부나 주변으로 이동 시킬 때에는 거푸집이 양중 로프에 완전하게 매달리기 전에는 기존 구조물에서 완전 분리시키는 작업(예: 갱폼의 전단볼트 해체 등)이 수행되어서는 매우 위험하다.

1) 작업발판 일체형 거푸집의 정의

거푸집의 설치·해체, 철근 조립, 콘크리트 타설, 콘크리트 면처리 작업 등을 위하여 거푸집을 작업발판과 일체로 제작하여 사용하는 거푸집

2) 작업발판 일체형 거푸집의 종류

(1) 갱 폼Gang Form

(2) 슬립 폼Slip Form

(3) 클라이밍 폼Climbing Form

(4) 터널 라이닝 폼Tunnel Lining Form

(5) 그 밖에 거푸집과 작업발판이 일체로 제작된 거푸집 등

3) 슬립 폼, 클라이밍 폼, 터널 라이닝 폼 등의 조립 작업 준수사항

(1) 조립등 작업 시 거푸집 부재의 변형 여부와 연결 및 지지재의 이상 유무를 확인할 것

(2) 조립등 작업과 관련한 이동·양중·운반 장비의 고장·오조작 등으로 인해 근로자에게 위험을 미칠 우려가 있는 장소에는 근로자의 출입을 금지하는 등 위험 방지 조치를 할 것

(3) 거푸집이 콘크리트면에 지지될 때에 콘크리트의 굳기정도와 거푸집의 무게, 풍압 등의 영향으로 거푸집의 갑작스런 이탈 또는 낙하로 인해 근로자가 위험해질 우려가 있는 경우에는 설계도서에서 정한 콘크리트의 양생기간을 준수하거나 콘크리트면에 견고하게 지지하는 등 필요한 조치를 할 것

(4) 연결 또는 지지 형식으로 조립된 부재의 조립등 작업을 하는 경우에는 거푸집을 인양장비에 매단 후에 작업을 하도록 하는 등 낙하·붕괴·전도의 위험 방지를 위하여 필요한 조

치를 할 것

5. 거푸집 및 동바리의 해체

1) 거푸집 및 동바이의 해체[KCS 14 20 12]

(1) 거푸집 및 동바리는 콘크리트가 자중 및 시공 중에 가해지는 하중을 지지할 수 있는 강도를 가질 때까지 해체할 수 없다.

(2) 거푸집 및 동바리의 해체 시기 및 순서는 시멘트의 성질, 콘크리트의 배합, 구조물의 종류와 중요도, 부재의 종류 및 크기, 부재가 받는 하중, 콘크리트 내부의 온도와 표면 온도의 차이 등을 고려하여 결정하고 책임기술자의 승인을 받아야 한다.

(3) 기초, 보의 측면, 기둥, 벽의 거푸집널의 해체는 시험에 의해 아래의 값을 만족할 때 시행한다. 특히, 내구성이 중요한 구조물에서는 콘크리트의 압축강도가 10 MPa 이상일 때 거푸집널을 해체할 수 있다. 거푸집널 존치기간 중 평균기온이 10 ℃ 이상인 경우는 콘크리트 재령이 2일~8일의 재령이상 경과하면 압축강도시험을 하지 않고도 해체할 수 있다.

(4) 슬래브 및 보의 밑면, 아치 내면의 거푸집은 콘크리트의 압축강도가 아래 표 값을 만족할 때 해체할 수 있다.

콘크리트 압축강도를 시험할 경우 거푸집 해체 시기

부재		콘크리트 압축강도
기초,보,기둥,벽 등의 측면		5MPa 이상(내구성이 중요한 구조물인 경우 10MPa 이상
슬래브 및 보의 밑면, 아치 내면	단층구조인 경우	설계기준압축강도의 2/3배 이상 또는 최소강도 14MPa 이상
	다층 구조인 경우	설계기준압축강도 이상(필러 동바리 구조를 이용할 경우는 구조계산에 의해 기간을 단축할 수 있음. 단, 이 경우라도 최소강도는 14MPa 이상으로 함)

콘크리트 압축강도를 시험하지 않을 경우 거푸집 해체 시기(기초,보,기둥 및 벽의 측면)

구분	조강포틀랜드시멘트	보통포틀랜드 시멘트 고로슬래그시멘트(1종) 포틀랜드포졸란시멘트(1종) 플라이애시시멘트(1종)	고로슬래그 시멘트(2종) 포틀랜드포졸란시멘트(2종) 플라이애시시멘트(2종)
20℃이상	2일	4일	5일
20℃미만 10℃이상	3일	6일	8일

2) 거푸집 및 동바리를 해체한 직후의 재하[KCS 14 20 12]

(1) 거푸집 및 동바리를 해체한 직후 구조물에 재하하는 하중은 콘크리트의 강도, 구조물의 종류, 작용하중의 종류와 크기 등을 고려하여 유해한 균열이나 기타 손상이 발생하지 않는 범위 이내로 한다.

(2) 동바리를 해체한 후에 그 당시 재령에서 저항할 수 있는 강도를 초과하는 하중이 해당 부재에 재하 될 경우에는, 사전 구조검토를 통해 하중재하 전 동바리 해체 및 재설치 여부를 결정하고, 필요한 경우 동바리를 해체하지 않고 존치하거나 적절한 동바리를 재설치 하여야 하며, 연속하여 시공하는 다층 구조의 경우 타설층을 포함하여 최소 3개 층에 걸쳐 동바리를 존치하거나 적절하게 재설치 한다.

대형 시스템 거푸집 비교

구분	Gang Form	A.C.S	Slip Form
공정[Cycle]	5일	3~4일	2일
Tower Crane	장기간 이용	필요없음[자체유압상승]	필요없음[자체유압상승]
거푸집 변형	높음	없음	없음

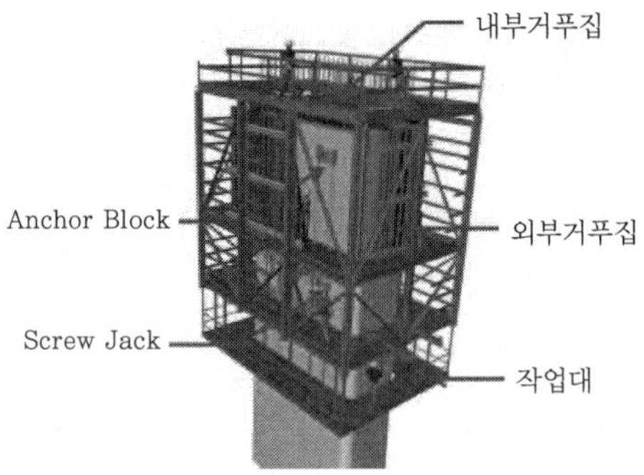

그림 6.2.4. ACS(Auto Climbing Form System) 거푸집

그림 6.2.5. Gang Form 거푸집

그림 6.2.6. 합벽거푸집Soldier System

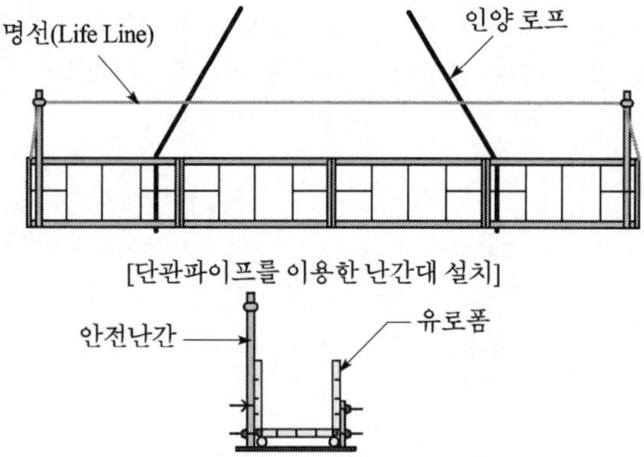

그림 6.2.7. 보거푸집 양중작업

Gang Form 안전관리 06-07

1. Gang Form 작업

Gang Form은 작업발판과 외벽 거푸집이 일체화되어 있어 안전성과 작업성을 확보할 수 있는 대형 거푸집을 말한다. Gang Form작업은 거푸집이 탈락하며 근로자가 함께 떨어지는 사고가 매년 지속적으로 발생되고 있다. 특히 고소작업임을 감안하면 사망 사고의 위험성이 매우 높아 사고예방 대책이 필요하다.

2. Gang Form 구성

1) 갱폼Gang Form

2) 케이지Cage

3) 상부케이지와 하부케이지

(1) Gang Form의 케이지는 통상 4단의 작업발판으로 구성

(2) 상부케이지(상부 2단) : 거푸집 설치·해체작업용

(3) 하부케이지(하부 2단) : 미장·견출작업용

3. Gang Form의 장점과 단점

1) 특징

(1) 주로 아파트 등 건축물의 외벽부위에 시공되고 있다.

(2) 재래식 거푸집보다 한차원 높은 단계의 거푸집

(3) 구성부재의 재질이 강재로 이루어져 있어 내구성이 우수하다.

(4) 제작이 공장에서 이루어지고 있으며, 별도의 현장제작공정이 필요하지 않다.

(5) 거푸집 설치· 해체 및 미장·견출작업을 위한 발판틀을 부착하여 안전성을 확보한 다목적 거푸집

2) 장점

(1) 안전성 확보

(2) 현장관리 용이

(3) 공기단축 가능

(4) 품질관리

3) 단점

(1) 중량물로서 인력으로 인양이 불가능하다.

(2) 타워크레인 및 별도 인양기Derrick가 필요하다.

(3) 목재거푸집 및 비계(단관파이프)의 재활용성에 비해 타현장의 재사용이 극히 미미하다.

(4) 초기 투자비가 과다하게 투입된다.

(5) 기능공의 교육 및 숙달기간이 필요하다.

(6) 외부골조 설계변경시 Gang Form 수정이 어렵다.

4. 타워크레인과 데릭Derrick 인양작업 시 주의사항

1) 타워크레인

(1) 폼타이 볼트 미리 풀지 않도록 할 것(타워크레인에 매달기 전)

(2) 타워크레인 와이어로프 긴장상태 확인(콘크리트면 박리작업을 할 때)

(3) Gang Form 수평 유지할 것(유도자의 신호에 따라 서서히 인양작업)

(4) 작업자 탑승금지(박리 및 인양작업시)

(5) 관계자외 출입금지(인양장소 하부) 및 감시인 배치

2) 데릭

(1) 인양고리 용접상태 검사

(2) 체인블럭 긴장상태 확인(박리작업을 할 때)

(3) 폼타이 볼트를 완전히 해체한 후 Gang Form을 벽면에서 완전히 분리시킨 상태에서 인양작업 할 것

(4) 데릭 2개를 이용하여 인양시 Gang Form 좌·우 수평 유지

(5) 작업자 탑승금지(Gang Form 박리작업을 할 때)

(6) 작업자 출입금지(인양작업 하부 출입 통제)

(7) 무리한 충격은 주지 않도록 할 것

(8) 데릭이 휘어 있거나 변형된 것은 사용 금지

5. 갱 폼의 조립·이동·양중·해체 작업 준수사항[안전보건규칙제331조의3]

1) 조립 등의 범위 및 작업절차를 미리 그 작업에 종사하는 근로자에게 주지시킬 것
2) 근로자가 안전하게 구조물 내부에서 갱 폼의 작업발판으로 출입할 수 있는 이동통로를 설치할 것
3) 갱 폼의 지지 또는 고정철물의 이상 유무를 수시점검하고 이상이 발견된 경우에는 교체하도록 할 것
4) 갱 폼을 조립하거나 해체하는 경우에는 Gang Form을 인양장비에 매단 후에 작업을 실시하도록 하고, 인양장비에 매달기 전에 지지 또는 고정철물을 미리 해체하지 않도록 할 것
5) 갱 폼 인양 시 작업발판용 케이지에 근로자가 탑승한 상태에서 Gang Form의 인양작업을 하지 아니할 것

6. Gang Form 안전시설의 세부사항

1) 안전발판

Gang Form의 상부작업용 2단과 하부견출용 2단의 작업발판(40센티미터)을 두어 안전하게 작업할 수 있는 작업공간을 확보할 것

2) 안전코너 발판

측벽에서 창고벽 또는 그밖의 외부코너부위에 작업발판과의 거리가 멀어 작업자 이동간으 공포감과 불안요소를 제거하기 위한 작업발판 밑부분에 발판과 밀착된 발판연장 설치할 것

3) 안전사다리

Gang Form 설치 및 견출작업시 작업발판 상하이동시 건물내부로 진입하여 다시 외부로 이동하는 등의 이동상 위험성을 제거하기 위한 상하 이동용 사다리 설치할 것

4) 발코니 케이지

5) 수직보호망

7. Gang Form 조립해체 작업순서

1) 사전 준비 사항

(1) 조립 및 해체 시간, 순서를 협의할 것
(2) 작업통제구역 지정 및 통제시설물 설치할 것
(3) 안전관리 감시 인원 배치 및 신호수 배치할 것

(4) 와이어 로프, 타워 크레인 후크 등 안전장치 점검할 것

2) 단계별 순서

(1) 1단계

가. Gang Form에 설치되는 앵커 볼트 및 타이 볼트는 Wall Gang Form 기준 시 총 8단이 설치되며 1단, 2단 볼트는 타워크레인 후크를 인양고리 고정전 해체 절대금지할 것

나. 발코니 팬에서는 폼의 형태에 따라 앵커 볼트 및 타이볼타가 4단~5단이 설치되며, 타워 후크 인양고리에 고정 전 가 해체 시 최상단(1단) 및 Gang Form 양단부 부분(벽체부분)의 1단, 2단은 해체 절대금지할 것

(2) 2단계

타워 크레인을 Gang Form 인양고리에 고정(개소당 3.0톤 이상 체인 블록 사용)

(3) 3단계

인양 Gang Form(측벽판)과 연결된 인근 Gang Form(발코니 부 등)의 연결 핀 제거

(4) 4단계

1단계의 L형 앵커 볼트와 2단째의 타이 볼트 해체

(5) 5단계

기 콘크리트 타설층의 슬래브 상부에서 목공 공도구를 이용하여 Gang Form을 구체로부터 탈형하고 타워크레인을 이용하여 Gang Form을 상부로 인양한 후 공도구를 이용하여 앵커 볼트 홀 맞춤 등의 세밀한 위치를 조정할 것

(6) 6단계

철선고정 작업 및 하부 고정 앵커를 양 끝단에서 중앙쪽 순으로 빠짐업시 전체 고정할 것

(7) 7단계

가. 타워크레인 후크와 인양고리를 해지하고 다음 인양 갱폼으로 이동하여 타워크레인 후크 고정할 것

나. Gang Form이 건물 외부측으로 전도되는 것을 방지하기 위해 보조용 와이어로프로 고정할 것

다. 와이어 로프 체결용 매립앵커 설치시 하부 슬래브 철근에 고정할 것

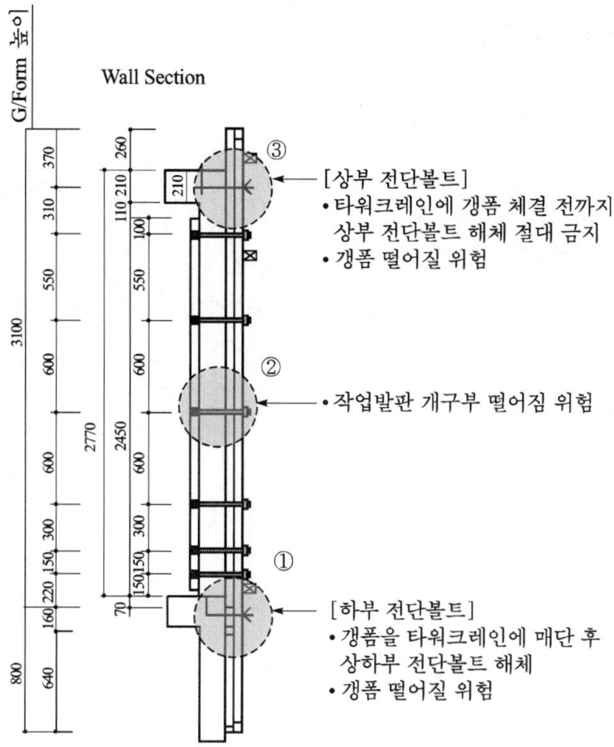

갱폼 해체 인상 작업 순서

타워크레인에 갱폼 체결 → 상하부 전단볼트해체 → 갱폼 탈형 및 인양 → (인상) 하부 전단볼트 체결

그림 6.2.8. Gang Form 전단볼트 해체 위험요인 및 안전대책

8. Gang Form 전단볼트 구조검토 사례

1) 전단볼트 1개의 허용전단응력 f_s=90MPa
2) Gang Form의 전체 하중을 하부 전단볼트가 부담한다고 가정
3) 하중계산 : 전단볼트 1개에 작용하는 전단력은 전단볼트 1개가 부담하는 면적A에 Gang Form의 자중(w)을 곱하여 산정함

$$V = A \cdot w = (0.6\text{m} \times 3.0\text{m}) \times 800\text{N/m}^2 = 1440\text{N}$$

4) 내력검토
   (1) 트의단면적 $A = \pi \times D2/4 = \pi \times 1.22/4 = 1.13 \times 10^{-4}\text{m}^2$
   (2) 전단응력 $f_v = V/A = 12.7\text{MPa} < 90\text{MPa}$ .... O.K
5) 하부전단볼트의 간격은 60센티미터로 유지 → 전단볼트 누락금지

거푸집 및 동바리 구조검토 06-08

1. 거푸집 및 동바리 구조검토

1) 구조검토 순서

하중계산	• 하중 및 외력의 종류, 크기를 산정한다.
응력계산	• 하중·외력에 의한 각 부재의 응력을 산정한다.
단면계산	• 각 부재 응력에 대한 안전한 단면을 결정한다.

2) 작용하중

(1) 연직방향 하중

가. 고정하중

타설되는 콘크리트 및 철근의 중량, 가설물의 중량

나. 충격하중

콘크리트 타설시나 타설장비에 의한 하중

다. 작업하중

작업원이나 타설중량 등에 의한 하중

라. 적설하중

시공위치, 지역별 적설량, 시공시기 등에 따라 추가로 적용할 수 있다.

(2) 수평방향 하중

가. 고정하중의 2퍼센트　　나. 1.5kN/m

(3) 특수 하중

2. 동바리 수평연결재의 역할

1) 수평연결재 설치 이유

(1) 수평력(횡력) 지지

(2) 수직력에 의한 좌굴방지

가. 유효 좌굴길이 감소　　나. 좌굴[3]하중 증가 효과

---

3) 좌굴(Buckling)은 임계하중상태에서 구조물이나 구조요소가 기하학적으로 갑자기 변화하는 한계상태[KBC, 2016, P.684] 즉 작용 압축력이 부재 단면의 항복강도에 도달하기 전에 급격한 변형이 발생하여 안정평형 상태를 넘어 불안정한 상태로 변하게 되며, 작용하중이 더 이상 증가하지 않아도 변형이 증가하고, 하중 제거 후에도 변형이 회복되지 않는 현상을 말한다.

(3) 건설현장 붕괴사고의 주원인

가. 수평재 연결의 중요성 간과

나. 수평 연결재의 생략(작업의 번거로움, 복잡함 등)

2) 수평연결재 설치 기준

최하부 수평재와 최상부 수평재가 누락하는 경우 수직재의 유효 좌굴길이가 증가하여 구조 검토시 고려된 허용 지지력 보다 수직재의 지지력이 크게 감소되므로 2개 방향으로 빠짐없이 설치할 것

그림 6.2.9. 건설현장 수평연결재 설치 사례

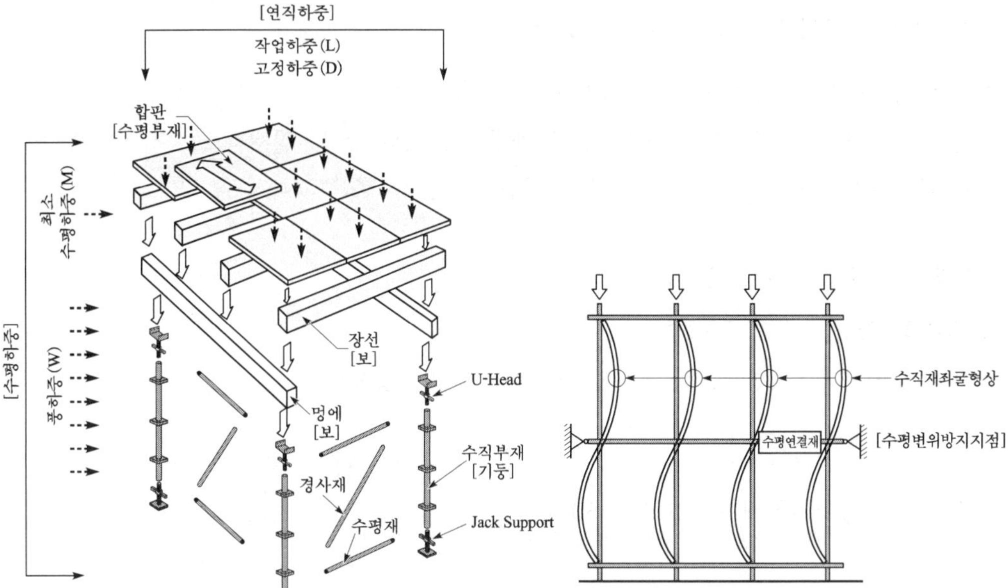

그림 6.2.10. 거푸집동바리에 작용하는 하중과 수평연결재 역할

3. 동바리 수평변위 방지 조치(가새 등)[안전보건규칙제332조의2]

1) 파이프 서포트-수평연결재

높이가 3.5미터를 초과하는 경우에는 높이 2미터 이내마다 수평연결재를 2개 방향으로 만들고 수평연결재의 변위를 방지 해야한다. 수평연결재의 변위를 방지한다는 것은 수평연결재의 양쪽끝이 고정된 구조물에 밀착되어야 한다는 의미로써 수평연결재의 설치만을 의미하지 않는다.

2) 강관틀-교차가새

(1) 강관틀과 강관틀 사이에 교차가새를 설치할 것

(2) 최상단 및 5단 이내마다 동바리의 측면과 틀면의 방향 및 교차가새의 방향에서 5개 이내마다 수평연결재를 설치하고 수평연결재의 변위를 방지할 것

(3) 최상단 및 5단 이내마다 동바리의 틀면의 방향에서 양단 및 5개틀 이내마다 교차가새의 방향으로 띠장틀을 설치할 것

3) 조립강주-수평연결재

조립강주의 높이가 4미터를 초과하는 경우에는 높이 4미터 이내마다 수평연결재를 2개 방향으로 설치하고 수평연결재의 변위를 방지할 것

4) 시스템동바리-가새재

수직 및 수평하중에 대해 동바리의 구조적 안정성이 확보되도록 조립도에 따라 수직재 및 수평재에는 가새재를 견고하게 설치할 것

5) 보형식 동바리[강제 갑판Steeel Deck]-수평연결재

양끝에 설치된 보 거푸집을 지지하는 동바리 사이에는 수평연결재를 설치하거나 동바리를 추가로 설치하는 등 보 거푸집이 옆으로 넘어지지 않도록 견고하게 할 것

4. 거푸집 및 동바리 구조검토 사례

4.1 동바리 구조검토 절차 및 방법

1) 거푸집동바리 구조검토(설계 또는 해석)에서 얻고자 하는 결과는?

작용력Applied Loads [거푸집및동바리설계기준KDS 21 50 00]	≦	(허용)지지력Allowable Resistance [강구조 허용응력설계법KDS 14 30 05]]

2) 구조검토 순서 및 조건

> * 거푸집 및 동바리는 콘크리트 시공 시에 작용하는 연직하중, 수평하중, 콘크리트 측압 및 풍하중 편심하중 등에 대해 그 안전성을 검토하여야 한다.[KDS 21 50 00, 2022. P.2]
> * 일반적으로 동바리는 현장조건에 부합하는 각 부재의 연결조건과 받침조건을 고려한 2차원 또는 3차원 해석을 수행하여야 하나, 구조물의 형상, 평면선형 및 종단선형의 변화가 심하고 편재하의 영향을 고려할 경우에는 반드시 3차원 해석을 수행하여 안전성을 검증해야한다.[KDS 21 50 00, 2022. P.8]

3) 거푸집 및 동바리 설계기준에 의한 설계하중 계산-슬래브두께[토목구조물 1.5m, 건축구조물 0.25m]

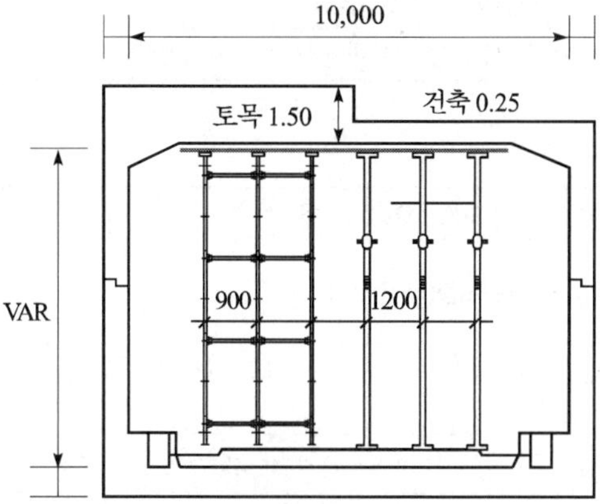

그림 6.2.11. 거푸집 및 동바리 구조검토 대상 구조물(예)

4) 연직하중 계산

(1) 고정하중(D) : 철근콘크리트와 거푸집의 무게를 합한 하중

가. 콘크리트 단위중량(철근 중량 포함)

설계하중 구분		계산값[단위중량x두께]
보통 콘크리트	24kN/m^3	24×1.5=36kN/m^2
		24×0.25=6kN/m^2
제1종 경량 콘크리트	20kN/m^3	20×1.5=30kN/m^2
		20×0.25=5kN/m^2
제2종 경량 콘크리트	17kN/m^3	17×1.5=25.5kN/m^2
		17×0.25=4.25kN/m^2

나. 거푸집의 무게(최소) - 특수거푸집의 경우에는 실제 거푸집의 무게

설계하중 계산		계산식
거푸집 무게(최소)	0.4kN/m^2	0.4kN/m^2
특수거푸집	실제 무게	-

(2) 활하중(L)

가. 작업하중(L_i) : 작업원, 경량의 장비하중, 기타자재 및 공구 등 시공하중, 충격하중 포함

설계하중 구분	계산값
타설높이가 0.5m 미만	2.5kN/m^2
타설높이가 0.5m~1.0m 미만	3.5kN/m^2
타설높이가 1.0m 이상	5.0kN/m^2
주) * 콘크리트 분배기 등 특수장비를 이용할 경우에는 실제 장비하중 적용	

(3) 연직하중의 총합계 하중

연직 설계하중 소계[보통콘크리트 기준]	계산값	
$\sum$고정하중+활하중(작업하중)	토목	36+0.4+5.0=41.4kN/m^2
	건축	6+0.4+2.5=8.9kN/m^2

주) 고정하중과 작업하중을 합한 연직하중은 콘크리트 타설 높이와 관계없이 최소 5.0kN/m^{2}이상으로 거푸집 및 동바리를 설계한다.

토목	5.0kN/m^2 < 41.4kN/m^2	∴ 41.4kN/m^2
건축	5.0kN/m^2 < 8.9kN/m^2	∴ 8.9kN/m^2

5) 수평하중 계산

(1) 풍하중(W)

가. 풍하중 개요

- 바람은 시간에 따라 균일한 분포를 나타내는 평균풍속과 불규칙한 분포를 나타내는 변동풍속으로 구분하며, 평균풍속은 유사정적하중으로 변동풍속은 동적하중으로 가정하여 구조해석을 수행한다.
- 시방서 규정이나 설계기준에서 적용하는 간편한 해석법은 유사등가정적해석법으로 풍하중을 등분포수평하중으로 모사하여 정적 또는 동적 풍하중 효과를 고려하고 있다.
- 설계 속도압($q_h = \frac{1}{2}\rho V_H^2 (N/m^2)$)은 단위면적당 작용하는 운동에너지의 양
- 설계 풍압($p = q_h \times G_D \times C_D$)은 바람이 작용하는 구조물의 단위면적당 압력

(2) 풍하중 계산

구분	시스템동바리에 작용하는 풍하중 계산			
풍하중 계산	슬래브 두께 평면도 1.5m		슬래브 두께 평면도 0.25m	
	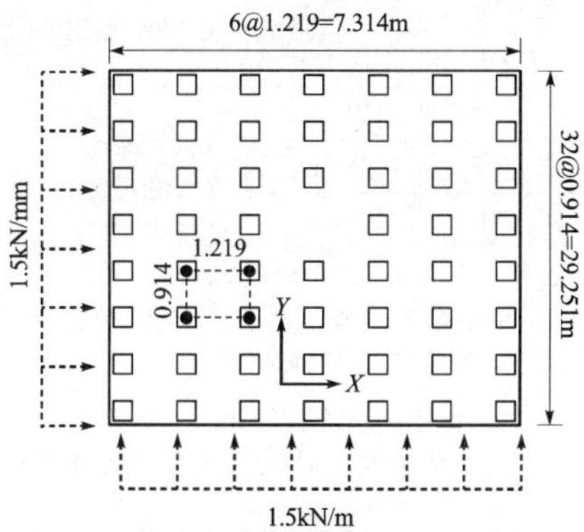		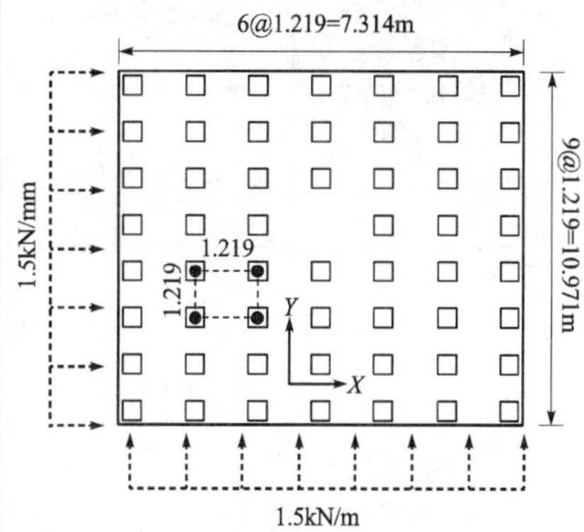	
	동바리 배치		동바리 배치	
	X 방향	6@1219	X 방향	6@1219
	Y 방향	32@914	Y 방향	9@1219
	Box 폭(X−방향)	8.0m		
	Box 길이(Y−방향)	30.0m		
	Box 높이(Z−방향)	8.5m		

풍하중 계산 KDS 41 12 00 : 2022 건축물설계하중, p.93 기타건축구조물

· $W_D = q_h \times G_D \times C_D \times A = 200 \times 2.2 \times 1.2 \times A = 528 \times A(N)$

○ q_h=200(N/m^2)(가정) ○ G_D=2.2 ○ C_D=1.2(원형)

[동바리 부재에 작용하는 풍하중]

· U−Head : $W_U = 528 \times 0.0486 = 0.0253(kN/m)$[U−Head 직경 0.0486m]

· 수직재 : $W_{수직재} = 500 \times 0.0605 = 0.030(kN/m)$[수직재 직경 0.0605m]

· 수평재, 가새재 : $W_{수평재,가재새} = 500 \times 0.0427 = 0.0213(kN/m)$

[수평재, 가새재 직경 0.0427m]

[동바리 상단에 작용하는 풍하중 : $t = 1.5m$]

W_X방향 : W_X =풍하중강도 × 두께 × 수직재 Y방향 간격 / 수직재 X방향 개수

=0.528kN/m^2 × 1.5m × 0.914m / 7 = 0.1034kN/EA

W_Y방향 : W_Y =풍하중강도 × 두께 × 수직재 X방향 간격 / 수직재 Y방향 개수

=0.528kN/m^2 × 1.5m × 1.219m / 33 = 0.0293kN/EA

[동바리 상단에 작용하는 풍하중 : $t = 0.25m$]

W_X방향 : W_X =풍하중강도 × 두께 × 수직재 Y방향 간격 / 수직재 X방향 개수

=0.528kN/m^2 × 0.25m × 1.219m / 7 = 0.0229kN/EA

W_Y방향 : W_Y =풍하중강도 × 두께 × 수직재 X방향 간격 / 수직재 Y방향 개수

=0.528kN/m^2 × 0.25m × 1.219m / 10 = 0.0161kN/EA

(2) 타설시 충격 또는 시공오차 등에 의한 최소 수평하중(M)

<table>
<tr><th colspan="4">최소수평하중 계산</th><th>계산 값</th></tr>
<tr><td rowspan="6">고정하중
[고정+거푸집]
2%</td><td rowspan="3">$t=1.5m$</td><td colspan="2">수직재 간격</td><td rowspan="3">36.4×2%=0.728kN/m^2
0.728×1.219×0.914=0.811kN</td></tr>
<tr><td>X-Dir.</td><td>Y-Dir.</td></tr>
<tr><td>1.219</td><td>0.914</td></tr>
<tr><td rowspan="3">$t=0.25m$</td><td colspan="2">수직재 간격</td><td rowspan="3">6.4×2%=0.128kN/m^2
0.128×1.219×1.219=0.191kN</td></tr>
<tr><td>X-Dir.</td><td>Y-Dir.</td></tr>
<tr><td>1.219</td><td>1.219</td></tr>
<tr><td rowspan="4">수평길이 당
1.5kN/m</td><td rowspan="2">$t=1.5m$</td><td colspan="3">X방향 길이 (1.219×6=7.314m)
1.5×(수직재Y방향간격)/(수직재×방향 개수)
1.5×0.914/7=0.196kN</td></tr>
<tr><td colspan="3">Y방향 길이 (0.914×32=29.25m)
1.5×(수직재X방향간격)/(수직재Y방향 개수)
1.5×1.219/33=0.055kN</td></tr>
<tr><td rowspan="2">$t=0.25m$</td><td colspan="3">X방향 길이 (1.219×6=7.314m)
1.5×1.219/7=0.392kN</td></tr>
<tr><td colspan="3">Y방향 길이(1.219×9=10.971m)
1.5×1.219/10=0.183kN</td></tr>
<tr><td colspan="5">주) 두 하중 가운데 큰 쪽 하중을 최상단에 작용시킴</td></tr>
<tr><td rowspan="2">$t=1.5m$</td><td rowspan="2">Max[2%, 1.5kN/m]</td><td colspan="3">Max(X-Dir)[0.811, 0.196]=0.811kN</td></tr>
<tr><td colspan="3">Max(Y-Dir)[0.811, 0.055]=0.811kN</td></tr>
<tr><td rowspan="2">$t=0.25m$</td><td rowspan="2">Max[2%, 1.5kN/m]</td><td colspan="3">Max(X-Dir)[0.191, 0.392]=0.392kN</td></tr>
<tr><td colspan="3">Max(Y-Dir)[0.191, 0.183]=0.191kN</td></tr>
</table>

수평길이 당 1.5kN/m 계산 값 비교

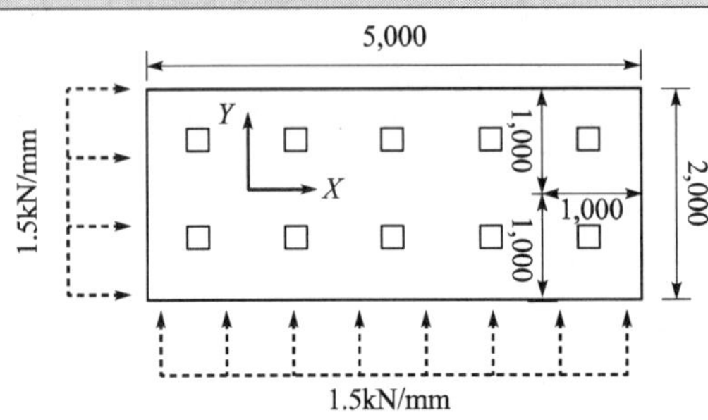

<table>
<tr><th colspan="3">동바리 한 개소당 작용하는 수평하중 1.5kN/m 계산 비교</th></tr>
<tr><td rowspan="2">동바리 설치지침</td><td>X-방향 수평하중</td><td>1.5/5.0=0.30kN/m^2 × 1.0 × 1.0 = 0.30kN/EA</td></tr>
<tr><td>Y-방향 수평하중</td><td>1.5/2.0=0.75kN/m^2 × 1.0 × 1.0 = 0.75kN/EA</td></tr>
<tr><td rowspan="2">풍하중 개념</td><td>X-방향 수평하중</td><td>1.5 × 2.0/10EA = 0.30kN/EA</td></tr>
<tr><td>Y-방향 수평하중</td><td>1.5 × 5.0/10EA = 0.75kN/EA</td></tr>
<tr><td colspan="3">• X-방향 최대 수평하중 0.30kN/EA
• Y-방향 최대 수평하중 0.75kN/EA</td></tr>
</table>

(3) 수평하중 추가 고려사항

콘크리트를 한 번에 타설하는 상부 바닥판의 종단경사[4] 또는 횡경사에 의해 굳지 않은 콘크리트의 유체 압력이 그림과 같이 발생할 경우에는 수평하중을 추가로 고려한다.[KDS 21 50 00 : 2018]P.5]

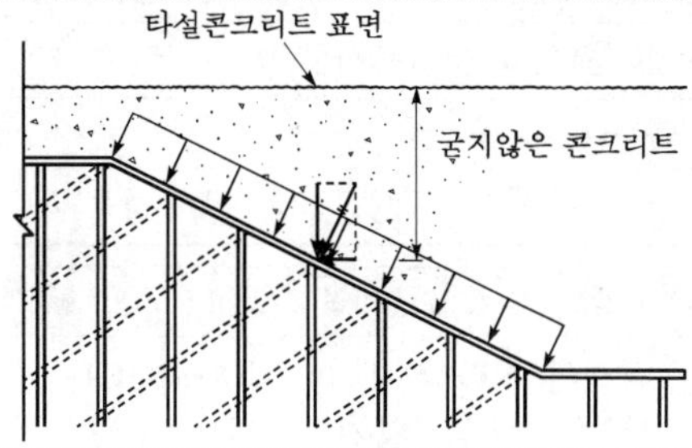

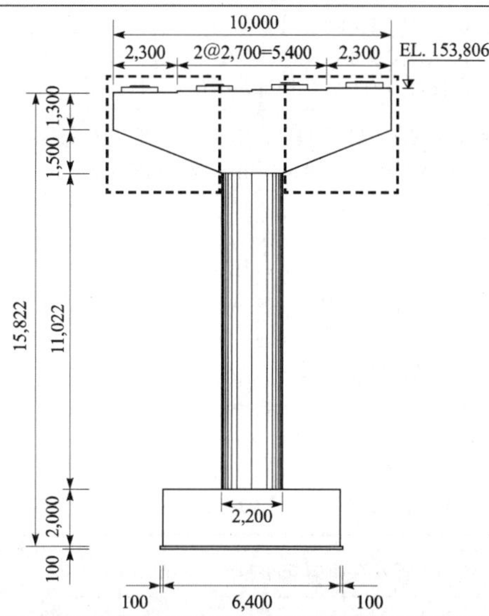

코핑 부 추가수평력 계산 예

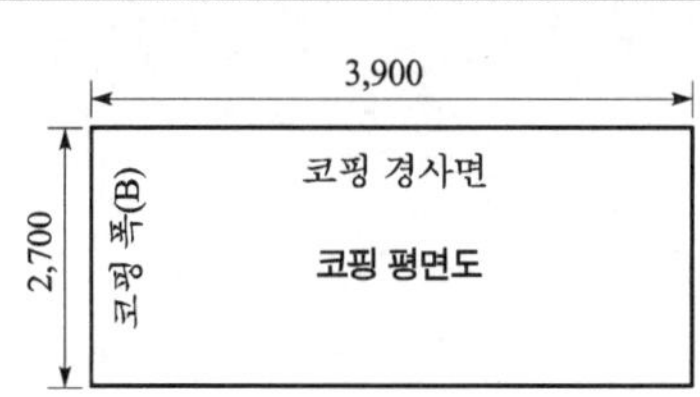

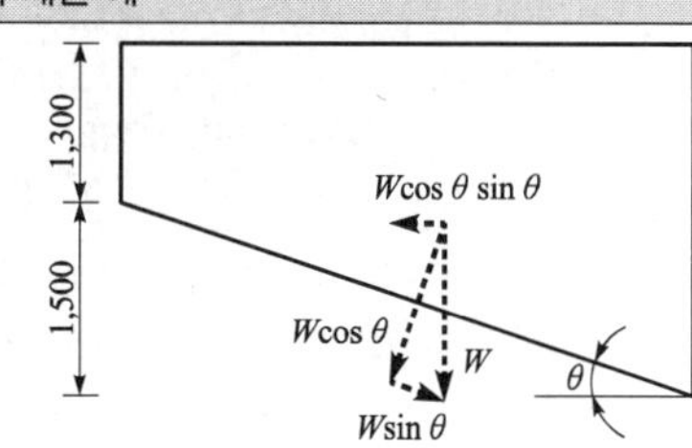

계산방법 1	$H = w_c \times h_c \times B \times \Delta h_C = 25kN/m^3 \times (1.3 + 1.5/3)m \times 2.7m \times 1.5m = 182.25kN$
계산방법 2	$W = 25kN/m^3 \times [(1.3 \times 3.9 \times 2.7) + (1/2 \times 1.5 \times 3.9 \times 2.7)] = 539.664kN$ $W_H = W\cos\theta\sin\theta = 593.663 \times \cos(21.04) \times \sin(21.04) = 180.832kN$

4) 지하주차장 램프 경사 계산
램프 경사가 최대 16%라는 것은 각도로 환산해보면 약 9.09도가 된다.

$$\theta = 16\%, \theta = \tan^{-1}\left(\frac{16}{100}\right) = 0.1587radian \times \left(\frac{180}{\pi}\right) = 9.09^\circ$$

6) 하중조합 - 거푸집 및 동바리

하중조합은 연직하중과 수평하중을 동시에 고려해야 하는 하중이다.

CASE	하중조합[거푸집 및 동바리, 비계 및 안전시설물]	허용응력 증가계수
1	고정하중(D)+작업하중(L_i)+최소수평하중(M)	1.00
2	고정하중(D)+풍하중(W)	1.25
3	고정하중(D)+작업하중(L_i)+최소수평하중(M)+특수하중(S)]	1.50

CASE	하중조합[거푸집 및 동바리] : $t=1.5m$	허용응력 증가계수
1	○ 고정하중($D=36.4\text{kN/m}^2\times0.914\times1.219=40.556\text{kN/EA}$) ○ 작업하중($L_i=5.0\text{kN/m}^2\times0.914\times1.219=55.71\text{kN/EA}$) ○ 최소수평하중 Max[2%, 1.5kN/m] · Max(X-Dir)[0.811,0.196]=0.811kN/EA · Max(Y-Dir)[0.811,0.055]=0.811kN/EA	1.00
2	○ 고정하중($D=36.4\text{kN/m}^2\times0.914\times1.219=40.556\text{kN/EA}$) ○ 작업하중($L_i=5.0\text{kN/m}^2\times0.914\times1.219=55.71\text{kN/EA}$) ○ 최소수평하중 Max[2%, 1.5kN/m] · Max(X-Dir)[0.811,0.196]=0.811kN/EA · Max(Y-Dir)[0.811,0.055]=0.811kN/EA ○ 풍하중(W), 동바리 상단에 작용하는 하중 · W_X방향 : PW = 0.1034kN/EA · W_Y방향 : PW = 0.0293kN/EA ○ 풍하중(W), 동바리 부재에 작용하는 하중 · U-Head : $W_U=0.0253(\text{kN/m})$ · 수직재 : $W_{수직재}=0.030(\text{kN/m})$ · 수평재, 가새재 : $W_{수평재,가재새}=0.0213(\text{kN/m})$	1.25

CASE	하중조합[거푸집 및 동바리] : $t=0.25m$	허용응력 증가계수
1	○ 고정하중($D=6.4\text{kN/m}^2\times1.219\times1.219=9.51\text{kN/EA}$) ○ 작업하중($L_i=2.5\text{kN/m}^2\times1.219\times1.219=3.745\text{kN/EA}$) ○ 최소수평하중 MAX[2%, 1.5kN/m] · MAX(X-Dir)[0.191,0.392]=0.392kN/EA · MAX(Y-Dir)[0.191,0.183]=0.191kN/EA	1.00
2	○ 고정하중($D=6.4\text{kN/m}^2\times1.219\times1.219=9.51\text{kN/EA}$) ○ 작업하중($L_i=2.5\text{kN/m}^2\times1.219\times1.219=3.745\text{kN/EA}$) ○ 최소수평하중 Max[2%, 1.5kN/m] · Max(X-Dir)[0.191,0.392]=0.392kN/EA · Max(Y-Dir)[0.191,0.183]=0.191kN/EA ○ 풍하중(W), 동바리 상단에 작용하는 하중 · W_X방향 : PW = 0.0229kN/EA · W_Y방향 : PW = 0.0161kN/EA ○ 풍하중(W), 동바리 부재에 작용하는 하중 · U-Head : $W_U=0.0253(\text{kN/m})$ · 수직재 : $W_{수직재}=0.030(\text{kN/m})$ · 수평재, 가새재 : $W_{수평재,가재새}=0.0213(\text{kN/m})$	1.25

4.2 연직하중에 대한 안전성 검토-[거푸집 및 동바리 설계기준,2016.06.30.제정]

1) 거푸집 및 동바리 구조설계 적용범위[KDS 21 10 00 : 2022. P.1]

> 가시설물의 설계는 KDS 11 00 00(지반설계기준) 또는 KDS 14 20 00(콘크리트 구조설계(강도설계법)) 또는 KDS 14 30 00(강구조설계기준(허용응력설계법))에 따른다. 단, 가시설물 특성을 고려하여 KDS 21 00 00(가시설물 설계기준)의 하위 코드에서 제안한 별도의 설계법을 따를 수 있다. KDS 21 00 00에 규정되어 있지 않은 사항에 대해서는 국토교통부 제정 관련 설계기준 등에 따른다.

2) 거푸집 및 동바리 구조설계 순서도

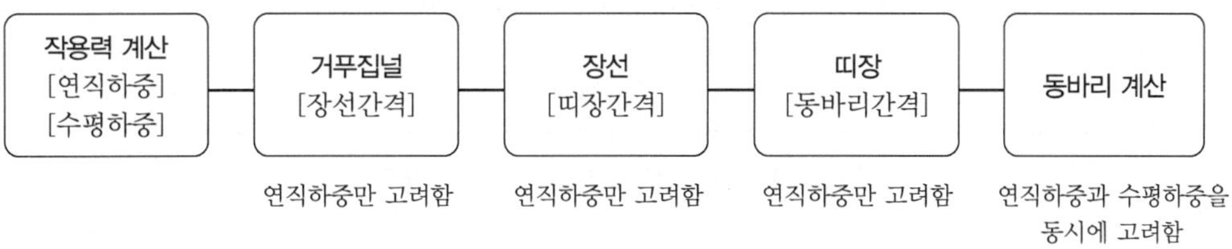

그림 6.2.12. 거푸집 및 동바리 구조설계 순서도

3) 거푸집 및 동바리 재료 단면성능

부재		E(N/mm^2)	I (mm^4)	Z(mm^3)	fba(N/mm^2)	fs(N/mm^2)
합판	12mm	11000.00	90.00	13.00	16.80	0.63
S.Q PIPE	[50×50×2.3]	205000.00	159000.00	6340.00	140.00	80.00
미송	[45×45]	11000.00	341700.00	15190.00	13.00	0.78
미송	[90×90]	11000.00	5467500.00	121500.00	13.00	0.78
S.Q PIPE	[125×75×3.2]	205000.00	2570000.00	41100.00	140.00	80.00

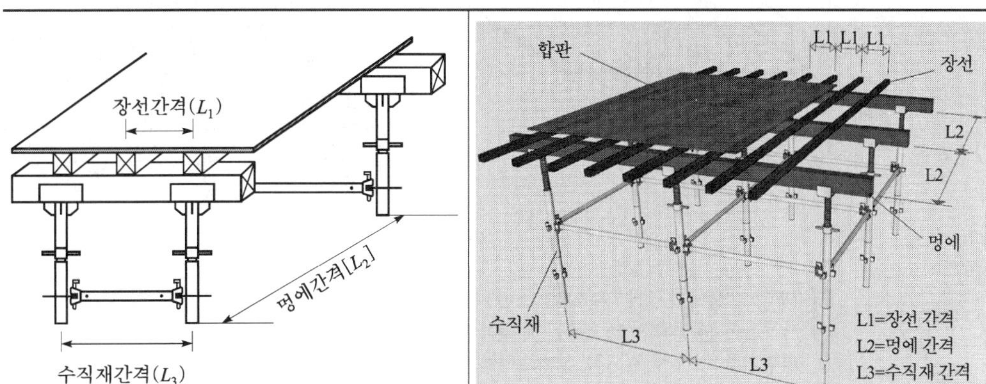

그림 6.2.13.

4) 거푸집널 구조검토 절차[장선 간격 결정]

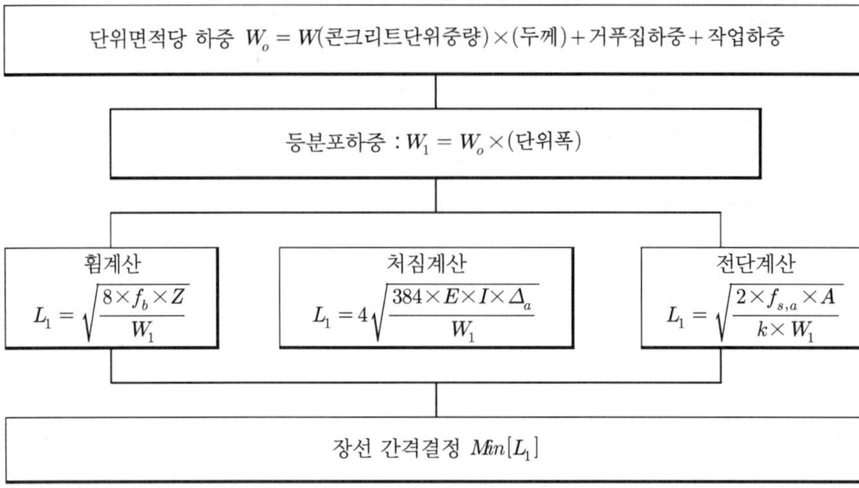

그림 6.2.14. 거푸집널 구조검토 절차[장선 간격 결정]

(1) 연직하중 계산 W_o

구분	작용하중 : 토목[슬래브 두께 1.5m]	설계하중(W)
단위 변환	○ 고정하중($D = 36.4kN/m^2 = 0.0364N/mm^2$) ○ 작업하중($L_i = 5.0kN/m^2 = 0.005N/mm^2$)	$W_0 = 0.0414N/mm^2$
구조 설계 조건	$W_0 = 0.0414N/mm^2$를 단위폭 1mm를 갖는 등분포선하중으로 변환시키면 $W_1 = 0.0414N/mm$	
	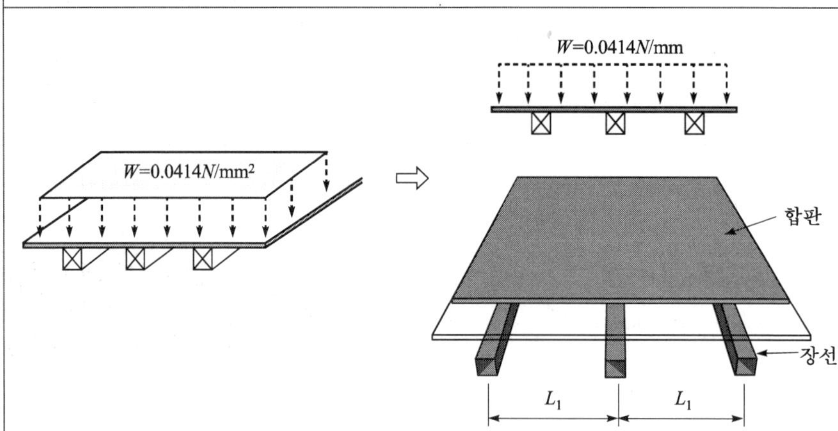 	
	[거푸집 및 동바리 설계기준(KDS 21 50 00 : 2022 : P.18)] • 거푸집은 예상되는 하중조건에 대하여 모든 부속품이 허용응력을 초과하지 않아야 하며, 변형기준 이하가 되도록 설계되어야 한다. • 목재 거푸집 및 수평부재는 등분포하중이 작용하는 단순보로 설계하여야 한다. 다만, 강재나 알루미늄 등과 같은 재료가 사용되는 경우 지점 조건에 맞게 설계하여야 한다.	

5) 거푸집널 구조검토

(1) 변형기준(처짐)에 대한 구조검토

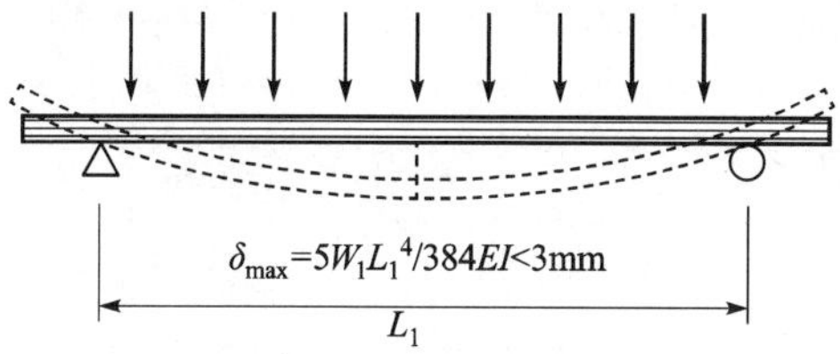

변형기준(처짐)을 만족시키기 위한 최대간격

$$\delta_{max} = \frac{5W_1L_1^4}{384EI} \leqq 3mm$$

$$L_1 \leqq \sqrt[4]{\frac{384EI \times 3}{5W_1}}$$

$$L_1 \leqq 272.4mm$$

(2) 휨에 대한 구조검토

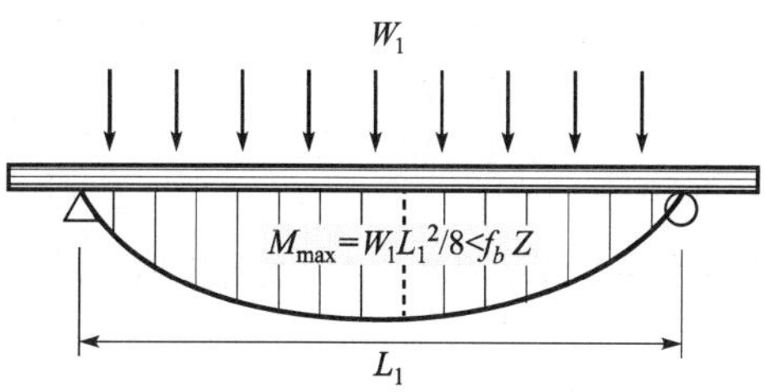

허용 휨응력을 만족시키기 위한 최대간격

$$M_{max} = \frac{W_1L_1^2}{8} \leqq f_b Z$$

$$L_1 \leqq \sqrt{\frac{8 \times f_b \times Z}{W_1}}$$

$$L_1 \leqq 205.4mm$$

(3) 전단에 대한 구조검토

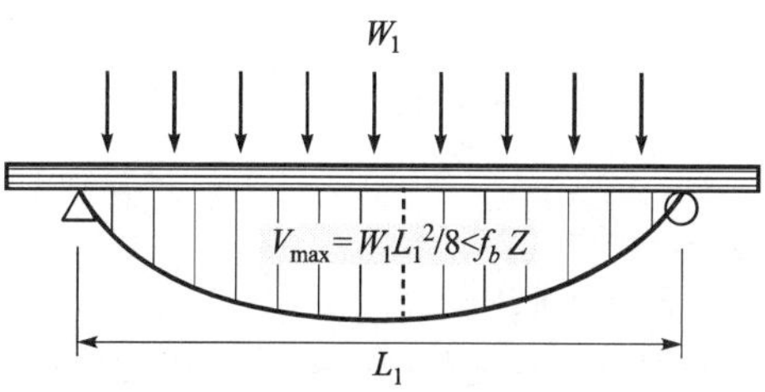

허용 전단응력을 만족시키기 위한 최대간격

$$V_{max} = \frac{W_1L_1}{2}, \quad \tau_{max} = k\frac{V}{A} = k\frac{W_1L_1}{2A} \leqq \tau_a$$

$$L_1 \leqq \frac{2A \times \tau_a}{kW_1}$$

$$L_1 \leqq 243.478mm$$

(4) 거푸집 널(합판) 검토 결과[장선 간격 결정]

장선간격 결정

$Min[L_1(\text{처짐}), L_1(\text{휨}), L_1(\text{전단})] = 205.4mm$

따라서 장선 간격은 최대 200mm 이내로 배치한다.

학습 Note 거푸집 널(합판)의 변형기준[KDS 21 50 00 : 2022 : P8]

거푸집 널의 변형기준은 공사시방서에 따르며, 달리 명시가 없는 경우는 표면의 평탄하기 등급에 따라 순 간격(l_n)1.5m이내의 변형이 상대변형과 절대변형 중 작은 값 이하가 되어야 한다.

[거푸집 널의 변형기준]

표면의 등급	상대변형	절대변형
A급	$\frac{l_n}{360}$	3mm
B급	$\frac{l_n}{270}$	6mm
C급	$\frac{l_n}{180}$	13mm

주1) A급-미관상 중용한 노출콘크리트 면
B급-마감이 있는 콘크리트 면
C급-미관상 중요하지 않은 노출콘크리트 면
2) 순간격(l_n)은 거푸집을 지지하는 동바리 또는 거푸집 긴결재의 지간거리를 의미한다.

학습 Note 거푸집 널 변형기준에 대한 추가 구조검토 결과[최종 장선간격 결정

· 장선 배치간격을 200mm로 결정한 후 거푸집 널의 변형기준을 확인해보자

· 장선간격 200mm일 때 거푸집 널의 최대처짐량 $\delta_{\max} = \frac{5W_1L_1^4}{384EI} = 0.87mm$

· 절대변형기준=3mm

· 상대변형기준(=L/360)=0.555mm(표면등급 A급 기준)

∴ 상대변형기준(0.555) < 최대처짐량(0.87) < 3.0(절대변형기준)

· 상대변형기준까지 만족시키시 위해서는 200mm보다 간격을 줄여야 함을 알 수 있다.

결론적으로 변형기준을 모두 만족시키기 위해서 장선배치간격을 150mm로 재배치하면

$\delta_{\max} = \frac{5W_1L_1^4}{384EI} = 0.28mm$, 상대변형기준(=L/360)=0.42mm로서 모두 만족함을 알 수 있다.

6) 장선 구조검토 절차[멍에 간격 결정]

등분포하중 : $W_2 = W_o \times$(장선 간격)

↓

휨계산	처짐계산	전단계산
$L_2 = \sqrt{\dfrac{8 \times f_b \times Z}{W_2}}$	$L_2 = 2\sqrt{\dfrac{384 \times E \times I \times \Delta_a}{W_2}}$	$L_2 = \sqrt{\dfrac{2 \times f_{s,a} \times A}{k \times W_2}}$

↓

멍에 간격결정 $Min[L_2]$

그림 6.2.15. 장선 구조검토 절차[멍에 간격 결정]

(1) 연직하중 계산 $W_2 = W_o \times$장선 간격

구분	작용하중 : 토목[슬래브 두께 1.5m]	설계하중(W)
단위 변환	• 고정하중($D = 36.4kN/m^2 = 0.0364N/mm^2$) • 작업하중($L_i = 5.0kN/m^2 = 0.005N/mm^2$)	$W_0 = 0.0414N/mm^2$
구조 설계 조건	$W_0 = 0.0414N/mm^2$를 장선간격 150mm를 갖는 등분포선하중으로 변환시키면 $W_2 = 0.0414N/mm^2 \times 150mm = 6.21N/mm$	
	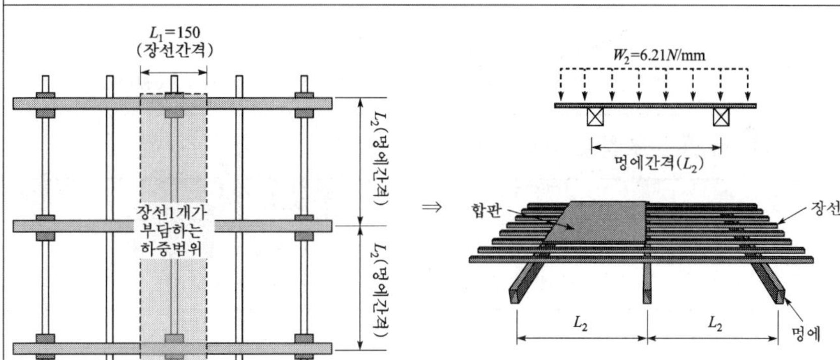	

(2) 장선 구조검토

가. 변형기준(처짐)에 대한 구조검토

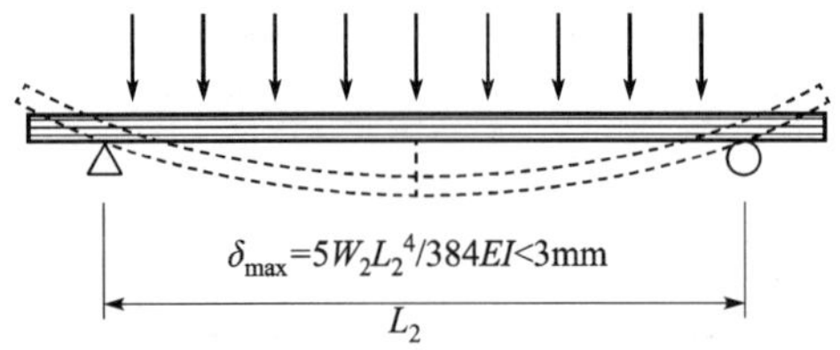

변형기준(처짐)을 만족시키기 위한 최대간격

$$\delta_{\max} = \frac{5W_2L_2^4}{384EI} \leqq 3mm$$

$$L_2 \leqq \sqrt[4]{\frac{384EI \times 3}{5W_2}}$$

$$L_2 \leqq 1048.7mm$$

나. 휨에 대한 구조검토

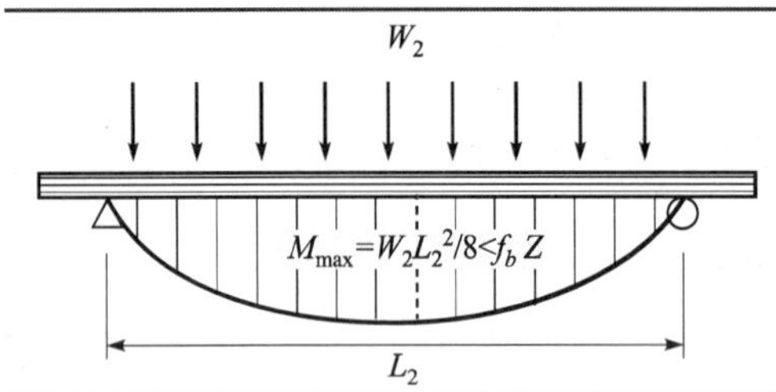

허용 휨응력을 만족시키기 위한 최대간격

$$M_{\max} = \frac{W_2L_2^2}{8} \leqq f_b Z$$

$$L_2 \leqq \sqrt{\frac{8 \times f_b \times Z}{W_2}}$$

$$L_2 \leqq 1069.3mm$$

다. 전단에 대한 구조검토

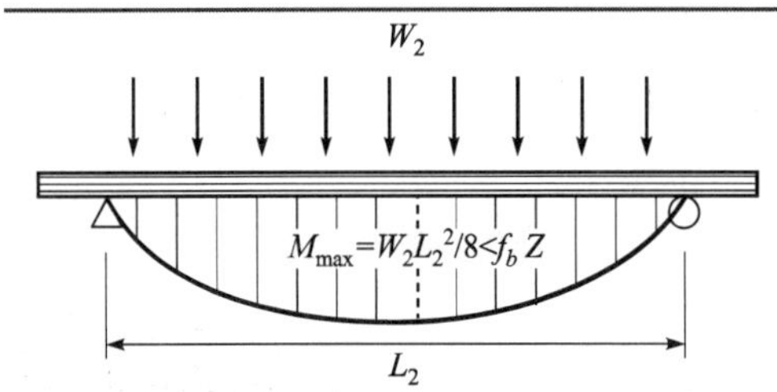

허용 전단응력을 만족시키기 위한 최대간격

$$V_{\max} = \frac{W_2L_2}{2}, \quad \tau_{\max} = k\frac{V}{A} = k\frac{W_2L_2}{2A} \leqq \tau_a$$

$$L_2 \leqq \frac{2A \times \tau_a}{kW_2}$$

$$L_2 \leqq 3950.6mm$$

라. 장선 구조검토 결과[멍에 간격 결정]

멍에간격 결정
$Min[L_2(\text{처짐}), L_2(\text{휨}), L_2(\text{전단})] = 1048.7mm$ 따라서 장선 간격은 최대 914mm 이내로 배치한다.

학습 Note 장선 변형기준에 대한 추가 구조검토 결과[최종 멍에간격 결정]

- 멍에 배치간격을 914mm로 결정한 후 장선의 변형기준을 확인해보자
- 멍에간격 914mm일 때 장선의 최대처짐량 $\delta_{\max} = \frac{5W_2L_2^4}{384EI} = 1.73mm$
- 절대변형기준=3mm
- 상대변형기준(=L/360)=2.538mm

∴ 최대처짐량(1.73) < 상대변형기준(2.538) < 3.0(절대변형기준)

결론적으로 멍에 간격 914mm는 장선 변형기준을 모두 만족함을 알 수 있다.

7) 멍에 구조검토 절차[수직재 간격 결정]

등분포하중 : $W_3 = W_o \times$멍에 간격

휨계산	처짐계산	전단계산
$L_3 = \sqrt{\dfrac{8 \times f_b \times Z}{W_3}}$	$L_3 = \sqrt[4]{\dfrac{384 \times E \times I \times \Delta_a}{W_3}}$	$L_3 = \sqrt{\dfrac{2 \times f_{s,a} \times A}{k \times W_3}}$

동바리 간격결정 $Min[L_3]$

그림 6.2.16. 멍에 구조검토 절차[수직재 간격 결정]

(1) 연직하중 계산 $W_3 = W_o \times$멍에 간격

구분	작용하중 : 토목[슬래브 두께 1.5m]	설계하중(W)
단위 변환	• 고정하중($D = 36.4kN/m^2 = 0.0364N/mm^2$) • 작업하중($L_i = 5.0kN/m^2 = 0.005N/mm^2$)	$W_0 = 0.0414N/mm^2$
구조 설계 조건	$W_0 = 0.0414N/mm^2$를 장선간격 914mm를 갖는 등분포선하중으로 변환시키면 $W_3 = 0.0414N/mm^2 \times 914mm = 37.84N/mm$ 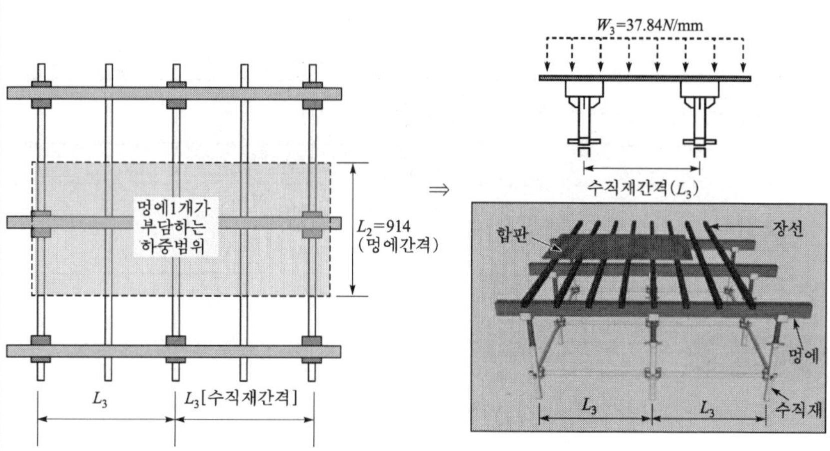	

(2) 멍에 구조검토

가. 변형기준(처짐)에 대한 구조검토

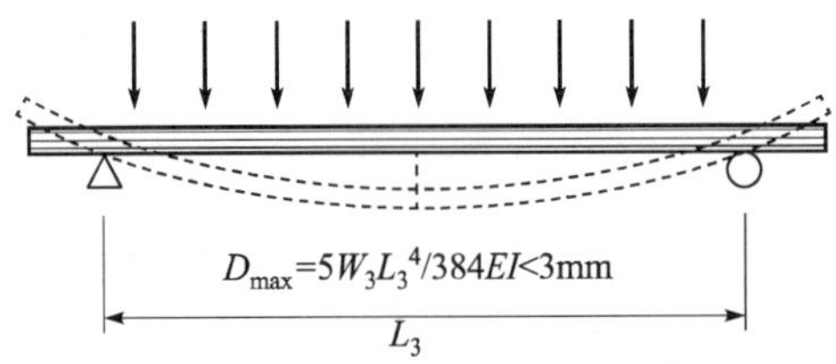

변형기준(처짐)을 만족시키기 위한 최대간격

$$\delta_{max} = \frac{5W_3L_3^4}{384EI} \leqq 3mm$$

$$L_3 \leqq \sqrt[4]{\frac{384EI \times 3}{5W_3}}$$

$$L_3 \leqq 1338.3mm$$

나. 휨에 대한 구조검토

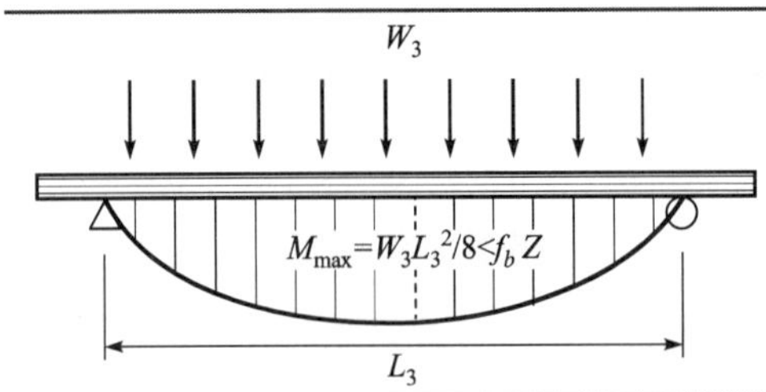

허용 휨응력을 만족시키기 위한 최대간격

$$M_{max} = \frac{W_3L_3^2}{8} \leqq f_b Z$$

$$L_3 \leqq \sqrt{\frac{8 \times f_b \times Z}{W_3}}$$

$$L_3 \leqq 1103.0mm$$

다. 전단에 대한 구조검토

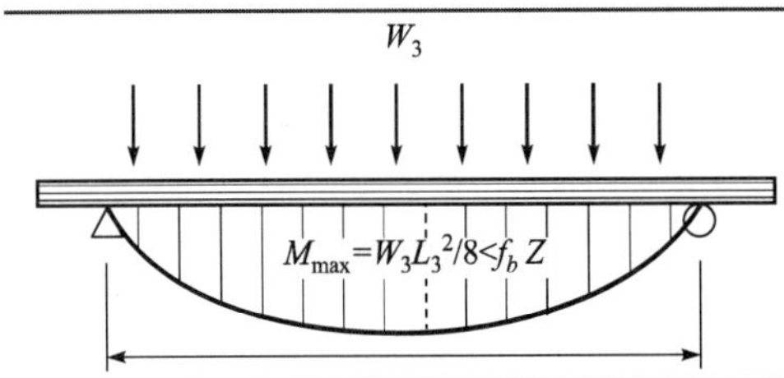

허용 전단응력을 만족시키기 위한 최대간격

$$V_{max} = \frac{W_3L_3}{2}, \quad \tau_{max} = k\frac{V}{A} = k\frac{W_3L_3}{2A} \leqq \tau_a$$

$$L_3 \leqq \frac{2A \times \tau_a}{kW_3}$$

$$L_3 \leqq 2251.1mm$$

라. 멍에 구조설계 결과[수직재 간격 결정]

수직재간격 결정

$Min[L_3(처짐), L_3(휨), L_3(전단)] = 1103.0mm$

따라서 수직재 간격은 최대 914mm 이내로 배치한다.

학습 Note 멍에 변형기준에 대한 추가 구조검토 결과[최종 띠장간격 결정

· 수직재 배치간격을 914mm로 결정한 후 멍에의 변형기준을 확인해보자

· 수직재간격 914mm일 때 멍에의 최대처짐량 $\delta_{max} = \frac{5W_3L_3^4}{384EI} = 0.65mm$

· 절대변형기준=3mm

· 상대변형기준(=L/360)=2.538mm

∴ 최대처짐량(0.65) < 상대변형기준(2.538) 〈 3.0(절대변형기준)

결론적으로 수직재 간격 914mm는 멍에 변형기준을 모두 만족함을 알 수 있다.

8) 수직재 구조검토 절차[수직재 좌굴 안전성 검토] : 파이프 서포트

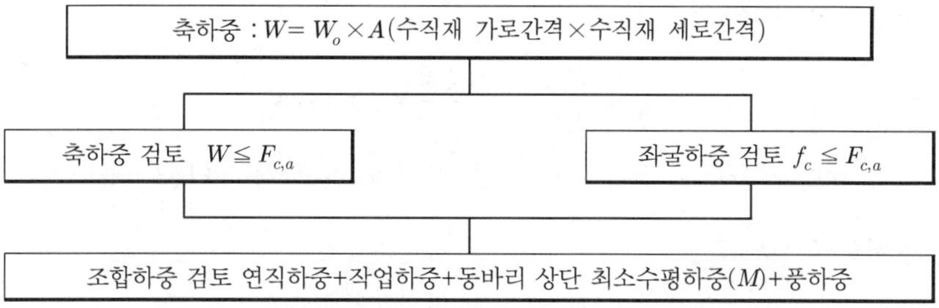

그림 6.2.17. 수직재 구조검토 절차[수직재 좌굴 안전성 검토]

(1) 연직하중 계산 $W = W_o \times A$(수직재 가로간격×수직재 세로간격)[수직하중만 고려]

구분	작용하중 : 토목[슬래브 두께 1.5m]	설계하중(W)
단위 변환	○ 고정하중($D = 36.4kN/m^2 = 0.0364N/mm^2$) ○ 작업하중($L_i = 5.0kN/m^2 = 0.005N/mm^2$)	$W_0 = 0.0414N/mm^2$
구조 설계 조건	$W_0 = 0.0414N/mm^2$를 멍에간격 914mm, 수직재간격 914mm를 갖는 집중하중으로 변환시키면 $W = 0.0414N/mm^2 \times 914mm \times 914mm = 34.59kN$ 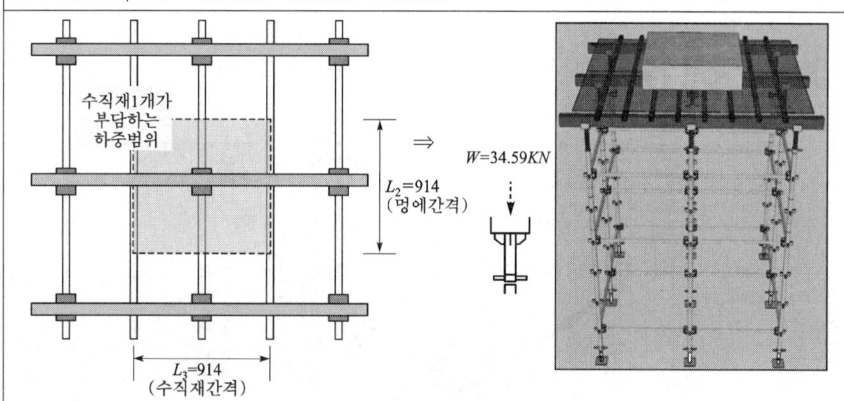 거푸집 및 동바리 설계기준 [KDS 21 50 00 : 2022 : P.22] · 파이프 서포트, 시스템 동바리의 수직재와 강관틀 동바리의 주틀의 경우에는 압축성능을 안전율로 나눈 허용압축력에 근거한 허용압축응력을 적용하여 안전성을 검토할 수 있다. [파이프 서포트] · 단품 지지형식 동바리의 허용압축내력 산정 시 수평연결재로 좌굴길이를 조정하지 않고 전체 동바리 길이에 대하여 좌굴길이로 산정하였을 경우에는 수평연결재를 생략할 수 있다. · 파이프 서포트 구조계산 시 수평하중에 대한 안전성 검토를 실시하여야 한다. [시스템 동바리] · 시스템 동바리 구조설계 시 연직 및 수평하중에 대한 안전성 검토결과에 따라 수직재 및 수평재에 가새재가 배치되도록 설계하여야 한다. · 동바리의 전체 좌굴을 방지하기 위해 시스템 동바리의 설치높이는 조립되는 동바리 단변 폭의 3배가 넘지 않도록 하며, 초과 시에는 주변 구조물에 지지하는 등의 전체 좌굴을 방지할 수 있는 조치를 취하여야 한다. 다만, 수평버팀대 등의 설치를 통해 전도 및 좌굴에 대한 구조 안전성이 확인된 경우에는 3배를 초과하여 설치할 수 있다.	

(2) Support 1본의 허용 지지력 검토

가. 허용지지력[압축하중 P_a]

$$P_a = \frac{P_{scr}}{RF_1} = \frac{40kN}{3.0} = 13.33kN$$

RF_1 = 안전인증기준에 의한 안전율, 단품동바리(= 3.0)

나. 안전인증기준 P_{scr}

파이프 서포트의 안전인증기준(P_{scr})

길이(mm)	압축성능(kN)
6000 미만	40

다. 수직재 구조검토 결과[안전성 평가]

수직재 안전성평가
수직재(파이프 서포트)에 1개에 작용하는 하중 = 34.59kN 수직재(파이프 서포트) 1개의 허용축하중 = 13.33kN ∴ 작용하는 하중(=34.59kN) > 허용축하중(= 13.33kN) .....N.A

9) 경사재[Bracing]구조설계[경사재 수평하중에 대한 안전성 검토]

(1) 수평하중에 대한 고려사항

<table>
<tr><th colspan="2">수평하중에 대한 고찰</th></tr>
<tr><td>구조
설계
조건</td><td>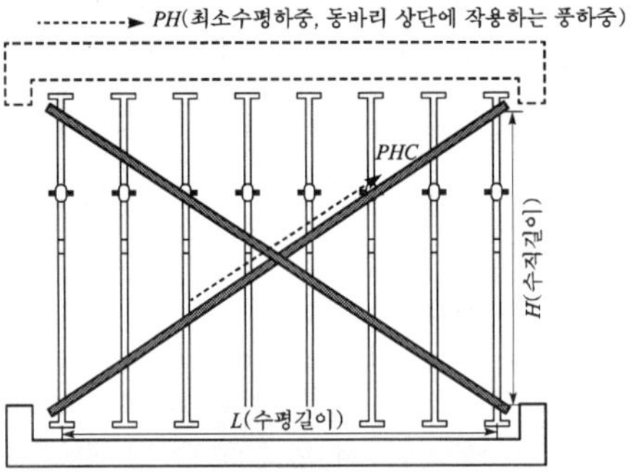

⇒ [가새재가 부담해야 하는 하중 계산]
· 수평하중 PH
· 삼각형의 닮은비를 이용하면, 가새재에 작용하는 하중PHC는 다음과 같다.
$PHC = PH \times \frac{가새재길이}{수평길이(L)}$

[구조설계와 가새재의 필요성]
· 최소수평하중 등에 의하여 작용하는 수평하중(PH) 검토는 수직재 하단이 힌지점이고 상단을 자유단으로 모델링하면 수평력에 저항해야하는 단면 내에 가새재(Bracing)를 반드시 요구하게 된다. 가새재는 설치방향과 하중작용 방향에 따라서 압축력이나 인장력을 부담하게 된다.</td></tr>
</table>

(2) 가새에 작용하는 축력과 가새 갯수 계산-슬래브 두께 1.5m[고정하중의 2% 고려할 때]

수평하중 검토				계산값
고정하중의 2%	$t=1.5m$	수직재 간격		$36.4\times2\%=0.728kN/m^2$
		X-D	Y-D	
		1.219	0.914	
X-방향 계산	· 가새에 작용하는 축력 · PH=0.728kN/m^2 × X-방향폭(8.0m) × Y-방향 길이(30.0m) = 174.72kN · 가새 수평길이=7.31m · 가새 높이=8.5m · $PHC=PH\times\frac{\sqrt{7.31^2+8.5^2}}{7.31}=267.96kN$ · 만약 가새재로 강관파이프를 사용하고 X-Bracing 중 인장재만 유효하다고 가정하면 강관파이프의 허용인장력은 140MPa × 334mm²=46.76kN이므로 446.45/46.76=5.74 약 6개가 필요하다는 의미가 된다. · 만약 가새재로 강관파이프를 사용하고 X-Bracing 중 압축재만 유효하다고 가정하면 강관파이프의 허용압축력은 40kN/3.0/1.3=10.25kN이므로 267.96/10.25=26.7 약 27개가 필요하다는 의미가 된다.			

학습 Note 거푸집동바리 구조검토 시험(건설안전기술사) 풀이

6. 그림과 같이 철근콘크리트 슬래브를 시공하려 한다. 다음 각 물음에 답하시오.

가) 동바리를 양방향의 동일한 간격으로 배치할 경우, 다음 조건을 고려하여 최대간격 d(m)를 구하시오. (단, 소숫점 둘째자리 이하는 버림처리 하시오.)

- 거푸집, 장선, 띠장, 동바리의 자중은 고려하지 않는다.
- 철근콘크리트 단위중량$(\gamma_{rc})=24\text{kN/m}^3$
- 좌굴계수$(K)=1.0$
- 동바리 규격 : $\phi 50(\text{mm})\times 2.5t$ 강관
- 동바리 탄성계수$(E_s)=2.1\times10^5\text{MPa}$
- 동바리 안전율 : 2.0

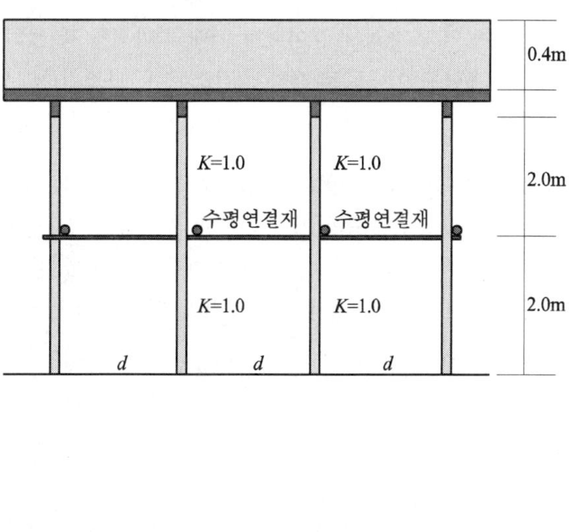

1. 동바리 허용하중

   (1) 동바리 안전인증기준(축압축력)=길이 6.0m 미만일 경우에 40kN[KDS 21 50 00]

   (2) 동바리 허용안전하중(축압축력)= 안전인증기준/안전율=20kN

2. 작용하중

   (1) 고정하중 만 고려함

   (2) 고정하중=철근콘크리트 단위중량 24kN/m^3 × 높이(0.4m) × 동바리 간격(d, 가로) × 동바리 간격(d, 세로)=9.6d2kN

3. 동바리 배치간격 결정

   (1) 고정하중<허용하중

   (2) 9.6d2kN<20kN

   따라서 d<1.44m 미만으로 배치하면 되므로 가로, 세로 각각 약 1.2m면 O.K

학습 Note 가설구조물의 안전성과 안정성

가늘고 긴 부재의 조립으로 시공되는 가설 구조물이 붕괴 사고없이 안전하게 시공되기 위해서는 우선 안전성과 안정성이 확보되어야 한다. 안전성Safety은 시공기간동안 최대하중에 대하여 저항하는 능력으로서 각 부재가 항복하거나 좌굴파괴 등의 현상이 생기지 않고 상재하중에 저항하는 구조물의 성능을 말한다. 안정성Stability은 가설부재나 구조체가 하중의 작은 변화 또는 기하학적인 변화에도 큰 변위를 발생하지 않고 안정한 평형상태에 있는 경우로서 압축력을 받는 구조물의 좌굴에 저항하는 능력으로 설계에서 중요한 고려사항이다.

학습 Note 동바리 압축부재와 좌굴파괴

세장비($\lambda = \frac{kL}{r}$, Slenderness ratio)는 기둥의 휴효길이(kL)와 최소 단면 2차 반경$\left(r = \sqrt{\frac{I_{\min}}{A}}\right)$의 비로 정의된다. 강관 동바리를 예로 들면, 동일한 단면을 갖는 비계의 최소 단면 2차 반경 값은 일정하고 동바리 길이가 길어질수록 세장비는 커지게 된다. 세장비가 작은 경우에는 아래 그림에서 부재의 축력 저항능력인 축강도가 단면의 저항능력이 되는 단주 영역의 재료파괴 강도를 갖게 되고 세장비가 커질수록 장주영역의 파괴가 일어나며 이때의 파괴를 장주(좌굴)파괴라고 하며 단주에 비하여 파괴강도값은 비계한계 이내로 급격하게 감소된다. 구조기준에서는 탄성좌굴과 비탄성좌굴의 기준을 한계세장비(C_c,Critical Slenderness Ratio)로 구분한다.

좌굴파괴의 특징은 재료강도에 좌우되지 않고 부재의 휨강성(EI)에 좌우된다. 좌굴에 의한 붕괴사고를 예방하기 위해서는 휨강성(EI) 를 높이거나 기둥의 지지길이(KL)를 줄이거나 또는 추가적인 측면 지지점을 확보하는 방법을 선택해야 한다. 반면에 재료의 강도를 증가시켜서 고강도재료를 사용하게 되면 재료강도자체 강도가 임계하중에 나타나지 않은 것처럼 임계하중은 증가하지 않는다.

일반적으로 철근콘크리트 압축부재는 좌굴파괴에 의하는 경우는 드물지만 가설구조물의 시스템동바리와 강관동바리, 비계구조물 등은 세장비가 큰 경우가 많게 되므로 좌굴에 대한 안전성 검토가 반드시 필요하게 된다.

기둥의 파괴 형태 변화는 기둥의 강도측면에서 보면 저항능력이 감소된다는 것이며 작용 가능 축하중 개념에서 보면 설계하중 즉 상재하중을 감소시켜야 한다는 의미이다. 동바리 수직재로 설명하면, 짧은 수직재는 강재의 항복강도(f_y)에 도달할 때까지 견딜 수 있지만, 설치 높이가 높아지면 항복강도보다 훨씬 작은 응력상태($\cong 0.25 f_y$)에서 파괴된다는 것이다.

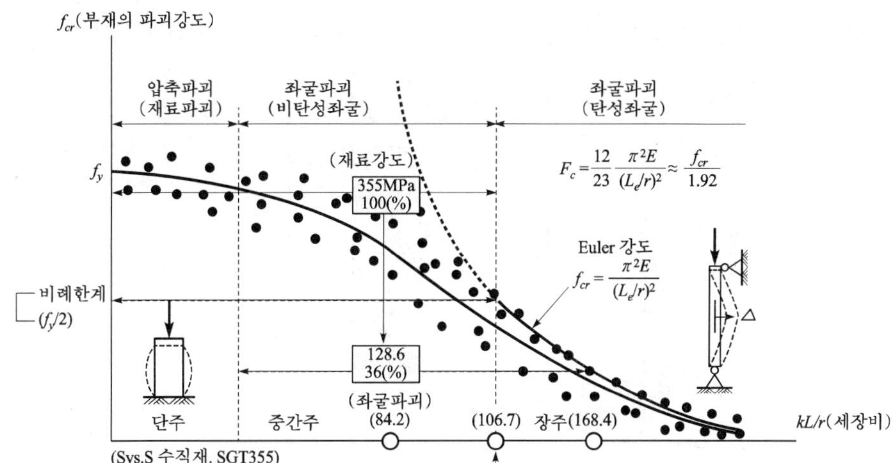

$\frac{KL}{r}$일 때 $F_c = \dfrac{\left[1-\dfrac{(KL/r)^3}{8C_c^3}\right]F_y}{\dfrac{5}{3}+\dfrac{3(KL/r)}{8C_c}-\dfrac{(KL/r)^3}{8C_c^3}}$(MPa)

한계세장비 C_c

$C_c < \frac{KL}{r} \le 200$일 때 $F_c = \dfrac{12\pi^2 E_s}{23(KL/r)^2}$(MPa)

$$L = 1725\text{mm},\ F_c = 128.6\text{MPa},\ C_c = \sqrt{\frac{2\pi^2 E_s}{F_y}},\ L = 3450\text{mm},\ F_c = 37.1\text{MPa}$$

[강구조 설계기준(허용응력설계법), 시스템동바리 수직재 계산 예]

학습 Note 시스템동바리의 안전과 불안정

구조물을 구성하는 부재나 재료는 각종 외력에 의해서 발생하는 모든 내력에 견디는 특성을 가져야 한다. 구조물이나 구성 부재들이 외부 하중에 충분히 저항할 수 있는가의 여부는 구조해석의 문제이지만 이러한 계산을 하기 전에 구조부재의 자유로운 움직임의 허용여부를 확인하는 것이 중요하다.

시스템 동바리나 비계는 수직재, 수평재, 가새재 등의 부재를 조립하여 연직하중과 수평하중에 저항하는 구조물이다. 구조해석을 위한 기본 조건으로 잭 베이스(수직재)가 기초 콘크리트 또는 지반과 만나는 지점Support과 수직재와 수평재 또는 수평재와 경사재가 만나는 절점Joint은 회전력이 전달되지 않고 단지 축력만 전달하는 힌지점으로 가정한다. 또한 연직하중과 최소수평하중을 받게 되는 최상부 절점은 회전과 이동에 대한 구속이 없는 자유단으로 모델링5)하게 된다.

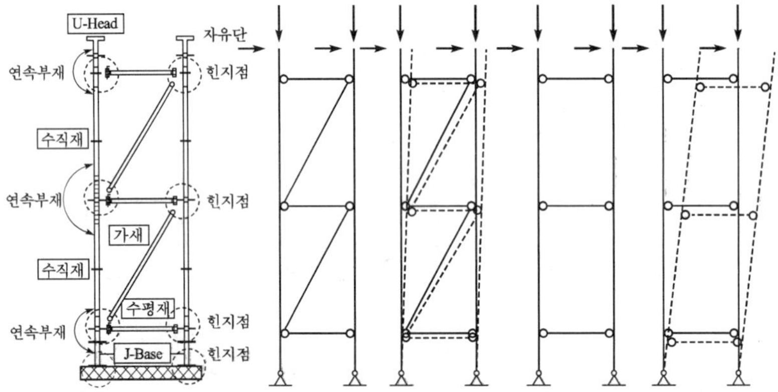

[절점과 지점조건] [(a)모델링-내부 가새 포함] [(b)변형 후] [(c)모델링-내부 가새 생략] [(d)변형 후]

위의 그림에서 내부 가새를 포함하고 있는 모델링은 외력에 의해 변형이 발생된다고 하더라도 부재 강도가 충분하다면 구조시스템 전체의 붕괴는 없는 안정된 상태가 유지된다. 반면에 내부 가새가 생략된 모델링은 연직하중의 크기와 부재 강도와 상관없이 아주 작은 수평하중에도 수평하중에 대한 저항능력이 없기 때문에 힘의 균형이 무너지며 구조시스템 전체가 붕괴되는 불안정구조임을 직감적으로 알 수 있다. 안정과 불안정의 차이는 각 부재의 연결조건과 지점조건에 따라 결정된다. 사각형 모양의 불안정구조는 가새를 추가하여 삼각형화 함으로써 안정된 구조시스템으로 변화시킬 수 있다. 이 내부 가새는 동바리, 비계, 철골 프레임, 트러스 구조 등 가늘고 긴 부재의 조합에서는 반드시 고려하여야 하며, 수평하중 방향에 따라서 양방향으로 모두 설치해야 할 필요성이 있다.

---

5) 거푸집 및 동바리 설계기준[KDS 21 50 00 : 2022]
시스템 동바리의 경우에는 각 부재의 연결조건을 다음과 같이 적용한다.
(1) 수직재와 수직재의 연결부: 연속 부재 (2) 수직재와 수평재의 연결부: 힌지 연결(수평재 단부)
(3) 수직재와 경사재의 연결부: 힌지 연결(경사재 단부) (4) 수평재와 경사재의 연결부: 힌지 연결
동바리 상·하 받침부의 경계조건은 원칙적으로 힌지로 간주한다.
* 비계 및 안전시설물 설계기준[KDS 21 60 00 : 2022]
강관 비계 및 시스템 비계 각 부재의 연결조건을 다음과 같이 적용한다.
(1) 수직재와 수직재의 연결부: 연속 부재 (2) 수직재와 수평재의 연결부: 힌지 연결(수평재 단부)
(3) 수직재와 경사재의 연결부: 힌지 연결(경사재 단부) (4) 수평재와 경사재의 연결부: 힌지 연결

학습 Note 동바리 수평변위와 가새Bracing

가새Bracing는 구조부재의 특정 위치에서 부재의 수평 및 수직방향 변위(이동)를 구속하는데 사용되는 구조부재임을 알 수 있다. 가새는 아래와 같이 크게 대각가새Diagonal Brace와 절점가새Nodal Brace로 구분된다. 대각가새는 일반적으로 동바리의 수직재와 수평재가 이루는 면내에 설치되는 경사재를 뜻하며 연결위치의 변위를 구속하게 된다. 절점가새는 가설물 외측의 구조물에 수평 버팀대 형식으로 설치되어 변위를 구속한다. 일반 건축물의 기존 벽체에 설치하는 경우라고 할 수 있다.

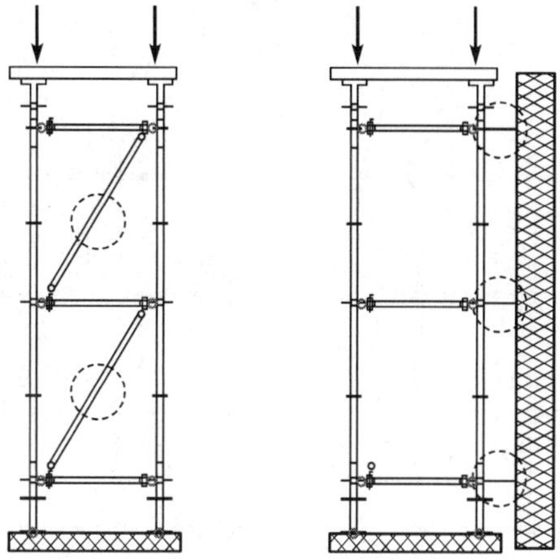

(a) 대각가새Diagonal Brace (b) 절점가새Nodal Brace

[가새배치]

동바리나 비계 가설구조물의 수직재인 기둥 부재는 인장 또는 압축력과 휨력 등의 조합력을 동시에 받게 된다. 기둥이 압축에 의한 좌굴효과와 풍하중 등의 수평력에 의한 굽힘이 동시에 작용하게 되면 기둥의 불안전성은 증가하게 된다. 구조해석적인 관점에서 보면 수직재의 응력상태는 동일한 하중조건에서도 대각가새의 배치 위치와 생략 정도에 따라서 최대응력 발생 부재 위치와 크기가 경우의 수 만큼이나 다양하게 나타난다. 따라서 대각가새를 일부분만 설치하고자 할 경우에는 구조검토에 따른 부재 안전성 검토를 확인하는 과정이 반드시 요구된다.

동바리나 비계는 수직 및 수평재로 이루어진 보-기둥Beam-Column형태를 취하고 있으나, 수평재와 대각가새의 양단 연결조건을 힌지조건으로 해석하게 되면 두 부재 모두 트러스 요소로서 축력만 부담하게 되므로 인장력과 압축력의 안전성만 고려하면 된다. 실제 현장에서 설치되는 시스템 동바리나 시스템 비계의 절점조건은 구조설계기준에서 제시하고 있는 힌지점과 고정절점 사이의 조건이 된다. 따라서 대각 가새를 전부 생략했다고 하더라도 일정한 크기의 수평하중과 수평변위를 지지할 수 있는 여건이 되지만 그 기능을 과신하게 되면 대형 붕괴사고로 이르게 될 수도 있다.

학습 Note 가새재 배치와 좌굴모드

가새는 가능한 한 절점에 가깝게 연결되어야 하며, 대각가새Continuous Diagonal Bracing를 사용하는 경우에는 수직재와 겹쳐지는 부분에 클램프 체결을 해야 한다. 클래프 체결 위치에 따른 좌굴모드의 효과는 아래 그림과 같다. 그림 (a)의 좌굴 된 모양은 붕괴를 일으키기 위해 요구되는 다음 식의 좌굴하중(P_{cr})에서 유효길이($KL = L_1$ 또는 L)가 그림(b)보다 훨씬 크기 때문에 좌굴하중이 상대적으로 작아짐을 알 수가 있다.

$$P_{cr} = \frac{\pi^2 EI}{(KL)^2}$$

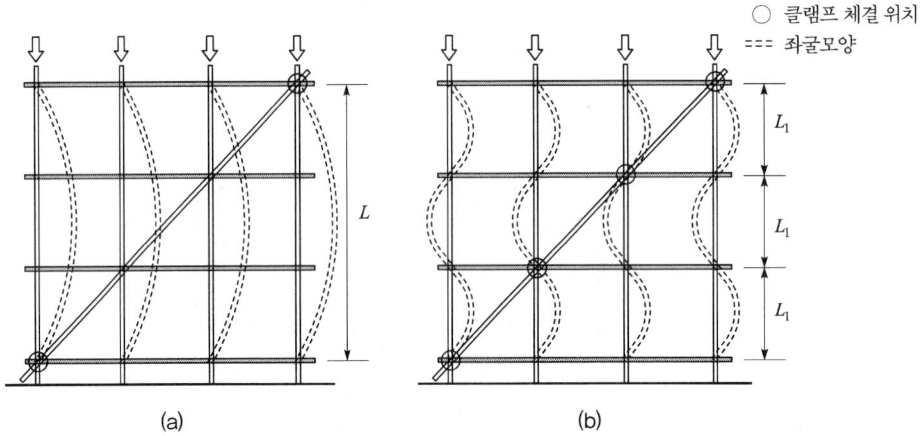

[대각가새 클램프 체결 위치와 좌굴모드]

거푸집공사Form-work실패의 주요 원인은 불안정Instability과 가로 흔들림Sway에 대한 이해 부족과 불안정한 가새 설치가 문제가 된다. 불안정성은 길고 가느다란 압축 부재Compression Members의 좌굴로 인한 것이다.

학습 Note 경계조건Boundary Condition과 반력 성분

구조물은 좌표계로 표현하면 X-축, Y-축, Z-축을 가지고 있는 3차원 형상이며 1차원인 직선, 2차원인 평면, 3차원인 입체형상으로 이상화하여 나타낼 수 있다. 각 부재는 다른 부재나 구조체에 접촉하거나 연결되며, 특정위치인 지지점(지점)은 구조부재의 움직임(이동 또는 회전)을 구속하는 정도에 따라서 롤러지점Roller Support, 힌지지점Hinged Support, 고정지점Fixed Support 등으로 구분한다.
아래 표와 같이 2차원적인 평면(X-축, Z-축)으로 설명하면 롤러지점은 X-축 움직임과 회전이 가능하며, 힌지지점은 회전만 가능하고, 고정지점은 이동과 회전 모두 불가능한 경계조건이 된다. 움직임과 회전이 가능하다는 것은 저항력(반력)이 없다는 것이므로 롤러지점은 Z-축 반력, 힌지지점은 X-축과 Z-축 반력, 고정지점은 X-축과 Z-축 반력 그리고 Y-축 회전반력이 모두 발생하게 된다.

지점구분	표현방법	반력성분
롤러지점 Roller Support	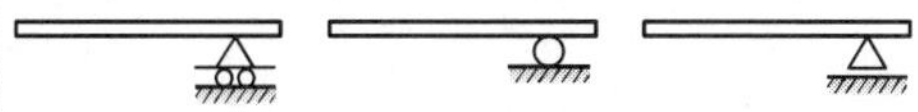	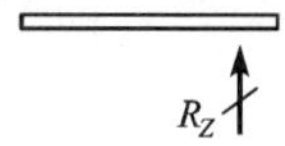
힌지지점 Hinged Support or Pinned Support		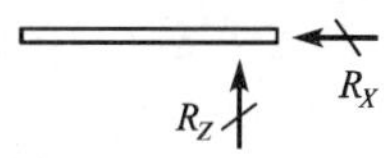
고정지점 Fixed Support	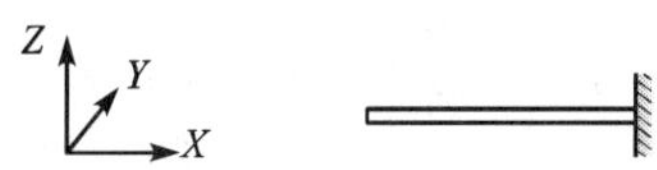	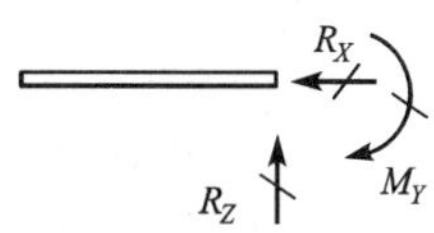

학습 Note 거푸집 및 동바리에 작용하는 하중과 응력

1) 하중과 응력

하중Loads은 구조물 외부에서 구조물에 작용하는 힘(기본단위:N)을 말하며, 응력Stress은 외부에서 가해지는 힘에 의한 내부에서 발생하는 저항력(힘)을 말한다. 이 힘은 부재 양쪽을 누르거나 잡아당기는 압축력과 인장력(기본단위:N), 지층의 단층처럼 어긋나게 하는 전단력(기본단위:N), 부재를 휘어지게 하는 회전의 휨력(기본단위:N·m) 등으로 구분한다. 이 크기를 단위면적(기본단위:m^2)으로 나눈 값 즉 단위면적당 힘을 응력(기본단위:N/m^2)이라고 한다.

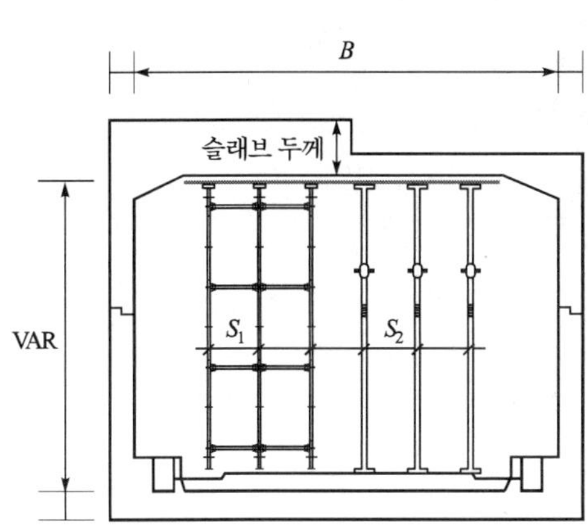

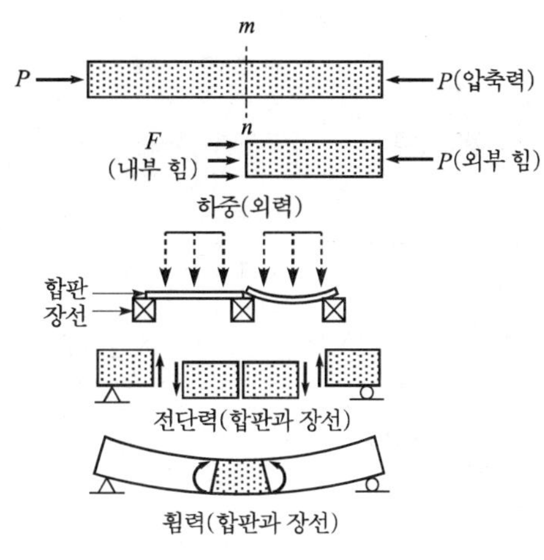

2) 동바리 구조시스템에서 외력에 의한 각 부재에 발생하는 내력

구조해석은 구조부재에서 발생하는 이러한 응력의 종류와 크기를 알아내는 과정을 말한다.

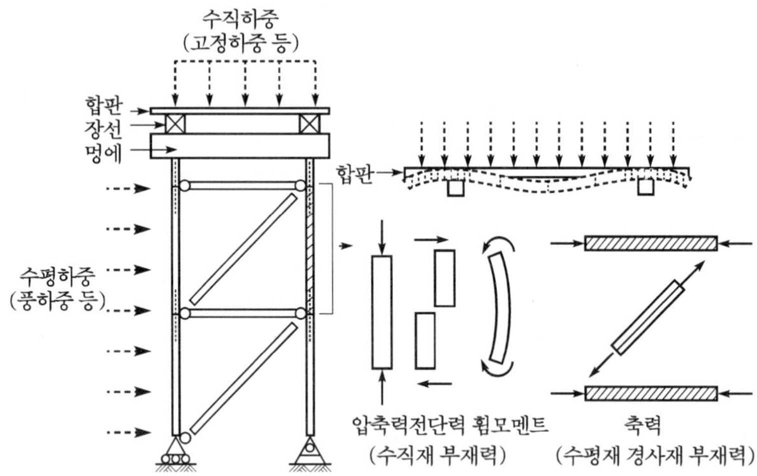

[동바리에 작용하는 힘의 종류]

학습 Note 동바리 좌굴현상 정리

• 좌굴의 의미	가늘고 긴 기둥을 압축하거나 얇은 판을 면내 방향으로 압축할 때 횡방향으로 과도하게 휘어지는 횡변위Lateral Displacement로 파괴에 이르는 현상으로 구조물의 안정성에 문제점을 일으킨다.
• 좌굴의 종류	1) 휨좌굴Flexural Buckling : 가늘고 긴 기둥이나 얇은판 거동 2) 국부좌굴Local Buckling : 국부영역에서 부분적으로 발생 3) 전단좌굴Shear Buckling : 전단력이 원인 4) 비틀림좌굴In-Plane Buckling 5) 면내좌굴In-Plane Buckling과 면외좌굴Out of Plane Buckling
• 좌굴조건	1) 물체의 형상 : 형상종횡비Aspect Ratio 2) 기하학적 불안전성 3) 하중조건의 불완전성Imperfection 4) 경계조건Boundary Condition
• 역학적 개념의 이해	$P_{cr} = \dfrac{\pi^2 EI}{(KL)^2}$, K: 변형 형상(sine 함수 형태)을 표현하는 계수
• 동바리 형식	1) 시스템 동바리 (1) 조립형 동바리 (2) 강관틀 동바리 2) 강재 동바리 : 대구경 강관, H형강 동바리 3) 혼합형 동바리 : 강재 동바리 + 시스템 동바리 등

풍하중 06-09

1. 풍하중 계산을 위한 기본 이론

1) 가설구조물의 풍하중은 기본적으로 건축구조기준설계하중[KDS 41 12 00]를 따른다.
2) 재현기간에 따른 중요도계수(I_w)와 풍력계수(c_f)는 거푸집 및 동바리 설계기준[KDS 21 50 00]과 비계 및 안전시설물 설계기준[KDS 21 60 00]에 산정식을 적용한다.
3) 풍하중 계산을 위한 산정식과 기본개념

$$W_D = q_h \times G_D \times C_D \times A(N)$$

여기서, q_h =기준높이 h에서의 설계속도압(N/m^2)

G_D =풍방향 가스트 영향계수[건축물의 동적특성에 좌우됨]

C_D =풍력계수[건축물의 형상에 좌우됨]

A =풍향에 수직인 수압면적(m^2)

$$q_h = \frac{1}{2}\rho V_H^2 (N/m^2)$$

$$V_H = V_o K_{zr} K_{zt} I_w (m/s)$$

여기서, V_o =기본풍속(m/s)[최소(무주, 진안, 장수 등)24~최대(제주)44]

K_{zr} =풍속고도분포계수로 기준높이 H에서의 값

K_{zt} =지형계수

I_w =건축물의 중요도 계수

4) 개방형 간판, 래티스 구조물, 굴뚝, 탱크에 대한 설계용 최소풍하중은 650kN/m²×A 이상이어야 한다.

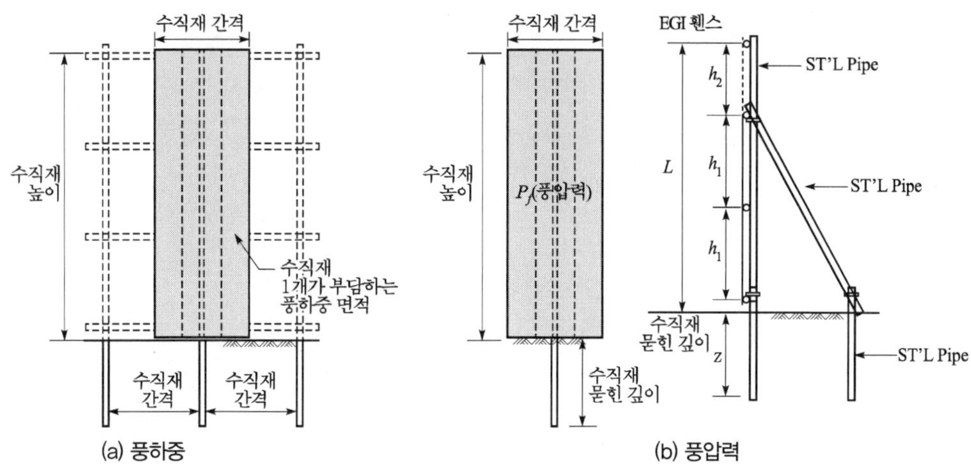

그림 6.2.18. 가설울타리 풍하중의 작용

2. 풍하중에 위한 안전성 확보

풍하중은 일반적으로 수평하중으로 작용한다. 풍하중에 대한 고려는 가설울타리나 방음벽. 동바리, 비계 등의 안전성 검토에 적용된다. 특히 RPP, EGI 형태의 가설울타리는 수직방향의 판넬이 풍하중 전체를 부담하게 되고 이 하중은 수직재가 지반에 묻힌 깊이나 휀스의 경사재가 부담하게 된다. 따라서 풍하중에 대한 안전성을 확보하기 위해서는 수직재의 배치간격에 따른 묻힌 깊이나 경사재의 배치 간격이 중요하게 된다.

3. 가설방음휀스 구조검토 계산 및 절차[비계 Type]

1) 가설방음휀스[비계 Type] 구조검토를 위한 기본 구조역학

구분	가설방음휀스 구조검토 조건	
도면	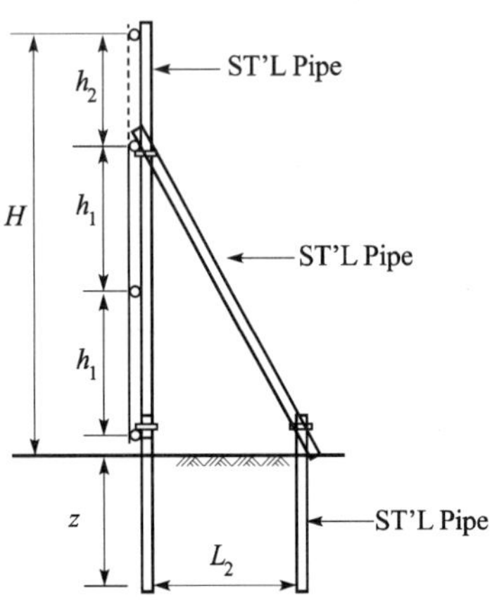	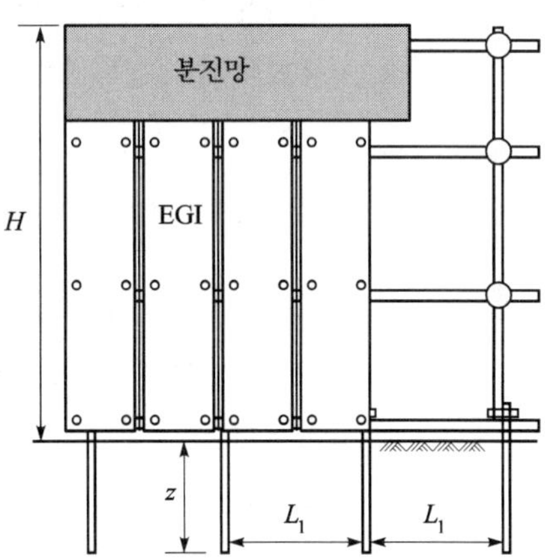

구조해석을 위한 모델링[수직 하부 고정단]

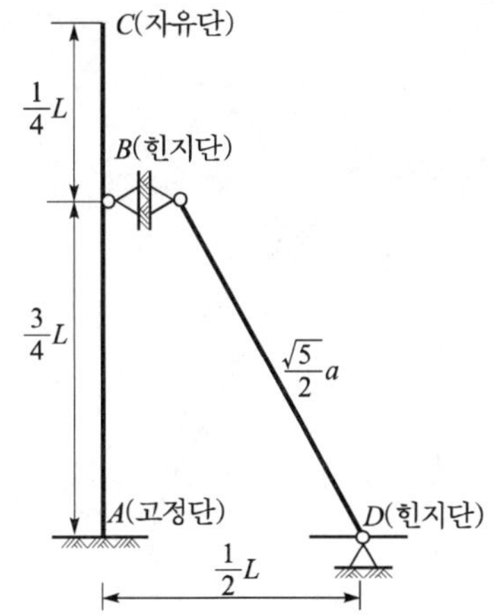

모델링

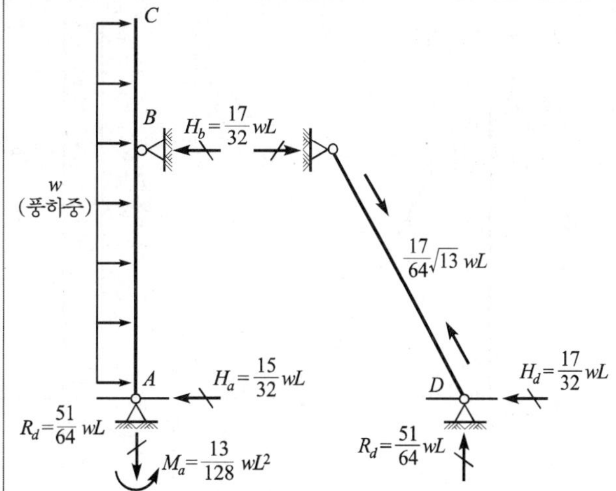

작용하중과 반력

단면력

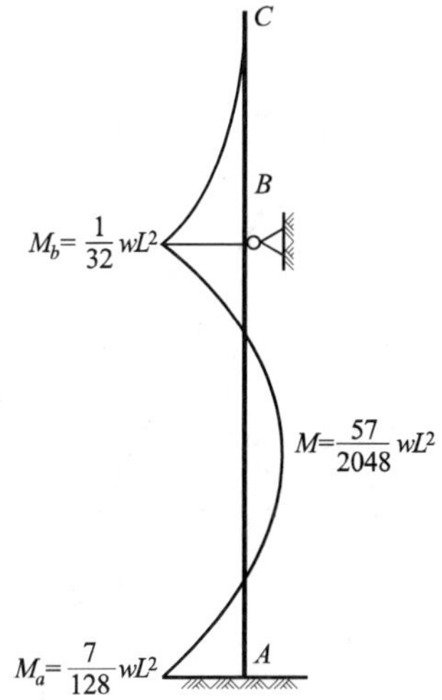

수직재 휨모멘트

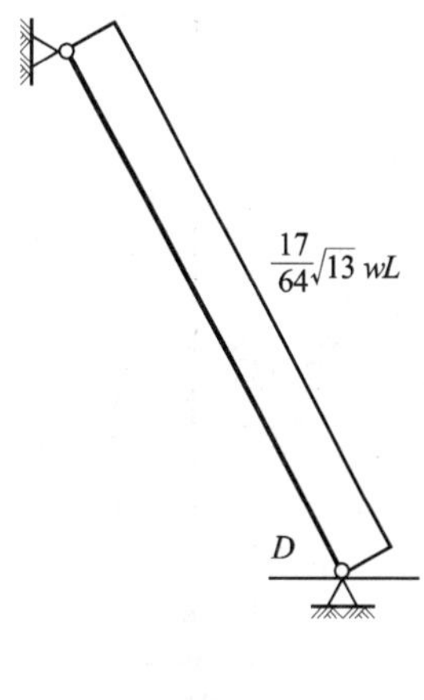

경사재 축력

- 수직재 휨응력 검토 조건

$$f_{b,\max} = \frac{M_{\max}}{Z} \le f_{b,a}$$

- 수직재 압축응력 검토 조건

$$f_{c,\max} = \frac{P_{\max}}{A} \le f_{c,a}$$

- 수직재 조합응력 검토 조건

$$\frac{f_{c,\max}}{f_{c,a}} + \frac{f_{b,\max}}{f_{b,a}} \le 1.0$$

- 경사재 압축응력[좌굴응력] 검토 조건

$$\lambda = \frac{L_s}{r} > \lambda_c \text{ 경우}$$

$$f_{c,\max} = \frac{P_{\max}}{A} \le F_{c,a}$$

여기서, $F_{c,a} = \dfrac{12 \times \pi^2 \times E_s}{23 \times \lambda^2}$

구조해석을 위한 모델링[수직재하부 힌지단]

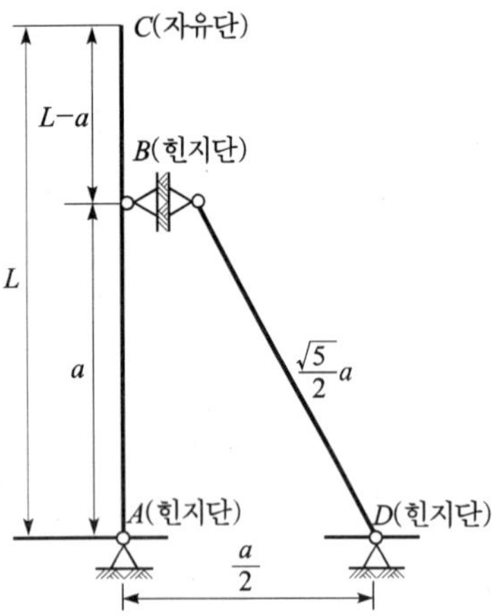

모델링

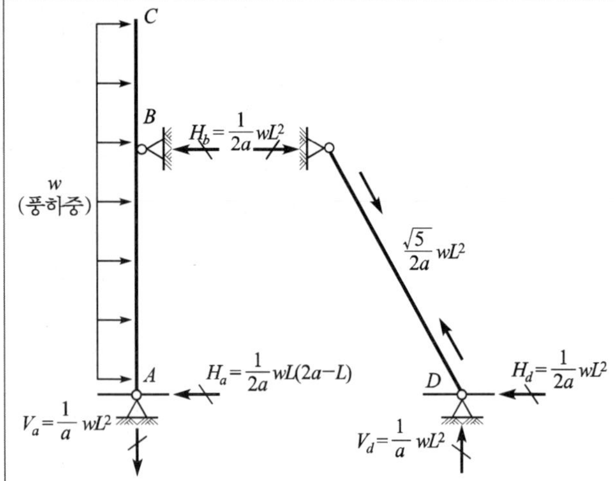

작용하중과 반력

단면력

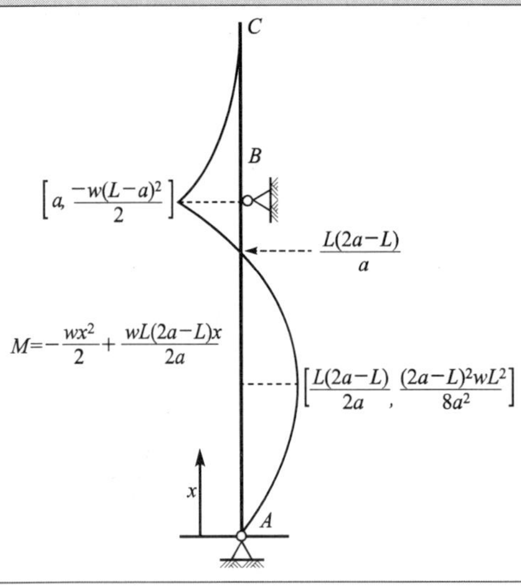

수직재 휨모멘트

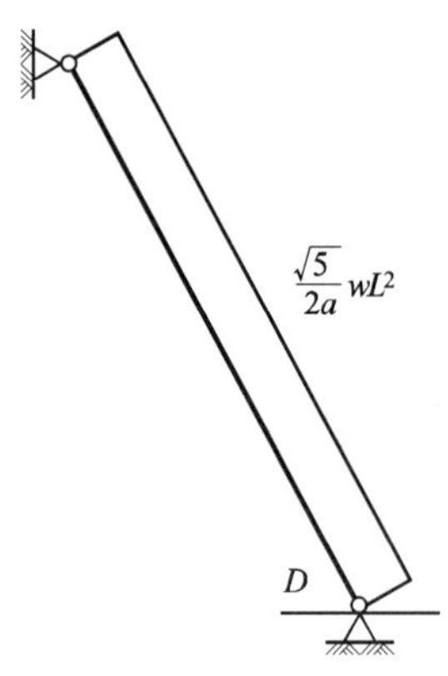

경사재 축력

•수직재 휨응력 검토 조건

$$f_{b,\max} = \frac{M_{\max}}{Z} \leqq f_{b,a}$$

•수직재 압축응력 검토 조건

$$f_{c,\max} = \frac{P_{\max}}{A} \leqq f_{c,a}$$

•수직재 조합응력 검토 조건

$$\frac{f_{c,\max}}{f_{c,a}} + \frac{f_{b,\max}}{f_{b,a}} \leqq 1.0$$

•경사재 압축응력[좌굴응력] 검토 조건

$$\lambda = \frac{L_s}{r} > \lambda_c \text{ 경우}$$

$$f_{c,\max} = \frac{P_{\max}}{A} \leqq F_{c,a}$$

여기서, $F_{c,a} = \dfrac{12 \times \pi^2 \times E_s}{23 \times \lambda^2}$

2) 방음휀스 수직부재의 근입깊이 검토

수직부재는 지중에 일정깊이만큼 타입되어 풍하중의 인발력에 저항하게 된다. 지반조건과 설치 조건에 따라 다음과 같이 근입깊이 검토가 진행된다.

<table>
<tr><th>하중 작용</th><th>허용인발력 및 연직지지력 검토</th></tr>
<tr><td rowspan="2">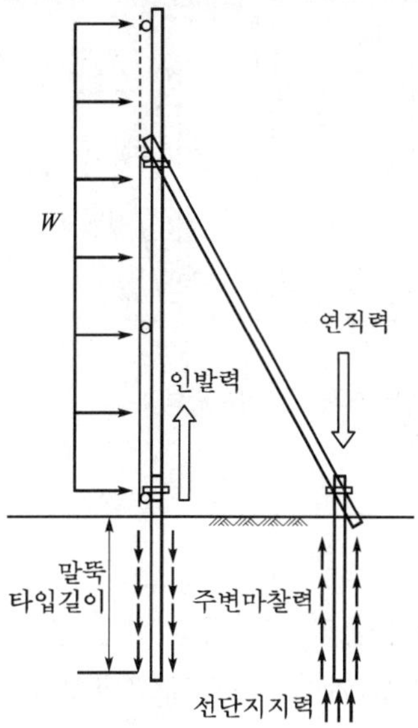
</td>
<td>[말뚝 허용인발력 검토]
· 최대주변마찰력(f)(사질토) : $2.0 \times N$(평균) (kN/m^2)
· 최대인발력(P_u) :
U(표면둘레길이)$\times L$(말뚝타입길이)$\times f$(최대주변마찰력)
U(말뚝둘레길이)$= \pi \times D$(직경)
· 허용인발력(P_a) : $\dfrac{P_u}{n(\text{안전율}2.0)}$</td></tr>
<tr><td>[말뚝 연직지지력 검토]
· 선단지지력(q_d)(사질토) : $300 \times N$(선단) (kN/m^2)
· 최대주변마찰력(P_u) :
U(표면둘레길이)$\times L$(말뚝타입길이)$\times f$(최대주변마찰력)
· 연직지지력(R_u) : $q_d \times A$(단면적)$+ P_u$
· 연직허용지지력(R_a) : $\dfrac{R_u}{n(\text{안전율}2.0)}$</td></tr>
</table>

콘크리트 측압 06-10

1. 콘크리트 측압 영향 요소

1) 콘크리트 타설속도(m/hr)
2) 콘크리트 타설높이(m)
3) 미경화 상태의 콘크리트 타설높이 적용
4) 미경화 콘크리트 단위용적 중량 : 보통 콘크리트의 경우 24kN/m^3
5) 타설시의 기온

   기온이 낮은 경우 콘크리트의 경화가 지연되므로 미경화 콘크리트의 헤드는 높아지며 측압도 커짐
6) 철근량의 다소 : 배근된 철근량이 많으면 측압은 다소 감소된다.
7) 슬럼프 : 슬럼프가 크면 측압은 커진다.

(8) 계절

(1) 동절기에는 콘크리트 경화 속도가 늦어지고 콘크리트 헤드6)가 높아지며 따라서 측압이 커진다.

(2) 하절기에는 콘크리트 경화 속도가 빠르고 콘크리트 헤드가 낮아 측압은 동절기의 절반이하로 예상된다.

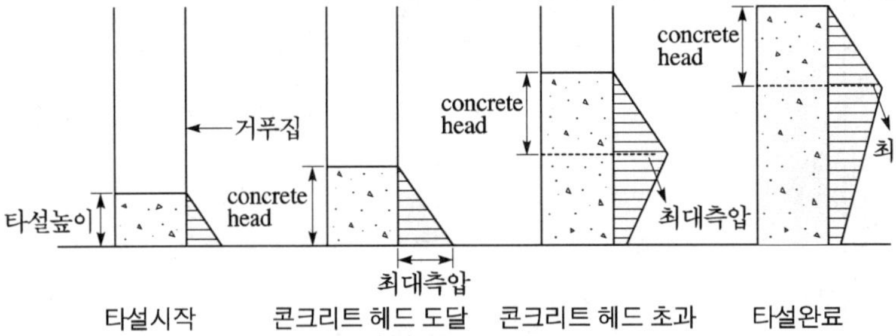

그림 6.2.19. 콘크리트 헤드

2. 콘크리트 측압 산정식

콘크리트 측압에 영향을 미치는 요인은 여러 가지가 있지만 콘크리트 측압 산정 공식에는 콘크리트 단위중량, 콘크리트 타설높이, 단위중량 계수, 첨가물 계수, 콘크리트 타설속도, 타설되는 콘크리트 온도만을 고려하고 있다.

1) 일반콘크리트용 측압은 다음식에 의해 산정한다.

$$P = W \times H$$

여기서, P : 콘크리트의 측압(kN/m^2)

W : 굳지 않은 콘크리트의 단위중량(kN/m^3)

H : 콘크리트의 타설 높이(m)

2) 기둥 및 벽체

콘크리트 슬럼프가 175밀리미터 이하이고, 1.2미터 깊이 이하의 일반적인 내부진동다짐으로 타설되는 기둥 및 벽체의 콘크리트 측압은 다음과 같다.

(1) 기둥의 측압은 다음 식으로 산정 할 수 있다. 다만, 이 경우 측압의 최소값은 30 C_w kN/m^2 이상이고, 최대값은 $W \cdot H$ 값 이하이다.

$$P = C_w \cdot C_c \left[7.2 + \frac{790R}{T+18} \right]$$

6) 콘크리트 헤드란 콘크리트가 경화를 개시하지 않고 액상 상태로 있는 상태의 높이로써 콘크리트 타설 윗면부터 최대 측압이 생기는 지점까지의 거리(h)를 말한다. [h=P(max)/콘크리트 단위용적 중량]

여기서, P : 콘크리트 측압(kN/m²)

C_w : 단위중량 계수

C_c : 첨가물 계수

R : 콘크리트 타설속도(m/hr)

T : 타설되는 콘크리트의 온도(℃)

(2) 벽체의 측압은 콘크리트 타설속도에 따라 다음과 같이 구분하며, 이 경우에 측압의 최솟값은 $P = 30\, C_w kN/m^2$ kN/m² 이상이고, 최댓값은 $P = W \times H$ 값 이하이다.

가. 타설속도가 2.1 m/h 이하이고, 타설높이가 4.2미터 미만인 벽체

$$P = C_w \cdot\ C_c \left[7.2 + \frac{790R}{T+18} \right]$$

나. 타설속도가 2.1 m/h 이하이면서 타설높이가 4.2미터 초과하는 벽체 및 타설속도가 2.1~4.5 m/h인 모든 벽체

$$P = C_w \cdot\ C_c \left[7.2 + \frac{1160 + 240R}{T+18} \right]$$

상기의 측압 공식을 적용하기 위해 기둥은 수직 부재로서 장변의 치수가 2미터 미만이어야 하며, 벽체는 수직 부재로서 한쪽 장변의 치수가 2미터 이상이어야 한다.

• 단위중량 계수(C_w)

콘크리트의 단위중량	C_w
22.5 kN/m³ 이하인 경우	C_w =0.5 [1+(W/23 kN/m³)] 다만, 0.8 이상이어야 한다.
22.5초과 ~24 kN/m³ 이하인 경우	C_w = 1.0
24 kN/m³ 초과인 경우	C_w = W/23 kN/m³

• 첨가물 계수(C_c)

시멘트 타입 및 첨가물	C_c
지연제를 사용하지 않은 KS L 5201의 1, 2, 3종 시멘트	1.0
지연제를 사용한 KS L 5201의 1, 2, 3종 시멘트	1.2
다른 타입의 시멘트 또는 지연제 없이 40 % 이하의 플라이 애쉬 또는 70 % 이하의 슬래그가 혼합된 시멘트	1.2
다른 타입의 시멘트 또는 지연제를 사용한 40 % 이하의 플라이 애쉬 또는 70 % 이하의 슬래그가 혼합된 시멘트	1.4
70 % 이상의 슬래그 또는 40 % 이상의 플라이 애쉬가 혼합된 시멘트	1.4

주) 여기서 지연제란 콘크리트의 경화를 지연시키는 모든 첨가물로서, 감수제, 중간단계의 감수제, 고성능 감수제(유동화제)를 포함한다.

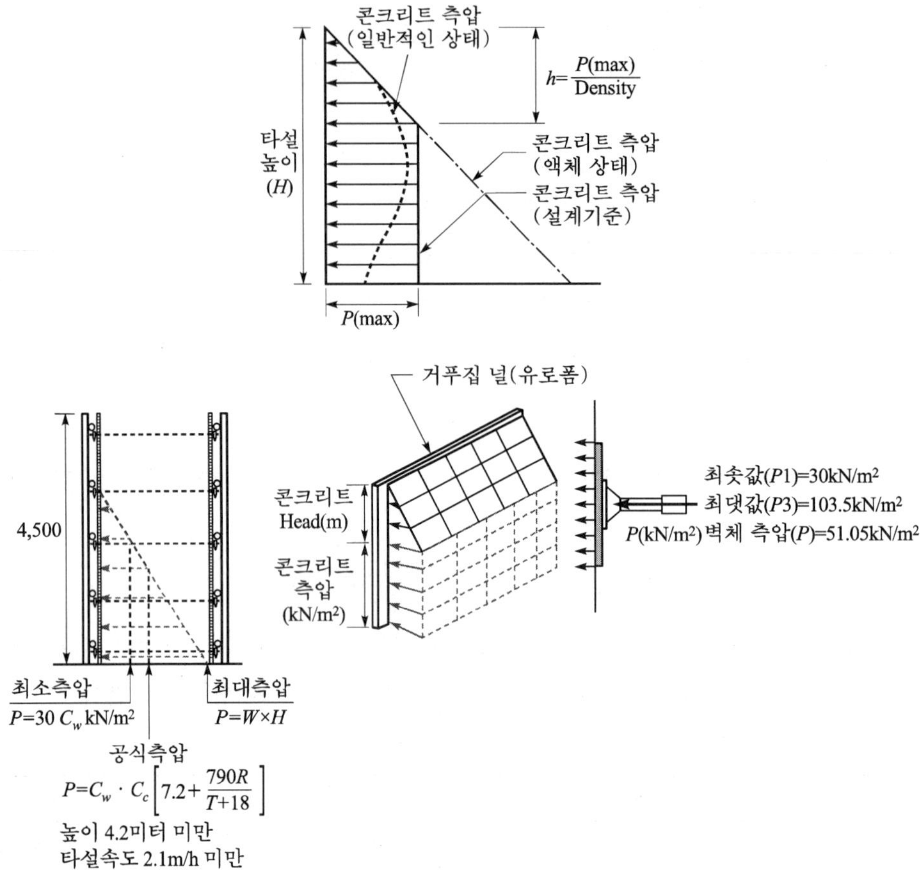

그림 6.2.20. 콘크리트 측압

3. 강제 틀 합판 거푸집의 측압 제한

아래 그림의 강제 틀 합판 거푸집의 최대 사용측압은 적합한 거푸집 긴결재와 결합했을 경우 40.0 kN/m^2[KDS 21 50 00, P.11, 2022]으로 제한하고 있다.

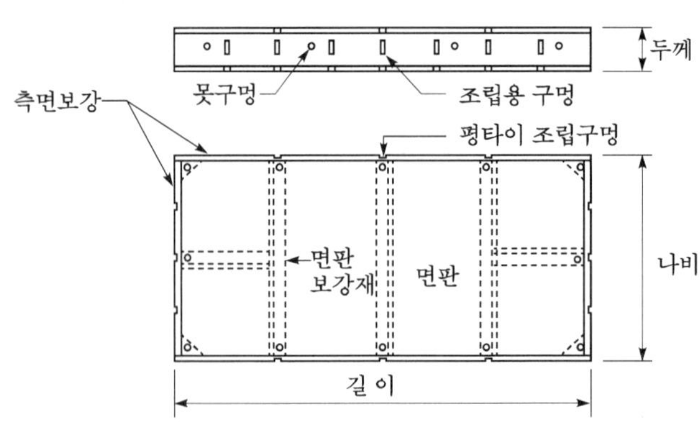

그림 6.2.21. 강제 틀 합판 거푸집의 구조

4. 콘크리트 거푸집(합판폼/유로폼) 구조검토 계산 절차 및 방법

1) 벽체 거푸집(합판폼) 구조검토 적용 공식 결정 및 절차

<table>
<tr><th>구분</th><th>일반 콘크리트</th><th>Slump 175mm 이하이고
깊이 1.2m 이하 내부진동다짐</th></tr>
<tr><td>기둥
[장변치수
2미터미만]</td><td rowspan="5">$P = W \cdot H$ (1)

여기서,
P : 콘크리트 측압(kN/㎡)
C_w : 단위질량 계수
C_c : 첨가물 계수
R : 콘크리트 타설속도(m/hr)
T : 타설되는 콘크리트의 온도(℃)</td><td>· 최솟값은 $30C_w$ kN/m^2 이상
· 최댓값은 $W \cdot H$ 값 이하
$P = C_w \cdot C_c \left[7.2 + \dfrac{790R}{T+18}\right]$ (2)</td></tr>
<tr><td rowspan="4">벽체
[장변치수
2미터이상]</td><td>· 최솟값은 $30C_w$ kN/m^2 이상
· 최댓값은 $W \cdot H$ 값 이하</td></tr>
<tr><td>타설속도가 2.1 m/hr 이하이고, 타설높이가 4.2 m 미만
$P = C_w \cdot C_c \left[7.2 + \dfrac{790R}{T+18}\right]$ (3)</td></tr>
<tr><td>타설속도가 2.1 m/hr 이하이면서 타설높이가 4.2 m 초과하는 벽체 및 타설속도가 2.1~4.5 m/hr인 모든 벽체
$P = C_w \cdot C_c \left[7.2 + \dfrac{1160+240R}{T+18}\right]$ (4)</td></tr>
</table>

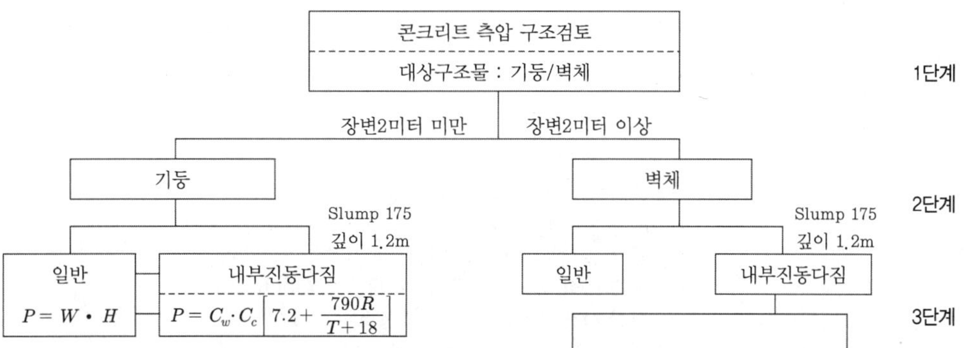

·[거푸집 및 동바리 설계기준]
강제틀 합판 거푸집의 최대사용측압은 적합한 거푸집 긴결재와 결합했을 경우 $40.0kN/m^2$.

<table>
<tr><td rowspan="2">구조검토
대상 및
조건</td><td colspan="2">· Step 1 : [장변치수 $20m$ > $2.0m$ 이상] : 벽체[공식(1)(3)(4)]
· Step 2 : [Slump 175mm 이하, 깊이 1.2m 이하 내부진동다짐] : 공식(3)(4)
, Step 3 : [타설높이 4.2미터 미만] : 공식(4) 선택</td></tr>
<tr><td>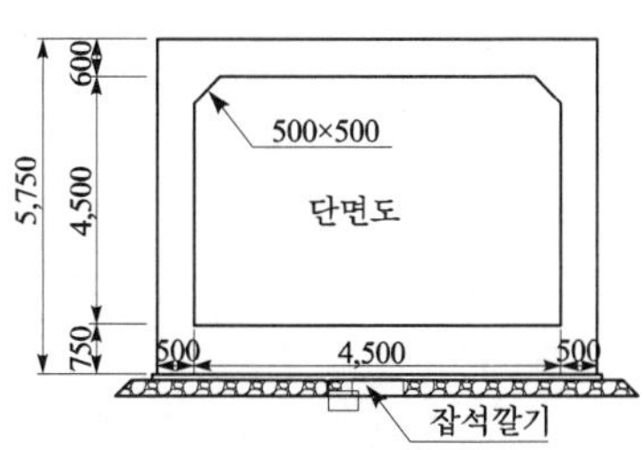</td><td>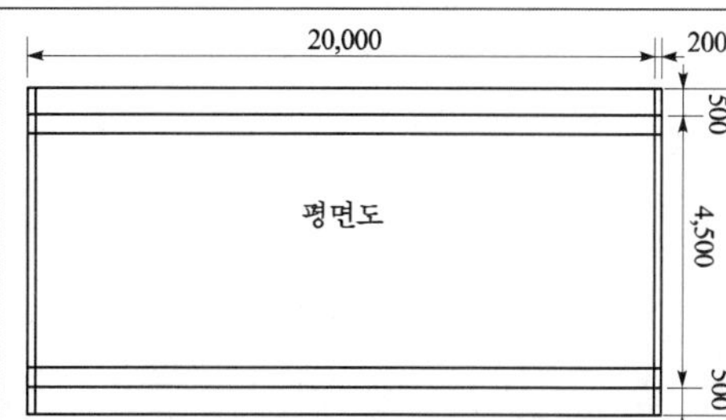</td></tr>
</table>

(1) 콘크리트 타설속도[m/h]

<table>
<tr><th>구분</th><th colspan="2">내용</th></tr>
<tr><td>개념</td><td colspan="2">· 기둥이나 벽체에 콘크리트를 타설할 때 레미콘이나 펌프 카의 토출능력에 따라 수직으로 차오르는 시간이 차이가 날 수 있다. 이때 바닥 면적의 넓이와 상관없이 1시간(1h)동안에 차오르는 높이(m)를 콘크리트 타설 속도로 정의하고 있다.
· 콘크리트 타설 속도(R)의 단위는 m/h</td></tr>
<tr><td rowspan="6">타설 속도(R) 계산</td><td>1. 타설 물량 계산(예)
<table>
<tr><th>벽체 폭(m)</th><th>높이(m)</th><th>길이(m)</th></tr>
<tr><td>0.5</td><td>4.5</td><td>10</td></tr>
</table>
· 전체 타설 물량=0.5×4.5×10×2=45m³</td><td>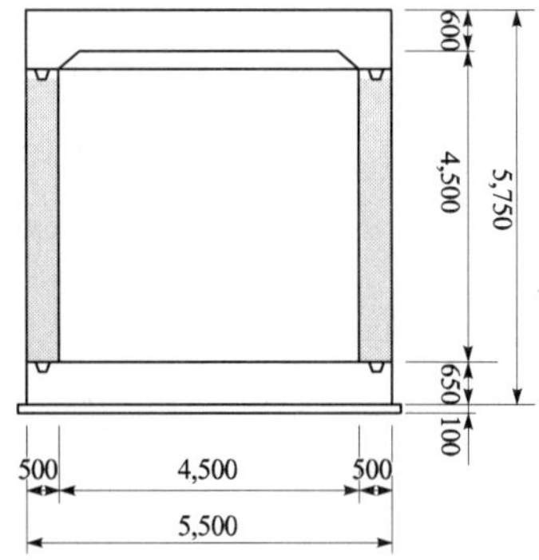
</td></tr>
<tr><td colspan="2">2. 타설 속도 결정</td></tr>
<tr><td colspan="2">(1) 전체 타설 물량(45m³)을 한 시간 만에 완료한다고 계획하면 R=4.5m/h</td></tr>
<tr><td colspan="2">(2) 전체 타설 물량(45m³)을 두시간 만에 완료한다고 계획하면
R=4.5m/2h=2.25m/h</td></tr>
<tr><td colspan="2">(3) 레미콘 토출 시간으로 계산하는 방법
가. 레미콘 한 대당 용량(가정)=6m³
나. 레미콘 한 대 용량의 토출 시간(가정)=30분(1/2시간)
다. 전체 물량(45)/레미콘 한 대 용량(6)=7.5대가 필요
라. 전체 타설 시간=7.5대×(1/2시간)=3.75시간
마. 타설 시간=4.5m/3.75h=1.2m/h</td></tr>
<tr><td colspan="2">* 타설 속도 결정=(1)(2)(3)중에서 결정</td></tr>
</table>

(2) 벽체 거푸집(합판폼) 부재 거푸집 배치도 및 단면성능

구분	벽체 거푸집(합판폼) 구조검토 위치 및 대상
거푸집 (합판폼) 배치도	(도면 아래 참조)
거푸집 부재 단면성능	(표 1, 표 2 아래 참조)

거푸집(합판폼) 배치도

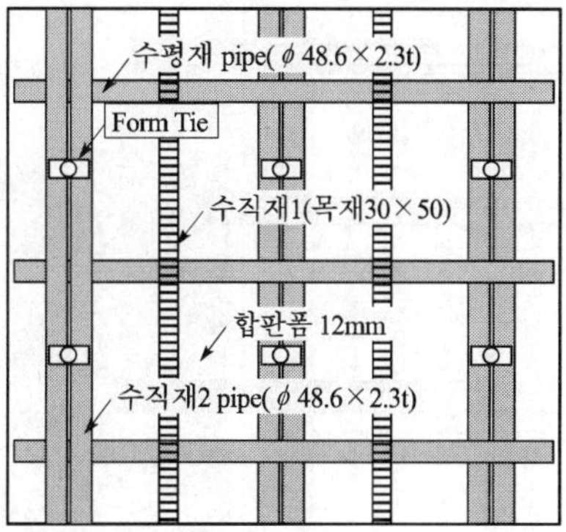

[정면도]

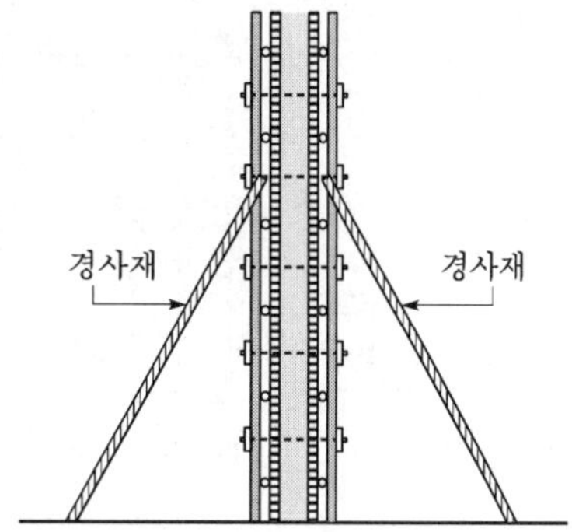

[단면도]

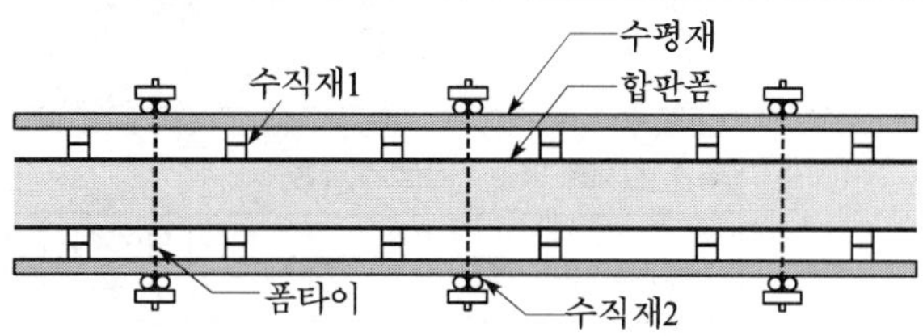

[평면도]

거푸집 부재 단면성능

표 1. 콘크리트 거푸집용 합판의 단면성능[거푸집 및 동바리 설계기준, 2022]

두께 (mm)	하중 방향	단면계수 Z (mm^3/mm)	단면 2차 모멘트 I (mm^4/mm)	전단상수 Ib/Q (mm^2/mm)	탄성 계수 E(MPa)	허용 휨응력 f_{ba} (MPa)	허용 전단응력 f_{sa} (MPa)
12	0°	13	90	10	11,000	16.8	0.63
	90°	6	20	5.1			

주 ① 0°, 90°의 각도는 표판의 섬유방향에 대한 응력의 방향을 나타낸 것임
② Q : 단면 1차 모멘트

단면성능(이론 값)							
12	–	24	144	–	11,000	16.8	0.63

표 2. 목재 및 강관비계의 단면성능[거푸집 및 동바리 설계기준, 2022, 강구조설계(KDS 14 30 05,2016)]

부재 (mm)	단면계수 Z (mm^3/mm)	단면 2차 모멘트 I (mm^4/mm)	단면적 (mm^2)	탄성 계수 E(MPa)	허용 휨응력 f_{ba} (MPa)	허용 전단응력 f_{sa} (MPa)
미송목재 30×50	12,500	312,500	1500	11,000	13.0	0.78
PIPE(SGT355) ϕ48.6×2.3	3,698.2	89,867	334.5	205,000	234.3	142.0

(3) 벽체 거푸집(유로폼) 부재 거푸집 배치도 및 단면성능

<table>
<tr><th>구분</th><th colspan="2">벽체 거푸집 구조검토 위치 및 대상</th></tr>
<tr><td>거푸집
(유로폼)
배치도</td><td>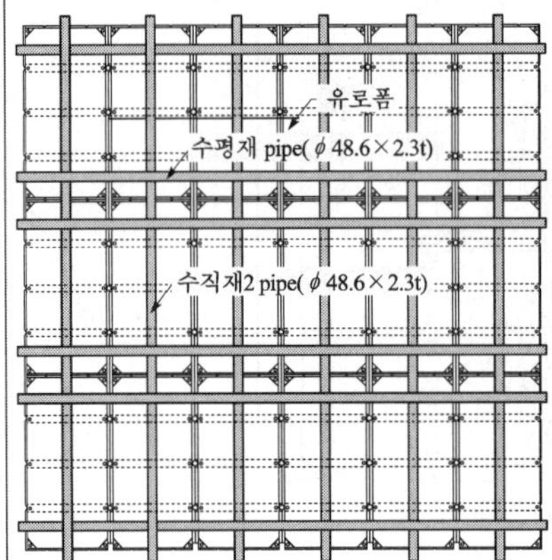

[정면도]</td><td>· 거푸집 : 강제틀 합판 거푸집(유로폼)

[실제 설치 사례]</td></tr>
<tr><td>거푸집
부재
단면성능</td><td colspan="2">표 1. 강제틀 합판 거푸집의 성능
<table>
<tr><th>구분</th><th>재질</th><th>치수</th><th>단면계수
Z(mm³)</th><th>단면 2차 모멘트
I(mm⁴)</th><th>허용전단응력
f_sa(MPa)</th><th>허용휨응력
f_ba(MPa)</th></tr>
<tr><td>면판
보강재</td><td>SS490</td><td>L-50×30×3.2</td><td>3,800</td><td>63,980</td><td>(110)</td><td>193
(165)</td></tr>
<tr><td>측면
보강재</td><td>SS540</td><td>63.5×4
(F Profile)</td><td>3,630</td><td>118,500</td><td>(156)</td><td>271
(234)</td></tr>
</table>
*() 강구조설계기준(허용응력설계법)[KDS 14 30 05, 2016]
*강구조설계기준(허용응력설계법) 탄성계수E=210000N/mm²</td></tr>
</table>

(4) 벽체 거푸집 측압 구조검토 – 측압계산

<table>
<tr><th>구분</th><th colspan="2">벽체 측압 구조검토</th></tr>
<tr><td rowspan="4">측압계산</td><td>· 최솟값은 $30C_w$ kN/m² 이상
· 최댓값은 $W \cdot H$ 값 이하($H=4.1m$)
$W \cdot H = 24 \times 4.6 = 110.4kN/m^2$
$P = C_w \cdot C_c\left[7.2 + \frac{1160+240R}{T+18}\right]$
$P = 1.0 \times 1.0\left[7.2 + \frac{1160+240 \times 1.0}{15+18}\right] = 49.62kN/m^2$
최솟값$(30) < 49.62 <$ 최댓값(98.4) kN/m^2</td><td>· C_w = (1.0)
· C_c = (1.0)
· R = (1.0)
· T = (동절기15)
(춘추절기20)
(하절기25)
*최대측압조건으로 동절기 적용함</td></tr>
<tr><td colspan="2">· [거푸집 및 동바리 설계기준, 2022]
강제틀 합판 거푸집의 최대사용측압은 적합한 거푸집 긴결재와 결합했을 경우 $40.0kN/m^2$ 이내로 제한하고 있지만 공식에 의한 계산값을 적용하였음</td></tr>
<tr><td colspan="2">

표 1. 단위중량 계수(C_w)

콘크리트의 단위중량	C_w
22.5 kN/m³ 이하인 경우	$C_w = 0.5\,[1+(W/23\ \text{kN/m}^3)]$ 다만, 0.8 이상이어야 한다.
22.5~24 kN/m³ 인 경우	$C_w = 1.0$
24 kN/m³ 이상인 경우	$C_w = W/23\ \text{kN/m}^3$

</td></tr>
<tr><td colspan="2">

표 2. 첨가물 계수(C_c)

시멘트 타입 및 첨가물	C_c
지연제를 사용하지 않은 KS L 5201의 1, 2, 3종 시멘트	1.0
지연제를 사용한 KS L 5201의 1, 2, 3종 시멘트	1.2
다른 타입의 시멘트 또는 지연제 없이 40% 이하의 플라이 애쉬 또는 70% 이하의 슬래그가 혼합된 시멘트	1.2
다른 타입의 시멘트 또는 지연제를 사용한 40% 이하의 플라이 애쉬 또는 70% 이하의 슬래그가 혼합된 시멘트	1.4
70% 이상의 슬래그 또는 40% 이상의 플라이 애쉬가 혼합된 시멘트	1.4

주) 여기서 지연제란 콘크리트의 경화를 지연시키는 모든 첨가물로서, 감수제, 중간단계의 감수제, 고성능 감수제(유동화제)를 포함한다.

</td></tr>
</table>

2) 거푸집널(합판) 구조검토

<table>
<tr><th>구분</th><th colspan="2">거푸집 널(합판) 구조검토</th></tr>
<tr><td rowspan="6">측압계산
[휨응력]</td><td>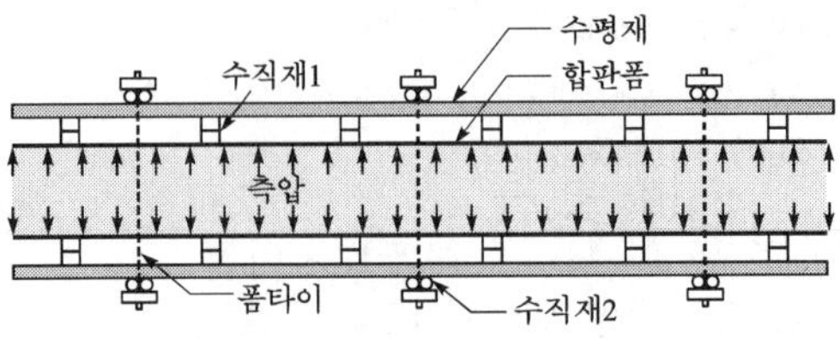
</td><td>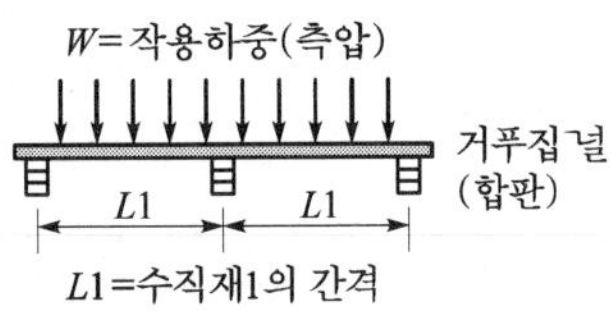
</td></tr>
<tr><td colspan="2">· 거푸집 널(합판) 두께 12mm</td></tr>
<tr><td>1) 작용하중[하중방향 (0°)]
$W=$ 벽체측압$(P)\times$거푸집널단위폭$(1mm)$
$=(0.04962\times 1)N/mm$
2) 최대휨모멘트 계산(단순보)
$M_{\max}=\dfrac{W\times L_1^2}{8}$
3) 휨 응력
$f_b=\dfrac{M_{\max}}{Z}=\dfrac{W\times L_1^2}{8\times Z}\leqq f_{ba}$
4) 휨 검토-내부 프레임 간격 결정
$L_{1,1}\leqq\sqrt{\dfrac{8\times f_{ba}\times Z}{W}}=\sqrt{\dfrac{8\times 16.8\times 13}{0.04962}}=187.6mm$</td><td>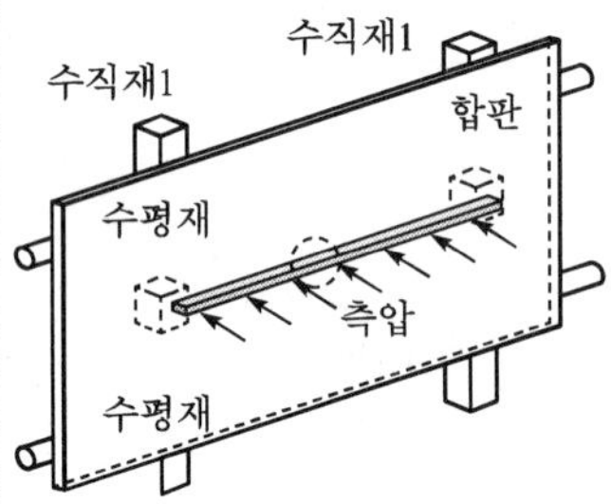
</td></tr>
<tr><td colspan="2">1) 작용하중[하중방향 (90°)], $Z\Rightarrow 6$
2) 휨 응력
$f_b=\dfrac{M_{\max}}{Z}=\dfrac{W\times L_1^2}{8\times Z}\leqq f_{ba}$
3) 휨 검토-내부 프레임 간격 결정
$L_{1,2}\leqq\sqrt{\dfrac{8\times f_{ba}\times Z}{W}}=\sqrt{\dfrac{8\times 16.8\times 6}{0.04962}}=127.4mm$</td></tr>
<tr><td colspan="2">1) 작용하중[이론값], $Z\Rightarrow 24$
2) 휨 응력
$f_b=\dfrac{M_{\max}}{Z}=\dfrac{W\times L_1^2}{8\times Z}\leqq f_{ba}$
3) 휨 검토-내부 프레임 간격 결정
$L_{1,3}\leqq\sqrt{\dfrac{6\times f_{ba}\times Z}{W}}=\sqrt{\dfrac{8\times 16.8\times 24}{0.04962}}=254.9mm$</td></tr>
</table>

(1) 휨응력 검토

<table>
<tr><th>구분</th><th>거푸집 널(합판) 구조검토 결과</th></tr>
<tr><td>측압계산
[휨응력]</td><td>
· 단면성능과 하중작용방향을 고려한 내부프레임 배치 간격 비교
<table>
<tr><td rowspan="2">구분</td><td colspan="2">KDS 21 50 00 : 2022</td><td rowspan="2">이론 값</td></tr>
<tr><td>하중방향 (0°)</td><td>하중방향(90°)</td></tr>
<tr><td rowspan="2">배치간격</td><td>$L_{1,1} \leq 187.6mm$</td><td>$L_{1,2} \leq 127.4mm$</td><td>$L_{1,3} \leq 254.9mm$</td></tr>
<tr><td colspan="3">· 수직재1 간격은 최대 L_1은 127.4mm 이내로 배치해야 함</td></tr>
</table>
· 수직재1의 배치간격은 휨응력 구조기준을 만족시키기 위해서는 127.4mm 간격으로 설치해야 한다.
</td></tr>
</table>

(2) 전단응력

<table>
<tr><th>구분</th><th>거푸집 널(합판) 구조검토</th></tr>
<tr><td>측압계산
[전단응력]</td><td>
1) 최대전단력 계산(단순보)

$$V_{\max} = \frac{W \times L_1}{2}$$

2) 최대 전단응력

$$f_s = \frac{VQ}{Ib} = \frac{kV_{\max}}{A} = \frac{k \times W \times L_1}{2 \times A} \leq f_{sa}$$

3) 전단 검토-내부 프레임 간격 결정

$$L_1 \leq \frac{2 \times A \times f_{sa}}{k \times W} = \frac{2 \times 12 \times 0.63}{1.0 \times 0.04962} = 304.7mm$$

· 단면성능과 하중작용방향을 고려한 내부프레임 배치 간격 비교
<table>
<tr><td rowspan="2">구분</td><td>유효면적(A)</td><td colspan="2">전단계수 k</td></tr>
<tr><td>$12mm^2$</td><td>1.0</td><td>1.5</td></tr>
<tr><td rowspan="2">배치간격</td><td>–</td><td>$L_{1,1} \leq 304.7mm$</td><td>$L_{1,2} \leq 203.1mm$</td></tr>
<tr><td colspan="3">· 수직재1 간격은 최대 L_1은 203.1mm 이내로 배치해야 함</td></tr>
</table>
· 수직재1의 배치간격은 전단응력 구조기준을 만족시키기 위해서는 203.1mm 간격으로 설치해야 한다.
</td></tr>
</table>

(3) 처짐

구분	거푸집 널(합판) 구조검토
측압계산 [처짐]	(아래 내용)

1) 최대처짐량 계산(단순보)

$$\delta_{\max} = \frac{5 \times W \times L_1^4}{384 \times E \times I}$$

2) 최대 처짐량

$$\delta_{\max} \leq \delta_a[MIN(\text{상대변형, 절대변형})], \ \delta_a = B\text{급}, \ MIN(1.111, \ 6.0)$$

3) 처짐 검토-수직재1 간격 결정

$$L_1 \leq \sqrt[4]{\frac{384 \times E \times I \times \text{기준}(1.111)}{5 \times W}} = \sqrt[4]{\frac{384 \times 11000 \times I \times \text{기준}(1.111)}{5 \times 0.04962}}$$

하중방향(0°)($I = 90mm^4$)	하중방향(90°)($I = 20mm^4$)	이론값($I = 144mm^4$)
$L_{1,1} \leq 203.1mm$	$L_{1,2} \leq 139.4mm$	$L_{1,3} \leq 228.4mm$

[거푸집 널 변형기준]
거푸집 널의 변형기준은 공사시방서에 따르며, 달리 명시가 없는 경우는 표면의 평탄하기 등급에 따라 순 간격(l_n) 1.5 m 이내의 변형이 표 1의 상대변형과 절대변형 중 작은 값 이하가 되어야 한다.

표 1. 거푸집 널의 변형기준

표면의 등급	상대변형	수직재1($l_n = 300$)	절대변형
A급	l_n / 360	0.833mm	3 mm
B급	l_n / 270	1.111mm	6 mm
C급	l_n / 180	1.666mm	13 mm

주 1) A급 - 미관상 중요한 노출콘크리트 면
B급 - 마감이 있는 콘크리트 면
C급 - 미관상 중요하지 않은 노출콘크리트 면
2) 순간격(l_n)은 거푸집을 지지하는 동바리 또는 거푸집 긴결재의 지간거리를 의미한다.

· 단면성능(I)과 변형기준을 고려한 내부프레임 배치 간격 비교

<table>
<tr><th rowspan="2">구분</th><th colspan="2">KDS 21 50 00 : 2022, 상대변형 B급</th><th>이론값(I) 상대변형 B급</th></tr>
<tr><th>하중방향(0°)</th><th>하중방향(90°)</th><th>하중방향(0°), 하중방향(90°)</th></tr>
<tr><td rowspan="5">배치간격</td><td>$L_{1,1} \leq 203.1mm$</td><td>$L_{1,2} \leq 139.4mm$</td><td>$L_{1,3} \leq 228.4mm$</td></tr>
<tr><td colspan="2">KDS 21 50 00 : 2018, 절대변형 B급</td><td>이론값(I) 절대변형 B급</td></tr>
<tr><td>$L_{1,1} \leq 309.6mm$</td><td>$L_{1,2} \leq 212.6mm$</td><td>$L_{1,3} \leq 348.2mm$</td></tr>
<tr><td colspan="3">· 수직재1의 간격은 최대 L_1은 139.4mm 이내로 배치해야 함</td></tr>
</table>

· 수직재1의 배치간격은 처짐 구조기준 B급 이하 변형기준을 만족시키기 위해서는 139.1mm 간격으로 설치해야 한다.

(4) 거푸집 널(합판) 구조검토 고찰

가. 합판폼

구분	거푸집 널(합판) 구조검토
수직재1 배치간격	· 수직재1의 배치간격 결정 *MIN*[휨(127.4), 전단(203.1), 처짐(139.4)]에 따라 최대 127.4mm 이내로 배치되어야 한다.

나. 유로폼

구분	거푸집 널(합판) 구조검토
내부프레임 배치간격	· 내부프레임 배치간격 결정 *MIN*[휨(127.4), 전단(203.1), 처짐(139.4)]에 따라 최대 127.4mm 이내로 배치되어여 한다. · 거푸집널(합판)의 안전성을 검토한다는 것은 합판을 지지하는 내부프레임 간격을 결정하는 과정이다. 현행 거푸집 및 동바리 구조기준) 규정을 준수하여 합판의 지지상태는 단순보, 작용하중은 등분포하중상태, 재료 성능값은 구조기준에서 제시하고 있는 값과 모든 변수를 고려하여 현재 시중에 가장 일반적으로 유통되고 있는 유로폼(600×1200)을 기준으로 계산해 본 결과 휨과 전단 및 처짐에 대한 안전성은 부족한 것으로 판단된다.

유로폼 거푸집 형상

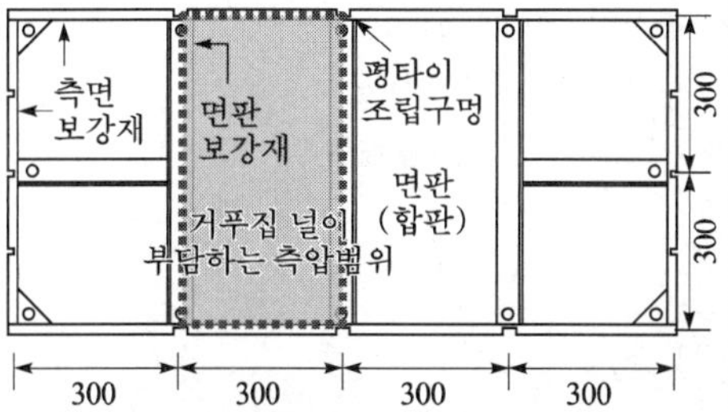

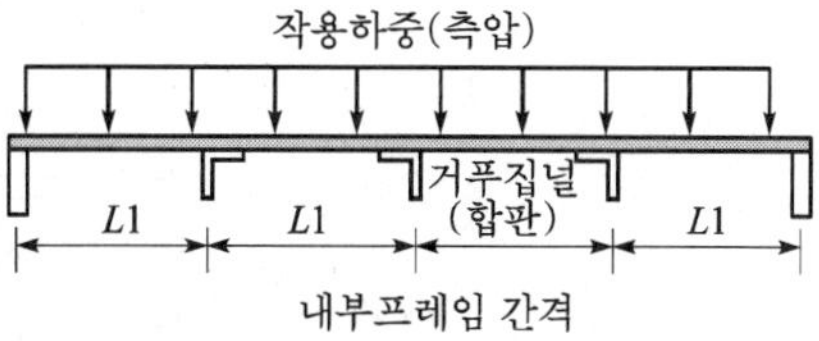

· 시중에 유통되고 있는 유로폼(600×1200)의 내부 프레임 간격은 최대 300mm로 제작되어 있다.
· 거푸집널(합판)의 안전성을 검토한다는 것은 합판을 지지하는 내부프레임 간격을 결정하는 과정이다. 현행 거푸집 및 동바리 구조기준 규정을 준수하여 합판의 지지상태는 단순보, 작용하중은 등분포하중상태, 재료 성능값은 구조기준에서 제시하고 있는 값과 모든 변수를 고려하여 현재 시중에 가장 일반적으로 유통되고 있는 유로폼(600×1200, 합판 12밀리미터)을 기준으로 계산해 본 결과 휨과 전단 및 처짐에 대한 안전성은 부족한 것으로 판단된다.

학습 Note 거푸집 널(합판) 안전성 검토 결과

유로폼 거푸집널(합판12밀리미터)의 안전성을 검토 결과가 구조설계기준에 미흡한 결과를 보이는 이유는 구조기준의 합판 단면성능 값이 이론값에 비하여 낮은 값으로 제시하고 있어서 이에 대한 구조기준값 적용의 대책이 필요하며, 현행 기준을 유지한다면 유로폼 합판의 두께를 18밀리미터 이상으로 증대시키거나 내부 프레임 간격을 좁혀서 제작할 필요가 있다.

3) 수직재 구조검토

(1) 휨응력

가. 합판폼 강재

구분	수직재1 구조검토
	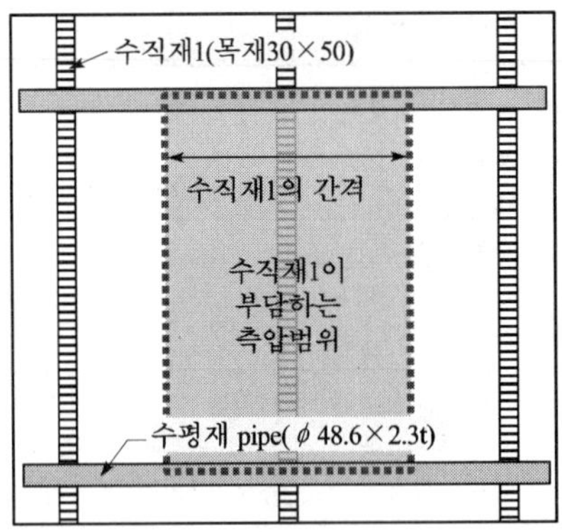 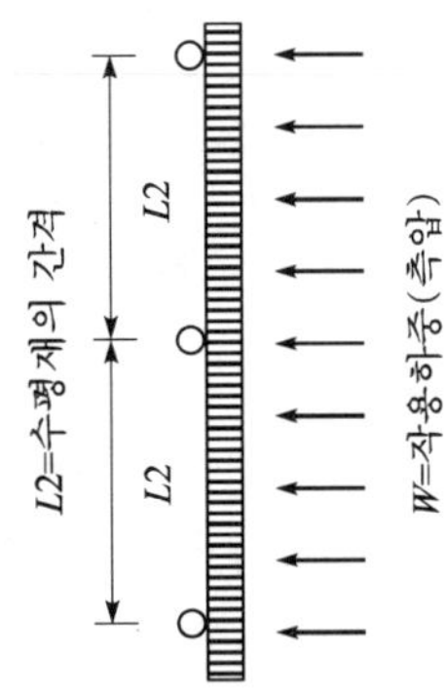
	· 수직재1[목재]
측압계산 [휨응력]	1) 작용하중 계산[수직재1 간격 300mm 가정] W=벽체측압(P)x수직재1 간격(300mm) $=0.04962N/mm^2 \times 300mm = 14.886N/mm$ 2) 최대휨모멘트 계산(단순보) $M_{\max} = \dfrac{W \times L_2^2}{8}$ 3) 휨 응력 $f_b = \dfrac{M_{\max}}{Z} = \dfrac{W \times L_1^2}{8 \times Z} \leq f_{ba}$ 4) 휨 검토-수평재 간격 결정 $L_2 \leq \sqrt{\dfrac{8 \times f_{ba} \times Z}{W}} = \sqrt{\dfrac{8 \times 234.3 \times 3698.2}{14.886}} = 682.3mm$
	· 수평재 간격 L_2는 최대 682.3mm 이내로 배치해야 한다.
	· 합판폼의 수평재 배치간격을 300mm로 가정한 것은 휨응력의 안전성이 확보된 것으로 판단된다.

나. 유로폼-내부 Frame

<table>
<tr><th>구분</th><th colspan="2">내부 Frame 구조검토</th></tr>
<tr><td rowspan="6">측압계산
[휨응력]</td><td>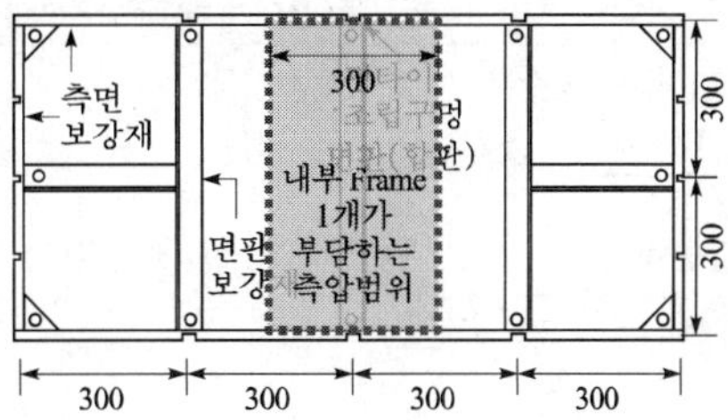
</td><td>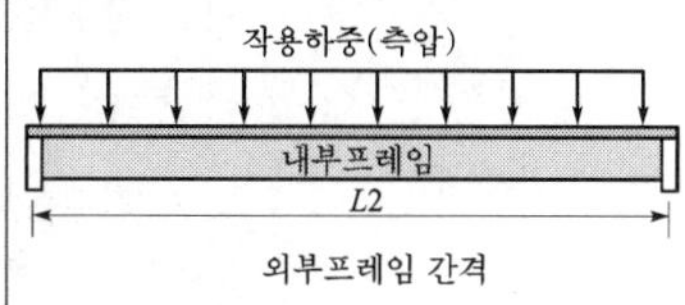
</td></tr>
<tr><td colspan="2">· 내부 Frame[면판 보강재]</td></tr>
<tr><td colspan="2">1) 작용하중 계산[내부 Frame간격(300mm) 가정]
W=벽체측압(P)x내부Frame간격(300mm)
$=0.04962N/mm^2 \times 300mm = 14.886N/mm$
2) 최대휨모멘트 계산(단순보)
$M_{\max} = \dfrac{W \times L_2^2}{8}$
3) 휨 응력
$f_b = \dfrac{M_{\max}}{Z} = \dfrac{W \times L_1^2}{8 \times Z} \leq f_{ba}$
4) 휨 검토-외부 프레임[측면보강재] 간격 결정
$L_2 \leq \sqrt{\dfrac{8 \times f_{ba} \times Z}{W}} = \sqrt{\dfrac{8 \times 193 \times 3800}{14.886}} = 627.8mm$</td></tr>
<tr><td colspan="2">· 외부 프레임[측면보강재] 간격 L_2는 최대 627.8mm 이내로 배치해야 한다.</td></tr>
<tr><td colspan="2">· 시중에 유통되고 있는 유로폼(600×1200)의 외부 프레임 간격은 최대 600mm로 제작되어 있어서 면판 보강재의 휨응력의 안전성은 확보된 것으로 판단된다.</td></tr>
</table>

(2) 전단응력

가. 합판폼 강재

<table>
<tr><th>구분</th><th>수직재1 구조검토</th></tr>
<tr><td rowspan="3">전단계산
[전단응력]</td><td>1) 최대전단력 계산(단순보)
$V_{\max} = \dfrac{W \times L_2}{2}$
2) 최대 전단응력
$f_s = \dfrac{kV_{\max}}{A} = \dfrac{k \times W \times L_2}{2 \times A} \leqq f_{sa}$
3) 전단 검토-수평재 간격 결정
$L_2 \leqq \dfrac{2 \times A \times f_{sa}}{k \times W} = \dfrac{2 \times 1500 \times 0.8}{2.0 \times 14.886} = 80.61mm$</td></tr>
<tr><td>· 전단계수 k을 고려한 내부프레임 배치 간격 비교
<table>
<tr><td rowspan="2">구분</td><td>유효면적(A)</td><td colspan="2">전단계수 k</td></tr>
<tr><td>중공원형관[334.5mm²]</td><td>1.0</td><td>2.0</td></tr>
<tr><td rowspan="2">배치간격</td><td>-</td><td>$L_{2,1} \leqq 161.2mm$</td><td>$L_{2,2} \leqq 80.61mm$</td></tr>
<tr><td colspan="3">· 수평재 간격 L_2는 최대 3190.8mm 이내로 배치해야 한다.</td></tr>
</table></td></tr>
<tr><td>· 합판폼의 수평재 배치간격을 300mm로 가정한 것은 전단응력의 안전성이 확보된 것으로 판단된다.</td></tr>
</table>

나. 유로폼-내부 Frame

<table>
<tr><th>구분</th><th>내부 Frame 구조검토</th></tr>
<tr><td rowspan="3">전단계산
[전단응력]</td><td>1) 최대전단력 계산(단순보)
$V_{\max} = \dfrac{W \times L_2}{2}$
2) 최대 전단응력
$f_s = \dfrac{kV_{\max}}{A} = \dfrac{k \times W \times L_2}{2 \times A} \leqq f_{sa}$
3) 전단 검토-외부 프레임[측면보강재] 간격 결정
$L_2 \leqq \dfrac{2 \times A \times f_{sa}}{k \times W} = \dfrac{2 \times 245.76 \times 110}{1.0 \times 14.886} = 3632.0mm$</td></tr>
<tr><td>· 전단계수 k을 고려한 내부프레임 배치 간격 비교
<table>
<tr><td rowspan="2">구분</td><td>유효면적(A)</td><td colspan="2">전단계수 k</td></tr>
<tr><td>50*3.2+((30-3.2)*3.2)=245.76mm²</td><td>1.0</td><td>1.5</td></tr>
<tr><td rowspan="2">배치
간격</td><td>-</td><td>$L_{2,1} \leqq 3632.0mm$</td><td>$L_{2,2} \leqq 1816.0mm$</td></tr>
<tr><td colspan="3">· 외부 프레임[측면보강재] 간격 L_2는 최대 1816.0mm 이내로 배치해야 한다.</td></tr>
</table></td></tr>
<tr><td>· 시중에 유통되고 있는 유로폼(600×1200)의 외부부 프레임 간격은 최대 600mm로 제작되어 있어서 면판 보강재의 전단응력의 안전성은 확보된 것으로 판단된다.</td></tr>
</table>

(3) 처짐

가. 합판폼 강재

구분	수직재1 구조검토

1) 최대처짐량 계산(단순보)

$$\delta_{\max} = \frac{5 \times W \times L_2^4}{384 \times E \times I}$$

2) 최대 처짐량

$$\delta_{\max} \leq \delta_a[MIN(\text{상대변형, 절대변형})],\ \delta_a = B\text{급},\ MIN(1.111,\ 6.0)$$

3) 처짐 검토-수평재 간격 결정

$$L_2 \leq \sqrt[4]{\frac{384 \times E \times I \times \text{기준}(1.111)}{5 \times W}} = \sqrt[4]{\frac{384 \times 205000 \times 89867 \times \text{기준}(1.111)}{5 \times 14.884}}$$

[거푸집 널 변형기준]

거푸집 널의 변형기준은 공사시방서에 따르며, 달리 명시가 없는 경우는 표면의 평탄하기 등급에 따라 순 간격(l_n) 1.5 m 이내의 변형이 표 1의 상대변형과 절대변형 중 작은 값 이하가 되어야 한다.

표 1. 거푸집 널의 변형기준

표면의 등급	상대변형	수평재($l_n = 300$)	절대변형
A급	l_n / 360	0.833mm	3 mm
B급	l_n / 270	1.111mm	6 mm
C급	l_n / 180	1.666mm	13 mm

주 1) A급 - 미관상 중요한 노출콘크리트 면
　　B급 - 마감이 있는 콘크리트 면
　　C급 - 미관상 중요하지 않은 노출콘크리트 면
　2) 순간격(l_n)은 거푸집을 지지하는 동바리 또는 거푸집 긴결재의 지간거리를 의미한다.

· 단면성능(I)과 변형기준을 고려한 수평재 배치 간격 비교

구분	KDS 21 50 00 : 2016.	
	절대변형 B급	상대변형 B급
배치간격	$L_{2,1} \leq 869.0mm$	$L_{2,2} \leq 570.0mm$
	· 수평재 간격 L_2는 최대 579.0mm 이내로 배치해야 한다.	

· 합판폼의 수평재 배치간격을 300mm로 가정한 것은 처짐의 안전성이 확보된 것으로 판단된다.

나. 유포폼-내부 Frame

구분	수직재1 구조검토
측압계산 [처짐]	

1) 최대처짐량 계산(단순보)

$$\delta_{\max} = \frac{5 \times W \times L_2^4}{384 \times E \times I}$$

2) 최대 처짐량

$\delta_{\max} \leq \delta_a [MIN(\text{상대변형, 절대변형})]$, $\delta_a = B$급, $MIN(2.222,\ 6.0)$

3) 처짐 검토-외부 프레임[측면보강재] 간격 결정

$$L_2 \leq \sqrt[4]{\frac{384 \times E \times I \times \text{기준}(2.222)}{5 \times W}} = \sqrt[4]{\frac{384 \times 205000 \times 89867 \times \text{기준}(2.222)}{5 \times 14.884}}$$

[거푸집 널 변형기준]

거푸집 널의 변형기준은 공사시방서에 따르며, 달리 명시가 없는 경우는 표면의 평탄하기 등급에 따라 순 간격(l_n) 1.5 m 이내의 변형이 표 1의 상대변형과 절대변형 중 작은 값 이하가 되어야 한다.

표 1. 거푸집 널의 변형기준

표면의 등급	상대변형	유로폼($l_n = 600$)	절대변형
A급	l_n / 360	1.666mm	3 mm
B급	l_n / 270	2.222mm	6 mm
C급	l_n / 180	3.333mm	13 mm

주 1) A급 - 미관상 중요한 노출콘크리트 면
B급 - 마감이 있는 콘크리트 면
C급 - 미관상 중요하지 않은 노출콘크리트 면
2) 순간격(l_n)은 거푸집을 지지하는 동바리 또는 거푸집 긴결재의 지간거리를 의미한다.

· 단면성능(I)과 변형기준을 고려한 외부 프레임 배치 간격 비교

구분	KDS 21 50 00 : 2016.	
	절대변형 B급	상대변형 B급
배치간격	$L_{2,1} \leq 869.0mm$	$L_{2,2} \leq 570.0mm$
	· 수평재 간격 L_2는 최대 579.0mm 이내로 배치해야 한다.	

· 시중에 유통되고 있는 유로폼(600×1200)의 외부 프레임 간격은 최대 600mm로 제작되어 있어서 처짐에 대해서 B급 이하 변형기준에 안전한 것으로 판단된다.

(4) 수직재 구조검토 결과 고찰

가. 수직재1 [합판폼]

구분	수직재1 구조검토
수평재 배치간격	· 외부프레임 배치간격 결정 *MIN*[휨(682.3), 전단(3190.8), 처짐(579.0)]에 따라 최대 579.0mm 이내로 배치되어여 한다.
	· 수직재1의 안전성을 검토한다는 것은 수직재1를 지지하는 수평재 간격을 결정하는 과정이다. 현행 거푸집 및 동바리 구조기준(2022) 규정을 준수하여 수직재1의 지지상태는 단순보, 작용하중은 등분포하중상태, 재료 성능값은 구조기준에서 제시하고 있는 값과 모든 변수를 고려하여 현재 시중에 가장 일반적으로 설치되고 있는 수평재 배치간격 300mm을 기준으로 계산해 본 결과 휨과 전단 그리고 처짐에 대한 안전성은 모두 만족한 것으로 판단된다.

나. 보강부재(내부 Frame)[유로폼]

구분	내부 Frame 구조검토
외부프레임 배치간격	· 내부 프레임(면판 보강재)의 안전성을 검토한다는 것은 면판 보강재를 지지하는 외부 보강재 간격을 결정하는 과정이다. 현행 거푸집 및 동바리 구조기준(2022) 규정을 준수하여 내부프레임의 지지상태는 단순보, 작용하중은 등분포하중상태, 재료 성능값은 구조기준에서 제시하고 있는 값과 모든 변수를 고려하여 현재 시중에 가장 일반적으로 유통되고 있는 유로폼(600×1200)을 기준으로 계산해 본 결과 휨과 전단 그리고 처짐에 대한 안전성은 모두 만족한 것으로 판단된다.

4) 수평재 구조검토

(1) 휨응력

가. 합판폼 강재

구분	수평재 구조검토
	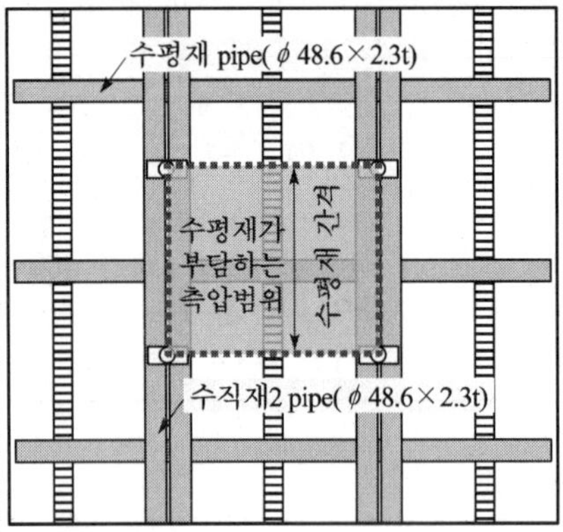 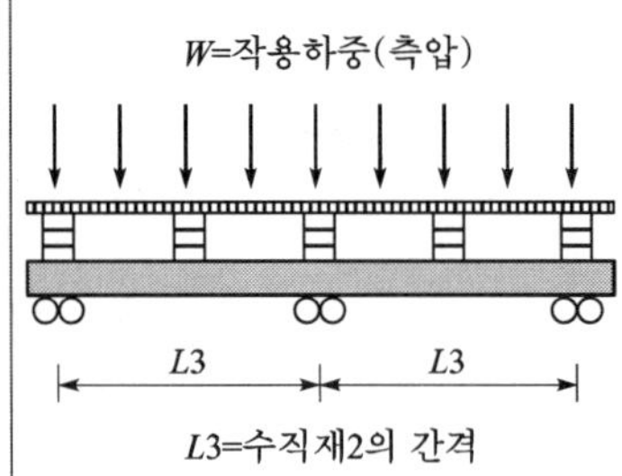
측압계산 [휨응력]	· 수평재
	1) 작용하중 계산[수평재 간격 300mm 가정] W = 벽체측압(P)x수평재간격(300mm) = $0.04962N/mm^2 \times 300mm = 14.886N/mm$ 2) 최대휨모멘트 계산(단순보) $M_{max} = \frac{W \times L_3^2}{8}$ 3) 휨 응력 $f_b = \frac{M_{max}}{Z} = \frac{W \times L_3^2}{8 \times Z} \leqq f_{ba}$ 4) 휨 검토-수직재2의 간격 결정 $L_3 \leqq \sqrt{\frac{8 \times f_{ba} \times Z}{W}} = \sqrt{\frac{8 \times 234.3 \times 3698.2}{14.886}} = 682.3mm$
	· 수직재2의 간격 L_3는 최대 682.3mm 이내로 배치해야 한다. · 합판폼의 수직재2의 배치간격을 600mm로 가정한 것은 휨응력의 안전성이 확보된 것으로 판단된다.

나. 보강부재(외부 Frame)[유로폼]

구분	외부 Frame 구조검토
측압계산 [휨응력]	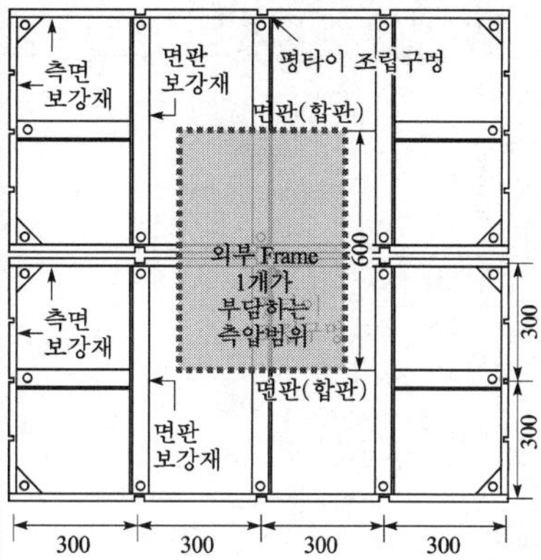 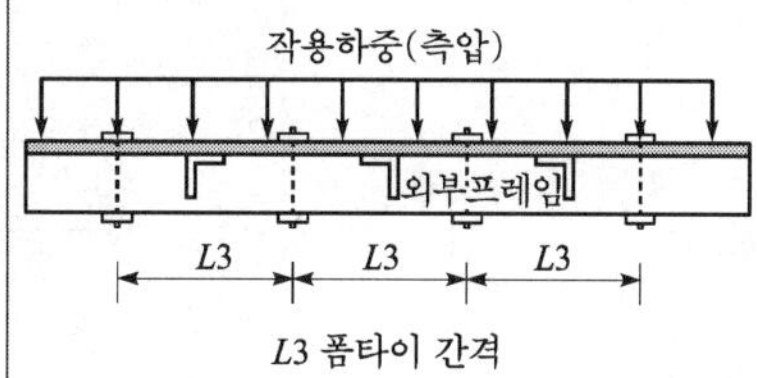 · 외부 Frame[측면 보강재] 1) 작용하중 계산 W=벽체측압(P)x외부프레임간격(600mm) $=0.04962N/mm^2 \times 600mm = 29.772N/mm$ 2) 최대휨모멘트 계산(단순보) $M_{\max} = \dfrac{W \times L_3^2}{8}$ 3) 휨 응력 $f_b = \dfrac{M_{\max}}{Z} = \dfrac{W \times L_3^2}{8 \times Z} \leqq f_{ba}$ 4) 휨 검토-플랫타이 간격 결정 $L_3 \leqq \sqrt{\dfrac{8 \times f_{ba} \times Z}{W}} = \sqrt{\dfrac{8 \times 271 \times 3630}{29.772}} = 514.1mm$ · 플랫 타이 간격 L_3는 최대 514.1mm 이내로 배치해야 한다. · 측면 보강재는 2개가 측압에 저항하는 형식이지만 1개만 고려한 계산결과이다.

(2) 전단응력

가. 합판폼 강재

<table>
<tr><th>구분</th><th>수평재 구조검토</th></tr>
<tr><td rowspan="3">전단계산
[전단응력]</td><td>1) 최대전단력 계산(단순보)
$$V_{\max} = \frac{W \times L_3^2}{2}$$
2) 최대 전단응력
$$f_s = \frac{kV_{\max}}{A} = \frac{k \times W \times L_3}{2 \times A} \leq f_{sa}$$
3) 전단 검토-수직재2의 간격 결정
$$L_3 \leq \frac{2 \times A \times f_{sa}}{k \times W} = \frac{2 \times 334.5 \times 142}{k \times 14.886}$$</td></tr>
<tr><td>· 전단계수k을 고려한 Form Tie 배치 간격 비교
<table>
<tr><td rowspan="2">구분</td><td>유효면적(A)</td><td colspan="2">전단계수 k</td></tr>
<tr><td>중공원형관 [334.5mm^2]</td><td>1.0</td><td>2.0</td></tr>
<tr><td rowspan="2">배치간격</td><td>-</td><td>$L_{3,1} \leq 6381.7mm$</td><td>$L_{3,2} \leq 3190.85mm$</td></tr>
<tr><td colspan="3">· 수직재2의 간격 L_3는 최대 3190.85mm 이내로 배치해야 한다.</td></tr>
</table></td></tr>
<tr><td>· 합판폼의 수직재2의 배치간격을 600mm로 가정한 것은 전단응력의 안전성이 확보된 것으로 판단된다.</td></tr>
</table>

나. 보강부재(외부 Frame)[유로폼]

<table>
<tr><th>구분</th><th>외부 Frame 구조검토</th></tr>
<tr><td rowspan="3">전단계산
[전단응력]</td><td>1) 최대전단력 계산(단순보)
$$V_{\max} = \frac{W \times L_3^2}{2}$$
2) 최대 전단응력
$$f_s = \frac{kV_{\max}}{A} = \frac{k \times W \times L_3}{2 \times A} \leq f_{sa}$$
3) 전단 검토-플렛타이 간격 결정
$$L_3 \leq \frac{2 \times A \times f_{sa}}{k \times W} = \frac{2 \times 334.5 \times 156}{k \times 29.772}$$</td></tr>
<tr><td>· 전단계수k을 고려한 Form Tie 배치 간격 비교
<table>
<tr><td rowspan="2">구분</td><td>유효면적(A)</td><td colspan="2">전단계수 k</td></tr>
<tr><td>334.5mm^2</td><td>1.0</td><td>1.5</td></tr>
<tr><td rowspan="2">배치간격</td><td>-</td><td>$L_{3,1} \leq 3505.4mm$</td><td>$L_{3,2} \leq 2336.9mm$</td></tr>
<tr><td colspan="3">· 플랫 타이 간격 L_3는 최대 2336.9mm 이내로 배치해야 한다.</td></tr>
</table></td></tr>
<tr><td>· 측면 보강재는 2개가 측압에 저항하는 형식이지만 1개만 고려한 계산결과이다.</td></tr>
</table>

(3) 처짐

가. 합판폼 강재

구분	수평재 구조검토

측압계산 [처짐]

1) 최대처짐량 계산(단순보)

$$\delta_{\max} = \frac{5 \times W \times L_3^4}{384 \times E \times I}$$

2) 최대 처짐량

$$\delta_{\max} \leq \delta_a[MIN(\text{상대변형, 절대변형})],\ \delta_a = B\text{급},\ MIN(2.222,\ 6.0)$$

3) 처짐 검토-수직재2 간격 결정

$$L_3 \leq \sqrt[4]{\frac{384 \times E \times I \times \text{기준}(2.222)}{5 \times W}} = \sqrt[4]{\frac{384 \times 205000 \times 89867 \times \text{기준}(2.222)}{5 \times 14.886}}$$

[거푸집 널 변형기준]

거푸집 널의 변형기준은 공사시방서에 따르며, 달리 명시가 없는 경우는 표면의 평탄하기 등급에 따라 순 간격(l_n) 1.5 m 이내의 변형이 표 1의 상대변형과 절대변형 중 작은 값 이하가 되어야 한다.

표 1. 거푸집 널의 변형기준

표면의 등급	상대변형	수직재2($l_n = 600$)	절대변형
A급	l_n / 360	1.666mm	3 mm
B급	l_n / 270	2.222mm	6 mm
C급	l_n / 180	3.333mm	13 mm

주 1) A급 - 미관상 중요한 노출콘크리트 면
B급 - 마감이 있는 콘크리트 면
C급 - 미관상 중요하지 않은 노출콘크리트 면
2) 순간격(l_n)은 거푸집을 지지하는 동바리 또는 거푸집 긴결재의 지간거리를 의미한다.

· 단면성능(I)과 변형기준을 고려한 내부프레임 배치 간격 비교

구분	KDS 21 50 00 : 2016	
	절대변형(6mm)	상대변형(2.222mm)
배치간격	$L_{3,1} \leq 869.0mm$	$L_{3,2} \leq 677.9mm$
	· 수직재2 간격 L_3는 최대 677.0mm 이내로 배치해야 한다.	

· 합판폼의 수직재2의 배치간격을 600mm로 가정한 것은 처짐의 사용성이 확보된 것으로 판단된다.

나. 보강부재(외부 Frame)[유로폼]

구분	외부 Frame 구조검토
측압계산 [처짐]	(아래 내용)

측압계산 [처짐]

1) 최대처짐량 계산(단순보)

$$\delta_{\max} = \frac{5\times W\times L_3^4}{384\times E\times I}$$

2) 최대 처짐량

$$\delta_{\max} \le \delta_a[MIN(상대변형,\ 절대변형)],\ \delta_a = B급,\ MIN(2.222,\ 6.0)$$

3) 처짐 검토-플렛타이 간격 결정

$$L_3 \le \sqrt[4]{\frac{384\times E\times I\times 기준(2.222)}{5\times W}} = \sqrt[4]{\frac{384\times 205000\times 118500\times 기준(2.222)}{5\times 29.772}}$$

[거푸집 널 변형기준]

거푸집 널의 변형기준은 공사시방서에 따르며, 달리 명시가 없는 경우는 표면의 평탄하기 등급에 따라 순 간격(l_n) 1.5 m 이내의 변형이 표 1의 상대변형과 절대변형 중 작은 값 이하가 되어야 한다.

표 1. 거푸집 널의 변형기준

표면의 등급	상대변형	유로폼(폼타이)($l_n = 600$)	절대변형
A급	l_n / 360	1.666mm	3 mm
B급	l_n / 270	2.222mm	6 mm
C급	l_n / 180	3.333mm	13 mm

주 1) A급 - 미관상 중요한 노출콘크리트 면
B급 - 마감이 있는 콘크리트 면
C급 - 미관상 중요하지 않은 노출콘크리트 면
2) 순간격(l_n)은 거푸집을 지지하는 동바리 또는 거푸집 긴결재의 지간거리를 의미한다.

· 단면성능(I)과 변형기준을 고려한 내부프레임 배치 간격 비교

구분	KDS 21 50 00 : 2016	
	절대변형(6mm)	상대변형(2.222mm)
배치간격	$L_{3,1} \le 783.0mm$	$L_{3,2} \le 610.8mm$
	· 플랫 타이 간격 L_3는 최대 686.3mm 이내로 배치해야 한다.	

· 시중에 유통되고 있는 유로폼(600×1200)의 플렛타이 간격은 최대 폭방향 600mm 길이방향으로 120mm간격으로 설치할 수 있도록 제작되어 있다. 따라서 폭 600mm 길이방향 600mm 이내로 설치하면 안전성 조건을 만족시킬 수 있다.
· 측면 보강재는 2개가 측압에 저항하는 형식이지만 1개만 고려한 계산결과이다.

(4) 수평재 구조검토 고찰

가. 수평재[합판폼]

구분	수평재 구조검토
수직재2 배치간격	· 수직재2 배치간격 결정 *MIN*[휨(3190.8), 전단(3190.8), 처짐(677.0)]에 따라 최대 677.0mm 이내로 배치되어여 한다. · 수평재의 안전성을 검토한다는 것은 수평재를 지지하는 수직재2의 간격을 결정하는 과정이다. 현행 거푸집 및 동바리 구조기준(2022) 규정을 준수하여 수평재의 지지상태는 단순보, 작용하중은 등분포하중상태, 재료 성능값은 구조기준에서 제시하고 있는 값과 모든 변수를 고려하여 현재 시중에 가장 일반적으로 설치되고 있는 수평재 300mm, 수직재2 600mm를 기준으로 계산해 본 결과 휨과 전단 그리고 처짐에 대한 안전성은 모두 만족시킬 수 있는 것으로 판단된다.

나. 보강부재(외부 Frame)[유로폼]

구분	외부 Frame 구조검토
보강부재 (외부 Frame)	· 플랫타이 배치간격 결정 *MIN*[휨(514.1), 전단(2336.9), 처짐(610.8)]에 따라 최대 514.1mm 이내로 배치되어여 한다. · 외부 프레임(측면 보강재)의 안전성을 검토한다는 것은 측면 보강재를 지지하는 플랫타이 간격을 결정하는 과정이다. 현행 거푸집 및 동바리 구조기준(2022) 규정을 준수하여 외부프레임의 지지상태는 단순보, 작용하중은 등분포하중상태, 재료 성능값은 구조기준에서 제시하고 있는 값과 모든 변수를 고려하여 현재 시중에 가장 일반적으로 유통되고 있는 유로폼(600×1200)을 기준으로 계산해 본 결과 전단 과 처짐에 대한 안전성은 만족하지만 휨에 대해서는 부족한 것으로 판단된다.

5) 수직재2 구조검토

(1) 휨응력

구분	수직재2 구조검토
	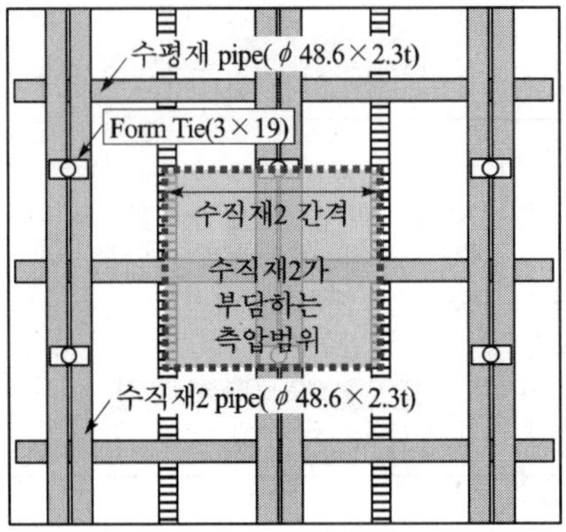 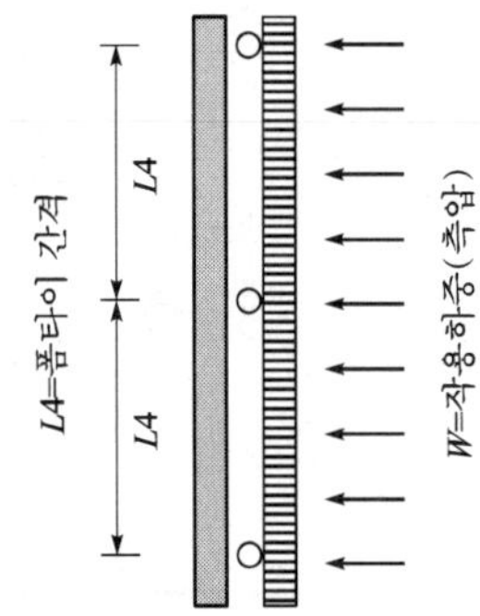
	· 수직재2
측압계산 [휨응력]	1) 작용하중 계산[수직재2 간격 600mm 가정] W =벽체측압(P)x수직재2 간격(600mm)=$0.04962N/mm^2 \times 600mm = 29.772N/mm$ 2) 최대휨모멘트 계산(단순보) $M_{\max} = \dfrac{W \times L_4^2}{8}$ 3) 휨 응력 $f_b = \dfrac{M_{\max}}{Z} = \dfrac{W \times L_4^2}{8 \times Z} \leq f_{ba}$ 4) 휨 검토-플랫타이 간격 결정(수직재2는 강관비계 2열배치) $L_4 \leq \sqrt{\dfrac{8 \times f_{ba} \times Z}{W}} = \sqrt{\dfrac{8 \times 234.3 \times 3698.2 \times 2}{29.772}} = 682.3mm$
	· 폼타이 수직방향 간격 L_4는 최대 682.3mm 이내로 배치해야 한다.
	· 합판폼의 플랫타이 배치간격을 600mm로 가정한 것은 휨응력의 안전성이 확보된 것으로 판단된다.

(2) 전단응력

<table>
<tr><th>구분</th><th>수직재2 구조검토</th></tr>
<tr><td rowspan="3">전단계산
[전단응력]</td><td>1) 최대전단력 계산(단순보)
$V_{\max} = \dfrac{W \times L_4}{2}$
2) 최대 전단응력
$f_s = \dfrac{kV_{\max}}{A} = \dfrac{k \times W \times L_4}{2 \times A} \leq f_{sa}$
3) 전단 검토-플랫타이 간격 결정(수직재2는 강관비계 2열배치)
$L_4 \leq \dfrac{2 \times A \times f_{sa}}{k \times W} = \dfrac{2 \times 334.5 \times 2 \times 142.0}{2.0 \times 29.772} = 3190.85mm$</td></tr>
<tr><td>· 전단계수k을 고려한 폼타이 배치 간격 비교
<table>
<tr><td rowspan="2">구분</td><td>유효면적(A)</td><td colspan="2">전단계수 k</td></tr>
<tr><td>중공원형관[334.5mm^2]</td><td>1.0</td><td>2.0</td></tr>
<tr><td rowspan="2">배치간격</td><td>–</td><td>$L_{4,1} \leq 6381.7mm$</td><td>$L_{4,2} \leq 3190.8mm$</td></tr>
<tr><td colspan="3">· 폼타이 수직방향 간격 L_4는 최대 3190.8mm 이내로 배치해야 한다.</td></tr>
</table></td></tr>
<tr><td>· 합판폼의 폼타이 수직방향 배치간격을 600mm로 가정한 것은 전단응력의 안전성이 확보된 것으로 판단된다.</td></tr>
</table>

(3) 처짐

<table>
<tr><th>구분</th><th>수직재2 구조검토</th></tr>
<tr><td>측압계산
[처짐]</td><td>1) 최대처짐량 계산(단순보)
$\delta_{\max} = \dfrac{5 \times W \times L_4^4}{384 \times E \times I}$
2) 최대 처짐량
$\delta_{\max} \leq \delta_a[MIN(\text{상대변형, 절대변형})]$, $\delta_a = B\text{급}, MIN(2.222,\ 6.0)$
3) 처짐 검토-플랫타이 간격 결정(수직재2는 강관비계 2열배치)
$L_4 \leq \sqrt[4]{\dfrac{384 \times E \times I \times 2 \times \text{기준}(2.222)}{5 \times W}} = \sqrt[4]{\dfrac{384 \times 205000 \times 89867 \times 2 \times \text{기준}(2.222)}{5 \times 29.772}}$</td></tr>
</table>

<table>
<tr><th>구분</th><th>수직재2 구조검토</th></tr>
<tr><td></td><td>

[거푸집 널 변형기준]
거푸집 널의 변형기준은 공사시방서에 따르며, 달리 명시가 없는 경우는 표면의 평탄하기 등급에 따라 순 간격(l_n) 1.5 m 이내의 변형이 표 1의 상대변형과 절대변형 중 작은 값 이하가 되어야 한다.

표 1.

표면의 등급	상대변형	폼타이($l_n = 600$)	절대변형
A급	l_n / 360	1.666mm	3 mm
B급	l_n / 270	2.222mm	6 mm
C급	l_n / 180	3.333mm	13 mm

주 1) A급 - 미관상 중요한 노출콘크리트 면
B급 - 마감이 있는 콘크리트 면
C급 - 미관상 중요하지 않은 노출콘크리트 면
2) 순간격(l_n)은 거푸집을 지지하는 동바리 또는 거푸집 긴결재의 지간거리를 의미한다.

</td></tr>
<tr><td></td><td>

· 단면성능(I)과 변형기준을 고려한 수평재 배치 간격 비교

구분	KDS 21 50 00 : 2016.	
	절대변형 B급	상대변형 B급
배치간격	$L_{4,1} \leq 869.0mm$	$L_{4,2} \leq 677.9mm$
	· 폼타이 수직방향 간격 L_4는 최대 677.9mm 이내로 배치해야 한다.	

</td></tr>
<tr><td></td><td>· 합판폼의 폼타이 수직방향 배치간격을 600mm로 가정한 것은 처짐의 안전성이 확보된 것으로 판단된다.</td></tr>
</table>

(4) 수직재2 구조검토 결과 고찰

가. 수직재2[합판폼]

<table>
<tr><th>구분</th><th>수직재2 구조검토</th></tr>
<tr><td rowspan="2">수직재 2
배치간격</td><td>· 폼타이 수직방향 배치간격 결정
MIN[휨(682.3), 전단(3190.8), 처짐(677.9)]에 따라 최대 677.9mm 이내로 배치되어여 한다.</td></tr>
<tr><td>· 수직재2의 안전성을 검토한다는 것은 수직재2를 지지하는 폼타이 수직방향 간격을 결정하는 과정이다. 현행 거푸집 및 동바리 구조기준(2022) 규정을 준수하여 수직재1의 지지상태는 단순보, 작용하중은 등분포하중상태, 재료 성능값은 구조기준에서 제시하고 있는 값과 모든 변수를 고려하여 현재 시중에 가장 일반적으로 설치되고 있는 폼타이 수직방향 배치간격 600mm을 기준으로 계산해 본 결과 휨과 전단 그리고 처짐에 대한 안전성은 모두 만족한 것으로 판단된다.</td></tr>
</table>

6) 폼타이 구조검토

(1) 합판폼

구분	Flat Tie 구조검토

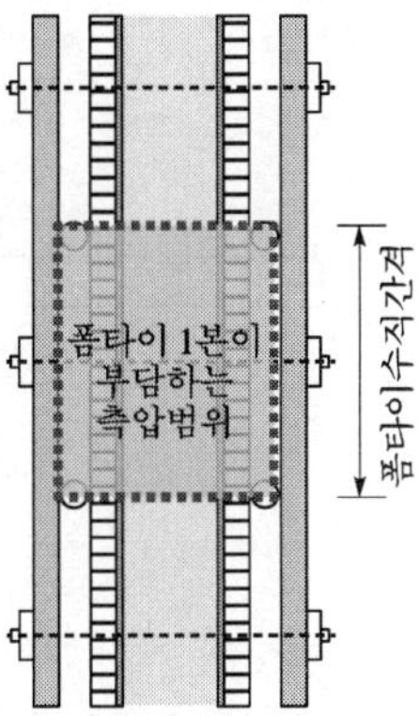

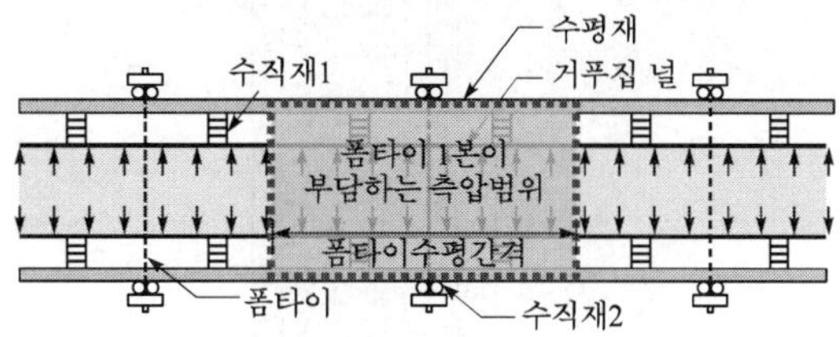

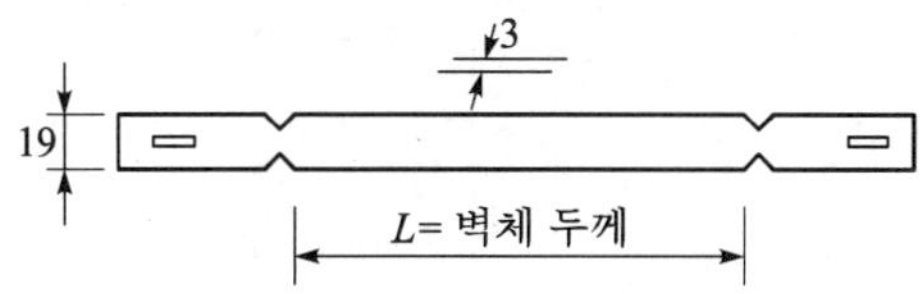

*Flat Tie 정규격 3.0T*18.5W(두께2.9mm±0.5)

측압계산 [축력]

· 플랫타이(평타이)

표 1 거푸집 긴결재의 규격 및 성능

구분		볼트지름	최대 인장하중(kN)	허용 인장하중(kN)	안전율
매립형 타이	평 타이	–	30	15	2.0
	분리형 타이	13.0±0.4 mm	36	18	
		16.0±0.5 mm	72	36	
관통형 타이		13.0±0.4 mm	36	18	
		16.0±0.5 mm	72	36	

1) 작용하중 계산

W =벽체측압(P)x폼타이수평간격(600mm)x폼타이수직간격(600mm)

$=0.04962N/mm^2 \times 600mm \times 600mm = 17863.2N = 17.8kN$

표 2 거푸집 긴결재의 안전성 평가

구분		허용 인장하중(kN)	작용하중(kN)	결과
매립형 타이	평 타이	15	17.8kN	N.A

· 합판폼의 폼타이 수직 및 수평방향 배치간격을 600mm로 가정하면 플랫타이의 안전성은 부족한 것으로 판단된다.

(2) 유로폼

<table>
<tr><th>구분</th><th colspan="2">Flat Tie 구조검토</th></tr>
<tr><td rowspan="5">측압계산
[축력]</td><td>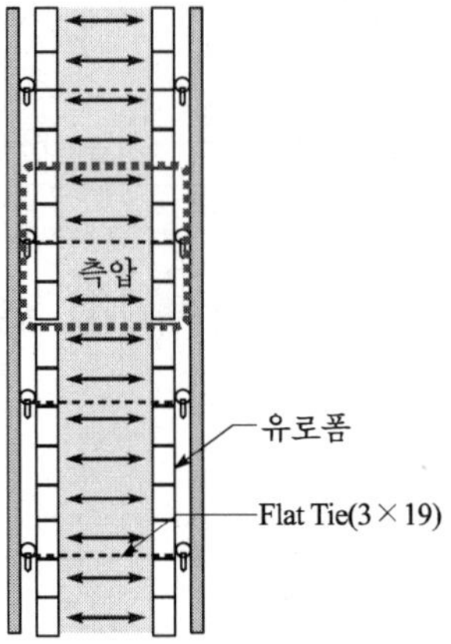
</td><td>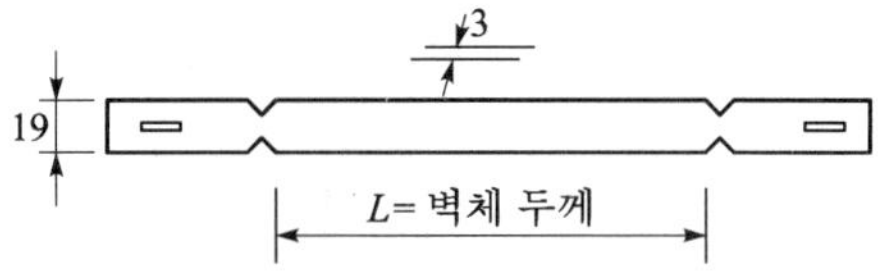
</td></tr>
<tr><td colspan="2">

· 플랫타이(평타이)

표 1 거푸집 긴결재의 규격 및 성능

구분		볼트지름	최대 인장하중(kN)	허용 인장하중(kN)	안전율
매립형 타이	평 타이	-	30	15	2.0
	분리형 타이	13.0±0.4 mm	36	18	
		16.0±0.5 mm	72	36	
관통형 타이		13.0±0.4 mm	36	18	
		16.0±0.5 mm	72	36	

</td></tr>
<tr><td colspan="2">

1) 작용하중 계산

W =벽체측압(P)x폼타이수평간격(600mm)x폼타이수직간격(600mm)

$=0.04962N/mm^2 \times 600mm \times 600mm = 17863.2N = 17.8kN$

표 2 거푸집 긴결재의 안전성 평가

구분		허용 인장하중(kN)	작용하중(kN)	결과
매립형 타이	평 타이	15	17.8kN	N.A

</td></tr>
<tr><td colspan="2">

· 유로폼의 폼타이 수직 및 수평방향 배치간격을 600mm로 가정하면 플랫타이의 안전성은 부족한 것으로 판단된다.

</td></tr>
</table>

7) 벽체 외부 경사재 구조검토

구분	벽체 외부 경사재 구조검토

경사재 계산

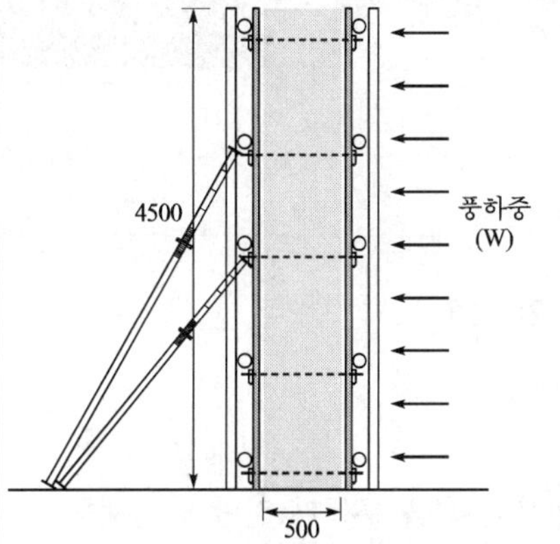

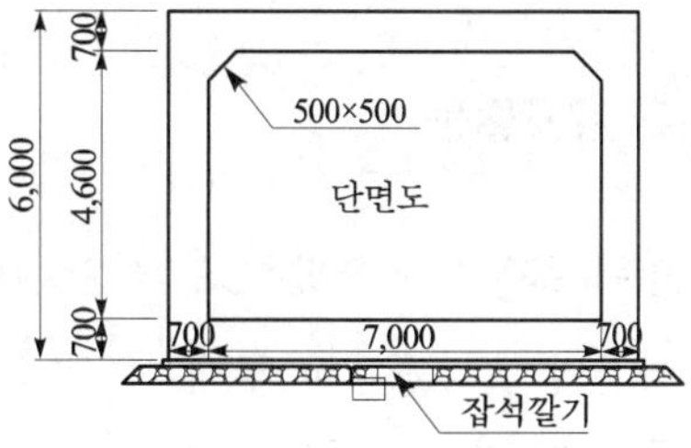

· 외부 경사재(Pipe Support Φ60.5x2.6t SGT 275)

표 1 Pipe Support 규격 및 성능

단면적(A) (mm^2)	단면2차모멘트 (I)(mm^4)	최대길이 (6000mm)	항복강도(Fc) (N/mm^2)	Z (mm^3)
473.0	199,600	6,000	355	6,600

· 경사재 허용압축하중(Pa) KDS 21 50 00 : 2016

안전인증기준(kN)	안전율(동바리)	안전율(재사용)	허용압축하중(kN)
40	2.5	1.3	12.3

· 벽체에 작용하는 하중 계산
1) 벽체 거푸집에 고려하는 최소수평하중 : 0.5kN/m^2[KDS 21 50 00 : 2016]
2) 벽체 거푸집에 작용하는 풍하중 : $W_D = \frac{1}{2}\times\rho\times V_d^2\times G_D\times C_F$
3) MAX[1, 2] 적용

(1) 벽체 거푸집 측압 구조검토 - 벽체 외부 경사재

구분	벽체 외부 경사재 구조검토
풍하중 계산	풍하중 계산 KDS 41 12 00 : 2022 건축설계하중, p.93 기타구조물(펜스 등)]
	· $W_D = q_h \times G_D \times C_D \times A = 800 \times A(N)$ (가정), [최소 0.65kN/m^2 KDS 41 12 00 : 2022]

경사재 검토

설계 풍하중 (kN/m^2) (1)	경사재 간격 (m) (2)	벽체 높이 (m) (3)	풍하중 (수평력) (kN) (4)	경사재 기울기 (45~60도) (5)	작용 최대축력 (kN) (6)	경사재 허용강도 (kN) (7)	필요 갯수
MAX[W_D, 최소]	-	-	(1)*(2)*(3)	-	(4)/Cos60	-	(6)/(7)
0.80	3.0	4.5	10.8	60도	21.6	12.3	1.75(2개) [2단설치] @3000

3. 콘크리트 시공 안전관리

유도줄눈 06-11

1. 신축이음Expention joint[KCS 14 20 10 : 2022]

1) 양쪽의 구조물 혹은 부재가 구속되지 않는 구조
2) 줄눈재, 지수판 등을 배치할 것
3) 단차를 피할 필요가 있는 경우에는 장부나 홈을 두든가 전단 연결재를 사용하는 것이 좋다.

2. 균열유발이음[수축이음Contraction joint]

1) 구조물의 강도 및 기능을 해치지 않도록 그 구조 및 위치를 정할 것

2) 간격 : 부재 높이의 1배 이상에서 2배이내 정도할 것

3) 단면결손율 : 35퍼센트 이상일 것

4) 이음부 : 철근부식을 방지하기 위한 목적으로 에폭시 도포 조치할 것

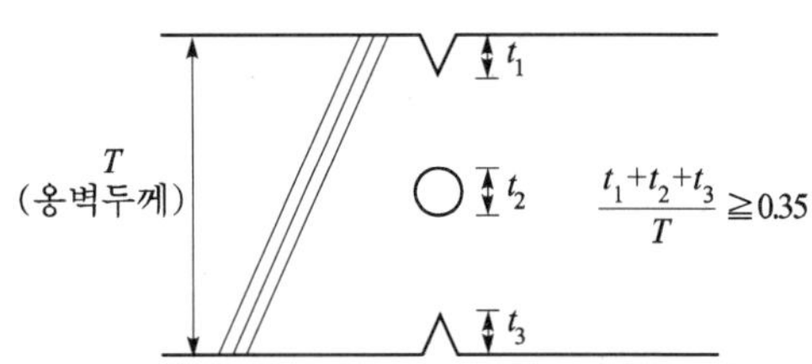

그림 6.3.1. 균열유발이음

5) 단면 감소 방법
   (1) 콘크리트에 표면에 홈을 두는 방법
   (2) 비닐관
   (3) 균열유발용 지수판 등 배치

6) 철근절단
   (1) 배력철근량을 감소시키거나
   (2) 배력철근을 절단하고
   (3) 배력철근에 상당하는 양의 슬립바Slip Bar 배치

7) 균열유발줄눈 설치 위치가 취약할 우려가 있음
   (1) 구조형식 및 위치 선정시 유의
   (2) 균열유발 위치는 누수 및 철근부식 등이 일어날 경우에 대비한 시공전 대책 수립

3. 콘크리트 건조수축Shrinkage

1) 콘크리트 경화 과정에서 수축하게 되고 이 수축을 구속하게 되면 구조물에 균열이 유발되기 때문게 콘크리트 구조물의 설계에는 콘크리트 건조수축의 영향을 고려해야 한다.
2) 콘크리트 열팽창계수(건조수축률)는 일반적으로 15×10^{-5}를 표준으로 한다.
3) 옹벽 길이가 20미터 마다 시공이음을 했을 경우에 온도변화를 20로 가정하고 콘크리트 건조수축량을 계산해 보면

$$\Delta_L = L \times \text{콘크리트 건조수축변형률} \times \text{온도변화}$$
$$= 20{,}000mm \times 15 \times 10^{-5} \times 20 = 60mm$$

콘크리트 강도부족 06-12

1. 콘크리트 양생 후 강도 문제 발생 시 대책

1) 시험결과 콘크리트 강도[7]가 작게 나오는 경우[KCS 14 20 10 : 2022]
   (1) 비파괴 시험 실시 후 불합격인 경우
   (2) 문제된 부분에서 코어 채취
   (3) 채취된 코어 압축강도 시험 실시(KS F 2422)
      가. 코어시험 결과 평균값이 f_{ck}의 85% 초과하고 각각의 값이 75%를 초과하면 적합 판정

2) 코어채취요령
   (1) 콘크리트 상태가 건조된 경우
      시험 전 7일 동안 온도 15~30도, 상대습도 60퍼센트 이하로 건조시킨 후 기건상태에서 시험할 것
   (2) 콘크리트가 습윤된 상태인 경우
      코어는 적어도 40시간 동안 물속에 담가 두어야 하며, 습윤상태로 시험할 것

3) 결과 판단
   (1) 코어시험 결과 압축강도 평균값이 설계기준강도 f_{ck}의 85퍼센트를 초과하고
   (2) 각각의 강도가 f_{ck}의 75퍼센트를 초과하면 적합 판정
   (3) 시험 결과 부분적인 결함이라면 해당 부분을 보강하거나 재시험하며 전체적인 결함이라

---

7) 단위 환산
콘크리트 압축강도 270kg/cm^{2}을 SI단위로 환산해 보면, $270 \times 9.8N/(1/100m)^2 = 26{,}460{,}000N/m^2 = 26.5 \times 10^6 N/m^2$이므로 26.5MPa(≒27MPa)이 된다. 참고로 1MPa은 1N/mm^{2}이다.

면 재하시험을 실시한다.

2. 강도Strength

1) 재료의 강도와 응력은 단위면적당 힘으로 나타내는데, 국제단위계International system of units:S.I.에서는 N/m^{2}으로 나타내고, 1N/m^2 = 1Pa(파스칼)이라고 한다.

2) 강도[8]는 구조 부재의 하중 저항 능력으로 평가되거나 재료의 응력으로 측정되며 최대 저항력을 뜻한다. 단면에 대한 최대 저항 능력을 뜻하는 강도와 재료의 강도는 구분되어야 한다. 재료의 강도는 재료에 압축응력, 인장응력 등이 작용할 때 최대로 저항할 수 있는 능력Capacity이며, 단위는 N/m^{2}이다. 부재의 강도는 보 기둥 등의 단면 저항 능력이며 부재 단면에 축력, 휨모멘트 등이 작용할 때 이에 대한 저항 능력인 축강도, 휨강도, 전단강도, 비틀림 강도 등을 뜻한다.

학습 Note 힘의 단위와 질량과 중량

1) 힘의 단위

힘의 단위에는 절대단위계Absolute system of unit와 중력단위계Gravitational system of unit가 있다. 절대단위계는 측정 위치에 상관없이 길이(meter(m)), 시간(second(s)), 질량(mass(m))을 기본으로 하고, 중력단위계는 길이(m), 시간(s), 힘(Weight(W)(중량일 경우 측정위치에 따라 다름))이 기본단위가 된다.

① 절대단위계 힘

뉴턴의 운동 제2법칙(F=ma)에 따라서 질량 1kg의 물체가 1m/sec^{2}의 가속도를 생기게 하는 힘을 1N (Newton)이라고 한다.

$$1N = 1kg \times 1m/\sec^2$$

② 중력단위계 힘

뉴턴의 운동 제2법칙(F=ma)에서 가속도(a) 대신에 중력가속도(g=9.8m/sec^2)를 대입한 물체의 중량(W=mg)을 힘의 단위계로 사용한다. 즉 단위질량의 물체의 무게를 힘의 단위로 하며, 물체를 저울에 올려놓았을 때의 중량(W=mg)이 곧 힘이 된다. 질량 1kg 물체의 중량은 다음과 같다.

$$W = m \times g = 1kg \times 9.81m/\sec^2 = 9.81N$$

---

8) 강도와 다른 개념으로 강성(stiffness, rigidity)이란 구조물이나 구조부재의 변형에 대한 저항능력을 말하며, 발생한 변위 또는 회전에 대하여 적용된 힘 또는 모멘트의 비율을 말한다.

구조공학에서는 힘의 중력단위를 g중, kg중, t중 등 force의 앞자인 "f"를 "중" 대신에 뒤에 붙임으로써, 각각 gf, kgf, tf으로 표시하거나, 간략하게 g, kg, t으로 표시하기도 하는데, 이것은 질량단위와 같으므로 주의하여야 한다. 힘의 절대단위와 중력단위 사이에는 1kgf=1kg(단위질량)×9.81m/sec²(중력가속도)=9.81N으로, 중력단위계인 공학단위계에서 1kgf은 $9.81N$, 약 10N과 같다고 환산할 수 있다.

※ 질량(m)과 중량(W)
질량은 물체의 가속화에 저항하는 성질인 관성Inertia을 양적으로 표시한 것으로서 물체가 가지고 있는 물체 고유의 양이며 장소나 상태에 따라 달라지지 않는다. 중량은 지구가 물체를 잡아당기는 힘으로 무게라고도 한다. 중력의 크기에 해당되며 측정 위치에 따라 지구 중심에서 멀어질수록 중량은 작아진다. 우리가 흔히 '내 몸무게는 60kg이다' 라고 말하지만 kg은 질량을 나타내는 단위이지 무게를 나타내는 단위가 아니므로 정확하게는 '60kg중' 또는 '60kg·m/s²'라고 해야 된다.

Physical Properties in SI					
Properties		Water(fresh)	Steel	Reinforced Concrete	SI
specific weight [weight density]	γ	9.81	77.0	23.6	kN/m³
mass density	ρ	1000	7850	2400	kg/m³

펌프카 06-13

1. 콘크리트 타설작업 준수사항[안전보건규칙제334조]

1) 당일작업 전에 거푸집동바리의 변형·변위 및 지반의 침하유무 등을 점검하고 이상을 발견한 때에는 이를 보수할 것
2) 감시자를 배치하고 이상 발견한 때 작업 중지, 근로자 대피시킬 것
3) 거푸집붕괴의 위험이 발생할 우려가 있는 때에는 충분한 보강조치를 할 것
4) 설계도서상의 콘크리트 양생기간을 준수하여 거푸집동바리 등을 해체할 것
5) 콘크리트를 타설하는 경우에는 편심이 발생하지 않도록 골고루 분산하여 타설할 것

2. 콘크리트 타설장비 사용 시 준수사항[안전보건규칙제335조]

1) 작업을 시작하기 전에 콘크리트 타설장비를 점검하고 이상을 발견하였으면 즉시 보수할 것
2) 건축물의 난간 등에서 작업하는 근로자가 호스의 요동·선회로 인하여 추락하는 위험을 방지하기 위하여 안전난간 설치 등 필요한 조치를 할 것

3) 콘크리트타설장비의 붐을 조정하는 경우에는 주변의 전선 등에 의한 위험을 예방하기 위한 적절한 조치를 할 것
4) 작업 중에 지반의 침하나 아웃트리거 등 콘크리트타설장비 지지구조물의 손상 등에 의하여 콘크리트타설장비가 넘어질 우려가 있는 경우에는 이를 방지하기 위한 적절한 조치를 할 것

콘크리트 펌프카-중저층	콘크리트 분배기-중고층	콘크리트 타설 붐(CPB)-초고층

그림 6.3.2. 콘크리트 타설 장비

3. 콘크리트 펌퍼빌러티Pumpability[KCS 14 20 12 : 2022]

콘크리트 펌프에 의해 굳지않는 콘크리트 또는 모르타를 압송한 때의 운반성을 말한다.

1) 펌퍼빌러티가 좋은 굳지 않는 콘크리트란?
   (1) 직선관속을 활동하는 유동성
   (2) 곡관이나 테이퍼관을 통과할 때의 변형성
   (3) 관내 압력의시간적, 위치적 변동에 대한 분리 저항성

2) 콘크리트 펌프에 걸리는 최대 압송부하
   콘크리트 펌프에 걸리는 최대 압송부하 P_{max}= 수평관 1m당 관내 압력손실×수평환산거리 ≤ 콘크리트펌프의 최대 이론 토출압력×80퍼센트[적용조건 : 수송관 지름 100~125밀리미터, 수송환산거리 400미터 이하]

4. 펌프 압송시 막힘 현상의 원인 및 대책

1) 막힘 현상
   압송중에 어떠한 원인으로 인해 콘크리트 중의 수분이나 페이스트가 탈수·분리하여, 압송부하가 증가하면서 콘크리트가 관내를 유동하지 못하게 되는 상태를 말한다.

2) 막힘현상의 원인 및 대책

구분	원인	대책 방안
배관내의 이물질	콘크리트의 사용재료에 미물질 포함	호퍼 위에 스크린 사용
배관의 형상 변화	벤트관, 테이퍼관, 내림배관, 선단호스	• 펌핑 가능한 배합선정 • 압송중단이 없도록 함
블리딩이 많은 콘크리트	• 비빔시간 또는 비빔 수량 과다 • 잔골재율의 과소	• 비빔 시간의 준수 • 콘크리트 배합 변경
압송시작시점의 막힘	• 잘못 배합된 선송 모르타르 • 선송 모르타르의 사용량 부족 • 배관의 청소 불량 • 동절기 배관 내 얼음 발생 • 잔골재율의 부적정	• 전송 모르타르 배합 변경 및 충분한 양 사용 • 배관 교체 • 콘크리트 배합 변경
반복적인 막힘	• 블리딩이 많은 콘크리트 : 재료분리 • 잔골재율, 슬럼프가 너무 낮음 • 콘크리트의 슬럼프 변화 (장시간 펌핑 중단시)	• 콘크리트 배합 변경 • 장시간 대기 콘크리트의 폐기

3) 막힘 현상 발생시 조치사항

(1) 역타설 운전 시도 : 2~3회 정도 반복 시도가 한도

(2) 폐색된 배관의 신속한 분리 후 배관 내 콘크리트 폐기

(3) 폐색부 전·후의 콘크리트 상태 육안 관찰

(4) 이상 유무 확인 후, 압송 재개

5. 펌프카 셋팅방법

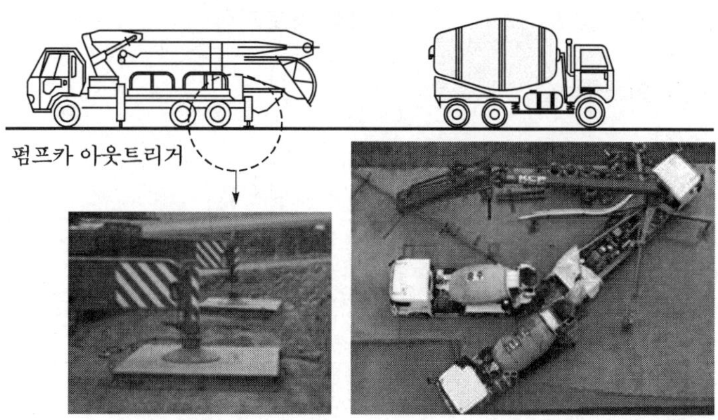

침하방지(복공판) 콘크리트 펌프카, 레미콘 배치(사례)

그림 6.3.3. 펌프카 배치도

1) 지반에 아웃트리거를 설치할 경우에는 받침목을 깔 것
2) 초속 10미터 이상의 폭풍우 경보가 있는 때에는 즉시 작업을 중지할 것
3) 노폭의 유지, 갓길의 붕괴방지, 지반의 침하방지 조치할 것
4) 유자격 운전자를 배치할 것
5) 유도자를 배치하여 작업을 유도할 것

6. 펌프카 사용 시 품질관리[시공관점]

1) 펌프카 설치, 배관주의

(1) 되도록 타설현장에 접근하여 설치할 것
(2) 파이프 배치는 되도록 상향 구배가 되도록 할 것
(3) 배관거리는 최대한 짧게 할 것
(4) 과도한 진동이 발생되지 않도록 고정할 것

2) 타설시 주의

(1) 펌프 압송압 조절할 것
(2) 콘크리트 주입전 몰탈 주입할 것
(3) 장시간 정지 금지할 것
(4) 압송관의 정비 및 청소 철저할 것
(5) 가수 금지할 것
(6) 배출구와 타설면은 1.5미터 이하로 할 것

7. 레미콘 반입 시 품질 관리 및 펌프카 타설

1) 레미콘 품질관리

(1) 송장 확인 : 매 차량마다 실시
(2) 염화물량 확인 : 염소이온으로 0.3kg/cm^3
(3) 공기량 확인 : 오차 한도 ±1%
(4) 강도시험

2) 콘크리트 펌프카 타설[표준품셈]

(1) $80m^3/hr$ 이상
(2) 펌프카 타설의 기준시간은 다음을 적용한다.

슬럼프	기준시간(min)	
	무근콘크리트	철근콘크리트
8~12cm	1.15	1.35
15cm	1.10	1.25
18cm 이상	1.00	1.15

그림 6.3.4. 콘크리트 타설

수중콘크리트 06-14

1. 수중콘크리트 타설

1) 수중콘크리트Underwater Concrete의 정의[KCS 14 20 43 : 2022]

담수 중이나 안정액 중 혹은 해수 중에 타설되는 콘크리트를 말한다.

2. 수중콘크리트의 성능

1) 수중분리 저항성

구분	일반 수중콘크리트	현장타설말뚝 및 지하연속벽 수중콘크리트
물시멘트비	50퍼센트 이하	55퍼센트이하
단위시멘트량	370kg/m³ 이상	350kg/m³ 이상

- 수중분리도 : 현탁물질량 50mg/L 이하, ph는 12.0 이하
- 수중분리 저항성 : 일반적으로 0.7, 철근콘크리트는 0.8

2) 유동성[슬럼프 표준값(밀리미터)]

시공방법	일반 수중콘크리트	현장타설말뚝 및 지하연속벽 수중콘크리트
트레미	130~180	180~210
콘클기트 펌프	130~180	–
밑열림 상자, 밑열림 포대	100~150	–

3. 재료 및 배합

1) 재료

(1) 시멘트 및 골재는 기준에 적합한 것

(2) 혼화제는 강도 및 내구성을 가진 것

2) 배합

(1) 배합강도

가. 일반 수중콘크리트는 표준공시체 강도의 0.6~0.8배

나. 수중 제작 공시체(수중낙하높이 0.5미터이하, 수중 유동거리 5미터 이하)의 압축 강도를 기준으로 배합강도 결정

다. 현장타설 콘크리트 말뚝 및 지하연속벽 콘크리트

가) 수중 시공시 대기중 강도의 0.8배

나) 안정액 시공시 대기 중 강도의 0.7배

(2) 배합

가. 굵은 골재의 최대치수

가) 40밀리미터 이하(수중불분리성 콘크리트)

나) 5밀리미터 이하(현장 타설말뚝 및 지하연속벽인 경우)

나. 내구성으로부터 정해진 콘크리트의 최대 물-시멘트비(%)

구분	무근콘크리트	철근콘크리트
담수중	65	55
해수중	60	50

다. 수중불분리성 콘크리트의 공기량(수질오탁, 품질의 변동 원인) : 4퍼센트 이하

라. 지하연속벽인 경우 : 단위시멘트량 300kg/m^3 이상

4. 시공

1) 일반수중콘크리트 타설의 원칙

(1) 정수 중에 타설(유속 50mm/sec 이하)

(2) 수중 낙하 금지

(3) 크리트 면은 가능한 한 평평하게 유지, 연속하게 타설

(4) 한구획 타설후 레이턴스 모두 제거후 타설

(5) 트레미나 콘크리트 펌프 이용하여 타설(소규모인 경우 밑열림 상자/포대 사용)

2) 트레미에 의한 타설

(1) 안지름 250 ~ 500밀리미터 이내(굵은 골재의 최대치수의 8배 정도)

(2) 1회 타설면적 : 30제곱미터 정도

(3) 타설도중 수평이동 금지

(4) 트레미 선단부에 밑뚜껑이나 플란저 설치

(5) 트레미의 적합성 검토할 것

3) 콘크리트펌프카에 의한 타설

(1) 펌프의 배관은 수밀하게 할 것

(2) 펌프의 안지름은 0.1~0.15미터, 1회 타설면적 : 5제곱미터

(3) 타설시 콘크리트 속으로 0.3~0.5미터 묻히도록 할 것

(4) 선단부분에 역류배관 부착할 것

4) 밑열림상자 또는 포대에 의한 타설

(1) 쉽게 열릴 수 있는 구조로 할 것

(2) 수심이 깊은 곳부터 순차적으로 타설할 것

서중콘크리트 06-15

1. 서중콘크리트Hot weather concrete의 정의[KCS 14 20 41 : 2022]

높은 외부기온으로 콘크리트의 슬럼프 저하나 수분의 급격한 증발 등의 염려가 있을 경우에 시공되는 콘크리트로서 하루 평균기온이 25도를 초과하는 경우 서중콘크리트로서 시공한다.

2. 재료

1) 재료

(1) 골재 : 가능한한 낮은 온도 유지

(2) 물 : 낮은 온도의 혼합수 사용, 얼음 사용은 유효(단 혼합후 얼음은 모두 녹아야 함)

(3) 시멘트

가. 공장 출하시 낮은 온도의 시멘트 사용

나. 흰색 도료로 도포된 사일로 저장

다. 시멘트 온도 상하8도 변화에 콘크리트 온도 상하 1도 변화

(4) 혼화제

가. 감수제, AE 감수제의 지연형 감수제 사용

나. 지연형의 유동화제 사용(KSF 2560)

2) 배합

(1) 단위수량 및 단위시멘트량을 될 수 있는대로 적게할 것

(2) 기온이 10도 상승에 단위수량은 2~5퍼센트 증가하므로 단위수량 증가에 따른 단위시메트량 증가량 검토할 것

(3) 단위시멘트량의 증가는 수화발열량의 증가를 가져오므로 가능한 한 단위시멘트량이 너무 많지 않도록 적절한 조치를 취할 것

3) 비비기

콘크리트 재료는 가능한한 온도가 낮아지도록 하여 사용할 것

3. 시공

1) 운반

(1) 슬럼프 저하를 막기 위하여 되도록 빨리 운송할 것

(2) 레미콘 사용시 거리, 교통상태, 타설량, 타설순서 등을 고려한 시공계획 수립할 것

2) 타설

(1) 지반, 거푸집 등은 습윤상태 유지할 것

(2) 콘크리트 타설은 비빈 후 가능한 한 빠르게 타설, 지연형 감수제르 사용한 경우라도 1.5시간 이내에 타설할 것

(3) 콘크리트 타설시 온도는 35도 이하로 할 것

(4) 콜드 조인트가 발생하지 않도록 적절한 계획 수립할 것

3) 양생[9)]

(1) 표면이 건조하지 않도록, 타설후 24시간은 습윤상태로, 양생은 적어도 5일 이상 실시할 것

(2) 목재거푸집인 경우 습윤상태 유지, 거푸집 떼어낸 후에도 노출면은 습윤상태 유지할 것

---

9) 습윤양생의 일반적인 방법

(1) 치기 후 경화할 때까지 일광의 직사, 바람, 비 등으로부터 보호할 것

(2) 표면이 어느정도 굳어진 콘크리트 노출면 : 양생용 매트나 젖은 모래를 덮거나 물을 뿌리고, 보통 포틀랜드 시멘트의 경우 치기 후 적어도 5일간은 항상 습윤상태를 유지할 것

(3) 거푸집이 건조될 염려가 있을 경우는 물을 뿌려줄 것

(4) 막양생은 일반적으로 젖은 모래나 양생용 매트, 혹은 살수 등의 습윤양생이 곤란한 경우에 콘크리트의 이어치기나 표면마무리 등의 부착에 지장이 없는 범위에서 사용한 것으로서 콘크리트의 표면에 피막이 생성되는 양생제를 뿌려 물의 증발을 막는 양생방법이다. 막양생제는 사용전에 그 효과와 시공성에 대한 충분한 검토할 것

4. 서중콘크리트의 품질관리 및 검사 기준

항복	시험검사 방법	시기 횟수	판단기준
외기온	온도측정	공사시작전 및 공사중	일평균기온 25도를 초과하는 경우
타설시 온도		공사중	35도 이하 및 계획한 온도의 범위내
운반시간	시간의 확인	공사시작전 및 공사중	비비기부터 타설 종료까지의 시간은 1.5시간 이내 및 계획한 시간 이내일 것

5. 일반적인 주의사항

1) 치기 방법

(1) 수직으로 떨어뜨릴 것

가. 자유낙하 높이

가) 슈트, 호스, 벨트컨베이어 등의 운반용구에서 콘크리트가 떨어지는 높이나 바닥 슬래브 콘크리트의 자유낙하 높이는 원칙적으로 1미터 이하

나. 자유낙하 높이가 높을 경우

가) 콘크리트 재료 분리 발생

나) 충격에 의한 배근의 움직임, 간격재의 이탈 등의 염려

(2) 낮은 위치에서 떨어뜨릴 것

(3) 치기장소에 가깝게 칠 것

(4) 콘크리트를 횡방향으로 이동(재료분리의 원인)시키지 않도록 할 것

(5) 균등한 두께로 수평하게 칠 것

(6) 한 쪽에만 떨어뜨린 후 편평하게 펴는 것은 피할 것

(7) 각층을 편평하게 고른 후 충분히 진동다짐 후 다음 층을 칠 것

2) 콘크리트는 설비배관, 각종 매설물 등에 충분히 부착되고 분리되지 않는 균질한 것으로 소요부위의 구석구석까지 충전되고, 품질이 유지되면서 빠르고 경제적으로 치밀하게 치도록 할 것

3) 치기 구획, 치기순서, 치기속도(슬럼프 10~ 15센티미터의 보통 콘크리트의 경우, 공칭봉경 45센티미터의 봉형진동기 1대당 대개 10~15m^3/h)공칭, 낙하각도, 낙하거리, 다짐, 연속치기, 양생, 표면마무리 등에 주의하여, 기후, 기온, 콘크리트 온도 등을 고려하면서 칠 필요가 있다.

동절기 콘크리트 06-16

1. 한중콘크리트Cold weather concrete의 정의[KCS 14 20 40 : 2022]

타설 일의 일평균기온이 4°C 이하 또는 콘크리트 타설 완료 후 24시간 동안 일최저기온 0°C 이하가 예상되는 조건이거나 그 이후라도 초기동해 위험이 있는 경우 한중 콘크리트로 시공하여야 한다.

2. 재료

1) 일반사항

(1) 포틀랜드시멘트사용을 표준으로 함

(2) 동결된 골재나 골재에 빙설이 혼입된 것을 사용금지할 것

(3) 방동, 내한제 등의 특수한 혼화제 사용시 품질 확인할 것

(4) 시멘트는 어떠한 경우라도 직접가열 금지(물을 가열)할 것

2) 배합

(1) 일반사항

가. AE콘크리트 사용을 원칙으로 한다.

나. 단위수량을 가능한한 감소시킬 것

(2) 배합

가. 초기양생기간에 초기동해에 필요한 압축강도가 얻어지도록 할 것

나. 물시멘트비는 원칙적으로 60퍼센트 이하로 할 것

다. 적산온도[건축기술지침, 대한건축학회, 2006, p.321]

가) 한중콘크리트에서는 초기 강도발현이 늦어지므로 적산온도를 이용하여 거푸집의 해체시기, 콘크리트 양생기간 등을 검토할 것

나) 양생온도가 달라져도 그 적산온도(양생기간에 있어서의 온도 누적값)가 같으면 콘크리트 강도는 비슷하다고 봄

다) 소요강도를 얻기 위한 방법

- 양생온도가 낮은 경우 : 양생기간을 길게
- 양생기간이 같은 경우 : 콘크리트의 강도저하를 예측하여 부배합으로 콘크리트 배합

라) 적산온도방식 산정방식

적산온도는 콘크리트의 강도를 콘크리트 온도와 시간과의 함수로 나타낸다.

$$M = \sum_{0}^{t}(\theta + A)\Delta t$$

여기서, M은 적산온도(D.D ; Degree Day), θ는 Δt 시간 중의 콘크리트의 일평균 양생 온도(C) 단 보온 양생을 하지 않은 경우는 예상 일평균기온, A는 기준온도, 정수로서 일반적으로 10, Δt : 시간(일)

3. 시공

1) 운반 및 타설

(1) 운반 및 타설시 가능한한 열량의 손실을 줄이도록 할 것

(2) 타설시 콘크리트 온도는 5~20도 범위에서 정함, 기상조건이 가혹한 경우나 부재두께가 얇은 경우에는 콘크리트 최저온도는 10도 정도 확보할 것

(3) 철근이나 거푸집 등에 빙설이 부착하지 말 것

(4) 마무리 지반에 쉬트등으로 보호하여 얼지 않도록 할 것

(5) 타설후 양생기간에는 급랭을 예방할 것

2) 양생

(1) 초기양생

가. 콘크리트 온도 5도 이상 유지할 것

나. 동해를 받지 않을 압축강도는 5Mpa 확보(안전율 고려)

다. 초기양생후 2일 이상은 콘크리트 온도를 0도 이상으로 유지할 것

(2) 보온양생방법

가. 급열양생

가) 공간가열방법　　나) 표면가열방법

나. 단열양생

다. 피복양생

4. 한중콘크리트의 온도관리 및 검사

항목	시험 및 검사방법	시기 회수	판정기준
외기온	온도측정	공사시작전 및 공사중	일평균 기온 4도 이하
타설시 온도			5~20도 이내 및 계획된 온도의 범위내
양생중의 콘크리트 온도 혹은 보온양생된 공간의 온도			계획된 온도의 범위 내

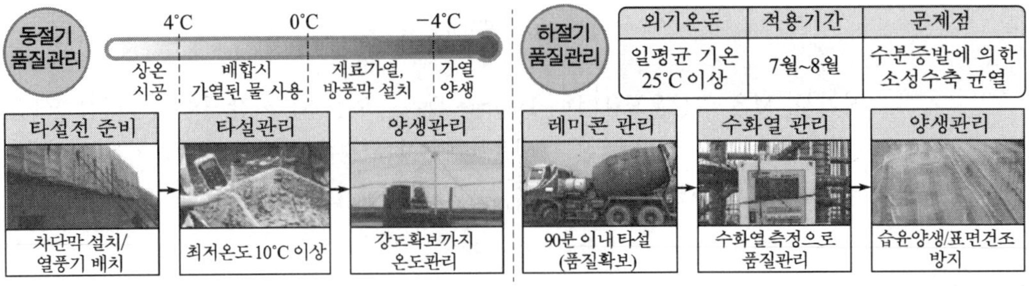

그림 6.3.5. 동절기/하절기 콘크리트 품질관리

숏크리트 06-17

1. 숏크리트Shotrete의 정의[KCS 14 20 51 : 2021]

컴푸레셔 혹은 펌프를 이용하여 노즐 위치가지 호수 속으로 운반한 콘크리트를 압축공기에 의해 시공면에 뿜어서 만든 콘크리트를 말한다.

2. 숏크리트의 구분

1) 건식 : 일반적인 용수지반

2) 습식

(1) 대단면 (2) 산악터널의 급열 양생 (3) 시공능력이 탁월

3. 숏크리트의 장점 및 단점

1) 장점

(1) 조기강도 발현 (2) 거푸집 불필요

(3) 급속시공 가능 (4) 비교적 소규모의 운반가능한 장비 사용

(5) 임의 방향에 대한 시공가능 (6) 협소한 장소, 급경사면의 나쁜 작업조건에서도 시공가능

2) 단점

(1) 리바운드 등으로 재료손실이 많고

(2) 평활한 마무리를 얻기 어렵고

(3) 물이 용출될 때 부착성이 저하

(4) 분진발생, 분진농도 표준값 5mg/m^3 이하

(5) 시공자의 기술력에 품질 및 시공성이 변동

(6) 수밀성이 다소 떨어짐

4. 숏크리트의 강도

1) 초기강도 : 5.0~10.0mpa(24시간), 1.5~2.0mpa(3시간)
2) 장기강도 : 18mpa 이상(28일)

5. 재료

1) 알칼리 골재반응에 무해한 것
2) 보강재는 원칙적으로 용접철망을 사용
3) 배합 : 건식(습식)방식의 배합 선정 항목
   (1) 굵은 골재의 최대치수
   (2) 잔골재율
   (3) 단위시멘트량
   (4) 물-시멘트비
   (5) 혼화재료의 종류 및 단위량
   (6) 건식방식 숏크리트 작업성의 고려사항
      가. 압송 중의 막힘이나 맥동을 일으키지 않을 것
      나. 리바운드율 및 분진농도가 적을 것
      다. 뿜어붙여진 콘크리트의 박리, 박락, 표면의 처짐이 생기지 않을 것
      라. 건식방식에 의한 숏크리트의 배합에 대한 평균치

배합의 항목	평균치
굵은 골재의 최대치수	10~15밀리미터
잔골재율(S/a)	61.6퍼센트
단위시멘트량(C)	359kg/m^3
물-시멘트비(W/C)	53퍼센트
급결제 첨가량(×C)	6.7퍼센트

      마. 습식방식에 의한 숏크리트 배합에 대한 평균치

배합의 항목	평균치
굵은 골재의 최대치수	10~15밀리미터
잔골재율(S/a)	62.0퍼센트
단위시멘트량(C)	360kg/m^3
물-시멘트비(W/C)	56퍼센트
급결제 첨가량(×C)	5.9퍼센트
급결제 첨가전의 베이스콘크리트슬럼프 120밀리미터 이상을 표준 슬럼프가 낮을 경우 펌프가 막힐 가능성이 있다(압송성 유지)	

6. 시공

1) 일반사항

(1) 충분한 시공계획 수립(강도, 내구성, 시공성)

(2) 뿜어 붙일 면의 사전처리

가. 들뜬 돌, 풀, 나무 등을 제거할 것

나. 배수처리(배수 파이프나 배수 필터 등)

다. 흡수성인 경우 붙일 면에 물을 뿌리는 등의 적절한 처리할 것

라. 동결 또는 빙설이 있는 경우에는 녹여서 물을 없앤 다음 뿜어 붙일 것

마. 신축줄눈 설치(절취면이 비교적 평활하고 넓은 법면인 경우)할 것

(3) 보강재의 설치

가. 이동이나 진동이 일어나지 않도록 고정할 것

나. 보강재는 뿜어 붙일 면과 20~30미리미터 간격을 두고 근접 설치할 것

다. 망눈 치수는 숏크리트가 철망의 뒷부분까지 충분히 채워질 수 있을 것

2) 숏크리트 작업

(1) 급결제를 첨가할 경우 바로 뿜어 붙이기 작업을 실시할 것

(2) 아치 및 측벽부의 숏크리트 작업

가. 노즐은 붙일 면에 직각으로 적절한 거리와 압력을 유지할 것

나. 소정의 두께가 될 때까지 반복해서 뿜어 붙일 것

다. 강제지보공을 사용할 경우 : 공극이 생기지 않도록 할 것

라. 리바운드량이 최소가 되도록할 것

(3) 용수지역의 숏크리트 작업

용수가 발생한 경우 적절한 대책

(4) 인버트부의 숏크리트 작업

하향 뿜어 붙이기는 약한 층이 생기지 않도록할 것

(5) 분진대책

가. 근로자 방호장비 : 헬멧, 방진안경, 방진마스크, 장갑, 장화 등

나. 터널 - 분진량 조사(분진 측정 장비 - 디지털 분진계, 하이 볼륨 샘플러 등)

(6) 분진방지대책

가. 분진발생원 억제 대책

가) 분진발생을 적게 하는 뿜어 붙이기 시스템의 채용(예:습식 숏크리트 방식 등)

나) 분진발생을 적게 하는 재료의 선택 및 관리(예:액체 급결제, 분진저감제, 잔골재의 표면수율의 관리 등)

나. 발생된 분진대책

가) 환기에 의한 배출, 희석

나) 집진장치의 설치

다) 양호한 작업환경의 확보

(7) 양생

충분한 양생 대책 수립

3) 현장 품질관리

(1) 콘크리트의 검사

(2) 콘크리트공의 검사

가. 검사 사항

가) 리바운드율(분진농도 또는 육안관찰에 의한 검사)

나) 분진농도

다) 숏크리트의 초기강도검사

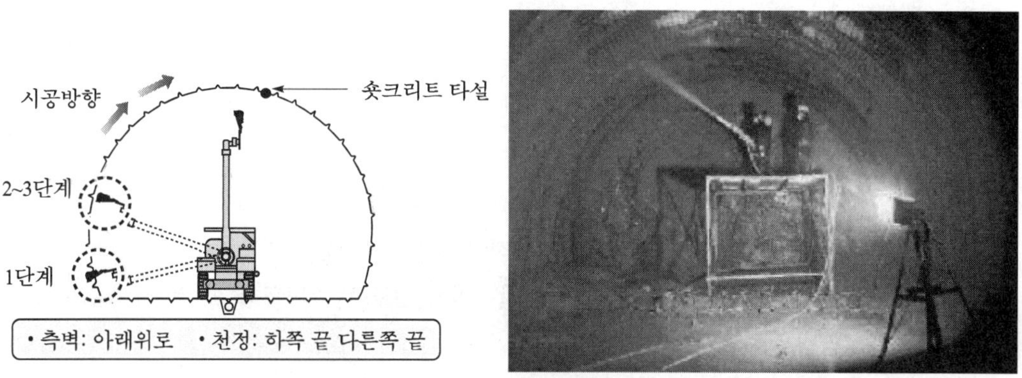

그림 6.3.6. 터널 내부 숏크리트 타설

진동다짐 06-18

1. 콘크리트 다지기[KCS 14 20 12 : 2022]

1) 내부진동기 사용을 원칙으로 한다.

2) 내부진동기 사용이 곤란한 장소는 거푸집 진동기 사용할 것

2. 내부진동기 사용방법 표준

1) 내부진동기를 하층의 콘크리트 속으로 0.1미터 정도 찔러 넣을 것(→Cold Joint 발생 방지)
2) 내부진동기는 연직으로 찔러 넣으며, 그 간격은 진동이 유효하다고 인정되는 범위의 지름 이하로서 일정한 간격으로 한다. 삽입간격은 일반적으로 0.5미터 이하로 할 것
3) 1개소당 진동시간은 5~15초로 할 것
4) 콘크리트로부터 천천히 빼내어 구멍이 남지 않도록 할 것
5) 콘크리트를 횡방향으로 이동시킬 목적으로 사용하지 말 것
6) 진동기 형식, 크기 및 대수 선정 조건
   (1) 콘크리트의 전 용적을 충분히 다지는 데 적합할 것
       가. 소형 1시간에 4~8m^3　　나. 대형 1시간에 30m^3
   (2) 부재 단면의 두께 및 면적
   (3) 1시간당 최대타설량
   (4) 굵은 골재 최대치수
   (5) 배합
   (6) 잔골재율
   (7) 콘크리트의 슬럼프

3. 다짐할 때 품질관리

1) 내부진동기 사용원칙
   (1) 콘크리트 타설 후 즉시 다져서 구석구석 채워지도록 할 것
   (2) 다층으로 타설시 진동기가 아래층에 10센티미터 정도 관입되도록 할 것
   (3) 일정간격 연직으로 찔러 넣을 것
   (4) 간격은 50센티미터 정도로할 것
   (5) 진동시간은 30~40초 동안할 것
   (6) 빼 낼 때는 구멍이 나지 않도록 천천히 실시할 것
   (7) 횡방향 이동금지할 것
2) 내부진동기를 사용하기 곤란한 경우 거푸집 진동기를 사용할 것
3) 침하균열 발생시 재진동 실시할 것

4. 안전진단

콘크리트 구조물 안전성 평가 06-19

1. 사전조사

1) 현장 답사 및 문제점 파악
2) 관련자료 수집

2. 현장조사계획수립

1) 외관상태조사

2) 내구성조사
   (1) 콘크리트압축강도 : 비파괴압축강도(반발경도법, 초음파법, 조합법), 파괴압축강도(코아채취)
   (2) 철근상태 조사 : 수량, 배근간격, 피복두께, 철근부식
   (3) 중성화조사 : 천공 후 변색시험, 코아채취시험
   (4) 염해조사

3) 내하력조사
   (1) 부재규격
   (2) 구조안전성 평가 : 휨, 전단, 축력
   (3) 내진성능평가

4) 사용성조사
   (1) 균열
   (2) 기울기
   (3) 처짐
   (4) 진동

3. 조사결과 검토 및 분석

1) 상태평가
   (1) 사용성 검토
   (2) 내구성 검토
   (3) 상태평가 등급 산정

2) 안전성 평가
   (1) 안전성 검토 및 분석
   (2) 안전성 평가 등급 산정

4. 종합평가

1) 상태 및 안전성 평가 비교
2) 종합평가등급 산정

5. 보수보강방법 제시

1) 보수보강방안 비교 검토
2) 최적 보수보강방법 결정

6. 보고서 작성

1) 진단내용 및 결과 정리
2) 유지관리사항 제시

콘크리트 성능저하와 노후화 종류 06-20

1. 성능저하

콘크리트 구조물의 내구성Durability이란 오랜 시간에 걸쳐 외부 환경작용에 대해 잘 견디어 내는 성능을 말한다. 구조물이 장기간 외부에 노출된 상태에서 물리적 및 화학적작용에 의하여 콘크리트와 철근이 열화Deterioration되어 그 성능과 기능이 점차 저하된다. 철근콘크리트 구조물의 성능저하 현상 중 내부 원인으로는 알칼리 골재 반응, 유해물질 유입, 열적 특성에 의한 부피 팽창, 투수에 의한 동결융해 손상 등이며, 외부 요인으로는 전기화학적작용, 심한 온도 변화, 접촉하는 액체와 기체에 의한 영향 등이 있다. 철근콘크리트 구조물의 성능저하는 3가지 구조 재료 즉, 골재, 시멘트풀, 철근 중에서 어느 하나의 손상에 의해 일어난다.

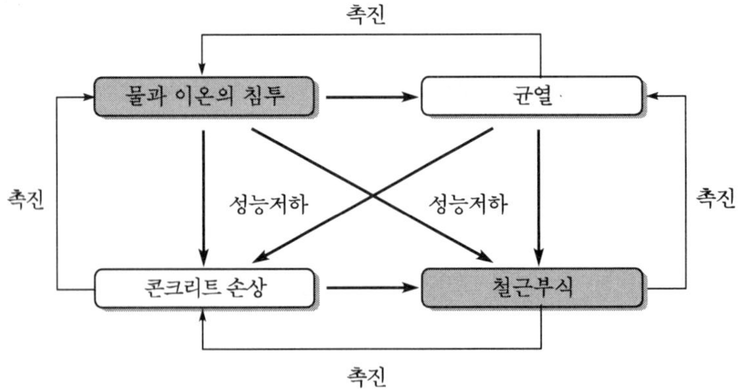

그림 6.4.1. 콘크리트 성능저하 작용

2. 콘크리트 성능 저하

1) 화학적 침시chemiclal attack

(1) 산/알칼리 침식
(2) 철근 부식-탄산화/염해
(3) 알칼리골재 반응
(4) 용출과 백화
(5) 황산 백화

2) 물리적 침식physical deterioration

(1) 동결융해
(2) 건습
(3) 온도변화
(4) 마모

3. 노후와 종류

1) 균열

(1) 균열폭의 크기에 따른 구분

가. 미세균열 - 0.1밀리미터 미만

나. 중간균열 - 0.1밀리미터 이상 0.7밀리미터 미만

디. 대형균열 - 0.7밀리미터 이상

(2) 균열 조사 내용

가. 균열폭의 측정
나. 균열의 진행성
다. 균열의 길이와 형태
라. 균열의 관통여부
마. 균열부 상황의 기록

2) 박리Scaling

(1) 경미한 박리 - 0.5밀리미터 미만

(2) 중간정도의 박리 - 0.5밀리미터 이상 1.0밀리미터 미만

(3) 심한박리 - 1.0밀리미터 이상 25.0밀리미터 미만

(4) 극심한 박리 - 25밀리미터 이상으로 조골재 손실

3) 층분리Delamination

층분리는 철근의 상부 또는 하부에서 콘크리트가 층을 이루며 분리되는 현상으로 철근의 부식에 의한 팽창이 주요 원인. 이러한 부식은 주로 염화물이온(소금, 염화칼슘)에 의하여 발생됨

4) 박락Spalling

박락은 콘크리트의 균열을 따라 원형으로 떨어져 나가는 층분리 현상의 진전된 현상

(1) 소형박락 - 깊이 25밀리미터 미만 또는 직경 150밀리미터 미만

(2) 대형박락 - 깊이 25밀리미터 이상 또는 직경 150밀리미터 이상

5) 백태Efflorescence

백태는 콘크리트 내부의 수분에 의하여 염성분이 콘크리트 표면에 고형화된 현상으로서 콘크리트 노후화의 증거임

6) 충돌·손상

트럭, 탈선열차 또는 선박의 충돌로 인하여 콘크리트구조물이 손상을 입을 수 있으며, 특히 프리스트레스트 콘크리트보의 경우 충돌·손상에 유의할 것

7) 누수

배수공과 시공이음의 결함, 균열 등으로 발생된 누수에 대하여 그 상태를 조사할 것

8) 동해Pop Out

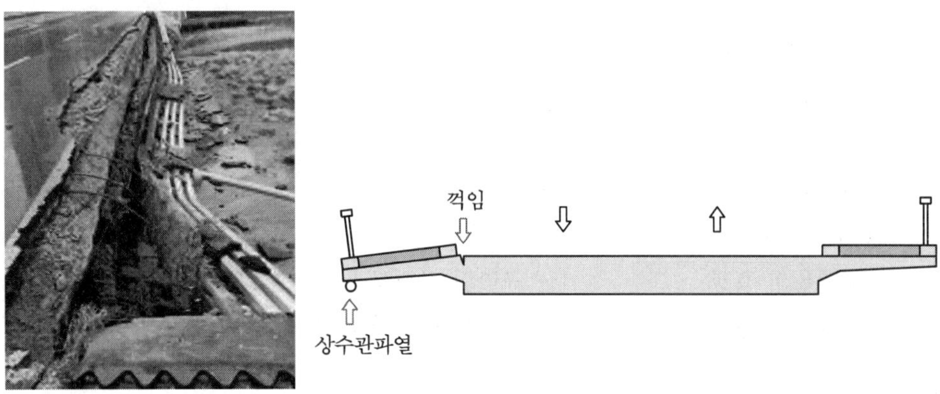

그림 6.4.2. 정자교 붕괴

콘크리트 구조물 균열 06-21

1. 콘크리트 구조물의 균열 분류

1) 균열[10]의 종류

(1) 재료적인 원인에 의한 균열

가. 소성수축	나. 소성침하	다. 수화열
라. 건조수축	마. 탄화수축변형	바. Creep
사. 알칼리-골재반응	아. 온도	자. 철근의 부식

10) 콘크리트 구조물의 균열 분류
(1) 구조적인 균열Structural Crack
(2) 비구조적인 균열Nonstructural Crack

차. 동결융해

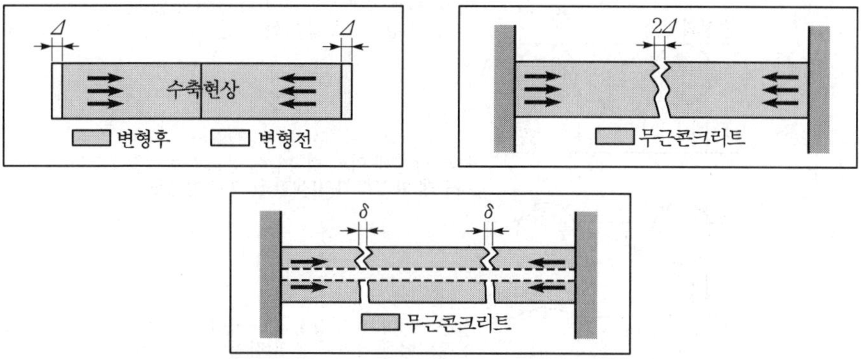

그림 6.4.3. 건조수축으로 인한 균열 발생 과정

(2) 시공원인에 의한 균열

가. 콘크리트 타설 속도
나. 거푸집 변형
다. 진동 또는 충격
라. Cold Joint
마. 철근의 피복두께 부족
바. Slab 상단 철근처짐
사. 매스콘크리트 수화열로 인한 온도 응력

(3) 구조(하중) 원인에 의한 균열

가. 시공하중
나. 사용하중
다. 내력부족에 의한 균열

(4) 환경적 원인에 의한 균열

가. 탄산화(중성화)
나. 염해
다. 알칼리-실리카 반응
라. 동해
마. 화학적 부식
바. 피로
사. 풍화, 노화
아. 화재

2) 콘크리트 균열제어

(1) 설정 배경

가. 외관에 의한 심리적 측면
나. 수밀성에 대한 측면
다. 내구성에 대한 측면
라. 불확실성에 대한 검증 측면

(2) 규정 내용 및 방법

가. 구조물이 노출되어 있는 환경에 대한 구분
나. 균열을 발생시키는 사용하중의 정의
다. 철근의 표면형태 또는 부식 민감도 구분
라. 균열폭 또는 간격을 산정하는 방법
마. 한계(허용)균열폭의 설정

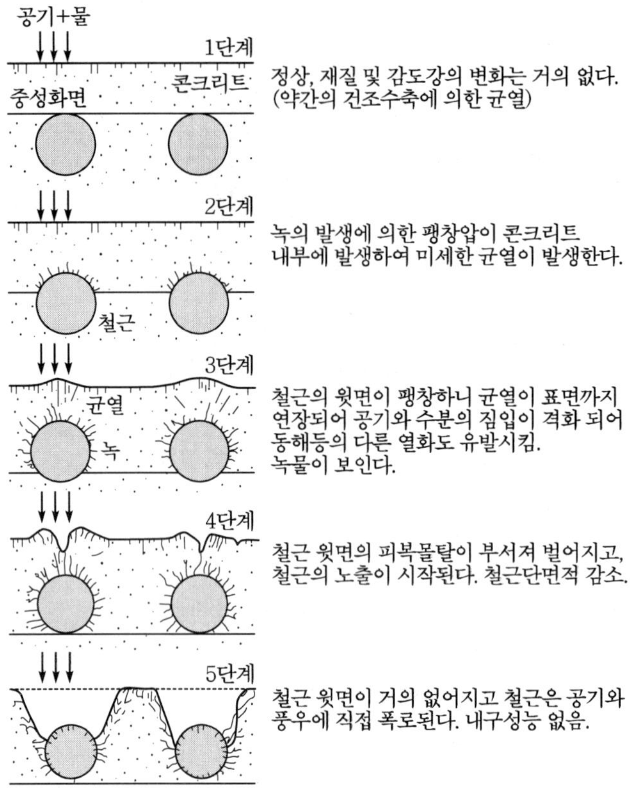

그림 6.4.4. 콘크리트 중성화와 철근 부식

2. 균열에 대한 검토

구분	균열검토
콘크리트 구조기준	• $s = 375\left(\frac{210}{f_s}\right) - 2.5c_c$ or $s = 300\left(\frac{210}{f_s}\right)$중에서 작은값 적용 f_s = 사용하중 상태의 인장연단에서 가장 가까이에 위치한 철근의 응력으로 사용하중 휨모멘트에 대한 해석으로 결정하여야 하지만, 근사값으로 $f_s = \frac{2}{3} \cdot f_y$를 사용할수 있다. C_c = 인장철근이나 긴장재의 표면과 콘크리트 표면사이의 최소두께

1) 특별히 수밀성이 요구되는 구조는 적절한 방법으로 균열에 대한 검토를 할 것. 이 경우, 소요 수밀성을 갖도록 하기 위한 허용균열폭을 설정하여 검토할 수 있다.
2) 미관이 중요한 구조는 미관상의 허용균열폭을 설정하여 균열을 검토할 수 있다.
3) 하중에 의한 균열을 제어하기 위해 필요한 철근 외에도 필요에 따라 온도변화, 건조수축 등에 의한 균열을 제어하기 위한 추가적인 보강철근을 콘크리트 구조설계기준에 따라 배치할 것. 그리고 균열제어를 위한 철근을 필요로 하는 부재 단면의 주변에 분산시켜야 하고, 이 경우 철근의 지름과 간격을 가능한 한 작게 할 것

2. 균열형태 및 저감대책

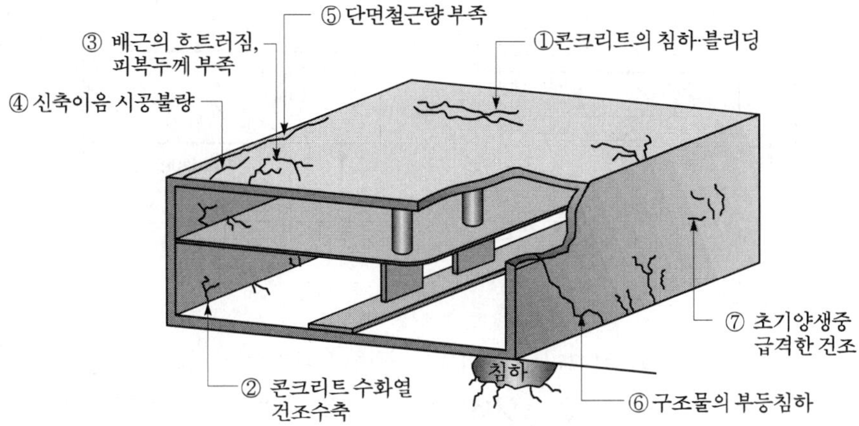

그림 6.4.5. 콘크리트 균열

① 콘크리트의 침하 · 블리딩	② 콘크리트 수화열 건조수축	③ 배근 및 피복두께	④ 신축이음 시공불량
• 단위수량 저감 • 적절한 AE감수제 적용 • 단위수량 저감 • 타설시 충분한 다짐	• 시공이음의 적절한 배치 • 균열유발줄눈의 설치 • 저발열 시멘트 적용 • 단위 시멘트량 감소	• 단단한 철근의 결속 • 거푸집의 변형방지 • 내구성 확보 개념으로 피복두께증가	• 숙련된 기술자에 의한 신축 이음 시공 • 철저한 현장품질관리
⑤ 단면철근량 부족	⑥ 구조물의 부등침하	⑦ 초기양생중 급격한 건조	
• 불리한 재하조건 검토 • 추가단면력 증가에 대한 검토 • 현장여건에 따른 하중고려	• 부등침하에 대한 단면보강 • 적절한 지반보강공법 선정 • 종방향해석, 배력철근보강	• 충분한 습윤양생 • 적절한 온도 양생 관리 • 내부팽창에 의한 온도하강방지	

3. 보의 작용하중과 균열 형상

1) 보의 균열 형상

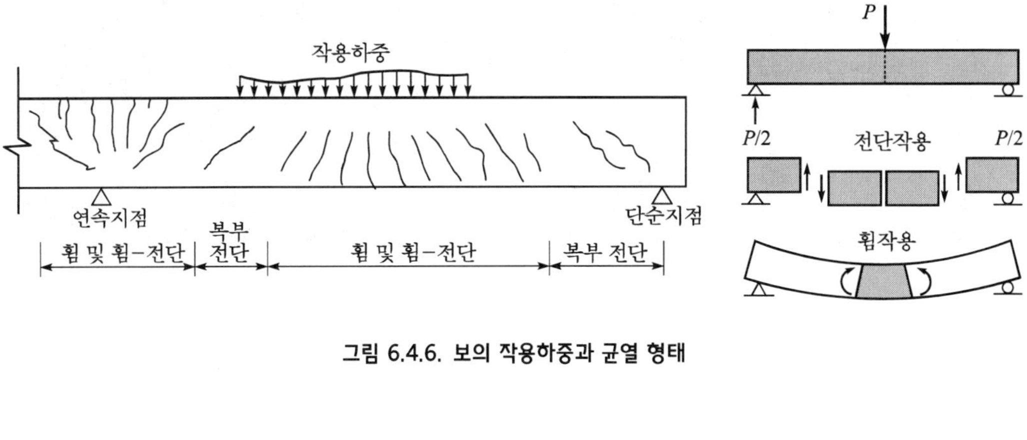

그림 6.4.6. 보의 작용하중과 균열 형태

2) 전단균열의 형태

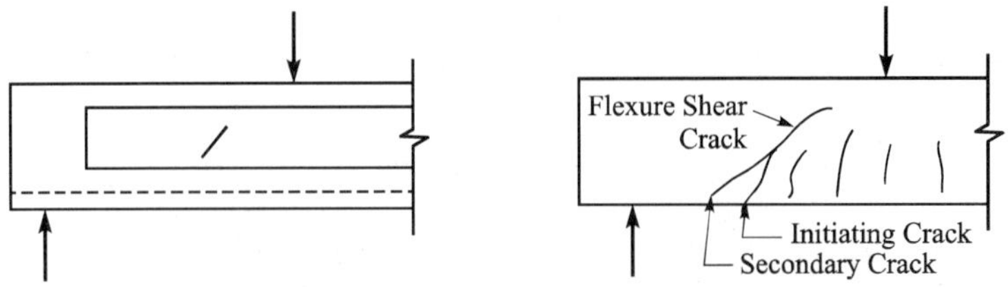

그림 6.4.7. 전단균열(복부전단균열, 휨전단균열]

4. 아치거동Arch Action

전체 전단경간에 걸쳐 철근과 콘크리트 사이의 부착력이 완전히 손상되었다면 인장력은 일정하게 된다. 이러한 상태에서 압축은 음영부분의 콘크리트가 받고 인장은 종방향 철근(인장철근)이 받는데 이런 상태를 아치거동이라 한다.

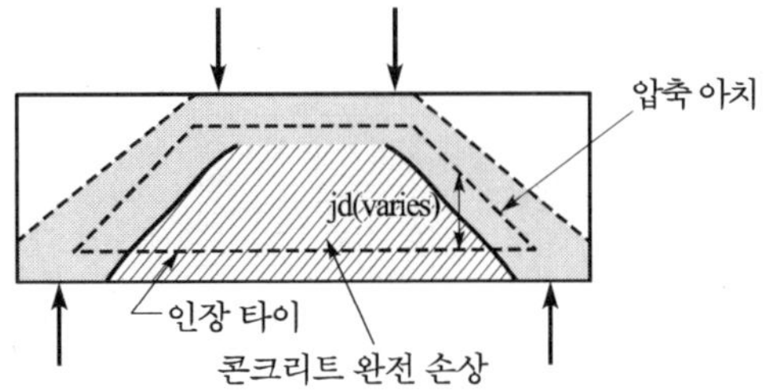

그림 6.4.8. 아치작용

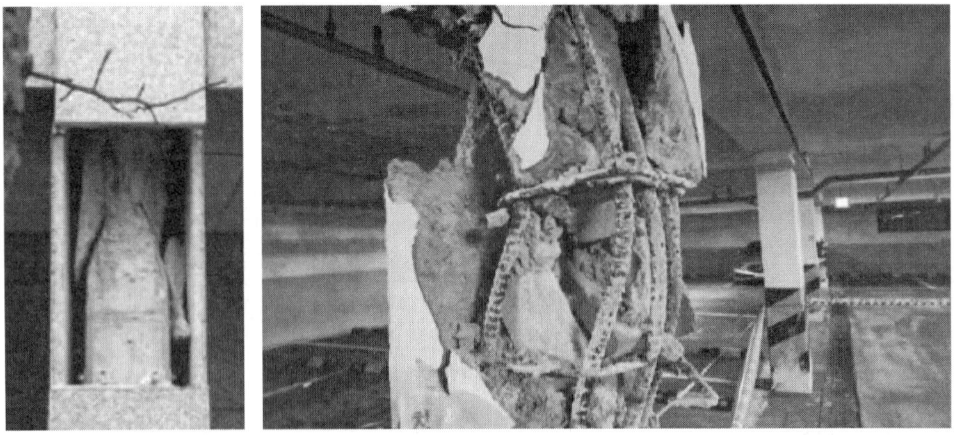

그림 6.4.9. 아파트 기둥 파손

매스콘크리트 06-22

1. 매스콘크리트의 정의[KCS 14 20 42 : 2022]

1) 부재단면의 최소치수가 크고 또한 시멘트 수화열에 의한 온도상승으로 균열이 발생할 우려가 있는 부분의 콘크리트
2) 넓이가 넓은 평판 구조의 경우 80센티미터 이상, 하단이 구속된 벽체 두께 50센티미터 이상

2. 매스콘크리트의 수화열

1) 콘크리트 구조물의 고도화 추세에 따라 대량·급속시공이 증가하고 있다.
2) 단위 시멘트량의 증가로 수화열에 의한 온도균열은 무시할 수 없는 설계조건이 되었다.
3) 온도균열제어는 설계 및 시공 때 구조적인 안정은 물론 내구성을 확보하는 과정에서 매우 중요한 과제로 부각되고 있다.

3. 수화열에 의한 균열발생 메커니즘

1) 내부구속에 의한 균열
   콘크리트 타설 후 재령 초기에 콘크리트 부재의 표면부와 중심부의 온도차이로 발생하는 균열로써 내부구속에 의해 표면에 인장응력이 발생하며 표면균열의 형태로 나타난다.

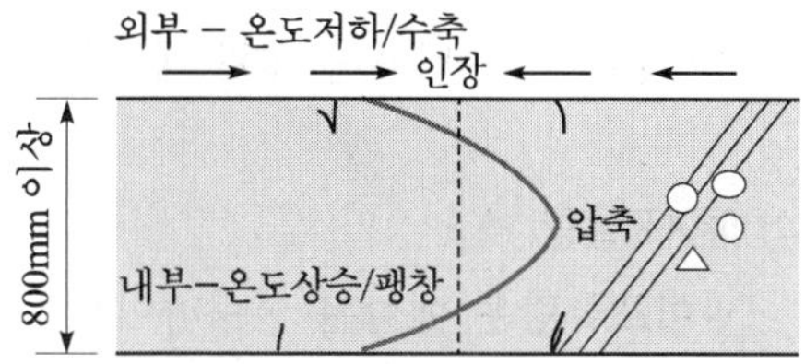

그림 6.4.10. 내부구속균열

2) 외부구속에 의한 균열
   콘크리트 타설 후 시멘트 수화열에 의한 온도상승은 2일 또는 3일에서 최고치에 달한다. 그 후 온도강하에 의한 수축이 외적으로 구속되어 발생 하는 균열로써 관통균열의 형태로 나타난다.

4. 수화열 저감 및 온도균열 제어 대책 및 장단점

일반적으로 콘크리트의 단열온도상승량은 단위시멘트량 10kg/m³에 대략 1도 정도 증감되는 것으로 알려져 있다. 따라서 중용열시멘트, 고로시멘트 및 플라이애쉬시멘트 등의 저발열시멘트를 사용하면 단열온도 상승을 효과적으로 저감시킬 수 있다.

1) 저발열시멘트
   (1) 별도의 시설장치 없이 1회에 타설하므로 시공속도가 빠르다.
   (2) 품질관리가 어렵다

(3) 콘크리트의 배합이 변경되므로 별도의 품질시험 및 장기적인 내구성에 대한 검증이 필요하다.

2) 분할타설 콘크리트의 1회 치기 높이[Lift]를 결정하는 문제로서 구조체의 방열조건, 구속조건 및 플랜트 용량에 따라 결정된다. 이를 위해서는 1회[Lift] 타설 시 발생되는 수화열을 파악하기 위한 온도해석이 요구되어진다.

(1) 별도의 시설 없이 타설만으로 조절이 가능하므로 시공이 간편하다.
(2) 타설 온도를 조절하기 위한 배합수의 관리가 어렵다.
(3) 계측을 통해 타설고를 결정해야 하므로 외부환경에 영향이 크다.
(4) 시공이음부의 정밀한 시공관리가 요구되며, 이음부의 하자발생 가능성이 있다.

3) 프리쿨링[Pre-Cooling]

프리쿨링이란 물, 골재, 시멘트 등의 재료를 미리 냉각시켜, 배합하는 방법으로서 콘크 리트의 단열온도 상승량을 1도 낮추기 위해서 골재는 2도, 물은 4도, 시멘트는 8도를 낮추어야 한다. 이 밖에도 혼합수 대신 얇은 얼음을 섞어 온도를 낮추는 Flake Ice공법, 배합재료를 액화가스로 냉각시키는 방법 등이 있다.

(1) 계절에 따라 재료의 온도가 달라지므로 관리가 어렵다.
(2) 냉각수 및 Flake Ice의 제조설비가 필요하지만 포스트쿨링에 비해 경제적이다.

4) 파이프쿨링[Pipe-Cooling]

파이프쿨링은 매설된 쿨링파이프에 냉각수를 순환시켜 콘크리트의 온도상승을 억제하는 방법으로써 일반적으로 콘크리트를 친 후 2일 혹은 3일 동안의 최고온도를 감소시킬 목적으로 실시한다. 통수기간은 수온, 파이프 간격, 외기온도 및 치기속도 등에 따라 다르지만, 콘크리트 내부온도를 20도 정도까지 냉각시키는 것을 목표로 2~4주간 실시하며, 냉각속도는 0.6도/day 정도로 하는 것이 보통이다.

(1) 파이프 설치, 유입수 저장시설, 수온조절장치 등 별도의 시설이 필요하다.
(2) 기시공사례 결과 저감효과가 분명하며, 계측 및 수온제어장치 등 품질관리가 중요하다.

5) Sheet 양생

(1) 별도의 시설 없이 양생시 구조체의 보온설비 만으로 한다.
(2) 타설콘크리트 배합변경이 없으므로 별도의 품질시험이 불필요하다.
(3) 계측을 통해 Sheet 도포시기를 결정해야 하므로 계측설비가 필요하다.

6) 기타

(1) 균열유발줄눈

온도균열의 발생위치를 유도하기 위하여 일정한 간격으로 균열유발줄눈을 설치하는 방법으로써 이는 중요부위의 균열발생을 방지할 뿐만 아니라, 균열발생 후에도 보수가 쉽기 때문에 벽체 구조물에서 널리 사용되고 있다. 그러나 구조상의 약점부가 되어 균열의 확대 및 내구성 저하의 원인이 될 수 있다.

(2) 콘크리트 치기 시간 간격

암반 등의 구속정도가 큰 것 위에 몇 층으로 나누어 콘 크리트를 쳐나갈 경우 치기시간 간격이 짧으면 방열되지 못한 열이 아직 남아 콘 크리트 전체의 온도가 높아지게 되므로 균열발생의 가능성이 커짐. 반대로 치기 간격이 길어지면 기존 콘크리트에 구속되어 온도변화에 대응하는 응력발생으로 균열이 발생하게 되며, 이는 유효탄성계수의 차이가 클수록 더욱 현저하게 나타난다.

콘크리트 중성화 06-23

1. 중성화

1) 중성화 정의

콘크리트는 고알칼리 성질을 가지고 있어 철근주위에 부동태 피막을 형성함으로서 철근을 부식환경으로부터 보호하고 있으나 이산화탄소, 산성비, 산성토양의 접촉 및 화재의 원인으로 콘크리트내의 pH12~13 정도의 강알칼리성이 pH8.5~10 이하로 낮아지는 현상을 콘크리트 중성화라 한다.

2) 문제점과 내구수명 예측

중성화 작용은 시간의 경과에 따라 진행되므로 억제할 수가 없고 구조물의 내구성과 안전성에 치명적인 손상을 초래할 수 있다. 중성화 깊이는 이즈미(和泉) 제안식($\sqrt{t}$ 법)에 따라 다음과 같이 계산할 수 있다.

$$C = A\sqrt{t}$$

C : 탄산화 깊이 A : 상수 t : 경과시간

(1) 상수 A 결정

가. 측정된 탄산화 깊이 $C=22.36$밀리미터

나. 공용기간 $t=20$년

다. $22.36 = A\sqrt{20}$ $\therefore A = 22.36/\sqrt{20} = 5.0$

(2) 내구수명 t 산정

가. 철근피복두께=40밀리미터

나. $40 = 5\sqrt{t}$ $\therefore t=64$년

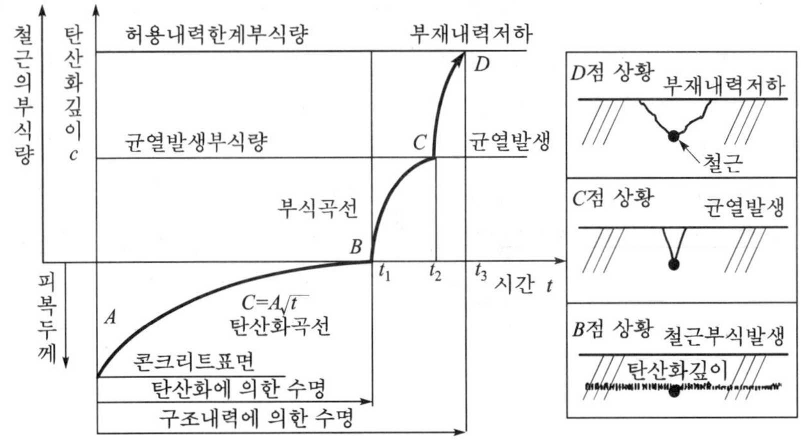

그림 6.4.11. 중성화 진행과정과 균열[$Ca(OH)_2$[알칼리성]$+CO_2$[산성]$\rightarrow CaCO_3$[중성]$+H_2O$]

2. 중성화시험법

1) 페놀프탈레인법

(1) 가장 일반적인 방법

(2) 사용용액 : 페놀프탈레인 1퍼센트 에탄올 용액(95퍼센트 에탄올 90밀리리터에 페놀프탈레인 분말 1그램을 녹여 증류수를 첨가하여 100밀리리터로 한 것)을 사용할 것

(3) 판정기준 : pH값이 9 이하에서는 무색, 이보다 높은 pH값에서는 진분홍색을 나타낸다.

(4) 중성화 깊이 : 콘크리트 표면으로부터 진분홍색 위치까지를 중성화 깊이로 한다.

2) 시차열 중량분석법

(1) 시차열 분석 : 온도변화에 의한 흡열과 발열 반응 조사

(2) 열중량 분석 : $Ca(OH)_2$와의 중량변화 측정

3) X선 회절법

(1) 결정구조를 분석하는 방법

(2) 결정에 X선 조사

3. 중성화에 의한 철근 부식

콘크리트 중성화가 진행되면 철근표면에 형성되어 있는 부동태의 피막이 파손되어 철근이 부식되기 쉬운 환경에 노출하게 된다. 철근부식은 체적팽창을 일으켜 콘크리트에 균열 및 탈락이 발생한다.

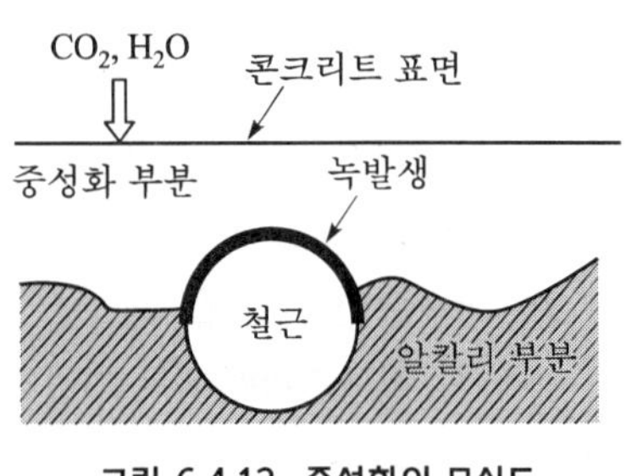

그림 6.4.12. 중성화의 모식도

그림 6.4.13. 강재의 부식 사례

4. 중성화 화학반응

흔히 콘크리트의 중성화는 수산화칼슘이 탄산화되는 것을 말하며 시멘트 경화체에서 알카리성이 저하하는 현상이다. 이를 화학반응식으로 나타내면 아래와 같다.

$$Ca(OH)_2 + H_2CO_3 \rightarrow CaCO_3 + 2H_2O$$

5. 중성화의 원인

1) 콘크리트의 탄산화
2) 산성비
3) 산성토양의 접촉
4) 화재

6. 중성화에 의한 피해

1) 구조물의 균열 발생
2) 콘크리트 강도 저하
3) 철근부식, 콘크리트와 철근의 부착력 저하,
4) 팽창압에 의한 피복콘크리트에 균열
5) 백태발생
6) 유리석회 발생

1. 알칼리 골재 반응

1) 개념

콘크리트의 일반적인 화학반응은 시멘트 알칼리 성분과 골재의 활성 실리카 성분으로 인해 발생한다.

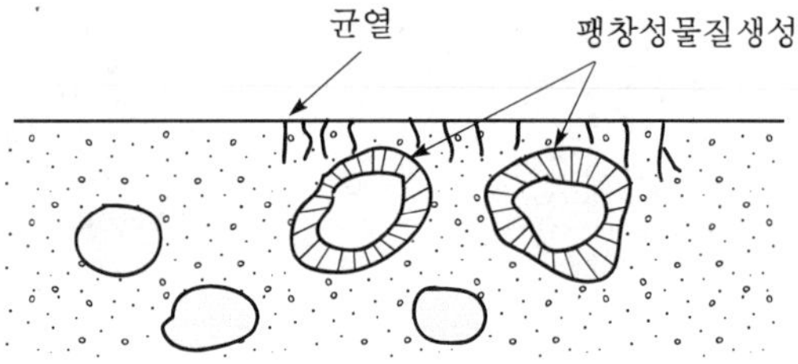

그림 6.4.14. 알칼리 골재 반응

2) 알칼리 골재 반응의 주요인

(1) 실리카 성질

(2) 실리카 양

(3) 재료 입자의 크기

3) 알칼리 골재 반응의 종류

(1) 알칼리–실리카 반응 (2) 알칼리–탄산염 반응 (3) 알칼리–실리게이트 반응

알칼리 골재 반응의 대부분은 알칼리실리카 반응의 경우임

4) 알칼리 골재 반응의 3가지 조건

(1) 골재 중의 반응 광물

(2) 시멘트 등에서 공급되는 일정량 이상의 알칼리량

(3) 반응을 촉진하는 수분

5) 알칼리 골재 반응의 측정법

(1) 화학법 (2) 모르터바법 (3) 콘크리트 공시체법

(4) 코어에 의한 시험 (5) 현미경에 의한 광물과 반응생성물의 동정 등

6) 알칼리 골재 반응에 대한 대책

(1) 사용한 실적이 없는 부순돌이나 자갈 등은 반응성 여부 조사

(2) 골재를 사용할 경우에는 전알칼리성을 0.6퍼센트 이하로 규제

(3) 균열은 주입 및 코팅 등에 의한 방수처리와 콘크리트 표면을 방수성의 마감재로 피복처리 할 것

2. 철근부식 가능성의 염화물 상태 평가 기준

1) 염화물≤0.3kg/m^3 염화물에 의한 부식이 발생할 우려가 없음

2) 0.3kg/m^3≤염화물≤1.2kg/m^3 염화물이 함유되어 있으나 부식발생 가능성이 낮음

3) 1.2kg/m³≤염화물≤2.5kg/m³ 향후 염화물에 의한 부식발생 가능성이 높음
4) 염화물≥2.5kg/m³ 철근부식 발생

콘크리트 염해 06-25

1. 염해

콘크리트 구조물의 염해는 콘크리트 속 **철근의 부식**과 해수의 화학적 반응에 의해 **콘크리트 성능저하**를 가져옴. 이는 염화물 이온의 확산에 기초하며 철근의 부식을 유발하고 구조물의 안전성과 내구성에 심각한 영향을 미칠 수도 있다.

2. 염해의 영향

1) 철근부식

철근 주변에 염화물이 존재하면 염소이온이 강재 피막의 부동태 피막을 파괴하고 그 결함 부분의 물로 국부전지를 만들어 철근의 부식반응이 진행됨. 철근부식으로 생긴 녹으로 체적이 팽창하고 철근을 따라 콘크리트에 균열이 발생한다.

$$Fe + 2Cl^- \rightarrow FeCl_2 + 2e^- \quad \text{수산화 제1철 생성과정}$$

$$FeCl_2 + 2H_2O \rightarrow Fe(OH)_2 + 2H^+ + 2Cl^- \quad \text{수산화 제2철 생성과정}$$

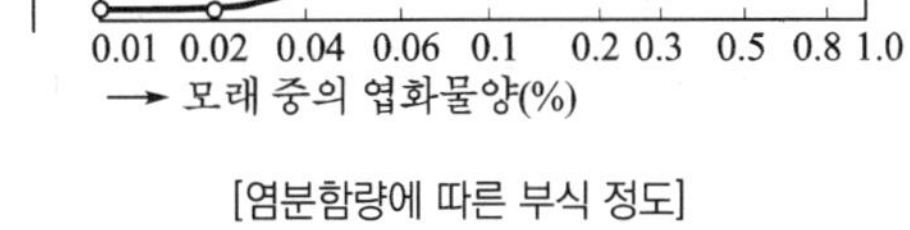

[염분함량에 따른 부식 정도]

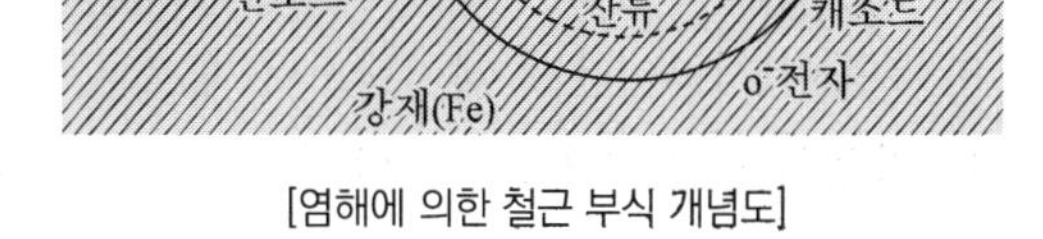

[염해에 의한 철근 부식 개념도]

그림 6.4.15. 염분량과 부식

2) 콘크리트의 화학적 침식

해수중에는 황산마그네슘, 중탄산암모늄 등의 함유로 콘크리트에 화학침식이 발생된다. 특히 황산염은 시멘트의 화학조성 성분중의 하나인 C_3A 수화물과 반응하여 에트링게이트를 생성하며 그 팽창압으로 콘크리트가 붕괴되기도 한다.

3. 염분의 침투경로

대부분이 미세정 바다모래를 사용함으로서 염분이 혼입되고 있으며 염분의 침투경로를 살펴보면 다음과 같다.

1) 깨끗이 세척하지 않은 바다모래의 사용
2) 경화촉진제로서 염화칼슘의 사용
3) 염화칼슘을 주체로 한 조강형 AE제 사용
4) 혼화수로서 해수 사용
5) 제설제로 염화칼슘 사용

4. 염화물 함유량의 규제

1) 잔골재 : 절대 건조중량의 0.04% 이하
2) 콘크리트 : 부식방지를 위해 0.3kgf/m^3 이하

5. 염해 감소대책

1) 재료선정시
   (1) 에폭시 철근 사용　　(2) 해사 사용할 때 제염대책 강구　　(3) 해수 사용 금지

2) 밀실 콘크리트 타설
   (1) W/C를 55퍼센트이하로 줄임
   (2) 단위수량을 줄이고 단위시멘트량을 증가시킬 것
   (3) 슬럼프를 8센티미터 이하로 할 것
   (4) S/a를 키울 것
   (5) 굵은골재 최대치수를 줄일 것
   (6) 양질의 감수제와 AE제를 사용할 것
   (7) 충분한 부재두께 및 피복두께를 확보할 것
   (8) 시공이음이 생기지 않도록 시공계획을 세울 것
   (9) 부득이 시공이음시 레이탄스나 재료분리 부분제거하고 지수판을 설치할 것
   10) 양생시 습윤양생을 실시할 것

3) 피복두께를 충분히 취해 균열폭을 작게 할 것

6. 보수보강 방법

1) 단면보수 및 표면 피복 확보
2) 전기방식
3) 피복두께 확보, 균열발생 방지

콘크리트 동해[팝아웃] 06-26.

1. 팝아웃

Pop-out 현상은 동해에 의한 Pop-Out과 염분에 의한 Pop-Out으로 구분할 수 있다. 이 현상은 흡수율이 높은 다공질 골재가 포화상태가 되어 빙결상태가 되면 팽창압이 발생 하게 되고 이 압력에 의해 콘크리트 표면 일부가 박락되는 현상을 말한다.

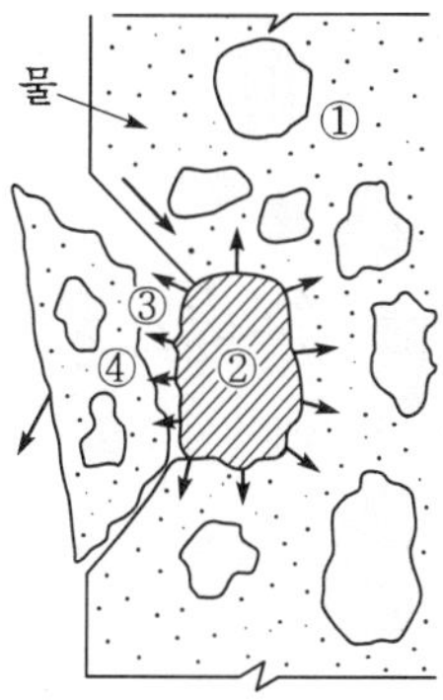

그림 6.4.16. 팝아웃 콘크리트 피복박락

2. 동해의 개요

콘크리트에 함유되어 있는 수분이 동결하면 수분이 동결하여 팽창함으로서 콘크리트의 파괴를 가져옴. Fresh Concrete가 초기에 동해를 입으면 강도, 내구성, 수밀성이 현저하게 저하되기 때문에 반드시 제거한 후 재 타설해야 한다.

3. 동해의 원인

1) 비중이 작은 골재사용
2) 초기동해 발생
3) 콘크리트가 수분 함유
4) 동결온도 지속

4. 동해의 대책

1) 재료선정시
   (1) 비중이 크고 강도가 높은 골재 사용
   (2) 다공질의 골재 사용금지
   (3) 혼화제(AE제) 사용

2) 배합

(1) W/C비는 가능한 낮게

(2) 단위수량은 필요범위 내에서 최소값 사용

3) 치기 및 다지기

(1) 골재분리 방지

(2) 진동다짐 및 다짐실시

(3) 양생시 : 동해방지 보온 및 급열 양생 실시

(4) 유지관리시 : 수분 접촉 억제 및 방수처리

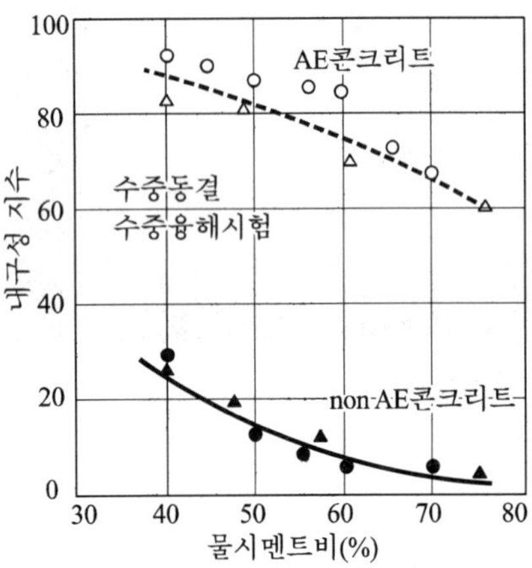

[공기량과 내구성 지수]

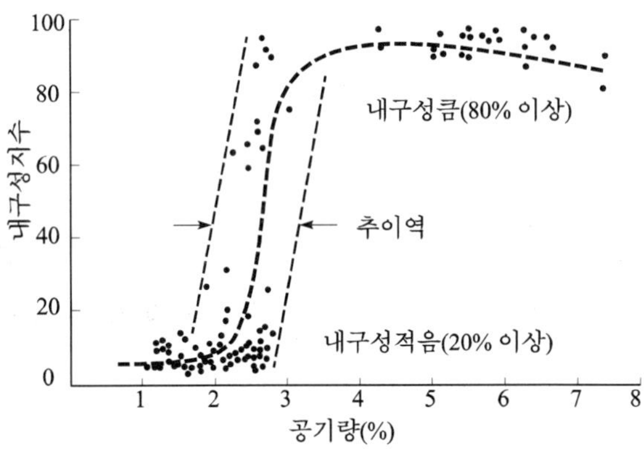

[W/C비와 동해]

그림 6.4.17. 공기량과 내구성, W/C비와 동해

콘크리트 화재 06-27

1. 화재

철근과 콘크리트는 구조재료 중에서 내구성이 좋은 재료에 속하지만 화재시 온도가 1000도 정도까지 올라가게 되면 **콘크리트와 강재의 재료특성에 변화**가 온다.

2. 화재의 피해

1) 콘크리트 강도와 탄성계수 변화

불연재료인 콘크리트는 가열하면 시멘트 경화물과 골재와는 다른 수축거동을 일으키며 열 응력에 의해 균열이 발생하게 된다. 시멘트 경화물과 골재의 열적변화는 콘크리트 강도 와

탄성계수 값의 저하를 가져온다. 변화의 정도는 배합, 재령, 가열 온도 등에 따라 다름. 일반적으로 500도 이상의 온도를 받으면 강도와 탄성계수가 저하하는 것으로 알려져 있다.

2) 변색

콘크리트가 열을 받으면 표면색이 변화하게 되는데 수열온도가 높아질수록 분홍색과 적색 단계를 거쳐 회색과 황갈색으로 변하게 된다.

3) 강재의 강성변화

강재의 온도가 증가함에 따라 강재의 강도는 감소하게 되며 강재의 탄성계수는 500도 이하에서는 선형적으로 완만하게 감소하고 500도 이상에서는 급격하게 감소하게 된다.

3. 화재 손상 파악을 위한 분석방법

1) 중성화 시험 분석

고열에 의한 시멘트의 화학변화를 이용하여 판단하는 방법으로 가장 일반적으로 적용된다. (페놀프탈렌용액)

2) 시차열 시험에 의한 분석

화재의 피해를 받지 않는 부위의 시료를 기준으로 피해를 본 부위의 손상 시료의 열분석 결과를 비교분석하는 방법이 시차열분석방법이다.

3) X-ray 회절 시험에 의한 분석

콘크리트 X-선 회절분석은 고온에 의하여 콘크리트 중의 시멘트 수화물의 변화를 정량적으로 추정하여 화재 온도와 온도의 작용시간을 추정하기 위하여 각 부위별 표면에서부터 깊이별로 미분말로 채취하여 X선 회절분석을 한다. 콘크리트의 반응 생성물을 정성적으로 분석하고 시멘트 수화물이 고온에 의하여 어떤 물질로 얼마나 변하였는지를 정량적으로 분석하여 콘크리트가 화재에 의해 받은 온도와 가열시간을 추정한다.

학습 Note **인화성 물질** Combustible substance

대기압(1기압)하에서 인화점이 65℃이하인 가연성 액체로서 인화점이 낮은 것은 상온 이하에서 불꽃이나 전기스파크 등에 의해 인화 연소하며, 인화점이 높은 물질도 인화점 이상으로 가열시키면 같은 위험성이 있는 물질을 말한다.

학습 Note 콘크리트 화재

1) 콘크리트가 열에 노출될 경우 시멘트의 종류, 골재의 암질, 배합, 함수율, 재령에 따라 콘크리트의 재료특성이 달라지며, 화해를 입은 콘크리트는 수열조건에 따라 매우 복잡한 양상을 보인다. 콘크리트가 고온에 노출되면 온도에 따라 성질이 크게 변하며, 시멘트 경화체가 열에 250~300℃에서는 Al_2O_3와 Fe_2O_3를 함유한 수화생성물이 탈수하고 수축하기 때문에 미세균열이 발생한다. 그리고 400~700℃가 되면 $Ca(OH)_2$도 탈수되어 CaO 변화되기 때문에, 수분이 공급되면 다시 팽창하여 붕괴된다. 고온에 노출된 콘크리트의 압축강도는 200℃ 초과시 강도가 현저하게 저하되어 500℃ 에서의 강도는 상온의 1/2 까지 저하되는 경우도 있다.

2) 내화설계의 목적은 화재 발생시 인명을 보호하고 피난 및 소방활동의 안전성을 확보하는 것이다. 또한 인접 건물의 화재확대 방지 및 구조적 안전성을 유지하고, 화재가 발생된 건물내의 구획기능을 확보하는 것이다

3) 내화 설계 규정

구분	관련규정	내용
국내	콘크리트 구조설계기준	• 내화에 필요한 피복두께는 화열의 온도, 지속시간, 사용골재 등을 고려하여 정하는 것으로 부재별로 피복두께를 설정함. 그러나 구체적인 설계방법은 제시하고 있지 않음
	내화구조의 인정 및 관리기준	• 건축물에 관한 규정으로 지하구조물에 대해서는 언급 없음 • 화열지속시간은 최대 3시간으로 규정
국외	NFPA220 (미국방재협회)	• 지하철 구조물에 대해 최소 3시간 내화성능을 확보하도록 규정
	ACI 216R-89	• 사용 골재의 종류, 화열지속시간에 따른 콘크리트의 심도별 발생온고, 콘크리트와 철근의 강도감소를 정량적으로 제시 • 구체적인 설계방법을 제시
	EUROCODE	• 철근 및 콘크리트의 재료특성, 발생온도에 따른 강도 및 변형을 산정 • 도표화된 계산방법 및 열전도 해석에 의한 진보된 해석모델 제시

4) 재료별 강도감소율

온도별 콘크리트의 강도 변화

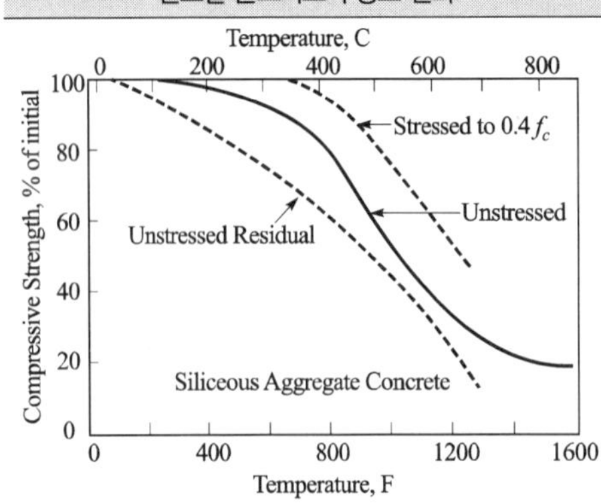

온도별 철근의 강도 변화

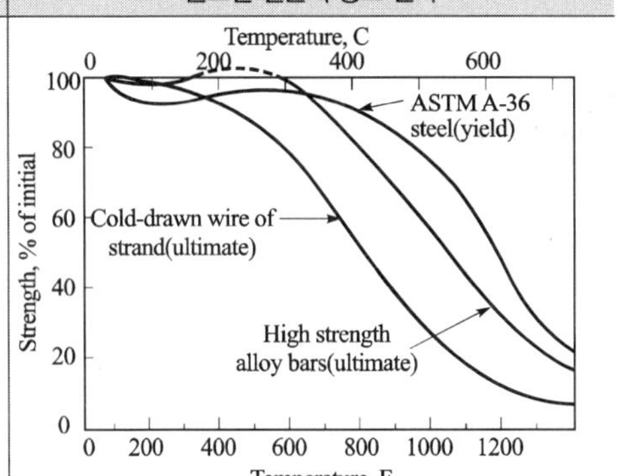

콘크리트 누수 06-28

1. 누수메커니즘

1) 누수는 물과 틈, 압력차가 공존할 때 발생한다.
2) 1가지 요인만 제거해도 누수는 발생을 억제할 수 있다.

2. 방수 공법별 특성

1) 모르타르 방수
시멘트모르타르에 방수재를 혼합하여 모르타르 자체에서 방수성을 발휘하게 하는 방법

2) 아스팔트 방수
가열 용융한 아스팔트를 Felt, Roofing 등과 교대로 적층하여 방수층 형성

3) 시트 방수
방수 시트를 접착제로 바탕에 붙여서 방수층 형성

4) 도막방수
주제와 경화제를 교반 혼합한 것을 도포해 방수층 형성. 뿜칠 공법도 가능하다.

콘크리트 비파괴검사 06-29

1. 비파괴검사

1) 콘크리트 구조물 비파괴 시험의 정의
(1) 콘크리트 구조물에 손상을 최소화하는 과정속에서 이미 시공이 완료된 구조물의 재료적인 특성을 조사하거나 측정하는 일련의 과정을 말하며, Non Destructive Test의 약자로 N.D.T라고도 한다.
(2) 콘크리트 구조물에 적용되고 있는 실용화된 방법으로는 콘크리트 강도조사, 결함조사, 내구성 조사, 철근배근조사, 철근부식도조사 등으로 구분할 수 있다.

2) 콘크리트 비파괴시험의 목적
(1) 신축 구조물
가. 설계도서와 신축 구조물 품질과의 일치성, 사용재료)의 적정성 여부 확인
나. 시공중 품질관리 측면 : 콘크리트 강도발현과 철근 배근 상태 확인

(2) 기존 구조물

가. 내하력(내력) 측면

(가) 구조부재의 열화, 성능저하 등 안전성 평가

(나) 보수 보강상태 확인

나. 내구성 측면

(가) 외관 상태 평가

(나) 내구수명 동안의 성능 변화 모니터링

3) 콘크리트 구조물 비파괴시험의 구분

(1) 콘크리트 조사

가. 강도조사 : 반발경도법, 초음파탐사법, 복합법 등

나. 결함조사 : 초음파 탐사법 등

다. 내구성조사 : 염분함량조사, 중성화(탄산화)조사 등

(2) 철근탐사 조사

가. 배근조사 : 초음파법, 전자파법 등

나. 부식조사 : 전기저항법, 자연전위법 등

4) 강재(철골)구조물 비파괴시험의 구분

(1) 재료조사

가. 부식상태조사 : 초음파두께측정법

나. 도막두께조사 : 도막두께측정법

다. 고력볼트 조임력 조사 : 토오크 측정법 등

(2) 용접부위조사

초음파법, 방사선투과법, 자기탐사법 등

2. 콘크리트 강도조사

1) 반발경도법

(1) 콘크리트 표면을 햄머로 타격한 반발경도와 압축강도와의 상관관계식을 적용하여 강도를 추정하는 방법

(2) 반발경도 변수 : 품질상태, 습윤상태, 재령, 타격방법, 온도 등

(3) 간편한 적용성, 우수한 사용성

(4) 설계기준강도와의 비교는 약점

(5) 추정 압축강도 제안식(일본건축학회)

$$F_c = (7.3R_o + 100) \times 0.098(MPa),\ \text{여기서 } R_o : \text{반발도 } R\text{의 평균값}$$

(6) 고강도콘크리트 반발경도에 의한 추정식(과학기술부)-30MPa 이상

$$F_c = (15.2R_o - 112.3) \times 0.1(MPa)$$, 여기서 R_o : 반발도 R의 평균값

(7) 재령일수에 따른 보정계수(일본건축학회 매뉴얼)

재령(일)	28	100	300	500	1000	3000
α	1.0	0.78	0.70	0.67	0.65	0.63

(8) 콘크리트 압축강도 추정

(추정) 강도(MPa)= $F_c \times \alpha$(재령보정계수), F_c(추정식에 이한 압축강도)

2) 초음파탐사법

(1) 콘크리트 내부에 초음파를 통과시킨후 발신자와 수신자 간의 거리와 도달시간을 이용하여 음속과 강도의 상관관계로 강도 및 결함을 추정하는 방법이다.

(2) 변수

가. 콘크리트의 재료 배합 입도분포 형태 및 양 : 골재, 시멘트 종류, 다짐정도, 양생조건과 재령 등

나. 측정부위의 상태 : 표면상태, 함수울, 균열, 공극, 철근량 등

다. 측정기기 및 측정 요령 : 적용주파수, 주변온도, 단자 접촉 요령 등

라. 신뢰도 저하, 측정자의 경험에 정확도가 좌우

마. 추정압축강도식(일본건축학회 제안식)

$$f_{cu} = 215V_p - 620(km/\sec)$$

바. 전파속도에 따른 판정 기준

(가) 4.5 이상 : 우수　　(나) 3.6~4.5 : 양호

(다) 3.0~3.6 : 보통　　(라) 2.1~3.0 : 불량

3) 복합법

(1) 콘크리트 압축강도 추정의 신뢰성을 높이기 위하여 두가지 이상의 비파괴시험법을 조합하는 방법을 말하며, 일반적으로 반발경도법과 초음파측정법을 조합하는 경우가 일반적이다.

(2) 적용가능한 추정압축강도 범위

$$100kgf/cm^2 \sim 600kgf/cm^2$$

(3) 추정압축강도식(일본건축학회 제안식)

$$f_{cu} = 8.2R_o + 269V_p - 1,094(kgf/cm^2)$$

3. 콘크리트 중성화 시험법

1) 페놀프탈레인법

(1) 가장 일반적인 방법

(2) 사용용액 : 페놀프탈레인 1퍼센트 에탄올 용액(95퍼센트 에탄올 90mL에 페놀프탈레인 분말 1g 을 녹여 증류수를 첨가하여 100mL로 한 것)

(3) 판정기준 : 알칼리-자주색, 중성화(pH8~10)-무색

(4) 중성화 깊이 : 콘크리트 표면으로부터 자주색 위치까지

(5) 중성화(탄산화) 상태평가 기준

기준	탄산화 잔여기준	철근부식 가능성
a	30mm 이상	탄산화에 의한 부식발생 우려 없음
b	10mm 이상 ~ 30mm 미만	향후 탄산화에 의한 부식발생 가능성 있음
c	0mm 이상 ~ 10mm 미만	탄산화에 의한 부식 발생 가능성 높음
d	0mm	철근부식 발생
e	–	–

* 탄산화 깊이에 대한 평가는 철근으로부터 탄산화의 남은 깊이를 지표로 하여 탄산화에 의한 강재부식 가능성을 나타낸 것으로 탄산화에 의한 단독 열화에 대하여 적용한다.

* 철근의 피복은 조사 위치에서 실측치를 기준으로 한다.

2) 시차열 중량분석법

(1) 시차열 분석 : 온도변화에 의한 흡열과 발열 반응 조사

(2) 열중량 분석 : $Ca(OH)_2$와 $CaCO_3$의 중량변화 측정

3) X선 회절법

(1) 결정구조를 분석하는 방법 (2) 결정에 X선 조사

4. 철근부식조사[한국구조물진단공학, 2006]

1) 철근부식환경조사

(1) 육안조사 (2) 철근배근상태조사 (3) 중성화 깊이

(4) 염분함량 조사 (5) 균열 조사 등

2) 전기화학적 비파괴시험방법

종류	내용
자연전위법	철근의 자연전위를 측정하여 그 부식 상황을 추정
분극저항법	미약한 전류를 흘려 그 분극저항에서 측정시 철근의 부식속도를 추정
전기저항법	콘크리트의 저항율을 측정하여 철근의 부식상화을 측정
표면전위차법	콘크리트 표면의 상대적 전위차를 측정하여 그 전위경사로부터 부식을 추정

5. 반발경도법에 의한 비파괴시험법

1) 종류

(1) 낙하식 햄머법

(2) 스프링식 햄머법

(3) 회전식 햄머법

(4) 슈미트 햄머법 :

가. 가장 널리 사용되고 있음

나. 시험방법이 간편함

다. 국제적으로 표준화된 이점이 있음

라. 압축강도 범위 : $10 \sim 60MPa$, 굵은 골재 40밀리미터 이하

마. 콘크리트 구조체 내부 강도를 명확히 측정학 곤란함

2) 이용범위

(1) 콘크리트 재령에 따른 강도증진을 확인하고 싶은 경우

(2) 코어채취에 의한 강도시험이 곤란한 경우

(3) 콘크리트의 강도분포 등 많은 개소에서의 강도추정이 필요한 경우

(4) 상세 조사를 실시하기 전의 예비시험

3) 측정방법

(1) 측정개소의 선정

가. 두께 10센티미터 이하의 판재, 1변이 15센티미터 이하인 단면의 기둥·보, 작은 치수의 부재에서 지간이 긴 것 등은 피함

나. 측정면은 균질하고 평활한 평면부 선정

(2) 반발경도 측정방법

가. 측정 대상면이 도장되어 있는 경우는 이것을 제거하여 콘크리트 면을 노출시킴. 콘크리트면은 숫돌로 평활하게 갈고 기타 부착물을 제거한 후에 측정한다. 또한, 측정면 내에 있는 공극 및 노출된 자갈 등이 있는 부분 등은 측정점에서 제외할 것

나. 타격은 수직면에 직각으로 실시하고 서서히 힘을 가해 타격할 것

다. 측정점은 측정부위의 측정에 대해 모서리로부터 3센티미터 이상 떨어지고 측정점 사이의 간격을 3cm 이상으로 하여 총 20점 이상 측정할 것

라. 일반적으로 습한 상태의 콘크리트 면을 측정한 값은 건조한 상태의 경우보다 반발경도 R값이 2~5 정도 혹은 20퍼센트 정도 작게 나타나므로 강도추정시 이에 대한 적절한 고려가 필요함

마. 특히, 반향이나 파인 곳 등 분명히 이상하다고 확인되는 개소의 값 또는 그 오차가

평균값의 약 20퍼센트 이상이 되는 경우는 그 측정치를 버리고 이것에 대신하는 측정값을 보충하여 평균값을 구할 것

(3) 결과분석방법(강도추정)

가. 타격방향에 대한 보정

반발경도 R	보정치 ΔR			
	+90°	+45°	−45°	−90°
10	−	−	+2.4	+3.2
20	−5.4	−3.5	+2.5	+3.4
30	−4.7	−3.1	+2.3	+3.1
40	−3.9	−2.6	+2.0	+2.7
50	−3.1	−2.1	+1.6	+2.2
60	−2.3	−1.6	+1.3	+1.7

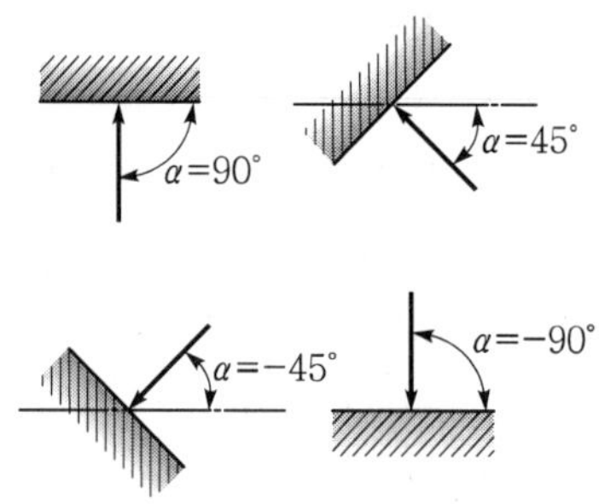

나. 재령에 따른 보정

재령(일)	10	20	28	50	100	150	200	300	500	1,000	3,000
α	1.55	1.12	1.00	0.87	0.78	0.74	0.72	0.70	0.67	0.65	0.63

4) 반발시험경도에 영향을 미치는 인자

(1) 반발경도에 영향을 미치는 영향인자

가. 콘크리트 및 반발경도 측정기의 온도

나. 콘크리트 표면의 함수 상태

다. 콘크리트 탄상화(중성화)정도 : 약50퍼센트 정도 높게 나타날 수 있음

라. 측정시 타격 각도

마. 반발 경도기의 종류

(2) 시험결과의 편차 요인

가. 시험결과 편차의 요인과 표준편차

나. 콘크리트의 재료와 조합의 관계(시멘트 골재 등)

다. 측정대상면의 상태(콘크리트 표면 상태, 측정높이, 구속력 등)

라. 콘크리트의 재령

마. 비파괴강도 추정 제안식의 이용

영향인자		현상
재료	시멘트	많아질수록 반발도가 저하됨
	보통골재	큰 영향 없음
	인공골재	보통골재보다 반발도가 약간 저하됨
양생	습윤양생	건조양생보다 약간 저하됨

영향인자		현상
타격면	거친경우	평평하고 연마한 경우보다 저하됨
	목재거푸집사용	철재거푸집보다 저하됨
대상두께	10cm 이하	급격하게 저하됨
타격위치	모서리 부분	강성의 증가로 반발도가 증가됨
	기둥	위치에 따라 반발도가 다름
노후화	중성화(탄산화)	반발도가 증가됨
온도	표면의 빙결	반발도가 증가됨

학습 Note 무량판 구조 슬래브의 전단보강 철근배근

1) (뚫림전단) 슬래브의 넓은 면적에 의한 하중이 기둥으로 집중되어 기둥 주위 뚫림 현상 발생
⇒ 상부에서 누르는 힘이 슬래브의 부재력보다 큰 경우 보강철근이 필요함

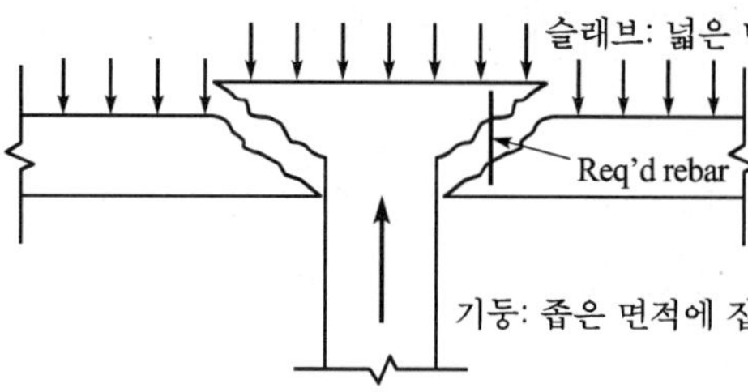

2) (슬래브 안전성 검토) 슬래브 보강재 설치 여부 판단 기준
V_u = 외부 하중에 의해 기둥 주변(위험단면)에서 발생한 전단력
ϕV_c = 슬래브 부재력(콘크리트 전단강도, ϕ는 안전율)
① $V_u \leqq \phi V_c$ → 슬래브는 구조적으로 안전(보강재 설치 불필요)
② $V_u > \phi V_c$ → 슬래브는 구조적으로 불안전(보강재 설치 필요)

3) (슬래브 부재력 보강) 보강철근(철물)을 슬래브 내부에 설치하여 부재력 향상
V_n(부재력) = V_c(콘크리트 전단강도) + V_s(보강철근 인장력)
⇒ V_u(외부힘) < ϕV_n(슬래브 부재력)

4) (철근배근조사) 구조계산서의 결과에 따라 수행여부 판단 가능
① $V_u \leqq \phi V_c$ → 철근배근 조사 불필요
② $V_u > \phi V_c$ → 철근배근 조사 필요

1. 콘크리트 구조물의 보수보강 방법

1) 표면처리공법

표면 처리공법은 미세한 균열(균열폭 0.2밀리미터 이하)위에 도막을 형성하여, 방수성, 내구성을 향상시킬 목적으로 사용하며, 균열부분만을 피복하는 방법과 전면을 피복하는 방법이 있다.

(1) 에폭시 수지모르터 도포공법

(2) 에폭시 수지 실링공법

2) 주입공법

주입공법은 균열에 수지계 또는 시멘트계의 재료를 주입하여 방수성, 내구성을 향상시키는 공법으로, 마감재가 콘크리트 모체로부터 들떠 있는 경우에도 적용할 수 있다.

3) 충전공법

충전공법은 균열의 폭이 0.5밀리미터 이상으로 비교적 큰 경우의 보수에 적합한 공법으로, 균열을 따라 모르터 마감 또는 콘크리트를 절단하여, 그 부분에 보수재를 충전하는 방법이다.

4) 기타공법

콘크리트에 발생된 균열에 대한 기타 보수공법으로는 핀그라우트공법, 침투성 방수제 도포공법, 콘크리트 안의 염화물이나 반응성 골재에 의한 균열의 보수, 드라이패킹 등이 있다.

그림 6.4.18. 균열 보수

2. 콘크리트 보수보강방법[교량]

구분	공법	개요	보수·보강 단면
보수공법	표면처리 공법	미세한 균열(일반적으로 폭2.0밀리미터 이하)위에 도막을 구성하여 방수성 및 내구성을 향상시킬 목적으로 행하는 공법으로 균열내부의 처치를 할 수 없고 균열이 활성화 시에는 균열움직임에 따르기 어려운 결점이 있다.	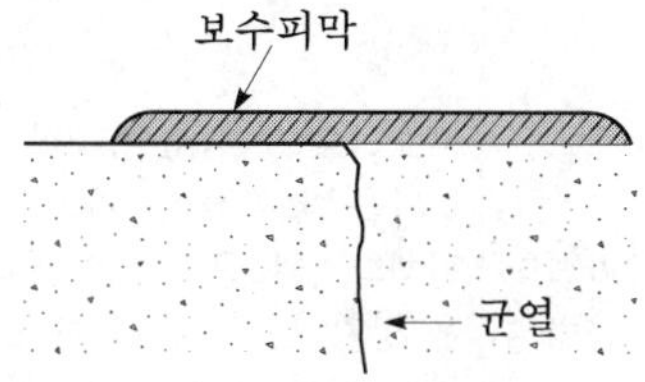
	주입 공법	균열부분에 에폭시계수지 및 시멘트계 재료를 주입하여 콘크리트를 일체화 시키고 콘크리트의 수밀성을 크게하며 콘크리트 및 철근의 열화와 부식을 방지하는 공법	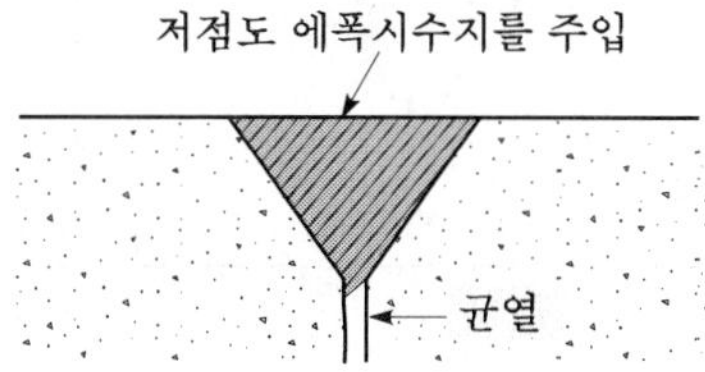
	충전 공법	0.5밀리미터 이상의 비교적 큰폭의균열보수에 적당한 것으로 균열을 따라 콘크리트를 CUT하고 그 부분에 보수재를 충전하는 공법. 이 공법은 철근이 부식되지 않는 경우와 철근이 부식된 경우 2가지 보수방법이 있다.	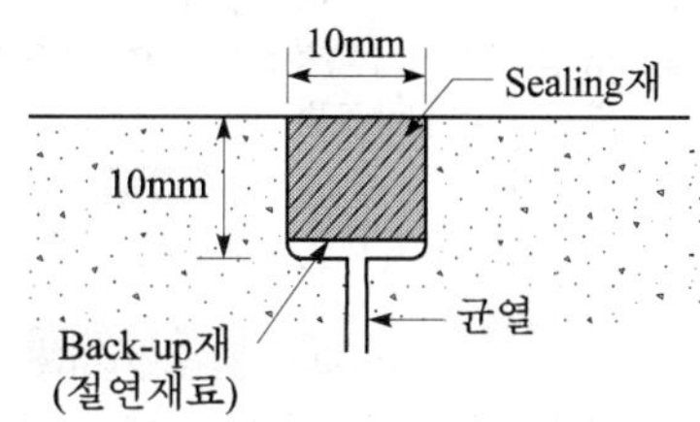
	교면방수 공법	바닥판 콘크리트상면에 방수를 함으로써 콘크리트 열화방지, 철근부식방지를 목적으로 하는 공법으로 다른 공법과 병용하여 사용하는 경우가 많다.	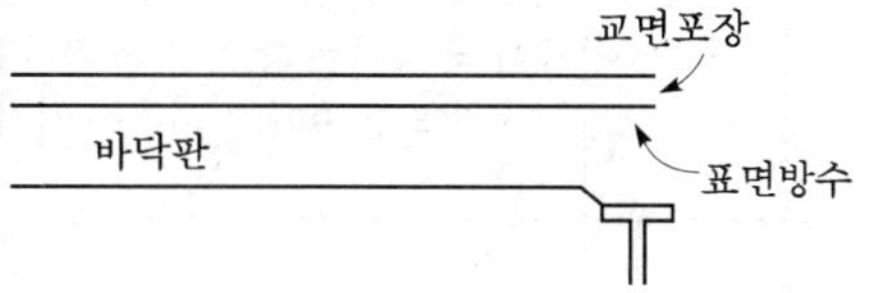
	퍼티 공법	콘크리트 표면의 박리 및 탈락 등의 결함이 생긴 경우에 그 결함 주변을 내부의 건전한 콘크리트와 같은 정도의 강도가 얻어지는 부분까지 깨어내고 퍼티용 에폭시수지나 레진콘크리는, 초속경 시멘트, 초속강시멘트 등으로 내부 콘크리트 열화를 방지할 목적으로 실시하는 공법	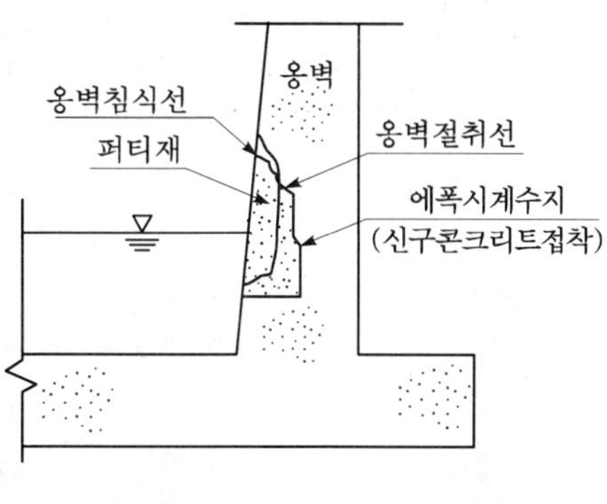

구분	공법	개요	보수보강 단면
보강공법	강판접착 공법	콘크리트 상판(SLAB)면, 보 또는 기둥면에 강판을 접착하여 기존 콘크리트구조물과 일체화시켜 콘크리트 열화와 철근의 부식을 방지함은 물론 활하중에 대한 내하력을 증가 시키는 공법으로 주입법과 압착법 2가지 종류가 있다.	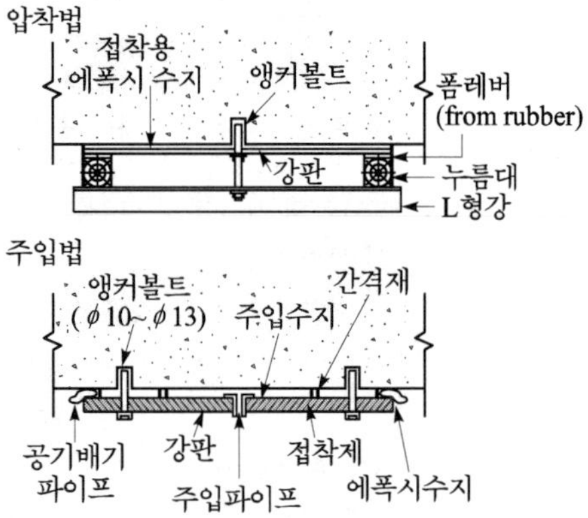
	FRP 접착공법	열화된 기존의 콘크리트표면에 유리섬유를 에폭시수지로 함침하면서 접착시켜 강인한 FRP층을 형성케 하며 콘크리트 표면을 보강하는 공법	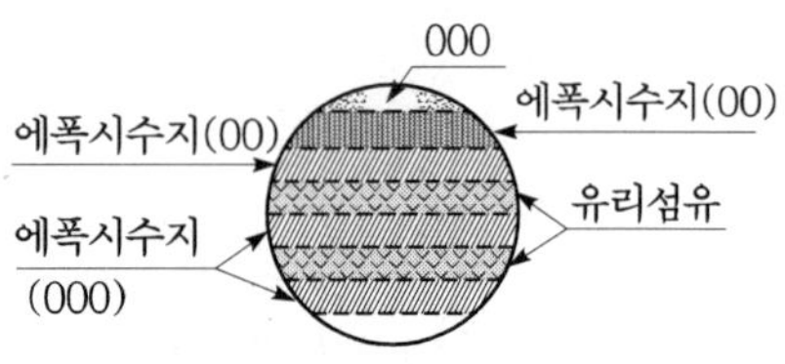
	종형증설 및 횡형보강 공법	기존바닥판의 거더 사이에 1~2개의 종형을 증설하여 바닥판의 지간을 줄여줌으로써 윤하중에의한 모멘트를 경감시키거나 횡형에 대한 보강을 해줌으로써 직접적인 내하력 증가는 없지만 교량전체 격자구조로써의 보강 효과를 꾀하는 간접 보강공법	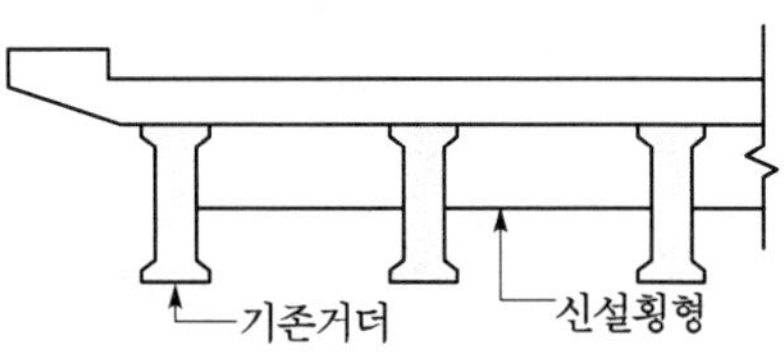
	모르터 뿜질공법	상판의 인장 콘크리트면에 철근을 설치하고 여기에 모르터를 뿜질하여 기존바닥판과 일체화 시키는 것으로 바닥판의 두께를 두껍게 하고 인장철근량을 증가시킴으로써 바닥판의 내력의 증가를 꾀하는 공법	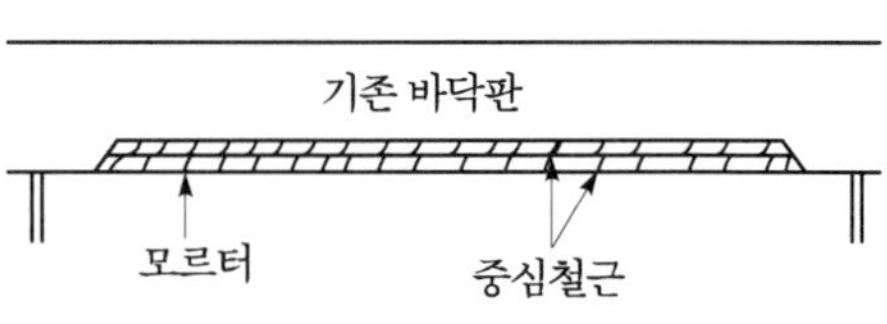
	빔 또는 기둥 증설공법	기존구조물 사이에 빔이나 기둥을 설치하여 지간을 줄여줌으로써 내하력을 크게하는 공법	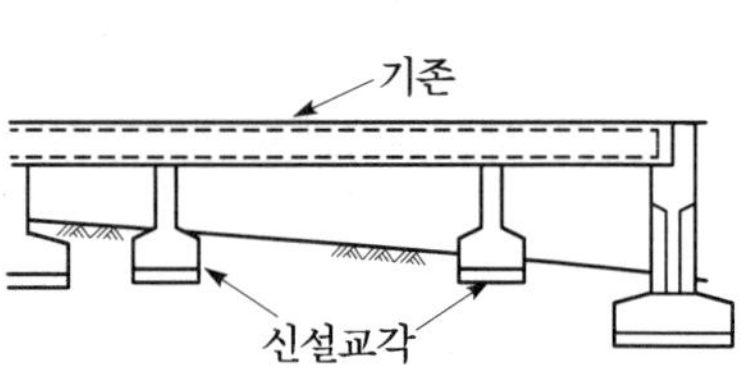

콘크리트 내구성 설계 06-31

1. 콘크리트 내구성 설계 흐름

내구성 설계개념도	내구성 설계 흐름도
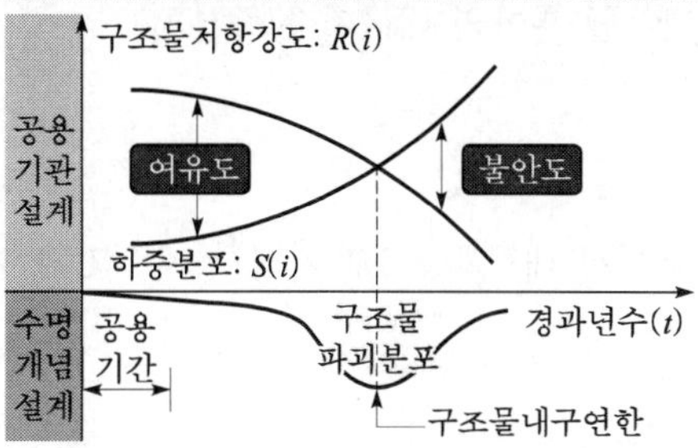	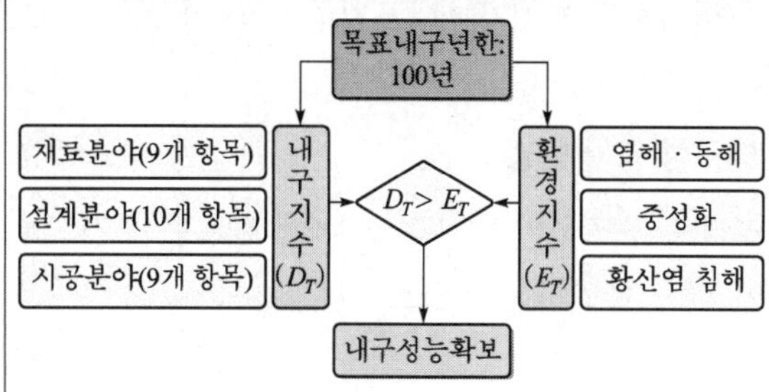

2. 환경지수(ET)의 산정

환경지수(ET)란 구조물이 놓여있는 환경조건 및 요구되는 Maintenance Free(유지보수가 필요 없는) 기간을 고려하여 정하는 지수로써 표준환경지수와(Es) 환경지수 증분치($\Sigma \Delta ET$)의 합으로 나타냄. 여기서 표준환경지란 내구연한이 50년인 경우에는 85, 100년인 경우레는 128로 산정한다.

분류		환경조건	표준환경지수
환경지수(ET)		ET = Es + ΣΔET	158
표준 환경지수(Es)		내구년한 100년	128
환경지수 증분치 (ΣΔET)	염해	해안가 구조물이 아님	0
	중성화	보통(습도 45~64%)	30
	동해	지중구조물	0
	황산염	무시해도 좋음	0

3. 내구지수(DT)의 산정

재료, 설계, 시공의 각 분야에서 세부항목으로 나누어 내구성에 미치는 정도를 정량적으로 평가하는 것으로 재료분야, 설계분야, 시공분야로 구성되어 있다. 내구지수(D_T)는 기본 내구지수(D_O) 와 내구지수의 증분치($\Sigma \Delta D_T$)의 합을 말한다.

1) 기본내구지수

기본내구지수는 구조물이 가지고 있는 기본적인 내구저항치로서 일단 구조물이 준공되면 어느 정도의 내구적 저항치를 가지고 있다는 것을 의미한다.

• 내구지수 : $D_T = D_0 + \sum \Delta D_T$

여기서, D_0 : 기본내구지수(30), ΔD_T : 재료·설계·시공분야의 내구지수 증분치

4. 내구성 평가 방법

콘크리트 구조물의 내구성에 대한 검토는 부재 각 부분에서 내구지수(DT)가 환경지수(ET) 이상인 것을 확인하는 것으로 실시된다.

$$D_T \geq E_T$$

평가 절차

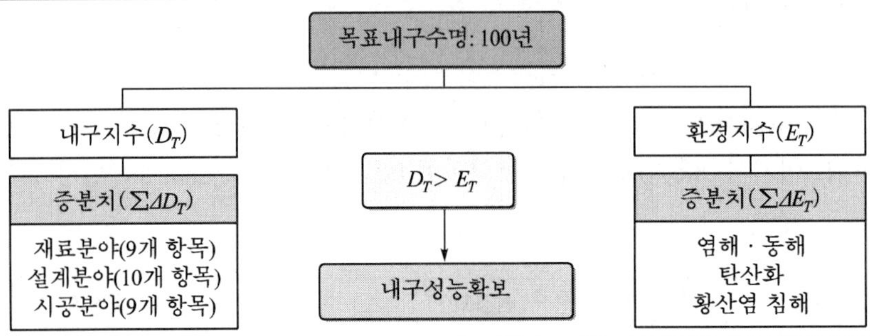

5. 내구성 향상 방안

재료분야	설계분야	시공분야
• 혼합시멘트(플라이애쉬, 고로스래그) 사용 • 골재의 흡수율(잔골재 1.0%, 굵은골재 1.0%)이 낮고 적당한 입도의 골재의 사용 • 최소의 물-시멘트(45%) 사용 • 염화물 함량 제한 (0.1kg/m³ 이하) • 콘크리트 생산체계 관리 철저	• 설계자 : 경험년수 12년 이상 자격소지자 • 철근 순피복두께 증가 • 단면별 적정 배근 간격 • 가외 철근비 0.25~0.30% 이상 적용 • 시공이음 : 응결지연제 살포 후 고압수 처리 • 피복두께, 시공이음 명시 • 온도균열지수 제한(1.20) • 강재 거푸집 사용	• 특급품질관리자 이상 • 반입 콘크리트의 품질관리 철저 • 콘크리트 운반, 타설, 다짐관리 철저 • 단면두께별 최소 양생기간 적용 (양생기간 5-7일) • 피막양생제 사용 • 철근가공 및 조립과정 관리철저 • 거푸집 조립용 금속부분을 제거하고 무수축 모르터 채움

내구수명 100년 이상 확보

내구연한	표면조건	부재	피복두께	콘크리트 중성화와 철근부식
100년	흙속, 수중	모든 부재	80mm	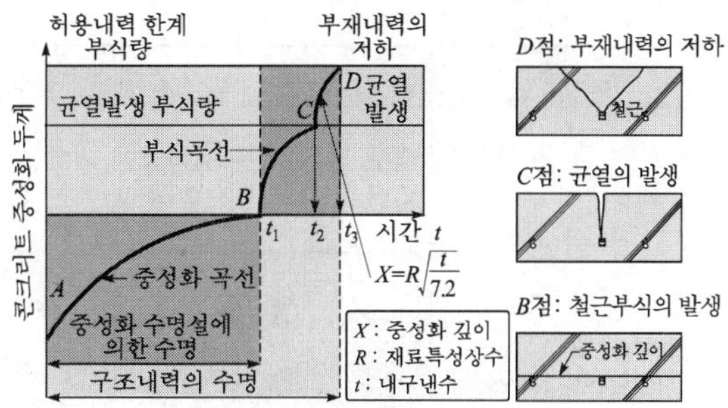
	흙에 접하거나 옥외 노출시	D29 이하	60mm	
		D25 이하	50mm	
		D16 이하	40mm	
	흙이나 물에 접하지 않는 보, 기둥		40mm	
	흙이나 물에 접하지 않는 벽체, 슬래브		30mm	

- 내구연한 확보 및 유지관리를 위한 필요 중성화 깊이(물시멘트비 55%, 보통 포틀랜드시멘트 가정)	
$t=\dfrac{7.2X^2}{R^2(4.6W/C-1.76)^2}$	- 100년 내구연한 적용 시 최소 피복두께=28.7mm → 최소 피복두께 30mm 적용
	- 50년 내구연한 적용 시 최소 피복두께=20.3mm

6. 콘크리트 구조물 내구성 설계 및 시공기준 적용 가이드 라인(2023.3, 국토교통부)

1) 내구성 설계의 필요성

(1) 내구성에 열악한 환경조건에 노출되는 구조물과 장수명 건축물 수요 증가

최근 해양 지역이나 제빙화학제(제설염deicing salt)에 노출되는 지역 등과 같이 열악한 조건에 건설되는 구조물이 늘어나고, 기후변화로 인해 노출환경이 변화되고 있으며, 장수명 건축물에 대한 사회적 요구가 꾸준히 높아지면서 점차 더 주목받고 있다.

(2) 내구성 설계의 의미

콘크리트 구조물의 내구성 설계는 주어진 주변 환경조건에서 설계 공용기간 동안 안전성을 확보하기 위해 필요한 내구성능을 가지도록 구조물을 설계하는 것을 말한다.

(3) 내구성 설계의 중요성

콘크리트는 기본적으로 매우 내구성이 높은 건설재료이지만, 유해한 환경에 노출되면 다양한 물리적 화학적 변화 과정을 거치면서 성능이 저하된다. 이러한 콘크리트의 성능저하를 방지할 수 있도록 구조물을 설계하지 않으면 공용기간 내에 안전을 담보할 수 없게 된다. 그러므로 내구성 설계는 구조설계 못지 않게 중요하게 다루어져야 한다.

2) 콘크리트 성능저하 작용

콘크리트 구조물에 영향을 미치는 성능저하 작용은 다음과 같다.

작용	발생 메커니즘	성능저하
염해 (Chloride attack)	내부 또는 외부 염화물에 의해 철근 부동태피막이 깨지면서 철근 부식을 유발 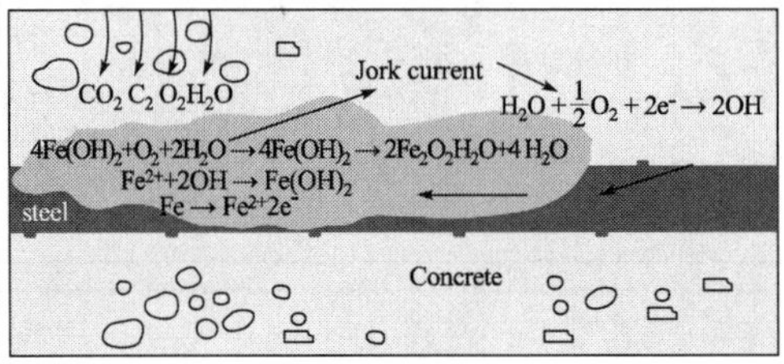 [철근부식 반응]	• 철근 단면적 감소, 내력 감소 • 연성 감소 • 피복 콘크리트 균열, 탈락
탄산화 (Carbonation)	공기 중의 이산화탄소가 콘크리트 내부로 침투하여 수산화칼슘과 같은 시멘트 수화물과 결합 $Ca(OH)_2 + CO_2 \rightarrow CaCO_3 + H_2O$ 탄산칼슘과 물이 생선되면서 콘크리트의 pH가 감소	
동결융해 (Freezing-Thawing)	콘크리트 내부의 수분이 동결과 융해 작용을 반복적으로 받으면서 표층부부터 성능저하가 발생	• 콘크리트 표면 균열 발생 • 표층부 박리(scaling) (특히 제설염(제빙화학제)이 사용되는 부위에서 표층부 박리가 심하게 나타남) • 골재 탈락(pop-out)
황산염해 (Sulfate attack)	황산염이 시멘트 경화체의 수화생성물과 반응하여 팽창성 물질을 생성	• 반응생성물(ettringite, thaumasite 등)이 팽창을 유발하여 콘크리트의 균열과 박리 발생 • CH와 CSH 등 수화생성물이 감소하여 강도 저하
알칼리 골재 반응 (Alkali-aggregate reaction)	콘크리트 내부의 공극수에 용해되어 있는 알칼리 금속이온(Na+, K+ 등)이 골재 중의 알칼리 반응성 광물과 반응하여 알칼리-실리카겔과 같은 팽창성 물질을 생성	• 내부 팽창압에 의해 콘크리트 균열, 탈락 발생

7. 콘크리트구조 내구성 설계기준[KDS 14 20 40]

1) 내구성 설계 및 시공 기준의 구성

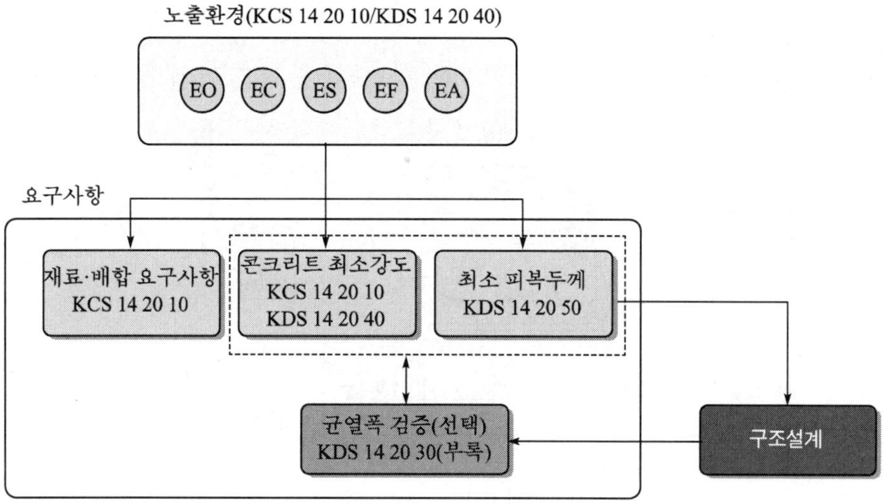

콘크리트 포장 06-32

1. 콘크리트 포장공사 위험요인

1) 다짐 장비와 충돌 또는 협착

2) 아스팔트피니셔 후진 경보장치 미설치로 충돌

3) 아스필트 고열에 화상

2. 다짐 장비와 충돌 또는 협착방지대책

1) 작업구역내 관계자외 출입금지(바리케이트 설치)

2) 장비유도자를 배치하여 안전하게 유도할 것

3) 운전자와 작업자는 휴식중에 음주를 금할 것

4) 롤러 후진시 경보음 작동여부를 확인할 것

5) 작업자는 눈에 잘 띠는 야광조끼를 착용할 것

6) 필요시 교통정리원을 배치하여 외부차량 진입을 통제할 것

7) 롤러작업 부위로 부터 이격하여 작업할 것

8) 롤러와 작업자간의 접근을 감시하는 관리감독자 배치할 것

9) 롤러 운전원의 적정 면허 소지여부 확인할 것

3. 롤러 이동방법

1) 차량 반입시 후진경보장치 장착여부 확인할 것
2) 유도자 배치
3) 접근금지감시인 배치할 것

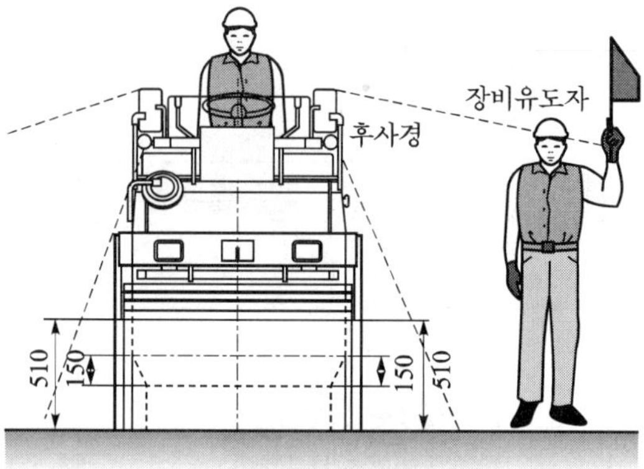

그림 6.4.19. 롤러작업

4. 아스팔트 고열에 화상방지대책

1) 작업자는 가열된 아스팔트를 직접 취급 금지할 것
2) 석면장갑, 안전화 등 개인보호구 착용할 것
3) 프라임 코킹재료 가열중 작업장 주변 인화물질 제거할 것
4) 소화기 비치할 것
5) 고열작업장 주변 접근금지 휀스 설치할 것
6) 접근금지 감시인 배치할 것

5. 아스팔트피니셔 이동방법

1) 차량 반입시 후진경보장치 장착여부 확인할 것
2) 소리 및 불빛의 작동여부 확인할 것
3) 유도자 배치할 것
4) 접근금지감시인 배치할 것

1. 도로교 설계기준(한계상태설계법)[한국도로교통협회(2016)]

1) 구조물 설계기준 비교

<table>
<tr><th rowspan="2">구분</th><th rowspan="2">한계상태설계법Limit State Design</th><th colspan="2">기존설계법</th></tr>
<tr><th>허용응력설계법Allowable Stress Design</th><th>강도설계법Ultimate Strength Design</th></tr>
<tr><td rowspan="2">기본개념</td><td>• 강도감소계수, 하중계수 등을 확률론적 방법에 근거한 값으로 설계하는 방법
• 구조물이 한계상태를 벗어날 가능성을 적정수준으로 제한하는 설계</td><td>• 구조물이 탄성범위내에서 거동하도록 설계하는 방법
• 사용하중에 의해 유발되는 부재의 내력이 허용응력 이하가 되도록 설계</td><td>• 예측가능한 모든 하중에 대한 파괴가 발생하지 않도록 하는 설계법
• 부재의 설계강도가 계수하중에 의해 유발되는 소요강도보다 크도록 설계</td></tr>
<tr><td>• $(\eta \times \gamma \times Q) \le \phi F_n$
η : 하중수정계수, Q : 하중
γ : 하중계수, ϕF_n : 설계강도</td><td>• $f \le (f_a \times$ 허용응력증가계수$)$
f : 작용응력
f_a : 허용응력</td><td>• $F_u \le \phi F_n$
F_u : 계수단면력
ϕF_n : 설계강도</td></tr>
<tr><td>문제점</td><td>• 하중과 저항 관련 불확실성을 고려하기 위한 데이터베이스 구축 필요
• 적절한 수준의 파괴확률 또는 신뢰성 지수 결정이 요구됨.</td><td>• 재료의 비효율적 활용
• 부재의 파괴 강도를 알기 어려움</td><td>• 하중계수와 강도감소계수의 결정이 주로 경험적 방법에 의존
• 사용성(처짐, 균열 등)확보를 위한 별도의 검토 필요</td></tr>
<tr><td>적용대상</td><td>• 강구조와 콘크리트구조의 통합기준</td><td>• 강구조, 프리스트레스 구조</td><td>• 철근콘크리트 구조</td></tr>
<tr><td>한계상태 설계법 동향</td><td colspan="3">• 2012. 01 : 도로교 설계기준(한계상태설계법) 제정(국토교통부) - 2015년부터 의무화(3년유예)
• 2015. 03 : 도로교 설계기준(한계상태설계법) 고속도로 교량 세부적용지침(안) 수립(한국도로공사)
• 2015. 09 : 한계상태설계법 발주자 결정사항 확정(한국도로공사)
• 2015. 11 : 한계상태설계법을 적용한 도로교 설계사례 및 해설서 발간(한국도로공사)
• 현재 : 광주~완도(광주~강진간), 김포~파주 실시설계부터 전 교량 반영(한국도로공사)</td></tr>
</table>

설계법	설계 기본 개념	안전성 평가 설계기준
허용응력설계법 (WSD: Working Stress Design)	• 재료의 탄성거동에 기초함 • 허용응력이내이면 적합	재료의 강도
(극한)강도설계법 (USD: Ultimate Strength Design)	• 부재의 파괴상태에 기초함 • 공칭강도이내이면 적합	부재의 강도
한계상태설계법 (LSD: Limit State Design)	• 한계상태 초과확률 제한함 • 한계상태이내이면 적합	구조물의 최대저항능력

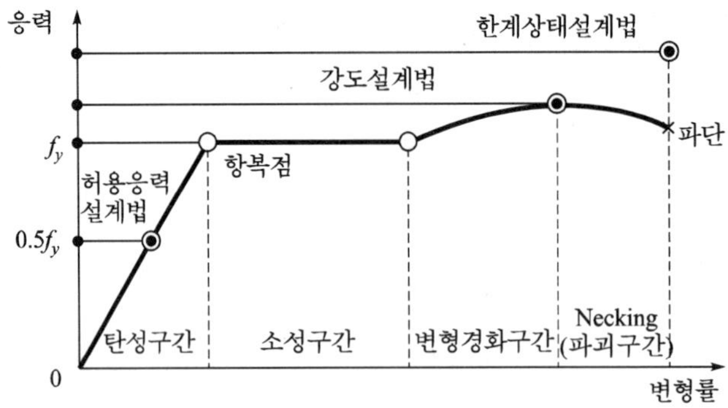

2) 교량 설계등급 결정

구분	내용
1등교 (KL-510)	• 고속도로 및 자동차 전용도로 • 교통량이 많고 중차량의 통과가 불가피한 도로, 국방상 중요한 도로상에 가설되는 교량, 장대교량 • 교통량이 많거나 중차량의 통과가 빈번한 특수산업시설에 인접한 지방도, 시도 및 군도상의 교량
2등교 (1등교 활하중효과의 75%)	• 일반국도, 특별시도와 지방도로상의 교통량이 적은 교량 • 시도 및 군도중에서 중요한 도로상에 가설하는 교량
3등교 (2등교 활하중효과의 75%)	• 산간벽지에 있는 지방도와 시도 및 군도 중에서 교통량이 적은 곳에 가설하는 교량

5. 콘크리트공사 위험성평가표 및 재해사례

- 위험성평가표
  - 01. 거푸집 및 동바리[06-05]
  - 02. Gang Form[06-07]
  - 03. 콘크리트 측압[06-10]
  - 04. 펌프카[06-13]

- 재해사례
  - 01. 거푸집-넘어짐(전도)(1)
  - 02. 거푸집-넘어짐(전도)(2)
  - 03. 거푸집-넘어짐(전도)(1)
  - 04. 갱폼-떨어짐(추락)
  - 05. 철근-수직철근 넘어짐(전도)
  - 06. 철근-절단기 감전
  - 07. 동바리-무너짐(붕괴)
  - 08. 콘크리트타설-호스에 맞음(낙하비래)
  - 09. 콘크리트타설-펌프카 넘어짐(전도)
  - 10. 도장-화재

01 거푸집 및 동바리[06-05]

유해위험요인 파악Hazard Identification							
위험요인 위험		불량한 작업방법 위험		작업장소 위험		건강장해 위험	
기계·기구 등	●	굴착 등		추락 위험 등	●	분진 등	
폭발, 인화성		하역, 운반 등		붕괴 위험 등	●	소음 진동 등	
전기, 열 등		중량물 등	●	물체 비래 등		환기, 채광 등	

위험성 평가Risk Assessment									
위험성 수준			최초 평가	●	상시 평가	월	•노사합동순회점검( )	주	•합동안전점검회의( )
고	중	저	정기 평가				•아차사고분석 ( )		
	●		수시 평가				•제안제도실시 ( )	일	•작업전 TBM ( )

위험성 감소대책Alternative					필수 확인 사항
제거	대체	공학적제어	관리적제어	개인보호구	•동바리 가새재의 설치 간격과 적정성 확인 •동바리 자재의 상태 및 안전인증 여부 확인
		●		●	

재해발생유형	
1. 떨어짐	✔
2. 넘어짐	
3. 부딪힘	
4. 물체에 맞음	✔
5. 무너짐	✔
6. 끼임	
7. 절단·베임·찔림	
8. 감전	
9. 폭발·파열	
10. 화재	
11. 깔림·뒤집힘	✔

유해위험요인 및 감소대책 도면

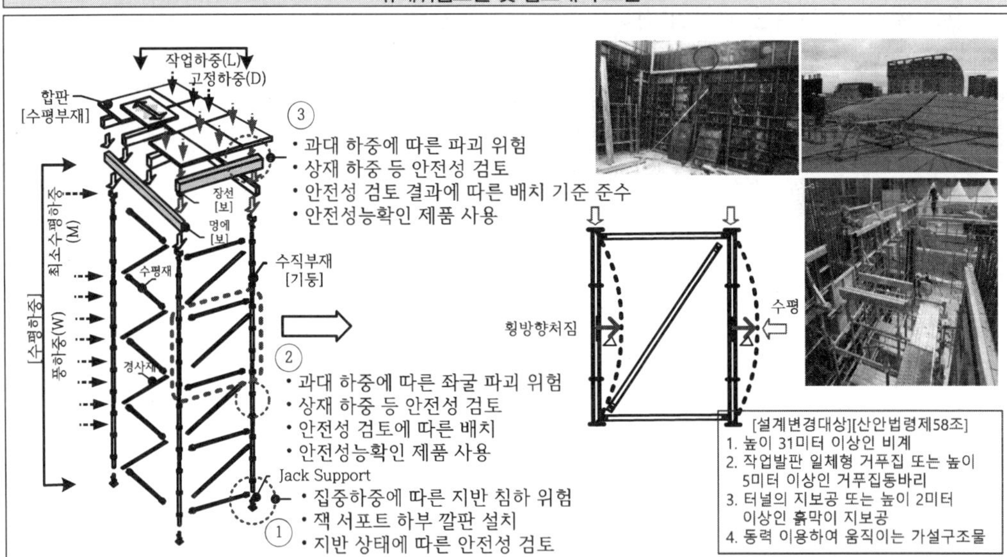

중대재해유형	재해 유발 원인	점검	확인
1. 떨어짐	•보 거푸집 설치(또는 해체) 작업 중 몸의 중심을 잃고 아래로 떨어짐		
2. 감전	•형틀목공인 작업자가 전동드릴로 벽체거푸집에 철선을 끼우는 작업 중 누전으로 감전		
3. 깔림	•벽체 거푸집 설치(해체)를 위한 대형 거푸집 양중 작업 중에 로프가 파단되며 작업자가 깔림		
4. 떨어짐	•교각 거푸집 설치(또는 해체) 작업 중 거푸집이 탈락하며 작업자가 아래로 떨어짐		
5. 무너짐	•콘크리트 타설 중 동바리가 무너짐		
구조검토 대상	•동바리 설치 높이가 5미터 이상이면 구조검토 대상		

01 거푸집 및 동바리[06-05]

유해위험요인별 세부 항목 Checklist

유해위험요인Hazard List

1. 과대한 상재하중과 동바리 품질 불량으로 동바리 좌굴
2. 연약지반 침하로 무너짐
3. 가새재 미설치나 수량 부족으로 무너짐
4. 보 부재 측압에 의한 거푸집 파손
5. 동바리 설치 및 해체 작업 중 작업자 떨어짐

작업 전 공통 확인사항	
1. 작업자	•수평(수직)이동구간 이동통로 확보 및 생명줄 상태
2. 건설기계장비	•이동동선(정지)구간 지반 침하 및 지내력 상태 •양중작업용 로프(벨트) 슬링 안전성 검토
3. 작업환경	•가설구조물의 안전성 검토 및 현장 적용 여부 확인 •가설구조물 안전조치(설치기준) 준수 여부 확인

위험성 감소대책 Checklist	점검	확인
1. 동바리 구조검토는 실시하였는가?		
2. 구조검토에 따른 부재 배치가 이루어 졌는가?		
3. 시공상세도면과 설치상태가 일치하는가?		
4. 보 측압의 구조검토는 실시되었는가?		
5. 시공과정에서 과도한 수평력 발생을 억제할 수 있는 방법은 계획되어 있는가?		
6. 상부 작업자용 구명줄 설치는 되어 있는가?		
7. 현장 사용자재는 안전인증 제품인가?		

중대재해유형	중대재해예방 저감대책	중점 관리대상	
☐ 떨어짐 [높은 곳에서 사람이 떨어짐]	•작업자의 무리한 행동 억제 [지정된 작업통로(이동동선)로 진출입]	•작업자 [신규작업자, 일용작업자, 외국인]	✔
	•고소 작업 위치에 안전난간, 안전대 부착설비 설치 [개구부 안전난간 설치, 고소작업자 안전대 착용]	•건설기계장비 [안전검사 유효기간, 장비부품상태]	
	•작업 현장 별 위험요인 제거 [작업 특성과 조건에 따른 위험요인 제거]	•건설자재 [안전인증제품, 자재 적치 상태]	
	•그 밖의 위험요인 제거	•작업환경[방법] [안전보건규칙준수, 구조안전성확인]	✔
☐ 맞음 [날아온(떨어진) 물체에 맞음]	•작업자 개인보호구(안전모 등) 착용 [양중 작업이나 상하 동시 작업 구간 작업자 안전모 착용 확인]	•작업자 [신규작업자, 일용작업자, 외국인]	✔
	•양중 작업 시 결속 방법 확인 [줄걸이 방법 및 자재 결속 상태 확인 후 양중 실시]	•건설기계장비 [안전검사 유효기간, 장비부품상태]	
	•고소 작업 위치 자재 적치 상태 확인 [자재 적치 장소의 물체 이탈 가능성 확인]	•건설자재 [안전인증제품, 자재 적치 상태]	✔
	•그 밖의 위험요인 제거	•작업환경[방법] [안전보건규칙준수, 구조안전성확인]	
☐ 무너짐 [건축물(토사) 등이 무너짐]	•작업 전 작업구간 이상 변위 상태 확인 [경사 또는 굴착구간 주변 변위(균열) 여부 확인]	•작업자 [신규작업자, 일용작업자, 외국인]	
	•가설 구조물 안전성 검토 확인 [가설 구조물(동바리, 흙막이 등) 구조검토서와 도면 확인]	•건설기계장비 [안전검사 유효기간, 장비부품상태]	
	•가설 구조물 설치 상태 확인 [가설 구조물 등 안전보건규칙 준수 여부 확인]	•건설자재 [안전인증제품, 자재 적치 상태]	
	•그 밖의 위험요인 제거	•작업환경[방법] [안전보건규칙준수, 구조안전성확인]	✔
☐ 감전	•작업자 절연보호구 착용 [절연 장갑 등 개인 보호구 착용 여부 확인]	•작업자 [신규작업자, 일용작업자, 외국인]	✔
	•용접기 등 충전부 절연테이핑 처리 확인 [용접기 등 충전부(전선 피복 손상 부위)등에 절연처리 확인]	•건설기계장비 [안전검사 유효기간, 장비부품상태]	✔
	• 작업 반경 내 충전선로 확인 [충전선로에 방호장치 설치 여부 확인]	•건설자재 [안전인증제품, 자재 적치 상태]	
	•양중 작업 중 인근 전선 접촉 가능성 여부 확인	•작업환경[방법] [안전보건규칙준수, 구조안전성확인]	

02 갱폼[06-07]

유해위험요인 파악Hazard Identification							
위험요인 위험		불량한 작업방법 위험		작업장소 위험		건강장해 위험	
기계·기구 등	●	굴착 등		추락 위험 등	●	분진 등	
폭발, 인화성		하역, 운반 등		붕괴 위험 등	●	소음 진동 등	
전기, 열 등		중량물 등	●	물체 비래 등		환기, 채광 등	

위험성 평가Risk Assessment									
위험성 수준			최초 평가	●	상시 평가	월	•노사합동순회점검( )	주	•합동안전점검회의( )
고	중	저	정기 평가				•아차사고분석 ( )		
●			수시 평가				•제안제도실시 ( )	일	•작업전 TBM ( )

위험성 감소대책Alternative					필수 확인 사항
제거	대체	공학적제어	관리적제어	개인보호구	•갱폼 해체 작업 중 후크에 매달기 상태 확인 •갱폼 작업자 동선 내 개구부 안전조치 여부 확인
		●		●	

재해발생유형	
1. 떨어짐	✔
2. 넘어짐	
3. 부딪힘	
4. 물체에 맞음	✔
5. 무너짐	✔
6. 끼임	
7. 절단·베임·찔림	
8. 감전	
9. 폭발·파열	
10. 화재	
11. 깔림·뒤집힘	

유해위험요인 및 감소대책 도면

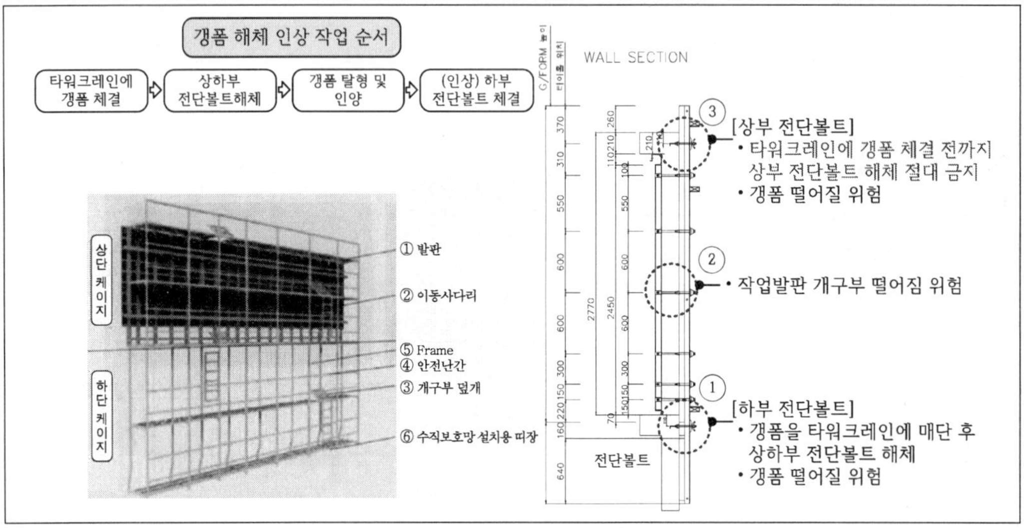

중대재해유형	재해 유발 원인	점검	확인
1. 떨어짐	•갱폼 거푸집 설치(또는 해체) 작업 중 몸의 중심을 잃고 아래로 떨어짐		
2. 떨어짐	•갱폼 상승 작업을 위한 인양 작업 중 크레인지지 전에 전단 볼트해체로 갱폼이 떨어짐		
구조검토 대상	•갱폼 작업 전에 구조검토 실시		

물체(갱폼 자재)에 맞음	떨어짐(작업발판)	떨어짐(갱폼)
		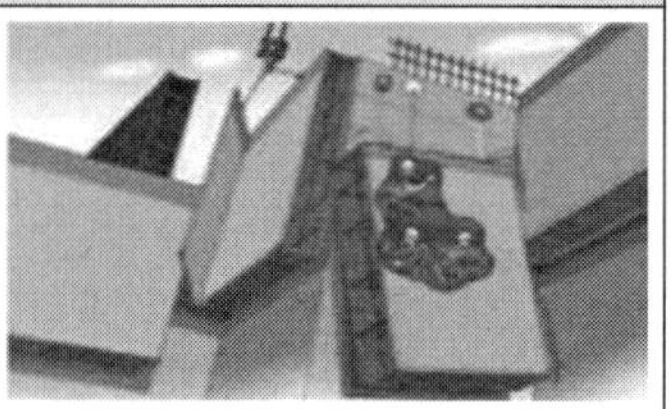
줄걸이 로프 파단	발판 미고정	미고정된 갱폼

02 갱폼[06-07]

유해위험요인별 세부 항목 Checklist			
유해위험요인Hazard List	위험성 감소대책 Checklist	점검	확인
1. 갱폼 인양 중 탈락에 의한 떨어짐 2. 갱폼 해체 중 탈락에 의한 떨어짐 3. 과대한 상재 하중과 와이어로프 불량 등으로 파손 4. 갱폼 작업자 작업발판 불량으로 떨어짐 5. 갱폼 측면 개구부 안전시설 미설치로 떨어짐	1. 갱폼 시공순서의 작업자 교육은 실시되었는가?		
	2. 갱폼 인양고리에 대한 구조검토는 실시되었는가?		
	3. 갱폼 해체 순서에 대한 작업자 교육은 실시되었는가?		
	4. 갱폼 내부 개구부가 개방된 곳은 없는가?		
작업 전 공통 확인사항	5. 인양 작업 시에 갱폼 하부 전단볼트 해체 순서에 대하여 작업자에게 충분한 교육은 실시되었는가?		
1. 작업자: •수평(수직)이동구간 이동통로 확보 및 생명줄 상태			
2. 건설기계장비: •이동동선(정지)구간 지반 침하 및 지내력 상태 •양중작업용 로프(벨트) 슬링 안전성 검토	6. 크레인 운전자와 의사소통방법이 문제는 없는가?		
3. 작업환경: •가설구조물의 안전성 검토 및 현장 적용 여부 확인 •가설구조물 안전조치(설치기준) 준수 여부 확인	7. 갱폼 하부에서 동시에 진행되는 작업은 없는가?		

중대재해유형	중대재해예방 저감대책	중점 관리대상	
□ 떨어짐 [높은 곳에서 사람이 떨어짐]	•작업자의 무리한 행동 억제 [지정된 작업통로(이동동선)로 진출입]	•작업자 [신규작업자, 일용작업자, 외국인]	✔
	•고소 작업 위치에 안전난간, 안전대 부착설비 설치 [개구부 안전난간 설치, 고소작업자 안전대 착용]	•건설기계장비 [안전검사 유효기간, 장비부품상태]	
	•작업 현장 별 위험요인 제거 [작업 특성과 조건에 따른 위험요인 제거]	•건설자재 [안전인증제품, 자재 적치 상태]	
	•그 밖의 위험요인 제거	•작업환경[방법] [안전보건규칙준수, 구조안전성확인]	✔
□ 맞음 [날아온(떨어진) 물체에 맞음]	•작업자 개인보호구(안전모 등) 착용 [양중 작업이나 상하 동시 작업 구간 작업자 안전모 착용 확인]	•작업자 [신규작업자, 일용작업자, 외국인]	✔
	•양중 작업 시 결속 방법 확인 [줄걸이 방법 및 자재 결속 상태 확인 후 양중 실시]	•건설기계장비 [안전검사 유효기간, 장비부품상태]	
	•고소 작업 위치 자재 적치 상태 확인 [자재 적치 장소의 물체 이탈 가능성 확인]	•건설자재 [안전인증제품, 자재 적치 상태]	✔
	•그 밖의 위험요인 제거	•작업환경[방법] [안전보건규칙준수, 구조안전성확인]	
□ 무너짐 [건축물(토사) 등이 무너짐]	•작업 전 작업구간 이상 변위 상태 확인 [경사 또는 굴착구간 주변 변위(균열) 여부 확인]	•작업자 [신규작업자, 일용작업자, 외국인]	
	•가설 구조물 안전성 검토 확인 [가설 구조물(동바리, 흙막이 등) 구조검토서와 도면 확인]	•건설기계장비 [안전검사 유효기간, 장비부품상태]	
	•가설 구조물 설치 상태 확인 [가설 구조물 등 안전보건규칙 준수 여부 확인]	•건설자재 [안전인증제품, 자재 적치 상태]	
	•그 밖의 위험요인 제거	•작업환경[방법] [안전보건규칙준수, 구조안전성확인]	✔
□ 감전	•작업자 절연보호구 착용 [절연 장갑 등 개인 보호구 착용 여부 확인]	•작업자 [신규작업자, 일용작업자, 외국인]	✔
	•용접기 등 충전부 절연테이핑 처리 확인 [용접기 등 충전부(전선 피복 손상 부위)등에 절연처리 확인]	•건설기계장비 [안전검사 유효기간, 장비부품상태]	✔
	• 작업 반경 내 충전선로 확인 [충전선로에 방호장치 설치 여부 확인]	•건설자재 [안전인증제품, 자재 적치 상태]	
	•양중 작업 중 인근 전선 접촉 가능성 여부 확인	•작업환경[방법] [안전보건규칙준수, 구조안전성확인]	

03 콘크리트 측압[06-10]

유해위험요인 파악Hazard Identification							
위험요인 위험		불량한 작업방법 위험		작업장소 위험		건강장해 위험	
기계·기구 등	●	굴착 등		추락 위험 등	●	분진 등	
폭발, 인화성		하역, 운반 등	●	붕괴 위험 등	●	소음 진동 등	
전기, 열 등		중량물 등		물체 비래 등		환기, 채광 등	

위험성 평가Risk Assessment									
위험성 수준			최초 평가	●	상시 평가	월	•노사합동순회점검( )	주	•합동안전점검회의( )
고	중	저	정기 평가				•아차사고분석 ( )		
	●		수시 평가				•제안제도실시 ( )	일	•작업전 TBM ( )

위험성 감소대책Alternative					필수 확인 사항
제거	대체	공학적제어	관리적제어	개인보호구	•거푸집 폼타이 설치 간격 및 상태 확인 •옹벽 거푸집 및 철근 넘어짐 방지용 버팀대 설치 여부 확인
		●		●	

재해발생유형	
1. 떨어짐	✔
2. 넘어짐	
3. 부딪힘	
4. 물체에 맞음	✔
5. 무너짐	✔
6. 끼임	
7. 절단·베임·찔림	
8. 감전	
9. 폭발·파열	
10. 화재	
11. 깔림·뒤집힘	

유해위험요인 및 감소대책 도면

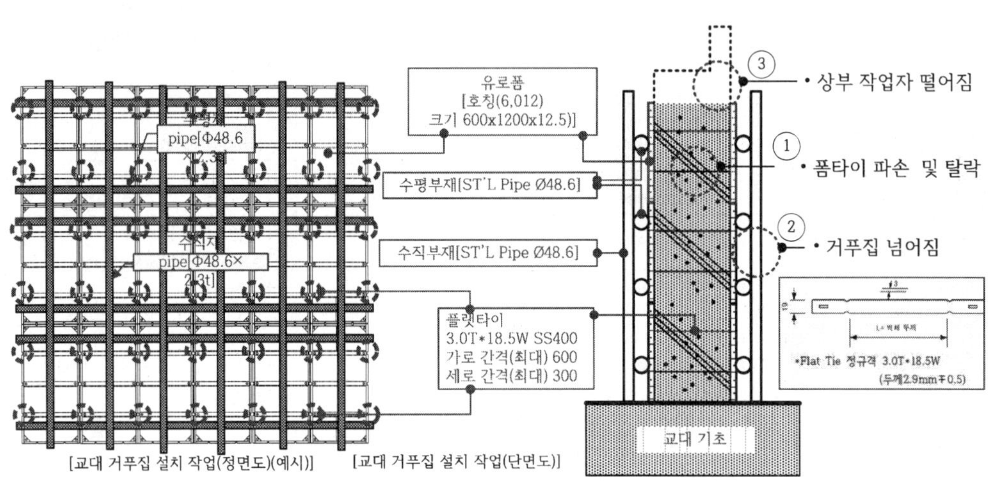

[교대 거푸집 설치 작업(정면도)(예시)] [교대 거푸집 설치 작업(단면도)]

중대재해유형	재해 유발 원인	점검	확인
1. 떨어짐	•벽체 거푸집 설치(또는 해체) 작업 중 몸의 중심을 잃고 아래로 떨어짐		
2. 감전	•벽체 거푸집 작업자가 전동드릴로 벽체거푸집에 철선을 끼우는 작업 중 누전으로 감전		
3. 깔림	•벽체 거푸집 설치(해체)를 위한 대형 거푸집 양중 작업 중에 로프가 파단되며 작업자가 맞음		
4. 무너짐	•콘크리트 타설 중 벽에 거푸집이 무너짐		
구조검토 대상	•높이 5미터 이상 거푸집 설치는 측압 구조검토 대상임		

03 콘크리트 측압[06-10]

작업 전 공통 확인사항		적정여부 확인
1. 작업자	•수평(수직)이동구간 이동통로 확보 및 생명줄 상태	
2. 건설기계장비	•이동동선(정지)구간 지반 침하 및 지내력 상태 •양중작업용 로프(벨트) 슬링 안전성 검토	
3. 작업환경	•가설구조물의 안전성 검토 및 현장 적용 여부 확인 •가설구조물 안전조치(설치기준) 준수 여부 확인	

유해위험요인별 세부 항목 Check List			
유해위험요인Hazard List	위험성 감소대책 Check List	점검	확인
1. 거푸집 측압에 의한 폼타이 파손 2. 거푸집 및 철근 배치 중 넘어짐	1. 거푸집 시공순서의 작업자 교육은 실시되었는가?		
	2. 거푸집 측압 구조검토는 실시되었는가?		
	3. 거푸집 해체 순서 작업자 교육은 실시되었는가?		
	4. 거푸집 넘어짐 방지용 버팀대는 설치되었는가?		
	5. 거푸집 양중 작업용 와이어로프에 대한 구조검토는 실시되었는가?		
	6. 철근 넘어짐 방지용 버팀대는 설치되었는가?		
	7. 운전자와 신호수 간의 신호 체계는 구비되었는가?		

[대형 거푸집(철근배근) 설치 시 안전수칙]
- 거푸집 지지대는 단관파이프를 이용하여 @1,800mm이내로 설치한다.
- 바닥에는 강관 파이프 미끄럼방지조치를 취하여야 한다.(각재+못 고정, 앵커 설치)
- 지지대는 거푸집 설치 후 즉시 지지하여야 한다

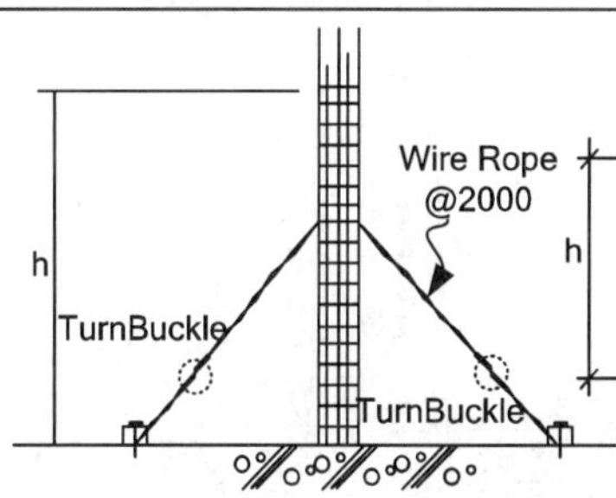

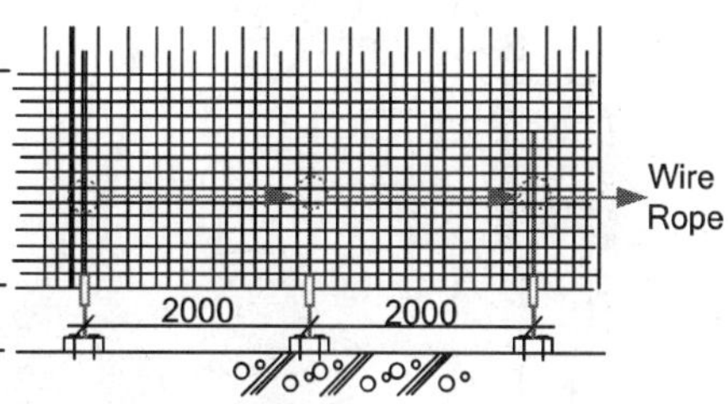

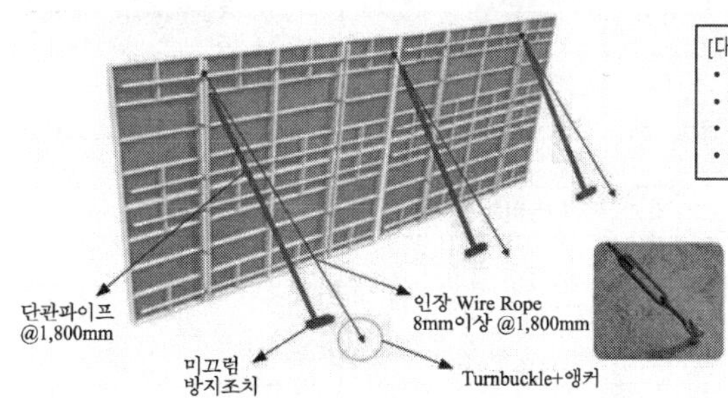

[대형거푸집 및 철근 설치 시 주의사항]
- 대형거푸집 구조검토 실시
- 전도방지 지지대 설치
- 지지대 하부 밀림 방지목 설치
- 전도방지용 W/R 고정용 Anchor 설치

04 펌프카[06-13]

유해위험요인 파악Hazard Identification							
위험요인 위험		불량한 작업방법 위험		작업장소 위험		건강장해 위험	
기계·기구 등	●	굴착 등		추락 위험 등	●	분진 등	
폭발, 인화성		하역, 운반 등		붕괴 위험 등	●	소음 진동 등	●
전기, 열 등		중량물 등		물체 비래 등		환기, 채광 등	

위험성 평가Risk Assessment									
위험성 수준			최초 평가	●	상시 평가	월	•노사합동순회점검(　)	주	•합동안전점검회의(　)
고	중	저	정기 평가				•아차사고분석　(　)		
	●		수시 평가				•제안제도실시　(　)	일	•작업전 TBM　(　)

위험성 감소대책Alternative					필수 확인 사항
제거	대체	공학적제어	관리적제어	개인보호구	•거푸집 폼타이 설치 간격 및 상태 확인
		●		●	•옹벽 거푸집 및 철근 넘어짐 방지용 버팀대 설치 여부 확인

재해발생유형	
1. 떨어짐	✔
2. 넘어짐	
3. 부딪힘	
4. 물체에 맞음	✔
5. 무너짐	✔
6. 끼임	✔
7. 절단·베임·찔림	
8. 감전	
9. 폭발·파열	
10. 화재	
11. 깔림·뒤집힘	✔

유해위험요인 및 감소대책 도면

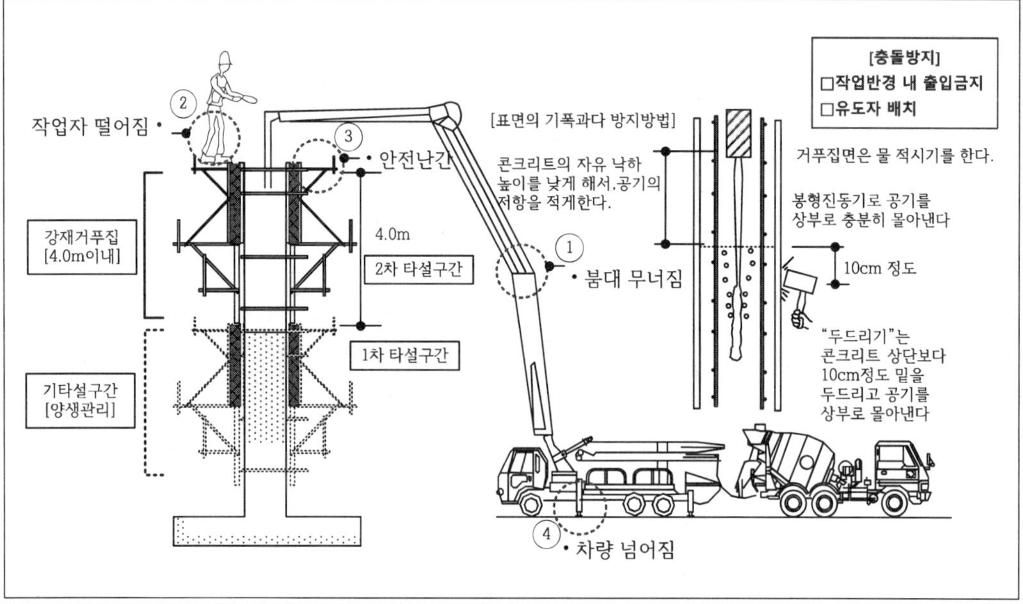

중대재해유형	재해 유발 원인	점검	확인
1. 끼임	•작업자가 펌프카 작업 중에 스위치 오조작으로 끼임		
2. 넘어짐	•펌프카가 타설 작업 중 바닥이 침하되며 넘어짐		
3. 무너짐	•펌프카가 타설 작업 중 붐대가 꺾이며 무너짐		
구조검토 대상	•아웃트리거 지반 위치 지반안전성 검토가 필요함		

04 펌프카[06-13]

<table>
<tr><th colspan="6">유해위험요인별 세부 항목 Checklist</th></tr>
<tr><th colspan="2">유해위험요인Hazard List</th><th>위험성 감소대책 Checklist</th><th>점검</th><th>확인</th></tr>
<tr><td colspan="2" rowspan="4">1. 펌프카 붐대의 노후화로 꺾임
2. 펌프카 아웃트리거 위치 지반 침하로 넘어짐
3. 거푸집 측압에 의한 무너짐
4. 거푸집 설치 작업 중 거푸집 넘어짐
5. 붐대 부러짐으로 인근 작업자 깔림
6. 고소작업자 작업발판 불량으로 작업자 떨어짐
7. 콘크리트 타설 작업 중 넘어지며 거푸집에 깔림</td><td>1. 펌프카 검사유효기간 및 보험에 가입되어 있는가?</td><td></td><td></td></tr>
<tr><td>2. 아웃트리거 지내력 구조검토는 실시되었는가?</td><td></td><td></td></tr>
<tr><td>3. 펌프카 타설 작업자 안전교육은 실시되었는가?</td><td></td><td></td></tr>
<tr><td>4. 콘크리트 타설 용 작업발판 상태는 양호한가?</td><td></td><td></td></tr>
<tr><td colspan="2">작업 전 공통 확인사항</td><td>5. 작업자 떨어짐 방지용 안전난간은 설치되어있는가?</td><td></td><td></td></tr>
<tr><td>1. 작업자</td><td>•수평(수직)이동구간 이동통로 확보 및 생명줄 상태</td><td>6. 작업구간 내 출입금지구역은 설정되었는가?</td><td></td><td></td></tr>
<tr><td>2. 건설기계장비</td><td>•이동동선(정지)구간 지반 침하 및 지내력 상태
•양중작업용 로프(벨트) 슬링 안전성 검토</td><td>7. 상부 작업자와 신호체계는 수립되어있는가?</td><td></td><td></td></tr>
<tr><td>3. 작업환경</td><td>•가설구조물의 안전성 검토 및 현장 적용 여부 확인
•가설구조물 안전조치(설치기준) 준수 여부 확인</td><td>8. 콘크리트 타설과 동시 작업이 진행중인가?</td><td></td><td></td></tr>
</table>

<table>
<tr><th>중대재해유형</th><th>중대재해예방 저감대책</th><th colspan="2">중점 관리대상</th></tr>
<tr><td>☐ 맞음
[날아온(떨어진) 물체에 맞음]</td><td>•작업자 개인보호구(안전모 등) 착용
[양중 작업이나 상하 동시 작업 구간 작업자 안전모 착용 확인]</td><td>•작업자
[신규작업자, 일용작업자, 외국인]</td><td>✔</td></tr>
<tr><td rowspan="3"></td><td>•양중 작업 시 결속 방법 확인
[줄걸이 방법 및 자재 결속 상태 확인 후 양중 실시]</td><td>•건설기계장비
[안전검사 유효기간, 장비부품상태]</td><td></td></tr>
<tr><td>•고소 작업 위치 자재 적치 상태 확인
[자재 적치 장소의 물체 이탈 가능성 확인]</td><td>•건설자재
[안전인증제품, 자재 적치 상태]</td><td>✔</td></tr>
<tr><td>•그 밖의 위험요인 제거</td><td>•작업환경[방법]
[안전보건규칙준수, 구조안전성확인]</td><td></td></tr>
<tr><td>☐ 끼임
[건설기계 등에 끼임]</td><td>•작업자 작업구간 내 이동범위 확인
[건설기계장비 회전 반경 내 출입금지 여부 확인]</td><td>•작업자
[신규작업자, 일용작업자, 외국인]</td><td>✔</td></tr>
<tr><td rowspan="3"></td><td>•건설기계장비 안전장치 확보 여부 확인
[후방감지카메라, 협착방지봉 상태, 경광등 설치 여부 확인]</td><td>•건설기계장비
[안전검사 유효기간, 장비부품상태]</td><td>✔</td></tr>
<tr><td>•작업영역 내에 관리감독자 배치 확인
[작업장 안전을 관리하는 신호수 등 배치 여부 확인]</td><td>•건설자재
[안전인증제품, 자재 적치 상태]</td><td></td></tr>
<tr><td>•그 밖의 위험요인 제거</td><td>•작업환경[방법]
[안전보건규칙준수, 구조안전성확인]</td><td>✔</td></tr>
<tr><td>☐ 떨어짐
[높은 곳에서 사람이 떨어짐]</td><td>•작업자의 무리한 행동 억제
[지정된 작업통로(이동동선)로 진출입]</td><td>•작업자
[신규작업자, 일용작업자, 외국인]</td><td>✔</td></tr>
<tr><td rowspan="3"></td><td>•고소 작업 위치에 안전난간, 안전대 부착설비 설치
[개구부 안전난간 설치, 고소작업자 안전대 착용]</td><td>•건설기계장비
[안전검사 유효기간, 장비부품상태]</td><td></td></tr>
<tr><td>•작업 현장 별 위험요인 제거
[작업 특성과 조건에 따른 위험요인 제거]</td><td>•건설자재
[안전인증제품, 자재 적치 상태]</td><td></td></tr>
<tr><td>•그 밖의 위험요인 제거</td><td>•작업환경[방법]
[안전보건규칙준수, 구조안전성확인]</td><td>✔</td></tr>
</table>

재해사례

01 재해사례-거푸집 넘어짐(전도)

1. 재해개요

2020.01.15.(수) 07:50경 제주시 소재 공동주택 신축공사 현장에서 지상 11층 측면부 비계를 설치하기 위해 바닥 정리작업 중 작업구간에 설치되어 있던 벽체 거푸집(약 2.4ton)이 전도되면서, 전도된 거푸집과 적재되어 있던 자재에 재해자가 협착되어 사망한 재해임

2. 재해상황도

재해발생상황도

당 현장 거푸집 전도방지조치 방법

3. 재해발생원인

1) 거푸집 전도방지조치 불량

   벽체 거푸집을 설치하는 경우 거푸집이 외력에 견딜 수 있거나 넘어지지 않도록 버팀대 또는 지지대를 설치하고, 미끄럼방지 조치 등을 실시하여야 하나 당 현장에서는 버팀대의 미끄럼방지 조치를 일부만 실시 ※ 당 현장 버팀대 지지방식- 강관파이프(Φ48.6mm)를 경사진 형태로 벽체와 바닥면에 지지하였고, 파이프가 미끄러지지 않도록 바닥에 목재(못 고정)로 스토퍼 설치 일부 고정함

2) 중량물취급 작업계획서 미작성

   거푸집을 설치하는 경우 전도 등의 위험 예방이 가능한 안전대책을 포함한 중량물취급 작업계획서를 작성·준수하여야 하나, 작업자의 경험에 의한 작업방식으로 시공함

4. 안전대책

1) 거푸집 전도방지조치 철저

거푸집을 조립하는 경우에는 거푸집이 외력에 견딜 수 있거나 넘어지지 않도록 견고한 구조로의 긴결재, 버팀대 또는 지지대를 설치하는 등 필요한 조치를 하고 작업 실시

2) 중량물의 취급 작업 시 작업계획서 작성

거푸집을 조립 후 인양하여 설치하는 경우에는 거푸집 부재간 결합이 완료되기 전까지 전도 위험이 높으므로 전도 위험을 예방할 수 있는 안전대책(지지대, 당김줄 등을 설치)을 포함한 작업계획서를 작성하고, 그 내용을 해당 작업자에게 알려 작업계획서를 준수하도록 하는 등 안전한 작업을 실시하도록 하여야 함

3) 기타 재해예방대책

(1) 거푸집의 형상, 설치구조 및 작업장소 여건에 따라 풍하중 또는 기타 외력에 의해 거푸집 전도위험이 발생할 수 있으므로 거푸집을 조립하는 경우 해당 지지구조에 대한 구조검토 및 상세 설치계획(조립도)에 따라 작업철저

(2) 길이 방향으로 길게 조립되는 벽체 거푸집의 경우 일정 구간별로 분리하여 거푸집을 설치한 후 버팀대 또는 지지대를 적정 간격으로 설치

02 재해사례-거푸집 넘어짐 (전도)

1. 재해개요

건축물 1~2층 외벽 거푸집의 전도로 작업자 1명 부상

2. 재해상황도

외벽거푸집 전도 구간

인접구간 거푸집 서포트 설치현황

3. 사고발생원인

건축물의 외벽 거푸집(높이 6미터, 연장 38미터) 설치 완료 후 후속작업을 위한 내부비계를 설치하는 과정에서 기 설치된 거푸집 서포트(4.5미터 간격)로 인한 작업공간이 협소한 이유로 임의 해체함으로써 외벽 거푸집이 전도된 것으로 추정

4. 안전대책

1) 건축물의 외벽 거푸집 고정을 위해 사용하는 가새는 수평하중을 지반 또는 구조물에 안전하게 전달할 수 있도록 설치하여야 한다.
2) 가새는 단일부재를 기울기 60도 이내로 사용하는 것을 원칙으로 하며, 단일부재 사용이 불가능할 경우의 이음방법은 다음 항에 따른다.
   (1) 이어지는 가새는 각도는 같아야 한다.
   (2) 겹침 이음을 실시하는 가새 간의 이격되는 순 간격은 100밀리미터 이내로 한다.
   (3) 가새의 이음위치는 각각의 가새에서 서로 엇갈리게 설치하여야 한다.

03 재해사례-거푸집 넘어짐(전도)

1. 재해개요

2017. 3. 3.(금) 09:39경 강원도 강릉시 주문진읍 소재 OO건설(주) OO호텔 신축공사현장에서 협력업체 OO건설(주) 소속 재해자(형틀공)가 지하1층 형틀작업 과정에서 임시로 세워놓은 기둥거푸집의 버팀대가 이탈되어 넘어지는 기둥 거푸집에 맞아 사망한 재해임

2. 재해상황도

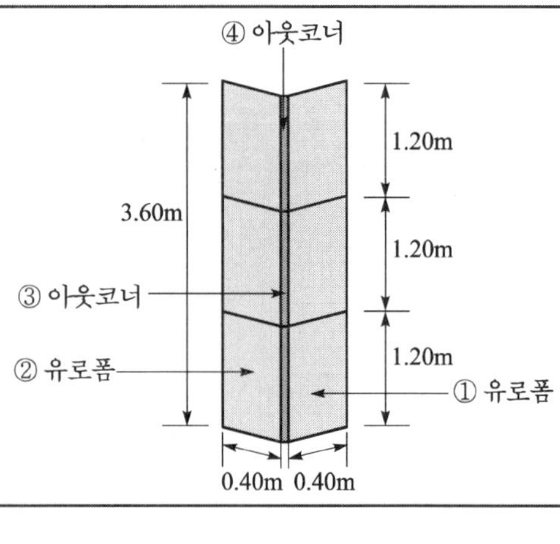

3. 재해발생원인

1) 거푸집 조립작업 시 넘어짐 방지조치 철저

   사업주는 바닥에서 유로폼을 연결하여 제작한 기둥거푸집(높이:3.6m, 중량:110.7kg)을 조립하는 경우에는 기둥거푸집이 넘어지지 않도록 인양장비(타워크레인 등)에 매달거나 견고한 구조의 버팀대를 변형(손상)되지 않은 부재(지점)에 설치하고 작업하도록 하는 등 필요한 조치를 하여야 함

2) 작업계획 수립 및 근로자에게 주지 등 관리감독 철저

   사업주는 거푸집 조립시 해당 작업에 대한 작업방법 및 작업절차, 조립재료의 취급방법 및 설치기준 등에 작업계획을 정하고 이를 근로자에게 주지시키는 등 관리감독을 철저히 하여야 함

04 재해사례-갱폼 떨어짐(추락)

1. 재해개요

2020.06.12.(금) 10:15경 세종시 소재 공공주택 건설사업 현장에서 재해자가 갱폼 최상부 작업발판 위에서 작업 중 갱폼이 외벽에서 탈락하여 갱폼과 함께 아래로 추락(h=30m)하여 사망

2. 재해상황도

3. 재해발생원인

1) 파라펫 거푸집 해체 작업 시 해체 작업절차 미준수

   옥상층 파라펫 거푸집 해체 작업 시 갱폼의 고정볼트를 모두 선 해체한 상태에서 거푸집 해체 작업을 하는 등 해체 작업절차 미준수.

2) 갱폼 지지 및 고정철물 이상유무 수시 점검 및 관리감독 미실시

갱폼 작업발판에서 거푸집 해체 작업 전 갱폼의 지지 및 고정철물 이상유무 등 수시 점검 및 해체작업에 대한 관리감독 미실시.

4. 안전대책

1) 파라펫 거푸집 해체 작업 시 해체 작업절차 준수 철저

옥상층 파라펫 거푸집 해체 작업 시 갱폼의 고정볼트를 미리 풀지 않도록 해체 작업절차를 철저히 준수하여야 함

2) 갱폼 지지 및 고정철물 이상유무 점검 및 관리감독 철저

갱폼 작업발판에서 거푸집 해체 작업 전 갱폼의 지지 및 고정철물 이상유무 등 수시 점검 및 해체작업에 대한 관리감독 미실시.

5. 갱폼 재해사례

Gang Form 자재에 맞음	작업발판에서 떨어짐	자재에 깔림

Gang Form과 함께 떨어짐	작업자 떨어짐	무너진 크레인에 깔림114명(23.5%)
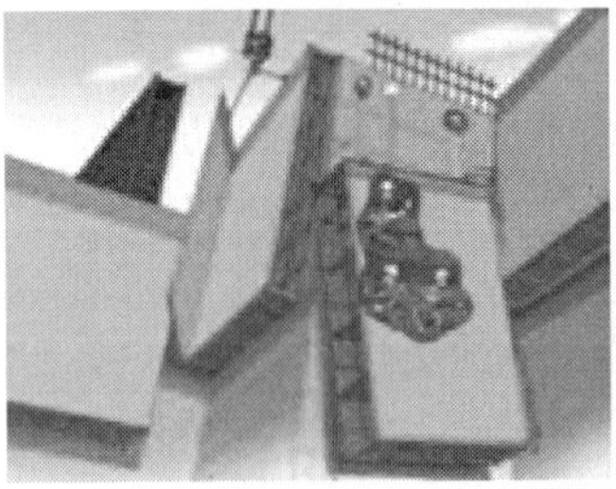	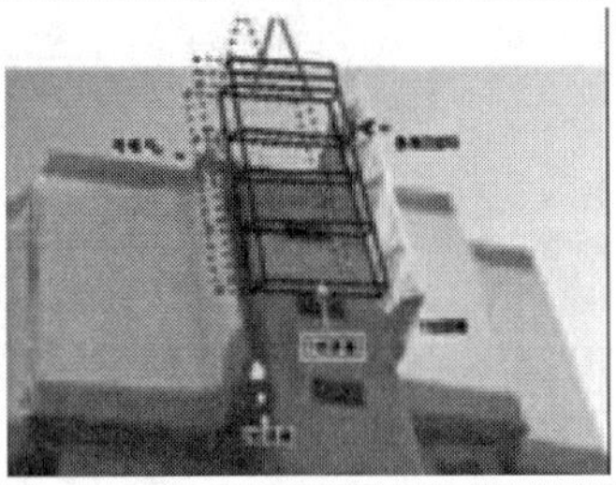	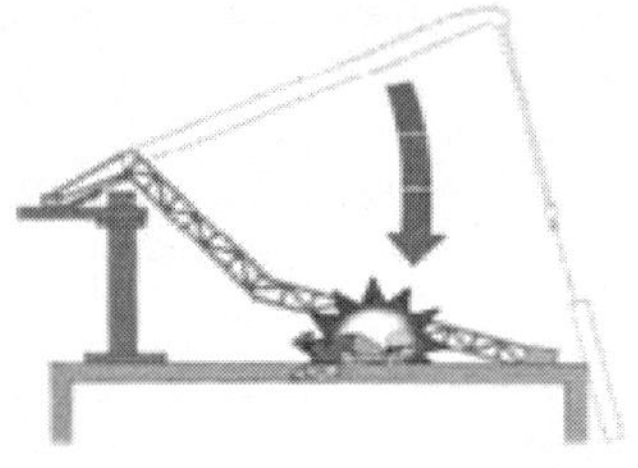

[Gang Form 설치,해체 단계 재해사례]

05 재해사례-수직철근 넘어짐(전도)

1. 재해개요

피재자 2명이 교대 기초(18.7×6×1.1m) 상부 철근 조립작업 중 교대 벽체 수직철근(L=7.3~8m, 약 6ton)이 도괴되면서 협착되어 1명은 사망하고 1명은 부상한 재해임

2. 재해상황도

3. 안전대책

도괴위험이 큰 장척의 수직철근을 조립하는 때에는 자중·적재하중·풍압·진동 및 충격 등에 대한 안전성 확보를 위해 강관파이프로 수평보강 및 지지토록 하는 등의 방법으로 방호조치를 하여야 하며, 철근 결속은 철근교차부위 전체에 견고하게 결속하여야 함

06 재해사례-철근절단기 감전

1. 재해개요

2016. 07. 08.(금) 09:00경, 충남 천안시 ○○구 ○○면 ○○리 소재 ○○○님 개인직영건축공사 현장에서 철근공(남54세)이 1층 슬라브 위에서 철근 더미에 앉아 보 철근 조립작업 중 철근 더미 위에 있던 철근 절단기에서 누설된 전류에 의해 감전되어 사망한 재해임

2. 재해상황도

3. 재해발생원인

1) 철근 절단기와 같은 노출된 비충전금속체의 전기기구를 사용시 전원 인출경로상의 접지선은 반드시 연결하여 사용.

2) 임시배선의 전로에 연결하여 휴대용 철근 절단기를 사용시 누전에 의한 감전을 방지하기 위하여 해당전로의 정격에 적합하고 감도가 양호하며 확실하게 작동하는 누전차단기(정격감도전류 30mA 이하, 작동시간 0.03초 이내)를 경유하여 절단기의 전원 인출

07 재해사례-동바리 무너짐(붕괴)

1. 재해개요

2019.7.30.(화) 경남 김해시 소재 ○○초등학교 신축공사 현장 지상2층 바닥슬래브 콘크리트 타설 작업 진행중 상부하중을 견디지 못하고 거푸집동바리(V5) 및 데크플레이트가 붕괴되어 3명 부상

2. 재해상황도

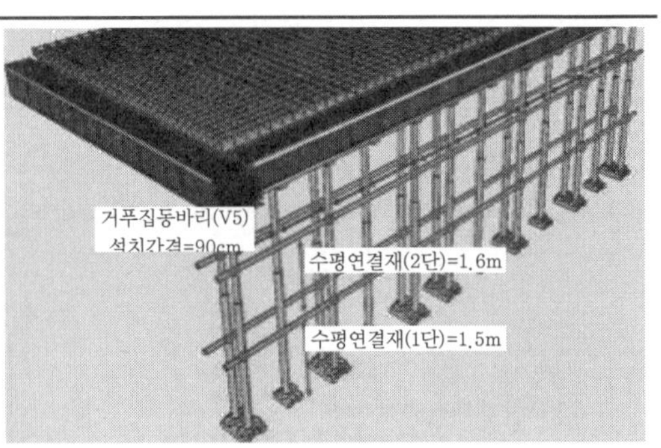

거푸집동바리(V5) 립도(추정)

3. 재해발생원인

1) 거푸집동바리(V5) 구조적 안전성 미확보

(1) 보 구조검토 시 슬래브 부분 설계하중 미산정, 1열 구간 수평연결재 미설치, 수평연결재 1개 방향으로만 설치되어 상부하중을 지지하지 못함

(2) 강재의 교차부 클램프의 미인증품 사용

(3) 미인증품인 파이프서포트(V5) 사용

4. 안전대책

1) 거푸집동바리 설계도서 작성 및 준수

(1) 거푸집동바리의 추가 설치, 수평연결재 2열 설치, 거푸집동바리 및 클램프의 인증품 사용 등 구조검토를 통해 자중 및 작업하중을 견딜 수 있는 설치방법을 결정하고,

(2) 거푸집동바리의 설치방법을 구체적으로 알 수 있도록 시공 상세도를 작성하여 준수하여야 함

5. 동바리 재해사례

상판 슬래브(2nd Span) 콘크리트($960m^3/984m^3$) 타설 공사중 지상 약 13.6m의 교량상판 50m중 20m구간(폭 19.2m)이 가설지지대의 붕괴로 사상자 12인(사망 5인, 부상 7인) 사고발생	시스템 동바리상부 U헤드부에위치한 멍에재의 수평을 맞추기 위하여 시스템 동바리수평재3단 위에서 작업중 수평방향으로 이동하다가 몸의 균형을 잃고 약 5.5m 아래 콘크리트 바닥으로 추락, 사망

08 재해사례-콘크리트 타설 호스에 맞음(낙하비래)

1. 재해개요

콘크리트 잔재물로 막혀있던 콘크리트 타설 호스를 수리하기 위하여 호스 연결고리(커플링)를 분리하자, 내부에 축적되어있던 공기압력을 이기지 못하고 호스가 요동치면서 옆에 있던 피재자의 안면부를 강타, 병원으로 후송 후 치료 중 사망한 재해임

2. 재해상황도

콘크리트 타설 호스 고무패킹 및 연결고리(커플링) 상세 사진

3. 재해발생원인

1) 콘크리트 펌프카와 같은 차량계 건설기계를 사용하여 작업을 하는 때에는 차량계 건설기계의 종류 및 능력, 작업방법이 포함된 작업계획을 작성하고 당해 근로자에게 이를 주지시키고 작업을 실시하여야 하며,

2) 차량계 건설기계의 수리작업 시에는 당해작업을 지휘하는 작업지 휘자를 지정하고, 작업순서를 결정한 후 작업을 실시하여야 함

4. 콘크리트 펌프카 재해사례

옹벽 상단에서 콘크리트 타설작업을 진행하던 중 콘크리트 측압을 이기지 못하고 벽체로부터 탈락된 강재거푸집이 전도되면서 약 10m아래 지상바닥으로 추락하여 1명이 사망하고 1명이 부상한 재해

콘크리트 펌프카붐대의 유압실린더 지지핀이 파단되면서 붐대가 하강, 피재자를 강타하여 1명이 사망하고 1명이 부상한 재해

09 재해사례-펌프카 넘어짐(전도)

1. 재해개요

2017.11.01.(수) 14:40경 경기도 용인시 기흥구 소재 ㈜00건설에서 시공하는 00도시계획도로 소3-118호 개설공사 현장에서 옹벽 벽체 콘크리트 타설 중 펌프카 붐대가 파단되면서 재해자의 등 부분을 타격하여 사망하고, 동료근로자(28세, 남)의 머리와 손가락을 타격하여 부상당한 재해임

2. 재해상황도

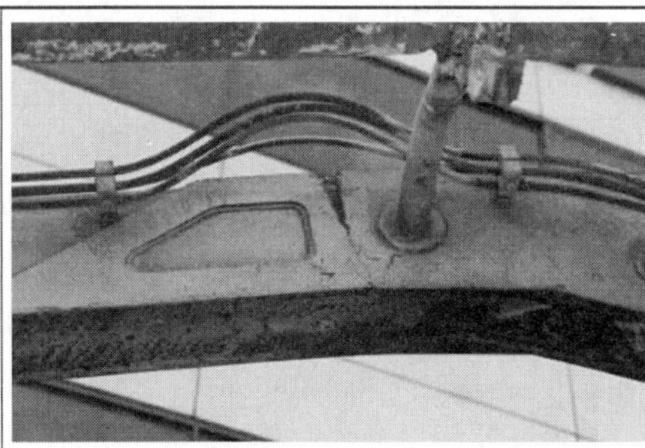

3. 재해발생원인

1) 안전도 준수

차량계 건설기계(펌프카)를 사용하여 작업을 하는 경우 그 차량계 건설기계(펌프카) 붐·암 등 작업 장치가 파괴될 위험을 방지하기 위하여 그 기계의 구조 및 사용상 안전도 및 최대 사용하중을 준수

2) 사전조사 및 작업계획의 작성

차량계 건설기계(펌프카)를 사용하여 작업하는 경우에는 사용하는 차량계 건설기계(펌프카)의 종류 및 성능, 운행경로 및 적정한 작업방법에 대한 작업계획을 수립

10 재해사례-도장작업 화재

1. 재해개요

2019.05.17.(금) 10시경 서울 성동구 소재 ㈜○○ 사옥 신축공사 현장 지하2층 소화저수조 내부 방수공사 작업중 에폭시 희석제 증기가 점화되어 화재가 발생하여 보수공사 작업 중이던 근로자 2명이 화상으로 사망

2. 재해상황도

소화저수조 내부

재해상황도

희석제

담배꽁초와 라이터

장갑에 눌러 붙은 담배꽁초

3. 재해발생원인

1) 소화 저수조내 도포한 에폭시 희석제 증기가 체류하여 연소범위를 형성하고 있었으나, 환기조치 미흡
2) 희석제 증기가 체류하고 있는 상태에서 라이터 및 담뱃불 사용
3) 희석제 물질안전보건자료상 인화점 잘못 표기(표기: 27℃, 실제 12℃)하여 상온에서 화기 사용

4. 안전대책

1) 화재위험장소의 인화성 증기의 농도 측정 및 환기조치
2) 화재의 위험이 있는 장소에서 라이터, 담뱃불 등 화기 사용 금지
3) 인화성 액체 취급시 점화원에 접근금지

5. 우레탄폼의 반응 매커니즘 및 발화 시의 특징

1) 건축물 공사에 사용되는 우레탄폼

건축물에 사용되는 우레탄폼의 종류로는 단열재 등으로 미리 성형 제조한 우레탄폼 단열판, 벽체 및 지붕재로 사용하기 위해 제조한 복합재질 샌드위치 판넬, 현장에서 직접 시공하는 스프레이 우레탄폼 등이 있음

	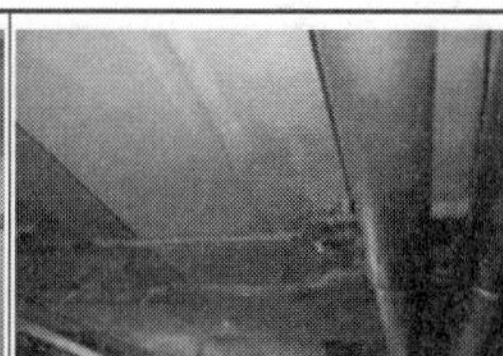		
냉동창고 벽면·바닥 스프레이 시공	일반건축물 천정부 스프레이 시공	우레탄 폼 단열재(우레탄 보드)	우레탄 샌드위치 판넬

2) 우레탄폼 반응 매커니즘 및 발화 시의 특징

[반응 매커니즘]

폴리우레탄 발포체는 성형할 때 고분자의 상태에 따라 여러 가지로 분류하나, 통상적으로 반응성이 아주 빠른 두 액상원료[(diisocyanate:A액)와 (polyol:B액)]를 혼합시켜 기체(CO_2) 발생 및 고분자화 반응 진행 시 급격히 점도가 상승하며, 발열반응에 의해 체적 팽창으로 발포체가 형성

[발화 시의 특징]

(1) 우레탄폼은 할로겐화합물이나 인(Phosphate)을 첨가시킬 경우 난연성을 띄기는 하나 불연성은 아니며, 한번 불이 붙으면 폭열을 일으키면서 연소하는 특성이 있음. 특히 1.000℃ 이상되는 용접불티가 발포 우레탄에 떨어지면 우레탄 속으로 파고 들어가 서서히 연소하고 일정시간이 경과되어 발화되면 급속히 확산되는 특성이 있음

(2) 우레탄폼 발화 초기에는 흰 연기를 내며 분해반응을 일으키다 발포체가 녹아 타면서 검은 연기를 내품으며 급격히 확산되고, 우레탄폼 표면의 피막으로 인해 소화약제 침투가 어려워 일반 화재보다 화재 진화가 어려움

(3) 우레탄폼 연소 시 발생하는 연기에는 염화수소(HCI), 황화수소(H_2S), 이산화질소(NO_2), 일산화탄소(CO), 이산화황(SO_2), 시안화수소(HCN) 등의 유독가스가 포함되어 있어 근로자들이 유독가스를 흡입 시 치사 원인으로 작용

부산 냉동창고 신축공사 화재 ('98.10.29 사망27, 부상16)

서울 구로 오피스텔 신축공사 화재 ('07.3.17 사망1, 부상60)

이천 물류 냉동창고 신축공사 화재 ('08.1.7 사망40, 부상10)

서울 종로 미술관 신축공사 화재 ('12.8.13 사망4, 부상9)

제7장

토목구조물공사

1. 도로공사
2. 교량공사
3. 터널공사
4. 댐, 항만 및 제방, 매립장공사
5. 토목구조물공사 위험성평가표 및 재해사례

construction safety management

1. 도로공사

교통처리계획과 안전시설물 설치

4차선 이상 구간	2차선 이상 구간
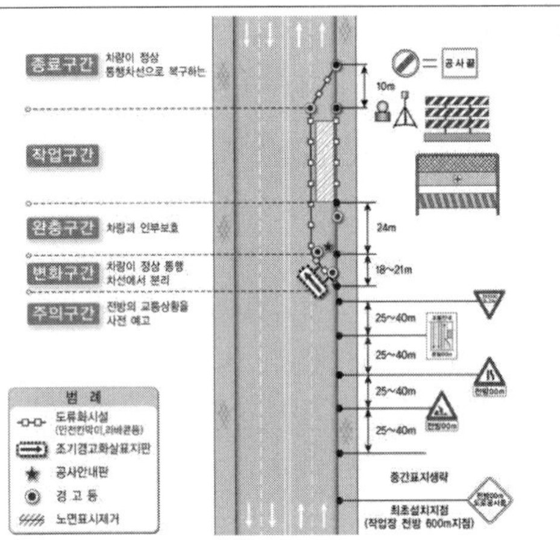	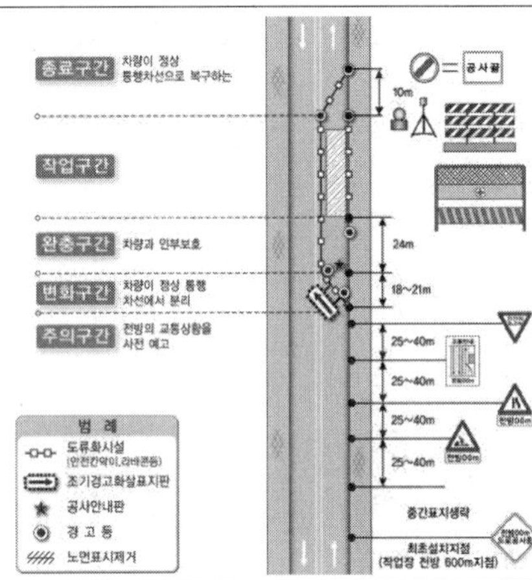
• 교통량적 측면에서 매우 불리 • 시공여건 측면에서 기존차로 최대 확보 ⇒ 차로조정 • 안전측면에서는 과속 등으로 인하여 사고 발생예상 가능	• 교통량적 측면에서 불리 • 시공여건 측면에서 1차로 유로 병목 ⇒ 가도 또는 우회도로 필요 • 안전측면에서는 과속 등으로 인하여 사고 발생예상 가능
교차로 구간	**이면도로**
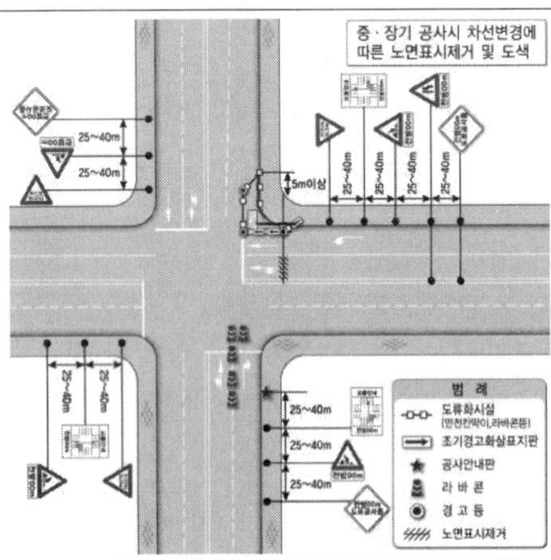	
• 버스 및 거주민 진·출입 차량이 첨두시에 집중 • 시공여건 측면에서 1차로 점유로 병목 예상 ⇒ 우회도로망 또는 단계별 시공계획	• 첨두시 집중되므로 공사시간대 조정 필요 • 시공여건 측면에서 도로폭 협소로 공사 여건상불리 ⇒ 우회도로 확보 필요 ⇒ 공사중 보행자도로 확보에 역점

도로 포트홀 발생원인과 방지대책 07-01

1. 포트홀

포트홀Pothole은 **아스팔트 포장의 표면에** 빗물 등이 스며들어서 국부적으로 **침식**되어 움푹 떨어져 나가 패이는 항아리 모양의 파손 형태를 보이는 **구멍**을 말한다.

2. 발생메커니즘

1) 기본 원인

아스팔트 포장시공시 다짐부족(밀도감소)과 아스팔트 혼합물의 국부적 재료분리에 따른 포장내 침투수 증가로 인한다.

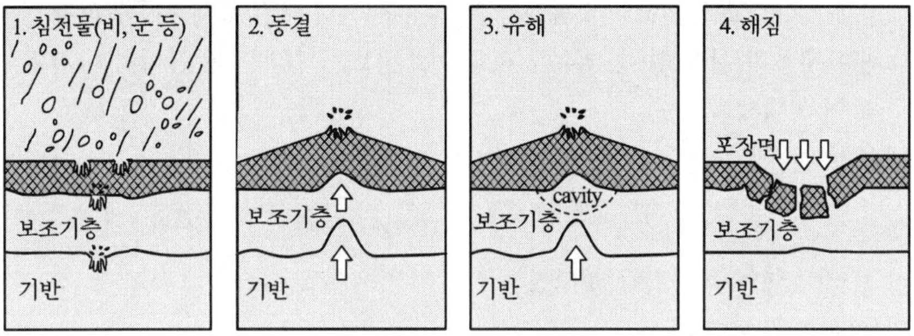

그림 7.1.1. 포트홀 발생과정

2) 발생순서

(1) (봄철)

도로 내부에 침투한 수분이 겨울철에 동결·팽창되고, 봄철 융빙으로 공동현상 후 포장 침하

가. (1단계) 도로내부의 공극 또는 표면 균열부로 스며든 눈 또는 빗물이 겨울철에 냉각되거나 부적절한 동상방지층으로 노상 등에 동상 발생

나. (2단계) 부피팽창으로 포장체 융기

다. (3단계) 봄철에 얼음이 녹으면서 포장체 내부에 발생한 공동으로 포장체의 구조적 내구성저하

라. (4단계) 교통하중으로 포장체의 균열 발생 및 포트홀 발생

(2) (여름철)

집중 강우기간에 아스팔트 포장의 포화상태에서 차량통행시 간극수압이 발생하여 포트홀 발생

가. (1단계) 도로내부의 공극 또는 표면 균열부로 스며든 빗물이 포장 내부에 잔류

나. (2단계) 교통 하중에 의한 포장체내 간극수압 발생

다. (3단계) 아스팔트와 골재간 결합력 저하로 포트홀 발생

(3)(겨울철)

폭설과 장기간 한파로 인한 반복적 동결융해로 골재와 아스팔트 결합력이 저하된 상태에서 차량하중으로 발생한다. 특히, 잦은 폭설에 따른 제설제 사용으로 포장에 녹은 물이 지속적으로 침투되어 장기간 포화상태 유지로 포트홀이 증가한다.

3. 포트홀 발생원인과 문제점

1) 발생 원인

(1) 시공관리 측면

가. 골재나 아스팔트 혼합물의 품질과 시공시 온도 및 다짐 등의 시공관리가 불량한 경우

나. 배수 구조의 불량 등 침투수에 의해 아스팔트가 골재에서 떨어져 나가는 박락 현상에 의해 발생

(2) 유지관리 측면 : 눈을 녹이기 위해 뿌리는 염화칼슘

2) 문제점

(1) 차량 타이어 옆면 부풀거나 찢어짐

(2) 차량 타이어나 휠의 파손

4. 방지대책[저감대책]

1) 시공관리 측면

(1) (혼합물) 균질성 및 수분저항성 향상, 배합설계 공극율 관리

(2) (운반관리) 운반 중 온도 차이 발생 저감을 위한 전용 덮개 사용

(3) (온도관리) 현장 도착 및 포설 전 온도 관리

(4) (시공관리) 택코트 시공 철저, 다짐장비 중량 확인 및 연속 포장시공, 종방향 및 횡방향 시공이음부 균열 발생 억제

(5) (다짐관리) 표층 다짐도 96퍼센트 이상, 공극율 8퍼센트 이하 확인

(6) 방수재 시공 철저

가. 도막식 방수재

2~3회 나누어 도포하며, 용제형 또는 가열형의 경우는 부직포나 직포 등과 함께 시공

나. 시트식 방수재

콘크리트 바닥판 노면요철에 잘 밀착될 수 있어야 하며, 기계식 시공 장비 이용

2) 유지관리 측면

포트홀 발생 때 마다 즉시 메워주는 보수 공사 실시

도로 싱크홀 발생원인과 방지대책 07-02

1. 싱크홀Sinkhole[지반 함몰]

1) 싱크홀이란 지하 암석이 용해Dissolution되거나 지하공동Underground cavity이 붕괴되며 지반이 원기둥이나 깔때기 모양으로 가라앉는 현상을 말한다.
2) 거대한 원통형 혹은 원뿔형 공간이 지하에 생기며 지름이 수십미터, 수백미터에 이르기도 한다.
3) 싱크홀 문제가 주목받게 된 것은 점차 도시 내 발생빈도가 높아지고 그 원인도 자연적이라기 보다는 지하수 개발, 노후 상하수도관 누수, 지하철 공사 등 인재로 추정되기 때문이다.

지하수유출 ⇨ 지반유실 ⇨ 공동확장 ⇨ 지반함몰 ⇨ 자갈모래층, 지반함몰 위험도 증가

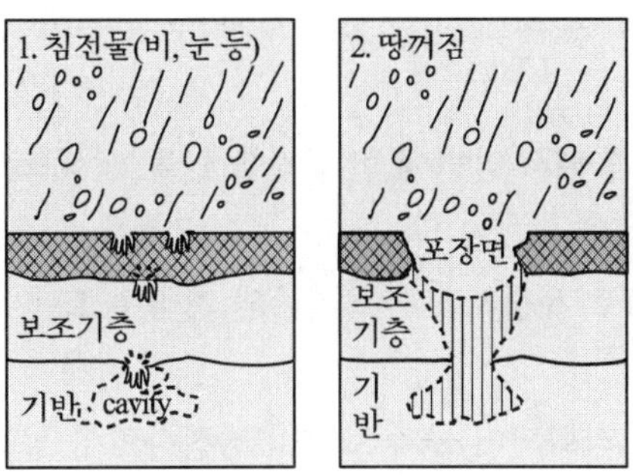

그림 7.1.2. 땅꺼짐 현상

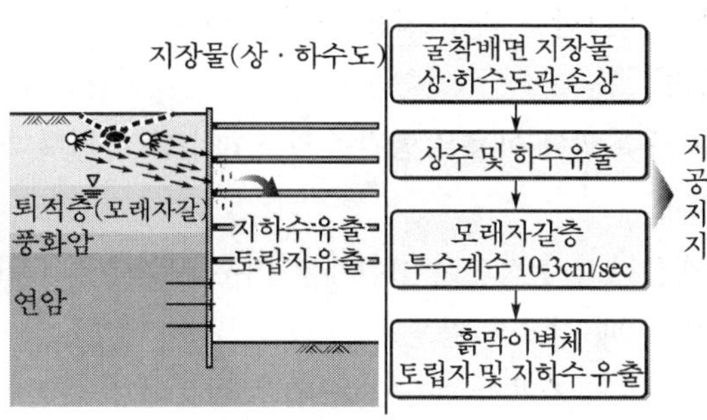

그림 7.1.3. 굴착공사 중 땅꺼짐 메커니즘

2. 싱크홀 원인

1) 지하수의 흐름-싱크홀 발생의 주 원인

지하수로 인해 암반에 빈 공간이 생기면 상부의 토양과 지하수가 빈 공간을 채우게 되고 토양에 아치Arch 형태의 동공이 만들진 후 붕괴된다.

2) 암반의 용해-지하수가 암석을 녹임

암반이 석회석, 소금, 탄산염 등 물에 녹을 수 있는 물질로 구성되어 있을 때 지하수가 기반암을 녹여 빈 공간을 만들고 지하수위 하강시 상부 붕괴된다. 자연상태의 싱크홀이 이에 해당되며 우리나라에서는 석회암층이 분포해 있는 지역에서만 발생한다.

(1) 싱크홀 유형-용해가 잘되는 석회암 지역에서 발생

가. 지표붕괴형 싱크홀Cover-collapse Sinkhole

나. 지표침하형 싱크홀Cover-subsidence Sinkhole

다. 지표용해형 싱크홀Dissolution Sinkhole

(2) 유형별 생성과정

가. 용해형 싱크홀Dissolution Sinkhole

지표수나 빗물이 지표에 노출된 석회암을 녹이는 과정에서 생성된다.

나. 침하형 싱크홀Cover-subsidence Sinkhole

암반층의 빈 공간으로 모래가 많이 포함된 토양이 오랜 기간 서서히 침하되면서 생성된다.

다. 붕괴형 싱크홀Cover-collapse Sinkhole

점토층이 두꺼운 곳에서 발생하는데 점토의 점착력으로 인해 일정기간 버티다가 갑자기 붕괴되어 큰 피해 유발, 우리나라에서 이슈로 부각된다.

3) 인간의 활동

인간의 과다한 지하수 이용, 개발사업 추진시 지하수 흐름 교란, 상하수도관 누수 등이 주된 원인

(1) 지하수 과다 이용은 암반층의 지하수를 빠져나가게 해서 암반에 빈 공간을 만들어 싱크홀 유발

(2) 개발사업 추진과정이나 개발 이후 지하수를 지표로 유출시키거나 기존의 지하수 흐름이 변할 때 싱크홀 발생

(3) 상하수도관의 누수가 있을 경우 점토의 응집력이 약화되어 물과 토양이 침전하면서 싱크홀 발생

3. 싱크홀 방지를 위한 제도 개선 및 지하수위 관리 체계 구축

1) 싱크홀의 원인인 지질정보, 지하수위, 상하수도관에 대한 지반정보를 정확히 파악하여 DB 구축

2) 지질정보는 사업추진 과정에서 시추하여 작성한 지질주상도를 토대로 지질 DB 구축

3) 지하수관측망을 확충하여 세분화된 지하수위 정보를 축적하고 상하수도관의 위치도 작성

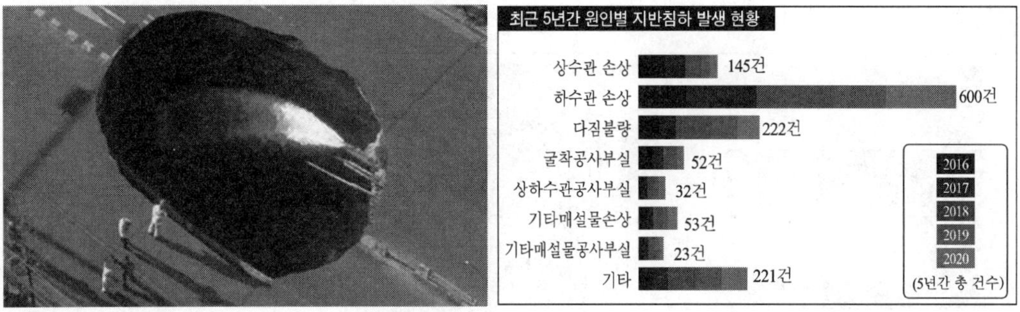

그림 7.1.4. 인천 도시철도 현장, 2012

4. 석회암 공동이 구조물에 미치는 영향

1) 공동 상부 지반함몰 발생

(1) 지하수위 변동은 주로 공동을 상향으로 발전시켜 지표상부의 함몰을 유발하고 자연적인 지하수위 변동보다는 과도한 지하수 개발과 같은 인위적인 지하수위 변동에 더 큰 원인이 된다.

(2) 상부면의 침강은 주로 공동상부에 상재하중(구조물하중, 교통하중, 진동하중)이 작용하는 경우에 발생

지하수위 변동에 인한 함몰

상재하중에 의한 함몰

지진하중에 의한 함몰

그림 7.1.5. 지반 함몰 사례

2) 구조물의 침하

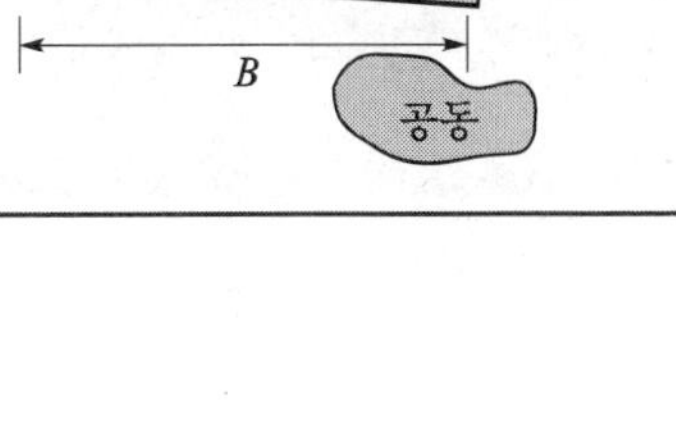

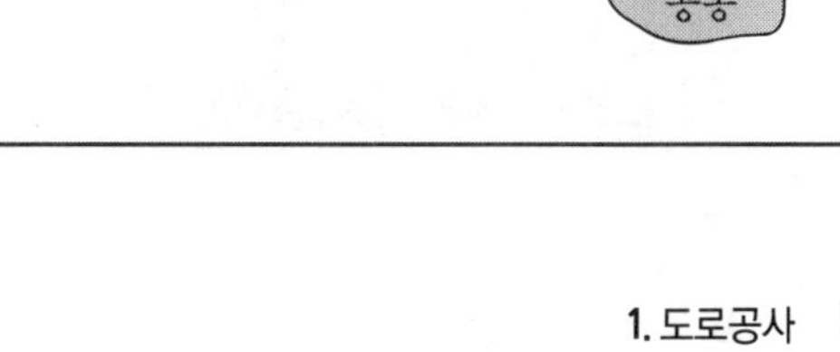

5. 땅꺼짐 원인과 대책

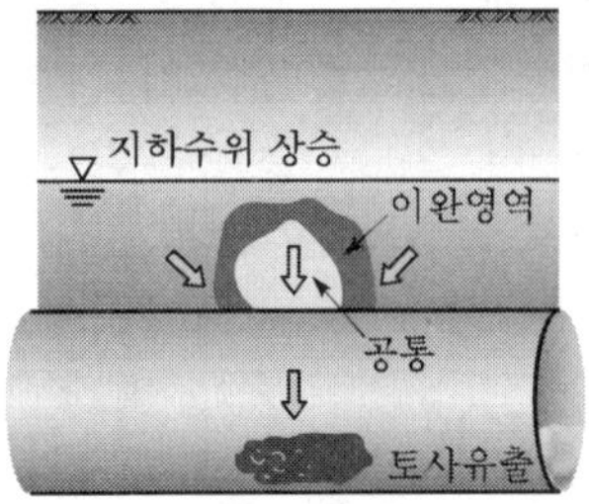

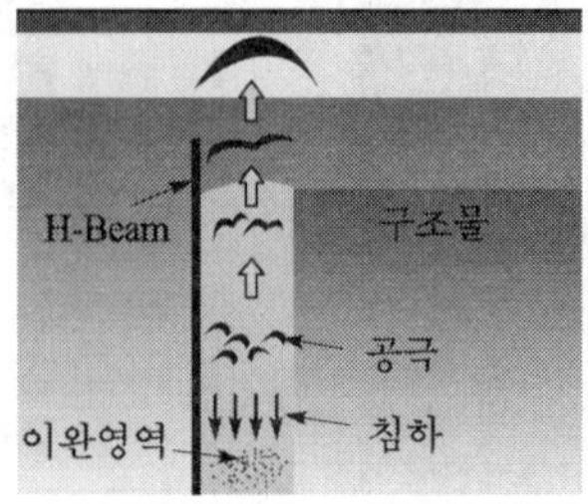

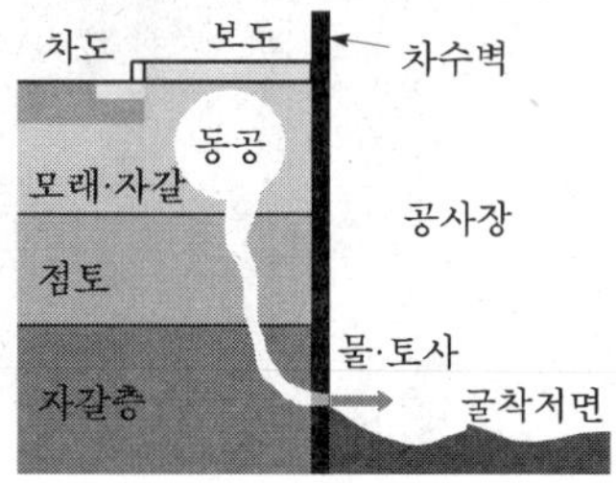

노후관로 파악	되메움 규정	지하수유출 방지
• 노후된 관로의 손상부를 통한 토사유출은 땅꺼짐을 초래함 • 땅꺼짐이 우려되는 경우에는 노후관로 CCTV 촬영을 설계에 반영하여야 함	• 비합벽식 흙막이와 같이 깊은 되메움기 구간은 침하가 누적되어 땅꺼짐을 초래할 수 있음 • 지반침하가 발생하지 않도록 되메움기 기준 명시	• 지하수 유출에 취약한 지반조건(점토층하부에 자갈층이 분포)에서는 지하수 유출만으로 유해한 지반침하가 발생함 • 철저한 지하수 유출 방지 대책 수립

(1) 서울시 공동등급 분류기준(2018)

등급	분류기준
긴급복구	• 아스콘포장 두께 10cm 이내인 공동 중 공동 토피 20cm 이내인 공동 • 포장 균열 깊이가 50% 이상 진행된 모든 공동 (잔여 아스콘포장 두께 10cm 이내)
우선복구	• 아스콘포장 두께 10~20cm 이내인 공동 중 공동 토피 10~30cm 이내인 공동 • 공동 좁은 폭 150cm 이상인 모든 공동 • 포장 균열 깊이가 10~50% 진행된 모든 공동 (잔여 아스콘포장 두께 10~20cm 이내)
일반복구	• 긴급/우선/관찰 등급을 제외한 모든 공동
관찰	• 아스콘포장 두께 30cm 이상인 공동 또는 공동 토피 40cm 이상인 공동 중에서 공동 평균 폭 80cm 미만인 공동 * 모두 평균 폭 80cm 미만

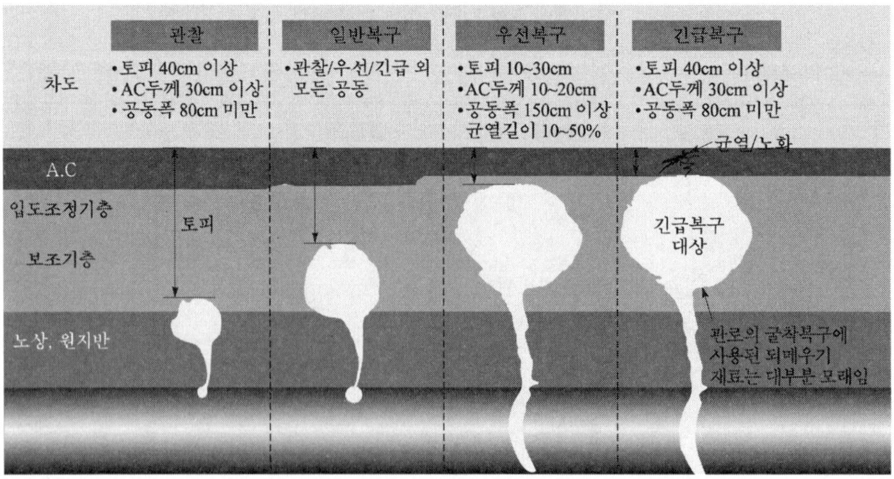

2. 교량공사

1. 교량가설공법의 종류

크레인의 종류	• 자주식 크레인에 의한 방법(트럭 크레인, 크롤러 크레인)
	• 케이블 크레인
	• 골리앗 크레인(문형 크레인)
	• 플로팅 크레인, 폰툰 크레인
	• 포터블 클레인(트레블러 크레인)
지지하는 방법	• 벤트식 공법FSM [전체 지지식, 지주지지식, 거더지지식]
	• 케이블식 공법Cable Eraction [수직메달기 공법, 경사메달기 공법, 맞달기 공법]
	• 가설보 공법MSS [상부이동식 비계공법, 하부이동식 비계공법]
	• 밀어내기 공법(압출공법ILM) [연속압출공법, 선행가설거더식 압출공법, 가설거더식 압출공법, 이동 가교각식 압출공법, 바지를 이용한 압출공법]
	• 캔틸레버식 공법FCM(지지하는 것이 없음)
	• 일괄가설공법(대형블럭공법)

2. 교량 등급[KDS 24 12 21 교량설계하중(한계상태설계법)]

• 1등교(KL-510) : 고속도로 및 자동차 전용도로상의 교량
• 2등교(1등교의 75%) : 일반국도, 특별시도와 지방도상의 교통량이 적은 교량
• 3등교(2등교의 75%) : 산간벽지 지방도, 시도 및 군도 중에서 교통량이 적은 교량

3. 차량활하중 (KL-510)

<table>
<tr><th>표준트럭하중</th><th colspan="2">표준차로하중</th></tr>
<tr><td rowspan="3">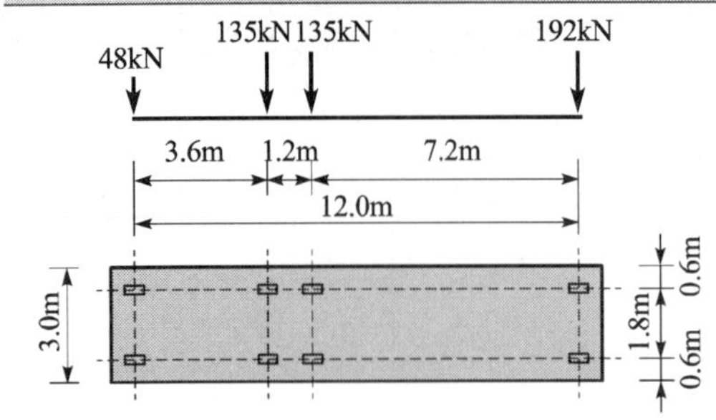
</td><td>지간 (m)</td><td>등분포하중의 크기(kN/m)</td></tr>
<tr><td>$L \leq 60$</td><td>$W = 12.7$</td></tr>
<tr><td>$L > 60$</td><td>$W = 12.7 \times (\frac{60}{L})^{0.10}$</td></tr>
</table>

교량공법별 안전관리-상부구조[ILM] 07-03

1. 연속 압출 공법 I.L.M, Incremental Launching Method 개요

그림 7.2.1. ILM 시공과정과 붕괴사고

연속 압출 공법은 본래 1960년대 초에 서독의 Stuttgart시에 있는 Leonharot & AndraA 회사의 Fritz Leonhardt, Will Baur, Andra씨의 3인에 의하여 개발된 공법으로 그 후 점차적으로 진전 개발되어 현재에 이르러 채택되고 있다.

이 공법은 교량의 상부 구조물을 교대 후방에 미리 설치한 제작장에서 1-Segment(일반적으로 1Span을 2~3등분)씩 제작하여, 교량의 지간을 통과할 수 있는 평형 압축력을 포스트 텐션 방법에 의거 미리 제작된 상부 구조물에 Prestress를 도입시킨 후 교량의 교축 방향으로 특수 압출장비를 이용하여 밀어내는 공법이다. 이때 상부 구조물을 밀어내는 장치는 여러 가지 종류가 있으나 근본적으로는 상부 구조물과 하부 구조물의 모든 지지점 사이에서 발생하는 마찰의 차이를 이용한다는 면에서 공통적이. 따라서 이 연속 압출 공법은 마찰계수가 매우 작은 테프론Teflon판이 개발되므로서 더욱 용이해졌다.

즉, 이 공법의 초기에는 교량의 각 경간에 설치되어 있는 동바리 위에다 미끄럼대를 이용하여 소정의 위치까지 압출시켰던 점을 감안하면, 오늘날과 같이 동바리를 세우지 아니하고 교각의 교좌장치 위에서 직접 밀어낼 수 있게 된 것은 바로 이 Teflon판(PTFE Sliding PAD)의 개발로 인하여 훨씬 더 경제적인 공법으로 이용받게 되었다.

2. ILM 공법 유의시항

1) 공법 개요

이 공법은 PC Box Girder 교대 뒤에 있는 제작장에서 1 Segment(15~30미터)씩 Con'c를 타설하여 추진코에 의해서 상, 하판과 PC 강선을 긴장 압출하여 가설하는 방법이다.

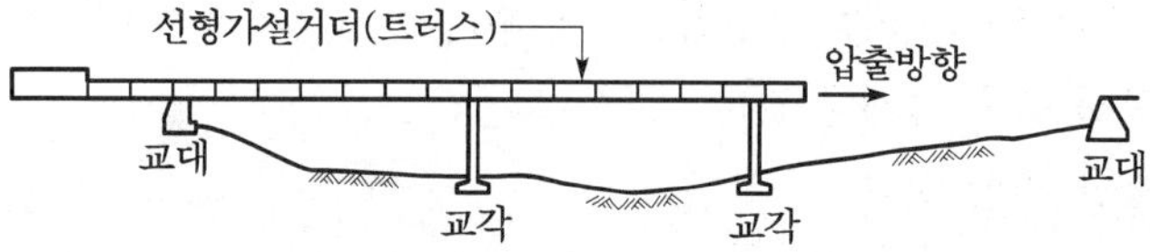

그림 7.2.2. ILM 공법

2) 특징

(1) 적용성

가. 조립장소가 필요하다.

나. 교량 밑의 장애물(도로, 철도, 강, 건물보호지역, 깊은 계곡) 지역에 적합하다.

다. 장대교, 고가교에 적합(경간장 30-60미터)하다.

라. 교량 선형의 제한성(직선 및 동일 곡선 선형일 것)이 있다.

(2) 시공성

가. 비계, 동바리 없이 시공할 수 있다.

나. 대형 크레인 등 거치장비가 필요 없다.

다. 증기양생과 덮개설치로 비, 눈 등으로부터 보호(전천후 시공 가능)된다.

라. Camber 조종과 기타 기하학적 조정이 쉽다.

마. 콘크리트 타설시 엄격한 품질관리가 필요하다.

바. 상부 구조물의 횡단면과 두께가 일정할 것

사. 하부공간에 피해를 주지 않고 시공할 수 있다.

아. 타 공법에 비해 안전성이 높다.

자. 계획적인 공정관리가 가능하여 안정시공을 기대할 수 있다.

(3) 경제성 및 급속성

가. 작업장 설치비등이 있으나 교각이 높은 경우 경제적이다.

나. 공사규모에 따라 거푸집에 대한 공사비가 절감된다.

다. 제작장에서 콘크리트를 타설하기 때문에 대량 생산으로 경제성이 있다.

라. 운송비용 절감(동바리용 가설재의 운송비)

마. 교량 연장이 긴 경우에는 공사기간이 단축된다.

바. 상당한 면적의 작업장이 필요하다.

사. 시공속도가 빠르다.(1segment당 1주일)

3) 설계시 유의사항

(1) 선형결정

가. 코로소이드 곡선을 피할 것

나. 지나친 종단구배는 피할 것 (압출력의 과다로 비경제적이며 고정단의 Bearing 및 하부구조를 특수 설계할 것)

다. 종단곡선을 피할 것

(2) 구조검토

가. 가설시 구조계와 설계상의 구조계가 다르다.

나. 가설중 지지점이 완성후와 다르다.

다. 가설중 응력, 변형, 국부응력을 검토할 것

라. 가설 구조물에 대한 검토가 필요하다.

마. 압출 시 소요강도를 확보하기 위해 상부 단면 보강에 유의할 것

(3) 가설장비

가. Nose의 길이는 경간장의 2/3 정도가 적당하다.

나. Lift and Pushing 방식이 Pulling 방식보다 유리하다.
(압출시 문제가 발생하면 후진이 가능하다.)

다. 1 Seg의 길이는 15미터 내외가 적당하다.

라. 압출시 마찰감소를 위한 유동받침에 유의할 것

4) 시공 시 유의사항

(1) 제작장 설치

가. 지반이 견고할 것

나. Elevation을 정확히 할 것(특히 종단구배가 있을 경우)

다. 제작장 주변 배수처리를 잘할 것

라. Braking saddle의 Anchor를 견고하게 설치할 것

마. Launching Jack의 구배는 교량의 종단구배와 동일하게 설치할 것

(2) 콘크리트 타설시

가. 철제 Mould는 Sand Blasting 한 후 기름칠을 하여 녹을 방지할 것

나. Sheath관과 PC강선을 녹이 슬지 않도록 보호할 것

다. Slump는 유동화제를 사용하여 10센티미터 미만으로 할 것

라. 눈비를 피할 수 있는 Canopy를 설치할 것

(3) 양생

가. 증기양생 설비를 갖출 것

나. 최대온도는 60~70℃로 하고 시간당 상승온도를 20℃가 넘지 않도록 할 것

다. 온도하강시도 시간당 20℃를 넘지 않도록 할 것

라. 증기양생이 끝난후에도 양생로를 덮어 직사광선을 피할 것(Hair Crack 발생 방지)

(4) 강재인장시

가. 설계기준강도의 최소 80퍼센트 이상일 때 인장할 것

나. 인장종료후 강선절단시 연결구로부터 약 2~3센티미터 여유를 두고 절단할 것

다. 유압호소 및 게이지를 사전에 점검할 것

라. 인장 시 콘크리트면과 평행 내지 일체가 되어 편심이 생기지 않도록 할 것

마. PC강선의 인장순서를 설계도와 같이 지킬 것

(5) 압출시

가. Sliding Rod를 뒤집어 넣지 않도록 할 것

나. 만약 뒤집어 넣었으면 후진하여 바로 넣을 것

다. Sliding pad를 끼울 때 콘크리트면이 shoe 부분에 닿지 않게 끼울 것

라. Sliding pad에 구리스를 충분히 도포하여 마찰계수를 충분히 최대한 줄일 것

마. 압출 중 거더의 가로 이동에 주의할 것

(6) 기타

가. 곡선교일때는 중심이 맞지 않아 Laterial Guide에 무리가 갈때는 다음 Seg의 콘크리트면에서 조정해 줄 것

나. 무전기를 중비하여 압출 Jack 조정자와 십장, 각 Pier에서 Sliding Pad를 끼우는

인부들과 호흡이 맞도록 할 것

다. Nose와 1 Seg와의 접속부는 초기 2~3경간 압출시 벌어짐이 있는지 세밀히 관찰하여 벌어지게 되면 적절히 보완할 것

라. Sheath관의 배치는 정확히 설계도와 일치시킬 것

마. Grouting은 PC강선이 피로해지기 전에 실시할 것

3. ILM공법 시공 시 문제점과 대책

1) 하부플랜지의 뚫림전단파괴[1)]

(1) ILM공법에서는 상부구조를 압출 시 받침의 위치가 계속 변해가므로 지점의 반력에 의하여 하부 플랜지에 뚫림전단파괴가 발생한다.

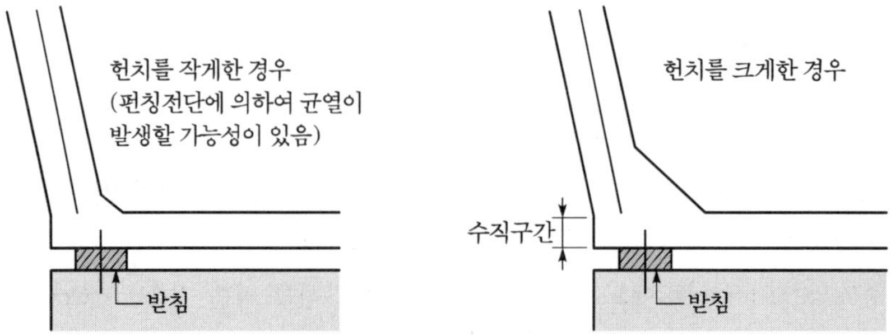

그림 7.2.3. 뚫림전단파괴 위험 위치

(2) 뚫림전단파괴를 방지하기 위한 대책

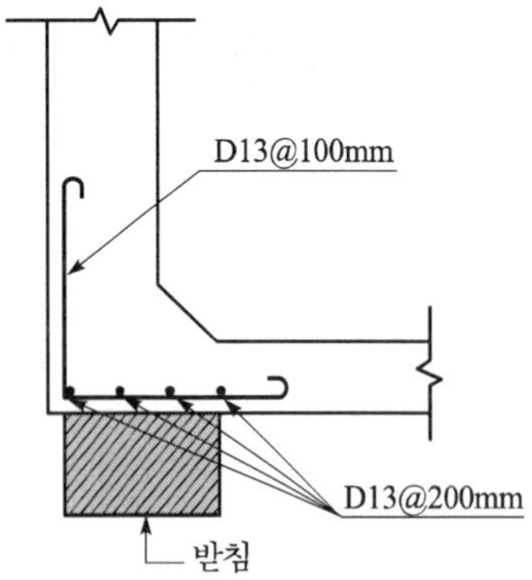

그림 7.2.4. 하부플랜지에 보강철근 배치

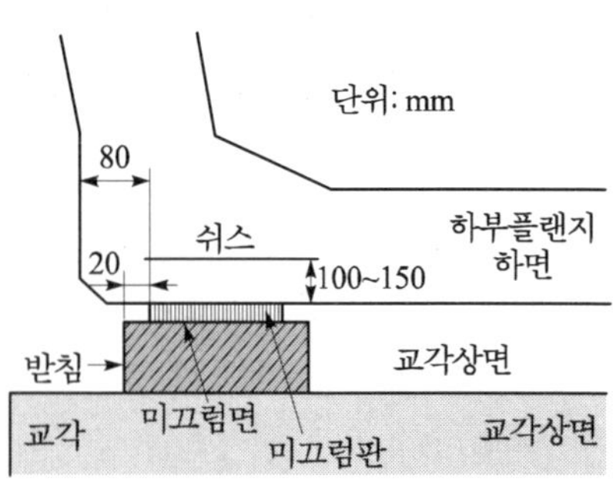

그림 7.2.5. 헌치단면 증대 및 받침배치 위치 선정

1) 교각 받침 주변에서 사인장 균열에 의해 원추형 또는 피라미드 모양으로 뚫려는 파괴형태, Punching shear failure라고 한다.

2) 전도 위험성-전도 안전성 검토 필요

압출노즈의 선단이 제2지점 교각P1에 도달하기 직전의 상태에서 제1지점에 관한 안전성을 검토하여 전방으로 전도되지 않도록 확인할 것

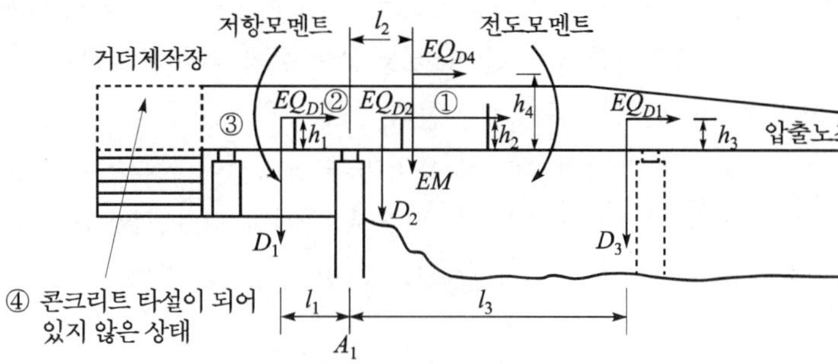

D_1: A_1 후방 거더의 중량
D_2: A_2 전방 거더의 중량
D_3: 압출노즈의 중량
EM: 가설하중
EQ_{D1}, EQ_{D2}, EQ_{D3}, EQ_{D4}, : D_1, D_2, D_3, EM에 대한 지진시 수평력

그림 7.2.6. 전도모멘트와 저항모멘트 관계

3) 활동 저항력의 위험성-활동 안전성 검토 필요

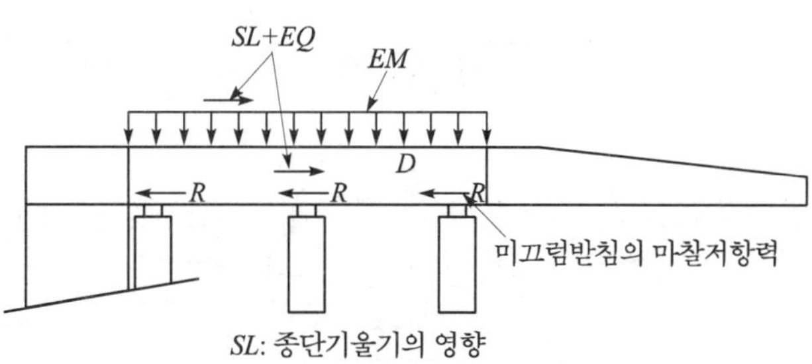

SL: 종단기울기의 영향

그림 7.2.7. 수평전단력과 저항력 관계

4. ILM공법 사고유형

1) 장대지간 ILM 교량의 추진코의 휨 혹은 비틀림 파괴
2) ILM 교량 받침부 주변 콘크리트 손상 및 슬라이딩 패드 지압 파괴
3) 2점 지지방식의 경우 하중 집중에 따른 펀칭 균열 발생(헌치부 두께 검토)
4) 압출 시 교각에 작용하는 수평력에 의한 파괴
5) Pulling 방식에 의한 압출 시, Pulling 작업중 특정 강연선에 응력 집중에 따른 강연선 파단
6) 지점부에서 미끄럼 장치의 면적이 작을 경우 단면 하단부에 파손 발생
7) 압출 시 평면곡률에 대한 수평력과 교축직각방향으로 작용하는 풍하중에 의한 전도
8) 추진코와 콘크리트 거더의 접합부 파괴

1. FCM공법Free Cantilever Method개요

1) PC Box Girder교의 현장타설에 의한 가설공법으로써, 교각에 주두부를 설치하고 특수한 가설장비(작업차Form Traveller)를 이용하여 한 Segment씩 현장에서 콘크리트를 타설한 후 Prestress를 도입하면서 이어나가는 공법을 말한다.
2) F.C.MFree Cantilever Method 공법은 기존의 재래식 동바리가 필요없이 교각위에서 교각 양쪽의 교축방향으로 특수한 가설장비F/T, Form Traveller를 이용해 한개의 세그먼트(Segment, 3~4m)씩 콘크 리트를 타설 하고 연결해 나가는 교량 상부 가설 Prestress공법

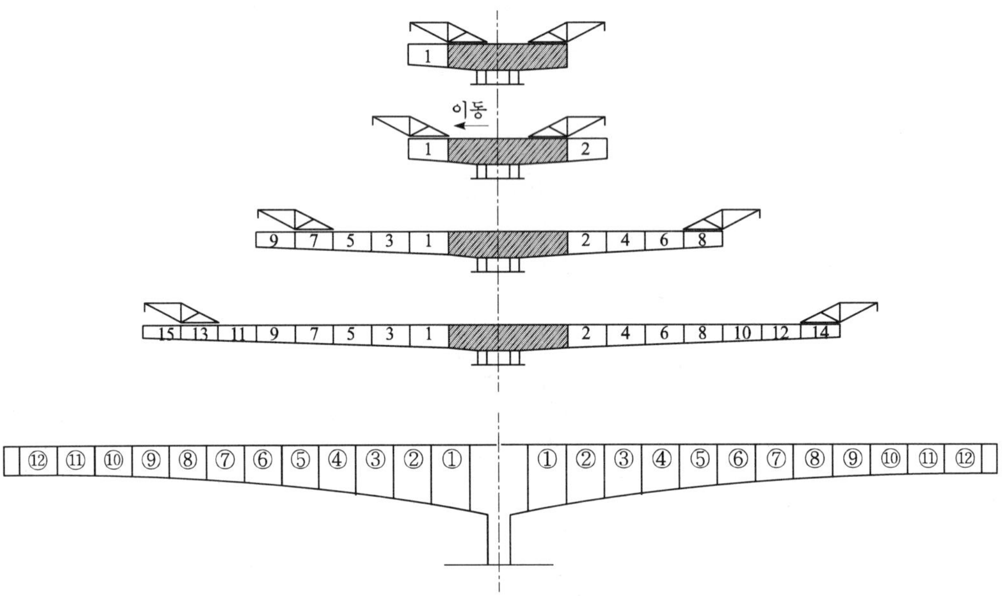

그림 7.2.8. FCM 시공순서

3) 공법의 장점
   (1) 동바리 설치가 힘든 깊은 계곡 및 유량이 많은 하천 등에 유리하다.
   (2) 장대교량의 선박운항 해상에 유리하다.
   (3) 교통량이 많은 도로 횡단시 긴 지간으로 시공 가능하다.
   (4) 소규모 가설장비Form Traveller사용으로 초기공사비 절감된다.
   (5) 가설장비Form Traveller의 사용대수에 따라 공기조절이 용이하다.

4) 공법의 단점

(1) 선형 관리 및 솟음Camber관리 등의 구조적 시스템의 철저한 관리가 필요하다.

(2) 3~4미터의 소규모 세그먼트의 현장 타설 시공으로 시공속도 느리다.

(단, 가설장비인 F/T의 투입대수 조절로 공기조절 가능하다.

(3) 짧은 지간의 소 교량에는 부적합하다.

(4) 교각마다 양중기 및 건설용 리프트 등 승강기를 설치할 것

2. FCM공법 유의사항

1) 시공순서

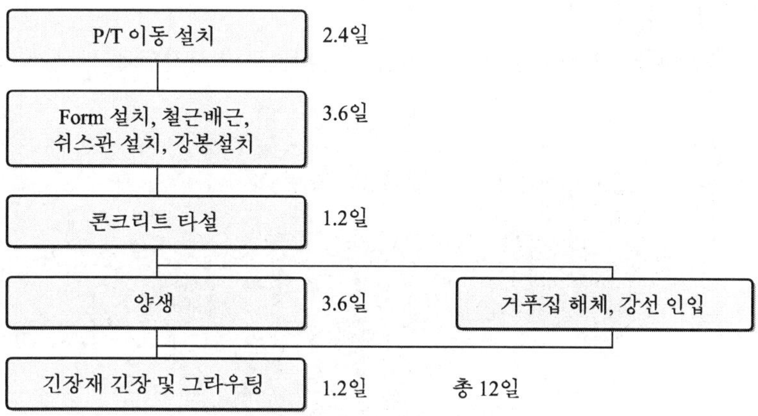

그림 7.2.9. FCM공법 시공순서

2) 설계 시 주의사항

(1) 시공 중 구조와 완공후 구조가 틀리므로 이에 대한 검토가 필요하다.

(2) 시공 중 Camber 관리를 위한 구조계산이 필요하다.

(3) 시공하중에 대한 강성과 설계하중에 대한 강선 배치가 필요하다.

3) 콘크리트 타설 시 주의사항

(1) 준비공 단계

가. 온도차에 의한 Camber와 휨량을 조사, 조정장치를 준비할 것

나. 최소 단면부는 응력을 검토할 것

다. 공기에 맞추어 장비를 몇 대 제작할 것인가를 결정할 것

라. 시공하중과 설계하중의 강선 배치에 유의할 것

(2) 콘크리트 타설 전 점검사항

가. 철근배근 및 쉬스관의 선형 및 위치를 확인할 것

나. 전 Segment와의 Coupler 연결 시 쉬스관의 굴곡 및 누수를 확인할 것

다. Form Traveller 각부의 Bar 및 Jack을 검토할 것

라. 다음 Segment와의 연결 쉬스관을 최소한 10cm 이상 돌출시킬 것

마. 거푸집 및 철근 청소할 것

바. 구 콘크리트 접착면을 충분히 캡핑할 것

(3) 콘크리트 타설 및 양생 시 주의사항

가. 콘크리트 타설 시기는 기시공된 슬래브가 기온에 의해 가장 늘어난 시기인 오후 늦게 실시할 것

나. 타설 후 피막 방수를 실시하여 초기 건조수축에 의한 균열 방지할 것

다. 충분한 습윤양생 실시할 것

(4) 긴장 작업시 주의사항

건조수축에 따른 균열을 방지하기 위하여 단계별로 인장작업을 실시할 것

그림 7.2.10. FCM 공법 사례

교량공법별 안전관리-상부구조[MSS] 07-05

1. MSS공법Movable Scaffolding System 개요

이동식 비계공법으로 교량의 상부구조를 시공할 때 기계화된 거푸집이 부착된 특수한 이동식 비계를 이용하여 현장치기로 한 경간씩 시공을 진행하는 공법이다. 이동식 비계의 지지 거더는 시공경간에 걸쳐 동바리, 콘크리트의 무게를 지지해주며, 받침대는 교각에 부착되어 비계의 무게와 동바리, 콘크리트의 무게를 지지해 주는 구조로 되어 있다.

1) 고도의 기계화된 비계와 거푸집을 이용하므로 급속시공이 가능하고 안전시공을 할 수가 있다.
2) 동바리공이 필요 없고 공사용 가도를 만들 필요가 없으므로 하천, 도로, 계곡등 교량의 하부조건에 관계없이 시공할 수가 있다.
3) 반복된 작업이 이루어지므로 소수의 인원으로도 시공이 가능하며 시공관리 도 확실히 할 수가 있고, 일기에 영향을 받지 않는다.
4) 거푸집과 비계의 전용, 노무비 절감 등으로 경제성을 제고시킬 수 있다.
5) 교각의 높이가 높을수록 경제적이다.
6) 단순 연속시공을 하므로 공기단축은 물론 장대교일수록 장비의 전용이 많아져 경제적이다.
7) 이동식 비계의 중량이 무거우며 대형장비이므로 장비의 제작비가 과다하고 감가상각비가 많이 소요된다.

그림 7.2.11. MSS공법

2. MSS공법 유의사항

1) 개요

완성된 교각 및 교면상에 설치된 이동지지대에 가설용 거더를 설치하고 이 거더에서 직각방향으로 설치된 횡형과 횡형에 매달린 비계와 거푸집을 이용하여 한 경간씩 거더를 가설하는 공법을 말한다.

2) 종류

(1) 상부거더방식

(2) 하부거더방식

3) 특징

(1) 적용성

가. 벤트설비를 할 수 없는 장소

나. 크레인을 설치할 수 없는 장소

다. 교하공간이 높은 경우, 수심이 깊은 경우

라. 등간격의 지간

마. 도심지 고가교량에 많이 적용한다.

바. 다경간 교량건설에 적합하다.

사. 최적경간장 40-80미터이다.

(2) 시공성

가. 기계화된 비계와 거푸집을 이용하므로 확실하고 안전하다.

나. 한경간에 3주일 정도 소요, 시공속도가 빠르다.

다. 하부조건에 거의 제약을 받지 않다.

(3) 경제성 및 급속성

가. 비계 및 거푸집의 전용사용으로 경제적이다.

나. 소수의 숙련된 기능공만으로 반복작업이 가능하다.

다. 노무비 절감이 가능하다.

라. 가설비가 많이 든다.

마. 이동식 작업차 및 이동식 가설트러스의 중량이 무겁고 제작비가 고가이다.

4) 설계 시 주의사항

(1) 선형결정

곡률반경이 가설거더가 회전할 수 있는 곡률반경을 확보할 것

(2) 구조계산

가. 작업중 Camber 관리 등 때문에 일어나는 과대하중에 대한 내력 검사가 필요하다.

나. 부재의 해체조립이 용이하도록 부재이음부 설계에 유의하다.

다. 가설 Girder는 내력을 조사할 것

라. 거더지지점의 지압응력을 검토할 것

(3) 가설장비

공정에 맞추어 장비를 몇 대 제작할 것인가 결정할 것

5) 시공 시 주의사항

(1) 가설거더 압출시 주의

거더의 추진방향과 교량의 선형과의 관계에 주의할 것

(2) 지지점 선정시 주의

지압파괴에 주의하고 별도의 받침판을 설치할 것

교량공법별 안전관리-하부구조(슬립폼) 07-06

1. 슬립폼Slip Form공법 개요

1) 활동식거푸집Sliding Form의 일종이다.
2) 콘크리트 자립 강도이상이면 상향으로 이동시키며 구조물을 완성시키는 공법이다.

2. 슬립폼의 특징

1) 슬라이딩 폼Sliding Form의 일종으로 시공성, 안전성이 크게 개선된 공법이다.
2) 초기 설치작업에 대한 투입시간이 많이 필요하다.
3) 폼은 일체식이며 유압잭에 의해 자주식으로 이동한다.
4) 24시간 연속작업이 가능하다.
5) 높거나 반복되는 대형구조물에 적용한다.
6) 현대적인 슬립폼은 복잡구조물에도 적용이 가능하다.

3. 슬립폼 공법의 장단점[시공관점]

1) 시공성
   (1) 장점
      가. 시공속도 : 1일 상승높이Slip Up → 1.5~3.0미터(조건에 따라 4미터 가능)
      나. 연속작업이 가능하여 공기단축 효과가 있다.
   (2) 단점
      가. 계절변화 온도변화, 기상조건에 민감하다.
      나. 불규칙, 변화 단면일 경우 공기 추가가 불가피하다.
      다. 잭 관리, 유압 관리 등 숙련공 필요하다.
      라. 초기 폼 제작 및 조립비 고가다.
      마. 해체작업 시 고소작업으로 위험하다.

2) 품질관리
   (1) 장점
      가. 시공조인트Construction Joint가 없어 내구성이 좋다.
      나. 주철근 간격, 수량 및 피복관리 등에 대한 정밀시공이 가능하다.
      다. 건조 수축에 따른 큰 균열이 발생하지 않는다.
   (2) 단점
      가. 연속작업에 의한 노출표면이 불량해 질 수 있다.

나. 기온변화에 따른 폼 상승Slip Up속도를 제어해야 한다.

다. 콘크리트 타설시 상승속도의 불균일로 인한 콘크리트 면의 색깔 차이, 무늬 발생 가능성이 많다.(수평균열 발생 우려됨)

라. 콘크리트 타설시 철근에 다짐 진동이 전달되어 기 타설된 콘크리트의 부착력이 감소될 수 있다.

마. 강우시 콘크리트 품질관리가 어려우며 손실이 많다.

바. 구조물 중간부분이 비어 있는 경우 내부 콘크리트면 관리가 필요하다.

3) 안전성[슬립폼의 최대장점]

(1) 장점

가. 공기 단축이 가능하다.

나. 가설공사의 생략으로 작업의 안전성을 확보한다.

다. 모든 작업이 고정된 작업대에서 이루어지므로 안전성이 향상되고 현장에서 부산물이 줄어 안전사고 및 환경 오염을 크게 줄일 수 있다.

라. 초기투자만으로 고소작업에 대한 안전성 확보 및 안전시설비 절약이 가능하다.

(2) 단점

가. 단면변화(교량 Coping 등의 단면치수 확대)시 브라켓 고정 등의 고소작업상황이 발생한다.

나. 해체작업시 초 고소작업에 의한 추락위험에 작업자가 노출된다.

4) 기타

(1) 주요 부품이 해외 전문업체로부터 수입하나 최근 국내제작분의 증가로 선진기술 이전이 가능하다.

(2) 근로자의 근로의식이 품질에 막대한 영향을 미치므로 지속적인 관리가 요구된다.

(3) 주야 연속시공으로 직원 및 근로자의 근무여건이 열악하다.

그림 7.2.12. 슬립폼 공법 도해 및 시공 사례

그림 7.2.13. 교량 작업통로Load Tower 설치사례와 위험요인

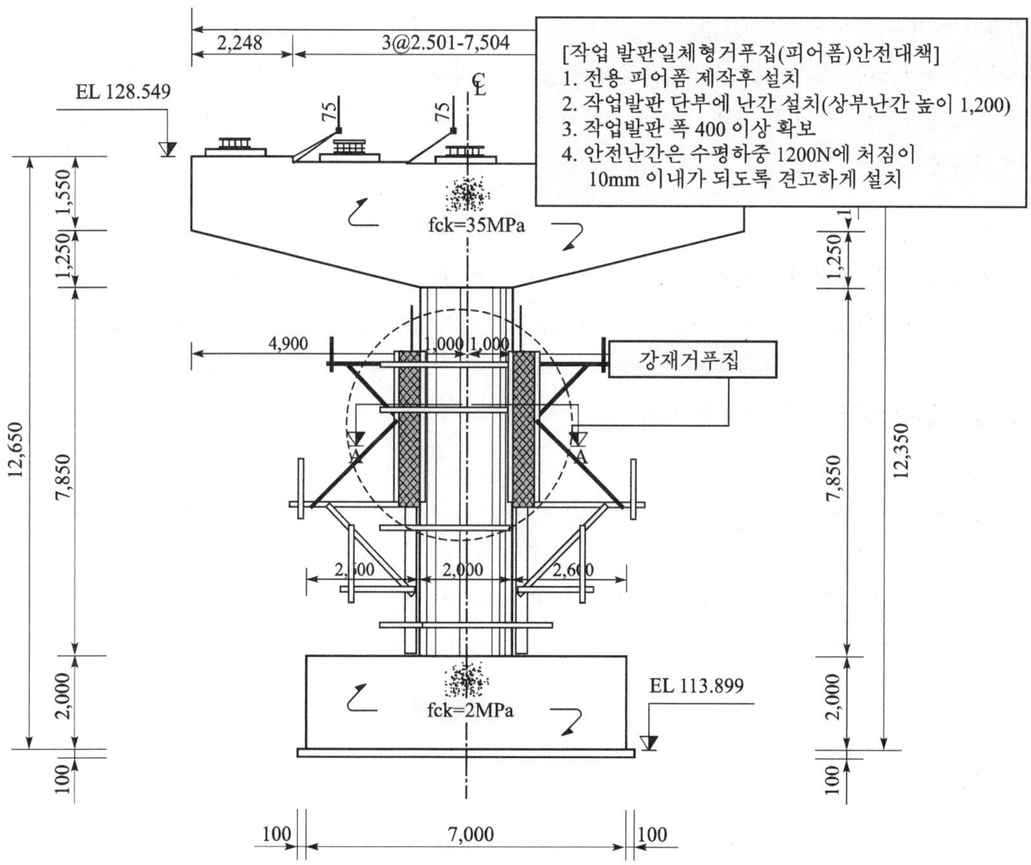

그림 7.2.14. 교량 피어 폼Pier Form 설치사례와 위험요인

1. 공기케이슨 공법 개요

공기케이슨Air Cassion Method이란 밀폐되어 있는 하부작업실에 압축공기를 보내 물의 침입을 방지하면서 토사를 굴착하여 케이슨을 소정의 지지지반까지 침하시키는 공법으로 잠함Pneumatic Cassion이라고도 부른다. 심도는 수면 아래 40미터 정도로 교량의 교각 기초에 많이 사용하며, 압축공기를 이용하므로 안전에 유의해야 한다.

2. 케이슨의 종류

1) 우물통기초Open Cassion공법

우물통을 지표면에 설치 후 내부의 흙을 크람쉘 등의 굴착기계로 굴착해 내려 가면서 지지층까지 침하시키는 공법이다.

2) 공기케이슨Pneumatic Cassion공법

밀폐되어 있는 하부 작업실 내부에 압축공기를 채워 물의 침입을 방지하면서 인력 또는 특수기계를 이용하여 바닥의 토사를 파 올려 케이슨을 침하시키는 공법으로 용수량이 많은 지반에 적합하다.

3) 박스케이슨Box Cassion공법

지상에서 밑이 막힌 상자형의 구조물을 제작하여 배로 예인한 후 소정의 위치에 침하시켜서 투석콘크리트 등으로 속채움을 하는 공법으로, 방파제에 많이 사용하며 설치가 간편하다.

3. 공기케이슨공법의 특징[시공관점]

1) 장점

(1) 토층, 토질을 확인할 수 있고 비교적 정확한 지지력 측정이 가능함
(2) 굴착 시 날 끝 밑의 장애물 제거가 용이함
(3) 케이슨에 이동경사가 생긴 경우 경사 수정이 용이함
(4) 배수를 하지 않고 시공하므로 지하수위에 변화를 주지 않음

2) 단점

(1) 압축공기를 이용하여 시공하므로 기계설비가 고가임
(2) 감압으로 인한 잠함병(케이슨 병)이 발생될 수 있음
(3) 노동자와 노동조건에 제약을 받으므로 숙련노무자가 필요함

4. 안전유의사항

1) 작업실의 천정높이는 작업에 지장이 없도록 2미터 정도를 확보한다.
2) 하부 바닥굴착 시에는 중앙부를 먼저파고 주변을 굴착한다.
3) 침하 초기에는 작업실이 자중으로 인한 작업하중이 크므로 작업실에 동바리를 설치한다.
4) 압출공기설비는 가장 중요한 부분으로 충분한 용량과 확실성이 있는 설비를 사용한다.
5) 감압시간과 가압시간을 준수하여 잠함병에 유의하여야 하며, 이 병에 걸리면 요양실에서 치료한다.
6) 작업실에 호흡용 보호구, 섬유로프 등 비상시 작업자를 피난시키거나 구출을 위해 필 요한 용구를 비치한다.
7) 공기압축기에서 작업실 또는 기갑실로 공기를 송급하는 송기관의 중간에 공기를 청정 하게 하기 위한 공기 청정장치를 설치한다.

5. 케이슨공법의 적용조건

1) 인접구조물의 안정을 위해 기존지반의 교란을 최소화해야 할 경우
2) 기존구조물에 인접하여 깊이가 더 깊은 구조물의 기초를 시공해야 할 경우
3) 전석층이나 호박돌 층 또는 깊게 깔린 풍화암 층을 관통해야 할 경우
4) 기초 암반이 경사졌거나 불규칙할 경우

교량 안전성(내하력)평가 07-08

1. 교량 내하력 평가

1) 내하력Load Carrying Capacity평가
   (1) 교량 안전성 평가과정의 일부
   (2) 교량의 활하중 저항능력을 정량적으로 산출하는 기술행위

2) 내하력평가 결과의 활용
   (1) 교량의 안전성 평가 결과 제시
   (2) 보수·보강을 위한 기준 제시
   (3) 교량의 장·단기적인 유지관리 계획수립의 기초자료 확보
   (4) 교량의 통행 제한하중의 설정을 위한 근거자료로 활용

3) 내하력 평가 대상 교량 선정 기준

(1) 관계 법령에 의한 선정

가. 1종 시설물의 정밀안전진단(시설물안전법) : 안전성 검토 목적

나. 공사중 정밀안전점검 및 초기점검(건진법) : 안전성 검토 및 초기값 확보

(2) 관리주체의 필요성에 의한 선정

가. 내하력이 미상인 경우 : 교량 등급 및 설계 활하중을 설정하고자 하는 경우

나. 안전점검 이후 : 중대한 결함, 안전성 문제 등으로 진단이 필요한 경우

다. 내하력 변동 요인이 발생된 경우 : 보강공사 후 검증 절차가 필요한 경우

라. 통행제한 하중을 결정할 때(하향 또는 상향 조정 포함)

4) 내하력 평가 절차

(1) 자료조사 및 검토

가. 안전관리에 필요한 자료

가) 설계도서　　나) 품질관리 자료 등

나. 교량관련자료

가) 설계도　　나) 시방서　　다) 보수보강자료 등

(2) 기본계획수립

가. 설계, 시공, 점검, 진단, 보수, 보강 등 이력 자료 분석결과

나. 추가조사 항목 및 자료 수집 목록

다. 대상 교량의 구조적 특성 및 특별한 문제 유,무

라. 과거 내하력 평가 실시 여부, 평가 방법

마. 교량 규모 주변 환경 조건

바. 기타 사용자와의 협조 또는 공지사항 계획 수립

(3) 1차 현장조사

가. 대략적인 교량 외관조사

나. 내하력평가 대상 경간 및 측정 단면 검토

다. 측정항목, 센서 종류, 계측장비 검토

라. 센서의 부착방법 검토

마. 측정장비 설치 위치 선정

바. 정동적 재하의 경우 Load Case 검토

사. 재하시험 차량의 수 및 중량 검토

아. 교통통제 및 우회로 경로 검토

자. 안전관리계획 검토

차. 관련기관 및 단체에 의뢰할 협조사항 검토

(4) 실행계획 수립

가. 점검계획수립 나. 비파괴시험 및 재료시험계획 수립

다. 재하시험계획 수립

(5) 2차 현장조사

가. 구조제원의 실측 나. 정밀육안점검

다. 비파괴시험 라. 재료시험

(6)정밀구조해석 후 필요시 재하시험

(7)내하력 평가 완료

2. 교량 내하력 평가 방법

1) 내하력 평가 방법

(1) 허용응력설계법

(2) 강도설계법

2) 평가공식

(1) 내하력 구분

① 기본내하력

② 공용내하력

(2) 기본내하력 평가 공식

기본내하력＝내하율RF:Rating Factor × 설계활하중

① 강도설계법에 의한 내하율 산정 공식

$$\text{내하율(RF)} = \frac{\phi M_n - \gamma_d M_d}{\gamma_l M_l (1+i)}$$

여기서, ϕM_n = 극한 저항모멘트(RC, PC 구조물의 휨부재 ϕ=0.85)

$\gamma_d M_d$ = 고정하중모멘트(고정하중계수 γ_d = 1.3)

$\gamma_l M_l$=설계 활하중(DB, DL), 활하중계수 γ_l = 2.15, i=충격계수

② 허용응력설계법에 의한 내하율 산정 공식

$$\text{내하율(RF)} = \frac{f_a - f_l}{f_l (1+i)}$$

여기서, f_a=허용응력, f_d=고정하중에 의한 응력, f_l=설계 활하중(DB, DL)

i=충격계수

(3) 공용내하력 평가 공식

$$공용내하력 = 기본내하력 \times 보정계수(K)$$

① 보정계수(K) : 재하시험에서 측정된 변형률 또는 처짐값에 근거하여 산정

– 변형률을 적용하는 경우

$$보정계수(K) = \frac{\epsilon(계산)}{\epsilon(실측)} \times \frac{1+i(계산)}{1+i(실측)}$$

– 처짐을 적용하는 경우

$$보정계수(K) = \frac{\delta(계산)}{\delta(실측)} \times \frac{1+i(계산)}{1+i(실측)}$$

교량 안전점검[진단] 07-09

1. 안전점검 내용

1) 기본과업

(1) 자료 수집 및 분석

(2) 현장조사 및 시험

가. 기본시설물 또는 주요부재의 외관조사 및 외관조사망도 작성

(가) 콘크리트 구조물 : 균열, 누수, 박리, 박락, 층분리, 백태, 철근노출 등

(나) 강재 구조물 : 균열, 도장상태, 부식상태 등

나. 간단한 현장 재료시험 등

(가) 콘크리트 비파괴강도(반발경도시험)

(나) 콘크리트 탄산화 깊이 측정

(3) 상태평가

가. 외관조사 결과 분석

나. 현장 재료시험 결과 분석

다. 대상 시설물(부재)에 대한 상태평가

라. 시설물 전체의 상태평가 결과에 대한 책임기술자의 소견(안전등급 지정)

2) 선택과업

(1) 자료수집 및 분석

가. 구조·수리·수문 계산(계산서가 없는 경우)

나. 실측도면 작성(설계도서가 없는 경우 반드시 실측도면을 작성하여야 함)

(2) 현장조사 및 시험

가. 전체 부재에 대한 외관조사망도 작성

나. 시설물조사에 필요한 임시접근로, 가설물의 안전시설 설치·해체 등

다. 조사용 접근장비 운용

라. 조사부위 표면청소

마. 마감재의 해체 및 복구

바. 수중조사

(3) 안전성평가

가. 필요한 부위의 구조·지반·수리·수문 해석 등 안전성평가

나. 보수·보강방법을 제시한 경우 보수·보강 시 예상되는 임시 고정하중에 대한 안전성 평가

(4) 보수·보강 방법

가. 보수·보강 방법 제시

2. 정밀안전진단 내용

1) 기본과업

(1) 자료 수집 및 분석

가. 준공도면, 구조계산서, 특별시방서, 수리·수문계산서

나. 시공·보수도면, 제작 및 작업도면

다. 재료증명서, 품질시험기록, 재하시험 자료, 계측자료

라. 시설물관리대장

마. 기존 안전점검·정밀안전진단 실시결과

바. 보수, 보강이력

(2) 현장조사 및 시험

가. 전체부재의 외관조사 및 외관조사망도 작성

나. 현장 재료시험 등

(가) 콘크리트 시험 : 비파괴강도(반발경도시험, 초음파전달속도시험 등), 탄산화 깊이 측정, 염화물함유량시험

(나) 강재 시험 : 강재 비파괴시험

(다) 기계·전기설비 및 계측시설의 작동유무

(3) 상태평가

가. 외관조사 결과분석

나. 현장시험 및 재료시험 결과 분석

다. 콘크리트 및 강재 등의 내구성 평가

라. 부재별 상태평가 및 시설물 전체의 상태평가 결과에 대한 소견

(4) 안전성평가

가. 조사, 시험, 측정 결과의 분석

나. 기존의 구조계산서 또는 안전성평가 자료 분석

다. 내하력 및 구조 안전성평가 검토

라. 시설물의 안전성평가 결과에 대한 소견

(5) 종합평가

가. 시설물의 안전상태 종합평가 결과에 대한 소견

나. 안전등급 지정

(6) 보수·보강 방법

가. 보수, 보강 방법 제시

(7) 보고서 작성

가. 외관조사망도 작성 등 보고서 작성

2) 선택과업

(1) 자료 수집 및 분석　　(2) 현장조사 및 시험

(3) 안전성평가　　(4) 보수·보강 방법

교대 측방유동 07-10

1. 교대 등 측방유동

1) 측방유동이란

편재하중에 의해 말뚝에 수평력(측방토압)이 작용하여 말뚝에는 휨응력, 전단응력 및 수평변위가 발생하며, 이로 인해 교대구조물이 이동하는 현상을 측방이동Lateral Movement이라고 한다. 연약지반상 교대 및 옹벽 축조 후 뒷채움을 시행하면 편재하중에 의해 측방유동이나 활동파괴가 발생하거나 교량의 교대가 지지구조가 상이한 교량과 토공의 경계에 위치하기 때문에 발생한다.

2) 측방 유동 영향 요인

(1) 주된 요인

교대 배면의 배면 쌓기에 의한 측방 토압

(2) 이외 영향 요인

가. 연약층의 전단강도(일축압축강도)　　나. 연약층두께

다. 교대배면의 쌓기 높이　　라. 기초형식(기초의 교축직각방향의 폭)

마. 배면의 쌓기재의 단위중량　　바. 교대형식(교대의 교축방향의 길이)

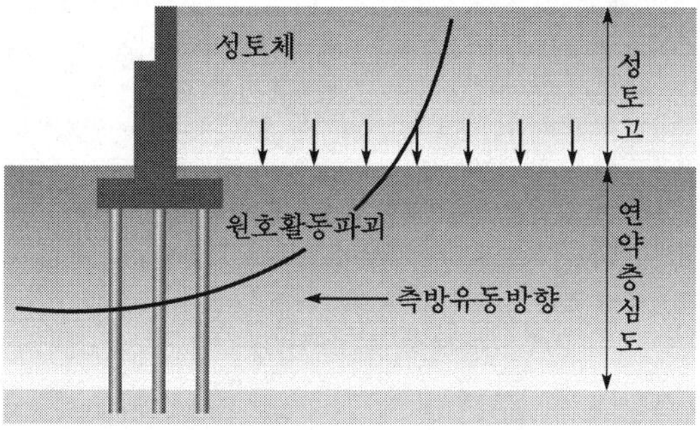

그림 7.2.15. 교대 측방유동

3) 문제점

(1) 교대의 수평이동과 경사

(2) Beam의 지지점 및 교좌의 파손

(3) 신축이음부의 기능저하

(4) Beam과 Parapet 접합으로 인한 Beam단부의 국부압축파괴가 발생

(5) Beam으로부터의 반력에 의해 Parapet 손상

(6) 말뚝에 휨모멘트가 발생하여 두부파손

(7) Shoe 및 Shoe Plate 파손

(8) 주형Main Girder과 흉벽의 폐합 불량

(9) 교대 기초의 파손

2. 측방유동 안전대책

교량상부의 하중조건과 지층조건을 고려하여 대책공법을 선정해야 한다.

1) 대책공법 고려사항

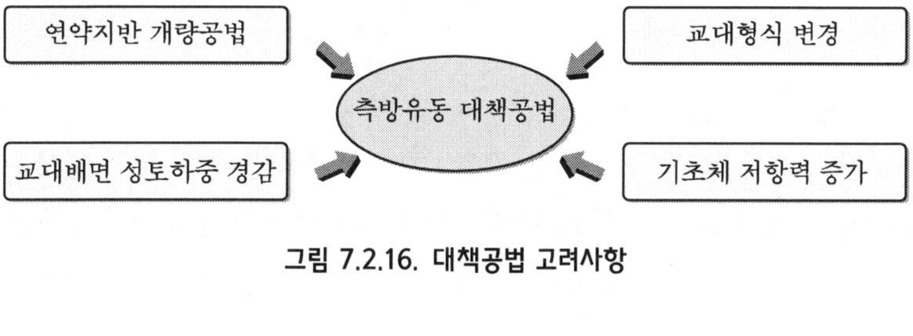

그림 7.2.16. 대책공법 고려사항

대상부분	개량원리	대책공법
뒷채움 쌓기	편재하중의 경감	• 연속 Culvert Box 공법 • 파이프 매설공법 • EPS 쌓기공법 • 슬래그 쌓기 공법
	배면토압의 경감	• 경량기포혼합토 공법 • 소형교대 • Approach Cushion공법 • 압성토 공법
연약지반	압밀촉진에 의한 지반강도의 증대	• Preloading • Sand Compaction Pile 또는 쇄석말뚝
	화학반응에 대한 지반강도의 증대	• 생석회 말뚝 주입공법
	치환에 의한 지반개량	• 치환공법
교대구조물	교대형식	• 벽식교대 지양 • 소형교대 공법 • Approach Cushion공법
	교대치수	• 교축방향길이 증대
기초체	기초형식	• 케이슨 기초 지양
	기초의 강성 증대	• 쌓기지지 말뚝공법 • 버팀슬래브 공법 • 말뚝본수의 증가

2) 대책공법

구분	SCP/GCP 공법	굴착치환 공법	경량성토(EPS)공법
개요도	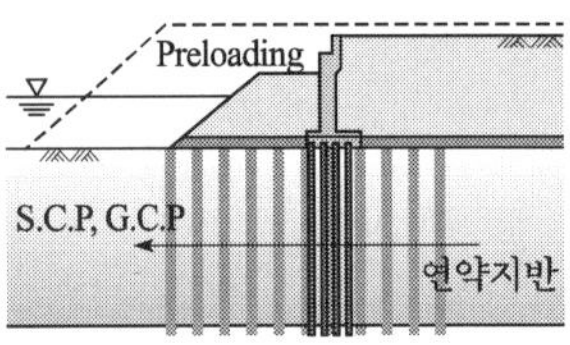	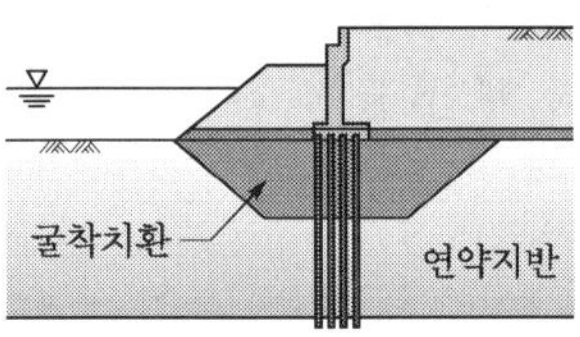	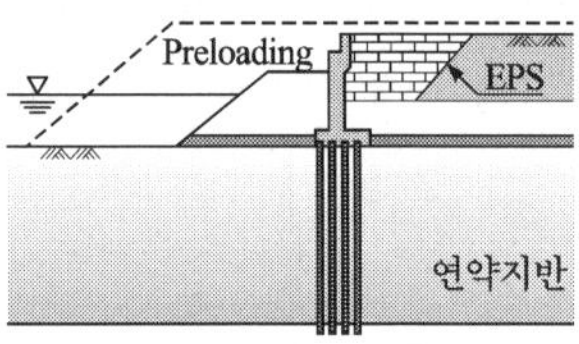

3. 측방유동 안정해석방법

측방유동지수, 측방유동판정지수 및 활동파괴에 대한 안정성 검토를 실시하여 측방유동 발생여부를 판정하고 측방유동 발생가능성이 있는 교대의 경우 대책을 수립하여 안정성을 확보한다.

1) 측방유동지수(F)에 의한 방법

일본도로공단에서 75개 교대사례를 대상으로 수량화 이론에 의한 요인 분석을 실시하여 교대이동에 상관성이 높은 요인을 조합한 지수(F)로 표현하여 교대이동의 유무를 판단한다.

$$F = \frac{C_u}{\gamma_t \cdot H} \times \frac{1}{D}$$

여기서, F : 측방유동지수　　F≥4 ⇒ 측방유동 가능성이 없음

F<4 ⇒ 측방유동 가능성이 있음　　Cu : 연약층 점착력의 평균값 (KN/m²)

γ_t : 성토재료 단위중량 (KN/m³)　　H : 성토고(m)

D : 연약층의 두께(m)

2) 측방유동판정지수(I)에 의한 방법

(1) 측방유동에 관련된 교대, 기초말뚝 및 지반에 관한 요인을 고려하는 방법

(2) 교대의 측방유동이 지반구조물의 안정문제에 깊은 관련이 있으므로 성토의 안정계수를 기본으로 보정계수를 활용 측방유동의 유무를 판정한다.

$$I = \mu_1 \cdot \mu_2 \cdot \mu_3 \cdot \frac{\gamma h}{C_u}$$

I> 1.2 : 측방유동 우려 있음

I≤ 1.2 : 측방유동 우려 없음

여기서, I : 측방유동 판정지수

μ_1 :연약층 두께에 관한 보정계수(μ_1= D/L)

μ_2 :말뚝자체 저항폭에 관한 보정계수(μ_2=Σb/B)

μ_3 :교대길이에 관한 보정계수 (μ_3= D/A)

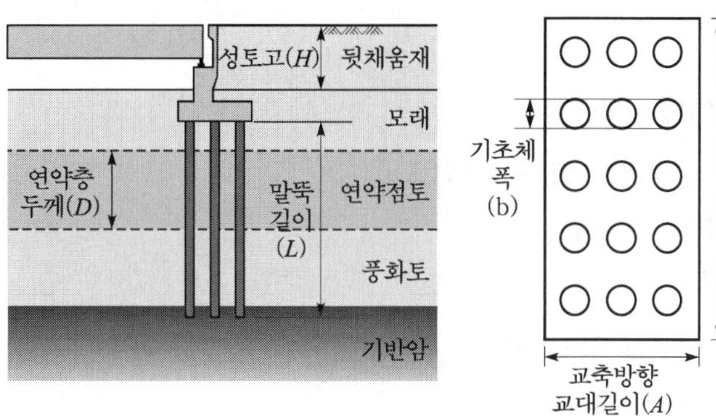

그림 7.2.17. 측방유동 판정지수 방법

3) 원호활동파괴에 대한 안정성 검토

말뚝의 효과를 고려하지 않는 경우 사면안전율은 March가 제안한 F.S=1.4, 일본수도고속도로 공단의 F.S=1.6 등이 있다.

철도 보호지구 안전관리 07-11

1. 운행열차 위험방지

1) 열차운행감시인의 배치[안전보건규칙제407조]
   (1) 신호장비 지급 : 확성기·경보기·무선통신기 등
   (2) 운행 감시 중에는 감시 업무만 종사 시킬 것

2) 열차통행 중의 작업제한[안전보건규칙제408조]
   (1) 열차통행의 시간간격을 충분히 확보할 것
   (2) 작업자들이 안전하게 대피할 수 있는 공간을 확보할 것

3) 열차의 점검·수리시 안전조치[안전보건규칙제409조]
   (1) 열차의 운전이 정지된 후 작업을 하도록 할 것
   (2) 열차의 유동 방지를 위하여 차바퀴막이 등 필요한 조치를 할 것
   (3) 노출된 열차충전부에 잔류전하 방전조치를 하거나 근로자에게 절연보호구를 지급하여 착용하도록 할 것
   (4) 열차의 상판에서 작업을 하는 경우에는 그 주변에 작업발판 또는 안전매트를 설치할 것
   (5) 열차의 정기적인 점검·정비 등의 작업은 지정된 정비차고지 또는 열차에 근로자가 끼이거나 열차와 근로자가 충돌할 위험이 없는 유치선 등의 장소에서 할 것

2. 궤도 보수 · 점검작업의 위험방지

1) 안전난간 및 울타리 설치[안전보건규칙제410조]
   (1) 추락위험예방조치
   (2) 감전사고예방조치

2) 자재의 붕괴·낙하의 방지[안전보건규칙제411조]
   (1) 버팀목 설치[붕괴낙하 위험방지용]
   (2) 로프 설치

3) 접촉의 방지[안전보건규칙제412조]
   (1) 유도자 지정 배치할 것
   (2) 관계자 외 출입금지 조치 할 것

4) 제동장치의 구비[안전보건규칙제413조]
   (1) 단독으로 운행하는 트롤리에 제동장치 구비 및 제동상태 확인 할 것

(2) 견인용 트롤리를 연결하는 경우에는 적합한 연결장치 사용할 것

3. 철도보호지구 및 안전관리계획

1) 지정목적

(1) 철도차량의 안전운행 및 철도보호(철도안전법제45조제2항)

(2) 철도사고를 예방하고 국민의 생명과 재산보호

2) 지정범위

(1) 철도경계선으로부터 30미터 이내의 지역(지상, 지하포함)

(2) 철도경계선 : 가장 바깥쪽 궤도의 끝선

3) 제출서류

(1) 행위신고서

(2) 건축허가(신청)서 또는 실시계획승인(신청)서

(3) 토지대장 및 지적도

(4) 현장사진 및 도면

(5) 배치도, 평면도, 우·오수 처리 계획, 종·횡단도가 포함된 설계도

(6) 철도보호지구 안전관리계획서 작성기준에 의한 안전관리계획서

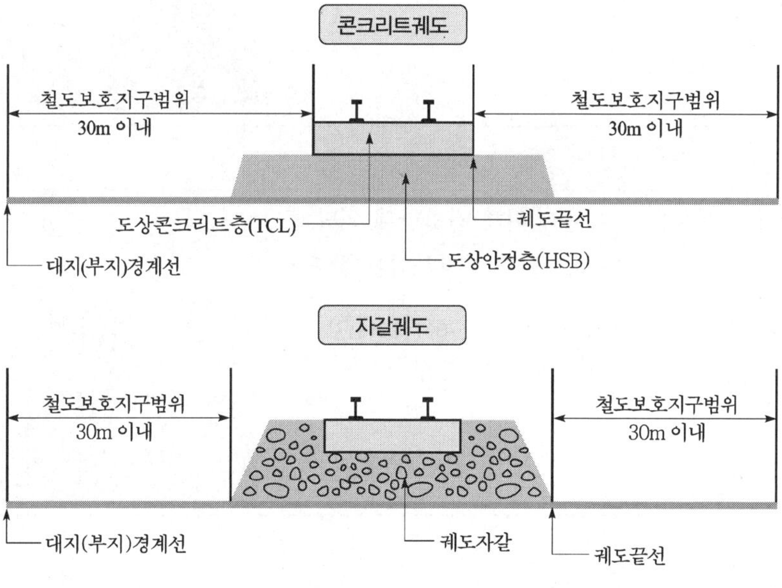

- 철도안전법 제45조 : 철도보호지구는 철도경계선(가장바깥쪽 궤도의 끝선)으로부터 30m 이내의 지역을 말한다.
- 선로장비지침 제2조 : 궤도는 레일+침목+자갈(콘크리트)로 구성되며 궤도의 끝선은 자갈(콘크리트)끝선을 말한다.

그림 7.2.18. 철도보호지구 범위

4) 철도사고의 특징

(1) 사고의 진행이 빠르다.

열차가 갖는 속도와 중량으로 순식간에 충돌, 탈선 등 중대한 결과가 초래되고 이를 저지 또는 진행을 지연시킬 시간적 여유가 없다.

* 여객열차의 제동거리는 100Km/h 속도로 운행시 약 500미터

(2) 사고의 규모와 피해가 크다.

열차는 대형운송수단으로 사고발생시 인명과 재산상 피해규모가 큰 대형사고로 이어진다.

(3) 열차운행 지장초래

다른 열차운행에 지장을 주어 여객(화물) 수송에 차질을 초래한다.

(4) 사고복구에 많은 장비(인력) 투입이 필요하고, 복구시간이 오래 걸린다.

5) 안전관리 작업별 유의사항

(1) 안전표지판 설치

- 철도에 직접 접촉하고 철도안전에 직접 영향을 줄 수 있는 작업을 시행할 경우에는 작업현장 전방에 열차 진행방향과 대향으로 200미터와 500미터 이상의 거리에 공사 알림판을 설치하여야 한다.

(2) 열차운행 보호를 위한 방호물 설치

- 열차 운행선을 보호하기 위해 건축한계 외방에 차단막, 그물망 등 방호물을 설치하여야 한다.

*건축한계 : 열차 운행을 위한 최소필요공간으로 궤도 중심선에서 좌우 약 2.1미터까지

(3) 건설장비 및 자재 보관

- 건설장비 및 자재는 건축한계 외방에 보관하고, 비산우려가 있는 물품은 밀폐된 상태로 보관한다.

(4) 유해위험물 안전관리

- 화약류, 황산 등 위험, 유해물은 열차운행선 인접개소에 보관하지 않는 것을 원칙으로 한다. 다만 작업상 불가피한 경우에는 시설관리자(공단, 공사)의 확인을 거쳐 관계법령에 저촉되지 않도록 보관취급하여야 한다.

(5) 터파기 작업시 안전관리

- 터파기시 열차 운행선에 변형이 일어나지 않도록 흙막이 등 보호시설을 설치하여야 한다.

  *지하수가 과도하게 용출될 때에는 작업을 중지하고 작업감독자 확인을 받고 배수로 등 안전조치를 취한 후 작업을 하여야 한다.

(6) 가시설물 시공 안전관리

- 가시설물(토류판, 동바리, 비계, 거푸집 등)은 건축한계를 침범하지 않도록 선로와 이격(2.1m 이상)하고, 선로측으로 전도되지 않도록 견고히 설치하여 안전관리를 철저히 하여야 한다.

(7) 건설장비 안전관리

- 철도선로와 인접하여 대형 건설장비를 사용할 경우 철도선로쪽으로 전도되지 않도록 버팀대 등 안전장치를 설치하고 장비의 작업위치 선정 등에 유의하여 안전관리를 철저히 하여야 한다.

(8) 건설자재 비산방지

- 강풍에 날린 비닐, 천막같은 이물질이 전차선에 접촉하여 단전되는 등 열차 운행에 지장을 초래하는 사고가 발생하고 있으므로 건설자재의 비산방지 등 현장관리를 철저히 하여야 한다.

(9) 열차 감시인의 준수사항

- 열차감시가 필요할 때에는 안전원을 배치하여 열차를 감시토록 하여야 한다.
- 안전원은 안전보호구를 착용하고 휴대전화기, 열차시각표, 경보기(호각) 등을 휴대하고 작업자들을 안전하게 대피하도록 하여야 한다.

(10) 안전관리자 실천사항

- 작업원에게 안전관리 수칙, 작업시 주의사항 등을 교육하고 준수해야 한다.
- 공사알림판 등 각종 안전표지판 설치 확인
- 건설중장비 작업시 안전조치 확인
- 공사완료후 열차 운행선 인근의 폐자재, 폐기물은 완전히 정리해야 한다.

4. 철도보호지구 안전관리계획서 작성기준

주요내용	세부내용	비고
가. 공사의 개요	• 공사현장 위치도 • 공사개요 • 공정표	-
나. 안전관리조직	• 안전관리 조직	안전관리자, 안전보건총괄책임자, 분야별안전관리책임자, 안전관리담당자 배치 및 업무분장
다. 철도보호지구내 공정별 안전점검 계획	• 자체점검 • 특별점검 • 정밀안전점검	일일, 주간, 월간, 연간 안전점검표 및 자체안전점검계획
라. 철도보호지구내 공사장 주변 안전 안전관리계획	• 공사중 인접매설물 방호 • 인접 시설물보호	위험발생 우려개소
	• 공사알림판설치 (열차접근 방향 200m와 500m지점)	철도에 직접 접촉하여 철도안전에 직접 영향을 줄 수 있는 작업에 해당할 경우
마. 안전교육계획	• 안전교육 계획표 • 교육종류, 내용 • 교육(기록)관리 사항	-
바. 비상시 긴급조치계획	• 비상연락망 • 비상동원조직 • 응급조치 및 복구계획	-
사. 열차운행선 지장 공사 안전관리계획	• 운행선 안전관리원 배치 • 열차운행선 보호대책 • 열차운행선 지장공사 계획수립 • 차단공사 협의를 위한 업무담당자 지정	-
아. 철도보호지구내 취약개소 안전관리	• 취약개소 지정 및 등록 관리	-
자. 위험공종 안전관리	• 굴착, 발파, 성토, 절토공사 안전관리	-
차. 가시설물 안전관리 계획	• 안전설계 검토서 • 가시설 변위측정계획	-
카. 대형 건설장비 안전관리	• 작업반경의 철도침범 방지계획 • 투입장비의 적정성 검토서 • 관련법에 의한 점검계획 • 장비운전원, 교육계획 • 장비 신호수 배치계획	-
타. 사고보고 및 처리계획	• 사고보고 계획 • 응급조치 및 대응교육	• 사고발생 즉시 초기보고 계획 • 사상자 구호등 응급조치

3. 터널공사

터널 굴착공법	굴착공법 구분	내용
인력식 굴착공법	[강관추진] • 반력벽 • Jack • 강관압입 • 강관내부 인력굴착	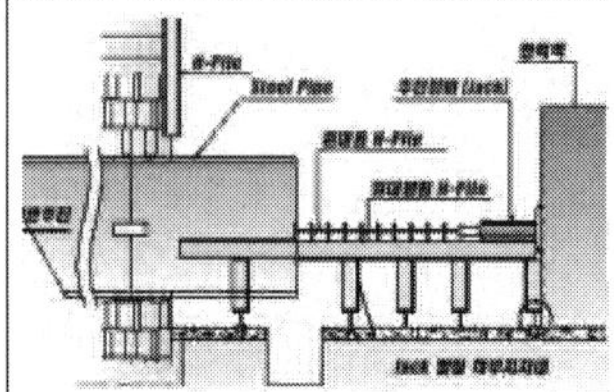
	[Messer Shield] • Messer Plate 배열 • Jack으로 관입 • 막장 굴진 • 후방 지보재 설치	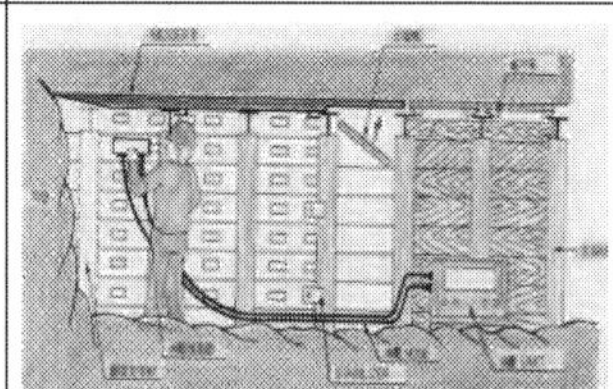
기계식 굴착공법	[Semi Shield] • 굴진기 거치 • Jack으로 굴진기 압입 • 추진관 추진	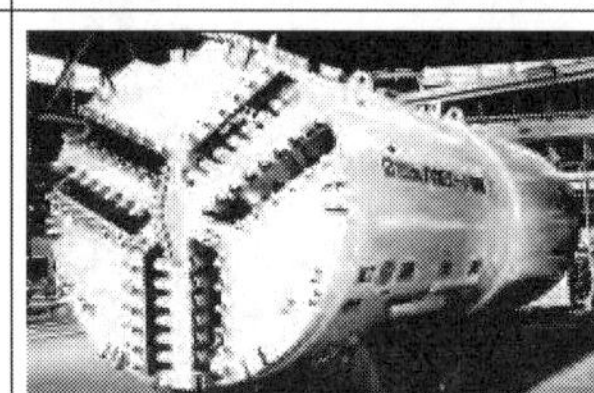
	[Shield TBM] • 기계 굴착으로 굴진 • 세그먼트 조립 및 시공	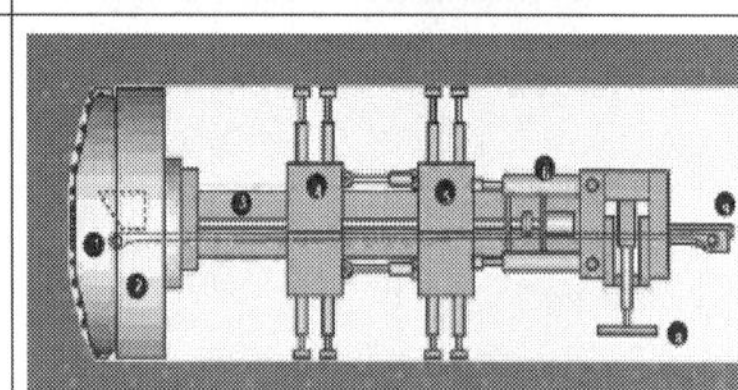
	[Open TBM] • 기계 굴착으로 굴진 • 락볼트, 숏크리트 지보재로 굴착면 안정화	
발파식 굴착공법	[NATM] • 발파 • 락볼트, 숏크리트 지보재로 굴착면 안정화	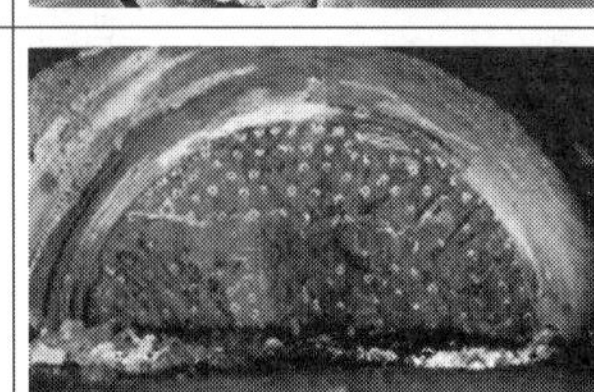

1. 터널 굴착방법의 종류

터널 굴착방법은 발파굴착과 기계굴착으로 구분할 수 있으며 산지부에 건설되는 대부분의 터널굴착은 발파에 의한 NATM 공법을 적용하고 단면이 작은 수로터널, 도심 지하철에서 소음이나 진동방지 목적으로 기계굴착공법이 적용되고 있다.

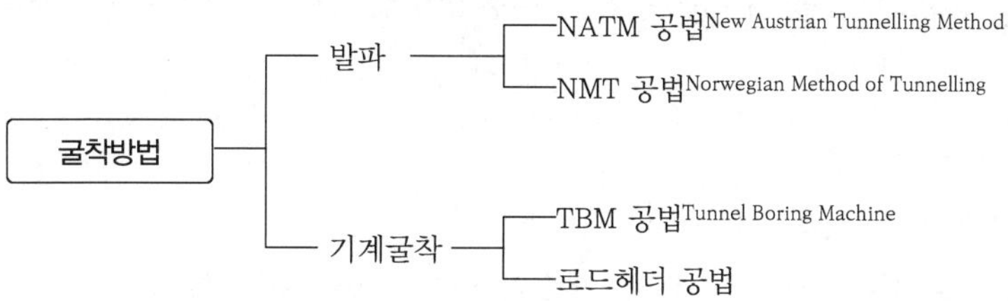

1) NATM 공법은 대단면 시공이 가능하고 기존 암반의 지지력을 최대한 활용하여 최소의 지보재(숏크리트, 록볼트, 강지보)로 안전성을 확보한다. 1984년 이후 터널공사에 적용된 이후 가장 보편화된 공법으로 시공경험이 풍부하고 축적된 기술 활용이 가능한 공법이다.
2) TBM은 기계본체Cutter 및 운반을 위한 부속설비로 구성되어 있고 소구경의 수로터널, 통신구 및 도심지의 원형단면 굴착시 효과적이다. TBM 굴착을 검토할 경우 적용 직경의 TBM 국내 보유현황 및 도입 가능여부를 조사하여 경제성을 검토하여야 하며, 주로 TBM 굴착 후 NATM 및 로드헤더 확공의 방법으로 대단면 터널일 경우 선별적으로 적용된다.
3) 로드헤더 공법은 민원이 극심한 도심지 지역에 진동배제로 민원발생을 최소화 할 수 있고, 필러부 모 암반 보호로 굴착중 안정성 확보가 가능하며, 굴착중 지층조건 변화에 대처가 용이한 공법이다.

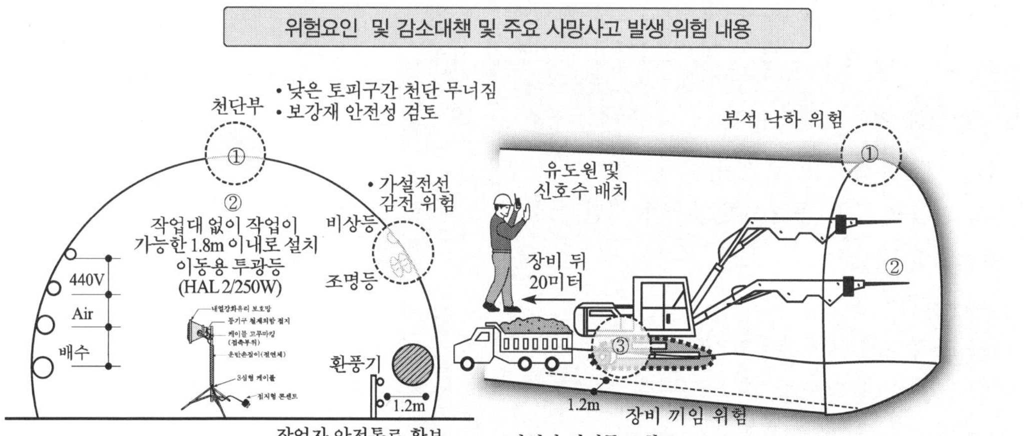

① 막장 굴착면 천단부 암반(부석)낙하　② 천공 작업 중 폭발　③ 장비 끼임 위험

그림 7.3.1. 터널 위험요인 및 안전대책

터널공사 안전관리 07-12

1. 터널공법의 분류

1) 재래공법 ASSM-American Steel Supported Method

목재나 Steel Rib로 하중을 지지하는 공법, 안전성이 낮으며, 광산에서 많이 사용한 공법이다.

2) 최신공법

(1) NATM

(2) TBM : 암반 터널 굴착공법

(3) SHIELD : 토사구간(연약한 토질, 용수가 있는 지반) 굴착 공법

3) 기타공법

(1) 개착식 공법 Open Cut Method : 일반적으로 지하철 공사에 적용한다.

(2) 침매공법 Immersed Method

해저 또는 지하수면하에 터널을 굴착하는 공법으로 지상에서 터널 박스를 제작하여 물에 띄워 현장에 운반 후 소정위치에 침하시켜 터널을 구축하는 공법

2. NATM 시공계획과 안전관리

1) 터널작업 공사전 조사내용(안전대책)

(1) 지형 등의 조사

(2) 시공계획의 작성 : 작성시 포함내용

(3) 가연성 가스의 농도측정

(4) 자동경보장치의 설치 및 정기적인 순회점검 사항

2) 낙반 등에 의한 위험의 방지

(1) 낙반 등에 의한 위험의 방지 조치

(2) 출입구 부근 등의 지반붕괴에 의한 위험의 방지 조치

(3) 출입의 금지

(4) 시계의 유지

(5) 굴착기계 운반기계의 안전조치

(6) 가스제거 등의 조치

(7) 용접 등 작업시의 조치

(8) 점화물질 휴대금지

(9) 방화담당자의 지정 등

3. 터널붕괴사고 유형

1) 여굴Overbreak
2) 과대여굴Excessive Overbreak
3) 붕락Fall
4) 대규모붕락Massive Fall
5) 함몰붕괴Daylight Collapse

터널공사[NATM] 안전관리 07-13

1. NATM 공사 단계별 안전사항

1) 시공단계별 안전사항

(1) 공사준비

가. 시공 측량 실시
나. 민원발생 대비
다. 환경보전대책 강구

(2) 갱구보강

가. Shotcrete
나. 석축
다. 콘크리트 타설
라. 사면보호조치
마. 압성토
바. Rock Bolt

(3) 천공

가. 드리프터, 웨곤드릴, 점보드릴을 주로 활용
나. 천공각도, 위치, 간격, 구경, 깊이 등의 유의
다. 용수, 가스, 지하수, 지반변위에 유의
라. 작업의 안전관리 유의
마. 발파 실패시 재천공 금지
바. 제어 발파 공법으로 천공하여 여굴량 최소화함

(4) 제어발파

가. Line Drilling
나. Prespliting
다. Cushion Blasting
라. Smooth Blasting

(5) 암반보강

가. Wire Mesh
나. Steel Rib

(가) U형강 주로 사용
(나) 매 막장마다 설치
(다) 지반이 좋은 경우 수막장마다 설치 혹은 생략
(라) 간격유지, 충격 흔들림 방지를 위한 길이방향 연결은 철근으로 연결

(마) 강지보공 하단부 콘크리트 타설로 지보재 고정 후 변형 방지

다. Shotcrete

(가) 건식과 습식

(나) 암괴의 붕괴방지

(다) 암괴의 전단이동 방지

(라) 벌어진 절리의 봉합

(마) 연약한 지반 봉합

(바) 응력의 전단

(사) 응력의 집중완화

학습 Note **숏크리트 반발율과 리바운드 발생원인**

1) 숏크리트 반발율Rebound

$$\text{반발율} = \frac{\text{반발재의 전중량}}{\text{뿜어 붙임용 재료의 전중량}} \times 100\%$$

2) Rebound 발생원인

① 물시멘트비 과다

② 굵은 골재의 최대치수 부적정

③ 뿜어 붙임면의 용수로 인한 부착불량

④ 분사각도 부적정

⑤ 숏크리트 타설거리 부적정

라. Rock Bolt

(가) Random Bolting : 필요한 부분에만 설치

(나) System Bolting : 일률적으로 설치

(다) 직경 25mm의 이형 강봉주 설치

(라) 봉합효과, 보강효과, 빔형성 효과, 내압효과 및 아치형성 효과

(6) 방수

가. 면정리

나. 물 흡수를 위한 부직포 포설

다. 최종방수인 Sheet 방수

라. Air Test, 진공 Test 실시

(7) 복공Lining Concrete

가. 크레블링 폼으로 실시

나. 건조수축과 균열 등에 의한 콘크리트 품질관리에 유의

다. 바이브레이터에 의한 충분한 진동다짐

라. 검사공을 통해서 검사

마. 물시멘트 비가 높아 침하가 많이 발생

바. 침하 천단부에 뒤채우기 그라우팅 실시

(8) Invert Concrete

가. 지반융기가 발생될 때

나. 측압이 클 때

다. 이상지압이 작용할 때

2. NATM 재해유형과 재해 발생원인

1) 추락

(1) 천공 및 발파 화약 장전시 추락

(2) 지보공(강재, 록볼트)설치시 추락

(3) 숏크리트 타설시 추락

(4) 사다리 작업 추락

2) 낙석[2], 낙반

(1) 천공작업시 낙석

(2) 발파작업시 낙반

3) 충돌 및 협착

(1) 차량과 충돌

(2) 기계장비와 협착

4) 발파, 폭발 사고

(1) 가스 폭발

(2) 화약류 발파

5) 기타사고

(1) 용수로 인한 사고

(2) 감전사고

3. 터널굴착공 중 발생할 수 있는 문제점[시공관점]

발생가능 문제점	안전대책
터널 천단부의 진행성 여굴	• 갱내 보조공법 추가 • 숏크리트 급결제 개선
지하수 유입발생	• 응급조치 및 차수그라우팅 실시(주입재 및 주입방법 선정) • 숏크리트 부착성 강화
과다변위 발생	• 굴착작업 중지 및 신속한 폐합 • 숏크리트 등 보강 실시 • 상하반 벤치장 조정
막장 밀림현상 발생	• 즉시 공사 중지 • 지반상태 분석에 따른 보강대책 수립 • 원인분석 및 지반 재평가

2) 라이닝을 하지 않은 터널에서 낙석이 발생하는 충격진동은 V=30.0cm/sec[낙석에 대한 진동기준(A.J.Hendron)]

3. NATM 굴착단계별 안전시공 절차

1. 천공		2. 발파	
개념도	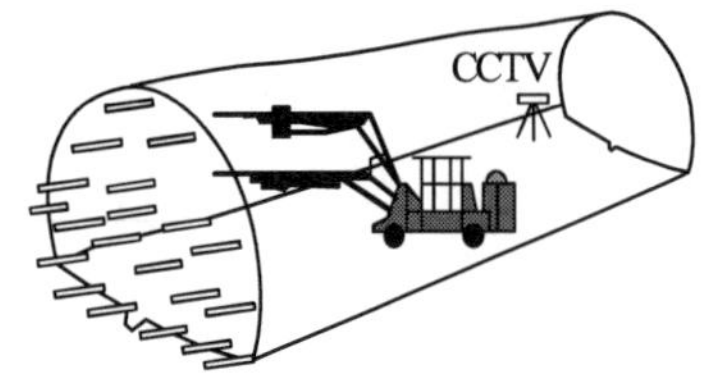	개념도	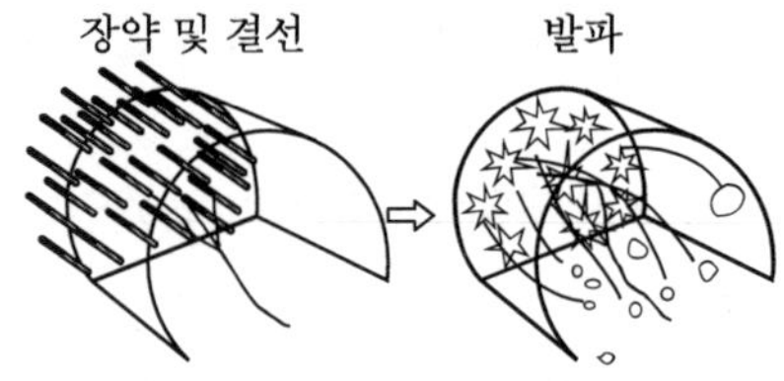
안전수칙	1. CCTV를 막장에 설치하여 안전시공 유도 2. 작업대등 가시설 구조에 대한 안정성을 확인 3. 작업자에게 개인보호구를 지급, 착용 확인 4. 천공위치, 천공 깊이를 준수하고 이를 확인 5. 전 발파시의 불발화약류의 유무 확인	안전수칙	1. 선임된 발파책임자의 지취에 따라 시행 2. 발파전 모든 근로자의 대피를 확인 3. 발파후 충분한 시간 경과후 접근 4. 유독가스의 유무를 확인하고 신속히 환기 5. 낙뢰 경보기를 설치하고 낙뢰시 발파 작업 중지
3. 배기		**4. 버력처리 및 측량**	
개념도	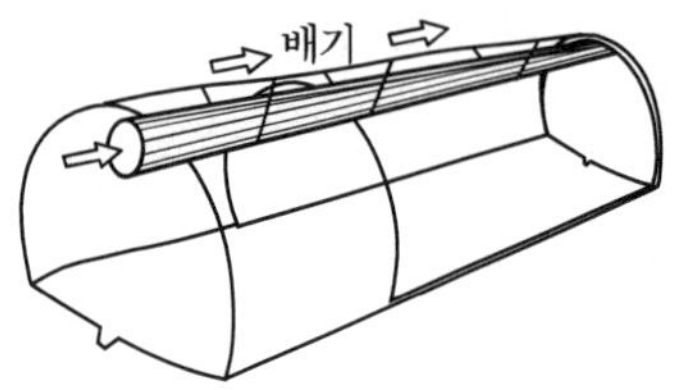	개념도	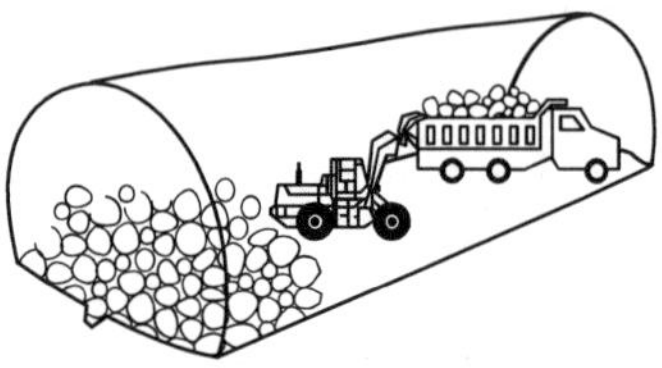
안전수칙	1. 막장 확인을 위한 충분한 조명시설 2. 조명설비에 대한 수시 및 정기점검 계획수립 3. 충분한 공기 공급을 위한 환기설비를 설치 4. 발파후 즉시 배기 및 송기 완료 5. 환기설비에 대한 정기점검 실시	안전수칙	1. 작업장에는 안전담당자를 배치 2. 버력차량을 위한 안전표지판을 부착 3. 적재 및 운반기계에는 경보장치를 설치 4. 적재 운반중 주변 지보공의 손상에 주의 5. 버력운반로는 양호한 상태로 유지
5. 숏크리트		**6. 록볼트**	
개념도	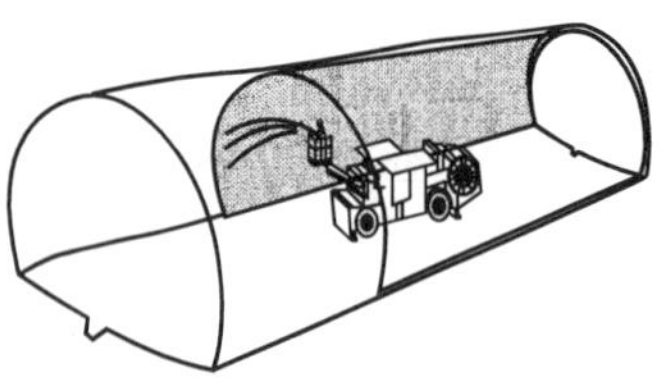	개념도	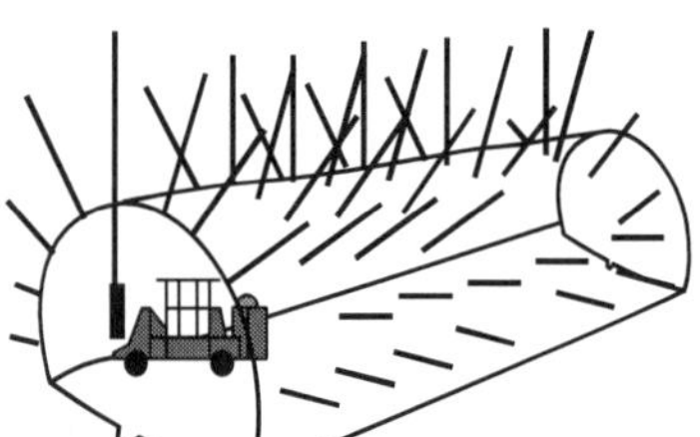
안전수칙	1. 작업전 근로자의 개인보호구 착용여부를 확인 2. 작업시 주변 건조물의 경계부위에 방호조치 3. 용수가 있을시 적절한 배수처리를 한 후 작업 4. 숏크리트는 규정 이상의 강도를 유지 5. 불량숏크리트 발견시 신속히 보강대체	안전수칙	1. 소정의 위치, 직경 및 깊이의 적정성을 확인 2. 유해한 이물질을 청소한 후 볼트 삽입 3. 지지판은 표면에 완전히 밀착 4. 록볼트 조임이 허용범위를 넘지않도록 주의 5. 록볼트 시공시 소정의 각도를 준수

7. 강지보재설치 및 숏크리트 타설		8. 계측	
개념도	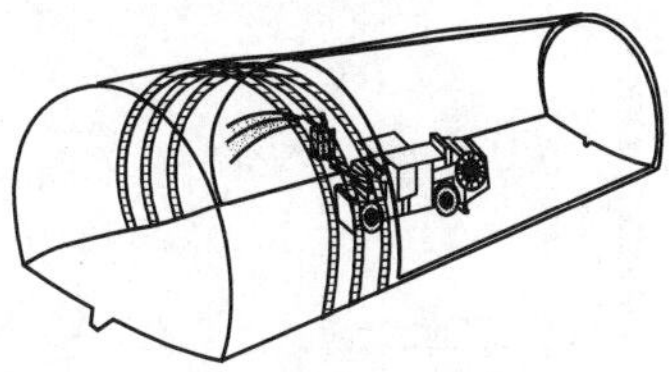	개념도	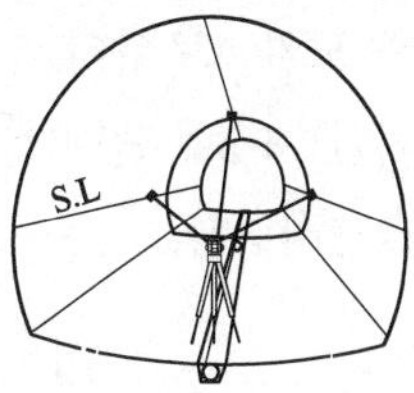
안전수칙	1. 조립도체 따라 조립하고 규정을 준수 2. 정확한 위치에 정확히 설치하도록 한다. 3. 거치후 중심위치, 고저차에 대해 수시 점검 4. 접합시 용접을 금하고 볼트-너트에 의한 체결 5. 굴착면의 비상상황에 대비하여 비상용 자재구비	안전수칙	1. 굴착지반의 거동, 지보공의 변위 및 응력의 변화 등에 대한 정밀 측정 2. 터널 작업전 계측계획을 수립 3. 계측핀들이 손상되지 않도록 주의 관리 4. 계측 결과를 시공관리 및 장래계획에 반영
9. 방수 및 배수		**10. 콘크리트라이닝**	
개념도	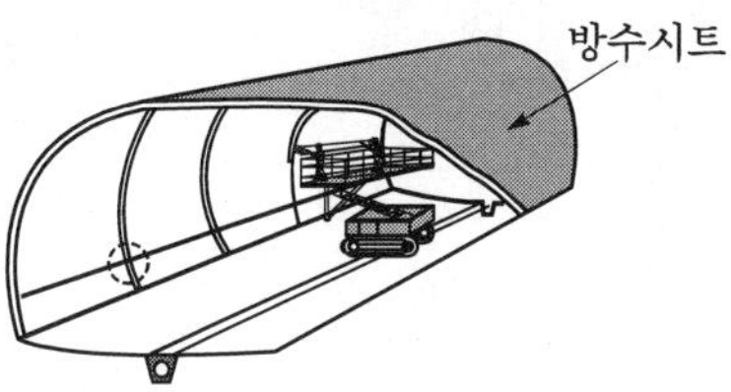	개념도	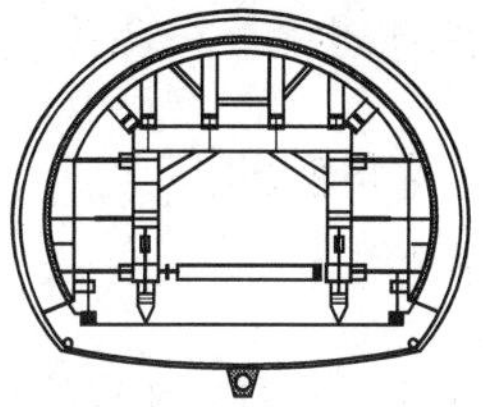
안전수칙	1. 배수 및 방수계획의 작성 - 터널내 누수개소 조사 및 점검 담당자 선임 2. 누수에 의한 위험방지를 위한 적절한 조치 3. 배수로 설치로 지반안정 및 양호한 작업조건 유지 4. 누수에 의한 감전 위험 방지를 위한 수시 확인	안전수칙	1. 콘크리트 타설면의 이물질을 완전제거 2. 강재 거푸집의 볼트, 너트등의 이완여부 확인 3. 콘크리트 혼합 후 규정 시간내 타설 완료 - 온난 건조시 1시간 이내 - 저온 건조시 2시간 이내 4. 거푸집 하부 작업차량 통생시 거푸집 손상에 주의

터널공사[여굴] 07-14

1. 여굴

1) 여굴

터널설계시 굴착선은 지불선Pay Line을 의미하나 시공시 실제 굴착선은 여굴을 포함한 여굴선이 됨. 여굴선은 지불선에 여굴의 평균 두께를 포함한 선으로 터널의 내공과 소요 지보재의 두께를 포함한 지불선을 굴착하는 과정에서 발생한다.

2) 낙반

낙반은 굴착에 의해 불안정해진 암반이 발파시 또는 발파후 모암으로부터 분리되어 탈락되는 것으로 낙반에 의한 보강은 공기를 지연시키고 터널안정에 문제를 발생시킨다.

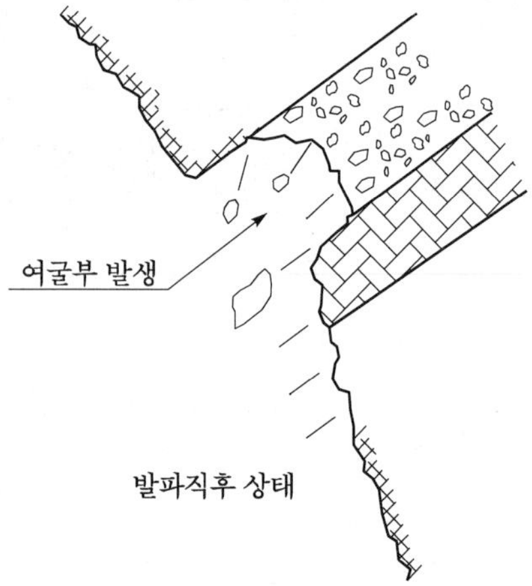

그림 7.3.2. 터널 여굴

2. 여굴의 발생원인

도로설계편람 터널편에 의하면 터널 공사중 여굴이 발생할 경우 추가되는 비용은 터널공사비의 15~18퍼센트에 해당한다고 한다. 여굴은 시공상 불가피한 것임은 분면하나 시공기술에 따라 상당량을 줄일 수 있으므로 여굴을 줄이기 위한 많은 노력이 필요하다. 여굴 발생원인을 정리하면 다음과 같다.

1) 사용장비에 의한 원인

(1) 대형장비 (2) 소형장비

2) 천공위치 및 천공기능에 의한 원인

(1) 측벽, 천정부 (2) 천공기능 숙련도

3) 천공 로드의 휨에 의한 원인

4) 발파법에 의한 원인

(1) 스무스 블라스팅공법 (2) 다이나마이트 등 일반 폭약 발파법

5) 지질구조적인 원리

3. 여굴 방지 대책

여굴의 규모에 따라 여굴부를 모르타르 및 경량콘크리트 등으로 채우고 필요한 경우 록볼트 및 강재로 보강 숏크리트로 마감 처리할 것

1) 매 공정별 발파 후 가능한 한 조속히 초기보강(숏크리트 타설)할 것
2) 적정 사용장비의 선정할 것
3) 숙련된 작업원 활용 및 기능교육 실시할 것
4) 정밀폭약 사용 및 적정량의 폭약량 사용할 것
5) 예상되는 연약지반에는 선진그라우팅 실시할 것

4. 여굴에 관한 규정 및 허용 기준

암 뚫기 여굴량의 표준

구분	아치부	측벽부
여굴두께 (cm)	15~20	10~15

터널공사-막장[붕락] 07-15

1. 막장Tunnel Face굴착 보조공법

1) 천단 안정대책

(1) 충전식 강관보강형
(2) 주입식 강관보강형

2) 막장면 안정대책

(1) 다분할 굴착
(2) 막장면 숏크리트
(3) 막장면 볼트

3) 각부보강대책

(1) Wing Rib, Elephant Foot
(2) 가인버트에 의한 단면 폐합
(3) 각부보강 주입공법
(4) 각부보강볼트(파일)

2. 막장관찰Face Mapping

1) 목적

(1) 굴착면에 대한 지반특성, 위험요인 파악하여 막장 안전성 확보
(2) 터널 시공에 영향을 미칠 수 있는 모든 지질 정보, 공학적 특성, 지반 보강 등 다양한 요인 분석
(3) 지반상태 예측, 안전성 판단 및 추가 굴진 시 문제점 파악
(4) 시공 및 설계 반영Feed Back
(5) 암반분류(노출된 지반조건 관찰)
(6) 안전관리(터널 붕락 등 예방)

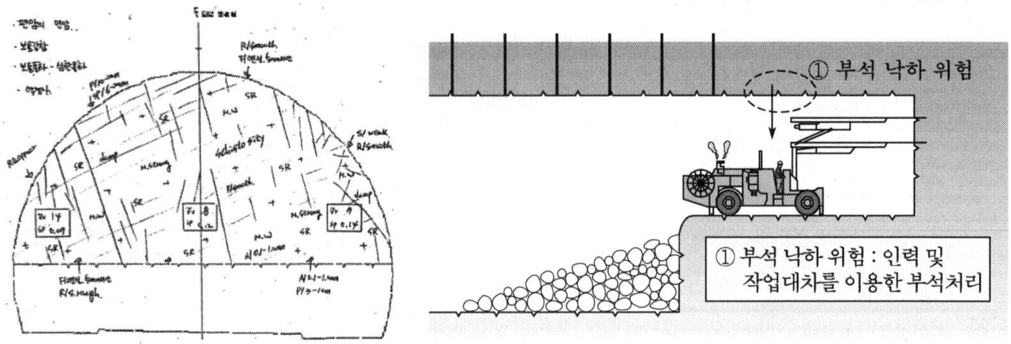

그림 7.3.3. 막장 관찰도Face Maping 사례와 부석 처리

3. 터널 막장공사 위험요인 및 안전대책

터널막장은 터널의 굴착 벽면을 말하며 터널내부 굴착벽면 및 상부 굴착부분에서의 암석 낙하 또는 붕괴위험에 주의해야 한다.

1) 위험요인

(1) 터널 막장의 붕괴·낙반위험

(2) 터널내 건설기계와 충돌, 협착위험

(3) 가설 전기시설에 의한 감전위험

(4) 천공·장약 작업중 작업대에서 추락위험

2) 안전대책

(1) 발파 후 부석(뜬돌) 제거 철저

(2) 터널굴착면의 신속 보강

숏크리트 타설 → Rock bolt → 강지보공 설치 → 숏크리트타설

(3) 계측관리 철저

가. A 계측 : 갱내 일상관찰, 내공변위 측정, 천단침하 측정

나. B 계측 : 지중변위 측정 등

(4) 추락 등 재래형 재해위험방지 조치

가. 막장 천공 작업대 승강설비 및 단부 안전난간 설치

나. 숏크리트 타설용 노즐 유동에 주의

4. 터널 붕락원인 및 대책

1) 터널의 붕락유형과 원인

터널 굴착 중 발생할 수 있는 붕락 파괴개념으로 다음과 같이 구분된다. 첫째는 지반의 절

리방향이 터널 굴진방향과 불리하게 형성되어 있어서 발생하는 Sliding Failure이고 둘째는 숏크리트층 하부기초의 침하에 따른 천장부의 Shear Failure이며, 셋째는 굴착면의 지지력 부족이나 과다한 지하수 유입에 기인한 토사층의 Progressive Failure 네 번째는 Creep 거동에 의한 Creep Failure로 나눌 수 있다. 지하철 터널의 붕락사고는 Progressive Failure 형태가 50퍼센트 이상이며, 고속도로 터널의 경우 Sliding Failure 형태가 83퍼센트를 차지한다[3].

(1) 파괴 개념에 따른 구분

가. Sliding Failure

지반절리가 터널 축과 거의 직교하고 경사가 20°~ 45° 상향으로 발달된 지층을 굴진할 경우에 터널 굴착시 막장면의 상부가 쏟아져 내려오거나, 지반절리가 터널 축과 평행하고 경사가 굴진방향과 거의 평행할 경우에는 터널측벽의 주변지반이 절리면을 타고 쏟아져 내릴 가능성이 많은데 이런 파괴를 Sliding Failure라고 한다.

나. Shear Failure

굴착저면의 지지력이 약할 경우에는 1차 지보가 완료된 터널측벽이 침하하게 된다. 연약한 토사층에 건설된 터널에서 이러한 침하가 발생하면 천장 상부의 전토피 하중이 1차 지보에 전달되므로 숏크리트층은 전단파괴가 발생하여 균열이 생기거나 붕괴하게 된다.

다. Progressive Failure

터널의 막장면은 무지보 상태이기 때문에 지반이 연약하거나 지하수의 유입이 과다하게 되면 시간이 지남에 따라 지반의 지지력이 저하되면서 수 십분 내지 수 시간에 걸쳐 진행성 파괴가 발생한다.

2) 굴착 단계에 따른 구분

해외 터널 붕락사례 분석결과를 보면 터널의 붕락과 붕괴는 터널 직경의 2배 이하인 저토피 구간에서 주로 발생하는 것으로 조사되고 있다. 터널 붕괴가 발생한 위치별로 터널 굴착단계에 따라 붕락 유형을 구분하면 다음과 같다.

(1) 무지보 막장면에서의 붕괴[굴착단계 ①]

터널 굴착시 가장 발생 빈도가 높은 붕괴유형으로 지반조건과 지하수 유입상태, 절리면의 불리한 방향으로 원인이 복합적으로 적용하여 발생한다.

(2) 지보가 설치된 상반구간에서의 붕괴[굴착단계 ②]

터널막장으로부터 터널 폭의 1D~2D까지의 후반에 위치한 상반구간에는 무지보 막장구간에 비해 상대적으로 강성이 큰 지보재가 설치되었기 때문에 3차원 상으로 응력이

3) [김낙영외. 고속도로터널의 붕락유형과 원인분석, 한국터널학회논문집]

집중하게 되는데, 이 구간에 타설된 숏크리트는 아직 강도가 충분히 발현되지 못한 연성 숏크리트 상태일 뿐만 아니라 지반거동과 지하수 흐름도 급격히 변화하는 불안정한 구간이기 때문에 지보재의 지지력은 거의 한계상태로 도달해 있다고 볼 수 있다.

(3) 하반 굴착구간에서의 붕괴[굴착단계 ③]

하반을 굴착하게 되면 터널의 직경은 상반 굴착후의 직경에 비해서 거의 2배에 이르게 되고 1회 굴진장도 상반에서의 굴진장에 비해서 2~3배 정도로 시공하기 때문에 붕괴의 가능성이 높아지게 된다.

(4) 인버트 링폐합 구간에서의 붕괴[굴착단계 ④]

대부분의 터널에서는 인버트 굴착 후 링폐합이 이루어지게 되면 내공변위도 일정값에 수렴하게 되고 터널은 안정된 상태에 도달한 것으로 볼 수 있다. 그러나 내공 검측 결과 콘크리트 복공의 설계단면이 부족한 경우에는 숏크리트 두께를 감소시킴으로써 숏크리트에 응력이 집중되고 균열이 발생하거나 붕락이 발생할 수 있다.

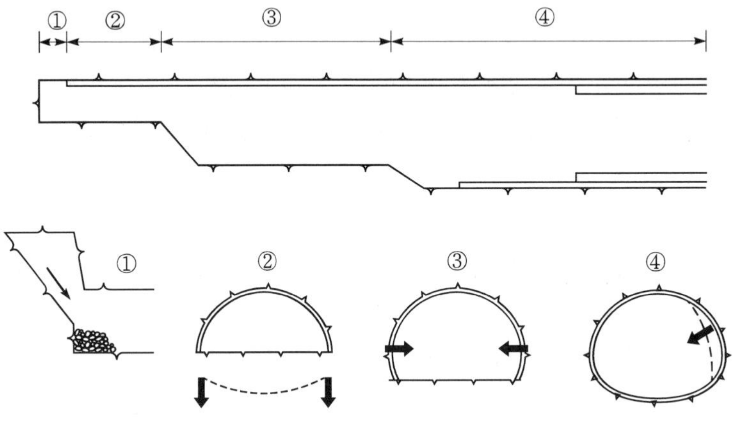

그림 7.3.4. 터널 굴착단계별 붕괴위험

터널공사[지보재] 07-16

1. NATM 지보공의 종류 및 역할

1) 종류

(1) Wire Mesh

(2) Steel Rib

(3) Shotcrete

(4) Rock Bolt

2) 주요기능 및 역할

(1) 지반의 변형 방지

(2) 원지반 강도 활용

(3) 터널의 안정도모

(4) 암괴의 붕락방지

(5) 암반의 이완하중지지

(6) 초기 토압의 일부지지 내압 효과

(7) 지반변형 억제

2. 지보공 종류별 특징

1) Wire Mesh

2) Steel Rib

(1) 강지보재Steel Rib의 기능

가. 숏크리트 또는 록볼트의 지보재 기능이 발휘되기까지 임시 보강재 기능

나. 무지보 지반의 직접보강 및 숏크리트 라이닝 하중 분산 작용

다. 훠폴링, 강관보강 등 보조공법의 반력 지지점 역할

라. 터널 내공 확인, 발파 천공의 지표Guide역할

마. 강지보재의 종류

(가) H형강 지보재

(나) 격자Lattice Girder지보재 등

구분	H형강 지보재	격자지보재
형상	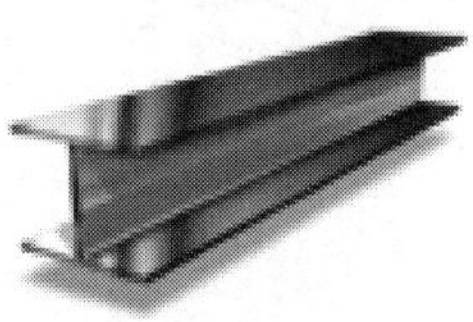	
기능성	• 지보재 배면에 숏크리트 공극 발생 • 강성이 크므로 변위 억제력이 큼	• 지보재 배면 숏크리트 밀실시공 가능 • 숏크리트와 결합력이 우수하여 밀실 시공에 의한 방수효과 • 숏크리트와 연속체 형성으로 터널 안정성 증대 • 굴착면에 밀착시공으로 인한 갑작스런 지반변위 방지

3) Shotcrete

(1) 숏크리트의 기능

가. 암반과의 부착력, 전단력에 의한 저항

나. 휨압축 또는 축력에 의한 저항

다. 외력의 분배효과

라. 응력집중 완화

마. 피복효과

(2) 재료

가. 시멘트 : 보통포틀랜드 시멘트 사용을 원칙

나. 골재 : 단단하고 내구적이며 적당한 입도, 화학적으로 안전해야한다.

다. 혼화재료 : 급결제, 감수제, AE감수제 등

(3) 시공관리

가. 굵은골재의 치수가 너무 커서 반발량을 증가시키거나 호스 막힘이 없도록 할 것

나. 잔골재율이 적어서 반발량을 증가시키거나 분진이 발생하지 않도록 할 것

다. 압송중 막힘을 방지할 것

라. 숏크리트의 박리 유출이 생기지 않도록 할 것

마. 숏크리트시 반발량이 최소가 되도록 하고, 반발된 재료가 다시 반입되지 않도록 할 것

숏크리트 작용 효과

암반과의 부착력, 전단력에 의한 저항	휨압축 또는 축력에 의한 저항
• 터널주변의 틈이나 균열에 전단저항을 주고 붕락하기 쉬운 Key Block을 지지하고 터널 벽면 가까이 아치형성	• 주변 암반에 내압을 가함으로써 암반을 삼축응력상태로 유지하고 암반의 강도열화 방지
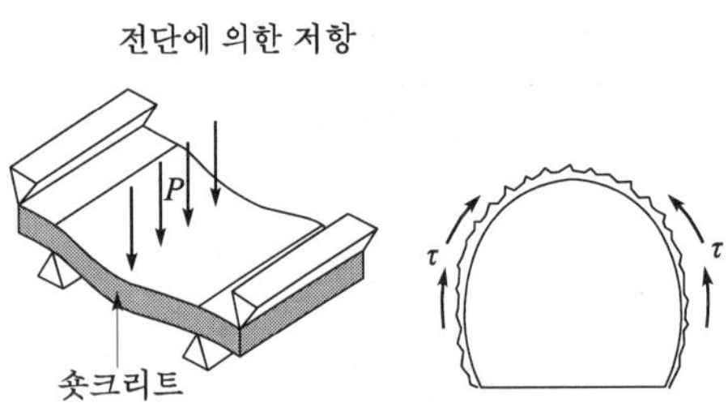	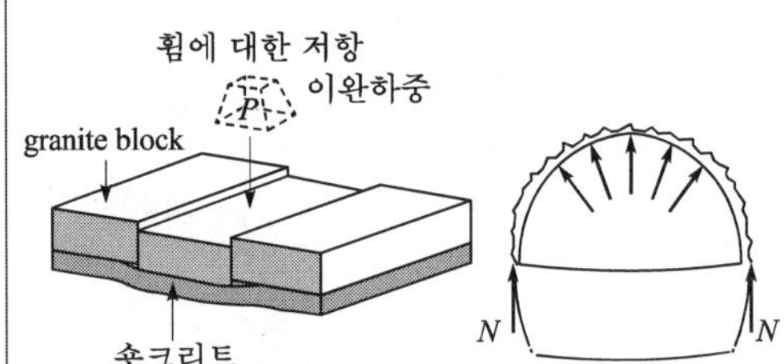
외력의 분배효과	**응력집중 완화효과**
• 강지보공 또는 록볼트에 토압을 전달하는 Plate로서 거동	• 암반의 오목한 곳을 메우고 약층을 접착함으로써 응력집중을 막아 약층 보강
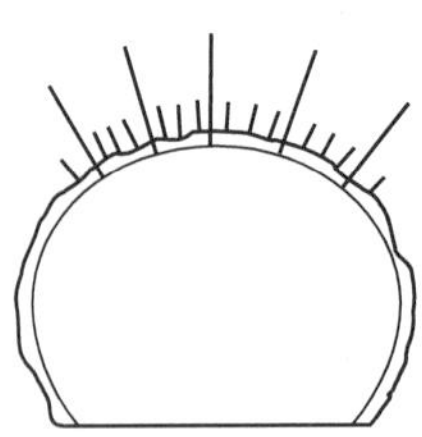	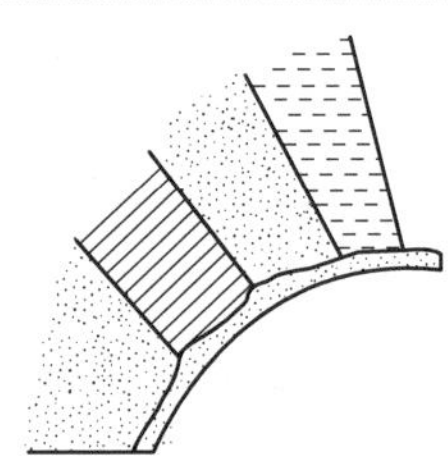

(4) 숏크리트 리바운드 원인과 대책

가. 숏크리트 타설 시 리바운드에 의한 재료손실은 건식이나 습식 모두에서 발생하며, 습식이 건식에 비해 현저히 낮게 나타난다.

나. 숏크리트 리바운드는 분사라는 숏크리트 타설방법 자체의 원인에 의한 것이므로 완전히 제거할 수는 없지만, 리바운드 발생 원인을 분석하고 숏크리트의 품질과 작업환경 그리고 경제성 향상을 위한 여러 가지 대응방법을 통해 그 양을 줄이는 대책을 수립할 수 있다.

리바운드 증가원인	리바운드량을 줄이기 위한 대책
• 단위 시멘트량 부족 • 크기가 크고 각이 진 조골재 • 굳지 않은 콘크리트의 유동성 저하 • 급결제의 응결시간 저하 • 타설시 압축공기의 송출압력 과다 • 숏크리트 타설장비의 맥동현상 발생 • 골재의 미분 과다 시	• 세골재율을 적절히 높임 • 조골재의 형상을 입상으로 하고 입경을 작게 조정 • 콘크리트 유동성을 증가시킴(W/C 높임, 혼화재 사용 등) • 급결제의 적정한 사용(응결시간 및 부착성 우수) • 노즐을 타설면에 가능한 한 직각이 되도록 유지 • 노즐과 타설면의 거리는 적정한 거리를 유지할 것 (0.75~1.25m) • 조골재 치수는 가능한 한 작은 것을 사용

다. 숏크리트 타설방식

구분	습식	건식
개요	• 물을 포함 각 재료를 미리 정확히 계량하여 충분히 혼합할 수 있어 품질관리가 용이하다.	• 재료가 노즐에서 분사되면서 혼합되므로 품질이 작업원의 숙련도 및 능력에 좌우된다.
작업성	• 재료 공급의 제약을 받는다. (간이 배치플랜트 설치 필요)	• 건조한 재료를 공급하므로 공급작업의 제약이 적다(운반시간 등)
압송거리	• 작업거리가 제한된다. (배합에 따라 100m이상까지 가능)	• 작업거리를 비교적 멀리할 수 있다. (최대 500, 150~200m정도가 바람직)
작업환경	• 분진이 적다.(10mg/cm^2)	• 상대적으로 분진이 많다. (30~40mg/cm^2)
시공능력	• 10~15m^3/hr	• 5~7m^3/hr
반발율	• 비교적 적다.(20~30%)	• 비교적 많다.(30~40%)
장비	• 대형	• 중·소형
청소/보수	• 호스가 막힐 경우 청소 곤란	• 보수 및 청소가 용이
시공성	• Consistency관리가 중요 • 기계화 시공으로 시공성 향상 • 대단면 연속 시공시 적합함 • 균질한 품질확보 • 작업종료후 또는 중단시 기계청소 필요	• 세골재의 표면수 관리가 중요 • 품질관리가 어려움 • 비교적 소단면으로 분할시공시 적합함

라. 터널 지보재로 사용되는 숏크리트의 최소 두께

사용목적, 지반 조건, 단면의 크기, 지보재 안정성 및 시공성 등을 고려하여야 하며, 50 밀리미터 이상으로 하는 것을 원칙으로 하되 현장 조건에 따라 조정할 수 있다.

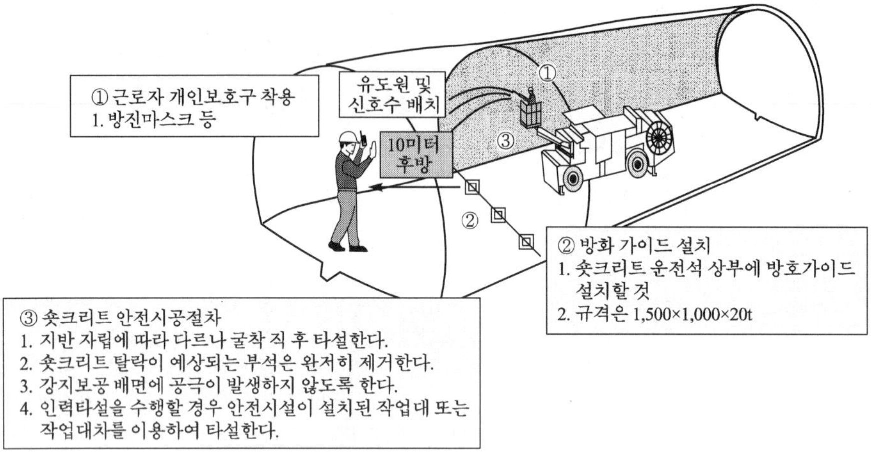

그림 7.3.5. 숏크리트 안전대책

4) 록볼트Rock Bolt 기능(작용효과)

구분		작용효과
봉합작용	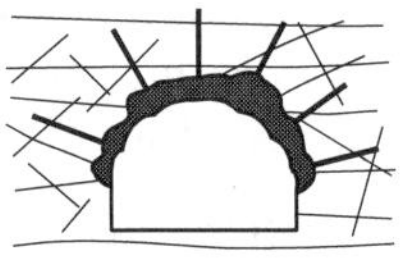	• 발파 등에 의해 이완된 암괴를 이완되지 않은 원지반에 고정하여 낙하를 방지하는 기능
보강작용	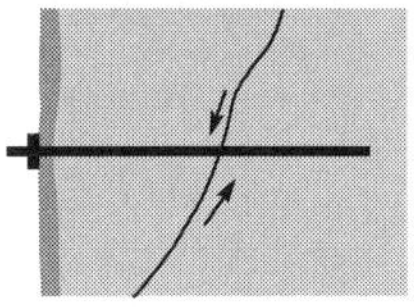	• 지반 내에 록볼트를 설치하면 지반의 전단 저항능력이 증대하여 지반의 내하력을 증대시키고 지반의 항복 후에도 잔류강도 향상을 도모
보형성작용	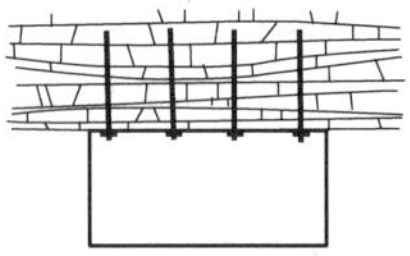	• 터널 주변의 층을 이루고 있는 지반의 절리면 사이를 조여줌으로서 절리면에서 전단력의 전달을 가능하게 하여 합성보로서 거동시키는 효과
내압작용		• 터널 벽면에 록볼트에 작용하는 인장력과 동등한 힘을 내압으로 작용시켜 2축 응력을 받는 터널 주변지반을 3축 응력상태로 바꾸어 지반의 강도 혹은 내하력 저하를 억제하는 작용
아칭형성작용	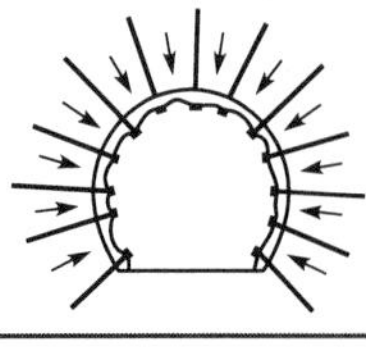	• 시스템 록볼트의 내압효과로 인하여 굴착면 주변의 지반이 내공측으로 일정하게 변형하는 것에 의해 내하력이 큰 아치를 형성

3. 콘크리트 라이닝Lining기능 및 역할

콘크리트라이닝의 두께는 단선터널의 마제형 및 난형터널을 기준하여 300밀리미터 정도로 정하는 것을 표준으로 하고 단면적의 증가에 따라 두께도 적합하게 증가시켜야 한다.

가. 내구연한 동안 구조체로서의 역학적 기능
나. 터널 내장재로서 미관 유지기능
다. 터널 내부 시설물 보호 및 보존 기능
라. 점검 및 보수 관리기능

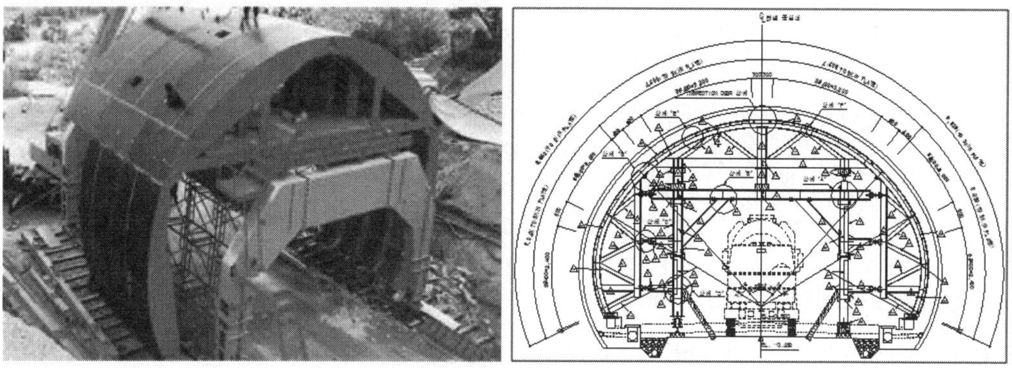

그림 7.3.6. 터널 라이닝 거푸집 및 도면 사례

4. 인버트

1) 역 Arch 기능을 하는 것으로 터널단면의 바닥부분이 연약하여 지반의 융기나 내공변위가 우려되는 지반의 터널저부 바닥면을 역 Arch로 시공하는 것을 말한다.
2) 이암지반의 내공변위나 지반융기가 우려되는 지반에 시공한다.
3) 활용
   (1) 소성영역이 증대되는것 방지
   (2) 내공변위와 지반융기 예방
   (3) 시간의존 거동특성 예상 : Creep 등 조기에 예방하여 팽창성, 압착성 현상 예방

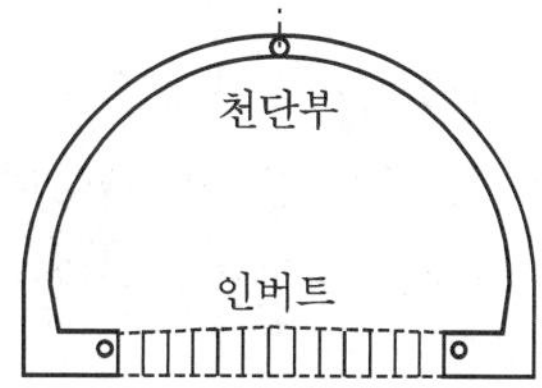

그림 7.3.7. 터널 인버트 위치

5. 터널 지보공의 종류와 개념[시공관점]

1) 지보공 종류 및 개념

구분	종류	개념
1차 지보	숏크리트 록볼트 강지보재	• 터널굴착 후 주변지반이 지보기능을 발휘할 수 있도록 지반거동을 억제하여 안정상태에 이르도록 설치한다. • 터널굴착에 의해 발생되는 지반의 거동을 조기에 억제시켜 지반이 보유하고 있는 지지력 및 강도를 최대한 이용할 수 있도록 하고 지반을 안정시켜 안전하고 능률적인 작업이 가능하도록 한다.
2차 지보	내부 라이닝	• 배수형 터널의 경우 모든 지반 하중을 1차 지보가 담당하고 내부 라이닝은 터널 내부 시설물의 보호, 미관유지, 쾌적한 공간유지 등의 부수적 기능을 담당한다. • 방수형 터널의 경우 지하수 유입을 차단하여 발생하는 수압을 지지한다.
보조공법	Fore Poling 프리그라우팅 강관그라우팅	• 지반이 불량한 경우 막장의 안정을 위해 설치하는 것으로 개념적으로는 1차 지보를 보강하는 기능을 한다.

6. 터널 굴착 보조공법 - Fore Poling

Fore Poling의 재질은 Pipe 사용시 직경은 30～40밀리미터가 사용되며, 철근 사용시는 25～36밀리미터가 사용되는데 Pipe로 사용하는 것이 효과적이다.

1) 시공목적

(1) 터널 천단부의 안전을 확보하기 위한 공법

(2) 토피고가 낮은 갱구측에 보강용으로 적용 한다.

(3) 막장전방에 파쇄대가 출현하여 막장안정 및 지반보강을 필요로 하는 곳에 적용한다.

(4) 국부적으로 과다 굴착방지가 필요한 곳에 적용한다.

2) 규격 및 설치범위

(1) 재질 : 철근 또는 강관 혹은 강지보 말뚝

(2) 길이 : 굴진장의 2~3배 정도

(3) 횡방향 간격 : 50센티미터 이하

(4) 횡방향 설치범위 : 60~120도

3) 시공

풍화암 이하의 균열이 심하게 발달된 지반에서는 붕락방지용과 지보의 효과까지 기대하는 형으로 분류할 수 있다.

(1) 붕락방지만을 목적으로 하는 경우

터널 진행방향으로 통상 10～20°정도로 천공후 시공

(2) 지보효과도 기대하는 경우

4) 설치 및 주의사항

(1) 최대한 수평(15도 미만) : 여굴방지

(2) 강지보공과 지반을 이용하여 2점지지가 되도록 하여 들보로서 작용하게 한다.

(3) 매 막장마다 설치하여 안정성을 증가한다.

(4) 천공면은 반드시 모르타르 그라우팅 실시하여 여굴 및 느슨함을 방지한다.

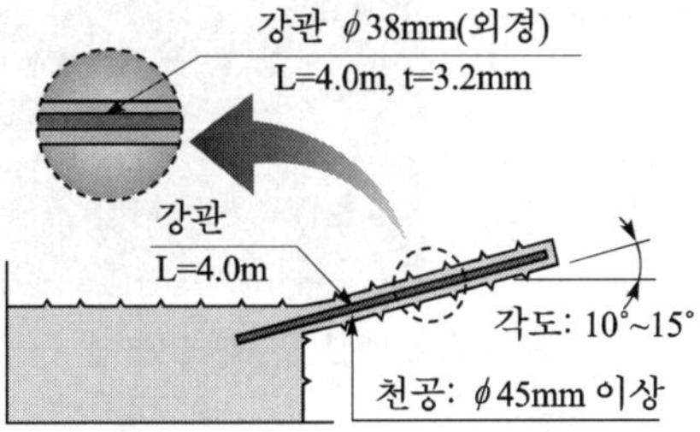

그림 7.3.8. 지반 보강(Fore Poling 사례)

6. 터널 굴착 보조공법 - Pipe roof

1) 개념

(1) 터널 등 굴착 보조 공법

(2) 터널 갱구부 등에 강관을 수평으로 삽입하여 지붕을 형성하는 공법

2) 규격 및 설치조건

(1) 재질 : 강관, FRP

(2) 길이 : 6미터 이상

(3) 횡방향 설치간격 : 30~60센티미터

(4) 횡방향 설치범위 : 90~180도

(5) 종방향 설치각도 : 0~15도

3) 설치 및 주의사항

(1) 중량에 비해 휨강성이 크고 취급이 용이

(2) 시멘트 주입횟수에 따라 1회(1단) 주입시는 파이프 루프다단 주입시는 강관(FRP)다단그라우팅 공법으로 구분된다.

(3) 점착력이 작은 토사 지반에도 보강효과가 탁월하다.

(4) 고각으로 설치할 경우 굴착면 여굴 방지를 위해 훠폴링과 함께 적용가능하다.

1. 갱구부

갱구부는 일반적으로 갱문구조물 배면으로부터 터널길이의 방향으로 터널직경의 1~2배 정도의 범위 또는 터널직경 1.5배 이상의 토피가 확보되는 범위까지로 정의함을 원칙으로 한다.

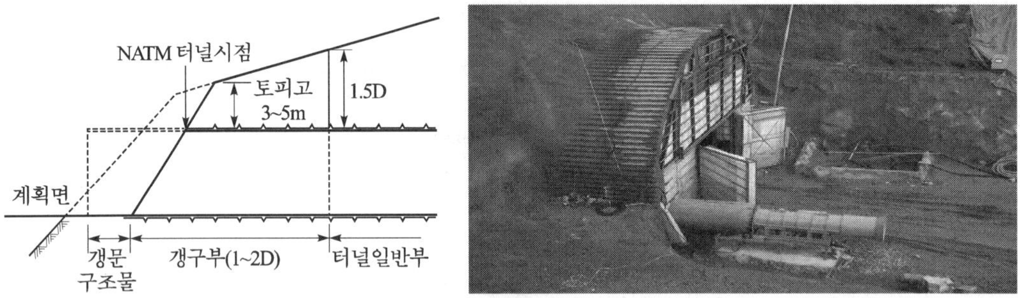

그림 7.3.9. 터널 갱구부 범위

2. 갱문 형식

1) 터널갱문 개요

갱문설계시 원지반 조건, 주변경관과의 조화, 차량주행에 주는 영향, 유지관리상의 편의를 고려해서 갱문의 위치, 형식, 구조를 정하여야 하며 특히 갱문 배면의 낙석, 눈사태 등의 재해를 미연에 막는 대책을 필요에 따라 고려해야 한다.

2) 갱문 형식

구분	면벽형		돌출형			
	날개식	Arch식	원통절개식	Bell Mouth식	Bell Mouth 변형식	버드비크형식
측면도	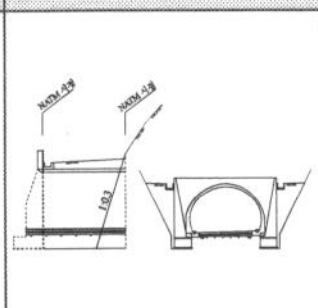	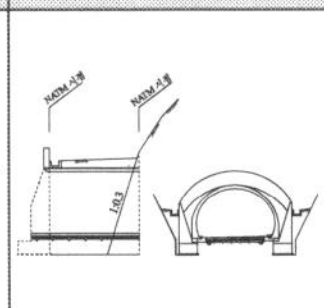	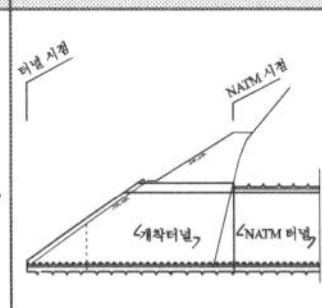	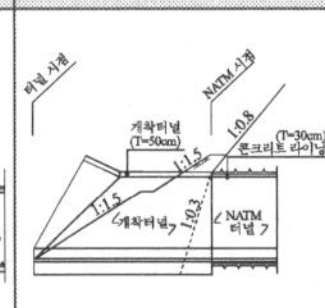	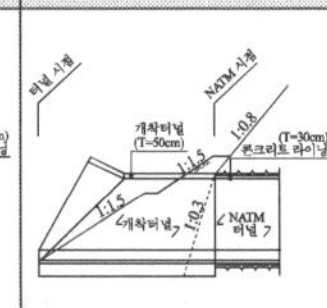	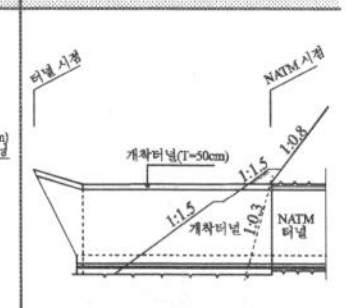
조감도		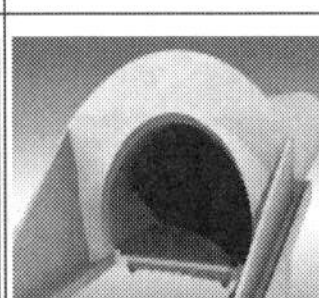		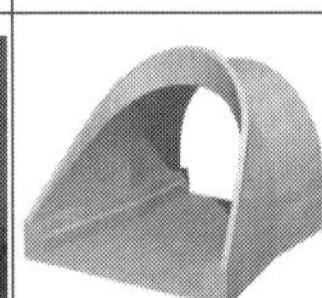	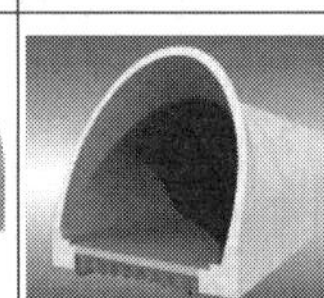	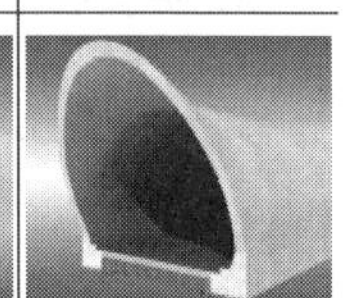

3. 터널 갱구부 위험요인 및 안전대책

터널 갱구부는 터널 입구를 말하며 지반이 불안정하고 지지구조가 취약하여 갱구부 및 주변 지반의 붕괴위험이 높다.

1) 위험요인

(1) 갱구부 주변 사면붕괴 또는 낙석위험

사면의 기울기가 급하거나 장기간 대기노출에 따른 지반풍화에 기인한다.

(2) 터널 갱구부 붕괴위험

갱구부 지반취약 및 지지구조 불안정

2) 안전대책

(1) 상부사면 안정 조치

가. 사면내 Rock bolt 및 숏크리트 타설 보강

나. 산마루 측구 및 도수로 등 배수시설 설치

(2) 갱구부 보강조치 철저

강지보공 보강 설치 또는 구조물 보강

(3) 터널 갱구부 구조물 거푸집 동바리 안전조치

동바리 구조검토 및 조립도 작성

터널공사[용수처리] 07-18

1. 터널 방수설계

1) 방수설계

터널의 방수공은 유지관리, 기능 확보, 미관유지 및 구조물의 침식방지 등의 내구성 증진을 위하여 방수공 설계단계에서 지반조건 및 지하수위뿐만 아니라 주변환경, 초기 시설투자비 및 장기적인 유지관리 등 경제적인 면까지도 다각적 검토가 수행되어야 한다.

2) 지하수 처리방법에 따른 방수형식

(1) 배수형 터널

터널 천단과 측벽에만 방수막을 설치, 유입수를 한 곳으로 유도하여 배수하는 방식

가. 완전 배수형 : 터널부의 전 주변으로 배수를 허용하는 형식

나. 부분 배수형 : 터널 천장과 측벽에만 방수막을 설치하여 유입수를 한 곳으로 유도하여 배수하는 형식

다. 외부 배수형 : 터널 내부 시설물이나 콘크리트 라이닝을 보호하기 위하여 콘크리트 라이닝 외부 전체를 방수막으로 ㄷㄹ러싸고 터널 외부에 별도의 배수로를 설치하여 터널로 흘러들어오는 지하수를 차집하여 외부로 배수하는 형식

(2) 비배수형(방수형) 터널

가. 콘크리트라이닝 외부를 방수막으로 둘러싸고 지하수 유입을 완전히 차단하는 형식

나. 비배수형 터널은 배수 시스템을 설치하지 않고, 지하수가 터널 내부로 유입될 수 없도록 차단하는 방수형식

다. 특징

(가) 배수시 지반침하 발생구간

(나) 라이닝 정수압 작용

(다) 누수 발생시 대처곤란

(3) 비배수형 및 배수형 터널의 적용기준

가. 국내터널 설계에서 비배수형 터널과 배수형 터널에 관한 명확한 기준은 제시되어 있지 않음

나. 일반적으로 개착구간은 모두 완전방수형 구조물(Box 구조물)인 반면, 터널구간은 원칙적으로 배수형을 지향하고 있음

3) 방수방법(비배수형과 배수형) 결정 시 고려사항

(1) 지질 및 토피

(2) 단면의 크기 및 형상

(3) 지속적인 배수가 주변 환경에 미치는 영향

(4) 누수 및 침투수량

(5) 유지관리의 용이성 등

(6) 시공성

(7) 경제성

4) 방수방법(비배수형과 배수형) 비교

구분	배수형 방수	비배수형 방수
개요도	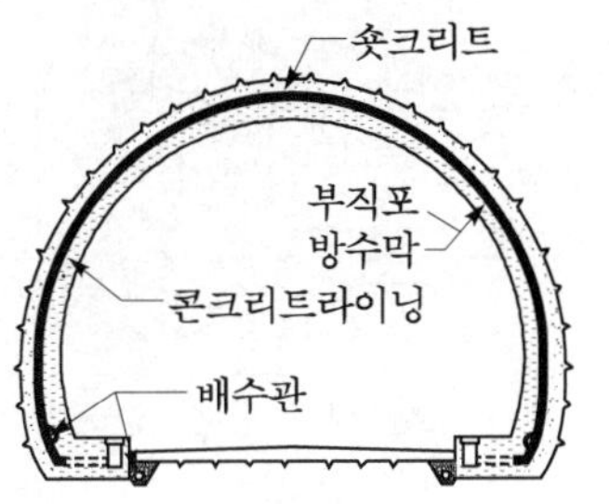	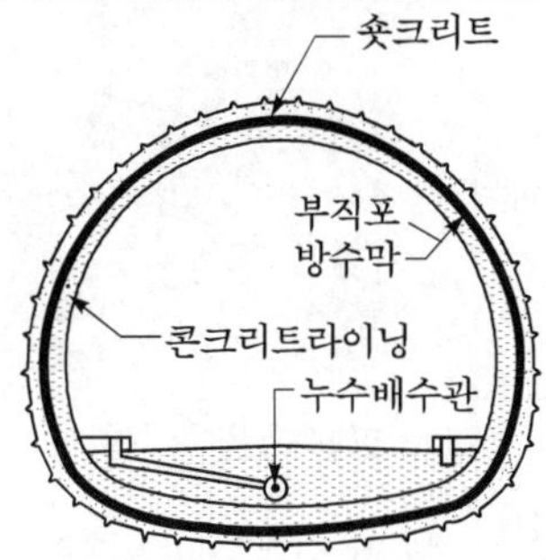
적용조건	• 지하수 유출이 비교적 적은 구간 • 터널 심도고 깊고(50미터 이상) 지하수위가 높아 2차 라이닝에 수압이 크게 작용하는 경우	• 하천 통과부등 지하수 유출이 과다하여 유지관리상 문제가 있는 구간 • 지하수 강하 시 터널주변 지표침하로 피해가 예상되는 경우
경제성	• 원형단면에 비해 경제적	• 원형에 가까운 단면으로 굴착량이 많아 비경제적임
유지관리	• 유지관리비가 비교적 많이 든다 • 보수가 가능함	• 유지관리가 용이함 • 유지관리비가 적게듦 • 누수시 보수가 어려움
주변환경에 미치는 영향	• 지하수위 저하로 지하수 이용에 영향을 미치며 얕은 심도의 터널에서 주변 지반침하 발생	• 지하수위를 계속 유지할 수 있으므로 주변환경에 거의 영향을 주지 않음
적용성 및 시공성	• 대단면 및 변단면에 시공이 가능함 • 수압을 고려하지 않으므로 구조적으로 안전하며 라이닝 부재의 두께가 상대적으로 얇음 • 보수가 가능하다	• 대단면 및 변단면에서의 시공이 어려움 • 라이닝의 두께가 커지게 되며 철근보강이 필요함 • 방수재에 결함이나 손상이 있는 경우 압력수가 유출하게 되어 복구가 곤란함

2. 터널 굴착 시 용수대책

1) 터널 내 용수의 개요

(1) 용수란 자연상태에서 터파기면, 지표면, 지하부분으로 솟아나오는 물을 의미한다.

(2) 터널굴착 배수 시에 갱내에서 누출되는 지하수 및 굴착 공사 시에 사용된 용수를 현장작업에 지장을 초래하지 않도록 배수시설을 설치하여 터널 외부로 배출시켜 능률적인 작업을 시행할 수 있도록 할 것

2) 용수의 영향

(1) 숏크리트 부착 불량

(2) 록 볼트 정착 불량

(3) 지반의 연약화로 지보공의 침하

(4) 막장의 붕괴

3) 시공 중 과다용출수 발생 시 대처방안

<table>
<tr><th>구분</th><th>소규모 용출시</th><th>대규모 용출시</th><th>현장 긴급대처 요령</th></tr>
<tr><td>개념도</td><td>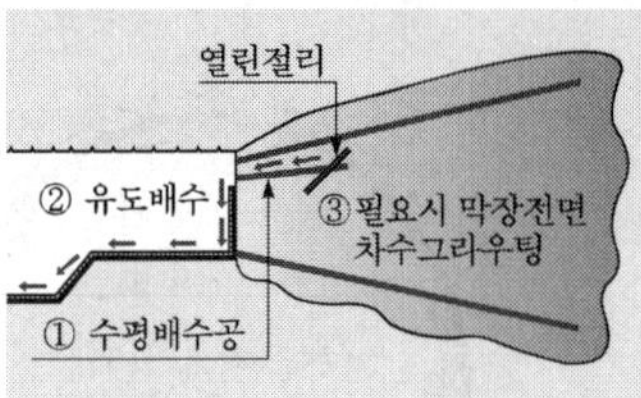
</td><td>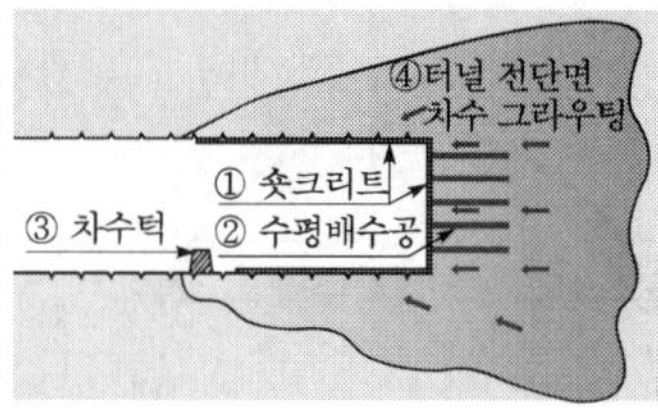
</td><td rowspan="2">• 장비 및 인원 대피
• 전력 즉시차단
• 폐수처리 용량을 초과하는 과다 용수처리를 위한 임시 집수조 설치
• 대피 모의훈련 시행으로 긴급대처요령 숙지</td></tr>
<tr><td>특징</td><td>• 수평배수공을 설치하여 유도배수 실시
• 막장전면에 차수그라우팅 설치로 유입수량 차단</td><td>• 숏크리트 타설 및 수평배수공 설치
• 용출수량에 따라 전단면 차수 그라우팅, 포스트그라우팅 시공</td></tr>
</table>

4) 지반조건을 고려한 차수그라우팅 적용

<table>
<tr><th>감지공 유입수량 측정</th><th>유입수량 분석을 통한 차수그라우팅 적용</th></tr>
<tr><td>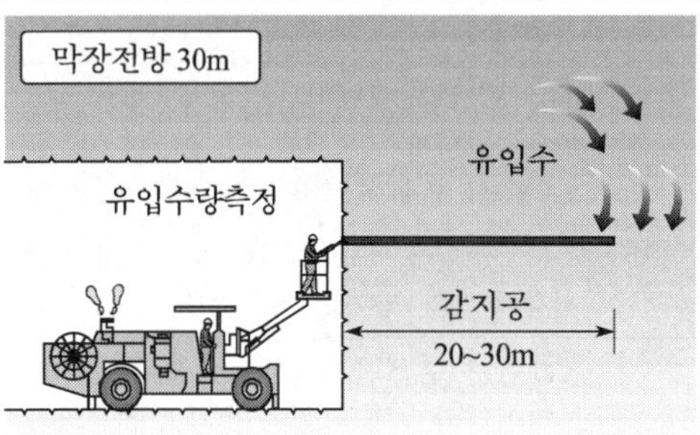
</td><td>• 유입수량(Q)<0.5 L/min/m (감지공 기준)
→감지공만 그라우팅
• 유입수량(Q)>0.5 L/min/m (감지공 기준)
→굴착전면 그라우팅
• 차수 후 터널기준 유입수량(Q) 0.5m³/min/km 이상
→포스트 그라우팅(Post Grouting) 수행</td></tr>
</table>

3. 터널 내 용출수량

1) 보통의 암반상태에서의 용출수는 11킬로미터 당 0.5~1.5ℓ/min 정도이다.

2) 터널 배수의 종류[터널 내부 배수 시스템[시공관점]]

구분	배수 시스템 개요
노면배수	• 터널 내부로부터 유입되는 **노면수** 처리 → 터널 노면을 따라 집수조로 집수
저면배수	• 터널 바닥 하부 지반으로부터 유입되는 용수를 대상으로 한 배수 → 중앙배수관(HDPE 유공관 Φ400밀리미터)을 통하여 배수
배면배수	• **방수막** 배면으로 유도되는 용수를 대상으로 한 배수 → 터널 측벽 하단에 측벽배수관(HDPE 유공관 Φ150밀리미터)을 통하여 배수 → 측벽배수관과 중앙배수관을 연결하는 횡배수관(PVC Φ150밀리미터)을 15미터 간격으로 설치
유지관리	• 중앙배수관 유지관리용 맨홀 30미터 간격으로 설치 • 측벽배수관 유지관리용 배수 확인공 15미터 간격으로 설치

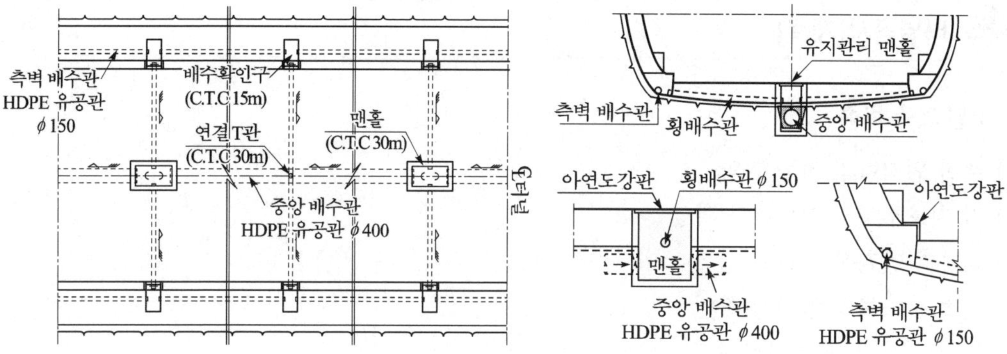

그림 7.3.10. 터널 내부 배수방법

학습 Note 터널 굴착 보조공법과 용수처리 공법

- **터널 보조공법**
  - 천단 및 막장안정
    - 천단 보강 공법
      - Fore Poling, Pipe Roof
      - 강관(혹은 FRP)보강 그라우팅
      - 대구경 강관보강 그라우팅
      - 강관 동시삽입형 수평제트 그라우팅
    - 막장 보강 공법
      - 막장면 지지 코아(링컷)
      - 막장면 숏크리트
      - 막장면 록볼트(GRP 록볼트)
      - 프리그라우팅
    - 각부 보강 공법
      - 레그파일(강관계, 말뚝계, 고압분사계 등)
      - 보강볼트
      - 지반개량
    - 측벽 보강 공법
      - 측벽보강 록볼트
      - 측벽보강 강관파일
  - 용수처리
    - 차수 공법
      - 주입공법
      - 동결공법
      - 압기공법
    - 배수 공법
      - Deep Well 공법
      - Well Point 공법
      - 막장면 물빼기 공법

*터널공사 지하수 유출과 차수공사 기준 : 미국 1킬로미터당 290세제곱미터 이상이면 차수공사 권장.
*00터널 : 1미터당 1분에 0.3리터씩 배출될 경우(하루 1킬로미터당 432세제곱미터에 해당함) 차수그라우팅 적용
*지하수유출로 지하수위가 낮아질 경우 : 계곡, 습지가 말라진다.

1. 터널 계측 목적

1) 주변 원지반의 거동 파악
2) 각 지보부재의 지보효과 확인
3) 터널의 안정상태 확인
4) 근접 구조물의 안정성 확인
5) 장래 공사에 대한 자료 축적
6) 경제성 도모

계측의 목적	내용
1. 안전성 확보	• 지반 및 자립시간의 재평가 • 지보재의 거동 및 지보효과 확인 • 지역의 사전파악 및 대책 수립 • 추락사고 예방 및 작업자의 안전 확보 • 타당성 검토 및 재설계를 통한 안전성 재고 • 따른 주변 구조물의 영향 파악 대책 수립
2. 경제성 제고	• 설계, 시공에 계측결과를 피드백하여 경제적 시공유도 • 여굴의 최소화 • 지보재의 최소화 • 경제적 시공을 위한 기초자료 • 소송보상 등에 대처할 수 있는 근거자료
3. 품질관리	• 지보재 및 재료의 품질관리 • 굴착, 지보 및 라이닝의 정확한 시공 • 완성된 터널의 내고치수, 선형의 정확한 규격확보

2. 계측의 항목 및 목적

1) 계측 항목

(1) 일상계측(계측A)

시공중에 공사의 안전성 및 시공의 적합성을 확인하는것을 목적으로 한다.

(2) 정밀계측(계측B)

지반, Rock Bolt 및 Shotcrete의 거동과 미굴착 구간에 대한 설계 및 시공계획 수립을 목적으로 한다.

(3) 영구계측

터널 구조물 유지관리시 안전성 및 내구성 확인을 위한 계측

2) 계측항목 및 목적

계측 항목		목적
계측 A	갱내관찰조사	• 막장의 자립성 • 지보공의 변상 파악 • 암질, 단층파쇄대, 습곡구조, 변질대의 성상 파악 • 당초의 지반 구분의 평가
	내공변위 측정	• 변위량, 변위속도, 변위수렴 상태를 파악하여 주위지반의 안정성, 일차 지보에 대한 설계 및 시공의 타당성, 2차복공의 실시시기 등을 판단
	천단침하 측정	• 천단의 변위량을 측정하여 터널 천정부의 침하를 판단
	지표침하 측정	• 터널 굴착시 지표에 미치는 영향을 주위 구조물의 안전도 및 침하 방지 대책 등과 연관하여 효과 파악
	Rock Bolt 인발강도	• Rock Bolt의 인발내력을 확인하여 정착상태 판단

계측 항목		목적
계측 B	Shotcrete 응력측정	• Shotcrete의 배면토압Radial Stress 및 내부응력Tangential Stress 측정
	Rock Bolt 축력측정	• Rock Bolt에 작용하는 축력을 심도별로 측정하여 지보효과 및 유효설계 길이 등 판단
	지중침하 측정	• 심도별 지중수직 변위량을 측정하여 이완영역의 범위 등 판단
	지중변위 측정	• 터널 주변지반의 이완영역의 범위, Rock Bolt 길이의 타당성 등 판단
	지중수평변위 측정	• 굴착에 따른 지반의 심도별 수평변위량을 측정하여 수평 방향의 지반 이완영역 등 판단

3) 계측관리기준

관리기준	절대치 관리		연속변위 관리(내공변위속도)
	최대변위	천단침하	
주의 레벨 I	수치해석결과 최대변위의 80퍼센트 이하	1~3센티미터	막장에서 5mm/일 이상
주의 레벨 II	수치해석결과 최대변위의 100퍼센트 이하	4~9.5센티미터	막장에서 10mm/일 이상
주의 레벨 III	수치해석결과 최대변위의 100퍼센트 이상	11~27센티미터	주의레벨 II보다 변위속도가 크고 지하수 침투량이 과다

구분	계측항목
일상계측(A계측)	• 천단침하계, 내공변위계, 록볼트 인발시험, 갱내 관찰조사
정밀계측(B계측)	• 지중변위계, 록볼트축력계, 숏크리트응력계, 지하수위계, 지중침하계
기타계측	• 지표침하계, 구조물경사계, 건물균열계, 진동·소음측정계
유지관리계측	• 라이닝응력계, 철근응력계, 간극수압계

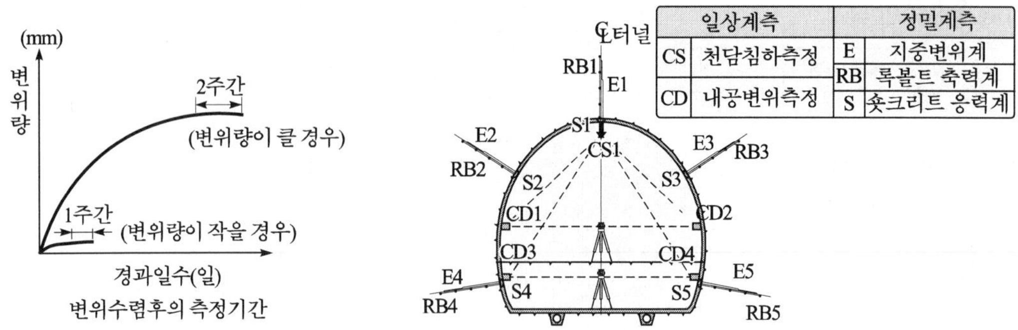

그림 7.3.11. 터널 내공변위 측정 기간 및 계측기 배치도

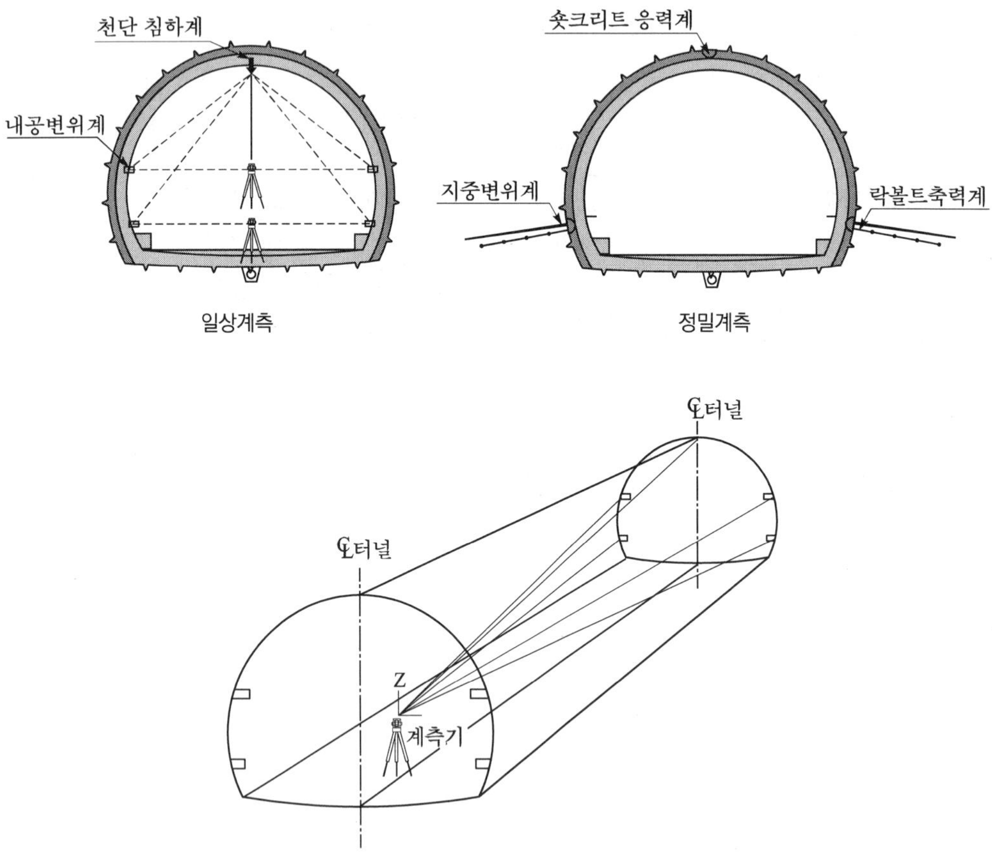

그림 7.3.12. 터널 천단침하, 내공변위 측정 개념도

터널공사[지표면침하] 07-20

1. 지표침하(함몰) 원인

1) 터널막장이 불안정한 경우
2) 자연공동이나 인공 공동을 간섭할 경우
3) 지하수위가 터널상부보다 높게 존재할 때
4) 아칭효과를 발생할 수 없을 정도로 토피고가 부족한 터널의 경우

2. 지표침하 안전대책

1) 지반보강그라우팅
2) 차수그라우팅
3) 천단부 보강을 위해 이완영역을 산정하여 보조공법 적용
4) 재굴진 시 지반이 매우 연약한 경우 발파굴착공법에서 기계굴착공법으로 굴착공법 변경
5) 계측계획 수립

3. 지표침하계

1) 목적

비교적 토피가 얕은 터널에서 막장굴착으로 인하여 발생하는 지표면 변위의 범위와 크기 또는 터널 주변지반의 이완영역을 파악하는데 그 목적이 있다.

2) 적용범위

(1) 천단침하측정과 같이 지반의 안정상태 확인 및 지보효과 파악
(2) 터널의 굴착으로 인한 지표침하의 범위와 그 정도를 유지하여 인접구조물에 대한 피해 발생의 사전 방지
(3) 침하방지를 위하여 시공된 대책공의 효과확인
(4) 주변지반의 이완영역을 추정시에 있어서의 유용자료 확보

3) 측정원리

핀(또는 Rod)을 지반에 설치한 후 터널굴착공사에 따른 상부지반의 침하 여부를 측정하기 위하여 스타프를 침하핀 상부에 올려놓고 Level 장비를 이용하여 침하를 측정하는 원리이다.

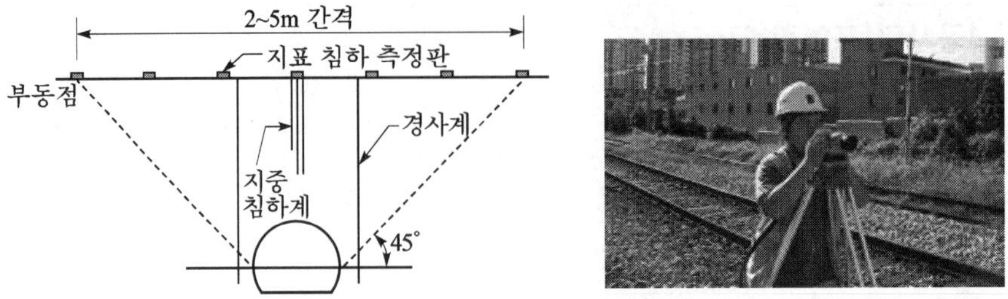

그림 7.3.13. 터널 지표침하 계측

터널공사[작업환경] 07-21

1. 터널 내부 작업환경

1) 개요

(1) 터널 내부의 협소한 작업공간, 밀폐된 공간, 각종 기계기구의 소음·진동 발생, 배기 가스, 분진 등에 노출된 근로자의 건강관리가 필요하다.

(2) 쾌적한 작업환경 유지

2) 환경저해 요인

(1) 조명 불량

터널 내부 조명설비 사례

구분	조도 기준	등기구 형태	설치 간격	광원
터널 중간 부분	50Lux	방진, 방습 폴리카보네이트	20m(양측)	FL 2/32W
터널 굴진 부분	70Lux	투광기	이동식(2개소)	MHL 400W
터널 비상 조명	1 Lux	방진, 방습 폴리카보네이트	50m(양측)	FL 2/32W(비상)
안전 조명	• 야간공사중 안전을 위하여 필요 개소에 필요조도 이상 설치하여 안전 확보 • 공사중 공사관계자 및 보행자 안전확보를 위해 조명등 설치			

학습 Note 작업장 조도기준, 조도란 인공광선을 사용하여 명암을 조절하는 것

작업장 조도기준[안전보건규칙제8조]
- 초정밀작업 : 750Lux 이상
- 정밀작업 : 300Lux 이상
- 보통작업 : 150Lux 이상
- 그밖의 작업 : 75Lux 이상

조도기준[터널공사표준안전작업지침]
- 막장구간 : 70Lux 이상
- 중간구간 : 50Lux 이상
- 입출구, 수직구 구간 : 30Lux 이상

〈비상조명〉
- 터널 길이 100m당 1개소 이상 설치

(2) 환기 불량

(3) 소음 발생

가. 천공작업　　　나. 브레이커 작업

(4) 진동 발생 : 천공 및 기계장비 운행

(5) 분진 발생

가. 천공작업　　　나. 숏크리트 작업　　　다. 기타 : 버럭처리 작업

2. 공사 중 환기설비계획 기준

1) 공사 중의 환기량 산정은 터널의 연장을 고려하여 산정할 것
   (1) 터널 내 작업원이 필요로 하는 환기량
   (2) 발파 후 가스에 대한 필요 환기량
   (3) 내연기관을 사용하는 경우의 환기량
   (4) 분진에 대한 환기량
   (5) 암반 및 지반자체의 유독가스 발생량
2) 총소요 환기량은 병행작업이 예상되는 동종의 환기량 합량에 대하여 가장 큰 환기량을 적용함
3) 터널 내 작업원이 필요로 하는 환기량은 $3m^3$/분/인을 기준으로 한다.
4) 환기방식
   (1) 중앙집중환기방시
   (2) 단열식 송풍방식
   (3) 병열식 송풍방식
5) 발파 후 유해가스, 분진 및 내연기관의 배기가스 등을 신속히 환기시켜야 하며 발파 후 30분 이내 배기, 송기가 완료되도록 할 것
6) 터널 내의 기온은 37℃ 이하가 되도록 신선한 공기로 환기시켜야 하며 근로자의 작업조건에 유해하지 아니한 상태를 유지할 것

3. 터널공사 내부 환기량 산정(예시) 및 환기방법

터널 굴착공사 환기는 화약에 의한 발파, 중장비 엔진의 매연 및 Shotcrete 작업 등에서 발생하는 유해 가스 및 분진 그리고 가연성 가스에 의한 폭발의 위험 등을 제거하여, 작업자가 안전하고 능률적인 작업을 할 수 있도록 터널 내에 쾌적한 작업환경을 조성하고 작업자의 건강을 유지하여 산업재해를 방지하는데 그 목적이 있다.

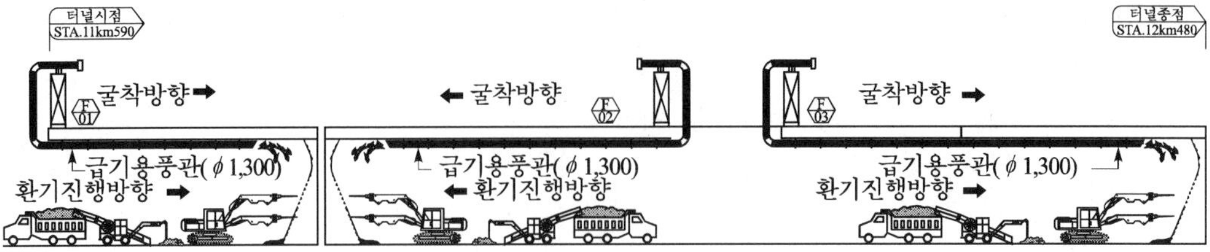

그림 7.3.14. 터널 내부 환기방법(예시)

1) 공사중 소요환기량 산정

(1) Q1 : 작업자의 호흡에 필요한 환기량 ($3m^3$/min·인)

(2) Q2 : 발파공법과 계획된 굴착계획에 의한 유해가스 배출을 위한 환기량

(3) Q3 : 버력처리용 디젤 기관의 유해가스 배출을 위한 환기량

(4) Q4 : 숏크리트 작업 분진에 대한 환기량

2) 공사중 소요환기량 산정 방법

발파작업(Q2)과 버력처리(Q3) 및 숏크리트 작업(Q4)은 동시 작업이 불가능하므로 Q2와 (Q1+Q3), (Q1+Q4)를 비교하여 많은 쪽의 환기량을 선정한다.

필요환기량 산정(Q1)

- 환경악화 요인에는 땀에 의한 습도증가, 기온 상승 및 체취의 충만 등이 있고 작업원에게 적절한 기류[Draft]를 필요하기 때문에 이를 고려해서 작업자 1인당 소요 환기량을 $3m^3$/min로 정한다.
- $Q1 = N \times q_0$ 여기서, q_0 : 작업원 1명당의 소요 환기량 (m^3/min·명)

  N : 갱내의 최대 작업인원수(12명)
- 작업인원 12명 적용 : 3.0m^3/min·명 × 12명 = 36m^3/min ∴ Q1 = 36 m^3/min

발파 후 소요환기량 산정(Q2)

- 소요환기량 산정

$$Q2 = 0.368 \times \frac{W \cdot \ \epsilon}{R \cdot \ \alpha \cdot \ t}$$

여기서, W : 1발파에 사용하는 화약량 (kg)

ϵ : 화약 1 kg당 유해가스 발생량 (m^3/kg)

R : 환기방식 계수[국소환기팬 병용 : 0.6 병용 안 할 경우 : 0.4]

α : 유해가스의 규제 목표 농도 (CO : 50 ppm)

t : 발파시 환기 소요시간(20min)

디젤엔진에 대한 소요환기량 산정(Q3)
• Q3 = Vd × C 여기서 Vd : 적재장비 및 운반장비 출력(hp) C : 유해가스 발생량

구분	단위	소요 환기량(Q4)
소요환기량	(m^3/min)	75 m^3/min
계산식	Q4 = W × D / a	W : 분진발생량 (25 mg/m^3) D : 기관의 배기가스량 (15m^3/분) a : 허용치(5mg/m^3)

4. 터널 공사 근로자 건강 위험요인 및 안전대책

터널작업은 작업 특성상 분진 및 강렬한 소음에 근로자가 노출되기 쉬우므로 작업환경 개선 및 근로자의 건강관리에 주의헤야 한다.

1) 위험요인 : 진폐, 난청 등 직업병 위험

2) 안전대책

(1) 근로자 건강관리

가. 건강진단 실시 : 특수건강진단

나. 개인보호구(방진마스크, 귀 보호구 등) 지급 착용

(2) 환기시설 설치

가. 환기소요량을 산출하여 환기설비 선정

나. 송·배기관을 병행하여 동시 설치

(3) 터널내부 조명(조도) 확보

가. 막장 : 70Lux 나. 중간 : 50Lux 다. 입구 : 30Lux

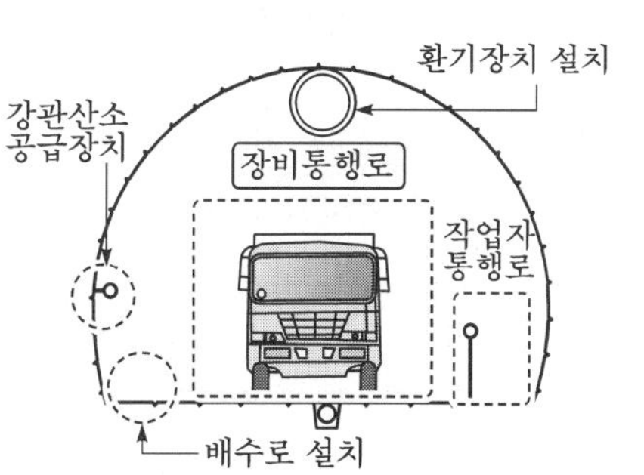

그림 7.3.15. 터널 내부 장비운행로와 작업자 통행로 구분

<table>
<tr><th>기계설비 계획</th><th>전기설비 계획</th><th>스마트-제어굴착 방재계획</th><th>화재 방재계획</th></tr>
<tr>
<td>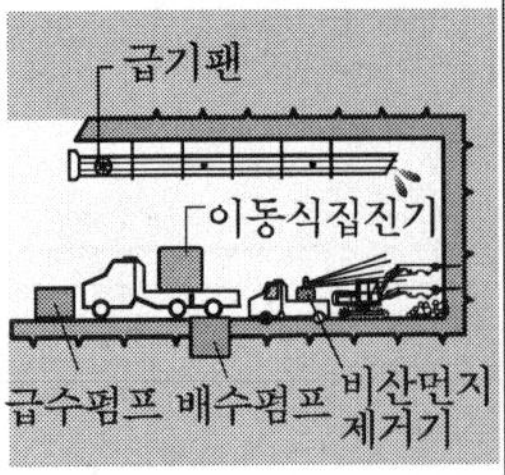</td>
<td>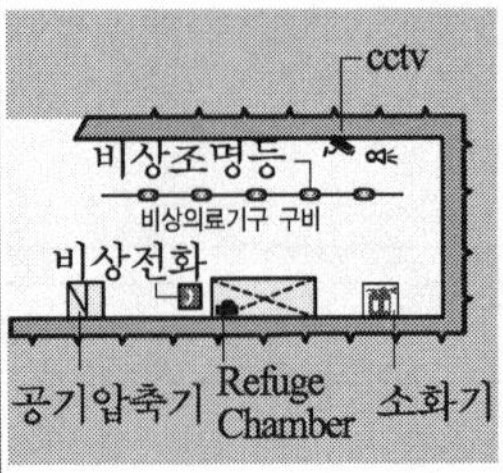</td>
<td>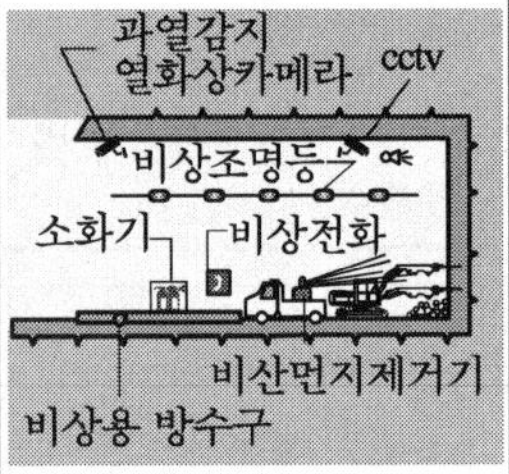</td>
<td>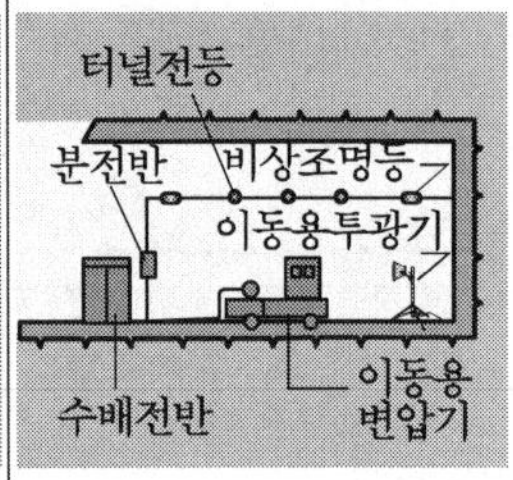</td>
</tr>
<tr><td>• 집진기, 살수기 운용</td><td>• 이동식 변압기, 투광기 설치</td><td>• 실시간 막장 모니터링</td><td>• 소화기 초기진화장비 비치</td></tr>
</table>

그림 7.3.16. 터널 공사 환경개선 계획

터널공사[발파] 07-22

1. 터널발파의 진동경감방법

1) 1회 천공장을 감소시켜 각 공당 장약량 감소
2) 비전기뇌관 또는 다단식발파기를 이용한 지발당 장약량 감소
3) 선진 대구경 또는 TBM 선행굴진공의 자유면 활용
4) 민가방향 외곽공 선균열Pre-splitting발파에 의한 진동 저감

2. 터널 화약류 운반 및 처리[터널공사표준안전작업지침]

1) 화약류는 관계기관에서 일일수령하여야 하며 사용 후 잔량은 반납할 것
2) 화약류는 관리대장을 비치하고 불출 및 반납 상황을 기록 유지할 것
3) 화약류는 임시보관소는 화기 및 누전 등에 안전한 장소에 설치하고 시건장치를 할 것
4) 화약류는 분실 및 손괴에 대한 방호조치를 할 것
5) 전기뇌관을 운반할 때에는 각선이 노출되지 않도록 절연용기에 분리하여 넣고 건전지 및 노출된 전기기구를 휴대하지 않도록 할 것
6) 전기뇌관을 운반할 때에는 전력선 등 누전의 우려가 있는 곳에 접근하지 않도록 할 것
7) 화약류를 1운반할 때에는 화기나 전력선 등에 접근하지 않도록 하여야 하며 넘어지거나 떨어뜨려 충격이 가지 않도록 주의할 것

3. 터널 발파 공사 진동소음 경감대책[시공관점]

1) 지발당 장약량 조정
2) 심발 발파

3) 방진공

4) 방음커텐 및 방음문

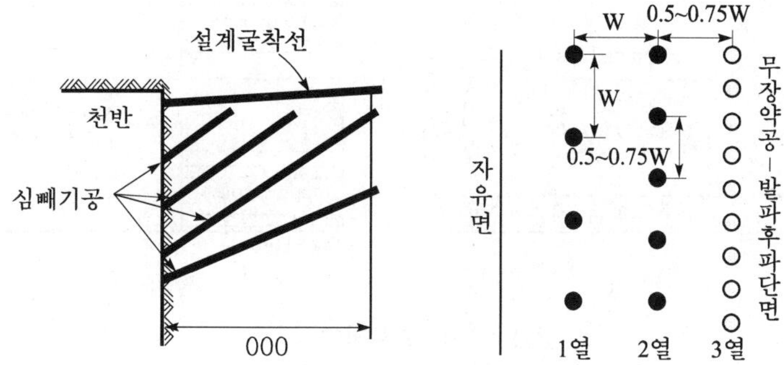

그림 7.3.17. Line Drilling[방진공]

4. 터널 발파 공법

1) 목적

터널 형성을 하기 위한 목적이다.

2) 영향인자

(1) 암반 및 지질 특성

(2) 지장물의 위치 및 종류

(3) 환경에 대한 영향 등

3) 발파 공법 용어

(1) 심발공Center-hole

터널 발파에서 가장 먼저 기폭되는 부분으로서 터널막장을 1 자유면에서 2 자유면 으로 확대시키는 발파공

(2) 확대공Stopping-hole

심발부 발파에 의한 신자유면을 이용한 2자유면 발파로, 터널에 벤치발파 개념을 도입한 발파공

(3) 외곽공Contour-hole

터널의 천반 및 측벽부 설계굴착선에 위치하며, 암반을 파쇄하는 목적 보다는 매끄럽고 평활한 굴착면 확보를 위해 공과 공 사이를 절단하는 발파공

(4) 바닥공Floor-hole

터널 발파공중 마지막으로 발파되는 공으로, 터널 하부 설계굴착선에 위치하며 심발 및 확대부 발파암이 쌓여 구속력이 매우 큼으로 장약은 확대공의 1.15배 정도로 증가시키고, 외향각Look out을 2~3°주어 경사 천공을 수행할 것

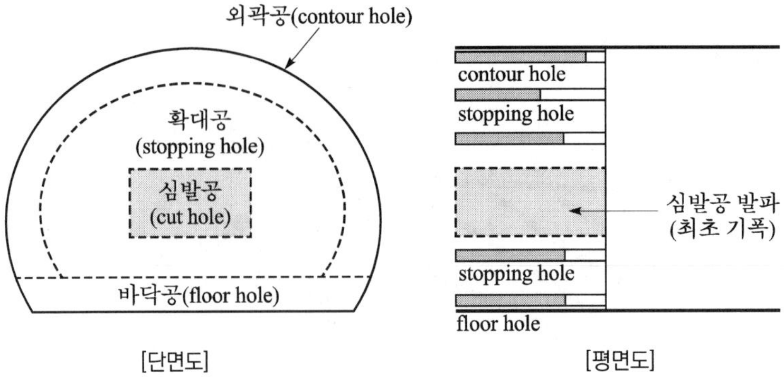

그림 7.3.18. 발파 공법 용어

학습 Note **터널 발파작업 시 준수사항[발파표준안전작업지침]**

1. 발파작업을 할 때 발생할 수 있는 산업재해를 예방하기 위하여 다음 각 목의 사항을 포함한 작업계획서를 작성하여 해당 근로자에게 알리고, 작업계획서에 따라 발파작업책임자가 작업을 지휘하도록 할 것
   가. 발파 작업장소의 지형, 지질 및 지층의 상태
   나. 발파작업 방법 및 순서(발파패턴 및 규모 등 중요사항을 포함한다)
   다. 발파 작업장소에서 굴착기계등의 운행경로 및 작업방법
   라. 토사·구축물 등의 붕괴 및 물체가 떨어지거나 날아오는 것을 예방하기 위해 필요한 안전조치
   마. 뇌우나 모래폭풍이 접근하고 있는 경우 화약류 취급이나 사용 등 모든 작업을 중지하고 근로자들을 안전한 장소로 대피하는 방안
   바. 발파공별로 시차를 두고 발파하는 지발식 발파를 할 때 비산, 진동 등의 제어대책
2. 발파작업으로 인해 토사·구축물 등이 붕괴하거나 물체가 떨어지거나 날아올 위험이 있는 장소에는 관계 근로자가 아닌 사람의 출입을 금지할 것
3. 화약류, 발파기재 등을 사용 및 관리, 취급, 폐기하거나, 사업장에 반입할 때에는 「총포화약법」 및 제조사의 사용지침에서 정하는 바에 따를 것
4. 화약류를 사용, 취급 및 관리하는 장소 인근에서는 화기사용, 흡연 등의 행위를 금지할 것
5. 발파기와 발파기의 스위치 또는 비밀번호는 발파작업책임자만 취급할 수 있도록 조치하고, 발파기에 발파모선을 연결할 때는 발파작업책임자의 지휘에 따를 것
6. 발파를 하기 전에는 발파에 사용하는 뇌관의 수량을 파악해야 하며, 발파 후에는 폭발한 뇌관의 수량을 확인할 것
7. 수중발파에 사용하는 뇌관의 각선(뇌관의 관체와 연결된 전기선 또는 시그널튜브를 말한다)은 수심을 고려하여 그 길이를 충분히 확보하고, 수중에서 결선하는 각선의 개소는 가능한 한 적게 할 것
8. 도심지 발파 등 발파에 주의를 요구하는 장소에서는 실제 발파하기 전에 공인기관 또는 이에 상응하는 자의 입회하에 시험발파를 실시하여 안전성을 검토할 것

5. 터널 발파작업 단계별 안전관리

1) 운반

(1) 관할 경찰서의 통제 받음

(2) 화약 운송용 차량

가. 기계적인 상태, 특히 브레이크, 전자시스템, 핸들 조정기, 차체 등 양호한 상태 유지할 것

나. 경계를 알리는 표지와 소화기가 장착 되어 있을 것

(3) 화약고에서 현장까지 최단거리의 경로로 움직일 것

2) 저장

(1) 폭발성 화학물질과 기폭장치는 현장에 설치된 취급소에 저장할 것

(2) 취급소는 항상 잠가둘 것

(3) 취급소 근방에는 연소성 물질이나 흡연, 노출된 불꽃, 성냥 또는 화기 사용 금지

3) 장약작업

(1) 발파현장 인원은 화약류 관리보안 책임자와 그의 지시를 따르는 작업인원으로 제한할 것

(2) 전폭약포 및 폭약은 불꽃이 발생되지 않는 다짐막대로 공의 뒤에서 밀어 넣어서 장약할 것

(3) 장약작업이 끝나면 관리보안 책임자는 장약을 빠뜨린 공이 없는지를 확인하고 감독하에 뇌관 결선작업을 실시할 것

(4) 결선작업이 완료되면 발파회로를 점검하고 인원 및 장비를 막장면으로부터 대피시키고 최종 점검을 실시할 것

4) 발파준비

(1) 발파는 장전이 이루어지고 나면 가능한 빨리 이루어질 수 있도록 할 것

(2) 관리보안책임자는 표준적인 절차로 모든 인원과 장비들을 대피(막장면으로부터 300m 이상)시키고 발파지역으로 들어오는 것을 막고 통제하기 위해 경계요원을 두루 배치하여 사주 경계를 취할 것

(3) 발파 지역 내에서 모든 인원이 안전한 지역에 있는지의 여부를 다시 확인할 것

(4) 발파 경계 신호는 의무적으로 행할 것

(5) 경계 신호는 사이렌, 휘슬 또는 유사한 기구로 할 수 있음

신호구분	신호방법
경계신호 발파 신호 전 5분	일분 동안의 길고도 연속적인 신호
발파신호 점화 전 1분	짧고 큰 소리의 연속적인 신호
완전 해제 신호 발파지역을 조사 후	길고 큰소리의 신호

5) 발파

(1) 발파점화는 안전지역(막장면으로부터 최하 300미터 이상)까지 끌고 올 것

(2) 안전지역에서 발파신호를 기다리고 신호를 받으면 발파할 것

6) 발파 후 처리

(1) 발파완료 후 일정시간 안전지역에 머물러 있을 것

(2) 재폭발 방지를 위해서 모선을 발파기로부터 떼어내 단락시키고 발파기는 스위치를 잠가 둘 것

(3) 발파 현장 조사

가. 미폭발 폭약 유무 확인

나. 터널 내부 유독가스 유무 확인

7) 불발처리

(1) 불발이 되면 반드시 폭발물 전문가에 의해서 처리할 것

(2) 불발의 가장 확실한 처리법은 폭발하지 않은 화약을 모두 다시 연결해서 폭파시키는 방법임

(3) 불발된 폭약을 다시 연결 시킬수 없거나 폭발시킬 수 없을 때는 화약을 회수 또는 중화시킬 것

6. 터널 발파 위험요인 및 안전대책

터널의 발파작업은 일반적으로 NATM 공법에서 많이 사용되며 폭약 및 뇌관을 사용하여 암반을 굴착하는 것으로서 터널공사 중 가장 위험한 작업이라 할 수 있다.

1) 위험요인

(1) 터널 발파작업 중 붕괴

(2) 낙뢰시 폭약 및 뇌관 자연발파에 의한 폭발

(3) 발파 잔류폭약에 의한 폭발

2) 안전대책

(1) 화약류 취급 안전조치

가. 화약류 관리 보안책임자 선임

나. 폭약 및 뇌관은 각각 분리하여 보관취급

다. 사용하고 남은 화약류는 반드시 반납 조치

(2) 발파안전관리 철저

가. 천공과 장약 작업 병행실시 금지

나. 장약작업시 누설전류 측정

※ 전기뇌관 : 0.3~0.4A의 직류전류로 발화

다. 천공시 불발공이나 잔류 화약 확인 실시

(3) 낙뢰시 안전조치

가. 낙뢰 발생시 화약류 취급 금지

나. 비전기식 뇌관 사용

(4) 터널내 가연성가스 측정 및 제거 조치

(5) 터널내 가연성, 인화물질 저장 및 개인화기, 개방된 화기사용 금지

7. 터널 발파 진동소음 저감대책(예)

1) 발파 진동

구분	일반발파(B)	제어발파(CB1)
개념도	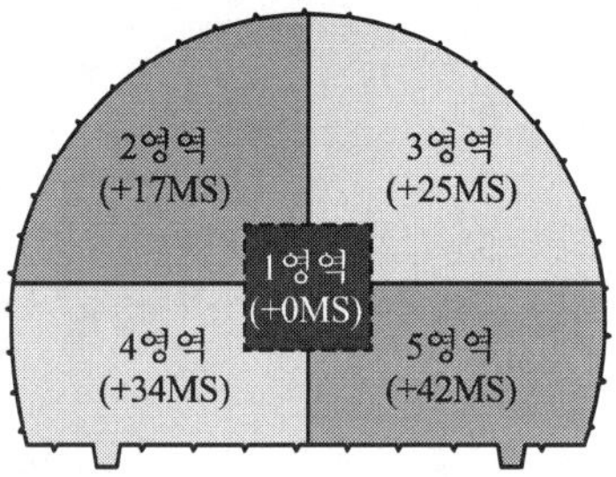	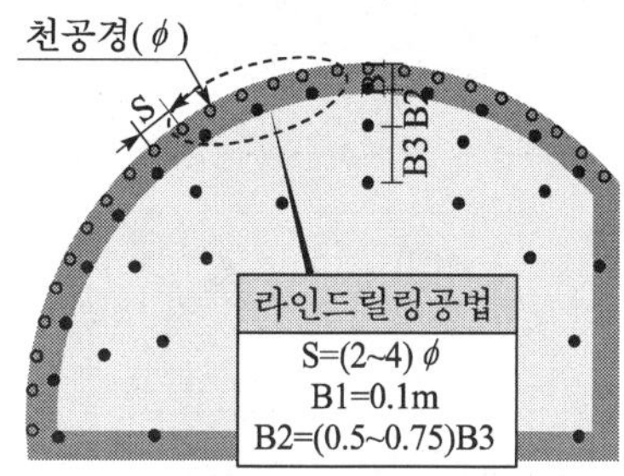
적용 공법	시차분할발파	라인드릴링공법
진동저감율	0%	10%

구분	제어발파(CB2)	제어발파(CB3)
개념도	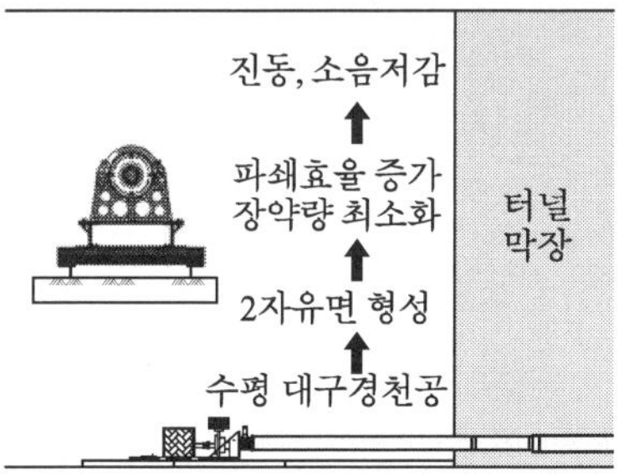	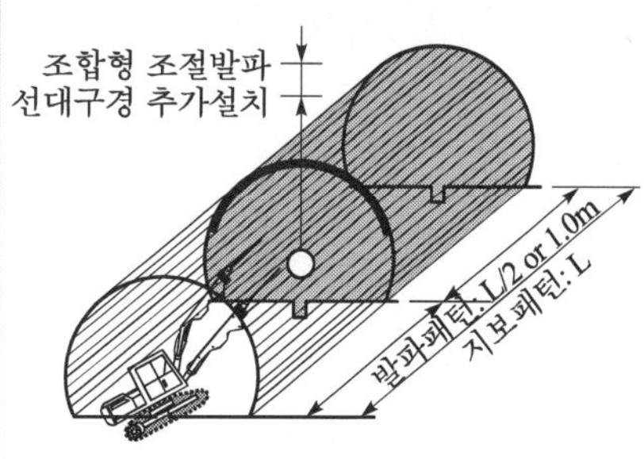
적용 공법	CB1 + 선대구경 발파	CB2 + 굴진장 축소
진동저감율	30%	30%+α 굴진장 축소에 따른 저감추가

구분	미진동암파쇄(N)
개념도	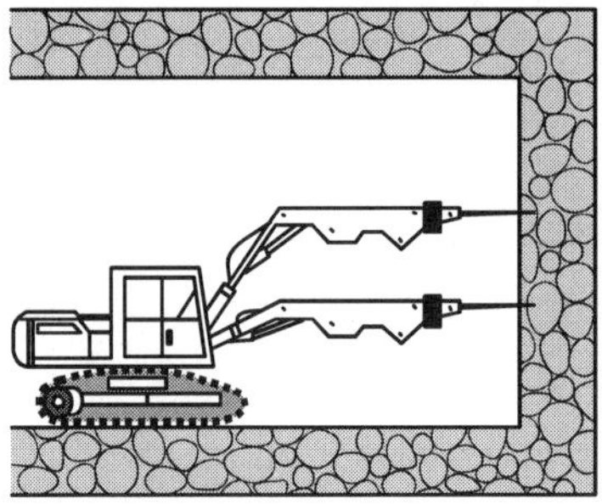
적용 공법	미진동 파쇄굴착
진동저감율	100%

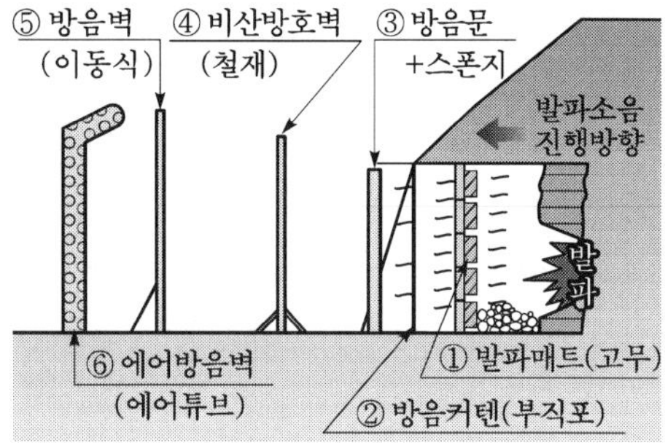

그림 7.3.19. 터널 발파 다중복합 방음시설 계획

2) 발파 소음 경감대책

터널		환기구
방음문	방음커텐	방음하우스
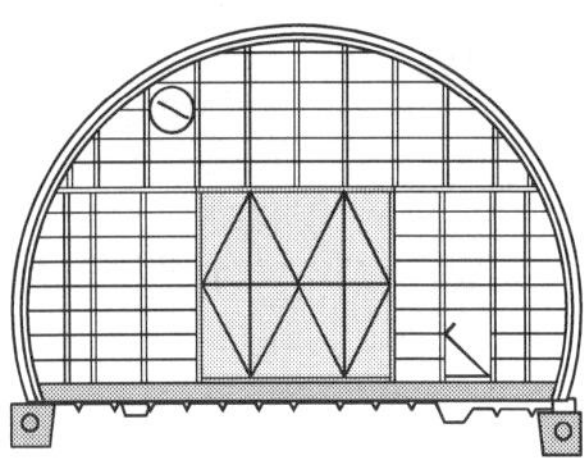	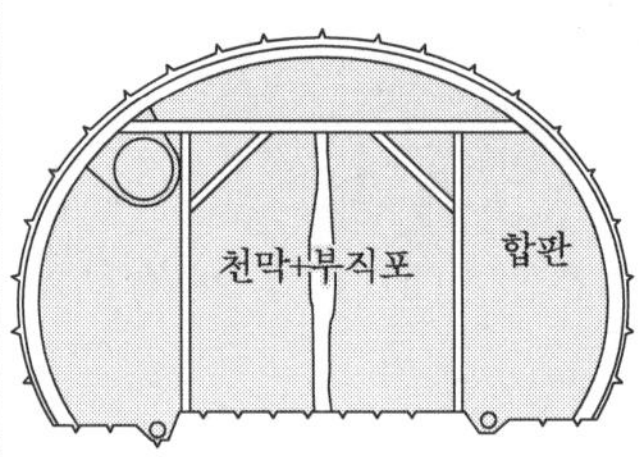	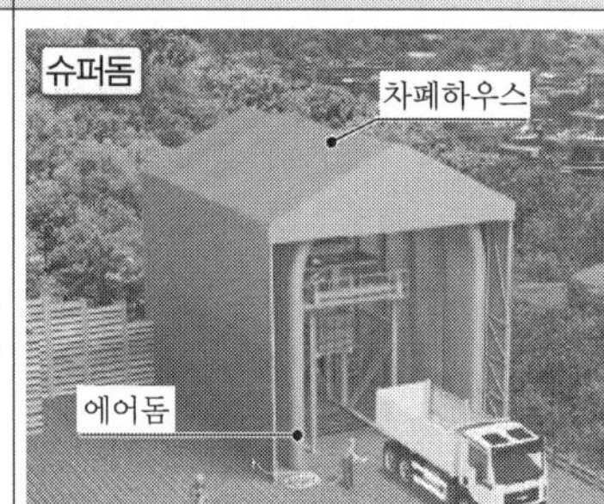

※ 발파음의 세기가 현저히 감소하며 대략 15~20dB(A)의 소음 감소가 나타난다.

1. 터널 정밀안전진단 흐름표

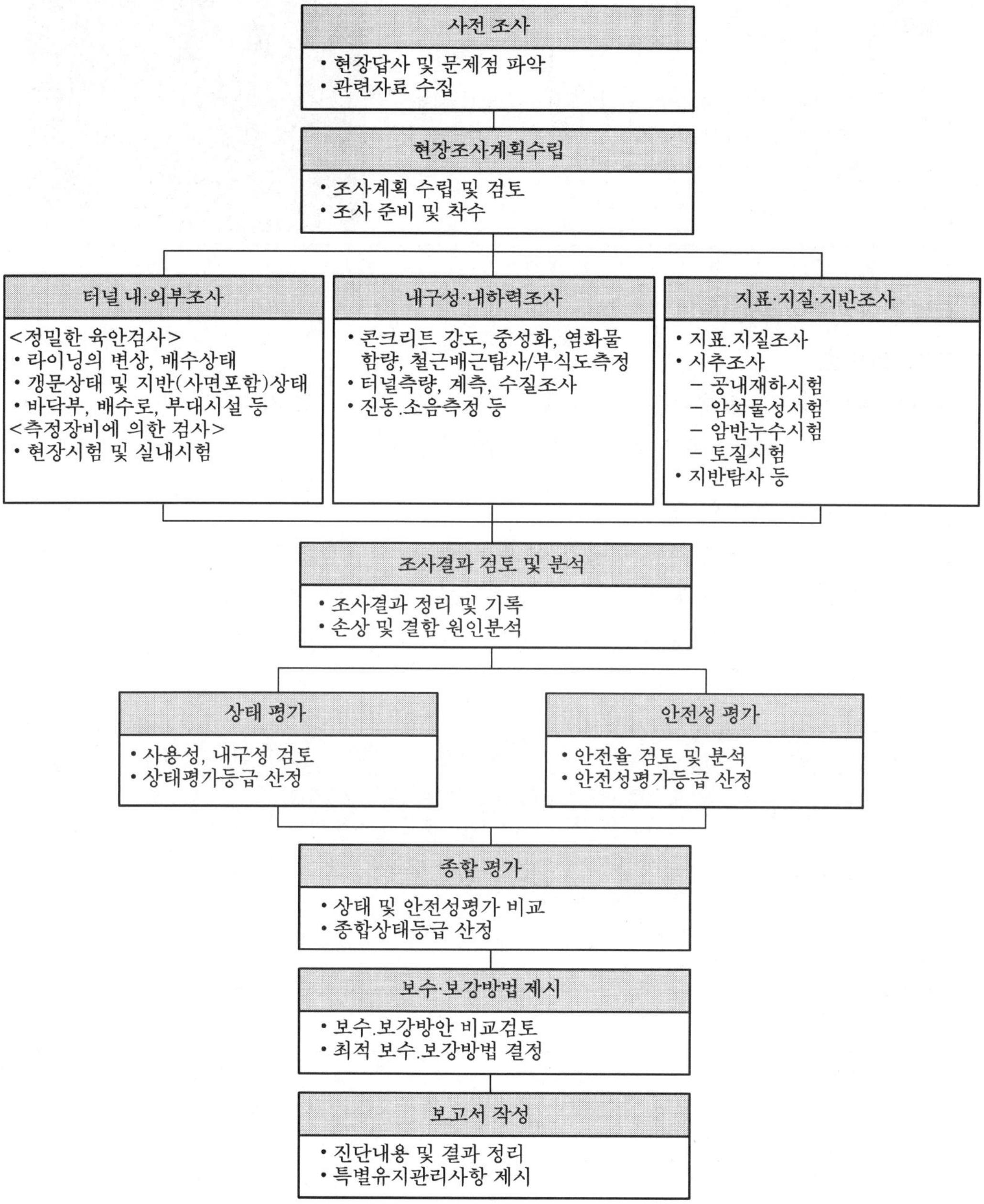

그림 7.3.20. 터널 정밀안전진단 흐름표

2. 터널누수 원인 및 대책[시공관점]

원인	대책	개요도
시트간 접착불량	• 완전접착 및 Air test 철저 실시 • 시트 포설시 천단부 부착간격 및 란델 간격을 좁혀서 시트 당겨짐 방지	
시트 찢김	• 안전작업실시 및 손상부위 확인하여 접착 후 Vaccum Test 실시	
미확인 부분	• 시공·신축이음부 지수판 설치	

3. 터널 라이닝 손상(균열)원인

1) 라이닝의 역활

NATM 개념에서 지중 응력을 1차 지보재(숏크리트, 록볼트)로 지지하고 내부라이닝은 내장기능, 내구성 향상, 방수막지지 및 보호 역할을 한다.

2) 콘크리트 라이닝 균열 원인 및 보강

라이닝의 균열은 균열의 폭이 허용치 이내인 경우는 구조적으로 안정하나 균열이 점진적으로 발달됨에 따라 구조물의 내구성을 저하시키는 요인으로 작용한다. 따라서 시공 중이나 유지관리 시 철저한 품질관리를 통하여 균열 발생을 억제해야 한다.

(1) 균열의 원인

구분	원인
종방향 균열	• 천단부 콘크리트 라이닝 배면의 공극으로 인한 단면 부족이나, 거푸집의 조기 탈형, 과발파로 인한 이완하중 등에 의해 유발되는 균열
방사형 균열	• 숏크리트 면정리가 불충분한 경우에 집중하중이 작용하여 균열이 발생하므로 면정리를 철저히 할 것
반달형 균열	• 라이닝이 충분히 양생되기 전에 거푸집이 제거된 경우에 발생하므로 적정한 양생시간을 유지할 것

(2) 균열의 원인별 대책

구분	원인	대책
시공중 발생되는 균열	• 천단부 콘크리트 라이닝 배면의 공극으로 인한 단면 부족	• 그라우팅 Hole 설치로 배면에 시멘트 Milk 주입
	• 거푸집의 조기 탈형	• 충분한 양생기간 확보로 콘크리트 강도 유지
	• 과발파로 인한 이완하중의 증가	• 제어발파를 통한 이완영역의 최소화

구분	원인	대책
	• 숏크리트 면정리의 불충분으로 인한 응력 집중 현상	• 숏크리트 면정리를 깨끗이 하여 집중하중의 분산
	• 터널 바닥기초 이물질의 청소 불량으로 인한 침하	• 인버트 콘크리트 설치시 바닥 청소 철저
	• 거푸집 이동 Jack 설치 시 거치 시설의 미비	• 콘크리트 라이닝의 충분한 양생
유지 관리시 발생되는 균열	• 하절기, 동절기 기온차에 의한 균열	• 종방향 : 신축이음 설치 • 횡방향 : 철근보강
	• 배수재 및 배수관의 기능저하로 인한 배면 수압의 증가	• 간극수압계 및 라이닝 응력계를 설치하여 균열발생 원인에 따른 보강대책 수립
	• 터널 바닥 기초의 횡방향 지지력 부족	• 기초의 크기를 증가시키고 배수관의 위치를 변경하여 기초의 횡방향 지지력 확보

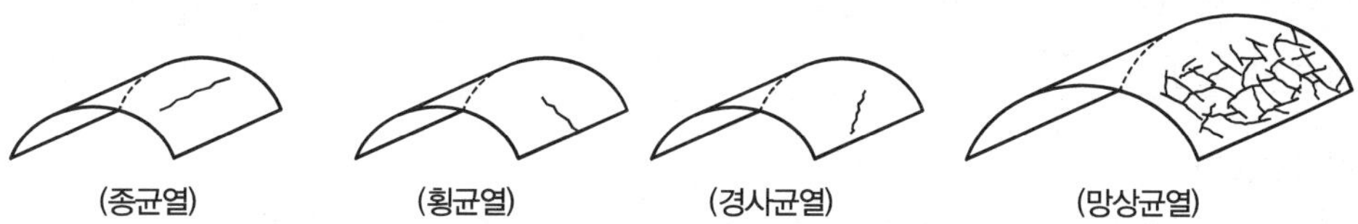

<table>
<tr><th>콘크리트 라이닝 타설</th><th>콘크리트 라이닝 습윤 양생</th><th>GPR 활용 배면 공동탐사</th></tr>
<tr><td>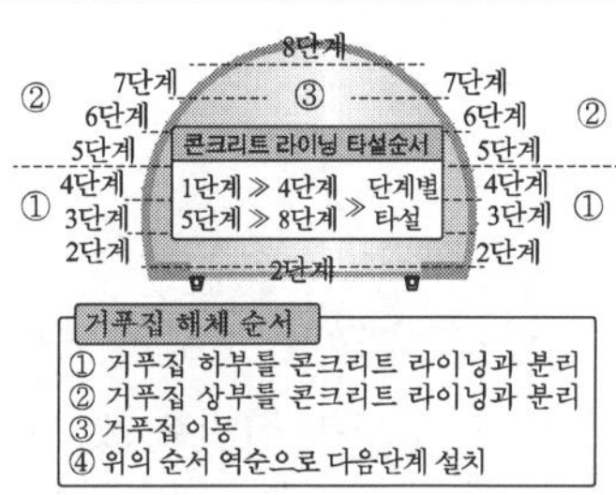
</td>
<td>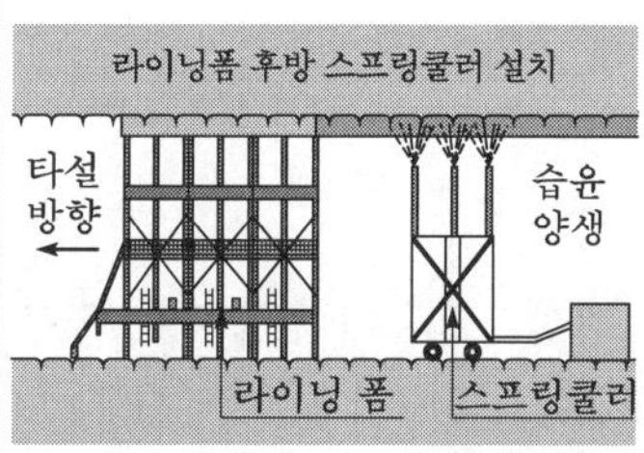
</td>
<td>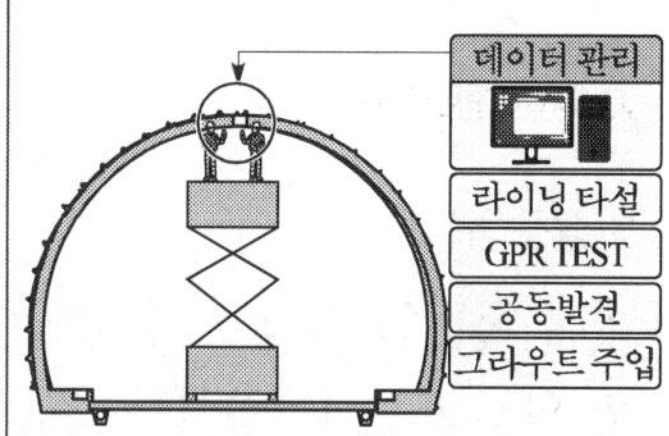
</td></tr>
<tr><td>• 콘크리트 라이닝 좌우 동시타설 수행으로 편압 발생 방지</td><td>• 자동 살수시스템을 이용한 수화열 억제로 라이닝 균열 방지</td><td>• 공동부 그라우팅 주입으로 콘크리트 라이닝 균열 방지</td></tr>
</table>

그림 7.3.21. 라이닝 균열방지대책

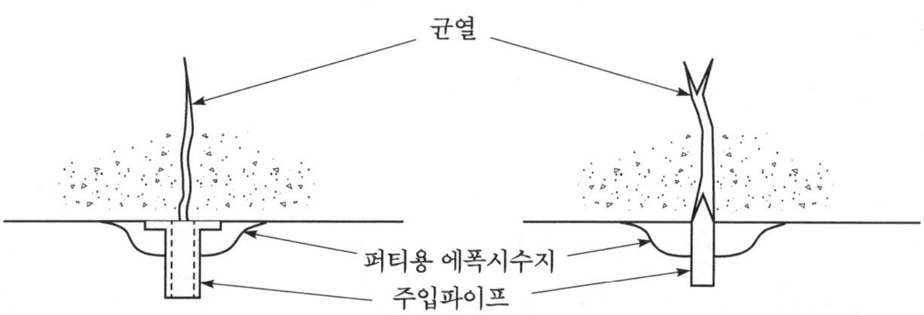

그림 7.3.22. 균열보수[에폭시]

1. 도로터널의 화재안전기준(NFSC 603)

1) 소화기

소화기는 주행차로의 우측 측벽에 50미터 이내의 간격으로 2개 이상을 설치하며, 편도2차선 이상의 양방향 터널과 4차로 이상의 일방향 터널의 경우에는 양쪽 측벽에 각각 50미터 이내의 간격으로 엇갈리게 2개 이상을 설치할 것

2) 옥내소화전설비

소화전함과 방수구는 주행차로 우측 측벽을 따라 50미터 이내의 간격으로 설치하며, 편도 2차선 이상의 양방향 터널이나 4차로 이상의 일방향 터널의 경우에는 양쪽 측벽에 각각 50미터 이내의 간격으로 엇갈리게 설치할 것

3) 물분무소화설비

4) 비상경보설비

발신기는 주행차로 한쪽 측벽에 50미터 이내의 간격으로 설치하며, 편도 2차선 이상의 양방 향 터널이나 4차로 이상의 일방향 터널의 경우에는 양쪽의 측벽에 각각 50미터 이내의 간격으로 엇갈리게 설치할 것

5) 자동화재탐지설비

6) 비상조명등

상시 조명이 소등된 상태에서 비상조명등이 점등되는 경우 터널안의 차도 및 보도의 바닥면 의 조도는 10lx 이상, 그 외 모든 지점의 조도는 1lx 이상이 될 수 있도록 설치할 것

7) 제연설비

8) 연결송수관설비

9) 무선통신보조설비

10) 비상콘센트설비

2. 방재설비

1) 터널의 방재설비는 터널의 연장 및 사용목적에 따라 소화설비, 경보설비, 피난설비, 소화활동설비, 비상전원설비, 기타설비 등의 시설을 갖출 것
2) 도로터널의 방재설비계획 시에는 국토해양부의 도로설계기준에 따르는 것을 원칙으로 할 것
   (1) 도로터널의 방재시설은 터널연장, 교통량, 통행방식 등의 제반인자를 고려하여 계획해야

할 것

(2) 방재시설은 소방관련법을 충족하여야 하고, 관할 소방서와 합의한 경우 시설을 가감하여 설치할 수 있다.

(3) 터널 내 화재 등의 비상상황 발생시 차량진입을 차단할 수 있는 교통차단시설을 터널 입구부에 계획할 수 있다.

3) 철도터널의 방배설비계획 시에는 국토해양부의 '철도시설 안전기준에 관한 규칙'을 따라야 한다.

(1) 철도터널의 방재시설은 차량, 열차운행 조건 및 기반시설을 고려하여 계획하여야 한다.

(2) 철도터널의 방재시설은 소방관련법을 충족시켜야 하고 관할 소방서와 합의한 경우, 시설을 가감하여 설치할 것

4) 도시철도터널의 방재설비계획 시에는 국토해양부의 '도시철도건설규칙'을 따라야 한다.
도시철도터널의 방재시설은 소방 관련법을 충족시켜야 하고, 관할 소방서와 합의한 경우 시설을 가감하여 설치할 수 있다.

5) 기타 터널 (통신구, 전력구, 수로터널 등)의 방재설비계획 시에는 소방방재청의 '국가화재안전기준'을 따라야 한다.

3. 터널 방재등급 및 방재시설

1) 방재 등급 : 개통 후 최초 10년 향후 매5년 단위로 조정 검토할 것

(1) 연장 기준 등급

(2) 위험도지수 기준등급

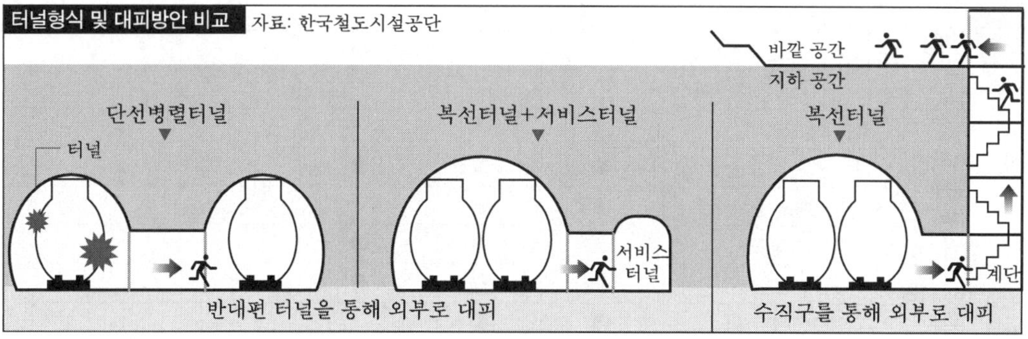

그림 7.3.23. 터널 형식 및 대피방안

방재등급	터널연장(L) 기준등급	위험도지수(X) 기준등급
1 등급	3,000m이상 (L≧3000m)	X >29
2 등급	1,000m이상, 3000m미만 (1,000≦L<3,000m)	19< X ≦29
3 등급	500m이상, 1,000m미만 (500≦L<1,000m)	14< X ≦ 19
4 등급	연장 500m미만 (L<500m)	X ≦ 14

<table>
<tr><th colspan="3">터널등급 / 방재시설</th><th>1등급</th><th>2등급</th><th>3등급</th><th>4등급</th><th>비고</th></tr>
<tr><td rowspan="3">소화설비</td><td colspan="2">소화기구</td><td>●</td><td>●</td><td>●</td><td>●</td><td></td></tr>
<tr><td colspan="2">옥내소화전설비</td><td>●</td><td>●</td><td></td><td></td><td></td></tr>
<tr><td colspan="2">물분무설비</td><td>○</td><td></td><td></td><td></td><td></td></tr>
<tr><td rowspan="9">경보설비</td><td colspan="2">비상경보설비</td><td>●</td><td>●</td><td>●</td><td></td><td></td></tr>
<tr><td colspan="2">자동화재탐지설비</td><td>●</td><td>●</td><td></td><td></td><td></td></tr>
<tr><td colspan="2">비상방송설비</td><td>○</td><td>○</td><td>○</td><td></td><td></td></tr>
<tr><td colspan="2">긴급전화</td><td>○</td><td>○</td><td>○</td><td></td><td></td></tr>
<tr><td colspan="2">CCTV</td><td>○</td><td>○</td><td>△</td><td></td><td></td></tr>
<tr><td colspan="2">영상유고감지설비</td><td>△</td><td>△</td><td>△</td><td></td><td></td></tr>
<tr><td colspan="2">라디오재방송설비</td><td>○</td><td>○</td><td>○</td><td>△</td><td>△:200m이상 4등급터널</td></tr>
<tr><td colspan="2">정보표시판</td><td>○</td><td>○</td><td></td><td></td><td></td></tr>
<tr><td colspan="2">진입차단설비</td><td>○</td><td>○</td><td></td><td></td><td></td></tr>
<tr><td rowspan="6">피난대피설비 및 시설</td><td colspan="2">비상조명등</td><td>●</td><td>●</td><td>●</td><td>△</td><td>△:200m이상 4등급터널</td></tr>
<tr><td colspan="2">유도표지등</td><td>○</td><td>○</td><td>○</td><td></td><td></td></tr>
<tr><td rowspan="4">피난대피시설</td><td>피난연결통로</td><td>●</td><td>●</td><td>●</td><td></td><td></td></tr>
<tr><td>피난대피터널(1)</td><td>○</td><td>△</td><td></td><td></td><td></td></tr>
<tr><td>피난대피소(1)</td><td>○</td><td>△</td><td></td><td></td><td></td></tr>
<tr><td>비상주차대</td><td>○</td><td>○</td><td></td><td></td><td></td></tr>
<tr><td rowspan="4">소화활동설비</td><td colspan="2">제연설비</td><td>○</td><td>○</td><td></td><td></td><td></td></tr>
<tr><td colspan="2">무선통신보조설비</td><td>●</td><td>●</td><td>●</td><td>△(2)</td><td></td></tr>
<tr><td colspan="2">연결송수관설비</td><td>●</td><td>●</td><td></td><td></td><td></td></tr>
<tr><td colspan="2">비상콘센트설비</td><td>●</td><td>●</td><td>●</td><td></td><td></td></tr>
<tr><td rowspan="2">비상전원설비</td><td colspan="2">무정전전원설비</td><td>●</td><td>●</td><td>●</td><td>△(3)</td><td></td></tr>
<tr><td colspan="2">비상발전설비</td><td>●</td><td>●</td><td></td><td></td><td></td></tr>
</table>

● 기본시설 : 연장기준등급에 의함
○ 기본시설 : 위험도지수기준등급에 의함
△ 권장시설 : 설치의 필요성 검토에 따름
(1) 피난연결통로의 설치가 불가능한 터널에 설치할 것
(2) 4등급 터널의 경우, 라디오 재방송설비가 설치되는 경우에 병용하여 설치할 것
(3) 4등급 터널은 방재시설이 설치되는 경우에 시설별로 설치할 것

학습 Note **편토압**

1) 편토압 구간의 터널 시공시 주변지반 및 지보재에 비대칭적인 응력집중 발생 가능
2) 터널 거동에 영향을 미칠 수 있는 토피 및 경사각의 범위를 검토하여 설계에 반영

해석방법	해석모델링	
• 해석영역 : 좌우 5.0D 하부 4.0D • 지보패턴 : PS-4-1 • 해석방법 토피와 지반의 경사를 변수로 Case Study 하여 터널 거동에 영향을 미치는 범위를 파악	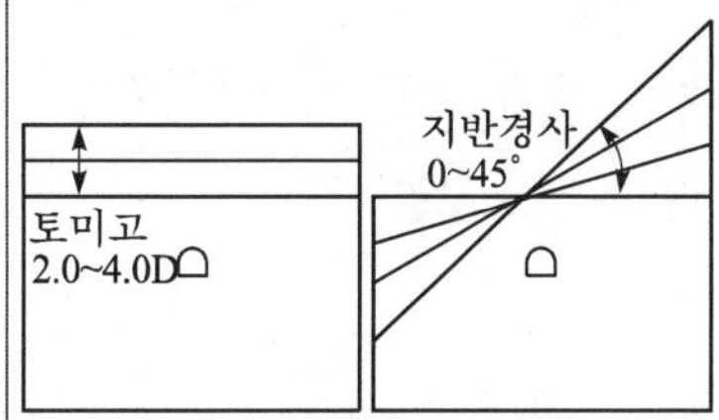	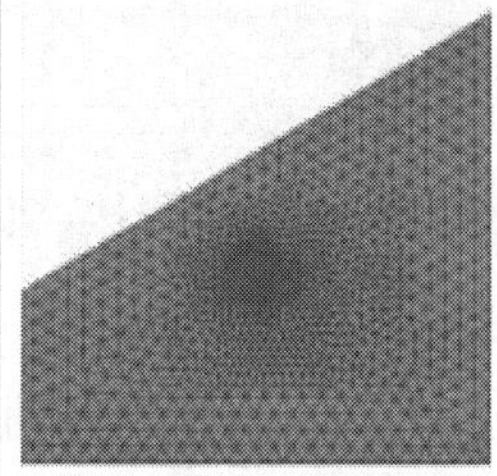

4. 댐, 항만 및 제방, 매립장공사

댐공사 07-25

1. 매스콘크리트 타설 시 유의시항과 온도균열

1) 매스콘크리트의 정의

(1) Concrete 구조물의 대형화, 복잡화에 의한 대량 급속 공사시 시멘트 수화열에 의한 온도균열이 구조물 내구성에 영향을 일으키므로 수화열에 의한 균열과 온도제어가 필요한 구조물은 Mass Concrete로 취급할 것

(2) Mass Concrete의 치수는 대체로 Slab에서는 80-100센티미터 이상 하단이 구속된 벽에서는 50센티미터 이상을 말한다.

(3) 매스콘크리트에서는 구조물에 필요한 기능 및 품질을 손상시키지 않도록 온도균열을 제어하기 위해 적절한 콘크리트의 품질 및 시공방법의 선정, 균열제어철근의 배치 등에 대한 조치를 강구할 것

2) 매스콘크리트의 수화열

$$Q(t) = Q_{\infty}(1 + e^{-rt})$$

$Q(t)$: t재령에서 단열온도상승량
Q_{∞} : 최종단열온도 (시험에 의해 정해지는 계수)

3) 수화열에 의한 균열발생 메커니즘

(1) 내부구속 : 수화열에 의한 콘크리트 내부온도와 대기온도에 의한 표면온도의 차에 의해 콘크리트 표면에 발생되는 인장응력이 인장강도를 초과함으로 인해 온도균열이 발생

(2) 외부구속 : 단단한 물체위에 콘크리트를 타설하는 경우 하단부의 구속에 의해 초기에 팽창된 콘크리트가 수축하려는 것을 구속함으로 인해 하단에 인장응력이 발생되어 균열 발생

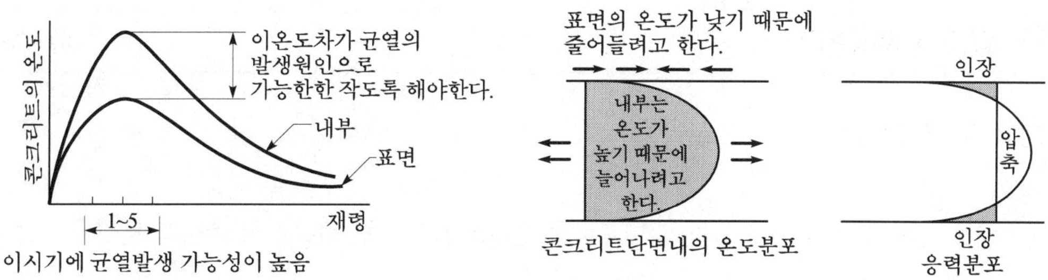

그림 7.4.1. 내부구속에 의한 온도균열 발생원리

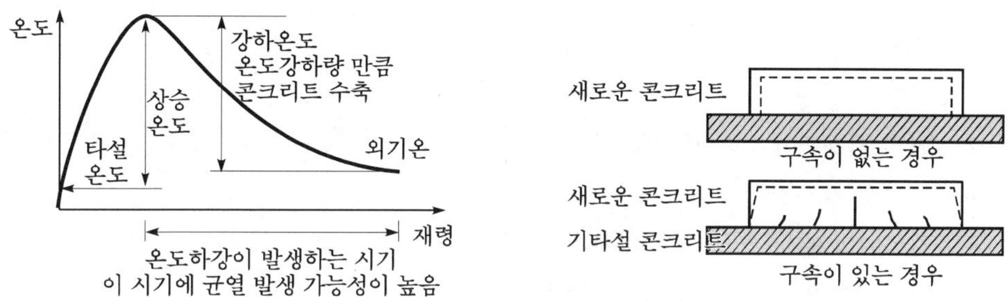

그림 7.4.2. 외부구속에 의한 온도균열 발생원리

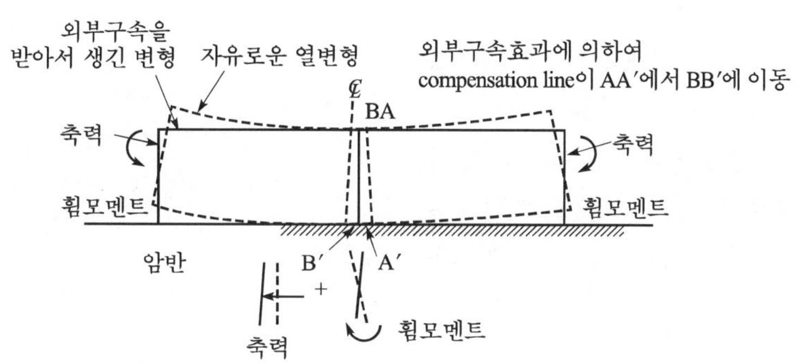

그림 7.4.3. 외부구속에 의해 신콘크리트에 발생되는 단면력

2. 댐의 주요결함[시설물안전법규칙별표3]

1) 댐체, 여수로, 기초 및 양안부의 누수, 균열 및 변형

2) 수문의 작동불량

댐공사 유지관리 07-26

1. 댐의 파이핑 현상

1) 정의

(1) 댐의 누수에 의해 물의 통로가 생기면서 토립자의 누출로 세굴되어 파이프 모양으로 구멍이 뚫리는 현상을 말한다.

(2) 필댐의 파괴는 파이핑 현상에 의한 파고가 많으므로 시공시 댐의 기초지반 및 제체의 시공을 철저히 하여 침투수의 투입을 방지할 것

2) 파이핑 현상의 원인

(1) 기초지반

가. 댐의 기초경계부와 제체의 접촉불량

나. 투수성 기초지반의 처리불량

다. 기초암반의 단층 또는 파쇄대의 지지력 부족으로 인한 부등침하

라. 그라우팅의 간격, 주입압 등의 불량

마. 누수에 의한 세굴

(2) 댐체(댐의 제체)

가. 단면(제방폭)부족

나. 필터 층의 설계 및 시공불량으로 인한 누수

다. 제체 재료의 부적합

라. 다짐불량으로 인한 침투수 칩입

마. 필터 층 시공불량으로 인한 누수

바. 나무뿌리, 두더지, 게 등에 위한 제체의 구멍

3) 파이핑 현상의 방지대책

(1) 기초지반

가. 기초부 지반조사 철저

나. 댐의 기초경계부와 제체의 접착부분에 대한 정밀시공

다. 투수성 암반의 처리

(가) 불투수성 기초까지 굴착하여 차수벽을 넓게 축조

(나) 차수벽Sheet Pile, Concrete을 불투수성층까지 도달

(다) 댐 상류방향에 불투수성 블랭킷Blanket 설치

라. 그라우팅

(가) 커튼 그라우팅Curtain Grouting

기초암반에 침투하는 물을 방지하기 위한 차수의 목적

(나) 컨솔리데이션 그라우팅Consolidation Grouting

기초 암반을 보강하여 지지력 향상을 목적

(2) 댐체(댐의 제체)

가. 제방 폭 확대

나. 제체에 적합한 재료 선정

다. 다짐을 철저히 하여 침투수 투입 방지

라. 돌붙임, 떼붙임 등 비탈면 피복공으로 제체의 침식, 재료 유실을 방지

마. 제체 중앙에 차수벽 설치

바. 필터 층의 시공을 철저히 하여 토립자의 유출방지

2. 댐의 파괴로 인한 피해

1) 재산피해

방류로 인한 가옥, 토지 등의 침수로 재산피해 발생

2) 인명피해

하류에 위치한 거주지의 침수로 인한 거주민의 인면피해 발생

3) 자연생태계피해

(1) 상류지역 : 방류로 인한 수몰부분 노출로 우기시 홍수 및 산사태 발생

(2) 하류지역 : 댐이 파괴 전과 다른 지형 조성으로 기후변화 및 주위 산림 매몰

3. 댐의 파괴원인과 안전대책

1) 댐의 파괴원인

(1) 부적합한 여수로로 인한 월류Over Flow

가. 홍수량 파악의 미흡으로 여수로의 통수단면 부족

나. 월류로 인한 저수지안의 대규모 지반붕괴

(2) 기초처리의 결함

가. 댐의 제체와 기초경계부의 시공불량

나. 투수성 기초지반의 처리불량

다. 기초암반의 단층 또는 파쇄대의 지지력 부족으로 인한 부등침하

(3) 파이핑 현상

가. 침하, 지진, 건조, 휨 등에 의한 균열 누수로 인한 파이핑 현상 발생

나. 댐의 제체 단면이 적은 경우 파이핑 현상 발생

(4) 댐 체의 시공 불량

가. 제체 재료의 부적합

나. 다짐불량으로 인한 침투수 침입

(5) Core Zone의 시공불량

가. 부적합한 재료 선정 및 다짐불량

나. 부등침하, 기초부 급경사 등으로 인한 코어 존의 균열

(6) 기타

가. 나무뿌리, 두더지, 게 등에 의해 제체에 구멍 또는 균열

나. 필터 층의 시공불량으로 인한 누수

다. 댐의 제체 사면의 붕괴 등

2) 안전대책(방지대책)

(1) 댐의 저장수량 결정

가. 정확한 초대가능 강수량 계산

나. 설계시 최대 가능 홍수량 추정하여 월류 방지

(2) 기초의 처리

가. 기초지반 조사 철저

나. 댐의 기초경계부와 제체의 접착부분에 대한 정밀 시공

다. 투수성 암반의 처리

라. 그라우팅

(3) 파이핑 현상 방지

가. 차수벽(지수벽) 설치

나. 불투수성 블랭킷 설치

(4) 댐체 시공철저

가. 댐체에 적합한 재료 선정

나. 돌붙임, 떼붙임 등 비탈면 피복공으로 댐체의 침식, 재료 유실을 방지

(5) 코어 존 시공철저

가. 코어재의 역할에 적합한 재료선정

나. 다짐을 철저히 하여 침투수 투입 방지

(6) 지형, 지반을 고려하여 댐 공법 선정

가. 콘크리트 댐 : 견고한 기초지반, 협곡에 적용

나. 필 댐 : 기초지반의 조건이 나쁜 곳에서도 시공이 가능, 넓은 부지, 계곡에 적용

(7) 기타

가. 기초 및 댐의 제체에 나무뿌리 등의 혼입방지

나. 필터 층의 시공을 철저히 하여 토립자의 유출방지 등

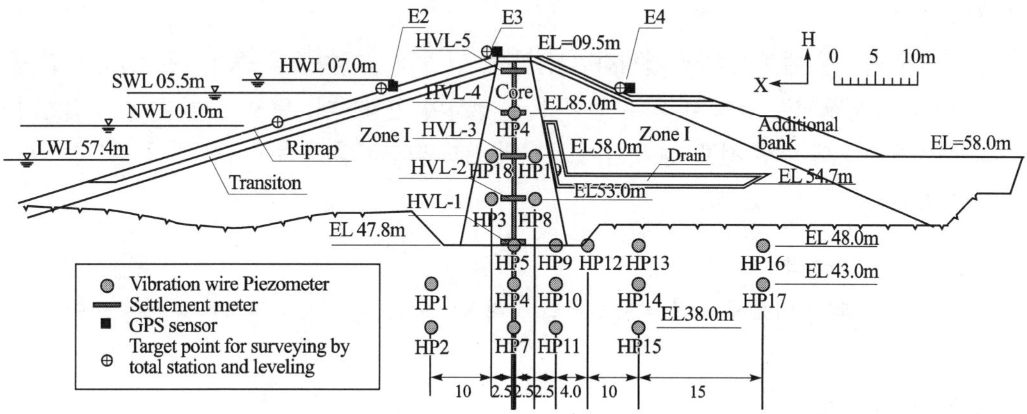

그림 7.4.4. 댐 계측기 배치 사례

댐공사[계측] 07-27

1. 댐 계측 목적

1) 시공관리적 측면

(1) 콘크리트 타설후의 내부온도 규제

(2) 그라우팅 시기선정

(3) 시공이음부의 개도량 측정

(4) 필댐에서는 시공중의 과잉간극수압과 제체내의 변형토압등을 측정하여 댐의 거동상태를 파악하는 등, 댐 축조시 시공관리를 위하여 측정한다.

2) 안전관리적 측면

간극수압, 양압력, 응력변형, 내부온도, 개도현황 및 누수량 등을 측정으로 댐 시공중 및 시공후 댐 거동상태를 꾸준히 감시, 분석하는 등 댐 시설물의 안정적 관리를 위한 측정한다.

3) 구조해석적 측면

장래의 댐 설계시 실제 매설계기를 통하여 측정된 결과를 분석 검토하여 구조해석 방법연구, 설계조건 개선, 설계하중 검토 및 이론의 확인 등 댐체에 관한 연구조사를 위한 측정한다.

2. 계측 내용

1) 기초암반

간극수압 : 기초지반의 간극수압 변화를 파악하여 예상되는 활동면에 따른 간극수압의 분포를 구하는데 목적이 있다.

2) 댐 제체

(1) 내부변형 : 댐 제체 내부에 설치하여 건설중, 건설후 상재하중의 증가, 저수위의 증감 등에 의해 발생되는 댐체 내·외부 변형를 측 정하여 변형형태, 위치, 대책 등을 수립한다.

(2) 내부침하 : 댐 단면 전체 성토 높이 구간의 심도별 침하량을 측정하여 침하 분포를 파악한다.

3) 콘크리트 표면 차수벽

댐 건설 후 수위의 변화에 따른 콘크리트의 응력 및 변형, 연결부의 분리현상 등을 파악한다.

3. 목적별 계측 항목

1) 측량 : 댐 표면 침하
2) 침하 : 제체 내부 침하
3) 댐축방향 변형
4) 상하류방향 변형
5) 간극수압
6) 토압
7) 누수량
8) 지진

항만/제방/해상공사[유지관리] 07-28

1. 항만 주요결함[시설물안전법규칙별표3]

1) 갑문시설 중 문짝작동시설 부식 노후화
2) 갑문 물을 채우거나 빼는 송배수로 시설의 부식 노후화
3) 잔교·시설 파손 및 결함
4) 케이슨Caisson구조물의 파손
5) 안벽의 법선 변위 및 침하

2. 항만 1종 및 2종 시설물[시설물안전법령별표1]

1) 갑문

(1) 갑문시설

2) 방파제, 파제제 및 호안

(1) 연장 1천미터 이상인 방파제

가. 제1종시설물에 해당하지 않는 방파제로서 연장 500미터 이상의 방파제

나. 연장 500미터 이상의 파제제

다. 방파제 기능을 하는 연장 500미터 이상의 호안

3) 계류시설

(1) 20만톤급 이상 선박의 하역시설로서 원유부이(BUOY)식 계류시설(부대시설인 해저송유관 포함)

가. 제1종시설물에 해당하지 않는 원유부이식 계류시설로서 1만톤급 이상의 원유부이식 계류시설(부대시설인 해저송유관 포함)

(2) 말뚝구조의 계류시설(5만톤급 이상의 시설만 해당)

가. 제1종시설물에 해당하지 않는 말뚝구조의 계류시설로서 1만톤급 이상의 말뚝구조의 계류시설

나. 1만톤급 이상의 중력식 계류시설

3. 안전점검 및 정밀안전진단 실시시기[시설물안전법령별표3]

안전점검, 정밀안전진단 및 성능평가의 실시시기

안전등급	정기안전점검	정밀안전점검		정밀안전진단	성능평가
		건축물	건축물 외 시설물		
A등급	반기에 1회 이상	4년에 1회 이상	3년에 1회 이상	6년에 1회 이상	5년에 1회 이상
B · C등급		3년에 1회 이상	2년에 1회 이상	5년에 1회 이상	
D · E등급	1년에 3회 이상	2년에 1회 이상	1년에 1회 이상	4년에 1회 이상	

4. 해상공사 안전관리[바지선 운영 안전작업계획]

1) 장비 및 작업자 안전대책

(1) 예인선 단부구간 안전 난간대 설치

(2) 와이어드럼 접촉방지덮개 설치

(3) 작업자 승. 하강로 설치

(4) 승하강로 측면 안전난간대 설치

단부 안전난간대설치	접촉방지덮개 설치	작업자 승하강로 설치	측면안전난간대 설치

그림 7.4.5. 장비 및 작업자 안전대책

2) 장비관련 안전대책

(1) 시공 계획서 검토 시 장비 제원 확인 철저

(2) 장비 용도 외 사용금지

(3) 토목현장의 특성상 노후 된 장비 반입

(4) 건설기계 크레인, 덤프, 굴삭기 등 후방카메라 설치 운용

장비 제원확인 철저	용도 외 사용금지	노후장비 확인	후방카메라 설치

그림 7.4.6. 장비관련 안전대책

3) 예인선 해상작업 관련 안전대책

(1) 선박 내 밀폐공간 작업 시 산소농도 측정 의무화

(2) 작업 전 산소농도 측정 → 송풍기 이용 환기 실시 → 안전장비 이상유무 확인 → 상부 감시자 배치

그림 7.4.7. 밀폐공간 작업 시 안전조치

4) 선박 내 고소 작업장소 생명줄 설치

근로자 고소 작업 시 생명줄 코브라 이용, 안전대 고리 체결 후 이동, 작업

그림 7.4.8. 선박 내 고소 작업 안전조치

5) 화재, 폭발 안전대책

(1) 작업시작전 가연물의 제거.차단확인

(2) 가연설물질,인화성 물질 근처에 화기작업금지

(3) 가스.분진 누출여부확인

(4) 안전점검 및 화기작업 허가철저

(5) 화기작업장 소화기 배치 후 작업실시

(6) 화재발생시 근로자 대피를 위한 비상구 확보

6) 충돌, 전복 안전대책

(1) 해상장비 제원 및 인양로프상태 확인

(2) 타선박 운항상태 사전확인 및 해상항로 확보

(3) 바지선에서 굴삭기 작업시 하부 고정철저

(4) 관리감독자 및 장비유도원 배치

그림 7.4.9. 화재, 폭발

그림 7.4.10. 충돌, 전복

5. 공사장비별 안전관리 장비

구분	세부 내용	예시
예인선	• 작업시작전 가연물의 제거.차단확인 • 가연설물질, 인화성 물질 근처에 화기작업금지 • 가스.분진 누출여부확인 • 안전점검 및 화기작업 허가철저 • 화기작업장 소화기 배치 후 작업실시 • 화재발생시 근로자 대피를 위한 비상구 확보	폭발.화재 
Barge	• 해상장비 제원 및 인양로프상태 확인 • 타선박 운항상태 사전확인 및 해상항로 확보 • 바지선에서 굴삭기 작업시 하부 고정철저 • 관리감독자 및 장비유도원 배치	충돌, 전복 
잠수 작업	• 투하지점 사전확인 및 잠수부 작업상황 확인 • 작업 전 바지선 고정상태 확인	사석투하 
각종 중장비	• 작업 전 잠수부 건강상태 확인 • 잠수장비 이상유무 확인 및 상부감시자 배치	잠수작업 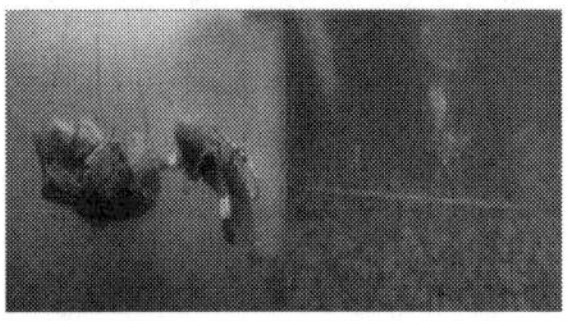

6. 바지선 점검표

점검항목	점검방법	조치사항
상갑판 및 안전난간대	• 안전난간대 설치 상태 (단, 예인선등으로 작업을 방해 할수 있는 경우 제외)	
장비의 고정상태	• 바지선에 탑제된 장비의 고정상태(하이드로선적불가)	
접안발판	• 연결 핀 파손 여부 시브(도르래)의 작동 상태	
와이어로프	• 와이어로프의 소선 상태 • 감김 단부 클립체결 상태	
윈치	• 윈치의 브레이크 상태 • 활차 스토퍼 설치 상태	
밀폐공간	• 밀폐공간 안전간판 설치(맨홀 덮개 볼트 체결)	
엔진, 발전기	• 오일 및 냉각수 누수 여부 • 발전기의 접지상태	
유압장치	• 유압 모터, 배관등 누유여부	
구명환	• 30m 이상 : 구명환 4개, 점화등 2개 • 30m 이하 : 구명환 2개, 점화등 1개	
소화기 등	• 위험물 보관 상태 • 실내 자동확산소화기 비치	

호안공사 안전관리 07-29

1. 통문

하천의 "통문"이란 제방을 관통하여 설치한 사각형 단면의 문짝을 가진 구조물

2. 통관

통관이란 제방을 관통하여 설치한 원형 단면의 문짝을 가진 구조물

3. 호안

하안이나 제방을 유수에 의한 침식을 보호하기 위해 경사면에 설치하는 구조물. 호안의 구성 성분에는 비탈 덮기, 비탈 멈춤, 밑다짐 수제가 있다.

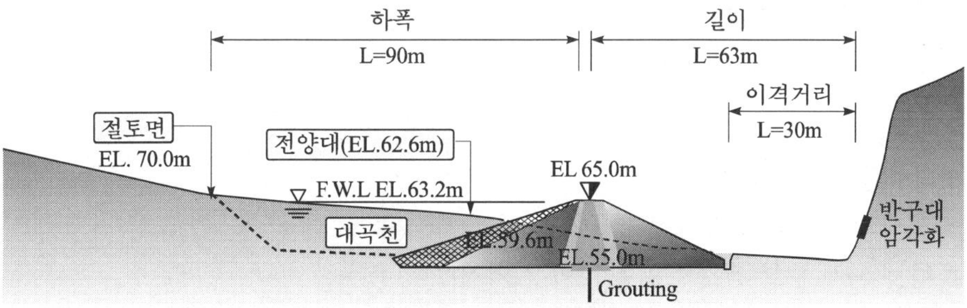

그림 7.4.11. 호안 공사(예시)

매립장 환경관리[쓰레기매립장 환경오염 방지방안] 07-30

1. 쓰레기 매립공사의 구분

1) 기반시설공사
2) 매립공사

2. 매립장의 문제점

1) 지반침하
2) 사면의 불안정
3) 악취, Gas 발생
4) 지하수 오염

3. 환경 오염 방지 방안 및 안전대책

1) 기반시설공사
   (1) 지반안정대책 : 적정한 지반 개량공법 적용
   (2) 사면의 안정성 검토
   (3) 집수·배수시설 검토
   (4) 우수 배제 시설 검토
   (5) 차수시설 검토 : 환경오염방지 차원에서 가장 중요함
      가. 수평차수시설 : 점토차수재, 혼합재 차수재
      나. 수직차수시설 : Sheet Pile, 지하연속법, Grouting 등

2) 매립공사
   (1) 복토
   (2) 악취 및 해충서식 : 살충제, 악취제거제 살포
   (3) Gas 차단
      가. 가스 추출공으로 대기중에 발산
      나. 가스 소각, 발전용으로 활용방안 검토

3) 오염방지 체계
   (1) 수평, 수직 차수시설 설치
   (2) 지하수 오염 농도, 거리 등 정기적으로 관리

4) 기타
   (1) 처리수질 관리 : 침출수 관리
   (2) 조경 : 시각적 효과와 악취 및 비산방지
   (3) 매립물 자체 수분 감소 : 침출수 발생 억제
   (4) 복토의 투수성 확보 : 적절한 투수성 확보

5. 토목구조물공사 위험성평가표 및 재해사례

- 위험성평가표

01. 교량 상부공사(거더)[07-05]
02. 교량 하부공사(교각)[07-06]
03. 터널공사[07-12]

- 재해사례

01. 교량 하부-가시설 해체 중 무너짐(추락)(1)
02. 교량 하부-가시설 해체 중 무너짐(추락)(2)
03. 교량 상부-빔 떨어짐(추락)(1)
04. 교량 상부-빔 떨어짐(추락)(2)
05. 터널-막장 무너짐(붕괴)(1)
06. 터널-막장 무너짐(붕괴)(2)
07. 터널-막장 무너짐(붕괴)(3)
08. 터널-구조물 무너짐(붕괴)
09. 바지선-질식
10. 방파제-익사

위험성평가표

01 교량 상부공사(거더)[07-05]

유해위험요인 파악 Hazard Identification							
위험요인 위험		불량한 작업방법 위험		작업장소 위험		건강장해 위험	
기계·기구 등	●	굴착 등		추락 위험 등	●	분진 등	
폭발, 인화성		하역, 운반 등		붕괴 위험 등	●●	소음 진동 등	
전기, 열 등		중량물 등	●	물체 비래 등		환기, 채광 등	

위험성 평가 Risk Assessment									
위험성 수준			최초 평가	●	상시 평가	월	•노사합동순회점검( ) •아차사고분석 ( ) •제안제도실시 ( )	주	•합동안전점검회의( )
고	중	저	정기 평가					일	•작업전 TBM ( )
	●		수시 평가						

위험성 감소대책 Alternative					필수 확인 사항
제거	대체	공학적제어	관리적제어	개인보호구	•가설구조물 설치 양중작업 로프 등 안전성 여부 확인 •고소작업자 떨어짐에 대한 안전시설 상태 확인
		●		●	

재해발생유형	
1. 떨어짐	✔
2. 넘어짐	
3. 부딪힘	
4. 물체에 맞음	✔
5. 무너짐	✔
6. 끼임	
7. 절단·베임·찔림	
8. 감전	
9. 폭발·파열	
10. 화재	
11. 깔림·뒤집힘	

유해위험요인 및 감소대책 도면

• [F.C.M(Free Cantilever Method)
중량 부재를 인양,거치하는 과정과 폼 이동 시 고소작업 수행에 따른 무너짐,넘어짐,떨어짐 위험 높음

• ILM (Incremental Launching Method)
제작장 설치 및 거푸집 제작 시 중량 부재를 인양,거치하는 과정과 압출 시 고소작업 수행에 따른 떨어짐 등 위험 높음

• MSS (Movalble Scaffolding System)
중량 부재를 인양,거치하는 과정과 폼 이동 시 고소작업 수행에 따른 무너짐,넘어짐,떨어짐 위험 높음

중대재해유형	재해 유발 원인	점검	확인
1. 떨어짐	•MSS거푸집 설치 작업 중 유압잭 파손으로 거푸집이 유동하며 작업자가 아래로 떨어짐		
2. 무너짐	•교량 상부공 조립용 철구조물이 낙하하며 상부 작업자가 아래로 떨어짐		
3. 떨어짐	•MSS를 반대편으로 추진시키려고 무리하게 추진 중에 추진대차 작업 레일 받침에 충돌		
4. 물체에 부딪힘	•철근다발을 양중 중에 와이어로프가 파단되며 떨어지는 자재에 부딪힘		
5. 무너짐	•콘크리트 타설 중 크레인 아웃트리거가 침하되며 넘어짐		
구조검토 대상	•해당사항 없음		

01 교량 상부공사(거더)[07-05]

유해위험요인별 세부 항목 Checklist					
유해위험요인[Hazard] List		위험성 감소대책 Checklist	점검	확인
1. ILM 조립용 가설 철구조물 양중 작업 중 떨어짐 2. MSS 추진 작업 중 무너짐 3. FCM 거푸집 철골브라켓 인양 중 와이어로프 파단 떨어짐 4. ILM 추진코 조립 작업 중 작업자 떨어짐 5. MSS 거푸집 설치 작업 중 작업자 떨어짐 6. 고소작업자 작업발판 불량으로 작업자 떨어짐		1. 양중기 인양능력 등 안전성 검토는 실시되었는가?		
		2. 상부 작업자 떨어짐 예방 안전조치는 되었는가?		
		3. 상부 슬래브 끝단에 안전난간은 설치되었는가?		
작업 전 공통 확인사항		4. 작업구간 작업자 이동동선에 장애물은 없는가?		
1. 작업자	•수평(수직)이동구간 이동통로 확보 및 생명줄 상태	5. 양중작업을 위한 안전성 검토는 수행되었는가?		
2. 건설기계장비	•이동동선(정지)구간 지반 침하 및 지내력 상태 •양중작업용 로프(벨트) 슬링 안전성 검토	6. 안전방망 설치 및 해체 작업자 구명줄은 설치되었는가?		
3. 작업환경	•가설구조물의 안전성 검토 및 현장 적용 여부 확인 •가설구조물 안전조치(설치기준) 준수 여부 확인	7. 작업자 풍속이 10m/sec 이상이면 작업을 중지하는 계획은 수립되었는가?		

중대재해유형	중대재해예방 저감대책	중점 관리대상	
□ 떨어짐 [높은 곳에서 사람이 떨어짐]	•작업자의 무리한 행동 억제 [지정된 작업통로(이동동선)로 진출입]	•작업자 [신규작업자, 일용작업자, 외국인]	✔
	•고소 작업 위치에 안전난간, 안전대 부착설비 설치 [개구부 안전난간 설치, 고소작업자 안전대 착용]	•건설기계장비 [안전검사 유효기간, 장비부품상태]	
	•작업 현장 별 위험요인 제거 [작업 특성과 조건에 따른 위험요인 제거]	•건설자재 [안전인증제품, 자재 적치 상태]	
	•그 밖의 위험요인 제거	•작업환경[방법] [안전보건규칙준수, 구조안전성확인]	✔
□ 맞음 [날아온(떨어진) 물체에 맞음]	•작업자 개인보호구(안전모 등) 착용 [양중 작업이나 상하 동시 작업 구간 작업자 안전모 착용 확인]	•작업자 [신규작업자, 일용작업자, 외국인]	✔
	•양중 작업 시 결속 방법 확인 [줄걸이 방법 및 자재 결속 상태 확인 후 양중 실시]	•건설기계장비 [안전검사 유효기간, 장비부품상태]	
	•고소 작업 위치 자재 적치 상태 확인 [자재 적치 장소의 물체 이탈 가능성 확인]	•건설자재 [안전인증제품, 자재 적치 상태]	✔
	•그 밖의 위험요인 제거	•작업환경[방법] [안전보건규칙준수, 구조안전성확인]	
□ 무너짐 [건축물(토사) 등이 무너짐]	•작업 전 작업구간 이상 변위 상태 확인 [경사 또는 굴착구간 주변 변위(균열) 여부 확인]	•작업자 [신규작업자, 일용작업자, 외국인]	
	•가설 구조물 안전성 검토 확인 [가설 구조물(동바리, 흙막이 등) 구조검토서와 도면 확인]	•건설기계장비 [안전검사 유효기간, 장비부품상태]	
	•가설 구조물 설치 상태 확인 [가설 구조물 등 안전보건규칙 준수 여부 확인]	•건설자재 [안전인증제품, 자재 적치 상태]	
	•그 밖의 위험요인 제거	•작업환경[방법] [안전보건규칙준수, 구조안전성확인]	✔
□ 끼임 [건설기계 등에 끼임]	•작업자 작업구간 내 이동범위 확인 [건설기계장비 회전 반경 내 출입금지 여부 확인]	•작업자 [신규작업자, 일용작업자, 외국인]	✔
	•건설기계장비 안전장치 확보 여부 확인 [후방감지카메라, 협착방지봉 상태, 경광등 설치 여부 확인]	•건설기계장비 [안전검사 유효기간, 장비부품상태]	✔
	•작업영역 내에 관리감독자 배치 확인 [작업장 안전을 관리하는 신호수 등 배치 여부 확인]	•건설자재 [안전인증제품, 자재 적치 상태]	
	•그 밖의 위험요인 제거	•작업환경[방법] [안전보건규칙준수, 구조안전성확인]	✔

01 교량 상부공사(거더)[07-05]

유해위험요인 파악 Hazard Identification

위험요인 위험		불량한 작업방법 위험		작업장소 위험		건강장해 위험	
기계·기구 등	●	굴착 등		추락 위험 등	●	분진 등	
폭발, 인화성		하역, 운반 등		붕괴 위험 등	●	소음 진동 등	●
전기, 열 등		중량물 등	●	물체 비래 등		환기, 채광 등	

위험성 평가 Risk Assessment

위험성 수준			최초 평가	●	상시 평가	월	•노사합동순회점검( )	주	•합동안전점검회의( )
고	중	저	정기 평가				•아차사고분석 ( )	일	•작업전 TBM ( )
	●		수시 평가				•제안제도실시 ( )		

위험성 감소대책 Alternative

제거	대체	공학적제어	관리적제어	개인보호구
		●		●

필수 확인 사항

- 거더 양중작업 로프 안전성 검토 여부 확인
- 상부 작업자 떨어짐 재해에 대한 안전시설 조치 상태 확인

재해발생유형	
1. 떨어짐	✔
2. 넘어짐	
3. 부딪힘	
4. 물체에 맞음	✔
5. 무너짐	✔
6. 끼임	
7. 절단·베임·찔림	
8. 감전	
9. 폭발·파열	
10. 화재	
11. 깔림·뒤집힘	

유해위험요인 및 감소대책 도면

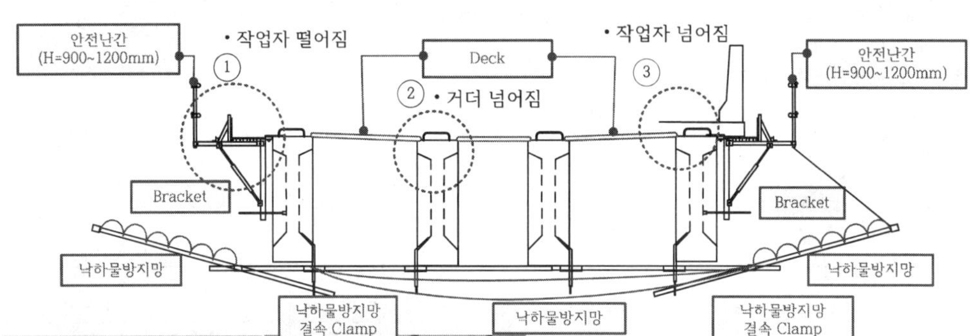

중대재해유형	재해 유발 원인	점검	확인
1. 충돌	•PSC 빔 교각 상부에 거치하던 중 이동식크레인 아웃트리거가 파손되며 전도 중 작업자 가격		
2. 떨어짐	•PSC 거더 단부 크로스 보의 철근 용접 작업원이 이동 중에 미끄러지며 아래로 떨어짐		
3. 무너짐	•PSC 거더와 거더 사이에 설치된 자재 적재장의 바닥 합판이 부러지며 작업자가 떨어짐		
구조검토 대상	•크레인 양중하중에 대한 아웃트리거와 로프의 구조검토가 필요함		

01 교량 상부공사(거더)[07-05]

유해위험요인별 세부 항목 Checklist

유해위험요인Hazard List	위험성 감소대책 Checklist	점검	확인
1. 거더 빔 넘어짐 2. 양중 장비 붐대의 노후화로 꺾임 3. 양중 장비 아웃트리거 위치 지반 침하로 넘어짐 4. 양중 장비가 거더를 치면서 거더 넘어짐 5. 작업자가 슬래브 끝단에서 떨어짐 6. 고소작업자 작업발판 불량으로 작업자 떨어짐	1. 거더 거치 용 양중기 안전성 검토는 실시되었는가?		
	2. 상부 작업자 떨어짐 예방 안전조치는 되었는가?		
	3. 상부 슬래브 끝단에 안전난간은 설치되었는가?		
작업 전 공통 확인사항	4. 작업구간 작업자 이동동선에 장애물은 없는가?		
1. 작업자: •수평(수직)이동구간 이동통로 확보 및 생명줄 상태	5. 거더 거치 후 넘어짐 방지용 버팀대는 적정한가?		
2. 건설기계장비: •이동동선(정지)구간 지반 침하 및 지내력 상태 •양중작업용 로프(벨트) 슬링 안전성 검토	6. 안전방망 설치 및 해체 작업자 구명줄은 설치되었는가?		
3. 작업환경: •가설구조물의 안전성 검토 및 현장 적용 여부 확인 •가설구조물 안전조치(설치기준) 준수 여부 확인	7. 작업장 풍속이 10m/sec 이상이면 작업을 중지하는 계획은 수립되었는가?		

중대재해유형	중대재해예방 저감대책	중점 관리대상	
□ 떨어짐 [높은 곳에서 사람이 떨어짐]	•건설 부재 수직도 유지 및 경사재 설치 [철근이나 거푸집이 바람 등에 대비한 경사재지지 상태 확인]	•작업자 [신규작업자, 일용작업자, 외국인]	
	•건설기계장비 이동동선 장애물 제거 [지게차 등 이동동선 내 단차 또는 장애물 제거]	•건설기계장비 [안전검사 유효기간, 장비부품상태]	✔
	•건설기계장비 이동동선 지반상태 확인 [장비 이동동선 지반(성토층)의 지내력 확보 여부 확인]	•건설자재 [안전인증제품, 자재 적치 상태]	
	•그 밖의 위험요인 제거	•작업환경[방법] [안전보건규칙준수, 구조안전성확인]	✔
□ 맞음 [날아온(떨어진) 물체에 맞음]	•작업자 개인보호구(안전모 등) 착용 [양중 작업이나 상하 동시 작업 구간 작업자 안전모 착용 확인]	•작업자 [신규작업자, 일용작업자, 외국인]	✔
	•양중 작업 시 결속 방법 확인 [줄걸이 방법 및 자재 결속 상태 확인 후 양중 실시]	•건설기계장비 [안전검사 유효기간, 장비부품상태]	
	•고소 작업 위치 자재 적치 상태 확인 [자재 적치 장소의 물체 이탈 가능성 확인]	•건설자재 [안전인증제품, 자재 적치 상태]	✔
	•그 밖의 위험요인 제거	•작업환경[방법] [안전보건규칙준수, 구조안전성확인]	
□ 무너짐 [건축물(토사) 등이 무너짐]	•작업 전 작업구간 이상 변위 상태 확인 [경사 또는 굴착구간 주변 변위(균열) 여부 확인]	•작업자 [신규작업자, 일용작업자, 외국인]	
	•가설 구조물 안전성 검토 확인 [가설 구조물(동바리, 흙막이 등) 구조검토서와 도면 확인]	•건설기계장비 [안전검사 유효기간, 장비부품상태]	
	•가설 구조물 설치 상태 확인 [가설 구조물 등 안전보건규칙 준수 여부 확인]	•건설자재 [안전인증제품, 자재 적치 상태]	
	•그 밖의 위험요인 제거	•작업환경[방법] [안전보건규칙준수, 구조안전성확인]	✔
□ 끼임 [건설기계 등에 끼임]	•작업자 작업구간 내 이동범위 확인 [건설기계장비 회전 반경 내 출입금지 여부 확인]	•작업자 [신규작업자, 일용작업자, 외국인]	✔
	•건설기계장비 안전장치 확보 여부 확인 [후방감지카메라, 협착방지봉 상태, 경광등 설치 여부 확인]	•건설기계장비 [안전검사 유효기간, 장비부품상태]	✔
	•작업영역 내에 관리감독자 배치 확인 [작업장 안전을 관리하는 신호수 등 배치 여부 확인]	•건설자재 [안전인증제품, 자재 적치 상태]	
	•그 밖의 위험요인 제거	•작업환경[방법] [안전보건규칙준수, 구조안전성확인]	✔

02 교량 하부공사(교각)[07-06]

유해위험요인 파악Hazard Identification							
위험요인 위험		불량한 작업방법 위험		작업장소 위험		건강장해 위험	
기계·기구 등	●	굴착 등		추락 위험 등	●	분진 등	
폭발, 인화성		하역, 운반 등		붕괴 위험 등	●	소음 진동 등	●
전기, 열 등		중량물 등	●	물체 비래 등		환기, 채광 등	

재해발생유형	
1. 떨어짐	✔
2. 넘어짐	
3. 부딪힘	
4. 물체에 맞음	✔
5. 무너짐	✔
6. 끼임	
7. 절단·베임·찔림	
8. 감전	
9. 폭발·파열	
10. 화재	
11. 깔림·뒤집힘	

위험성 평가Risk Assessment									
위험성 수준			최초 평가	●	상시 평가	월	•노사합동순회점검( ) •아차사고분석 ( ) •제안제도실시 ( )	주	•합동안전점검회의( )
고	중	저	정기 평가					일	•작업전 TBM ( )
	●		수시 평가						

위험성 감소대책Alternative					필수 확인 사항
제거	대체	공학적제어	관리적제어	개인보호구	•교각 거푸집 양중작업 로프 안전성 검토 여부 확인 •상부 작업자 떨어짐 재해에 대한 안전시설 조치 상태 확인
		●		●	

유해위험요인 및 감소대책 도면

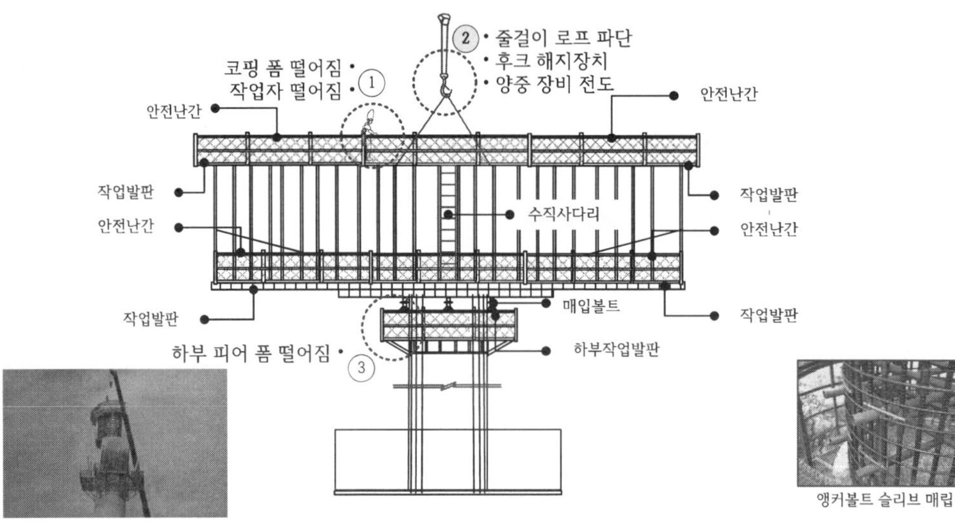

앵커볼트 슬리브 매립

중대재해유형	재해 유발 원인	점검	확인
1. 떨어짐	•해체하던 Pier Band가 하부 작업발판을 강타하여 작업자가 아래로 떨어짐		
2. 무너짐	•철근을 인양하여 코핑 작업발판에 적재하자 발판지지 브라켓이 무너지며 작업자가 떨어짐		
3. 무너짐	•교각 기둥의 강재 거푸집이 탈락하며 거푸집과 작업자가 동시에 떨어짐		
구조검토 대상	•해당사항 없음		

02 교량 하부공사(교각)[07-06]

유해위험요인별 세부 항목 Checklist

유해위험요인Hazard List
1. 피어폼, 코핑폼 양중 작업 중 떨어짐 2. 양중 장비 붐대의 고후화로 꺾임 3. 양중 장비 아웃트리거 위치 지반 침하로 넘어짐 4. 양중 장비가 교각을 치면서 작업자와 충돌, 작업자 떨어짐 5. 고소작업자 작업발판 불량으로 작업 떨어짐

위험성 감소대책 Checklist	점검	확인
1. 교각 거치용 양중기 안전성 검토는 실시되었는가?		
2. 상부 작업자 떨어짐 예방 안전조치는 되었는가?		
3. 교각 상부 작업자 안전난간은 설치되었는가?		
4. 작업구간 작업자 이동동선에 장애물은 없는가?		
5. 코핑 폼 작업발판 상태는 양호한가?		
6. 피어폼, 코핑폼 설치 및 해체 작업자 구명줄은 설치되었는가?		
7. 작업장 풍속이 10m/sec 이상이면 작업을 중지하는 계획은 수립되었는가?		

작업 전 공통 확인사항

구분	내용
1. 작업자	•수평(수직)이동구간 이동통로 확보 및 생명줄 상태
2. 건설기계장비	•이동동선(정지)구간 지반 침하 및 지내력 상태 •양중작업용 로프(벨트) 슬링 안전성 검토
3. 작업환경	•가설구조물의 안전성 검토 및 현장 적용 여부 확인 •가설구조물 안전조치(설치기준) 준수 여부 확인

중대재해유형	중대재해예방 저감대책	중점 관리대상	
□ 떨어짐 [높은 곳에서 사람이 떨어짐]	•작업자의 무리한 행동 억제 [지정된 작업통로(이동동선)로 진출입]	•작업자 [신규작업자, 일용작업자, 외국인]	✔
	•고소 작업 위치에 안전난간, 안전대 부착설비 설치 [개구부 안전난간 설치, 고소작업자 안전대 착용]	•건설기계장비 [안전검사 유효기간, 장비부품상태]	
	•작업 현장 별 위험요인 제거 [작업 특성과 조건에 따른 위험요인 제거]	•건설자재 [안전인증제품, 자재 적치 상태]	
	•그 밖의 위험요인 제거	•작업환경[방법] [안전보건규칙준수, 구조안전성확인]	✔
□ 맞음 [날아온(떨어진) 물체에 맞음]	•작업자 개인보호구(안전모 등) 착용 [양중 작업이나 상하 동시 작업 구간 작업자 안전모 착용 확인]	•작업자 [신규작업자, 일용작업자, 외국인]	✔
	•양중 작업 시 결속 방법 확인 [줄걸이 방법 및 자재 결속 상태 확인 후 양중 실시]	•건설기계장비 [안전검사 유효기간, 장비부품상태]	
	•고소 작업 위치 자재 적치 상태 확인 [자재 적치 장소의 물체 이탈 가능성 확인]	•건설자재 [안전인증제품, 자재 적치 상태]	✔
	•그 밖의 위험요인 제거	•작업환경[방법] [안전보건규칙준수, 구조안전성확인]	
□ 무너짐 [건축물(토사) 등이 무너짐]	•작업 전 작업구간 이상 변위 상태 확인 [경사 또는 굴착구간 주변 변위(균열) 여부 확인]	•작업자 [신규작업자, 일용작업자, 외국인]	
	•가설 구조물 안전성 검토 확인 [가설 구조물(동바리, 흙막이 등) 구조검토서와 도면 확인]	•건설기계장비 [안전검사 유효기간, 장비부품상태]	
	•가설 구조물 설치 상태 확인 [가설 구조물 등 안전보건규칙 준수 여부 확인]	•건설자재 [안전인증제품, 자재 적치 상태]	
	•그 밖의 위험요인 제거	•작업환경[방법] [안전보건규칙준수, 구조안전성확인]	✔
□ 끼임 [건설기계 등에 끼임]	•작업자 작업구간 내 이동범위 확인 [건설기계장비 회전 반경 내 출입금지 여부 확인]	•작업자 [신규작업자, 일용작업자, 외국인]	✔
	•건설기계장비 안전장치 확보 여부 확인 [후방감지카메라, 협착방지봉 상태, 경광등 설치 여부 확인]	•건설기계장비 [안전검사 유효기간, 장비부품상태]	✔
	•작업영역 내에 관리감독자 배치 확인 [작업장 안전을 관리하는 신호수 등 배치 여부 확인]	•건설자재 [안전인증제품, 자재 적치 상태]	
	•그 밖의 위험요인 제거	•작업환경[방법] [안전보건규칙준수, 구조안전성확인]	✔

03 터널[07-12]

유해위험요인 파악Hazard Identification							
위험요인 위험		불량한 작업방법 위험		작업장소 위험		건강장해 위험	
기계·기구 등	●	굴착 등	●	추락 위험 등		분진 등	●
폭발, 인화성	●	하역, 운반 등		붕괴 위험 등	●	소음 진동 등	●
전기, 열 등		중량물 등		물체 비래 등	●	환기, 채광 등	●

위험성 평가Risk Assessment									
위험성 수준			최초 평가	●	상시 평가	월	•노사합동순회점검( )	주	•합동안전점검회의( )
고	중	저	정기 평가				•아차사고분석 ( )		
	●		수시 평가				•제안제도실시 ( )	일	•작업전 TBM ( )

위험성 감소대책Alternative					필수 확인 사항
제거	대체	공학적제어	관리적제어	개인보호구	•교각 거푸집 양중작업 로프 안전성 검토 여부 확인 •상부 작업자 떨어짐 재해에 대한 안전시설 조치 상태 확인
		●		●	

재해발생유형	
1. 떨어짐	✔
2. 넘어짐	
3. 부딪힘	
4. 물체에 맞음	✔
5. 무너짐	✔
6. 끼임	
7. 절단·베임·찔림	
8. 감전	✔
9. 폭발·파열	✔
10. 화재	✔
11. 깔림·뒤집힘	

유해위험요인 및 감소대책 도면

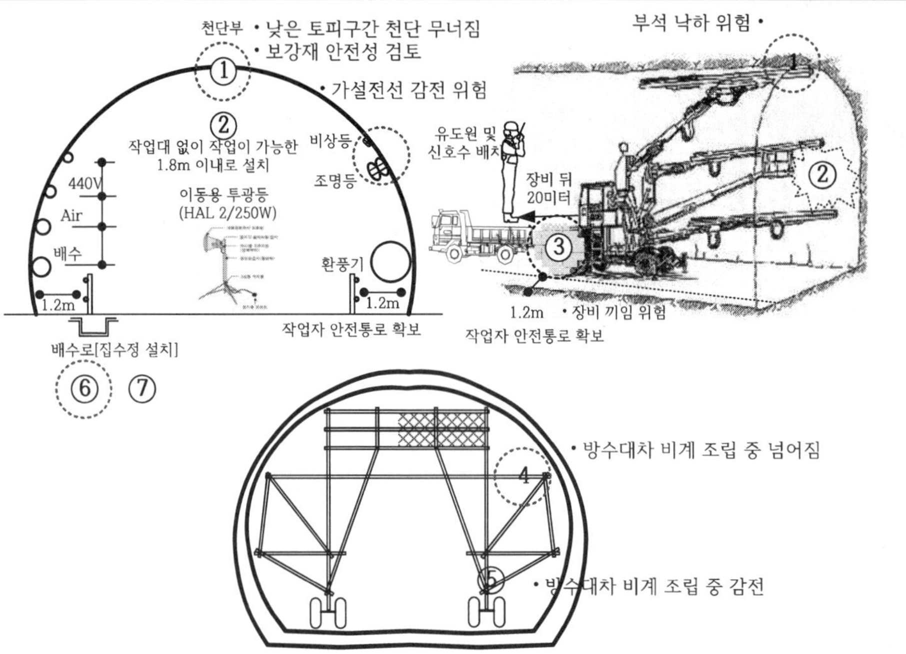

① • 막장 굴착면 천단부 암반(부석) 낙하 ② • 천공 작업 중 폭발 ③ • 장비 끼임 위험

④ • 방수대차 조립 및 설치 시 떨어짐 ⑤ • 터널 내부 누전으로 감전

⑥ • 집수정 양수기 점검 중 감전 ⑦ • 분전반 작업 중 감전

03 터널[07-12]

유해위험요인 및 감소대책 도면

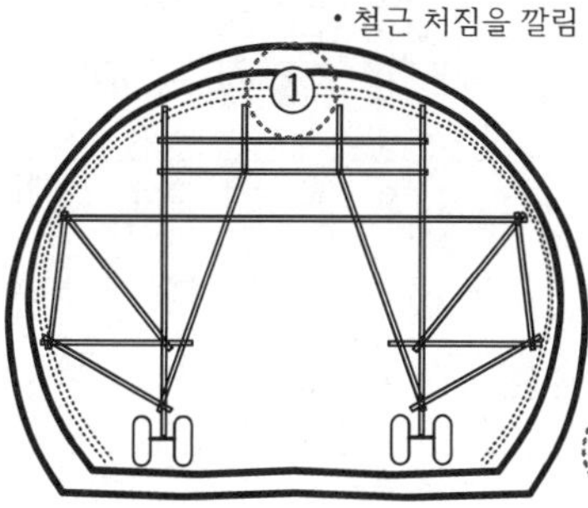

① • 철근 조립 중 처짐(붕괴)으로 깔림 ② • 철근 운반 및 작업 중 깔림

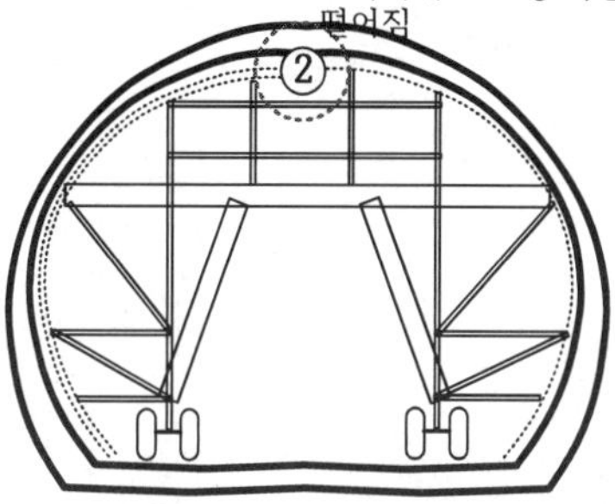

① • 철골 조립 중 처짐(붕괴)으로 깔림 ② • 도포제(거푸집) 등 작업 중 떨어짐

중대재해유형	재해 유발 원인	점검	확인
1. 떨어짐	•갱구사면 낙석방지망 설치용 이동식크레인으로 인양 중 작업자가 몸의 중심을 잃고 떨어짐		
2. 물체에 맞음	•막장면 장약작업 중 암반이 낙하하여 작업대차에서 장약 작업을 하던 작업자의 머리 강타		
3. 폭발	•발파 작업 중 막장면에서 후방에서 소형트럭 뒤에 대피해 있던 작업자가 비산석에 맞음		
4. 폭발	•터널 발파 작업 후 버력 상차작업을 위해 대기하던 작업자가 비산석에 맞음		
5. 무너짐	•터널 상단 인력 부석 제거작업을 위해 고소작업대차의 버켓에서 kr업하던 작업자가 맞음		
6. 끼임	•터널 막장 천단부 계측핀 설치를 위해 차징카의 버켓을 상승시키던 중 작업자의 머리가 끼임		
7. 떨어짐	•터널 방수용 작업대차에서 작업자가 떨어짐		
8. 감전	•터널 방수용 작업대차에서 작업 중 누전으로 감전		
9. 감전	•터널 집수정 수중양수기의 집수정에서 누전되는 양수기외함에 접촉하여 감전		
10. 끼임	•터널 라이닝 보강철근 조립작업을 위해 작업대차에서 작업 중 철근이 처지면서 끼임		
11. 떨어짐	•터널 철근 작업대차에 승강 중 떨어짐		
구조검토 대상	•해당사항 없음		

03 터널[07-12]

유해위험요인별 세부 항목 Checklist

유해위험요인Hazard List

1. 터널 천단부 부석 등 떨어짐
2. 터널 막장 부석 등 암석 무너짐
3. 터널 내부 폭약 폭발
4. 터널 내부 장비와 작업자 충돌
5. 터널 내부 작업자 분진에 의한 건강장해

위험성 감소대책 Checklist	점검	확인
1. 터널 암질에 따른 안전성 검토는 실시되었는가?		
2. 터널 내부 막자우부 부석 등 상태는 적정한가?		
3. 터널 내부 조명 및 산소 상태는 적정한가?		
4. 터널 굴착 장비 작업자 작업발판 상태는 양호한가?		
5. 작업자 떨어짐 방지용 안전난간은 설치되어있는가?		
6. 작업구간 내 장비와 충돌가능성은 없는가?		
7. 작업자 이동 동선의 확보는 적정한가?		
8. 터널 내부와 외부 통신망 상태는 적정한가?		

작업 전 공통 확인사항

구분	확인사항
1. 작업자	•수평(수직)이동구간 이동통로 확보 및 생명줄 상태
2. 건설기계장비	•이동동선(정지)구간 지반 침하 및 지내력 상태 •양중작업용 로프(벨트) 슬링 안전성 검토
3. 작업환경	•가설구조물의 안전성 검토 및 현장 적용 여부 확인 •가설구조물 안전조치(설치기준) 준수 여부 확인

중대재해유형	중대재해예방 저감대책	중점 관리대상	
□ 맞음 [날아온(떨어진) 물체에 맞음]	•작업자 개인보호구(안전모 등) 착용 [양중 작업이나 상하 동시 작업 구간 작업자 안전모 착용 확인]	•작업자 [신규작업자, 일용작업자, 외국인]	✔
	•양중 작업 시 결속 방법 확인 [줄걸이 방법 및 자재 결속 상태 확인 후 양중 실시]	•건설기계장비 [안전검사 유효기간, 장비부품상태]	
	•고소 작업 위치 자재 적치 상태 확인 [자재 적치 장소의 물체 이탈 가능성 확인]	•건설자재 [안전인증제품, 자재 적치 상태]	✔
	•그 밖의 위험요인 제거	•작업환경[방법] [안전보건규칙준수, 구조안전성확인]	
□ 무너짐 [건축물(토사) 등이 무너짐]	•작업 전 작업구간 이상 변위 상태 확인 [경사 또는 굴착구간 주변 변위(균열) 여부 확인]	•작업자 [신규작업자, 일용작업자, 외국인]	
	•가설 구조물 안전성 검토 확인 [가설 구조물(동바리, 흙막이 등) 구조검토서와 도면 확인]	•건설기계장비 [안전검사 유효기간, 장비부품상태]	
	•가설 구조물 설치 상태 확인 [가설 구조물 등 안전보건규칙 준수 여부 확인]	•건설자재 [안전인증제품, 자재 적치 상태]	
	•그 밖의 위험요인 제거	•작업환경[방법] [안전보건규칙준수, 구조안전성확인]	✔
□ 끼임 [건설기계 등에 끼임]	•작업자 작업구간 내 이동범위 확인 [건설기계장비 회전 반경 내 출입금지 여부 확인]	•작업자 [신규작업자, 일용작업자, 외국인]	✔
	•건설기계장비 안전장치 확보 여부 확인 [후방감지카메라, 협착방지봉 상태, 경광등 설치 여부 확인]	•건설기계장비 [안전검사 유효기간, 장비부품상태]	✔
	•작업영역 내에 관리감독자 배치 확인 [작업장 안전을 관리하는 신호수 등 배치 여부 확인]	•건설자재 [안전인증제품, 자재 적치 상태]	
	•그 밖의 위험요인 제거	•작업환경[방법] [안전보건규칙준수, 구조안전성확인]	✔
□ 폭발, 화재, 산소결핍	•작업자의 안전수칙 준수 [폭발성, 인화성 물질 취급자 안전교육 실시 여부 확인]	•작업자 [신규작업자, 일용작업자, 외국인]	✔
	•폭발물 등의 저장장소 및 관리대책 수립 여부 확인 [폭발물, 인화성 물질 저장장소 및 관리자 지정 확인]	•건설기계장비 [안전검사 유효기간, 장비부품상태]	
	•산소결핍장소 진출입 전에 유해가스 농도 측정 [유해가스 농도 측정 및 환기(배기 및 급기) 여부 확인]	•건설자재 [안전인증제품, 자재 적치 상태]	
	•그 밖의 위험요인 제거	•작업환경[방법] [안전보건규칙준수, 구조안전성확인]	✔

재해사례

01 재해사례-교량 하부 가시설 해체작업 중 무너짐(추락)

1. 재해개요

FCM 주두부 가시설 해체작업을 진행하는 과정에서 해체예정인 H형강(H-300×300×10×15, L=6.8m)에 샤클 체결후 T/C로 인양하던 중 주두부 철근에 보조로프를 거치한 후 신호중이던 피재자의 보조로프를 H형강이 가격하면서 그 충격으로 보조로프가 철근으로부터 이탈되어 약 28m아래 지상으로 추락·사망한 재해임

2. 재해상황도

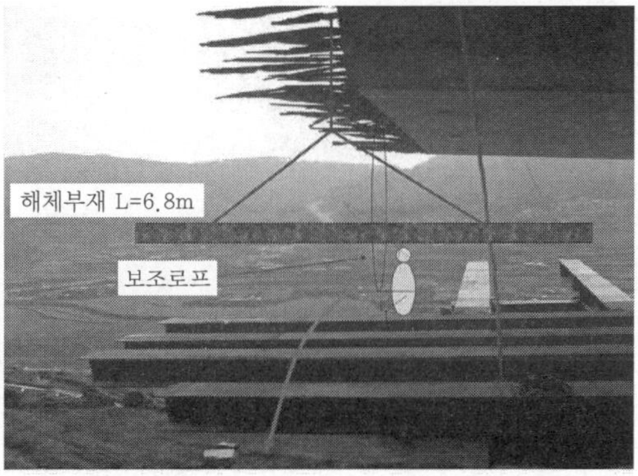

3. 안전대책

FCM 주두부의 가시설해체 작업시 H형강등을 T/C로 인양하는 때에는 작업반경내에 기타 근로자가 접근하지 못하도록 조치하고, 탈락위험이 없이 견고하게 고정된 수직구명줄에 안전대를 결속한 후 작업을 진행하여야 함

4. 교량 공사 재해사례

철근을 인양하여 코핑작업발판에 적재하자 발판 지지 부재인 브라켓이상재 하중에 버티지 못하고 비틀리면서 근로자자가 하부로 추락한 사고	교량 빔(R.P.F BEAM)의 U자형 철근 피복두께를 확보하기 위해 꺽쇠로 철근 벤딩작업을 진행하던 중 꺽쇠가빠지면서 교량하부 약 5.5m아래 바닥으로 추락하여 사망한 재해

거더단부크로스 빔의 철근용접을 완료한 후 다음 작업 준비를 위해 이동 중이던 작업원(용접공)이 교좌장치(P3-2)에 걸려 넘어지면서 추락한 사고	P.S.C Beam과 Beam 사이에 각재 6개로 합판 야적용 발판을 설치한 후 인양된 자재를 하역 중 합판 받침용 각재발판이 부러지면서 합판더미와 함께 추락

Steel box girder 상부에 있던 Cross beam을 운반하기 위한 준비작업 중 box girder 의 스터드볼트에 발이 걸려 넘어져 거더사이 개구부로 추락하여(9m) 사망한 재해	크레인(250TON) 을 이용하여 강박스 50m,중량 106톤을 거치하기 위해 강박스를 들고 이동하려는 순간 가설도로 지반이 침하하여 크레인이 전도.

02 재해사례-교량 하부 가시설(코핑) 무너짐(추락)

1. 재해개요

2018. 1. 3 (수) 08:35분경 영천시 화산면 소재 00~00 복선전철 00공구 건설공사 현장에서 재해자가 하부피어밴드 작업발판에서 교각 6번의 코핑 강재거푸집 탈형 작업 중 강재거푸집이 탈락되어 강재거푸집과 함께 약 13m 아래 지상 바닥으로 추락하여 사망하고, 코핑 상부 재해자는 강재거푸집 부재에 맞아 부상당한 재해임

2. 재해상황도

3. 안전대책

1) 작업발판 일체형 거푸집의 안전조치 철저

코핑 강재거푸집을 해체하는 경우에는 거푸집을 인양장비에 매단후 지지 또는 연결철물을 해체하는 작업을 하여야 하며, 인양장비에 매달기 전에는 지지 또는 연결철물을 미리 해체하지 않도록 관리 철저

2) 중량물 취급 작업계획서 작성

코핑 강재거푸집과 같이 중량물을 취급하는 경우에는 설치·해체 작업순서 및 작업방법을 포함하여 추락, 낙하, 전도, 협착 및 붕괴 등의 위험을 예방할 수 있는 안전대책에 관한 중량물 취급 작업계획서를 작성하고, 또한 설치·해체 작업순서 및 작업방법을 포함하여 추락, 낙하, 전도, 협착 및 붕괴 등의 위험을 예방할 수 있는 안전대책을 해당 근로자에게 주지

3) 작업지휘자 업무수행 철저

코핑 강재거푸집 등의 중량물을 취급하는 작업에는 작업지휘자를 지정하고, 코핑 강재거푸집을 해체 작업 계획에 따른 작업순서 및 작업방법으로 해당작업을 직접 지휘·관리감독 철저

03 재해사례-교량 상부(PSC빔) 떨어짐(추락)

1. 재해개요

2013.9.4(수) 11:15경 충남 공주시 우성면 소재 00-00(제2공구) 도로건설공사 현장의 00교 00 방향에서 이동식크레인 2대(250톤, 300톤)를 이용하여 PSC빔 거치작업을 진행 중, 지상높이 17m 지점에서 PSC빔 거치를 완료하고 빔 상부에 올라서서 이동식크레인 후크해지작업 중 빔이 넘어지면서 낙하, 빔과 함께 떨어져 1명 사망, 코핑 상부에 서서 보조작업을 하던 2명 부상

2. 재해상황도

3. 안전대책

1) 교량작업 시, PSC빔을 크레인으로 인양할 경우에는 부재가 안전하게 거치되기 전까지 인양로프를 해체시키지 않아야 함
2) PSC빔 전도방지조치 철저히 실시 후 크레인 후크해지(인양로프 해체)
3) PSC빔 거치 후 솔 플레이트(하중전달용)와 상부 플레이트(탄성패드 보호 역할) 가용접 실시
4) PSC빔 거치 후 크로스빔 연결철근(전도방지용) 용접
5) PSC빔 하부 쐐기 밀실하게 설치

04 재해사례-교량 상부(PSC빔) 떨어짐(추락)

1. 재해개요

작업자 4명이 P3 하부 교량 탄성받침 패드교체 작업을 위하여 점검계단을 내려가던 중 점검계단 경사부분이 탈락되면서 약 30미터 높이에서 교량하부로 작업자 4명과 함께 추락한 사망 사고

2. 재해상황도

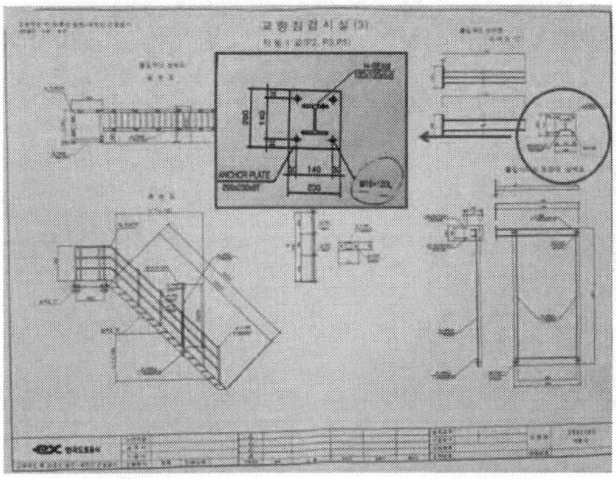

교량점검시설 출입사다리 보강대 설계도면

점검계단 추락 현황

점검계단을 고정하는 일부 앵커볼트의 길이가 설계와 달리 짧은 것으로 설치(8개중 2개)된 상황에서 인력 및 발전기 운반 등에 의한 초과하중 작용으로 고정부 콘크리트가 파손되면서 점검계단과 함께 점검자가 추락한 것으로 추정(앵커볼트 길이 부족현황 : 120밀리미터(설계) ⇒ 90밀리미터(시공)

3. 재발방지대책

1) 시공사가 제시한 구조물 시공도면을 발주청이 검토, 승인하는 절차가 마련되어야 한다.
2) 공용 중인 교량의 점검시설을 안전하게 사용하기 위해서는 교량점검시설의 이용 시 유의사항을 공지하는 안내표지판을 설치하여야 한다.
3) 교량점검로 설계 시 계단 및 점검로는 350kgf/m^{2}를 적용하도록 하였으나, 경사형 출입계단은 100kgf인 점검자 3인만을 반영하고 있어 향후 출입계단 설치 목적을 고려한 교량점검용 계단의 설계하중 개정 및 반영이 필요하다.

05 재해사례-터널 무너짐(붕괴)

1. 재해개요

2014.09.13(토) 18:50분경 경북 구미시 도개면 소재 ○○건설 ○○-○○고속도로 민간투자사업 3공구 ○○터널 ○○방향 234m 굴진 지점(STA.6+676.0)에서 협력업체 소속 터널보조공인 피재자(28세, 남, 태국/33세, 남, 태국)가 장약작업 중 막장면 하부에서 도화선, 작업도구 등을 정리하던 중 막장면 우측 상부 약 2.8m 높이에서 암반이 무너져 떨어지면서(약 4.5m^3) 피재자를 덮쳐 매몰되어 2명이 사망한 재해임

2. 재해상황도

3. 안전대책

터널 굴진 중 낙반 등에 의한 위험방지 조치 실시

4. 터널 재해사례

도로 확장공사현장에서 터널 발파작업 후 버럭상차작업을 위해 갱구부로부터 약 40m 떨어진 지점에 덤프트럭을 정차시켜 놓고 대기하던 중 터널 내부 발파에 의한 비래석에 맞아 사망한 재해	터널내부에서 피재자가 다음 굴진을 위하여 점보드릴의 천공위치 선정을 위한 신호중 발파공내 잔류되어 있던 폭약이 드릴 비트의 천공시의 충격 및 마찰에 의해서 폭발하면서 폭발풍압 및 비래된 암석에 의해서 사망한 재해

06 재해사례-터널 막장 무너짐(붕괴)

1. 재해개요

터널(L=1.3km)에서 격자지보 설치 완료 후 작업자 4명이 Shotcrete 타설작업 준비 중 막장면에서 토사 일부가 떨어지는 이상 징후가 보여 3명은 대피하였으나 Shotcrete 기사 1명(45세)이 대피하지 않고 기계를 이동시키기 위해 조작하다 터널 막장면 상부가 붕괴(약 2만m^3) 되면서 매몰되어 사망한 재해임

2. 재해상황도

터널 막장면 상부 지표 매몰(25m)

3. 안전대책

터널 굴착작업 시에는 지질, 지층, 균열, 용수 등의 상태를 사전에 조사한 후 지반이 불량할 때에는 막장 안전성 확보를 위해 지보 Pattern 및 보강공법 변경 등의 조치를 하여야 하며, 붕괴 징후 등 이상발견 시 근로자가 즉시 대피할 수 있도록 관리감독하여야 함

07 재해사례-터널 막장 무너짐(붕괴)

1. 재해개요

2017. 2. 11.(토) 대구시 수성구 소재 OO건설(주) OOOO지구 단지조성 O공구 현장에서 재해자가 프런트잭킹 통로박스 함체 견인작업 중에 간섭되는 도갱의 일부 해체를 위해 도갱내 강지보재 절단작업을 마치고 도갱 밖으로 나오는 순간 막장면이 일부 붕괴되면서 매몰되어 사망한 재해임

2. 재해상황도

3. 안전대책

1) 비개착 통로박스 시공시 시방서 준수 철저

비개착 통로박스 구축물을 시공시에는 굴착작업의 진동 및 충격 등에 의한 막장면 붕괴의 위험을 예방하기 위하여 시방서를 준수하여 시공하여야 함

※ 프런트잭킹공 시방서에 의하면 1회 굴착깊이는 일반토사 기준 선단슈 전방 20cm이나, 현장 토질 조건(암버럭 및 토사)에 따라 감리원에 의해 승인된 1회 굴착깊이 40~45cm를 준수하여 작업하여야 함

2) 비개착 통로박스 작업시 낙반등에 의한 위험방지 철저

비개착 통로박스 작업시 낙반등에 의하여 근로자가 위험해질 우려가 있는 경우에는 구획별 굴착 후 토류공을 설치하고 페이스잭으로 지지하여 낙반등에 의한 위험을 방지하기 위한 조치를 철저히 하여야 함

3) 비개착 통로박스 작업시 사전조사 철저

비개착 통로박스 작업시 막장 붕괴에 의한 근로자의 위험을 방지하기 위하여 사전조사를 하고, 조사결과 지반교란 및 이완 등에 의한 막장면의 붕괴예방을 위한 보강조치를 철저히 하여야 함

08 재해사례-터널 구조물 무너짐(붕괴)

1. 재해개요

종점부 지하환기소에 풍도용 PC슬래브를 설치하던 중 이를 지지하는 콘크리트 브라켓 일부가 파단되어 추락한 PC슬래브 파편에 하부에서 작업 중인 근로자가 맞고 사망한 사고

2. 재해상황도

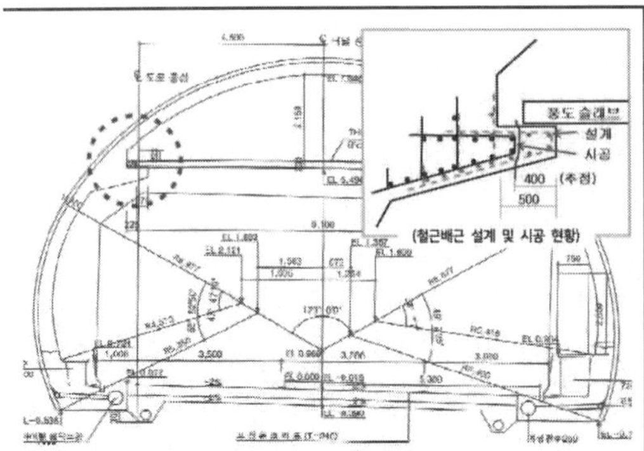

터널 단면도 및 철근배근 현황

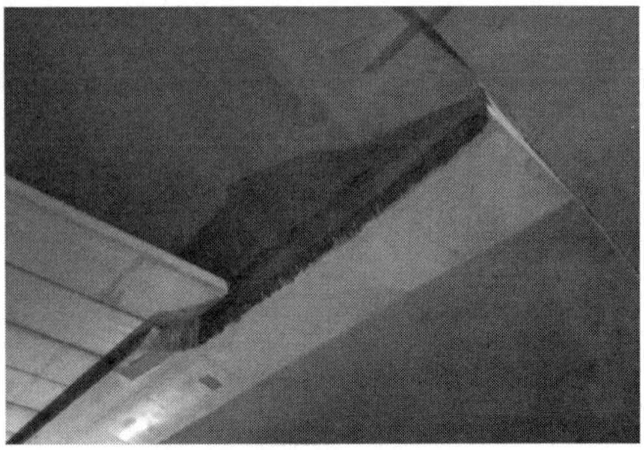

콘크리트 브라켓 파손 현황

사고지점의 풍도용 슬래브를 지지하는 철근콘크리트 브라켓의 철근이 부적정하게 배근(무근 상태)된 상태로 시공됨으로써 PC슬래브의 하중을 견디지 못하고 전단파괴(360센티미터×40 센티미터)가 발생한 것으로 추정

3. 안전대책

1) 철근콘크리트 배근은 구조계산에 의해 결정한 적정 수량을 구조물의 형상을 고려한 철근 상세도에 따라 재질을 손상시키지 않는 적절한 방법으로 정확한 치수 및 형상을 가지도록 가공하고, 이것을 소정의 위치에 정확하고 견고하게 조립하여야 한다.

2) 설계서에 따라 작성된 철근상세도는 책임기술자의 승인을 받은 후 철근가공 및 조립을 실시하여야 한다.

09 재해사례-바지선 질식

1. 재해개요

교량건설을 위해 임차한 선박에서 피재자가 바지선 부력탱크(깊이 3m) 내부 상태를 확인하기 위해 들어갔다가 산소 결핍으로 인해 사망한 재해임

2. 재해상황도

3. 안전대책

산소결핍 위험이 있는 밀폐공간 작업 시에는 작업시작 전과 작업 중에 산소농도 및 유해가스의 농도를 측정하여 적정 공기 유지여부를 확인한 후 작업.(적정한 공기상태로 유지되도록 환기를 충분히 실시하고, 환기가 현저히 곤란한 경우에는 근로자에게 공기호흡기 또는 송기마스크 등 호흡용 보호구 지급·착용)

10 재해사례-방파제 익사

1. 재해개요

2017. 10. 24일(화) 09:50분경 울산 울주군 온산읍 소재 □□□시설 공사에서 재해자(목공)가 태풍 '란'의 영향으로 부서진 방파제 단부의 안전난간을 해체하고 재설치하기 위해 일용근로자인 동료작업자와 함께 작업하던 중 풍랑주의보 상태로 인해 발생이 된 월파*가 피재자를 덮쳐 바닷속으로 빠져 익사한 사고.

* 월파 : 파도의 쳐오름 작용에 의하여 바닷물이 방파제나 방조제의 마루를 넘는 현상

2. 재해상황도

3. 안전대책

1) 악천후 및 강풍 시 작업 중지

기상상태의 불안정으로 인하여 근로자가 위험해질 우려가 있는 경우 작업을 중지하고, 기상상태를 확인 후 작업에 투입될 수 있도록 할 것.

2) 비상시 구호대책 훈련

방파제공사의 경우 해안에 위치하고 있고, 기상의 영향을 많이 받기 때문에, 바다에 빠지는 등에 대해 구호대책 훈련을 실시하여 비상시에 대비할 것

3) 안전대 부착설비 설치 및 안전대 체결 후 작업

기상조건 및 안전난간 설치가 불가할 경우 안전대부착설비를 설치하고 근로자가 안전대를 착용 후 부착 설비에 체결하여 작업할 것

4) 보호구 착용시 사용 설명서 확인

피재자가 착용하고 있는 부력 보조복은 사용 설명서와 상이하게 다리끈이 없는 형태이므로, 설명서와 동일한 구조의 부력 보조복 착용할 것

제8장

건설공사와 공해

1. 발파
2. 소음·진동공해
3. 지진
4. 해체 및 폐기물
5. 석면과 미세먼지
6. 화재폭발
7. 건설공사와 공해 재해사례

construction safety management

1. 발파

1. 발파공법

발파공법이란 용도에 맞는 공간확보를 위하여 암반의 안정성과 자립력을 유지시키면서 경제적이고 효율성 있게 굴착하기 위하여 폭약을 이용하는 굴착방법을 말한다.

구분	TYPE V : 일반발파 공법 패턴도
천공 평면도	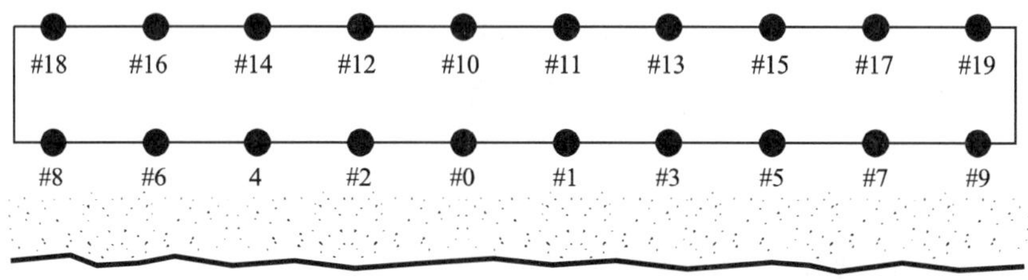
천공 단면도 사례	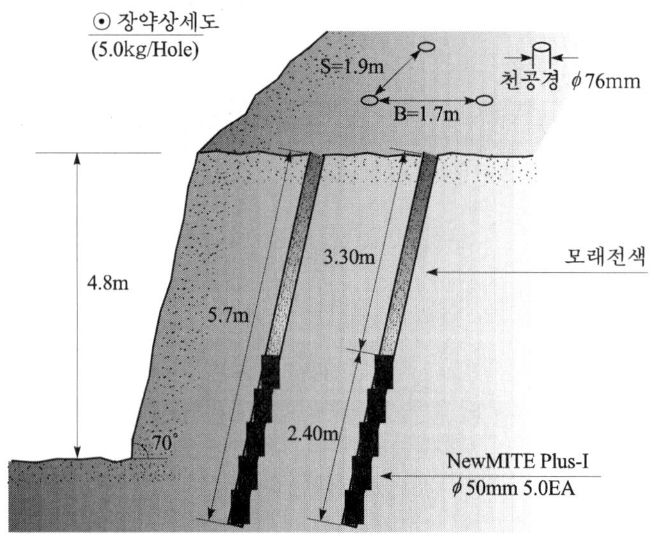

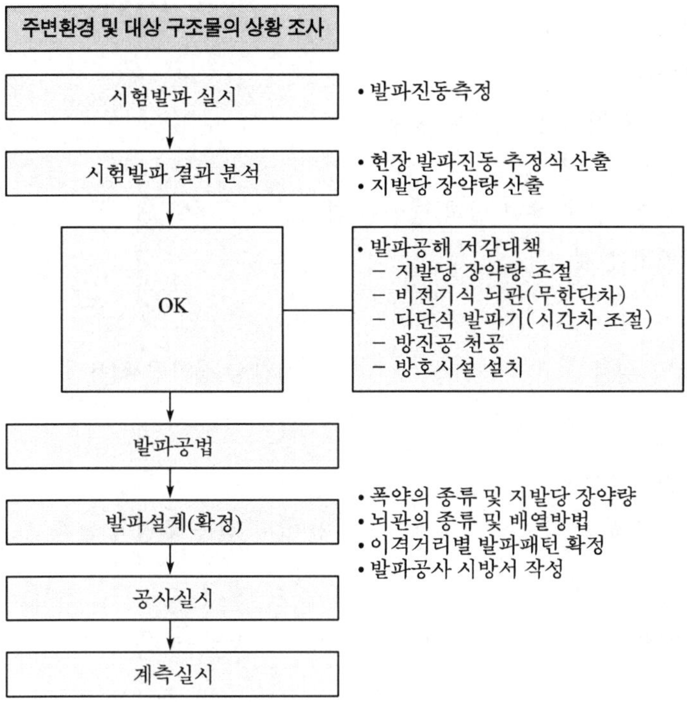

그림 8.1.1. 발파공사 시공 흐름도

시험발파 08-01

1. 시험발파의 목적

1) 발파진동은 지반을 통하여 전파되는 특성으로 지형, 지질, 지반의 조건 및 발파 방법 등의 변수에 따라 변화되는 특성이 있다. 따라서 **진동의 전파특성 파악**하기 위해서는 사전에 시험발파를 실시하여 발파현장에 부합되는 **진동전파 추정식을 산출**하기 위한 목적으로 실시한다.[터널 발파작업 시공관리, 2000, 한국도로공사]

2) 설계상의 발파설계는 이론과 경험에 의한 설계이므로 현장의 지반과 주변 여건 등을 감안하여 **설계의 적합성 여부의 검증 및 발파설계의 보정**을 하기 위해서 실시한다.

3) 목적
   (1) 경제적인 발파공법의 선정으로 경제성 확보
   (2) 발파설계의 효율적인 시공성 확보
   (3) 인접 보안물건의 구조물의 진동 및 소음에 대한 안정성 확보

2. 시험발파 절차

1) 시험발파계획서 작성

(1) 주변환경조사(이격거리, 구조물 현황 등)

(2) 발파공해 허용기준 검토

(3) 발파진동 추정식을 이용한 발파 영향권 검토

(4) 시험발파 패턴 설계

2) 시험발파 실시

(1) 천공 및 장약 실시

(2) 지발당 장약량 적용

(3) 보안건물 분석 및 계측 실시

3) 시험발파 계측 결과 분석

(1) 계측결과 수집 및 분석

(2) 발파 진동 추정식 산출

4) 발파공법 선정

(1) 지발당 장약량 검토

(2) 발파공법 선정

5) 발파 설계

(1) 지발당 장약량 결정

(2) 사용뇌관 종류 및 기폭방법 검토

(3) 발파 패턴 설계

6) 발파 실시

3. 시험발파 방법

1) 지발당 장약량을 고정시키고 계측지점을 달리하여 측정한다.(거리에 따른 감쇄지수 파악)

2) 거리를 고정하고 지발당 장약량을 달리하여 측정한다.(장약량 변화에 따른 발파상수와 장약지수 등 파악)

3) 개착구간의 경우

(1) 발파진동 지속시간과 발파 풍압의 전파성향 파악을 위해 지발당 발파공수를 달리하고 기폭단차를 20ms, 40ms로 실시한다.

4. 시험발파 계획서 세부 작성 내용

1) 주변현황 및 허용기준치 설정

(1) 인근 지장물의 현황 및 특성

(2) 인근 지장물의 영향을 고려한 진동 허용기준치 설정

2) 천공배치도 작성

(1) 천공장비 및 천공구경 선정
(2) 천공배치도(평면도, 단면도)
(3) 천공장 및 천공간격과 최소저항선

3) 발파패턴도 작성

(1) 화약 및 뇌관의 종류
(2) 총장약량과 공당장약량 및 지발당장약량
(3) 점화 시스템
(4) 전폭약 위치 및 전색장

4) 발파 안전성 대책

(1) 인근 지장물에서 진동예상치
(2) 발파비산석 및 폭음 방지 대책 검토
(3) 안전경보·신호 및 통제 계획

5) 계측계획서

(1) 계측기의 종류 및 형식
(2) 계측기의 동원 수량
(3) 계측기 설치 위치 및 발파지점과의 이격거리

5. 발파 진동 추정식

1) 발파진동은 지발당 장약량, 측정거리와의 관계를 나타내는 식을 말한다.

2) 발파진동 일반식

$$V = K(D/W^b)^{-n}$$

여기서, V : 지반의 진동속도(cm/sec)
D : 발파원으로부터의 거리(m)
W : 지발당장약량(kg/Delay)
K, b, n : 지질 암반조건, 발파조건등에 따른 상수로써
K : 발파진동 상수, b : 감쇄지수, n : 장약지수
이 때 $\frac{D}{W^b}$를 환산거리Scale Distance.SD라고 한다.

학습 Note 발파공법 종류

1) 노천발파방법 : 계단발파, 수평발파, 트렌치 발파
2) 터널발파방법 : 수평, 상향, 하향, 경사 터널 발파방법
3) 수중발파방법 : 축도방법, 플렛폼방법, 수중잠수방법

학습 Note 시험발파의 목적

1) 시험발파는 발파영향권내에 보안물건이 있는 경우에 실시한다.
2) 시험발파는 일반발파, 대발파를 제외한 암파쇄굴착, 정밀진동제어, 진동제어(소규모, 중규모)를 적용한다.
3) 시험발파 횟수는 도로공사 연장 4킬로미터 마다 1회 정도 설계에 반영한다. 시공단계에서는 현장조건과 암반특성 등에 따라 조정할 수 있다.
4) 시험발파 목적
   ① 경제적인 발파공법의 선정으로 경제성 확보
   ② 발파설계의 효율적인 시공성 확보
   ③ 인접 보안물건의 구조물의 진동 및 소음에 대한 안정성 확보

학습 Note 공발Empty Blasting현상(철포 현상)

1) 철포라고도 하며 폭약은 폭발했지만 그 폭약량의 파괴량이 극히 미소하거나 또는 전혀 파괴가 일어나지 않고 폭발 가스만 균열층을 통해서 새어나가는 현상를 말한다.

2) 공발의 원인
   ① 균열, 부석과 발파 위치의 부적합에 의한 발파공 입구의 절단과 장공, 장약장, 메지불량 등의 부적당에 의한 후단 발파의 입구가 절단된 때
   ② 자유면에 수직 천공을 했을 때 장약실에 많은 균열층이 존재할 때
   ③ 심발발파의 실패에 의한 자유면 형성이 불량할 때
   ④ 기폭전원의 전력부족, 각선간 절연저항 증가에 의한 MS발파, 지발시간의 단이 맞지 않는 경우와 약장약이나 과장약이 되었을 때
   ⑤ 최근에는 표준장약보다 약간 큰(n=1.2~1.5) 것으로 사용하는 경향이 있다.
   ⑥ 발파효과는 자유면의 수에 따라 증가하는데, 자유면 쪽은 저항이 없어서 폭발에너지가 암반에 미치는 응력이 다른 면보다 더 많이 작용하기 때문이다.

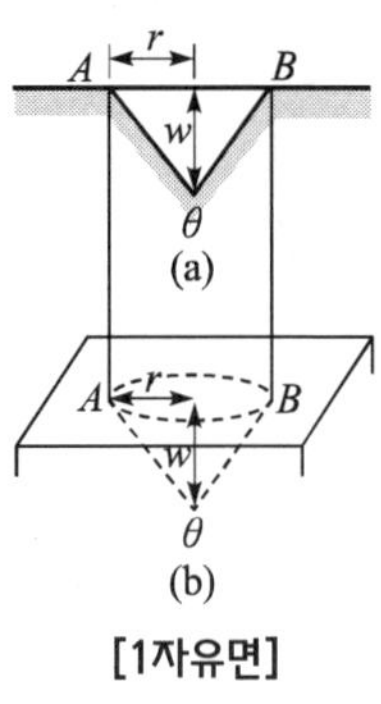

[1자유면]

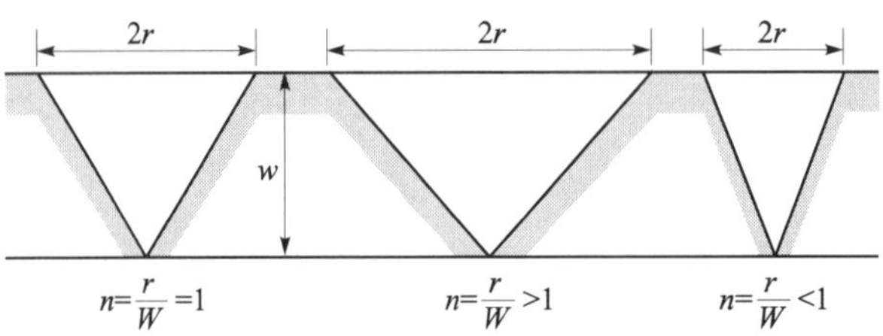

(a) 표준장약 (b) 과장약 (c) 약장약

[발파공의 비교]

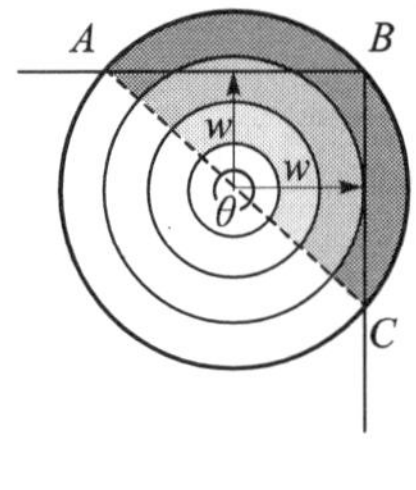

[파괴형태]

발파공사 안전대책 08-02

1. 발파 작업순서

1) 발파작업순서

(1) 화약류 사용 허가 절차 확인 및 화약 주임 선임
(2) 시험발파 계획서 작성
(3) 화약류 및 화공의 선택
(4) 화약류 사용 허가 취득
(5) 발파방법 결정
(6) 시험발파 및 진동, 폭음 계측
(7) 발파에 따른 환경 영향 평가 후 안전대책 수립(전문가에 의한 안전관리 등 검토)
(8) 화약류 운반 및 본 발파 작업 시행

2. 발파공사 사전 조사(조치) 내용

1) 조사내용

(1) 건물의 구조형태, 노후정도, 균열정도
(2) 대표적인 균열상태의 정량적 측정
(3) 건물의 지반상태
(4) 건물의 시설물 현황
(5) 가축의 현황 및 축종 파악

2) 조사방법

(1) 육안조사
(2) 장비조사
가. 카메라　　나. 비디오 촬영　　다. 균열진행게이지 부착

3. 발파작업 위험방지-발파작업기준[안전보건규칙제348조]

1) 얼어붙은 다이나마이트는 화기에 접근시키거나 그 밖의 고열물체에 직접 접촉시키는 등 위험한 방법으로 융해되지 않도록 할 것
2) 화약이나 폭약을 장전하는 경우에는 그 부근에서 화기를 사용하거나 흡연을 하지 않도록 할 것
3) 장전구는 마찰·충격·정전기 등에 의한 폭발의 위험이 없는 안전한 것을 사용할 것
4) 발파공의 충진재료는 점토·모래 등 발화성 또는 인화성의 위험이 없는 재료를 사용할 것

5) 점화 후 장전된 화약류가 폭발하지 아니한 경우 또는 장전된 화약류의 폭발 여부를 확인하기 곤란한 경우에는 다음 각 목의 사항을 따를 것
   (1) 전기뇌관에 의한 경우에는 발파모선을 점화기에서 떼어 그 끝을 단락시켜 놓는 등 재점화되지 않도록 조치하고 그 때부터 5분 이상 경과한 후가 아니면 화약류의 장전장소에 접근시키지 않도록 할 것
   (2) 전기뇌관 외의 것에 의한 경우에는 점화한 때부터 15분 이상 경과한 후가 아니면 화약류의 장전장소에 접근시키지 않도록 할 것
6) 전기뇌관에 의한 발파의 경우 점화하기 전에 화약류를 장전한 장소로부터 30미터 이상 떨어진 안전한 장소에서 전선에 대하여 저항측정 및 도통시험을 할 것

4. 발파작업 위험방지-작업중지 및 피난[안전보건규칙제349조]

1) 벼락이 떨어질 우려가 있는 경우
   화약 또는 폭약의 장전 작업을 중지하고 근로자들을 안전한 장소로 대피시킬 것

2) 피난장소
   발파작업 시 근로자가 안전한 거리로 피난할 수 없는 경우에는 앞면과 상부를 견고하게 방호한 피난장소를 설치할 것

5. 발파작업 관리감독자 유해위험방지[안전보건규칙별표2]

1) 점화 전에 점화작업에 종사하는 근로자가 아닌 사람에게 대피를 지시하는 일
2) 점화작업에 종사하는 근로자에게 대피장소 및 경로를 지시하는 일
3) 점화 전에 위험구역 내에서 근로자가 대피한 것을 확인하는 일
4) 점화순서 및 방법에 대하여 지시하는 일
5) 점화신호를 하는 일
6) 점화작업에 종사하는 근로자에게 대피신호를 하는 일
7) 발파 후 터지지 않은 장약이나 남은 장약의 유무, 용수의 유무 및 암석·토사의 낙하 여부 등을 점검하는 일
8) 점화하는 사람을 정하는 일
9) 공기압축기의 안전밸브 작동 유무를 점검하는 일
10) 안전모 등 보호구 착용 상황을 감시하는 일

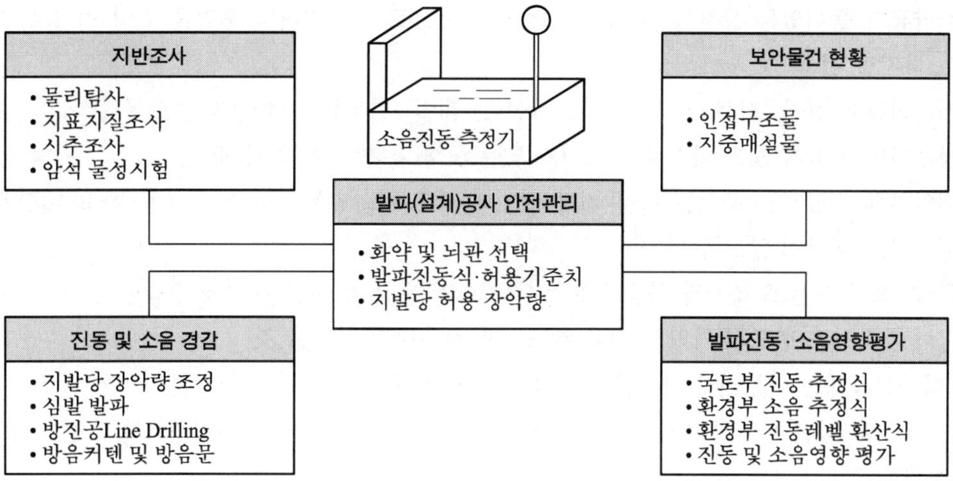

그림 8.1.1. 발파공사 안전관리

화약류 종류별 성능과 취급시 유의사항 08-03

1. 화약류 종류

화약류란 그 일부분에 경미한 작용(즉 가열, 충격, 또는 마찰 등)을 가할때 급격한 화학변화를 일으켜 많은 열을 방출함과 동시에 다량의 가스를 발생하여 국부적으로 급격한 압력상승을 일으키고 고온가스중의 활성 분자작용에 의해 타부분으로 급격한 분해를 일으켜 주위의 물체를 추진 파괴하는 물질을 말한다.

화약류	화약	• 폭발속도가 느리며 그 속도가 2,000m/sec 미만
		• 흑색화약, 무연화약
	폭약	• 폭발속도가 빠르며 그 속도가 2,000m/sec 이상
		• ANFO, Slurry, Emulsion, Dynamite, T.N.T

2. 화약류 취급할 때 준수사항

1) 화약류는 충격을 주어서는 아니되며 두드리거나, 던지거나, 떨어뜨리거나 하지 않도록 항상 주의할 것
2) 화약류는 화기부근, 그라인더를 사용하고 있는 부근에서는 취급하지 말 것
3) 화약류 주변에는 흡연을 삼가할 것

4) 화약류가 들어있는 상자를 열 때는 철제기구 등으로 두드리거나 충격을 주어 억지로 열려고 하지말 것
5) 전기뇌관은 전지, 전선, 모타 기타 전기설비, 레일, 철제류 등에 닿지 않도록 할 것
6) 방수처리를 하지 않은 화약류는 습기가 있는 곳에 두지 말아야 할 것
7) 화약류를 수납하는 용기는 나무 기타 전기의 부도체로 만든 견고한 구조로 하고 내면에는 철류가 드러나지 않도록 할 것
8) 화약, 폭약 또는 도폭선과 화공품(도폭선을 제외)은 각각 다른 용기에 수납할 것
9) 굳어진 폭약은 반드시 딱딱한 것을 부드럽게 풀고나서 사용할 것
10) 발파현장에는 여분의 화약류를 들고 들어가지 말 것
11) 사용하고 남은 화약류는 발파현장에 남겨두지 말고 신속하게 화약류 취급소에 운반하여 보관할 것
12) 화약류 취급 중에는 항시 도난에 주의하고 과부족이 발생하지 않도록 유의할 것

3. 화약류 운반작업 준수사항

1) 화약류저장소 내의 운반이나 현장내 소규모 운반일 때 준수사항[발파작업표준안전작업지침제16조]
(1) 화약류를 갱내 또는 떨어진 발파현장에 운반할 때에는 정해진 포장 및 상자 등을 사용하여 운반할 것
(2) 화약, 폭약 및 도폭선과 공업뇌관 또는 전기뇌관은 1인이 동시에 운반하지 말 것. 1인에게 운반시킬때에는 별개 용기에 넣어 운반할 것
(3) 전기뇌관을 운반할 때에는 각선이 벗겨지지 않도록 용기에 넣고 건전지 및 타전로의 벗겨진 전기기구를 휴대하지 말아야 하며 전등선, 동력선 기타 누전의 우려가 있는 것에 접근시키지 말 것
(4) 화약류는 운반하는 자의 체력에 적당하도록 소량을 운반하게 할 것
(5) 화약류를 운반할 때에는 화기나 전선의 부근을 피하고, 넘어지거나, 떨어뜨리거나, 부딪치거나 하지않도록 주의할 것
(6) 빈 화약류용기 및 포장재료는 제조자의 지시에 따라 처분할 것

2) 운반책임자 준수사항
(1) 화약류를 운송하는 운송인은 화약류의 종류에 따라 적재, 운반 기타 화약류의 취급에 있어서 특히 유의할 제반규정을 운반책임자에게 미리 알려줄 것
(2) 운반책임자는 출발하기 전에 차량 및 화약류의 적재상황을 점검·확인하여야 하고 운반책임자는 운전기술이 능숙한 사람으로 하여금 화약류 운반차량을 운전하게 할 것
(3) 운반 전 점검계획서를 작성하고 이를 허가관청에 제출할 것

4. 화약류 취급시 안전조치

화약류 취급시 안전조치계획

천공위치 선정 → **천공** → **전폭약포 제작**

- 천공위치 선정 전에 스프레이로 천공자리를 표시한다.
- 천공자리 정리 후 유압드릴 투입

- Pattern별 천공간격 저항선, 천공 깊이에 따라 천공

- 폭약에 뇌관을 삽입하여 전폭약포 제작

→ **장약 및 전색** → **결선** → **도통시험**

- 장약전 공속에 이물질 유무 확인후 장약
- 전색은 천공입구까지 전색물로 채운다

- 전기뇌관의 각선이 단락되지 않도록 결선하다

- 결선 후 도통시험기로 각선 단락유무를 확인한다.

→ **방호조치** → **대피** → **경계**

- 필요시 비산·소음방지를 위하여 파매트(타이어매트)로 발파대상 암반위를 덮는다.

- 폭원으로부터 안전한 장소로 이동, 대피시킨다.

- 경계원을 배치, 깃발 무전기 등을 휴대한 후 이상 유무를 확인한다.

→ **발파** → **발파후 확인**

- 발파전 최종적인 도통시험을 통하여 이상유무를 확인한다.
- 화약류관리책임자는 경계원으로부터 이상유무를 확인 후 발파한다.

- 발파유무를 확인하고 화약류 관리책임자의 지시에 따른다.
- 발파 후 암석의 파쇄상태에 따라 장약량, 저항선, 공간격 설정 등을 판단할 수 있으므로 지질변화에 따른 발파패턴을 조정하여 안전발파가 될 수 있도록 한다.

그림 8.1.2. 화약류 안전조치

발파공사[수중발파] 08-04

1. 수중발파

수중발파는 대상 암반의 일부 혹은 전부가 물로 덮여 있는 경우의 발파를 말한다. 천공이나 장약 및 배선작업 등이 모두 수중에서 이루어지므로 일반적으로 노천에서 이루어지는 발파작업과는 달리 특수하고 많은 경험을 요구하는 작업이다.

2. 수중발파 특징

1) 수중발파 특징

(1) 잠수부에 의한 천공발파

(2) 천공방향, 정밀도 등의 확인이 어렵다.

(3) 천공수가 노천 보다 많다.(장약 불능공이 2~10퍼센트)

(4) 장약량이 노천보가 3~6배 증가한다.

(5) 전기뇌관의 경우 도통시험외에 누전측정이 필요하다.

2) 수중발파 영향요소

(1) 해수, 유수의 유동에 따른 파도, 유향, 유속

(2) 잠수부 확보 및 2차 파쇄 등 지속작업의 어려움

(3) 대상암반 상부에 퇴적된 mud나 파쇄암의 처리

(4) 수심의 증가에 따른 폭약 위력의 감소 및 점검의 어려움

(5) 수압에 의한 사압현상 또는 뇌관기능의 이상

(6) 주변 생태계(특히 어류 등 수중동물)에 대한 영향

3. 수중발파가 실시되는 작업

1) 항만이나 해협, 하천 등의 준설, 항만공사, 호안공사

2) 교각의 기초

3) 해저에 침몰한 선박의 철판절단

4) 어초조성, 해저암초의 제거 및 이동, 어초용 콘크리트 블록 안치

5) 지진탐사 등을 위한 해저 발파

6) 기뢰, 어뢰, 폭뢰 등의 폭발

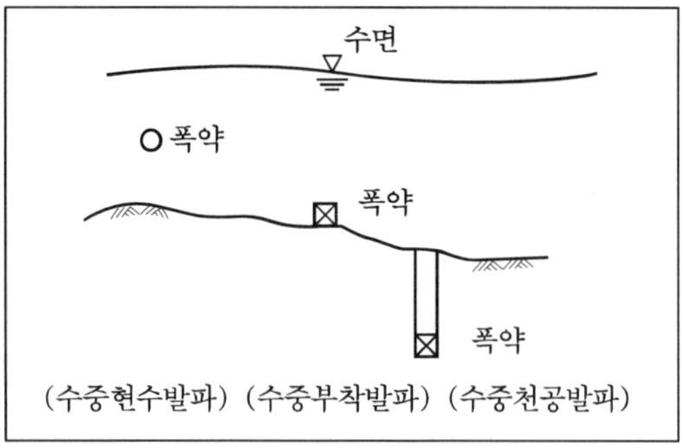

그림 8.1.3. 수중발파

4. 수중발파 방법

1) 수중 현수 발파 2) 수중 부착 발파 3) 수중 천공 발파

5. 수중발파 안전대책

1) 진동파손

수중구조물, 건물 및 기타 시설내 또는 인근에서 발파작업을 할 때에는 주변상태와 발파위력을 충분히 고려하여 신중히 계획하여야 하며 작업을 시작하기전에서 작업계획을 작성할 것

2) 작업주의

수중 및 수공발파에 사용하는 전기뇌관의 선은 미리 그 필요한 길이를 예정하고, 수중 또는 수공에서 결선하는 개소를 가능한한 적게 하도록 할 것

3) 장전

수중에 장전할 때에는 물을 충분히 제거하고 적당한 방수조치를 한 뒤가 아니면 장전하지 말 것

6. 수중발파의 문제점과 주의사항

1) 문제점

(1) 천공의 정확성이 떨어지며, 천공 내 진흙 등 이물질이 유입
(2) 수중 혼탁물 등으로 작업자 시계가 불명확하여 장약 불량 발생
(3) 조류 등의 유속, 전폭성에 의한 불발Misfire의 가능성
(4) 수압 등의 영향에 의한 파쇄도Breakage 저하
(5) 작업시간의 증가에 따른 안전사고 가능성 증가

2) 주의사항

(1) 특수한 수상 작업대 및 천공장비
(2) 장약, 전색, 발파 등의 특수한 작업방식
(3) 암석 및 표토의 이동을 위한 강력한 폭약
(4) 안전하고 신뢰성이 높은 기폭 시스템
(5) 진동 및 수중 충격파의 제어방안

발파공사 진동과 소음 08-05

1. 진동 및 파손 우려가 있을 때 통제사항[발파표준안전작업지침제5조]

1) 작업계획 수립

(1) 수중구조물, 건물 및 기타 시설내 또는 인근에서 발파작업을 할 때에는 주변상태와 발파위력을 충분히 고려하여 신중히 계획하여야 하며 작업을 시작하기 전에서 면 계획을 작성할 것
(2) 필요할 때에는 소유자, 점유자 그리고 그 주위에 작업내용과 통제 조치를 통고할 것

2) 안전성 검토

도심지 발파 등 발파에 주의를 요구하는 곳은 실제 발파 전 공인기관 또는 이에 상응하는

자의 입회로 시험발파를 실시하여 안전성을 검토할 것

3) 허용진동기준

발파구간 인접 구조물에 대한 피해 및 손상을 예방하기 위한 허용진동치

건물분류	문화재	주택 아파트	상가 (금이 없는 상태)	철골 콘크리트 빌딩 및 상가
건물기초에서의 허용 진동치(cm/sec)	0.2	0.5	1.0	1.0~4.0

(1) 기존 구조물에 금이 있거나 노후 구조물 등에 대하여는 상기표의 기준을 실정에 따라 허용범위를 하향 조정할 것

(2) 이 기준을 초과 할 때에는 발파를 중지하고 그 원인을 규명하여 적정한 패턴 (발파기준)에 의하여 작업을 재개할 것

4) 발파 책임자 임무

진동의 검사, 기록 그리고 해석은 발파작업 책임자가 할 것

5) 뇌관과 화약류 선정

발파진동의 경감을 위해 발파효과가 좋은 지발뇌관을 사용하고, 발파효과의 상관관계를 고려하여 저폭속 화약류를 사용토록 할 것

6) 자유면 이용

적정한 최소저항선과 장약량을 가지고 가급적이면 많은 자유면을 이용할 것

7) 지발전기뇌관사용

폭발음을 경감시키기 위해 토제 등을 쌓거나, 풍향, 풍속을 고려하고 지발전기 뇌관을 사용토록 할 것

8) 진동소음관리

진동과 소음을 줄이기 위해 정상적인 약량보다 적게할 때에는 고압가스 분출 등 이상현상을 유발할 수 있으므로 주의할 것

2. 발파후 처리

1) 발파 후 처리-도화선발파

(1) 폭발음수가 점화수와 같은가를 확인할 것

(2) 발파후 대기시간(15분 이상)을 경과한 후가 아니면 화약류의 장전개소에 접근하지 말고, 다른 작업자도 접근시키지 말 것

(3) 터널내에서는 발파 후 가스에 의한 위험을 배제한 후, 또는 부석의 점검을 한 후 발파개

소에 접근할 것

(4) 발파 후 점검은 대기시간 경과 후 지휘자의 지시에 따라서 도화선의 잔재, 구멍끝의 확인, 잔유물의 유무 등을 점검할 것

(5) 유수가 있는 장소는 불발과 잔류약이 많으므로 특히 주의하여 점검할 것.

(6) 잔류약을 확인하고 수거한 후에는 보관소에 반납할 것

(7) 삽입봉, 삽입물은 일정장소에 정돈해 둘 것

(8) 최후 발파상황을 공사책임자에게 보고할 것

2) 발파 후 처리–전기발파

(1) 발파 후 즉시 발파모선을 발파기에서 분리하여 단락시켜 두고 재점화가 되지 않도록 조치할 것

(2) 점화 후 폭발하지 않을 때 또는 폭발여부가 불명할 때에는, 지발전기뇌관 발파시는 5분, 그 밖의 발파시는 15분(갱내에서는 발파에 의한 유해가스 위험을 제거하고, 이어서 천정, 측벽 기타의 암반등에 대해 안전을 확인한 후), 대발파시는 30분 이내에 현장에 접근하지 말 것

(3) 불발 시 준수사항

가. 불발시는 불발공에서 40센치미터 이상(인력굴착 30센치미터 이상, 기계굴착시 60센치미터 이상) 이격하여 수평천공하고 발파하여 처리할 것

나. 불발공에 물을 흘려 넣던가 압축공기로 전색물과 화약류를 빼낼 것

다. 불발약은 다음 교대시에 그대로 인계하지 말 것(불가피한 상황에서 인계할 때에는 상세히 알려주고, 확실한 표시를 하여 작업에 위험이 없도록 할 것)

(4) 전선 및 기타 기재는 확실하게 수납할 것

3. 발파 폭풍압

1) 폭풍압의 생성원인

(1) APP : 발파지점의 직접적인 암반의 변위로 인한 공기압력파Air Pressure Pulse

(2) RPP : 발파지점에서 약간 떨어진 곳의 지반진동으로 인한 반입파Rock Pressure Pulse

(3) GRP : 파쇄된 암반의 틈을 통해서 나오는 가스의 분출파Gas Release Pulse

(4) SRP : 불안전한 전색에 의해 전색물이 분출되면서 나오는 가스의 분출파Stemming Release Pulse

일반적으로 발파에서는 공기압력파에 의한 발파풍압이 대부분이다. 소규모발파나 부적절하게 설계된 발파에서는 (3), (4)의 영향이 크지만 발파설계에 의해 비교적 쉽게 제어할 수 있다.

2) 발파풍압의 영향 및 허용 한계

(1) 폭풍압의 주요 사항

가. 폭풍압은 그 자체로나 또는 지반진동과 함께 결합하여 구조물의 운동을 일으켜 벽

에 균열이 가게 할 수 있다.

나. 창문을 깰수 있다.

다. 인체에 대한 영향을 끼친다.

(2) 구조물에 미치는 영향

가. 미광무국USBM에서 제시하고 있는 시설물과 구조물에 대하여 미치는 영향

(가) 0.1Hz High pass filter를 가진 측정기를 이용한 크기 : 134dB(L)

(나) 2.0Hz High pass filter를 가진 측정기를 이용한 크기 : 133dB(L)

(다) 6.0Hz High pass filter를 가진 측정기를 이용한 크기 : 129dB(L)

나. 음압 수준에 따른 인체 및 구조물의 반응

소음(dB)	음압(psi)	반응정도
180	3	구조물 손상
170	0.95	대부분의 유리창 손상
150	0.095	일부의 유리창 손상
140	0.030	피해 한계
130	9.5×10^{-3}	미광무국 허용 한계치
120	3.0×10^{-3}	미광무국 안전 수칙
110	9.5×10^{-4}	고통 한계, 불평 한계(접시나 창문이 흔들림)
70	9.4×10^{-6}	일상적인 대화
60	3.0×10^{-6}	
40	3.0×10^{-7}	병실
20	3.0×10^{-8}	속삭임
0	3.0×10^{-9}	가청 한계

(3) 소음에 의한 신체적 영향

가. 청력에 대한 영향

(가) 일시적 난청 (나) 영구적 난청 손상

나. 정신적 영향

(가) 정서적 영향 (나) 작업 공부에 대한 영향

(다) 수면 방해 (라) 고통 등

다. 신체적 영향

(가) 순환기 계통 : 혈압상승, 맥박증가, 말초혈관 수축 등

(나) 호흡기 계통 : 호흡횟수 증가, 심호흡 불가 등

(다) 소화기 계통 : 타액분비량 증가, 위액산도 저하, 위수축 운동 감퇴 등

(라) 혈액 계통 : 혈당도 상승, 백혈구 증가, 혈중 아드레날린 증가 등

(4) 소음에 대한 가축의 영향

가축은 사람에 비하여 청각감각이 매우 예민하여 사산, 발육저조, 유량 생산량 감소, 무정란 생산, 산란율 감소 등이 있을 수 있다.

발파공해와 저감대책 08-06

1. 발파작업과 환경공해

건설공사에 있어 불가피하게 수행되어지는 발파의 영향으로 소음, 진동, 비석 등의 환경 공해가 발생, 민원의 원인이 되므로 환경공해를 저감시킬 수 있는 적정 발파공법의 적용이 필요하다.

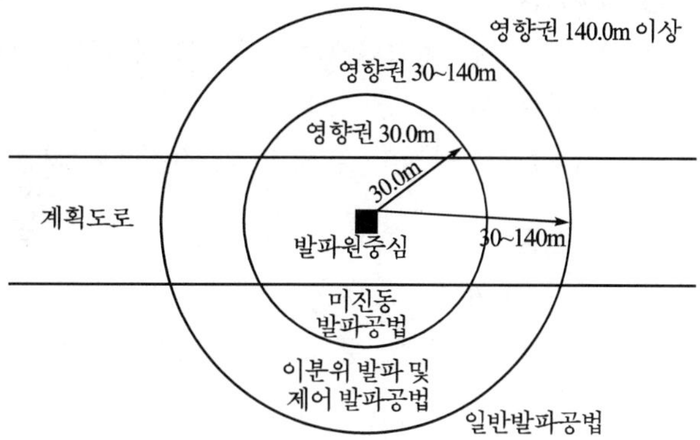

그림 8.1.4. 발파공법 적용 기준

2. 발파공법의 적용기준

1) 공사의 효율성과 민원발생 방지를 위하여 진동 허용속도 0.5cm/sec를 기준으로 한다.
2) 지발당 허용장약량을 감안한 발파공법 적용기준(예)

구분	발파원과의 거리		
	30M 이내	30~140M	140M 이상
소음 및 진동에 영향을 주는 경우	미진동 발파공법	이분위 발파공법 및 제어발파	일반발파

2. 발파작업시 안전대책

1) 준비사항의 점검

(1) 기구의 정비점검 – 도화선 집게 점검, 구체기 뇌관봉 준비, 점화기, 발파시계

(2) 화약류 점검 – 내수성, 내열용 구분확인, 폭약의 흡습, 고화점검, 도화선의 손상, 흡습점검

(3) 도화선 발파의 조건확인 – 도화선 연소 초시 확인, 점화구의 점화성 확인 통풍확인

2) 기폭약포 확인점검

(1) 도화선 절단 – 예리한 절단기의 직각절단, 절단면 흡습방지, 절단면 약분누출 방지

(2) 뇌관의 결합상태 – 내관면 밀착삽입. 규정기간에 의한 결합, 누수막장은 방수제 사용

(3) 폭약의 결합 – 뇌관삽입봉으로 구멍뚫기 작업 확인, 뇌관의 고정작업, 방수조치

3) 운반 작업 중 확인점검

(1) 용기의 점검 – 규정용기 사용, 금속류 노출확인, 파손개소, 뚜껑유무 확인

(2) 화약류 수납 – 화약수량 확인, 기폭약포 분리운반, 장진폭약의 분리운반, 뚜껑설치

(3) 발파장에 운반 – 운반시 충돌,격동 유의, 기폭약포의 흡습 유의

4) 장진 시 점검

(1) 천공의 점검 – 발파패턴확인(각도,장약량, 폭약,공수최소저항선,폭약계수,공간격), 공내 암분 제거

(2) 장진점검 – 장진시 1본씩 밀착, 장진봉에 의한 깊이, 장약수, 장약장 확인

5) 점화 시 점검

(1) 점화준비 확인

가. 대피경로 확인 및 경계신호 준수 나. 점화순서, 점화부위 점검

(2) 점화단계 확인

가. 점화순서 확인 나. 지휘자의 지시 순응

6) 발파 후 처리단계의 점검

(1) 상황조사

가. 막장의 확인은 발파 후 최소 15분 이후를 기준

나. 낙반 상태 확인, 파석의 비산상황 확인, 잔류장약 확인

(2) 잔류장약처리

가. 하부잔류약은 수압에 의한 유출유도

나. 화약포의 잔류약은 전색물 제거

7) 피난

발파작업에 있어서 근로자가 안전한 거리에 피난할 수 없는 때에는 전면과 상부를 견고하게 방호한 피난장소 설치할 것

3. 발파진동의 조절 및 경감대책

1) 발파진동의 조절 및 경감대책

(1) 발파원으로 부터 진동발생을 억제하는 방법

가. 장약량 제한 나. 점화방법의 분할[발파 구역 분할, 지발뇌관 사용]

다. 저폭속 폭약의 사용 라. MS뇌관의 사용

(2) 전파하는 진동을 차단하는 방법

가. 적당한 발파설계　　　　　나. 적당한 비장약Specific Charge

다. 방진공은 발파공보다 최소한 1.5배저오도로 실시

4. 비산에 대한 안전대책

1) 발파 비산의 원인

(1) 단층, 균열, 연약면 등에 의한 암석 강도 저하

(2) 천공 오차로 인한 국부적인 장약공의 집중현상

(3) 점화 순서 착오에 의한 지나친 지발 시간

(4) 과다한 장약량

(5) 전색 불량

2) 발파 비산석에 대한 대책

(1) 장약량의 조절

가. 암석에 균열이 많거나 벤치높이가 높을수록 비산의 위험이 커짐

나. 천공지름을 작게하거나 최소저항선의 조절에 의해 장약밀도를 0.2~0.25kg/m정도로 저하시킴

(2) 지발발파

가. MS지발발파의 경우 앞 단계의 파쇄암석이 다음 열의 발파시에 장벽으로 사용할수 있으므로 비산을 감소시킬 수 있음

나. 지발시간이 너무 길면 이러한 장벽효과가 저하되므로 지발시간은 100m/sec를 초과하지 말 것

(3) 천공오차 줄일 것

(4) 전색을 충분히 하고 공발이 되지 않도록 할 것

(5) 암석 방호조치

방호에는 암석의 자유면 또는 비석을 방지하고 싶은 방향쪽의 암반을 직접 덮는 Blasting Mat가 가장 유효함

5. 발파소음의 감소대책

발파풍압의 경감대책은 발파진동의 경감대책과 유사한 점이 많다. 다만, 발파풍압의 경우 바람이나 온도의 영향을 많이 받기 때문에 이러한 점을 고려해야 하며, 발파진동의 경우에는 전파경로에서 차단하는 방법이 비교적 효과가 적지만 발파풍압의 경우에는 매우 효과적이고 실용적인 방법이 될 수 있다. 발파풍압의 감소방안으로 이용할 수 있는 방법들은 다음과 같다.

1) 완전전색이 이루어지도록 할 것
2) 벤치높이를 줄이거나 천공지름을 작게하는 등의 방법을 통해 지발당 장약량을 감소시킬 것
3) 온도나 바람등의 기후조건이 인근구조물에 발파풍압의 집중을 초래할 가능성이 있는 장소에서는 발파를 연기하거나 피할 것
4) 기폭방법에서 정기폭Top Hole Initiation보다는 역기폭을 사용할 것
5) 방음벽을 설치함으로써 소리의 전파를 차단할 것
6) 불량한 암질, 풍화암 등에서 폭발가스가 새어 발파풍압이 발생되는 것에 주의하고 전색효과가 좋은 전물을 사용할 것
7) 주택가에서의 소할 발파에 부치기 발파를 하지 말 것과 짧은 천공발파를 하는 경우 모래주머니 등으로 덮음. 그리고 도폭선 사용을 피할 것

6. 발파 진동 및 소음 저감대책[시공관점]

1) 발파**진동 경감**을 위한 최선의 대책 : **지발당 장약량**을 최소로 하는 것

2) 발파**소음 경감**을 위한 최선의 선택

지발당 장약량에 의한 저감 효과가 크지 않으며 **공기 중으로 전달**됨으로써 **지형과 기후에 의해 영향**을 많이 받게 된다. 따라서 소음원으로부터 근접한 거리에 방음문을 설치하여 최초의 **전달경로를 차단하는 방법이 가장 우수하다.**[실제 계측결과 터널 및 수직구 입구부에 설치된 **방음시설은 5~10dB의 소음 저감효과**가 있는 것으로 알려져 있다.]

(1) 완전 전색 실시 및 지연시차를 활용한 지발당 장약량 분산
(2) 기폭방법에서 정기폭Top Hole Initiation보다 역기폭 실시
(3) 방음벽, 방음문, 방음커텐 등을 설치하여 소음전파 차단
(4) 온도 역전이 일어나기 쉬운 이른 아침 및 오후 늦게나 밤에는 발파행위 억제

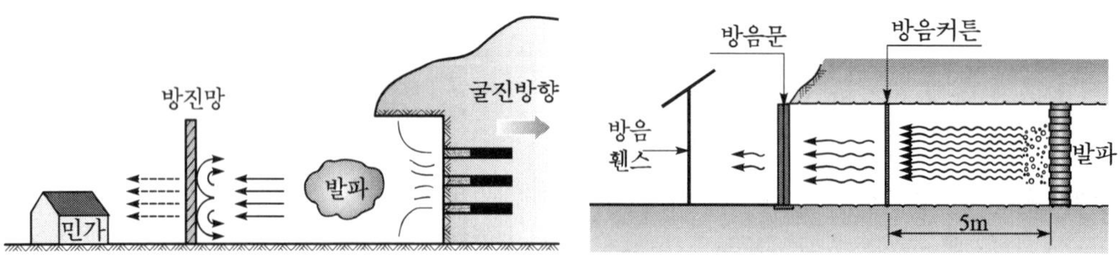

그림 8.1.5. 터널 방음 시설과 발파 분진 억제 대책

2. 소음·진동공해

1. 건설공해란

건축물을 생산하는 과정에서 소음, 진동, 비산, 오염, 주변 침하등이 발생하여 주변의 **생활환경에 피해**를 주는 것

2. 건설 공해의 특징

1) 시간적 공간적 범위가 적다
2) 주변 환경과 관계 없이 발생
3) 문제 해결 일반 공해에 비해 어렵다
4) 공기 및 공사비에 막대한 영향을 준다
5) 대부분 공사 종료후 없어진다

3. 법원판례

발파공사로 주민들의 건물에 균열이 생긴 점이 인정된다며 "공사는 계속하되 발파진동 속도 및 소음은 다음을 넘지 않는 한도에서 발파작업을 실시하라"고 판결하였다.
[법원판례(서울민자지법 합의 50부 판례, 1995년)]

분류	진동	소음		비고
		주간	심야	
판례	0.3cm/sec	80dB(A)	65dB(A)	

건설공해 종류와 예방대책 08-07

1. 문제점(영향)

1) 사람 : 불쾌감, 불안감, 정신(서)불안, 수면불안, 혈압상승
2) 주변건축물 : 액상화, 건물 균열, 지반침하, 기울어짐, 내구성 저하
3) 가축 : 조산, 유산, 성장지연, 박동수 증가
4) 농수산물 : 생산량 저하

2. 공해종류[간접공해]

1) 소음　　2) 진동　　3) 미세먼지　　4) 악취

3. 공해원인(유발요인)

1) 발파　　2) 항타　　3) 매립(쓰레기)　　4) 차량통행(건설기계장비)

4. 예방대책

1) 발생원 대책　　2) 전파경로 대책　　3) 수진측 대책

구분	주거시설 · 종교시설 · 병원	상업시설	교육시설	비고
소음기준 (dB(A))	65	70	55(교사내)	•「소음·진동관리법」 •「학교보건법」

학습 Note 공사 중 소음평가기준

공사시 정온시설인 주거시설 및 종교시설, 병원, 상업시설에 대한 소음기준은 소음·진동관리법시행규칙별표8의 '생활소음 규제기준'에 제시된 주간 소음기준을 따른다. 교육시설은 학교보건법시행규칙별표4의 교사내의 소음기준을 따른다.

소음진동 저감방안　08-08

1. 진동

1) 정의

(1) 진동이란 구조물이나 지반 등이 동적인 외력의 영향을 받아 운동적 평형위치로부터 시간의 경과와 함께 반복 위치가 변화하는 운동현상을 말한다.

(2) 진동은 사람에게 불쾌감을 주고 쾌적한 생활환경을 파괴하며, 사람의 건강 및 건물에 피해를 주게 된다.

2) 진동의 발생

(1) 폭발, 타격 등에 의한 충격 진동

(2) 산업장의 기계 등에서 발생하는 지속적인 정상 진동

(3) 충격 및 정상진동이 중첩되는 진동

3) 진동의 단위

(1) 단위시간당의 변위량

(2) cm/sec(=kine)-진동속도(A) : 발파구간 인접 구조물에 대한 피해 및 손상을 예방하기 위한 기준값

4) 진동방지대책

(1) 발생원 대책

가. 가진력 감쇠할 것

나. 불평형력의 균형을 유지할 것

다. 기초 중량의 부가 및 경감할 것

라. 탄성지지할 것

마. 동적 흡진할 것

(2) 전파경로 대책

가. 진동원 위치를 멀리하여 거리감쇠를 크게 할 것

나. 수진점 근방에 방진구 설치할 것

(3) 수진측 대책

가. 수진측의 탄성지지할 것

나. 수진측의 강성 변경할 것

5) 발파진동 경감대책

(1) 진동발생을 억제하는 방법

가. 장약량 제한

나. 점화방법의 분할

다. 저폭속폭약 및 MS 뇌관 사용

(2) 진동을 차단하는 방법

가. 조절발파

나. 방진구 설치

6) 발파진동의 전파특성

(1) 입지조건 : 조절불가능한 변수

가. 발파부지와 인근 구조물의 기하학적 형태

나 대상암반의 지질학적 특성 및 역학적 성질

(2) 발파조건 : 조절가능한 변수

가. 폭약

나. 장약량

다. 기폭방법

라. 폭원과의 거리

2. 소음

1) 소음의 개요

(1) 감각공해 문제 중의 하나이며, 바람직하지 못한 음을 총칭하여 소음이라 정의하고 있는 바와 같이 주관적인 관점의 판단이 상당부분 관련되어 있다.

(2) 소음진동규제법에서는 기계, 기구, 시설 기타 물체의 사용으로 인하여 발생하는 강한 소리라고 정의하고 있다.

(3) 소음측정의 목적

가. 실태조사 나. 규제기준에 적합한지의 여부

다. 방지대책 라. 민원처리 등

2) 소음 발생

(1) db[deciBel]

가. 소음의 크기 등을 나타내는데 사용되는 단위

나. 사람이 가청할 수 있는 최소가청음세기부터 최대가청음까지 1~130까지 140단계로 표시한다.

(2) 소음의 발생

가. 고체음 : 물체의 진동에 의한 기계적인 원인으로 발생

(가) 기계의 충격 (나) 기계의 마찰 (다) 기계의 타격

나. 기류음 : 직접적인 공기의 압력변화에 의한 유체역학적 원인으로 발생

(가) 폭발음 (나) 음성 (다) 펌프, 엔진 배기음

3) 소음공해의 특징과 주발생원

(1) 소음공해의 특징

가. 축적성이 없음 나. 감각공해임

다. 국소적, 다발적임 라. 주위의 민원이 많음

마. 대책 후에 처리할 물질이 발생하지 않음

(2) 주발생원

가. 도로교통소음 : 주간선도로변 80dB(A)

나. 건설소음 : 파일햄머(기계로부터 30미터 떨어진거리) 90dB(A)

4) 소음의 영향

(1) 청력에의 영향

가. 일시적 청력손실 나. 영구성 청력손실(소음성 난청) 다. 노인성 난청

(2) 정신적 영향

가. 정서적 영향 나. 작업공부에 대한 방해 다. 수면방해

(3) 신체적 영향

가. 순환계 : 혈압상승, 맥박증가, 말초혈관 수축

나. 호흡기계 : 호흡회수 증가, 호흡의 깊이 감소

다. 소화기계 : 타액분비량 증가

라. 혈액 : 혈당도 증가

(4) 사회적 영향

가. 지가하락

나. 가축에 영향(산란율, 부화율, 우유량 저하)

5) 소음 방지대책

(1) 음원대책

가. 발생원 대책 : 충격 최소화

나. 소음기 설치

다. 방음커버 설치

라. 방진대책 : 전단율 감소

(2) 전파경로 대책

가. 방음벽 설치(차음 또는 방음)

나. 거리감쇠

6) 발파풍압의 경감대책 : 바람과 온도의 영향을 많이 받는다.

(1) 완전전색

(2) 지발당 장약량 감소

(3) 방음벽 설치

(4) 지발발파(MS 전기뇌관 사용)

7) 소음 및 진동 발생 작업에 대한 방호대책

분류		대책	
소음	소음원 대책	• 발생원의 저음화 • 발생원인의 제거 • 차음 • 저소음 공법 • 방음벽 설치 • 운전방법의 개선	• 저소음형 기계의 채용 • 급유, 부품교환, 불균형 조정 • 방음카바 • 소음기, 흡음닥트 • 방진고무 및 제진제 장착 • 자동화 배치 변경 등
소음	전파경로 대책	• 거리감쇄 • 차폐효과 • 흡음 • 지향성	• 배치의 변경 • 방음벽 • 설비내부의 흡음처리 • 음원의 방향전환
소음	수음자 대책	• 차음 • 작업방법의 변경 • 귀의 보호	• 방음 감시실 • 작업스케쥴의 조정, 원격조작 • 음원의 방향전환 • 착용
진동	진동원 대책	• 타격, 진동 조절 • 방진 • 굴착	• 방호기계의 타격, 진동조절 • 주행장치 방진 • 포장된 패쇄기계
진동	전파경로 대책	• 방진구 • 방진벽 • 방음벽	• 파장과 같은 정도의 깊이 굴착 • 지반보다 고밀도 벽 설치 (콘크리트 지붕벽, 가설시설, 파일) • 흙보다 음향 임피던스가 작은 재료 • 30dB 감소/ 거리2배

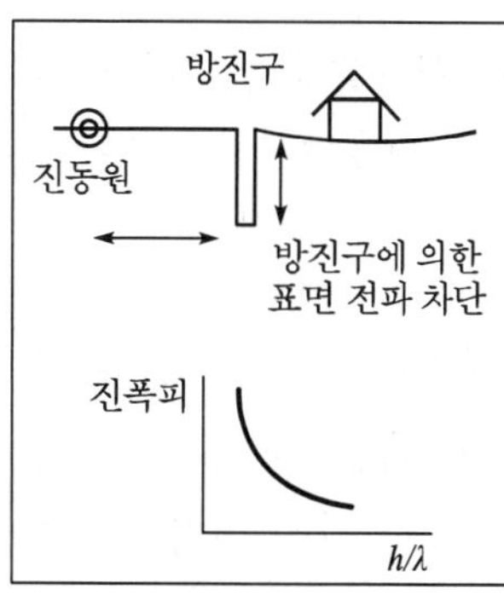

그림 8.2.1. 방진구

3. 소음진동관리법

1) 소음진동배출시설[소음진동관리법시행규칙별표1]

(1) 소음배출시설

가. 송풍기　　나. 목재가공기계 등

(2) 진동배출시설

가. 목재가공기계 등

2) 소음진동방지시설[소음진동관리법시행규칙별표2]

(1) 소음방지·방음시설

가. 소음기　　나. 방음벽시설 등

(2) 방진시설

가. 탄성지지시설 및 제진시설　　나. 방진구 시설 등

3) 소음발생 건설기계 종류[소음진동관리법시행규칙별표4]

(1) 굴삭기　(2) 다짐기계　(3) 로더

(4) 발전기　(5) 브레이커　(6) 공기압축기

(7) 콘크리트 절단기　(8) 천공기　(9) 항타 및 항발기

4) 특정공사의 사전신고 대상 기계장비 종류[소음진동관리법시행규칙별표9]

(1) 항타기·항발기 또는 항타항발기(압입식 항타항발기는 제외)

(2) 천공기

(3) 공기압축기(공기토출량이 분당 2.83세제곱미터 이상의 이동식인 것으로 한정)

(4) 브레이커(휴대용을 포함)　(5) 굴삭기

(6) 발전기　(7) 로더　(8) 압쇄기

(9) 다짐기계　(10) 콘트리트 절단기　(11) 콘크리트 펌프

5) 공사장 방음시설 설치기준[소음진동관리법시행규칙별표10]

(1) 방음벽시설 전후의 소음도 차이(삽입손실)는 최소 7dB 이상 되어야 하며, 높이는 3미터 이상일 것

(2) 공사장 인접지역에 고층건물 등이 위치하고 있어, 방음벽시설로 인한 음의 반사피해가 우려되는 경우에는 흡음형 방음벽시설을 설치할 것

(3) 방음벽시설에는 방음판의 파손, 도장부의 손상 등이 없을 것

(4) 방음벽시설의 기초부와 방음판·지주 사이에 틈새가 없도록 하여 음의 누출을 방지할 것

(5) 측정방법

삽입손실 측정을 위한 측정지점(음원 위치, 수음자 위치)은 음원으로부터 5미터 이상

떨어진 노면 위 1.2미터 지점으로 하고, 방음벽시설로부터 2미터 이상 떨어져야 하며, 동일한 음량과 음원을 사용하는 경우에는 기준위치Reference Position의 측정은 생략할 수 있다.

6) 소음·분진발생 작업에 대한 방호대책

작업공종		분진피해방지대책	비고
굴착 공사	흙깍기 (굴착 및 토사반출)	• 자동세륜기 설치 • 살수차량 운용 • 공사장내 차량속도 제한 (10km/hr이하)	청력보호구(귀마개) 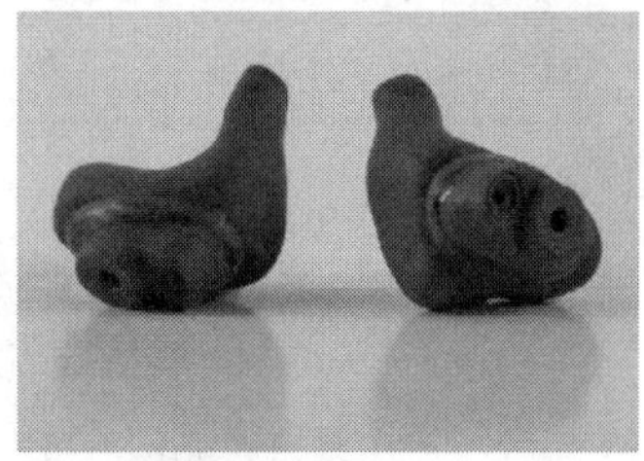 살수차 운영  세륜기 설치 
	흙쌓기	• 작업자 보호구 착용관리 • 정기적 건강검진 (진폐관리) • 작업장 주위 살수	
	철근콘크리트 공사 및 기타	• 시멘트 취급시 방진마스크 등 보호구 착용 • 레미콘 등 차량 속도 규제 • 차량 통행로 살수	
구조물 공사	전기톱	• 작업장소 한정하여 일정한 장소에서 작업진행 유도 • 진공청소기 사용하여 발생물 수시처리	
	다짐봉	• 무리한 사용으로 인한 지나친 소음발생 억제	
	햄머드릴	• 작업자 청력보호구 착용	
견출	그라인더	• 견출작업을 위한 그라인더 작업시 많은 양의 미세분진 발생 작업자에게 방진마스크 및 보안경 착용을 의무화	
도장	스프레이	• 습식공법 적용으로 분진발생 최소화 • 작업 중 발생되는 잔재물 즉시 수거 및 작업장 청소, 정리 및 정돈	
기계	용접작업	• 이동식 배기장치설치 • 옥내작업은 최소화하고 옥외작업후 옥내 운반 검토 • 아크발생점과 호흡기 멀리하고 호흡보호구 착용	

7) 차량 속도에 따른 먼지비산 저감효과

차량의 속도	먼지비산 저감효과
30mile/hr (50km/hr)	25%
20mile/hr (30km/hr)	65%
15mile/hr (20km/hr)	80%

학습 Note 보안물건별 발파진동 및 소음 허용기준 선정

<table>
<tr><th>구분</th><th colspan="2">보안물건</th><th>허용기준</th><th>설정 근거</th></tr>
<tr><td>발파
진동</td><td colspan="2">민가</td><td>0.3 cm/sec</td><td>• 중앙환경분쟁조정위원회 조정 사례
주택, 건물은 0.3cm/sec으로 제어
• 서울 민사지법 판례(95.1.13)
발파진동속도는 민가에서 0.3cm/sec를 넘지 않는 한도내에서 작업을 실시하라</td></tr>
<tr><td rowspan="2">발파
소음</td><td rowspan="2">인체
기준</td><td>조석</td><td>60 dB(A)</td><td rowspan="2">• 소음 · 진동규제법 생활소음규제기준 제29조
• 발파소음은 주간에 한하여 기준치+10dB(A) 보정
- 2009년 1월부터 소음진동 규제법 강화</td></tr>
<tr><td>주간</td><td>75 dB(A)</td></tr>
</table>

• 소음 저감방안(예)

가설방음판넬	에어매트 및 에어돔 (주입형 이동식 방음벽)

• 가설방음판넬에 의한 1차적 소음저감	• 1차소음저감방안 후 기준을 만족하지 못할 경 우 (1) 에어돔(에어매트 등) 설치 (2) 일작업시간제한(3시간이하 또는 6시간이하) (3) 투입장비 강도조절(규격 또는 대수 최소화)

소음 종류 08-09

1. 산업안전보건규칙[안전보건규칙제512조]

1) 소음작업

1일 8시간 작업을 기준으로 85데시벨 이상의 소음이 발생하는 작업

2) 강렬한 소음작업

(1) 90데시벨 이상의 소음이 1일 8시간 이상 발생하는 작업
(2) 95데시벨 이상의 소음이 1일 4시간 이상 발생하는 작업
(3) 100데시벨 이상의 소음이 1일 2시간 이상 발생하는 작업
(4) 105데시벨 이상의 소음이 1일 1시간 이상 발생하는 작업
(5) 110데시벨 이상의 소음이 1일 30분 이상 발생하는 작업
(6) 115데시벨 이상의 소음이 1일 15분 이상 발생하는 작업

3) 충격소음작업

소음이 1초 이상의 간격으로 발생하는 작업

(1) 120데시벨을 초과하는 소음이 1일 1만회 이상 발생하는 작업
(2) 130데시벨을 초과하는 소음이 1일 1천회 이상 발생하는 작업
(3) 140데시벨을 초과하는 소음이 1일 1백회 이상 발생하는 작업

4) 진동작업

다음 기계·기구를 사용하는 작업

(1) 착암기
(2) 동력을 이용한 해머
(3) 체인톱
(4) 엔진 커터Engine Cutter
(5) 동력을 이용한 연삭기
(6) 임팩트 렌치Impact Wrench
(7) 그 밖에 진동으로 인하여 건강장해를 유발할 수 있는 기계·기구

3. 지진

지진 발생원인과 안전설계 08-10

1. 지진발생원인

1) 지진[1]의 원인

(1) 지각변동에 의한 지진-판구조론

판의 이동에 의한 지진(단층지진) ex) 포항, 경주지진

가. 지구 내부의 일부 제한된 지역 내에서 에너지가 갑작스럽게 방출되는 데 있다.

나. 대부분이 지진형태이다.

(2) 화산폭발에 의한 지진

2) 에너지 형태

탄성변형·중력·화학반응에 의해 만들어진다. 이들 중 탄성변형 에너지가 가장 중요하다.

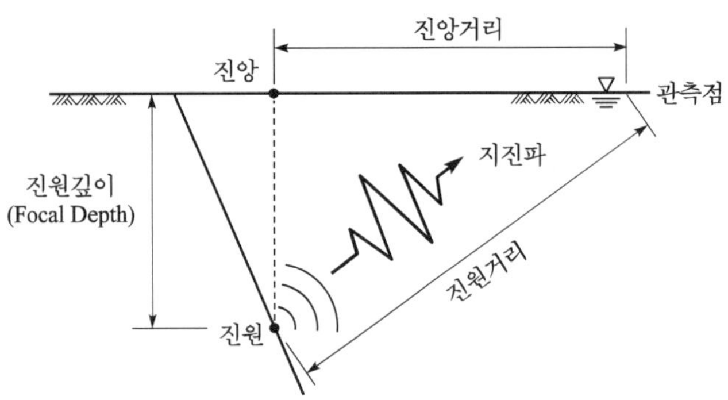

그림 8.3.1. 지진의 발생

1) [지진과 재해]

(1) 화산의 활동이나 단층·함몰 등에 의해 대지가 진동하는 것

(2) 지구 과학에서는 지구 내부의 어떤 곳에서 어느 정도 이상의 급격한 움직임이 일어나 그 곳으로부터 지진파가 발하여 지표까지 전해진 현상을 말한다.

(3) 진도에 따라 미진·경진·약진·중진·강진·열진·격진으로 나눈다

(4) 재해 형태로 보면 천재에 해당된다.

(5) 자연재해중에서 인간에게 가장 큰 피해를 주는 심각한 인명피해와 중대한 재산피해의 형태이다.

2. 지진이 사람과 구조물에 미치는 영향

우리나라 기상청은 과거 8단계(0~Ⅶ)로 구분된 일본 기상청 계급(JMA Scale: 1949)을 사용해 왔으나 2001년 1월 1일부터는 미국에서 시작되어 여러 나라가 공용하는 12단계의 MMI 계급(MMI Scale: 1931, 1956)을 사용하고 있다.

규모	진도	구조물에 미치는 영향	사람에 미치는 영향
1.0~2.9	Ⅰ	특수한 조건의 극소수 사람만 느낌	극소수 민감한 사람만 느낌
3.0~3.9	Ⅱ	건축물 위층에 있는 소수 사람만이 느낌	민감한 사람만이 느낌
	Ⅲ	정지하고 있는 차가 약간 흔들리며 트럭이 지나가는 듯한 진동	실내, 특히 건물 위층에 있는 사람들이 뚜렷하게 느낌
4.0~4.9	Ⅳ	그릇, 창문 등이 흔들리며 벽이 갈라지는 듯한 소리를 냄	여러사람이 느낌
	Ⅴ	그릇과 창문이 깨지기도 하며, 고정 안 된 물체는 넘어지기도 함	거의 모든 사람이 느낌
5.0~5.9	Ⅵ	무거운 가구가 움직이기도 함. 건물벽에 균열이 생기기도 함	모든 사람이 느낌
	Ⅶ	설계와 건축이 잘 된 건축물에서는 피해를 무시할 수 있으나 보통 건축물은 약간의 피해 발생	모든 사람이 놀라 뛰쳐나옴
6.0~6.9	Ⅷ	특수 설계된 건축물에 약간의 피해 발생 굴뚝, 기둥, 기념비, 벽돌이 무너짐	서 있기 곤란하고 심한 공포를 느낌
	Ⅸ	특수 설계된 건축물에도 상당한 피해 발생, 지하 송수관 파손	도움없이는 걸을 수 없음
7.0 이상	Ⅹ	대부분 건축물이 기초와 함께 무너짐	거의 모든 사람이 이성 상실
	Ⅺ	남아있는 건축물이 거의 없으며 지표면에 광범위한 균열 발생	모등 사람이 이성 상실
	Ⅻ	전면적인 파괴 상황, 지표면에 파동이 보임	대공황

내진설계와 안전대책 08-11

1. 내진설계

내진설계는 지진 시나 지진이 발생된 후에도 구조물이 안전성을 유지하고 그 기능을 발휘할 수 있도록 설계 시에 지진하중을 추가로 고려한 설계를 말한다. 예상되는 모든 지진에 피해를 입지 않도록 설계하는 것은 아니며, 다음을 목표로 하고 있다.

1) 작은 규모 지진

구조부재 및 비구조부재는 손상받지 않아야 한다.

2) 중간 규모 지진

비구조부재의 손상 허용, 구조부재는 손상받지 않아야 한다.

3) 대규모 지진

구조부재와 비구조부재의 손상 허용, 구조물 붕괴로 인한 인명 손상은 발생하지 않아야 한다.

2. 내진해석방법

1) 등가정적해석법

약식해석법으로 동적하중을 정적인 수평하중으로 간주하여 설계하는 방법

2) 단일모드스펙트럼해석법

개략적인 등가정적 지진강도를 사용하는 방법

3) 다중모드스펙트럼해석법

복잡한 구조물에 적용, 확률분석을 통한 설계용스펙트럼을 발생 가능한 지진하중으로 가정하여 해석하는 방법, 가장 널리 쓰이고 있다.

4) 시간이력해석법

가장 정확한 방법, 계산이 어렵고 복잡하다.

3. 내진설계 기법

지진 등 흔들림을 흡수하는 세가지 구조형식으로 내진구조, 면진구조, 제진구조의 설계기법을 적용한다. 건축물, 교량, 댐, 터널, 상수도 등 구조물의 형상과 목적에 따라 다르게 적용한다.

1) 내진(비용 소)

(1) 지층의 흔들림에 대하여 구조물 자체가 저항하는 개념

(2) 구조물 자체가 진동 에너지를 흡수하는 개념

(3) 면진과 제진의 개념을 포함한 개념

가. 부재 단면 증가

나. 비경제적 설계 가능성

다. 구조물 자중 증가

2) 제진 구조(비용 중)

(1) 지층의 흔들림에 대하여 구조물이 적당한 범위내에서 흔들리게 하여 저항하는 개념

(2) 구조물의 내부나 외부에 설치된 제진 댐퍼Damper구조가 에너지를 흡수하는 개념

가. 내진성능 향상

나. 구조물 비구조재 등의 안전한 보호에는 한계

3) 면진 구조(비용 대)

(1) 지층의 흔들림이 구조물에 쉽게 전달되지 않도록 억제하는 개념

(2) 구조물 기초에 설치된 면진 장치Damper가 에너지를 흡수하는 개념

(3) 구조물과 지반사이에 전단변형장치를 설치하여 지반과 구조물을 분리시키는 방법

가. 안전성 향상　　나. 설계 자유도 증가　　다. 기능성 유지

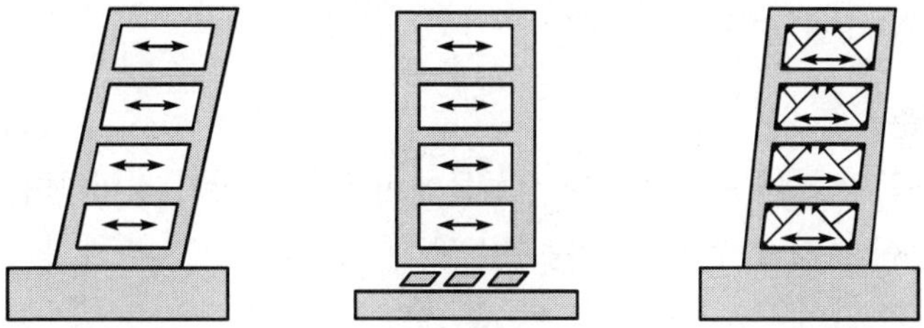

그림 8.3.2. 내진설계

4. 건축물 내진능력 공개대상[건축법제48조의3]-구조안전확인대상

1) 층수가 2층[주요구조부인 기둥과 보를 설치하는 건축물로서 그 기둥과 보가 목재인 목구조 건축물의 경우에는 3층] 이상인 건축물

2) 연면적이 200제곱미터(목구조 건축물의 경우에는 500제곱미터) 이상인 건축물

3) 그 밖에 건축물의 규모와 중요도를 고려한 다음 건축물

(1) 높이가 13미터 이상인 건축물

(2) 처마높이가 9미터 이상인 건축물

(3) 기둥과 기둥 사이의 거리가 10미터 이상인 건축물

(4) 건축물의 용도 및 규모를 고려한 중요도가 높은 건축물로서 국토교통부령으로 정하는 건축물

(5) 국가적 문화유산으로 보존할 가치가 있는 건축물로서 국토교통부령으로 정하는 것

(6) 그 밖에 해당 건축물

5. 내진성능평가

내진성능평가란 지진으로부터 시설물의 안전성을 확보하고 기능을 유지하기 위하여 지진, 화산재해대책법에 따라 시설물별로 정하는 내진설계기준에 따라 시설물이 지진에 견딜 수 있는 능력을 평가하는 것[시설물안전법제2조]

1) 내진 등급 : 시설물의 중요도에 따라 내진설계 수준을 분류한 범주

(1) 내진 특등급 : 지진 시 매우 큰 재난, 기능이 마비되는 경우 사회적으로 매우 큰 영향을 줄 시설 등급

(2) 내진 1등급 : 지진 시 큰 재난, 기능이 마비되는 경우 사회적으로 큰 영향을 줄 시설 등급

(3) 내진 2등급 : 지진 시 재난이 크지 않음, 기능이 마비되어도 사회적으로 영향이 크지 않은 시설 등급

2) 내진 성능 수준

(1) 기능수행수준

설계지진하중 작용 시 구조물이나 시설물에 발생한 손상이 경미하여 그 구조물이나 시설물의 기능이 유지될 수 있는 성능수준

(2) 즉시복구수준

설계지진하중 작용 시 구조물이나 시설물에 발생한 손상이 크지 않아 단기간 내에 즉시 복구되어 원래의 기능이 회복될 수 있는 성능수준

(3) 장기복구, 인명보호수준

설계지진하중 작용 시 구조물이나 시설물에 큰 손상이 발생할 수 있지만 장기간의 복구를 통하여 기능 회복이 가능하거나, 시설물에 상주하는 인원 또는 시설물을 이용하는 인원에 인명손실이 발생하지 않는 성능수준

(4) 붕괴방지수준

설계지진하중 작용 시 구조물이나 시설물에 매우 큰 손상이 발생할 수는 있지만 구조물이나 시설물의 붕괴로 인한 대규모 피해를 방지하고, 인명 피해를 최소화하는 성능수준

3) 최소내진성능목표

설계지진 [내진성능수준평균재현주기]	기능수행	즉시복구	장기복구/인명보호	붕괴방지
50년	내진 Ⅱ등급	-	-	-
100년	내진 Ⅰ등급	내진 Ⅱ등급	-	-
200년	내진 특등급	내진 Ⅰ등급	내진 Ⅱ등급	-
500년	-	내진 특등급	내진 Ⅰ등급	내진 Ⅱ등급
1,000년	-	-	내진 특등급	내진 Ⅰ등급
2,400년	-	-	-	내진 특등급
4,800년	-	-	-	내진 특등급

4) 구조물별 내진등급

건축물의 내진등급[건축물 내진설계기준(2019)

건축물의 중요도	내진등급	중요도계수(IE)
중요도(특)	특	1.5
중요도(1)	I	1.2
중요도(2, 3)	II	1.0

교량 내진설계기준(2018)-철도 내진 등급을 따름

내진등급	구분내용	설계지진의 평균 재현주기
내진 일등급	설계지진 발생 후에도 교통수단을 유지하기 위한 중요시설물	1000년 [단, 열차 주행안전성 검토는 100년]
내진 이등급	내진 1등급에 속하지 않는 철도구조물	500년

터널의 성능목표[터널 내진설계기준(2018)

설계지진 [내진성능수준평균재현주기]	기능수행	붕괴방지
50년	내진 II등급	-
100년	내진 I등급	-
200년	내진 특등급	-
500년	-	내진 II등급
1,000년	-	내진 I등급
2,400년	-	내진 특등급
4,800년	-	내진 특등급

댐 내진등급별 설계지진

내진등급	구분내용	설계지진의 평균 재현주기	
		기능수행	붕괴방지
내진 특등급	• 사회안보경제거인 측면에서 특별한 댐으로 발주자가 지정하는 댐 • 범에 이하여 다목적대뭉로 분류한 댐 • 높이 45미터 이상이고 총수수용량 50백만세제곱미터 이상 댐	200년	2,400년
내진 일등급	• 내진특등급 댐 이외의 모든 댐	100년	1,000년

5) 내진설계절차

내진설계 흐름도	내진설계 절차
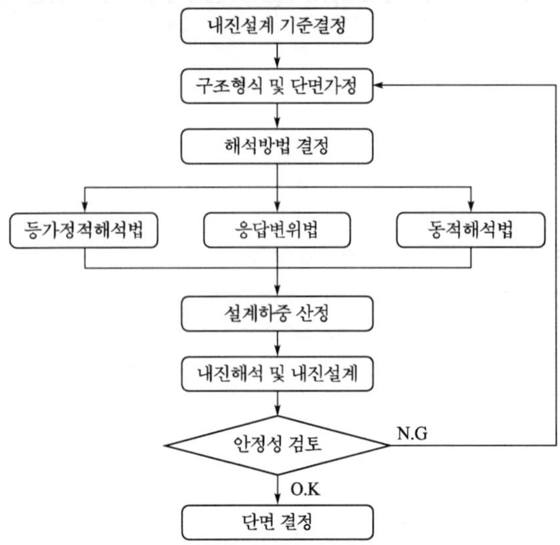	• 내진설계기준 결정 - 대상 구조물의 내진등급 결정 - 지진구역계수 및 지진계수 결정 - 성능수준별 지진가속도 산정 • 구조형식 및 단면가정 - 지반조건에 따른 해석위치 선정 • 설계하중 산정 - 응답변위법 : 변위하중, 주면전단력, 관성력 산정 - 동적해석법 : 동적하중 산정

6. 기존 건축물 내진성능평가 및 보강

1) 기존 건축물 내진성능향상(보강)

(1) 강도증가 : 새로운 수직재 설치, 가새 및 전단벽 설치, 끼움벽 설치 등

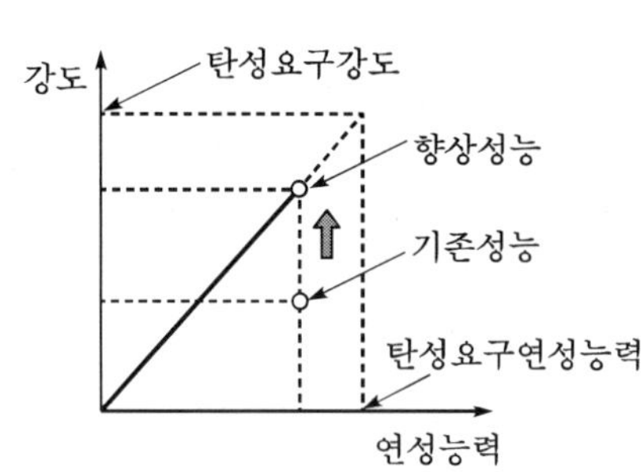

그림 8.3.3. 내진성능향상 전략: 강도향상

(2) 연성도의 증가 : 기존부재의 횡구속, 붕괴기구의 변화를 위한 기둥보강, 취성파괴가 예상되는 부분의 국부보강 등

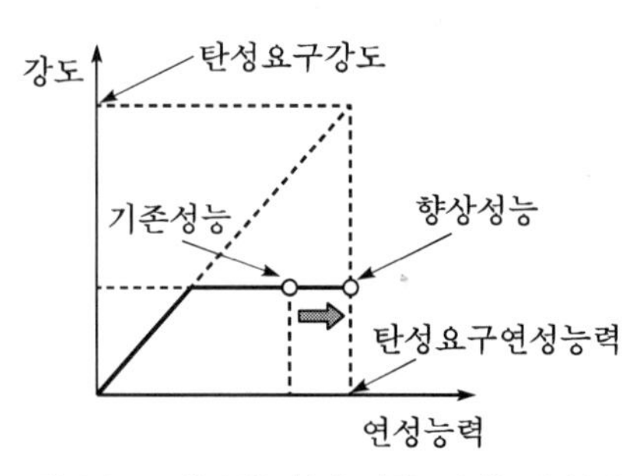

그림 8.3.4. 내진성능향상 전략: 연성능력 향상

(3) 강도와 연성도의 증가

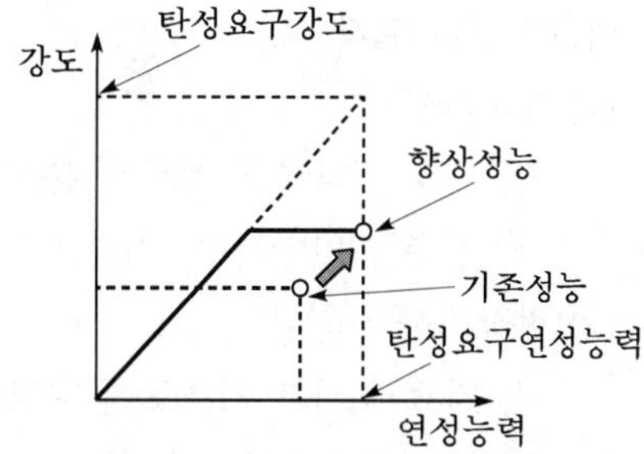

그림 8.3.5. 내진성능향상 전략: 강도와 연성능력 향상

(4) 중량의 저감

건물의 중량 감소를 통하여 지진하중을 저감시킬 수 있다. 대체가 가능한 비구조재를 경량재로 대체한다.

(5) 면진 및 제진장치의 설치

기존 건축물의 보강이 경제적 또는 사용성 측면에서 어려울 경우에는 면진 또는 제진 장치를 사용할 수 있다.

2) 내진성능 향상절차

(1) 내진성능 향상절차는 기획, 조사 및 평가, 구조설계, 보강 및 유지관리 등의 단계로 구성된다.

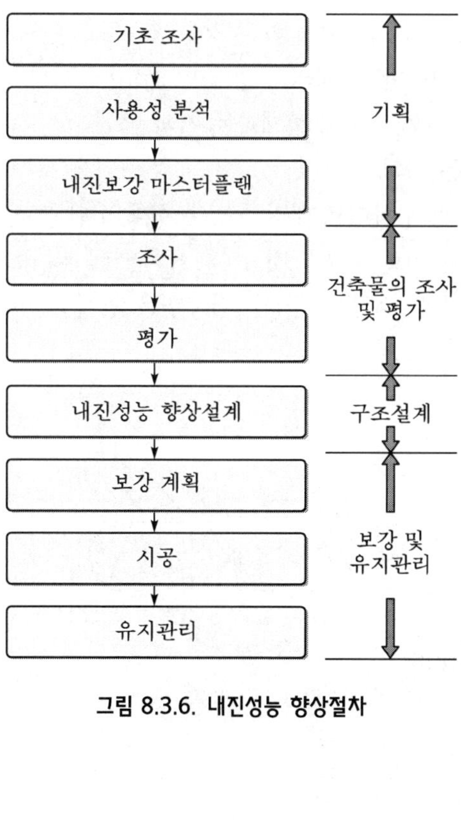

그림 8.3.6. 내진성능 향상절차

3) 내진성능평가절차

(1) 자료조사

가. 대상 건축물 설계도서 분석

나. 건축물 일반사항, 지반조건 및 구조물의 형태와 구성 및 재료의 특성 조사

(2) 현장조사

가. 자료 조사를 기초로한 현장 확인 조사

(3) 주요입력정보결정

가. 지반분류 나. 재료강도 결정

다. 횡력저항시스템 및 중요도계수 결정 라. 설계 스펙트럼 가속도, 지진하중 산정

(4) 선형구조해석을 통한 내진 안전성 판정

가. 종합결론 및 평가

지진의 규모와 진도 08-12

1. 단층

1) 단층 : 외부의 힘을 받아서 지층이 끊어져 어긋난 지질구조

2) 절리Joint : 지층이 끊어졌으나 움직이지 않은 경우

3) 단층면 : 지층이 끊어져 어긋난 두 지괴의 경계면(연직방향이나 경사진 형태)

4) 상반Hanging Wall : 경사진 면의 상부에 존재하는 지괴

5) 하반Foot Wall : 하부에 있는 지괴

6) 정단층 : 상반이 하반에 비해 아래로 내려가 있는 형태의 단층

7) 역단층 : 상반이 하반보다 위로 올라간 것

8) 주향이동단층Strike-slip Fault 또는 수평이동단층 : 단층면을 경계로 양쪽의 지괴가 수평으로 어긋난 단층

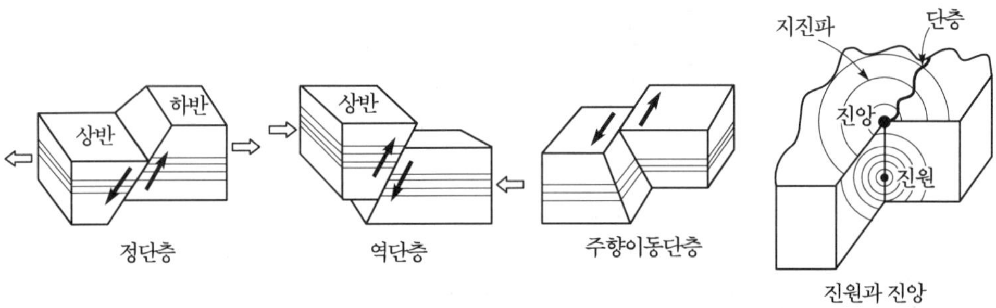

그림 8.3.7. 단층의 종류

2. 진원, 진앙, 지진파, 지진의 크기(규모와 진도)

1) 진원 : 지진 에너지가 처음 발출된 곳(지진이 발생한 곳)

2) 진앙 : 진원의 연직 위 지표면과 만나는 점

3) 지진파 : 진원지에서 탄성에너지가 모든 방향으로 전달되어가는 파동

4) 지진파 종류

(1) 실체파Body Waves : 지구 내부를 통해 전파되는 2종류로 P파와 S파

가. P파Primary Wave, Longitudinal Compression Wave : 압축파(종파), 전파 경로에 따라 암석의 전후 진동(팽창 또는 압축). 음파와 초음파도 종파. 피해의 규모는 작다.

나. S파Secondary Wave : 횡파(전단파), 전파 방향에 대해 직각으로 진동. 피해의 규모가 크다.

(2) 표면파Surface Waves, Transverse Shear Wave : 지구 지표면을 따라 전파되며. 피해의 규모가 매우 크다.

가. 러브파Love Wave

암석층을 덮고 있는 표면층을 통해 전파. 전파방향의 직각으로 변위. 구조물에 가장 많은 피해를 끼친다.

나. 레일리파Rayleigh Wave

탄성고체의 자유표면 위로 전파. 종적진동과 수직진동 결합. 해양의 너울처럼 움직인다.

5) 지진의 강도를 정량적으로 표시하는 방법(지진의 크기를 나타내는 척도)

(1) 규모Magnitude : 지진의 강도를 나타내는 절대적인 개념(측정위치에 상관없이 크기가 동일함)

가. 방출된 파동에너지의 척도(지진 자체의 에너지의 양을 나타냄)

나. 미국의 지진학자 찰스 리히터가 고안함

(2) 진도Intensity : 지진에 의한 피해 정도를 기준으로 하는 상대적인 개념(측정위치가 지진발생 위치에서 멀어질수록 작아짐)

가. 지진에 의한 지면이동의 척도

나. 수정 메르칼리 진도계급(MMI), MMI 진도계급의 진도는 Ⅰ에서 Ⅻ까지 12개 계급으로 나누어진다.

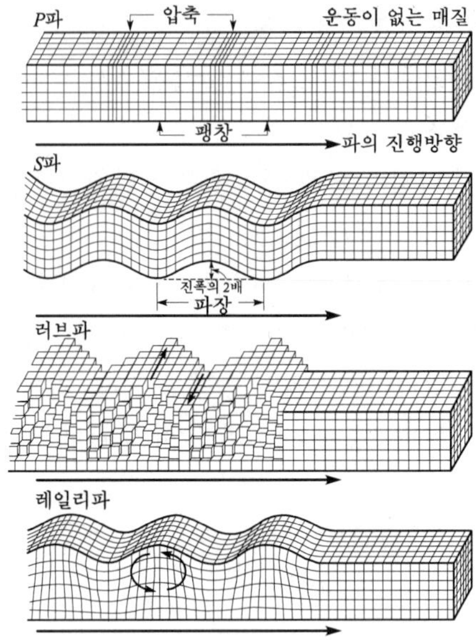

그림 8.3.8. 지진의 파형

3. 내진구역[KDS 17 10 00 : 2024]

국내지진구역Seismic Zone : 유사한 지진위험도를 갖는 행정구역 구분으로서 지진구역I, 지진구역II로 구분한다.

지진구역 및 지역계수

지진구역	행정구역		지진구역계수(Z)
I	시	서울, 인천, 대전, 부산, 대구, 울산, 광주, 세종	0.11
	도	경기, 충북, 충남, 경북, 경남, 전북, 전남, 강원남부	
II	도	강원도 북부, 제주	0.07

4. 행동요령

1) 붕괴 위험이나 낙하물 위험이 우려되는 경우
   (1) 건물 밖으로 이동–낙하물 등의 피해 안전지대로
   (2) 실내–탁자나 책상 아래로 피신

2) 2차 피해 대비
   (1) 화재사고 안전대책 : 가스 차단
   (2) 쓰나미, 산사태 대비 : 높은 지대로 대피

4. 해체 및 폐기물

해체공사 안전관리 08-13

1. 해체

해체Deconstruction란 건물 따위 구조물을 허물어뜨리는 과정 중 하나이며 허물어뜨리는 과정에서 나오는 자재 및 부산물을 재활용하고 폐기물 관리에 신경쓰는 측면에서 세심하게 이루어지는 과정을 말하며, 이와 반대로 그냥 부숴 버리는 것은 **파괴**Demolition라고 한다.

2. 해체작업 시 준수사항

1) 해체작업 구역 내 출입금지
2) 해체공법 및 해체공사 구조안전성 검토

3. 건물해체작업 작업계획서 내용

1) 해체의 방법 및 해체 순서도면
2) 가설설비·방호설비·환기설비 및 살수·방화설비 등의 방법
3) 사업장 내 연락방법
4) 해체물의 처분계획
5) 해체작업용 기계·기구 등의 작업계획서
6) 해체작업용 화약류 등의 사용계획서
7) 그 밖에 안전·보건에 관련된 사항

4. 해체공사전 확인[해체공사표준안전작업지침]

1) 해체대상 구조물 조사
   (1) 구조(철근콘크리트조, 철골철근콘크리트조 등)의 특성 및 생수, 층수, 건물높이 기준층 면적
   (2) 평면 구성상태, 폭, 층고, 벽 등의 배치상태
   (3) 부재별 치수, 배근상태, 해체시 주의하여야 할 구조적으로 약한 부분
   (4) 해체시 전도의 우려가 있는 내외장재
   (5) 설비기구, 전기배선, 배관설비 계통의 상세 확인

(6) 구조물의 설립연도 및 사용목적
(7) 구조물의 노후정도, 재해(화재, 동해 등) 유무
(8) 증설, 개축, 보강 등의 구조변경 현황
(9) 해체공법의 특성에 의한 비산각도, 낙하반경 등의 사전 확인
(10) 진동, 소음, 분진의 예상치 측정 및 대책방법
(11) 해체물의 집적 운반방법
(12) 재이용 또는 이설을 요하는 부재현황
(13) 기타 당해 구조물 특성에 따른 내용 및 조건

2) 부지 상황 조사
(1) 부지내 공지유무, 해체용 기계설비위치, 발생재 처리장소
(2) 해체공사 착수에 앞서 철거, 이설, 보호해야 할 필요가 있는 공사 장애물 현황
(3) 접속도로의 폭, 출입구 갯수 및 매설물의 종류 및 개폐 위치
(4) 인근 건물동수 및 거주자 현황
(5) 도로 상황조사, 가공 고압선 유무
(6) 차량대기 장소 유무 및 교통량(통행인 포함)
(7) 진동, 소음발생 영향권 조사

5. 해체공사 준수사항

1) 작업구역내에는 관계자 이외의 자에 대하여 출입을 통제할 것
2) 강풍, 폭우, 폭설 등 악천후시에는 작업을 중지할 것
3) 사용기계기구 등을 인양하거나 내릴 때에는 그물망이나 그물포대 등을 사용토록 할 것
4) 외벽과 기둥 등을 전도시키는 작업을 할 경우에는 전도 낙하위치 검토 및 파편 비산거리 등을 예측하여 작업반경을 설정할 것
5) 전도작업을 수행할 때에는 작업자 이외의 다른 작업자는 대피시키도록 하고 완전 대피상태를 확인한 다음 전도시키도록 할 것
6) 해체건물 외곽에 방호용 비계를 설치하여야 하며 해체물의 전도, 낙하, 비산의 안전거리를 유지할 것
7) 파쇄공법의 특성에 따라 방진벽, 비산차단벽, 분진억제 살수시설을 설치할 것
8) 작업자 상호간의 적정한 신호규정을 준수하고 신호방식 및 신호기기사용법은 사전교육에 의해 숙지할 것
9) 적정한 위치에 대피소를 설치할 것

6. 해체 대상시설물 전도 및 붕괴 방지대책

1) 전도규모를 작게하여 중량을 최소화하며 전도대상물의 높이도 되도록 작게할 것
2) 파쇄시 낙하높이를 최대한 낮게할 것
3) 현장 내에서는 대형부재로 해체할 것
4) 장외에서 잘게 파쇄할 것
5) 지하실 등의 해체시 해체작업전에 대상 건물의 깊이, 토질, 주변상황 등 고려할 것
6) 사용하는 중기 운행시 수반되는 진동을 고려하여 지반침하 대비할 것

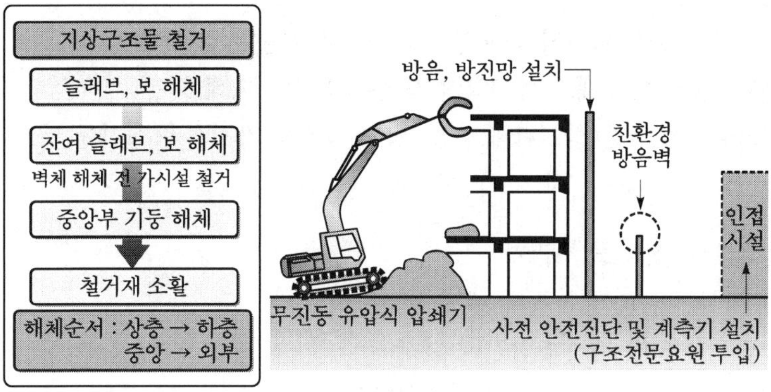

그림 8.4.1. 해체공사 안전대책

7. 해체공사 사례[압쇄공법과 대형브레이커]

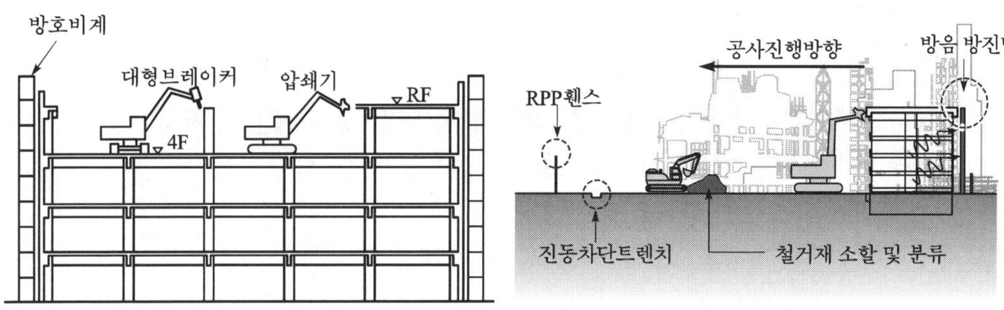

그림 8.4.2. 해체공사 사례

1. 해체작업에 따른 공해방지[해체공사표준안전작업지침]

1) 소음 및 진동

(1) 공기압축기 등은 적당한 장소에 설치하여야 하며 장비의 소음 진동기준은 관계법에서 정하는 바에 따라서 처리할 것

(2) 전도공법의 경우 전도물 규모를 작게하여 중량을 최소화하며 전도대상물의 높이도 되도록 작게할 것

(3) 철햄머 공법의 경우 햄머의 중량과 낙하높이를 가능한 한 낮게 할 것

(4) 현장내에서는 대형 부재로 해체하며 장외에서 잘게 파쇄할 것

(5) 인접건물의 피해를 줄이기 위해 방음, 방진 목적의 가시설을 설치할 것

2) 분진

(1) 직접 발생 한 분진 : 물 뿌리기

가. 피라밋식　　　　나 수평살수식

(2) 간접적으로 발생 한 분진 : 방진벽 설치

가. 방진시트　　　　나. 분진차단막

3) 지반침하

(1) 해체작업 전 검토 내용 : 대상건물의 깊이, 토질, 주변상황 등

(2) 중기 운행시 수반되는 진동 고려

4) 폐기물

(1) 해체작업 과정에서 발생하는 폐기물은 관계법에서 정하는 바에 따라 처리할 것

(2) 내외장재의 해체 폐기물은 외부로 반출하고 적절한 방법으로 처분할 것

(3) 해체 폐기물 적치 공간 확보할 것

(4) 운반시 낙하우려가 있으므로 필요 차량 규격에 맞게 작게 분할 처분할 것

차량 속도제한	차량적재함 덮개 사용	세륜·세차 시설	살수	방진망 설치

그림 8.4.3. 비산먼지 저감방안 종류

해체공사 공법 08-15

1. 해체공법의 종류

1) 파괴범위

(1) 한정파괴 : 압쇄기, 브레이커, 컷터, 발파해체공법

(2) 비한정파괴 : 철구, 잭, 발파해체공법

2) 파괴방법

(1) 기계충격에 의한 방법 : 수동공구, 브레이커, 철구

(2) 유압에 의한 방법 : 압쇄, 잭, 파일파쇄기

(3) 연삭에 의한 방법 : 컷터

(4) 화약에 의한 방법 : 저폭속, 고폭속화약류

(5) 팽창압에 의한 방법 : 가스파괴, 정적 파쇄제

(6) 전기에 의한 방법 : 직접통전가열, 미아크로파

(7) 분사에 의한 방법 : 센드제트, 워터제트

(8) 전도에 의한 방법 : 구조체 하부 V-cut 전도

3) 발생형태

(1) 부재해체 : 브레이커, 컷터

(2) 파괴 해체 : 브레이커, 철구, 압쇄, 잭공법

4) 해체작업용 기계·기구 종류(해체공사표준안전작업지침)

(1) 압쇄기 (2) 대형브레이커 (3) 철제햄머

(4) 화약류 (5) 핸드브레이커 (6) 팽창제

(7) 절단톱 (8) 재키 (9) 쐐기타입기

(10) 화염방사기 (11) 절단줄톱

2. 해체공사전 확인 사항

1) 해체대상 구조물조사

2) 부지상황 조사

(1) 부지내 공지유무, 해체용 기계설비위치, 발생재 처리장소

(2) 해체공사 착수에 앞서 철거, 이설, 보호해야 할 필요가 있는 공사 장애물 현황

(3) 접속도로의 폭, 출입구 갯수 및 매설물의 종류 및 개폐 위치

(4) 인근 건물동수 및 거주자 현황

(5) 도로 상황조사, 가공 고압선 유무
(6) 차량대기 장소 유무 및 교통량(통행인 포함)
(7) 진동, 소음발생 영향권 조사

3) 해체공사 안전시공
(1) 관계자 이외 출입 통제
(2) 악천후시 작업 중지
(3) 인양하거나 내릴때에는 그물망이나 그물포대 등 사용
(4) 작업반경 설정
(5) 해체물의 전도, 낙하, 비산의 안전거리 유지
(6) 방진벽, 비산차단벽, 분진억제 살수시설 설치
(7) 신호방식 및 신호기기 사용법은 사전교육에 의해 숙지
(8) 대피소 설치

4) 해체작업에 따른 공해방지
(1) 소음 및 진동 (2) 분진 (3) 지반침하

3. 해체공법 준수사항

1) 대형브레이커
(1) 대형 브레이커는 중량, 작업 충격력을 고려, 차체 지지력을 초과하는 중량의 브레이커부착을 금지할 것
(2) 대형 브레이커의 부착과 해체에는 경험이 많은 사람으로서 선임된 자에 한하여 실시할 것
(3) 유압작동구조, 연결구조 등의 주요구조는 보수점검을 수시로 할 것
(4) 유압식일 경우에는 유압이 높기 때문에 수시로 유압호오스가 새거나 막힌 곳이 없는가를 점검할 것
(5) 해체대상물에 따라 적합한 형상의 브레이커를 사용할 것

2) (화약류) 콘크리트 파쇄용 화약류 취급시 준수
(1) 화약류에 의한 발파파쇄 해체시에는 사전에 시험발파에 의한 폭력, 폭속, 진동치속도 등에 파쇄능력과 진동, 소음의 영향력을 검토할 것
(2) 소음, 분진, 진동으로 인한 공해대책, 파편에 대한 예방대책을 수립할 것
(3) 화약류 취급에 대하여는 법, 총포도검화약류단속법 등 관계법에서 규정하는 바에 의하여 취급하여야 하며 화약저장소 설치기준을 준수할 것
(4) 시공순서는 화약취급절차에 따를 것

3) 절단톱

(1) 작업현장은 정리정돈이 잘할 것
(2) 절단기에 사용되는 전기시설과 급수, 배수설비를 수시로 정비 점검할 것
(3) 회전날에는 접촉방지 커버를 부착토록 할 것
(4) 회전날의 조임상태는 안전한지 작업전에 점검할 것
(5) 절단 중 회전날을 냉각시키는 냉각수는 충분한지 점검하고 불꽃이 많이 비산되거나 수증기 등이 발생되면 과열된 것이므로 일시중단 한 후 작업을 실시할 것
(6) 절단방향을 직선을 기준하여 절단하고 부재중에 철근 등이 있어 절단이 안될 경우에는 최소단면으로 절단할 것
(7) 절단기는 매일 점검하고 정비해 두어야 하며 회전 구조부에는 윤활유를 주유해 둘 것

4) 절단줄톱

와이어에 다이아몬드 절삭날을 부착하여, 고속회전시켜 절단 해체하는 공법으로 다음 각 호의 사항을 준수할 것

(1) 절단작업 중 줄톱이 끊어지거나, 수명이 다할 경우에는 줄톱의 교체가 어려우므로 작업 전에 충분히 와이어를 점검할 것
(2) 절단대상물의 절단면적을 고려하여 줄톱의 크기와 규격을 결정할 것
(3) 절단면에 고온이 발생하므로 냉각수 공급을 적절히 할 것
(4) 구동축에는 접촉방지 커버를 부착하도록 할 것

해체공사 안전관리 강화 08-16

1. 건축물 철거공사장 안전사고 강화대책[서울시 보도자료 19.11.12]

1) 설계심의 단계

철거업체 주도로 작성하던 해체계획서를 전문기술자(건추가, 구조기술사)가 직접 설계한 후 서명까지 하도록 책임을 강화하고 있다.

2) 허가 단계

(1) 해체공사 계약서와 감리계약서 제출을 의무화함
(2) 건축법에 따라 신고제로 운영하던 것을 건축물관리법(20.5.1)에 따라 허가제, 감리제를 도입함

3) 공사 단계

공사현장에 중복으로 배치했던 현장대리인이 한 곳에 상주하도록 의무화한다. 모든 해체 공사장에 감리지정을 의무화하고 있다.

2. 해체공사의 문제점

1) 시공순서 미준수 및 심의 조건 등 철거계획서대로 시공하지 않는다.
2) 잭서포트(지지대) 안전시설 설치 생략 등 안전시설 설치 미흡하다.
3) 철거 잔재물을 즉시 반출하지 않아 기존 건물에 하중이 증가한다.
4) 임의공법 변경 등 현장 안전관리가 미흡하다.

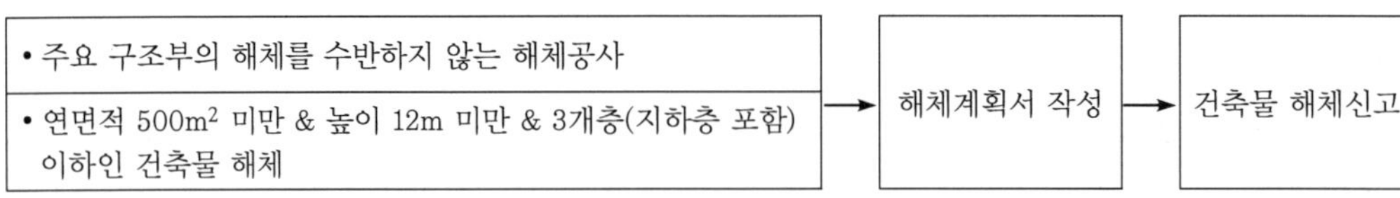

그림 8.4.4. 해체공사 신고 대상 및 신고 절차

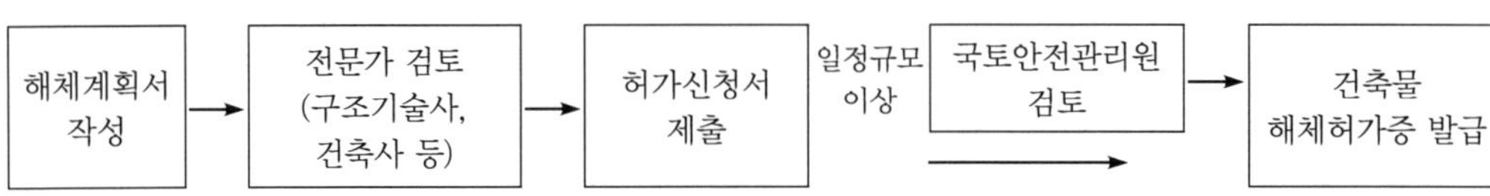

그림 8.4.5. 해체공사 허가 절차

3. 건축물관리법과 해체공사

1) 건축물 해체 허가[건축물관리법제30조]

(1) 관리자가 건축물을 해체하려는 경우에는 특별자치시장·특별자치도지사 또는 시장·군수·구청장(허가권자)의 허가를 받아야 한다.

2) 허가 대신 신고대상 구조물-신고를 하면 허가한 것으로 간주한다.[건축물관리법제30조제1항]

(1) 주요 구조부[2]의 해체를 수반하지 아니하고 건축물의 일부를 해체하는 경우

(2) 다음에 해당하는 건축물의 전체를 해체하는 경우

가. 연면적 500제곱미터 미만의 건축물

나. 건축물의 높이가 12미터 미만인 건축물

다. 지상층과 지하층을 포함하여 3개 층 이하인 건축물

2) 주요 구조부란 내력벽, 기둥, 바닥, 보, 지붕틀 및 주계단을 말함[건축법제2조제1항제7호]

(3) 그 밖에 건축물을 해체하는 경우[건축물관리법시행령제21조]

가. 건축법에 따른 다음 건축물

(가) 바닥면적의 합계가 85제곱미터 이내의 증축·개축 또는 재축, 다만, 3층 이상 건축물인 경우에는 증축·개측 또는 재축하려는 부분의 바다 면적의 합계가 건축물 연적적의 10분의 1 이내인 경우로 한정한다.

(나) 연면적이 200제곱미터 미만이고 3층 미만인 건축물의 대수선

나. 국토의 계획 및 이용에 관한 법률에 따른 관리지역, 농림지역 또는 자연환경보전지역에 있는 높이 12미터 미만인 건축물. 이 경우 해당 건축물의 일부가 국토의 계획 및 이용에 관한 법률에 따른 도시지역에 걸치는 경우에는 그 건축물의 과반이 속하는 지역으로 적용한다.

다. 그 밖에 시·군·구 조례로 정하는 건축물

3) 해체계획서 제출[건축물관리법제30조제2항]

(1) 허가 또는 신고를 하려는 자는 건축물 해체 허가 신청서 또는 신고서에 해체계획서를 첨부하여 허가권자에게 제출해야 한다.

(2) 해체계획서와 안전관리계획서

건설기술진흥법에 따른 안전관리계획 수립 대상 공사의 경우 안전관리계획을 제출하면 해체계획서를 제출한 것으로 본다.

4) 해체계획서 검토자[건축물관리법제30조제3항]

해체계획서는 다음의 사람에게 검토를 받은 후에 허가권자에게 제출해야 한다.

(1) 건축사법에 따른 건축사사무소개설신고를 한 자

(2) 기술사법에 따라 기술사사무소를 개설등록한 자

(3) 안전진단전문기관

5) 해체계획서 검토를 국토안전관리원에 제출해야하는 대상구조물

(1) 건축법에 따른 특수구조 건축물[건축법시행령제2조제18호나목또는다목]

가. 기둥과 기둥 사이의 거리(기둥의 중심선 사이의 거리를 말하며, 기둥이 없는 경우에는 내력벽과 내력벽의 중심선 사이의 거리)가 20미터 이상인 건축물

나. 특수한 설계·시공·공법 등이 필요한 건축물로서 다음 건축물

(가) 건축물의 주요구조부가 공업화박판강구조[PEB:Pre-Engineered Metal Building System], 강관 입체트러스(스페이스프레임), 막 구조, 케이블 구조, 부유식구조 등 설계·시공·공법이 특수한 구조형식인 건축물

(나) 6개층 이상을 지지하는 기둥이나 벽체의 하중이 슬래브나 보에 전이되는 건축물(전이가 있는 층의 바닥면적 중 50퍼센트 이상에 해당하는 면적이 필로티

등으로 상하부 구조가 다르게 계획되어 있는 경우)

(다) 건축물의 주요구조부에 면진 · 제진장치를 사용한 건축물

(라) 건축구조기준에 따른 허용응력설계법, 허용강도설계법, 강도설계법 또는 한계상태설계법에 의하여 설계되지 않은 건축물

(마) 건축구조기준의 지진력 저항시스템 중 다음 각 목의 어느 하나에 해당하는 시스템을 적용한 건축물

1. 철근콘크리트 특수전단벽
2. 철골 특수중심가새골조
3. 합성 특수중심가새골조
4. 합성 특수전단벽
5. 철골 특수강판전단벽
6. 철골 특수모멘트골조
7. 합성 특수모멘트골조
8. 철근콘크리트 특수모멘트골조
9. 특수모멘트골조를 가진 이중골조 시스템

(2) 건축물의 10톤 이상의 장비를 올려 해체하는 건축물

(3) 폭하하여 해체하는 건축물

4. 건축물 해체계획서 작성내용

1) 해체계획서 작성을 위한 사전준비단계[건축물해체계획서 작성 및 감리업무 등에 관한 기준]

(1) 건축물 주변조사

(2) 해체 대상 건축물조사

(3) 유해물질 및 환경공해 조사

2) 해체계획서 작성내용[건축물해체계획서 작성 및 감리업무 등에 관한 기준]

(1) 해체공사를 수행하는 자 및 해체공사의 공정 등 해체공사의 개요

(2) 해체공사의 영향을 받게 될 건축법에 따른 건축설비의 이동, 철거 및 보호 등에 관한 사항

가. 지하매설물 조치계획
나. 장비이동 계획
다. 가시설물 설치 계획

(3) 해체공사의 작업순서, 해체공법 및 이에 따른 구조안전계획

가. 작업순서
나. 해체공법
다. 구조안전계획
라. 구조보강계획

(4) 해체공사 현장의 화재 방지대책, 공해 방지 방안, 교통안전 방안, 안전통로 확보 및 낙하 방지대책 등 안전관리대책

가. 해체작업자 안전관리
나. 인접건축물 안전관리
다. 주변 통행·보행자 안전관리

(5) 해체물의 처리계획

(6) 해체공사 후 부지정리 및 인근 환경의 보수 및 보상 등에 관한 사항

가. 소음·진동 관리 나. 부지정리

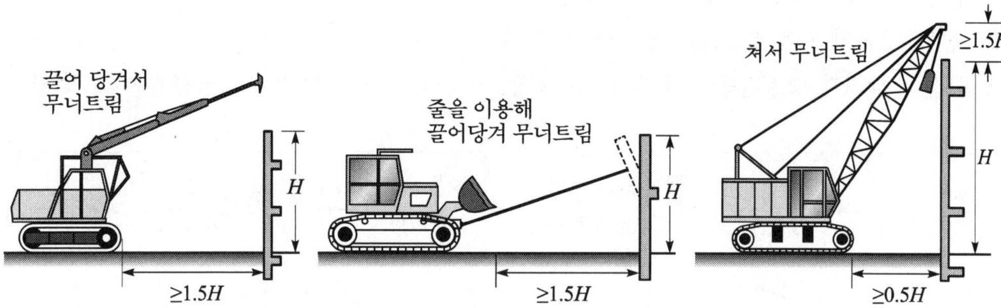

그림 8.4.6. 해체작업 사례

5. 해체공사 안전관리 수준 강화

1) 해체공사 허가 단계

(1) 해체 허가 대상 확대

공사장 주변에 위험요소(공사장 주변 일정 반경 내 버스정류장 위치, 일정폭 이상 도로 주변 등) 존재시 건축물 규모 등은 해체 신고 대상이더라도 해체 허가를 받도록 해체 허가 대상 확대

(2) 해체계획서 자성 기준 강화

가. 해체신고대상 : 해체계획서 전문가 검토

나. 해체허가대상 : 해체계획서 전문가 작성

(3) 해체 심의제 도입(해체허가대상)

해체허가 전 건축위원회를 통해 계획서, 공법 선정 및 안전대책 등의 적정성을 검토하여 해체심의제 도입

2) 해체공사 감리

(1) 감리교육 의무화 : 감리교육 의무화와 보수교육(매 3년)

(2) 사진 등 시공기록 의무화

3) 해체공사 시공단계

(1) 해체작업자 업무 신설 : 작업자(시공자)의 업무 및 처벌기준 신설

(2) 허가권자 감독 강화 : 해체공사장의 위반사항 적발시 즉시 개선, 공사중지를 조치할 수 있도록 등 허가권자의 관리, 감축 권한 강화

(3) 변경허가 도입 : 주요 사항 변경시 변경 계획 적정성 검토

4) 처벌 강화 신설

해체의 허가를 받지 아니한 경우 처벌을 강화(과태료⇒처벌)하고 업무를 성실하게 수행하지 아니한 감리자 작업자 경우 처벌 신설

(1) 처벌 : 2년이하 징역 또는 2천만원 이하 벌금

(2) 신설 : 감리자–2천만원 이하 과태료, 작업자–2년 이하 징역 또는 2천만원 이하 벌금

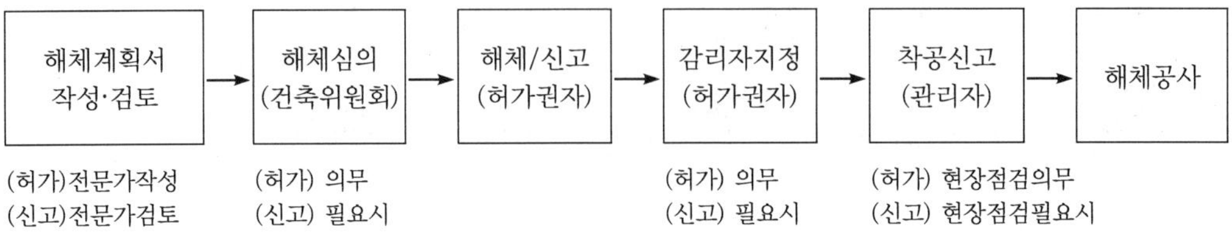

그림 8.4.7. 변화된 해체 제도

폐기물 안전관리 08-17

1. 건설폐기물의 종류

1) 폐콘크리트
2) 폐아스팔트콘크리트
3) 폐벽돌
4) 폐블록
5) 폐기와
6) 폐목재(나무의 뿌리, 가지 등 임목폐기물이 5톤 이상인 경우는 제외함)
7) 폐합성수지
8) 폐섬유
9) 폐벽지
10) 건설오니[준설공사, 굴착공사, 지하구조물공사 등 건설공사 과정에서 발생하거나 건설폐재류를 중간처리하는 과정 또는 건설공사장 세륜시설에서 발생하는 무기성오니를 말함]
11) 폐금속류
12) 폐유리
13) 폐타일 및 폐도자기
14) 폐보드류
15) 폐판넬
16) 건설폐토석(건설공사 시 건설폐기물과 혼합되어 발생되는 것 중 분리·선별된 흙·모래·자

갈 또는 건설폐기물을 중간처리하는 과정에서 발생된 흙·모래·자갈 등으로서 자연상태의 것을 제외한 것을 말함)

17) 혼합건설폐기물(제1호부터 제15호까지의 건설폐기물 중 둘 이상의 건설폐기물이 혼합된 것을 말하되, 다음 각 목의 기준에 맞게 혼합된 경우로 한정)
  (1) 불연성 건설폐기물에 가연성 건설폐기물과 그 밖의 건설폐기물이 혼합된 상태로 불연성 건설폐기물을 제외한 건설폐기물의 함유량이 중량기준으로 5퍼센트 이하일 것
  (2) 불연성 건설폐기물을 제외한 가연성 건설폐기물과 그 밖의 건설폐기물이 혼합된 상태로 가연성 건설폐기물의 함유량이 중량기준으로 5퍼센트 이하일 것

18) 건설공사로 인하여 발생되는 그 밖의 폐기물(생활폐기물과 지정폐기물 제외)

2. 폐기물 보관기준

1) 건설폐기물은 재활용가능성, 소각가능성, 매립필요성 여부에 따라 구분하여 보관할것 → 불연성, 가연성폐기물 분리보관(불연성, 가연성폐기물이 혼합된 경우는 가연성폐기물이 중량기준 5퍼센트 이하가 되도록 할 것)
2) 건설폐기물의 보관중 건설폐기물이 흩날리거나 흘러내리지 않도록 덮개 등을 설치할 것
3) 건설폐기물 보관기분에 대한 교육실시 후 기록 유지할 것(일일 특별안전 통합점검 일지 등)

3. 폐기물 처리절차

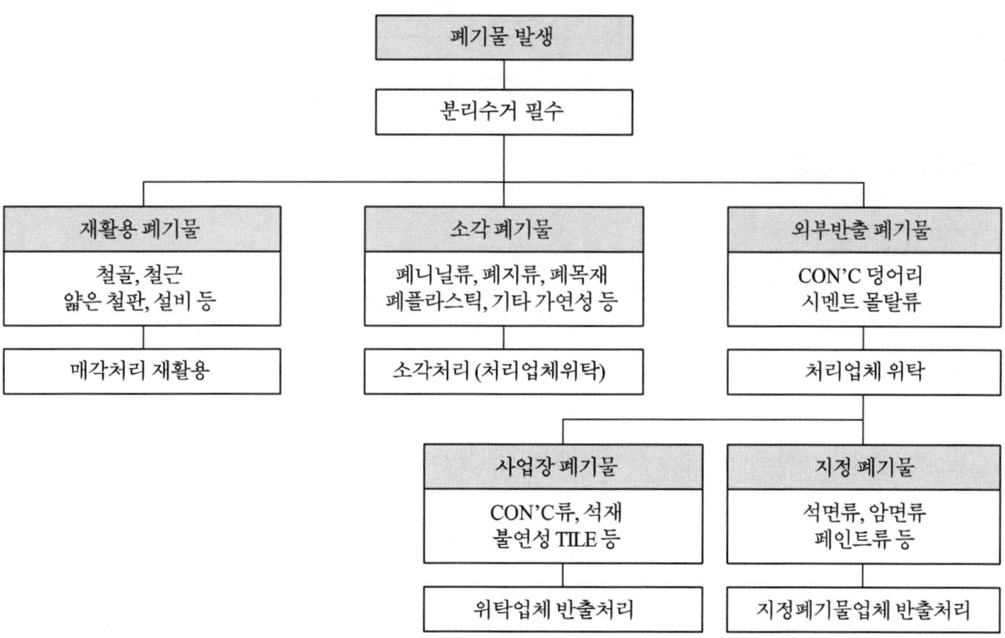

그림 8.4.8. 폐기물 처리 절차

1) 토사처리절차

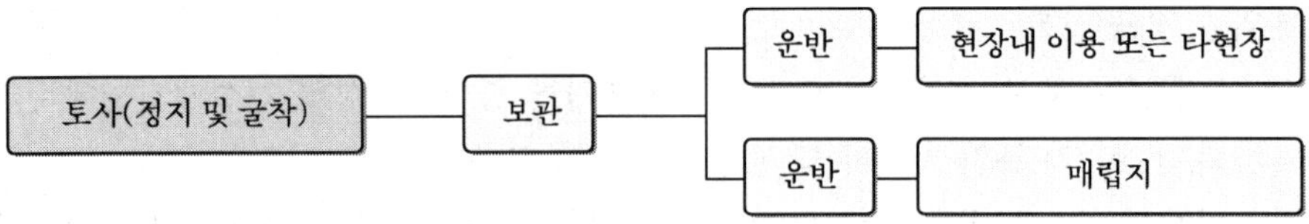

그림 8.4.9. 토사처리절차

2) 폐콘크리트처리절차

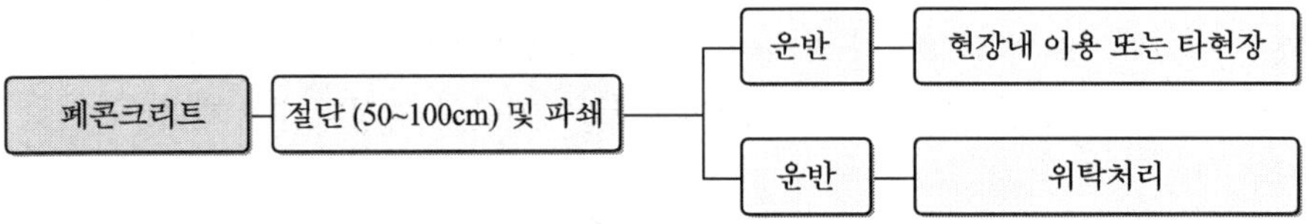

그림 8.4.10. 폐콘크리트처리절차

3) 폐목재처리절차

그림 8.4.11. 폐목재처리절차

4) 건설오니처리절차

그림 8.4.12. 건설오니처리절차

4. 건설 폐기물 처리대책

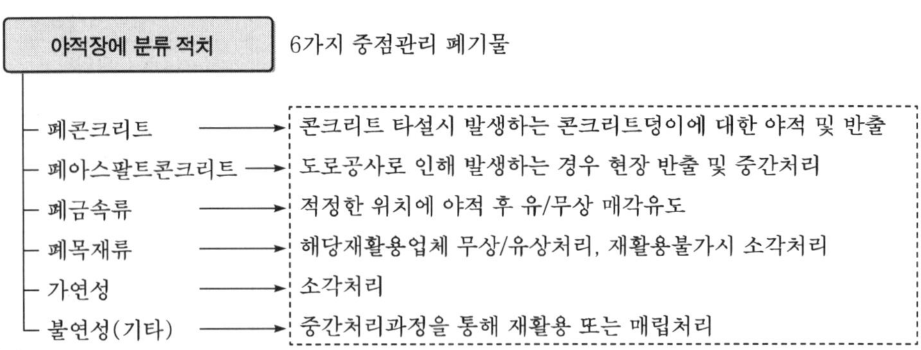

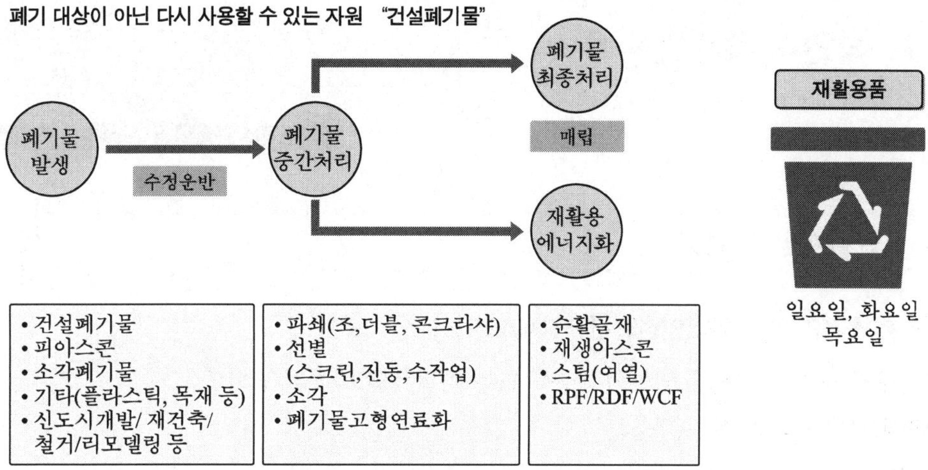
폐기 대상이 아닌 다시 사용할 수 있는 자원 "건설폐기물"
폐기물 발생
수정운반
폐기물 중간처리
폐기물 최종처리
매립
재활용 에너지화
재활용품
일요일, 화요일 목요일
• 건설폐기물
• 피아스콘
• 소각폐기물
• 기타(플라스틱, 목재 등)
• 신도시개발/ 재건축/ 철거/리모델링 등
• 파쇄(조,더블, 콘크라샤)
• 선별 (스크린,진동,수작업)
• 소각
• 폐기물고형연료화
• 순활골재
• 재생아스콘
• 스팀(여열)
• RPF/RDF/WCF

그림 8.4.13. 재활용

5. 석면과 미세먼지

석면 해체공사 작업기준 08-18

1. 석면 해체·제거 작업계획[안전보건규칙제489조]

1) 석면해체·제거작업 전에 일반석면조사 또는 기관석면조사 결과 확인
2) 석면해체·제거작업 계획 내용
   (1) 석면해체·제거작업의 절차와 방법
   (2) 석면 흩날림 방지 및 폐기방법
   (3) 작업자 보호조치
3) 석면해체작업계획 게시할 내용[근로자가 보기 쉬운 장소]
   (1) 석면조사 방법
   (2) 종료일자
   (3) 석면조사 결과의 요지

2. 석면해체작업의 위험 요인

1) 천장재가 떨어져 맞는 사고 요인
2) 작업 중 떨어짐 재해 요인
3) 석면 호흡에 의한 건강장해 요인

3. 석면해체제거 작업계획에 포함된 내용

1) 석면 함유물질 사전조사내용
   (1) 석면해체제거작업 공사기간 및 투입인력
   (2) 석면해체제거작업의 절차 및 방법
   (3) 사전조사결과 석면 함유물질별 해체제거방법(사용도구 등 장비 목록, 작업순서, 작업방법 등)
2) 석면 비산방지 및 처리 방법
   (1) 해체제거작업과정 중 사용할 석면 비산방지방법(밀폐, 격리, 음압밀폐시스템 등)
   (2) 해체저거작업과정에서 발생한 석면 처리 방법
3) 작업자 보호조치(보호의, 방진마스크 등)
4) 기타사항(석면의 물질안전보건자료, 근로자 교육계획 등)

4. 석면해체제거 작업의 기본적 조치사항

1) 석면해체 작업장의 경고표지 설치할 것
2) 출입금지(개인보호구 착용자 이외 출입금지)
3) 흡연 등의 금지
4) 개인보호구 지급 및 착용
   (1) 특급 방진마스크
   (2) 송기 마스크
   (3) 보안경(고글 형 보호안경)
   (4) 불침투성 신체를 감싸는 보호의, 보호장갑, 보호장화

5. 석면해체 작업시 안전조치[안전보건규칙제495조]

1) 분무된 석면이나 석면이 함유된 보온재 또는 내화피복재의 해체·제거작업
   (1). 창문·벽·바닥 등은 비닐 등 불침투성 차단재로 밀폐하고 해당 장소를 음압으로 유지하고 그 결과를 기록·보존할 것(작업장이 실내인 경우만 해당)
   (2) 작업 시 석면분진이 흩날리지 않도록 고성능 필터가 장착된 석면분진 포집장치를 가동하는 등 필요한 조치를 할 것(작업장이 실외인 경우에만 해당)
   (3) 물이나 습윤제를 사용하여 습식으로 작업할 것
   (4) 평상복 탈의실, 샤워실 및 작업복 탈의실 등의 위생설비를 작업장과 연결하여 설치할 것(작업장이 실내인 경우에만 해당)

2) 석면이 함유된 벽체, 바닥타일 및 천장재의 해체·제거작업
   (1) 창문·벽·바닥 등은 비닐 등 불침투성 차단재로 밀폐할 것
   (2) 물이나 습윤제를 사용하여 습식으로 작업할 것
   (3) 작업장소를 음압으로 유지하고 그 결과를 기록·보존할 것(석면함유 벽체·바닥타일·천장재를 물리적으로 깨거나 기계 등을 이용하여 절단하는 작업인 경우만 해당)

3) 석면이 함유된 지붕재의 해체·제거작업
   (1) 해체된 지붕재는 직접 땅으로 떨어뜨리거나 던지지 말 것
   (2) 물이나 습윤제를 사용하여 습식으로 작업할 것(습식작업 시 안전상 위험이 있는 경우 제외)
   (3) 난방이나 환기를 위한 통풍구가 지붕 근처에 있는 경우에는 이를 밀폐하고 환기설비의 가동을 중단할 것

4) 석면이 함유된 그 밖의 자재의 해체·제거작업
   (1) 창문·벽·바닥 등은 비닐 등 불침투성 차단재로 밀폐할 것(작업장이 실내인 경우에만 해당)

(2) 석면분진이 흩날리지 않도록 석면분진 포집장치를 가동하는 등 필요한 조치를 할 것(작업장이 실외인 경우에만 해당)

(3) 물이나 습윤제를 사용하여 습식으로 작업할 것

석면-조사대상 08-19

1. 기관석면조사대상[산안법령제89조]

1) 건축물

(1) 건축물의 연면적 합계가 50제곱미터 이상이면서, 그 건축물의 철거·해체하려는 부분의 면적 합계가 50제곱미터 이상인 경우

(2) 주택의 연면적 합계가 200제곱미터 이상이면서, 그 주택의 철거·해체하려는 부분의 면적 합계가 200제곱미터 이상인 경우

2) 설비

다음 자재를 사용한 면적의 합이 15제곱미터 이상 또는 그 부피의 합이 1세제곱미터 이상인 경우

(1) 단열재 (2) 보온재 (3) 분무재

(4) 내화피복재 (5) 개스킷Gasket (6) 패킹Packing재

(7) 실링Sealing재 (8) 그 밖에 고용노동부장관이 정하여 고시한 자재

3) 파이프

파이프 길이의 합이 80미터 이상이면서, 그 파이프의 철거·해체하려는 부분의 보온재로 사용된 길이의 합이 80미터 이상인 경우

2. 석면해체 · 제거업자를 통한 석면해체 · 제거 대상[산안법령제94조]

1) 철거·해체하려는 벽체재료, 바닥재, 천장재 및 지붕재 등의 자재에 석면이 1퍼센트(무게 퍼센트)를 초과하여 함유되어 있고 그 자재의 면적의 합이 50제곱미터 이상인 경우

2) 석면이 1퍼센트(무게 퍼센트)를 초과하여 함유된 분무재 또는 내화피복재를 사용한 경우

3) 석면이 1퍼센트(무게 퍼센트)를 초과하여 함유된 다음 각 목의 어느 하나에 해당하는 자재의 면적의 합이 15제곱미터 이상 또는 그 부피의 합이 1세제곱미터 이상인 경우

4) 파이프에 사용된 보온재에서 석면이 1퍼센트(무게 퍼센트)를 초과하여 함유되어 있고, 그 보온재 길이의 합이 80미터 이상인 경우

3. 석면해체 · 제거작업 완료 후의 석면농도 기준[산안법시행규칙제182조]

1) 석면 농도 표시 방법 : (개/cm^3)
2) 석면 농도 기준 : 1 세제곱센티미터당 0.01개

황사 08-20

1. 황사의 특성

1) 황사란

중국북부나 몽골의 건조한 황토지대에서 작은 모래나 황토 또는 미세먼지가 하늘에 떠다니다가 상층 바람을 타고 멀리까지 날아가 떨어지는 현상을 말한다.

2) 황사와 유사한 현상

중앙아시아의 건조지역과 사하라사막, 미국 중부지역 등에서의 모래폭풍 현상이 있다.

3) 황사의 발생빈도

최근에는 중국과 몽골의 토지사막화가 가속화되어 황사의 빈도와 강도가 증가하고 있다.

2. 황사의 성분

1) 모래성분인 규소, 철, 칼륨 등의 산화물로 구성된다.
2) 중국의 대기오염으로 인해 철, 망간 등 중금속도 유입된다.

3. 황사의 영향

1) 황사의 잇점
   (1) 석회 등 알칼리 성분이 포함되어 있어, 산성비를 중화시킨다.
   (2) 토양과 호수의 산성화를 방지하는 효과가 있다.
   (3) 식물과 해양 플랑크톤에 유기염류를 제공한다.

2) 황사의 문제점(피해)
   (1) 시정장애[미세먼지로 인한 시야 확보 곤란]

   황사는 크기가 10μm이하인 입자들로 햇빛을 산란, 흡수하게 되므로 하늘이 뿌옇게 보여 지정을 악화시킨다.

   (2) 호흡기, 눈 장애[기관지 질환 유발]

   황사는 미세입자(2.5μm)가 많기 때문에 호흡기에 침착되거나 눈에 들어가 기관지염, 천

식, 안질환 등을 일으킬 수 있다.

(3) 건설현장 작업방해(차질) 발생됨[정밀기기의 조작 등 우려]

가. 정밀기기의 가동부에 황사가 흡입되어 오동작할 우려가 있다.

나. 불량률 증가한다.

다. 작업중단으로 작업일수가 증가한다.

(4) 기타

옷, 차량 건물 등을 더럽히고, 식물 잎의 기공을 막거나 잎에 쌓여 성장에 장애를 줄 수 있다.

4. 황사 발생시 대처 방안

1) 일반대책

(1) 황사가 실내에 들어도지 못하도록 창문, 출입문 점검할 것

(2) 가능한 한 외출을 삼가고 외출시에는 마스크 등을 착용할 것

(3) 귀가 시에는 얼굴과 손발 등을 깨끗이 씻을 것

(4) 식품조리시 충분히 세척한 후 섭취할 것

(5) 황사가 소멸된 후에 건물이나 도로 등에 쌓인 황사는 물청소하여 재비산 방지할 것

2) 건설업체 대책

(1) 건설기계 등 피해가 우려되는 업종을 중심으로 업종별 피해방지대응체계 구축 및 운영할 것

(2) 사업장 내부 공기통로 통제강화, 야외작업일정 재조정할 것

(3) 작업자의 안전조치를 강구(방진마스크, 보안경, 착용 등)할 것

(4) 공기정화기의 점검 보수주기 단축 등으로 산업피해 최소화할 것

(5) 사업장 사이 공정 자재 이동시 포장상태 강화할 것

(6) 작업환경유지를 위해 에어 클린어, 필터 등의 공기정화 소모품의 교체주기 단축 추진할 것

미세먼지 08-21

1. 미세먼지[옥외작업 건강보호가이드 기준(고용노동부 2019.1)]

미세먼지란 공기 중의 고체상태와 액적상태 입자의 혼합물을 말하며, 크기에 따라 미세먼지(PM10, 지름이 10μm보다 작은 입자)와 초미세먼지(PM2.5, 지름이 2.5μm보다 작은 입자)로 구분한다.

2. 미세먼지 건강장해

미세먼지에 장기간 노출되는 경우

1) 호흡기 질환(기관지염, 천식, 폐기종 등)　　2) 결막염

2) 피부염　　3) 심혈관계질환

3. 미세먼지 경보

1) 미세먼지 경보 구분(경보 발령 기준 : 일정수준 이상의 미세먼지가 2시간 이상 지속될 것)

구분	미세먼지(PM10)	초미세먼지(PM2.5)
미세먼지 주의보	150 ㎍/m³ 이상	75 ㎍/m³ 이상
미세먼지 경보	300 ㎍/m³ 이상	150 ㎍/m³ 이상

2) 환경부는 미세먼지 경보와 별도로 미세먼지 농도수준을 4단계로 구분하여 예보

미세먼지 예보기준

구분	미세먼지(PM10)	초미세먼지(PM2.5)
매우 나쁨	151 ㎍/m³ 이상	76 ㎍/m³ 이상
나쁨	81~150 ㎍/m³	36~75 ㎍/m³
보통	31~80㎍/m³	16~35㎍/m³
좋음	30㎍/m³ 이하	15㎍/m³ 이하

4. 미세먼지 단계별 예방조치

1) 사전준비 단계

(1) 민감군 확인

가. 옥외 작업자 중 폐질환(천식 등)이나 심장질환이 있는 사람, 고령자, 임산부 등

나. 건강진단 결과나 건강상담 자료, 설문조사 등을 통해 민감군을 확인할 수 있다.

(2) 연락망 구축 : 비상연락망 구축 및 정비

(3) 교육 및 훈련

가. 미세먼지의 유해성과 농도 수준별 조치사항

나. 개인위생 관리

다. 방진마스크 착용방법 등

(4) 미세먼지 농도 확인

(5) 마스크 비치

2) 미세먼지 주의보 단계

(1) 미세먼지 정보 제공

(2) 마스크 지급 및 착용

(3) 민감군에 대한 추가조치

가. 가능한 중작업을 줄임　　　　나. 휴식

3) 미세먼지 경보 단계

(1) 미세먼지 정보 제공

(2) 마스크 지급 및 착용

(3) 휴식

(4) 중작업 일정 조정

(5) 민감군에 대한 추가조치

가. 작업량을 줄임　　　　나. 휴식시간 추가 배정

4) 이상 징후자에 대한 조치

(1) 이상 징후자에 대한 작업전환 또는 작업중단

5. 미세먼지 발령기준[환경부 대기환경보전법시행규칙별표7]

1) 미세먼지(PM_{10}) 주의보

해당지역의 대기자동청소 PM10, 시간당 평균농도가 150μm 이상 2시간 이상 지속인 때

2) 미세먼지(PM_{10}) 경보

해당지역의 대기자동청소 PM10, 시간당 평균농도가 300μm 이상 2시간 이상 지속인 때

3) 초미세먼지($PM_{2.5}$) 주의보

해당지역의 대기자동청소 PM2.5, 시간당 평균농도가 750μm 이상 2시간 이상 지속인 때

4) 초미세먼지($PM_{2.5}$) 경보

해당지역의 대기자동청소 PM2.5, 시간당 평균농도가 150μm 이상 2시간 이상 지속인 때

6. 미세먼지로 인한 건강장해 예방조치

1) 민감군 사전 확인

(1) 폐질환(천식 등), 심질질환자, 고령자 등 파악

(2) 건강진단 자료

(3) 상담

2) 미세먼지 농도 수시 확인(정보제공)

(1) 미세먼지 농도

(2) 주의보, 경보 발령 현황

3) 교육 및 훈련

(1) 미세먼지 유효성

(2) 예방조치 사항

(3) 개인위생관리

(4) 마스크 착용방법

4) 마스크 지급 및 착용

5) 휴식 및 중작업 일정 조정

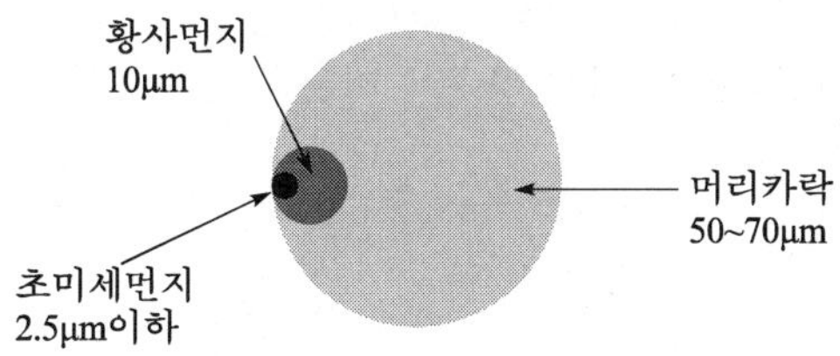

미세먼지란?

지름이 10μm 이하의 우리 눈에 보이지 않을 정도로 가늘고 작은 먼지 입자로, 사람의 폐포까지 깊숙하게 침투해 각종 호흡기 질환의 원인이 될 수 있다.

그림 8.5.1. 미세먼지

감염병[코로나19][건설현장 가이드[국토부, 2020.03]] 08-22

1. 전담체계 구축 및 대응계획 수립

1) 코로나19 감염증 관리체계 및 유관기관 협조체계 구성

(1) 본부 및 건설현장 내 전담부서 또는 전담자 지정

(2) 본부-현장, 현장-유관기관(보건소 등) 간 비상연락체계 유지

(3) 의심환자·확진환자 발생 등 이상 상황 시 즉시 대응

2) 위생물품 구입, 방역·소독에 산업안전보건관리비 활용

(1) 마스크, 알콜용 손 소독제, 체온계, 열화상 카메라 등 구입에 안전관리비 활용
산업안전보건관리비 사용가능 항목 확대 조치(고용부, 1.31)에 따라 코로나19 상황 종료 시까지

(2) 작업장 방역 및 소독비용 안전관리비 사용가능
건설업 산업안전보건관리비 계상 및 사용기준(고용부 고시) 별표2 제6호에 따라 안전관리비 사용 가능

2. 감염증(코로나바이러스) 예방수칙 이행 철저

1) 감염병 예방수칙 준수, 예방교육 및 홍보활동 지속

(1) 노동자 대상으로 코로나바이러스감염증-19 질병 정보

가. 손 씻기, 기침예절 등 감염 예방수칙, 행동요령 교육

나. 증상 : 발열, 권태감, 기침, 호흡곤란, 폐렴 등 호흡기감염증

다. 전파경로 : 기침·재채기로 호흡기 비말, 오염된 물건을 만진 뒤 눈, 코, 입 만짐

(2) 신규 진입하는 노동자 및 외국인 대상으로 교육 실시

(3) 위생수칙 등 각종 홍보물을 현장 내 주요 장소에 부착

2) 개인위생 철저

(1) 개인별 마스크 지급·착용, 손 소독제 등 위생물품을 현장 곳곳에 비치

3) 현장출입 관리

(1) 노동자 건강상태 확인

가. 발열, 기침 등 호흡기 증상

(2) 유증상자 모니터링 실시

가. 출근 중단 조치

나. 모니터링 실시

(3) 고용허가제(E-9, H-2) 현장의 외국인 근로자

가. 미감염자임에도 근로계약을 해지할 경우 고용제한 조치를 받을 수 있으므로 유의

나. 미입국 근로자는 입국유예 요청이 가능하나, 이미 입국한 근로자는 사업장 인도 후 상황에 따라 현장출입 관리 조치

4) 현장 내 소독 및 방역 철저

(1) 식당, 화장실, 샤워실 등 공용시설 중심으로 소독 실시

(2) 숙소를 제공하는 경우, 기숙사 등의 주변 가구와 방을 청결히 하고 침구류·수건류를 분리하여 사용

(3) 소독 시 준비 및 주의사항, 대상별 소독방법은 「집단시설·다중이용시설 소독 안내(질병관리본부 지침)」 참고

5) 단체활동 축소

(1) 아침조회 및 집합교육 등 단체활동을 지양하고, 가능한 소규모 단위로 공지사항 전달 및 안전보건교육 실시

(2) 점심 또는 휴게시간을 일률적으로 부여함에 따른 감염 확산을 방지하기 위해 점심·휴게시간 등에 인원 및 시간을 분산하여 이용

3. 의심환자 및 확진환자 발생 시 조치사항

1) 감염신고

(1) 감염증이 의심되는 경우 마스크를 착용토록 하고 보건소, 질병관리본부 콜센터(1339)로 즉시 신고

(2) 발열, 기침 등 호흡기 증상이 주로 있으며, 폐렴, 호흡부전 등 중증경과도 발생

2) 의심환자 격리

(1) 현장 내 격리공간 확보

(2) 보건소지시에따라 이송

가. 임시 격리공간 확보가 어려운 경우, 보건소 지시에 따라 수행하고 이송 시 타인에게 전파되지 않도록 마스크 착용

나. 의심환자와 접촉한 노동자는 보건당국의 조사가 이뤄질 때까지 사업장 내 격리장소에서 마스크 착용 후 대기

3) 확진환자 발생 시 신속 대응

(1) 현장 내 확진환자가 확인된 경우 그 사실을 즉시 현장 내 모든 노동자에게 통보

(2) 보건당국의 역학조사, 현장소독 등 사후조치에 적극 협조

(3) 발주처 및 시공사는 현장 소독 등을 위해 공사를 일시 중지하고, 접촉자 격리상황 등을 고려하여 중지기간 판단

4) 공공공사 일시중지 및 계약기간·계약금액 조정 등

(1) 「신종코로나바이러스 대응을 위한 공공계약 업무처리지침(기재부, 2.12)」에 따라 확진환자 또는 의심환자 발생 등으로 작업이 현저히 곤란한 공공현장은 발주기관이 공사를 일시정지 할 수 있고,

- 정지된 기간에 대해서는 계약기간 연장, 계약금액 증액 등 조치

(2) 발주기관이 일시정지 조치를 하지 않은 현장에서 코로나19로 인해 작업 곤란·자재 수급 차질 등 불가피하게 계약이행 지연 시, 지체상금을 면제하고 계약금액 조정 요건 여부를 적극 검토

5) 민간공사 공기연장, 계약금액 조정, 지체상금 면제 등

(1) 현 코로나19 대응상황을 민간건설공사 표준도급계약서제17조에 따른 전염병 등 불가항력의 사태로 인해 계약이행이 현저히 어려운 경우로 유권해석(국토부, 2.28)

(2) 건설산업자는 확진환자 발생 등 현장여건을 고려하여 민간 발주자에게 공기 연장을 요구할 수 있고 발주자는 즉시 그 사실을 확인하여 계약기간 연장 등 조치

가. 계약금액 조정 시 일반관리비와 이윤 등이 변경되며, 자재 등의 가격변동이 큰 경

우(잔여공사금액이 3% 이상 변동)도 반영

나. 연장된 공사기간에 대해서는 지체상금을 부과할 수 없고 코로나19 비상상황이 해제된 날부터 3일까지 준공기한 연장

6) 확진환자 및 접촉자 등에 대한 휴가·휴업 관리

(1) 감염병예방법 제41조의2에 따라 보건당국에 의해 입원·격리되는 경우에는 국가에서 유급휴가비 또는 생활지원비를 지원할 예정이며, 유급휴가 비용을 지원받는 사업주는 반드시 유급휴가 부여

구분	유급휴가비	생활지원비
지원대상	격리된 자에게 유급휴가 제공 사업주	격리 통지서를 받고 격리된 자
지원수준	개인별 일급 기준 (1일 13만원 상한)	긴급복지 지원액 기준(4인 가구 123만원)
신청처	국민연금공단 지사	주민등록지 관할 시군구(또는 읍면동)
	'20.2.17부터 신청을 받고 예비비 등 예산 편성이 마무리 되는대로 조속히 지급할 예정	

(2) 감염병예방법에 따라 입원·격리되는 경우가 아니더라도 필요한 경우 휴가, 휴업을 활용할 수 있도록 적극 안내

6. 화재폭발

화재폭발사고 08-23

1. 화재폭발사고 발생 메커니즘

가연물이 혼합된 공가가 점화원과 접촉하는 순간 화재폭발사고가 발생한다.

1) 위험물
   (1) 인화성 가스
   (2) 인화성액체의 증기(우레탄 폼 등)
   (3) 인화성 고체

2) 점화원
   (1) 용접불꽃
   (2) 용단불티
   (3) 라이타 불꽃, 스파크 등

2. 화재폭발사고 위험요인과 관리대책

1) 가연물 관리
   (1) 작업 시작 전 가연물의 제거·퍼지·차단 사실을 확인할 것
      가. 가연물 제거 작업 전, 가연물의 물질 특성을 우선 파악 후 시작할 것
      나. 작업장 주변 가연물을 제거하고, 용기나 배관 내용물 배출 표식 등 안전조치사항을 꼼꼼하게 확인할 것
      다. 용접불꽃 비산방지를 위해 각종 개구부 차단 여부를 확인할 것
   (2) 가스 분진 누출 여부를 측정할 것
      가. 독성, 가연성 가스 퍼지 후에 가스 잔류 여부를 확인할 것
      나. 용단 전, 냉각 후 테스트 홀을 통하여 가스를 감지할 것
      다. 비중, 환기상태, 누출원 등을 고려하여 실시할 것
   (3) 내용물 제거 시 다음과 같은 안전 대책을 유의할 것
      가. 가연성 가스·분진 제거 후에는 충분히 공기로 치환 작업을 실시할 것
      나. 잔존물 이송 시에는 철재호스를 사용하고 접지할 것.

다. Non-spark 재질(스파크가 튀지 않는 재질)의 방폭 공구를 사용할 것

2) 점화원 관리

(1) 가연성 물질, 인화성 물질 근처에서 화기작업을 금지할 것

가. 스티로폼 등 가연물 주변, 인화성 물질 취급설비(용기, 배관 등) 근처 및 인화선 물질 취급 밀폐공간에서 용접과 용단 등의 화기작업을 금지할 것.

(2) 안전점검 및 **화기작업허가**를 철저히 관리·감독할 것

가. 작업 전 안전점검과 화기작업허가를 철저히 할 것

나. 작업허가서에 명시된 안전보건조치사항을 확인할 것

다. 작업내용 변동에 따른 추가위험에도 대응·조치할 것

(3) 중점관리 사항을 철저히 지켜줄 것.

가. 산소와 점화원은 제거가 불가능한 요소이므로, 무엇보다 주변 가연물에 대한 집중적인 관리(격리, 제거, 방호)가 중요하다는 사실을 기억할 것

3. 화재감시자 배치기준[안전보건규칙제241조의2]

1) 화재감시자 지정장소[용접 · 용단 작업을 하도록 하는 경우용접

사업주는 근로자에게 다음 어느 하나에 해당하는 장소에서 용접 · 용단 작업을 하도록 하는 경우에는 화재감시자를 지정하여 용접 · 용단 작업 장소에 배치해야 한다. 다만, 같은 장소에서 상시 · 반복적으로 용접 · 용단작업을 할 때 경보용 설비 · 기구, 소화설비 또는 소화기가 갖추어진 경우에는 화재감시자를 지정 · 배치하지 않을 수 있다.

(1) 작업반경 11미터 이내에 건물구조 자체나 내부에 가연성물질이 있는 장소

(2) 작업반경 11미터 이내의 바닥 하부에 가연성물질이 11미터 이상 떨어져 있지만 불꽃에 의해 쉽게 발화될 우려가 있는 장소

(3) 가연성물질이 금속으로 된 칸막이 · 벽 · 천장 또는 지붕의 반대쪽 면에 인접해 있어 열전도나 열복사에 의해 발화될 우려가 있는 장소

2) 화재감시자의 업무

(1) 해당 장소에 가연성물질이 있는지 여부의 확인

(2) 가스 검지, 경보 성능을 갖춘 가스 검지 및 경보 장치의 작동 여부의 확인

(3) 화재 발생 시 사업장 내 근로자의 대피 유도

3) 화재감시자의 대패용 방연장비

(1) 확성기

(2) 휴대용 조명기구

(3) 화재 대피용 마스크

4. 화재폭발 사고 위험 작업 시 작업전 점검사항

1) 충분한 환기[가연물질 제거]
2) 점화원 관리대책[용접불피 비산방지포 등]
3) 화재감시자 배치

그림 8.6.1. 다이나마이트

5. 철골부재별 내화기준

1) 철골기둥 : 내화뿜칠(내화기준 2시간)
2) 지붕틀(퍼린 포함) : 내화페인트 0.5시간)
3) 방화셔터 : 방화벽체(내화시간 1시간)

<table>
<tr><th colspan="2">구조</th><th>내화재료</th><th>내화시간</th><th>두께</th></tr>
<tr><td rowspan="2">보기둥</td><td rowspan="2">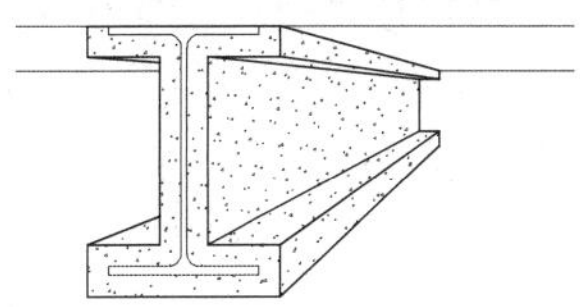</td><td>내화 페인트</td><td>2시간</td><td></td></tr>
<tr><td colspan="3">내화 페인트</td></tr>
<tr><td rowspan="2">보기둥</td><td rowspan="2">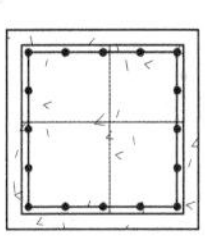</td><td>기둥, 보</td><td>2시간</td><td>800mm</td></tr>
<tr><td colspan="3">건축물의 피난, 방화구조 등의 기준에 관한 규칙 제3조 3호에서 철근콘크리트조 또는 철골철근콘크리트조</td></tr>
<tr><td rowspan="2">바닥
SLAB</td><td rowspan="2">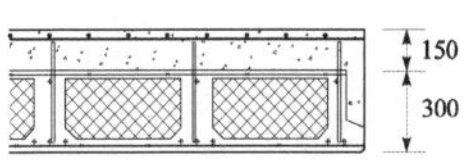</td><td>바닥</td><td>2시간</td><td>150~450mm</td></tr>
<tr><td colspan="3">철근콘크리트구조(THK100 이상)</td></tr>
<tr><td rowspan="2">지붕 및
지붕틀
(퍼린
포함)</td><td rowspan="2">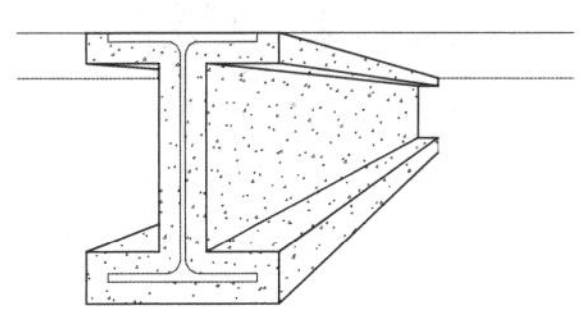</td><td>내화 페인트</td><td>1/2시간</td><td></td></tr>
<tr><td colspan="3">내화 페인트</td></tr>
<tr><td rowspan="2">벽
(내벽)</td><td rowspan="2">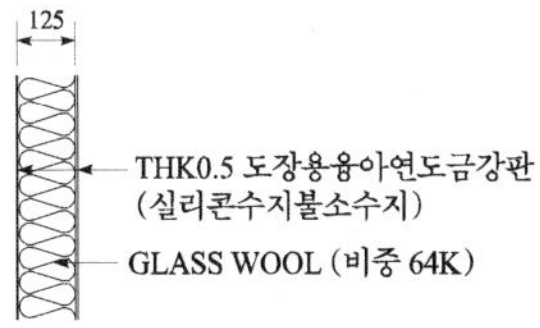</td><td>비내력
(간막이벽)</td><td>1시간</td><td>125T</td></tr>
<tr><td colspan="3">내화인증서 첨부</td></tr>
</table>

그림 8.6.2. 내화성능에 따른 구조 (한국건설기술연구원장이 인정한 내화구조 재료 사용)

분류	대상연료	소화	
		소화방법	소화약제
A급(일반)화재	고체연료	냉각소화	물
B급(유류)화재	액체연료	질식소화	분말, 포말, CO_2, Haloh
C급(전기)화재	전기의 발화연소	질식 및 냉각소화	분말, CO_2, Haloh/301물
D급(폭발)화재	가스, 금속분	분리소화	물질조사분말, CO_2

그림 8.6.3. 화재의 분류 및 화재별 소화방법

학습 Note 샌드위치판넬과 화재 안전성

1) 샌드위치 단열재에서 문제가 되는 부분은 '복합자재의 심재'에 준불연 재료를 사용하게 한 내용이다. 심재는 샌드위치패널 안쪽에 채워 넣은 단열재를 뜻한다. 샌드위치패널의 내부 단열재는 주로 스티로폼이라고 불리는 발포스티렌EPS, 폴리우레탄, 유리를 활용한 글라스울 등이 쓰인다. 국내 샌드위치패널 시장은 약 1조8000억원 규모다. 2018년 기준 가격이 가장 저렴한 EPS가 샌드위치패널 시장의 60%를 차지하고 있고 폴리우레탄은 23%를 점유하고 있다. 글라스울 점유율은 17%다.

2) 업계는 건축법이 개정돼 EPS와 폴리우레탄만 떼어 화재안전성 시험을 할 경우 준불연 기준을 받는 것은 불가능하다고 보고 있다. 법안이 사실상 '스티로폼·우레탄 샌드위치패널 금지법'이라는 것이다. 현행법은 샌드위치패널 자체를 하나의 복합자재로 화재안전성능 시험을 받도록 하고 있다.

"샌드위치패널 안쪽도 시험"

건축법 개정안 주요 내용

- 건축 마감재, 단열재·복잡자재의 심재 등 화재안전 기준 강화
- 700도에서 10분 이상 버티는 '준불연' 성능 요구
- 샌드위치패널(복합자재)의 경우 외부 강판을 제외한 내부 단열재에 화재안전성능 시험
- 위반 시 3년 이하의 징역 또는 5억원 이하의 벌금

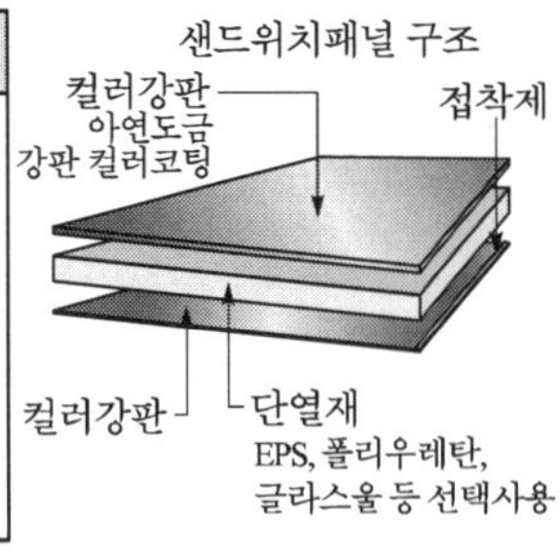

화재폭발 발생 메커니즘 및 관리대책

7. 건설공사와 공해 재해사례

• 재해사례

재해사례

01 재해사례-발파 무너짐(붕괴)

1. 재해개요

터널공인 피재자가 터널 내의 막장면 발파작업 후 발파상태를 확인 위해, 막장 전면 좌측 하단부에서 막장면을 관찰하던 중, 막장면 암반 절리방향으로 낙반이 발생하면서 피재자를 덮쳐 협착사망한 재해임

2. 재해상황도

3. 안전대책

터널 발파작업 후 낙반 등에 의한 위험이 있는 때에는 막장면으로부터 일정거리를 이격하여 출입금지구역을 설정하고, 막장면에 절리가 발달하여 낙반위험이 있는 때에는 부석제거 및 락볼트 설치 등 필요한 조치를 하여야 한다.

4. 뇌관 사고사례

1) 금정~사당간 지하철(서울시 방배동, 1993년 6월) : 전기뇌관을 이용한 장약 후 작업대 제거하는 순간 누전으로 인한 폭발사고
2) 천안~논산간 고속도로(충남 천안시 광덕면, 2000년 6월) : 화약 장전작업 중 기습폭우를 동반한 낙뢰에 의한 폭발사고
3) 경전선 터널(2010년 7월) : 갱구에서 3.5km지점에서 전기뇌관 결선 후 철수중에 낙뢰에 의한 폭발사고

02 재해사례-해체 무너짐(붕괴)

1. 재해개요

근로자 17명이 근린생활시설 건물 내부 리모델링 작업 중 노후가 심한 건물 후면부 전체가 건물하중 및 충격, 진동 등의 작업하중을 견디지 못하고 붕괴되면서 지상 1층에서 배수로 작업 중이던 피재자 2명이 콘크리트 더미에 매몰 사망하고 건물 내・외부에서 작업 중이던 피재자 3명이 부상당한 재해임

2. 재해상황도

3. 안전대책

1) 구조물 등의 시설물 안정성 평가 실시

노후 구조물의 안전한 해체공사를 위해서는 기존자료 수집 및 분석, 구조물 현황조사, 노후화 및 손상정도, 사용 중 증축, 개축 등의 구조변경 등 충분한 사전조사를 통해 기초 자료 확보 후 철거층 및 철거층 하부에 대한 안전성 검토를 실시하여 해체 작업과정중 구조적 안전성을 확보하여야 함

2) 해체작업계획서 작성 및 준수

건물 등의 해체작업, 중량물 취급 작업 등을 하는 경우 근로자의 위험을 방지하기 위하여 해체건물 등의 구조, 주변 상황을 사전에 조사하고 해체방법 및 순서·해체장비·해체물 처분계획 등이 포함한 작업계획서를 작성하고 계획서의 작업방법 및 순서를 철저히 준수토록 하여야 함

03 재해사례-해체 물체에 깔림(붕괴)

1. 재해개요

2017. 1. 7.(토) 서울시 종로구 소재 00철거공사 현장에서 압쇄기가 부착된 굴삭기(0.8m^3, 21.0ton)로 지상 1층 바닥슬래브에서 계단실 벽체를 철거하던 중 지상 1층 바닥슬래브가 굴삭기 및 철거 잔재물 등의 고정하중 및 작업하중을 견디지 못하고 지하 2층 바닥까지 붕괴되어, 지상 1층에서 살수작업 중이던 작업자 2명이 매몰되어 사망하고 굴삭기 운전원 등 2명이 부상 당한 재해임

2. 재해상황도

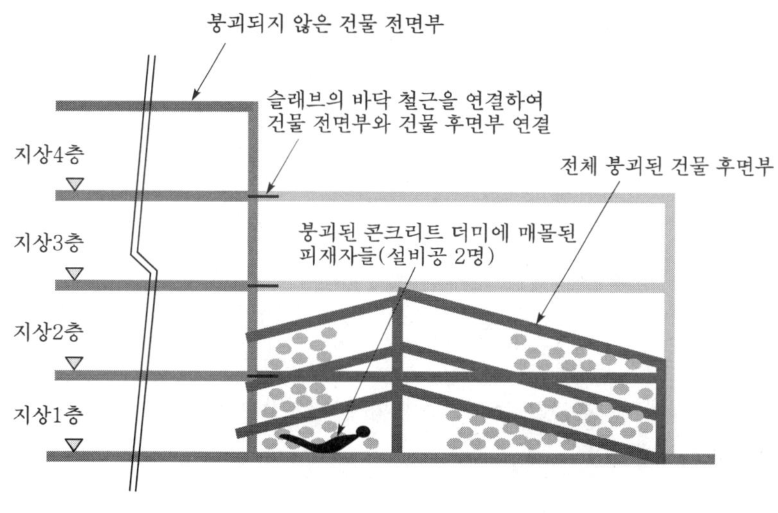

3. 안전대책

건물 해체, 개조 등의 작업 시 건물 구조 및 주변상황 등을 사전에 조사하고 해체방법 및 순서 등의 작업

4. 해체 공사 재해사례

공장지붕의 슬레이트 및 스티로폼을 철거하기 위해 중도리(Purlin) 위에서 슬레이트 아래의 스티로폼 제거작업을 진행하던 중 몸의 중심을 잃고 약 5m 아래 콘크리트바닥으로 추락·사망한 재해	주방과 방의 칸막이벽체 철거작업을 진행하던 중 상부에 제거되지 않은 칸막이벽체 일부가 떨어져 낙하하면서 피재자를가격하여 사망한 재해

04 재해사례-폐기물 물체에 맞음(추락)

1. 재해개요

2005. 12. 30 19:00경, 대구시 중구 소재 ○○건설(국)전화국 증축공사현장에서 폐기물 포대를 타워크레인으로 양중하던 중 포대가 찢어지며 내부 폐기물이 낙하하여 신호중인 피재자를 강타하고, 그 충격으로 추락하여 사망한 재해임

2. 재해상황도

1) 당 현장은 기존의 전화국 건물을 증축하는 공사로 옥상층 형틀작업과 폐기물 반출 및 현장 정리정돈 작업을 실시함
2) 피재자는 크레인 운전자와 원활한 신호를 위해 평면 개구부 1층 지점의 비계위에서 신호를 하던중,
3) 폐기물 운반포대가 찢어지며 낙하하여 피재자를 강타, 그 충격으로 지하 4층 바닥으로 추락하여 사망한 재해임

3. 재해발생원인

1) 불량용기 사용

적재하중 확인 미실시, 제사용 금지 운반용구(PP포대) 재사용.

2) 작업방법 불량

크레인으로 중량물 양중시 수직으로 양중해야 하나 측면으로 끌어당기며 양중하여, 인양도중 중량물이 과도하게 흔들렸으며, 그 흔들리는 과정에서 PP포대가 형강에 충돌되어 포장재가 손상되어 찢어졌거나 또는 과하중으로 파단.

4. 안전대책

1) 안전한 용기 사용

적재물의 무게, 형상에 적합한 용기를 선정하거나 별도 제작 사용.

2) 안전한 작업방법 선정

(1) 포장단위를 작게하여 인화공용 Lift를 이용하거나,

(2) 크레인이 수직으로 양중 가능한 자재 반(입)출구(켄틸레버 구조로 양중경로에 지장물 없는 구조)를 설치 이용하거나,

(3) 양중과정에서 지장물에 충돌하지 않게 Guy rope나 지지대로 조정하는 등 현장여건에 적합한 안전한 작업방법을 계획시행.

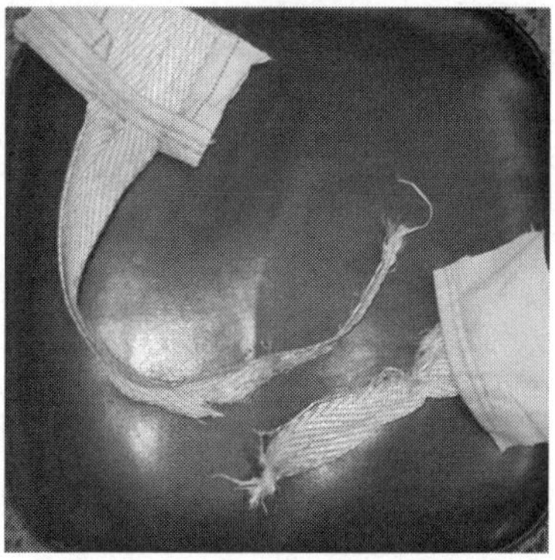

3) PP마대에 규사 등 중량물을 담아 취급할 경우 PP마대의 허용하중(1ton) 이내로 담고, 화물하부에는 근로자가 접근하지 않도록 절개장치나 칼을 막대에 연결하여 사용하는 등 작업방법을 개선하여야 함

05 재해사례-석면(직업병)

1. 재해개요

근로자 ○○○은 1972년 ~ 1997년까지 약 25년 2개월간 □건설 소속으로 □건설 ◇공장 내에서 지게차 등 중장비 정비 업무를 하였다. □건설 ◇공장은 1970~1990년대에 걸쳐 석면을 재료로한 건축자재(주로 슬레이트)를 생산하던 곳이었다. 상기 근로자는 2009년과 2011년 환경부 주도 석면 역학조사에 참여하여 석면폐증이 의심된다는 의사 진단을 받았다.

2. 작업환경

○○○은 □건설에 입사하여 중장비과에서 정비 업무를 수행하였다고 한다. 정비 대상 중장비는 지게차, 포크레인, 불도저, 롤러, 덤프차 등이 있으며 주로 지게차 정비 업무를 수행하였다고 진술하였다. 중장비과는 이후 △중기사업소로 명칭 변경되었으며 업무 내용은 변화가 없었다고 하였다. 업무는 1달에 10일은 □건설 ◇공장 내로 들어가 고장이 나 멈춘 지게차의 정비를 실시하며 보통 하루에 1 내지 2-3회는 정비 건이 발생하므로 한 달에 보통 20-30회 정도 공장 내에서 정비 업무를 수행한다고 하였다. 1회 공장 방문 시 체류 시간에 대하여 보통 30-1시간 30분 정도였다. 주로 발생하는 고장 형태에 대하여 차의 유압 호스가 터져서 현장에서 교체하는 작업이라고 하였다. 본 역학조사에서 ◇공장은 철거된 상태로 현장조사가 불가능하였고, 회사 측으로부터 과거 작업환경 측정 결과를 입수할 수 없었다. 호흡기보호구의 경우, ○○○은 마스크를 착용하였으나 방진 마스크 여부는 불명확하였으며, 사용된 석면의 종류에 대하여 회사 측에서는 백석면을 수입하여 제조한 것으로 보고하였다.

3. 의학적 소견

○○○은 2009년과 2011년 석면폐증이 의심된다는 의사 진단을 받기까지 별다른 호흡기 증상을 호소하지 않은 것으로 파악되었다. ○○○의 흉부 단층 촬영상 및 흉부 방사선 촬영상을 검토한 결과, 초기 석면폐증으로 의심되는 소견이 관찰되었다. 단, 영상의학전문의의 소견에 의하면, 흉막반의 위치나 석회화가 이뤄지지 않은 점, 그리고 섬유화 소견(parenchymal bands)이 석면노출에 대한 특이적인 병변으로 보기는 어려우며, 원인불명의 염증에 의한 소견에서도 볼 수 있어 영상의학적 소견만으로 석면폐증이라고 판단할 수 없고 직업력도 반드시 고려하여야 한다고 하였다. 담배는 주 1 갑 정도를 약 30년간 피웠다고 하며 음주는 주 2-3회, 소주 1잔 정도로 진술하였다. 출생 이후 현 시점까지 ◇시 이외 지역으로 이사하거나 석면을 취급한 경력은 없는 것으로 확인되었다.

4. 고찰 및 결론

25년간 슬레이트생산 공장에 근무하면서 석면 노출가능성이 있으나 그 노출수준은 불명확하였다. 진단결과로 볼 때 석면폐증의 초기소견으로 경미하나, 흉막반등의 소견을 볼 때 석면으로 인한 상병으로 판단되어 직업관련성이 높다고 판단되었다. 또한, 향후 폐 섬유화가 진행될 수 있으므로 임상소견의 변화에 따른 추적 관찰이 필요할 것으로 판단되었다.

06 재해사례-화재폭발 물체에 맞음(낙하비래)

1. 재해개요

2019.12.12. 일(수) 산소·LPG를 사용하여 공드럼 상판을 용단작업 중 폭발하여 머리를 부딪혀 사망

* 톨루엔이 잔류하고 있던 공드럼의 상판 절단작업을 실시하였으며 작업대상 공드럼 4개중 3개는 작업완료

[유사 재해사례]
- 2017.09.22. 공드럼(잔류물질:메탄올) 상판을 제거하려고 알곤용접기를 드럼 상판에 가져다 대는 순간 폭발하여 폭발압력에 의해 넘어지면서 지면에 머리를 부딪혀 사망
- 2016.09.25. LPG·산소 절단기를 사용하여 폐드럼통(잔류물질:메탄올) 절단작업 중 드럼통내 잔류 인화성액체의 증기가 폭발하여 화상으로 사망
- 2015.02.26. 핸드그라인더를 사용하여 폐드럼통(잔류물질:초산에틸) 상판을 제거하던중 드럼통 내부에 잔류하던 인화성액체의 증기가 폭발하여 폭발압력에 의해 뒤로 넘어지면서 지면에 머리를 부딪혀 사망
- 2015.02.24. LPG·산소 절단기를 사용하여 폐드럼통(잔류물질:인화성액체) 상부를 절단하던 중 폭발하여 화상으로 사망

2. 재해상황도

3. 재해발생원인

1) 드럼통내 잔류물질 제거 미흡

폐드럼 내부에 잔류하고 있던 인화성 액체의 증기를 충분히 제거하지 않아 폭발(연소)위험 분위기를 형성하고 있는 상태에서 점화원(LPG·산소 절단기)과 접촉시킴

4. 안전대책

1) 폐드럼통 용단작업시 용기 내부 위험물 사전 제거

폐드럼통 용단작업시 반드시 드럼내 잔류 물질 제거 및 세척
(잔류물질의 증기가 남아 있는 경우 점화원과의 접촉시 폭발위험성 높음)

2) 근로자 특별안전보건교육 실시

특별안전보건교육 실시 및 작업을 시작할 때마다 안전한 작업방법 등을 주지

제9장

건설재해유형별 안전관리

1. 추락, 낙하재해
2. 감전재해
3. 질식 및 계절별 재해
4. 건설재해유형별 재해사례

construction safety management

1. 추락, 낙하재해

추락재해원인과 대책 09-01

1. 추락재해의 정의

1) 추락이란 **사람이 중간 단계의 접촉 없이 자유 낙하하는 것**
2) 추락재해란 사람이 구축물, 가설구조물, 굴착사면 등으로부터 떨어져 상해를 입는 것

2. 추락재해의 특징

1) 추락재해의 특징은 지면으로부터 높은 곳에서 지면으로 떨어지면서 중력 가속도를 수반한 위치에너지에 의해 상해를 입기 때문에 다른 재해에 비해 중상 또는 사망재해로 이어지는 경우가 많다.
   (1) 추락 높이가 높을수록 상해의 정도가 크다.
   (2) 충격면의 경직도(딱딱한 정도)에 따라 상해의 정도가 다르다.
   (3) 인체의 충격부위에 따라 상해의 정도가 크게 다르다.
   (4) 고령일수록 상해의 정도가 크다.

2) 추락재해 구분
   (1) 미끄러짐Slip
   (2) 걸려 넘어짐Trip
   (3) 계단에서 추락Fall on Stairs
   (4) 고소에서의 추락Fall from Elevation

3. 추락재해 발생원인

1) 작업자의 불안전한 행동
   (1) 부주의
   (2) 안전수칙 위반 또는 무시

2) 시설물의 불안전한 상태
   (1) 안전시설 설치 불량(자재불량, 지반상태 불량)
   (2) 안전시설 설치기준 미준수

4. 추락 위험 방지 조치에 대한 안전보건규칙

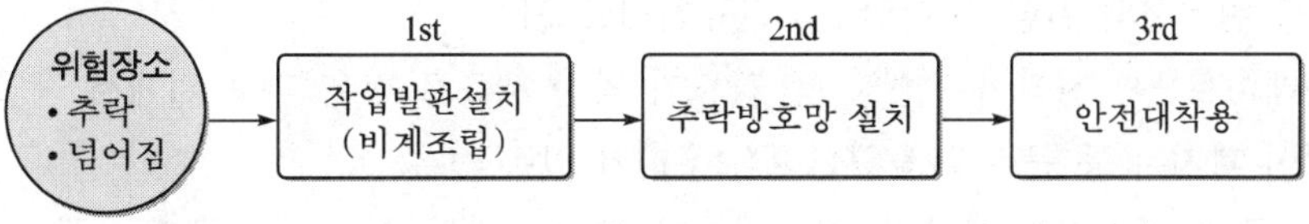

그림 9.1.1. 추락 위험 방지 조치 순서

1) 추락 위험 방지[안전보건규칙제42조]

(1) [1단계] 작업발판(비계 등) 설치[작업발판의 끝, 개구부 등은 제외함]

(2) [2단계] 추락방호망 설치[작업발판 설치가 곤란한 경우] : 한국산업표준의 성능기준에 적합할 것

가. 구조물 내부에 설치 할 경우

(가) 설치 위치는 가능하면 작업면으로부터 가까운 지점에 설치할 것

(나) 작업면으로부터 망의 설치 지점까지의 수직거리는 10미터를 초과하지 말 것

(다) 수평으로 설치하고, 망의 처짐은 짧은 변 길이의 12퍼센트 이상이 되도록 할 것

나. 건축물 등의 바깥쪽으로 설치하는 경우

(가) 내민 길이는 벽면으로부터 3미터 이상 되도록 할 것

(나) 그물코가 20밀리미터 이하인 추락방호망은 낙하물방지망을 설치한 것으로 봄

(3) [3단계] 안전대 착용[추락방호망을 설치하기 곤란한 경우]

2) 개구부 등 방호조치[안전보건규칙제43조]

작업발판 및 통로의 끝이나 개구부로서 근로자가 추락할 위험이 있는 장소에는 안전난간, 울타리, 수직형추락방망, 덮개 등의 방호조치를 충분한 강도를 가진 구조로 튼튼하게 설치할 것. 덮개는 뒤집히거나 떨어지지 않도록 설치하고 어두운 장소에서도 알아볼 수 있도록 개구부임을 표시할 것

(1) [1단계] 안전난간 설치

(2) [2단계] 안전난간 설치가 곤란하거나 작업 필요에 따라 임시로 난간을 해체할 경우

가. 추락방호망 설치

(3) [3단계] 추락방호망 설치가 곤란한 경우

가. 안전대 착용[안전보건규칙제44조]

(가) 안전대 부착설비 : 추락할 위험이 있는 높이 2미터 이상의 장소에 설치할 것

(나) 안전대를 착용시킨 경우 안전대를 안전하게 걸어 사용할 수 있는 설비[안전대 부착설비] 등을 설치할 것

(다) 안전대부착설비로 지지로프 등을 설치하는 경우에는 처지거나 풀리는 것을 방지하기 위하여 필요한 조치를 할 것

3) 추락할 위험이 있는 높이 2미터 이상 장소

(1) 지붕 위에서의 위험 방지[안전보건규칙제45조]

슬레이트Slate, 선라이트Sunlight 등 강도가 약한 재료로 덮은 지붕 위에서 작업을 할 때에 발이 빠지는 등 근로자가 위험해질 우려가 있는 경우

가. 폭 30센티미터 이상의 발판 설치할 것

나. 추락방호망 설치할 것

(2) 승강설비의 설치[안전보건규칙제46조]

가. 높이 또는 깊이가 2미터를 초과하는 장소인 경우 근로자가 안전하게 승강하기 위한 건설작업용 리프트 등의 설비를 설치할 것

나. 승강설비를 설치하는 것이 작업의 성질상 곤란한 경우에는 설치할 필요 없음

(3) 구명구 등[안전보건규칙제47조]

수상 또는 선박건조 작업에 종사하는 근로자가 물에 빠지는 등 위험의 우려가 있는 경우

가. 구명을 위한 배를 준비 할 것

나. 구명장구를 비치 할 것

(4) 울타리의 설치[안전보건규칙제48조]

근로자에게 작업 중 또는 통행 시 굴러 떨어짐으로 인하여 근로자가 화상·질식 등의 위험에 처할 우려가 있는 케틀Kettle(가열 용기), 호퍼Hopper(깔때기 모양의 출입구가 있는 큰 통), 피트Pit(구덩이) 등이 있는 경우에 그 위험을 방지하기 위하여 필요한 장소에 높이 90센티미터 이상의 울타리를 설치할 것

(5) 조명의 유지[안전보건규칙제49조]

근로자가 높이 2미터 이상에서 작업을 하는 경우 그 작업을 안전하게 하는 데에 필요한 조명을 유지할 것

5. 추락 방지조치Fall Prevention

1) 추락 방지조치

(1) 추락이 일어날 가능성을 제거하는 시스템(위험요인 제거, 작업계획)과 기술적인 조치(안전한 공법, 작업방법)을 말한다.

(2) 고소작업이 필요없는 공법이나 작업계획, 작업방법 및 작업장소를 개선하는 것을 말한다.

2) 추락 방지조치의 종류

(1) 안전난간

(2) 개구부 덮개

(3) 추락억제시스템Fall Restraint system

(4) 경고라인시스템Warning Line System

(5) 접근통제구역설정

(6) 사다리 등받이 울 등

6. 추락 방호조치Fall Protection

1) 추락 방호조치

(1) 고소 작업자가 추락할 경우 피해가 최소화되도록 보호하는 조치를 말한다.

(2) 추락저지시스템Fall Arrest System이라고도 한다.

2) 추락 작업자가 바닥이나 작업발판 하부의 장애물에 충돌하지 않도록 하는 시스템

(1) 능동적 시스템 - 안전대 착용

(2) 수동적 시스템 - 추락 방지조치를 별도로 하지 않아도 되는 시스템

3) 추락 방호시스템의 형태

(1) 추락방호망

(2) 안전대 착용

7. 추락재해가 현저하게 감소하지 못하는 이유

1) 추락재해 인식의 문제

(1) 추락 위험은 높은 작업 장소에서 발생한다는 인식의 오류

(2) 높은 높이에서 발생률보다 3미터 미만 낮은 높이 발생률이 더 높음

2) 낮은 높이의 위험성에 대한 둔감성

(1) 낮은 높이는 뛰어내릴 수 있다는 의식

(2) 낮은 높이는 무의식 상태에서 떨어짐

3) 기본수칙 무시

(1) 안전난간 설치나 안전모 착용 불량

(2) 작업발판 미설치

떨어짐(추락) 높이에 따른 속도와 충격력

떨어짐(추락)높이(m)	0.3	1.2	1.8	2.7	4.9	7.6	11.0	14.9
속도(m/s)	2.42	4.85	5.94	7.27	9.80	12.20	14.68	17.09
충격력(kgf)	182	726	1,090	1,634	2,906	4,540	6,356	8,898

* 위 계산은 81.7kg(180 파운드)의 작업자가 9.1kg(20 파운드)의 도구를 운반하는 경우의 기준(미국산업안전교육원, OTI)

* 충격력은 충격시간을 실험값을 가지고 계산한 것으로 추정됨

* 충격시간은 바닥의 종류, 상태, 떨어지는 모양 등에 따라서 변화됨

1. 개구부

건설 현장의 개구부Opening란 슬래브와 벽면 등에 발생하는 크고 작은 수평 및 수직 구멍(창호나 문틀 등을 설치하기 위해 비워두는 부분 포함)으로 추락의 위험이 있는 것을 말한다.

1) 개구부 방호조치[안전보건규칙제43조]

(1) 안전난간

(2) 울타리

(3) 수직형 추락방망 : 한국산업표준의 성능기준에 적합할 것

(4) 덮개

가. 뒤집히거나 떨어지지 않도록 설치할 것

나. 어두운 장소에서도 알아볼 수 있도록 개구부임을 표시할 것

2) 개구부 구분

(1) (수평 개구부) 바닥 개구부–자재반입구, Dry Area, EPS, 덕트 개구부

가. 소형 개구부 : 일반적으로 1제곱미터 이내

나. 대형 개구부

(2) (수직 개구부) 벽면 개구부 : 수직방망 설치 위치

가. 엘리베이터 개구부　　나. 발코니 개구부　　다. 슬래브 단부 개구부

2. 개구부 유형별 안전시설 설치기준 및 안전점검사항

1) 수평 개구부

(1) 작업용 대형 바닥 개구부

가. 안전난간을 설치(난간기둥 간격 2미터 이하 일 것)할 것

나. 안전난간에 수직방망을 설치(바닥에 충분히 접하도록 할 것)할 것

다. 높이 10미터 이내마다 수평 추락방호망 설치할 것

라. 낙하물방지용 폭목 설치 및 안전표지판 설치할 것

마. 지하층 개구부 주변은 충분한 조도를 확보할 것

바. 최하층 바닥 개구부 하부에는 낙하물방지조치를 할 것

(2) 소형 바닥 개구부

가. 덮개의 재료는 손상·변형·부식이 없는 것으로 설치할 것

나. 철근으로 설치 시는 D13 이상, 합판으로 설치시는 두께 12밀리미터 이상을 권장함

다. 철근으로 설치 시 철근간격을 10센티미터 격자모양으로 용접 제작할 것

라. 덮개의 구조는 상부판과 스토퍼Stopper로 구성되며 결합부는 변형 또는 변위가 발생치 않도록 조치할 것

마. 상부판의 크기는 개구부보다 10센티미터 이상 여유가 있게 설치할 것

바. 안전표지판을 설치("개구부 주의", "추락위험" 등)할 것

사. Metal Lath로 설치 할 때에는 콘크리트 타설 시 Lath를 묻고 타설할 것

아. 덮개는 유동이 없고 바닥면과 밀착되도록 설치할 것

자. 덮개는 임의 제거를 금지(부득이 제거 시 작업종료 후 즉시 원상 복구)할 것

(3) Pipe Shaft, Smoke Tower 개구부

가. 철근 용접 제작 및 그 위에 안전망 또는 Metal Lath로 폐쇄하는 방법

나. 합판을 사용하여 하부에 각재로 스토퍼를 설치하는 방법

다. 콘크리트 타설 전 철판 및 슬래브를 선 시공하는 방법

2) 수직 개구부(엘리베이터 출입구 등)

(1) 안전난간은 기성제품을 사용하여 설치하거나 기존 가설재(파이프)를 사용하여 설치

(2) 안전난간의 높이는 상부 90~120센티미터, 중간난간은 상부 난간대 높이의 1/2에 위치

(3) 안전난간에는 수직망 설치(바닥에 밀착할 것)

(4) 바닥에는 폭목 설치 및 안전표지판 부착할 것

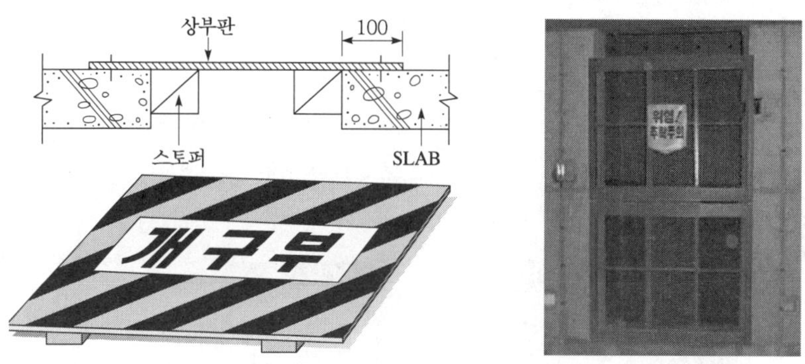

그림 9.1.2. 개구부 덮개 및 엘리베이터 수직 개구부 안전난간 시설 설치 사례

그림 9.1.3. 개구부 덮개 설치 사례

3. 환기구 그레이팅 안전대책[시공관점]

[환기구 설계·시공·관리 가이드라인(국토교통부, 2014)]

<table>
<tr><th>구분</th><th>주요내용</th><th>적용</th></tr>
<tr><td rowspan="3">계획
·
설계</td><td>• 급기구 및 배기구도 건축물의 일종으로 환기구 덮개(스틸 그레이팅 및 스틸 그레이팅 받침 구조물 등)에 유지관리를 위한 장비 등의 적재가 예상되는 경우 건축구조기준 상 활하중 최소 기준 및 기타 하중 적용
• 기본 등분포 활하중(kN/m²)
<table>
<tr><th>용도</th><th>구조물의 부분</th><th>활하중</th><th>비고</th></tr>
<tr><td rowspan="4">지붕</td><td>가. 점유·사용하지 않는 지붕(지붕 활하중)</td><td>1.0</td><td>유지관리 인력, 장비, 화분 적재 등 예상시</td></tr>
<tr><td>나. 산책로 용도</td><td>3.0</td><td>보도면에 설치
(산책하는 사람의 하중만 예상되는 경우)</td></tr>
<tr><td>다. 정원 및 집회 용도</td><td>5.0</td><td>보도면에 설치
(사람의 집중, 물건 적치, 차량 진입 등 예상시)</td></tr>
<tr><td>라. 헬리콥터 이착륙장</td><td>5.0</td><td>-</td></tr>
</table></td><td>토목에서는 기본적으로 작업하중 5kN/m² 적용</td></tr>
<tr><td>• 대지와 도로·공원·광장 등 인접부에 배치시 2미터 이상을 이격하여야 하고, 관목 등을 이용한 조경수로 사람의 접근을 차단할 것</td><td>잔여보도폭 2.0m 이상 확보</td></tr>
<tr><td>• 급기구, 배기구 등은 최소 높이 2미터 이상으로 설치하는 것이 원칙
• 공중에 시각적으로 노출되는 환기구는 도시미관 등을 고려하여 투시형으로 설치</td><td>건축조경화 계획을 포함하여 높이 2미터 이상으로 계획</td></tr>
<tr><td>시공</td><td>• 환기구의 덮개는 급작스러운 덮개 탈락이 발생하지 않도록 충분한 강도의 콘크리트 걸침턱에 덮개가 걸치도록 하는 구조
• 걸침턱을 설치하지 않는 경우로서 깊이가 2미터 이상인 경우에는 덮개의 하중지지 능력이상을 견딜 수 있는 추락방지시설을 설치
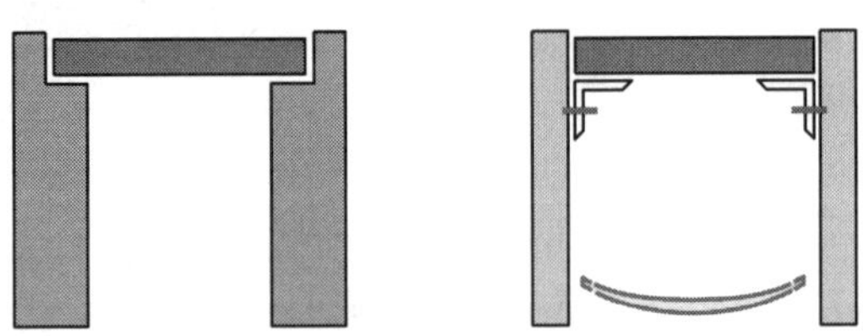</td><td>콘크리트 걸침턱 계획</td></tr>
<tr><td>유지
관리</td><td>• 건축주 및 관리주체는 환기구의 높이가 2미터 이하로서 접근이 가능하고, 설계하중이 충분히 반영되지 않았거나, 확인이 곤란하다고 판단되는 경우 차단펜스를 설치하고 경고판을 부착할 것</td><td>건축조경화 계획을 포함하여 높이 2미터 이상으로 계획</td></tr>
</table>

추락방망 설치 및 관리기준 09-03

1. 방망의 구분

1) 수직형 추락방망
2) 추락방호망

2. 수직형 추락방망

1) 수직형 추락방망의 종류
   (1) 메시시트형
   (2) 그물망형
   (3) 밴드형(교차하는 밴드를 재봉사 등으로 견고하게 결합시키는 구조)

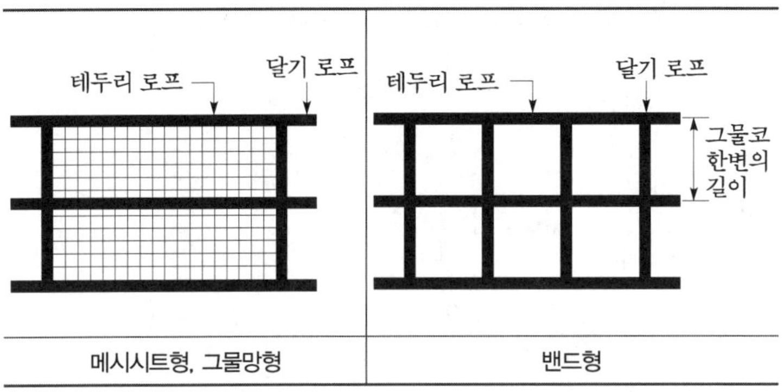

구분	그물코 한변의 길이 [매듭의 중심간 거리]
메시시트형	12밀리미터 이하
그물망형	100밀리미터 이하
밴드형	370밀리리터 이하

그림 9.1.4. 수직형 추락방망 종류

2) 수직형 추락방망의 구조
   (1) 수직형 추락방망의 전 테두리에 걸쳐 테두리 로프가 있을 것. 다만, 밴드 구조의 경우와 별도의 테두리 로프가 없는 구조는 외각 밴드를 테두리 로프로 간주한다.
   (2) 방망의 나비(수직으로 설치 시 높이를 말함)는 1,500밀리미터 이상, 길이는 5,000밀리미터 이하여야 한다. 다만 300밀리미터를 초과하는 발코니 파라펫Parapet 등의 치켜 올림부에 설치하는 방망의 나비는 1,200밀리미터 이상으로 할 수 있다.
   (3) 달기 로프는 방망의 끝단에 설치해야 하며 750밀리미터 이내마다 고정할 수 있는 구조일 것(다만, 바닥면에는 3,000밀리미터 이내일 것)

3) 수직형 추락방망의 설치 방법
   (1) 천공홀이 수직(높이)방향으로 간격은 750밀리미터 이내일 것
   (2) 벽체 등의 홀에 앵커볼트를 삽입 후 정격 설치하중의 장력을 버틸 수 있도록 견고하게 설

치할 것

(3) 설치 및 해체작업은 건축물 내부에서 실시할 것, 추락의 위험이 있는 장소에서는 안전대 등 개인보호구를 착용할 것

(4) 벽체 등에 고정 된 앵커 볼트에 라쳇 버클Ratchet Buckle을 고정할 것

(5) 틈새가 발생하지 않도록 연결부(라쳇 버클 등)를 정격 설치하중으로 견고히 설치할 것

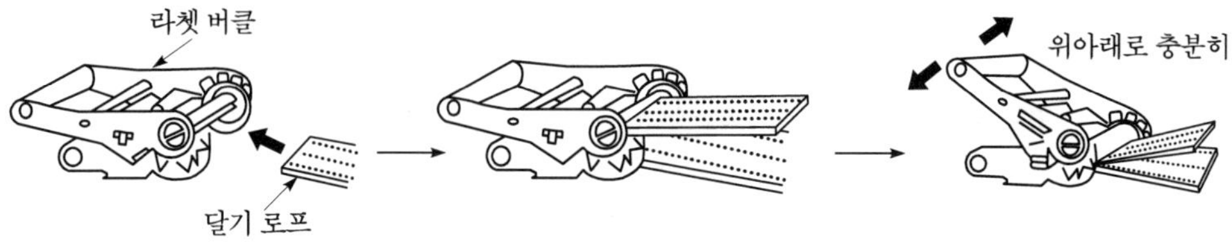

그림 9.1.5. 연결부(라쳇 버클 등)과 달기 로프의 결합방법(예시)

(6) 바닥에는 길이 방향으로 3,000밀리미터 이내마다 테두리 로프를 고정할 것

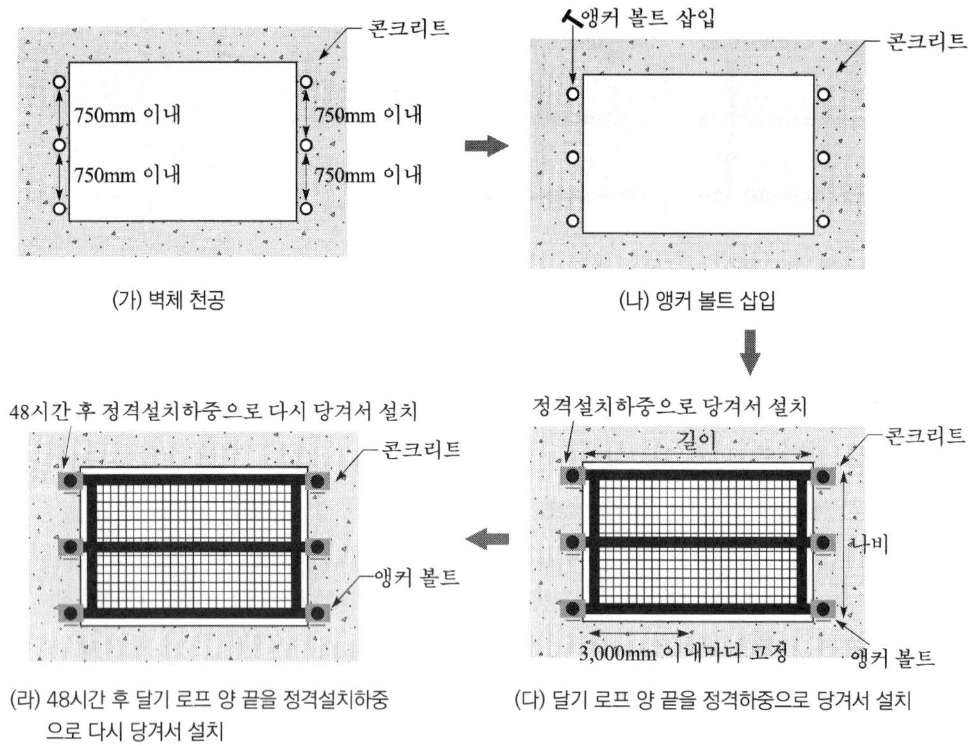

그림 9.1.6. 수직형 추락방망 설치 순서

(7) 해체 시에는 설치의 역 순서로 작업하며 연결부(라쳇 버클 등)을 해체한 후 벽체 등의 달기 로프를 제거하는 순서로 진행할 것

4) 수직형 추락방망의 관리기준

(1) 최초 설치 후 3개월 이내마다 점검할 것, 그 이후에는 정기적으로 점검하여 손상이 있는 경우에는 즉시 폐기할 것

(2) 용접이나 컷팅 작업을 할 때, 용접불티 비산방지 덮개, 용접방화포 등으로 불꽃, 불티 등의 비산방지조치를 실시하고 작업이 끝나면 방망의 손상여부를 점검할 것

(3) 자재의 반입 등으로 일시적으로 수직형 추락방망을 해체하는 경우에는 해당 작업 종료 후 즉시 복원할 것

(4) 방망 또는 연결부 부분이 파손된 것은 사용하지 말 것

(5) 벽체 등의 콘크리트가 충분히 양생되지 않은 상태에서 앵커 볼트를 설치할 경우 제품이 탈락 될 우려가 있으므로 콘크리트가 충분히 양생된 후 설치할 것

(6) 설치가 완료된 상태에서 자재 등을 기대어 놓지 말 것

(7) 부위별로 연결부(라쳇 버클 등)의 장력이 다를 경우 시간이 경과 됨에 따라 요구되는 정격설치하중이 감소 될 우려가 있기에 일정 주기마다 느슨함 등을 점검할 것

3. 추락방호망

1) 추락방호망과 낙하물방지망

(1) 고소작업에서 추락으로 인하여 작업자에게 위험을 끼칠 우려가 있는 장소에 설치하는 것을 추락방호망이라고 한다.

(2) 그물코의 크기가 20밀리미터 이하인 방망을 설치한 경우에는 낙하물방지망 설치 지침에 따른 낙하물 방지망을 설치한 것으로 간주한다.

2) 추락방호망의 구조 및 재료

(1) 추락방호망은 한국산업표준 또는 방호장치 안전인증 고시에서 정하는 기준에 적합한 것을 사용할 것

(2) 추락방호망의 구조는 다음 그림과 같이 방망, 테두리로프, 달기로프, 재봉사로 구성된다. 다만, 재봉사는 필요에 따라 생략할 수 있다.

가. 그물코 : 방망의 그물코는 사각 또는 마름모 등의 형상으로서 한 변의 길이(매듭의 중심간 거리)는 100밀리미터 이하일 것

나. 테두리로프 : 방망의 각 그물코를 통하는 방법으로 방망과 결합시키고 적당한 간격마다 로프와 방망을 재봉사 등으로 묶어 고정할 것

다. 달기로프 : 길이는 20밀리미터 이상으로 할 것. 다만, 1개의 지지점에 2개의 달기로 프로 체결하는 경우 각각의 길이는 1미터 이상일 것

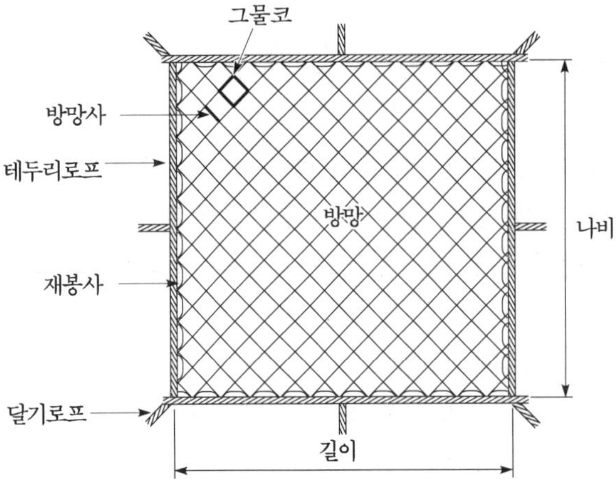

그림 9.1.7. 추락방호망 명칭

그림 9.1.8. 추락방지 수직방망

3) 추락방호망의 설치기준

(1) 재료특성

가. 방망사, 테두리 로프, 달기 로프, 재봉사의 재료는 나일론, 폴리에스텔 등의 합성섬유를 사용할 것. 다만, 그물코가 작아 합성섬유로 된 테두리 및 달기 로프를 사용하기 곤란한 경우에는 와이어로프로 할 수 있다.

(2) 지지점 등의 강도

가. 추락방호망의 지지점은 다음 식 이상의 인장력을 가져야 하며, 최소한 6kN 이상일 것

F = 2B [여기서, F : 인장력(단위:kN) B : 지지점 간격(단위:m)]

나. 방망을 고정시키기 위한 지지대의 휨강도는 지지대 길이의 80퍼센트를 지점거리로 하여 이 지점거리를 3등분하는 2지점에 하중을 가하여 전체 하중의 최대치가 6kN 이상일 것

(3) 낙하시험

추락방호망이 추락에 의한 충격하중 또는 풍압 등 외부 환경 요인으로부터 안전하게 설치되어 있는지를 확인하기 위해 방망의 설치 직후 일부 구간을 임의로 선정하여 낙하시험을 할 것

가. 방망의 낙하시험은 10미터 이내의 높이에서 80킬로그램의 중량물(시멘트 2포대를 포개어 묶음한 것)을 추락방호망의 중앙부에 낙하시켜 추락방호망의 현저한 손상이나 관통이 없는지 확인할 것

나. 건축물 바깥쪽으로 설치하는 추락방호망의 경우는 10미터 이내 높이 및 80킬로그램 중량물을 이용하여 먼저 추락방호망의 지지대 부위에 낙하시험을 하여 지지대와 지지대 고정부의 꺾임, 파손 또는 탈락 등으로 추락할 위험 및 위험 발생의 우

려가 있는지 여부를 판단하고 그 상태에서 지지대와 지지대 사이의 추락방호망 중앙부에 다시 한 번 낙하시험을 하여 추락방호망의 설치 구조에 대한 안전성을 확인할 것

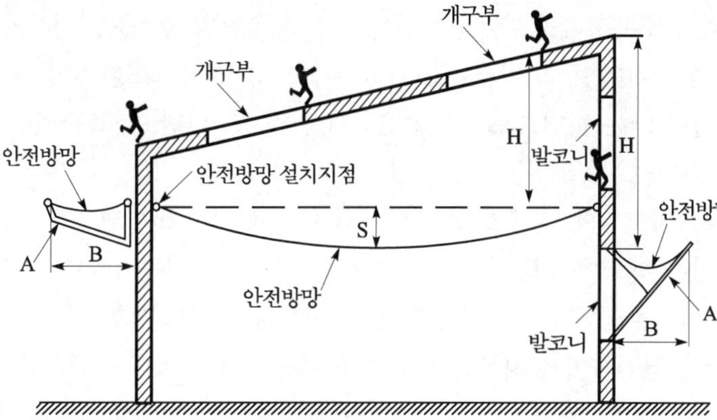

그림 9.1.9. 추락방호망의 설치 방법

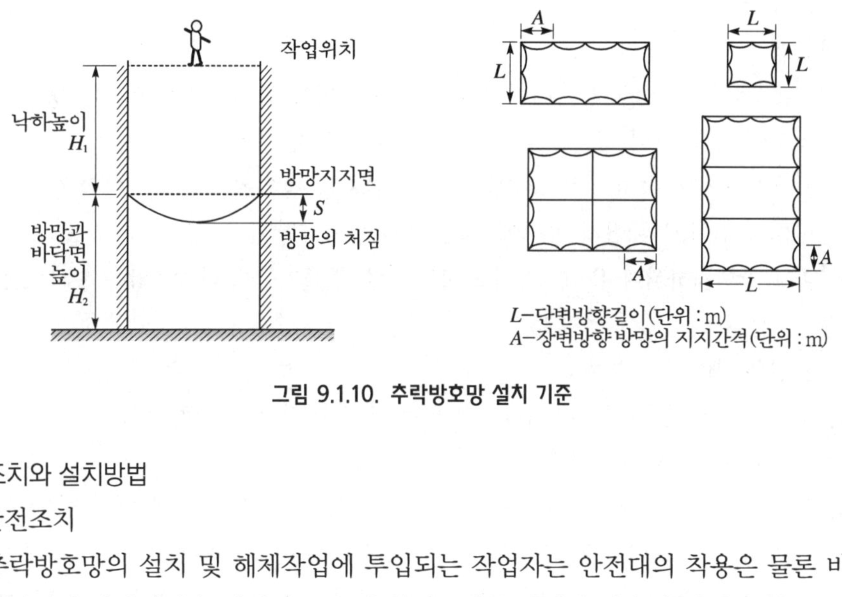

그림 9.1.10. 추락방호망 설치 기준

4) 안전조치와 설치방법

(1) 안전조치

추락방호망의 설치 및 해체작업에 투입되는 작업자는 안전대의 착용은 물론 비계를 조립하거나 작업발판을 설치하는 등의 안전조치를 선행한 다음에 작업할 것

(2) 설치 방법

가. 추락방호망의 설치 위치는 가능하면 작업면으로부터 가까운 지점에 설치하여야 하며, 작업면으로부터 망의 설치지점까지의 수직거리는 10미터를 초과하지 않도록 할 것

나. 설치 형태는 수평으로 설치하고 방망의 중앙부 처짐(S)은 방망의 짧은 변 길이의

12퍼센트 이상일 것

(3) 추락방호망의 길이 및 나비가 3미터를 넘는 것은 3미터 이내마다 같은 간격으로 테두리 로프와 지지점을 달기로프로 결속하여야 하고, 추락방호망과 이를 지지하는 구조물 사이는 추락할 위험이 없도록 최대 간격이 10센티미터 이하가 되도록 설치할 것

(4) 건축물 바깥쪽으로 추락방호망을 설치하는 경우 추락방호망을 고정시키기 위한 지지대(A)간의 수평 간격(L)은 10미터를 초과하지 않도록 할 것. 또한 방망의 짧은 변 길이가 되는 내민 길이(B)는 벽면으로부터 3미터 이상 일 것. 다만, 건축물의 모서리 등에 대해서는 내민 길이를 예외로 할 수 있다.

(5) 근로자가 추락방호망에 추락할 경우 방망의 처짐에 의해 바닥면 또는 돌출 물에 충돌하여 충격을 받지 않도록 방망의 하부는 바닥면에서 충분한 높이 이상으로 설치하여야 하고 방망 위에는 돌출부나 지지대 등과 같은 위험물이 없도록 할 것

(6) 방망과 방망을 연결하여 설치하는 경우 겹침 폭은 75센티미터 이상으로 하며, 로프로 겹침 폭의 중앙 위치에 방망의 각 그물코를 통과하는 방법 등으로 방망과 결합시키고 로프와 방망을 재봉사 등으로 묶어 고정할 것

5) 추락방호망의 관리기준

(1) 정기점검

가. 최초 설치 후 3 개월 이내에 점검을 실시하여야 하고, 그 이후에는 정기적으로 점검하여 손상 등이 있는 경우에는 즉시 폐기할 것

나. 사용상태가 비슷한 추락방호망이 다수 설치된 경우에는 5개소 이상을 무작위 추출하여 점검하고 나머지 방망에 대한 점검은 생략할 수 있음

다. 마모가 현저하거나 유해가스에 노출된 장소에 설치한 추락방호망은 수시로 점검할 것

(2) 보관

가. 방망은 깨끗하게 보관할 것

나. 방망은 자외선, 기름, 유해가스가 없는 건조한 장소에 보관할 것

(3) 사용 시 주의사항

가. 건축물 바깥쪽에 방망을 설치 또는 해체하는 경우 가급적 건축물 내부에서만 작업이 이루어지도록 할 것. 다만, 불가피하게 바깥쪽으로 나가서 설치 및 해체 작업을 해야 하는 특정구간의 경우에는 고소작업대 사용 또는 안전대 착용 등 적절한 추락 방지조치를 할 것

나. 추락방호망 위에서 용접이나 컷팅Cutting 작업을 할 때, 용접 불티 비산방지덮개, 용접방화포 등 불꽃, 불티 등 비산방지조치를 실시하고 작업이 끝나면 방망의 손상 여부를 점검할 것

다. 추락방호망 위에 있는 잔해(파편)물들은 수시로 점검하고 제거할 것

라. 추락방호망의 장기간 설치로 마모가 현저하거나 낙하물에 의한 충격 등으로 찢어지거나 파손된 방망은 즉시 교체할 것

(4) 작업전 확인사항

가. 제조자명 또는 그 약호 나. 제조 연월 다. 안전인증번호

그림 9.1.11. 교량 거더 하부 추락방호망 설치 사례

낙하비래방지시설 설치 및 관리기준 09-04

1. 낙하·비래재해

낙하·비래란 **아래로 떨어지는 물건, 날아오는 물건 등이 주체가 되어 사람이 맞는 경우**로서 건설현장에서의 추락재해 만큼 발생빈도는 높지 않지만 끊임없이 발생하는 반복형 재해 형태의 하나로서 매우 다양한 발생 유형을 갖는 특징을 가지고 있다.

2. 낙하 방지 및 방호 시설

1) 낙하 방지Prevention시설

근원적으로 낙하물이 발생하지 않도록 하는 안전시설

(1) 수직보호망

(2) 낙하방지 가시설 등

2) 낙하 방호Protection시설

낙하물이 발생된 상황에서 낙하 에너지를 일정 범위 내에서 안전하게 차단하는 안전시설

(1) 낙하물방지망

(2) 방호데크

(3) 방호선반

(4) 보행자 안전통로 등

3. (물체에 맞음)낙하·비래재해 발생 주요 원인과 대책

1) (물체에 맞음)낙하·비래 재해발생 주요 원인

(1) 높은 위치에 놓아둔 자재 정리정돈 상태 불량

(2) 외부 비계 위에 자재의 불안전한 적재

(3) 구조물 단부에서 낙하위험 작업 실시

(4) 자재를 반출할 때 투하설비를 이용치 않음

(5) 낙하물방지망 미설치

(6) 낙하물방지망 강도 부족

(7) 낙하물방지망의 유지관리, 보수상태 불량

(8) 크레인의 인양, 운반 등 작업 시 작업반경 내 출입

(9) 크레인의 자재 운반 작업 시 와이어로프의 절단

(10) 매달기 작업 시 결속 방법의 불량

(11) 낙하물 위험지역에 작업 통제 미흡

2) (물체에 맞음)낙하·비래 재해예방대책

(1) 외부 비계 위 등 높은 위치에 적재된 자재의 정리정돈 및 결속

(2) 구조물 단부에서 낙하위험 작업 시 상·하 동시 작업 및 출입금지 조치

(3) 낙하물방지망 설치 및 유지관리 철저

(4) 인양작업 시 줄걸이 작업 안전수칙 준수 철저

(5) 낙하물 위험지역 작업통제 철저

4. 낙하물방지망 설치기준

1) 낙하물방지망과 추락방호망

(1) 낙하물의 위험이 있는 장소에서 작업자, 통행인 및 통행차량 등에게 위험을 끼칠 우려가 있는 장소에 설치하는 것을 낙하물방지망이라고 한다.

(2) 그물코의 크기가 20밀리미터 이하인 방망을 추락방호망 설치 지침에 따라 설치한 경우에는 낙하물 방지망을 설치한 것으로 간주한다.

2) 구조 및 재료

(1) 낙하물방지망은 한국산업표준 또는 방호장치 안전인증 고시에서 정하는 기준에 적합할 것

(2) 그물코의 크기는 20밀리미터 이하로 할 것

(3) 방망의 종류는 그물코의 편성방법에 따라 구분하며, 다음 그림 이외에도 다각형 구조 등 여러 형태가 있을 수 있다.

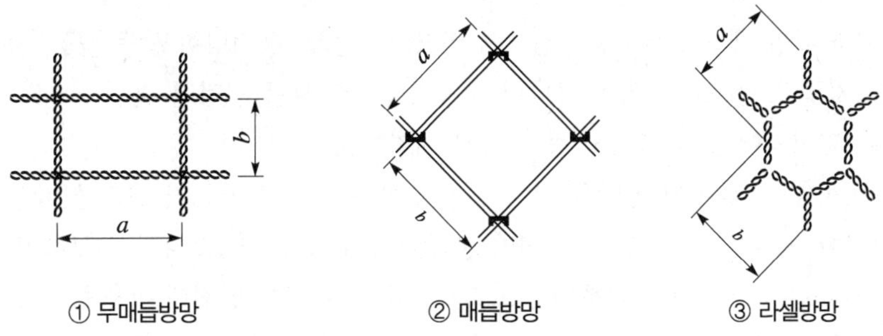

그림 9.1.12. 방망의 종류(예)

(4) 방망사, 테두리 로프, 재봉사의 재료는 나일론, 폴리에스텔 등의 합성섬유를 사용한다. 다만, 그물코가 작아 합성섬유로 된 테두리로프를 사용하기 곤란 한 경우에는 와이어로프로 할 수 있다.

2) 낙하물방지망 설치 방법

(1) 설치 간격은 매 10미터 이내로 할 것. 다만, 첫 단의 설치 높이는 작업자를 낙하물에 의한 위험으로부터 방호할 수 있도록 가능한 낮은 위치에 설치할 것

(2) 수평면과 이루는 각도는 20도~30도로 할 것

(3) 내민 길이는 비계 외측으로부터 수평거리 2.0미터 이상으로 해야 한다.

(4) 방망의 가장자리는 테두리 로프를 그물코를 통과하는 방법으로 방망과 결합시키고 로프와 방망을 재봉사 등으로 묶어 고정할 것. 단, 테두리 로프의 지름이 그물코보다 큰 경우 로프와 방망을 재봉사 등으로 묶어 고정할 것

(5) 방망을 지지하는 긴결재의 강도는 15킬로뉴튼 이상의 인장력에 견딜 수 있는 로프 등을 사용할 것

(6) 낙하물방지망과 구조물 사이의 간격은 낙하물에 위한 위험이 없는 간격으로 설치할 것

(7) 방망의 겹침 폭은 30센티미터 이상 테두리 로프로 결속하여 방망과 방망 사이의 틈이 없도록 할 것

(8) 작업자, 통행인 등의 왕래가 빈번한 장소인 경우 최하단의 방망은 크기가 작은 못, 볼트, 콘크리트 부스러기 등의 낙하물이 떨어지지 못하도록 방망의 그물코 크기가 0.3센티미터 이하인 망을 설치할 것. 다만, 낙하물방호선반을 설치하였을 경우에는 그럴 필요가 없다.

(9) 매다는 지지재의 간격은 3미터 이상으로 하되 방망의 수평투영면의 폭이 전체 구간에 걸쳐 2미터 이상 유지되도록 조치할 것

3) 낙하물방지망의 관리기준

(1) 설치 후 3 개월 이내마다 정기점검을 실시할 것. 다만, 낙하물이 발생하였거나 유해환경에 노출되어 방망이 손상된 경우에는 즉시 교체 또는 보수할 것

(2) 용접이나 컷팅 작업을 할 때, 용접불티 비산방지덮개, 용접방화포 등 불꽃, 불티 등 비산방지조치를 실시하고 작업이 끝나면 방망의 손상여부를 점검할 것

(3) 방망에 적치되어 있는 낙하물 등은 즉시 제거할 것

(4) 건축물(비계) 바깥쪽에 방망을 설치 또는 해체하는 경우 가급적 건축물(비계) 안쪽에서만 작업이 이루어지도록 할 것. 다만, 불가피하게 바깥쪽으로 나가서 설치 및 해체 작업을 해야 하는 특정구간의 경우에는 고소작업대 사용 또는 안전대 착용 등 적절한 추락 방지조치를 할 것

(5) 설치 전 확인사항

가. 제조자명 또는 그 약호 나. 제조 연월 다. 안전인증번호

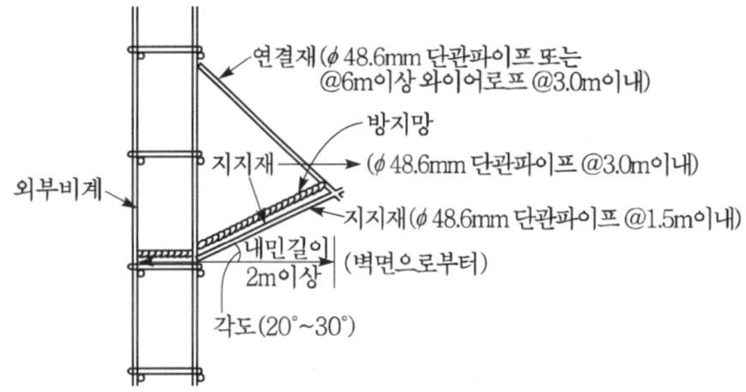

그림 9.1.13. 낙하물방지망 설치 예

그림 9.1.14. 낙하물방호선반 설치 사례

5. 방호선반

1) 건설용 리프트 지상 탑승장 주위 방호선반

(1) 강관파이프 및 합판 등을 사용하여 설치하고 주위에 울을 설치할 것

(2) 방호선반의 폭은 리프트 케이지Cage로부터 각 방향으로 1.8미터 이상 연장하여 설치하되 승·하강하는 케이지에 접촉되지 않는 범위 내에서 최대한 밀실하게 설치할 것

2) 주 출입구 등 방호선반

(1) 건물 주출입구 등 작업자 통행이 많은 곳에 설치할 것

(2) 인접한 건물 사이 통로에 설치할 것

(3) 낙하의 위험이 있는 고정적인 현장 작업 장소에 설치할 것

(4) 수시로 자재가 인양되는 장소에는 별도의 작업구대(작업용 무대)를 설치할 것

6. (무너짐)붕괴낙하에 의한 위험방지 조치[안전보건규칙제50조]

1) 지반은 안전한 경사로 하고 낙하 위험이 있는 토석을 제거하거나 옹벽, 흙막이지보공 등을 설치할 것
2) 지반의 붕괴 또는 토석의 낙하 원인이 되는 빗물이나 지하수 등을 배제할 것
3) 갱내의 낙반, 측벽 붕괴의 위험이 있는 경우에는 지보공을 설치하고 부석을 제거하는 등 필요한 조치 할 것
4) 토석 붕괴에 따른 작업 전 점검 사항[안전보건규칙제339조]
   (1) 작업장소 및 그 주변의 부석 균열의 유무
   (2) 함수 용수 및 동결상태 변화

7. 투하설비 조치[안전보건규칙제15조]

쓰레기 처리 등으로 인한 분진 및 소음 발생을 최소화하기 위한 목적으로 설치한다.

1) 높이가 3미터 이상인 장소에서 물체를 투하할 경우
   (1) 투하설비를 설치할 것
   (2) 감시인 배치할 것

2) 투하설비 설치
   (1) T.H.P 관(∅400 이상)
   (2) P.E.T. 섬유(고장력 타이어사)
   (3) 부직포(소방호스제작용면)

3) 투하시설 설치 위치 선정시 유의사항
   (1) 작업자의 동선을 최소화할 수 있는 곳으로 선택할 것
   (2) 하부에서 쓰레기 처리가 용이한 위치로 할 것
   (3) 작업자의 통행이 많거나 주 출입구, 호이스트 위치 등은 가급적으로 피할 것
   (4) 소음, 분진, 낙하물로 인한 인근주민의 민원을 최소화할 수 있는 곳으로 할 것

8. 낙하물방지망과 추락방호망 관련 규정 비교

안전보건규칙

낙하물 방지망	추락방호망
제14조(낙하물에 의한 위험의 42방지) ① 사업주는 작업장의 바닥, 도로 및 통로 등에서 낙하물이 근로자에게 위험을 미칠 우려가 있는 경우 보호망을 설치하는 등 필요한 조치를 하여야 한다. ② 사업주는 작업으로 인하여 물체가 떨어지거나 날아올 위험이 있는 경우 낙하물 방지망, 수직보호망 또는 방호선반의 설치, 출입금지구역의 설정, 보호구의 착용 등 위험을 방지하기 위하여 필요한 조치를 하여야 한다. 이 경우 낙하물 방지망 및 수직보호망은 「산업표준화법」에 따른 한국산업표준에서 정하는 성능기준에 적합한 것을 사용하여야 한다. 〈개정 2017. 12. 28.〉 ③ 제2항에 따라 낙하물 방지망 또는 방호선반을 설치하는 경우에는 다음 각 호의 사항을 준수하여야 한다. 1. 높이 10미터 이내마다 설치하고, 내민 길이는 벽면으로부터 2미터 이상으로 할 것 2. 수평면과의 각도는 20도 이상 30도 이하를 유지할 것  	제42조(추락의 방지) ① 사업주는 근로자가 추락하거나 넘어질 위험이 있는 장소[작업발판의 끝·개구부 등을 제외한다]또는 기계·설비·선박블록 등에서 작업을 할 때에 근로자가 위험해질 우려가 있는 경우 비계를 조립하는 등의 방법으로 작업발판을 설치하여야 한다. ② 사업주는 제1항에 따른 작업발판을 설치하기 곤란한 경우 다음 각 호의 기준에 맞는 추락방호망을 설치하여야 한다. 다만, 추락방호망을 설치하기 곤란한 경우에는 근로자에게 안전대를 착용하도록 하는 등 추락위험을 방지하기 위하여 필요한 조치를 하여야 한다. 〈개정 2017. 12. 28.〉 1. 추락방호망의 설치위치는 가능하면 작업면으로부터 가까운 지점에 설치하여야 하며, 작업면으로부터 망의 설치지점까지의 수직거리는 10미터를 초과하지 아니할 것 2. 추락방호망은 수평으로 설치하고, 망의 처짐은 짧은 변 길이의 12퍼센트 이상이 되도록 할 것 3. 건축물 등의 바깥쪽으로 설치하는 경우 추락방호망의 내민 길이는 벽면으로부터 3미터 이상 되도록 할 것. 다만, 그물코가 20밀리미터 이하인 추락방호망을 사용한 경우에는 제14조제3항에 따른 낙하물방지망을 설치한 것으로 본다. ③ 사업주는 추락방호망을 설치하는 경우에는 「산업표준화법」에 따른 한국산업표준에서 정하는 성능기준에 적합한 추락방호망을 사용하여야 한다. 〈신설 2017. 12. 28.〉

* 고용노동부 고시 제2019-15호(방호장치 안전인증 고시)에서 "안전방망"이라는 용어와 "추락 또는 낙하물방지망의 성능기준 및 시험 방법"관련 규정이 삭제되면서 추락방호망을 낙하물방지망의 기능까지 수행하는 경우로 설치할 경우에 낙하물방호망 설치기준(KS F 8083)에 따라야 하므로 낙하물방지망에 대한 안전인증을 받은 제품이 없어서 사용할 수가 없게 되는 상황이 발생할 수 있다.

한국산업표준(KS)에서 규정하는 성능기준

구분	KS F 8083(낙하물방지망)	KS F 8082(추락방호망)
성능기준	• (인장하중) 메시시트형 : 1.96KN 이상, 그물망형 : 0.4KN 이상 • (낙하시험) 강관이 관통하지 않을 것 • (충격시험) 방망의 절단 길이의 진행이 2배 이내일 것 • (방염성) 잔염시간 : 3초/6초, 잔진시간 : 5초/20초, 탄화거리 : 20센티미터	• (방망사 인장하중) 그물코 길이, 방망 종류별 차이 : 0.40~2.06KN 이상 • (테두리 로프, 달기로프 인장하중) 14.7KN 이상 • (낙추시험) 감속도 147m/s^2 이하 또는 15.0G 이하 및 현저한 손상 없음 • (방염성) (* 낙하물방지망과 동일)

공사단계별 최소 낙하위험 범위 KOSHA GUIDE[C-79-2015]

건축물 높이 h	낙하 위험 반경	최소 낙하 위험 반경(미터)
$h \leqq 100m$	$h/5$	12.5
$100 < h \leqq 150m$	$h/6$	20.0
$150 < h \leqq 200m$	$h/7$	25.0
$200 < h$	$h/8$	30.0

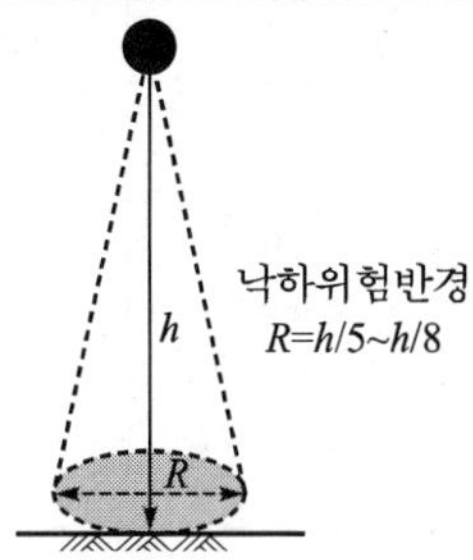

[건축물 높이에 따른 낙하 위험 반경]

학습 Note 낙석방지망(공)

- 암반비탈면에서 낙석이나 낙반의 위험이 있는 개소는 비탈면을 보호하기 위해 낙석 방지공을 설치함
- 낙석방지울타리는 충격하중 25kN/m에 견딜 수 있게 설계한다.

안전대와 구명줄 09-05

1. 안전대

1) 안전대의 기능

안전한 작업발판의 설치가 현저히 곤란한 경우 작업자의 신체 보호를 목적으로 한 2차적 설비가 개인보호구인 안전대로서 건설작업용 안전대는 다음의 2가지 기능을 가지고 있다.

(1) 추락시 신체를 붙잡아 두는 기능

(2) 신체를 지지하여 두 손으로 작업이 가능하도록 해주는 기능

위의 2가지 기능 중 첫 번째의 추락 저지 기능은 추락 시 충격력에 안전하여야 하므로 동하중 성능 시험을 실시하며, 죔줄의 길이 등에 제한을 받는다. 두 번째 기능에는 U자걸이 안전대가 사용된다. 그러나 한 개 걸이 안전대는 추락 높이가 0.9미터 이내인 경우에만 사용하고 그 이상인 경우는 안전그네식 안전대Harness를 사용하는 것이 바람직하다.

2) 추락방지용 안전대의 종류 및 등급[보호구성능검정규정]

종류	등급	사용구분	내용
벨트식(B식) 안전그네식(H식) [완성품시험하중 15kN]	1종	U자걸이 전용	죔줄을 구조물에 U자모양으로 돌린것
	2종	1개걸이 전용	지지점과 일방향으로 연결한 걸이
	3종	1개걸이, U자걸이공용	–
	4종	안전블록	죔줄이 자동적으로 수축되는 금속장치
	5종	추락 방지대	죔줄과 수직구명줄에 연결된 금속장치

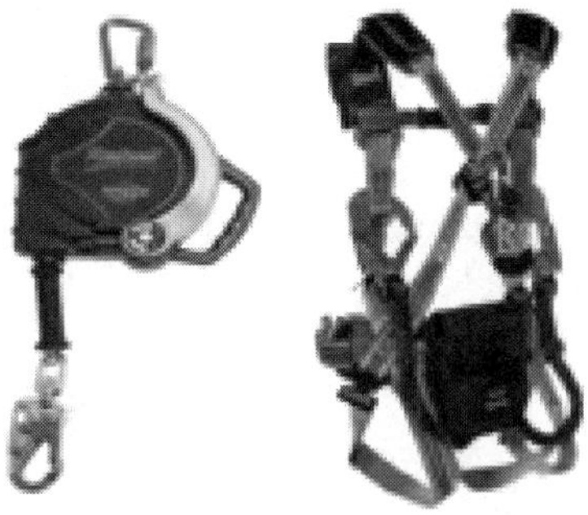

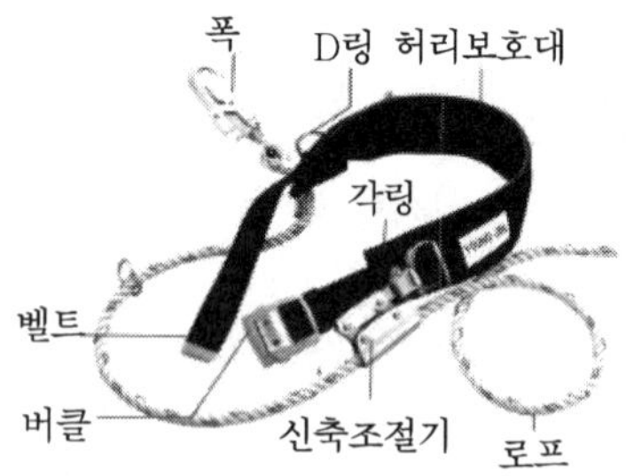

그림 9.1.15. 안전블럭과 안전대의 명칭

3) 안전대를 올바르게 착용하기 위한 4가지 원칙

(1) 안전한 고정점Anchorage확보

(2) 올바른 신체지지Body Support

(3) 안전대와 고정점 사이의 적절한 연결 부재 사용Connectors

(4) 추락한 작업자 하강 및 구조Descent and Rescue

4) 안전대 부착설비 종류

(1) 비계

(2) 구명줄

가. 수직구명줄　　　　　　나. 수평구명줄

(3) 건립 중인 구조체

(4) 전용철물 등

5) 안전대 점검 기준[추락재해방지표준안전작업지침제18조]

(1) 벨트의 마모, 흠, 비틀림, 약품류에 의한 변색

(2) 재봉실의 마모, 절단, 풀림

(3) 철물류의 마모, 균열, 변형, 전기단락에 의한 용융, 리벳이나 스프링의 상태

(4) 로우프의 마모, 소선의 절단, 흠, 열에 의한 변형, 풀림 등의 변형, 약품류에 의한 변색

6) 안전대 보수기준[추락재해방지표준안전작업지침제19조]

(1) 벨트, 로프가 더러워지면 씻은 후 통풍이 잘되는 곳에 자연 건조시킬 것
(2) 벨트, 로우프에 도료가 묻은 경우 : 헝겊 등을 닦아 낼 것
(3) 철물류가 물에 젖은 경우 : 마른 헝겊으로 잘 닦아내고 녹방지 기름을 엷게 바를 것
(4) 철물류의 회전부는 정기적으로 주유할 것

7) 안전대 보관[추락재해방지표준안전작업지침제20조]

(1) 직사광선이 닿지 않는 곳
(2) 통풍이 잘되며 습기가 없는 곳
(3) 부식성 물질이 없는 곳
(4) 화기 등이 근처에 없는 곳

8) 안전대 폐기기준[추락재해방지표준안전작업지침제21조]

(1) 로프 폐기 기준
가. 소선에 손상이 있는 것
나. 페인트, 기름, 약품, 오물 등에 의해 변화된 것
다. 비틀림이 있는 것
라. 횡마로 된 부분이 헐거워진 것
(2) 벨트 폐기 기준
가. 끝 또는 폭에 1밀리미터 이상의 손상 또는 변형이 있는 것
나. 양끝의 헤짐이 심한 것
(3) 재봉 부분 폐기 기준
가. 재봉 부분의 이완이 있는 것
나. 재봉실이 1개소 이상 절단되어 있는 것
다. 재봉실의 마모가 심한 것
(4) D링 부분 폐기 기준
가. 깊이 1밀리미터 이상 손상이 있는 것
나. 눈에 보일 정도로 변형이 심한 것
다. 전체적으로 녹이 슬어 있는 것
(5) 후크, 버클 부분 폐기 기준
가. 후크와 갈고리 부분의 안쪽에 손상이 있는 것
나. 후크 외측에 깊이 1밀리미터 이상의 손상이 있는 것
다. 이탈 방지 장치의 작동이 나쁜 것
라. 전체적으로 녹이 슬어 있는 것

마. 변형되어 있거나 버클의 체결상태가 나쁜 것

9) 안전대 선정[추락재해방지표준안전작업지침제15조]

(1) 1종 안전대

가. 전주 위에서의 작업

나. 1개 걸이의 상태로서는 사용하지 않는 경우

(2) 2종 안전대 :

가. 1개 걸이 전용으로서 작업을 할 경우

나. 안전대에 의지하지 않고 작업 발판이 확보된 경우

(3) 3종 안전대 : 1개 걸이와 U자 걸이로 사용할 때 적합

(4) 4종 안전대

가. 1개 걸이, U자 걸이 겸용

나. 후크를 D링에 걸고 벗길 때 추락 위험이 많은 경우 적합

10) 안전대 최하사점[1]

(1) 안전대 설치요구 조건[추락재해방지표준안전작업지침제17조]

가. 바닥면부터 높이가 낮은 장소인 경우 : 로프 길이 2배 이상 높이의 구조물에 설치할 것

나. 로프 길이 때문에 불가능한 경우 : 3종이나 4종 안전대를 사용하여 로프 길이를 짧게 사용할 것

(2) 최하사점 산정식[추락재해방지표준안전작업지침제17조]

가. 벨트식 안전대의 경우

(가) 로프지지 위치에서 신체의 최하사점까지의 거리(h=로프 길이+로프 신장길이+작업자의 키/2)

(나) 로프 지지 위치에서 바닥면 까지 거리 : H

(다) 최소이격거리 45센티미터

(라) 안전성 확보 요구 조건 : H 〉 h+45센티미터

나. 그네식 안전대의 경우

(가) 로프 지지위치에서 신체의 최하사점까지의 거리(RD=죔줄의 길이(LL)+충격흡수장치의 감속거리 1미터(DD)+D링에서 작업자 발까지의 거리 약1.5미터(HH)+추락저지시 바닥가지의 여유공간 75센티미터(최소이격거리 45센티미

---

1) [최하사점 산정이와 추락사고 시 작업자 상해 예방을 위한 최소 높이(사례)]

(1) 1개걸이 안전대 사용시 추락재해가 발생하더라도 작업자의 신체는 바닥면에 접촉되지 않기 위함이다.

(2) 최소높이=LL+DD+HH+C=5.3m

[LL=안전대 죔줄길이(1.8), DD=완충기 작동 길이(1.2), HH=작업자 키(1.8), C=안전율(0.5)]

터+부착부재 늘어난거리)(C)

(나) 훅의 고정위치에서 작업발판 아래 바닥까지의 거리 : H

(다) 안전성 확보 요구 조건 : H ≥ RD

따라서 현장에서는 일반적으로 2.5미터 길이의 죔줄을 사용하는 경우 5.75미터의 높이에 훅을 고정시킬 것

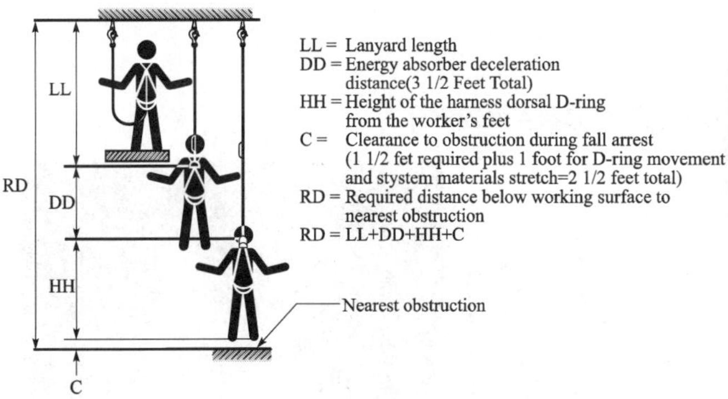

그림 9.1.16. 안전대 최하사점 및 현장 사례

11) 안전대 착용대상 작업(추락 위험 장소)

안전대는 높이 2미터 이상의 추락 위험이 있는 작업에는 반드시 착용하여 사용하며, 추락의 위험이 있는 장소는 다음과 같다.

(1) 작업발판(폭 40센티미터 이상)이 없는 장소의 작업

(2) 작업발판이 있어도 난간대가 없는 장소의 작업

(3) 난간대로부터 상태를 내밀어 작업하는 경우

(4) 작업발판과 구조체 사이의 거리가 30센티미터 이상의 장소로 수평 방호 시설이 없는 경우 등으로서, 철골 부재의 조립 또는 해체작업은 작업발판이 없거나 난간대가 없는 경우가 보통으로 작업 시는 반드시 안전대를 착용할 것

2. 구명줄Life Line

1) 구명줄 종류

(1) 수평 구명줄 (2) 수직 구명줄

2) 구명줄의 역할

(1) 수평 구명줄

가. 강재 안전난간 대체 역할 나. 추락 저지 기능

(2) 수직 구명줄

가. 수직이동 시 안전로프 역할

1. 안전난간 설치 목적

1) 작업자의 추락 등에 의한 위험을 방지하기 위한 목적으로 설치한다.
2) 추락의 위험이 있는 곳에는 높이가 0.9미터 이상인 안전난간을 설치해야 한다.
   [KCS 21 60 05 비계공사]

2. 안전난간 각부명칭[추락재해방지표준안전작업지침제26조]

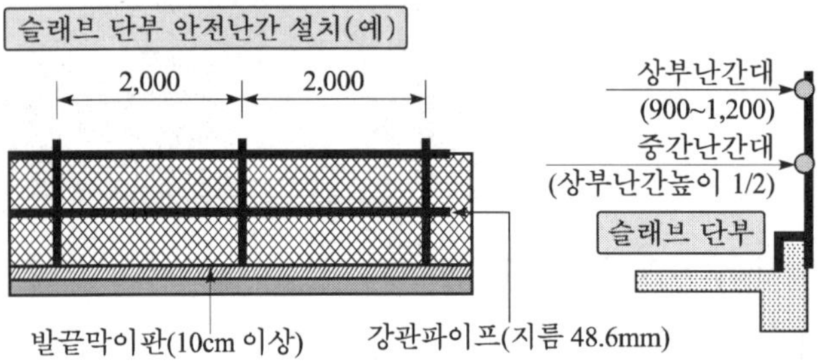

그림 9.1.17. 안전난간 설치 기준 및 교량 Coping 안전난간 설치 사례

3. 안전난간 설치장소[추락재해방지표준안전작업지침제25조]

1) 개구부(중량물 취급)
2) 작업대
3) 가설계단의 통로
4) 흙막이 지보공 상부

4. 안전난간의 재료, 치수, 기둥 간격, 하중 등 설치 기준[추락재해표준안전작업지침제27조~제32조]

1) 재료[단위 : 밀리미터]

강재의 종류	난간기둥	상부난간대
강관	ϕ34.0×2.3	ϕ27.2×2.3
각형강관	30×30×1.6	25×25×1.6
형강	40×40×5	40×40×3

2) 치수
   (1) 높이 : 안전난간의 높이(작업바닥면에서 상부난간의 끝단까지의 높이)는 90센티미터 이상
   (2) 난간기둥의 중심간격 : 난간기둥의 중심간격은 2미터 이하
   (3) 중간대의 간격 : 폭목과 중간대, 중간대와 상부난간대 등의 내부간격은 각각 45센티미터

미만

(4) 폭목의 높이 : 작업면에서 띠장목의 상면까지의 높이가 10센티미터 이상

(5) 띠장목과 작업바닥면 사이의 틈은 10밀리미터 이하

2) 하중

종류	안전난간부분	작용위치	하중
	상부난간대	스판의 중앙점	120킬로그램
제1종	난간기둥, 난간기둥결합부, 상부난간대설치부	난간기둥과 상부난간대의 결정	100킬로그램

4) 수평최대처짐

하중에 의한 수평최대처짐은 10밀리미터 이하

5. 안전난간 주의사항[추락재해방지표준안전작업지침제35조]

1) 함부로 제거하지 말 것, 단, 작업 형편상 부득이 제거할 경우에는 작업종료 즉시 원상 복구할 것
2) 안전난간을 안전대의 로프, 지지로프, 써포트, 벽연결, 비계판 등의 지지점 또는 자재 운반용 걸이로서 사용하지 말 것
3) 안전난간에 재료 등을 기대어 두지 말 것
4) 상부 난간대 또는 중간대를 밟고 승강하지 말 것

그림 9.1.18. 교량 거더와 거더 사이 작업통로(안전난간) 설치 사례

2. 감전재해

1. 누전차단기란

- 누전검출부, 영상변류기, 차단기구 등으로 구성된 장치로서 전기기계기구의 금속제 외함 또는 금속제 외피 등의 금속제 부분에서 누전, 절연 파괴 등으로 인하여 발생되는 지락 전류가 일정 값 이상이 될 경우 주어진 동작시간 이내에 전기기계기구의 전로를 차단하는 장치

2. 누전차단기를 설치하여야 하는 장소

- 전동기를 가진 기계·기구중 대지 전압이 150볼트를 초과하는 이동식 또는 가반식의 것
- 이동식 또는 가반식의 전동기계기구 중
  - 물 등 도전성이 높은 액체에 의한 습윤 장소
  - 철판, 철골 위 등 도전성이 높은 장소
  - 임시 배선의 전로가 설치되는 장소

3. 누전차단기 동작원리

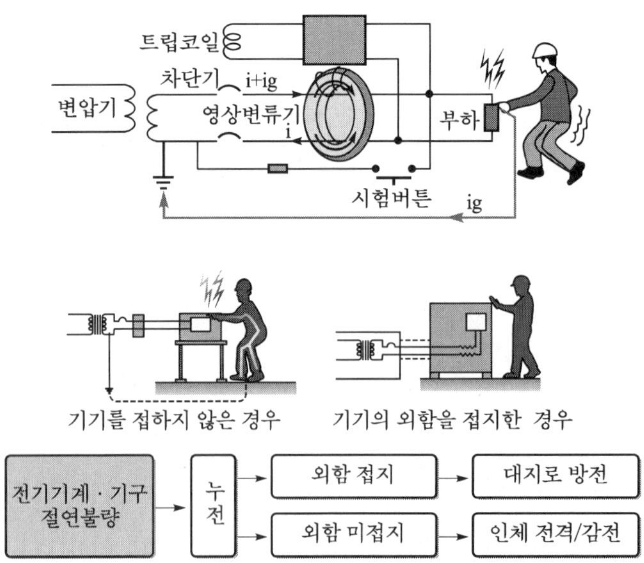

그림 9.2.1. 누전차단기 동작원리

감전재해유형과 관리기준 09-07

1. 감전재해 개요

1) 감전이란 외부에서 공급된 전원이 인체 안으로 전류가 통과되는 것으로 전기적 충격에 의해 인체 내에서 일어나는 생리적 현상을 말한다. 전격(전기적인 충격)으로 인하여 호흡이 정지되거나 추락하는 2차 재해를 가져온다.

2) 감전사고의 특징
   (1) 높은 사망률
   (2) 계절적으로 여름철에 감전재해의 65.4퍼센트가 집중적으로 발생한다.
   (3) 인체에 미치는 영향요소
      가. 통전 전류　　나. 통전 시간　　다. 통전 경로

2. 감전재해 발생 주요 원인 및 대책

1) 감전재해[2)] 발생 주요 원인
   (1) 특별고압 활선 및 근접 작업 시 안전조치 미흡
   (2) 이동형, 휴대형 전동기계기구 사용작업 시 안전조치 미흡
   (3) 배선, 이동 전선 등 안전조치 미흡

2) 감전재해 예방대책
   (1) 특별고압 활선 및 근접작업시 안전수칙 준수 및 보호구 착용할 것
   (2) 이동형, 휴대형 전동기계기구 사용작업시 누전차단기 등 안전장치 부착 및 접지할 것
   (3) 배선, 이동전선 등 사용시 절연성능 양호한 제품 사용 및 관리 철저히 할 것

3. 감전재해 예방을 위한 주요 안전기준 및 점검사항

1) 충전부 방호조치[안전보건규칙제301조]
   전기기계·기구(전동기·변압기·접속기·개폐기·분전반·배전반 등 전기를 통하는 기계·기구, 그 밖의 설비 중 배선 및 이동 전선 외의 것) 또는 전로 등의 충전부분(전열기의 발열체 부분, 저항접속기의 전극 부분 등 전기기계·기구의 사용 목적에 따라 노출이 불가피한 충전

---

2) [장마철 및 폭서기에 감전재해가 많이 발생하는 원인]
   (1) 주변에 습기와 물기가 많아 감전을 쉽게 유발할 수 있는 환경조성 및 절연파괴에 의한 누전 발생
   (2) 간편한 복장에 의한 신체의 노출 범위 증가
   (3) 더위로 인한 집중력 감소와 땀 등에 의한 인체의 전기저항 감소
   (4) 일조시간의 증가로 작업시간 증가에 따른 피로 누적 등이 주요원인이 되어 관리적, 기술적 요인 등이 복합되어 감전재해가 발생됨

부분은 제외)에 접촉(충전부분과 연결된 도전체와의 접촉을 포함)하거나 접근함으로써 감전 위험이 있는 충전부분에 대하여 감전을 방지하기 위한 방호조치를 할 것

(1) 충전부가 노출되지 않도록 폐쇄형 외함이 있는 구조로 할 것

(2) 충전부에 충분한 절연 효과가 있는 방호망이나 절연덮개를 설치할 것

(3) 충전부는 내구성이 있는 절연물로 완전히 덮어 감쌀 것

(4) 발전소·변전소 및 개폐소 등 구획되어 있는 장소로서 관계 근로자가 아닌 사람의 출입이 금지되는 장소에 충전부를 설치하고, 위험표시 등의 방법으로 방호를 강화할 것

(5) 전주 위 및 철탑 위 등 격리되어 있는 장소로서 관계 근로자가 아닌 사람이 접근할 우려가 없는 장소에 충전부를 설치할 것

(6) 노출 충전부가 있는 맨홀 또는 지하실 등의 밀폐공간에서 작업하는 경우

가. 덮개　　　　나. 울타리　　　　다. 절연 칸막이

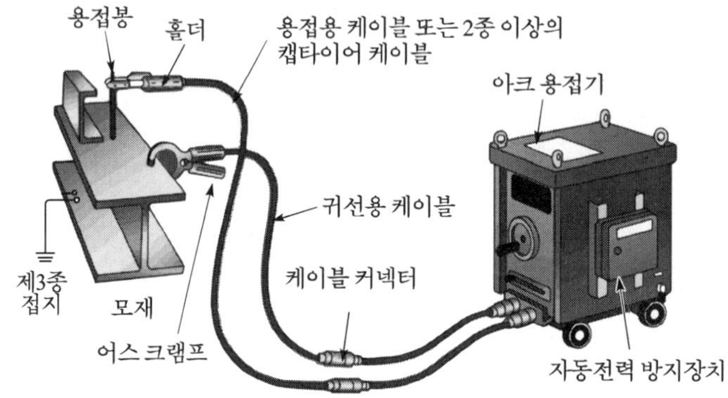

그림 9.2.2. 용접봉 및 용접기 충전부

2) 누전차단기에 의한 감전방지[안전보건규칙제304조]

(1) 누전이란 전류가 정상적인 전류의 통로 이외로 흐르는 것을 말한다.

(2) 누전차단기란 전동 기계·기구가 접속되어 있는 전로에서 누전에 의한 감전 위험을 방지하고자 사용하는 기기를 말한다.

(3) 누전차단기를 설치해야 하는 전기기계·기구

가. 대지 전압이 150볼트를 초과하는 이동형 또는 휴대형 전기기계·기구

나. 물 등 도전성이 높은 액체가 있는 습윤장소에서 사용하는 저압(750볼트 이하 직류전압이나 600볼트 이하의 교류전압을 말한다)용 전기기계·기구

다. 철판·철골 위 등 도전성이 높은 장소에서 사용하는 이동형 또는 휴대형 전기기계·기구

라. 임시 배선의 전로가 설치되는 장소에서 사용하는 이동형 또는 휴대형 전기기계·기구

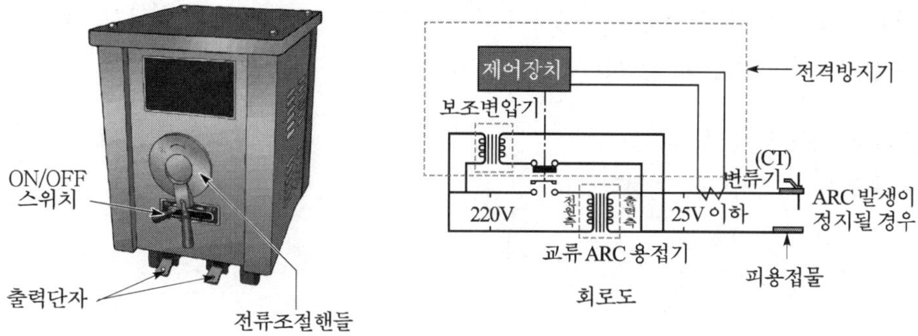

그림 9.2.3. 누전차단기 원리

3) 임시수전설비 안전조치

(1) 설치 장소 : 임시수전설비는 구획된 장소에 설치할 것

(2) 위험 표지판 부착 : 관계자 외 출입통제를 위한 위험표지 부착 및 시건장치 할 것

(3) 울타리 설치 : 철재 울타리와 철물을 충분한 높이로 설치 및 접지할 것

(4) 난간대 설치 : H변대의 변압기 주위에 난간대를 설치하여 추락을 방지할 것

(5) 보호카바 : 가공선로용 전주의 밑에서 위로 2미터까지의 지지선은 보호카바를 씌우고 야광페인트(노랑, 검정)를 칠할 것

4) 투광등 안전조치

(1) 투광등은 기동성이 좋고 안전대책이 구비된 것을 사용할 것

(2) 접지선이 포함된 구심형 케이블을 접지형 콘센트에 연결해서 사용할 것

(3) 설치도를 참조하여 안전조치 후 사용할 것

그림 9.2.4. 투광등 안전조치

5) 교류아크용접기 안전조치

(1) 용접기 배선 : 배선은 규격품을 사용하고 정리정돈을 철저히 할 것

(2) 외함 접지 : 용접기의 외함은 반드시 접지할 것

(3) 단자 : 단자 접속부는 절연테이프 또는 절연카바로 방호할 것

(4) 전원 차단 스위치 : 전원을 사용하지 않을 때 차단시킬 수 있도록 용접기 가까운 곳에 전용개폐기 또는 안전스위치를 설치할 것

(5) 콘센트 설치 : 개폐기 또는 안전스위치 밑에 콘센트를 설치하여 전원을 인출할 것

(6) 보호구 : 용접용 보호구를 착용하고 용접봉에 접촉되지 않도록 할 것

(7) 자동전격방지장치 : 검정품인 자동전격방지장치를 부착할 것

(8) 홀더 : 홀더 절연물이 파손되지 않아야 하며 절연내력 및 내열성이 있는 규격품을 사용할 것
(9) 용접봉 : 용접봉은 물에 담그지 않도록 할 것

6) 수중양수기 사용 시 안전조치

(1) 사용전에 절연저항을 측정할 것
(2) 누전차단기 설치할 것
(3) 분전반 잠금장치할 것
(4) 안전표지판 설치할 것
(5) 단자 연결부 절연카바 또는 절연테이핑 실시할 것
(6) 케이블 전선 사용할 것
(7) 양수기 인양로프는 마닐라로프 사용할 것

학습 Note 누전Electric Leakage과 위험요소

1) 누전이란 전기가 샌다는 의미로써 전류가 흐르는 도체를 감싸고 있는 절연체(피복)가 손상되면 누전을 일으킨다. 절연체는 부도체(저항이 높아 전류가 잘 흐르지 못하는 재질)로 되어 있어 도체에 흐르는 전류가 외부로 새지 못 하게 하는 것인데 이 절연체에 손상이 가면 기계의 표면으로 전류가 흐르는 상태가 된다. 이것을 누전이라고 한다.

2) 누전이 생기는 이유

① 물과 습기로 인한 누전
② 선의 노후화로 인한 누전
③ 전 차단기의 불량으로 인한 누전

학습 Note 감전Electric Shock과 위험요소

1) 감전이란 인체의 일부 또는 전체에 전류가 흐를 때 일어나는 생리적 현상, 인체가 전류에 받는 충격을 전격이라 한다.
2) 전격의 영향 : 충격, 근육수축, 호흡곤란, 심실세동 등
3) 감전의 영향

① 1[mA] : 전기를 느낄 정도
② 5[mA] : 상당한 고통을 느낌
③ 10[mA] : 견디기 어려운 정도의 고통
④ 20~23[mA] : 근육의 수축이 TALGO 자신의 의사대로 행동 불능
⑤ 50[mA] : 상당히 위험한 상태
⑥ 100[mA] : 치명적인 결과 초래

4) 감전 형태
① 직접접촉(충전부)
② 간접접촉(누전된 전기기기)
③ 비접촉(특별고압 충전전로 근접 접근 시 감전)
④ 화염, 화상(낙뢰로 인한 감전)

학습 Note **수중양수기 작업 사례**

1) 릴 드럼Reel Drum을 사용할 경우에 드럼 통을 통과하는 부위의 고무 패킹이 노후화되어 손상될 때 마찰로 인한 전선 피복의 손상은 감전사고의 원인이 된다.
2) 전기화재의 가장 큰 원인 : 쇼트Short(단락, 합선)
– 쇼트란 두 가닥의 전선이 직접 또는 낮은 저항 등으로 접촉하는 것

접지종류와 방법 09-08

1. 접지를 해야 하는 이유

전기 회로나 전기 기기 따위를 도체로 땅에 연결하는 것을 접지하고 한다. 기기 절연물이 열화 또는 손상되었을때 흐르는 누설 전류나 이상 전압 발생 시에도 고장 전류로 인한 감전시고를 방지하기 위함이다.

1) 감전사고의 방지
2) 누전화재의 방지
3) 기기배관 등의 파괴방지(지락에 따른 계속적 아크 발생에 의한 기기, 닥트 등의 파괴를 뜻함)
접지저항이 충분히 낮은 값이 아니면 그 목적을 다 할 수 없기 때문에 과전류 보호기, 누

전차단기 등을 병용 할 필요가 있다.

2. 접지 종류

1) 제1종 접지공사 : 특고압 및 고압의 금속제 기계기구, 외함 등의 접지, 피뢰침 접지
2) 제2종 접지공사 : 특고압 또는 고압전로와 저압전로를 결합하는 변압기의 저압측 중성점 또는 1단자에 접지하는 것.
3) 제3종 접지공사(화재방지, 감전방지, 기기손상방지용) : **400V 이하의 저압용 전기기계 기구의 외함 등의 접지**
4) 특별3종 접지공사 : 400V를 넘는 저압용 금속제 기계기구 외함 등의 접지

3. 접지공사의 접지저항 값과 굵기

접지 종류	접지 저항값	접지선의 굵기
제1종 접지	10Ω 이하	Φ2.6mm[공칭단면적 $6mm^2$ 이상의 연동선]
제2종 접지	일반적으로 5Ω 이하	Φ4.0mm[공칭단면적 $16mm^2$ 이상의 연동선]
제3종 접지	100Ω 이하	Φ1.6mm[공칭단면적 $2.5mm^2$ 이상의 연동선]
특별3종 접지	10Ω 이하	

4. (제1, 2종) 접지 방법

1) 접지방법
   (1) 접지선은 절연전선 또는 케이블 사용
   (2) 접지극은 지하 75센티미터 이상의 깊이에 매설함
   (3) 지하 75 센티미터 부터 지상 2미터 까지는 합성수지관 등으로 덮어야 함
   (4) 접지극은 지중에서 금속체와 1미터 이상 이격 시켜야 함
   (5) 제1종 및 2종 접지선을 시설한 지지물에 피뢰침용 지선을 설치하지 말 것

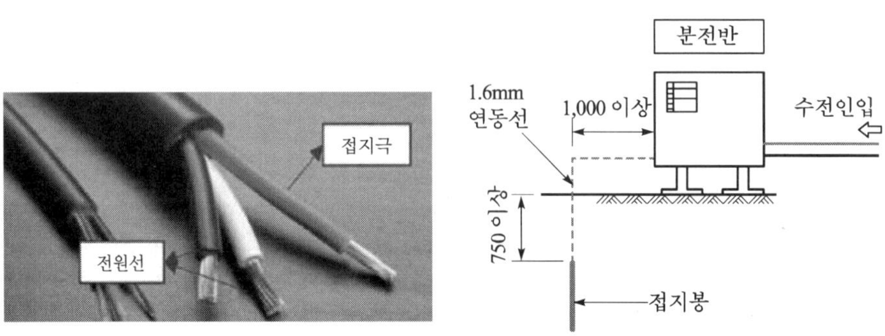

그림 9.2.5. 전원코드(3C) 구조와 분전반 접지

2) 전동공구 위험요인
  (1) 전선 접속부 절연 불량 또는 심선 노출
  (2) 인입선 절연 피복 손상 및 꽂음접속기 절연파괴
  (3) 전동 공구 본체 또는 케이블 릴 누전으로 인한 감전

5. 전기기계기구의 접지[안전보건규칙제302조]

누전에 의한 감전의 위험을 방지하기 위하여 다음의 부분에 대하여 접지를 해야 한다.

1) 전기 기계·기구의 금속제 외함, 금속제 외피 및 철대

2) 고정 설치되거나 고정 배선에 접속된 전기기계·기구의 노출된 비충전 금속체 중 충전될 우려가 있는 다음 각 목의 어느 하나에 해당하는 비충전 금속체
  (1) 지면이나 접지된 금속체로부터 수직거리 2.4미터, 수평거리 1.5미터 이내인 것
  (2) 물기 또는 습기가 있는 장소에 설치되어 있는 것
  (3) 금속으로 되어 있는 기기접지용 전선의 피복·외장 또는 배선관 등
  (4) 사용전압이 대지전압 150볼트를 넘는 것

3) 전기를 사용하지 아니하는 설비 중 다음에 해당하는 금속체
  (1) 전동식 양중기의 프레임과 궤도
  (2) 전선이 붙어 있는 비전동식 양중기의 프레임
  (3) 고압(750볼트 초과 7천볼트 이하의 직류전압 또는 600볼트 초과 7천볼트 이하의 교류전압) 이상의 전기를 사용하는 전기 기계·기구 주변의 금속제 칸막이·망 및 이와 유사한 장치

4) 코드와 플러그를 접속하여 사용하는 전기 기계·기구 중 다음에 해당하는 노출된 비충전 금속체
  (1) 사용전압이 대지전압 150볼트를 넘는 것
  (2) 냉장고·세탁기·컴퓨터 및 주변기기 등과 같은 고정형 전기기계·기구
  (3) 고정형·이동형 또는 휴대형 전동기계·기구
  (4) 물 또는 도전성이 높은 곳에서 사용하는 전기기계·기구, 비접지형 콘센트
  (5) 휴대형 손전등

5) 수중펌프를 금속제 물탱크 등의 내부에 설치하여 사용하는 경우 그 탱크(이 경우 탱크를 수중펌프의 접지선과 접속해야 함)

학습 Note 접지와 위험요소

1) 접지란 전력계통을 구성하는 기기의 외함이나 전력 계통의 일부를 대지에 접속하는 것
2) 접지의 원리 : 접지는 전기계, 기구, 금속제 외함을 충분히 낮은 접지저항(대개 25암페어 이하)로 만드는 방법임
3) 접지의 종류
   ① 보호(외함)접지 : 기기의 외함을 접지하는 것
   ② 계통접지 : 전력선의 일부를 접지하는 것
4) 안전전압 : 회로의 정격전압이 일정 수준 이하의 낮은 전압으로 절연파괴 등의 사고 시에도 인체에 위험을 주지 않게 되는 전압[산업안전보건법] : 일반사업장의 경우 30볼트로 규정됨, 이것은 30볼트 미만은 자격을 요구하지 않는다는 의미로서 30볼트 이상이면 자격을 가진자가 취급해야 함

고압선로 인근작업 안전대책 09-09

1. 충전전로 인근에서의 차량 · 기계장치 작업

1) 충전전로 인근에서 차량, 기계장치 등의 작업이 있는 경우에는 차량 등을 충전전로의 충전부로부터 300센티미터 이상 이격시켜 유지시키되, 대지전압이 50킬로볼트를 넘는 경우 이격시켜 유지하여야 하는 거리는 10킬로볼트 증가할 때마다 10센티미터씩 증가시킬 것. 다만, 차량 등의 높이를 낮춘 상태에서 이동하는 경우에는 이격 거리를 120센티미터 이상으로 할 수 있다.[안전보건규칙제322조]
2) 충전전로의 전압에 적합한 절연용 방호구 등을 설치한 경우에는 이격 거리를 절연용 방호구 앞면까지로 할 수 있으며, 차량 등의 가공 붐대의 버킷이나 끝부분 등이 충전전로의 전압에 적합하게 절연되어 있고 유자격자가 작업을 수행하는 경우에는 붐대의 절연되지 않은 부분과 충전전로 간의 이격 거리는 다음 표에 따른 접근 한계거리까지로 할 수 있다. [안전보건규칙제321조]

충전전로의 선간전압[단위 : 킬로볼트]	충전전로에 대한 접근한계거리[단위 : 센티미터]
0.3 이하	접촉금지
0.3 초과 0.75 이하	30
15 초과 37 이하[23kV]	90[배전선로(전봇대)]
145 초과 169 이하	170
242 초과 362 이하	380

3) 근로자가 차량 등이 접촉하지 않도록 방책을 설치하거나 감시인 배치 등의 조치를 할 것
4) 충전전로 인근에서 접지된 차량 등이 충전전로와 접촉할 우려가 있을 경우에는 지상의 근로자가 접지점에 접촉하지 않도록 조치할 것

2. 활선 작업 및 활선 근접 작업 시 안전작업

1) 활선작업[3)] 계획
   (1) 작업 책임자의 임영, 작업장소의 주변 상태
   (2) 절연용 방호구 및 보호구
   (3) 활선작업용 기구, 장치 등이 포함되도록 계획

2) 저압활선 작업 및 활선근접작업
   (1) 작업자에게 절연용 보호구 착용
   (2) 근접 충전전로에 절연용 방호구 설치

3) 고압활선작업 및 활선근접작업
   (1) 작업자는 절연용 보호구 착용
   (2) 작업자는 활선 작업용 기구 및 장치 사용
   (3) 근접 충전선로에 절연용 방호구 설치

3. 송전선로 안전이격거리[한국전력공사]

1) 송전선로의 위험성
   (1) 송전선로는 피복 전석이 아님
   (2) 접촉하지 않더라도 감전됨

2) 안전 이격 거리

전압별	전력선과 안전 이격 거리	비고
23KV	1m	배전선로[전봇대]
154KV[애자 10개 이내]	5m	송전선로[철탑]
345KV[애자 20개 이내]	8m	송전선로[철탑]

3) 고압과 저압 구분
   (1) 저압 : 750V 이하 직류전압이나 600V이하의 교류 전압을 의미한다.
   (2) 고압 : 750V 이상 직류전압이나 600V~7,000V 사이의 교류 전압을 의미한다.

학습 Note 고압선 인근 작업시 이격거리[KCS 21 20 10 건설지원장비

고압선 인근 작업 시 이격 거리			
0 kV ~ 50 kV	3.0 m 이상	350 kV ~ 500 kV	7.5 m 이상
50 kV ~ 200 kV	4.5 m 이상	500 kV ~ 750 kV	10.0 m 이상
200 kV ~ 350 kV	6.0 m 이상	750 kV ~ 1000 kV	12.5 m 이상
고압선 하부 통과 시 이격거리			
0 kV ~ 50 kV	1.2 m 이상	350 kV ~ 500 kV	5.7 m 이상
50 kV ~ 200 kV	2.7 m 이상	500 kV ~ 750 kV	8.2 m 이상
200 kV ~ 350 kV	4.2 m 이상	750 kV ~ 1000 kV	10.7 m 이상

[활선(Live Cable) 감지기]

전기용접 및 절단작업 안전대책 09-10

1. 전기용접 절단 작업 화재예방대책

1) 용접작업 시 가연성물질 격리
2) 용접 시 소화기 비치
3) 화재 감시인 배치
4) 용접기 안전대책
   (1) 용접을 위한 전원은 별도의 전원라인을 설치하여 사용한다.
   (2) 용접기는 외함에 제3종 접지를 실시한다.
   (3) 용접기의 자동전격방지장치의 설치 및 작동상태를 확인한다.

2. 화재위험작업 준수사항[안전보건규칙제241조]

1) 통풍이나 환기가 충분하지 않은 장소에서 화재위험작업을 하는 경우에는 통풍 또는 환기를 위하여 산소를 사용하지 말 것
2) 가연성물질이 있는 장소에서 화재위험작업을 하는 경우의 준수사항
   (1) 작업 준비 및 작업 절차 수립
   (2) 작업장 내 위험물의 사용·보관 현황 파악
   (3) 화기작업에 따른 인근 가연성물질에 대한 방호조치 및 소화기구 비치
   (4) 용접불티 비산방지덮개, 용접방화포 등 불꽃, 불티 등 비산방지조치
   (5) 인화성 액체의 증기 및 인화성 가스가 남아 있지 않도록 환기 등의 조치
   (6) 작업근로자에 대한 화재예방 및 피난교육 등 비상조치

3) 불꽃·불티 등의 비산 방지 조치 할 것

4) 화재위험작업 내용 게시[화재위험작업이 시작되는 시점부터 종료 될 때까지

(1) 작업내용

(2) 작업일시

(3) 안전점검 및 조치에 관한 사항

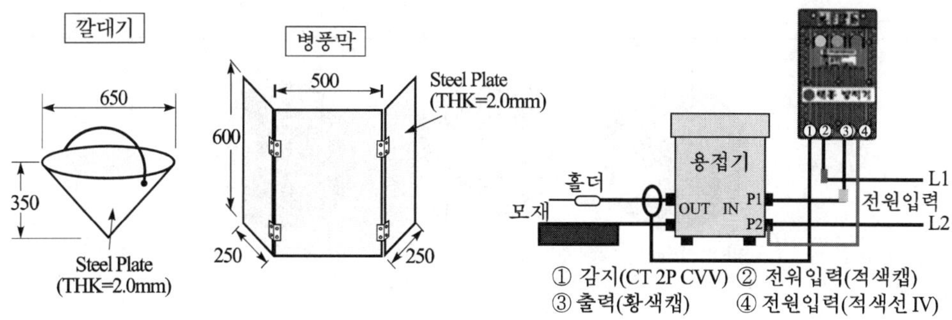

그림 9.2.6. 용접과 비산방지

3. 화재위험작업

1) 화재위험작업[안전보건규칙제236조][시행 2020.1.16.]

(1) 용접용단 및 금속의 가열 등 화기를 사용하는 작업

(2) 연삭숫돌에 의한 건식 연마작업

(3) 불꽃이 발생될 우려가 있는 작업

2) 화재위험작업 물질(인화성 액체 등)보관방법

(1) 화재위험이 없는 장소에 별도로 보관 또는 저장할 것

(2) 작업장 내부에는 해당 작업에 필요한 양만 둘 것

3) 화재위험작업 시의 준수사항

(1) 가연성 물질이 있는 장소 일 때

가. 작업 준비 및 작업 절차 수립

나. 작업장 내 위험물의 사용·보관 현황 파악

다. 화기작업에 따른 인근 가연성물질에 대한 방호조치 및 소화기구 비치

라. 용접불티 비산방지덮개, 용접방화포 등 불꽃, 불티 등 비산방지조치할 것

마. 인화성 액체의 증기 및 인화성 가스가 남아 있지 않도록 환기 등의 조치할 것

바. 작업근로자에 대한 화재예방 및 피난교육 등 비상조치할 것

전기용접작업 안전관리	
작업전 확인사항	작업중 안전관리
• 가연성 물질 제거 • 아크 용접기 전격방지기 확인 • 용접 어스, 홀더 절연커버 확인 • 용접 케이블 접속부 상태 확인 • 용접 누설전류 방지 조치 확인	• 가연성 물질 제거 • 소화기 배치 • 화재감시자 배치 • 불티비산방지조치 • 어스 접속부 위치(용접부 가장가까운 곳 접속(50센티미터 이내)

그림 9.2.7. 용접용단작업 안전조치

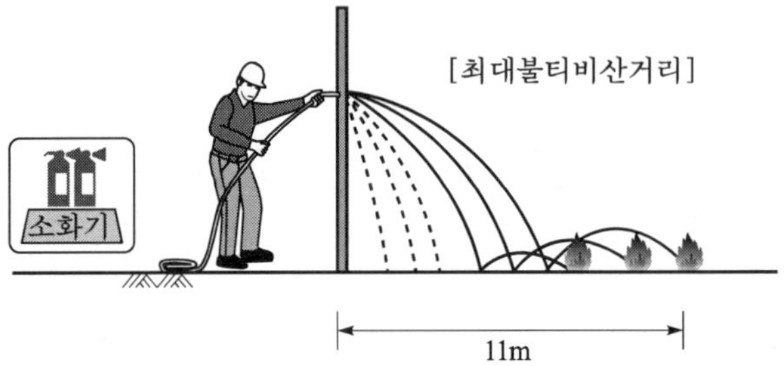

그림 9.2.8. 용접 비산거리

과전압/활선작업/정전기 안전대책 09-11

1. 과전압Overvoltage

1) 전류를 흐르게 하기 위하여 가해야 할 전위와 평형 전위와의 차이. 정격 전압보다 높은 전압을 말한다.

2) 본래의 선로 전압보다 더 높은 전압이 공급되는 현상을 일컫는 말이다. 선로전압이 오랜 시간(대개 1초이상) 정격 전압보다 높을 때 특히 일컫는 말이며, 전자제품 수명 단축의 원인으로 큰 비중을 차지하는 현상이다.

3) 과전압 유입 유형

(1) 낙뢰, 또는 각종 써지Surge(정상적인 전압을 초과하는 과도한 전압)에 의한 것

(2) 공급측 전압설정 착오로 인한 경우
(3) 1상 3선식 또는 3상 4선식에서 접지선의 단선 또는 접촉 불량

4) 과전류 차단장치[안전보건규칙제305조]
(1) 과전류 차단장치는 반드시 접지선이 아닌 전로에 직렬로 연결하여 과전류 발생 시 전로를 자동으로 차단하도록 설치할 것
(2) 차단기퓨즈는 계통에서 발생하는 최대 과전류에 대하여 충분하게 차단할 수 있는 성능을 가질 것
(3) 과전류차단장치가 전기계통상에서 상호 협조·보완되어 과전류를 효과적으로 차단하도록 할 것

2. 활선작업

1) 활선작업의 정의
선로가 가압되어 있는 상태에서 수행하는 작업 및 정상적인 정전 절차를 거치지 않은 정전된 선로에서의 작업을 말한다.

2) 활선작업자의 안전대책
(1) 작업자 안전대책
가. 감전사고　　나. 추락사고
(2) 건강관리
가. 근골격계 위험관리　　나. 전자기파 노출에 따른 신경질환　　다. 피로

3) 활선작업 보호구
(1) 절연용 보호구 : 안전모, 고무장갑 등
(2) 절연용 방호구 : 고무 절연관, 고무 애자礙子(전선을 지탱하고 절연하기 위하여 전봇대 따위에 다는 여러 모양의 기구) 커버 등 감전방지용 장비
(3) 활선작업용 절연 공구
(4) 활선작업용차

3. 정전기

1) 정전기Static electricity의 정의
전하의 이동이 전혀 없는 전기로서 머물러 있는 전기라고 하여 정전기靜電氣라고 불리는 현상으로 발생원인은 마찰 때문에 발생한다.

2) 정전기 발생 구조

(1) 1단계 : 두 물체의 접촉으로 인한 접촉면에서 전기이중층의 형성

(2) 2단계 : 단계 전기이중층의 분리에 의한 전위 상승

(3) 3단계 : 단계 분리된 전하의 소멸

(4) 대전 현상 : 3단계 과정이 연속적으로 일어날 때 발생

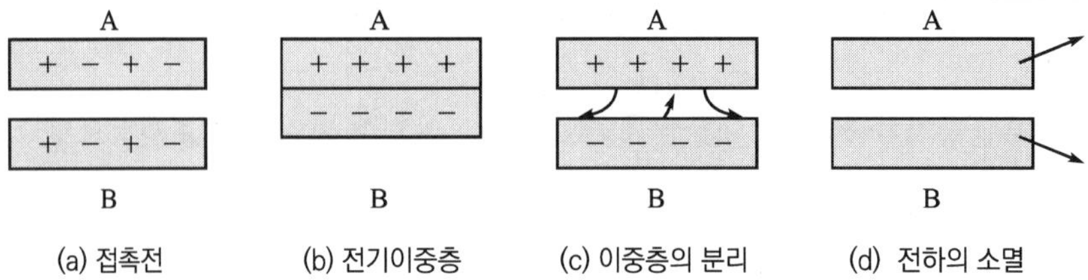

그림 9.2.9. 접촉에 의한 정전기 발생 과정

3) 정전기 발생 종류

(1) 마찰에 의한 발생
(2) 박리에 의한 발생
(3) 유동에 의한 대전
(4) 분출에 의한 발생
(5) 충돌에 의한 발생

4) 정전기 발생 방지대책

(1) 대전[4)]방지대책

가. 접지
나. 본딩Bonding : 전기적인 접속

(2) 인체 대전 방지용 보호구 착용 : 대전방지용 신발 등

(3) 대전방지제 사용

(4) 가습

학습 Note 정전기 위험방지조치

1) 정전기의 위험성

① 폭발화재

② 전격(감전)

③ 생산장해(2차 재해 유발)

2) 정전기의 발생

① 벨트, 롤 등에 의한 대전

② 분체의 대전

4) 대전(帶電)이란 어떤 물체가 전기를 띠는 현상를 말한다.

③ 인체의 대전

3) 정전기에 의한 화재 폭발 방지[안전보건규칙제325조]
① 접지 조치할 것
② 제전장치 사용할 것
③ 정전기 방지용 안전화 착용
④ 제전복 착용
⑤ 정전기 제전용구 사용 조치할 것

4) 피뢰침 설치[안전보건규칙제326조]
피뢰침을 설치할 때에는 보호각을 45도 이하로 하고 접지극과 대지간의 접지저항은 10옴 이하로 할 것

공사용 가설전기 설치기준과 안전대책 09-12

1. 이동식 기계 · 기구 등에 의한 감전방지대책

1) 2중 절연구조(3심 플러그)의 이동식기계기구를 사용할 것
2) 투광등 등 이동식기계·기구 사용 시 반드시 누전차단기를 경유할 것

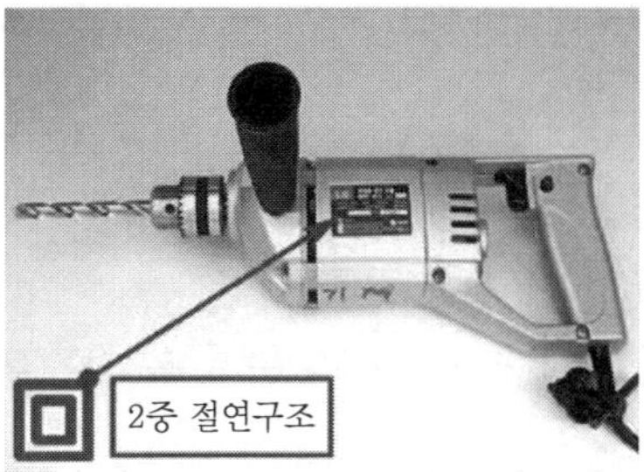

그림 9.2.10. 2중 절연구조

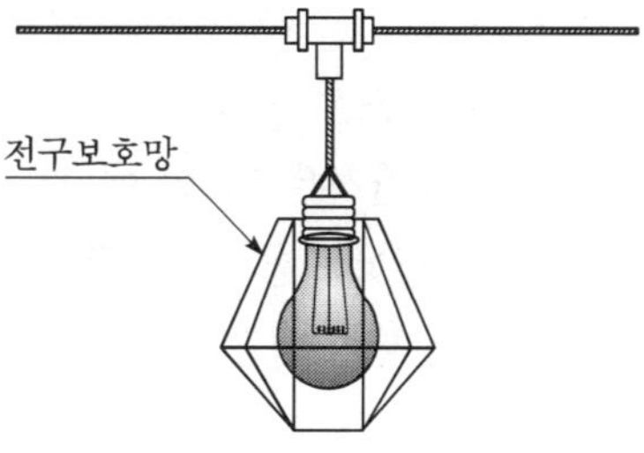

그림 9.2.11. 백열등 보호

2. 분전반 안전대책

1) 분전반 취급자 표지판에 부착할 것
2) 분전반 설치 및 취급자는 절연모, 절연장갑, 절연화 등 절연보호구를 착용할 것
3) 분전반 취급은 현장 지정취급자 등 전기전문가가 할 것
4) 전기사용 장소에서는 임시배전반을 설치하고 반드시 콘센트에서 플러그로 전원을 인출하여 사용할 것

5) 분기 회로마다 감전보호용 지락과 과부하 겸용의 누전차단기 설치할 것
6) 충전부가 노출되지 않도록 내부 보호판을 설치하고 콘센트에 380V, 220V 등의 전압을 표시할 것
7) 철재 분전함의 외함은 반드시 접지를 실시하고 접지형 콘센트를 사용할 것
8) 외함에 회로도 및 회로명, 점검일지를 비치하고 주 1회 이상 절연 및 접지상태 등을 점검할 것
9) 분전함에는 시건장치를 하고 "취급자외 조작금지" 표지를 부착할 것

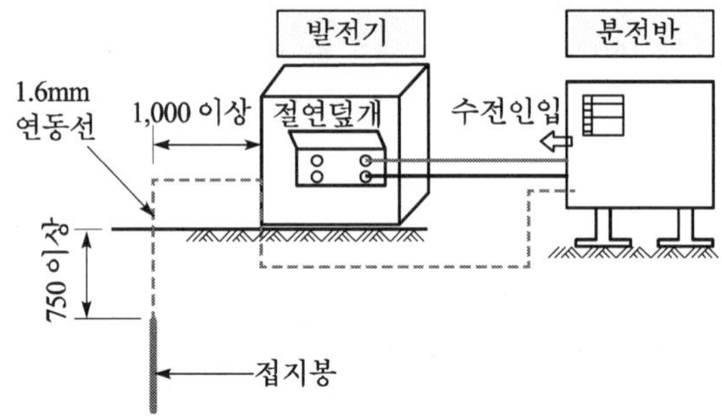

그림 9.2.12. 발전기 접지

3. 가설전선(이동전선) 안전대책

1) 임시 배선은 가공架空으로 포설해야 하며 통로에 노출를 금지할 것
2) 가공으로 포설할 경우 옥외형 비닐절연 전선을 사용하고 절연 애자로서 전선을 지지하며 가공선로 주의 표시 및 높이 표시할 것
3) 거치점의 설치간격은 3미터 이내로 설치할 것
4) 절연성 재료를 이용한 전선거치대(자립형 거치대 등)를 사용할 것
5) 담당자를 지정하여 바닥에 전선이 닿아 감전위험에 노출이 되지 않는지 수시로 검사할 것

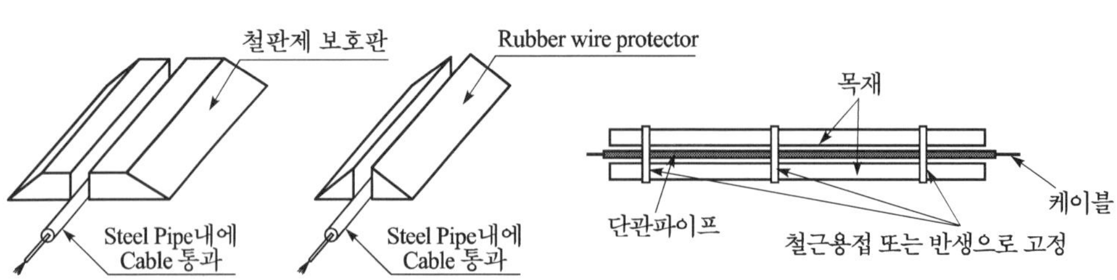

그림 9.2.13. 지표면 바닥 가설전선 방호대책

4. 꽂음접속기

1) 콘센트 정의

전기 배선에 설치하는 일종의 접속 기구로 전기·전자 기기의 사용을 위해 배선에 연결하여 플러그Plug를 삽입하는 기구를 말한다.

2) 콘센트 종류

(1) 접지형 콘센트

가. 누전 낙뢰 방지 및 기기 보호 목적으로, 콘센트에 전력용 두 단자 외에 접지 단자가 있다.

나. 전기 기구를 설치할 때는 초록색 전선이 접지선이다.

(2) 무접지형 콘센트

콘센트에 전력을 위한 두 단자 외에 접지 단자가 없으며, 비접지용 플러그는 주로 납작한 얇은 형식에 전원 연결용 단자만 2개가 있다.

3) 꽂음접속기 준수사항[안전보건규칙제316조]

(1) 서로 다른 전압의 꽂음접속기는 서로 접속되지 아니한 구조의 것을 사용할 것

(2) 습윤한 장소에 사용되는 꽂음접속기는 방수형 등 그 장소에 적합한 것을 사용할 것

(3) 작업자가 해당 꽂음접속기를 접속시킬 경우에는 땀 등에 젖은 손으로 취급하지 않도록 할 것

(4) 해당 꽂음접속기에 잠금장치가 있는 경우에는 접속 후 잠그고 사용할 것

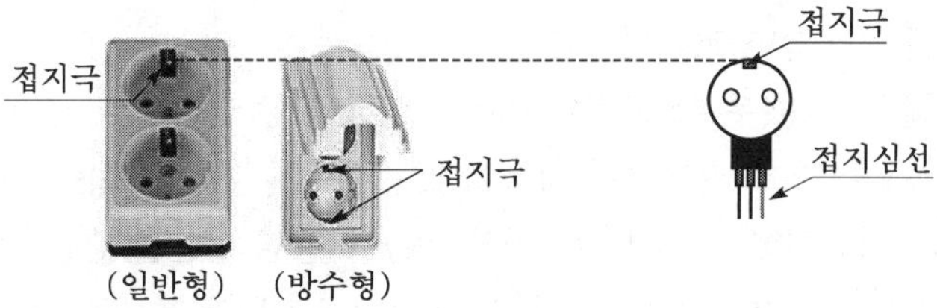

[전원 접속은 접지극이 포함된 3극 꽂음접속기(콘센트, 플러그) 사용.※ 옥외는 반드시 방수형 사용]

그림 9.2.14. 접종 및 접지

학습 Note **IPIngress Protection(침투보호) 등급 : 콘센트 등 외부에 설치되는 전기 장치의 등급**

1) 표시방법 예 IP44
2) 첫번째 숫자는 방진(방진등급은 고체물질(먼지 등)로 부터의 보호를 총7단계로 구분함), 두 번째 숫자는 방수(방수등급은 액체로부터의 보호를 총10단계로 구분함) 나타낸다. 첫번째 4는 1밀리미터 이상의 물체로 부터의 보호(예 : 전선), 두 번째 4는 어느 방향에서든 물이 튀는 것으로부터의 보호를 말한다.
3) 물에 의한 누전방지를 위하여 IP44 이상 등급의 사용을 권하고 있다.

건축물 피뢰침 설치기준 09-13

1. 피뢰설비 목적

1) 보호하려고 하는 건축물 등 대상물에 접근하는 뇌격을 막아내고, 뇌격 전류를 대지로 방류하기 위함
2) 뇌격에 기인하여 생기는 건축물 등의 화재, 파손 및 사람 또는 동물에 대한 장애를 방지하기 위함
3) 뇌격 자체에 의한 직접적인 재해뿐만 아니라, 이것에 따르는 2차 재해도 방지하기 위함

2. 건축물 피뢰설비[건축물설비규칙제20조]

낙뢰는 뇌방전의 일종으로 **뇌운 내 전하가 지상(대지)으로 떨어져 방전하는 현상**을 낙뢰라고 말한다.

1) 피뢰설비 설치 대상
   (1) 낙뢰의 우려가 있는 건축물
   (2) 높이 20미터 이상의 건축물
   (3) 공작물로서 높이 20미터 이상의 공작물

2) 피뢰설비 조건 및 설치기준
   (1) 피뢰레벨 등급에 적합한 피뢰설비일 것
   (2) 돌침은 건축물의 맨 윗부분으로부터 25센티미터 이상 돌출시켜 설치할 것
   (3) 피뢰설비의 재료는 최소 단면적이 피복이 없는 동선을 기준으로 수뢰부, 인하도선 및 접지극은 50제곱밀리미터 이상이거나 이와 동등 이상의 성능을 갖출 것
   (4) 피뢰설비의 인하 도선을 대신하여 철골조의 철골구조물과 철근콘크리트조의 철근구조체 등을 사용하는 경우에는 전기적 연속성이 보장될 것
   (5) 측면 낙뢰를 방지하기 위하여 높이가 60미터를 초과하는 건축물 등에는 지면에서 건축물 높이의 5분의 4가 되는 지점부터 최상단부분까지의 측면에 수뢰부를 설치하여야 하며, 지표면에서 최상단부의 높이가 150미터를 초과하는 건축물은 120미터 지점부터 최상단부분까지의 측면에 수뢰부를 설치할 것
   (6) 접지는 환경오염을 일으킬 수 있는 시공방법이나 화학 첨가물 등을 사용하지 아니할 것
   (7) 급수·급탕·난방·가스 등을 공급하기 위하여 건축물에 설치하는 금속배관 및 금속재 설비는 전위가 균등하게 이루어지도록 전기적으로 접속할 것
   (8) 전기설비의 접지계통과 건축물의 피뢰설비 및 통신설비 등의 접지극을 공용하는 통합접

지공사를 하는 경우에는 낙뢰 등으로 인한 과전압으로부터 전기설비 등을 보호하기 위하여 한국산업표준에 적합한 서지보호장치(SPD)를 설치할 것

(9) 그 밖에 피뢰설비와 관련된 사항은 한국산업표준에 적합하게 설치할 것

3. 피뢰침 구성

1) 돌침부

구리 또는 용융아연도금한 철로 만든 지름 12밀리터 이상 막대기를 말한다.

2) 피뢰도선

(1) 구리의 단면적은 30제곱미터, 알루미늄은 50제곱미터 이상일 것

(2) 전등선, 전화선 또는 가스관으로부터 1.5미터 이상의 간격을 확보할 것

3) 접지전극

(1) 두께 1.4밀리미터, 면적 0.35제곱미터 이상의 강판 또는 두께 3밀리미터 이상, 면적 0.35밀리미터 이상의 아연도금철근 등 사용

(2) 접지저항은 10옴 이하일 것

4. 피뢰침 보호범위[한국산업규격 KSC9609 피뢰침]

1) 돌침 및 수평도체의 보호범위 보호각은 일반 피뢰침의 경우 60도임

2) 위험물 화약 가연성 액체 가스 등 의 저장 및 처리용도에 사용하는 피보호물에 설비하는 피뢰침의 경우는 45도임

3) 용마루 위 도체방식에서는 용마루 위 도체와 수평도체의 거리가 10m 이하가 되도록 설치할 것

4) 옥상의 급수탑 냉각탑 등은 보호용 별도 돌침 설치가 필요함

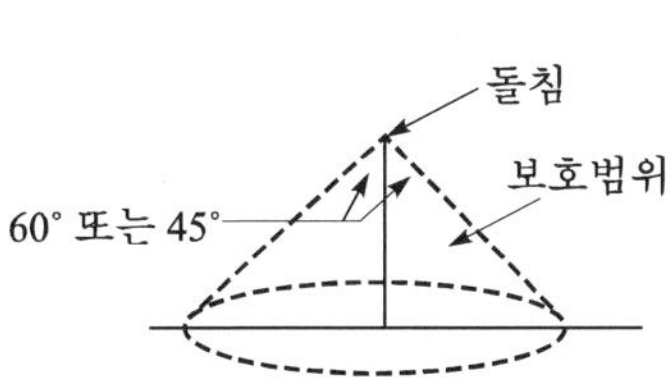

(a) 돌침

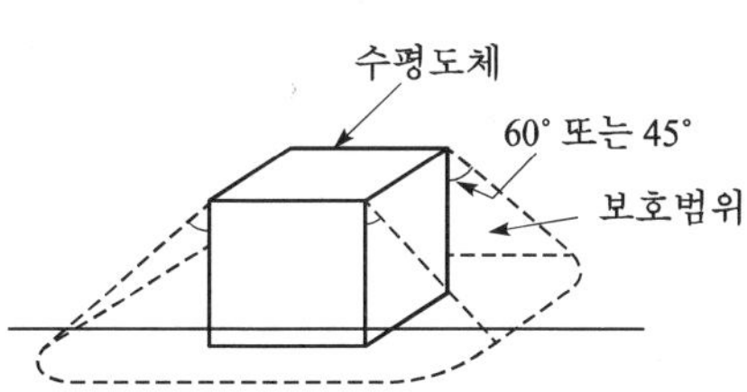

(b) 수평범위

그림 9.2.15. 피뢰침 보호범위

5. 낙뢰발생시 인명 사상 방지대책

1) 낙뢰가 인체에 미치는 영향

(1) 일반적으로 사람이 낙뢰를 맞게 되면 약 80퍼센트는 즉사함

(2) 낙뢰전류가 인체를 통과하여 호흡과 심장이 4~5분 이상 지속적으로 멈출 경우에 즉사함

2) 낙뢰 시 행동요령

(1) 야외 활동을 계획 중 : 낙뢰가 예상되면 야외활동을 연기할 것

(2) 야외 활동 중이라면 미리 이동 범위 내에 있는 적절한 피난장소를 확인할 것

(3) 천둥소리가 난 후 최소한 30분 정도 더 기다렸다가 움직이는 것이 안전함

(4) 우산을 쓰는 것은 위험함

(5) 서 있는 나무는 특히 위험하며 나무가지나 줄기로부터 10미터 이상 떨어진 거리가 안전함

(6) 울타리나 기타 금속 구조물, 기타 도전성 물체와 접촉하지 말것

3) 벼락 칠 때 요령

(1) 건축 작업장일 때

가. 건축물 안으로 대피할 것

나. 자동차 안으로 대피할 것

(2) 대지정지작업 등(벌판) 일 때

가. 무릎을 꿇고 몸을 작게 웅크릴 것

나. 지면과의 접촉을 적게 할 것

(3) 야외작업일 때

가. 금속성 물체에서 멀리 피할 것

나. 고지대에서 멀리 피할 것[언덕의 정상 지붕 꼭대기 등]

다. 홀로 우뚝 선 큰 나무는 피할 것

3. 질식 및 계절별 재해

밀폐(산소결핍작업) 재해발생요인과 안전대책 09-14

1. 산소결핍기준과 밀폐공간

1) 적정공기기준[안전보건규칙제618조]

(1) 산소농도의 범위가 18퍼센트 이상 23.5퍼센트 미만

(2) 탄산가스의 농도가 1.5퍼센트 미만

(3) 일산화탄소의 농도가 30피피엠 미만

(4) 황화수소의 농도가 10피피엠 미만인 수준의 공기를 말함

2) 산소결핍과 산소결핍증

(1) **산소결핍** : 공기 중의 산소농도가 18퍼센트 미만인 상태

(2) 산소농도별 증상

산소농도 18% 이상 안전한계

산소농도 16% 호흡 및 맥박의 증가, 두통, 메스꺼움

산소농도 12% 어지러움, 구토, 근력저하, 추락

산소농도 10% 안면창백, 의식불명, 기도폐쇄

산소농도 8% 실신, 혼질(8분 이내사망)

산소농도 6% 순간실신, 호흡정지, 경련(5분 이내사망)

그림 9.3.1. 산소 농도에 따른 산소결핍상태

3) 밀폐공간의 정의[안전보건규칙제618조]

밀폐공간이란 환기가 불충분한 상태에서 **산소결핍**이나 **유해가스**[5]로 인한 중독·화재·폭발 등의 위험이 있는 다음의 장소(공간)를 말한다.

(1) 우물·수직갱·터널·잠함·피트 등

(2) 장기간 사용하지 않은 우물 등의 내부

5) 유해가스란 탄산가스, 일산화탄소, 황화수소 등 기체로서 인체에 유해한 영향을 미치는 물질을 말한다.

(3) 케이블·가스관 또는 지하에 부설되어 있는 매설물을 수용하기 위하여 지하에 부설한 암거·맨홀 또는 피트의 내부

(4) 빗물·하천의 유수 또는 용수가 있거나 있었던 통·암거·맨홀 또는 피트의 내부

(5) 바닷물이 있거나 있었던 열교환기·관·암거·맨홀·둑 또는 피트의 내부 등

2. 밀폐공간 환기 방법

1) 일반적인 주의사항

(1) 작업전 : 유해공기 농도가 기준농도를 넘어가지 않도록 충분한 환기를 실시할 것

(2) 정전 등에 의하여 환기가 중단되는 경우 : 즉시 외부 대피할 것

(3) 밀폐공간의 환기 : 급기구와 배기구를 적절하게 배치할 것

(4) 급기구는 작업자 가까이 설치할 것

2) 이동식 환기장치 사용시 주의사항

(1) 폭발 위험지역 내 : 방폭형 구조 사용할 것

(2) 송풍관 : 가급적 구부리는 부위가 적고, 용접불꽃 등에 의한 구멍이 나지 않도록 난연재질을 사용할 것

(3) 이동식 송풍기 점검사항

가. 전원코드와 단선, 접속부의 접촉 불량 유무 확인

나. 코드와 단자상과의 접속상태 불량 유무 확인

다. 코드의 끝에 "환기중, 정지" 등의 표시판 부착 유무 확인

(4) 이동식 송풍관 점검사항

가. 연소에 의한 구멍이나 과열 유무 확인

나. 링, 나선의 손상유무 확인

다. 접속부의 확실한 고정 여부 확인

3) 작업장소에 따른 환기량

(1) 잠함, 압기실 등의 압기공업 작업실

가. **해당 용적의 5배 이상** 신선한 외부공기로 환기[내부 공기를 외부로 배기하는 방법으로]할 것

나. 작업자가 작업하는 동안 계속 급기할 것

(2) 피트 내부

가. 피트 내를 균일하게 환기할 것

나. 적정한 공기가 유지되도록 계속 급기할 것

(3) 황화수소 발생 우려 장소(탱크, 보일러 등의 내부)
  가. 용적의 5배 이상 신선한 공기로 급기한 후 출입할 것
  나. 작업 동안 계속 급기할 것
(4) 탱크 내 퇴적물 제거작업
  가. 작업 시작 전 탱크 등의 용적 3~5배 이상 환기 후 출입할 것
  나. 작업 중 계속 환기장치 가동할 것
(5) 그 밖의 밀폐공간 작업장소
  가. 작업 시작 전 용적의 5배 이상 급기 후 출입할 것
  나. 작업을 하는 동안 계속 급기할 것

학습 Note **밀폐공간 질식재해예방 3대 안전수칙**

1) 측정 : 출입 전(작업 전), 작업 중 산소 및 유해가스 농도 측정 실시
2) 환기 : 작업 전과 작업 중 환기 실시
  ① 작업 전 죽은 공기(산소가 부족하거나 황화수소 등 질식가스가 존재하는 공기)를 빼내는 작업이 반드시 우선 시 할 것
  ② 송풍기에 자바라를 붙여서 입구에서 1미터 이상 밀어 넣을 것(가급적 작업 위치까지 밀어 넣는 것이 효과적임)
  ③ 작업자가 들어가기 전, 10분 이상 공기를 불어 넣을 것
  ④ 작업자가 들어간 후, 계속 송풍기를 틀어 놓을 것
3) 보호구 : 밀폐공간 구조작업 시 보호장비를 착용할 것

3. 밀폐공간 작업 시 안전대책

1) 밀폐공간[6] 작업 프로그램 수립 시행[안전보건규칙제619조]
  (1) 사업장 내 밀폐공간의 위치 파악 및 관리 방안
  (2) 밀폐공간 내 질식·중독 등을 일으킬 수 있는 유해·위험 요인의 파악 및 관리 방안
  (3) 밀폐공간 작업 시 사전 확인이 필요한 사항에 대한 확인 절차
  (4) 안전보건교육 및 훈련
  (5) 그 밖에 밀폐공간 작업 근로자의 건강장해 예방에 관한 사항

2) 밀폐공간 작업 전 확인 사항
  (1) 작업 일시, 기간, 장소 및 내용 등 작업 정보
  (2) 관리감독자, 작업자, 감시인 등 작업자 정보

6) 밀폐공간 주요 위험요인
  (1) 화재와 폭발 (2) 질식 (3) 중독

(3) 산소 및 유해가스 농도의 측정 결과 및 후속 조치 사항
(4) 작업 중 불활성가스 또는 유해가스의 누출·유입·발생 가능성 검토 및 후속조치 사항
(5) 작업 시 착용하여야 할 보호구의 종류
(6) 비상연락체계

3) 산소 및 유해가스 농도 측정[안전보건규칙제619조의2]
(1) 측정자
가. 관리감독자
나. 안전관리자 또는 보건관리자
다. 안전관리전문기관
라. 보건관리전문기관
마. 작업환경측정기관
(2) 산소 및 유해가스 농도를 측정한 결과 적정공기가 유지되고 있지 않다고 평가된 경우에는 작업장을 환기시키거나, 근로자에게 공기호흡기 또는 송기마스크를 지급하여 착용하도록 하는 등 근로자의 건강장해 예방을 위하여 필요한 조치를 할 것

4) 환기[안전보건규칙제620조]
(1) 작업을 시작하기 전과 작업 중 환기할 것
(2) 환기할 수 없거나 작업의 성질상 환기하기가 매우 곤란한 경우
가. 공기호흡기 지급
나. 송기마스크 지급

5) 인원 점검

6) 출입금지

7) 감시인 배치

8) 추락위험장소 : 안전대나 구명밧줄, 공기호흡기 또는 송기마스크 지급

9) 대피용 기구를 비치할 것

4. 밀폐공간 출입시 보호구

1) 공기호흡기
(1) 환기 불가능하거나, 환기가 불충분한 경우
(2) 재해 시 구조 등과 같이 충분히 환기시킬 시간적인 여유가 없는 경우

2) 송기마스크

(1) 호흡용 보호구 중에서 공기호스 등으로 호흡용 공기를 공급할 수 있도록 만들어진 호흡용 보호구

(2) 송기마스크 사용장소

가. 산소농도가 18퍼센트 미만 장소

나. 유해물질농도가 2퍼센트(암모니아 3퍼센트) 이상인 장소에서 작업할 때

3) 밀폐공간 안전보호구

(1) 탱크나 맨홀 등 사다리를 이용하여 내부로 내려가야 하는 경우 : 안전대, 구명밧줄 사용

(2) 비상시 : 작업자 피난시키거나 구출 위해 안전대, 사다리, 구명밧줄 준비

5. 질식재해 위험 장소 작업절차

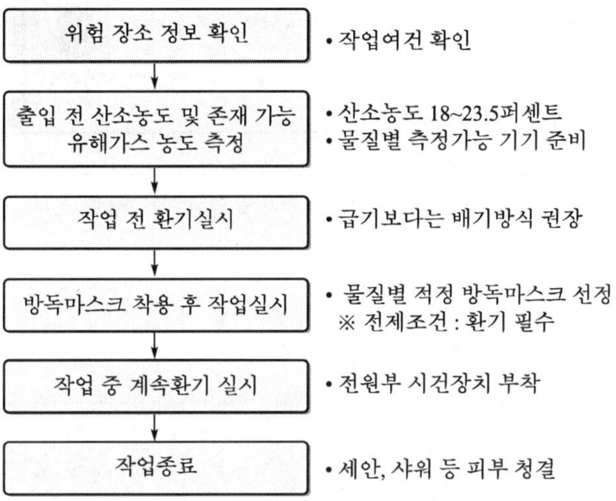

그림 9.3.2. 질식위험장소 작업절차

6. 밀폐공간 작업 시 작업 전 작업방법 공지사항[안전보건규칙제641조)

1) 산소 및 유해가스농도 측정에 관한 사항

2) 환기설비의 가동 등 안전한 작업방법에 관한 사항

3) 보호구의 착용과 사용방법에 관한 사항

4) 사고 시의 응급조치 요령

5) 구조요청을 할 수 있는 비상연락처, 구조용 장비의 사용 등 비상시 구출에 관한 사항

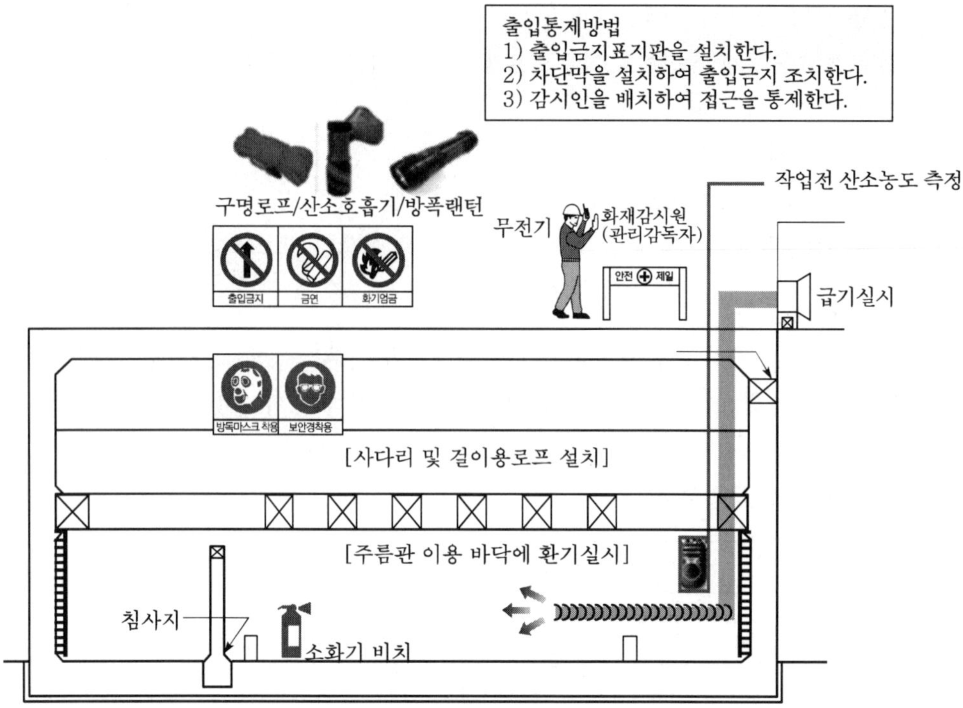

그림 9.3.3. 밀폐공간 환기 및 안전조치 개념도

장마철-강우 09-15

1. 장마철

1) 장마철 개념

장마철이란 6월 중순부터 7월 하순에 습한 공기가 전선을 형성하며 오랫동안 계속해서 내리는 많은 비[7]가 내리는 현상을 말한다.

2) 장마철 위험요인

(1) 지반의 전단강도Shear Strength감소로 인한 구조물 붕괴 위험

(2) 높은 습기로 인한 인체 저항이 낮아지며 상대적으로 높아지는 감전 위험

7) [집중호우Severe Rain Storm] 일반적으로 집중호우에 대한 명확한 정의는 없으나 한 시간에 30밀리미터 이상 또는 하루에 80밀리미터 이상의 비가 내리는 경우나 하루에 연강수량의 10퍼센트에 해당하는 비가 내리는 경우를 말한다.[기상학백과]

(3) 고온 다습한 작업환경에서 육체적 노동에 따른 건강장해(열사병) 위험

(4) 미생물 증식 및 부패 등으로 인한 산소결핍에 의한 질식 사고 위험

2. 설계강우강도

1) 강우강도와 강우지속기간의 관계를 나타낸 것으로 일반적으로 강우 지속시간이 짧을수록 강우 강도가 크다.

2) 도시지역의 우수거雨水渠설계, 고속도로를 횡단하는 암거暗渠의 설계, 비행장의 배수설계 등을 위한 설계 유량의 결정에 대단히 중요하며 지역적인 특성을 가지므로 각 지역별로 기존에 획득된 우량 기록지를 사용해 지속기간별 최대우량을 결정함으로써 얻어진다.

3) 설계강우강도 일반식

(1) **강우강도란 단위시간당 내리는 강우량**을 말한다.

(2) 강우강도식은 강우강도-지속시간-재현기간 관계를 나타내는 식을 말한다.

(3) 강우강도식

가. Talbot형 : $I(t) = \dfrac{a}{t+b}$

나. Sherman형 : $I(t) = \dfrac{a}{t^b}$

다. Japanese형 : $I(t) = \dfrac{a}{\sqrt{t}+b}$

라. General형 : $I(t) = \dfrac{a}{t^a+b}$

여기서, $I(t)$ = 강우지속기간에 따른 강우강도(mm/hr), t = 강우지속기간(min),
a,b = 회귀상수

(4) 계획 우수유출량 : Q(m^3/hr)

$$Q = \frac{1}{360} C \times I \times A$$

여기서, 유출계수(C), 강우강도(I), 배수면적(A=ha)

- 유출계수 C값, 수면 = 1.0, 도로 = 0.8~0.9, 경사가 완만한 토지 = 0.2~0.4, 잔디나 공원=0.05~0.25

폭염 09-16

1. 폭염의 개념

1) **통상 33도 이상의 고온**을 폭염이라고 한다.
2) 폭염에 장시간 노출되면 열사병, 열탈진, 열실신 등 온열질환에 걸릴 수 있다.

2. 폭염특보 발령 시 실행

1) 가능한 야외활동을 피할 것
2) 가장 무더운 오후 2시~5시까지 휴식을 유도하는 무더위 휴식시간제를 운영할 것

3. 폭염(온열질환) 예방 3대 수칙

1) 물
   (1) 작업 중 시원하고 깨끗한 물 제공할 것
   (2) 물과 이온음료를 규칙적으로 섭취할 것

2) 그늘
   (1) 작업 장소 근처에 그늘막을 준비할 것
   (2) 노동자를 충분히 수용할 수 있고 위험이 없는 안전한 장소에 설치할 것

3) 휴식[8)]
   (1) 폭염특보 발령 시 1시간 주기로 10~15분 이상 규칙적으로 휴식할 것
   (2) 근무시간 조정(예 9~18시⇒5시~14시)할 것
   (3) 무더위 시간대(14~17시)에는 옥외 작업을 금지할 것
   (4) 무더위 시간대 안전교육 등으로 대체할 것

4. 작업장 안전대책

1) 작업장의 온도와 습도를 수시로 확인할 것
   (1) 기상청 폭염정보를 활용하여 폭염 상황을 확인할 것
   (2) 온습도는 작업장소, 시간대별로 다를 수 있으므로 사업장에서 온도와 습도를 측정하면 정확한 열지수를 구할 수 있을 것

---

8) [휴식(안전보건규칙제566조)] 사업주는 근로자가 고열·한냉·다습작업을 하는 경우 또는 폭염에 노출되는 옥외 장소에서 작업함으로써 열사병 등 건강장해의 우려가 있는 경우에 적절하게 휴식하도록 하는 등 근로자 건강장해를 예방하기 위하여 필요한 조치를 해야 한다.

2) 응급상황 발생에 대비할 것

(1) 응급상황 발생 전 : 동료 노동자의 건강상태를 수시로 확인할 것

(2) 응급상황 발생 시 : 신속하게 응급처치를 할 것

5. 폭염 특보 발표 기준

1) 폭염주의보

(1) **일 최고기온이 33도 이상인 상태가 2일 이상** 지속될 것으로 예상될 때

(2) 급격한 체감온도상승 또는 폭염 장기화 등으로 **중대한 피해발생**이 예상 될 때

2) 폭염경보

(1) 일 최고기온이 35도 이상인 상태가 2일 이상 지속될 것으로 예상될 때

(2) 급격한 체감온도[9]상승 또는 폭염 장기화 등으로 **광범위한 지역에서 중대한 피해발생**이 예상 될 때

6. 고열 폭염에 의한 근로자의 건강장해 예방과 직접관련된 산안법상 주요규정

1) 보건조치(산안법제39조)

2) 작업환경측정(산안법제125조)

3) 특수건강진단 등(산안법제130조)

4) 유해위험작업에 대한 근로시간 제한 등(산안법제139조)

그림 9.3.4. 폭염

---

9) 체감온도란 여름철 낮은 습도에서는 현재 온도보다 덜 덥게 느끼고, 높은 습도에서는 더 덥게 느끼는 것을 반영하여 나타낸 온도를 말한다.

4. 건설재해유형별 재해사례

- 재해사례

  01. 떨어짐(추락)-안전망
  02. 떨어짐(추락)-개구부
  03. 감전-낙하물방지망
  04. 감전-수중펌프
  05. 열사병-폭염
  06. 질식
  07. 화재(1)-용접
  08. 화재(2)-용접
  09. 화재(3)-용접
  10. 화재(4)-용단
  11. 익사-폭우

재해사례

01 재해사례-떨어짐(안전방망)

1. 재해개요

2018. 2. 26(월) 13:10분경, 세종시 소재 「○○건설㈜ 숙박시설 신축공사」 현장에서 재해자(남, 가시설공)가 지상 3층 외벽(H=8.5m)의 안전방망(추락/낙하방지망 겸용) 설치 중 떨어져 사망한 재해임

2. 재해상황도

3. 안전대책

1) 안전방망 설치를 위한 고소작업 시 떨어짐 방지조치 실시
   (1) 건물 외벽 안전방망 설치 시 근로자의 떨어짐 사고를 방지하기 위한 안전대 착용 후 이를 안전하게 걸어 사용 할 수 있도록 안전대 걸이(부착)설비를 설치하고 사용여부 관리감독 철저
   (2) 현장 여건을 고려한 작업방법 변경, 즉 고소작업대(차량) 등을 활용하는 등 떨어짐사고 예방을 위한 적극적인 작업방법을 검토/실시

02 재해사례-떨어짐(개부)

1. 재해개요

00.(수) 08:35경 인천광역시 서구 소재 ㈜OOO 아파트 신축공사 현장에서 지하 2층 거푸집을 정리하던 중 개구부에 임시로 덮어 놓은 거푸집을 들어올려 이동하다가 작업자가 개구부를 통해 지하 3층 으로 떨어짐

2. 재해상황도

3. 안전대책

1) 개구부 주변 안전난간 설치

(1) 개구부 출입을 제한하고, 추락위험을 방지하는 안전난간 설치

2) 강성이 높은 덮개 설치

(1) 근로자, 장비, 자재의 무게를 지탱 할 수 있는 자재로 덮개 제작(선정)

(2) 개구부 상부 덮개가 이탈되지 않도록 덮개 고정

3) 개구부임을 확인할 수 있는 개구부 표시 조치

(1) 개구부임을 확인할 수 있는 개구부 표시 조치

(2) 자재 등으로 개구부가 가려지지 않도록 정리정돈 철저

(3) 안내표지판 설치 및 출입금지구획 설정

03 재해사례-감전(낙하물방지망)

1. 재해개요

2016.06.08(수) 14:30경 인천시 남구 숭의동 소재『(주)○○종합건설 숭의동 ○○ 업무시설 신축공사』 현장에서, (주)○○종합건설 소속 피재자 피재자(남,비계공,51세)가 지상 4층(약 11m) 높이의 외부비계에서 강관파이프를 이용하여 낙하물방지망 설치용 비계를 설치하던 중, 강관파이프(6m)가 가공전로(22.9KV 배전선로)의 충전부에 닿으며 발생한 아아크 및 전격에 의해 전신 화상을 당하고 지상 바닥으로 떨어져 사망한 재해임

2. 재해상황도

[재해사례]
낙하물방지방을타워크레인으로 인양하여 자재를 받기 위해 기설치된낙하물방지망틀위에서있던 중 틀이 손상되어 하부로 추락 사망한 재해

3. 안전대책

1) 가공전로와 접촉을 방지하기 위한 조치 실시

사업주는 가공전로에 근접하여 비계를 설치하는 경우에는 가공전로를 이설하거나 가공전로에 절연용 방호구를 장착하는 등 가공전로와의 접촉을 방지하기 위한 조치를 취해야 함

2) 충전전로 인근 접근금지 조치 실시

사업주는 근로자가 충전전로 인근의 높은 곳에서 작업할 때에 근로자의 몸 또는 긴 도전성 물체가 방호되지 않은 경우 충전전로에서 대지전압이 50킬로볼트 이하인 경우 3m 이내로 접근 할 수 없도록 조치하여야 함

04 재해사례-감전(수중펌프)

1. 재해개요

피재자가 지하연결통로의 굴착작업 구간에서 나오는 유출수를 배출하기 위하여 습윤한 장소에서 수중펌프 작동상태를 확인하던 중 접지극이 훼손된 콘센트에 결선된 수중펌프의 외함에 누전이 발생하여 감전·사망한 재해임

2. 재해상황도

3. 재해발생원인

수중펌프 등 이동형 전동기계·기구를 사용하는 때에는 정격감도전류가 30mA 이하이고 작동시간이 0.03초 이내로서 정상 작동하는 누전차단기를 경유하도록 설치하거나, 철제외함에 접지를 실시하여야 함

4. 감전 재해사례

피재자가스프링 쿨러 배관 지지용 달대볼트를절단하기 위해 고속절단기를 사용하던 중 누전으로 감전 사망한 재해	병원 개축공사 현장에서 2층 벽체의 전기콘센트를 설치하기 위해 천장위로 올라가 기존전선에 연결 작업중 감전되어 사망한 재해

05 재해사례-열사병(폭염)

1. 재해개요

2017.07.19(수) 15시 02분경, 군포 공공주택지구 조경공사현장에서 재해자(목공, 남, 33세)가 조경시설물 옹벽 거푸집 공사를 위해 사면에 걸쳐있는 무늬목을 형틀공에게 전달하는 작업 중 몸을 가누지 못하는 등 이상증세를 보여 동료근로자가 앉아서 쉬라고 재해자에게 얘기하여 재해자가 들고 있던 무늬목을 놓고 앉은 상태에서 바로 쓰러짐

2. 재해상황도

	 조경물 옹벽 거푸집 공사현장

3. 안전대책

1) 수분 및 식염 섭취

시원하고 깨끗한 물과 식염이 제공되어져야 하고 갈증을 느끼지 않더라도 규칙적인 섭취가 필요함

2) 그늘진 휴식장소의 제공

(1) 근로자가 일하는 장소 가까이에 그늘진 장소를 마련

(2) 그늘막이나 차양막은 햇볕을 완전히 차단할 수 있는 재질로 선택하고 시원한 바람이 통할 수 있도록 하여야 함

3) 적절한 휴식시간 부여

(1) 폭염특보 발령 시 1시간 주기로 10~15분 이상 규칙적으로 휴식시간 부여

※ 폭염 주의보 발령 시에는 매 시간당 10분씩, 폭염경보 발령 시에는 15분씩 휴식)

(2) 같은 온도조건이라도 습도가 높을 경우 휴식시간을 더 늘임

06 재해사례-질식

1. 재해개요

2019.10.04. 화력발전 건설현장에서 하도급업체 근로자가 아르곤 가스(용접 실드가스)가 차 있던 Drip Pot (직경 84cm, 깊이 2m) 퍼징댐을 확인하기 위해 들어갔다가 산소결핍에 의한 질식으로 사망

2. 재해상황도

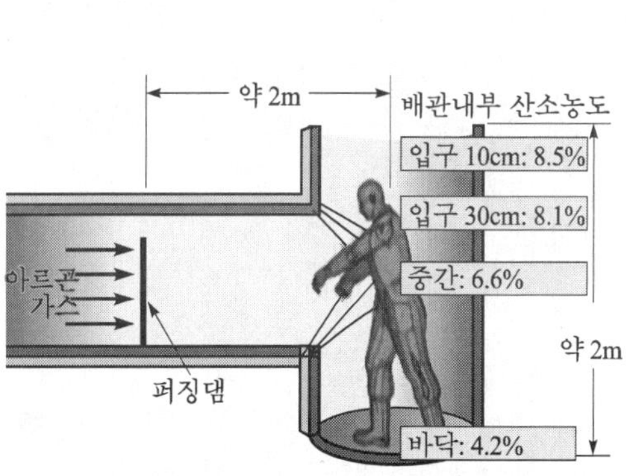

하수관 물막이작업을 하기 위해 맨홀 내부로 내려간 직후, 산소결핍으로 의식을 잃고 쓰러지자, 이를 목격한 운전원이 구조하려고 맨홀 내부로 내려갔으나 2명 모두 질식하여 사망한 재해

3. 재해발생원인

1) 불활성가스(아르곤가스) 취급 질식위험장소 출입통제 미실시

퍼징댐에서 용접 실드가스(아르곤가스) 누출시 공기보다 무거워 배관내부에 작업자 출입시 산소결핍에 의한 질식위험이 있으나 작업자 출입을 통제하지 않음

2) 질식위험요인에 대한 위험성평가 누락 및 밀폐공간 프로그램 미수립

용접 배관 내부에 근로자 출입이 없을 것으로 판단하여 질식위험에 대한 위험성평가 누락 및 밀폐공간으로 분류하지 않음

4. 안전대책

1) 불활성가스(아르곤가스) 취급 질식위험장소에 대한 출입통제

배관내부 용접 실드가스로 아르곤 가스를 사용함에 따라 배관내부 출입시 질식위험이 있으므로 근로자가 출입할 수 없도록 출입금지 조치 및 배관공 및 용접공에 대하여 아르곤가스 등 불활성가스의 위험성에 대한 교육 및 배관 입구에 출입금지 표지판 부착

2) 현존하는 잠재위험에 대한 위험성평가 실시 및 밀폐공간 작업 프로그램 수립·시행

배관 내부 출입시 산소결핍 질식위험에 대한 위험성평가를 실시하고 출입통제 조치 및 밀폐공간작업 프로그램 수립·시행

07 재해사례-화재(용접)

1. 재해개요

2019.02.27일(수) 충남 금산군 소재 아파트 신축공사 현장 옥상에서 갱폼의 수평부재 용단작업 중 발생된 불티에 의해 1층에 놓여 있던 부직포에 화재가 발생하여 대피하던 작업자 중 화상을 입어 1명 사망, 2명 부상

2. 재해상황도

3. 재해발생원인

1) 화재발생 위험장소에서 화기(용단)작업 실시

용단작업 시 불티비산방지 조치, 가연성물질에 착화방지 조치없이 용단작업 중 불티가 부직포 더미에 떨어져 화재 발생

2) 화재발생 등 비상시 대응체계 미흡

작업자들이 화염과 유독가스가 급속히 확산된 이후에 대피를 시작하여, 시야가 확보되지 않은 상태에서 창호 개구부 및 외부비계를 통해 무리하게 대피하던 중 재해 발생

4. 안전대책

1) 화재발생 위험장소에서 화기(용단)작업 시 화재예방 조치 철저

(1) 용접·용단작업 등 화기작업시 비산되는 불티가 가연성 물질에 접촉하는 것을 방지하기 위하여 불티비산방지판 또는 덮개, 가연성 물질에 방화포 등 설치

(2) 화기작업 전 주변의 가연성 물질을 조사하고, 이를 제거하거나 이동배치 하는 등 착화방지

2) 화재발생 등 비상시 대응체계 확립

(1) 화재발생 등 비상시를 대비하여 노동자 사전교육 및 훈련 실시

(2) 화재감시자를 배치하여 상시 감시, 경보설비 운영, 대피경로 지정 및 유도

08 재해사례-화재(용접)

1. 재해개요

2018년 3월 30일(금) 11:34경 인천 부평구 소재 000번지 주상복합 신축공사 현장에서 1층 외벽 석공사용 하지철물 용접작업 중, 용접불티가 작업장 하부 뒤편에 적재되어 있던 단열재에 착화, 화재가 발생 1명이 사망하고, 2명이 치료 중 사망한 재해임

2. 재해상황도

3. 안전대책

1) 화재위험 장소에서의 용접작업시 안전조치 실시

   가연물이 있는 건축물 내부나 설비내부에서 화재위험 작업 시 화재예방조치 철저

2) 화기사용의 금지조치 준수

   사업주는 화재 또는 폭발의 위험이 있는 장소에 용접·용단 등 화기 사용작업 금지

3) 소화설비 설치

   사업주는 건축물에서 단열재 등 화재의 원인이 될 우려가 있는 가연성물질 취급하는 장소에는 소화설비 등을 설치

09 재해사례-화재(용접)

1. 재해개요

2018. 6. 26.(화) ○○주상복합 신축공사 현장에서 지하주차장 천장에 설치한 가설조명 연결 전선의 접속부 과열 및 열축적에 의한 절연파괴로 발생한 단락 불꽃이 천장 단열재와 하부에 쌓아둔 단열재 더미 등에 대형화재가 발생하여 작업자 3명이 질식되어 사망하고, 37명이 질식 또는 화상으로 부상당한 재해임

2. 재해상황도

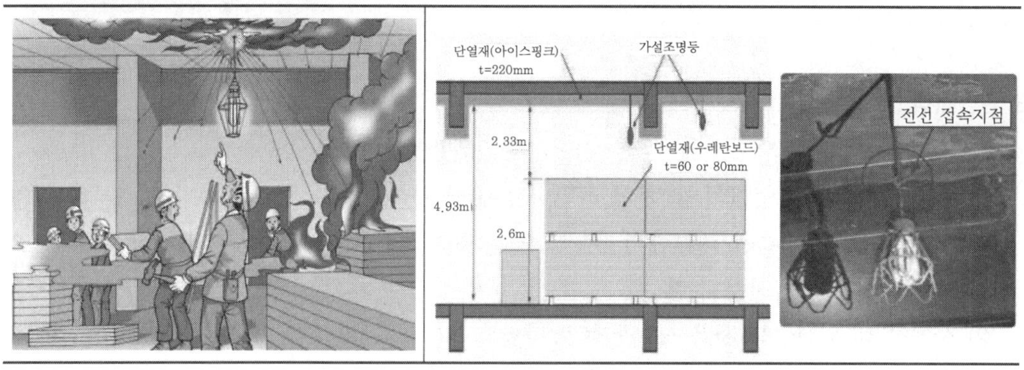

3. 안전대책

1) 가설조명등 설치 시 전선 접속부의 전기적·기계적 방호조치 철저
2) 가설조명등 접속부-단열재 사이 안전거리를 확보하고, 단열재 등 가연성물질은 지상 창고 등 화재로부터 안전한 장소에 보관
3) 화재발생 시 작업자가 신속히 대피할 수 있도록 화재감지장치 및 비상경보체계 설치·운영

10 재해사례-화재(용접)

1. 재해개요

2017. 2. 4.(토) 11:00경 경기도 화성시 소재 쇼핑몰 매장 원상복구공사 현장에서 재해자가 운영 종료된 매장 내 남아있던 인테리어시설을 철거하는 작업 중 용단작업으로 인한 불티가 가연성 자재에 옮겨 붙으면서 화재가 발생하여 2명이 사망하고 8명이 부상당한 재해임

2. 재해상황도

3. 안전대책

1) 통풍 등이 충분하지 않은 장소에서 용단 작업시 화재예방조치 실시

건물 창호가 내부 인테리어 및 가설 칸막이로 인해 차단되어 통풍이나 환기가 충분하지 않고 가연물이 있는 건축물 내부에서 용단과 같은 화기작업을 하는 경우 아래사항을 준수

(1) 작업준비 및 작업절차 수립

(2) 작업장 내 위험물의 사용 · 보관 현황 파악

(3) 용접 불꽃, 불티 등 비산 방지조치

(4) 작업근로자에 대한 화재예방 및 피난교육 등 비상조치

2) 화기 사용 금지조치

가연물에 대한 정리·제거가 이루어지지 않은 화재위험 장소에는 용단 작업 등 화기 사용을 금지하거나, 화기 사용전 사전에 가연물에 대한 정리·제거 실시

3) 소화설비 적정상태 설치

건축물 내부에서 용단 등 작업 시 화재를 예방하기 위해 건축물의 규모, 넓이 및 취급하는 물질의 종류 등을 고려하여 적정한 규격과 종류의 소화설비를 설치하고 화재발생 시 정상적으로 작동하도록 조치해야 함

11 재해사례-익사(폭우)

1. 재해개요

'17.07.04.(화), 15:40경 경남 창원시 소재 000 복개구조물 보수공사 현장에서 협력업체 소속 피재자 4명이 복개하천 내부에서 벽체 균열 보수작업을 하던 중 국지성호우*로 빠르게 늘어난 하천 급류에 휩쓸려 3명 사망, 1명 부상한 재해임

* 재해 직전 10분간 28mm의 집중호우가 발생함(시간당 37mm)

2. 재해상황도

3. 안전대책

1) 악천후 시 작업중지 조치 철저

(1) 사업주는 복개구조물 내부에서 보수작업을 하는 경우 국지성호우, 태풍 등으로 집중호우가 발생하여 근로자가 위험해질 우려가 있을 때에는 즉시 작업을 중지시키고 근로자를 안전 장소로 대피시키는 등 필요한 조치를 하여야 함

※ 감시인의 배치 실시 [권고 사항]

(2) 사업주는 복개구조물과 같이 외부 기상환경의 변화를 감지하기 어려운 곳에서 작업을 하는 경우에는 외부에 감시인을 배치하고,

(3) 무전기 등으로 신호체계를 정하여, 집중호우 등으로 빗물이 복개구조물 내부로 유입되는 경우 작업자에게 즉시 작업을 중단하고 신속하게 대피할 수 있도록 조치하여야함

참고문헌

[국내문헌]

1. 박대성, 건설공사 안전관리, 구미서관, 2020.
2. 박대성, 구조역학 노트, 동명사, 2015.
3. 김우, 콘크리트구조 한계상태설계, 동화기술, 2015.
4. 정진우, 산업안전관리론, 중앙경제, 2022.
5. 안홍섭, 건설안전혁신론, 안전정보, 2021.
6. 한국강구조학회, 강구조설계, 구미서관, 2013.
7. 한국산업안전보건공단(http://www.kosha.or.kr), 재해사례

[외국문헌]

1. Akhmad Suraji, Development and Validation of a Theory of Construction Accident Causation, UMIST, 2001.
2. Erick Hollnagel,, Safety-Ⅰand Safety-Ⅱ : The Past and Future of Safety Management, 2014.
3. Erick Hollnagel, Resilience Engineering : A New Understanding of Safety, JESK, 2016.
5. Erick Hollnagel, Risk+barriers=Safety, ELSEVIER, 2007.
6. Fu Gui, et al, The development history of accident causation models in the past 100 years : 24Model, a more modern accident causation model, ELSEVIER, 2019.
7. Howard I. Shapiro, P.E. et al, Cranes and Derricks, McGrawHill, 1991.
8. Robert T. Ratay, Temporary Structures in Construction, McGrawHill, 1987

[법령 및 건설기준]

1. 산업안전보건법, http://www.moleg.go.kr, 2024.
2. 중대재해처벌법, http://www.moleg.go.kr, 2024.
3. 건설기술진흥법, http://www.moleg.go.kr, 2024.
4. 시설물안전관리특별법, http://www.moleg.go.kr, 2024.
5. 2022년 산업재해 현황분석, 고용노동부, 2023.
6. 국가건설기준, 가시설물설계기준[KDS 21 00 00], 2024.
7. 국가건설기준, 지반설계기준[KDS 11 00 00], 2024.

[행정규칙]

1. 가설공사 표준안전 작업지침[시행 2020. 1. 16.]
2. 감전재해 예방을 위한 기술상의 지침[시행 2020. 1. 16.]
3. 건설업 산업안전보건관리비 계상 및 사용기준[시행 2024. 1. 1.]
4. 굴착공사 표준안전 작업지침[시행 2023. 7. 1.]
5. 발파 표준안전 작업지침[시행 2023. 7. 1.]
6. 방호장치 안전인증 고시[시행 2021. 3. 11.]
7. 방호장치 자율안전기준 고시[시행 2022. 8. 30.]
8. 벌목 표준안전 작업지침[시행 2020. 1. 16.]
9. 보호구 안전인증 고시[시행 2023. 12. 18.]
10. 사업장 위험성평가에 관한 지침[시행 2023. 5. 22.]
11. 석면조사 및 안전성 평가 등에 관한 고시[시행 2022. 1. 16.]
12. 안전검사 고시[시행 2020. 1. 16.]
13. 안전인증·자율안전확인신고의 절차에 관한 고시[시행 2022. 8. 30.]
14. 운반하역 표준안전 작업지침[시행 2020. 1. 16.]
15. 위험기계·기구 안전인증 고시[시행 2023. 9. 1.]
16. 위험기계·기구 자율안전확인 고시[시행 2020. 1. 16.]
17. 작업환경측정 및 정도관리 등에 관한 고시[시행 2020. 1. 16.]
18. 철골공사표준안전작업지침[시행 2020. 1. 16.]
19. 추락재해방지표준안전작업지침[시행 2020. 1. 16.]
20. 콘크리트공사표준안전작업지침[시행 2020. 1. 16.]
21. 터널공사 표준안전 작업지침-NATM공법[시행 2023. 7. 1.]
22. 해체공사표준안전작업지침[시행 2020. 1. 16.]

찾아보기

ㅇ

저자 소개

박대성(朴大成)
한국건설안전협회 광주지회장
공학박사(Ph.D.)
토목구조기술사, 건설안전기술사, 산업안전지도사
국가건설기준센터 건설기준위원
저서 : 구조역학노트, 동명사
건설공사 안전관리, 구미서관
juseshin@hanmail.net

안전관리전문가를 위한
건설안전관리 이론과 실무 **정가 47,000원**

저 자 : 박대성

발행인 : 임정대
발행처 : 도서출판 구미서관

발행 : 2024년 9월 11일

등록 : 1979년 6월 29일 No.9-6호
주소 : 서울시 마포구 신촌로 2길 5-15 구미빌딩
전화 : 02-333-1101
팩스 : 02-335-2201
http://www.goomibook.com
ISBN 979-11-6257-297-9 (93530)
